科技部创新方法工作专项（项目编号：2015IM050200）

10000个科学难题

10000 Selected Problems in Sciences

海洋科学卷

Ocean Science

"10000个科学难题"海洋科学编委会

科学出版社

北京

内 容 简 介

本书是《10000个科学难题》中的一卷，也是相对独立的专业书。书中介绍了海洋科学领域各个学科的重要科学难题，包含了国内外最新科学进展及学科前沿内容，对于了解海洋科学的未解之谜、启发学者的创新性探索，开启未来的研究方向有重要价值。全书内容新颖，撰写深入浅出，充分考虑了非本专业的人员能够读懂，有利于获取学科交叉的知识，适合于科研人员、研究生、大学生学习使用，也适合有兴趣的高中生选读。

图书在版编目（CIP）数据

10000个科学难题. 海洋科学卷/《10000个科学难题》海洋科学编委会. —北京：科学出版社，2018.4

ISBN 978-7-03-057087-1

Ⅰ. ①1… Ⅱ. ①1… Ⅲ. ①自然科学–普及读物②海洋学–普及读物 Ⅳ. ①N49②P7-49

中国版本图书馆 CIP 数据核字(2018) 第 062950 号

责任编辑：万 峰 朱海燕／责任校对：韩 杨
责任印制：吴兆东 ／封面设计：北京图阅盛世文化传媒有限公司

科学出版社 出版
北京东黄城根北街16号
邮政编码：100717
http://www.sciencep.com
北京建宏印刷有限公司 印刷
科学出版社发行 各地新华书店经销
*
2018年4月第 一 版 开本：720×1000 1/16
2022年3月第三次印刷 印张：74 3/4
字数：1 500 000
定价：598.00元
(如有印装质量问题，我社负责调换)

“10000个科学难题”征集活动领导小组名单

组　长　杜占元　黄　卫　张　涛　高瑞平

副组长　赵沁平

成　员（以姓氏拼音为序）

雷朝滋　秦　勇　王长锐　王敬泽　徐忠波　叶玉江
张晓原　郑永和

“10000个科学难题”征集活动领导小组办公室名单

主　任　李　楠

成　员（以姓氏拼音为序）

刘　权　裴志永　沈文京　王振宇　鄢德平　朱小萍

“10000个科学难题”征集活动专家指导委员会名单

主　任　赵沁平　钟　掘　刘燕华

副主任　李家洋　赵忠贤　孙鸿烈

委　员（以姓氏拼音为序）

白以龙　陈洪渊　陈佳洱　程国栋　崔尔杰　冯守华
冯宗炜　符淙斌　葛墨林　郝吉明　贺福初　贺贤土
黄荣辉　金鉴明　李　灿　李培根　林国强　林其谁
刘嘉麒　马宗晋　倪维斗　欧阳自远　强伯勤　田中群
汪品先　王　浩　王静康　王占国　王众托　吴常信
吴良镛　夏建白　项海帆　徐建中　杨　乐　张继平
张亚平　张　泽　郑南宁　郑树森　周炳琨　周秀骥
朱作言　左铁镛

"10000个科学难题"征集活动海洋科学编委会名单

《10000 个科学难题》序

爱因斯坦曾经说过“提出一个问题往往比解决一个问题更为重要”。在许多科学家眼里，科学难题正是科学进步的阶梯。1900 年 8 月德国著名数学家希尔伯特在巴黎召开的世界数学家大会上提出了 23 个数学难题。在过去的 100 多年里，希尔伯特的 23 个问题激发了众多数学家的热情，引导了数学研究的方向，对数学发展产生的影响难以估量。

其后，许多自然科学领域的科学家们陆续提出了各自学科的科学难题。2000 年初，美国克雷数学研究所选定了 7 个“千禧年大奖难题”，并设立基金，推动解决这几个对数学发展具有重大意义的难题。十多年前，中国科学院编辑了《21 世纪 100 个交叉科学难题》，在宇宙起源、物质结构、生命起源和智力起源四大探索方向上提出和整理了 100 个科学难题,吸引了不少人的关注。

科学发展的动力来自两个方面：一个是社会发展的需求；另一个就是人类探索未知世界的激情。随着一个又一个科学难题的解决，科学技术不断登上新的台阶，推动着人类社会的发展。与此同时，新的科学难题也如雨后春笋，不断从新的土壤破土而出。一个公认的科学难题本身就是科学研究的结果，同时也是开启新未知大门的密码。

《国家创新驱动发展战略纲要》指出，科技创新是提高社会生产力和综合国力的战略支撑。我们要深入实施创新驱动发展战略，培养创新人才，建设创新型国家，增强原始创新能力，实现我国科研由跟跑向并跑、领跑转变。近日，为贯彻落实《国家创新驱动发展战略纲要》，加快推动基础研究发展，科学技术部联合教育部、中国科学院、国家自然科学基金委员会共同制定了《“十三五”国家基础研究专项规划》，规划指出：基础研究是整个科学体系的源头，是所有技术问题的总机关。一个国家基础科学研究的深度和广度，决定着这个国家原始创新的动力和活力。这再次强调了基础研究的重要作用。

正是为了引导科学家们从源头上解决科学问题，激励青年才俊立志基础科学研究，教育部、科学技术部、中国科学院和国家自然科学基金委员会决定联合开展“10000 个科学难题”征集活动，系统归纳、整理和汇集目前尚未解决的科学难题。根据活动的总体安排，首先在数学、物理学和化学三个学科试行，根据试行的情况和积累的经验，再陆续启动了天文学、地球科学、生物学、农学、医学、信息科学、海洋科学、交通运输科学和制造科学等学科领域的难题征集活动。

征集活动成立了领导小组、领导小组办公室，以及由国内著名专家组成的专家指导委员会和编辑委员会。领导小组办公室遴选有关高校、科研院所或相关单位作为承办单位，负责整个征集工作的组织领导，公开面向高等学校、科研院所、学术机构以及全社会征集科学难题；编辑委员会讨论、提出和组织撰写骨干问题，并对征集到的科学问题进行严格遴选；领导小组和专家指导委员会最后进行审核并出版《10000 个科学难题》系列丛书。这些难题汇集了科学家们的知识和智慧，凝聚了参与编写的科技工作者的心血，也体现了他们的学术风尚和科学责任。

开展“10000 个科学难题”征集活动是一次大规模的科学问题梳理工作，把尚未解决的科学难题分学科整理汇集起来，呈现在人们面前，有利于加强对基础科学研究的引导，有利于激发我国科技人员，特别是广大博士、硕士研究生探索未知、摘取科学明珠的激情，而这正是我国目前基础科学研究所需要的。此外，深入浅出地宣传这些科学难题的由来和已有过的解决尝试，也是一种科学普及活动，有利于引导我国青少年从小树立献身科学，做出重大科学贡献的理想。

分学科领域大规模开展“10000 个科学难题”征集活动在我国还是第一次，难免存在疏漏和不足，希望广大科技工作者和社会各界继续支持这项工作。更希望我国专家学者，特别是青年科研人员持之以恒地解决这些科学难题，开启未知的大门，将这些科学明珠摘取到我国科学家手中。

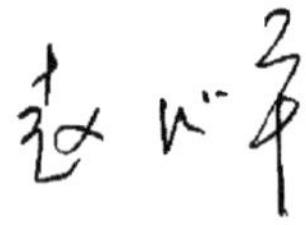

2017 年 7 月

序

呈现在读者面前的《10000 个科学难题·海洋科学卷》，用 1100 多页、150 万余字的篇幅，介绍了经过反复研讨选定的 274 个难题。中国海洋大学老校长管华诗院士亲自担任主编，赵进平教授担任常务副主编，聘请了活跃在海洋科学研究一线的 62 位国内外知名专家学者组成编委会，动员了数百名活跃在海洋科学研究第一线的学者，历时两年多，终于如期奉献出这一凝聚着众多学者心血和智慧的作品。

海洋科学的研究对象是占地球表面 71%的海洋，包括海水、溶解和悬浮于海水中的物质、生活于海洋中的生物、海底沉积和海底岩石圈，以及海面上的大气边界层和河口海岸带。海洋科学的知识体系主要包括三个方面：一是基础性的分支学科知识体系，包括物理海洋学、化学海洋学、生物海洋学、海洋地质学、环境海洋学、海气相互作用以及区域海洋学等；二是涉及应用与技术研究层面的知识，包括海洋地球物理学、卫星海洋学、渔业海洋学、军事海洋学、海洋声学、海洋光学、海洋遥感探测技术、海洋生物技术、海洋环境预报以及工程环境海洋学等；三是与海洋资源管理与开发有关的知识，包括海洋资源、海洋环境功能区划、海洋法学、海域管理等。

海洋科学是一级学科，包括物理海洋学、海洋化学、海洋生物学与生物海洋学、海洋地质学和海洋技术 5 个二级学科。但海洋科学是一门综合性很强的学科，目前已经发展成为一个相当庞大的知识体系，在学科分化越来越细的同时，学科的综合化趋势也越来越明显，海洋科学各分支学科之间、海洋科学同其他科学门类之间相互渗透、相互影响，不断产生新的边缘学科和研究方向。海洋连通全球，海洋科学是一门基于观测的科学，正因为此，几乎所有的海洋科学研究的重大进展都与新的观测技术和方法的突破有关，与全球范围的重大国际合作科学计划的实施有关。目前对海洋基础科学问题的研究，主要聚焦在海洋在气候系统中的作用、海洋的储碳能力、海洋酸化、海洋生态系统与生物多样性的变化、海底资源开发、海洋灾害预测、海洋能开发利用、海洋长期观测与预测等方面。

海洋科学的综合性、交叉性，决定了任何一个海洋科学的重要问题，都难以简单地归属到一个二级学科中。但是考虑到便于读者把握海洋科学知识体系的整体框架，本书按照问题的“重心”不同，还是将所有难题分别归类到物理海洋学、海洋气象学、海洋化学、生物海洋学、海洋地质学、区域海洋学、海洋生态与环境、海洋与全球变化等 8 个研究领域。其中，前 5 个是海洋科学的二级学科，后 3 个是海洋的重要应用领域。

打开本书，一个个引人入胜的问题扑面而来。热盐环流与海洋“热机”、涡旋与内波、海浪白冠破碎与海气通量，这些海洋科学中的最基础的问题还有许多等待破解的谜团。ENSO（厄尔尼诺—南方涛动）与气候变化、上升流、渔业资源有怎样的关系？全球变暖与极端天气气候事件发生、海洋生物多样性减少、海洋生态系统变化、海平面上升有什么关系？神秘的深海生物蕴含着怎样的生命奥秘？我们知之甚少的海洋微生物像一只无形的手，操控着生源要素的生物地球化学循环和海洋生态系统的变化，许多问题都悬而未决甚至一无所知。温室气体、海洋酸化、低氧、固氮、海底地下水排放、海洋生物泵，它们的产生或运转机制是什么？与近海赤潮、绿潮、水母等频频爆发的生态灾害是什么关系？对海洋生态系统的长期影响是什么？海洋会回到“水母时代”吗？北极海冰融化对全球气候、生态系统有什么影响？为什么南极海冰不减反增？海洋牧场建设存在生态风险吗？海洋微塑料、人工纳米材料对海洋环境和生态系统的风险是什么？等等。这些问题，无一不是事关人类可持续发展的重大科学问题。而暖池与冷舌、印度洋偶极子、电容器效应、风暴轴、大气河、海底滑坡、海底风暴、峡谷、岛弧、辐射沙脊群、黄海冷水团，这些名称本身就引人入胜，激发起人们探索其奥秘的欲望。

作为本项目的负责人，当我浏览书稿、随手拈来其中的一部分问题并将它们“归类”集中在一起时，不禁为这 274 个问题的丰富和生动而震撼，相信也会引起读者的兴趣乃至共鸣。我认为，本书从一个侧面反映了我国海洋科学研究的最新风貌，提出了最新的深入思考，既有“登高望远”，又有“探幽入微”，对从事海洋科学研究的青年学生、特别是对在读研究生会有极大的帮助，也会对海洋科技工作者整体把握海洋科学研究状况和深入了解某一科学问题大有裨益，还会吸引更多的其他领域的科技工作者、特别是青年学者投身充满魅力的海洋科学研究。

值此本书出版之际，谨向所有为本书问世奉献智慧、做出努力的专家学者和同事们表示敬意和谢忱。

《10000 个科学难题·海洋科学卷》编纂项目负责人

中国海洋大学校长 

2017 年 10 月 6 日

前　言

海洋是地球环境的重要组成部分，伴随着地球一起形成并存在至今。海洋是地球上生命的摇篮，进化出世上万物，孕育着无数生命。海水是千万年来形成的水体，溶解着地球上最基础的组分。海洋中有各种各样的物质，随着海水运动到达海洋的各个角落。海底的沉积层是海洋的年轮，记录着古往今来的秘密。海水每时每刻都处于无休止的运动之中，有时狂暴，有时静谧。无边无际的海洋蕴藏着很多孩童的美丽梦幻，饱含着祖先对茫茫沧海的苦涩与无奈，记忆着英雄辈出的伟大历史，承载着人类发展的无限需求。

我国是海洋大国，有 300 万 km^2 的管辖海域，有 60%的人口生活在沿海省份。海洋是连接我国与世界各国的纽带，“海上丝绸之路”曾经传播了中华文明，推动了世界经济的发展。海洋与我国的社会经济发展有密切联系：海洋渔业和养殖业是人类重要的食物来源；海洋船舶是人类走向海洋的现代化工具；海洋运输是人类物质流通的主要渠道；海洋工程是人类利用海洋、保护人类自身的重要手段；海洋环境关乎人类生存，对于社会发展至关重要；海洋旅游是人类休闲娱乐的宽广领域。随着全球化过程的加强，我国的目光更加高远，看到了我国对海洋正在形成的日益增大的需求和权益，看到了海洋对我国国运乃至地球前途的无比重要性，我国科学界加强了对全球海洋、深远海、南北极的探索，并提出“透明海洋”的战略构想，大大提高了对海洋的探索速度。

海洋让人向往，让人迷恋，而一旦探索海洋科学，最为真实的感觉就是“咫尺天涯”，看得见摸得着的大海虽然近在咫尺，可是海洋科学宽广内涵让人望而却步。海洋科学涉及水圈、岩石圈、生物圈三大圈层，是物理学、化学、地质学、生物学的综合学科，其涵载的知识量也是一个浩瀚的大海，无边无际。海洋科学是密切结合实际的科学，在社会发展中有无法替代的地位。当我们跻身于经济和社会发展的领域，就会更加深刻地体会海洋科学的重要性，因为海洋科学的每一个进步都会使社会迈出新的发展步伐。然而海洋科学起步晚，至今尚有大量的问题没有得到解决。当我们还在为海洋科学而苦苦求索时，海洋的环境正在逐步恶化，海洋科学的发展已经滞后于社会发展的需要。正因为如此，海洋也是一座科学的宝库，有广阔的探索空间。海洋尺度巨大，环境恶劣，探测困难，探索海洋需要发展先进的技术和大量的资金投入。国家的有识之士认识到，只有发展海洋科学，才能走上充分认识海洋、科学利用资源、保护海洋环境、保障国家安全的可持续发展道路，才能使海洋最大限度地成为人类的发展空间。

了解海洋科学知识，探索海洋的奥妙，是海洋科学家的重要使命。海洋科学中有很多未解之谜，掩藏着海洋科学中的瑰宝。本书汇编的海洋科学难题，就是这些未解之谜的一部分，可以帮助读者在浩如烟海的海洋科学领域中找到最核心的科学问题，并了解这些问题的内涵，发现自己的兴趣点。本书经历了长达两年多的编撰过程，我国各个领域的主要海洋学家大都参加了难题的编写。难题的选题内容经过深思熟虑的酝酿和交叉审查，难题稿件都经过反复修改和完善，确保这些难题在科学上的准确性和从读者角度的可读性。我们深切希望本书的问世将对立志海洋科学的学生起到引领作用，对海洋领域的年轻科学家拓展知识面、了解相邻学科的发展起到促进作用，对激励更多的人投身海洋科学起到推动作用。限于篇幅，本书不可能穷尽所有的科学难题，只能指出海洋科学各个方向的一些关键要点和难点，引领读者自己的海洋探索之旅。希望本书成为浩瀚的海洋科学中的一叶扁舟，和热爱海洋科学的人一起去寻找自己的航线。

中国工程院院士

2017 年 10 月 6 日

目　　录

海洋气象学

海洋化学

生物海洋学

海洋地质学

区域海洋学

海洋生态与环境

海洋与全球变化

10000 个科学难题 · 海洋科学卷

物理海洋学

海洋拉格朗日拟序结构

Lagrangian Coherent Structures in the Ocean

军舰鸟善于飞翔，是鸟类中的“飞行冠军”。它白天常在海面上巡游，窥伺水中食物。一旦发现海面有猎物出现，就迅速从天而降，准确无误地抓获目标。最近科学家发现，在印度洋莫桑比克海峡寻找食物的军舰鸟，严格遵循着复杂的数学结构进行飞行捕食[1](图 1(a))。这些结构就像是一种隐形却一直存在的水道或水墙，引导着附近海域的饵料生物在此聚集，吸引鱼类等高营养级生物前来捕食。军舰鸟可以捕捉到饵料生物聚集的蛛丝马迹，并据此捕获猎物，大大提高了捕食效率。这也启发了当地渔民，通过跟踪军舰鸟的飞行路线来寻找到金枪鱼渔场。

无独有偶，在 2010 年墨西哥湾发生的震惊世界的原油泄漏事件中，人们发现：美国路易斯安那州外海的大量漏油在很短时间内向东南方向迅速扩散了 160 多千米，形成“虎尾状”(tiger tail)溢油分布(图 1(b))，仿佛有一条看不见的水道引导着原油漂移[2]。如果我们能事先掌握这条随海流变化而移动的水道，就能预测溢油的扩散情况，从而尽早采取措施提高漏油清除效果。

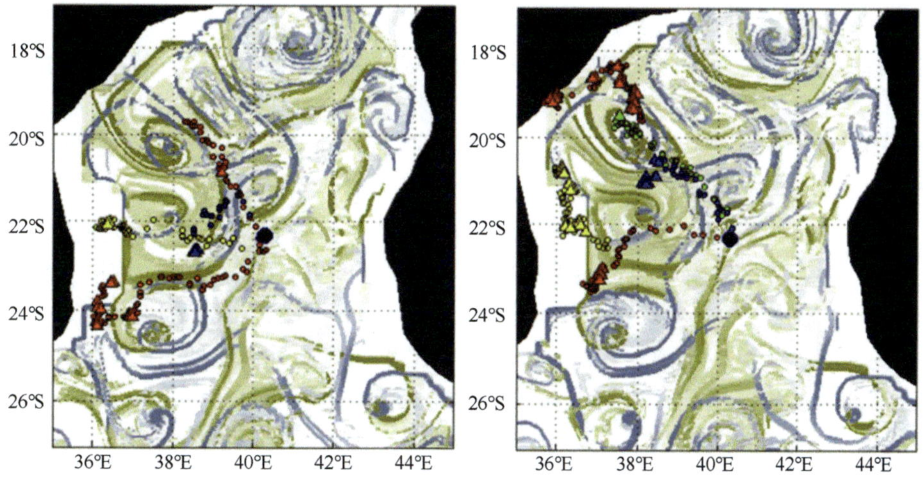

(a)

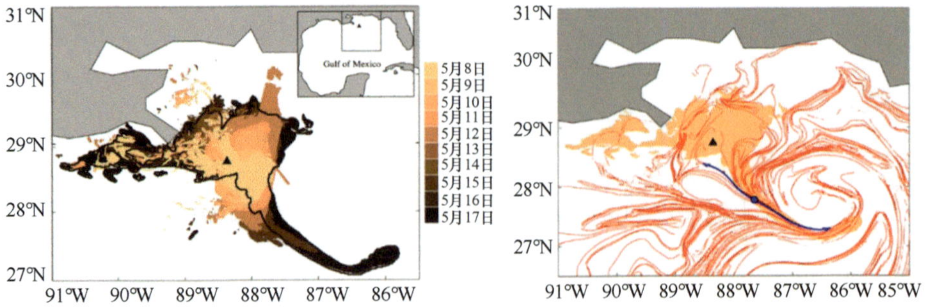

(b)

图 1　(a)莫桑比克海峡军舰鸟飞行位置与 LCS，不同颜色的点代表不同编号的军舰鸟；(b)墨西哥湾溢油与 LCS，左图为 2010 年 5 月 8 日至 17 日的溢油变动，右图为 2010 年 5 月 17 日的 LCS

科学家将这些看不见的水墙或水道称为拉格朗日拟序结构(Lagrangian coherent structure, LCS)[3]。LCS 广泛存在于气体(如空气)和液体(如海水)等流体中，其运动可由 Navier-Stokes 方程描述。由于存在混沌现象，Navier-Stokes 方程对初始状态高度敏感，一段时间后，流体运动可能会完全无法预测。但是，拟序结构就像是隐藏的“骨架”，使混沌系统呈现出一定程度上的秩序和结构[4]。如果能在流体运动中找到这类结构，即使 Navier-Stokes 方程没有完美的精确解，也可以准确掌握流体输运的壁垒和通道，从而预测流体在中、短期间内会往哪里流，又会把物质带向何方。

LCS 概念最早由瑞士科学家 George Haller 于 2000 年提出，其后该理论被广泛应用于海洋研究，使人们对海洋的物质输运和混合过程有了更直观而深刻的认识[5]。LCS 理论是经典的动力系统理论在非周期时变流中的延伸。动力系统理论的一个研究焦点是在定常、周期或准周期系统中，特定的动力结构如何影响系统的全局和长期渐进行为。这些特定结构包括驻点、周期轨道、稳定和不稳定流形、KAM(Kolmogrov-Arnold-Moser)环面等。以定常流中双曲形驻点(又称鞍点)附近的拉格朗日输运为例(图 2(a))，流体团先沿着稳定流形靠近双曲点，在稳定流形的法向上被拉伸，并最终附着在不稳定流形一侧远离双曲点。可以看出，稳定(不稳定)流形对附近流体有排斥(吸引)作用，形成流体输运的壁垒和通道，其作用正如前面所提到的隐形水墙或水道。在定常、周期和准周期流中，由于任意时刻的流场都是已知的，所以能精确获得稳定和不稳定流形等物质线。然而，自然界中的流体运动(如海水运动)十分复杂，本质上为非周期流，上述动力系统的概念与含义就变得含混不清。

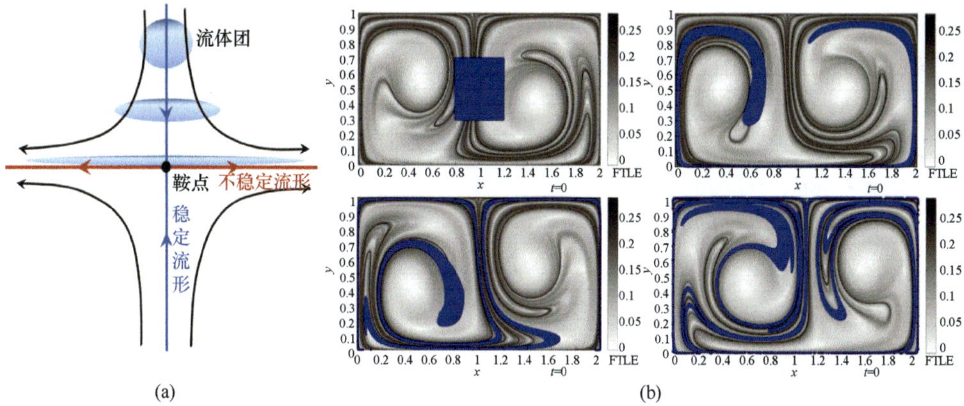

图 2 (a)双曲点附近流体团的运动特征；(b)扰动双涡流场的粒子分布(蓝)与 LCS(灰)的演变

LCS 理论的创新之处是在有限时间内定义了类似的拉格朗日物质线，使得动力系统理论有了广阔的应用前景[6]。近几年，海洋中的拟序结构，从大尺度环流(如黑潮、湾流)到中尺度涡旋，再到次中尺度的流丝、射流，已越来越为人们所熟识。由于海洋拟序结构具有一定的持续性，它们能在中短期内控制海水运动，影响海域内物质输运和混合，改变水体营养盐分布、生物活动与污染物扩散等，因而在海洋研究与管理中被广泛应用。例如，在物理方面，LCS 理论可用于分析海水搅拌与水交换[7, 8]；在生物方面，LCS 理论可以很好地描述叶绿素的丝状、斑块等中小尺度结构，预测水华与赤潮的输运与扩散[9]，揭示不同浮游植物优势种的隐形区隔机制[10]，分析鱼卵仔鱼的分布；在海洋环境方面，LCS 可用于检测有机污染与热污染，设计与优化排污计划方案，减少近岸环境污染物等[11~13]。

虽然海洋 LCS 的研究取得了长足的进步，但目前仍存在不少困难。在算法方面，目前提取海洋 LCS 最常用的方法是计算流场的有限时间李雅普诺夫指数(finite time Lyapunov exponent，FTLE)。FTLE 是表征初始相邻的粒子在有限时间里平均指数分离率的标量。FTLE 标量场中的脊线可近似为排斥型(吸引型)LCS，其物质输运作用类似双曲流中的稳定(不稳定)流形。以扰动的时变双涡流为例(图 2(b))，相邻涡旋的中间存在强辐聚辐散运动，容易出现双曲形流动。初始时刻，在涡旋间置放粒子团，其后粒子团分布和吸引 LCS(即 FTLE 脊线)分布十分一致。尽管 FTLE 方法应用广泛，但是在理论上并不严谨。例如，通过 FTLE 提取 LCS 可能会存在漏判或误判。另外，FTLE 脊线的法向通量并不严格为 0。类似 FTLE 的算子还有很多，如有限尺度李雅普诺夫指数(finite space Lyapunov exponent，FSLE)、直接李雅普诺夫指数(direct Lyapunov exponent，DLE)、拉格朗日算子(Lagrangian descriptors)或 M 函数等。一方面，最近 Haller 等基于变分方法，发展了数学定义更为严谨的测地线 LCS 理论[14]，提出了双曲形、抛物形和椭圆形等 LCS 结构，后两种 LCS 分别描述了海洋中射流流核(jet cores)与涡旋边界，但计算量巨大，目前在实际海洋中的应用还很少。另一方面，这类标量场 LCS 算法虽然可以获取精细的 LCS 几何结构，但只局限于研究某些局部特定的拟序结构或者对应的输运现象，难以定量描述拟序结构在一段时间后的拟序率(即原物质保持度)，无法揭示造成拟序结构变化的动力机制。

在应用方面，目前有关海洋 LCS 的研究主要集中于表层流等二维流场，如何将 LCS 的定义与算法扩展到更高维度与任意形状，使 LCS 适用于分析海洋水团(如贫氧水团)这样的三维水体结构[15]，是拓宽 LCS 应用领域的难题之一。从物理本质来看，LCS 与锋面、涡旋等结构有着天然的联系，如何利用 LCS 理论与方法，更有效地识别和分析海洋锋、中尺度涡等海洋中小尺度过程，也是目前广受关注的科学问题。

为了得到 LCS 信息，需要用到时间连续的海流速度场数据。目前用于 LCS 计算的流场数据主要有三种来源。第一种是高频雷达的实测数据，其时空分辨率很高，因此特别适合探测近岸中小尺度 LCS 结构及其演变，但由于成本高，观测时空覆盖度有限，目前还难以应用于长时间、大面积海域 LCS 的研究；第二种是海流数值模拟数据，基于高密度同化数据的海洋数值模拟可以对海洋流场进行精确的现报和预报，但数据存在的不确定性会传递到 LCS 的计算，进而影响 LCS 的识别精度；第三种是卫星高度计资料，特别是融合高度计资料，近年来被广泛用于全球与区域海洋 LCS 研究，但高度计数据主要适用于分析表层 LCS，时空分辨率也有限制。可以期望，随着 LCS 基础理论和海洋观测与模拟技术的发展，越来越多海洋 LCS 的秘密将被揭晓。

参 考 文 献

[1] Kai E T, Rossi V, Sudre J, et al. Top marine predators track Lagrangian coherent structures. Proceedings of the NationalAcademy of Sciences, 2009, 106(20): 8245-8250.

[2] Olascoaga M J, Haller G. Forecasting sudden changes in environmental pollution patterns. Proceedings of the NationalAcademy of Sciences, 2012, 109(13): 4738-4743.

[3] Haller G, Yuan G. Lagrangian coherent structures and mixing in two-dimensional turbulence. Physica D: Nonlinear Phenomena, 2000, 147(3): 352-370.

[4] Mathur M, Haller G, Peacock T, et al. Uncovering the Lagrangian skeleton of turbulence. Physical Review Letters, 2007, 98(14): 144502.

[5] Samelson R M. Lagrangian motion, coherent structures, and lines of persistent material strain. Annual Review of Marine Science, 2013, 5: 137-163.

[6] Haller G. Lagrangian coherent structures. Annual Review of Fluid Mechanics, 2015, 47: 137-162.

[7] Beron-Vera F J, Olascoaga M J, Goni G J. Oceanic mesoscale eddies as revealed by Lagrangian coherent structures. Geophysical Research Letters, 2008, 35(12).

[8] Waugh D W, Abraham E R. Stirring in the global surface ocean. Geophysical Research Letters, 2008, 35(20).

[9] Lehahn Y, d'Ovidio F, Lévy M, et al. Stirring of the northeast Atlantic spring bloom: A Lagrangian analysis based on multisatellite data. Journal of Geophysical Research: Oceans, 2007, 112(C8).

[10] d'Ovidio F, De Monte S, Alvain S, et al. Fluid dynamical niches of phytoplankton types. Proceedings of the NationalAcademy of Sciences, 2010, 107(43): 18366-18370.

[11] Coulliette C, Lekien F, Paduan J D, et al. Optimal pollution mitigation in MontereyBay based on coastal radar data and nonlinear dynamics. Environmental Science & Technology, 2007, 41(18): 6562-6572.

[12] Mezić I, Loire S, Fonoberov V A, et al. A new mixing diagnostic and Gulf oil spill movement. Science, 2010, 330(6003): 486-489.

[13] Wei X, Ni P, Zhan H. Monitoring cooling water discharge using Lagrangian coherent structures: A case study in Daya Bay, China. Marine Pollution Bulletin, 2013, 75(1): 105-113.

[14] Haller G, Beron-Vera F J. Geodesic theory of transport barriers in two-dimensional flows. Physica D: Nonlinear Phenomena, 2012, 241(20): 1680-1702.

[15] Bettencourt J H, López C, Hernández-García E, et al. Boundaries of the Peruvian oxygen minimum zone shaped by coherent mesoscale dynamics. Nature Geoscience, 2015, 8: 937-940.

撰稿人：詹海刚　黄高龙

中国科学院南海海洋研究所，hgzhan@scsio.ac.cn

能否构建统一的方程组来描述海洋多运动形态及其相互作用？

Can We Build a Unified Equations to Describe all of the Movements and Their Interactions?

海洋是一个复杂的动力系统，存在着不同时空尺度的运动形态，其时间变化尺度从秒至百年甚至更长，空间变化尺度从厘米至上万千米，无论从时间上还是从空间上来分析，海洋运动均具有广谱特征。早期的海洋学研究通常将不同尺度运动形式分离出来单独研究，如环流、中尺度涡、内波、海浪、湍流混合等[1, 2](表 1)。这种从单一运动形态出发的研究方法在很大程度上促进了海洋学的发展，但随着海洋科学研究的深化，海洋学家们发现不同时空尺度的海洋过程存在着复杂且重要的相互作用，原来针对单一运动形态的研究已无法适应海洋学的进一步发展。从海洋动力系统观点出发，深入探讨海洋多运动形态之间的相互作用，既是海洋科学发展的趋势，也是海洋学研究面临的挑战[3]。

表 1　海洋多运动形态的时空尺度(括号中为典型时空尺度)

运动类型	时间尺度(特征尺度)	空间尺度(特征尺度)
微波动、微湍流	10^{-1}~10^{0}s	10^{-2}~10^{1}m
海洋表面波	10^{0}~10^{1}s	10^{-1}~10^{2}m
海洋内波	10^{2}~10^{4}s	10^{2}~10^{4}m
海洋锋面波	10^{3}~10^{5}s	10^{3}~10^{5}m
中尺度涡旋	10^{5}~10^{6}s	10^{4}~10^{5}m
大洋波动	10^{5}~10^{7}s	10^{5}~10^{7}m
陆架环流	10^{7}~10^{8}s	10^{5}~10^{6}m
大洋环流	10^{7}~10^{9}s	10^{6}~10^{8}m

海洋中的能量问题是目前物理海洋学研究的一个热点[4]，不同尺度运动之间能量传输机制是海洋多运动形态相互作用研究的一个核心问题。除了黏性耗散之外，环流等大尺度运动如何将能量传递到中、小尺度过程？中、小尺度过程通过何种机制为微小尺度湍流过程提供能量？不同时空尺度运动过程中是否存在小尺度向更大尺度运动的能量逆级串过程？这些不同尺度、不同运动形态之间的能量传输如何定量描述和参数化？这些问题都需要人们进一步研究。构建统一的方程组来

描述海洋多运动形态及其相互作用是研究能量传输机制的理论基础。

经过 Navier[5]、Cauchy[6]、Poisson[7]、St.Venant[8]和 Stokes[9]等的系列理论研究，最终建立了惯性坐标系下的黏性流体运动的基本方程，即 Navier-Stokes 方程(简称 N-S 方程)，这是一个非线性偏微分方程组。地球上的大气和海洋的运动规律基本遵从该 N-S 方程的约束，从而海洋动力学研究的重要问题是如何求解该方程，或从该方程中探索解的结构、形态，以便认识掌握海洋的运动变化规律。然而，建立在惯性坐标系下的 N-S 方程所对应的坐标轴方向上的速度分量与直观所见的流体与刚性地球的相对运动速度有很大不同，特别是运动的刚性地球作为流体的边界，更是增加了问题研究的复杂性。基于此，惯性坐标系下的 N-S 方程被转化成了地固坐标系下的形式，即导出了地球流体动力学方程组[1]。借助该方程组可以研究大气和海洋的运动，且得到的描述运动的物理量与直观所见一致。

但是，由于地球流体动力学方程组是从非线性 N-S 方程变换而来，它仍然属于非线性偏微分方程组，对其求解难度很大，通常需要借助计算机和数值方法求得数值解。可是，对于全球海洋来讲，要想用近岸尺度为 1km，大洋上尺度为 100km 的三角形单元进行覆盖，需要的单元总数可达 3000 多万，这对于 20 世纪的计算设备来讲是个很困难的问题。不仅如此，海洋的运动是由微尺度到大尺度的多运动形态构成，初步可以划分为海面微尺度波动、海洋微尺度对流和湍流、海洋表面波、海洋内波、海洋锋面波、海洋中尺度涡旋、大洋波动、陆架环流、大洋环流等运动形态(表 1)[1, 2]。整个海洋的运动，就是多运动形态通过非线性相互作用而成的复杂形态。如果要想用数值方法模拟出整个海洋的运动，则网格尺度应在 10^{-2}m 量级，就是对目前的计算设备来讲也是遥不可及的。

因此，20 世纪海洋学家们将海洋多运动形态根据运动尺度的大小，划分成近海面海洋大气过程、海洋微小尺度运动、海洋中尺度运动和海洋大尺度运动四个既相互区别又紧密联系的子系统独立进行研究[10]，使问题得到不同程度的简化。海洋动力系统数值模式的海气交换、海洋表面波和海洋内波模式基本采用统计—动力学的形式，只有对大洋波动和海洋环流模式才采用连续介质动力学的形式。由于建立在近海面海洋大气过程基础上的海气交换研究工作尚不深入，主要以参数化形式表示。虽然目前该研究方法取得了一定成果，但各种尺度的相互作用被分成了四个系统的相互作用取代，显然不会很准确。

随着计算设备的存储空间和计算速度的提升，学者们可以在过去的研究基础上，直接针对多运动形态进行深入研究。借助 20 世纪子系统的研究方法和手段，基于地球流体动力学方程，对不同运动尺度的运动形态分析建立各自的数学模型，并考虑到两种及其更多种形态间的相互作用而建立的相互作用数学模型，其难度涉及多运动形态间能量的传输机制研究、各种统计学参数关系的形式给定及其率定。由于不同运动形态及其相互作用的数学模型的建立，是根据该运动形态的时间和空间尺度进行有关分析或统计积分而得到的，与其他运动形态的相互作用主要是通过有关模型参数传递的，存在空间和时间上的不准确性。因此，在对不同海洋运动形态的数学模型和求解方法有了深入研究和认识之后，通过建立统一的方程组，可以更好地对各种运动形态进行非线性相互作用的研究。这项工作非常具有必要性和重要的科学意义，而且由于不同海洋运动形态的控制方程原本都出自地球流体动力学方程，从而建立更高层次上的统一方程组具有可行性。

参 考 文 献

[1] 冯士筰, 李凤岐, 李少菁. 海洋科学导论. 北京: 高等教育出版社, 1999.

[2] Pedlosky J. Geophysical Fluid Dynamics. New York: Springer-Verlag, 1979.

[3] 乔方利, 戴德君, 夏长水, 尹训强. 物理海洋学研究进展与分析, 走向深远海(中国海洋研究委员会年会论文集). 北京: 海洋出版社, 2013: 10-23.

[4] And C W, Ferrari R. Vertical mixing, energy, and the general circulation of the oceans. Annual Review of Fluid Mechanics, 2004, 36(36): 281-314.

[5] CL Navier. Mémoires de L'Académie Royale des Sciences de L'Institut de France, Ⅵ, 1827, 389

[6] Cauchy. Exercises de Mathématiques (Chez de BureFréres, Paris, 1828).

[7] SD Poisson, Journal de L'École Royale PolytechniqueXX, read at the Academy of Sciences on 12th October (1829).

[8] AB Saint-Venant. Comptes Rendus Hebdomadaires desSéances de l'Académie des Sciences, 1843, 1240

[9] GGStokes. On the theories of internal friction of fluids in motion, and of the equilibrium and motion of elastic solids. Trans. Camb. Phil. Soc. 1845, 8: 287-341

[10] 袁业立, 乔方利. 海洋动力系统与 MASNUM 海洋数值模式体系. 自然科学进展, 2006, 16(10): 1257-1267.

撰稿人：王如云　戴德君

河海大学，wangruyun@163.com

天文引潮力的长期变率对海洋混合强度及地球气候系统的影响

Impacts of Long-Term Variability of Astronomical Tidal Forces on Ocean Diapycnal Mixing and the Earth Climate System

海洋垂向混合一般包含着小尺度的湍流过程[1]，控制着上下层海水间及海洋和大气间的动量和能量交换，对于调节海表温度、维持海洋层结和热盐环流具有重要作用，甚至可以通过热量输运影响局地和全球的气候变化，如厄尔尼诺及南方涛动(ENSO)、北太平洋的气候变率和大西洋经向翻转环流(AMOC)等。影响海洋垂向混合的因素甚多，其中潮汐就是一个重要影响因素。

地球上任一单位质点所受引潮力($\overrightarrow{F_{\mathrm{T}}}$)是其所受月球引力($\overrightarrow{F_{\mathrm{pm}}}$)和月球公转惯性离心力($\overrightarrow{F_{\mathrm{cm}}}$)的合力，各个力的方向如图 1 所示，即

$$\overrightarrow{F_{\mathrm{T}}} = \overrightarrow{F_{\mathrm{pm}}} + \overrightarrow{F_{\mathrm{cm}}}$$

式中，$\overrightarrow{F_{\mathrm{cm}}} = MD\omega^2$，$\omega$ 为月球围绕地球公转的角速度，故 $\overrightarrow{F_{\mathrm{T}}}$ 是 ω 的函数。由于 $\overrightarrow{F_{\mathrm{T}}}$ 对地球海水的作用，在海水中会产生潮速度 uU_{T}，$U_{\mathrm{T}} = u_{\mathrm{T0}} + \int_0^t F_\eta \mathrm{d}t = f(\omega^2)$。$U_{\mathrm{T}}$ 的动能(正比于 uU_{T}^2)在海水内部的耗散，会加剧海洋上下层水体的交换，加大海洋垂向混合。

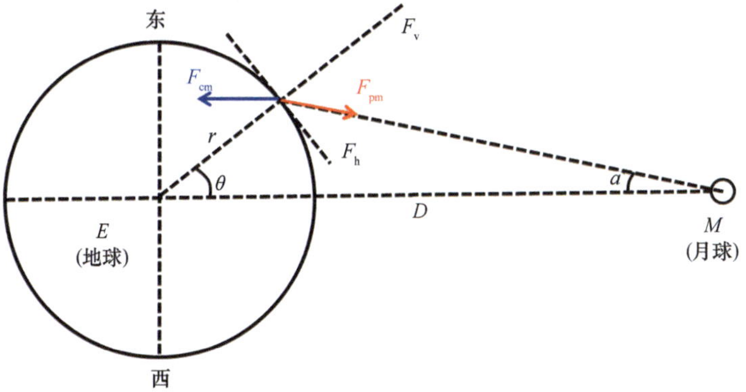

图 1　地球上任一点 P 的引潮力分量

引潮力并非是恒定不变的，由于太阳、地球和月球三者轨道及位置间的变化及相互影响，月球围绕地球公转的ω存在一定的演变周期，在年代际及更长时间尺度上的周期上有约18年、90年和180年等(图2)[2, 3]。这种周期性的变化则会通过影响海洋垂向混合来调制全球气候。

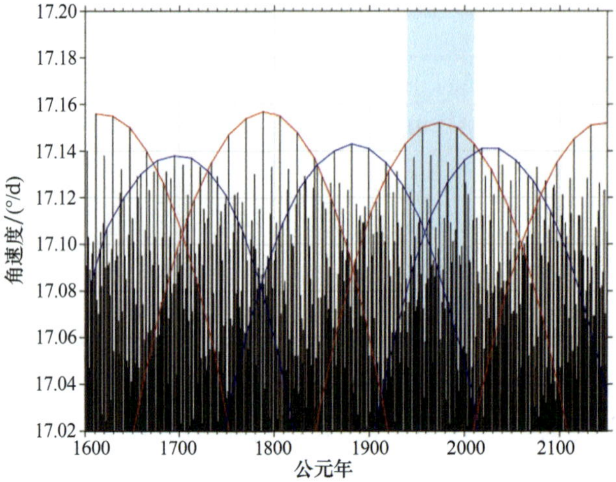

图2　公元1600~2140年引潮力的变化情况。每条黑竖线表示用月亮角速度度量的某一时间的引潮力大小，可以看到引潮力的长期变率存在不同周期的叠加，其中最明显的周期间隔为约18年(如红线或蓝线连接的相邻两条竖线间隔)和180年(如相邻两个红线或蓝线波包间隔)。红线(蓝线)所连接的竖线均为满月(新月)时的引潮力大小，显示引潮力的最强(次强)振幅变化。填色区表示距目前最近的上一个引潮力最强时间段(1940~2007年)。图中数据来自参考文献[5]的表16和参考文献[6]的图1

目前已有研究表明，潮汐及混合对海洋和大气的气候有着显著的影响，如Koch-Larrouy等发现在印度尼西亚海区的潮汐混合的加大会引起东太平洋ENSO强度的减弱[2]；Tanaka发现潮汐的18.6年周期会通过海洋混合影响北太平洋的气候，使得北太平洋气候产生18.6年周期变化[4]；Marzeion研究表明海洋混合的强弱会影响到AMOC的强度，从而调节全球气候[5]。

综合上述，由于海洋垂向混合对地球气候有着重要的影响，而潮汐作为海洋垂向混合的重要影响因素之一，它的变化又存在着一定的周期性，其中的年代际或更长尺度的周期性演变就会对地球气候的年代际变化带来一定的调制作用。所以，研究引潮力的年代际甚至更长时间尺度的变率对海洋混合强度及地球气候系统的影响，对研究气候变化有着十分重要的意义。

然而，由于海洋内部存在一系列非线性问题，无论是观测还是数值模拟，都无法对潮汐所产生的海洋混合进行定量评估。此外，由于观测资料稀缺，目前关于潮汐混合在长时间尺度对气候影响的研究较少，尤其是20年以上长时间尺度的相关研究。具体来说，该领域的研究目前仍存在以下三个方面的困难与挑战。

第一，海洋垂向混合的计算。海洋垂向混合可以由直接观测或者用高分辨的观测资料通过参数化方法计算得到[7]。然而，这些方法都无法区分海洋混合中潮汐的贡献部分。而在数值模式中，一般利用潮速度 U_T 对潮汐混合进行参数化计算，如把 U_T 叠加到流速中再直接利用参数化计算海洋内部总的混合系数，或者利用 U_T 计算潮能量，继而单独计算潮汐引起的混合等。但是，由于缺乏跟观测资料的比对及改进，这种估算结果与实际混合系数存在一定差距。

第二，海洋混合强度对天文引潮力长期变率的响应。由于观测资料稀缺，且缺乏长时间尺度的连续观测，加上海洋内部存在一系列非线性问题，无论是直接观测还是数值模拟参数化，都无法确切得出潮汐对海洋混合的实际贡献。所以，要研究海洋混合强度对天文引潮力的年代际甚至更长时间尺度变率的响应，目前仍是比较困难的。

第三，海洋混合强度的长期变率对地球气候系统的影响。由于发生在海洋和大气内部及海气交界面的过程非常复杂，存在多尺度非线性相互作用过程。这对研究海洋混合强度的长期变率对地球气候系统的影响及其物理机制增加了不少困难。

参 考 文 献

[1] 李理, 王琰, 王玉. 三种垂向混合方案对 HYCOM 模拟能力的影响. 海洋科学进展, 2016, 34(2): 186-196.

[2] Koch-Larrouy A, Lengaigne M, Terray P, et al. Tidal mixing in the Indonesian Seas and its effect on the tropical climate system. Climate Dynamics, 2010, 34(6): 891-904.

[3] Tanaka Y, Yasuda I, Hiroyasu Hasumi H, et al. Effects of the 18.6-yr modulation of tidal mixing on the North Pacific bidecadal climate variability in a coupled climate model. Journal of Climate, 2012, 25: 7625-7342.

[4] Marzeion B, Levermann A, Mignot J. The role of stratification-dependent mixing for the stability of the atlantic overturning in a global climate model. Journal of Climate, 2007, 37: 2672-2682.

[5] Wood F J. Tidal Dynamics. Reidel, Dordrecht, the Netherlands, 1986.

[6] Keeling C D, Whorf T P. The 1800-year oceanic tidal cycle: A possible cause of rapid climate change. Proceedings of the National Academy of Sciences, 2000, 97(8): 3814-3819.

[7] Kunze E, Firing E, Hummon J M, et al. Global abyssal mixing inferred from lowered ADCP shear and CTD strain profiles. Journal of Physical Oceanography, 2006, 36(8): 1553-1576.

撰稿人：彭世球　陈淑敏

中国科学院南海海洋研究所，speng@scsio.ac.cn

潮龄的产生机理

Generating Mechanism of the Age of the Tide

海洋中的潮汐是由月球和太阳的引潮力引起的。由于地球和月球运动的复杂性，月球和太阳引潮力包含许多不同周期的成分，称为分潮。其中月球和太阳引潮力最主要的分潮分别为 M_2 和 S_2，周期分别为 12.4206 小时和 12.0000 小时。360° 除以周期称为角速率，M_2 和 S_2 的角速率分别为 28.9842°/h 和 30°/h。M_2 和 S_2 分潮的时间过程可分别写成 $H_{M_2}\cos(\omega_{M_2}t+V_{M_2}-\kappa_{M_2})$ 和 $H_{S_2}\cos(\omega_{S_2}t+V_{S_2}-\kappa_{S_2})$，其中 H 代表振幅，ω 为角速率，t 为时间，V 为 t=0 时引潮力的位相，κ 称为迟角。M_2 和 S_2 分潮之和为

$$h=H_{M_2}\cos(\omega_{M_2}t+V_{M_2}-\kappa_{M_2})+H_{S_2}\cos(\omega_{S_2}t+V_{S_2}-\kappa_{S_2}) \tag{1}$$

当月球和太阳处于地球的同一个方向时称为朔(一般出现在农历初一)，处于相反方向时称为望(一般出现在农历十五)，在这两种情况下，月球和太阳引潮力方向一致，其合成的引潮力达到最大值。但是实际海洋中最大的潮汐振幅并不出现在朔或望，而是滞后 1~2 天，在我国近海甚至会滞后 2~3 天，这个滞后的时间就称为潮龄(the age of the tide)。

从分潮的角度看，在朔望时，式(1)中 $\omega_{M_2}t+V_{M_2}=\omega_{S_2}t+V_{S_2}$，此时的 t 记为 t_0，它等于：

$$t_0=\frac{-(V_{S_2}-V_{M_2})}{\omega_{S_2}-\omega_{M_2}} \tag{2}$$

实际潮汐振幅最大时，有 $\omega_{M_2}t+V_{M_2}-\kappa_{M_2}=\omega_{S_2}t+V_{S_2}-\kappa_{S_2}$，此时 t 记为 $t_0+\alpha$，它等于：

$$t_0+a=\frac{\kappa_{S_2}-\kappa_{M_2}-(V_{S_2}-V_{M_2})}{\omega_{S_2}-\omega_{M_2}} \tag{3}$$

将式(2)代入式(3)得到：

$$a=\frac{\kappa_{S_2}-\kappa_{M_2}}{\omega_{S_2}-\omega_{M_2}} \tag{4}$$

式中，α为实际潮汐振幅最大发生时间滞后于朔望的时间间隔，即为潮龄。

潮龄的存在至少在 2000 年以前就被观测到了，并受到许多科学家的关注。

Garrett 和 Munk[1](简称 GM71)给出了一个全球验潮站潮龄观测值统计表。El-Sabh 等[2]对更多的验潮站进行了统计，结果见表 1。可以看到，无论哪个大洋，潮龄在 1~2 天的均占 50%以上，对于全球则占 75%左右，全球大约有 90%验潮站的潮龄为正值。

表 1 各大洋验潮站潮龄统计表(站位数)

潮龄/天	大西洋	太平洋	印度洋	北冰洋	全球合计
–8	0	0	0	0	0
–7	0	4	0	0	4
–6	0	1	0	0	1
–5	1	3	0	0	4
–4	1	2	0	0	3
–3	2	2	0	0	4
–2	2	14	1	0	17
–1	1	18	2	0	21
0	13	87	5	0	105
1	260	180	35	20	495
2	96	59	60	69	284
3	16	26	13	14	69
4	4	7	1	4	16
5	1	5	2	1	9
6	2	5	0	1	8
7	1	2	0	0	3
8	0	1	0	0	1
合计	400	416	119	109	1044

由于实际海洋中半日潮是主要成分，故科学家们最先注意到的是半日潮大潮与朔望的关系，因而潮龄一般就指半日潮龄。但是海洋中也还存在日周期的潮汐波动,其中最主要的分潮是 K_1 和 O_1 分潮。它们的周期分别是 23.9345 小时和 25.8193 小时，角速率 ω 分别为 15.0410°/h 和 13.9430°/h。与半日潮类似，日潮也存在潮龄，称为日潮龄。并且也可以按照如下与式(4)类似的公式计算：

$$a' = \frac{\kappa_{K_1} - \kappa_{O_1}}{\omega_{K_1} - \omega_{O_1}} \tag{5}$$

El-Sabh 和 Murty[3]对全球验潮站的日潮龄进行了统计，得如表 2 所示的结果。可以看到，日潮龄也是正值占绝大多数。

表 2　各大洋验潮站日潮龄统计表(站位数)

潮龄/天	大西洋	太平洋	印度洋	北冰洋	全球合计
−8	0	0	0	1	1
−7	0	0	0	2	2
−6	1	0	2	5	8
−5	6	0	3	1	10
−4	1	0	0	3	4
−3	0	0	0	1	1
−2	0	3	1	6	10
−1	8	12	7	7	34
0	77	79	65	10	231
1	65	269	31	15	280
2	47	33	4	17	101
3	44	7	2	8	61
4	75	6	1	4	86
5	42	3	1	10	56
6	19	1	1	12	33
7	10	2	0	4	6
8	0	0	0	0	0
合计	395	415	118	106	1034

关于潮龄产生机理的研究可追溯到 17 世纪[4~6]。1687 年 Newton 首次给出了关于潮汐成因的科学理论，并认为正潮龄的成因是海水的惯性(见 GM71)。Bernoulli 同意Newton的观点，并进一步认为月球和太阳的引力到达地球可能需要时间。1799 年 Laplace 首次指出潮龄的存在可以用两个分潮位相之差来表示(即式(4))，并且提出此位相差的成因可能是由于潮汐在某处形成，当传播到观测点时就产生了位相差。1833 年 Whewell 首次引入了潮龄这个词，并提出在南大洋大潮恰好发生在朔望期间，潮龄则是潮波从南大洋传播到欧洲沿岸所需要的时间。1845 年 Airy 对沟渠中的潮波进行了深入的研究，在该研究中他发现摩擦效应可导致分潮的迟角随频率增加，即潮龄为正。Proudman 研究了陆架摩擦消耗对大洋潮汐的影响[7]，为求解方便，大洋以纬圈为边界，边界之外为陆架，并假定大洋中潮波能量可以向陆架辐射并在陆架海区消耗掉。他给出了对于半球大洋不同辐射率的 K_2 和 M_2 迟角差的数值(K_2 和 S_2 的角速率相差很小，S_2 和 M_2 迟角差与 K_2 和 M_2 的迟角差也很小)，结果显示，大多数的迟角差都是正值。这表明能量消耗可导致正潮龄。但是即使在完全辐射的情况下，Proudman 所得的理论潮龄值只有半天左右，比实测值要小很多。GM71 支持摩擦引起正潮龄的观点，并提出只有在共振条件下，潮龄才可能达到观测到的量值。但是他们只采用了简单振动理论的响应关系来解释，并

没有用流体动力学的方法来证明。可以说，目前还没有一种流体动力学理论可以很好地解释实际海洋中的潮龄现象。分潮 M_2 和 S_2 的角速率之差仅仅是各自角速率的 3.5%左右，但实际海洋对它们响应的相角差在大多数海域可以达到 24°~48°。海洋对引潮力的响应为什么存在 1~2 天潮龄的这一特征？一直以来都是一个未能解决的问题。因传播而产生的时间延迟可以解释局部海洋，特别是陆架海域的潮龄现象，但不能解释全球海洋的普遍现象。摩擦效应可引起响应相角随引潮力频率的变化，但其数值比观测值小很多。共振可能是海洋对潮汐的响应具有较大相角差的原因，但还没有建立起一种相应的流体动力学理论。特别是，为什么各个大洋都存在显著的潮龄？半日潮和日潮为何都存在显著潮龄？这些都是亟待解决的科学问题。

参考文献

[1] Garrett C J R, Munk W H. The age of the tide and the "Q" of the ocean. Deep-Sea Research, 1971, 18: 493-503.

[2] El-Sabh M I, Murty T S, Cote R. Variations of the age of the tides in the global oceans. Marine Geodesy, 1987, 11(2-3): 153-171.

[3] 陈宗镛. 潮汐学. 北京: 科学出版社, 1980: 1-301.

[4] 方国洪, 郑文振, 陈宗镛, 王骥. 潮汐和潮流的分析和预报. 北京: 海洋出版社, 1986: 1-474.

[5] Pugh D T. Tides, Surges and Mean Sea-Level. Chichester: John Wiley & Sons, 1987: 472.

[6] Proudman J. The effect of coastal friction on the tides. Geophysical Journal International, 1941, 5(Supplement s1): 23-26.

[7] El-Sabh M I, Murty T S. Age of diurnal tide in the world oceans. Marine Geodesy, 1989, 13: 159-166.

撰稿人：方国洪　徐晓庆　魏泽勋

国家海洋局第一海洋研究所，fanggh@fio.org.cn

风生环流与热盐环流有何联系?

What is the Linkage Between Wind Circulation and Thermohaline Circulation?

传统环流理论把海洋环流运动分为由海面风应力驱动的相对较快的风生环流和由浮力强迫(来自温度和盐度的差异)驱动的相对较慢的热盐环流。其中风生环流理论将海洋当做理想绝热流体，不考虑海洋的热力学过程和温盐变化，通过海面风应力首先驱动海洋上层的埃克曼(Ekman)流动，进而通过 Ekman 流动的抽吸作用驱动海洋次表层的地转运动，共同形成了风生环流。随后物理海洋学家们又提出了与大洋西边界流相关的底摩擦、侧摩擦和惯性西边界流理论，从而使风生环流理论框架更加完善。到 20 世纪 80 年代，为了描述风应力导致的温跃层内海水运动，又发展了考虑海洋层结效应的位涡均一化和通风温跃层理论，从而使人们对风生环流的理论认识从二维提升到三维的层次。而热盐环流理论则主要关注热力学过程，较少考虑动力学。事实上，关于热盐环流的定义就有很多种。Wunsch[1]曾总结出 7 种热盐环流定义：①质量、热和盐的环流；②深渊环流；③质量经向翻转环流；④从低纬向高纬输送热和水汽的全球输运带；⑤表面浮力强迫的环流；⑥深海密度或压力差驱动的环流；⑦北大西洋净输出的化学物质，如元素镁。但是这些定义既不相互独立，又不完全一致，且多少与风生环流耦合在一起，导致了海洋的风生和热盐环流的联系并不清楚。

由于风生环流与热盐环流各自涉及的领域十分广阔，而目前对于它们之间关系的研究又受限于观测，因此并没有一个系统的认识。主流观点认为热盐环流形成了海水层化的基本结构，为风生环流提供了一个背景场，而风生环流则可以调制热盐环流，特别是南大洋的风生 Ekman 上升流，被认为是影响大西洋经向翻转热盐环流强度的重要因子。目前已有学者研究了风生环流与热盐环流对总环流及变化的贡献，主要从运动学和热力学两个角度展开讨论。

运动学上，如图 1[2]，可将海洋运动分成上面 30m 的 Ekman 层，30~1500m 的亚热带、亚极带和赤道流涡等，以及 1500m 以下由热盐环流主导的运动。Ekman 层主要将上层风应力强迫通过海水辐聚辐散引起的垂直运动(风的信号)传递给下面的流涡。而流涡除了内部线性理论控制的区域外，亚热带流涡还存在非线性过程控制的强回流区(如北半球亚热带流涡的西北角)。底层的运动则受到深水形成带来的沉降和地形的影响，通过高纬下降流和广大内区的缓慢上升流连接着上层运

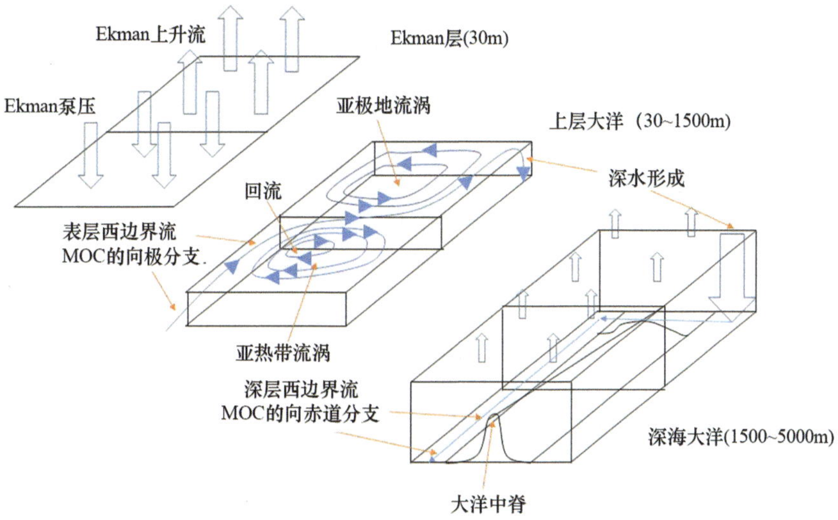

图 1　北半球海盆中，风生流涡与热盐环流相互作用示意图
修改自黄瑞新著《大洋环流风生与热盐过程》中文版图 5.176

动。由于风生环流基本是水平流涡型的，而热盐环流往往是垂向翻转的贯通流，所以可通过数学方法分别计算它们在总环流中的贡献。例如，Jiang 等[3]应用三维大洋环流的诊断技术对流涡及贯通流的流量、热通量的气候平均做出了评估，同时诊断出大西洋最大向极通量的年代变率中，流量的变化主要由风生的水平流涡贡献，热通量的变化主要由热盐环流中的经向贯通流贡献，并且清晰地揭示出 20 世纪 70 年代流态转型。

热力学上，由于风生环流一般认为是绝热过程，并假设非绝热运动是热盐环流的效应，所以还可把总环流分为绝热与非绝热运动(盐度也有重要影响，不可忽略)。过去普遍认为非绝热的热盐环流决定了海洋内部的热量分配及变化过程，但是近年来的一系列观测和研究发现绝热的风生环流对海洋内部热量变化的影响同样重要，如 Huang[4]应用简单的约化重力模式，指出由海面风应力驱动的海洋辐合辐散运动可以产生海洋垂向热量输运，改变了海洋各深度的热含量。这一结果说明了风生流涡的变化主导着上层海洋较短尺度的变化，并对全球变暖停滞问题伴随的环流改变和海水热容量再分布有着深刻的启示。从时间尺度上来讲，由于风生环流要明显快于热盐环流，故风生绝热运动往往在年代际或以内的时间尺度占主导，而非绝热的热盐环流对于多年代际振荡和更长尺度的运动起主要作用。因此，它们对总环流贡献的大小在不同时间尺度是不一样的。

从气候变化的角度来讲，热盐环流崩溃是引起全球性气候突变的主要原因之一，有关古气候研究已发现了许多相关证据，而这一过程实际上也和风生环流密切相关。在现有的地理和气候配置下，计算机数值模拟也发现当足够多的冰雪融化成淡水进入北大西洋深层水形成区，导致海水表层密度变小不足以下沉形成深层水时，北大西洋热盐环流将削弱甚至崩溃。许多研究如 Zhang 和 Delworth[5]运用气候模式模拟了这一现象，揭示了热盐环流崩溃中风生和热盐环流的关系及相互作用。一方面，热盐环流崩溃引起大气环流的变化和海表面风应力旋度的改变，进而影响风生环流，这是热盐环流和风生环流的主要联系方式之一；另一方面，热盐环流崩溃的信号可以通过海洋的开尔文波和罗斯贝波传遍全球大部分海区[6]，其对各地风生环流的调整作用随空间距离存在衰减和滞后。

综上所述，相较于热盐环流来说，风生环流由于其时间尺度较短，流动较明显，目前以动力学框架为主的风生海洋环流理论已经基本成熟。然而，由于对热盐环流的机理认识仍然不足，因此风生环流与热盐环流的联系仍然是目前海洋环流理论研究的难题，需要在以下几方面开展深入研究：首先，需要突破现有环流理论框架，将完整的热力学引入到环流理论研究中，理解热盐环流的上升支如何形成及与之相关的混合、耗散和热力学熵控制的新范式[2]等；其次，在全球气候变化的基础上，理清风生环流和热盐环流对总环流变异的贡献，包括从全球、海盆尺度到流涡、区域尺度等；最后，将动力学与热力学结合起来，在统一的物理框架下，讨论海洋风生环流与热盐环流的相互作用及耦合关系，形成完整的海洋环流理论。

参 考 文 献

[1] Wunsch C. What is the thermohaline circulation? Science, 2002, 298(5596): 1179-1181.

[2] 黄瑞新，乐肯堂，史久新，等. 大洋环流：风生与热盐过程. 北京：高等教育出版社, 2012.

[3] Jiang H, Huang R X, Wang H. Role of gyration in the oceanic general circulation: Atlantic Ocean. Journal of Geophysical Research: Oceans, 2008, 113(C3).

[4] Huang R X. Heaving modes in the world oceans. Climate Dynamics, 2015, 45(11-12): 3563-3591.

[5] Zhang R, Delworth T L. Simulated tropical response to a substantial weakening of the Atlantic thermohaline circulation. Journal of Climate, 2005, 18(12): 1853-1860.

[6] Timmermann A, An S I, Krebs U, et al. ENSO suppression due to weakening of the North Atlantic thermohaline circulation*. Journal of Climate, 2005, 18(16): 3122-3139.

撰稿人：林霄沛　杨俊超　吴宝兰

中国海洋大学，linxiaop@ouc.edu.cn

深海热盐翻转环流的时间尺度由什么决定？

What Determines the Timescale of Deep-Ocean Thermohaline Overturning Circulation?

深海热盐翻转环流又称为深海经向翻转环流(meridional overturning circulation, MOC)，通常是指由于海水经向密度差异而形成的深层海洋闭合环流系统[1]。它连通着世界三大洋——太平洋、大西洋和印度洋(图 1)，是一个具有复杂三维结构的全球性环流系统[2]，并控制着全球深海动量、热量和物质的输运，影响全球气候变化[3]。。

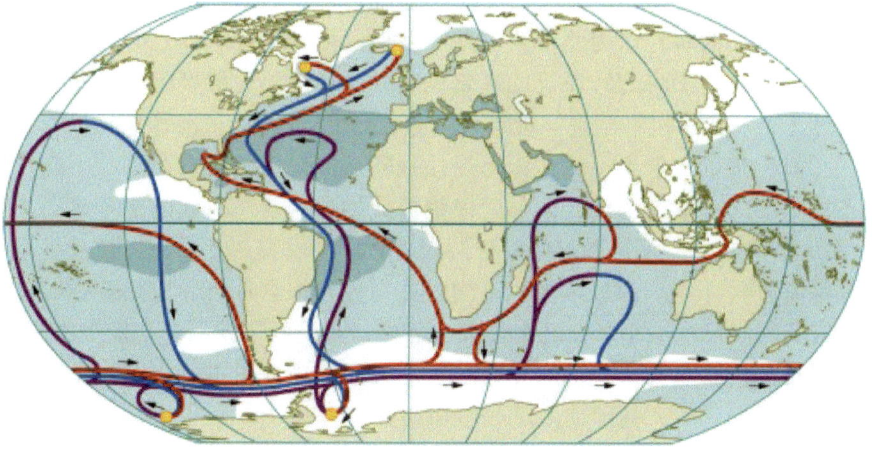

图 1　全球深海热盐环流结构示意图

http://worldoceanreview.com/en/wor-1/climate-system/ great-ocean-currents/，蓝色表示深层冷水环流，红色表示上层暖水环流

在海盆尺度上，深海热盐翻转环流的时间尺度是指大洋深层水形成区冷水下沉经过闭合的翻转环流圈上升回到源头所需要的时间，而对于局地海洋则可理解为该区域深海水团完成更新所需要的时间[4, 5]。由于全球深海热盐环流流幅范围极广、流速缓慢、现有观测能力限制等因素，人们很难获得大范围、长期、准确的深海海流观测数据，这使得该时间尺度的准确计算成为目前海洋学难以解决的科学难题之一。

尽管如此，通过分析海洋中各种化学同位素的观测数据和海洋数值模式模拟的海洋保守示踪物输运时间，科学家们可以粗略估算全球深海热盐翻转环流的时间尺度[6, 7]。例如，根据深海碳同位素观测数据，科学家们通过该同位素衰变周期估算得到全球热盐深海翻转环流的时间尺度为 1000~2000 年[8, 9]。然而，由于全球海洋不同海盆的热盐翻转环流快慢存在着明显的差异，化学同位素示踪法并不能准确计算全球深海热盐翻转环流的时间尺度。不同的海洋数值模式结果也存在显著差异，科学家们估算得到的时间尺度从 1200~3000 年[10, 11]。因此，目前关于深海热盐翻转环流时间尺度还存在一定的争议。

那么深海热盐翻转环流时间尺度的决定因子究竟有哪些呢？一般认为，该时间尺度由深海环流的经向翻转速率所决定，经向翻转慢则时间尺度长，反之则短[12]。因此弄清楚影响经向翻转速率的动力机制就可以得到该时间尺度的决定因子。基于理论和数值模型结果分析，人们发现深海热盐翻转环流速率并非由单一因子决定，而是一个复杂的动力过程，与浮力梯度(即垂向密度差异)、南极绕极风应力、潮汐混合及海盆尺度相关，并受全球气候变化的影响[12]。

从海洋环流动力学角度分析，深海热盐翻转环流速率与该翻转环流形成原因直接相关。过去的研究认为北大西洋高纬度地区由于冷却和蒸发导致的上层高密度冷水下沉是驱动深海翻转环流的主要机制，这种由浮力梯度驱动的深海环流学说也被称为“海洋热机”学说。近年来，随着研究的深入，“海洋非热机”学说逐渐替代“海洋热机”学说，认为深海热盐翻转环流仅依靠浮力驱动并不能维持目前稳态的全球闭合翻转环流，而与南极绕极流相关的西风引起的上升运动才是其主要驱动力[13]。图 2 示意图表明南极绕极西风驱动了离岸上升流，从而维系了北大西洋深海翻转环流。南极绕极西风增强或向极地偏移都将导致热盐翻转环流增强，对应其时间尺度减小，反之则增大。另外，在受西风控制的南极绕极流海区，中尺度涡旋的南移也会影响深海热盐环流的形成。由此可见，深海热盐环流的时间尺度与上层海洋及大气的动力过程密切相关。

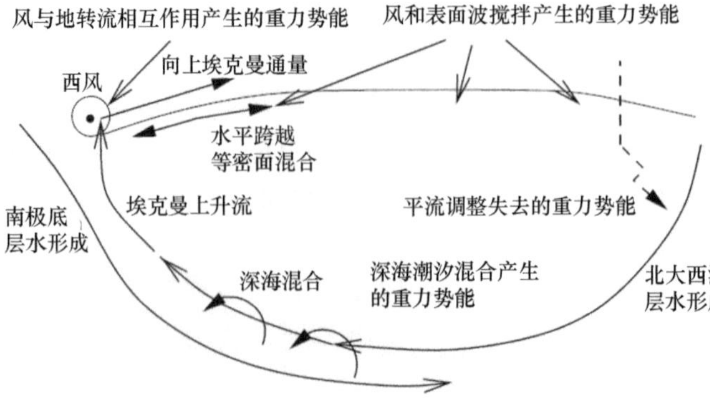

图 2　深海混合和上升过程对维持大西洋翻转环流作用示意图[12]

潮汐导致的混合对深海翻转环流也会产生影响，但该作用一直被人们所忽视。研究表明，全球深海大约有 0.9TW 的潮汐能转化成混合能量从而驱动深海热盐翻转环流[11]。可以想象，若海洋中没有潮汐，深海中又冷又咸又重的海水将很难被运输到海洋上层，最终导致整个闭合的经向翻转环流无法维系。特别是在海底地形复杂的地方，潮汐混合导致的垂向扩散率可以达到 $10^{-3}m^2/s$ 甚至更高量级，这与上层海洋混合量级相当。因此，潮汐混合也是决定着深海热盐翻转环流时间尺度的关键因子之一。

此外，深海海盆尺度和地理位置也决定了局地深海翻转环流的时间尺度。从海盆尺度角度分析，深海海盆尺度越大则深海热盐翻转环流的时间尺度就会更长。例如，北大西洋的翻转环流时间尺度大约为 700 年[8]，而海盆尺度较小的南海深海翻转环流的时间尺度大约只有 50 年[14]。从地理位置角度分析，距离深海热盐翻转环流发源地越近的区域其时间尺度越小。全球深海热盐翻转环流主要的起源地位于北大西洋和南大洋高纬度地区，因此北大西洋和南大洋热盐翻转环流时间尺度更短。而北太平洋受美洲大陆的阻隔，距离起源地较远，其热盐翻转环流时间尺度则更长，可达到 2000 年甚至更久[5]。

当然，讨论深海热盐翻转环流时间尺度如何变化，必须建立在一定的全球气候背景条件下。在当今全球增暖这一趋势下，深海热盐翻转环流如何响应和反馈已成为全球关注的焦点。最新研究表明，全球增暖已导致北冰洋海水增温，上层海洋垂向密度梯度增加，导致北大西洋乃至全球深海热盐翻转环流逐渐减弱，未来 300 年甚至存在崩溃的可能[15]。这意味着，如果任由现在的趋势发展下去，美国好莱坞电影《后天》中展现的灾难性一幕也许真的会来临。

综上所述，目前全球深海热盐翻转环流的结构已被初步揭示(见图 1)，但是由于其动力机制非常复杂，流速极其缓慢，非常难以观测，人们关于深海热翻转盐环流的时间尺度研究还处于定性描述阶段。如何建立有效的方法获得其准确的大小？如何准确评估各个控制因子对其贡献？这些都是当今乃至未来几十年物理海洋学的前沿科学难题，有待海洋学家们去突破和解答。

参 考 文 献

[1] Wunsch C. What is the thermohaline circulation. Science, 2002, 298(5596): 1179-1181.

[2] Talley L D. Closure of the global overturning circulation through the Indian, Pacific, and Southern Oceans: Schematics and transports. Oceanography, 2013, 26(1): 80-97.

[3] Siedler G, Gould J, Church J A. Ocean circulation and climate: Observing and modelling the global ocean. Academic Press, 2001. AIP International Geophysics Series, Volume 77: 715.

[4] Duplessy J C, Bard E, Arnold M, et al. How fast did the ocean—atmosphere system run during the last deglaciation?. Earth and Planetary Science Letters, 1991, 103(1-4): 27-40.

[5] Wunsch C, Heimbach P. How long to oceanic tracer and proxy equilibrium?. Quaternary

Science Reviews, 2008, 27(7): 637-651.

[6] Jenkins W J, Webb D J, Merlivat L, et al. The use of anthropogenic Tritium and Helium-3 to study subtropical gyre ventilation and circulation [and discussion]. Philosophical Transactions of the Royal Society of London A: Mathematical, Physical and Engineering Sciences, 1988, 325(1583): 43-61.

[7] Wunsch C. Oceanic age and transient tracers: Analytical and numerical solutions. Journal of Geophysical Research: Oceans, 2002, 107(C6).

[8] Key R M, Kozyr A, Sabine C L, et al. A global ocean carbon climatology: Results from global data analysis project (GLODAP). Global Biogeochemical Cycles, 2004, 18(4).

[9] Metz B, Davidson O, de Coninck H, et al. Carbon dioxide capture and storage. 2005, 431.

[10] Gebbie G, Huybers P. The mean age of ocean waters inferred from radiocarbon observations: Sensitivity to surface sources and accounting for mixing histories. Journal of Physical Oceanography, 2012, 42(2): 291-305.

[11] Huang R X. Mixing and energetics of the oceanic thermohaline circulation. Journal of Physical Oceanography, 1999, 29(4): 727-746.

[12] Huang R X. Ocean circulation: Wind-driven and thermohaline processes. Cambridge: Cambridge University Press, 2010.

[13] Delworth T L, Zeng F. Simulated impact of altered southern hemisphere winds on the Atlantic meridional overturning circulation. Geophysical Research Letters, 2008, 35(20).

[14] Qu T, Girton J B, Whitehead J A. Deepwater overflow through Luzon strait. Journal of Geophysical Research: Oceans, 2006, 111(C1).

[15] Liu W, Xie S P, Liu Z, et al. Overlooked possibility of a collapsed Atlantic meridional overturning circulation in warming climate. Science Advances, 2017, 3(1): e1601666.

撰稿人：谢　强

中国科学院深海科学与工程研究所，gordonxie@idsse.ac.cn

深渊环流是深海热盐环流的一部分吗？

Is Trench Circulation One Part of Deep-Ocean Thermohaline Circulation?

深渊一般指深度超过 6000m，具有极端高压、低温、高盐、低溶解氧、暗黑、陡峭闭合地形的深海沟(图 1)。尽管深渊面积仅占全球海底总面积 1%~2%的区域，但是在深度分布上却代表了 45%的最深海洋区域[1]。深渊多分布于活动的海洋板块边缘，是板块俯冲作用的产物，也是目前地球上最大的未知物种栖息地。目前世界上已知的主要深渊有 37 个，其中 28 个位于太平洋(图 2)，5 个位于大西洋，4 个位于印度洋。已知最深的深渊位于西北太平洋马里亚纳海沟“挑战者深渊”，其深度超过了 10900m。

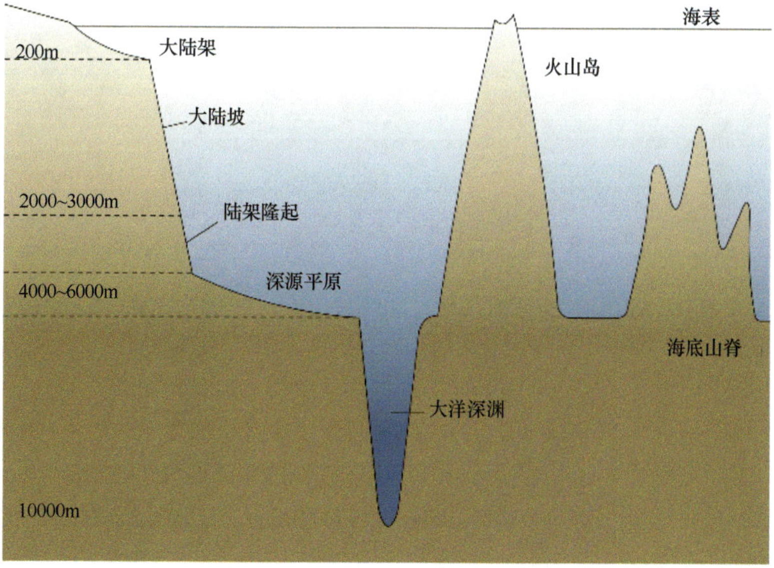

图 1　海洋不同深度分层情况

https://commons.wikimedia.org/wiki/File：Oceanic_basin.svg

长期以来，深渊科学一直被视为一个独立的学科和热点来研究。从战略地位上来看，由于深渊的独特性和重要性，一些发达国家从 20 世纪中叶开始对深渊展开调查，独立启动了多项深渊科学研究计划，并研制了多种不同深度的无人和载人深潜器进行深渊探索，为未来开发和利用深渊环境资源抢占先机。例如，英国和日本联合开展了"HADEEP"(hadal environment and education program)深渊探测计划，美国开展了"HADES"(Hadal Ecosystem Study)研究计划等。我国"十二五"期间大力发展深渊探测技术，瞄准深渊科学研究的国际前沿，致力于构建我国深渊科学研究体系和提升我国在全球深渊前沿科学领域的影响力。从科学意义上来看，深渊内部栖息着很多人类未知物种和生物群落，对深渊生物展开研究将为揭示地球生命起源提供参考。那么深渊环流研究作为深渊科学研究的一部分，它能独立于全球深海热盐环流研究之外吗？

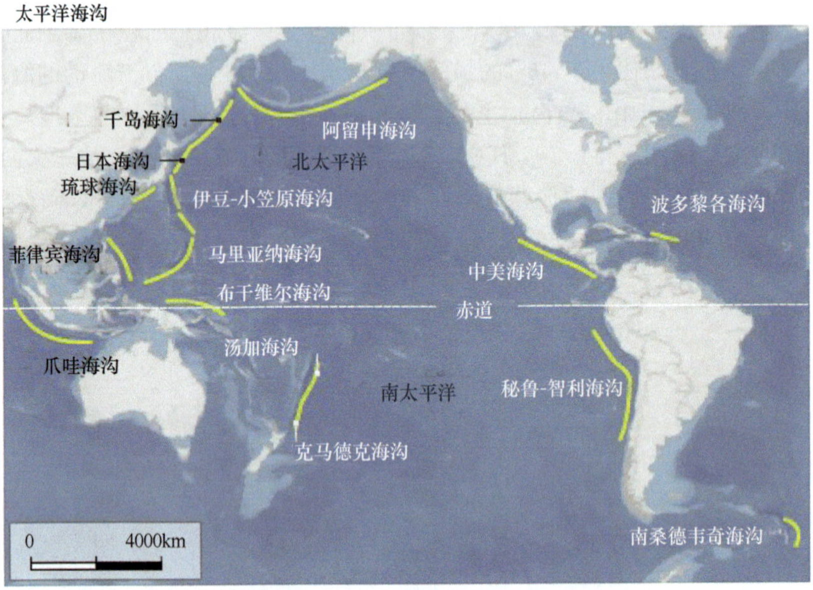

图 2　太平洋主要深渊分布图

http://news.bbc.co.uk/2/hi/8426132.stm

从深渊地理分布特征来看，深渊并不孤立。全球大部分重要的深渊都处在深海热盐环流的关键通道上，使得深渊成为深海热盐环流的必经之路。以太平洋为例，在太平洋底层，南大洋深层水随深海热盐环流从南向北进入西北太平洋，依次经过克马德克海沟、汤加海沟、马里亚纳海沟、伊豆–小笠原海沟，最终到达最北部的阿留申海沟(图 3)[2, 3]。

从环流动力学角度来看，大量观测结果表明深渊内部并不是死水一潭，而是普遍存在气旋式深渊环流，并且环流强度不弱[4]。例如，日本科学家观测到伊豆–小笠原海沟和马里亚纳海沟"挑战者深渊"最大流速均可达 10 cm/s[5, 6]。在垂向上，气旋式环流的存在使得深渊底层水从深渊中心上涌，进入上层深海热盐环流流系中，而上层水体通过混合下沉进入深渊系统，从而实现深渊与深海的水体和物质交换。通过深海–深渊环流相互作用，南大洋深层水给西北太平洋海沟深渊带来了丰富的溶解氧和高盐水[7]，继而影响深渊水团特性和生物的新陈代谢[1, 8]。

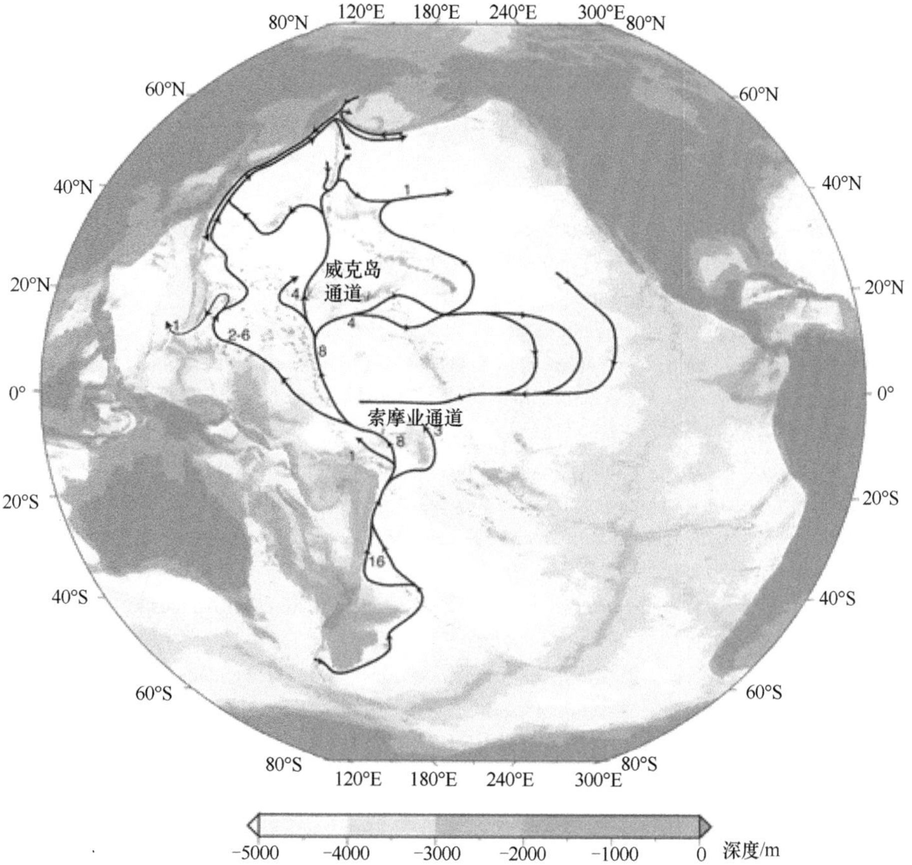

图 3　太平洋底层水环流示意图

http://booksite.elsevier.com/DPO/chapter10.html

从生物学角度来看，最近的研究发现深渊内部存在着大量不同的生物群落[9, 10]，蕴含着数量惊人的有机碳[11]。它们与深渊平原甚至浅海陆架区域的生物群落和碳循环存在着相似性[12]，这很可能与深海和深渊之间的水体交换，以及环流相互作用密切相关。因此，了解深渊环流与深海热盐环流的关系，对研究深海–深渊物种迁移过程和全球碳循环具有重要意义。

综上所述，尽管深渊环流具有尺度小、相对封闭等特征，它与深海热盐环流仍存在着千丝万缕的联系。那么是否可以认为深渊环流是深海热盐环流的一部分呢？这个问题目前还没有确切的答案，未来还需要科学家们对深渊环流开展更多的观测和研究。

参 考 文 献

[1] Jamieson A J, Fujii T, Mayor D J, et al. Hadal trenches: The ecology of the deepest places on Earth. Trends in Ecology & Evolution, 2010, 25(3): 190-197.
[2] Yanagimoto D, Kawabe M, Fujio S. Direct velocity measurements of deep circulation southwest of the Shatsky Rise in the western North Pacific. DeepSea Research Part I: Oceanographic Research Papers, 2010, 57(3): 328-337.
[3] Talley L D. Descriptive physical oceanography: An introduction (Sixth Edition). Boston: Elsevier, 2011.
[4] Johnson G C. Deep water properties, velocities, and dynamics over ocean trenches. Journal of Marine Research, 1998, 56(2): 329-347.
[5] Fujio S, Yanagimoto D, Taira K. Deep current structure above the Izu - Ogasawara Trench. Journal of Geophysical Research: Oceans, 2000, 105(C3): 6377-6386.
[6] Taira K, Kitagawa S, Yamashiro T, et al. Deep and bottom currents in the Challenger Deep, Mariana Trench, measured with super-deep current meters. Journal of Oceanography, 2004, 60(6): 919-926.
[7] Talley L D. Closure of the global overturning circulation through the Indian, Pacific, and Southern Oceans: Schematics and transports. Oceanography, 2013, 26(1): 80-97.
[8] Beliaev G M, Brueggeman P L. Deep sea ocean trenches and their fauna. Scripps Institution of Oceanography, 1989.
[9] Vinogradova N G. Zoogeography of the abyssal and hadal zones. Advances in Marine Biology, 1997, 32: 325-387.
[10] Epping E.Ocean ecology: Life in an oceanic extreme. Nature Geoscience, 2013, 6(4): 252-253.
[11] Glud R N, Wenzhöfer F, Middelboe M, et al. High rates of microbial carbon turnover in sediments in the deepest oceanic trench on Earth. Nature Geoscience, 2013, 6(4): 284-288.
[12] Yoshida M, Takaki Y, Eitoku M, et al. Metagenomic analysis of viral communities in (hado) pelagic sediments. PloS One, 2013, 8(2): e57271.

撰稿人：谢　强
中国科学院深海科学与工程研究所，gordonxie@idsse.ac.cn

究竟是什么力量使大洋热盐环流绕地球流动？

What Exactly Force Drives the Global Thermohaline Circulation?

海洋覆盖约71%的地球表面，尽管有大陆和岛屿的阻隔，各大洋之间的洋流仍然是相互连通的循环系统。深海也是如此，并非一潭死水，不过流动非常缓慢而已。在物理海洋学中，早期观点认为深海的流动是由于海水的温度和盐度变化引起的，因此命名为大洋热盐环流。它在环绕地球流动过程中牵动着全球海洋90%以上的海水，影响着全球海洋的能量、热量以及二氧化碳等物质的输送和再分配，被形象地比喻为“大洋输运带”[1](图1(a))。大洋热盐环流最重要的作用是调制地球的气候，而且对不同时空尺度的气候都有影响。所以，无论研究气候的过去、现在还是未来的变化都离不开大洋热盐环流[2]。然而，究竟是什么力量推动和维持着大洋热盐环流呢？这个问题已经争论了一个多世纪[2~4]，现在仍是一个未解决的物理海洋学难题。难点主要在于以下几个方面：首先是探测空间的制约，深海观测是一项十分艰巨的任务；其次是探测时间的制约，因深海流动非常缓慢，印证一个理论假设往往需要长时间的观测；再次是探测规模的制约，深海观测需要大范围的同步观测，受制于资金经费限制目前还无法做到大规模观测；最后是热盐环流的定义不一致，由于热盐环流涵盖多个学科，不同学科所关心的参数各有不同，再加上动力机制认识不足[2]，导致热盐环流的定义不统一，在一定程度上影响了热盐环流的研究[3]。

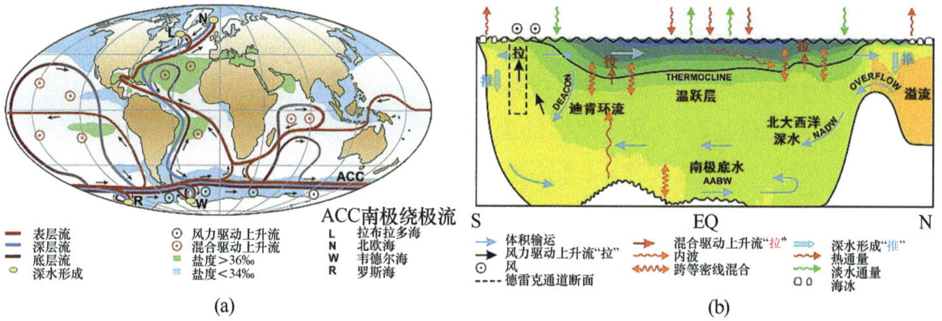

图1 (a)全球大洋输运带；(b)什么“推动”和“拉动”大洋输运带[5]

http://onlinelibrary.wiley.com/doi/10.1029/2004RG000166/full

物理海洋学家最早认为深海是静止不动的，直到19世纪才开始关注深海洋流成因：一种观点认为风驱动海水产生深海流动；另一种观点则假定加热与冷却或者蒸发与降水引起的密度差导致海水产生“对流运动”。20 世纪初，为研究“风生环流”和“热成环流”特性，瑞典海洋学家 Sandström 在 1908 年进行水槽实验[5]：水槽里分层放入不同密度的海水(代表海洋层化，海水越深密度越大，这样的海洋结构越稳定)，把加热和冷却源置于水槽不同深度，并向水面吹气(模仿风的搅拌混合作用)。设置不同实验条件发现，只有当加热源的位置低于冷却源时在竖截面上才能出现环状流动。Sandström 实验为我们理解深海洋流奠定了基础，成为海洋不是“热机”学派的实验依据。由于温度和盐度共同决定海水密度，后来 Defant 把盐度考虑进来，于 1929 年首次将“热盐环流”写入海洋学教科书。Rossby 于 1965 年重做 Sandström 水槽实验[6]，他把加热(类似传统炉子上烧水壶)和冷却源放在水槽底部两端时发现竖截面上可以产生环形流；他认为这类似于海水在子午方向受太阳加热的不均性(在近赤道加热、近极地冷却)，将其推论到海洋同样有经向环流，为海洋是“热机”学派提供了实验依据。同时一端加热一端冷却水面或底部，两者效果真的一样吗？过去一直没有人对 Rossby 的实验提出质疑，而中国海洋大学王伟教授用现代流场测量技术改进了 Sandström 水槽实验，没能重复出 Rossby 实验的结果，也就是说海洋不是“热机”[7]。目前对海洋是否是“热机”的这种实验争论还在继续。

1961 年 Stommel 用两个连通的水箱分别代表赤道加热与极地冷却作为理想模型[8]，他假定上层海洋赤道与极地之间的温差和盐差(即密度差)驱动深海环流，理论上导出大洋热盐环流存在流向相反的两种状态：一是由温度不稳定造成的，上层从赤道流向极区然后从底层由极区返回赤道的环流态；二是由盐度不稳定造成的，流向反过来的环流态。上述热盐环流的流向反转可能会导致气候突变，如古气候记录上存在多次这样的气候突然变冷(如新仙女木)事件，而古海洋学的任务之一就是寻找这种气候突变与热盐环流反转之间联系的证据。Stommel 这个假定和 Rossby 实验构建了现代大洋热盐环流理论的基础，不过近 20 年出现了新的观点。Munk 等[9, 10]提出热盐环流是由风和潮汐提供的机械能驱动并维持，高低纬度间的温盐差(或密度差)只是形成热盐环流的前提条件。管玉平和黄瑞新教授根据能量假定，在理论上得到导致热盐环流改变流向的新观点[11]：与 Stommel 理论不同，只有盐度不稳定(如冲淡水或极冰融化)时才能使热盐环流转变流向，而温度不稳定不会导致热盐环流转变流向，这也是好莱坞灾难片《后天》的科学背景。上述观点可以从能量的角度来解释：温度为间接变量，全球变暖可使北极冰融化，从而改变了盐度，进而有可能扭转热盐环流的方向。自从 Bryan [12]用计算机模拟实现了热盐环流流向反转以来，迄今为止所有的数值模拟试验都是通过改变盐度(或淡水)而不是改变温度来实现环流流向反转的。若热盐环流的能量假设是正确的，那么未来新一代的大洋环流数值模式将建立在热盐环流的能量理论之上。究竟实际海洋是否存在热盐环流反转流向仍然是个待解之谜！

迄今为止，人类对大洋热盐环流的认识仅仅是定性描述。为了便于理解大洋热盐环流的动力学机制，物理海洋学家把“大洋输运带”绕地球转动的动力归结为“推”和“拉”两种[13](图 1 (b))：“推”是指两极高密度冷水下沉形成深水时“推动”热盐环流，全球有四处(图 1 (a)中黄圆点 N、L、R 和 W)；“拉”是指海水上升时“拉动”热盐环流。由于上升流分两类：一是风应力作用；另一是海洋内部混合。因此“拉”又分为风拉动和混合拉动，风拉动主要在南极绕极流区(图 1(a)用黑点圆表示)，而混合拉动则几乎遍布洋盆(图 1(a)用红点圆表示)。究竟是“推”、是“拉”、还是两者兼而有之？只有通过深海观测才能寻找到答案。任何理论或计算机模拟结果的正确性都必须由实际海洋观测数据来验证，风生环流和热盐环流动力机制不同，但不是相互独立的环流，尤其在上层海洋两者交织一起。尽管计算机模拟可以通过改变海洋模式参数来对两者进行单独研究，但在实际海洋测量中却无法将它们区分开[2,3]。研究大洋热盐环流面临的最大挑战和难题是如何获取覆盖全球深海的长期连续观测数据，只有这样的实测数据才能最终检验大洋热盐环流理论的正确与否。

参 考 文 献

[1] Broecker W S. The great ocean conveyor. Oceanography, 1991, 4(2): 79-89.

[2] Wunsch C. What is the thermohaline circulation?. Science, 2002, 298(5596): 1179-1181.

[3] Rahmstorf S. Thermohaline circulation: The current climate. Nature, 2003, 421(6924), 699.

[4] 黄姣凤, 管玉平, 刘宇.世纪之争: 海洋是否为“热机”?——Sandström 猜想发表一百周年侧记. 自然科学进展, 2008, 18(7): 747-755.

[5] Kuhlbrodt T. On Sandström’s inferences from his tank experiments: A hundred years later. Tellus A, 2008, 60(5): 819-836.

[6] Rossby H T. On thermal convection driven by non-uniform heating from below: An experimental study. Deep-Sea Research, 1965, 12(1): 9-16.

[7] Wang W, Huang R X. An experimental study on thermal circulation driven by horizontal differential heating. Journal of Fluid Mechanics, 2005, 540(11): 49-73.

[8] Stommel H. Thermohaline convection with two stable regimes of flow. Tellus, 1961, 13(2): 224-230.

[9] Munk W H, Wunsch C. Abyssal recipes Ⅱ: Energetics of tidal and wind mixing. Deep-Sea Research I, 1998, 45(12): 1977-2010.

[10] 黄瑞新. 大洋环流: 风生与热盐过程. 乐肯堂, 史久新译. 北京: 高等教育出版社, 2012: 116-181, 364-524.

[11] Guan Y P, Huang R X. Stommel’s box model of thermohaline circulation revisited — The role of mechanical energy supporting mixing and the wind-driven gyration. Journal of Physical Oceanography, 2008, 38(4): 909-917.

[12] Bryan F. High-latitude salinity effects and interhemispheric thermohaline circulations. Nature, 1986, 323(6086): 301-304.

[13] Visbeck M. Power of pull. Nature, 2007, 447(7143): 383.

撰稿人：管玉平

中国科学院南海海洋研究所，guan@scsio.ac.cn

深海环流的高频变化及机理

High-Frequency Variation of Deep Ocean Circulation and Its Mechanism

深层大洋环流与深水的形成和变化紧密相关。深海环流作为热盐环流的一部分，它的变化可以影响全球热盐输送，进而影响全球气候变化。深海环流通常被认为是一种量级 1 cm/s 的缓慢流动，因此，深海测流仪需要在高压下进行观测且要求达到较高的精度，至今深海测流都还比较困难，观测的数据量远远无法满足科学研究的需要。

以往的研究多是关注深海环流的低频变化，在深海水团形成、热盐输送及流场本身都观测到半年至年代际的变化[1, 2]，翻转环流的低频变化更是海洋学家研究的重点课题[3]。但越来越多的观测研究表明，深海环流还存在着 90 天以内的高频变化(图 1)。由于缺乏对深层环流的大面积长期观测，深海环流高频变化的时空分布特征及机理研究至今仍困扰着物理海洋学家。

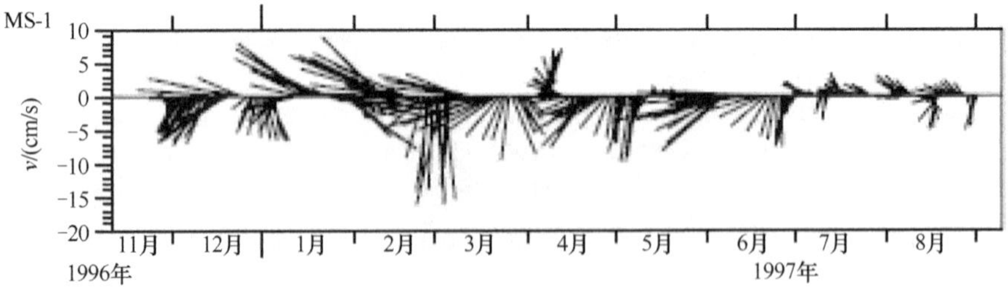

图 1　日本以东 4000m 深观测的流速变化[4]

目前，对于深海的观测主要通过锚系潜标的布放来进行。在大西洋 26.5°N 的剖面上，有一个横跨北大西洋长期观测经向翻转环流的 RAPID 计划[4]，该观测显示大西洋深处存在着几个星期到几个月的高频振荡(图 2)；在太平洋，Fujio 和 Yanagimoto 利用海流计数据发现日本海槽的深层边界流存在一个月左右的振荡周期[5]；在印度洋，Beal 在索马里海区深层也发现在 1~2 个月内观测到的流场方向可以完全相反[6]；在南海，Zhang 等针对深层海流的观测也显示该海区深层流有 1~2 个月的振荡周期[7]。这些观测显示了两个特点：一是观测的季节内振荡的频率可以从几天到几十天；二是深海环流的高频变化在太平洋、大西洋、印度洋和边缘海都有观测记录，似乎是无处不在。

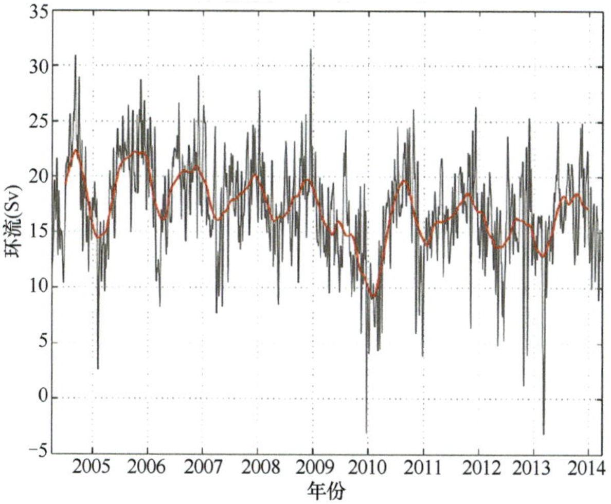

图 2　北大西洋经向翻转环流随时间变化[4]

关于深海环流季节内变化的机理存在多种猜想：Ogata 等指出，季风海洋环流系统变化导致的不稳定性可能是赤道印度洋深层季节内变化的重要原因[8]；Bower 等利用浮标数据和模式表明，深层水源头变化和北大西洋深层西边界流自身不稳定性可以激发北大西洋深层西边界流的高频变化[9]；Böning 等提出上层风影响 Rossby 波，并通过北大西洋深层水的形成进而影响深层环流[11]；Hamilton 通过锚系观测发现由于地形 Rossby 波的存在，墨西哥湾深层存在周期 10~100 天的深层环流振荡[10]；Zhang 等发现涡旋也可以通过斜压模态影响深海环流的变化[7]。这些不同海区机理的提出说明深海环流高频变化的机制也许是多样化的，但目前还没有排除是否存在一个统一的动力学机制来解释深海的高频变化。可以说，深层环流季节内变化的成因至今仍存在许多迷雾，还有待深入研究。

从目前不多的深海环流观测来看，深海环流的季节内变化还带来一个理论上的挑战。海洋学家通常用微扰法来简化运动方程[12]，即把流场分解成平均流加瞬时扰动流处理。大多数研究假设瞬时扰动部分远远小于平均流，这种假设对于上层的许多海洋现象来说是成立的。但是在深海，由于平均流场非常弱，相对地，流场的季节内振荡比平均流强很多，因此很多可用微扰法简化的环流理论在深海是否适用需要进一步考究。也有学者应用数值模拟深海的季节内变化，如 Böning 等利用高分辨海洋模式清晰刻画出北大西洋深层西边界流输运量的季节内变化[12]，但他们也指出，模式分辨率及参数设置对北大西洋深层西边界流输运的季节内变化有较大的影响。

综上所述，深层环流的季节内变化已引起海洋学家的高度关注，给观测、模拟和理论研究都带来了一系列的挑战，需要我们加强这方面的相关工作。

参 考 文 献

[1] Schott F, Fischer J, Reppin J, et al. On mean and seasonal currents and transports at the western boundary of the equatorial Atlantic. Journal of Geophysical Research: Oceans, 1993, 98(C8): 14353-14368.

[2] Purkey S G, Johnson G C. Warming of global abyssal and deep Southern Ocean waters between the 1990s and 2000s: Contributions to global heat and sea level rise budgets. Journal of Climate, 2010, 23(23): 6336-6351.

[3] Kanzow T, Cunningham S A, Johns W E, et al. Seasonal variability of the Atlantic meridional overturning circulation at 26.5 N. Journal of Climate, 2010, 23(21): 5678-5698.

[4] Smeed D, McCarthy G, Rayner D, et al. Atlantic meridional overturning circulation observed by the RAPID-MOCHA-WBTS (RAPID-Meridional Overturning Circulation and Heatflux Array-Western Boundary Time Series) array at 26N from 2004 to 2015. 2016.

[5] Fujio S, Yanagimoto D. Deep current measurements at 38 N east of Japan. Journal of Geophysical Research: Oceans, 2005, 110(C2).

[6] Beal L M, Molinari R L, Chereskin T K, et al. Reversing bottom circulation in the Somali Basin. Geophysical Research Letters, 2000, 27(16): 2565-2568.

[7] Zhang Z, Zhao W, Tian J, et al. A mesoscale eddy pair southwest of Taiwan and its influence on deep circulation. Journal of Geophysical Research: Oceans, 2013, 118(12): 6479-6494.

[8] Ogata T, Sasaki H, Murty V S N, et al. Intraseasonal meridional current variability in the eastern equatorial Indian Ocean. Journal of Geophysical Research: Oceans, 2008, 113(C7).

[9] Bower A S, Lozier M S, Gary S F, et al. Interior pathways of the North Atlantic meridional overturning circulation. Nature, 2009, 459(7244): 243-247.

[10] Hamilton P. Topographic rossby waves in the Gulf of Mexico. Progress in Oceanography, 2009, 82(1): 1-31.

[11] Chi L K. Small perturbation method in Kinetic theory. The Physics of Fluids, 1968, 11(4): 906-909.

[12] Böning C W, Kröger J. Seasonal variability of deep currents in the equatorial Atlantic: A model study. DeepSea Research Part I: Oceanographic Research Papers, 2005, 52(1): 99-121.

撰稿人：王桂华

复旦大学，wanggh@fudan.edu.cn

海洋盐度在全球水循环中的作用

The Roles of Ocean Salinities on Global Hydrologic Cycle

全球海洋约占地球上总水量的 97%，各大洋是整个地球系统水循环中重要的源汇项[1]。海洋盐度是指海水中全部溶解固体与海水质量之比，是基本的海洋环境参数，是描述海水性质的重要物理量。海洋盐度决定着海水密度，密度的不同会导致海水层化，驱动全球各大洋之间的海洋深层环流。因密度不同引起的温跃层变化对海气耦合作用也有重要影响，进而影响海洋大气之间的水循环过程。因此，海洋盐度在全球水循环中起着非常重要的作用。但是以往盐度观测资料的缺乏，使得这方面的很多研究都处于空白。以下主要从温盐环流和盐度在海气耦合中的作用这两个方面介绍最新的研究进展和存在的科学难题。

1. 温盐环流

全球大洋盐度分布主要表现为大西洋的盐度最高，印度洋的盐度最低。盐度和温度的不同最终导致了全球各大洋中海水密度的不同，其中在北大西洋的格陵兰海和挪威海、南极洲的威德尔海和罗斯海的海水密度最大，下沉形成了大洋深层水，而在印度洋和中太平洋的海水密度最低，底层的海水上翻，全球各大洋海水密度的差异驱动形成了大洋温盐环流[2]。温盐环流的时间尺度达到千年以上，虽然温盐环流中深层环流的流速很慢，但是却影响着海洋中 90%的水体，对全球的热量和水分的输送有重要的意义。因此，温盐环流的异常也会带来全球气候系统的异常，如“新仙女木事件”就是因为北大西洋的温盐环流的中断导致了地球进入长达千年的冰期[3, 4]。

全球气候是一个复杂的动力系统，对这个复杂系统的临界点预测非常重要，但也极其困难，而温盐环流就是一个很重要的决定因子[5]。Bond 等[6]通过研究北大西洋深海岩心的证据表明，北大西洋的全新事件(冰岛北部的冷的海水被输送到同英国纬度的海区，同时格陵兰上空的大气环流突然改变)是一个普遍的千年尺度气候循环，其在最后一次冰川期间的周期放大与北大西洋的温盐环流有关。在全球变暖的背景下，温盐环流愈发受到重视。Clark 等[7]研究了 19000 年前(末次冰期)到 11000 年前(全新世初期)的古气候，这一段时间因为全球变暖冰盖的减少导致全球平均海平面上升约 80m，陆地和海洋生态系统释放了大量的温室气体(二氧化碳和甲烷)到大气中，大气和海洋环流发生变化影响了全球水和热的输送和分布；最终的分析结果表明，有两个模态解释了大部分全球气候变化方差，其中第一模态与温室气体有很好的相关，而第二模态则与大西洋经向翻转流有很好的相关。也许，科幻电影《后天》里描述的场景未必只是科幻。

虽然在数值模式中验证了温盐环流的存在[8]，但由于缺乏有效可靠的大洋深层观测资料，温盐环流中还有很多关键性的问题并没有解决。温盐环流中深层水从高纬地区输送到低纬地区，但是海水从低纬地区返回到高纬地区的路径还不完全明确。有研究认为，从低纬到高纬的补偿流主要由大洋表面的风生环流完成的，但有学者指出表面的暖水流输送的水体只有深层环流的 30%，低纬到高纬的补偿流主要还是发生在大洋深层，但是具体的路径却并不清楚[9]。此外，温盐环流具有年代际、百年尺度甚至千年尺度的变化，这些变化有何具体特征，不同尺度的变化又如何相互耦合并影响全球大洋内部的水循环及全球的气候系统[10, 11]？这些问题都急需越来越多的科学工作者投身其中，为科学界揭示完整的温盐环流过程及其影响。

2. 海洋盐度在海气耦合中的作用

近年来随着一系列国际大型的海洋观测计划(如 TOGA、ARGO 等)和海洋盐度卫星(SMOS 等)的发射，科学家获取了大量的海洋表层盐度数据，通过研究发现，表层海水盐度的异常会引起温跃层和海表面温度的变化，影响海洋环流和海气相互作用，最终影响到全球的水循环过程。例如，Fedorov 等[12]研究结果表明表层海水的淡化过程会降低高低纬地区表层海水的密度梯度，减弱表层的风生环流，从而影响表层海水的向极输送。此外，海洋表层盐度的变异能改变海洋中混合层的厚度及垂向混合作用，诱发 Spiciness 过程[13](盐度异常造成的密度改变会被异常的温度大大抵消的现象，通常情况下，正的盐度异常伴随着温度暖异常，负的盐度异常伴随着温度冷异常)，使得海温发生异常，影响海气相互作用，最终会影响到海洋与大气之间的水分交换。例如，Zhang 等[14]利用海气耦合模式，研究了热带太平洋地区淡水通量对海气相互作用的影响，结果表明，因淡水通量引起的海表盐度变化，会使得混合层深度发生改变，上层海水变得稳定，次表层海水的混合和卷夹作用增强，这些海洋过程的作用最终增强了海表温度异常，继而反馈到大气耦合的大气系统中。盐度异常信号能够在温跃层中随着平均流或者是潜沉过程影响到遥远的海区，因此一个地区的海水盐度变化甚至可以通过遥相关作用影响到全球水循环过程[15]。

系统的海洋盐度的观测资料只是近 20~30 年才开始的，观测资料的匮乏严重限制了学者们研究海洋盐度在全球水循环中的作用，无法详细认识到全球各大洋不同深度盐度如何变化，以及会如何影响海洋表层及深层环流。而一些关键海区(如赤道印度洋、太平洋等)的盐度变化会如何影响大型的海气相互作用系统(如季风系统、厄尔尼诺等)，也知之甚少。相对而言，海洋是慢过程，大气是快过程，大气这种快过程变化如何响应海洋盐度的这种慢过程变化也是一个值得深入探讨的问题。

为了解决观测资料匮乏的问题，一方面需要加大对涉及海洋盐度的观测计划；另一方面通过诊断分析盐度与其他要素的关系，尽可能的反演出比较可靠的长时间盐度资料，如盐度与全球水循环的强度有很好的相关关系[16]，可以利用水循环强度的资料来反演长时间尺度的盐度资料。但是还要注意到大洋中表层海水盐度的变异主要是由于蒸发、降水、海冰的生成和融化造成的，而这些过程又是全球水循环中重要的环节，因此海洋盐度与全球水循环是一个相互耦合的过程。在研究分析中需要特别厘清海洋盐度对全球水循环的驱动机制和响应机制，并以此来改善数值模式。总而言之，详细了解海洋盐度在全球水循环中的作用需要科学界投入大量的人力、物力，需要科学工作者付出辛勤的劳动和智慧来解决这个科学难题。

参 考 文 献

[1] 冯士筰, 李凤岐, 李少菁. 海洋科学导论. 北京: 高等教育出版社, 1999: 20-21.

[2] Broecker W S. The great ocean conveyor. Oceanography, 1991, 4(2): 79-89.

[3] Broecker W S. What drives glacial cycles. Scientific American, 1990, 262(262): 49-56.

[4] Vellinga M, Wood R A. Global climatic impacts of a collapse of the Atlantic thermohaline circulation. Climatic Change, 2002, 54(3): 251-267.

[5] Scheffer M, Bascompte J, Brock WA, et al. Early-warning signals for critical transitions. Nature, 2009, 461(7260): 53-59.

[6] Bond G, Bonani G. A pervasive millennial-scale cycle in north Atlantic holocene and glacial climates. Science, 1997, 278(7): 2402-2415.

[7] Clark P U, Shakun J D, Baker P A, et al. Global climate evolution during the last deglaciation. Proceedings of the National Academy of Sciences of the United States of America, 2012, 109(19): E1134-42.

[8] Knight J R, Allan R J, Folland C K, et al. A signature of persistent natural thermohaline circulation cycles in observed climate. Geophysical Research Letters, 2005, 32(20): 242-257.

[9] Ballarotta M, Falahat S, Brodeau L, et al. On the glacial and interglacial thermohaline circulation and the associated transports of heat and freshwater. Ocean Science, 2014, 10(2): 979-1022.

[10] 周天军, 王绍武, 张学洪. 与气候变率有关的几个海洋学问题. 应用气象学报, 1999, 10(1): 94-104.

[11] Clark P U, Pisias N G, Stocker T F, et al. The role of the thermohaline circulation in abrupt climate change. Nature, 2002, 415(6874): 863-869.

[12] Fedorov A V, Pacanowski R C, Philander S G, et al. The effect of salinity on the wind-driven circulation and the thermal structure of the upper ocean. Journal of Physical Oceanography, 2004, 34(34): 1949-1966.

[13] Schneider N. The response of tropical climate to the equatorial emergence of spiciness

anomalies. Journal of Climate, 2004, 17(5): 1083-1095.

[14] Zhang R H, Busalacchi A J. Freshwater flux (FWF)-induced oceanic feedback in a hybrid coupled model of the tropical Pacific. Journal of Climate, 2009, 22(4): 853-879.

[15] 张丽萍. 全球变暖背景下水循环变化对海洋环流及气候的影响. 中国海洋大学博士论文, 2012.

[16] Durack P J, Wijffels S E, Matear R J. Ocean salinities reveal strong global water cycle intensification during 1950 to 2000. Science, 2012, 336(6080): 455-458.

撰稿人：王　鑫

中国科学院南海海洋研究所，wangxin@scsio.ac.cn

海底热液喷发诱导的海水混合

Mixing Induced by the Hydrothermal Exhalation in Deep Ocean

海底热液区是地球上人类研究最少的区域之一，主要位于深渊带，蕴藏着丰富的生化物质。扩张轴的中轴谷、海底火山口及不发育中轴谷的扩张脊是发育热液活动的主要构造背景，热液活动区主要分布在 40°S~40°N 的中低纬度带之间，平均深度在 2600m 左右。热液喷口处海水温度非常高，可达 250~400℃[1~4]。

海底热液活动的观测非常困难，直到 1965 年美国“Atlantis II”号科学考察船首次发现了热液成因的金属矿床，才揭开了现代海底热液活动调查研究的序幕。在初期阶段，关于现代海底热液活动调查研究所关注的主要问题是热液成矿问题，而随后一系列重大调查发现海底热液喷发会造成高温“黑烟囱”现象(图 1(a))，使得热液活动得到更加广泛的关注[1~4]。

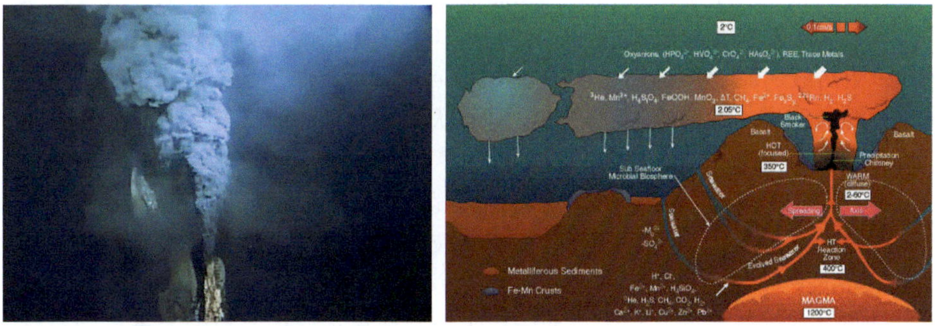

(a) (b)

图 1 (a) 2005 年在胡安德福卡海脊南部裂缝段观测到的热液喷发形成的黑烟囱现象；(b)热液流体循环示意图

http://www.pmel.noaa.gov/eoi/PlumeStudies/plumes-whatis.html

到底什么是“黑烟囱”现象呢？当海底热液喷发时，由于喷发流体温度较高，因此密度小于周围海水，在浮力的作用下开始上升，从而形成热液羽流。因为流体中含有丰富的来自地壳的硫化物成分所以流体经常表现为黑色，俗称“黑烟囱”。热液流体在上升过程中与周围相对较冷的海水不断发生混合，温度降低、浮力减小，直到达到上升最大高度浮力平衡，开始横向扩散[5~9]。通过以上对热液喷发过程的定性分析，可以看到，热液喷发所形成的热液羽流会在跨密度面和沿密度面(垂向和水平)方向诱发非常强的湍流混合(图 1(b))。这种湍流混合在海洋热量、动量和物质输运等方面有着非常重要的作用，对海洋动力和气候系统也产生了重要影响[5, 6, 10]。

研究表明地壳内部向海洋传输热量和物质的过程大部分是通过热液系统进行的[4]，并且对热液喷发所造成的热量及物质传输进行了定量分析，估计全球热量43TW中有11TW是由海底热液系统释放的。对于某些化学元素而言，热液系统释放的通量相当于河流输入量[11]。科学家们发现海底热液喷发及其所诱发的混合过程对海洋造成的影响不容忽视，近年来，大批的人力、物力开始投向热液喷发的相关研究中。

热液喷发所诱导的混合过程需要通过现场观测、实验室模拟和数值模拟相结合来进行研究。尽管现场观测存在很多困难，但是随着科学技术的发展，对海底热液系统的探测已成为可能并逐渐成熟发展，利用科考船深潜器可以清晰地看到热液喷发的景象，从而对热液喷发所造成的混合过程有了直观的了解。但由于热液系统所处环境的复杂性，因此热液喷发所造成混合的详细过程还需要实验室模拟和数值模拟的共同协作。

通过实验室模拟和数值模拟，科学家们已经对热液喷发过程及相关环境因素的影响有了较多的了解。研究发现在热液喷发现象中，热液羽流上升时会造成热液流体与周围海水之间的强烈混合，并且在 $0.6Z_{max}$(热液羽流上升最大高度)处混合最强，当热液羽流上升至 Z_{max} 时，开始横向扩散，同时也了解了海水层结、地球旋转、海底地形、背景流场、热液喷口形状等因素对热液喷发所造成的混合过程的影响[6~9, 12~14]。

虽然现在对热液喷发所诱导的混合过程有了不少研究成果，但是对该过程进行研究的方法存在一些不足。目前关于热液羽流的数值模拟研究大多数是基于对Navier-Stokes 方程进行雷诺平均的思想，方便快捷计算，虽然该方法在热液羽流动力机制、结构及发展过程等方面给出了直观地描述，但是对湍流进行参数化的做法只能得到平均流动的统计信息，不能准确获取湍流特征，同时参数化对环境因素非常敏感，会丧失很多小尺度流动的信息，因此对研究包含多尺度流动的热液羽流并不理想。

由于热液羽流具有高度湍流特性的，其运动是多尺度的，可分为大涡和小涡。其中大涡在质量、动能和能量的传输方面具有主要作用，但它们对流动的初始条件与边界形状有强烈的依赖性，难以用模式理论统一描述；而小涡为近似各向同性，可用较为普适的模型描述，另外小涡对平均运动的贡献较小，因此其模型即使不太精确也对总体结果影响不大。综合之前研究方法的优缺点和热液流体运动的特征，科学家提出了大涡模拟(large eddy simulation，LES)方法。基本思想是通过滤波的方法将运动分为大尺度和小尺度。大尺度是随流动变化的，并且具有较大湍流通量，可以通过计算运动微分方程直接求解；小尺度运动对大尺度运动的影响则在运动方程中表现为类似雷诺应力一样的应力项(称为亚各自雷诺应力)，可以采用参数化方法通过建立模型模拟得到。从理论上看，大涡模拟的方法兼顾了计算量和模拟准确性两方面的限制，无疑是目前研究湍流运动的最佳方法。近期研究也表明了 LES 是研究海洋混合基本过程的最有前途的方法之一[15~17]，LES 模拟上层海洋过程的结果还被用来评定海洋混合过程中的参数化湍流值[18~20]。

尽管目前 LES 方法被认为是模拟热液流体运动的最佳方法，但利用 LES 方法模拟热液羽流的研究并不多，在热液喷发所诱发的海水混合方面的研究则更少，这些方面都需要我们进一步探索。同时，我们还应大力发展深海观测技术，利用观测结果对实验室模拟和数值模拟的结果进行验证。

参 考 文 献

[1] 栾锡武. 现代海底热液活动区的分布与构造环境分析. 地球科学进展, 2004, 19(6): 931-938.

[2] 李升康, 王玉桥. 深海微生物极端酶的研究进展. 海洋科学, 2009, 5: 018.

[3] Stranne C, Sohn R A, Liljebladh B, et al. Analysis and modeling of hydrothermal plume data acquired from the 85 E segment of the Gakkel Ridge. Journal of Geophysical Research: Oceans, 2010, 115(C6).

[4] 栾锡武, 赵一阳, 秦蕴珊, 等. 热液系统输向大洋的热通量估算. 海洋学报, 2002, 24(6): 59-66.

[5] Goodman J C, Collins G C, Marshall J, et al. Hydrothermal plume dynamics on Europa: Implications for chaos formation. Journal of Geophysical Research: Planets, 2004, 109(E3).

[6] Tao Y, Rosswog S, Brüggen M. A simulation modeling approach to hydrothermal plumes and its comparison to analytical models. Ocean Modelling, 2013, 61: 68-80.

[7] Jiang H, Breier J A. Physical controls on mixing and transport within rising submarine hydrothermal plumes: A numerical simulation study. DeepSea Research Part I: Oceanographic Research Papers, 2014, 92: 41-55.

[8] Yang D, et al. Large-eddy simulation and parameterization of buoyant plume dynamics in stratified flow. Journal of Fluid Mechanics, 2016, 794: 798-833.

[9] Fabregat T, et al. Effects of rotation on turbulent buoyant plumes in stratified environments. Journal of Geophysical Research: Oceans, 2016, 121(8): 5397-5417.

[10] Furuichi N, Hibiya T. Assessment of the upper-ocean mixed layer parameterizations using a large eddy simulation model. Journal of Geophysical Research: Oceans, 2015, 120(3): 2350-2369.

[11] German C R, Von Damm K L. Hydrothermal processes. Treatise on geochemistry, 2006, 6: 181-222.

[12] Lavelle J W, Baker E T. A numerical study of local convection in the benthic ocean induced by episodic hydrothermal discharges. Journal of Geophysical Research: Oceans, 1994, 99(C8): 16065-16080.

[13] Lavelle J W, Di Iorio D, Rona P. A turbulent convection model with an observational context for a deep - sea hydrothermal plume in a time - variable cross flow. Journal of Geophysical Research: Oceans, 2013, 118(11): 6145-6160.

[14] Speer K G, Marshall J. The growth of convective plumes at seafloor hot springs. Journal of Marine Research, 1995, 53(6): 1025-1057.

[15] Siegel D A, Domaradzki J A. Large-eddy simulation of decaying stably stratified turbulence. Journal of Physical Oceanography, 1994, 24(11): 2353-2386.

[16] Wang D, Large W G, McWilliams J C. Large - eddy simulation of the equatorial ocean boundary layer: Diurnal cycling, eddy viscosity, and horizontal rotation. Journal of Geophysical Research: Oceans, 1996, 101(C2): 3649-3662.

[17] Skyllingstad E D, Denbo D W. An ocean large - eddy simulation of Langmuir circulations and convection in the surface mixed layer. Journal of Geophysical Research: Oceans, 1995, 100(C5): 8501-8522.

[18] Large W G, Gent P R. Validation of vertical mixing in an equatorial ocean model using large eddy simulations and observations. Journal of Physical Oceanography, 1999, 29(3): 449-464.

[19] Sullivan P P, Mcwilliams J C, Melville W K. Surface gravity wave effects in the oceanic boundary layer: Large-eddy simulation with vortex force and stochastic breakers. Journal of Fluid Mechanics, 2007, 593: 405-452.

[20] Noh Y, Min H S, Raasch S. Large eddy simulation of the ocean mixed layer: The effects of wave breaking and Langmuir circulation. Journal of Physical Oceanography, 2004, 34(4): 720-735.

撰稿人：董昌明　高晓倩

南京信息工程大学，cmdong@gmail.com

海洋涡旋在潜沉与浮露过程中的作用

Eddy Effect on Ocean Subduction and Obduction

海洋上混合层的低位涡水在冬季特定的条件下可以穿过季节性密跃层进入永久性密跃层，这种较高密度水进入较低密度水之下的过程称为海洋“潜沉”过程[1]。海洋“潜沉”过程可以形成模态水从而将气候变化信号存储在海洋中，并通过模态水位置和强度的变化来影响海洋上层层结，进而对海洋环流及气候变化产生重要的调节作用[2, 3]。与潜沉相对应的是“浮露”，该过程是海洋永久性跃层中的水进入海洋上混合层的过程。它可以将海洋次表层异常信号带出跃层并影响混合层，进而可能影响到海洋大气之间的热量交换。此外，潜沉与浮露过程也参与二氧化碳等温室气体在全球的循环，与全球海洋生态系统的演变有着密切联系。

潜沉与浮露速率主要受三个因素影响[4]：一是垂向抽吸的影响(由海面风应力驱动的水平流动辐聚辐散所致)。二是混合层深度季节变化的影响：受冬季深对流活动的影响，某些海域混合层深度在晚冬时最深，形成较强的混合层深度的水平梯度；随后，深的混合层又会在早春迅速变浅，使冬季的深混合层被早春迅速形成的季节性跃层“盖帽”；这部分处于季节性温跃层与永久性温跃层之间的水体有可能会在第二年冬季混合层再次加深时卷到混合层中，也有可能随海流被输运到其他不通风的海区进而发生永久性“潜沉”。三是跨混合层深度锋面的平流效应：跨混合层深度锋面的平流效应是由于海洋大尺度水平环流和冬末混合层深度的水平梯度相结合引起的，跨混合层深度锋面的海洋水平平流如果自深(浅)混合层向浅(深)混合层方向输水则发生潜沉(浮露)。

事实上，跨混合层深度锋面的平流效应在副热带模态水的形成中可能起到了一定的支配性作用[5, 6]。以北太平洋为例，在气候模式平均态下，西北太平洋海域黑潮延伸体附近，受冬季海表大量失热的影响，产生了一个冬季深混合层区，对应地存在着一个非常强的混合层深度锋面[7]。副热带模态水就形成于混合层深度锋面与露头线的交点处(图 1(c))。

潜沉的极大值区大多位于等密度面“露头”区，冬季混合层深度达到上百米，而那里常常存在着大量的海洋涡旋。已有研究表明目前国际上使用的绝大多数气候模式模拟的模态水时空变化与实际观测到的模态水时空变化有明显的差异[8]。以北太平洋为例，气候模式中的低位势涡度(简称位涡)潜沉水体可以从“露头”区持续向南延伸，体现了位涡的守恒性(图 1(c))，但在实际观测中，由于涡旋的强耗散性，副热带模态水在形成之后强度迅速衰减(图 1(a)、(b))。

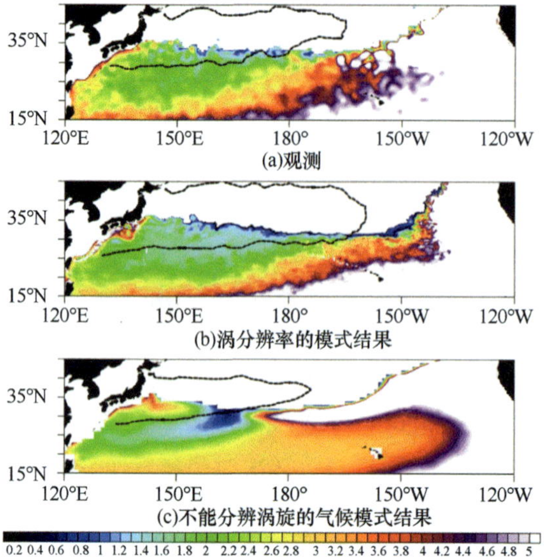

图 1　3 月气候态下等密度面上位势涡度分布图[8]

100 m 混合层深度(混合层深度锋面)用黑色虚线表示

目前气候模式对副热带模态水的模拟普遍偏强，这很可能由两方面原因造成。

第一，混合层模拟误差较大。由于缺乏海上湍流混合的观测、大部分模式不能很好模拟海浪混合的作用、现有热通量资料具有较大的误差等因素，混合层深度特别是冬季深混合层的模拟误差较大，严重地影响了有关潜沉(浮露)过程的定量刻画[7, 9]。

第二，由于缺乏高分辨率的准同步的海洋观测，海洋涡旋在模态水潜沉与输运中所起的作用尚不清楚。目前海洋涡旋影响模态水潜沉的物理机制主要有两种猜想：一是涡旋自身运动对模态水的携带和输运[10]；二是海洋涡旋外围跨大尺度密度锋面的平流输运[11]，向南(北)输运较重(轻)水体进而发生潜沉(浮露)过程。但是要证实上述猜想需要对各种尺度海洋涡旋高分辨准同步的观测。目前现有观测的时空分布，并不能满足研究涡旋，特别是中小尺度海洋涡旋在模态水的潜沉与浮露过程中所起作用的需求。为此，科学家们于 2014 年 3 月在西北太平洋一个有模态水生成的涡旋内布放了 17 个特殊设定的 Argo 浮标，对涡旋影响下，混合层低位涡水的潜沉过程和模态水形成和被输运的过程进行了长达半年的准拉格朗日高分辨率连续追踪观测[12]。通过该观测发现涡旋外围的位势涡度分布具有不对称性，混合层中低位涡水潜沉发生在涡旋外围反气旋涡东侧的南向流处，证实了涡旋的平流效应。但是该次观测仅仅针对一个涡旋，且局限于一个海区，得到的结果未必有普适性。因此，想要完全理解涡旋对潜沉过程的影响还需要继续开展大范围的海洋高分辨准同步的观测。

与潜沉过程相比，有关浮露过程的研究还相对较少[13, 14]，尤其是涡旋在其中的作用更不清楚。尽管浮露是潜沉的反义词，但是两者之间存在很大的差别[1]。为了建立世界大洋水团平衡的完整理论，探索气候变化中水团的形成与消亡过程，我们不仅需要研究潜沉过程的变化，还需要关注浮露过程及其气候变化特征，而海洋涡旋在其中的作用也是当前急需解决的关键性科学问题。

参考文献

[1] 黄瑞新. 大洋环流：风生与热盐过程. 北京：高等教育出版社, 2012: 389-400.

[2] Gu D, Philander S G H. Interdecadal climate fluctuations that depend on exchanges between the tropics and extratropics. Science, 1997, 275(5301): 805-807.

[3] Liu Q, Hu H. A subsurface pathway for low potential vorticity transport from the central North Pacific toward Taiwan Island. Geophysical Research Letters, 2007, 34(12).

[4] Williams R G. The influence of air-sea interaction on the ventilated thermocline. Journal of Physical Oceanography, 1989, 19(9): 1255-1267.

[5] Huang R X, Qiu B. Three-dimensional structure of the wind-driven circulation in the subtropical North Pacific. Journal of Physical Oceanography, 1994, 24(7): 1608-1622.

[6] Qiu B, Huang R X. Ventilation of the North Atlantic and North Pacific: Subduction versus obduction. Journal of Physical Oceanography, 1995, 25(10): 2374-2390.

[7] Suga T, Motoki K, Aoki Y, et al. The North Pacific climatology of winter mixed layer and mode waters. Journal of Physical Oceanography, 2004, 34(1): 3-22.

[8] Xu L, Xie S P, McClean J L, et al. Mesoscale eddy effects on the subduction of North Pacific mode waters. Journal of Geophysical Research: Oceans, 2014, 119(8): 4867-4886.

[9] Sallée J B, Shuckburgh E, Bruneau N, et al. Assessment of Southern Ocean mixed-layer depths in CMIP5 models: Historical bias and forcing response. Journal of Geophysical Research: Oceans, 2013, 118(4): 1845-1862.

[10] Uehara H, Suga T, Hanawa K, et al. A role of eddies in formation and transport of North Pacific subtropical mode water. Geophysical Research Letters, 2003, 30(13).

[11] Nishikawa S, Tsujino H, Sakamoto K, et al. Effects of mesoscale eddies on subduction and distribution of subtropical mode water in an eddy-resolving OGCM of the western North Pacific. Journal of Physical Oceanography, 2010, 40(8): 1748-1765.

[12] Xu L, Li P, Xie S P, et al. Observing mesoscale eddy effects on mode-water subduction and transport in the North Pacific. Nature Communications, 2016, 7.

[13] Liu L L, Huang R X. The global subduction/obduction rates: Their interannual and decadal variability. Journal of Climate, 2012, 25(4): 1096-1115.

[14] 刘成彦. 二十世纪全球海洋潜沉率和浮露率的变化趋势及其机制. 中国海洋大学博士论文, 2012.

撰稿人：许丽晓　刘秦玉

中国海洋大学，lxu@ouc.edu.cn

内孤立波形成机制与预测

On the Generation and Prediction of Internal Solitary Waves

内孤立波是发生在海洋内部的大振幅、短周期的强非线性波动，其特点是由于非线性变陡和非静力频散效应之间的平衡而在传播过程中保持波型不变[1, 2]。内孤立波广泛分布在全球海洋中[3]，其中南海北部、苏禄海、安达曼海、直布罗陀海峡和比斯开湾是全球内孤立波五大活跃区。观测结果(图 1)显示南海北部内孤立波的振幅可达 240m、水平流速可达 2.5m/s，垂向流速可达 0.4m/s[4]，是全球内孤立波最强和最为活跃的海域。由于极强的水平、垂向流速及自身的强非线性，内孤立波是海洋能量和物质输运的重要载体[5]，能够激发极强的跨等密面混合[6]，是改变海洋生态环境的重要因子[7, 8]。内孤立波引起的海水密度变化可以导致潜艇在极短时间内下降上百米，是潜艇水下航行安全的极大威胁。此外，内孤立波对海洋工程设施具有极强的作用力，是影响海洋石油平台作业安全的重要因素[9]。

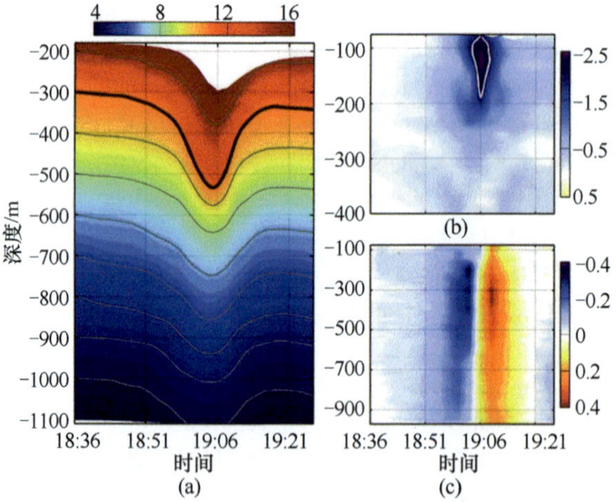

图 1　中国海洋大学南海潜标观测网于 2013 年 12 月 4 日所观测到的一个极端内孤立波[4]
(a)色图为温盐链所观测到的温度，灰线为每隔 100m 的等温线起伏变化；(b)色图为 ADCP 观测的水平流速(m/s)，白色等值线标记了流速大于 2m/s 的区域；(c)ADCP 所观测的垂向流速(m/s)

天文潮是内孤立波的主要激发源，但天文潮产生内孤立波的具体生成机制呈现多样性。内潮非线性变陡分裂是内孤立波生成机制之一，该机制认为天文潮与地形相互作用产生线性内潮，其在远距离传播过程中由于非线性变陡分裂为内孤立波[10]。背风波机制是内孤立波生成机制之二，该机制认为天文潮流经变化地形在背风面产生下凹背风波，当潮流转向时，背风波翻越变化地形产生内孤立波[11]。重力混合区塌陷是内孤立波生成机制之三，该机制认为天文潮和地形相互作用产生混合塌陷区，该塌陷区进一步演变为内孤立波[12]。潮流变化、地形水平尺度和高度的不同及层结的差异是导致内孤立波存在多种生成机制的原因。

南海北部内孤立波的生成源地为吕宋海峡。吕宋海峡的极强天文潮和双海脊地形相互作用使吕宋海峡成为全球斜压潮能量生成最强的海域之一。现场观测和数值试验显示内潮非线性变陡分裂机制[13, 14]、背风波机制[15]和重力混合塌陷机制[16]均有可能是南海北部内孤立波的生成机制。随着长期现场观测的增多和数值试验技术的发展，内潮非线性变陡分裂逐渐被认为是南海北部内孤立波的主要生成机制[17~19]。研究结果进一步表明，地球旋转效应对南海北部内潮的分裂过程有重要影响：在地转频散效应的影响下，南海北部较低频全日内潮的非线性变陡分裂过程被抑制，而较高频半日内潮能够分裂为内孤立波[20, 21]。此外，黑潮不稳定也有可能是激发南海北部内孤立波的机制[22]。

为减少内孤立波对潜艇和海洋工程设施安全的危害性，亟须发展内孤立波预测技术。在理论上，由于非线性变陡和非静力频散效应之间的平衡，内孤立波在传播过程中能够保持波型不变，为内孤立波传播过程的预测提供了理论基础。然而一方面，内孤立波生成过程具有很强的非线性和复杂性，天文潮的强弱和频率、地形的高度和水平尺度、背景流和层结的变化均对内孤立波生成过程存在重要影响，导致目前尚缺乏准确刻画内孤立波生成过程的完整动力学机制，使内孤立波生成预测存在困难。另一方面，由于系统观测的缺乏，内孤立波耗散和破碎的动力学机制仍不清晰，导致对内孤立波的消亡过程难以准确预测。此外，内孤立波的生成和演变对环流和中尺度涡等其他动力过程十分敏感[23~25]，但环流和中尺度涡的预测本身也存在困难，进一步制约了内孤立波预测能力的发展。上述因素导致内孤立波预测成为目前所面临的一个科学难题。

内孤立波动力学数值预测模拟是开展内孤立波预测的一个可行手段。由于分辨率极高的水平计算网格(百米)和垂向计算网格(十米)、高频的数据输出(min/次)和非静力计算等要求，内孤立波数值预测模拟需要巨大的运算量和存储空间。随着超级计算机技术的发展，内孤立波数值预测模式所需要的巨大的运算和存储能力逐渐得到满足，但仍面临以下问题：①构建适用于内孤立波这一特殊中小尺度海洋动力过程的混合参数化方案；②可靠准确的地形、边界强迫条件和温盐初始场数据；③内孤立波、环流和中尺度涡的耦合预测。上述三个问题的解决对使用内孤立波数值预测模式准确模拟内孤立波至关重要。

随着大范围、长时间序列内孤立波观测数据的获取和内孤立波动力学机制研究的深入，内孤立波动力统计预测方法成为开展内孤立波预测的另一个有效手段。内孤立波动力统计预测方法的主要思路是使用动力学参数和历史统计规律诊断内孤立波生成，并给出内孤立波传播速度、到达时间、振幅和流速等特征参数。中国海洋大学基于内孤立波动力统计预测方法构建了南海内波预警预测系统，实现了对南海北部内孤立波的有效预测，在一线业务部门取得了良好的实际应用效果，填补了国内空白。随着现场观测数据的增多和内孤立波动力学机制研究的逐步深入，以及位于吕宋海峡及其西侧海域实时通信潜标观测数据的加入，使用内孤立波动力统计预测方法对南海北部内孤立波的预测成功率有望获得进一步提高。

参 考 文 献

[1] Apel J R, Ostrovsky L A, Stepanyants Y A, et al. Internal solitons in the ocean. Woods Hole Oceanographic Institution, 2006.

[2] Ostrovsky L, Stepanyants Y A. Do internal solitions exist in the ocean. Rev Geophys, 1989, 27(3): 293-310.

[3] Jackson C. Internal wave detection using the moderate resolution imaging spectroradiometer (MODIS). J Geophys Res, 2007, 112(C11012).

[4] Huang X, Chen Z, Zhao W, et al. An extreme internal solitary wave event observed in the northern South China Sea. Scientific Reports, 2016, 6(30041).

[5] Shroyer E L, Moum J N, Nash J D. Vertical heat flux and lateral mass transport in nonlinear internal waves. Geophys Res Lett, 2010, 37(8).

[6] Laurent L S, Simmons H, Tang T Y, et al. Turbulent properties of internal waves in the South China Sea. Oceanography, 2011, 24(4): 78-87.

[7] Dong J, Zhao W, Chen H, et al. Asymmetry of internal waves and its effects on the ecological environment observed in the northern South China Sea. Deep-Sea Res. I, 2015, 98(0): 94-101.

[8] da Silva J C B, New A L, Srokosz M A, et al. On the observability of internal tidal waves in remotely-sensed ocean colourdata. Geophys Res Lett, 2002, 29(12).

[9] 蔡树群, 龙小敏, 甘子钧. 孤立子内波对小直径圆柱形桩柱的作用力初探. 水动力学研究与进展, 2002, 17(4), 497-506.

[10] Lee C-Y, Beardsley R C. The generation of long nonlinear internal waves in a weakly stratified shear flow. J Geophys Res, 1974, 79(3): 453-462.

[11] Maxworthy T. A note on the internal solitary waves produced by tidal flow over a three-dimensional ridge. J Geophys Res, 1979, 84(C1): 338-346.

[12] Maxworthy T. On the formation of nonlinear internal waves from the gravitational collapse of mixed regions in two and three dimensions. J Fluid Mech, 1980, 96(1): 47-64.

[13] Zhao Z, Klemas V, Zheng Q, et al. Remote sensing evidence for baroclinic tide origin of internal solitary waves in the northeastern South China Sea. Geophys Res Lett, 2004, 31(6): 1-4.

[14] Lien R-C, Tang T Y, Chang M H, et al. Energy of nonlinear internal waves in the South China Sea. Geophys Res Lett, 2005, 32(5): 1-5.

[15] Cai S, Long X, Gan Z. A numerical study of the generation and propagation of internal solitary

waves in the Luzon Strait. Oceanol Acta, 2002, 25(2): 51-60.
[16] Du T, Tseng Y-H, Yan X-H. Impacts of tidal currents and Kuroshio intrusion on the generation of nonlinear internal waves in Luzon Strait. J Geophys Res, 2008, 113(C8).
[17] Alford M H, Peacock T, MacKinnon J A, et al. The formation and fate of internal waves in the South China Sea. Nature, 2015, 521(7550): 65-69.
[18] Alford M H, Lien R-C, Simmons H, et al. Speed and evolution of nonlinear internal waves transiting the South China Sea. J Phys Oceanogr, 2010, 40(6): 1338-1355.
[19] Farmer D, Li Q, Park J H. Internal wave observations in the South China Sea: The role of rotation and nonlinearity. Atmos.-Ocean, 2009, 47(4): 267-280.
[20] Li Q, Farmer D M. The generation and evolution of nonlinear internal waves in the deep basin of the South China Sea. J Phys Oceanogr, 2011, 41(7): 1345-1363.
[21] Helfrich K R, Grimshaw R H J. Nonlinear disintegration of the internal Tide. J Phys Oceanogr, 2008, 38(3): 686-701.
[22] Yuan Y, Zheng Q, Dai D, et al. Mechanism of internal waves in the Luzon Strait. J Geophys Res, 2006, 111(C11): C11S17.
[23] Huang X, Zhang Z, Zhang X, et al. Impacts of a mesoscale eddy pair on internal solitary waves in the northern South China Sea revealed by mooring array observations. J Phys Oceanogr, 2017, in press. DOI: 10.1175/JPO-D-16-0111.1.
[24] Xie J, He Y, Chen Z, et al. Simulations of internal solitary wave interactions with mesoscale eddies in the Northeastern South China Sea. J Phys Oceanogr, 2015, 45(12): 2959-2978.
[25] Li Q, Wang B, Chen X, et al. Variability of nonlinear internal waves in the South China Sea affected by the Kuroshio and mesoscale eddies. J Geophys Res, 2016, 121(1-21).

撰稿人：黄晓冬
中国海洋大学，xhuang@ouc.edu.cn

海洋中尺度涡旋与内孤立波的相互作用

Interaction Between Mesoscale Eddies and Internal Solitary Eddies in the Ocean

中尺度涡旋和内孤立波是海洋中普遍存在的两类中小尺度现象。中尺度涡是以闭合环流为主要特征、尺度在 10~500km 的涡旋。内孤立波通常是由强流通过陡峭海底地形所激发产生的、在密度跃层附近传播的一种强非线性内波，其振幅约 100m、特征波长可达几千米、波峰线扩展可达数百千米。它们的行为规律一直受到海洋学家的广泛关注[1, 2]。近几十年来，由于现场观测和卫星遥感资料的增加及高性能计算机的发展，海洋学家对二者各自行为规律的认识有了显著的提升，但是对于二者相互作用规律的认识却依然匮乏。特别是在内孤立波高发区域(如我国南海东北部)，当强涡旋存在时，二者的相互作用则更易产生[3, 4]。

海洋内孤立波由于在传播过程中会导致海水强烈地辐聚辐散并激发出突发性强流，对军事海洋、海洋工程及生态等影响巨大[5, 6]；而中尺度涡旋的演变则在海洋环流体系中起着关键作用[7]。当中尺度涡旋和内孤立波二者共存并产生相互作用时，二者各方面的特征和行为规律等又会如何变化呢？例如，从能量角度来看，二者各自能量的时空分布特征会发生什么样的变化？二者之间是否会存在着能量的相互转移？

制约着海洋学家认识中尺度涡旋和内孤立波相互作用规律的主要因素是它们复杂的三维特征。例如，中尺度涡旋引起的背景水体层化及背景流结构具有复杂的垂向三维结构[8, 9]；而内孤立波深藏于跃层附近，其特征变化复杂，反映于海面的表面谱形态多样[10, 11]。大量的海洋遥感卫星及数值模拟结果[12]表明，内孤立波在源地生成后，携带着巨大的能量可远离源地传播达上百至上千千米。在传播过程中，一旦受到背景中尺度涡旋的影响，内孤立波的相关要素(如海表面之下的温、盐、流结构等)必然会受到不同程度的调制。此外，由于目前还难以准确地掌握和预测中尺度涡旋及内孤立波各自的发生消亡时间，特别是对二者强度的预测存在较大偏差，因而对二者相互作用后各自特点和行为的研究也就更加困难。

尽管受上述因素制约，海洋学家依然可以结合卫星遥感资料的分析、数值模式的模拟及理论分析来寻找二者相互作用的蛛丝马迹，并给出内孤立波受中尺度涡旋影响后的基本变化规律[3, 4]。有研究表明，内孤立波在传播过程中，由于与中尺度涡旋的相互作用，其波峰线表现出了显著的扭曲现象，并且海表以下内孤立波的密度场及流场结构也相应地出现不同程度的调整。下面以一起发生于我国南海东北部深海海盆处的内孤立波与中尺度涡旋相互作用的案例[3]来介绍二者相互作用后内孤立波发生的变化(图 1)。

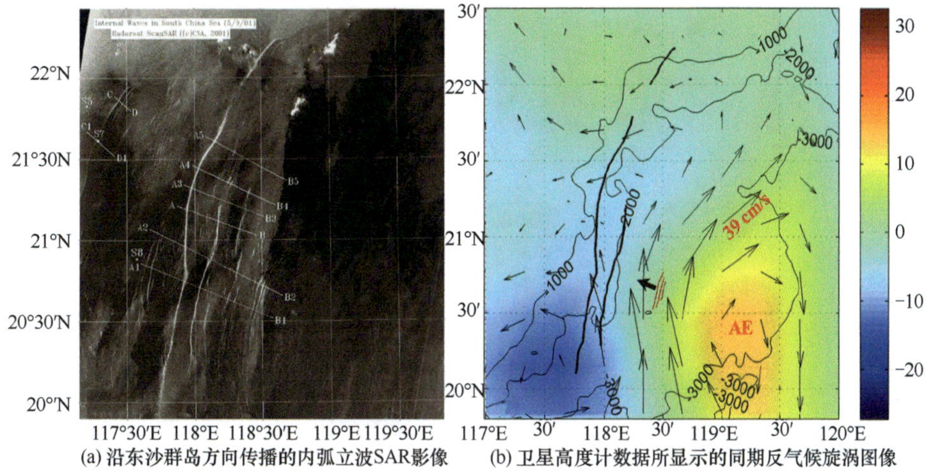

图 1 2001 年 5 月 9 日在我国南海东北部深海海盆观测到的内孤立波及反气旋涡的卫星遥感图像

其中，伪彩色代表海表面高度异常，较细的箭头代表海表面地转流速度，细曲线代表海底地形，粗曲线及细红线代表左图 SAR 所观测到的内孤立波[3, 13]

图 1(a)为 2001 年 5 月 9 日在南海东北部深海海盆所观测的具有显著扭曲波峰线现象的内孤立波 SAR 影像[13]。传统观点普遍认为这类扭曲现象是由于海底地形变化所引起。然而，缓变的海底地形一般不会造成内孤立波波峰线发生如此显著的扭曲[4]。例如，卫星观测表明南海东北部深海海盆附近的内孤立波波峰线多数呈现为光滑的圆弧形状[1]。实际上，从源地即遥远的吕宋海峡附近生成并传播至此的扭曲波峰线，很可能受到诸多背景环境要素的变化的影响。例如，强背景流的变化及黑潮入侵等的影响均有可能造成这类扭曲波峰线现象的形成[14]；吕宋海峡两个主要源地——恒春和兰屿双海脊的不规则性也可能会引起扭曲波峰线的形成[15]。总之，目前学者们并未达成关于这类扭曲波峰线现象形成原因的统一认识。但是从图 1(b)可以看到,左图中的扭曲波峰线在其传播过程中刚好受到一个反气旋涡的影响。这个反气旋涡的观测时间与内孤立波处在相同的一天。卫星数据表明，此反气旋涡所引起的海表流速高达 39cm/s。这表明中尺度涡旋可能是造成内孤立波波峰线扭曲的一个重要因素。

利用国际上通用的三维非静力 MITgcm(MIT general circulation model)模式对内孤立波与中尺度涡旋相互作用的动力过程进行数值模拟，模拟结果可以验证这种推测。图 2 中的模拟结果与图 1 中遥感观测情形一致：其一，模式结果展示了

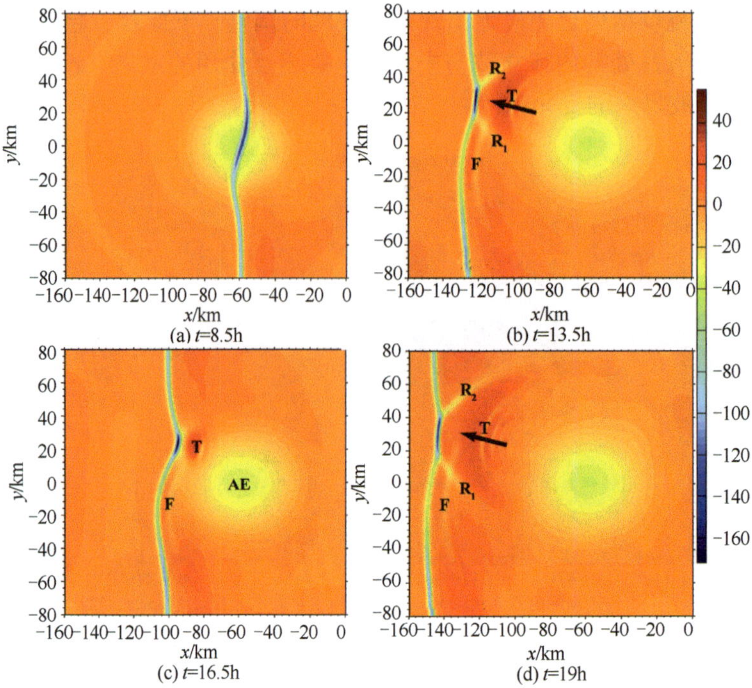

图 2 利用 MITgcm 模式模拟的四个不同时刻下内孤立波与反气旋涡的相互作用

http://mitgcm.org/2015/10/27/an-eddy-internal-solitary-wave-tango/；图中伪彩色代表水深–250m 处的等密度面扰动[3]

内孤立波波峰线在反气旋涡西北侧发生扭曲的现象；其二，模式结果展示了二者相互作用后内孤立波演化形成一个波峰线较短的整齐列队式的次级内孤立波包的现象。关于二者相互作用后内孤立波行为、特征及能量的基本演变规律及相关理论分析，有兴趣的读者可以参考相关的文献内容 [3, 4]。

尽管如此，在上述的数值模拟过程中采用了理想化的涡旋及内孤立波作为输入条件进行研究，尚有诸多科学难题亟待进一步研究。首先，如上文所述，实际海洋中的涡旋具有较为复杂的不规则结构，其垂向上还可能具有一定倾斜结构的特点；其次，除了中尺度涡旋外，尺度更小的、形状结构迥异的次中尺度涡旋也是实际海洋中较为普遍的涡旋现象；再次，在内孤立波传播过程中，除了可能受到中尺度涡旋的影响外，其无时无刻不受到海底地形、背景剪切流、水体层结程度变化等各种要素的影响，而多种要素与中尺度涡旋之间的非线性叠加效应在上述的研究中尚未加以考虑；最后，上述研究只是着重于内孤立波与中尺度涡旋相互作用后，内孤立波的特征、规律的演变，而对于中尺度涡旋的相关演变尚未有深入的研究。

综上所述，关于内孤立波与中尺度涡旋相互作用仍有很多尚待解决的难题，未来需加大研究力度，如依照中尺度涡旋与内孤立波的活动规律来系统地布放现场观测潜标以获得高分辨率的实测资料、获取高时空分辨率的高度计及合成孔径雷达等各种卫星遥感观测资料、通过多源观测资料的分析来完善强非线性波–流相互作用理论、改进强非线性非静力数值模拟模型等。这一难题的研究对于丰富海洋中、小尺度动力学理论及相关的数值模拟预报技术有重要的科学意义。

参考文献

[1] Jackson C R. An empirical model for estimating the geographic location of nonlinear internal solitary waves. Journal of Atmospheric and Oceanic Technology, 2009, 26: 2243-2255.

[2] Chelton D B, Schlax M G, Samelson R M. Global observations of nonlinear mesoscale eddies. Progress in Oceanography, 2011, 91: 167-216.

[3] Xie J, He Y, Chen Z, et al. Simulations of internal solitary wave interactions with mesoscale eddies in the northeastern South China Sea. Journal of Physical Oceanography, 2015, 45: 2959-2978.

[4] Xie J, He Y, Lü H, et al. Distortion and broadening of internal solitary wave front in the northeastern South China Sea deep basin. Geophysical Research Letters, 2016, 43: 7617-7624.

[5] Cai S, Long X, Gan Z. A method to estimate the forces exerted by internal solitons on cylindrical piles. Ocean Engineering, 2003, 30(5): 673-689.

[6] Moore S E, Lien R-C. Pilot whales follow internal solitary waves in the South China Sea. Marine Mammal Science, 2007, 23(1): 193-196.

[7] Thompson A F, Heywood K J, Schmidtko S, et al. Eddy transport as a key component of the Antarctic overturning circulation. Nature Geoscience, 2014, 7(12): 879-884.

[8] Hu J, Gan J, Sun Z, et al. Observed three-dimensional structure of a cold eddy in thesouthwestern South China Sea. Journal of Geophysical Research, 2011, 116, C05016.

[9] Zhang Z, Tian J, Qiu B, et al. Observed 3D structure, generation, and dissipation of oceanic mesoscale eddies in the South China Sea. Scientific Reports, 2016, 6: 24349.

[10] Cai S, Xie J, He J. An overview of internal solitary waves in the South China Sea. Surveys in Geophysics, 2012, 33: 927-943

[11] Guo C, Chen X. A review of internal solitary wave dynamics in the northern South China Sea. Progress in Oceanography, 2014, 121: 7-23

[12] Alford M H, Peacock T, MacKinnon J A, et al. The formation and fate of internal waves in the South China Sea. Nature, 2015, 521: 65-69.

[13] Liu A K, Zhao Y, Tang T Y, et al. A case study of internal wave propagation during ASIAEX-2001. IEEE Journal of Oceanic Engineering, 2004, 29: 1144-1156.

[14] Park J-H, Farmer D. Effects of Kuroshio intrusions on nonlinear internal waves in the South China Sea during winter. Journal of Geophysical Research, 2013, 118: 7081-7094.

[15] Zhang Z, Fringer O B, Ramp S R. Three dimensional, nonhydrostatic numerical simulation of nonlinear internal wave generation and propagation in the South China Sea. Journal of Geophysical Research, 2011, 116: C05022.

撰稿人：谢皆烁 蔡树群

中国科学院南海海洋研究所，xiejieshuo@126.com

海洋中小尺度过程及其能量串级机制与效应

Oceanic (sub) Mesoscale and Small-Scale Processes and Their Roles in Energy Cascade

海洋环流主要由海表面强迫与潮汐所驱动，这包括不同时空尺度的风场、热量和淡水通量，以及月球与太阳造成的引潮力，而海洋中的机械能耗散却主要发生在分子黏性起作用的微尺度。为使海洋中的不同尺度运动达到准稳态，能量必须从强迫尺度(即海盆尺度，约为 1 万 km)传递到可以发生黏性耗散的尺度上(通常在厘米到毫米量级)，这一跨越了近十个数量级的能量传递过程被称为能量串级(或能量级串)。海洋能量串级涉及各种不同时空尺度的运动，包括海盆尺度环流、中尺度涡旋、亚中尺度涡旋、潮流、内波、小尺度湍流等。能量串级是物理海洋学研究的一个基本问题，但由于受到观测、数值模拟水平等方面的限制，成为海洋界的一个经典难题。

海洋的能量串级过程不仅取决于不同尺度运动之间的能量传递和转换(主要通过不同尺度运动间的非线性相互作用实现)，还涉及不同区域之间的能量输运(从能量输入区域向耗散区域输运)。目前，人们对海洋能量的最终来源和耗散区域较为清楚，即能量的来源主要是海表风应力与引潮力的输入，耗散则主要集中在海表和海底边界层与近岸区域，但对能量传递过程与耗散过程的认识还非常有限[1]。

已有研究表明，以惯性频率 f($f = 2\Omega\sin\varphi$ ，其中 Ω 表示地球自转速率，φ 表示纬度)为界限，海洋中的能量在频率大于 f(以内波为代表)和小于 f(以中尺度涡旋为代表)的两个子区间内的非线性传递速率较高，而在两个子区之间的能量传递则相对较弱[2]。

内波对海洋环流与海洋能量串级具有非常重要的作用[3]，其生成、非线性演化与耗散过程为能量从大尺度运动向小尺度运动传递提供了一条直接的途径。地转流或正压潮流与粗糙的海底地形(如海山、大洋中脊、陆坡等)相互作用可产生内波，而海表面风强迫会在跃层中激发出近惯性内波。在随后的传播过程中，这些较大尺度的内波往往会经历活跃的非线性波–波相互作用，从而导致波动能量逐渐传递到较小尺度的内波，而后较小尺度的内波由于剪切不稳定或对流不稳定等过程发生破碎，将能量串级到小尺度湍流而造成水体的跨密度面混合，最终将能量耗散掉。

在次惯性频率(频率小于 f)范围内，中高纬度海洋中的动能主要集中在尺度为 50~200 km 的中尺度涡旋中[2]。作为海盆尺度流动与小尺度流动的衔接，中尺度涡在能量传递过程中起到至关重要的作用。中尺度涡在(正压或斜压)不稳定的大尺度流动中产生并获取能量而不断成长，从而将能量从大尺度串级到中尺度。在地球自转和海水密度层化的约束下，中尺度涡旋通常近似处于地转平衡状态(即海水所受到的压强梯度力与地转偏向力平衡)。而地转平衡是一种相对稳定的动态平衡，一般难以被打破，因此中尺度涡旋的能量很难直接向小尺度运动传递。事实上，受流动尺度纵横比、地球自转与稳定密度层化的约束，中尺度涡旋的水平流速一般远大于垂向流速，是准二维的流动，因此存在能量的逆串级[4, 5]，即能量从较小尺度涡旋向较大尺度涡旋传递，这与三维湍流的能量串级方式正好相反[6]。当然，海洋中尺度涡旋并非真正的二维运动，流速通常随深度变化，这使得海洋中尺度涡旋运动的能量串级方式更加复杂。

实际海洋流动通常被认为是由一个正压模态(表征深度平均流)与若干斜压模态(刻画流动的垂向变化)组合而成。根据地转湍流理论，各斜压模态能量通过正向串级过程从大尺度传递到相应模态的变形半径尺度，并由此向低阶斜压模态传递，最终由第一斜压模态向正压模态传递(即流动的正压化)，而后正压模态的动能将通过能量逆向串级过程传递到更大尺度的运动[4, 7, 8]。因此，如果不存在有效的能量耗散或捕捉机制，能量逆串级过程将导致海洋中涡旋的尺度不断增大，这显然与真实海洋中的情形不相符。目前已提出的能量耗散或捕捉机制包括[2]：海底阻力造成的能量耗散与转换、地转平衡状态的打破、中尺度涡旋与内波的相互作用、海盆边缘的散射与吸收、风的抑制作用。以下仅对前两种机制予以简要介绍。

海底阻力(包括湍流黏性力与波阻)对海洋中能量的耗散与转换具有重要作用。海洋数值模拟实验表明，必须在数值模型中包含适当的海底阻力才能获得与观测大致相符的中纬度涡旋的模拟[9, 10]。事实上，前面所提到的地转湍流理论的一个主要缺陷是其忽略了海流与海底地形的相互作用。在真实海洋中，海底存在着非常复杂的、不同尺度的地形分布。特别是在南大洋，观测与数值模拟结果均表明流动受到底地形的显著影响(图 1)[10]。有学者认为海洋底边界层的黏性耗散是海洋动能的一个主要的汇，但也有研究显示海洋中尺度涡旋的能量仅有一小部分(约 25%)在海洋底边界层内被耗散掉[1]，而更多的能量则主要通过生成和辐射内波的形式串级到更小尺度运动，这一过程主要发生在小尺度粗糙地形附近[10]。具体来讲，当海底地形变化的空间尺度介于 u/f 和 u/N 之间时(其中 N 表示近底海水的浮性频率，u 表示垂直于海底地形变化的流速)，地转流与底地形相互作用会生成和辐射内波。

近年来，高分辨率海洋模拟结果的分析表明，海洋中的地转平衡并非牢不可破，特别是在海洋上混合层中的锋面处[11]。由锋生过程生成的海洋密度锋面的水平尺度通常仅为几千米，远小于处于地转平衡的中尺度涡旋的大小。强的密度锋面通常伴随着次级环流的生成，从而导致较强的非地转运动。从地转湍流角度而言，表面锋生过程会使斜压能量直接向尺度小于罗斯贝变形半径的运动传递。但

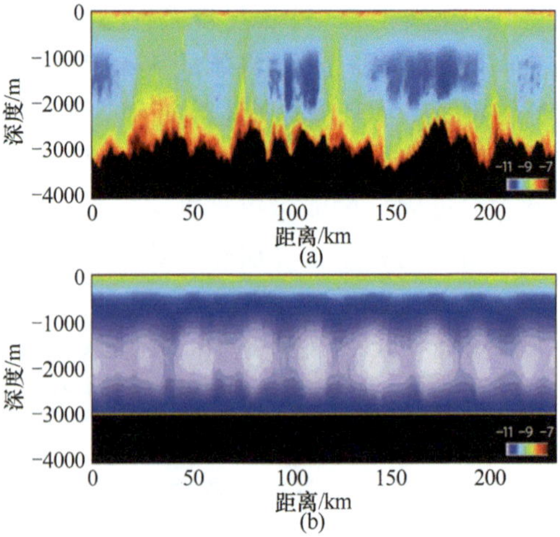

图 1　数值模型所模拟的(a)粗糙和(b)光滑地形下的平均能量耗散[10]($\log_{10}$(W/kg))

这一能量正串级过程仅发生在上混合层，因为较小尺度的表层模态与海洋内部模态并不能有效地相互作用，因而不会发生流动的正压化。因此，海洋上混合层也是能量正串级并最终耗散的一个主要区域。此外，地转流的失衡过程会激发出惯性内波，并通过内波的非线性相互作用与破碎过程将能量串级到小尺度湍流。

总的来说，海洋中小尺度过程对海洋动能的最终耗散起到至关重要的作用。但是，能量在不同尺度运动之间传递的形式、过程与机制仍有待进一步研究。全球范围更高分辨率和精度的观测数据(如宽刈幅卫星高度计资料、水下滑翔机观测资料等)、更高分辨率的海洋数值模型将有助于进一步揭示海洋中小尺度过程的动力特征及其在能量串级中的作用。

参 考 文 献

[1] Wunsch C, Ferrari R. Vertical mixing, energy, and the general circulation of the oceans. Annual Review of Fluid Mechanics, 2004, 36: 281-314.

[2] Ferrari R, WunschC.Ocean circulation kinetic energy: Reservoirs, sources, and sinks. Annual Review of Fluid Mechanics, 2009, 41: 253-282.

[3] Alford M H, Peacock T, MacKinnon J A, et al. The formation and fate of internal waves in the South China Sea. Nature, 2015, 521(7550): 65-69.

[4] Charney J G. Geostrophic turbulence. Journal of the Atmospheric Sciences, 1971, 28(6): 1087-1095.

[5] McWilliams J C. The emergence of isolated coherent vortices in turbulent flow. Journal of Fluid Mechanics, 1984, 146: 21-43.

[6] Frisch U. Turbulence: The Legacy of A. N. Kolmogorov[M]. Cambridge University Press, 1995: 296.

[7] Salmon R. Baroclinic instability and geostrophic turbulence. Geophysical & Astrophysical Fluid Dynamics, 1980, 15: 167-211.
[8] Smith K S, Vallis G K. The scales and equilibration of midocean eddies: Forced-dissipative flow. Journal of Physical Oceanography, 2002, 32: 1699-1720.
[9] Arbic B K, Flierl G R. Baroclinically unstable geostrophic turbulence in the limits of strong and weak bottom Ekman friction: application to mid-ocean eddies. Journal of Physical Oceanography, 2004, 34: 2257-2273.
[10] Nikurashin M, Vallis G K, Adcroft A. Routes to energy dissipation for geostrophic flows in the Southern Ocean. Nature Geoscience, 2013, 6: 48-51.
[11] Molemaker M J, McWilliams J C, Capet X. Balanced and unbalanced routes to dissipation in an equilibrated Eady flow. Journal of Fluid Mechanics, 2010, 654: 35-63.

撰稿人： 刘志宇　林宏阳
厦门大学，zyliu@xmu.edu.cn

什么因素控制地中海涡的旋转和移动?

What Controls the Rotation and Movement of Meddy?

地中海涡是海洋中一个非常特殊的涡旋现象。第一个地中海涡是 1976 年秋季在古巴附近的巴哈马海域被首次发现的，涡出现在 1000m 的深度上，直径达到 100km 以上，厚度达到 500m，所含的盐量达到 20 亿 t，相当于我国年产盐量的 33 倍。涡旋的体积巨大，是我国渤海海水总体积的 2.3 倍。这个涡旋呈顺时针旋转，最大切向旋转速度达到 0.25m/s，很像一个凸透镜结构(图 1)。涡旋内部水体的温度为 12℃、盐度大约 38，温度和盐度都显著高于周边的水体。根据对水团性质的分析，在整个北大西洋没有这样的水体，只有地中海的水体性质与其一致，因此，这个涡旋被认为是地中海溢出的水体形成的，称为地中海涡，人们还为它造了一个英文单词——meddy。有趣的是，地中海涡并不在地中海内部，而是远在地中海对面的大西洋西岸。

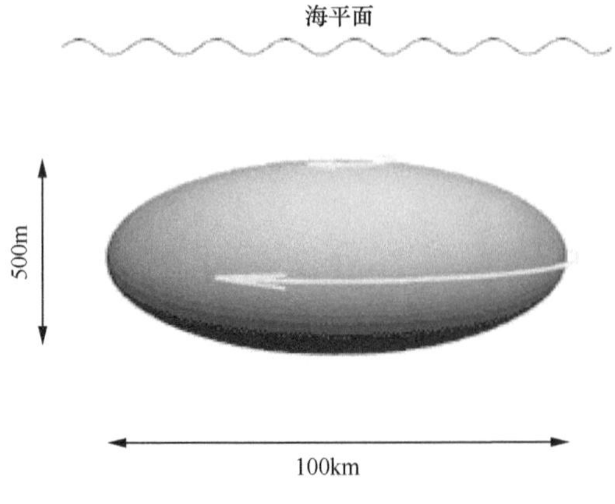

图 1　地中海涡的示意图

地中海涡与人们熟悉的中尺度涡很不一样。一般的中尺度涡出现在表层或在表层以下，尺度 30~60km；而地中海涡发生在海洋深层，尺度很大。在当时，人们从来没有听说过这么大的涡，地中海涡的发现令人们非常振奋，很多科学家开始进行地中海涡的观测与研究。除了进行常规的温盐观测之外，科学家还把中性浮子放置到涡旋的中央，以观测地中海涡的产生和移动规律[1]。观测表明，当暖而咸的地中海水从次表层流出直布罗陀海峡后，沿着大陆坡下降；当降到 1000m 的深度上，暖而咸的地中海水与周边海水密度相当，并从大陆坡脱离出来，形成暖水舌。这些水体中的一部分从暖水舌中分离出来，随着沿岸流向西南方向漂移。在地形出现突然转折的地方，沿岸流发生不稳定，产生顺时针旋转的涡旋。研究工作甚至给出地中海涡的生成量，每年大约可以产生 15~20 个涡[1]。实际观测到的地中海涡并不都是百千米的尺度，也有直径 20~30km 的地中海涡被观测到[2]。由于涡旋的旋转很强，而且湍流混合很弱，有利于涡旋在长距离输运过程中保持其温盐性质而不被稀释[3]。关于地中海涡的性质，Morel 提出了一个 β 流涡的概念，β 流涡在地中海涡内部，由行星 β 效应、斜压 β 效应和地形 β 效应所产生，会从内部推动涡旋的运移[4](图 2)。

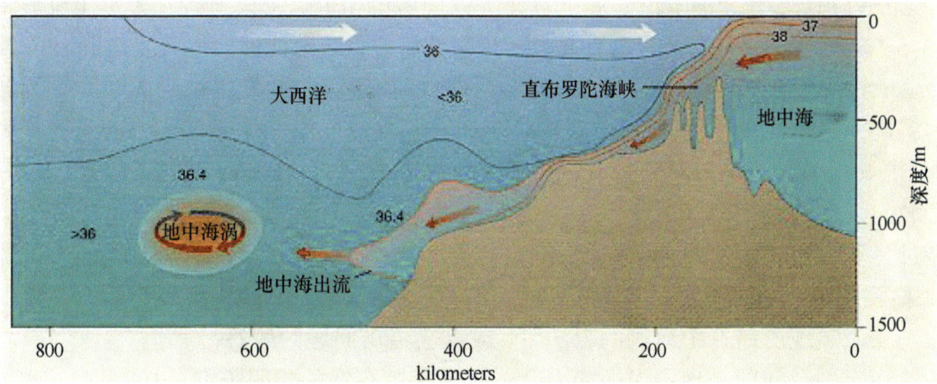

图 2 地中海涡的形成[5]

图中蓝色线为等盐线，箭头为海流的方向

地中海涡主要有两个问题：一个是移动路径问题；另一个是寿命问题，由于观测困难，这两个问题迄今没有得到很好的认识。

当在巴哈马海域发现了高温高盐的深层涡旋之后，人们一直认为地中海涡在直布罗陀海峡附近形成后，会向西南方向运移，最终抵达巴哈马海域。在 1984~1986 年，科学家进行更加详细的观测，以期对地中海涡的结构、移动特征和寿命有更加清晰的认识。在 1984 年的第一个航次中，就顺利地观测到一个地中海涡，命名为 Sharon。出人意料的是，Sharon 并没有像人们预料的那样横跨北大西洋到达巴哈马海域，而是向南移动。大量的研究人员跟踪了其他地中海涡的路径，也发现这些涡都在北大西洋东部移动，没有一例是进入北大西洋西部海域。观测到的这些涡旋的最西位置可以达到大西洋中脊一带[6]。这些观测结果很难解释在巴哈马海域发现的地中海涡(图3)。那么，地中海涡是如何到达北大西洋西部的呢？

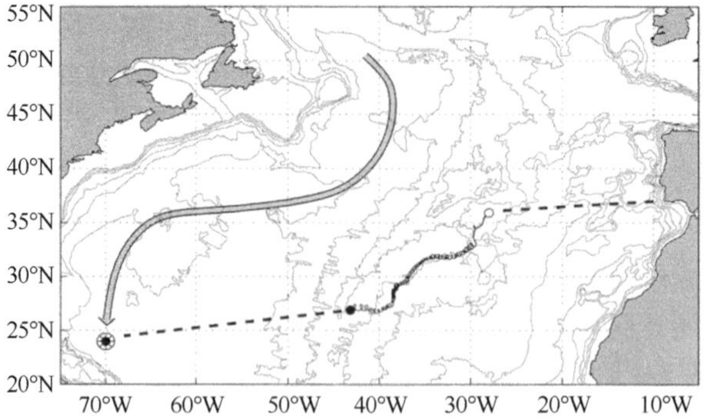

图 3　地中海涡的可能来源[7]

1993~1995 年，科学家开展了对北大西洋流的研究，注意到当北大西洋流流到 50~52°N 时急剧地向东转弯进入北大西洋东部，这个转角处被称为西北角(northwest corner，NWC)。有时，西北角附近的水体会脱离主流，并发生很强的顺时针旋转的涡旋，这个涡被称为西北角涡(NWC eddy)。涡旋的中心的温度为 10.8℃，盐度为 35.40，与巴哈马海域发现的涡性质基本一致。因此，Prater 等认为，在巴哈马海域发现的地中海涡实际上是一个西北角涡，这个涡从北大西洋流分离出来后，经过冬季降温下沉到较大的深度[7]。由此，发生在巴哈马海域的涡旋有了两个可能的来源(图 3)。近年来，人们试图通过卫星遥感数据来感知地中海涡的表面高度变化，从而实现追踪地中海涡的目的[8]，或许会给出问题的解答。

还有一个问题是地中海涡的寿命，也就是其存在的时间长度。1984 年观测到 Sharon 时还是一个生命力强劲的新涡，在嗣后的两年再次观测到这个涡时，这个涡缩小了很多，趋于消亡。因此，人们估计地中海涡的寿命为 2~3 年比较可信。由于涡旋的观测特别困难，关于其寿命还没有定论。假如在巴哈马海域发现的地中海涡确实来自地中海，发现它的时候它的寿命至少已经 5 年以上。观测到的 Sharon 寿命只有两年，并不支持地中海涡跨越大西洋的假定。因此，地中海涡的问题还很多，连它究竟是不是来自地中海的涡都成了问题。

我们关注地中海涡的研究，是因为这个涡的存在表现了水体运动和输运的一种奇特的形式。以往认为水体的输运主要是靠海流，其次是靠混合和扩散，而地中海涡携带了大量水体向远方运动，把水体输送到其他地方。这些新的认识丰富了物理海洋学的理论，也带来大量的新问题。

参 考 文 献

[1] Bower A S, Armi L, AmbarI. Lagrangian observations of meddy formation during a mediterranean undercurrent seeding experiment. Jounal Physical Oceanography, 1997, 27: 2545-2575.

[2] Carton X, Daniault N, Alves J, et al. Meddy dynamics and interaction with neighboring eddies southwest of Portugal: Observations and modeling. Journal of Geophysical Research Atmospheres, 2010, 115(6): C06017.
[3] Martin A P, Richards K J, Law C S, et al. Horizontal dispersion within an anticyclonic mesoscale eddy. Deep Sea Research Part II Topical Studies in Oceanography, 2001, 48(48): 739-755.
[4] Morel Y. The influence of the upper thermocline currents on intrathermocline eddies. Jounal Physical Oceanography, 1995, 25: 3247-3252.
[5] Richardson P L. Tracking ocean eddies. American Scientist, 1993, 81: 261-271.
[6] Serra N, Ambar I. Eddy generation in the Mediterranean undercurrent. Deep Sea Research I, 2002, 49: 4225-4243.
[7] Prater M D, Rossb H D. The double irony of the meddy. Maritimes, 42(3): 1-4.
[8] An X H, Jo Y H, Liu W T, et al. A new study of the mediterranean outflow, air sea interactions, and meddies using multisensor data. Journal of Physical Oceanography, 2006, 36(4): 691-710.

撰稿人：赵进平
中国海洋大学，jpzhao@ouc.edu.cn

海洋次中尺度过程对大尺度过程的反馈及参数化

Feedback of Oceanic Submesoscale Processes on Large-Scale Processes and its Parameterization

海洋中的运动涵盖了极其广泛的时空尺度(图 1)。地球的大小限制了海洋运动的最大空间尺度(约 10^7m)，即行星尺度运动；而分子间的黏性则决定了海洋运动的最小尺度(约 10^{-3}m)，两者之间跨度达 10 个数量级。海洋从大尺度的大气风场中获得能量，产生的大尺度运动则通过变形、破碎等过程，运动尺度逐渐减小，直到通过分子耗散消耗能量，并将之转化为内能，达到运动的准平衡态。由于地球自转，能量在中尺度(10~100 km)附近呈现峰值，产生丰富的中尺度涡(图 2(a))。这也使得地球流体(旋转流体)的能量级串和动力平衡不同于一般湍流，产生了丰富的能量级串现象，包括大尺度、中尺度、次中尺度、惯性区及黏性尺度之间的相互作用。不仅较大尺度的运动会通过变形、破碎等过程影响较小尺度的运动，较小尺度的运动也会反过来通过累积效应，影响较大尺度的运动，这是地球流体能量级串的基本原理。

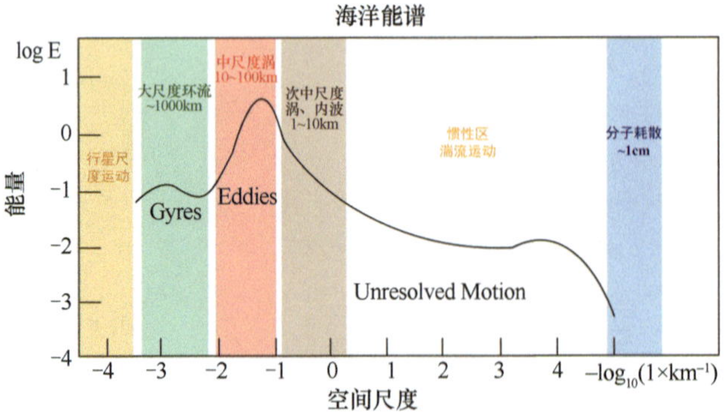

图 1　海洋运动的空间能谱示意图

坐标均为对数坐标，表示数量级的变化

在早期的海洋数值模式中，特别是需要积分上千年的全球海洋气候模式中，由于计算机条件的限制，模式的水平分辨率很粗，中尺度过程无法显式模拟[1]。然而，中尺度涡蕴含非常巨大的动能，如果在数值模式中不加入中尺度涡的效果，最终得到的结果会严重失真。根据能量级串原理，中尺度涡会通过累积效应影响大尺度环流。因此，必须在模式中加入表征中尺度涡对大尺度环流统计作用的方案，即中尺度涡参数化方案。中尺度涡的参数化问题由此产生，并在接下来的半个世纪得到了深入的研究，不少中尺度涡的参数化方案[2~5]应运而生，这些方案极大地改善了粗分辨率海洋气候模式的模拟效果。尽管如此，中尺度涡的参数化问题至今仍未解决，并且 Ferrari 等[6]认为该问题仅仅处在起步阶段。

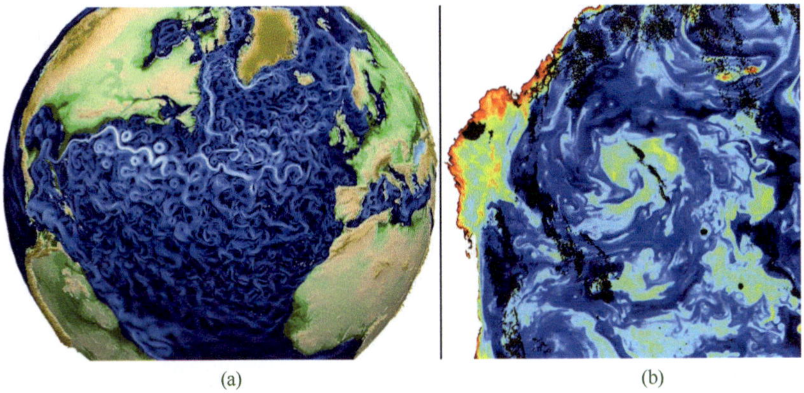

图 2 (a)北大西洋表层洋流，清晰可见许多中尺度涡旋(http://www.dailymail.co.uk/sciencetech/article-3003134/Climate-change-ART-Stunning-images-reveal-Earth-s-ecosystem-colourful-painted-globe.html)；(b)某个中尺度涡旋放大后的精细结构，包含很多次中尺度涡选、锋面、丝状结构(http://www.damtp.cam.ac.uk/user/jrt51/Slideshow/madagascar.jpg)

随着当前计算机技术的迅猛发展，海洋数值模式，特别是区域模式的水平分辨率有了很大提高，可以达到 1/25° (~4 km)甚至更高的水平分辨率。在这种条件下，中尺度涡已经能够被模式网格分辨，得到显示模拟。但是，较小的次中尺度过程(空间尺度 1~10 km)仍然无法较好地被分辨出来。这类过程主要集中在海洋上层，既区别于大尺度准地转过程又不同于三维各向同性的小尺度湍流过程。它们对垂向的质量和浮力通量都有重要的贡献，从而影响上层海洋的层结和混合层结构。从图 2(b)中可以看到，次中尺度过程主要以丰富的锋面、丝状结构为主。而当前大部分卫星观测资料并不能较好地分辨次中尺度现象。若想提高当前数值模式，特别是区域模式的模拟效果，需要了解次中尺度涡的统计结果，并将其参数化后放入模式中。因此，次中尺度涡的参数化问题开始成为参数化研究领域的前沿问题。该问题的主要困难在于：首先，由于次中尺度涡与中尺度涡的产生机制不一样，许多针对中尺度涡的参数化方案都不再适用次中尺度涡[7]；其次，次中尺度过程主要发生在海洋上层，受风、淡水、热通量等因素影响较多，现象较为复杂；最后，当前的卫星观测数据还不能很好地分辨这些现象。由于这些困难的存在，次中尺度涡对中尺度涡乃至大尺度环流的反馈作用并不清楚。尽管随着计算机技术的进步及观测手段的不断提高，次中尺度过程的反馈作用及其参数化研究得到了一定程度上的进展，但数值模式中次网格过程的参数化问题仍将长期存在。

参 考 文 献

[1] Bryan K. A numerical method for the study of the circulation of the world ocean. Journal of Computational Physics, 1969, 4: 347-376.

[2] Gent P R, McWilliams J C. Isopycnal mixing in ocean circulation models. Journal of Physical Oceanography, 1990, 20: 150-155.

[3] Gent P R, Willebrand J, Mcdougall T J, et al. Parameterizing eddy-induced tracer transports in ocean circulation models. Journal of Physical Oceanography, 1995, 25(4): 463-474.

[4] Redi M H. Oceanic isopycnal mixing by coordinate rotation. Journal of Physical Oceanography, 1982, 12: 1154-1158.

[5] Visbeck M, Marshall J, Haine T. Specification of eddy transfer coefficients in coarse-resolution ocean circulation models. Journal of Physical Oceanography, 1997, 27: 381-402.

[6] Ferrari R, Mcwilliams J C, Canuto V M, et al. Parameterization of eddy fluxes near oceanic boundaries. Journal of Climate, 2008, 21(12): 2770-2789.

[7] Gent P R. The gent-McWilliams parameterization: 20/20 hindsight. Ocean Modelling, 2011, 39: 2-9.

撰稿人：彭世球　钱钰坤

中国科学院南海海洋研究所，speng@scsio.ac.cn

海浪如何影响海气通量？

How Ocean Waves Influence on Air-Sea Fluxes?

海气相互作用是通过海气界面的动量、热量和物质通量进行的，海气通量与海面附近大气和海洋边界层内的湍流强度密切相关。海上风是产生湍流的一个重要因素，因此海气通量的计算均与海上风速有关。已有研究提出很多与风速有关的块体计算公式，但不同公式之间差异较大，一个重要原因在于没有考虑海浪的影响。海浪作为海面上最为常见的波动现象，必然会影响海面附近的湍流，特别是波浪破碎会引起显著的湍流增强，从而直接影响海气间的相互作用。然而，如何将海浪作用纳入海气通量计算的参数化方案，这一科学难题一直没有得到解决。

在海上风的持续作用下，海浪由小到大迅速成长，波高与波长之比(即波陡)也随之增大，当增大到一定程度时，海浪失稳而发生破碎，破碎时会将空气卷入水中而生成大量气泡，气泡上升到海面则会在海面上产生白冠和飞沫(图 1)。然而，由于海浪破碎是一个强非线性过程，何时发生破碎又是一个悬而未决的问题。诸多问题的存在使得海浪的破碎机制研究几乎是空白。物理海洋学家们试图从宏观角度研究破碎问题，即采用对海面拍照摄影的方法，给出海面上波浪破碎生成的白冠面积与海面面积之比，即白冠覆盖率，通常表示为风速的函数，但是得到的结果差异非常大，甚至有量级的差别[1](图 2)。这说明白冠覆盖率不仅仅是风速的函数，还应与其他因素如波浪状态有关[2]。迄今为止，尚没有一个被广泛接受的白冠覆盖率参数化方案。缺乏对海浪破碎问题的认识，直接导致了如何定量刻画海浪对海气通量交换过程的不确定性。主要体现在以下三个方面。

图 1 海洋中波浪破碎产生的白冠和飞沫

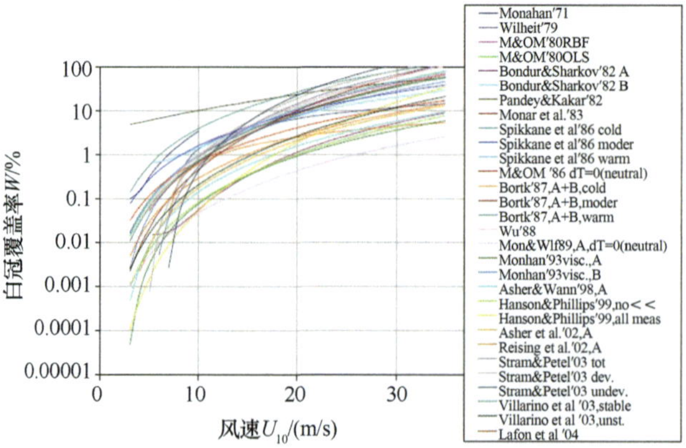

图 2　不同研究者给出的白冠覆盖率与风速的关系[1]

首先，在海气动量通量方面，风应力(即动量通量)是海流和海浪的一个主要驱动力，如何计算风应力是一个广泛研究的课题。当风在海面上吹送时，生成的海浪高频组成波使得海面变得粗糙，从而对风产生拖曳效应，因此计算海面风应力归结为如何确定海面拖曳系数的问题。一般认为，海面粗糙度或海面拖曳是由海浪的高频组成波造成的，因此海面拖曳系数应该与波浪有关。然而，自从 1995 年 Charnock 提出著名的 Charnock 关系后，大部分的研究均认为拖曳系数仅与风速有关：在中低风速下，拖曳系数随风速线性增大[3]。而对于拖曳系数与海浪之间的关系，则存在两种相反的观点：一部分学者认为拖曳系数随风浪成长而增大[4]；另一部分学者却认为随风浪成长而减小[5]。

2003 年，Powell 等根据在飓风情形下探空仪所测风速廓线资料，指出当风速大于 32m/s 时，海面拖曳系数不再随风速增大，反而开始减小[6]。随后有实验室和其他外海资料也证实了这一点，只是所给出的临界风速差异较大。对于拖曳系数为何在高风速下饱和或减小的问题，学者们提出了不同的观点：第一种观点认为，高风速下波浪破碎产生大量飞沫水滴，越靠近海面，水滴密度越大，有利于大气的稳定性，即水滴的存在抑制了海面附近的大气湍流，改变了风速廓线使拖曳系数减小[7]；第二种观点认为高风速下波峰附近的波流分离，使得波谷被掩盖，相当于海面变得光滑而使拖曳系数饱和或减小；第三种观点则认为高风速下波浪破碎产生的白冠被撕裂成条纹而覆盖于海面，使海面光滑，拖曳系数减小[8](图 3)。实际上，这些观点均与海浪破碎有关，但难以理解的是这些研究中使用的拖曳系数公式均仅为风速函数，与波浪无关，这显然是不完善的。此外，无法得到一致结论的一个重要原因在于缺少可靠的实测数据，但高风速下观测十分困难，大部分仪器设备难以承受如此恶劣的海况，此时实验室的观测是否具有代表性存在严重的质疑。因此，如何将海浪对拖曳系数的影响纳入参数化方案，还有很长的路要走。

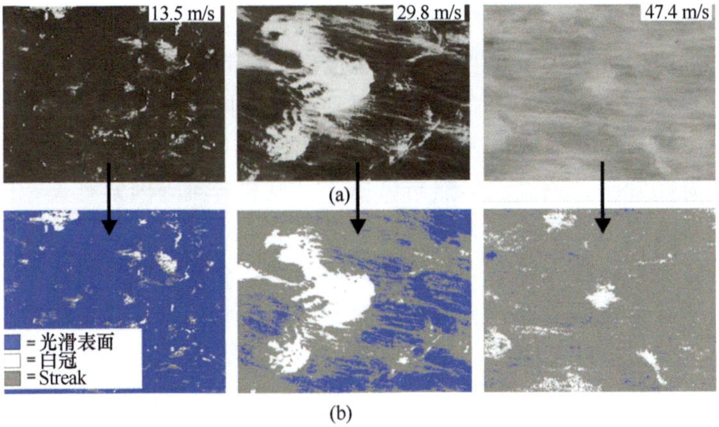

图 3 高风速下，波浪破碎产生的白冠被撕裂成条纹覆盖于海面，使海面光滑，拖曳系数减小[8]

其次，在海气热量通量方面，台风或飓风的生成是由于海洋为大气提供热量、大气通过拖曳向海洋输入动量这两种过程共同作用的结果。前者使台风获得能量而成长，后者使台风失去能量而衰减。显然，只有当台风获得足够的能量才能得以成长。研究表明，只有当热量交换系数与拖曳系数之比大于临界值 0.75 时，台风才能从海洋获得足够的能量而成长起来[9]。然而，目前的观测结果显示：热量交换系数几乎与风速无关，而拖曳系数随风速增大，因此两者之比随风速增大而减小，无法满足台风生成条件。但事实上每年都有很多台风生成，显然我们对台风的生成机制还缺乏充分了解。

为了解决这一难题，很多学者将目光投向高风速下波浪破碎所产生的大量飞沫水滴，认为破碎生成的大量飞沫漂浮在海面上，飞沫可直接与大气进行热量交换，而不仅是通过海–气界面进行，从而可以极大地加强海洋向大气的热量传递，满足台风生成的临界条件，促进台风的生成[10]。研究表明，海洋飞沫对海气界面感热和潜热通量的贡献可分别达到 15W/m^2 和 150W/m^2[11]。然而，对于海洋飞沫是否可以增强热量交换还存在非常大的争议，原因在于不同学者给出的海洋飞沫生成函数相差六个量级[12]，其中大部分海洋飞沫生成函数仅是风速的函数，与波浪无关。显然，一个刻画与波浪破碎密切相关的飞沫生成函数却与波浪无关是难以被接受的。虽然有些研究试图考虑波浪状态的影响[13]，但尚没有得到一致的结论，需要进一步研究。

最后，对于海–气界面气体交换过程而言，占地表面积 71%的海洋通过这一过程吸收了大约 1/3 的排放到大气中的二氧化碳，极大地减缓了地球变暖进程。因此，定量准确估计海洋对二氧化碳的吸收对于气候变化研究非常重要。海–气界面气体通量估计取决于气体交换速率和大气海洋之间的二氧化碳分压差的乘积，后者可以通过仪器比较可靠地测定(尽管存在空间和时间分辨率比较低的问题)，而前者与海面附近的湍流强度有关，且直接测定难度较大。目前所采用的气体交换速率参数化方案基本都是通过物质平衡法测量得到的，不同学者给出的结果差异较大，一般仅为风速的函数[14]。从物理机制来看，控制海–气界面二氧化碳气体交换的是海面附近的海洋湍流，该湍流显然与风速、海浪和海流等因素有关，仅用风速来描述气体交换速率明显是不完善的，特别是波浪破碎会产生强烈的湍流，因此波浪应该对气体交换有很大影响。尽管学者们早就认识到气体交换速率应该与波浪有关，但由于缺少观测数据，有关该方面的研究还比较少，通常的做法是将气体交换速率与白冠覆盖率相联系，认为波浪越成长，气体交换速率越大[15]。然而，对此问题还远没有达到统一认识，是一个亟待解决的科学难题。

参 考 文 献

[1] Anguelova M D, Webster F. Whitecap coverage from satellite measurements: A first step toward modeling the variability of oceanic whitecaps. Journal of Geophysical Research Oceans, 2006, 111(111): C03-017.

[2] Zhao D, Toba Y. Dependence of whitecap coverage on wind and wind-wave properties. Journal of Oceanography, 2001, 57(5): 603-616.

[3] Guan C, Xie L. On the linear parameterization of drag coefficient over sea surface. Journal of Physical Oceanography, 2004, 34(12): 2847-2851.

[4] Toba Y, Iida N, Kawamura H, et al. Wave dependence of sea-surface wind stress. Journal of Oceanography, 1990, 46(4): 177-183.

[5] Donelan M A, Dobson F W, Smith S D, et al. On the dependence of sea surface roughness on wave development. Journal of Physical Oceanography, 1993, 23(9): 2143-2149.

[6] Powell M D, Vickery P J, Reinhold T A. Reduced drag coefficient for high wind speeds in tropical cyclones. Nature, 2003, 422(6929): 279.

[7] Makin V K. A note on the drag of the sea surface at hurricane winds. Boundary-Layer Meteorology, 2005, 115(1): 169-176.

[8] Holthuijsen L H, Powell M D, Pietrzak J D. Wind and waves in extreme hurricanes. Journal of Geophysical Research Oceans, 2012, 117(C9): 45-57.

[9] Emanuel K A. Sensitivity of tropical cyclones to surface exchange coefficients and a revised steady-state model incorporating eye dynamics. Journal of the Atmospheric Sciences, 1995, 52(22): 3969-3976.

[10] Andreas E L, Emanuel K A. Effects of sea spray on tropical cyclone intensity. Journal of the Atmospheric Sciences, 1964, 58(24): 3741-3751.

[11] Liu B, Liu H Q, Xie L A, Guan C L, Zhao D L. 2011. A coupled atmosphere- wave-ocean modeling system: Simulation of the intensity of an idealized tropical cyclone. Monthly Weather Review, 139.

[12] Andreas E L. A review of the sea spray generation function for the open ocean. Atmosphere-Ocean Interaction, Vol.1. Perrie W. WIT Press, 2002, 1-46.

[13] Zhao D, Yoshiaki T, Ken - Ichi S, et al. New sea spray generation function for spume droplets. Journal of Geophysical Research Atmospheres, 2006, 111(C2): 323-332.

[14] Mcgillis W R, Edson J B, Hare J E, et al. Direct covariance air - sea CO_2 fluxes. Journal of Geophysical Research Oceans, 2001, 106(C8): 16729-16745.

[15] Zhao D, Toba Y, Suzuki Y, et al. Effect of wind waves on air–sea gas exchange: Proposal of an overall CO_2, transfer velocity formula as a function of breaking-wave parameter. Tellus Series B-chemical & Physical Meteorology, 2003, 55(2): 478-487.

撰稿人：赵栋梁

中国海洋大学，dlzhao@ouc.edu.cn

白冠破碎所耗散的海浪能量去哪儿了？

Where is the Energy of Ocean Surface Wave Dissipated by Whitecap-Breaking Transferred To?

海浪是常见的普遍存在于海面上的一种海水运动现象，是由风的作用而产生的一种表面重力波，周期为 1~20s 的小尺度运动，是海气相互作用的产物，反过来又加强了海气相互作用。海浪的运动蕴含了巨大的能量，波浪能是最丰富、最普遍的可再生海洋能源。根据全球首颗海洋动力环境卫星 GEOSAT(Geodetic Satellite)的观测数据，可估计出全球平均波浪能量密度为 5000J/m^2，全球总的波浪能约为 1.8×10^{18}J。海浪的能量是以群速度沿波浪方向传播的，其能量通量与波高和周期均有关，是海洋能利用中所关心的物理量，由此角度所估算的全球总波浪能约为 70TW。

海面上任意一点海浪的能量变化可由谱传输方程来描述，反映了波能传播、风能输入、白冠破碎耗散和波–波相互作用等物理过程，在浅水区域还需考虑底摩擦和浅水破碎耗散等过程。目前物理依据最充分的海浪模式为以 WAM 模式[1]为代表的第三代海浪模式，在驱动风场可靠的前提下，海洋学家们可以足够准确地模拟海浪场。在第三代海浪模式中，风能输入是基于 Miles 的剪切流不稳定机制和 Phillips 的共振机制[2]，目前普遍认为后者对风浪的生成仅起到了触发作用。由 Miles 机制的经验公式可估计出，全球风场向海浪的能量输入约为 60TW[3]，远大于海洋总环流能量的 1TW 量级[4, 5]。Huang 等[5]强调，巨大的海浪能量中即使有一小部分传入到海洋次表层，都将对海洋总环流产生重要作用，这反映了海浪作为一种小尺度运动对大尺度海洋环流的可能影响。

现有的海洋环流模式在模拟夏季海洋混合层时，普遍存在高估海表温度和低估混合层深度的问题。这很可能是忽略了混合层中的一些物理过程使得混合不足导致，而海浪的作用被认为有可能会增强上层海洋的混合[6]。海浪产生混合作用的物理机制有四种，分别为海浪破碎生成的湍流、波生雷诺应力、海浪速度场的剪切，以及波–湍相互作用，这四种机制可同时发生作用。

数值研究表明，海浪破碎的混合作用对加深混合层深度和提高海表温度模拟能力作用不显著[6, 7]。国内外学者利用数值模式研究表明，波生雷诺应力、海浪速度场的剪切和波–湍相互作用等机制在海洋模式中可以有效地改进混合不足的问题[8~10]。以上四种海浪混合机制均被认为是湍流能量源，这意味着对于湍动能平衡方程而言，这四种机制均是能量输入项。而对于海浪的能量平衡方程而言，这四种机制应是能量耗散项。但是，在目前的海浪数值模式中，仅考虑了海浪破碎引起的能量耗散，海浪模拟精度却已经相当高。一种可能的解释是，其他三种机制引起的海浪能量耗散相对于海浪破碎引起的能量耗散可以忽略不计。与此相对应的是，海浪破碎机制的混合作用相对于这三种机制可以忽略不计。另一种可能的解释则是，目前的海浪模式能量输入项和能量耗散项都不正确，但二者相抵的结果碰巧是正确的，故而不用考虑这三种机制引起的能量耗散，尽管它们的量值可能是可观的。若如此，已不成问题的海浪模拟计算，又存在了能量输入与耗散物理机制方面的问题。到底海浪向湍流传输的能量为何？与它引起的混合效应有何关系？对海浪的能量耗散有多大贡献？这些问题还有待进一步研究。

基于目前对海浪模式中源函数的认识，全球风场向海浪的能量输入约为60TW，在近岸破碎带耗散的能量约为2.7TW，二者的差值应被海浪破碎产生的湍流所耗散，这是一个巨大的能量份额。然而，依据前述的数值研究，海浪破碎机制的混合作用并不显著。那么，通过海浪破碎所消耗的这份巨大的海浪能量最终去哪儿了？它又如何对海洋大尺度运动产生作用？这些亟待解决的科学难题都需要海洋学家们的进一步研究。

参考文献

[1] Group T W. The WAM model-a third generation ocean wave prediction model. Journal of Physical Oceanography, 1988, 18(12): 1775-1810.

[2] 文圣常，余宙文. 海浪理论与计算原理. 北京：科学出版社, 1985: 355-380.

[3] Wang W, Huang R X. Wind energy input to the surface waves*. Journal of Physical Oceanography, 2004, 34(5): 1276-1280.

[4] Wunsch C. The work done by the wind on the oceanic general circulation. Journal of Physical Oceanography, 1998, 28(11): 2332-2340.

[5] Huang R X, Wang W, Liu L L. Decadal variability of wind-energy input to the world ocean. DeepSea Research Part II: Topical Studies in Oceanography, 2006, 53(1): 31-41.

[6] Craig P D, Banner M L. Modeling wave-enhanced turbulence in the ocean surface layer. Journal of Physical Oceanography, 1994, 24(12): 2546-2559.

[7] Sun Q, Guan C, Song J. Wave breaking on turbulent energy budget in the ocean surface mixed layer. Chinese Journal of Oceanology and Limnology, 2008, 26: 9-13.

[8] Qiao F, Yuan Y, Yang Y, et al. Wave-induced mixing in the upper ocean: Distribution and application to a global ocean circulation model. Geophysical Research Letters, 2004, 31(11).

[9] Babanin A V, Ganopolski A, Phillips W R C. Wave-induced upper-ocean mixing in a climate model of intermediate complexity. Ocean Modelling, 2009, 29(3): 189-197.

[10] Huang C J, Qiao F, Song Z, et al. Improving simulations of the upper ocean by inclusion of surface waves in the Mellor-Yamada turbulence scheme. Journal of Geophysical Research: Oceans, 2011, 116(C1).

撰稿人：管长龙

中国海洋大学，clguan@ouc.edu.cn

吕宋深水溢流的季节信号来源

On the Origin of Seasonal Variation in the Luzon Deepwater Overflow

位于热带西太平洋的南海被亚洲大陆、加里曼丹岛、苏门答腊岛、台湾岛和菲律宾群岛所包围，形成一半封闭性深水边缘海，并通过水道与周边海域相连通，吕宋海峡是其中唯一的深水通道。台湾岛和吕宋岛之间的吕宋海峡由巴士海峡、巴林塘海峡和巴布延海峡组成，它的最深处位于巴士海峡段的海槛，水深可达2400m，在此深度以下南海是一个与其他海域隔绝的海盆。

吕宋海峡是南海与太平洋水交换的主要通道。已有研究表明，吕宋海峡的水交换在垂直方向上呈“三明治”结构。在上层(约 0~500m)以太平洋水入侵南海为主，在中层(500~1500m)则相反，在深层(约 1500m 以下)又是太平洋水流入南海为主[1~4]。来自深层太平洋的高密度水跨过吕宋海峡的海槛后，迅速向下沉入南海深水海盆，形成吕宋深水溢流(也被称为深水瀑布)。深水溢流并非吕宋海峡所特有的现象，如在北大西洋的高纬度海域，高密度的冷水越过格陵兰岛—冰岛—苏格兰岛连线的水下海脊形成的深水溢流进入北大西洋，成为北大西洋深层水的一部分，并在全球热盐环流中发挥重要作用[5]。

自 20 世纪 70 年代开始，观测研究相继表明，南海北部 2400m 以下的深层水体具有低温、高盐特征，且相对比较均匀，与吕宋海峡东侧的 2000m 层太平洋水体具有相似的水文特征，这实质上间接反映了吕宋深水溢流的存在[6~9]。此后，物理海洋学家针对吕宋海峡开展了直接观测。Liu 和 Liu[10]利用一个放置在近巴士海峡底的海流计获得的 82 天海流时间序列，首次通过观测给出直接证据，发现在此处有平均流速为 0.14m/s 的流入南海的溢流，并通过假定流速线性递减，估计溢流流量约为 1.2Sv。利用 2005 年 10 月在吕宋海峡处获得的直接观测数据，Tian 等[4]进一步证实了南海 1500m 以下存在着从太平洋进入南海的西向流动，观测的深水溢流流量约为 2.0Sv。

除了利用观测数据进行计算，对深水溢流的理论诊断和数值模拟也在不断发展。Qu 等[11]利用 1920 年至 21 世纪初共 1062 个温盐剖面数据和 553 个溶解氧剖面数据，比较吕宋海峡两侧南海和太平洋海水的位势密度，基于水力学理论，结合零位涡及平底假设，估算深水溢流的流量约为 2.5 Sv。利用 HYCOM(HYbrid coordinate ocean model)全球数值模型，Lan 等[12]模拟并给出了深水溢流的年平均值为 1.76 Sv。

关于吕宋深水溢流的形成机制，Qu 等[11]对比分析了吕宋海峡两侧的密度剖线，发现在大约 1500m 以下的深层海洋，海峡两侧存在着稳定的密度差异。这导致了斜压性压强梯度力的产生，驱动了太平洋深层的低温、高盐水不断跨越吕宋海峡进入南海，下沉并形成了深水溢流。

吕宋深水溢流是南海深层环流的驱动力。示踪要素、动力诊断及数值模拟都表明，南海深层海洋并非静止不动，而是存在一个气旋式环流系统，并伴有西向强化现象[11, 13, 14]。其驱动力不是来自于上层海洋，而是来源于吕宋深水溢流[14]。深水溢流带入到南海深层的不仅仅是太平洋水，还有伴随而来的位势涡度，只有通过气旋式环流才能将其耗散掉，达到位势涡度的平衡。这就意味着，深水溢流输入越强，南海深层的气旋式环流就会越强。

南海深层气旋式环流具有明显的季节变化特征，据此可推测吕宋深水溢流季节变化的存在[12]。南海属于季风气候，夏季为西南季风、冬季为东北季风，南海上层环流的季节变化无疑来源于此。然而，由于跃层的存在，南海深层环流能否感受到南海季风的影响,从而产生季节变化呢？Lan 等[12]设计了一个敏感性数值试验：关闭吕宋海峡，以南海季风驱动海面。试验表明，南海深层环流并没有显著的季节变化。那么，南海深层环流的季节变化来源于哪里呢？Lan 等[12]设计了另一个敏感性数值试验：打开吕宋海峡，以年平均风场驱动海面。试验表明，南海深层环流具有明显的季节变化，继而证明了南海深层环流的季节变化主要来源于吕宋深水溢流。据此推测，吕宋深水溢流也应当具有季节变化特征。

数值模拟研究初步印证了吕宋深水溢流关于季节变化的推测。利用 HYCOM 数值模式，Lan 等[12]模拟了吕宋深水溢流的季节变化(图 1)，其流量在夏秋季节较强、冬春季节较弱，最大流量出现在 10 月(约 2.84 Sv)，最小流量出现在 4 月(约 0.18 Sv)，其季节变化幅度(约 2.66 Sv)是年平均值(约 1.76 Sv)的 150%。SODA(simple ocean data assimilation)再分析资料产品也显示了类似的季节变化规律，只是变化幅度偏弱，最大流量出现在 8 月(约 1.46 Sv)，最小流量出现在 3 月(约为 0.48 Sv)，其季节变化振幅(约 0.98 Sv)是年平均值(约 1.00 Sv)的 98%。在此之前，基于两个锚系海流计时长达 3.5 年的现场观测数据，Zhou 等[15]从直接观测中指出了吕宋深水溢流季节变化的存在，即流动在秋季(10~12 月)最强，春季(3~5 月)最弱。他们认为，南海强混合的季节变化导致吕宋海峡两侧压强梯度力的季节变化，从而驱动吕宋深水溢流的季节变化。

目前，对深水溢流的季节变化特征及其动力机制的认识还处于初步阶段，需要进一步研究探索。一方面，虽然我们对上层海洋的季节变化特征有了比较深刻的认识，但是深层海洋的季节变化却有很大不同，那么深水溢流的季节变化具有怎样的特征？另一方面，如果上层海洋是深水溢流季节变化的信号来源，那么季节信号是通过怎样的方式、又是通过何种通道传递到深层海洋的呢？此外，吕宋

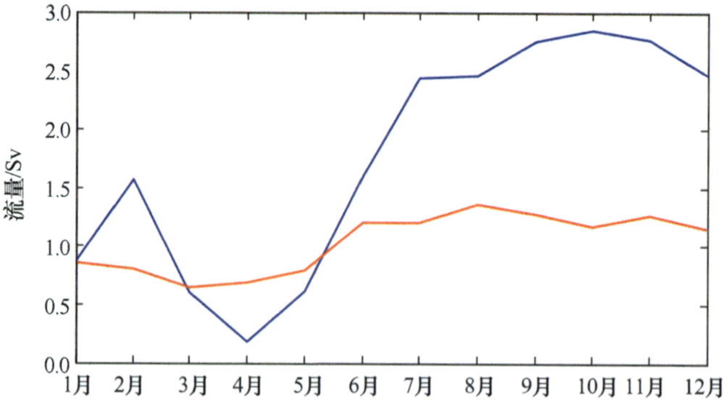

图 1　吕宋深水溢流流量的季节变化[12]

蓝线：HYCOM模式数值模拟结果；红线：SODA再分析资料产品结果

深水溢流是跨越吕宋海峡、由太平洋进入南海并下沉，那么南海和太平洋对吕宋深水溢流又分别具有怎样的影响和作用？

对于上述科学问题的解答，需要现场观测资料的有力支撑。但是目前吕宋海峡附近海域的深层海洋观测却是零散的、有限的。其制约因素主要在于两方面：一是深海观测成本高；二是吕宋海峡附近海域海底地形崎岖陡峭、复杂多变，这就要求深海观测仪器精度和性能要高，同时现场观测技术水平也要高。可以期望，随着深海观测技术的不断发展，对吕宋深水溢流的认识将会显著提升。

参 考 文 献

[1] Tangdong Q. Evidence for water exchange between the South China Sea and the Pacific Ocean through the Luzon Strait. Acta Oceanologica Sinica, 2002, 21(2): 175-185.

[2] Dongliang Y. A numerical study of the South China Sea deep circulation and its relation to the Luzon Strait transport. Acta Oceanologica Sinica, 2002, 21(2): 187-202.

[3] Jian L, Xianwen B, Guoping G. Optimal estimation of zonal velocity and transport through Luzon Strait using variational data assimilation technique. Chinese Journal of Oceanology and Limnology, 2004, 22(4): 335-339.

[4] Tian J, Yang Q, Liang X, et al. Observation of luzon strait transport. Geophysical Research Letters, 2006, 33(19).

[5] Hansen B, Østerhus S. North atlantic–nordic seas exchanges. Progress in Oceanography, 2000, 45(2): 109-208.

[6] Chu T Y. A study of the water exchange between Pacific Ocean and the South China Sea. Acta Oceanogr, Taiwan, 1972, 2: 11-24.

[7] Nitani H. Beginning of the Kuroshio, Kuroshio: Physical aspects of the Japan current. In: Stommel H, Yoshida K. 129-163. 1972.

[8] Broecker W S, Patzert W C, Toggweiler J R, et al. Hydrography, chemistry, and radioisotopes in the southeast Asian basins. Geophys Res, 1986, 91: 14345-14354.

[9] Wang J. Observation of abyssal flows in the northern South China Sea. Acta Oceanogr. Taiwan, 1986, 16: 36-45.

[10] Liu C T, Liu R J. The deep current in the Bashi Channel. Acta Oceanogr. Taiwan, 1988, 20: 107-116.

[11] Qu T, Girton J B, Whitehead J A. Deepwater overflow through Luzon strait. Journal of Geophysical Research: Oceans, 2006, 111(C1).

[12] Lan J, Wang Y, Cui F, et al. Seasonal variation in the South China Sea deep circulation. Journal of Geophysical Research: Oceans, 2015, 120(3): 1682-1690.

[13] Wang G, Xie S P, Qu T, et al. Deep South China sea circulation. Geophysical Research Letters, 2011, 38(5).

[14] Lan J, Zhang N, Wang Y. On the dynamics of the South China sea deep circulation. Journal of Geophysical Research: Oceans, 2013, 118(3): 1206-1210.

[15] Zhou C, Zhao W, Tian J, et al. Variability of the deep-water overflow in the Luzon Strait. Journal of Physical Oceanography, 2014, 44(11): 2972-2986.

撰稿人：兰 健

中国海洋大学，lanjian@ouc.edu.cn

浅海水体如何从夏季高度层化转变为冬季充分混合？

How Does the Shallow Water Transition Vertically From Well Stratificating in Summer to Fully Mixing in Winter?

季风影响下陆架海的浅海水体在夏半年期间(在北半球大约为 5 月上旬~11 月上旬)，其上层水体由于受较高气温、较强日照和占优势南风的影响，水温较下层水体偏高。同时，受季风带来的南方暖湿气流的影响，海洋降水量明显增加，陆地河流处于洪季，入海的淡水量也增大，导致上层水体盐度偏低偏淡。因此浅海水体上层会出现温度较高而盐度较低、密度较小的水体。随水深加大，日照带来的升温逐渐减少，盐度增高，下层水体的密度随水深增加而逐渐加大，与上层水体形成较大的密度差异。在上、下层水体的界面上，形成温盐密度跃层。很多海域由于降水量和陆源淡水供应不足，只存在温度升高形成的密度跃层[1]。这种现象称为水体垂向结构层化(stratification)(图 1)[2]。在世界的陆架海中，季节性的水体层化是很普遍的现象[3, 4]。陆架海浅水区域可能因夏季风暴而短暂出现层化减弱或消失的情况，但一旦风暴结束，水体仍然会返回层化状态。而在水深大于 30m 的浅海，即使出现强台风等恶劣海况，仍保持层化状态[3, 4]。由于密度跃层阻碍了水体上下的垂向交换，上层富含溶解氧的水体难以和下层水体交换，是形成近海贫氧区和影响初级生产力的重要因素[5]；水体层化限制了海底沉积物的再悬浮，导致夏季浅海沉积物的输送受到很大限制[6]，海底沉积物中的营养盐也难以释放到水体中，阻碍了初级生产力的增加[7, 8]，对陆架海生态环境和物质输送产生重要影响。

但是，在冬半年期间(在北半球大约为 11 月中旬~4 月下旬)，陆架浅海的上层水温变冷导致其密度增加，持续的风暴导致水体发生混合，密度垂向梯度趋于消失，层化现象不复存在，整个水体结构呈充分混合状态[2, 3, 4, 6](图 1)。冬半年浅海水体的高度混合过程直接影响到翌年春季和秋季浮游生物的水华发生，层化海况下堆积在海底的沉积物也因此再悬浮到整个浅海水体中并在风暴海况下大规模扩散，是浅海沉积物输送主要发生冬半年的主因[6, 8~10]。

许多学者从风场、波浪/波流和潮流引起的湍动混合、能量耗散、上升流、斜压涡、内波、地形、海温等多方面研究了陆架海浅海水体层化和混合的过程和机制，取得了大量成果[11~14]。但是，浅海水体在秋末/冬初(10 月底至 11 月初)从高度层化状态转换为充分混合状态(以下简称"层化–混合转换")的过程和机制目前并不清楚。由于需要在不同水深和较大范围的三维海域空间进行水体多参数原位实时观测，传统的船基和少量海床基定点原位观测已不能满足要求[15]。因此，浅海水体在秋末/冬初的层化–混合转换过程和机制一直不清楚。

直到 21 世纪初采用了水下滑翔器(underwater glider)在水体中进行实时长期观测，才开始对秋末/冬初发生的浅海层化–混合转换的过程有了较清晰的了解。水下滑翔器的大量实测结果表明，这一过程一般是在秋末风暴海况下发生的，历时不超过一周，是风生流、波浪/波流和潮流共同作用下湍流增强、近底层剪切应力增加的结果[16, 17]；同时，风驱动的整个水体的超级朗缪尔环流(Langmuir supercell)，作为产生浅海湍流的重要机制和沉积物再悬浮的重要机制[18]，也可能同时发生于这一过程中，在浅海充分混合中起重要作用[16, 17]。导致层化破坏的混合过程往往并非发生在最大风值和波浪值的期间，而是在波浪和潮流共同作用使近底边界层的混合向上增长到破坏层化、湍动通量快速增大向上扩展至整个水体之后，才出现整个水体的充分混合[15~17]。

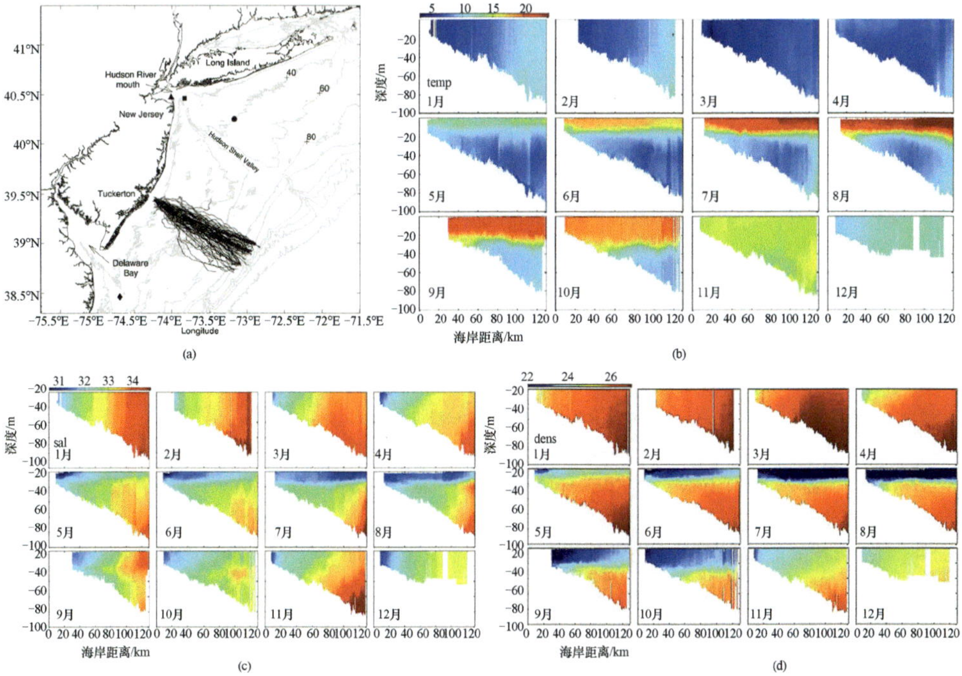

图 1 大西洋陆架浅海水体温度、盐度和密度剖面的季节性变化(水下滑翔器调查数据)
(a)调查区位置，黑线为水下滑翔器测线轨迹；(b)水体温度(℃)。(c)水体盐度(psu)。(d)水体密度(kg/m³)。显示水体在夏半年(5~10 月)层化，冬半年(11 月至次年 4 月)混合[2]

但是，这一研究目前还处于定性解释阶段，现场观测也不足[15]。尚未解决的首要难题是如何定量性评估浅海水体在秋末/冬初层化–混合转换的条件和过程，包括冬季风暴导致层化破坏的波浪/波流和潮流共同作用的临界极值是多大，这一过程中近底边界层向上扩展和海面风生流、朗缪尔超级环流及海温的综合作用如何，以及如何定量分析和评估上述过程中湍流的作用等。这一难题中有相当部分是观测方面的难点，如风暴海况下的波浪/波流观测、近底边界层的动力过程观测、超级朗缪尔环流的观测等，都需要实时原位的观测和多参数的准确提取。目前国外已经发展到使用多个水下无人潜航器进行全天候海况下的编队观测调查(fleet observation)[15]，而采用水下无人潜航器进行现场原位海洋环境科学调查在我国尚处于试验性阶段。即使采用水下无人潜航器观测，由于层化–混合转换时段水体密度变化剧烈，直接影响到其水下航行的状态，这方面的技术问题尚未完全解决。波浪/波流+潮流共同作用的非线性问题、上述各种过程中湍流作用的定量评价问题等，也是国际上尚未完全解决的难点。

如何构建层化–混合转换过程和机制的综合模型并进行验证，是进一步需要解决的难题。其中包括多种动力因素如风场、波浪、潮流的耦合作用及其联合极值在去层化过程中的作用，各种水动力影响因素中的湍流机制及超级朗缪尔环流作用的定量性评估，以及模型验证中需要的浅海原位实时的多参数数据的准确获取等多个难点。

参 考 文 献

[1] Janout M A, Weingartner T J, Royer T C, et al. On the nature of winter cooling and the recent temperature shift on the northern Gulf of Alaska shelf. Journal of Geophysical Research: Oceans, 2010, 115(C5).

[2] Castelao R, Glenn S, Schofield O. Temperature, salinity, and density variability in the central Middle Atlantic Bight. Journal of Geophysical Research: Oceans, 2010, 115(C10).

[3] Palmer M R, Rippeth T P, Simpson J H. An investigation of internal mixing in a seasonally stratified shelf sea. Journal of Geophysical Research: Oceans, 2008, 113(C12).

[4] Rippeth T P. Mixing in seasonally stratified shelf seas: A shifting paradigm. Philosophical Transactions of the Royal Society of London A: Mathematical, Physical and Engineering Sciences, 2005, 363(1837): 2837-2854.

[5] Holliday N P, Waniek J J, Davidson R, et al. Large-scale physical controls on phytoplankton growth in the Irminger Sea Part I: Hydrographic zones, mixing and stratification. Journal of Marine Systems, 2006, 59(3): 201-218.

[6] Yang Z, Ji Y, Bi N, et al. Sediment transport off the Huanghe (Yellow River) delta and in the adjacent Bohai Sea in winter and seasonal comparison. Estuarine, Coastal and Shelf Science, 2011, 93(3): 173-181.

[7] Rippeth T P, Wiles P, Palmer M R, et al. The diapcynal nutrient flux and shear-induced

diapcynal mixing in the seasonally stratified western Irish Sea. Continental Shelf Research, 2009, 29(13): 1580-1587.

[8] Sharples J, Ross O N, Scott B E, et al. Inter-annual variability in the timing of stratification and the spring bloom in the North western North Sea. Continental Shelf Reseaarch, 2006, 26(6): 733-731.

[9] 宋洪军, 季如宝, 王宗灵. 近海浮游植物水华动力学和生物气候学研究综述. 地球科学进展, 2011, 26 (3): 257-265.

[10] Xu Y, Chant R, Gong D, et al. Seasonal variability of chlorophyll a in the Mid-Atlantic Bight. Continental Shelf Research, 2011, 31(16): 1640-1650.

[11] Lwiza K M M, Bowers D G, Simpson J H. Residual and tidal flow at a tidal mixing front in the North Sea. Continental Shelf Research, 1991, 11 (11): 1379-1395.

[12] MacKinnon J A, Gregg M C. Mixing on the late-summer New England shelf-solibores, shear, andstratification. Journal of Physical Oceanography, 2003, 33(7): 1476-1492.

[13] Lorke A, Peeters F, Wüest A. Shear-induced convective mixing in bottom boundary layers on slopes. Limnology and Oceanography, 2005, 50(5): 1612-1619.

[14] Palmer M R, Polton J A, Inall M E, et al. Variable behavior in pycnocline mixing over shelf seas. Geophysical Research Letters, 2013, 40(1): 161-166.

[15] Miles T, Glenn S M, Schofield O. Temporal and spatial variability in fall storm induced sedimentresuspension on the Mid-Atlantic Bight. Continental Shelf Research, 2013, 63: S36-S49.

[16] Castelao R, Glenn S, Schofield O, Chant R, Wilkin J, Kohut J. Seasonal evolution of hydrographic fields in the central Middle Atlantic Bight from glider observations. Geophysical Research Letters, 2007, 35(2): L03617.

[17] Glenn S, Jones C, Twardowski M, et al. Glider observations of sediment resuspension in a Middle Atlantic bight fall transition storm. Limnology and Oceanography, 2008, 53(5, part 2): 2180-2196.

[18] Gargett A, Wells J, Tejada-Martinez A E, Grosh C E. Langmuir supercells: A mechanism for sediment resuspension and transport in shallow seas. Science, 2004, 306: 1925-1928.

撰稿人：杨作升

中国海洋大学，zshyang@ouc.edu.cn

裂流的触发机制及其精确预报

Rip Currents Triggering Mechanism and How to Forecast Accurately

世界所有的旅游资源类型中，海滩是吸纳游客最多的旅游目的地[1]。海滩是松散沉积物的堆积体，在波浪、潮流及地质背景等诸多因素的相互作用下，呈现出复杂的地貌组合，给旅游者和管理者带来诸多安全隐患，如海滩溺水事故。据统计，澳大利亚每年约有 25000 起溺水事故[2]。1960~2000 年，美国海滩溺水事故造成的损失估计超过 42 亿美元[2]，每年有超过 100 人死于海滩溺水事故[3, 4]。大量的数据统计表明：裂流是导致游泳者发生海滩溺水事故的主要原因。研究和统计表明，澳大利亚 89%的海滩溺水事故与裂流有关[5]。美国 80%的海滩救援事件与裂流有关[3, 4]。巴西海滩 90%的救援与裂流有关[6]。英国 67%海滩溺水事故与裂流有关[7]。基于海南三亚大东海溺水事故的不完全统计，多数溺水事故与裂流有关[8]。

裂流最早由美国 Shepard[9]命名，是一种具有较强流速的、狭窄的、向海的流。它的结构包括裂流头、裂流颈、补偿流、向岸流、裂流槽等要素(图 1)。裂流在一定的海滩地貌组合和动力条件下形成，也会因礁石或海岸建筑物(堤坝等)引起，裂流能够将悬沙、泡沫、浮游生物、营养成分、游泳者或其他漂浮物质输运到碎波带外。有人形象地把裂流比喻成从碎波带输运物质到碎波带外的“高速公路”[10]。

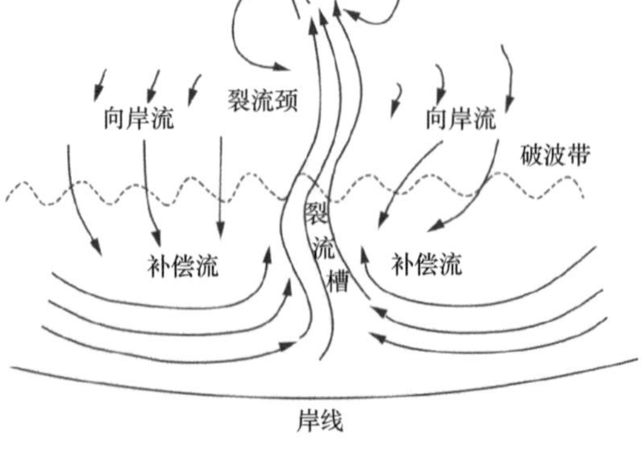

图 1　裂流平面结构[11]

较强的向海离岸流速是裂流造成溺水事故的主要原因。理论研究、现场观测得到的裂流速度为 0.3~1 m/s[11]，也曾经观测到裂流速度超过 2 m/s[12]。因此，裂流向海流动速度往往超过一个强壮男人游泳的速度，能够快速地将海滩游泳者带到深水，对于游泳者来说是一个危险的杀手。裂流出现有时具有突然性，给遭遇裂流的游泳者造成恐慌，加剧了裂流溺水事故的后果。

所有裂流动力模型都认为裂流是海滩沿岸波高的变化引起[11]。如果沿岸波高交替变化，那么破波带水流在低波区汇集，形成离岸方向的裂流。Bowen[13]最早基于 Longuet-Higgins 和 Steward[14]的辐射应力理论开展了这方面的研究。此后，海洋学家又提出了诸多触发裂流形成的机制模型。裂流触发机制模型大致分为两类：结构相互作用模型与波浪相互作用模型，前者包括了海底地形、岸线边界以及韵律型地形的影响形成裂流；后者包括了入射波与边缘波相互作用，相互交叉的波列和波流相互作用形成裂流[15]。还有人将裂流触发机制模型分为受迫环流模型和自由环流模型，前者是由边界影响(如非平直海岸或海底隆起)或波列的叠加引起的沿岸波高变化而引起的；而后者是由入射波浪与近岸环境之间的共振反应引起的[16]。这些模型都在一定程度上揭示裂流的一些现象和特征，但还不能完全说明特定海岸或特定波浪条件下裂流出现的可能性大小。解决这一难题需要大量的现场观测和实验研究，对裂流的流结构和动力学特征进行深入探究。随着研究的深入，海洋学家在裂流运动尺度、裂流垂向和垂直岸线方向的水流结构等方面有了较大的进展[16]。将来要得到普适性的裂流触发机制模型，还要从机理上研究导致波高沿岸变化的机理，包括：波浪浅水变形、折射和绕射等。同时，模型应该需要把近岸水动力、泥沙输运和地形反馈纳入进来。

由于裂流灾害事故频发，海滩管理者迫切需要准确的裂流预报信息。由于沿岸波浪波高变化的随机性和海底地形的复杂性，现在还不能完全确定海滩生成裂流的具体时间和位置 [12]。目前，海洋学家还只能从海滩裂流风险水平来进行预报：一是开展海滩平均风险等级的评价；二是通过对近岸动力要素来预测裂流出现概率大小。

海滩平均风险等级的评价多是基于海滩地貌动力学模型来进行。例如，基于波高等级的裂流风险等级评价[4, 6]、基于海滩地貌动力学模型的裂流风险等级评价[5, 17]等。裂流出现概率大小的预报是通过对波要素(波高、波周期、波向)、潮汐和风的预报来预测裂流出现的可能性。例如，美国国家气象局对全美海滩进行裂流预报，西班牙对 Balearic Islands 开展裂流预报[18]。事实上，近岸波浪、潮汐、风的确可能与裂流存在相关性，具体因子的重要性存在较大争议。例如，Lascody[3]通过对中佛罗里达海滩的研究，认为波浪周期起较大作用。裂流影响因子的不确定性，增加了海滩裂流出现概率预报的难度。这类评价给出的是某一海滩裂流出现可能性大小和风险等级高低的平均状况，还是无法提供裂流出现具体时间和位置的信息。

总的来说，裂流预报模型研究还处于起步阶段，缺乏普适性的预报模型预报裂流生消、类型和位置。裂流预报的难点与裂流触发机理不明确和海岸动力的复杂性有关，同时裂流的突发性特征增加了预报的难度。海洋学家应从进一步理解裂流基本动力特征和提高模型的预报精度两方面入手，加强理论研究和现场观测，揭示裂流的水流结构、波流相互作用、与海滩地形组合的关系、对动力和气象因子的响应等基本问题。同时，海滩水下沙坝地貌与裂流的生消密切相关[19]，将来也要加强海滩沙坝成因机理、沙坝迁移变化等方面的研究。

参 考 文 献

[1] Agrardy T M. Accommodating ecotourism in multiple use planning of coastal and marine protected areas. Ocean & Coastal Management, 1993, 20: 219-239.

[2] Brande R W, Bradstreet A, Sherker S, MacMahan J H. Responses of swimmers caught in rip currents: Perspectives on mitigating the global rip current hazard. International Journal of Aquatic Research and Education, 2011, 5: 476-482.

[3] Lascody R L. East central Florida rip current program. National Weather Digest, 1998, 22 (2): 25-30.

[4] Lushine J B. A study of rip current drownings and related weather factors. National Weather Digest, 1991, 16: 13-19.

[5] Short A D, Hogan C L. Rip currents and beach hazards: Their impact on public safety and implications for coastal management. Journal Coastal Research, 1994, SI 12: 197-209.

[6] Klein A H, Sanatana G G, Diehl F L, de Menezes J T. Analysis of hazards associated with sea bathing: Results of five years work in oceanic beaches of Sanata Catarina state, southern Brazil. Journal of Coastal Research, 2003, SI 35: 107-116.

[7] Woodward E, Beaumont E, Russell P, Wooler A, Macleod R. Analysis of rip current incidents and victim demographics in the UK. Journal of Coastal Research, 2013, SI 65: 850-855.

[8] Li Z Q. Rip current hazards in South China headland beaches. Ocean & Coastal Management, 2016, 121: 23-32.

[9] Shepard F P. Undertow, rip tide or rip current. Science, 1936, 84: 181-182.

[10] Inman D L, Brush B M. Coastal challenge. Science, 1973, 181: 20-32.

[11] MacMahan J H, Thornton E B, Reniers A H M. Rip current review. Coastal Engineering, 2006, 53: 191 - 208.

[12] Short A D. Australian rip systems——friend or foe. Journal of Coastal Research, 2007, SI 50: 7- 11.

[13] Bowen A J. Rip currents: 1. Theoretical investigations. Journal of Geophysical Research, 1969, C74: 5467-5478.

[14] Longuet-Higgins M S, Steward R W. Radiation stresses in water waves: A physical discussion with applications. Deep Sea Research, 1964, 11: 529-562.

[15] Dalrymple R A. Rip currents and their causes. In: Edge B L. Coastal Engineering 1978: Proceedings of the 16th International Conference, ASCE, New York, 1978, 1414-1427.

[16] Dalrymple R A, MacMahan J H, Reniers A J H M, Nelko V. Rip currents. Annual Review of Fluid Mechanicas, 2011, 43: 551-581.

[17] Scott M T. Beach morphodynamics and associated hazards in the UK. Ph. D. Thesis, University of Plymouth, 2009, 280-283.

[18] Alvarez-Ellacuria A, Orfila A, Olabarrieta M, Gómez-Pujol L, Medina R, Tintoré J. An alert system for beach hazard management in the Balearic islands. Coastal Management, 2009, 37(6): 569-84.

[19] Wright L D, Short A D. Morphodynamic variability of surf zones and beaches: A synthesis. Marine Geology, 1984, 56 (1-4): 93-118.

撰稿人：李志强

广东海洋大学，qiangzl1974@163.com

台风过程中，上层海洋如何响应?

How Does the Upper Ocean Response to Typhoon Forcing?

台风是最具毁灭性的自然灾害之一。如果能及时准确地预测台风路径和强度，便可极大地降低财产和人员的损失。目前，影响台风预报精度的不确定性因素主要有：风暴内区动力过程、大气的天气尺度环境结构和台风过程上层海洋的响应机制。迄今已经实施的诸多国际合作研究计划均指出，上层海洋的响应机制是影响台风强度与路径变化预测预报中最具挑战性的科学难题之一。因此，开展台风过程上层海洋的响应研究，无论对于提高台风过程的预报精度，还是对于深入了解上层海洋与低层大气生物地球化学及物理过程的耦合机制均具有重要的科学意义和实际应用价值。

台风过境海面时，海表温度降低是海气相互作用最为直接的表观特征，对上层海洋温度分布及海气热通量交换产生重要影响。同时，海表温度降低也对台风强度产生显著的负反馈作用，减弱、甚至可能关闭海洋对台风的能量供给[1]。据计算，海表温度的变化可引起台风 40%焓通量的变化[2]。台风过程可使海表温度降温达 2~6℃[3, 4]，最强降温发生在 2000 年南海台风启德，海表面降温达到 10.8℃[5, 6]。关于台风过境使海表温度降低的驱动机制，目前还存在很大争议。普遍认为，海表温度降低的主要驱动机制是源于风应力产生的埃克曼抽吸(Ekman Pumping)贡献[5, 6]。但也有不同观点的研究指出[4, 7~13]，台风期间的海表面降温可能主要来自于近惯性内波导致的垂向混合作用，贡献了 75%~90%的海表面降温，而 Ekman Pumping 和海气界面的热通量作用大致相当，导致 5%~15%的海表面降温[9, 13]。对于缓慢移动的台风，如 2000 年南海台风启德，Ekman Pumping 则可能主导海表面降温过程，导致约 62%的海表面降温[5]。需要着重指出的是，台风过程海表面降温具有明显的不对称性，降温区域主要出现在台风路径的右侧。迄今为止，由于缺乏有效的台风过程现场观测，关于“Ekman Pumping 驱动说”依然缺乏令人信服的观测依据。根据张书文等对 2005 年南海热带风暴“天鹰”过程的观测发现，在热带气旋经过的几天内，上混合层处于降温状态，而温跃层以下至 70m 水深则处于增温状态(图 1)，这显然无法用上升流的观点予以解释。对于移动速度不同、强度不同的台风过程，上层海洋降温的驱动机制究竟是 Ekman Pumping 的贡献，还是多种物理过程的联合作用，仍有待进一步深入研究。

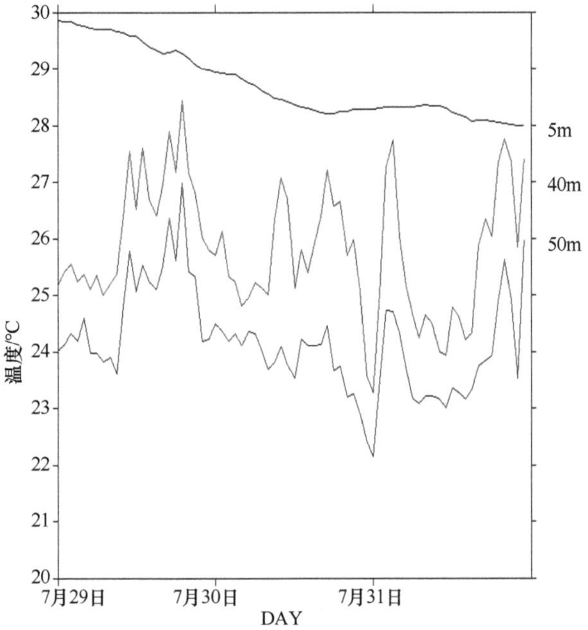

图 1　南海热带风暴“天鹰”经过的几天内，表层水处于降温状态，而 40~70m 水处于增温状态

上层海洋对台风过程响应的另一个重要特征是风应力驱动产生的三维海洋环流，其中最为复杂的是三维近惯性流。研究表明，热带气旋输入到海浪中的能量约为 1.7TW，输入到表层流的能量约为 0.1TW，而传输给近惯性流的能量为 0.3~1.4TW。强近惯性流会对局地海洋的动力和热力过程产生显著的影响，由此产生的近惯性内波和涡旋能够向海洋输入大量的机械能，明显增强局地的海洋混合并改变海洋上层的温盐结构。风应力一般可以驱动约 1m/s 的近惯性流，也有超过 2m/s 的历史观测记录[14]。需指出的是，近惯性流在上混合层底具有明显的衰减特征[4]，这是否是导致温跃层剪切不稳定机制发生的重要驱动力，进而驱动了温跃层强混合过程，目前尚缺乏令人信服的物理解释。

参 考 文 献

[1] Timmermann A, An S I, Krebs U, et al. ENSO suppression due to weakening of the North Atlantic thermohaline circulation. Journal of Climate, 2005, 18(16): 3122-3139.

[2] Cione J J, UhlhornEW.Sea surface temperature variability in hurricanes: Implications with respect to intensity change. Monthly Weather Review, 2003, 131(8): 1783-1796.

[3] D'Asaro E A. The ocean boundary layer below hurricane dennis. Journal of Physical Oceanography, 2003, 33(3): 561-579.

[4] Zhang S, Xie L, Hou Y, et al. Tropical storm-induced turbulent mixing and chlorophyll-a

enhancement in the continental shelf southeast of Hainan Island. Journal of Marine Systems, 2014, 129: 405-414.

[5] Chiang T L, Wu C R, Oey L Y. Typhoon Kai-Tak: An ocean's perfect storm. Journal of Physical Oceanography, 2011, 41(1): 221-233.

[6] Zhang H, Chen D, Zhou L, et al. Upper ocean response to typhoon Kalmaegi (2014). Journal of Geophysical Research: Oceans, 2016, 121(8): 6520-6535.

[7] Sriver R L, Huber M. Observational evidence for an ocean heat pump induced by tropical cyclones. Nature, 2007, 447(7144): 577-580.

[8] Zhang S W, Xie L L, Zhao H, et al. Tropical storm-forced near-inertial energy dissipation in the southeast continental shelf region of Hainan Island. Science China Earth Sciences, 2014, 57(8): 1879-1884.

[9] Price J F. Upper ocean response to a hurricane. Journal of Physical Oceanography, 1981, 11(2): 153-175.

[10] Sanford T B, Black P G, Haustein J R, et al. Ocean response to a hurricane. Part I: Observations. Journal of Physical Oceanography, 1987, 17(11): 2065-2083.

[11] Bender M A, Ginis I, Kurihara Y. Numerical simulations of tropical cyclone-ocean interaction with a high-resolution coupled model. Journal of Geophysical Research-all Series-, 1993, 98: 23, 245-23, 245.

[12] Huang P, Sanford T B, Imberger J. Heat and turbulent kinetic energy budgets for surface layer cooling induced by the passage of Hurricane Frances (2004). Journal of Geophysical Research: Oceans, 2009, 114(C12).

[13] Jacob S D, Shay L K, Mariano A J, et al. The 3D oceanic mixed layer response to hurricane Gilbert. Journal of physical oceanography, 2000, 30(6): 1407-1429.

[14] Teague W J, Jarosz E, Wang D W, et al. Observed oceanic response over the upper continental slope and outer shelf during Hurricane Ivan*. Journal of Physical Oceanography, 2007, 37(9): 2181-2206.

撰稿人：张书文
广东海洋大学，gdouzhangsw@163.com

热压效应对深对流的贡献究竟有多大？

What is the Contribution of Thermobaric Effect to Deep Convection?

大西洋经向翻转环流是全球大洋环流系统的一个重要组成部分，它将大量的热量由热带输送到北大西洋的高纬地区，形成了北半球的主要热量来源之一。这些热量释放到大气，使欧洲的气温较同纬度的其他地区高出 10℃左右[1]。北上海流的绝大部分在格陵兰海下沉，再通过溢流从大西洋深层向南流动，形成全球海洋的质量平衡。翻转环流的下沉运动主要是通过对流实现的，对流产生的垂向输运净速率约为 10^{-4} m/s[2]。虽然净输运速度很慢，但是发生对流的空间范围很大，仍然可以产生很大的垂向净流量，以往的研究估计出北大西洋的对流流量可达 10 Sv[3]。

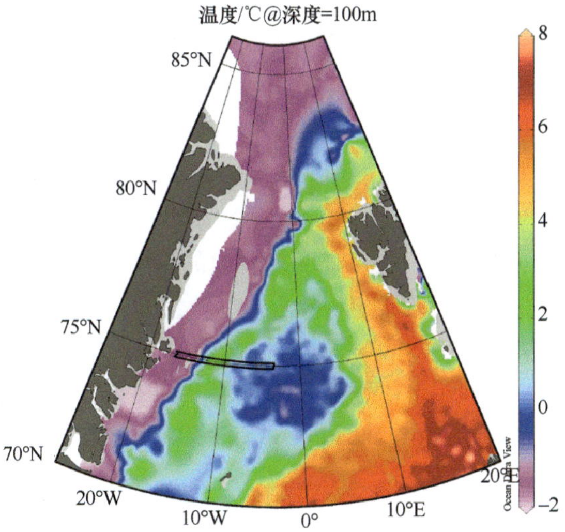

图 1 格陵兰海 100m 深度温度分布图

发生在格陵兰海的对流主要有两种：浮力对流(buoyancy convection)和混合增密对流(cabbeling)[4]。浮力对流主要是表面冷却导致的对流，由于大西洋表层水体盐度很高，温度降低后导致上层的海水密度高于下层的海水密度，形成静压不稳定，发生垂向对流[5]。另一种对流是海水的一个特殊性质——混合增密效应引起的，当两种相同密度的水体混合之后，水体的密度高于原来水体的密度[5]。混合增密引起的密度增大也导致静压不稳定，形成对流。这两种对流都可以产生净垂向输送通量，初步认为两种对流的净流量也大致相当。由于格陵兰海表层水体的密度很大，形成的对流可以抵达较大的深度，也就是通常所说的深对流。观测表明，在气温很低的年代，深对流可以达到 3000m 以上的深度；现在全球变暖，表层温度增加，对流的深度要浅得多。然而，有的学者认为，浮力对流和混合增密对流虽然都可以形成深对流，但一般达不到那么深，二者背后还有一个热压效应产生的“对流增强”效果[6]。热压效应并不能单独形成对流，而是伴随其他两种对流而存在。

Gill 在 1973 年研究南极陆架上的高盐冷水进入深海现象时注意到[7]，如果周边水体的位温超过了冷水的位温，海水状态方程中的非线性会使水体的稳定性下降。这个发现在物理海洋学中是非常重要的，因为海水稳定性的下降容易产生垂向对流，启发科学家们去注意各种被较高温度水体环绕的低温水体是否都存在这种现象，如发生在格陵兰海的垂向对流产生的区域性冷水中心(图 1)有利于降低海水的稳定性，在低温情况下这种不稳定普遍发生。

深入的研究认为，这种现象是因为海水的热膨胀系数与压力有关造成的[8]。在理论研究时，学者们经常使用一个简化的海水状态方程：

$$\rho = \rho_0[1-\alpha(\vartheta-\vartheta_0)+\beta_s(S-S_0)] \tag{1}$$

式中，α 为热膨胀系数；β_s 为盐度浓度系数；ϑ_0 和 S_0 分别为参考位温和参考盐度。然而，由于海水状态方程是非线性的，式(1)中的 α 和 β_s 都是 θ_0、S_0 和压强 p 的函数。α 随压力 p 增大而增大，由泰勒级数的头两项可以近似表达这种现象：

$$\alpha = \alpha_0\left(1+\frac{p}{\rho_0 g H_\alpha}\right) \tag{2}$$

式中，α_0 和 ρ_0 分别为热膨胀系数和密度在海面的值；g 为重力加速度；H_α 为热压的深度尺度，最冷的海水 H_α 约为 900m。

从式(1)和式(2)可以看到，如果对流产生的冷水下沉到某个深度，即使其温度和盐度都没有变化，仅仅压力增大，就可以通过热膨胀系数增大使得海水密度增大。这就是所谓的热压(thermobaricity)效应，热压这个词是由 McDougall[8]提出来的。

在海洋深层，垂向的密度梯度很小。如果由于热压效应导致密度增大，将进一步缩小海水的垂向密度梯度，降低海水的稳定度。在垂向层化非常弱的海域，原有的静力稳定度趋于零，微小的热压效应将导致发生静力不稳定，这种不稳定会促成新的对流发生。在发生对流时，一旦热压效应破坏了对流层底部的海水稳定度，对流就会向下扩展到对流层以下，造成对流深度的加大，热压效应产生的对流与下沉水的对流会自然地衔接起来，形成了“对流增强”现象，有利于产生深对流。在世界海洋中，格陵兰海和威德尔海是热压效应明显的海域，还有地中海、拉布拉多海也有热压效应的迹象。

Gordon 在威德尔海和冰岛海发现的烟囱效应为热压效应的存在提供了观测证据[9]，促使许多学者逐渐认识热压效应对开阔海洋可能的影响。已有研究就发现，在静力稳定环流中加入了热压效应会很大程度改变海水结构[10]；热压效应产生的势能有可能转换为海洋的动能[11]，对深层的混合过程发挥作用。不过也有学者对热压效应的作用不以为然，认为其影响很有限。由于热压效应产生的对流与上面提到了浮力对流或混合增密对流无法区分，热压效应到底有多大并不清楚。热压效应虽然在理论上是存在的，但是最大的问题是，对流本身就无法直接观测，热压效应的作用更是无法测量的。因此，热压效应的作用到底有多大，能够使对流有多大程度的加深，这个问题至今没有答案，也是深对流研究领域的最大难点。

参 考 文 献

[1] Macdonald A M, Wunsch C. An estimate of global ocean circulation and heat fluxes. Nature, 1996, 382(6590): 436-439.

[2] Schott F, Visbeck M, Send U, et al. Observations of deep convection in the Gulf of Lions, northern Mediterranean, during the winter of 1991/92. Journal of Physical Oceanography, 1996, 26(4): 505-524.

[3] Paluszkiewicz T, Garwood R W, Denbo D W. Deep convective plumes in the ocean. Oceanography, 1994, 7(2): 37-44.

[4] Chu P C, Gascard J C. Deep convection and deep water formation in the ocean. Elsevier Oceanography Series, 1991, 57: 3-16.

[5] Marshall J, Schott F. Open-ocean convection: Observations, theory, and models. Reviews of Geophysics, 1999, 37(1): 1-64.

[6] Harcourt R R. Thermobaric cabbeling over Maud Rise: Theory and large eddy simulation. Progress in Oceanography, 2005, 67(1): 186-244.

[7] Gill A E. Circulation and bottom water production in the Weddell Sea. Deep Sea Research and Oceanographic Abstracts. Elsevier, 1973, 20(2): 111-140.

[8] McDougall T J. Thermobaricity, cabbeling, and water-mass conversion. Journal of Geophysical Research: Oceans, 1987, 92(C5): 5448-5464.

[9] Gordon A L. Deep antarctic convection west of Maud Rise. Journal of Physical Oceanography, 1978, 8(4): 600-612.

[10] Killworth P D. On "chimney" formations in the ocean. Journal of Physical Oceanography, 1979, 9(3): 531-554.

[11] Su Z, Ingersoll A P, Stewart A L, et al. Ocean convective available potential energy. Part I: Concept and calculation. Journal of Physical Oceanography, 2016, 46(4): 1081-1096.

撰稿人：赵进平
中国海洋大学，jpzhao@ouc.edu.cn

印度洋东部赤道上升流的来源和气候效应

Source and Climatic Effects of the Equatorial Indian Ocean Upwelling

东风盛行于太平洋和大西洋赤道区域，在太平洋和大西洋东部海域驱动出冷舌和常年存在的上升流。然而，在印度洋赤道区域，年平均风为西风，东印度洋被暖池所占据。仅当夏秋季(全文指北半球夏秋季)东部海域赤道以南出现强东南季风时，苏门答腊(Sumatra)和爪哇(Java)近岸及其西南海域(图 1)才会出现上升流。上升流 6 月开始出现在爪哇岛南面，然后逐步向赤道方向扩展；随着印度洋风场转变及印度洋赤道开尔文波的影响，上升流在 11 月逐渐消失[1]。

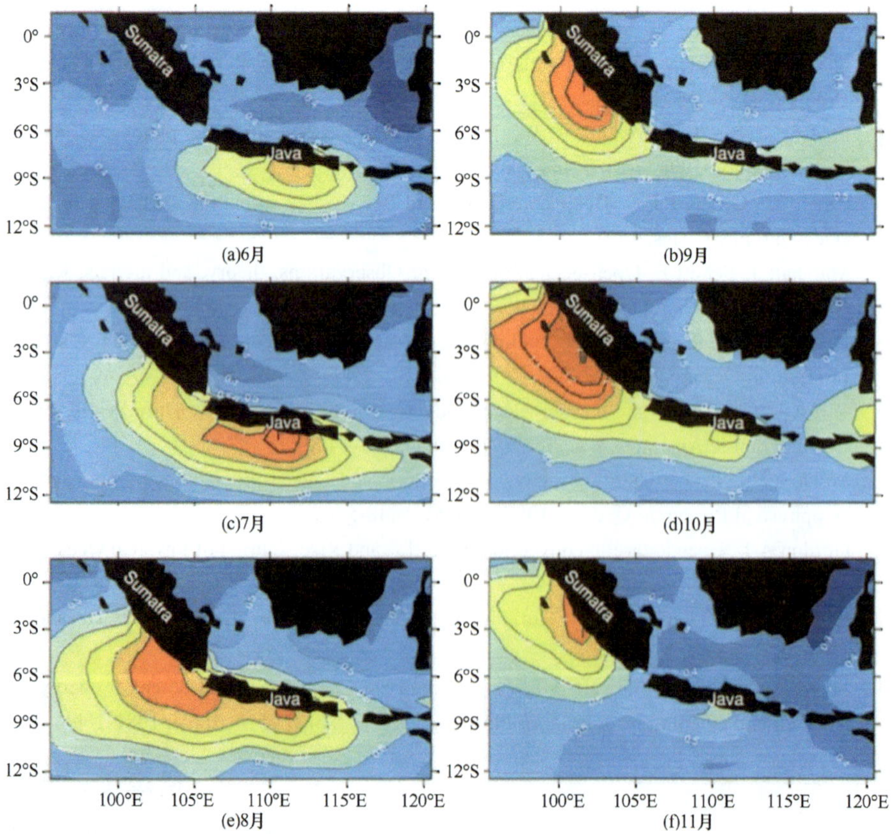

图 1　1981~1999 年 6~11 月海温的标准差分布。等值线间隔 0.1°C [1]

东印度洋赤道上升流存在显著的年际变化，尤其是在印度洋偶极子(Indian ocean dipole，IOD)正位相年份(如 1994 年和 1997 年)达到强盛[2~4]。Du 等[5]研究表明，在 IOD 正位相年份，温跃层对上升流区低温的产生和维持起重要作用；而在正常年份，上升流和挟卷引起的低温则被平流输运的暖水抵消。Chen 等[6]研究指出，东印度洋赤道上升流区温跃层的年际变异主要被印度洋赤道风应力驱动的下沉和上翻的开尔文波所控制，而上升流区的海温则主要被局地动力和热力过程控制，但具显著的季节性差异。在夏秋季，因季节性温跃层较浅，海温的年际变化直接被温跃层的年际变异控制，因而受赤道动力过程的显著影响；在冬春季，季节性温跃层较深，海温不能被温跃层直接影响，此时其变异主要被局地热通量和挟卷过程主宰。

东印度洋赤道上升流的水源从何而来？太平洋和大西洋常年存在赤道潜流，能为其东部赤道上升流提供水源。而印度洋赤道潜流呈季节性特征，主要出现在冬春季的 2~4 月，虽在夏秋季的 8~10 月会再生，但此时其流速较弱且主要位于西印度洋。因此，夏秋季较弱的赤道潜流与上升流发生时间不匹配，不足以为上升流提供足够水源。Susanto 等[1]认为印尼贯穿流强弱会影响上升流的强弱。Chen 等[7]认为印度洋赤道潜流通过“缓冲”方式为上升流提供水源(图 2)：冬春季赤道潜流将西印度洋高盐水输运至东印度洋，随后高盐水下沉，经数月沉寂，在上升流发生时进入温跃层和上混合层，为上升流提供水源。在 IOD 正位相年份，增强的夏秋季赤道潜流会为增强的上升流提供额外水源[7]。更多的观测和高精度数值模拟将有助于验证“缓冲”这一过程。印尼贯穿流等对上升流是否提供水源亦待进一步研究加以揭示，但可以肯定的是，印尼贯穿流不是上升流的主要水源，因为其相对较淡，无法为上升流提供高盐水源。

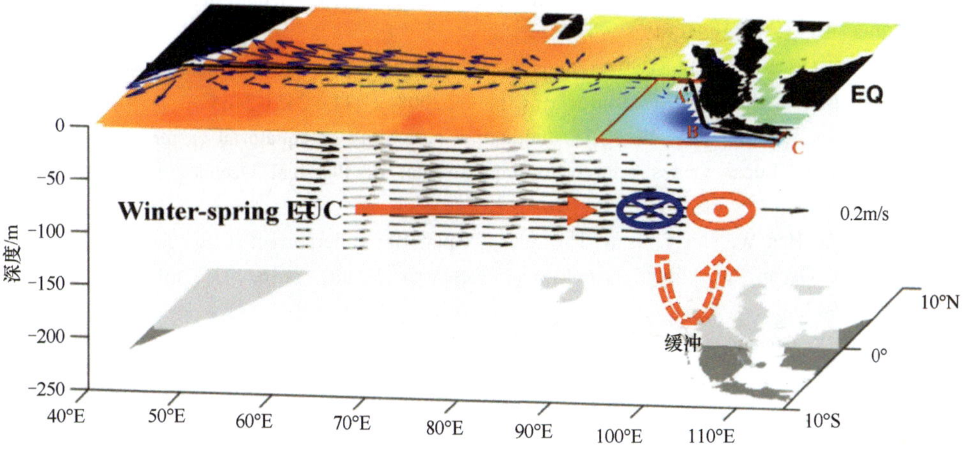

图 2 印度洋赤道潜流通过“缓冲”(buffering)方式为上升流提供水源示意图

东印度洋赤道上升流对气候有何影响？与位于冷舌区的东太平洋和东大西洋赤道上升流不同，东印度洋赤道上升流发生在印太暖池的东印度洋部分，强上升流能使得东印度洋海温降低高达 3°C[6]。不仅如此，东印度洋赤道上升流区域几乎覆盖 IOD 东节点位置(90°~110°E，10°S~0)，因而能够通过影响暖池和 IOD 东节点海温来影响印度洋季风、降水等变异[2, 8, 9]，对区域乃至全球气候变化产生影响[10]。洞悉东印赤道上升流的气候效应，亦对预测我国南方极端气候和灾害形成[11, 12]、降水变化[13]等有重要意义。目前，东印度洋赤道上升流的气候效应尚无系统认识，需进一步研究加以揭示。

除了赤道上升流，印度洋西北部[14]、热带西南印度洋[15]等皆存在重要的上升流区。它们连接海洋上层与次表层，与纬向流系、浅层经向翻转环流一起共同贡献于印度洋海盆尺度热盐再分配过程，维持着印度洋海区水体的质量和热量平衡。深入揭示印度洋上升流与纬向流系、浅层经向翻转环流的物理联系和热力贡献，对正确认识印度洋环流体系的三维空间结构、完善印度洋环流框架不可或缺。

参 考 文 献

[1] Susanto R D, Gordon A L, Zheng Q. Upwelling along the coasts of Java and Sumatra and its relation to ENSO. Geophysical Research Letters, 2001, 28(8): 1599-1602.

[2] Saji N, Goswami B, Vinayachandran P, et al. A dipole mode in the tropical Indian Ocean. Nature, 1999, 401: 360-363.

[3] Webster P J, Moore A M, Loschnigg J P, et al. Coupled ocean-atmosphere dynamics in the Indian Ocean during 1997-1998. Nature, 1999, 401(6751): 356-360.

[4] Murtugudde R, Jr M C, Busalacchi A J. Oceanic processes associated with anomalous events in the Indian Ocean with relevance to 1997-1998. Journal of Geophysical Research Oceans, 2000, 105(C2): 3295-3306.

[5] Du Y, Qu T, Meyers G. Interannual variability of sea surface temperature off Java and Sumatra in a global GCM*. Journal of Climate, 2008, 21(11): 2451-2465.

[6] Chen G, Han W, Li Y, Wang D. Interannual variability of equatorial eastern Indian Ocean upwelling: Local versus remote forcing. Journal of Physical Oceanography, 2006, 46: 789-807.

[7] Chen G, Han W, Shu Y, et al. The role of equatorial undercurrent in sustaining the Eastern Indian Ocean upwelling. Geophysical Research Letter, 2016, 43, doi: 10.1002/2016 GL069433.

[8] Ashok K, Guan Z, Yamagata T. Impact of the Indian Ocean dipole on the relationship between the Indian monsoon rainfall and ENSO. Geophysical Research Letters, 2001, 28(23): 4499-4502.

[9] Izumo T, Vialard J, Lengaigne M, et al. Influence of the state of the Indian Ocean Dipole on the following year's El Niño. Nature Geoscience, 2010, 120(4): 525-531.

[10] 吴国雄，孟文.赤道印度洋–太平洋地区海气系统的齿轮式耦合和 ENSO 时间 I.资料分析.

大气科学, 1998, 22(4): 470-480.

[11] Guan Z, Yamagata T. The unusual summer of 1994 in East Asia: IOD teleconnections. Geophysical Research Letters, 2003, 30(10): 235-250.

[12] Yang J L, Liu Q Y, Liu Z Y. Linking observations of the Asian monsoon to the Indian Ocean SST: Possible roles of Indian Ocean Basin mode and dipole mode. Journal of Climate, 2010, 23(21): 5889-5902.

[13] Qiu Y, Cai W, Guo X, et al. The asymmetric influence of the positive and negative IOD events on China's rainfall. Scientific Reports, 2014, 4(4): 4943.

[14] Smith R, Bottero J. On upwelling in the Arabian Sea. In: Angel M. A Voyage of Discovery. New York: Pergamon Press, 1977, 291-304.

[15] Schott F, McCreary J. The monsoon circulation of the Indian Ocean. Progress in Oceanography, 2011, 51: 1-123.

撰稿人：陈更新　王东晓

中国科学院南海海洋研究所，dxwang@scsio.ac.cn

科普难题

混合层动力学问题

Dynamic Problem of the Mixed Layer

在海洋中，温度与盐度的垂向变化，使得海水产生层结，但热力与动力诱导的湍流混合作用，会在海洋近表层及近海底层形成一层温度、盐度与密度较为均匀的水层，分别称为海洋上混合层[1]与海洋底边界层[2]。在大气中，温度的垂向变化，使得大气产生层结，热力与动力诱导的湍流混合作用，在近地表层形成一层温度与密度较为均匀的大气边界层。

海洋上混合层是联系大气边界层和海洋深层的中间层，调节着海洋与大气的物质与能量交换。上混合层的温度和深度对于台风的形成、发展和登陆区域预报，以及全球古气候系统的再现与未来全球气候变化的预报都起着至关重要的作用。尤其是在当前全球变暖的大背景下，采用全球海洋模式准确模拟出海洋上混合层的温度与深度变化，能够为全球气候模式准确预报全球气候的未来变化提供良好的基础，进而为各国政府应对全球气候变化带来的挑战提供重要的科学依据。然而，所有的大尺度海洋模式模拟的上混合层温度和深度与观测相比均存在着较大的差异。近年来，海洋科学界开始重新关注上混合层动力学问题，上混合层混合过程及其动力机制的研究成为海洋科学界的一个至关重要的研究课题[3]。

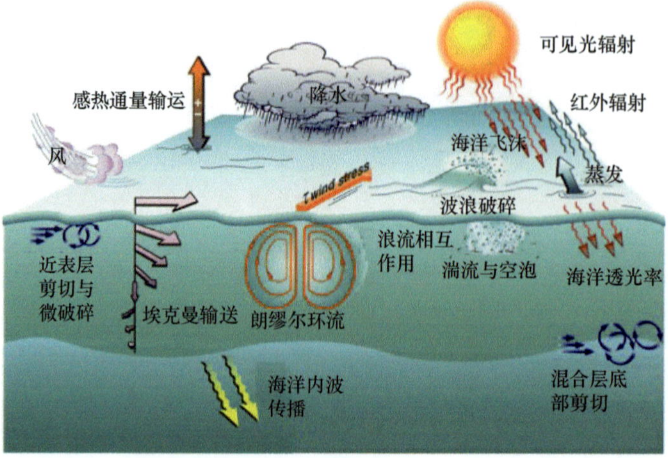

图1　海洋上混合层及其相关影响因素

http://www2.warwick.ac.uk/study/csde/gsp/ eportfolio/directory/crs/essfbz/research/mixing/

影响上混合层变化的动力因素有哪些？海洋学家首先对上混合层的精细结构，以及相应的影响因素进行了观测研究，获得了大量真实可靠的数据。但是一方面，观测研究无法清晰地将不同动力影响因素进行区分，进而难以确定影响上混合层变化的主要动力因素。另一方面，由于大涡模拟模式能够很好地模拟复杂的流体动力学问题，并且能够灵活地单独或者耦合不同的动力影响因素，因此目前海洋学家采用观测与大涡模拟相结合的手段来研究上混合层变化的动力学问题[3]。

然而，由于上混合层动力学问题异常复杂，并且过去对于上混合层动力学问题的研究基本上限于中低纬度，对全球海洋上混合层动力过程的认识并不十分充分。主要问题体现在以下三个方面。

第一，在相同的外搅拌作用下，近海和远海的上混合层动力学问题存在着非常大的差异，这是由于前者受到陆地的影响，一些动力过程(如朗缪尔环流)无法得到较为充分的发展，而在远海的开阔海域相应动力过程就能够获得充分发展[4]。海洋学家分别对近海与远海的动力过程进行了探究，然而对相应动力过程的认识仍然存在很大不足。例如，基于对朗缪尔环流动力过程的研究，改进了已有的参数化方案，但引入大尺度环流模式后，模拟结果与观测结果仍存在较大差异。如何将远海与近海的类似动力过程进行有效衔接需要系统探究。

第二，海洋内的中尺度动力过程(中尺度涡、近惯性内波与内波)与次中尺度过程(涡旋边缘涡丝与不同密度水交界处的锋面)对上混合层的变化有着非常重要的影响[5~7]。对于中尺度动力过程而言，在风强迫作用下，冷、暖涡区域上混合层变化相反，前者变浅变冷，后者加深变暖；另者，上混合层底部的内波传播、破碎，以及内波与上混合层动力过程的相互作用(如朗缪尔环流与内波相互作用)能够调制上混合层的变化。然而无论中尺度涡还是内波的尺度与强度都有较广的范围，两者与其他因素的相互作用也异常复杂，因此如何构建中尺度涡，以及内波诱导上混合层变化的普适理论仍存在较大挑战。对于次中尺度动力过程而言，海洋中涡旋边缘的涡丝能够诱导水平相邻区域的上混合层产生较大差异，而水平方向不同密度水交界处形成的锋面也与之类似，海洋学家对于水平密度差能够诱导上混合层的不稳定与再分层有了较为清晰的认识，但不同涡旋边缘和锋面的水平密度差异、非地转不稳定，以及背景流的特征均千差万别，如何将这些复杂特征进行有效地统一仍需海洋科学家进行深入探索。

第三，在相同的外搅拌作用下，初始上混合层的深度和上层层结的强弱，将直接影响着上混合层的温度与深度的变化[8]。在低纬度，太阳对海洋的加热较强，海洋上层层结较强，在相同的风和波浪搅拌作用下，上混合层的温度会较高，而深度会较浅；而在高纬度太阳对海洋的加热较弱，海洋上层的层结较弱，在相同的风和波浪搅拌作用下，上混合层的温度会较低，而深度会较深。但是热力与动力的相互作用对上混合层变化的影响，以及两者相互作用的影响如何由低纬度向高纬度的有效衔接，这目前对于上混合层动力学问题的研究也是一个较大的难题。

海洋底边界层对于浅海区的能量耗散起着至关重要的作用，在深海区影响着深海环流与深海底部能量耗散，并且对于海床与海水之间的物质交换、海底沉积物起动与再沉积等海底动力过程有着重要影响[9]。海洋科学界对海洋底边界层的研究起步较早，观测与数值模拟发现在平坦地形条件下，底边界层发展能够在其顶部诱导温跃层，温跃层的形成抑制了上混合层的发展；在倾斜地形条件下，上升流能够诱导较为稳定的底边界层，下降流诱导的底边界层会受到浮力的抑制作用。但由于海洋底边界层的变化受到科氏力、地形、潮流、海流，垂向层结与水平方向密度差异等的影响[7]，以及现有观测与模拟的局限性，如何构建较为统一的海洋底边界层变化理论，需要相关科学家对其进行系统深入地探究，从而解决这个科学问题。

大气边界层是下垫面物理量(动量、热量、水汽含量和尘埃颗粒等)向上输运的中间层，天气变化(风、霜、雨、露、雪、云和冰雹等)与污染物(气溶胶、二氧化碳、二氧化硫)扩散均发生在大气边界层内(图 2)。因此，大气边界层内相关物理过程的研究对于极端天气灾害的预报和大气污染的治理均有着十分重要的科学与现实意义。现有的观测手段与天气尺度模式能够较好地预报短期大气边界层内的温度升降、雨雪、雾霾与云层变化，以及极端天气强度。然而，由于对大气边界层的观测主要采用通量塔或探空气球，对于大气边界层内湍流的三维特征认识比较有限；由于大气边界层内污染物成分非常复杂，相互之间的化学反应更是错综复杂，要想对其进行清晰了解，仍需大气学家对其进行深入系统研究。此外，虽然

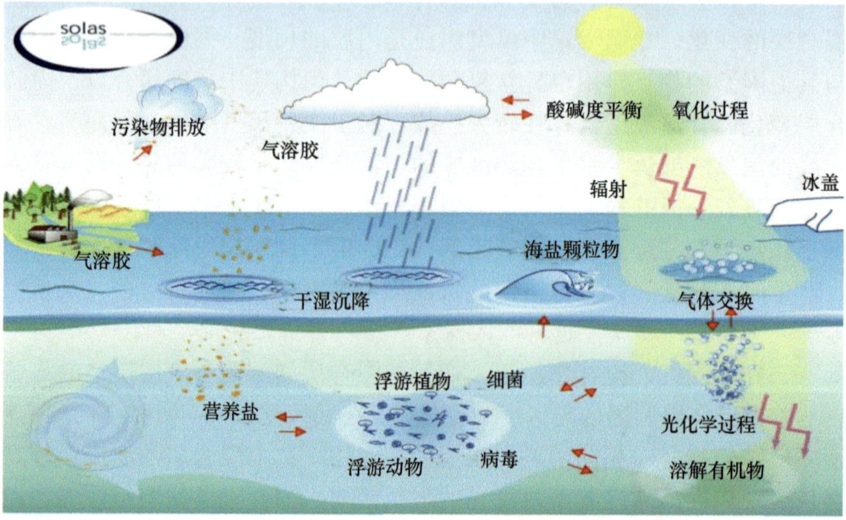

图 2 大气边界层及其与下垫面的相互作用

http://www.bodc.ac.uk/solas_integration/

现有的一些全球气候模式模拟的古气候变化与地质记录有了较好的一致性，但仍然存在较大差异，从而采用现有气候模式预报的未来全球气候变化也存在较大不确定性。一个重要原因在于目前对于云层厚度与空间分布的影响因素认识存在很多不足。在气候模式中如何准确地预报云层的厚度与空间分布，仍然是一个富于挑战性的科学问题。现今，高性能并行计算机不断普及，采用大涡模拟模式与观测相结合的手段，深入探究大气边界层内的动力过程及其云层厚度与分布情况逐渐成为现实[10]，这为更好地研究大气边界层的变化，以及在气候模式中参数化大气边界层提供了一个很好的技术方案。

参 考 文 献

[1] Garrett C. Processes in the surface mixed layer of the ocean. Dynamics of Atmospheres and Oceans, 1996, 22: 19-34.

[2] Weatherly G L, Martin P J. On the structure and dynamics of the oceanic bottom boundary Layer. Journal of Physical Oceanography, 1978, 8: 557-570.

[3] Furuichi N, Hibiya T. Assessment of the upper ocean mixed layer parameterizations using large eddy simulation. Journal of Geophysical Research, 2015, 120: 2350-2369.

[4] Wijesekera H W, Wang D W, Teague W J, et al. Surface wave effects on high frequency currents over a shelf edge bank. Journal of Physical Oceanography, 2013, 43: 1627-1647.

[5] Klein P, Hua B L, Lapeyre G, et al. Upper ocean turbulence from high-resolution 3D simulations. Journal of Physical Oceanography, 2008, 38: 1748-1763.

[6] Li X-F, Clemente-Colon P, Friedman S.Estimating oceanic mixed layer depth from internal wave evolution observed from radarsat-1 SAR. Johns Hopkins Apl Technical Digest, 2000, 1: 130-135.

[7] Boccaletti G, Ferrari R, Fox-Kemper B.Mixed layer instabilities and restratification. Journal of Physical Oceanography, 2007, 37: 2228-2250.

[8] Noh Y, Goh G, Raasch S. Examination of the mixed layer deepeing process during conection using LES. Journal of Physical Oceanography, 2010, 339: 1224-1257.

[9] Grant W D. The continental shelf bottom boundary layer. Annual Review of Fluid Mechanics, 1983, 18: 265-305.

[10] Schalkwijk J, Jonker H J J, Siebesma A P, et al. Weather forecasting using GPU based large eddy simulations. Bulletin of the American Meteorological Society, 2015, 715-712.

撰稿人：李国敬　王东晓

中国科学院南海海洋研究所，dxwang@scsio.ac.cn

10000个科学难题·海洋科学卷

海洋气象学

海气界面间的淡水通量强迫和海洋生物引发的加热效应对厄尔尼诺–南方涛动的调制影响

Modulating Effects on ENSO by Freshwater Flux Forcing at the Ocean-Atmosphere Interface and Ocean Biology-Induced Heating

厄尔尼诺–南方涛动(El Niño and southern oscillation, ENSO)是地球系统中最显著的年际气候变率信号，它发生在热带太平洋，通过大气遥相关过程对全球天气气候产生重大影响。ENSO 是目前已知的全球大气环流和天气、气候异常最主要的引导源和贡献者。几十年来对 ENSO 广泛而深入的研究已取得了巨大进展，现已开展提前半年至一年的实时预报[1, 2](详情请参见美国哥伦比亚大学国际气候研究所网站：http://iri.columbia.edu/climate/ENSO/currentinfo/update.html)。但是，ENSO 时空演变表现出极大的可变性和多样性，对其变异机理还不完全清楚，对具有重大影响的热带太平洋地区海表温度(SST)模拟误差仍很大，ENSO 实时预报存在很大的不确定性和模式间的差异性等，还不能满足防灾减灾的实际需求。因此，及时准确地预报 ENSO 事件的发生、发展和转变过程是目前科学界、政府部门和社会公众关注的热点，不仅具有重要的科学意义，而且具有潜在的巨大经济和社会价值。

ENSO 是热带太平洋海气耦合作用的产物，起源于海表大气风场、海表温度场和海洋温跃层间的相互作用，即所谓的温跃层反馈机制(图 1)。除了这一主导因子以外，热带太平洋中多尺度和多圈层过程可调制 ENSO，如海气界面间的淡水通量、海洋生物所引发的加热和热带不稳定波(等强迫和反馈过程，这些过程一方面受 ENSO 的直接影响，另一方面其所产生的变化又可对 ENSO 特性产生调制作用，亦称为反馈；并且这些不同尺度和不同圈层过程之间又有相互作用，对 ENSO 所产生的综合影响导致了 ENSO 的多样性、可变性和复杂性，更导致其预报的不确定性。笔者认为，海气界面间的淡水通量强迫和海洋生物引发的加热效应是应该着重关注的问题。

海气界面间的淡水通量[3]是大气对海洋的一个重要强迫场，直接影响地球系统的水循环、海洋环流和气候变化[4]。虽然 ENSO 主要受大气表层风场所控制，但也受海气界面淡水通量的调制影响。已有观测和数值模拟研究表明，淡水通量不仅能影响海洋环流，而且能显著影响 ENSO 的特性[3]。例如，作为一个直接强迫源，

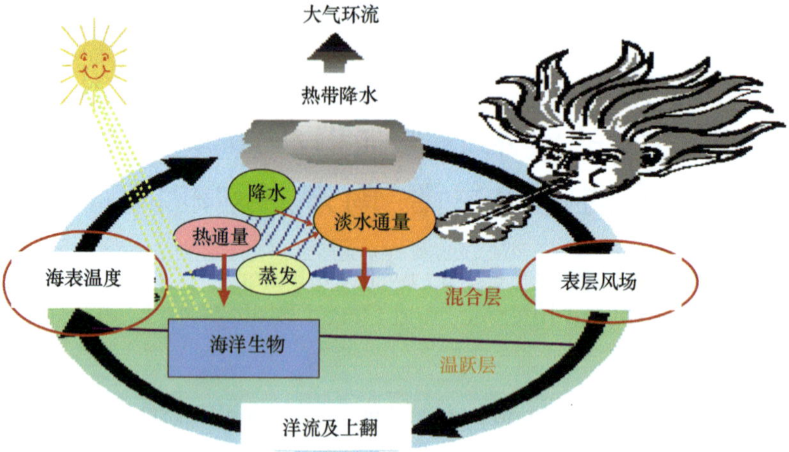

图 1　ENSO 相关过程示意图

FWF 异常通过改变海表盐度(SSS)结构(水平和垂直梯度)，导致上层海水的密度和层结发生改变等，进而影响混合层和障碍层，以及相应的垂直混合和上卷过程的强度，进而影响 SST[5~8]。特别是，Zhang[8]用混合型海气耦合模式模拟，发现热带太平洋中海气界面间的 FWF(蒸发与降水之差)年际变率可对 ENSO 起正反馈作用，其与热通量的负反馈作用相反。FWF 异常所引发的海气相互作用过程加强 ENSO 并延长其时间尺度。在 El Niño 时(图 2)，赤道中东太平洋存在 SST 正异常，赤道中西太平洋伴随淡水通量正异常、海表盐度负异常和混合层变浅。可以追踪与 FWF 正异常(进入海洋的淡水增多)所引发的反馈过程如下：FWF 的正异常加强了 SSS 的负异常，使得赤道中西太平洋表层密度减小，引起的密度变化加强了垂向层化并使得上层海洋变得稳定，从而导致垂直混合减弱，使海表温度变暖；此外，FWF 的正异常加大浮力通量(Q_b)的负异常并且使得混合层变浅，从而减弱了次表层海水上卷到混合层的强度，也使海表温度变暖。这样，FWF 的正异常所引发的海洋过程增强 SST 的正异常，进一步使得 El Niño 事件变得更强，因此 FWF 所引发的对 ENSO 的正反馈机制，使海表温度异常变大(图 2)。但目前包括对最新一代 CMIP5 耦合模式分析表明，大部分模式对 FWF 相关的模拟和其所起的反馈作用的表征仍存在普遍问题，如在热带太平洋地区存在明显的“双热带辐合带”现象，导致降水模拟的偏差，而由降水误差所产生的 FWF 强迫会直接影响模式对太平洋地区海表盐度(SSS)的模拟(如出现 SSS 系统性偏低等)；进一步，FWF 误差所引发的反馈过程会影响 ENSO 的模拟和预报[3]。

ENSO 虽然主要由物理过程所控制，但也受海洋生物过程的调制影响。近年来的研究表明，热带太平洋海洋生物与物理海洋过程存在相互作用，进而可影响 ENSO 的特性[9]。一方面，ENSO 相关的物理过程控制热带太平洋的海洋生物状况

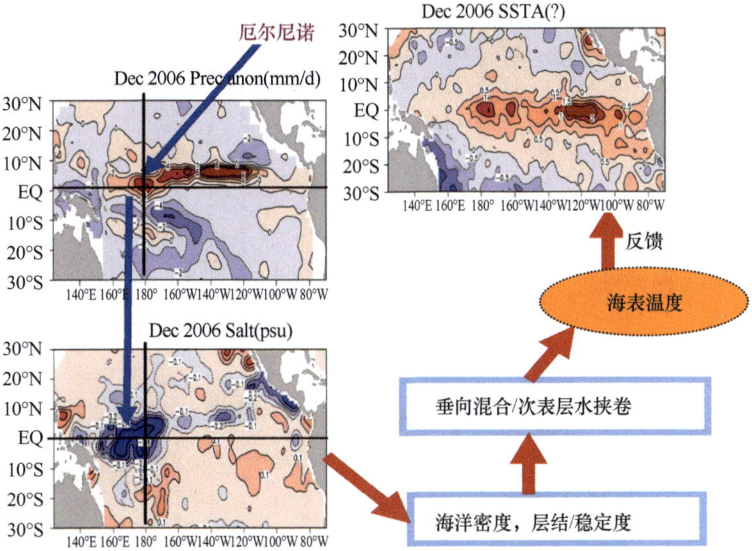

图 2　海气界面间的淡水通量所引发的对厄尔尼诺的正反馈过程示意图

厄尔尼诺期间，热带太平洋赤道中东地区海表温度(SST)为正异常(右上图)，相应的日界线附近 FWF 为正异常(降水(Prec)为正异常；左上图)，这增加海表盐度的负异常(左下图)，进一步使得赤道中太平洋表层密度减小，引起的密度变化加强了垂向层化并使得上层海洋变得稳定，从而导致海洋上层垂直混合减弱，使海表温度变暖。这样，FWF 的正异常所引发的海洋过程增强 SST 的正异常，进一步使得厄尔尼诺事件变得更强，因此 FWF 引发对 ENSO 的正反馈过程

(海洋生物过程受 ENSO 的直接影响)；另一方面，上层海洋浮游生物量的存在和变化，反过来调制太阳辐射在上层海洋的垂直穿透，从而导致海洋生物所引发的加热和对海洋物理过程产生反馈影响，从而形成海洋生物–物理及气候间相互作用。海洋生物引发的加热效应对物理过程的影响可归因于太阳辐射在上层海洋的垂直穿透度，可简单地引入穿透深度变量(H_p)来表征[10]，并作为气候系统中海洋物理和海洋生态系统的主要关联变量。在热带太平洋海盆尺度上，H_p 表现出与 ENSO 循环紧密相关的年际变率，对太阳辐射在上层海洋的传输有调节作用，并在海洋混合层热收支中起着重要的调制影响。卫星观测提供了前所未有的海盆尺度上海洋水色(ocean color)数据，为描述海洋生物过程及其与气候相互作用等成为可能，Zhang[10]已利用卫星观测资料导出一个可表征热带太平洋 H_p 年际变率的经验模型，并将其嵌入到一个海洋–大气耦合模式中以表征海洋生物引发的加热效应和海洋生物–气候相互作用[11, 12]，结果表明海洋生物加热效应对 ENSO 有很大的调制影响，OBH 引发的过程使模拟得到的海表温度异常变小(图 3)。这样，OBH 年际变化所引发的反馈过程减弱了 ENSO 变率，并缩短了 ENSO 周期。这个研究表明，OBH 对 ENSO 产生一个负反馈。

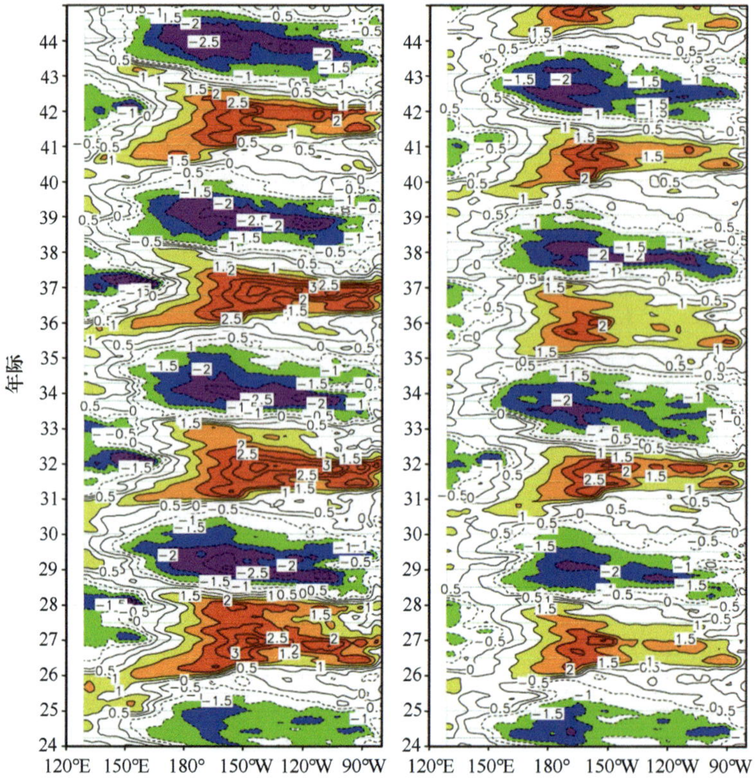

(a)With FWF_inter-Hp_clim　　(b)With FWF_inter-Hp_inter

图 3　模拟得到的海表温度(SST)异常沿赤道的纬圈–时间分布[12]

其中(a)没有考虑海洋生物加热年际变化引发的对气候的反馈效应；(b)考虑海洋生物加热年际变化所引发的气候反馈效应。SST 的等值线间隔为 0.5℃

但是，其他一些基于海洋地球生物化学模式的模拟发现，热带太平洋中海洋生物加热效应也可对 ENSO 起正反馈作用[13]。还有，最近的研究表明海表淡水通量强迫和海洋生物引发的加热对 ENSO 的反馈调制呈现出彼此相互抵消的趋势[14]，这说明太平洋海气系统中不同反馈过程可相互作用并对 ENSO 产生综合影响[15]。这些研究清楚地表明，学术界目前对热带太平洋海盆尺度模式和地球系统模式对太平洋海洋生物加热效应及其与气候相互作用的研究结果存在很大的差异，缺乏共识。理解海洋生物引发的加热效应及其与海洋物理过程间相互作用的过程与机制，评估它们对 ENSO 模拟和预报的综合影响，仍然是一个科学难题。

参 考 文 献

[1] Zhang R H, Zheng F, Zhu J, et al. A successful real-time forecast of the 2010-11 La Nina event. Scientific Reports, 2013, 3: 1108.

[2] Zhang R H, Gao C. The IOCAS intermediate coupled model (IOCAS ICM) and its real-time predictions of the 2015-16 El Niño event. Science Bulletin, 2016, 61: 1061.

[3] Zhang R H, Busalacchi A J. Freshwater flux (FWF)-induced oceanic feedback in a hybrid coupled model of the tropical Pacific. Journal of Climate, 2009, 22(4): 853-879.

[4] Lagerloef G S E. Introduction to the special section: The role of surface salinity on upper ocean dynamics, air-sea interaction and climate.Journal of Geophysical Research, 2002, 107, 8000, doi: 10.1029/2002JC001669.

[5] Lukas R, Lindstrom E. The mixed layer of the westernequatorial Pacific Ocean. Journal of Geophysical Research, 1991, 96, 3343-3357.

[6] Yang S, Lau K M, Schopf P S. Sensitivity of the tropical Pacific ocean to precipitation-induced freshwater flux.Climate Dynamics, 1999, 15, 737-750.

[7] Zheng F, Zhang R H. Interannually varying salinity effects on ENSO in the tropical pacific: A diagnostic analysis from Argo. Ocean Dynamics, 2015, 65(5): 691-705.

[8] Zhang R H, Wang G, Chen D, et al. Interannual biases induced by freshwater flux and coupled feedback in the tropical pacific. Monthly Weather Review, 2010, 138(5): 1715-1737.

[9] Zhang R H, Busalacchi A J, Wang X J, et al. Role of ocean biology-induced climate feedback in the modulation of El Nio-Southern Oscillation. Geophysical Research Letters, 2009, 36(36).

[10] Zhang R H, Chen D, Wang G. Using satellite ocean color data to derive an empirical model for the penetration depth of solar radiation (Hp) in the tropical pacific ocean. Journal of Atmospheric & Oceanic Technology, 2011, 28(7): 944-965.

[11] Zhang R H. Structure and effect of ocean biology-induced heating (OBH) in the tropical Pacific, diagnosed from a hybrid coupled model simulation. Climate Dynamics, 2015, 44(3-4): 695-715.

[12] Zhang R H. An ocean biology-induced negative climate feedback onto ENSO in a hybrid coupled model of the tropical pacific. Journal of Geophysical Research, 2015, 120, 8052-8076, doi: 10.1002/2015JC011305.

[13] Lengaigne M, Menkes C, Aumont O, et al. Influence of the oceanic biology on the tropical Pacific climate in a coupled general circulation model. Climate Dynamics, 2007, 28(5): 503-516.

[14] Zhang R H, Gao C, Kang X, et al. ENSO Modulations due to interannual variability of freshwater forcing and ocean biology-induced heating in the tropical pacific. Scientific Reports, 2015, 5.

[15] Zhang R. A modulating effect of tropical instability wave (TIW) - induced surface wind feedback in a hybrid coupled model of the tropical Pacific. Journal of Geophysical Research Oceans, 2016.

撰稿人： 张荣华　高　川　任宏利

中国科学院海洋研究所，rzhang@qdio.ac.cn

海洋动力反馈过程和热带不稳定波对 ENSO 发生发展的影响机理

Mechanisms of Impacts of Oceanic Dynamical Feedback Processes and Tropical Instability Waves on Formation and Development of ENSO

厄尔尼诺(El Niño)作为热带太平洋区域海表温度(SST)准周期年际变化现象，它会直接伴随着热带大气环流的改变(即南方涛动现象)，而被合称为 ENSO(El Niño-southern oscillation)。它是气候系统中年际时间尺度变率的最强信号之一，其发生和维持通常会对全球气候异常变化产生显著影响。随着人们对于 ENSO 基本特征和发生发展机理的认识不断加深，逐步形成了以海洋–大气相互作用为主体的 ENSO 动力学，从而为开展 ENSO 预测奠定了基础[1, 2]。

ENSO 作为热带太平洋海–气耦合的主导模态，其发生发展受到海洋动力反馈过程的直接影响。从 1969 年 Bjerknes 提出的 ENSO 不稳定增长机制[1]，至 20 世纪 70 年代对热带太平洋上层热容量变化规律的观测认识，都推动了 ENSO 位相转换机制研究的突破。80 年代以后，一系列热带太平洋观测计划(如 TOGA 和 TAO 计划)，以及全球卫星观测资料的大量使用，促进了 ENSO 动力学认知上的飞跃[3]。并且伴随着观测资料的积累，国际上热带海–气耦合气候模式技术实现了突破，这为开展 ENSO 数值模拟试验奠定了基础，推动了 ENSO 动力学研究的快速发展。其成就之一是建立了描述 ENSO 位相转换的动力学理论，如延迟振子机制[5, 6]和充放电振子机制[7]，是国际上最被认可的两个 ENSO 转换机制。这些经典动力学贯穿着对海洋动力学反馈过程在 ENSO 发生发展中所扮演角色的探索。

影响 ENSO 的海洋动力反馈主要包括六部分，即①赤道东太平洋 SST 升高会引起中太平洋向东的异常洋流，所引发的暖水平流会加速东太平洋海温升高，这就是纬向平流反馈[8]，通常是正反馈，有利于 El Niño 发展；②与赤道东太平洋上升相伴随的信风减弱会引起东太平洋温跃层加深，使得次表层海水升温变为正异常，其在平均上翻流作用下会进一步加强 SST 正异常，这就是温跃层反馈，通常被认为是 El Niño 发展最重要的正反馈贡献[8]；③东太平洋 SST 正异常相伴随的西风异常旋度变化会引发 Ekman 抽吸形成异常经向–垂直洋环流，作用在气候平均的垂直和经向 SST 梯度上，也会形成正反馈贡献，这就是 Ekman 反馈[8]；④混合层平均洋流对 ENSO 增长的整体贡献倾向于为负，一般称之为平均洋流阻尼过程；⑤洋流与海温异常间相互作用而形成的非线性平流项(也称非线性动力加热项)倾向于阻尼SST正异常的发展，即负反馈作用，对东太平洋SST异常的位相不对称性产生重要影响[9]；⑥高频海洋动力过程(如热带不稳定波)对ENSO发生发展也存在显著反馈影响。

这些对ENSO海洋动力学反馈的认识近十年来遇到了新挑战。随着对两类El Niño的深入研究，发现东太平洋型(EP)和中太平洋(CP)型，也称作冷舌(CT)和暖池型(WP)El Niño，表现出了差别明显的特征和机制[10~14]。那么，海洋动力反馈过程在两类El Niño事件中扮演何种角色？以往研究表明，纬向平流反馈、Ekman反馈及温跃层反馈是ENSO三个最主要的正贡献项，而平均洋流反馈对两类El Niño都是负贡献项[8]。然而，两类El Niño机制中纬向平流反馈和温跃层反馈所发挥的作用仍存在争论。有研究认为，温跃层反馈仅对东部型El Niño起主导作用，而纬向平流反馈则对中部型 El Niño 起主要作用[12]。也有研究表明，温跃层反馈对两类El Niño的增长和位相转换都发挥重要作用，而纬向平流反馈则仅是对位相转换发挥作用[14]。从图1中可见，平均洋流反馈(MC)对于两类ENSO都是负贡献；Ekman反馈(EK)均表现为弱的正贡献也有利于位相转换；纬向平流反馈(ZA)在ENSO事件发展期贡献明显但在盛期贡献很小，说明其主要是对位相转换贡献较大；相比之下，温跃层反馈(TH)在发展期和盛期均较大，表明其对ENSO的增长和位相转换都是最重要的贡献项。当然，也应注意到，海洋动力学反馈研究依赖于海洋再分析资料质量和精度的提升，图1中ZA项受到不同资料差别的影响最明显，这与洋流资料的误差偏大有关，可能会影响到最终得到的结论。刚刚过去的2015~2016年超强El Niño事件，海温异常中心位置介于EP和CP型之间，伴随特征也存在明显差别。为此，不同海洋动力学反馈过程在两类El Niño乃至ENSO多样性中的特征和机理问题，是一个亟待解决的科学难题。

对ENSO动力学机理的探究还需进一步认知高频海洋–大气反馈过程对ENSO的调制作用。作为例子，具有较短时间尺度的热带海洋不稳定波(tropical instability waves，TIWs)很可能对ENSO产生重要反馈影响。TIWs一般是指赤道东太平洋区域沿着SST锋面存在的强烈热带不稳定波动，其波长为1000~2000km，周期为20~40天，其西传速度约为0.5m/s[15]。图2给出了TIWs时海表温度分布的一个例子和其方差分布。TIWs一般在春季最弱、下半年较为活跃，引起的SST变化可达1~2℃。TIWs变化与热带太平洋的SST冷舌关系密切，其产生机制与赤道区域纬向洋流切变有关，目前仍未有一致结论，如赤道海域纬向流动的南赤道流与北赤道流间的经向不稳定切变可能是TIWs的能量来源，斜压扰动及正压不稳定都有可能是激发TIWs的重要机制。基于卫星观测的高分辨率海洋–大气资料推动了针对TIWs的全面研究，其海洋SST扰动及其伴随的大气风场响应特征被陆续揭示，而且，TIWs对热带气候的影响，以及对经向热量和动量输送的重要贡献也得到了广泛研究[16, 17]。需要指出的是，由于对TIWS的研究需要高时空分辨率的海洋–大气观测资料，或者需要采用高分辨率的海洋–大气环流模式，这种需求客观上限制了开展对于 TIWs 与平均气候场和短期气候变化(如 ENSO)之间关系的研究。

图 1　两类 ENSO 对应的四个主要海洋反馈项贡献的时间演变[14]

纵坐标由负到正表示 El Niño 事件从超前 24 个月到滞后 24 个月，0 对应峰值

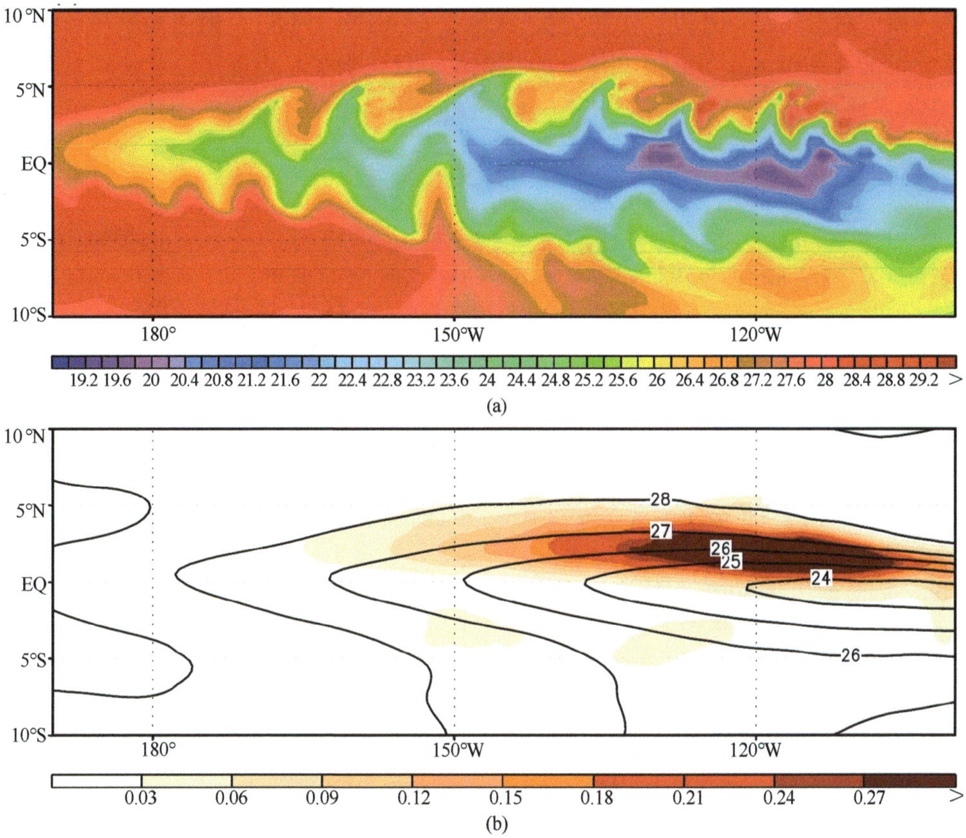

图 2　1998 年 7 月 1 日热带太平洋 SST 快照(a)和夏季平均的 TIWs 方差分布(b)[20]

TIWs 与 ENSO 之间可能存在密切的相互影响关系。一方面，ENSO 可以通过改变冷舌区南北两侧 SST 梯度来调控 TIWs，如 El Niño 期间 SST 经向梯度减小会阻止 TIWs[18]。另一方面，TIWs 通过经向热通量输送，对冷舌强度产生反馈，进而对 ENSO 造成了不对称性影响，如 El Niño 期间受到压制的 TIWs 会削弱经向热输送，进而减弱经向热量混合，从而对 El Niño 产生负反馈贡献[19]。研究显示，TIWs 对 ENSO 变化可表现为一种负反馈影响，即 TIWs 强度往往在 El Nino 时变得最弱、在 La Nina 时变得最强，但二者之间的反馈过程和物理机制极为复杂、还不是很清楚。另外，TIWs 伴随的风场反馈对赤道 SST、混合层乃至温跃层均有一定的影响[17]。也有研究指出，TIWs 可通过一种反级串方式加强 ENSO 所伴随的异常洋流，进而可能对 ENSO 发展起到正反馈作用[20]。

关于 TIWs 对 ENSO 反馈影响的机理目前尚不明确，这种 TIWs 与 ENSO 反馈研究通常是基于高分辨率数值模式或者低分辨率的简化模式(对 TIWs 进行了参数化)模拟实现的，其结论不可避免地依赖于所用的模式性能。因此，仍需要开展大量的研究对上述结论加以证实和确认。而且，TIWs 对于 ENSO 的热力学和动力学反馈可能存在较大差异，对其深入的认识及定量化表征是当务之急。特别是对于 TIWs 以何种方式和机制反馈到 ENSO，仍是一个亟待深入探索的问题。

参 考 文 献

[1] 巢纪平. 厄尔尼诺和南方涛动动力学. 气象出版社, 1993.

[2] Latif M, Anderson D, Barnett T, et al. A review of the predictability and prediction of ENSO. Journal of Geophysical Research: Oceans, 1998, 103(C7): 14375-14393.

[3] Bjerknes J A B. Atmospheric teleconnections from the equatorial Pacific. Monthly Weather Review, 1969, 97: 163-172.

[4] Wallace J M, Rasmusson E M, Mitchell T P, et al. On the structure and evolution of ENSO-related climate variability in the tropical Pacific: Lessons from TOGA. Journal of Geophysical Research: Oceans, 1998, 103(C7): 14241-14259.

[5] Suarez M J, Schopf P S. A delayed action oscillator for ENSO. Journal of the atmospheric Sciences, 1988, 45(21): 3283-3287.

[6] Battisti D S, Hirst A C. Interannual variability in a tropical atmosphere-ocean model: Influence of the basic state, ocean geometry and nonlinearity. Journal of the Atmospheric Sciences, 1989, 46(12): 1687-1712.

[7] Jin F F. An equatorial ocean recharge paradigm for ENSO. Part I: Conceptual model. Journal of the Atmospheric Sciences, 1997, 54(7): 811-829.

[8] Jin F F, Kim S T, Bejarano L. A coupled-stability index for ENSO. Geophysical Research Letters, 2006, 33(23): L23708.

[9] An S I, Jin F F. Nonlinearity and Asymmetry of ENSO. Journal of Climate, 2004, 17(12): 2399-2412.

[10] Ashok K, Behera S K, Rao S A, et al. El Niño Modoki and its possible teleconnection. Journal of Geophysical Research: Oceans, 2007, 112(C11).

[11] Kao H Y, Yu J Y. Contrasting eastern-Pacific and central-Pacific types of ENSO. Journal of Climate, 2009, 22(3): 615-632.

[12] Kug J S, Jin F F, An S I. Two types of El Niño events: Cold tongue El Niño and warm pool El Niño. Journal of Climate, 2009, 22(6): 1499-1515.

[13] Ren H L, Jin F F. Niño indices for two types of ENSO. Geophysical Research Letters, 2011, 38(4): L04704.

[14] Ren H L, Jin F F. Recharge oscillator mechanisms in two types of ENSO. Journal of Climate, 2013, 26(17): 6506-6523.

[15] Contreras R F. Long-term observations of tropical instability waves. Journal of Physical Oceanography, 2002, 32(9): 2715-2722.

[16] Zhang R H, Busalacchi A J. Rectified effects of tropical instability wave (TIW)-induced atmospheric wind feedback in the tropical Pacific. Geophysical Research Letters, 2008, 35(5): L05608.

[17] Zhang R H. Effects of tropical instability wave (TIW)-induced surface wind feedback in the tropical Pacific Ocean. Climate Dynamics, 2014, 42(1-2): 467-485.

[18] Yu J Y, Liu W T. A linear relationship between ENSO intensity and tropical instability wave activity in the eastern Pacific Ocean. Geophysical Research Letters, 2003, 30(14): 1735.

[19] An S I. Interannual variations of the tropical ocean instability wave and ENSO. Journal of Climate, 2008, 21(15): 3680-3686.

[20] Kug J S, Ham Y G, Jin F F, et al. Scale interaction between tropical instability waves and low-frequency oceanic flows. Geophysical Research Letters, 2010, 37(2): L02710.

撰稿人：任宏利　张荣华

国家气候中心，renhl@cma.gov.cn

科普难题

ENSO 多样性的机理和预测问题

The Mechanism, Impacts and Prediction of ENSO Diversity

厄尔尼诺和南方涛动(El Niño - southern oscillation, ENSO)分别是热带太平洋地区海洋和大气中的两种大尺度异常现象。传统的 El Niño 事件是指东太平洋赤道海域每隔几年就有一次海表面温度(SST)异常升高的现象。我国学者最早提出了 El Niño 存在着不同的增暖模式[1, 2]，近些年的研究更进一步表明，在一些 El Niño 事件中，SST 异常增暖的中心位置常出现在热带中太平洋附近，而不是热带东太平洋(图 1)，这种新型 El Niño 事件叫做中部型 El Niño 事件[3~6]。Wang 和 Wang [7] 在 2013 年根据中部型 El Niño 事件对中国南方降水和台风着陆情况，进一步将中部型 El Niño 事件分成了两类，即 El Niño Modoki I 和 El Niño Modoki II 型，并且这两类中部型 El Niño 在它们的发展阶段，SST 异常有着完全不同的起源和分布。这些事实表明 ENSO 事件的多样性和复杂性，因而其对于天气和气候异常的影响更加复杂。因此，ENSO 的多样性和复杂性亟须深入探讨，这不仅对于改进 ENSO 的预报模式具有重要科学意义，而且可为研究 ENSO 对全球气候的影响提供新的依据。

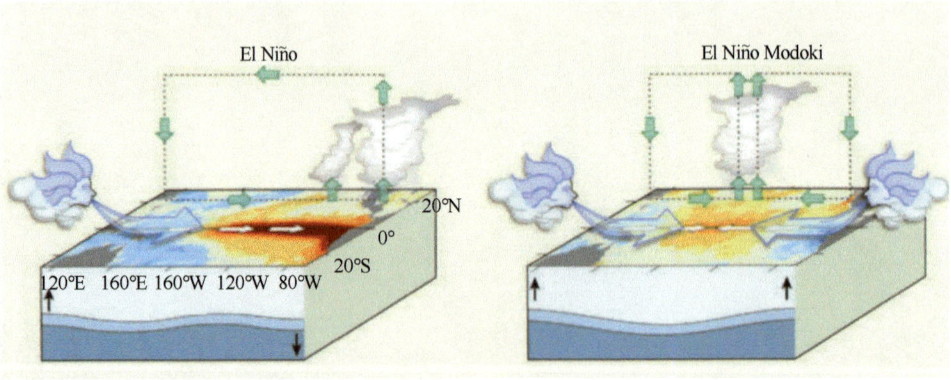

(a)　　(b)

图 1　东部型 El Niño(a)与中部型 El Niño(b) [10]

国际上对于 El Niño 的分类存在着争议。例如，Capotondi 等[8]认为一些 El Niño 事件介于传统和中部型 El Niño 之间，人们无法严格地按照前人的分类方法将它们进行归类；Wiedermann 等[9]也考虑到前人对 El Niño 分类的局限性，提出了根据 El Niño 在赤道气候变化信号的不同用以区分两类 El Niño 的方法。可见，El Niño 的分类仍是一个尚未解决的问题。

国际上关于中部型 El Niño 事件的形成机制尚无定论。Kug 等[10]在 2009 年提出了纬向平流反馈过程对中部型 El Niño 事件的 SST 的发展具有重要作用。一些学者[11, 12]则认为西风爆发对不同种类的 El Niño 事件的出现有着不可忽视的影响。目前还有一种比较主流的观点认为，热带太平洋 SST 异常与中纬度大气变化之间也存在着重要联系[13~16]，如 Vimont 等[13]提出了冬季中纬度的大气变化通过季节性留足迹机制(seasonal footprinting mechanism，SFM)影响次年夏季赤道风应力异常，进而影响热带太平洋 SST 的机理；Yu 等[15]也指出中部型 El Niño 通过表面风强迫、海气热通量(主要是潜热通量)和表层海洋平流的作用与副热带东北太平洋相联系。有研究进一步指出北太平洋振荡(North Pacific oscillation, NPO)与中部型 El Niño 的增暖有关[17, 18]，然而，Park 等[19]指出，当 NPO 的南支环流纬向跨度大时，气旋式异常环流向东延伸至北美大陆，加利福尼亚海区受到正的风应力旋度的影响，海洋上升流加强，海表面温度出现负异常，热带太平洋 SST 却不受 NPO 的影响。那么，究竟 NPO 是否影响中部型 El Niño？或者何种形态的 NPO 有利于中部型 El Niño 的发生？这些关于 El Niño 的研究仍然具有挑战性。

在更长时间尺度上，NPO 对热带太平洋 SST 的影响还受制于自身强度，1990 年以后 NPO 更为活跃，对热带太平洋具有更强的影响，这可能会导致中部型 El Niño 频率的增加。Yu[17]等研究表明，1990 年以后 NPO 对中部型 El Niño 的作用增强与 Hadley 环流的增强有关；Yeh 等[18]则认为副热带东北太平洋的风–蒸发–海面温度反馈过程与 NPO 大气环流相关，这两者在 1990 年以后对激发中部型 El Niño 起到了更重要的作用。El Niño 事件的类型还受到热带太平洋气候平均态的影响，当热带太平洋中西部偏暖，东部偏冷时，中部型 El Niño 事件的发生频率大。热带太平洋气候的年代际变化在一定程度上受到了北太平洋气候变化的影响。Di Lorenzo 等[20]将热带太平洋中部的海温与北太平洋涡旋振荡(North Pacific gyre oscillation，NPGO)联系起来，发现两者在年代际尺度上具有共变的特点。然而，北太平洋年代际振荡也影响热带太平洋气候的年代际变化，那么如何区分 NPO 与北太平洋年代际振荡对热带太平洋气候变化的影响，并评估它们影响的相对重要性也是 ENSO 多样性研究未来须要解决的难题之一。

两类 El Niño 事件因为有着不同的海温分布，对全球气候的影响也不尽相同[8]，如 Ashok 等[6]认为中部型 El Niño 事件极大地影响诸如日本、新西兰、美国的西部海岸等全球众多地区的温度和降水，但是东部型 El Niño 对这些地区气候的影响与中部型 El Niño 恰恰相反；Kim 等[21]研究表明，两类 El Niño 事件对北大西洋热带气旋的发生频率和路径的影响有明显区别，中部型 El Niño 会使北大西洋产生更多的热带气旋，并且增加热带气旋登陆到墨西哥湾海岸和美洲中部海岸的概率；Wang 等[22]也指出，南海秋季热带气旋的产生与中部型 El Niño 有关，但是与东部型 El Niño 无关；还有研究表明，两类 El Niño 事件期间，印度洋偶极子和南海表层海温也会出现明显不同的异常响应[23, 24]。可见，ENSO 的多样性导致它们对全球气候有显著不同的影响。所以，提前预测 El Niño 事件的类型对于防灾减灾具有重要意义。

ENSO 可能是多机制共同作用的结果，不同机制间的结合可以产生或终止一个特定的 El Niño 事件，因此造成现有的一些概念模型和大型的海气耦合数值模式对 ENSO 事件形成和发展的模拟存在着很大不确定性 [25]，而且 ENSO 的多样性对现有 ENSO 的观测也提出了新的挑战[26]。Mu 等[27]应用条件非线性最优扰动方法(conditional nonlinear optimal perturbation，CNOP)研究 ENSO 的预报不确定性问题。Tian 和 Duan[28]进一步通过 CNOP 方法研究了两类 El Niño 事件的"春季预报障碍"问题，揭示了提高两类 El Niño 事件预报技巧的目标观测敏感区，为优化 ENSO 观测提供了新思路；Lopez 和 Kirtman[29]指出了西风爆发物理过程有助于极大地提高两类 ENSO 预测能力的观点。ENSO 的预测能力决定于观测、模式，以及资料同化、集合预报等预测方法，那么，如何优化观测、如何利用理论研究结果改进模式物理过程，以及发展高效的预测方法，将是 ENSO 研究中的永恒主题。另外，在全球变暖及其停滞的情形下，中部型 El Niño 将如何变化也是一个值得关注的问题。我们知道，气候模式预测 ENSO 的前提在于模式能否正确模拟两类 ENSO 及它们对全球气候的影响，如果 ENSO 的动力学机制在变化，则 ENSO 的预测模式和相关策略也应随之变化[30]。所以，全球变暖及其停滞对 ENSO 多样性的影响，不仅是 ENSO 多样性机理研究的难题[31~33]，而且也是 ENSO 预测研究的挑战性问题。

参 考 文 献

[1] Fu C B, Fletcher J. Two patterns of equatorial warming associated with El Nino. Chinese Sciences Bulletin, 1985, 30, 1360-1364.

[2] Fu C B, Diaz H, Fletcher J. Characteristics of the response of sea surface temperature in the central Pacific associated with the warm episodes of the Southern Oscillation. Monthly Weather Review, 1986, 114, 1716-1738.

[3] Larkin N K, Harrison D E. Global seasonal temperature and precipitation anomalies during El Niño autumn and winter. Geophysical Research Letters, 2005, 32(16): 3613-3619.

[4] Yu J Y, Kao H Y. Decadal changes of ENSO persistence barrier in SST and ocean heat content indices: 1958-2001.Journal of Geophysical Research-Atmospheres, 2007, 112(D13): 125-138.

[5] Kao H Y, Yu J Y. Contrasting eastern-pacific and central-pacific types of ENSO. Journal of Climate, 2009, 22(3): 615-632.

[6] Ashok K, Behera S K, Rao S A, et al. El Niño Modoki and its possible teleconnection. Journal

of Geophysical Research-Oceans, 2007, 112(C11): C11007.

[7] Wang C Z, Wang X. Classifying El Niño Modoki I and II by different impacts on rainfall in Southern China and typhoon tracks. Journal of Climate, 2013, 26: 1322-1338.

[8] Capotondi A, Wittenberg A T, Newman M, et al. Understanding ENSO diversity. Bulletin of the American Meteorological Society, 2015, 96(6): 921-938.

[9] Wiedermann M, Radebach A, Donges J F, et al. A climate network - based index to discriminate different types of El Niño and La Niña. Geophysical Research Letters, 2016, 43: 7176-7185.

[10] Kug J S, Jin F F, An S I. Two types of El Niño Events: cold tongue El Niño and warm pool El Niño. Journal of Climate, 2009, 22(22): 1499-1515.

[11] Chen D, Lian T, Fu C B, et al. Strong influence of westerly wind bursts on El Niño diversity. Nature Geoscience, 2015, 8(5), 339-345.

[12] Fedorov A V, Hu S N, Lengaigne M, et al. The impact of westerly wind bursts and ocean initial state on the development, and diversity of El Niño events. Climate Dynamics, 2015, 44(5-6): 1381-1401.

[13] Vimont D J, Battisti D S, Hirst A C. Footprinting: A seasonal connection between the tropics and mid-latitudes. Geophysical Research Letters, 2001, 28(20): 3923-3926.

[14] Vimont D J, Wallace J M, Battisti D S. The seasonal footprinting mechanism in the Pacific: Implications for ENSO. Journal of Climate, 2003, 16(16): 2668-2675.

[15] Yu J Y, Kao H Y, Lee T. Subtropical-related interannual sea surface temperature variability in the central equatorial Pacific. Journal of Climate, 2010, 23(11): 2869-2884.

[16] Neelin J D, Held I M, Cook K H. Evaporation-wind feedback and low-frequency variability in the tropical atmosphere. Journal of the Atmospheric Sciences, 1987, 44(16): 2341-2348.

[17] Yu J Y, Lu M M, Kim S T. A change in the relationship between tropical central pacific SST variability and the extratropical atmosphere around 1990. Environmental Research Letters, 2012, 7(3): 34025-34030.

[18] Yeh S W, Wang X, Wang C Z, et al. On the relationship between the North Pacific climate variability and the Central Pacific El Niño. Journal of Climate, 2015, 28(2): 663-677.

[19] Park J Y, Yeh S W, Kug J S, et al. Favorable connections between seasonal footprinting mechanism and El Niño. Climate Dynamics, 2013, 40(5-6): 1169-1181.

[20] Di Lorenzo E, Cobb K M, Furtado J C, et al. Central Pacific El Niño and decadal climate change in the North Pacific Ocean. Nature Geoscience, 2010, 3(11): 762-765.

[21] Kim H M, Webster P J, Curry J A. Impact of shifting patterns of Pacific ocean warming on North Atlantic tropical cyclones. Science, 2009, 325(5936): 77-80.

[22] Wang X, Zhou W, Li C Y, et al. Comparison of the impact of two types of El Niño on tropical cyclone genesis over the South China Sea. International Journal of Climatology, 2014, 34(8): 2651-2660.

[23] Wang X, Wang C. Different impacts of various El Niño events on the Indian Ocean Dipole. Climate Dynamics, 2014, 42(3-4): 991-1005.

[24] Tan W, Wang X, Wang W, et al. Different responses of sea surface temperature in the South China Sea to various El Niño events during boreal autumn. Journal of Climate, 2015, 29(3): 151207140140009.

[25] Guilyardi E, Wittenberg A, Fedorov A. et al. Understanding El Niño in ocean-atmosphere general circulation models: Progress and Challenges. Bulletin of the American Meteorological Society, 2009, 90: 325-340.

[26] Kirtman B. Current status of ENSO prediction and predictability. US Clivar Variations, 2015, 13(1): 10-15.

[27] Mu M, Duan W, Wang B. Conditional nonlinear optimal perturbation and its applications. Nonlinear Processes in Geophysics, 2003, 10(6): 493-501.

[28] Tian B, Duan W. Comparison of the initial errors most likely to cause a spring predictability barrier for two types of El Niño events. Climate Dynamics, 2016, 47(3): 779-792.

[29] Lopez H, Kirtman B P. WWBs, ENSO predictability, the spring barrier and extreme events. Journal of Geophysical Research: Atmospheres, 2014, 119(17): 10114-10138.

[30] Yu J Y, Wang X, Yang S, et al. Changing El Niño-Southern oscillation and associated climate extremes, climate extremes: Mechanisms and potential prediction. In: Wang S, et al. AGU Monograph, American Geophysical Union 2016(in press).

[31] Sangwook Y, Jongseong K, Dewitte B, et al. El Niño in a changing climate. Nature, 2009, 461(7263): 511-514.

[32] Kim S T, Yu J Y. The two types of ENSO in CMIP5 models. Geophysical Research Letters, 2012, 39(11): 221-228.

[33] Zhou Z Q, Xie S P, Zheng X T, et al. Global warming–induced changes in El Niño teleconnections over the North Pacific and North America. Journal of Climate, 2014, 27: 9050-9064.

撰稿人：王　鑫　李　春

中国科学院南海海洋研究所，wangxin@scsio.ac.cn

如何构造 ENSO 集合预报的非线性海气耦合初始扰动？

How to Generate Initial Perturbations That Consider the Influences of Nonlinearlities and Air-Sea Coupling on ENSO Ensemble Predictions?

热带太平洋地区的 ENSO(El Nino-southern oscillation)现象是全球气候系统年际变化的最强信号，它不仅直接造成热带太平洋地区的天气、气候异常，而且还以遥相关的方式间接地影响热带太平洋以外地区乃至全球天气、气候异常，从而对世界上很多地区的工农业生产和人民生活造成巨大影响[1]。因此，对 ENSO 进行预测，并提高 ENSO 的预报技巧对防灾减灾具有重要意义。

ENSO 可以理解为气候系统内部变率的自持振荡现象，它不仅是具有不同时间尺度的热带海洋和大气相互作用的产物，而且它的发生和发展具有复杂的非线性特征。非线性和多时间尺度运动的相互作用严重限制了 ENSO 的可预报性。尽管国际上关于 ENSO 的预测研究已有大量工作，目前主要的动力耦合模式和统计模式能够提前 2~3 个季度预报出 ENSO 事件的冷暖位相，但没有一个模式能够很好地预报出 ENSO 事件爆发的具体时间、其循环过程的细节，以及准确的持续时间[2, 3]，而且不同模式的预测结果存在较大的差异，很难确定哪一个模式的预报是准确的。尤其是 20 世纪 90 年代以来，一种区别于传统 El Niño 事件(即东太平洋型 El Niño 事件或冷舌型 El Niño 事件)的新型 El Niño 事件(即中太平洋型 El Niño 事件或暖池型 El Niño 事件)的频繁发生，进一步增加了 ENSO 预测的不确定性。因此，对各种不同复杂程度的动力耦合和统计预报模式来说，准确地预报出 ENSO 事件的强度和发生时间，尤其是 ENSO 的多样性特征，仍然是一个严峻的挑战。

对于影响 ENSO 预报技巧的因素，国际上许多学者从初始误差增长的角度对 ENSO 可预报性做了研究。例如，Moore 和 Kleeman[4]研究了影响 ENSO 预测的春季可预报性障碍(SPB)现象，揭示了初始误差对 ENSO 可预报性的影响；Xue 等[5]也指出了 ENSO 预报水平对数值模式初始场精度的依赖性；Chen 等[6]则通过改进 Zebiak-Cane 数值模式的初始化程序，减弱了 ENSO 事件的 SPB 现象，提高了该模式关于 ENSO 的预报技巧[7]。近来，Mu 等[8, 9]和 Duan 等[10]进一步研究了 ENSO 的可预报性，揭示了非线性不稳定性导致的初始误差的增长对 ENSO 可预报性的影响，且发现具有特定空间结构的初始误差能够导致显著的 SPB 现象，产生 ENSO

事件严重的预报不确定性。Duan 和 Zhang[11]量化比较了初始误差和模式参数误差对 ENSO 可预报性的影响，阐明了初始误差是 ENSO 预报不确定性的主要误差来源[12]。可见，这些研究在很大程度上强调，ENSO 预报不确定性的主要原因之一是数值模式中初始误差的增长。因此，对初始条件不确定性的估计可能为提高 ENSO 预报技巧提供了最有前途的途径之一。

对 ENSO 模式通过产生不同的初始扰动，形成不同初始条件进行集合预报是准确估计 ENSO 预测结果的不确定性，提高 ENSO 预报技巧的一种有效途径(图 1)[13]。目前产生集合预报初始扰动的方法主要有线性奇异向量(singular vectors, SVs)方法[14, 15]和集合卡曼滤波(ensemble Kalman fIlter，EnKF)方法[16~18]。这两种方法已分别成功应用于欧洲中期天气预报中心(European Centre For Medium Range Weather Forecasts，ECMWF)和加拿大气象中心(Canadian Meteorological Centre，CMC)集合预报系统初始扰动的生成。美国国家环境预报中心(National Centers For Environmental Prediction，NCEP)也曾使用繁殖向量(bred vectors，BVs)方法[19, 20]产生集合预报初始扰动，取得了一定的成功。然而，上述三种方法在集合预报，尤其是类似 ENSO 现象这种多时间尺度耦合且具有非线性运动特征的气候现象的集合预报中仍然存在着很大局限性。

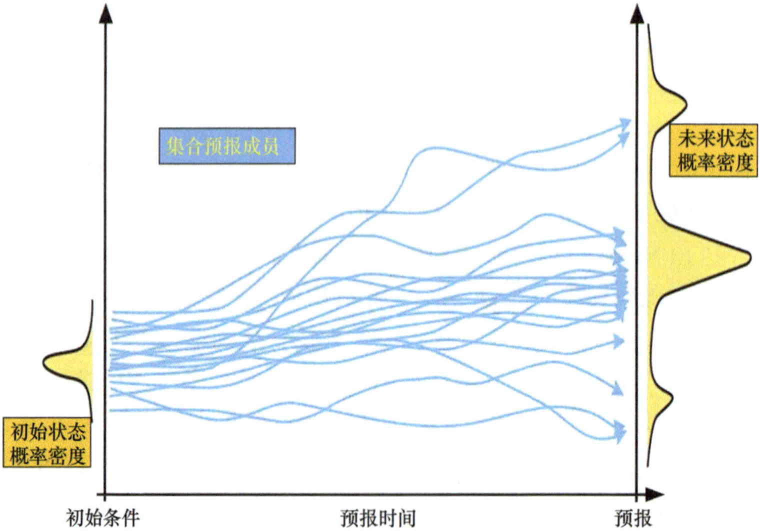

图 1　集合预报示意图

SVs 方法基于切线性模式，寻找在预报初始时段内增长最快的初始扰动 SVs，把这些扰动的线性组合作为集合预报的初始扰动进行集合预报。SVs 的使用前提是初始扰动充分小，且该扰动的非线性发展可以由切线性模式近似描述。因此，对于复杂的大气和海洋系统来说，基于线性理论的 SVs 不能充分反映非线性物理过程对天气和气候可预报性的影响，在研究非线性模式有限振幅初始扰动引起的可预报性问题方面具有致命的缺陷。在集合预报方面，Gilmour 和 Smith[21]指出基于线性近似构造的集合预报初始扰动未能刻划非线性的影响，不能很好地估计未来状态的概率分布；Anderson[22]表明 SVs 仅仅是在线性框架下的敏感初始扰动，它们没能给出极端扰动可能性的相关信息，因而严重影响集合预报的预报技巧。如前所述，ENSO 是一种非线性自持振荡系统，因而用 SVs 近似刻划其最快增长扰动无疑存在局限性；另外，ENSO 是热带海气相互作用的产物，涉及海洋和大气两种不同时间尺度的运动，即是说与 ENSO 相关的海洋、大气的最快增长扰动不能优化相同时间长度的模式积分得到。对于 SVs 方法，要得到不同耦合变量的最快增长扰动需统一时间尺度，而这对于不同时间尺度的海洋和大气来说是行不通的。所以，对于 ENSO 事件的集合预报，SVs 方法既不能刻画非线性的影响，也不能很好地同时描述耦合海洋和大气的最快增长扰动，从而使得其产生的集合预报初始扰动在描述初始不确定性方面存在局限性。

BVs 方法是传统 Lyapunov 向量方法的非线性推广，它通过数值模式的繁殖循环、向量的收敛寻找快速增长初始扰动模态，并将该初始扰动模态作为集合预报的初始扰动，进行集合预报。BVs 刻画的是预报初始时刻之前时间段的快速增长扰动。若将其应用于集合预报产生初始扰动，所得初始扰动在描述控制预报的分析场的不确定性方面动力学意义不明确，而且由该方法产生的集合初始扰动是非独立的，集合成员可能具有较高的相似性，不利于有效估计预报结果的不确定性。此外，针对不同变量，BVs 繁殖循环的时间长度是一致的，因而也不适用于考虑多时间尺度海气相互作用对集合初始扰动的影响。

EnKF 方法将资料同化和集合预报相结合，利用集合成员估计预报误差的协方差矩阵，然后结合观测资料，利用同化算法对预报误差的协方差矩阵进行更新，得到分析集合成员，实现对分析误差方差的估计。这些分析集合成员构成了初始时刻的多个集合预报成员的初始场。EnKF 方法能够囊括不同时间尺度变化的物理量，并体现他们之间的协方差关系，从而有利于实现大气和海洋不同时间尺度运动的耦合同化。然而，需要指出的是，EnKF 方法通常对非线性观测算子做简单的线性化处理；对观测误差采用高斯型分布假设，从而使得对于非高斯型观测误差，EnKF 不能很好地抓住系统状态的变化特征。另外 EnKF 存在使用有限集合样本数的局限性，该局限性常常使得在估计背景误差协方差矩阵时引入伪相关，从而造成协方差被低估和滤波发散(即产生很大的取样误差)的现象，最终导致分析值不能较好地反映系统的真实状态。EnKF 方法的计算量巨大，限制了 EnKF 的广泛使用。虽然已有研究提出了具有较高计算效率的集合转换卡曼滤波(ETKF)方法，但该方法的预报误差协方差采用线性近似，对于非线性系统预报误差协方差的估计具有线性局限性。

综上所述，由于 ENSO 的自身特性，ENSO 集合预报需要考虑能够反映非线性海气耦合影响的初始扰动。虽然上述方法已经被应用于天气和气候的集合预报中，但没有一个方法能够全面反映 ENSO 本身的非线性和不同时间尺度耦合的典型特征，因此需要大力开展关于 ENSO 集合预报初始扰动产生方法的研究。近来，由我国学者提出的条件非线性最优扰动方法(conditional nonlinear optimal perturbation，CNOP)开始逐步应用于集合预报初始扰动的产生[23~25]，该方法能够充分反映非线性物理过程的影响，但与 SVs 类似，在刻画不同时间尺度相互作用方面具有挑战性；另外，国际上也尝试用粒子滤波方法进行集合预报，该方法不仅考虑非线性影响，对观测误差没有采取任何假设，而且能够反映不同时间尺度运动的相互耦合，但该方法计算量巨大，也容易出现粒子退化的现象。所以，构造能够充分反映非线性物理过程且考虑不同时间尺度运动相互耦合的集合预报初始扰动仍是一个具有挑战性的难题。

参 考 文 献

[1] 李崇银，穆穆，周广庆，杨辉．ENSO 机理及其预测研究．气象科技进展，2008，32: 761-781.

[2] Kirtman P B. The COLA anomaly coupled model: Ensemble ENSO prediction. Monthly Weather Review, 2003, 131: 2324-2341.

[3] Jin E K, James L K, Wang B, et al. Current status of ENSO prediction skill in coupled ocean-atmosphere models. Climate Dynamics, 2008, 31: 647-664.

[4] Moore A M, Kleeman R. The dynamics of error growth and predictability in a coupled model of ENSO. Quarterly Journal of the Royal Meteorological Society, 1996, 122(534): 1405-1446.

[5] Xue Y, Cane M A, Zebiak S E. Predictability of a coupled model of ENSO using singular vector analysis. Part I: Optimal growth in seasonal background and ENSO cycles. Monthly Weather Review, 1997, 125(9): 2043-2056.

[6] Chen D, Cane M A, Kaplan A, et al. Predictability of El Niño in the past 148 years. Nature, 2004, 428(6984): 733-736.

[7] Zebiak S E, Cane M A. A model El Niño southern oscillation. Monthly Weather Review, 1987, 115 (10): 2262-2278.

[8] Mu M, Duan W S, Wang B. Season-dependent dynamics of nonlinear optimal error growth and El Niño-Southern oscillation predictability in a theoretical model. Journal of Geophysical Research, 2007a, 112: D10113.

[9] Mu M, Xu H, Duan W S. A kind of initial perturbations related to “spring predictability barrier” for El Niño events in Zebiak-Cane model. Geophysical Research Letters, 2007b, 34: L03709.

[10] Duan W S, Liu X C, Zhu K Y, et al. Exploring the initial errors that cause a significant “spring predictability barrier” for El Niño events. Journal of Geophysical Research, 2009, 114: C04022. doi: 10.1029/2008JC004925.

[11] Duan W S, Zhang R. Is model parameter error related to spring predictability barrier for El

Nino events. Advances in Atmospheric Sciences, 2010, 27: 1003-1013.

[12] Yu Y, Mu M, Duan W. Does model parameter error cause a significant spring predictability barrier for El Nino events in the Zebiak-Cane model. Journal of Climate, 2012, 25: 1263-1277.

[13] Stockdale T N, Anderson D L T, Alves J O S, et al. Global seasonal rainfall forecasts using a coupled ocean-atmosphere model. Nature, 1998, 392: 370-373.

[14] Mureau R, Molteni F, Palmer T N. Ensemble prediction using dynamically conditioned perturbations. Quarterly Journal of the Royal Meteorological Society, 1993, 119: 299-323.

[15] Molteni F, Buizza R, Palmer T N, et al. The new ECMWF ensemble prediction system: Methodology and validation. Quarterly Journal of the Royal Meteorological Society, 1996, 122: 73-119.

[16] Evensen G. Sequential data assimilation with a nonlinear quasi-geostrophic model using Monte Carlo methods to forecast error statistics. Journal of Geophysical Research, 1994, 99(C5): 10143-10162.

[17] Houtekamer P L, Mitchell H L. Ensemble Kalman filtering.Quarterly Journal of the Royal Meteorological Society, 2005, 131: 3269-3289.

[18] Houtekarner P L, Charron M, Mitchell H L, et al. Status of the global EPS at environment Canada. Proc. ECMWF Workshop on Ensemble Prediction, Reading, United Kingdom, ECMW F, 2007, 57-68.

[19] Toth Z, Kalnay E. Ensemble forecasting at NMC: The generation of perturbations. Bulletin of the American Meteorological Society, 1993, 74: 2317-2330.

[20] Toth Z, Kalnay E. Ensemble forecasting at NCEP and the breeding method. Monthly Weather Review, 1997, 125: 3297-3319.

[21] Gilmour I, Smith L A. Enlightenment in Shadows. in Applied Nonlinear Dynamics and Stochastic Systems near the Millennium. In: Kadtke J B, Bulsara A. New York, 1997, 335-340.

[22] Anderson J L. The impact of dynamical constraints on the selection of initial conditions for ensemble predictions: Low-order perfect model results. Monthly Weather Review, 1997, 125(11): 2969-2983.

[23] Mu M, Duan W S, Wang B. Conditional nonlinear optimal perturbation and its applications. Nonlinear Processes in Geophysics, 2003, 10: 493-501.

[24] Mu M, Jiang Z N.A new approach to the generation of initial perturbations for ensemble prediction: Conditional nonlinear optimal perturbation. Chinese Science Bulletin, 2008, 53, 13, 2061-2068.

[25] Duan W, Huo Z. An approach to generating mutually independent initial perturbations for ensemble forecasts: Orthogonal conditional nonlinear optimal perturbations. Journal of the Atmospheric Sciences, 2015, 73(3): 997-1014.

撰稿人：段晚锁　霍振华

中国科学院大气物理研究所，duanws@lasg.iap.ac.cn

ENSO 事件发生“春季预报障碍”现象的原因和机理

Mechanism of “Spring Prediction Barrier” for ENSO Events

ENSO 是厄尔尼诺(El Niño)和南方涛动(southern oscillation)现象的综合称谓，是发生在热带太平洋海域，由海气相互作用过程引起的年际变化现象。暖位相厄尔尼诺(El Niño)和冷位相拉尼娜(La Niña)之间的不规则振荡组成 ENSO 循环，表现为赤道中东太平洋大范围的海水异常增暖或变冷，以及伴随的大尺度海平面气压的跷跷板式变化[1]。ENSO 发生时，不仅可以影响热带太平洋周边地区的气候，而且可以通过“大气桥”和“遥相关”波及全球，对全球众多地区造成严重的自然灾害[2]。因此，ENSO 的预测研究不仅是当前短期气候预测的热点问题之一，同时也具有重大的经济社会意义。

尽管国际上关于 ENSO 的理论和数值模拟研究已经取得了很大的进步，但其预测结果仍具有很大的不确定性。目前总体来看，动力模式和统计模型都可以对 ENSO 冷暖事件提前 2~3 个季节提供有效预报，但是在准确预报 ENSO 循环的细节特征，尤其是事件的发生时间和强度等方面仍存在很大挑战性[3, 4]。20 世纪 90 年代后，相对于传统的海表温度(SST)暖距平中心发生在热带东太平洋的东太平洋型 El Niño 事件(EP-El Niño)，一种新型 El Niño 事件，即中太平洋型 El Niño 事件(CP-El Niño)开始频繁发生，该类事件 SST 暖距平中心通常发生在热带中太平洋，其演变机理与东太平洋型 El Niño 事件明显不同，且对全球天气和气候异常的影响有显著差异[5]。这种 ENSO 事件的多样化特征，进一步增加了 ENSO 预测结果的不确定性。

春季预报障碍(spring prediction barrier，SPB)现象是导致 ENSO 预报结果产生较大不确定性的主要原因之一[3, 6, 7]。所谓 SPB 现象，是指无论从什么时间开始预报 ENSO，大多数模式的预报技巧(如预报与观测的距平相关系数)总是在春季快速下降[8](图 1)；从误差增长的角度，SPB 即是指 ENSO 事件的预报误差在春季快速增长的现象[9, 10]。

关于 SPB 现象发生的原因，已有不少研究，取得了一些重要成果。这些工作主要探讨东太平洋型 El Niño 事件的 SPB 现象与初始误差的关系，如 Webster 和 Yang[8]认为 SPB 现象是由于热带太平洋耦合系统自身的稳定性在春季最弱，即年

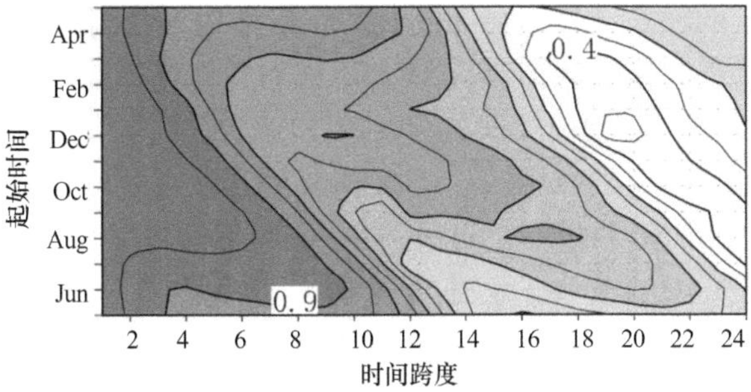

图 1 ENSO 预测的 Niño-3.4 区海温与观测海温的距平相关系数[6]

纵轴代表预报的起始时间，横轴代表预报的时间跨度，等值线代表距平相关系数

循环的赤道纬向气压梯度在春季梯度最小，导致了系统的脆弱性，此时误差的增长速度相对于其他季节更快，外部扰动对系统的影响也更大。Blumenthal[11]指出 SPB 现象是热带太平洋耦合系统本身的非自伴随性质决定的，非自伴随系统敏感地依赖于初始条件，初始误差在春季的快速增长导致了 SPB 现象的出现。类似地，Chen 等[12]也指出，ENSO 预报技巧的提高依赖于初始条件的精度，改善模式初始化方案，减小初始误差，可以减弱 SPB 的影响。Clark 和 Van Gorder[13]也强调了初始场的作用，尤其强调初始化中引入热带太平洋次表层的异常信息，可以减弱甚至在一定程度上克服 SPB 现象。

也有研究认为 SPB 现象是 ENSO 预测的固有属性，是由 ENSO 本身的季节锁相特征导致的。近来，Levine 和 McPhaden[14]强调了 ENSO 事件本身的增长率的季节循环在 SPB 产生中的重要作用。事实上，Mu 等[9]很早就指出，SPB 现象的发生可能是气候态年循环、ENSO 事件本身和初始误差的共同作用导致的。前两个因子决定误差的增长会出现季节依赖性，但即使这两个因子都存在，SPB 现象的发生也依赖于特定的初始误差结构，如 Mu 等[15]和 Yu 等[16]通过完美模式可预报性试验，给出了最容易导致 SPB 现象的两类具有特定空间结构的初始误差。Mu 等[17]还指出，最容易导致 El Niño 事件 SPB 的初始误差空间结构与最容易导致 El Niño 事件爆发的前期征兆的空间结构有很高的相似性，且由同样的物理机制控制着它们的演变，这也表明了气候态年循环的作用。Duan 和 Wei[18]则进一步指出在 ENSO 的实际预测中也存在上述两类初始误差模态，在预测 ENSO 时，如果可以减少上述初始误差出现的机会，SPB 现象会大大减弱，ENSO 预报技巧会显著提高。总的来说，具有特定空间结构的初始误差，容易导致海气耦合模式预报东太平洋型 El Niño 事件发生 SPB 现象，而且气候态年循环在其中具有重要作用，这些结论已被国际上众多研究者从不同角度得以证实，已经不存在本质上的争议。

关于 ENSO 预测的 SPB 现象研究，目前有两大挑战性难题：一是模式误差是否能够导致东太平洋型 El Niño 事件 SPB。虽然 Yu 等[19]表明了 Zebiak-Cane 模式中的参数误差引起的模式误差不会导致东太平洋型 El Niño 事件的 SPB，但该模式中其他类型的模式误差是否会导致 SPB 却不得而知，至于其他复杂模式中的参数误差会不会导致 SPB，何种模式误差会导致 SPB，究竟是模式误差还是初始误差是 ENSO 预测 SPB 现象的主要因子，都还未见到有报道；另一具有挑战性的难题是中太平洋型 El Niño 事件的 SPB 问题。这一问题不论是初始误差，还是模式误差的作用，都不清楚。只有解决了上述两类难题，准确评估模式误差相对于初始误差对 SPB 的重要性，才可以为提高 ENSO 预测技巧提供坚实的基础与有效的思路。

参 考 文 献

[1] Philander S G H. El Niño Southern Oscillation Phenomena. Nature, 1983, 302(5906): 295-301.

[2] 巢纪平. 厄尔尼诺和南方涛动动力学. 北京：气象出版社, 1993.

[3] Kirtman B P, Shukla J, Balmaseda M, et al. Current status of ENSO forecast skill: A report to the climate variability and predictability numerical experimentation group. Clivar Working Group on Seasonal to Interannual Prediction, 2002.

[4] Tippett M K, Barnston A G, Li S H. Performance of recent multimodel ENSO forecasts. Journal of Applied Meteorology and Climatology, 2012, 51 (3): 637-654.

[5] Ashok K, Behera S K, Rao S A, et al. El Niño Modoki and its possible teleconnection. Journal of Geophysical Research, 2007, 112: C11007.

[6] Luo J J, Masson S, Behera S K, et al. Extended ENSO predictions using a fully coupled ocean-atmosphere model. Journal of Climate, 2008, 21 (1): 84-93.

[7] Latif M, Anderson D, Barnett T, et al. A review of the predictability and prediction of ENSO. Journal of Geophysical Research: Oceans, 1998, 103 (C7): 14375-14393.

[8] Webster P J, Yang S. Monsoon and ENSO: Selectively interactive systems. Quarterly Journal of the Royal Meteorological Society, 1992, 118 (507): 877-926.

[9] Mu M, Duan W S, Wang B. Season-dependent dynamics of nonlinear optimal error growth and El Niño-Southern Oscillation predictability in a theoretical model. Journal of Geophysical Research, 2007, 112: D10113.

[10] Zhang J, Duan W S, Zhi X F. Using CMIP5 model outputs to investigate the initial errors that cause the “spring predictability barrier” for El Niño events. Science China: Earth Sciences, 2015, 57: 1-6, doi: 10.1007/s11430-014-4994-1.

[11] Blumenthal M B. Predictability of a coupled ocean-atmosphere model. Journal of Climate, 1991, 4: 766-784.

[12] Chen D K, Zebiak S E, Busalacchi A J, et al. An improved procedure for El Niño forecasting-implications for predictability. Science, 1995, 269 (523): 1699-1702.

[13] Clarke A J, Van Gorder S. Improving El Niño prediction using a space-time integration of Indo-Pacific winds and equatorial Pacific upper ocean heat content. Geophysical Research Letters, 2003, 30 (7): 1399.

[14] Levine A F Z, McPhaden M J. The annual cycle in ENSO growth rate as a cause of the spring predictability barrier. Geophysical Research Letters, 2015, 42: 5034-5041, doi: 10.1002/2015GL064309.

[15] Mu M, Xu H, Duan W S. A kind of initial perturbations related to “spring predictability barrier” for El Niño events in Zebiak-Cane model. Geophysical Research Letters, 2007, 34: L03709.

[16] Yu Y S, Duan W S, Xu H, et al. Dynamics of nonlinear error growth and season-dependent predictability of El Niño events in the Zebiak-Cane model. Quarterly Journal of the Royal Meteorological Society, 2009, 135 (645): 2146-2160.

[17] Mu M, Yu Y, Xu H, et al. Similarities between optimal precursors for ENSO events and optimally growing initial errors in El Niño predictions. Theoretical and Applied Climatology, 2014, 115(3): 461-469.

[18] Duan W S, Wei C. The “spring predictability barrier” for ENSO predictions and its possible mechanism: results from a fully coupled model. International Journal of Climatology, 2012, 33 (5): 1280-1292. doi: 10.1002/joc.3513.

[19] Yu Y S, Mu M, Duan W S. Does model parameter error cause a significant ‘spring predictability barrier’ for El Niño events in the Zebiak–Cane model. Journal of Climate, 2012, 25: 1263-1277.

撰稿人：穆　穆　段晚锁　徐　辉

复旦大学，mumu@fudan.edu.cn

热带太平洋–印度洋的目标观测及其在提高 ENSO 和 IOD 预报技巧中的作用

Target Observation of the Tropical Pacific-Indian Basins and its Role in Improving ENSO and IOD Forecast Skill

厄尔尼诺–南方涛动(ENSO)和印度洋偶极子事件(IOD)分别是发生在热带太平洋和印度洋的具有年际尺度变率的海气耦合现象。ENSO 表现为热带东太平洋海温不规则的增暖或变冷，而 IOD 则呈现热带印度洋海表温度异常(SSTA)东西反位相的跷跷板结构。ENSO 和 IOD 对其周边地区，以及全球天气和气候异常具有重要影响[1, 2]，其预测研究也因此在国际上备受关注。

国际上大部分模式通常能够提前 2~3 个季节对 ENSO 事件做出有技巧的预报，但对其强度、发生和持续时间等细节的刻画存在较大的偏差[3]。20 世纪 90 年代以来，一种区别于传统东太平洋型 ENSO 事件的新型 ENSO 事件，即中太平洋型 ENSO 事件开始频繁发生，进一步增加了 ENSO 事件预测的不确定性。事实上，预报未来 ENSO 属于何种类型的预报技巧还未能超过一个季度[4]，即使用集合预报方法预报信号最强的成熟位相，也至多可以提前 4 个月给出有技巧的预报[5]。与 ENSO 相比，国际上关于 IOD 的预测则还处于探索研究阶段[6]。因此，研究提高 ENSO 和 IOD 的预报技巧，仍是国际上亟待解决且具挑战性的问题。

初始误差和模式误差是导致预报结果不确定性的两个重要因子。观测是理解气候现象进而完善模式物理过程的基础，同时它可为预报模式提供恰当的初始条件与边界条件。减小初始误差和模式误差的基础在于获得充足的观测资料。1985~1994 年，热带海洋与全球大气(TOGA)计划成功实施，在热带太平洋建立了 TAO/TRITON 的海温观测阵列[7]。1998 年，地转海洋学实时观测阵(ARGO)计划在全球大洋中投放剖面浮标，也基本实现了对全球海洋上层 2000m 的海温、盐度和海流等要素的准实时监测[8]。与太平洋相比，印度洋在 21 世纪之前基本没有长期稳定的观测系统，观测资料十分匮乏。直到 1999 年，印度洋观测系统(IndOOS)才开始逐步发展，并尝试提供长期、连续和实时的印度洋观测数据[9]。热带太平洋和印度洋观测系统的发展，不仅加深了我们对 ENSO 和 IOD 的理解，同时为数值预报模式提供了必要的初始场信息。不过，目前观测的分布仍然较为稀疏，难以满足日益发展的高分辨率模式的需要，也不足以为模式提供准确的初始条件。而且对于 ENSO，新类型 ENSO 事件的频繁发生对目前的观测网也提出了新的挑战。

在整个热带太平洋–印度洋进行加密观测并加以后期维护，需要耗费巨额资金。因此，我们需要考虑优先在一些关键区域(敏感区域)加密观测，使得在节约经济成本的同时，也能够有效提高 ENSO 和 IOD 事件的预报技巧。20 世纪 90 年代，科学家们提出了一种观测策略，称为目标观测或适应性观测[10](图 1)。目标观测是指为了使将来时刻(验证时刻 t_1)我们所关注的区域(验证区)内的预报更加准确，现在(决策时刻 t_d)决定在将来时刻(目标时刻 t_0, $t_0<t_1$)对验证区域预报影响较大的区域(敏感区)进行额外的观测。这些额外的观测资料经过资料同化系统处理，为模式提供更接近真实状况的初始场，从而得到更加准确的预报[11]。确定敏感区是目标观测的核心。确定敏感区的方法可以分为两类：第一类是基于伴随的敏感性分析方法，如线性奇异向量方法(LSV)[12]、线性求逆方法[13]，以及梯度敏感性方法[14]；第二类是基于集合的方法，如集合转换卡曼滤波方法[15]和集合卡曼滤波方法[16]。第一类方法多基于预报误差发展的线性近似，在描述真实的非线性天气和气候物理系统方面存在局限性；第二类方法则一般采用预报误差方差度量预报结果不确定性的敏感性，与实际预测中预报误差敏感性常常不统一；有的集合方法的预报误差方差估计采用线性近似，在确定目标观测敏感区方面也存在线性局限性。

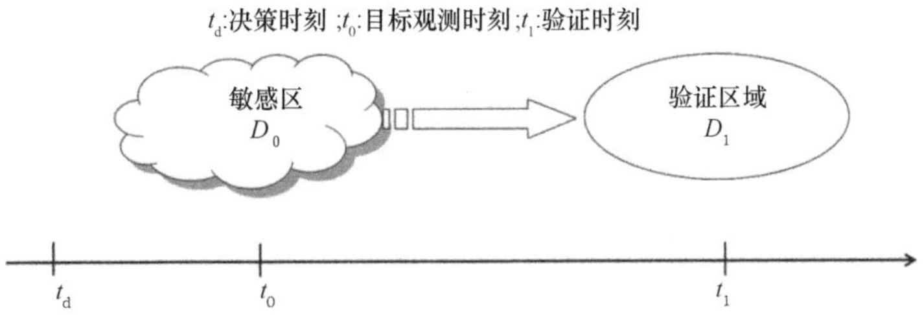

图 1　目标观测示意图

Mu 等[17]从初始误差增长的角度提出了条件非线性最优扰动(CNOP)方法。CNOP 代表了满足一定物理约束条件，且在预报时刻具有最大非线性发展的一类初始扰动。在稳定性和敏感性研究中，CNOP 代表了非线性模式中最不稳定或者最敏感的一类初始扰动，克服了 LSV 敏感性线性近似的局限性。基于 CNOP 的敏感性，Mu 等[18]用著名的 Zebiak-Cane 模式确定了 ENSO 预测的目标观测敏感区，即热带东太平洋区域。Morss 和 Battisti[19, 20]基于观测系统模拟试验也表明了热带东太平洋区域的观测信息对 ENSO 预报效果的改进最为重要；Kramer 和 Dijkstra[21]的结论则进一步证明了上述目标观测在提高 ENSO 预报技巧中的有效性。另外，Duan 和 Hu[22]用复杂的耦合 GCM 揭示了 ENSO 预测在赤道西太平洋次表层的敏感区，强调了次表层观测对于 ENSO 预测的重要意义。对于 IOD 预测，Feng 等[23]通过揭示 IOD 的最快增长初始误差，确定了 IOD 的目标观测敏感区，即热带东印度洋次表层区域。Horii 等[24]指出 IOD 发生的异常信号最早出现在东印度洋温跃层区域。该区域与 Feng 等[23]确定的目标观测敏感区的位置一致，从而说明，在该区域增加观测，不仅可以提高初始场精度，还可以提前捕捉 IOD 的前期征兆信号，进而提高 IOD 的预报技巧。

为了将上述研究结果应用于优化印–太观测网的业务设计仍然有诸多问题需要进一步深入研究[25]。首先，目前 ENSO 和 IOD 的目标观测研究主要集中于敏感区的识别，还没有用业务模式开展观测系统模拟试验；其次，目前关于 ENSO 和 IOD 识别的敏感区仅基于海温变量，并未考虑其他海洋变量(如盐度)或同时考虑多个海洋变量的影响；再次，ENSO 和 IOD 均为热带海洋–大气耦合现象，大气反馈对敏感区的影响的研究也较少；还有，ENSO 和 IOD 事件的特征随时间会发生变化，尤其是 20 世纪 90 年代以来中太平洋型 ENSO 事件的频繁发生，使得目前的热带太平洋观测网面临新的挑战，那么在新气候背景下如何优化已有的观测网布局就成为 ENSO 目标观测的又一新问题；另外，全球变暖和全球变暖停滞的影响也可能要求对 ENSO 和 IOD 现有的观测网进行合理优化。

在致力于消除初始误差的目标观测研究中，用数值模式确定敏感区时，常常假定模式是完美的。在这一假定下，使用同样的模式，可以用观测系统模拟试验研究不同的敏感区确定方法的优缺点。但是，要真正将海洋目标观测研究应用于业务，则要使用目前国际上性能好的预报系统。由于这些预报系统的模式误差之间存在差异，确定出来的敏感区也有差异，那么如何科学地鉴别模式误差对敏感区确定的影响，进而科学有效地减小模式误差对目标观测敏感区确定的影响，这是海洋目标观测在业务应用之前必须回答的难题。

最后，目前对于 ENSO 和 IOD 目标观测的研究，集中于解决第一类可预报性问题。模式误差也是导致预报误差的重要误差来源。Mu[11]提出了将目标观测应用于第二类可预报性问题，Sun 等[26]开展了有益的尝试。这为用目标观测方法，完善模式，提高模式模拟和预测能力，提供了新思路。如何把这一思路，真正应用于优化热带太平洋–印度洋观测网，提高 ENSO 和 IOD 预报技巧，是具有极大挑战性的科学难题。

参 考 文 献

[1] Alexander M A, Blade I, Newman M, et al. The atmospheric bridge: The influence of ENSO teleconnections on air-sea interaction over the global oceans. Journal of Climate, 2002, 15: 2205-2231.

[2] Wajsowicz R C. Climate variability over the tropical Indian Ocean sector in the NSIPP seasonal forecast system. Journal of Climate, 2004, 17(24): 4783-4804.

[3] Jin E K, Kinter J L, Wang B, et al. Current status of ENSO prediction skill in coupled ocean-atmosphere models. Climate Dynamics, 2008, 31(6): 647-664.

[4] Hendon H H, Lim E, Wang G, et al. Prospects for predicting two flavors of El Nino. Geophysical Research Letters, 2009, 36: L19713.

[5] Jeong H I, Lee D Y, Ashok K, et al. Assessment of the APCC coupled MME suite in predicting the distinctive climate impacts of two flavors of ENSO during boreal winter. Climate Dynamics, 2012, 39: 475-493.

[6] Luo J J, Masson S, Behera S, et al. Experimental forecasts of the Indian Ocean dipole using a coupled OAGCM. Journal of Climate, 2007, 20(10): 2178-2190.

[7] McPhaden M J, Delcroix T, Kimio H, et al. The El Nino/Southern Oscillation (ENSO) Observing System. Observing the Ocean in the 21st Century. Melbourne: Australian Bureau of Meteorology. 2001, 231-246.

[8] Riser S C, Freeland H J, Roemmich D, et al. Fifteen years of ocean observations with the global Argo array. Nature Climate Change, 2016, 6: 145-153. doi: 10.1038/nclimate2872.

[9] Masumoto Y, Yu W, Meyers G, et al. Observing systems in the Indian Ocean. Oceanobs'09 oceanobs, 2009: 84-94.

[10] Snyder C. Summary of an informal workshop on adaptive observations and FASTEX. Bulletin of the American Meteorological Society, 1996, 77: 953-961.

[11] Mu M. Methods, current status, and prospect of targeted observation. Science China Earth Sciences, 2013, 56(12): 1997-2005.

[12] Palmer T N, Gelaro R, Barkmeijer J, et al. Singular vectors, metrics, and adaptive observations. Journal of the Atmospheric Sciences, 1998, 55: 633-653.

[13] Pu Z X, Kalnay E, Sela J, et al. Sensitivity of forecast errors to initial conditions with a quasi-inverse linear method. Monthly Weather Review, 1997, 125: 2479-2503.

[14] Langland R H, Rohaly G D. Adjoint-based targeting of observations for FASTEX cyclones. Proc Seventh Conf on Mesoscale Processes. Reading, United Kingdom. American Meteological Society, 1996, 359-371.

[15] Bishop C H, Etherton B J, Majumdar S J. Adaptive sampling with the ensemble transform Kalman filter. Part I: Theoretical aspects. Monthly Weather Review, 2001, 129: 420-436.

[16] Hamill T M, Snyder C. Using improved background-error covariance from an ensemble kalman filter for adaptive observations. Monthly Weather Review, 2002, 130: 1552-1572.

[17] Mu M, Duan W S, Wang B. Conditional nonlinear optimal perturbation and its applications. Nonlinear Processes in Geophysics, 2003, 10(6): 493-501.

[18] Mu M, Yu Y S, Xu H, et al. Similarities between optimal precursors for ENSO events and optimally growing initial errors in El Niño predictions. Theoretical and Applied Climatology, 2014, 115: 461-469.

[19] Morss R E, Battisti D S. Evaluating observing requirements for ENSO prediction: Experiments with an intermediate coupled model. Journal of Climate, 2004, 17: 3057-3073.

[20] Morss R E, Battisti D S. Designing efcient observing networks for ENSO prediction. Journal of Climate, 2004, 17: 3074-3089.

[21] Kramer K, Dijkstra H A. Optimal localized observations for advancing beyond the ENSO predictability barrier. Nonlinear Processes in Geophysics , 2013, 20: 221-300.

[22] Duan W S, Hu J Y. The initial errors that induce a significant “spring predictability barrier” for El Niño events and their implications for target observation: results from an earth system model. Climate Dynamics, 2016, 46: 3599-3615.
[23] Feng R, Duan W, Mu M. Estimating observing locations for advancing beyond the winter predictability barrier of Indian Ocean dipole event predictions. Climate Dynamics, 2016: 1-13.
[24] Horii T, Hase H, Ueki I, et al. Oceanic precondition and evolution of the 2006 Indian Ocean dipole. Geophysical Research Letters, 2008, 35(3): 144-151.
[25] Mu M, Duan W S, Chen D, et al. Target observations for improving initialization of high-impact ocean-atmospheric environmental events forecasting. National Science Review, 2015, 2: 226-236, doi: 10.1093/nsr/nwv021.
[26] Sun G, Mu M. A new approach to identify the sensitivity and importance of physical parameters combination within numerical models using the Lund-Potsdam-Jena (LPJ) model as an example. Theoretical & Applied Climatology, 2016, 84(4): 1-15.

撰稿人：穆　穆　段晚锁　陈大可　于卫东
复旦大学，mumu@fudan.edu.cn

科普难题

热带太平洋暖池–冷舌系统如何和在多大程度上响应及影响不同尺度气候变异？

How and to What Extent Does the Tropical Pacific Warm Pool-Cold Tongue System Respond to and Influence Multiscale Climate Variabilities?

热带太平洋暖池是位于太平洋中西部海域，海表温度(sea surface temperature, SST)高于28℃的巨大暖水体。而冷舌是位于热带太平洋东部海域，SST低于25℃的巨大冷水体，其冷核心从南美洲沿岸以“舌”形向赤道中部太平洋延伸(图1)。暖池和冷舌的形成，很大程度上是沿赤道附近海域向西吹的信风使赤道太平洋表层的暖水向西部流动并积聚，而下层较冷海水向东部流动并向海表面涌升的结果，二者体现出了紧密的协同变异特征。在这两个海域上空，东边的大气温度低、气压高，冷空气下沉后向西流动；西边的大气温度高、气压低，热空气上升后向东流，在太平洋中部形成了如图2(a)所示的太平洋沃克(Walker)环流，其中在海面上空形成了由东向西的信风。暖池、冷舌区SST的变异与不同尺度的气候变异，如大气季节内振荡、亚洲季风、厄尔尼诺–南方涛动、印度洋偶极子、太平洋年代际振荡及全球变暖等不同时间尺度气候变异等，体现出复杂的联系。当前，对暖池和冷舌及其气候效应的研究较多[1]，而把暖池–冷舌作为一个整体来研究其与不同尺度气候变异之间关系的工作较少。显然，暖池–冷舌作为一个系统，其协同变异对于不同尺度气候变异的响应和调控，有着更复杂的作用过程和机制。这无疑是当今物理海洋学和气候学研究的世界性难题之一。以下内容将简述学界目前对于太平洋暖池–冷舌系统对不同尺度气候变异的响应过程和调控机理的认识及存在的问题。

1. 大气季节内振荡

大气季节内振荡是热带大气的风场、气温、云和水汽等要素所呈现的大尺度季节内变异现象，其变异周期较短但极为强烈。大气季节内振荡由多种模态组成，其中最重要的模态是特征周期30~60天的Madden-Julian振荡(MJO)[2]。MJO的信号在印度洋和西太平洋较强，能影响亚洲、非洲、澳大利亚，甚至北美洲、南美洲的降水变化[3]，并能触发强厄尔尼诺事件[4]。由于MJO的海气耦合特征，太平洋暖池–冷舌系统对MJO具有重要的影响。首先，暖池–冷舌的空间结构决定了

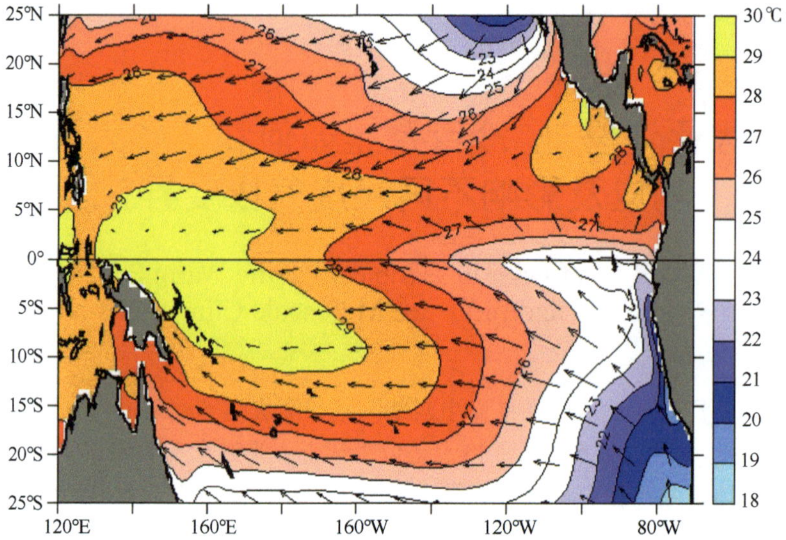

图 1　热带太平洋海表面温度与海表面风场分布图

https://https://faculty.washington.edu/kessler/ENSO/mean-sst-n-wind.gif

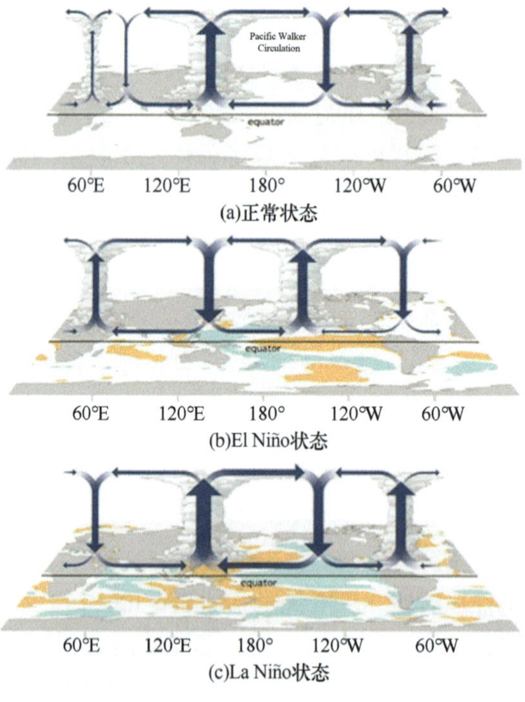

图 2　热带印度洋–太平洋海洋–大气结构示意图

海洋表面的橘色表示海温热异常，蓝色表示海温冷异常 https://www.climate.gov/enso

MJO 强度的空间分布，如暖池区的高 SST 是维持和加强西太平洋 MJO 对流不稳定的重要因素，而冷舌区的低 SST 是 MJO 在东太平洋迅速减弱甚至消亡的主要原因[5]。其次，热带太平洋的 SST 季节内变化是 MJO 动力学的重要组成部分，由于海洋 SST 对大气对流的反馈作用，MJO 在时空特征和传播速度方面与大气波动大为不同。研究表明，只有充分考虑了热带海洋与大气耦合，特别是暖池区域的耦合过程，气候模式才能够相对真实地模拟和预报 MJO 的变化[6, 7]。

然而，目前我们对太平洋暖池–冷舌系统与 MJO 相关的海气耦合过程的认识非常不足，还有许多问题没有得到确切的答案。例如，MJO 主要通过哪些过程产生了 SST 的季节内变化信号？SST 的季节内信号如何并在多大程度上影响了 MJO 的对流系统？暖池–冷舌系统强烈的低频 SST 变化能否显著影响 MJO 的强度和时空特征？暖池–冷舌系统复杂的上层海洋动力过程，如平流、混合、上升流、盐度层结等，对 SST 和大气对流信号有什么影响？由于直接观测数据的匮乏和数值模拟的偏差，学界目前还难以给出确切的答案。

2. 季风

季风是由海陆温差所导致的季节性风场转向和降水分布变化，其中东亚季风深刻影响我国中东部地区降水分布[8]，如 1998 年的夏季风异常直接导致了我国长江、松花江、嫩江等流域百年不遇的特大洪水[9]。热带太平洋暖池–冷舌区域的热变化是调控东亚季风变化特别是夏季风变化的重要因素[10]。其中，暖池区的高 SST 为大气深对流的发生提供了条件，其低频变化很大程度上决定了东亚夏季风的爆发和演变过程[11]；而冷舌区 SST 年际变化则可以通过太平洋–东亚大气遥相关型影响东亚季风变异[12]。

虽然气候学界已经对海洋强迫作用的重要性达成了定性的共识，但由于其作用的复杂性，对这种海洋强迫作用，特别是暖池–冷舌系统在其中的作用，是很难准确定性和定量估计的。这个难题的核心是热带海洋 SST 如何驱动大气对流变化并进而影响季风的爆发、维持、演变和衰退过程的，这其中涉及了海洋和大气过程的强非线性[13]及复杂的正负反馈机制。

3. 厄尔尼诺–南方涛动与印度洋偶极子

地球气候系统存在强烈的年际尺度变异，而太平洋暖池–冷舌系统在这些气候变异现象中均起着重要的作用。厄尔尼诺–南方涛动(El Niño-southern oscillation，ENSO)是气候系统中最强的年际变化信号，是热带太平洋乃至全球范围内最显著的海气相互作用现象。ENSO 除了能够强烈影响热带太平洋及周边国家，还能够通过大气遥相关对全球气候和生态环境产生显著影响。目前学界已经普遍认为 ENSO 是一个热带海洋大气耦合不稳定模态，而太平洋暖池–冷舌系统在 ENSO 变化中扮演主要角色：El Niño 事件(ENSO 的暖相位，图 2(b))主要表现为暖池 SST 降低和冷舌 SST 升高，暖池的中心和大气对流中心向中太平洋平移；而 La Niña 气候状态(ENSO 的冷相位，图 2(c))表现为暖池 SST 升高和冷舌 SST 降低，冷舌加强并向西延伸，大气对流中心向西平移。整个 ENSO 循环是热带太平洋上层海洋热量在暖池和冷舌之间重新分布，而暖池–冷舌系统的环流和温度变化是 ENSO 的根本性过程。但是，暖池–冷舌系统的非线性海洋过程(如平流和混合)如何影响 ENSO 并产生其非线性特征，是 ENSO 研究的一个难题。

印度洋偶极子(Indian ocean dipole，IOD)事件是发生在热带印度洋的一种年际尺度的海气相互作用现象，表现为热带印度洋东西方向 SST 梯度的变化。IOD 显著影响印度洋沿岸各国(亚洲、澳大利亚、非洲)的降水分布，并对我国东部的气候和天气变化产生一定影响[9]。热带太平洋暖池–冷舌系统主要通过两种方式对 IOD 事件产生重要的影响。第一是通过“大气桥”，即暖池–冷舌的 SST 影响印度洋的大气环流，进而影响 IOD 事件的发生和发展；第二是通过“海洋通道”，即暖池–冷舌系统的变化通过海洋波动过程和印度尼西亚贯穿流调控东印度洋的海洋热变化，进而影响 IOD 事件的发生和发展[14]。但热带太平洋的强迫并非 IOD 事件发生的唯一机制，一些较强的 IOD 事件都是在没有太平洋强迫的背景下发生的。印度洋局地海气相互作用和热带太平洋的强迫，哪一个是 IOD 变化的主导因素，一直是 IOD 动力学研究的核心问题，也是一个科学难题，但目前学界尚无定论。

4. 年代际太平洋振荡与全球变暖

气候系统最主要的年代际尺度变异现象之一是年代际太平洋振荡(interdecadal pacific oscillation，IPO)，它的周期为 20~50 年。IPO 正相位表现为热带太平洋 SST 升高，而副热带南北太平洋 SST 降低；负相位的信号与之相反。IPO 与太平洋年代振荡(pacific decadal oscillation，PDO)密不可分，可以认为 PDO 是 IPO 在北半球中纬度的体现。IPO 不仅影响太平洋气候，也对印度洋、大西洋和南大洋的海洋和大气环流产生显著的作用。近年来的研究发现，IPO 是控制 20 世纪以来全球表面变暖速率的重要因子：在 IPO 正相位，全球变暖加快；在 IPO 的负相位，全球变暖的速率减缓[15]。而这种控制作用主要是通过海洋热量在不同海域特别是暖池–冷舌区域的分布来实现的[16]。从这个意义上说，暖池–冷舌系统对 IPO 和全球变暖趋势的变化具有一定的调控作用。对于 IPO 和 PDO 动力机制，学界尚没有统一的认识。这主要是由于目前积累的海盆尺度的有效海温观测只有不到 100 年，并未完整记录 IPO 循环的时空变化特征。对 IPO 机制和全球变暖速率变化的研究是 21 世纪气候学界研究的前沿热点方向。

在全球气候变暖的背景下，太平洋暖池–冷舌系统将如何变化是目前学界研究的热点和难点问题。尤其是对于过去一个世纪里热带太平洋暖池–冷舌区海表温度的长期趋势，不同观测资料呈现出不同的空间分布，有的资料呈现出暖池显著变暖、冷舌微弱地变冷、赤道信风加强的类似 La Niña 型趋势，而有的资料则呈现出与之完全相反的趋势分布[17]；然而大量的气候模式预测结果表明，在全球气候变暖的背景之下将会出现暖池微弱变暖、冷舌显著变暖、赤道信风减弱的类似 El Niño 型的趋势[18]。鉴于观测数据在 20 世纪前半叶存在的很大不确定性和气候模式中可能存在的各种偏差，学界目前对这个问题仍在持续争论中、观点莫衷一是。

总之，热带太平洋暖池–冷舌系统如何和多大程度上参与(响应和影响)到了上述这些不同时间尺度的、能够影响全人类命运的气候变化现象之中，是海洋学和气候学科研工作者正着力解决的科学难题。而当前对热带西太平洋暖池–冷舌区海洋自身多尺度动力过程的诸多基础性问题，特别是次表层海洋环流和温盐基本特征及变异机理的认识仍不够深入，又进一步增加了这一问题的难度，制约了气候模式的发展和气候预测能力的提高。

参 考 文 献

[1] 王凡, 胡敦欣, 穆穆, 等. 热带太平洋海洋环流与暖池的结构特征、变异机理和气候效应. 地球科学进展, 2012, (27)6: 595-602.

[2] Madden R A, Julian P R.Detection of a 40-50 day oscillation in station pressures and zonal winds in tropical pacific. Bulletin of the American Meteorological Society, 1971, 52(8): 789.

[3] Lau K M, Chan P H. Aspects of the 40-50 day oscillation during the northern summer as inferred from outgoing longwave radiation. Monthly Weather Review, 1986, 114(7): 1354-1367.

[4] Kessler W S, Kleeman R. Rectification of the madden-julian oscillation into the ENSO cycle. Journal of Climate, 2000, 13(20): 3560-3575.

[5] Zhang C D. Madden-julian oscillation. Reviews of Geophysics, 2005, 43(2).

[6] Wang B, Xie X S. Coupled modes of the warm pool climate system. Part 1: The role of air-sea interaction in maintaining Madden-Julian oscillation. Journal of Climate, 1998. 11(8): 2116-2135.

[7] Waliser D E, Jones C, Schemm J K E, et al. A statistical extended-range tropical forecast model based on the slow evolution of the Madden-Julian oscillation. Journal of Climate, 1999, 12(7): 1918-1939.

[8] Webster P J, Magaña V O, Palmer T N, et al. Monsoons: Processes, predictability, and the prospects for prediction. Journal of Geophysical Research Atmospheres, 1998, 1031(C7): 14451-14510.

[9] Ding Y H, Liu Y J. Onset and the evolution of the summer monsoon over the South China Sea during SCSMEX field experiment in 1998. Journal of the Meteorological Society of Japan, 2001. 79(1B): 255-276.

[10] Webster P J, Yang S. Monsoon and Enso - Selectively interactive systems. Quarterly Journal of the Royal Meteorological Society, 1992, 118(507): 877-926.

[11] Hu D X, Yu L J. An approach to prediction of the South China Sea summer monsoon onset.

Chinese Journal of Oceanology and Limnology, 2008, 26(4): 421-424.

[12] Wang B, Wu R G, Fu X H. Pacific-East Asian teleconnection: how does ENSO affect East Asian climate. Journal of Climate, 2000, 13(9): 1517-1536.

[13] Graham N E, Barnett T P. Sea-surface temperature, surface wind divergence, and convection over tropical oceans. Science, 1987, 238(4827): 657-659.

[14] Meyers G. Variation of Indonesian throughflow and the El Nino Southern Oscillation. Journal of Geophysical Research-Oceans, 1996. 101(C5): 12255-12263.

[15] Meehl G A, Hu A, Santer B D, et al. Contribution of the Interdecadal Pacific Oscillation to twentieth-century global surface temperature trends. 2016, 6(11): 1005-1008.

[16] Kosaka Y, Xie S P. Recent global-warming hiatus tied to equatorial Pacific surface cooling. Nature, 2013, 501(7467): 403.

[17] Vecchi G A, Clement A, Soden B J. Examining the Tropical Pacific's response to global warming. Eos Transactions American Geophysical Union, 2008, 89(9): 81-83.

[18] Xie S P, Ma J, Deser C, et al. Global warming pattern formation: sea surface temperature and rainfall. AGU Fall Meeting. AGU Fall Meeting Abstracts, 2010: 966-986.

撰稿人： 王　凡　李元龙　刘传玉

中国科学院海洋研究所，fwang@qdio.ac.cn

海气相互作用对 MJO 形成和传播的影响

Roles of Ocean-Atmosphere Interactions in MJO Initiation and Propagation

热带大气季节内振荡(madden-julian oscillation，MJO)是热带地区最重要的气候变率之一，一般在赤道西印度洋地区生成，并以纬向 1 波的形式沿赤道向东传播，平均传播速度大约是 5m/s[1, 2]。很多研究显示，MJO 的形成和传播机制涉及复杂的大气–海洋热力学和动力学物理过程，是当前 MJO 研究领域的国际前沿问题，但相比于大气内部“对流–环流”反馈过程对 MJO 形成和传播的影响机制而言，海气相互作用究竟在 MJO 的形成和传播过程中扮演何种角色，是国际学术界公认的科学难题。该难题主要反映在以下两个方面。

一方面，关于海气相互作用对 MJO 在赤道西印度洋地区的生成究竟有何影响。该问题目前存在着两种观点：第一种观点强调了海气相互作用的重要影响，如 Li 等[3] 基于观测数据的诊断分析表明，前一个处于抑制位相的 MJO 事件会在赤道印度洋地区激发出暖海温异常，从而在赤道西印度洋地区触发新的对流活动；第二种观点则认为海气耦合过程可能并不是非常必要的，因为在仅给定气候态年循环海温场情况下，一些大气环流模式仍然可以模拟出热带印度洋地区 MJO 信号的发生和发展特征。

另一方面，关于海气相互作用对 MJO 东传起何种作用，目前尚无定论。这其中的一个主要原因是目前许多的大气环流模式(AGCM)和海气耦合模式(CGCM)对 MJO 传播的模拟能力很不理想。近期的多模式对比研究发现，按照开关耦合模式中的海洋模式分量所引起的 MJO 传播特征的改变情况，可以将现有模式划分为两种类型[4]。第一类模式是引入海洋模式分量对 MJO 传播影响较大的模式。在这类模式中(如法国的 CNRM 模式[5])，仅仅大气模式分量(CNRM-AM)无法模拟出 MJO 的东传特征，而当大气模式耦合了海洋模式后(CNRM-CM)，MJO 东传特征才能够模拟出来。图 1 给出了分别用大气模式和耦合模式模拟的 20~80 天带通滤波赤道印度洋区域经度平均的降水异常回归场的时间–经度剖面图，可以明显地看出，该模式对于海气相互作用过程很敏感。在仅有大气模式的试验中，CNRM 模式模拟出一个局地振荡的模态，而当耦合了海洋模式之后，模式可以较好地模拟出观测中 MJO 的向东传播特征。第二类模式是耦合海洋模式与否对 MJO 传播特征影响较小的模式。在这类模式中(如 ECHAM4 模式)，单纯的大气模式就能较好地模拟出 MJO 的东传和结构变化特征，而在耦合了海洋模式之后并没有改变 MJO 的传播特征，只是稍微增加了 MJO 的强度[6]。

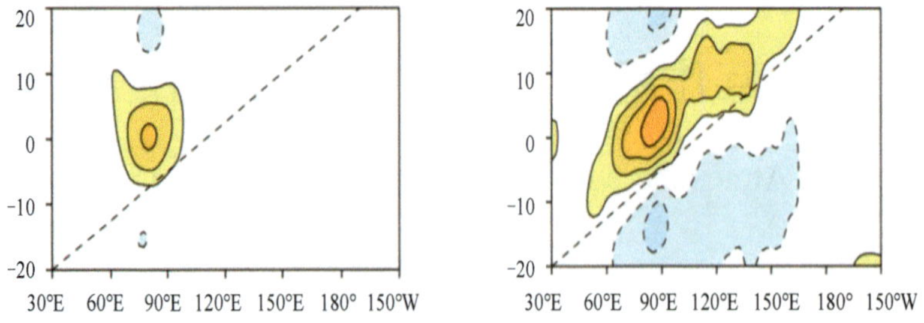

图 1　20~80 天滤波后 75°~85°E 区域平均的降水时间序列回归得到的 10°S~10°N 平均的降水异常场的时间–经度剖面图(阴影，单位：mm/d)[4]

综合上述两个方面的问题，我们不难看出，海气相互作用在 MJO 形成和传播过程中的角色仍不清楚，也就是说，MJO 究竟是一个海气耦合现象，还是一个纯粹的大气对流活动？考虑到模式中 MJO 事件的模拟对于海气耦合过程具有不同的敏感性，而且很多模式尚不能很好地模拟 MJO 的发生和传播特征，因此，关于海气相互作用对 MJO 的生成和传播的重要性，以及物理机制依旧是一个尚未解决的科学难题。

另外，厄尔尼诺–南方涛动(ENSO)是热带海气相互作用系统最强的年际变率主导模态，显著地影响着全球天气和气候[7, 8]。ENSO 事件本身存在空间结构和类型的差异，海气耦合过程在其形成和演变中扮演着重要角色[9]。所以，如果认为海气耦合过程对 MJO 也有重要影响的话[10]，那么在不同类型的 ENSO 事件背景下，MJO 的活动状况可能不同，其影响天气和气候的物理机制也会很不一样。已有研究结果表明，与 ENSO 有关的大尺度环流异常会调制 MJO 的变化[11]，但 MJO 是季节内尺度变率的主要模态，与 ENSO 的尺度不同，ENSO 通过何种特定的物理过程影响 MJO，目前尚不明确。

参 考 文 献

[1] Zhang C. Madden–Julian oscillation: bridging weather and climate. Bulletin of the American Meteorological Society, 2013, 94(12): 1849-1870.

[2] Li T. Recent advance in understanding the dynamics of the Madden-Julian oscillation. Journal of Meteorological Research, 2014, 28: 1-33.

[3] Li T, Tam F, Fu X, et al. Causes of the intraseasonal SST variability in the tropical indian ocean. Atmosphere-Ocean Science Letters, 1: 18-23.

[4] Jiang X, Waliser D E, Xavier P K, et al. Vertical structure and physical processes of the Madden-Julian Oscillation: Exploring key model physics in climate simulations. Journal of

Geophysical Research-Atmospheres, 2015, 120: 4718-4748.

[5] Voldoire A, Sanchez-Gomez E, Melia S, et al. The CNRM-CM5.1 global climate model: Description and basic evaluation. Climate Dynamics, 2013, 40: 2091-2121.

[6] Fu X, Wang B, Li T, McCreary J. Coupling between northward propagating ISO and SST in the Indian Ocean. Journal of Atmospheric Sciences, 2003, 60: 1733-1753.

[7] Li T, Wang B. A review on the western North Pacific monsoon: Synoptic-to-interannual variabilities. Terrestrial, Atmospheric and Oceanic Sciences, 2005, 16: 285-314.

[8] Li T. Monsoon climate variabilities. In Climate Dynamics: Why Does Climate Vary. Geophysical Monograph Series, 2010, doi: 10.1029/2008GM000782.

[9] Li T. Phase transition of the El Nino-Southern Oscillation: A stationary SST mode. Journal of the Atmospheric Sciences, 1997, 54: 2872-2887.

[10] Fu X, Wang B, Li T, McCreary J. Coupling between northward propagating ISO and SST in the Indian Ocean. Journal of the Atmospheric Sciences, 2003, 60: 1733-1753.

[11] Lin, A, Li T. Energy spectrum characteristics of boreal summer intraseasonal oscillations: Climatology and variations during the ENSO developing and decaying phases. Journal of Climate, 2008, 21: 6304-6320.

撰稿人：Tim Li

夏威夷大学，南京信息工程大学，timli@hawaii.edu

导致印度洋偶极子冬季预报障碍的原因是什么?

What Cause the Winter Predictability Barrier of Indian Ocean Dipole?

热带海洋在调制全球气候变率中扮演着重要角色，在过去几十年，科学家致力于研究热带太平洋上的厄尔尼诺–南方涛动(ENSO)现象，而印度洋偶极子(IOD)作为热带印度洋上的重要海气耦合现象却研究较少。虽然在 20 世纪 80 年代人们曾注意到 IOD 现象，但是直到 1994 年和 1997 年两次较明显的 IOD 现象之后，人们才关注该现象，特别是在 Saji 等[1]根据海表温度(SST)的分析明确指出，赤道印度洋地区的海表温度异常(SSTA)存在偶极子振荡，此后科学家们才开始关注 IOD。IOD 现象有正负位相之分，正 IOD 在西印度洋为正 SSTA，东印度洋为负 SSTA，并伴随赤道地区的强东风异常；负 IOD 的海温和风的异常场与正 IOD 几乎相反。IOD 不仅可以通过调制季风影响周边地区(如东非、印度尼西亚和澳大利亚)的天气和气候，还可以通过行星波影响较远地区，如欧洲、亚洲东北部、北美、南美、南非等[2, 3]。近年来在观测和模式中也发现 IOD 对我国气候有一定影响。研究表明，正 IOD 会引起南亚高压向东扩展，西太副热带高压向西扩展，从而导致我国东部的降水异常，并通过产生罗斯贝波列使我国南部发生极端炎热干旱的夏季。Zhang 等[4]最新的研究表明，在正 IOD 位相，充足的雨水从热带地区通过印度北部、孟加拉湾和东南亚转移到我国南部地区；而在负位相，干旱的情况也同样会通过这些地区转移到我国南部。此外，IOD 和其他影响我国气候异常的事件也有显著的关系，如 Yuan 等[5, 6]的研究表明，IOD 通过印度尼西亚贯穿流对 ENSO 有显著影响。伴随全球变暖，热带印度洋和 IOD 异常更加频繁发生，对天气和气候可能会有更大的影响。因此，IOD 预报研究不仅是海洋大气科学的前沿课题，而且对提高我国中长期气候预报能力和防灾减灾也具有重要意义。

已有研究利用数值模式探讨了 IOD 的预报技巧。结果表明，各模式对印度洋 SST 的预报技巧远低于对太平洋 SST 的预报技巧。IOD 西极子(10°S~10°N，50°~70°E) SST 距平的有效预报(相关系数大于 0.5)时效通常为 6~9 个月，而东极子(10°S~0，90~110°E)的有效预报时效则为 5~6 个月，偶极子指数(dipole mode index，DMI)[1]的有效预报时效仅为 3~4 个月。Luo 等[7, 8]利用 SINTEX-F 海气耦合模式，提前 2~3 个季节回报出 1994 年强的正 IOD。Shi 等[9]评估了四个不同预报系统对印度洋 SST 的预报技巧。他们指出模式可以提前一个季节左右预报出 IOD，对强 IOD 可以延长为两个季节。Liu 等[10]也指出仅可以提前 2~3 个月预报 IOD，具有较低的预报技巧。

研究还表明 IOD 预测存在显著的冬季预报障碍现象[7~10]，IOD 预报技巧较低可能与冬季预报障碍密切相关。研究表明，无论从哪个起始月份开始预报，预报技巧在跨过冬季时快速下降(图 1)[8]，且冬季预报障碍在跨冬季时快速发展[11]。冬季预报障碍的存在严重限制了 IOD 的预报技巧。因此，研究导致 IOD 冬季预报障碍及预报技巧较低的原因，探讨提高预报技巧的方法途径，是 IOD 可预报性研究的重要内容。

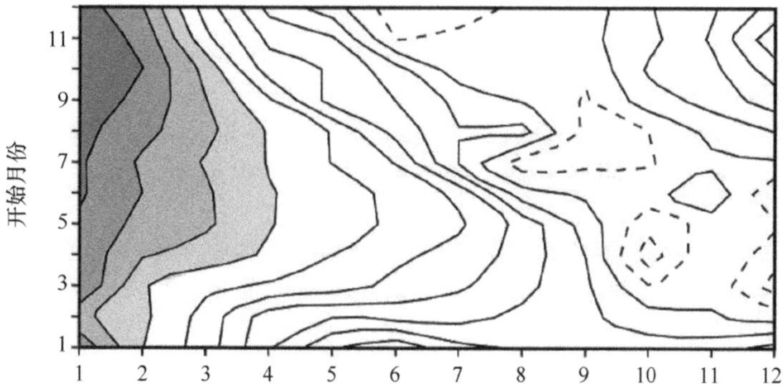

图 1　1982~2004 年观测和模式预报的 IOD 指数的 ACC(anomaly correlation coefficients)分析
等值线间隔为 0.1，阴影区域表示大于 0.6 的区域。IOD 指数定义为西极子和东极子的 SSTA 差[8]

Lorenz[12]指出，可预报性问题可以分为两类：第一类可预报性问题和初始误差有关；第二类可预报性问题和模式误差有关。Feng 等[13]从初始误差的角度研究指出，东西偶极子型特定空间模态的初始海温误差，有利于 IOD 的预报误差在冬季快速发展，从而导致冬季预报障碍现象；赤道东印度洋次表层地区的初始海温误差对冬季预报障碍有较大的贡献。他们同样指出，若在赤道东印度洋次表层地区开展加密观测，提高初始场精度，减小初始误差，能够有效减小冬季预报误差，减弱甚至消除冬季预报障碍现象，初始海温误差在导致冬季预报障碍现象中扮演着重要角色。以上研究探讨了热带印度洋上两层初始海温误差对 IOD 可预报性的影响，尚未考虑整层印度洋海温初始误差对 IOD 可预报性的影响。另外，太平洋上的初始海温误差对 IOD 可预报性的影响也未见相关研究。这些研究考虑了海洋的不确定性对 IOD 可预报性的影响，由于 IOD 是重要的海气耦合现象，大气的不确定性对 IOD 预测是否有重要影响也不清楚。Feng 等[14]分析指出，冬季海气耦合不稳定性最强，有利于扰动在冬季快速发展。印度洋的气候态分布可能为冬季预报误差快速发展，以及冬季预报障碍的发生提供了有利的条件。Mu 等[15]指出，ENSO 中的春季预报障碍现象是气候态的年循环、ENSO 事件本身和初始误差的空间模态三者共同导致的。在 IOD 的冬季预报障碍现象中，是否与 ENSO 类似必须考虑这三者的相互作用，也尚不清楚。

目前的研究主要分析了初始误差对 IOD 可预报性的影响，模式误差是否会导致 IOD 冬季预报障碍？伴随全球变暖，热带印度洋和 IOD 异常频率进一步加大，冬季预报障碍现象是否会改变？考虑到控制 IOD 演变的动力与物理过程的非线性与多尺度相互作用，厘清初始误差与模式误差在 IOD 冬季预报障碍中的贡献，理解其机制，进而为消除相应误差提供思路与方法，是具有很大挑战性的难题。

参 考 文 献

[1] Saji N H, Goswami B N, Vinayachandran P N, et al. A dipole mode in the tropical Indian Ocean. Nature, 1999, 401: 360-363.

[2] Ansell T, Reason C J C, Meyers G. Variability in the tropical southeast Indian Ocean and links with southeast Australian winter rainfall. Geophysical Research Letters, 2000, 27(24): 3977-3980.

[3] Black E, Slingo J, Sperber K R. An observational study of the relationship between excessively strong short rains in coastal east Africa and Indian Ocean SST. Monthly Weather Review, 2003, 131(1): 74-94.

[4] Zhang L, Sielmann F, Fraedrich K, et al. Variability of winter extreme precipitation in Southeast China: Contributions of SST anomalies. Climate Dynamics, 2015, doi: 10.1007/s 00382-015-2492-6.

[5] Yuan D L, Wang J, Xu T F, et al. Forcing of the Indian Ocean Dipole on the interannual variations of the tropical pacific ocean: Roles of the Indonesian through flow. Journal of Climate, 2011, 24: 3593-3608.

[6] Yuan D L, Zhou H, Zhao X. Interannual climate variability over the tropical Pacific Ocean induced by the Indian Ocean dipole through the indonesian through flow. Journal of Climate, 2013, 26: 2845-2861.

[7] Luo J J, Masson S, Behera S, et al. Seasonal climate predictability in a coupled OAGCM using a different approach for ensemble forecasts. Journal of Climate, 2005, 18(21): 4474-4497.

[8] Luo J J, Masson S, Behera S, et al. Experimental forecasts of the Indian Ocean dipole using a coupled OAGCM. Journal of Climate, 2007, 20(10): 2178-2190. doi: 10.1175/JCLI4132.1.

[9] Shi L, Hendon H H, Alves O, et al. How predictable is the Indian Ocean dipole. Monthly Weather Review, 2012, 140(12): 3867-3884. doi: 10.1175/MWR-D-12-00001.1.

[10] Liu H F, Tang Y M, Chen D, et al. Predictability of the Indian Ocean Dipole in the coupled models. Climate Dynamics, 2016, doi: 10.1007/s00382-016-3187-3.

[11] Feng R, Duan W S. The spatial patterns of initial errors related to the “winter predictability barrier” of the Indian Ocean dipole. Atmospheric and Oceanic Science Letters, 2014, 7. doi: 10.3878/j.issn.1674-2834.14.0018.

[12] LorenzE N. Climate predictability: The physical basis of climate modeling. WMO, GARP Pub Ser, 1975, 16(1): 132-136.

[13] Feng R, Duan W S, Mu M. Estimating observing locations for advancing beyond the winter predictability barrier of Indian Ocean dipole event predictions. Climate Dynamics, 2016, doi:

10.1007/s00382-016-3134-3.

[14] Feng R, Mu M, Duan W S.Study on the "winter persistence barrier" of Indian Ocean dipole events using observation data and CMIP5 model outputs. Theoretical and Applied Climatology, 2014, 118(3): 523-534. doi: 10.1007/s00704-013-1083-x.

[15] Mu M, Duan W S, Wang B. Season-dependent dynamics of nonlinear optimal error growth and ENSO predictability in a theoretical model. Journal of Geophysical Research, 2007, 112, D10113.

撰稿人：冯　蓉　唐佑民

中国科学院大气物理研究所，fengrong@lasg.iap.ac.cn

印度洋偶极子的动力学机制和预测

Dynamics and Prediction of the Indian Ocean Dipole Mode

厄尔尼诺–南方涛动(El Niño-southern oscillation，ENSO)是热带太平洋最强的海洋–大气耦合模态，它在年际尺度上对全球气候有重要的影响。在热带印度洋，也存在一个类似的具有显著年际变率的海气耦合模态，即印度洋偶极子(Indian ocean dipole，IOD)[1]。IOD 具有正、负两种位相，即正和负 IOD 事件。正 IOD 在发展成熟期，主要表现为热带东南印度洋海表面温度(sea surface temperature，SST)异常变冷，而赤道西印度洋 SST 异常增暖，同时伴随着赤道东风异常及赤道东印度洋海洋温跃层异常变浅的特征；而负 IOD 发展成熟期时，上述物理变量则呈现相反的状态。IOD 作为 20 世纪末刚刚被人们所认识的一种海洋–大气相互作用现象[1, 2]，其对印度洋周边大陆以至全球的气候影响逐渐为人们所了解。前人的研究表明，正 IOD 事件会造成澳大利亚干旱，东非和印度次大陆的多雨，并影响东亚季风系统，还会产生诸如东南澳大利亚的森林火灾、印度尼西亚珊瑚大量死亡，以及东非疟疾疫情爆发等灾害事件[3]。因此，深入理解和预测 IOD 事件的发生对于全球气候短期预测具有重要意义，是目前热带气候研究中的热点和难点。

IOD 模态存在显著的季节锁相特征，通常发生在北半球夏季，成熟于秋季，在冬季迅速衰减[1]，事件的产生和消亡不会跨年(图 1)。IOD 期间，受印度夏季风的影响，在苏门答腊–爪哇岛沿岸的气候风场从 4~10 月都是东南风，从而使得夏季赤道东印度洋沿岸的海洋呈现上升运动，该现象有利于 Bjerknes 反馈及 IOD 的发展。在此之后，随着印度冬季风的出现，苏门答腊–爪哇岛沿岸东南风开始减弱，IOD 事件也随之衰退。在 IOD 事件的发展过程中，Bjerknes 正反馈机制是 IOD 模态发展的主要物理机制：当夏季苏门答腊–爪哇岛沿岸的东风加强时，会造成当地的离岸流和温跃层抬升；这会导致赤道印度洋出现东冷西暖的纬向海温梯度，进而导致大气降水向西移动，加强苏门答腊–爪哇岛和赤道上的东风；东风进一步增强赤道东印度洋的上升运动和东西的海温梯度，使得 IOD 事件逐步发展起来，在秋季达到最强。与此同时，海洋动力过程、海温–云反馈、海温–风–蒸发反馈也在 IOD 的发展中扮演十分重要的作用[4]。海气相互作用使得次表层海温和盐度、海表面气压、降水等都表现为偶极子的特征，并与赤道纬向风异常相互耦合。尽管关于 IOD 的机理已有上述理论，但 IOD 和与之相邻的热带太平洋 ENSO 的关系一直是一个争议问题。一般认为 IOD 是热带印度洋独立的海气耦合模态，但由于多数

IOD 事件出现在 ENSO 事件同一年的秋季，因此也有观点认为 ENSO 是 IOD 事件的一个重要触发机制。那么，究竟 IOD 和 ENSO 具有怎样的关系？尤其是 20 世纪 90 年代以来，伴随着新型 El Niño 事件，即中太平洋型 El Niño 的频繁出现，上述 IOD 与 ENSO 的关系是否改变，以及如何改变？其关系改变的机理是什么？这些一系列问题，都是 IOD 研究仍须深入探讨的具有挑战性的问题。

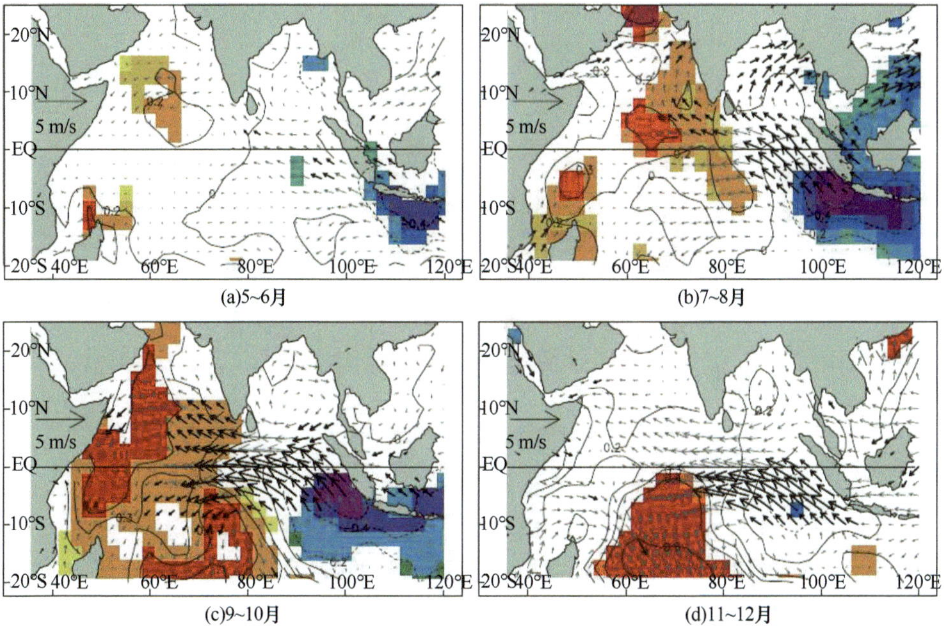

图 1　IOD 正位相发展过程中 SST(等值线)和海面风(矢量)异常的空间分布合成结果，通过 90%信度检验的 SST 和海面风异常分别用彩色和加粗矢量表示[1]

随着对 IOD 事件认识的深入，人们开始使用数值模式对 IOD 进行预报。目前气候模式基本可以提前一个季节对 IOD 事件的发生做出有技巧的预报[5, 6]。但预报还存在很大的瓶颈和障碍。一般认为西印度洋的海温预报技巧要高于东赤道印度洋，这种东赤道印度洋海温的低预报技巧可能与 IOD 事件的冬季预报障碍现象有关[7, 8]。目前数值模式对 IOD 的模拟还存在着很大的不确定性。在大多数耦合模式中，IOD 模拟的振幅偏强，海气耦合过程的模拟也存在很大的偏差[9]。已有研究认为，造成 IOD 模拟误差的原因与气候模式在北半球秋季普遍存在明显的赤道印度洋东风误差有关[10, 11]。东风误差使得赤道东印度洋海洋温跃层变浅和次表层海水变冷(图 2)，增强模式中 Bjerknes 正反馈过程，从而导致气候模式模拟的 IOD 振幅普遍偏强(为观测的 1.5~2 倍)。近来有研究表明，北半球秋季赤道东风误差源于气候模式印度洋夏季风模拟普遍偏弱[10]。偏弱的夏季风一定程度上抑制了西印度洋海洋蒸发和索马里–阿曼沿岸海水上翻运动，导致西印度洋海水偏暖，偏暖的上层海水温度能一直持续到秋季。偏暖的海水增强局地区域秋季的对流运动，通过 Bjerknes 正反馈过程发展形成北半球秋季赤道东风误差。上述结果表明，要提高气候模式关于 IOD 模拟的能力，进而提高 IOD 的预报水平，首先要改进气候模式关于印度夏季风的模拟水平，而要改进模式关于印度夏季风的模式能力，我们须弄清印度夏季风模拟偏差的原因，然而该原因至今尚不清楚，因而成为 IOD 研究的又一亟须解决的难题。

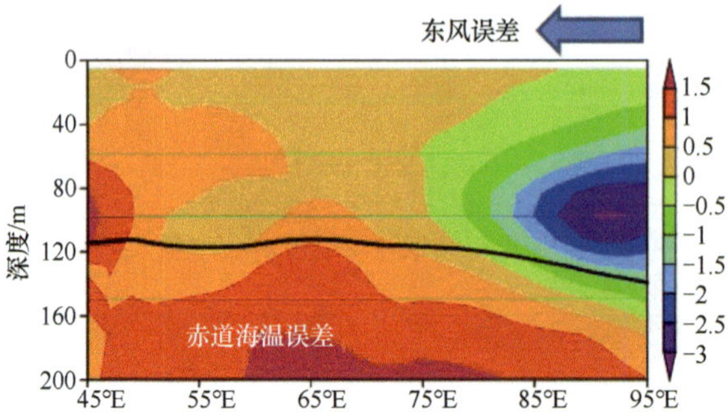

图 2　气候模式赤道印度洋温度模拟误差经度–深度剖面图[10]

其中黑实线为观测的温跃层深度；显示东风误差导致赤道东印度洋海洋温跃层变浅和次表层海水变冷

进入 21 世纪以来，IOD 事件频繁发生，尤其在 2006~2008 年连续发生了三次 IOD 事件，对气候产生了重要影响并造成了严重的自然灾害事件。这促使人们开始关注气候变化对 IOD 及其预报的影响。一些研究发现，气候变化会导致 IOD 事件发生的时间提前[12]、海洋和大气动力反馈过程的改变[13]，以及极端 IOD 事件更加频繁的出现[14]。这些改变都会极大地影响亚洲乃至全球气候系统，进而影响人类社会的生活环境，也大大增加了 IOD 预测的不确定性。必须指出，这些结论都是基于数值模式全球变暖情景实验预估的结果，具有很大的不确定性[10, 15]。那么，全球变化影响 IOD 的真相究竟如何？这应该是 IOD 研究中的一个新的且具有挑战性的问题，值得大气和海洋学者们通力合作，深入探讨。

研究过去和现在是为了预测未来，而只有正确地认识现代气候的变化和机理，才能准确地预测未来气候的变化趋势。IOD 的研究正是遵循这个原理。目前我们对于 IOD 的发展过程和机理的认知还存在偏差，因此全面理解 IOD 的动力机制，准确预测 IOD 的发生和未来变化趋势，是国际气候学研究领域面临的一个巨大挑战。

参 考 文 献

[1] Saji N H, Goswami B N, Vinayachandran P N, et al. A dipole mode in the tropical Indian Ocean. Nature, 1999, 401: 360-363.

[2] Webster P J, Moore A M, Loschnigg P J, et al. Coupled ocean-atmosphere dynamics in the Indian Ocean during 1997-1998. Nature, 1999, 401: 356-360.

[3] Cai W, Zheng X T, Weller E, et al. Projected response of the Indian Ocean Dipole to greenhouse warming. Nature Geoscience., 2013, 6: 999-1007.

[4] Li T, Wang B. A theory for the Indian Ocean dipole-zonal mode. Journal of the Atmospheric Sciences, 2003, 60: 2119-2134.

[5] Wajsowicz R C. Potential predictability of tropical Indian Ocean SST anomalies. Geophysical Research Letters, 2005, 322(24): 230-250.

[6] Luo J J, Masson S, Behara S, et al, Seasonal climate predictability in a coupled OAGCM using a different approach for ensemble forecasts. Journal of Climate, 2005, 18: 4474-4497.

[7] Luo J J, Masson S, Behera S, et al. Experimental forecasts of the Indian Ocean dipole using a coupled OAGCM. Journal of Climate, 2007, 20: 2178-2190.

[8] Feng R, Mu M, Duan W. Study on the "winter persistence barrier" of Indian Ocean dipole events using observation data and CMIP5 model outputs. Theoretical and Applied Climatology, 2014, 118(3): 523-534.

[9] Liu L, Xie S P, Zheng X T, et al. Indian Ocean variability in the CMIP5 multi-model ensemble: The zonal dipole mode. Climate Dynamics, 2014, 43(5-6): 1715-1730.

[10] Li G, Xie S P, Du Y. Monsoon-induced biases of climatemodels over the tropical Indian Ocean. Journal of Climate, 2015, 28: 3058-3072.

[11] Cai W, Cowan T. Why is the amplitude of the Indian Ocean Dipole overly large in CMIP3 and CMIP5 climate models. Geophysical Research Letters, 2013, 40(6): 1200-1205.

[12] Du Y, Cai W, Wu Y. A new type of the Indian Ocean dipole since the mid-1970s. Journal of Climate, 2013, 26: 959-972.

[13] Zheng X T, Xie S P, Du Y, et al. Indian Ocean Dipole response to global warming in the CMIP5 multi-model ensemble.Journal of Climate, 2013, 26: 6067-6080.

[14] CAI W, Santoso A, Wang G, et al. Increased frequency of extreme Indian Ocean Dipole events due to greenhouse warming. Nature, 2014, 510: 254-258.

[15] Li G, Xie S P, Du Y. A robust but spurious pattern of climate change in model projectionsover the tropical Indian Ocean. Journal of Climate, 2016, 29: 5589-5608.

撰稿人：郑小童　李　根

中国海洋大学，zhengxt@ouc.edu.cn

印度洋–西太平洋的区域电容器效应

Regional Climate Effects of the Indo-Western Pacific Ocean Capacitor

夏季是东亚雨季，降水影响着区域内的农业生产和人类活动。但是东亚夏季降水年际变化很大。降水多的年份容易发生洪水灾害，而降水少年份容易形成旱灾。竺可桢最早指出中国降水受季风调控，当夏季东南季风强盛时，长江流域主旱，华北主涝；当东南季风偏弱时，长江流域主涝而华北主旱[1]。但是季风强弱或降水多少能够被预测吗？

热带海洋海温高、热容量大、记忆长、可预报性较高，是气候预测中的重要预测因子。很早以前，美洲的渔民就发现赤道中东太平洋每隔几年就会发生一次海水异常升温或变冷的现象，被称之为厄尔尼诺/拉尼娜现象。20 世纪 80 年代，中国科学家发现中国夏季降水异常和厄尔尼诺/拉尼娜事件存在关联，在厄尔尼诺消退年夏季长江淮河流域容易发生洪涝灾害，而在华北容易发生干旱[2, 3]。这些研究为中国夏季旱涝预测提供了依据，如成功预测了 1998 年及 2016 年长江流域洪水灾害。

但是厄尔尼诺海温异常主要发生在冬季赤道中东太平洋，它是如何跨过半个地球并且在半年时间之后造成中国夏季降水异常呢？这成为一个难题，主要有两个疑问：①究竟是什么过程使两个如此遥远的地方建立了联系？②为何这种影响在时间上相隔半年？

21 世纪初，气候学家们关于上述两个区域气候联系的解释有两种主流机制。一种机制[4, 5]是热带西太平洋存在一种海气正反馈过程，能将冬季厄尔尼诺信号传递和维持到东亚春季(图 1(a)、(b))。该机制认为，在厄尔尼诺事件冬季，赤道中、东太平洋海水变暖导致大气出现异常上升运动，而赤道西太平洋海水变冷导致大气出现异常下沉运动，在热带西北太平洋低层大气形成高压反气旋异常；冬、春季热带西北太平洋有东北季风和信风，反气旋异常能加强西部的东北风异常；风速增大，加速了海洋的蒸发，使海温下降；海温下降进一步通过影响大气对流活动来加强反气旋异常；这样就形成了一个风–蒸发–海表温度正反馈过程(WES feedback)使反气旋大气环流异常一直维持到春季，进而通过气候系统的惯性将影响维持到夏季。另一机制[6~8]是印度洋通过热带南印度洋海洋温跃层的调整，像一个电容器一般将冬季厄尔尼诺的温度异常信号存储起来，以热容量异常的形式储存在海洋中，并在春、夏季释放热异常，影响东亚气候异常(图 1)。具体过程：在厄尔尼诺发展期，赤道中、东太平洋海温异常可以通过大气桥来影响遥远的印度洋海温异常；在南印度洋大气加深海洋的温跃层，将热量储存在上层海洋，然后通过缓慢的海洋罗斯贝波将异常传递到西南印度洋，在厄尔尼诺衰减期(次年春季)将储存在海洋的热量异常释放到大气，影响印度洋季风，使得热带印度洋特别是北印度洋在初夏有明显的高海温异常；该高海温异常可以激发大气东传的开尔文波动，传播到赤道西太平洋，造成赤道西太平洋两侧低层大气艾克曼辐散；低层辐散抑制对流，在大气中形成冷源激发低层反气旋异常，影响夏季水汽的输送和分配，从而使长江淮河流域多雨而华北少雨。

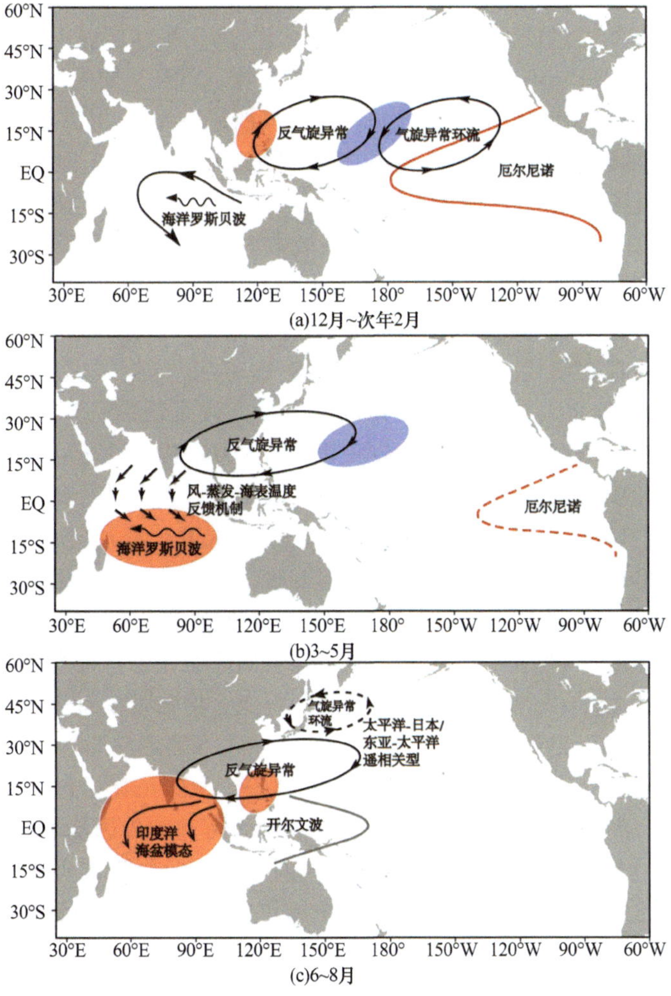

图 1 厄尔尼诺后期影响东亚气候异常的海气遥相关机制示意图[9]

(a)厄尔尼诺事件冬季西北太平洋海气反馈过程和印度洋海洋波动传播过程；(b)春季印度洋海气反馈导致北印度洋增暖过程；(c)夏季印度洋海温通过激发大气开尔文波动导致西北太平洋反气旋过程；http://link.springer.com/article/10.1007/s00376-015-5192-6

两种机制都强调厄尔尼诺并不能直接影响东亚气候，而是先影响东亚周边地区的海洋，再通过这些海洋影响东亚气候。在这种信号接力过程中，谁才是最主要接力手呢？这两个理论一个强调西北太平洋而另一个强调印度洋。最近一些研究表明[9, 10]，这两个区域海洋并非各自独立，而是作为一个整体，将冬季中东太平洋厄尔尼诺信号传递到东亚夏季。在厄尔尼诺消退期，印度洋和西北太平洋海温异常都能促进西北太平洋低层大气出现反气旋异常，而反气旋异常也能导致印度洋和西北太平洋海温异常，该机制被称之为印度洋–西太平洋区域电容器效应。

印度洋–西太平洋区域电容器效应(IPOC)是厄尔尼诺影响中国的重要途径，为中国夏季旱涝预测提供理论基础[11]。但是印度洋–西太平洋区域电容器效应受到很多厄尔尼诺以外的影响因子调节，如大气内部变率、东亚气候模态(太平洋–日本型或东亚–太平洋遥相关型，PJ/EAP)、中纬度大气西风急流扰动，以及大西洋海温异常等,尤其最近的研究揭示 PJ/EAP 模态在 20 世纪 80 年代以来起到重要的作用[9, 10]。因此不是每次厄尔尼诺事件都能触发印度洋–西太平洋区域电容器效应导致中国降水异常，也不是每次印度洋–西太平洋区域电容器效应及中国降水异常是由厄尔尼诺触发的。这些不确定性阻碍了我们对中国夏季旱涝灾害的精确预测。

相对而言，长期气候变化是不确定性的重要来源。研究发现印度洋–西太平洋区域电容器效应存在年代际变化，如在 1948~1977 年，这种电容器效应与 ENSO 关系很弱，夏季西北太平洋反气旋异常主要是气候系统内部变率导致的，而在 1977~1978 年之后，这种效应和 ENSO 关系比较密切；相关的研究表明海洋慢过程在这种长期变化中起到关键的作用[12, 13]。近 30 年来，人们已经深刻认识到全球变暖对气候系统的影响。100 年来，全球的平均表面温度已经升高 1℃左右，而在未来 100 年，还将有可能升高 2~4℃。在全球变暖情境下，厄尔尼诺本身的气候特征包括强度、频率、遥相关效应都在发生变化，但如何变化目前存在明显的不确定性，这将导致印度洋–西太平洋区域电容器效应如何变化也有很大的不确定性，有研究表明未来印度洋–太平洋区域电容器效应可能会增强[14]。而全球温度变化空间上的非均匀性，会引出更多的气候异常变数，导致不确定性的增加。

在长期气候变化背景下，如果能提前判断一个厄尔尼诺事件是否能触发印度洋–西太平洋区域电容器效应，或者提前判断是否有其他外因能够触发印度洋–西太平洋区域电容器效应，我们便能更精确的对中国夏季旱涝灾害进行预测。但是目前我们尚缺乏这种预测能力，制约了对中国夏季旱涝灾害的预测水平。因此，需要加强对印度洋–西太平洋区域电容器效应触发机制的研究，以解决这一科学难题。

参 考 文 献

[1] 陶诗言. 竺可桢先生——我国近代气象学的奠基人. 气象学报, 1990, 48(1): 1-3.

[2] Huang R, Wu Y. The influence of ENSO on the summer climate change in China and its

mechanism. Advances in Atmospheric Sciences, 1989, 6: 21-32.

[3] Fu C B, Ye D Z. The tropical very-low frequency oscillation on interannual scale. Advances in Atmospheric Sciences, 1988, 5: 369-388.

[4] Zhang R, Sumi A, Kimoto M. Impact of El Niño on the East Asian Monsoon: A diagnostic study of the '86/87 and '91/92 events. Journal of the Meteorological Society of Japan, 1996, 74(1): 49-62.

[5] Wang B, Wu R, Li T. Atmosphere-warm ocean interaction and its impacts on Asian-Australian Monsoon variation. Journal of Climate, 2003, 16(8): 1195-1211.

[6] Yang J, Liu Q, Xie S, et al. Impact of the Indian Ocean SST basin mode on the Asian summer monsoon. Geophysical Research Letters, 2007, 34(2): 155-164.

[7] Xie S P, Hafner J, Tokinaga H, et al. Indian ocean capacitor effect on Indo-Western Pacific climate during the summer following El Niño. Journal of Climate, 2009, 22(3): 730-747.

[8] Yan D, Xie S P, Gang H, et al. Role of air-sea interaction in the long persistence of El Niñ o-induced north Indian Ocean warming. Journal of Climate, 2009, 22(8): 2023-2038.

[9] Xie S P, Yu K, Du Y, et al. Indo-western Pacific ocean capacitor and coherent climate anomalies in post-ENSO summer: A review. Advances in Atmospheric Sciences, 2016, 33(4): 411-432.

[10] Kosaka Y, Xie S-P, Lau N-C, et al. Origin of seasonal predictability for summer climate over the Northwestern Pacific. Proceedings of the National Academy of Science, 2013: 7574-7579.

[11] Hu K, Huang G, Huang R. The impact of tropical Indian Ocean variability on summer surface air temperature in China. Journal of Climate, 2011, 24(24): 5365-5377.

[12] Xie S P, Yan D, Gang H, et al. Decadal shift in El Niño influences on Indo-Western Pacific and East Asian climate in the 1970s. Journal of Climate, 2010, 23(12): 3352-3368.

[13] Gang H, Hu K M, Xie S P. Strengthening of tropical Indian Ocean teleconnection to the northwest Pacific since the mid-1970s: An atmospheric GCM study. Journal of Climate, 2010, 23(19): 5294-5304.

[14] Hu K, Huang G, Zheng X T, et al. Interdecadal variations in ENSO influences on Northwest Pacific-East Asian early summertime climate simulated in CMIP5 models. Journal of Climate, 2014, 27(15): 5982-5998.

撰稿人：杜　岩　胡开明

中国科学院南海海洋研究所，duyan@scsio.ac.cn

大气瞬变涡旋反馈在中纬度海洋影响大气异常中的作用

The Role of Atmospheric Transient Eddy Feedback in the Process of Midlatitude Ocean's Impact on Atmosphere

由于中纬度上层海洋变化缓慢，特征时间尺度为数年到十年，中纬度海气相互作用被广泛认为是年代际气候变率形成的主要原因[1, 2]，成为理解年代际气候变率的关键性问题。然而，由于中纬度大气存在很强的内部变率，长期以来人们认为中纬度海气相互作用更多的是大气对海洋的强迫作用，海洋对大气的强迫作用比较小。因此，一些早期的研究把观测到的中纬度低频气候变率解释为海洋对随机大气强迫的响应[3]。虽然大气的随机强迫机制可以解释部分海表温度低频变率，但是无法排除海气耦合的确定性过程所导致的低频时间尺度。近 20 年来的观测分析和不同复杂程度的模式模拟结果表明，中纬度海温异常对大尺度大气环流具有影响，但与大气内部变率相比较弱，并且该影响具有复杂的季节和非线性依赖性，不同模式的结果也并不相同[4~6]。因而中纬度海洋热力异常是否显著影响，以及通过什么过程影响大气异常这个问题至今仍不清楚，这正是导致中纬度海气相互作用机理难以突破的瓶颈。

中纬度海洋对大气的加热大小足以改变大气环流。观测分析表明[7]：大气和海洋都承担着经向热量输送的任务，在热带到副热带地区，大气与海洋的经向能量输送量基本相当，此时大气的输送依靠热力驱动的 Hadley 环流，而海洋输送主要依靠西边界暖流。而在中纬度地区海气发生强烈的能量交换，海洋将能量输送给大气，由大气继续完成经向能量输送，而这一部分输送主要是由大气中的瞬变涡旋(transient eddy)完成。瞬变涡旋常被定义为总流场与时间平均流之间的差，即流场中随时间变化的部分[8]。在热带外尤其是中纬度地区，瞬变涡旋的能量主要集中在时间尺度为 2~8 天的天气尺度涡旋上，在天气学上常表现为温带的气旋、锋面等天气系统，其动力学性质往往是由斜压不稳定产生的斜压波。瞬变涡旋的非线性作用可系统地输送热量和动量，使它们在大气中重新分布，所以瞬变涡旋从平均流中获得能量又反过来影响平均流的分布，它不但是中纬度地区最为普遍的天气现象，更是驱动和维持中纬度大气环流及气候状态的最主要动力过程[9~12]。斜压不稳定理论认为[13, 14]，瞬变涡旋的强度往往正比于其背景场即时间平均流的斜压性。背景温度场的南北梯度越强、大气层结越不稳定，瞬变涡旋的强度也越强。

因而与热带海洋通过海温异常激发大气对流性非绝热加热异常影响大气的途径不同，中纬度海洋热力状况对大气具有两种强迫作用：一是非绝热加热的直接强迫作用；二是通过大气瞬变涡旋活动过程的间接强迫作用，而后者作用可能更为重要(图 1)。中纬度大气层结比较稳定，海表温度异常引起的潜热释放很小，因此，主要由感热和潜热导致的非绝热加热限制在对流层中低层，大气对非绝热加热直接强迫的响应较弱。而中纬度大气具有很强的斜压性，与中纬度风暴轴相联系的天气尺度瞬变涡旋扰动发展旺盛。随着高分辨卫星观测资料的积累，人们发现中纬度大气斜压性和瞬变涡旋活动与海洋锋区密切关联[15, 16]，中纬度海洋热力异常可以通过影响低层大气的斜压性，进而影响大气瞬变涡旋活动异常，影响瞬变涡旋热量和动量输送异常，从而对时间平均流产生反馈造成时间平均流异常。因此，中纬度大气瞬变涡旋强迫是中纬度海洋热力异常影响大气异常的重要途径，也是长期以来并没有被清晰认识的一个环节，而海洋锋区则是中纬度海洋影响大气的最强烈区域。

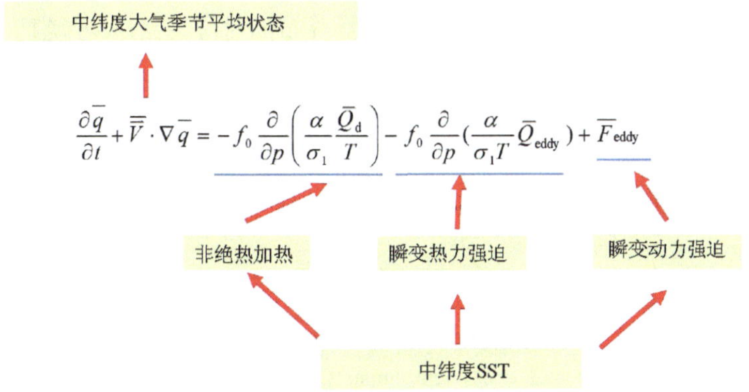

图 1　中纬度海洋影响大气的主要途径(图中的方程为中纬度大气准地转位涡方程)

图 1 是基于准地转位涡方程表示的影响中纬度大气季节平均状态的主要过程。$\bar{q}$ 为时间平均的位涡，$\bar{T}$ 为平均温度，$\bar{Q}_d$ 为时间平均的非绝热加热，$\bar{Q}_{eddy}$ 为瞬变涡旋引起的加热，$\bar{F}_{eddy}$ 为瞬变涡旋引起的涡度强迫[17]。

大气瞬变涡旋反馈的参与，使得大气对中纬度海温异常的响应过程变得复杂。我们在理解中纬度海气相互作用的机理尤其是在理解中纬度海洋热力异常如何影响大气异常的动力学机理方面，不仅要考虑非绝热加热的直接热力强迫作用，还必须要引入大气瞬变涡旋活动在其中的反馈作用，需要认识海表温度异常、低层大气斜压性异常、大气瞬变涡旋活动异常、大尺度时间平均流异常这四者之间的相互关系和耦合型。到底海洋热力状况异常如何通过改变低层大气斜压性而影响大气瞬变涡旋的热力和动力输送异常？大气瞬变涡旋的热力强迫和动力强迫又如何影响大气？与非绝热加热相比，到底哪个过程在影响大气环流异常中起着关键作用？大气瞬变涡旋活动又如何反过来影响低层大气斜压性和海洋锋区的异常？这些都是有待进一步认识和解答的重要科学问题。而理解这些问题的难点还在于，一方面，海洋锋区、大气斜压性、非绝热加热、瞬变涡旋动力和热力强迫这些变量如何准确的表征和计算；另一方面，使用月平均或者季节平均资料，我们只能得到海洋与大气相应变量分布的对应关系(或者说是一种平衡关系)，而无法回答它们之间的相互作用关系，特别是海洋对大气的作用往往被很强的大气强迫过程所掩盖，而高分辨资料中同样包含了更多的噪声，需要借助更好的统计方法提取信号。所以要回答这些问题并认识中纬度海洋温度异常通过大气瞬变涡旋反馈导致季节平均大气异常的过程和机理，还需要进行高分辨观测资料的分析和高分辨海气耦合模式试验的证实。

难点还在于，一方面，海洋锋区、大气斜压性、非绝热加热、瞬变涡旋动力和热力强迫这些变量如何准确的表征和计算；另一方面，使用月平均或者季节平均资料，我们只能得到海洋与大气相应变量分布的对应关系(或者说是一种平衡关系)，而无法回答它们之间的相互作用关系，特别是海洋对大气的作用往往被很强的大气强迫过程所掩盖。所以要回答这些问题并认识中纬度海洋温度异常通过大气瞬变涡旋反馈导致季节平均大气异常的过程和机理，还需要进行高分辨观测资料的分析和高分辨海气耦合模式试验的证实。

参 考 文 献

[1] MillerA J, SchneiderN.Interdecadal climate regime dynamics in the North Pacific Ocean: theories, observations and ecosystem impacts. Progress in Oceanography, 2000, 47(2-4): 355-379.

[2] Fang J B, Rong X Y, Yang X Q. Decadal-to-interdecadal response and adjustment of the North Pacific to prescribed surface forcing in an oceanic general circulation model. Acta Ocean ologica Sinica, 2006, 25(3): 11-24.

[3] Hasselmann K. Stochastic climate models. Part I: Theory. Tellus, 1976, 28(6): 473-485.

[4] Kushnir Y. Interdecadal variations in north Atlantic Sea surface temperature and associated atmospheric conditions. Journal of Climate, 1994, 7(1): 141-157.

[5] Latif M, Barnett T P. Cause of decadal climate variability over the North Pacific and North America. Science, 1994, 266(5185): 634-637.

[6] Kushnir Y, Robinson W A, Bladé I, Hall N M J, Peng S, Sutton R.Atmospheric GCM response to extratropical SST anomalies: Synthesis and evaluation. Journal of Climate, 2002, 15(16): 2233-2256.

[7] 赵永平, 陈永利, 翁学传. 中纬度海气相互作用研究进展. 地球科学进展, 1997, 12(1):

32-36.

[8] Peixoto J P, Oort A H. Physics of Climate. Berlin: Springer-Verlag, 1992, 520.

[9] 吴国雄, 刘辉, 陈飞, 等. 时变涡动输送和阻高形成-1980 年夏中国的持续异常天气. 气象学报, 1994, 52(3): 308-320

[10] James I. Introduction to circulating atmospheres. Cambridge University Press, 1995, 448.

[11] Vallis G K. Atmospheric and oceanic fluid dynamics: Fundamentals and large-scale circulation. Cambridge University Press, 2006, 745.

[12] Luo D, Cha J, Zhong L, Dai A. A nonlinear multiscale interaction model for atmospheric blocking: The eddy-blocking matching mechanism. Quarterly Journal of the Royal Meteorology Society, 2014, 140(683): 1785-1808.

[13] Charney J. The dynamics of long waves in a baroclinic westerly current. Journal of Atmospheric Sciences, 1947, 4(5): 136-162.

[14] Eady E. Long waves and cyclone waves. Tellus, 1949, 1(3): 33-52.

[15] Nakamura H, Shimpo A. Seasonal variations in the southern hemisphere storm tracks and jet streams as revealed in a reanalysis dataset. Journal of Climate, 2004, 17(9): 1828-1844.

[16] Nakamura M, Yamane S. Dominant anomaly patterns in the near-surface baroclinicity and accompanying anomalies in the atmosphere and oceans. Part II: North Pacific basin. Journal of Climate, 2010, 23(24): 6445-6467.

[17] Fang J B, Yang X Q. Structure and dynamics of decadal anomalies in the wintertime midlatitude North Pacific ocean–atmosphere system. Climate Dynamics, 2016, 47: 1989-2007.

撰稿人：房佳蓓

南京大学，fangjb@nju.edu.cn

北大西洋海表温度异常如何影响北大西洋涛动？

How does the North Atlantic Oscillation Response to Anomalous Sea Surface Temperature of the North Atlantic?

北大西洋涛动(north atlantic oscillation, NAO)是位于北大西洋地区大气的一个经向偶极形的遥相关模态[1]。在北半球冬季，NAO 最为显著。在海平面气压场(sea level pressure, SLP)上，它反映了北大西洋极区和副热带地区空气质量的反向变化关系 (图 1(a))。当 NAO 为正(负)位相时，冰岛低压和位于副热带大西洋的亚速尔高压同时增强(减弱)，使得北大西洋中纬度地区的西风急流增强(减弱)。并伴随着西北大西洋和地中海地区变得异常干冷，同时，北欧、美国东部，以及斯堪的纳维亚半岛部分地区变得更为暖湿。NAO 是北半球冬季大气在季节内和年际尺度上最主要的低频变化模态，对于整个北半球的天气、气候都存在非常显著的影响[2, 3]。作为大气内部的一个自然存在的低频模态，NAO 主要是由大气内部天气尺度瞬变涡旋驱动生成，其典型生命循环大约为两周左右[4]。NAO 作为大气典型的强非线性现象，对其季节内–季节–年际的预报、预测极其困难。

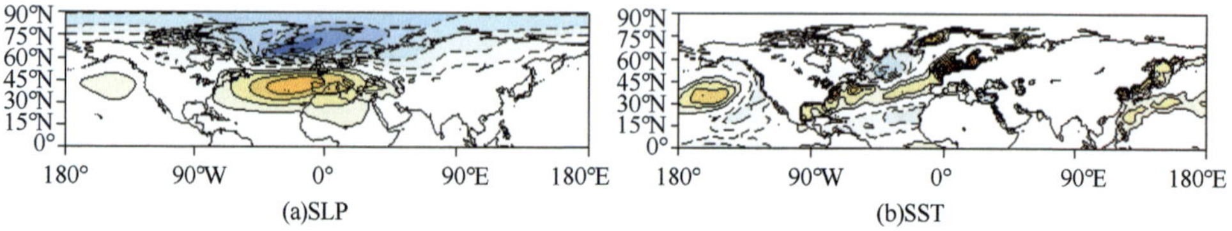

图 1　1948~1949 年及 2009~2010 年北半球冬季(12 至次年 2 月)逐月 NAO 指数同期回归得到的北半球的(a) 海平面气压(SLP)异常(等值线间隔为 1 百帕)；(b)海表温度(SST)异常(等值线间隔为 0.05K)的空间分布

NAO 除了可以显著影响整个北半球的大气环流外，对北大西洋的海表温度(sea surface temperature, SST)也存在显著的影响[5~8]。在逐月资料上，NAO 在北大西洋可以引起一个海盆尺度的三极子形的 SST 异常 (图 1(b))，即当 NAO 为正(负)位相时，北大西洋中纬度地区 SST 偏暖(冷)，而在其南北两侧，SST 偏冷(暖)。当 NAO 超前 SST 一个月时，北大西洋的 SST 对 NAO 的响应强度达到最大[9]。这表明，在北大西洋地区，海–气相互作用以大气对海洋的强迫作用占主导地位，换言之，即大气驱动海洋为主。然而一些研究也指出，由 NAO 造成的北大西洋三极子

SST 异常对 NAO，以及北大西洋–欧洲地区也存在一定的反馈影响[10~14]。上述讨论表明，NAO 和北大西洋 SST 之间存在一定的相互作用。因此，严格来说，单方面探讨 NAO 对北大西洋 SST，或是北大西洋 SST 对 NAO 的影响是不严谨的。但由于海洋的巨大热容量，相比大气而言，SST 的异常具有很强的“记忆”效应。例如，NAO 所造成的三极子形 SST 异常可以存在数月之久[9]。因此，对于 NAO 的典型生命时间尺度而言，北大西洋 SST 的变化是一个慢过程，基于这一物理事实，我们可以假设北大西洋某种状态下的SST异常在NAO的变化过程中近乎不变，使得我们可以研究北大西洋 SST 对 NAO 的影响。也正是因为 SST 的巨大热惯性，如果我们弄清北大西洋 SST 异常对于 NAO 的可能反馈影响及其物理机制，无疑将对于 NAO 在季节内–季节–年际的预报、预测有一定帮助。

然而，在气候研究中，“北大西洋 SST 异常如何影响 NAO？”仍然是一个充满争议和富有挑战的难题[15]。北大西洋 SST 异常主要通过影响大气风暴轴/瞬变涡旋的方式间接影响 NAO。其主要物理过程是：SST 异常→大气非绝热异常→大气背景环流异常→风暴轴/瞬变涡旋异常→NAO。理解这一物理过程主要有如下两个难点。

1. SST 异常引起的大气非绝热加热/冷却

通常认为，在热带外地区，SST 异常对大气的直接影响主要为局限于 SST 异常所引起的非绝热加热/冷却强迫局地的大气上下层符号相反的斜压响应，即当热带外 SST 异常在大气中引起非绝热加热(冷却)时，低层大气为低(高)气压异常，同时在高层伴随有高压脊(低压槽)[16]。由于 SST 异常在大气中引起的非绝热加热/冷却除了受到 SST 异常的振幅和符号的影响外，还受到大气环流的影响。例如，当 SST 为暖异常时，若大气偏暖时，会降低海洋对大气的感热热量通量输送，从而降低海洋对大气的加热作用，甚至使得热量通量反号(即大气反过来加热海洋)。但同样的在 SST 异常暖时，若大气偏冷，则会加强 SST 暖异常对大气的加热作用。同样，作为 SST 异常加热大气很重要的一个方式：潜热加热，则更受到大气中对流的直接影响。例如，同样的 SST 异常，若引起大气的对流主要以浅(深)对流为主，则 SST 异常对大气的加热以低(中高)层加热为主。此外，SST 异常在大气中引起的云的异常，通过辐射过程，引起的大气非绝热加热也具有极大的不确定性。这都会改变 SST 异常对大气造成的直接影响。

2. SST 异常影响大气风暴轴/瞬变涡旋

值得指出的是，热带外 SST 异常导致的非绝热加热异常对大气的直接影响，相比于热带外大气的内部变率而言通常是很弱的[16]。然而，这些微弱的大气环流异常和大气风暴轴/瞬变涡旋相互作用，产生异常的瞬变涡旋涡度及瞬变涡旋热量通量，进一步改变大气环流，从而放大了热带外 SST 异常对大气环流的影响[17]。因此，大气风暴轴/瞬变涡旋的异常强迫是热带外 SST 异常影响 NAO 的关键因素。然而，SST 异常直接造成大气环流异常和风暴轴/瞬变涡旋相互作用后引起的天气尺度瞬变涡旋的异常，依赖于大气大尺度环流的背景场。因此，即便 SST 异常直接导致的大气环流异常完全一致，不同的大气大尺度环流背景场，仍可以导致不同的瞬变涡旋异常，使得北大西洋 SST 异常对大气环流，以及 NAO 的影响千差万别。

以上的两个因素都具有很大的不确定性，使得北大西洋 SST 异常对 NAO 的影响极其复杂。以上的讨论仅仅是从假定 SST 异常强迫固定不变的条件下，讨论 SST 异常对大气环流及 NAO 的影响。然而，在真实的大气–海洋系统中，SST 异常所引起的大气环流异常又时刻影响着其下垫面的 SST，两者是紧密的双向耦合在一起。因此，考虑海洋–大气之间的双向耦合，将使得“北大西洋 SST 异常如何影响 NAO？”这一问题变得更为复杂！

参 考 文 献

[1] Walker G T, Bliss E W. World weather V. Mem. Royal Meteorological Society, 1932, 4: 53-84.

[2] Loon H V, Rogers J C. The seesaw in winter temperatures between Greenland and Northern Europe. Part I: General description. Monthly Weather Review, 1979, 107(9):1095.

[3] Hurrell J E. Decadal trends in the north Atlantic oscillation: Regional temperature and precipitation. Science, 1995, 269: 676-679.

[4] Feldstein S B. The dynamics of NAO teleconnection pattern growth and decay. Quarterly Journal of the Royal Meteorological Society, 2003, 129(589):901-924.

[5] Junge M, Haine T. Mechanisms of North Atlantic wintertime sea surface temperature anomalies. Journal of Climate, 2001, 14: 4560-4572.

[6] Frankignoul C. Sea surface temperature anomalies, planetary waves, and air-sea feedback in the middle latitudes. Reviews of Geophysics, 1985, 23(23): 357-390.

[7] Cayan D R. Latent and sensible heat flux anomalies over the northern oceans: Driving the sea-surface temperature. Journal of Climate, 1992: 5, 354-369.

[8] Cayan D R. Latent and sensible heat flux anomalies over the northern oceans: The connection to Monthly atmospheric circulation.Journal of Climate, 1992, 5: 354-369.

[9] Seger R, Kushnir Y, Visbeck M, et al. Causes of Atlantic Ocean climate variability between 1958 and 1998. Journal of Climate, 2000, 13: 2845-2862.

[10] Rodwell M J, Rowell D P, Folland C K. Oceanic forcing of the wintertime North Atlantic Oscillation and European climate. Nature, 1999, 398: 320-323.

[11] Czaja A, Frankignoul C. Influence of the North Atlantic SST on the atmospheric circulation. Geophysical Research Letters, 1999, 26: 2969-2972.

[12] Czaja A, Frankignoul C. Observed impact of Atlantic SST anomlies on the North Atlantic oscillation. Journal of Climate, 2002, 15: 606-623.

[13] Frankignoul C, Friederichs P, Kestenare E. Influence of Atlantic SST anomalies on the atmospheric circulation in the Atlantic-European sector. Annals of Geophysics, 2003: 46, 71-85.

[14] Frankignoul C, Kestenare E. Observed Atlantic SST anomaly impact on the NAO: An update. Journal of Climate, 2005, 18: 4089-4094.

[15] Peng S, Robinson W A, Li S L. Mechanisms for the NAO response to the North Atlantic SST tripole. Journal of Climate, 2005, 16:1987-2004.

[16] Kushnir Y, Robinson W A, Bladé I, et al. Atmospheric GCM response to extratropical SST anomalies: Synthesis and evalution. Journal of Climate, 2002, 15: 2233-2256.

[17] Peng S, Whitaker J S. Mechanisms determining the atmospheric response to midelatitude SST anomalies. Journal of Climate, 1999, 12: 1393-1408.

撰稿人：宋　洁

中国科学院大气物理研究所，song_jie@mail.iap.ac.cn

湾流和黑潮延伸体地区的海温异常对北半球阻塞的影响

Impact of the Surface Sea Temperature Anomaly in Gulf Stream and Kuroshio Extension Regions on the Northern Hemispheric Blocking

近十几年北半球冬季中纬度地区的极冷事件有频繁增加的趋势，已有的研究表明这些极冷事件的发生与北半球阻塞活动的变异密切相关。因此研究北半球阻塞变化有重要的科学意义。自从20世纪中期人们[1]首先观测到大气阻塞现象以来，阻塞的形成过程和影响一直是大气科学的核心问题。例如，2008年冬季我国南方发生的持续冰冻灾害天气就与乌拉尔阻塞的长时间维持有关。

关于大气阻塞的形成机理，此前有学者提出了Rossby波的频散理论[2]、多平衡态理论[3]、Modons理论[4]，以及天气尺度涡的变形理论[5]。这些理论在一定程度上能描述阻塞的某个方面，但都不能描述阻塞的演变过程，因而这些理论不能描述阻塞是如何产生的。早在20世纪80年代我国学者[6]提出了大气阻塞形成的包络孤立子理论，尽管这种理论能解释阻塞的衰减过程，然而仍不能解释阻塞的形成过程。后来我国学者[7~9]经过多年的努力提出了阻塞形成的行星波与天气尺度涡之间多尺度相互作用理论模型，这个理论不但能解释阻塞的生命过程(周期、强度和位置)，而且能解释阻塞所具有的主要特征如阻塞的西移、天气尺度涡的变形(涡的拉伸和破碎)，以及阻塞出现后西风急流大弯曲等现象，这为进一步研究阻塞的形成机制及背景条件对它的影响提供了新的依据。这个理论不同于前人的理论之处在于它强调了天气尺度涡初始结构的作用。

近十几年来，人们[10]观测到湾流和黑潮延伸体区域都有明显的增暖现象。由于这种增暖直接导致两大洋(北大西洋和太平洋)上空急流和风暴轴的变化，因此通过急流和风暴轴的改变，湾流和黑潮延伸体地区的增暖(指海表温度的正异常)可能会影响到北大西洋和北太平洋地区及下游的阻塞环流，同时湾流和黑潮延伸体地区的增暖也会激发行星尺度Rossby波列的传播。这种波列传播也会影响下游阻塞的强度、位置和持续性。尽管国外学者[11]考察了湾流增暖对欧洲大陆阻塞的影响，但很多问题并不清楚。例如，在湾流增暖背景下欧洲大陆阻塞强度是否增强，周期是否延长，位置怎样变化等问题并没有得到解决。这些问题是亟待研究的难点问题。下面主要介绍两大洋的增暖，以及研究湾流和黑潮延伸体地区增暖影响阻塞变化的可能理论模型。

图 1 为用哈德莱中心 1°×1°海冰和海表面温度资料(http://www.metoffice.gov.uk/hadobs/hadisst/index.html) 所获得的2000~2015年与1979~1999年北半球表面海温(SST)之差。从图 1(a)中可以看出 2000~2015 年相对于 1979~1999 年在湾流和黑潮及黑潮延伸体区域附近海面温度有明显的增温。一旦去掉趋势，湾流区的正距平明显地减弱，而且黑潮及黑潮延伸体地区的正的 SST 距平几乎消失。可见湾流和黑潮及黑潮延伸体区域的增暖可能反映了海温长期变化(如 AMO (atlantic multidecadal oscillation)或 IPO (interdecadal pacific oscillation)或全球增暖等) 趋势，

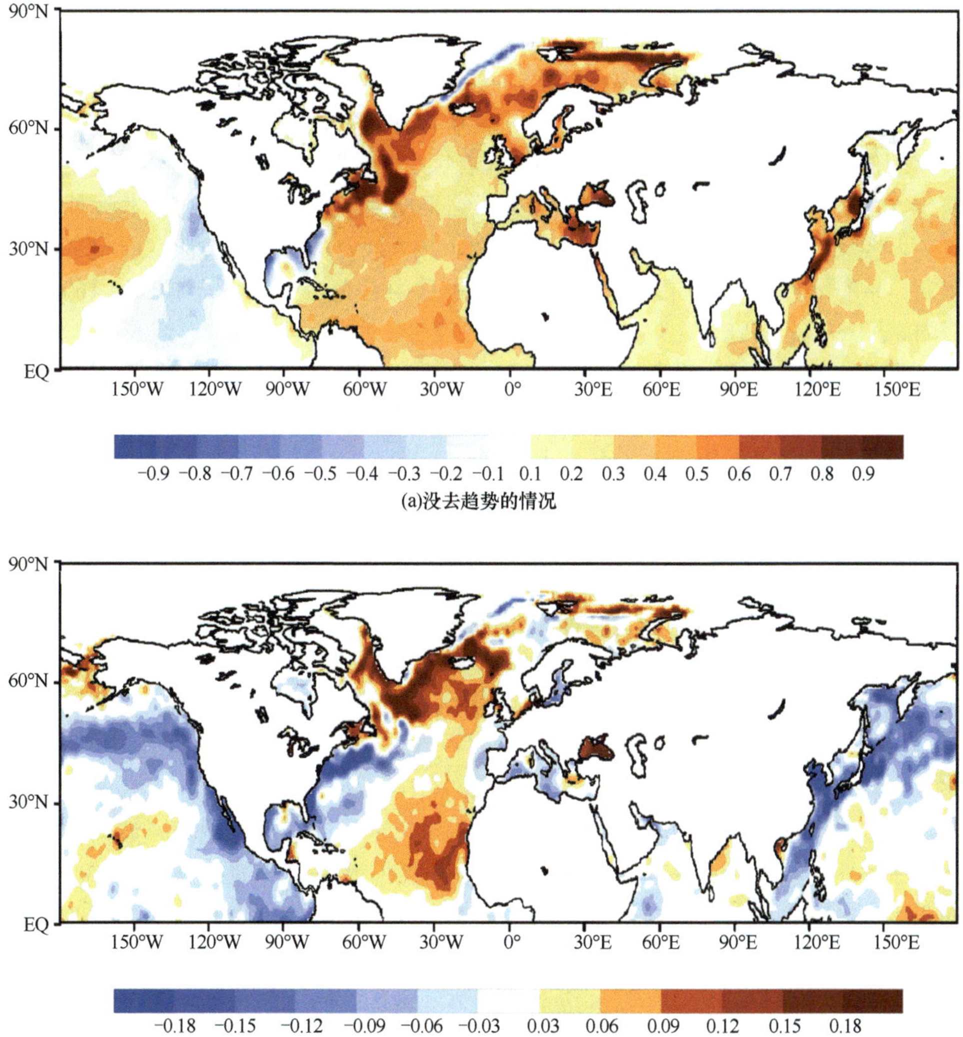

(a)没去趋势的情况

(b)去趋势的情况

图 1 2000~2015 年与 1979~1999 年北半球表面海温之差

同时，我们也发现当去掉增暖趋势后东太平洋海温是负距平(图 1(b))，存在所谓的热带东太平洋变冷现象。

当湾流和黑潮延伸体区域存在明显的增暖趋势时，北大西洋和北太平洋及下游地区阻塞是否存在明显的变化，这是一个很有趣的问题。这需要从观测、理论模式和数值模式来研究这两个地区增暖引起的大气背景场的变化如何引起阻塞的变化。下面主要介绍研究这个问题的非线性多尺度相互作用理论模式的结果。

国外学者的大量研究[1, 5]表明阻塞主要是由天气尺度涡的强迫产生的。如果把阻塞看成是行星尺度波，那么阻塞的产生就是一种多尺度相互作用过程。我国学者[7~9]发展出一套描述阻塞生命过程的非线性多尺度相互作用(NMI)的理论模式，这个理论与以前国际上[12, 13]所提出的阻塞理论是完全不同的，国外学者强调的是：阻塞的形成是由变形涡的作用引起的，而我国学者[7~9]强调的是阻塞的形成是由先期存在的天气尺度涡的作用引起的，这个结果反映了阻塞应该是一个非线性初值问题。我国学者[14]提出了条件最优扰动(CNOP)方法，并用于研究阻塞时也证实了阻塞是一个非线性初值问题。在这个 NMI 模式中，先期存在的天气尺度涡的结构对阻塞的产生起关键作用。

另外，这个理论与国际上流行的理论不同之处在于 NMI 模式能给出阻塞的周期、强度和位置的变化，从而为研究大洋表面温度距平特别是湾流或黑潮延伸体增暖对阻塞的影响提供了一个有力工具。

对于给定的参数，由 NMI 模式可以得到天气尺度涡强迫的阻塞形成过程。其行星尺度场、天气尺度场和总流场的演变如图 2 所示。

从图 2 中可以看出通过行星波与天气尺度涡相互作用确实可以激发阻塞环流，这种阻塞描述了西风急流的大弯曲。很明显，阻塞区是由多个气旋和反气旋涡组成的，这种阻塞首先由国外学者[1]观测到。最近人们[15]发现当北极发生增暖时，容易产生这种类型的阻塞。这种阻塞的流型实际上反映了天气尺度涡的作用。一旦这种阻塞产生，容易发生极寒天气。

这种阻塞的周期、强度和位置主要由三个因子决定的，它们是背景西风的强度，先期存在的天气尺度涡的结构，以及行星尺度波的强度和结构。如果在这三个因子中，有一个因子发生了变化，阻塞的强度、周期和位置也将要发生变化。如果上面的问题能得到解决，那么湾流和黑潮延伸体地区的增暖怎样影响北半球阻塞的变化就会得到解答！这能加深我们对北半球阻塞变异的理解，以及极寒天气发生机理的认识。然而湾流和黑潮延伸体地区的增暖是如何通过影响背景西风的强度、风暴轴(先期存在的天气尺度涡)和行星尺度波的强度和结构而影响阻塞环流仍是一个未解决的难题。

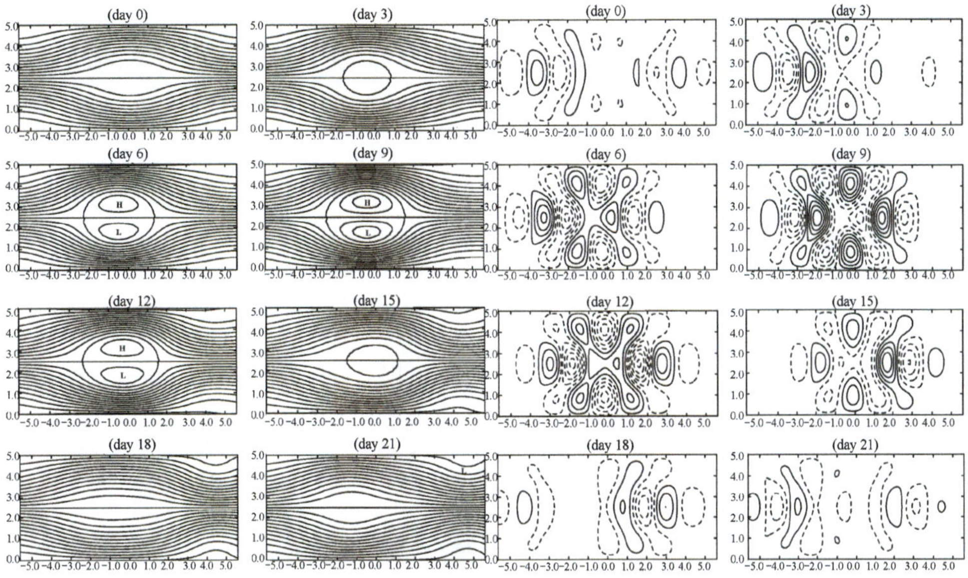

(a)行星尺度场(等值线间距为0.15)　　(b)天气尺度场(等值线间距是0.3)

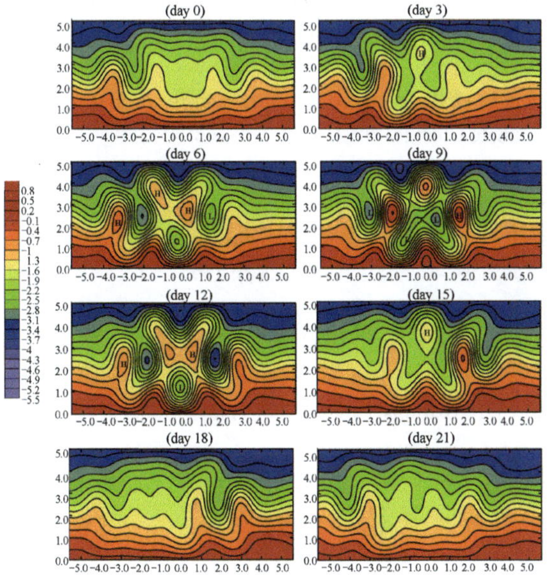

(c)总流场(等值线间距是0.3)

图 2　由 NMI 模式所得到的行星波与天气尺度涡相互作用所产生的阻塞生命过程的无量纲场[9]

参 考 文 献

[1] Berggren R, Bolin B, Rossby C G. An aerological study of zonal motion, its perturbations and

break-down. Tellus, 1949, 1(2): 14-37.

[2] Yeh T C. O Energy dispersion in the atmosphere. Journal of the Atmospheric Sciences, 2010, 6: 1-16.

[3] Charney J G, Devore J G. Multiple flow equilibria in the atmosphere and blocking. Journal of the Atmospheric Sciences, 1979, 36(7): 1205-1216.

[4] Mcwilliams J C. An application of equivalent modons to atmospheric blocking. Dynamics of Atmospheres & Oceans, 1980, 5(1): 43-66.

[5] Shutts G J. The propagation of eddies in diffluent jetstreams: Eddy vorticity forcing of 'blocking' flow fields. Quarterly Journal of the Royal Meteorological Society, 2010, 109(462): 737-761.

[6] 罗德海，纪立人. 大气中阻塞形成的一个理论. 中国科学：化学生命科学地学，1989(1): 103-112.

[7] Luo D. Planetary-scale baroclinic envelope rossby solitons in a two-layer model and their interaction with synoptic-scale eddies. Dynamics of Atmospheres & Oceans, 2000, 32(1): 27-74.

[8] Luo D. A barotropic envelope rossby soliton model for block eddy interaction. Part I: effect of topography. Journal of the Atmospheric Sciences, 2005, 62(1): 5-21.

[9] Luo D, Cha J, Zhong L, et al. A nonlinear multiscale interaction model for atmospheric blocking: The eddy-blocking matching mechanism. Quarterly Journal of the Royal Meteorological Society, 2015, 140(683): 1785-1808.

[10] Wu L, Cai W, Zhang L, et al. Enhanced warming over the global subtropical western boundary currents. Nature Climate Change, 2012, 2(3): 161-166.

[11] O'Reilly C H, Minobe S, Kuwano-Yoshida A. The influence of the Gulf Stream on wintertime European blocking. Climate Dynamics, 2016, 47(5-6): 1545-1567.

[12] Hoskins B J. The shape, propagation and mean-flow interaction of large-scale weather systems. Journal of the Atmospheric Sciences, 1983, 40(7): 1595-1612.

[13] Holopainen E, Fortelius C. High-frequency transient eddies and blocking. Journal of the Atmospheric Sciences, 2010, 44(12): 1632-1645.

[14] Mu M, Jiang Z. A method to find perturbations that trigger blocking onset: Conditional nonlinear optimal perturbations. Journal of the Atmospheric Sciences, 2008, 65(12): 3935-3946.

[15] Walsh J E. Intensified warming of the Arctic: Causes and impacts on middle latitudes. Global & Planetary Change, 2014, 117(3): 52-63.

撰稿人：罗德海

中国科学院大气物理研究所，ldh@mail.iap.ac.cn

北极海冰的快速融化如何影响中纬度天气气候的异常变化？

How the Weather in Mid-Latitudes Influenced by the Arctic Sea Ice Rapid Melting?

北极是全球气候系统运转的巨大冷源之一，是地球气候系统的重要组成部分。极地大部分区域被冰雪覆盖，近年来由于全球变暖，北极的海冰范围一直呈现快速减退的趋势[1]，特别是 2007 年和 2012 年夏季，北极海冰面积接连创历史新低，呈现出加速融化的趋势。同时海冰厚度减薄，北冰洋的多年冰也急剧减少[2]。数值模拟结果表明，未来 20~40 年里，北极夏季将可能出现无冰的北冰洋[3]。这种不可逆的过程将会产生北极气候变化的“临界点”(tipping point)，虽然这种北极气候“临界点”在什么时间出现各模式推演的结果还并不统一，但最新的 CMIP5 模拟结果[4]显示，在 RCP8.5 情景(未来二氧化碳排放可能达到的最坏情景)下所有的模式结果均表明，在未来 20~40 年里北极都会出现夏季无冰的北冰洋(图 1)，通常认为北冰洋的海冰面积小于 $1\times10^6\text{km}^2$ 时北冰洋基本上是无冰的，图 1(c)9 月的海冰面积低于红线 1.0 时北冰洋就被认为是无冰的。因此，在未来当多年冰全部消失北冰洋只存在随季节变化的一年冰时，北极的海洋–大气相互作用将可能对地球气候系统带来不可估量的影响。

与北极海冰变化相关的最典型气候变化现象就是北极放大(Arctic amplification)。作为大气热机中的冷源，北极海冰在过去的 30 年里缩减了约 2/3[5]。当夏季北极海冰融化时，一些近表面大气热量和原本会被海冰反射回去的太阳辐射被上层海洋所吸收。到了秋季，海洋向大气放热并使得北极对流层低层增暖。这些热量会使得海冰生成减缓或变薄，从而在来年春季和夏季使得表面反照率降低，进一步加热大气，即为海冰–气温正反馈机制[6, 7]。近几十年来由于北极近表面气温增温速率是全球平均的两倍以上，这个现象被称为北极放大，因而极区被称为气候变化的放大器[8]。更加温暖的寒极改变了地球热机的行为，从而会影响整个地球气候系统。因此北极放大不仅会影响极区局地的天气气候变化，而且具有远程的气候效应。

随着海冰融化北极寒极的变暖，北半球大气环流对北极放大的响应存在直接和间接两种响应，直接响应主要是北极局地的响应，而北极海冰融化影响中纬度

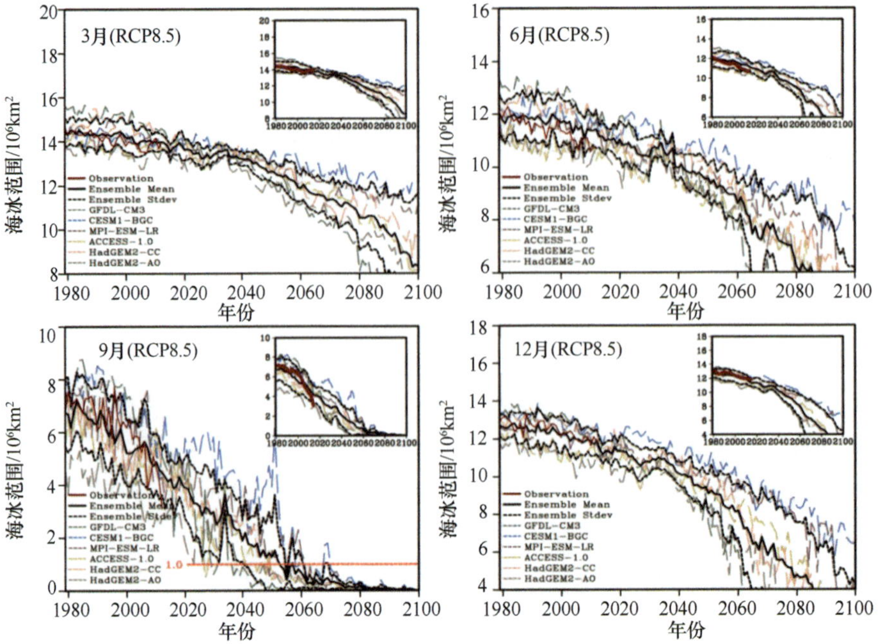

图 1 北极海冰范围在 3 月、6 月、9 月、12 月的历史及未来 RCP8.5 情景下的变化特征[4]

图中不同颜色的曲线代表海冰历史模拟效果最好的 6 个不同模式中海冰范围的变化曲线，红色粗实线代表 1979~2005 年观测到的海冰范围曲线，黑色粗实线代表 6 个模式结果的集合平均，黑色粗虚线则代表集合平均上下一倍标准差的变化曲线，每幅图右上角的小图则为上述曲线的五年滑动平均曲线

的天气气候主要通过大气环流异常的间接响应来实现。Overland 等[9]指出(图 2)，这种间接响应主要由于北极放大造成的热带与极区温差减小，通过热成风原理，使得中纬度西风减弱[10, 11]，进而可能造成南北经向度扰动加大的西风带低指数环流，大气阻塞环流加强，急流分裂[12]，罗斯贝波加深[11]，更容易引起持续性环流和中纬度地区的极端异常天气[13]。同时，减弱的南北温度梯度还可以造成夏季中纬度大气斜压性减弱，大气稳定性增强，扰动动能减弱，南北交换减少，它也同样可能引起更持续的天气型和更多的极端事件发生[13]。大气对于北极放大的直接响应主要表现为不同季节北极不同区域局地大气的位势高度异常升高，冬季巴伦支海–喀拉海[7, 14]和东北太平洋[15]海冰的减少都分别对应着欧亚大陆和北美高压脊的加强以及下游槽的加深，同时，格陵兰阻塞可能增多，这些也都可能引起更频繁的大振幅环流出现[11]，进而产生更多的极端天气[13]。此外，夏季低纬度海温的影响[16]和平流层极涡的崩溃[7,17]也可能起到一定的作用。

上述关于北极放大影响中纬度天气系统的各种途径中，仍存在很多缺乏坚实证据的猜想，需要更多的工作去证实。正如 Overland 等[9]所指出的那样，图 2 中虚线框所给出的中纬度大气环流异常的响应环节都仅仅停留在猜想上，并没有完全被观测事实所证实，如 Hopsch 等[18]的研究表明秋季海冰和冬季大气环流之间的关系在统计学观点上看证据并不充分；Barnes[10]的研究认为这些北极放大造成的长波振幅移动速度的改变及阻塞形势出现频次的增加在过去几十年观测里并不显著。特别是由于中纬度大气环流的非线性特征，虽然有研究发现[11]北美大槽区的罗斯贝波在海冰快速融化期有加深的现象，但东亚大槽区的扰动振幅是否加深却缺乏证据支持，因此大振幅罗斯贝波是否加深，其加深机理是什么，目前仍然不甚清楚。

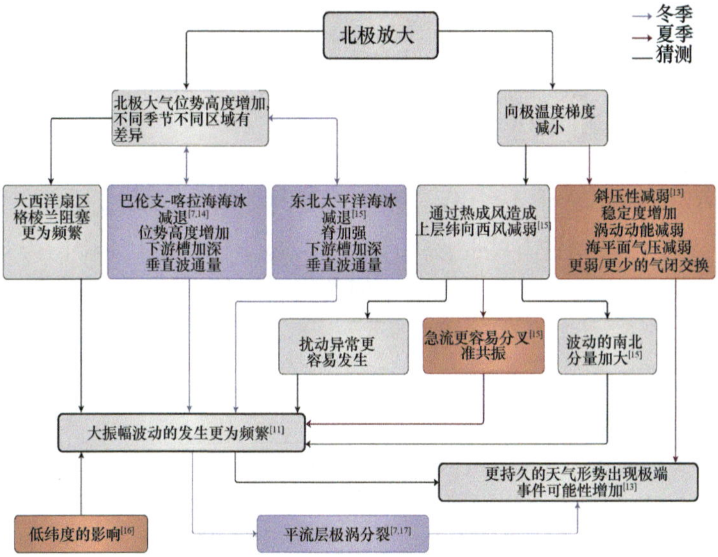

图 2　北极放大影响中纬度天气变化的可能途径示意图[9]

另外，最近一些模式研究认为北极海冰的减退并不是导致中纬度的变冷和极端天气频繁出现的原因。Sun 等[19]的研究表明，北极海冰减退是造成“暖北极”的原因，但不是造成“冷大陆”的原因，他们认为最近“冷大陆”是自然年代际变率的极端事件。Screen 等[20]认为海冰减退会使得北美极端冷冬发生的频率降低，Sigmond 和 Fyfe[21]则进一步将近年来北美冷冬趋势归因于热带太平洋的遥强迫。而早期被个例分析和模式模拟所证实的较为公认的结论，即巴伦支海和喀拉海的海冰融化可以导致亚洲大陆气温的降低[9, 14, 15]也受到了挑战。最新的研究表明[22]，欧亚中心过去 25 年来的冬季变冷趋势和巴伦支海–喀拉海的海冰甚至和整个北极海冰的减退关系不大，而主要是由于内部变率造成的。这些模式结果的矛盾使得原本复杂的北极和中纬度气候变化间的联系变得更加扑朔迷离，需要更多的研究来验证。

对北极放大直接响应的局地位势高度异常升高，就是众所周知的北极涛动(AO)负位相在极区的分布特征，北极海冰与北半球大气环流的耦合关系主要就体现在海冰减退与 AO 之间的耦合关系上。但研究发现近 20 年来，AO 与北极海冰的变化趋势并不一致，二者之间的关系表现出明显的“退耦”(decoupled)现象[23]。北极上空大气环流异常的优势模态除 AO 外，还存在偶极子型的东西振荡型模态[24](dipole anomaly, DA)。2007 年北极海冰急剧减少后 AO 的响应越来越弱，海冰与大气的耦合关系更多地体现在与 DA 的耦合相关上[25]。这些迹象表明，北极海冰快速消融后北半球中高纬度大气环流的异常响应已由原来的纬向型环流(0 波结构的 AO)向较高频的经向型环流(DA 为 1 波定常波结构)过渡，大气对极区这种异常加热的响应可能会产生高纬度定常波的响应，并且这种跨极的定常波响应可以向南形成几支稳定的气流通道引导冷空气南下，进而影响中纬度地区的气候变化。Liu 等[26]的研究表明，最近几年北极海冰快速减少引起的大气环流异常响应并不是传统的 AO 模态，也不是稳定的 DA 模态，是一种更为复杂的大气环流异常型，导致了近年来北半球极端降雪和严寒频发，如果北极海冰继续减少，我们很可能会在冬季经历更多的降雪(特别是强降雪过程)和严寒天气，但这期间复杂的影响途径仍需进一步的深入研究。特别是有关北极海冰减退引起的北极放大对中国天气气候到底有没有影响，通过什么途径如何影响中国的天气气候，都还未有定论，需要我们继续努力探索。

参 考 文 献

[1] Comiso J C, Parkinson C L, Gersten R, et al. Accelerated decline in the Arctic sea ice cover. Geophysical Research Letters, 2008, 35: L01703. doi: 10.1029/2007GL031972.

[2] Kwok R, Cunningham G F, Wensnahan M, et al. Thinning and volume loss of the Arctic Ocean sea ice cover: 2003-2008. Journal of Geophysical Research, 2009, 114: C07005.

[3] Wang M, Overland J. A sea ice free summer Arctic within 30 years. Geophysical Research Letters, 2009, 36: L07502.

[4] Huang F, Zhou X, Wang H. Arctic sea ice in CMIP5 climate model projections and their seasonal variability. Acta Oceanologica Sinica, 2017, 36 (8).

[5] Lindsay R, Schweiger A. Arctic sea ice thickness loss determined using subsurface, aircraft, and satellite observations. Cryosphere, 2015, 9: 269-283.

[6] Serreze M C, Barry R G. Processes and impacts of Arctic amplification: A research synthesis. Global Planet Change, 2011, 77: 85-96.

[7] Cohen J, Screen J A, Furtado J C, et al. Recent Arctic amplification and extreme mid-latitude weather. Nature Geoscience, 2014, 7(9):627-637.

[8] Screen J A, Simmonds I. The central role of diminishing sea ice in recent Arctic temperature amplification. Nature, 2010, 464: 1334-1337.

[9] Overland J E, Dethloff K, Francis J A, et al. Nonlinear response of mid-latitude weather to the changing Arctic. Nature of Climate Change, 2016, 6: 992-999.

[10] Barnes E A. Revisiting the evidence linking Arctic amplification to extreme weather in midlatitudes. Geophysical Research Letter, 2013, 40: 4734-4739.

[11] Francis J A, Vavrus S J. Evidence linking Arctic amplification to extreme weather in

mid-latitudes. Geophysical Research Letter, 2012, 39: L06801.

[12] Kretschmer M, Coumou D, Donges J, et al. Using causal effect networks to analyze different Arctic drivers of midlatitude winter circulation. Journal of Climate, 2016, 29: 4069-4081.

[13] Screen J A, Simmonds I. Amplified mid-latitude planetary waves favour particular regional weather extremes. Nature of Climate Change, 2014, 4: 704-709.

[14] Mori M, Watanabe M, Shiogama H, et al. Robust Arctic sea-ice influence on the frequent Eurasian cold winters in past decades. Nature of Geoscience, 2014, 7(12): 869-873.

[15] Kug J S, Jeong J H, Jang Y S, et al. Two distinct influences of Arctic warming on cold winters over North America and East Asia. Nature Geoscience, 2015, 8(10): 759-752.

[16] Perlwitz J, Hoerling M, Dole R. Arctic tropospheric warming: causes and linkages to lower latitudes. Journal of Climate, 2015, 28: 2154-2167.

[17] Jaiser R, Dethloff K, Handorf D. Stratospheric response to Arctic sea ice retreat and associated planetary wave propagation changes. Tellus A, 2013, 65: 19375.

[18] Hopsch S, Cohen J, Dethloff K. Analysis of a link between fall Arctic sea ice concentration and atmospheric patterns in the following winter. Tellus, 2012, 64A: 18624.

[19] Sun L, Perlwitz J, Hoerling M. What caused the recent "Warm Arctic, Cold Continents" trend pattern in winter temperatures. Geophysical Research Letter, 2016, 43: 5345-5352.

[20] Screen J A, Deser C, Sun L. Reduced risk of North American cold extremes due to continued sea ice loss. Bull. American Meteorology Society, 2015, 96: 1489-1503.

[21] Sigmond M, Fyfe J C. Tropical Pacific impacts on cooling North American winters. Nature of Climate Change, 2016, 6, 970-974.

[22] McCusker K E, Fyfe J C, Sigmond M. Twenty-five winters of unexpected Eurasian cooling unlikely due to Arctic sea-ice loss. Nature of Geoscience, 2016, 9: 838-842.

[23] Zhang J, Lindsay R, Steele M, et al. What drove the dramatic retreat of arctic sea ice during summer 2007. Geophysical Research Letters, 2008, 35: L11505.

[24] Wang J,Zhang J, Watanabe E, et al. Is the Dipole Anomaly a major driver to record lows in Arctic summer sea ice extent. Geophysical Research Letter, 2009, 36,L05706.

[25] 樊婷婷，黄菲，苏洁．北半球中高纬度大气主模态的季节演变及其与北极海冰变化的联系．中国海洋大学学报, 2012, 42(7-8)：19-25.

[26] Liu J, Curry J, Wang H, et al. Impact of declining Arctic sea ice on winter snowfall, Proc. Natl. Acad. Sci. USA, 2012, 109 (11): 4074-4079.

撰稿人：黄　菲　王砚硕

中国海洋大学，huangf@ouc.edu.cn

冬季北极增暖对中纬度大气环流及欧亚极寒天气的影响

The Impact of the Winter Arctic Warming on the Mid-Latitude Atmospheric Circulation and Extreme Cold Events Over Euraisa

近年来，全球变暖现象引起人们的广泛关注，北极是全球变暖最显著的地区之一，21 世纪以来,北极增暖的趋势是全球平均水平的 2~3 倍,被称为“北极放大现象”[1]。由于北极的海洋温度升高，海水体积膨胀，导致北极的海冰加速融化，海平面快速上升。海冰融化对气候造成了长期性的威胁，北美及欧亚大陆中纬度地区的极端低温、热浪、干旱、暴雨等极端天气事件频繁发生[2,3]。因此，深入理解北极增暖(海冰融化)如何影响北半球极端天气的变化是我们面临的科学难题之一。

研究表明，1978 年至今，北极海冰表现出明显的线性减少趋势[3,4]，最近十几年，海冰减少的趋势更加显著[4]，出现了有卫星观测数据以来的海冰面积最小年(2016 年)。北极海冰消融最直接的原因就是北极增暖，北极增暖是一个复杂的多系统间相互作用的问题[4]。冬季巴伦支海、挪威海地区，以及拉布拉多海附近的海冰减少更快，与此同时，这些地区在冬季频频受到大气大尺度系统如北大西洋涛动(North Atlantic Oscillation, NAO)和阻塞活动的影响[5]。可以猜想，这些地区海冰的消融与 NAO 和阻塞有一定的联系。从图 1(a)的趋势图上可以看出，北极增温、欧亚变冷对应的环流结构类似于 AO 负位相，实际上这种环流结构是阻塞和 NAO 等环流结构平均后的状态，需要分开来研究。所以研究北极海冰消融与 NAO 和阻塞等大气环流系统之间的相互作用机制，可以为理解北极变暖如何影响欧亚极寒天气提供重要的科学依据。

在北大西洋，中纬度和高纬度地区之间的海平面气压存在跷跷板式的振荡(涛动)特征，被称为 NAO。作为北半球最重要的大气系统，NAO 具有尺度大(几千千米的空间尺度)、低频波动(2 周左右的生命周期)和非线性变化特征，一直以来受到学者的广泛关注和研究[6]。大气阻塞作为大气环流系统中最重要的环流异常的表现形式,也受到广泛的关注和研究[5~7]。NAO 和阻塞同属欧亚地区的大尺度环流系统，两者对局地乃至整个北半球的天气和气候都具有很重要的调控作用[5,7]。研究表明，局地地区的天气异常往往与阻塞活动有密切关系[7, 8]；NAO 环流的异常也会给局地

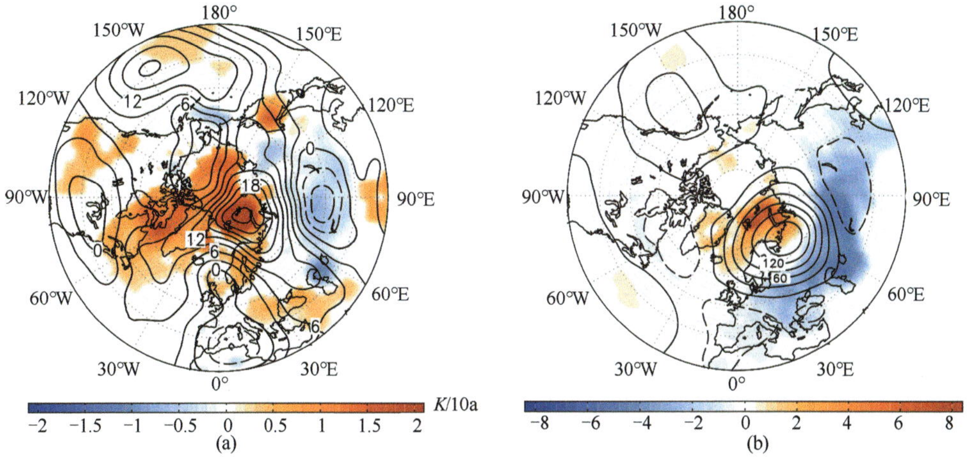

图 1 (a) 1978~2014 年冬季北半球表面气温及 500hPa 位势高度变化趋势分布图; (b) 欧亚中高纬度弱西风背景下乌拉尔阻塞分布及对应的温度距平分布[12]

地区带来极冷和暴雪天气过程[9]，甚至会引发中国南方地区的冬季暴雨，并引起持续性低温雨雪冰冻灾害[10]。

研究发现北极海冰面积的减少与负位相 NAO 有密切联系[11]。NAO 负位相对应中高纬度急流的减弱,这种大气环流的变化可以引起北半球大陆的变冷。然而另一些研究发现，中纬度北大西洋增暖，会激发 NAO 正位相，引起乌拉尔阻塞高压的发展，驱动北大西洋暖水进入北极使得极地增暖，减弱了经向温度梯度，进而引起欧亚中高纬度西风减弱，从而更加有利于阻塞生命的维持。而这种维持又会使得更多的暖湿空气输送到北极，加速北极海冰的融化。所以，这种正反馈机制导致乌拉尔阻塞高压周期不断延长，也就增加了极冷事件发生的可能性[5]；同时北大西洋中高纬度西风加强，可以抑制乌拉尔阻塞西退，使其具有准定常和持续的特征，增加了欧亚中纬度极端冷事件的发生频率[12,13](图 1(b))。此外，冬季乌拉尔阻塞事件对巴伦支海–喀拉海地区的海冰减少具有放大作用。统计研究发现，过去的 30 多年来冬季乌拉尔阻塞发生频率增加，对应巴伦支海–喀拉海海冰的显著减少。通过大西洋东/俄罗斯西配置的传播波列，将乌拉尔阻塞事件的发展和维持与上游 NAO 正位相事件相关联。伴随着乌拉尔阻塞事件的发展，向北的水汽通量，以及极地上空的空气柱含水量显著增强，引起向下的红外辐射增强和表面气温的上升，从而导致在此之后的一周内(约四天后)出现海冰减少，最终在巴伦支海–喀拉海发生大范围的海冰消融[14]。一些学者分析了北极增暖对北美和东亚地区的不同影响机制，指出巴伦支海地区增暖可以显著影响东亚的极冷天气[15]。以上是对冬季海冰消融与 NAO 和阻塞之间的关系作了部分解释，然而由于海冰的变化具有多时间尺度和空间变化特征，它如何与阻塞和 NAO 发生相互作用仍是目前亟待解决的科学问题之一。

根据已有的研究，关于北极增暖如何影响欧亚极寒天气气候，目前主要有三类代表性观点：一类研究认为北极增暖可以使急流发生大弯曲，从而引起局地地区更多的极端天气过程[3]；另一类观点认为 20 世纪 80 年代以后的欧亚中纬度地区的变冷与巴伦支海地区海冰的变化关系不大，而是气候内部自然变率和外强迫如温室气体等的影响[16]；第三类观点则强调了乌拉尔阻塞的重要性，指出在北极增暖的作用下，北大西洋中纬度地区温度梯度增强，而欧亚中高纬度的温度梯度减弱，这引起大西洋背景西风增强而欧亚大陆背景西风减弱，使得乌拉尔阻塞更持续和准定常，从而可以在欧亚大陆产生持续冷距平和北极产生持续的暖距平以加速海冰融化和产生大范围的极寒天气[5,6,12~14]。可见由于以上观点是不相同的，甚至相反，因此它表明北极增暖对中纬度极寒天气的影响仍有很大的不确定性，是一个未解决的难题。特别是在季节内和年际尺度上北极增暖与 NAO/阻塞事件之间的相互作用过程及机制是什么，它们如何影响中纬度极端天气事件仍未解决。以上这些科学问题都需要我们付出巨大的努力来解决，从而获得对这些难题的正确理解和思考。

参 考 文 献

[1] Screen J A, Simmonds I. The central role of diminishing sea ice in recent Arctic temperature amplification. Nature, 2010, 464(7293): 1334-1337.

[2] Francis J A, Vavrus S J. Evidence linking Arctic amplification to extreme weather in mid-latitudes. Geophysical Research Letters, 2012, 39(6), doi: 10. 1029 / 2012gl051000.

[3] Francis J A, Vavrus S J. Evidence for a wavier jet stream in response to rapid Arctic warming. Environmental Research Letters, 2015, 10(1): 014005.

[4] Comiso J C, Parkinson L, Gersten R, et al. Accelerated decline in the Arctic sea ice cover. Geophysical Research Letters, 2008, 35, L01703, doi: 10.1029/2007GL031972

[5] Luo D, Xiao Y, Yao Y, et al. Impact of ural blocking on winter warm arctic-cold Eurasian anomalies. Part I: Blocking-induced amplification. Journal of Climate, 2016, 29(11): 3925-3947.

[6] Luo D, Xiao Y, Yao Y, et al. Impact of ural blocking on winter warm arctic-cold Eurasian anomalies. Part II: The link to the north Atlantic oscillation. Journal of Climate, 2016, 29(11): 3949-3971.

[7] Hurrell J W. Decadal trends in the North Atlantic Oscillation region temperatures and precipitation. Science, 1995, 269(5224): 676-679.

[8] Pfahl S, Wernli H. Quantifying the relevance of atmospheric blocking for co-located temperature extremes in the Northern Hemisphere on (sub-) daily time scales. Geophysical Research Letters, 2012, 39(12), doi: DOI:10.1029/2012gl052261.

[9] Sillmann J, Croci-Maspoli M, Kallache M, et al. Extreme cold winter temperatures in Europe

under the influence of North Atlantic atmospheric blocking. Journal of Climate, 2011, 24(22): 5899-5913.

[10] Zhao S X, Sun J H. Multi-scale systems and Conceptual Model on freezing rain and snow storm over Southern China during January-February 2008. Climatic and Environmental Research, 2008, 13(4): 351-367.

[11] Rigor I G, Wallace J M, Colony R L. Response of sea ice to the Arctic Oscillation. Journal of Climate, 2002, 15, 2648-2663, doi:10.1175/1520-0442(2002)015,2648:ROSITT. 2.0.CO;2.

[12] Yao Y, Luo D H, Dai A G, et al. Increased quasi-stationarity and persistence of winter ural blocking and eurasian extreme cold events in response to arctic warming. Part I: Insights from observational analyses. Journal of Climate, 2017. doi: 10.1175/JCLI-D- 16-0261.1.

[13] Luo D H, Yao Y, Dai A G, et al. Increased quasi-stationarity and persistence of winter ural blocking and eurasian extreme cold events in response to arctic warming. Part II: A theoretical explanation. Journal of Climate, 2017.doi: 10.1175/JCLI-D-16-0262.1.

[14] Gong T, Luo D. Ural blocking as an amplifier of Arctic sea ice decline in winter. Journal of Climate, 2017.doi: 10.1175/JCLI-D-16-0548.1.

[15] Kug J S, Jeong J H, Jang Y S, et al. Two distinct influences of Arctic warming on cold winters over North America and East Asia. Nature Geoscience, 2015, 8: 759-762. doi:10.1038/ngeo 2517.

[16] Mccusker K E, Fyfe J C, Sigmond M. Twenty-five winters of unexpected Eurasian cooling unlikely due to Arctic sea-ice loss. Nature Geoscience, 2016, 9: 838-842. doi: 10.1038/ ngeo2820.

撰稿人：姚 遥 宫婷婷

中国科学院大气物理研究所，yaoyao@tea.ac.cn

海洋热力强迫与中高纬大气环流持续异常：风暴轴和大气河的作用

Oceanic Thermal Anomaly and Atmospheric Circulation Persistent Anomaly Over the Mid-High Latitudes: The Roles of Storm Track and Atmospheric River

海洋热力异常及其与大气的相互作用是导致中高纬度大气环流持续异常的原因之一。研究表明热带和中高纬表层海温异常(SSTA)与其上空大气的空间相关型有不同之处，热带正 SSTA 上空 850hPa 位势高度及温度均为负距平，而中高纬正 SSTA 上空 850hPa 位势高度和温度为正距平[1, 2]，显示出中纬度大气与海洋的相互作用与热带地区截然不同，这种差异与中高纬大气的地转性和斜压性较强有关，天气尺度瞬变扰动活动对中高纬度海气正相关型的维持起一定的作用。中纬度冬季天气尺度瞬变活动异常与时间平均大气环流关系密切，同时，瞬变扰动活动异常还与海洋下垫面热力异常有关系，当海洋热力异常发生时，如发生厄尔尼诺/拉尼娜事件或者黑潮及其延伸体区海温异常时，往往造成中纬度大洋上空大气斜压性也发生相应改变，引起天气尺度瞬变扰动活动异常。异常的天气尺度瞬变强迫与非绝热加热强迫一起引起大气环流异常，即中高纬地区大气环流异常应该是海洋热力强迫与大气内部瞬变扰动强迫共同作用的结果。在这种共同作用过程中，天气尺度瞬变异常强迫作用的物理过程和作用机理是什么？这个问题是海洋热力异常影响中高纬度大气环流持续异常的难点问题。只有对这一问题深入研究，才能充分理解中高纬度地区大气环流和气候异常的形成机制。

有关天气尺度瞬变活动对大气环流的强迫作用这一核心问题可能从两方面进行突破。第一方面涉及风暴轴与急流间的动力相互作用。中纬度地区是全球大气强斜压区，表现为大的经向温度梯度和强盛的高空西风急流，因此，天气尺度瞬变扰动活动非常活跃，其群体行为被称为风暴轴。中低纬度海洋热力异常通过改变大气斜压性而引起风暴轴异常，与风暴轴异常相伴随的瞬变动力、瞬变热力和瞬变水汽输送异常通过瞬变波与基本气流的相互作用而导致中高纬度大气环流发生持续性异常事件和异常模态[3~7]。风暴轴与急流之间的动力正反馈过程代表了波流相互作用的动力过程。在中高纬度地区，西风急流持续异常是大气环流持续异常的经典代表，它与风暴轴异常的共生现象是中高纬度大气独有的环流特征。一般认为：急流带位置异常偏南(北)对应中纬度大气斜压区偏南(北)位置异常，根据斜压波发展理论，中纬度大气斜压性的改变会直接影响天气尺度波活动异常，从而导致风暴轴主体发生偏南(北)位置的变化；而另一方面的研究表明，当风暴轴伴随急流出现偏南(北)位置异常时，其对应的瞬变动量通量的异常辐合辐散有利于急流位置的异常偏南(北)，瞬变活动与急流之间的异常正压能量转换也会巩固急流异常，起到维持急流位置异常、延长急流异常持续时间的作用。由此可见，共生关系中风暴轴变化对急流的动力正反馈过程对维持急流位置变动十分重要，也是两者产生高相关性的重要原因之一。但是，急流与风暴轴异常通常表现为“你中有我，我中有你”，两者相互作用过程属于高度非线性过程，在数学上处理这种非线性过程仍然有难度，其中的一些关键动力学过程尚需深入揭示[3~5]。

第二方面涉及风暴轴向极水汽输送方面。作为大气水汽循环的一个重要组成部分，水汽输送能够造成区域水汽变化，引起水汽收支方面的变化，造成区域降水和旱涝的发生[8~11]。风暴轴在中高纬的水汽向极输送过程中起最主要作用[12, 13]。在南北半球中纬度的大洋上，水汽的输送集中在一些狭长的河流带上，这些河流带被命名为大气河流(atmospheric river，AR)[8]，在北太平洋上空，气候态 AR 的空间形状与风暴轴十分相像，也是自西北太平洋向东北延伸到北美西岸附近，AR 的活动往往与中纬度天气尺度瞬变扰动活动密切联系，一条 AR 往往对应一次或连续两到三次中纬度天气尺度瞬变过程[14]，因此是风暴轴在大气水循环中的重要表现。由于其巨大的水汽输送量，AR 为美国西北部包括阿拉斯加地区的降水提供了大量的水汽，在中高纬度大气环流持续异常和地形的配合下，导致中高纬度陆地地区强降水及洪涝灾害。与此同时，AR 携带的水汽通过降水产生凝结潜热释放，可通过改变中高纬温度场造成中高纬斜压性的改变，从而可能进一步影响风暴轴–西风急流–行星波的相互作用。

参 考 文 献

[1] Kushnir Y, Robinson W A, Bladé I, et al. Atmospheric GCM response to extratropical SST anomalies: Synthesis and evaluation. Journal of Climate, 2002, 15(16): 2233-2256.

[2] 吴国雄，王敬方. 冬季中高纬 500hPa 高度和海表温度异常特征及其相关分析. 气象学报, 1997, 55(1): 11-21

[3] Chang E K M, Lee S, Swanson K. Storm track dynamics. Journal of Climate. 2002, 15: 2163-2183.

[4] Luo D, Gong T, Diao Y, et al. Storm tracks and annular modes. Geophysical Research Letter, 2007, 34, L17701,

[5] Li Y, Lau N C. Impact of ENSO on the atmospheric variability over the North Atlantic in late winter—Role of transient eddies. Journal of Climate, 2012, 25(25): 320-342.

[6] Kwon Y-O, Alexander M A, Bond N A, et al. Thompson, role of the gulf stream and

kuroshio–oyashio systems in large-scale atmosphere–ocean interaction: A review. Journal of Climate, 2010, 23: 3249-3281.

[7] Masunaga R, Nakamura H, Miyasaka T, et al. Interannual modulations of oceanic imprints on the wintertime atmospheric boundary layer under the changing dynamical regimes of the Kuroshio extension. Journal of Climate, 2016, 29: 3273-3296.

[8] Dufour A, Zolina O, Gulev S K. Atmospheric moisture transport to the Arctic: Assessment of reanalyses and analysis of transport components. Journal of Climate, 2016, 29: 5061-5081.

[9] Zhu Y, Newell R E. Atmospheric Rivers and Bombs. Geophysical Research Letter, 1994, 21(18): 1999-2002.

[10] Knippertz P, Wernli H, Gläser G. A global climatology of tropical moisture exports. Journal of Climate, 2013, 26: 3031-3045.

[11] Liu X, Ren X, Yang X Q. Decadal changes of multi-scale water vapor transport and atmospheric river associated with the pacific decadal oscillation and the north pacific gyre oscillation. Journal of Hydrometeorology, 2016, 17: 273-286.

[12] Newman M, Kiladis G N, Weickmann K M, et al. Relative contributions of synoptic and low-frequency eddies to time-mean atmospheric moisture transport, including the role of atmospheric rivers. Journal of Climate, 2012, 25, 7341-7360, doi: 10.1175/JCLI-D-11-00665.1.

[13] Dufour A, Zolina O, Gulev S K. Atmospheric moisture transport to the Arctic: Assessment of reanalyses and analysis of transport components. Journal of Climate, 2016, 29: 5061-5081. DOI: 10.1175/JCLI-D-15-0559.1.

[14] Sodemann H, Stohl A. Moisture origin and meridional transport in atmospheric rivers and their association with multiple cyclones. Monthly Weather Review, 2013, 141: 2850-2868.

撰稿人：任雪娟

南京大学，renxuej@nju.edu.cn

海温增暖对台风生成频数和强度的影响

The Effect of Sea Water Warming on the Frequency and Intensity of Typhoon

早在 20 世纪 70 年代，人们就已认识到海表温度(简称“海温”，SST)是影响热带气旋活动(俗称“台风”)的一个重要因子，通常认为 26℃海表温度是台风生成的必要条件。海温越高，海面向大气输送的热量通量越大，因而越有利于台风的生成和发展[1]。全球气候系统正经历一次以变暖为主要特征的显著变化，上层海洋的温度也有增暖的迹象。根据政府间气候变化专门委员会(IPCC)第 5 次评估报告[2]，过去一百年全球上层海洋在持续变暖，近 40 年表层海温每 10 年上升了 0.11℃。预计到 21 世纪末，海温还将继续升高，西北太平洋地区表层海温将升高 1.6~3.5K，并从海洋表层渗透到深海，进而影响到海洋环流。科学认识海温增暖对台风生成和强度变化的作用及其物理机制，对于准确评估未来台风气候变化具有重要的科学意义。

2005 年美国著名科学家 Emanuel 和 Webster 分别在 *Nature* 和 *Science* 上发表论文指出，受全球气候变暖影响，台风的潜在破坏力、超强台风的比例均有明显增强和增多的趋势，且该上升趋势与海温的增加趋势一致(图 1(a))[3, 4]，其理论依据是基于局地 SST 升高的台风最大潜在强度理论，即 SST 对于台风能达到的最大风速有重要作用。IPCC 第 4 次评估报告也曾指出，自 1970 年以来，北大西洋的强飓风(台风)趋于活跃，并与热带 SST 密切相关。随后台风气候变化问题引起国际社会和学术界的广泛关注，同时争论也不断。第一种观点认为某些观测资料中台风活动存在增强趋势原因可能是由于缺乏长期的可靠的台风观测资料所造成的[5]。第二种观点认为近几十年超强台风的所占的比例增加并不是一种趋势，可能是长时间尺度的年代际振荡(图 1(b))[6]，因为至今查明的台风频数及强度的长期变化幅度均未超出自然变率的范围。由此可见，对于如何判断几十年来台风强度是否真的已经发生气候变化，它与微弱的海温增暖之间是否真的存在物理上联系至今仍未有定论。

关于未来海温升高对台风生成频数有何影响争论颇多，虽然多数研究认为未来全球总的台风频数将减少，但也有研究认为，未来的海表面温度将持续上升，使得将有更多的海域温度达到当前气候状态下台风的生成的临界温度，因此未来台风的频数可能会增多，且生成位置有向北扩展的趋势[7]。还有研究认为，高的

SST 是台风生成的有利条件之一，但另一方面，SST 的升高会增强洋面的对流，其释放更多的潜热使上层大气趋暖，大气层结趋于稳定，从而抑制对流的继续发生，因而未必利于台风的生成[8]。因此，未来海温增暖背景下台风频数究竟将增多还是减少还难以确定，研究海温增暖对台风生成频数的正负贡献比例应考虑哪些物理过程和因子是比较困难的科学问题。

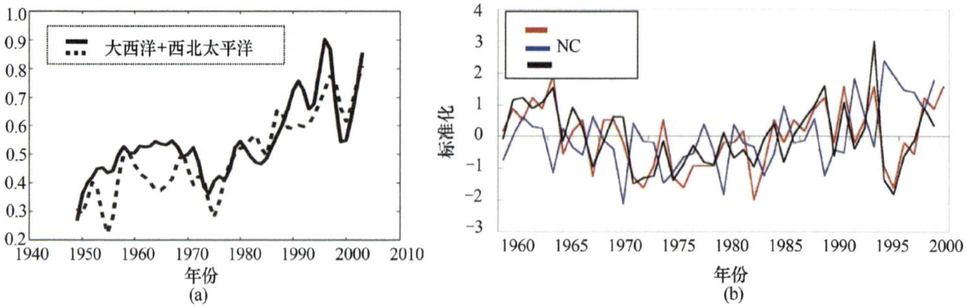

图 1　(a)北大西洋–西北太平洋热带气旋破坏指数(PDI)与热带 SST 异常的对应关系[3]；(b)西北太平洋强台风频数、台风破坏指数与热带 SST 异常的对应关系[6]

海温增暖对台风的影响既有直接的加热作用，也有间接作用，即海温增暖可能首先引起大尺度环境场的改变，然后再对台风产生影响[9]。一般当引导气流较弱时台风趋于向周边海温较高海域移动，局地海温较冷时台风多转向。但绝大多数情况下大气大尺度引导气流对台风的移动速度和路径的影响比海温更加重要[10]，如研究发现，2000 年前后台湾以东洋面海温异常偏高，使西北太平洋副热带高压减弱、亚洲季风槽增强、低层正涡度距平增加，导致西北太平洋海域台风路径在台湾区域出现一个向北方向的突变等[11]。未来海温升高可能使西北太平洋低纬地区和高纬地区的向西的引导气流将加强，而在西北太平洋中部存在一个异常的气旋性环流，在台风生成频数和分布没有明显变化的前提下，上述引导气流异常意味着影响东亚低纬地区的台风可能会减少，低纬向东的引导气流的减小及西北太平洋中部的气旋性引导气流使台风取北折或西北折路径的可能性增加，这使得台风在温暖洋面上的停留时间更长更有利于台风强度的维持和增强。又例如，未来台风的主要活动区域的垂直风切变将增大，可能使未来的台风强度有所减弱[12]。至今我们不清楚数值模式模拟的台风频数和强度变化究竟有多大比例来自海温增暖的直接作用，有多少是由于海温增暖引起大气环流变化后再对台风产生的间接作用。

台风及相关的大气环流变化不仅受局地的海温影响，而且还受到多海域海温的协同作用，目前这方面的观测研究多基于统计方法的遥相关理论，并认为异地的海温异常可激发大气遥相关波列影响其他海域的大气环流，这种球面上大气要素正负相关分布、或大气要素的正负距平流型通常被认为是物理上的波列，但至今这样的物理解释说服力不够，即不能让人信服这样的流型分布是否就是物理上真实的波列，因为即使没有海温异常强迫，这样的正负距平流型也经常存在。另外，统计分析表明大气对于海温变化具有滞后响应特点，滞后的时间尺度从几天到几个季节不等，目前对于滞后相关的物理本质认识还不够，已有的物理解释尚未在学界达成共识。

总体上，对于未来影响台风气候变化的大尺度环流因子，如垂直风切变、副热带高压、季风槽等预测的不确定性远远大于对于海温预测的不确定性，模式预估结果还存在很大的分歧。若要全面地理解海温增暖对于台风活动的影响，需要解决所提出的相关科学难题，从物理机理方面开展深入的探讨和研究。

参 考 文 献

[1] 陈联寿, 丁一汇. 西太平洋台风概论. 北京: 科学出版社, 1979.

[2] IPCC 第 5 次评估报告, 2013.

[3] Emanual K A. Increasing destructiveness of tropical cyclones over the past 30 years. Nature, 2005, 436(7051): 686-688.

[4] Webster P J. Changes in tropical cyclone number, duration, and intensity in a warming environment. Science, 2005, 309: 1844-1846.

[5] Wu L, Zhao H. Dynamically-derived tropical cyclone intensity changes over the western North Pacific. Journal of Climate, 2012, 25: 89-98.

[6] Chan J C. Comment on "Changes in tropical cyclone number, duration, and intensity in a warming environment". Science, 2006, 311: 1713.

[7] Zhao H, Wu L, Zhou W. Interannual change of tropical cyclone intensity in the western North Pacific. Journal of Meteorological Society of Japan, 2011, 89(3): 245-255.

[8] 雷小途. 全球气候变化对台风影响的主要评估结论和问题. 中国科学基金, 2011, 第二期, 85-105.

[9] Li Y P, Wang X F, Qin Z H. Climatological analysis and prognosis of tropical cyclone genesis over the western north pacific on the background of global warming. Acta Oceanologica Sinica, 2007, 26(1): 23-33.

[10] Chan J C L. Interannual and interdecadal variations of tropical cyclone activity over the western North Pacific. Meteorology and Atmospheric Physics, 2005, 89(1): 143-152.

[11] Tu J Y, Chou C, Chu P S. The abrupt shift of typhoon activity in the vicinity of Taiwan and its association with western North pacific-East Asian climate change. Journal of Climate, 2009: 22, 3617-3628.

[12] Murakami H, Wang B, Kitoh A. Future change of western north pacific typhoons: Projections by a 20-km-mesh global atmospheric model. Journal of Climate, 2011, 24: 1154-1169.

撰稿人：李永平　雷小途

中国气象局上海台风研究所，liyp@typhoon.org.cn

台风群发的成因

Mechanisms of Multiple Tropical Cyclone Events

台风(热带气旋的俗称)是地球上最强烈的自然灾害之一，其所伴随的强风、暴雨、风暴潮及次生灾害，如洪水、内涝、泥石流和滑坡等，常给人类带来巨大的灾难和损失。而台风接二连三出现的群发事件(图 1)则可能会造成某一地区短时间内频遭台风风雨袭击，使台风灾害的累积效应增加，由此带来的灾难和损失更加严重。

图 1　2015 年 7 月 8 日 13:25 的台风卫星云图(摘自中国天气网)

从左到右依次为 1510 号台风“莲花”、1509 号台风“灿鸿”和 1511 号台风“浪卡”

早在 20 世纪 70 年代，我国气象学家就开始关注多台风事件[1]，这些事件是群发台风研究的重要组成部分。随后，Gray 研究各个海域台风的生成特点时发现，台风的形成不是随时间均匀分布，而是在某一些时间段内群发、在另一些时间段内生成频数较少，趋向于活跃和不活跃相互交替出现[2]。然而一直以来气象学家更多地关注单个台风生成的机理问题，对台风群发事件的研究涉及较少。直到 21 世纪，随着多台风共舞频现和台风灾害的加剧，人们将眼光重新投向台风群发事件，并给出了台风群发事件的严格定义和统计特征[3, 4]。

研究表明，在东太平洋台风群发比例最高(57%)，西北太平洋次之(47%)，北大西洋最少(34%)[5]。在西北太平洋海域，台风群发事件每年可能出现 2~9 次，平均是 5.4 次/a，各台风之间距离大多在 3000km 以内(占 73%)，一次群发事件维持时间在 5 天左右(最多 8 天)。台风群发偏多年，台风生成位置偏东，反之，在台风群发偏少年，台风生成位置偏西[6]。

那么，导致台风群发的成因(物理机理)是什么？要回答这一问题，可能首先需要理清单个台风生成的机理是什么这一更为基本的问题。目前对于台风生成的可能机制有三个方面认识。一方面，大尺度环流可为台风生成孕育良好的环境。人们普遍认为，西北太平洋台风生成与 5 种天气尺度环流形势有关：季风切变线、季风合流区、季风圈、东风波和罗斯贝能量频散。大部分台风(74%)的生成都与前三个环流型有关，凸显出季风槽在台风生成中的作用[7]。当然，不同研究结果显示各大尺度环流因子的贡献有所差异，此外，大尺度环流因子仅为台风生成提供了必要的大尺度背景条件，而不是充分条件。另一方面，大气低频振荡(MJO)对台风生成有重要的调制作用[8]。一般而言，台风更倾向于在 MJO 的湿位相生成，而在其干位相很少有台风生成。究其原因，主要是 MJO 可通过与高频天气尺度波动之间动力和能量的转换来调制台风的生成。此外，热带对流耦合波动在触发台风生成中起到了至关重要的作用[9]。混合 Rossby 重力波(MRG)和热带低压型(TD)扰动可在向西传播过程中波数变大、波长变短，乃至变形、分裂，最后变成台风。一系列的对流活跃 Kelvin 波也可以通过调制大尺度对流、对流层低层气旋性涡度及赤道辐合带破裂来影响台风的生成。

然而，上述三个方面的机理并不总是独立起作用的，台风生成更可能是上述因子相互作用的结果。例如，季风槽强度和位置与 MJO 的活跃程度密切有关。西北太平洋地区 MJO 在对流活跃位相，季风槽趋向于强度加强、位置偏东，季风槽区域的台风频数增加；在不活跃期，季风槽外区域的台风频数增加[8]。同时，季风槽对 MRG 波转变成波数较大而波长较短的 TD 型扰动起到了重要的动力作用[10]。此外，无论是季风槽或季节内振荡，甚至赤道波动都受到热带太平洋和印度洋的海–气相互作用所调控，这些都使得台风生成问题变得异常复杂，而我们对此的认识还非常有限，目前台风生成(潜势)预报仍然具有很大的不确定性。

台风群发事件属于次季节尺度变化异常现象，一方面，目前人们对次季节变化的机理认识非常不足，数值模式对这一尺度的模拟性能也是最为薄弱；另一方面，台风属于高度的非线性系统，其生成是多因子、多尺度系统相互作用的结果，存在很大的不确定性。因此，台风群发的成因及触发机理到底是什么？这给气象学家提出了巨大的挑战。

目前人们对这一问题的研究尚属于起步阶段，主要是基于单个台风的生成理论或根据台风群发和单个台风的环境条件差异给出可能的解释。第一种解释与 Rossby 波能量频散有关。研究表明，已有的台风会通过 Rossby 波能量频散在其东南方向的尾流中形成一个“气旋–反气旋–气旋”涡度扰动的天气尺度波列，随后新的台风在波列尾部气旋式涡度扰动中生成[8]。这是母台风通过 Rossby 波能量频散在其东南方向激发新的扰动所致[3]。虽然这种解释被人们广泛接受，然而这种机制所引起的台风群发事件比例非常有限，而且仍然无法解释新台风群发的个数和位置。第二种解释与 MJO 活动相关。当 MJO 强对流位于印度尼西亚群岛东部和西北太平洋东部时有利于西北太平洋台风群发[11]，尤其是 MJO 和准双周振荡正位相相互叠加时台风群发最易发生[4]。这可能是因为季风槽内纬向风的正压不稳定能量转换为 MJO 活跃态下台风的形成和增长提供了主要的能量来源，也可能是 MJO 活跃期间大气低层持续的较大尺度的低频气旋性环流，以及不稳定初始扰动易生成有利的垂直风切变条件，从而为台风的相继群发创造适宜的环境[12, 13]。这种解释虽然看似合理，但仅是台风群发的可能条件之一；而且相对于单个台风生成而言，这种解释仅说明了台风群发需要更大的时空尺度和更强的环境条件，显然没有从根本上回答台风群发的机理问题。

在全球变化背景下，西北太平洋海域台风强度趋于加强[14]，最大强度位置偏北[15]。倘若台风群发事件更为密集，那么东亚沿海国家将势必遭受重大的挑战。台风生成具有很大的不确定性，而群发性台风的活动更是一个十分复杂的过程，目前人们对它的认识相当肤浅，在国内外业务预测上均属空白。因此，当务之急，需要大力加强对台风群发机理的研究，解决这个科学难题，从而为台风群发业务预测的开展奠定重要基础，为防灾减灾决策提供科学服务，这也是国家重大需求。

参 考 文 献

[1] 丁一汇，范惠君，薛秋芳，等. 热带辐合区中多台风同时发展的初步研究. 大气科学，1977, 2(1): 89-98.

[2] Gray W M. Hurricanes : Their formation, structure and likely role in the tropical circulation. In: Shaw D B. Meteorology over Tropical Oceans, Britain: Royal Meteorological Society , 1979 : 155-218.

[3] Krouse K D, Sobel A H. An observational study of multiple tropical cyclone events in the western north Pacific. Tellus A, 2010, 62(3): 256-265.

[4] Gao J, Li T. Factors controlling multiple tropical cyclone events in the western North Pacific. Monthly Weather Review, 2011, 139: 885-894.

[5] Gao J, Li T. Interannual variation of multiple tropical cyclone events in the western north pacific. Advances in Atmospheric Sciences, 2012, 29 (6): 1279-1291.

[6] Schenkel B. A climatology of multiple tropical cyclone events. Journal of Climate, 2016, 29: 4861-4883.

[7] Ritchie E, Holland G. Large-scale patterns associated with tropical cyclogenesis in the western

Pacific. Monthly Weather Review, 127: 2027-2043.
[8] Liebmann B, Hendon H H, Glick J D. The relationship between tropical cyclones of the western Pacific and Indian Oceans and the Madden-Julian oscillation. Journal of the Meteorological Society of Japan, 1994, 72(3): 401-412.
[9] 冯涛, 黄荣辉, 陈光华, 等. 近年来关于西北太平洋热带气旋和台风活动的气候学研究进展. 大气科学, 2013, 37 (2): 364-382.
[10] Chen G H, Huang R H. Interannual variations in mixed Rossby-gravity waves and their impacts on tropical cyclogenesis over the western North Pacific. Journal of Climate, 2009, 22: 535-549.
[11] 何洁琳, 段安民, 黄永森. 西北太平洋热带气旋群发与 MJO 的联系. 气象科技进展, 2013, 3(3): 46-51.
[12] 孙长, 毛江玉, 吴国雄. 大气季节内振荡对夏季西北太平洋热带气旋群发性的影响. 大气科学, 2009, 33(5): 950-958.
[13] 金小霞, 韩桂荣, 占瑞芬, 等. 南海–西北太平洋地区低频振荡特征及其对 TC 群发过程的影响. 大气科学学报, 2016, 39(2): 198-208.
[14] Webster P J, Holland G J, Curry J A, et al. Changes in tropical cyclone number, duration, and intensity in a warming environment. Science, 2005, 309: 1844-1846.
[15] Kossin J, Emanuel K, Camargo S. Past and projected changes in western North Pacific tropical cyclone exposure. Journal of Climate, 2016, 29: 5725-5739.

撰稿人：占瑞芬　汤　杰　雷小途
中国气象局上海台风研究所，leixt@mail.typhoon.gov.cn

台风海气界面过程和物理机制

The Air-Sea Interface and Physical Processes in Tropical Cyclones

台风环境下，海洋对台风环流的作用主要发生在海气交界面。由于台风条件下海气界面的观测十分有限，对海气间动量和能量交换过程的认知存在众多难点。虽然低风速条件下小尺度粗糙度传输过程[1]和表层稳定性已有所了解[2]，但对诸如海洋性状的成熟、飞沫等物理过程如何影响热量和动量交换无论在观测事实还是理论上仍存在众多难点问题亟待解答。

强风条件下海气界面典型的物理过程之一是海表波浪的波动变化。Wang 等[3]观测发现在台风影响下离台风中心越近平均波高和最大波高都增大，这种波高的径向变化同表面风速的径向变化一致。通常最大波高接近平均波高的 1.9 倍。但目前对台风环境下波浪的直接精细观测通常是小范围的，对整个台风尺度范围波浪的活动特征，不同海底地形环境中波浪特征，近岸和深海波浪特征等缺乏了解，因此台风海气界面中波浪的物理过程和作用仍不清楚。

通过海气界面进入大气边界层的动量、热量和水汽通量过程是另一个重要的台风界面物理过程[4]。海气交界面的动量输送主要同风速随高度的变化及拖曳系数(C_d)有关，其中 C_d 是风速和地面粗糙度的函数。通过分析下投式探空仪的观测结果，Powell 等[5]发现从海平面到 200m 高度平均风速随高度具有对数变化特征；最大风速出现在约 500m 高度，并逐渐减弱至 3km 高度；拖曳系数随着风速增大将略减小。Donelan 等[6]通过风浪水槽试验发现在台风条件下风场通常在相对较短的距离内发生方向和风速的变化，最大的浪相较于风移动慢且移动方向不同于风向，使得摩擦速度随风速增大而增大。当风速达到 33m/s 后拖曳系数达到“饱和”(图 1)，随后风速越大表面粗糙并未增大。拖曳系数的饱和值约为 0.0025，相应的粗糙长度为 3.35mm。Powell 等[5]估计的拖曳系数饱和值约为 0.0026，对应风速为 35m/s；而 Shay 和 Jacob[7]估计的拖曳系数饱和值为 0.0034，对应风速为 30m/s。100m 深度以内的洋流廓线也可以用于估计动量通量，Teague 等[8]基于洋流特征估计飓风 Ivan 影响期间拖曳系数在表面风速为 32m/s 时达到最大的 0.0026。而 Sanford 等[9]基于台风影响期间的洋流速度扩线估计上层海洋动量平衡的局地项进而估计拖曳系数值，发现在 27~47m/s 的风速范围内，拖曳系数的估计值约为 0.0015，明显小于通过大气观测量估测的值。Soloviev 等[10]认为台风条件下海气界面的微结构过程类似于海气间的 Kelvin-Helmholtz 切变不稳定过程，高风速下增长的

Kelvin-Helmholtz 波可以破坏海气界面的张力，最终产生大水滴或泡沫。可见，尽管上述的研究通常认为拖曳系数值在风速约为 30 ± 3 m/s 时达到饱和，但仍然缺乏公认统一的风速阈值。而且，不同海洋地理环境下的拖曳系数值也不清楚，如不同近岸环境中拖曳系数如何随风速变化仍然缺乏认识，尽管部分研究认为近岸海洋的拖曳系数同远洋深海存在明显差异。另外，目前也缺乏被广泛认可的台风环境下导致拖曳系数变化的物理成因。

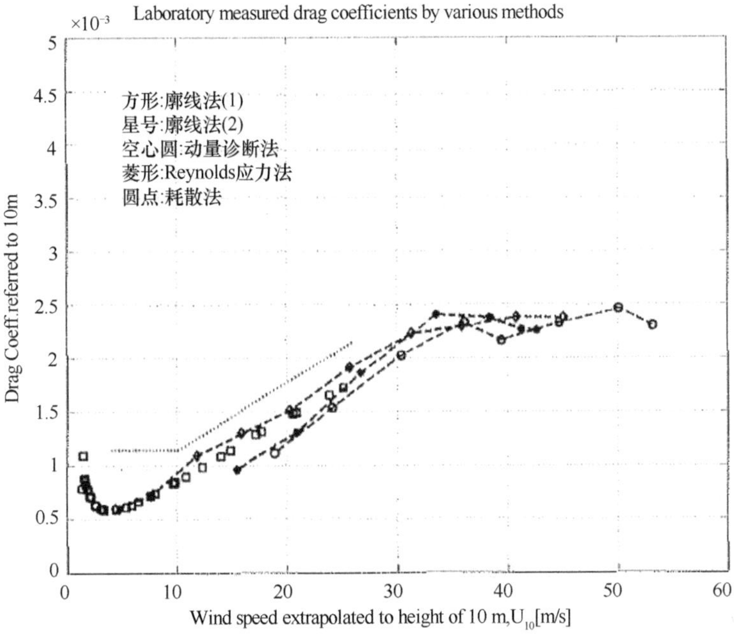

图 1 基于廓线法、涡动相关法和动量收支法估计的中性稳定拖曳系数[6]

海气界面中另一个可能显著影响台风结构和强度变化的因子是摩擦导致的动能损失。由于部分动能在分子尺度上最终耗散为热量，动能的黏性耗散可以为台风提供热能。若数值模式中仅只考虑内部大气的耗散加热，边界层风速所受影响相对较小，若同时考虑地表摩擦和内部大气的耗散加热，边界层风速将明显增大，表明地表摩擦和内部大气耗散这两种耗散加热过程中存在较强的非线性相互作用。目前对这种非线性相互作用的定量和定性认知仍不清楚，而且真实台风环境下有多少耗散加热作用于大气，有多少耗散加热作用于海洋同样是当前研究的空白和难点。

台风海气交界面的热量和水汽通量与台风的强度及其变化息息相关。影响热量和湿度通量的关键因素是温度和比湿差异，以及总体输送系数(即 C_k/C_d，其中 C_k 是热交换系数)。由于拖曳系数在风速超过 30 m/s 后通常将减小，Emanuel[11]认

为 C_k/C_d 值与风速关系不大，其值应为 $O(1)$。Zhang[12]通过分析台风影响下的焓通量和热交换系数，发现 C_k 的值并不随风速的增大而增大，风速超过 20 m/s 后 C_k/C_d 值基本是常数，平均的 C_k/C_d 值为 0.63，比 Emanuel[13]认为的利于台风发展的 C_k/C_d 值(0.75)要低。Jaimes 等[14]利用飞机观测资料、地面固定观测资料和卫星资料分析了飓风 Earl 影响期间海气热量和动量通量同气旋强度变化，以及上层海洋热力结构的关系，发现 Earl 快速增强阶段，海洋热容量的变率超过 90kJ/cm；在气旋强度最强时刻焓通量约为 1.1kW/m^2；在快速增强阶段 C_k/C_d 值分布在 0.54~0.7 (图 2)；总体焓通量主要受海表和近洋面空气的热力不平衡控制，与风速无关。这种热力不平衡主要受海洋状况的影响，焓通量的局地大值主要分布在海洋暖涡的水汽水平梯度的大值区。可见，虽然 C_k/C_d 值对于台风海洋相互作用的边界层过程至关重要的作用已被广泛认识，但有利于台风发展的准确的 C_k/C_d 值目前仍然存在争议。

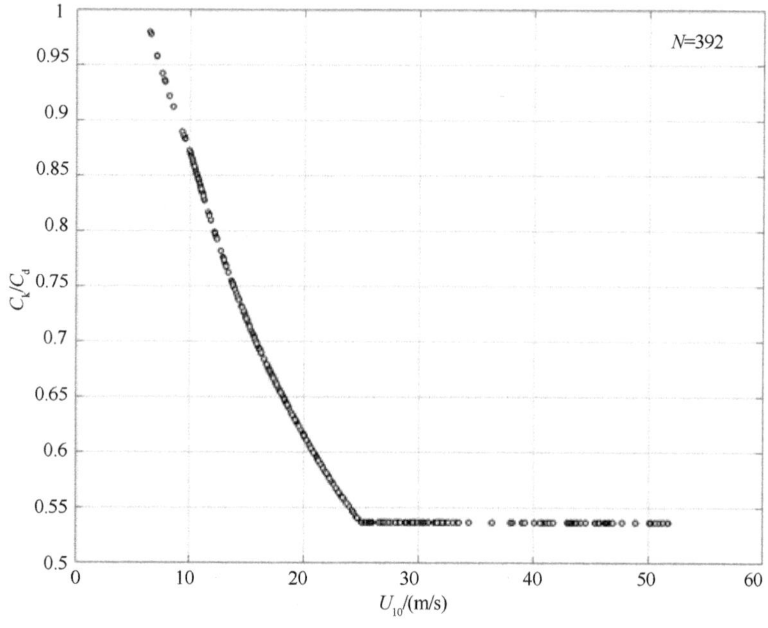

图 2　飓风 Earl 中下投式探空仪资料估计的 C_k/C_d 值随风速的变化[14]

以上理论和数值模式方面的难点问题直接反映了对于台风环境下海气界面物理过程观测的困难。目前对于台风影响下洋流特征和波谱特征的观测相对较少，而对于浪的破碎及飞沫的真实环境直接观测则更为困难，而在热带气旋尺度对于不同象限海气界面的同时观测同样难度较大，因此如何有效精确地观测台风环境下多尺度的海气界面物理过程也是亟待突破的科学难题。

参考文献

[1] Charnock H. Wind stress on a water surface. Quarterly Journal of the Royal Meteorological Society, 1955, 81(350): 639-640.

[2] Large W G, Pond S. Open ocean momentum flux measurements in moderate to strong winds. Journal of Physical Oceanography, 1981, 11(3), 324-336,

[3] Wang D W, Mitchell D A, Teague W J, et al. Extreme waves under Hurricane Ivan. Science, 2005, 309(5736): 896.

[4] Emanuel K A. 1995. Sensitivity of tropical cyclones to surface exchange and a revised steady-state model incorporating eye dynamics. Journal of the Atmospheric Sciences, 1995, 52(22): 3969-3976.

[5] Powell M D, Vickery P J, Reinhold T A. Reduced drag coefficient for high wind speeds in tropical cyclones. Nature, 2003, 422(6929): 279-283.

[6] Donelan M A, Haus B K, Reul N, et al. On the limiting aerodynamic roughness of the ocean in very strong winds. Geophysical Research Letters, 2004, 31: L18306.

[7] Shay L K, Jacob S D. Relationship between oceanic energy fluxes and surface winds during tropical passage (Chapter 5). Atmosphere-Ocean Interactions II, Advances in Fluid Mechanics. Southampton, UK: WIT Press. 2006.

[8] Teague W J, Jarosz E, Wang D W, et al. Observed oceanic response over the upper continental slop and outer shelf during Hurricane Ivan. Journal of Physical Oceanography, 2007, 37(9): 2181-2206.

[9] Sanford T B, Price J F, Girton J B. Upper-ocean response to hurricane Frances (2004) observed by profiling EM-APEX floats. Journal of Physical Oceanography, 2011, 41(6): 1041-1056.

[10] Soloviev A, Lukas R, Donelan M A, et al. The air-sea interface and surface stress under tropical cyclones. Scientific Reports, 2014, 4: 5306.

[11] Emanuel K A. A similarity hypothesis for air-sea exchange at extreme wind speeds. Journal of the Atmospheric Sciences, 2003, 60(11): 1420-1428.

[12] Zhang J A. An airborne investigation of the atmospheric boundary layer structure in the hurricane force wind regime. Florida: University of Miami, 2007.

[13] Emanuel K A. 1995. Sensitivity of tropical cyclones to surface exchange and a revised steady-state model incorporating eye dynamics. Journal of the Atmospheric Sciences, 1995, 52(22): 3969-3976.

[14] Jaimes B, Shay L, Uhlhorn E. Enthalpy and momentum fluxes during Hurricane Earl relative to underlying ocean features. Monthly Weather Review, 2015, 143(1): 111-131.

撰稿人：端义宏　李青青

中国气象科学研究院，duanyh@cma.gov.cn

近岸海–陆–气相互作用对登陆台风风雨的影响机制

Impact of Nearshore Air-Land-Sea Interactions on the Precipitation and Winds of Landfalling Typhoons

台风通常带来狂风和暴雨等灾害，因此登陆过程中风雨分布和强度变化是台风预报的重点，同时也是研究的难点。台风登陆过程中海–陆–气相互作用会使得影响台风风雨的物理过程更为复杂。

对于台风登陆过程中风雨的影响最直接的因素之一是登陆前后路径的改变，显然，路径变化将使得台风尺度的强风暴雨在沿岸地区的发生位置，以及影响时间发生变化。台风登陆前后其环流将同陆面发生相互作用，由于海陆间粗糙度和水汽等的差异，台风的路径可能发生改变。Wong 和 Chan[1]通过数值模式发现没有环境流影响的情况下，在 f 平面上台风有向粗糙度较大的陆地一侧移动的趋势(图 1(b)、(c))，平均的移动速度约为 1m/s。陆面较大的粗糙度使得风速减弱从而在海岸附近产生大尺度的非对称辐合/辐散，非对称辐合/辐散引起非对称垂直运动；非对称涡度的建立/减弱在对流层低层产生非对称流，进而产生一个“涡旋对”，引导台风向陆地一侧移动。同时，对流变化产生的非绝热作用对位涡倾向的影响也使得台风向海岸移动。Szeto 和 Chan[2]分析了 β 平面上不同走向的海岸线对台风路径的影响，发现对于东西向的海岸线台风路径偏向 β 效应导致路径的右侧，而对于南北向的海岸线台风路径偏向 β 效应导致路径的左侧。β 涡旋环流和陆面环流的叠加作用导致了不同的“净流场”，以及不同的辐合/辐散形式，因此产生不同的平流和对流形势，最终导致了不同海岸线走向情况下台风移动的差异。

Tang 和 Chan[3]利用数值试验研究了台湾岛和菲律宾吕宋岛地形对台风路径的影响，指出地形会产生一个涡旋对，此涡旋对在台风中心产生的流场导致台风在登陆前路径向北偏移。Huang 等[4]分析台风 Krosa 登陆台湾岛前的打转路径，发现台湾岛地形高度对路径的打转起了决定性的作用，而地表属性和地形形状的影响作用是次要的。Wu 等[5]分析台风强度、地形高度、登陆时的移动角度等对台风登陆台湾岛前路径偏折的影响，发现对流层中层的非对称北风对台风路径向南的偏折起了主要作用，非对称北风主要是由于台风中心东侧风速的减小和西侧风速的增大或维持导致的。

由此可见，近海海–陆–气相互作用无论在动力方面还是热力方面都可能影响登陆台风的路径，进而影响台风登陆前后风雨分布和影响时间，但仍存在许多难

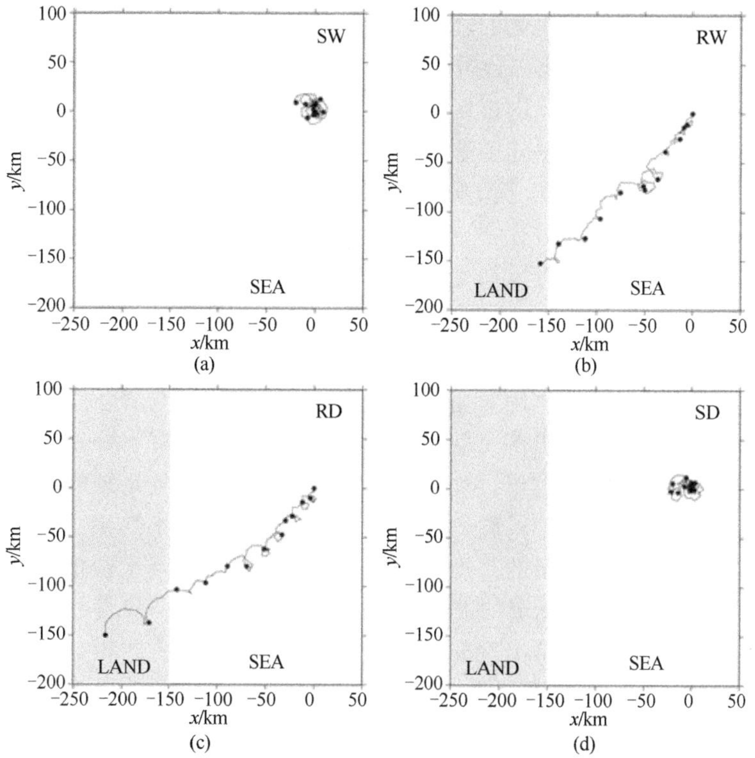

图 1 (a)平滑的湿陆地试验，(b)粗糙的湿陆地试验，(c)粗糙的干陆地试验和(d)平滑的干陆地试验中的台风路径[11]

实心圆点表示每隔 12 小时的台风中心位置

点问题。例如，上述的海陆粗糙度差异导致的台风路径变化是通过人为增大陆面粗糙度的方法研究的，而在真实的粗糙度环境条件下是否还有类似结论？是否能够定量化估计或者预测海陆粗糙度差异导致的路径变化在实际个例中所起的作用？这些问题仍不清楚。而对于同时存在海陆粗糙度差异、不同尺度岛屿和海岸地形，以及陆面热力作用的复杂环境下，海–陆–气相互作用如何协同调节台风路径同样是未知的难题，增加了台风登陆过程短时间内路径的预报尤其是登陆点的准确预报的不确定性。

除了海–陆–气相互作用导致路径变化进而影响台风尺度风雨的活动，台风环流内中小尺度风雨结构也会受海–陆–气相互作用调节。台风登陆过程中由于海陆差异及大气环境条件的不同，台风的降水分布特征变得复杂多变。Li 等[6]指出当不考虑环境垂直风切变影响时，源自陆地的干冷空气向海洋方向平流，使得外核区大气稳定度降低，台风东侧产生外螺旋雨带降水。而在内核区，当陆面粗糙度较小时降水的非对称性相对较小，当陆面粗糙度较大时，降水的非对称性变得较为明显，较强的降水发生在西侧的陆面区域。当存在弱的环境垂直风切变时，由于非对称潜热和高层风场变化，台风尺度(离台风中心 400km 半径内)的垂直风切变在方向和强度上持续变化，内核区的强降水发生在台风尺度垂直风切变左侧，而在外核区降水分布首先受登陆前地面粗糙度差异的影响，其后再受环境垂直风切变的影响。Yu 等[7]观测分析了登陆中国海南、广东、福建、浙江和台湾的台风非对称降水特征，发现登陆过程中一波的非对称强降水主要发生在垂直风切变的下风向或者其左侧，由于垂直风切变方向从华南到华东存在气旋式旋转，所以从华南到华东最大降水位置也存在气旋式旋转变化；此外台风登陆后，其对称降水通常迅速减弱。

可见，海–陆–气相互作用对登陆台风降水的影响不仅与海陆差异有关，也与大气环境分布有关，表现出多尺度特征。海陆差异导致的降水分布不均匀可以看做是热带气旋尺度的物理过程，环境场的影响与大尺度天气系统的活动有关，局地山地地形的影响涉及中小尺度物理过程，而降水效率和水汽相变过程则是云微物理过程。因此，这种复杂的多尺度相互作用是登陆台风降水预报的难点问题，使得登陆台风降水分布和量级的准确预报面临极大地挑战。

当台风登陆时其风场常出现非对称分布特征。陆面较大的粗糙度可以促使入流加强,加强的入流可以扩展至眼壁附近[8, 9]。Schneider 和 Barnes[8]发现飓风 Bonnie 登陆时，最强的入流出现在左后象限，陆面粗糙度的增加使得近地面风速减弱，进而在海岸线附近产生辐合带。Wong 和 Chan[10]指出内核区地面风场的非对称性与海陆差异导致的地面摩擦突变紧密相关，登陆前洋面风场的加速导致风场非对称性，登陆后陆面风场的减速也会导致风场非对称性。台风登陆前，洋面指向陆面方向左侧和左前侧的入流增强，使得切向风大值区位于入流大值区的下游约 90°处，量级与梯度风相近，最大切向风内侧还存在弱的出流。台风登陆后，右侧和右后侧的入流减弱。在边界层顶，风场同样存在非对称性，径向风的垂直平流导致超梯度风的出现。

台风登陆过程中海–陆–气相互作用对台风风场的影响由于陆面和大气环境的多变性变得非常复杂。目前的研究仅只粗略探索了海陆差异对热带气旋尺度风场的非对称特征的影响，当陆面存在复杂的建筑和植被分布时，在对流尺度甚至湍流尺度上风场的变化特征和机制更加复杂，且亟待研究。强台风登陆过程中带来的风暴潮可能改变陆面特征，这种陆面特性的改变对近地面风场变化的作用也是目前研究的难点。对这些问题的深入研究不仅关系着台风登陆过程的准确预报，也关系着防灾减灾工作的有效顺利开展。

参 考 文 献

[1] Wong M L M, Chan J C L. Tropical cyclone motion in response to land surface friction.

Journal of the Atmospheric Sciences, 2006, 63(4): 1324-1337.

[2] Szeto K C, Chan J C L. Structural changes of a tropical cyclone during landfall: Beta-plane simulations. Advances in Atmospheric Sciences, 2010, 27(5): 1143-1150.

[3] Tang C K, Chan J C L. Idealized simulations of the effect of Taiwan and Philippines topographies on tropical cyclone tracks. Quarterly Journal of the Royal Meteorological Society, 2014, 140: 1578-1589.

[4] Huang Y H, Wu C C, Wang Y. The influence of island topography on typhoon track deflection. Monthly Weather Review, 2011(6), 139: 1708-1727.

[5] Wu C C, Li T H, Huang Y H. Influence of mesoscale topography on tropical cyclone tracks: Further examination of the Channeling effect, 2015, 72(8): 3032-3050.

[6] Li Y, Cheung K K W, Chan J C L. Modelling the effects of land-sea contrast on tropical cyclone precipitation under environmental vertical wind shear. Quarterly Journal of the Royal Meteorological Society, 2015, 141: 396-412.

[7] Yu Z, Wang Y, Xu H. Observed rainfall asymmetry in tropical cyclones making landfall over China. Journal of Applied Meteorology and Climatology, 2015, 54(1): 117-135.

[8] Schneider R, Barnes G. Low-level kinematic, thermodynamic, and reflectivity fields associated with Hurricane Bonnie (1998) at landfall. Monthly Weather Review, 2005, 133(11): 3243-3259.

[9] Kepert J. Observed boundary layer wind structure and balance in the Hurricane Core. Part II: Hurricane Mitch. Journal of the Atmospheric Sciences, 2006, 63(9): 2194-2211.

[10] Wong M, Chan J C L. Modeling the effects of land–sea roughness contrast on tropical cyclone winds. Journal of the Atmospheric Sciences, 2007, 64(9): 3249-3264.

撰稿人：端义宏 李青青

中国气象科学研究院，duanyh@cma.gov.cn

为什么地球上平均每年出现大约 80 多个热带气旋？

What Determine the Annual Mean Count of About 80 Tropical Cyclones on Earth?

热带气旋是发生在热带和亚热带海洋上具有组织化的对流和确定气旋性环流的大气涡旋，当这种非锋面暖心气旋中心附近最大风速达到 17.2m/s(8 级风力)时统称为热带气旋。全球存在西北太平洋和南海、东北太平洋、西南太平洋、孟加拉湾和阿拉伯海、南印度洋、北大西洋等 6 个热带气旋活动海区，在不同的活动海区按照强度不同有不同的名称。例如，在西北太平洋和南海地区，热带气旋随着强度增加分别称为热带风暴、强热带风暴、台风、强台风和超强台风，而在北大西洋海区则称为热带风暴、飓风，飓风又进一步的分为五个强度等级。热带气旋是地球上最具破坏性的天气系统，特别是超强台风或者 4~5 级飓风，伴随的狂风暴雨在登陆过程中经常造成严重的财产损失和人员伤亡[1]，热带气旋灾害是世界上最严重的自然灾害之一。1988~2015 年全球平均每年观测到 86 个达到热带风暴强度的热带气旋(图 1)，虽然科学家们对热带气旋的生成、移动和强度结构等已经有许多研究，但是令人困惑的是，为什么每年全球平均出现约 80 多个热带气旋？从图 1 可以看出，虽然存在年际和年代际的振荡，但是全球热带气旋总频数基本维持在一定范围内，是什么因子决定了地球上年平均热带气旋频数？当这些因子发生改变时，全球年平均热带气旋频数可能会偏离这个均值变成 40 多个或者 120 多个吗？

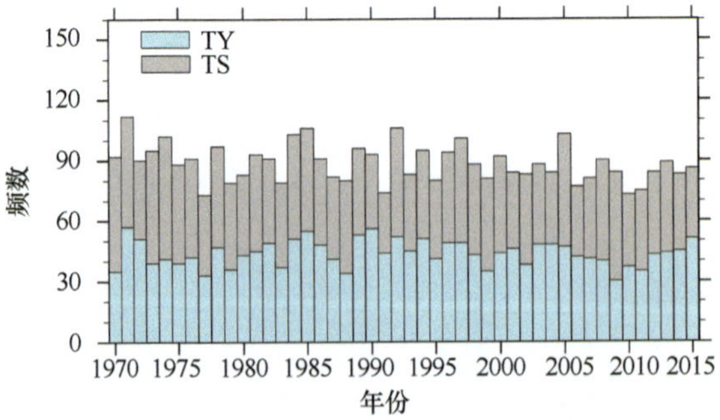

图 1　1970~2015 年全球达到热带风暴(TS)和飓风(TY)强度的热带气旋年频数

回答这个有趣的问题有三个方面意义。第一，需要了解影响热带气旋频数的关键因子。例如，在西北太平洋地区，大约 70%热带气旋的生成与季风有关[2, 3]，而季风与海陆分布、海气相互作用、陆地地形和陆面状况有关，因此在西北太平洋地区季风的格局可能是决定这个地区热带气旋频数的关键因子之一。第二，热带气旋也许不是地球系统的附带产品，地球系统可能必须存在一定数量的热带气旋，也就是说，热带气旋对地球系统的维持可能有不可或缺的作用。第三，由于人类活动的影响，地球系统正在发生史无前例的改变，这种改变目前称为全球变暖或者全球气候变化，由于热带气旋对人类生活和经济发展的主要影响，人类活动对热带气旋的影响是一个学术界关注的关于气候变化影响的重要问题之一。因此，研究这个问题不仅提高对热带气旋活动的认识，而且对于理解地球系统及其演变有重要的意义。

现有的知识可以对回答这个问题有一些启示。第一，热带气旋的生成受到大尺度环流因子的影响[4, 5]；第二，热带气旋活动并不完全被动地受大尺度环流的制约，热带气旋活动可能反过来影响大尺度环流的平均状态和变率[6]；第三，不少全球数值模式试验发现[7, 8]，在全球变暖的背景下全球热带气旋的总频数有减少的趋势。

前面我们提到，热带气旋只发生在地球上的 6 个海区，这是因为热带气旋生成需要满足 6 个大尺度条件[5]。这些大尺度条件包括：①生成地区的科氏参数不能太小，一般热带气旋很难生成在赤道附近地区，因为科氏参数在赤道上为零，随纬度增加；②生成的大尺度环境必须具有一定相对涡度，热带气旋总是生成在天气尺度的初始扰动中，这些扰动总是与一定的大尺度环流系统相联系，因为一个旋转的环境有利于大气将对流活动释放的潜热能量转变成热带气旋发展所需要的动能；③环境风场在垂直方向上不能变化太大，也就是说环境风的垂直切变太大不利于热带气旋生成；④因为热带气旋主要从海洋获得能量，热带气旋只能生成在温暖的海洋上，一般认为海表温度必须大于 26℃，研究表明海表温度基本就决定了热带气旋可能达到的最大强度；⑤热带气旋通过深对流活动从海洋获得能量，环境必须有利于深对流的发展，因此环境大气必须满足对流不稳定条件；⑥对流层中层相对湿度不能太小，当空气上升时，气压下降导致空气微团膨胀冷却，不利于深对流的产生，如果中层相对湿度较大，空气微团就会饱和凝结，产生的非绝热加热抵消冷却效果。这些大尺度条件表明热带气旋生成受到大尺度环流的制约，解释了为什么热带气旋只能发生在上述的 6 个海区，但是目前还不知道这些大尺度条件是不是可以决定全球尺度热带气旋的总个数。

热带气旋对气候系统的影响可以从三个方面考虑：第一，热带气旋总是伴随非常强烈的降水，虽然热带气旋降水只占热带总降水量比较小的部分，但是它们的降水效率非常高，热带气旋可能在一定程度上调节了气候系统的水循环，热带气旋的深对流活动可以将水汽带到平流层低层，也可能影响到平流层的水汽循环；

第二，热带气旋中深对流活动将从海洋获得的大量能量释放到大气中，可能影响地球大气的能量循环；第三，热带气旋活动可以影响海洋的能量循环，热带气旋在洋面上活动可以造成很强的海水混合[9]，将较深的冷海水带到海洋混合层中，造成的最大降温通常出现在热带气旋路径的右侧，一些研究认为[10]，热带气旋活动在维持中低纬度海水温度梯度有不可忽视的作用。

因为热带气旋活动既受到大尺度环流的制约，又可能在气候系统中扮演不可缺少的角色，气候变化可能影响全球热带气旋的总频数，数值试验的一些结果认为在全球变暖的背景下全球热带气旋的总频数有减少的趋势。虽然目前还不清楚为什么全球变暖导致热带气旋全球总频数减少，这些数值研究表明气候系统的变化确实影响热带气旋的总频数。

研究这个问题的难点在于两个方面：第一，热带气旋都生成在海洋上，大多热带气旋的生成过程发生在人迹罕至远离陆地的洋面上，观测资料不多，虽然已经有不少研究，但是目前并不知道热带气旋生成的充分必要条件；第二，热带气旋活动基本涉及大气科学的各个方面，特别是成云致雨过程尤为重要，但是目前的数值模式，包括世界上最先进的中尺度模式，还不能比较准确地模拟大气中水汽变化过程。另外，台风生成的研究在台风科学领域中尚有不少短板，科学家的主要精力研究台风路径和强度结构变化，因为人们主要关注台风生成以后的重大影响。进入 21 世纪，随着卫星遥感资料的不断增加，数值预报时效的延长和认识全球变化对热带气旋活动影响的需要，台风生成研究逐步被引起重视。

参 考 文 献

[1] Zhang Q, Wu L, Liu Q. Tropical cyclone damages in China 1983-2006. Bulletin of the American Meteorological Society, 2009, 90(4): 489-495.

[2] Wu L, Zong H, Liang J. Observational analysis of tropical cyclone formation associated with monsoon gyres. Journal of the Atmospheric Sciences, 2013, 70: 1023-1034.

[3] Zong H, Wu L. Re-examination of tropical cyclone formation in monsoon troughs over the western North Pacific. Advances in Atmospheric Sciences, 2015, 32: 924-934.

[4] Gray W M. Global view of the origin of tropical disturbances and storms. Monthly Weather Review, 1968, 96: 669-700.

[5] Gray W M. Tropical cyclone genesis. Dept. of Atmos. Sci. Paper No. 234, Colo. State Univ., Ft. Collins, CO, 1975, 121.

[6] Emanuel K A. The hurricane-climate connection. Bull. American Meteorology Society, 2008, 89: 10-20.

[7] Oouchi K, Yoshimura J, Yoshimura H, et al. Tropical cyclone climatology in a global-warming climate as simulated in a 20 km-mesh global atmospheric model: Frequency and wind intensity analyses. Journal of the Meteorological Society of Japan.ser.ii, 2006, 84(2): 259-276.

[8] Knutson T R, McBride J L, Chan J C L, et al. Tropical cyclones and climate change. Nature Geoscience, 2010, 3: 157-163.
[9] Price J F. Upper ocean response to a hurricane. Journal of Physical Oceanography, 1981, 11(2): 153-175.
[10] Emanuel K. Contribution of tropical cyclones to meridional heat transport by the oceans. Journal of Geophysical Research, 2001, 106(106): 14: 14771-14782.

撰稿人：吴立广
南京信息工程大学，liguang@nuist.edu.cn

海表面温度锋对海洋大气边界层的强迫机理

The Impact of SST Front on the Marine Atmospheric Boundary Layer

大气边界层是对流层下部直接受下垫面影响的气层。许多研究表明，占地球表面 2/3 的海洋对大气有重要影响，海洋大气边界层(MABL)在海洋对大气的影响中起着重要的纽带作用，与海上对流活动、云和雾的形成、气旋的发展、海上突发性强风，以及空气污染物的扩散等密切相关，对海上交通、海上资源的开发利用有直接影响。

海表面温度锋区是指海表面温度(SST)急剧变化的海区，SST 等温线密集，水平梯度大，简称为海洋锋，跨海洋锋面的尺度一般不足 50km(约 0.5 个纬距)。研究表明，海洋锋对大气的强迫效应可以穿透 MABL 到达整个对流层，对局地乃至更远地区天气气候都具有重要影响[1~8]。

图 1(b)、(c)表明来自低纬度的湾流(暖海流)北上，与来自高纬度的拉布拉多冷海流在 40°N 附近相遇，形成强 SST 梯度，即湾流锋。在湾流锋暖水一侧上空，对流层中上层出现明显的辐散(图 1(b))，对流活动旺盛，可达整个对流层(图 1(a))。对流降水过程中，通过释放潜热对大气环流进行调整，进而使湾流锋对大气的强迫作用可以延伸到其他地区。

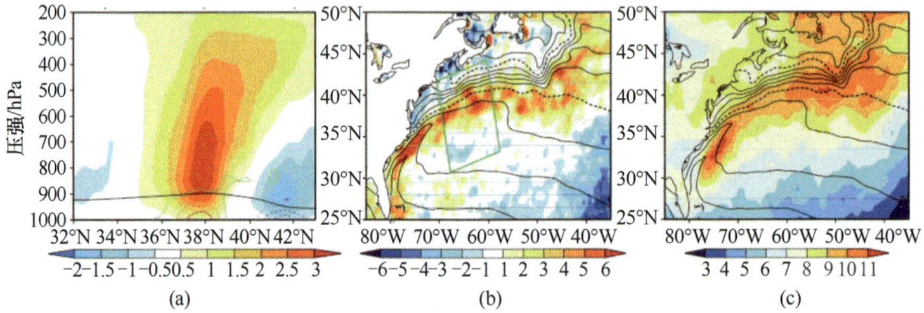

图 1　湾流区海洋锋上空年平均物理量分布[3]

(a)填色为上升运动(10^{-2}Pa/s)，黑色线为边界层高度，等值线为(b)图中沿着海洋锋绿色框中的平均水平风散度；(b)500~200hPa 平均水平风散度(10^{-7}/s)；(c)卫星遥感白天 OLR<160W/m 的概率(100%)。图(b)和(c)中的等值线为 SST

北半球著名的海洋锋还有西北太平洋黑潮延伸体暖水与亲潮冷水交汇形成的锋区和东海黑潮锋区。强大的太平洋西边界流——黑潮从台湾东部海域向北进入东海，形成西南—东北向东海黑潮暖流，黑潮暖流西北侧是陆架浅海，在冬季风作用下，强烈的垂直混合形成陆架冷水。由冬至初夏，东海黑潮与陆架冷水之间形成明显的 SST 梯度，即东海黑潮锋。另外在中国近海，沿岸流和陆架混合水之间、南北不同热力性质的水团之间也会形成海洋锋。已有研究显示，东海黑潮锋影响黄、东海气旋活动路径和云/雨带，与黄、东海海面大风中心、层云和海雾存在较好的位置对应关系[7~9]。

海洋锋对大气的影响通过影响海洋大气边界层而实现。科学家们先后提出了“气压调整”机制[3, 10]、“垂直混合”机制[11]和“边界层增厚”机制[12]。应用比较广泛的是前两种理论。“气压调整”机制指出通过静力关系 SST 导致海平面气压调整，后者进一步影响海表面风速散度。“垂直混合”机制提出，SST 通过影响 MABL 的稳定度，控制动量下传，从而影响海表面风速。

这样就出现了问题，“气压调整”机制作用下，海表面风速大小与 SST 梯度强度为正相关关系；“垂直混合”机制作用下，海表面风速大值区对应 SST 大值区，两者有 90°的位相差。为了回答这个问题，科学家们最新提出了这两种机制对时间尺度有依赖性，在较短时间尺度上，“垂直混合”机制更明显；而较长时间尺度下，“气压调整”机制起主要作用[9]。

然而这些解释并不是问题的全部。首先，上述研究结论主要基于对卫星遥感资料和再分析资料的统计或者长期平均。海洋锋对大气边界层的影响尚缺乏直接观测事实，在 MABL 中究竟发生了什么变化还不清楚。两种机制对时间尺度依赖性的研究中，没有定量给出较短时间尺度和较长时间尺度的范围。

海洋对大气的影响主要是热力作用。由于海洋锋的强迫，在其附近的海–气界面热量通量发生了变化，这种变化对气压调整机制和垂直混合机制的贡献如何？不同气候态背景气流(如冬季风和夏季风)越过相对静止的海洋锋时，大气边界层对海洋锋响应的机理是否有所不同？其原因又是什么？等等，对这些基本的科学问题，迄今为止尚少有研究。

天气尺度或者更小尺度的海洋大气边界层对海洋锋强迫的响应，主要表现在对边界层热力和动力结构影响上，这种响应随控制天气系统的动力和热力条件不同而有显著的差异。例如，春季黑潮延伸体附近海区的观测研究发现，在天气尺度的高压前部西北气流控制下，在海洋锋面的暖水侧(下风方)出现热通量大值中心，低压槽发展，边界层中静力稳定度下降，混合层加深，上升运动和层积云发展。这些变化中包含了气压调整机制、垂直混合机制、平流效应，以及海气界面热通量增加–稳定度减弱–西风动量下传增强–热通量增加的正反馈效应[13]。对于这些响应还需要更多的观测研究，才能提炼出更有代表性的结论。

只有这些引起边界层大气变化的机理清楚了，才能对自然现象给予科学解释，才能对卫星遥感和再分析资料得到的统计结果有深刻的认识并去伪存真。

参考文献

[1] Xie S P. Satellite observations of cool ocean atmosphere interaction. Bulletin of the American Meteorological Society, 2004, 85(2): 195-208.

[2] Small R J, Deszoeke S P, Xie S P, et al. Air-sea interaction over ocean fronts and eddies. Dynamics of Atmospheres & Oceans, 2008, 45(3-4): 274-319.

[3] Minobe S, Kuwano-Yoshida A, Komori N, et al. Influence of the Gulf Stream on the troposphere. Nature, 2008, 452(7184): 206.

[4] Minobe S, Miyashita M, Kuwanoyoshida A, et al. Atmospheric response to the gulf stream: Seasonal variations. Journal of Climate, 2010, 23(13): 3699-3719.

[5] Tanimoto Y, Kai K H, Okajima H, et al. Observations of marine atmospheric boundary layer transitions across the summer Kuroshio Extension. Journal of Climate, 2009, 22(6): 1360-1374.

[6] Tokinaga H, Tanimoto Y, Xie S P, et al. Ocean frontal effects on the vertical development of clouds over the Western North Pacific: In situ and satellite observations. Journal of Climate, 2009, 22(16): 4241.

[7] Xu H, Xu M, Xie S P, et al. Deep atmospheric response to the spring Kuroshio over the East China Sea*. Journal of Climate, 2011, 24(18): 4959-4972.

[8] Zhang S P, Liu J W, Xie S P. The formation of a surface anticyclone over the Yellow and East China Seas in spring. Journal of the Meteorological Society of Japan, 2011, 89(2): 119-131.

[9] Liu J W, Zhang S P, Xie S P. Two types of surface wind response to the East China Sea Kuroshio front*. Journal of Climate, 2013, 26(21): 8616-8627.

[10] Lindzen R S, Nigam S. On the role of sea surface temperature gradients in forcing low-level winds and convergence in the Tropics. 1987, 44(17): 2418-2436.

[11] Wallace J M, Mitchell T P, Deser C. The influence of sea-surface temperature on surface wind in the eastern equatorial pacific: Seasonal and interannual variability. Journal of Climate, 1989, 2(12): 1492-1499.

[12] Samelson R M, Skyllingstad E D, Chelton D B, et al. On the coupling of wind stress and sea surface temperature. Journal of Climate, 2016, 19: 1557-1566.

[13] 张苏平, 王媛, 衣立, 等. 一次层积云发展过程对黑潮延伸体海洋锋强迫的响应研究——观测与机制分析. 大气科学, 2017, 41(1).

撰稿人：张苏平

中国海洋大学，zsping@ouc.edu.cn

黄东海海洋大气边界层对海洋性低云/海雾的影响及反馈作用

Influence of Marine Boundary Layer on Marine Low Clouds/Fog and the Feedback Over the Yellow and East China Sea

大气边界层是对流层下部直接受下垫面影响的气层。海洋大气边界层(MABL)则为海洋上空对流层下部直接受海洋下垫面影响的气层。研究表明，占地球表面2/3的海洋对大气有重要影响，这些影响的一个重要表象是MABL中的云。海洋性低云(marine low clouds)，主要包括积云、层积云、层云和海雾，是MABL内部的常见现象，它可以有效反射太阳短波辐射，吸收和再辐射长波辐射，与中高云相比发生频率更高，故在全球辐射平衡中起着重要作用，是全球气候变化研究的重要内容[1]。

海雾与人类活动密切相关。由于海雾导致的低水平能见度，对海上航行、港口作业、渔业生产等有严重影响。在美国加利福尼亚沿岸，科学家们发现由于气候变化，海雾入侵陆地的程度减弱，导致大片依靠吸收雾水存活的植物枯死，而这些植物的死亡会引起一连串生态问题。在干旱半荒漠地区，如南美洲太平洋沿岸，收集雾水成为解决人畜饮水的重要途径。

海雾的形成机理与海洋性低云有所不同，但两者的微物理特征是近似的，以下简称低云/海雾。由于海雾雾顶长波辐射导致湍流混合加强，雾层基本为湿绝热湍流混合层[2, 3]，或者说海雾的厚度就是混合层的高度。另一方面，MABL的高度、稳定度也影响着低云/海雾的发生。东太平洋信风区观测表明，当空气团由冷水区(SST<SAT，SST为海表面水温，SAT为海表面气温)向暖水区(SST>SAT)移动过程中，边界层高度升高，稳定度减弱，层积云增加，到达暖水上空时，层积云破碎和MABL退耦现象(decouple)伴随发生；反之，当暖空气平流到冷海面时，MABL层结增强、水汽垂直混合减弱，可以导致海雾发生[4]。当MABL高度由于下沉运动等因素的影响而降低时，低云可以转化为海雾[5]；湍流过强或者有上升运动时，MABL高度升高，可以导致海雾抬升为低云。在青岛沿海常常会看到海雾向岸边涌来，但登陆后抬升变成低云[6, 7]。因此，海洋大气边界层对海洋性低云/海雾有明显影响，而后者也会对MABL有反馈作用。

我国黄东海海区是低云/海雾多发区域。海雾(主要是平流冷却雾，即暖湿空气流经冷海面，低层空气向海洋输送热量而冷却，气温下降达到或者低于其露点温度而形成雾)多发生于冷水面，海–气界面和 MABL 层结都是稳定的；最新的卫星观测表明，在黄东海海区，低云在冷水面和暖水面都可以形成[7]；走航观测发现，在低云发展过程中，海–气界面的稳定性与 MABL 中的稳定性有可能不一致[8]。

春季黄东海海区为陆架冷水，其上空常有高压维持和加强。大规模下沉气流，加强了 MABL 层结的稳定性，MABL 顶自南向北高度降低，有利于来自层状云的水汽在向北输送过程中不断向海面聚集，与海面水汽平流相结合，在冷水面形成海雾，而雾区南方为低云区；有时 MABL 顶的高度自南向北出现急剧下降，相应云顶高度自南向北呈不连续变化，甚至出现云区断裂，云雾有明显分界区[9, 10]。

上述研究表明了黄东海海域海洋大气边界层与低云/海雾关系的复杂性。从机理上我们还不知道在冷水面和暖水面形成低云的边界层过程有什么不同？形成海雾的重要条件是要有水汽输送，但为什么不形成云而是形成海雾呢？有研究指出，形成低云与海雾的关键因素是逆温层高度。虽然理论研究指出，影响逆温层因素有温度平流、下沉运动、海气界面热通量交换等，但是由于海上缺乏必要的观测，我们不清楚与低云/海雾相关的逆温层高度变化的物理过程是什么。

前人研究指出，低云/海雾上方有一般有逆温层，雾层的厚度就是混合层的高度，表明了海雾对边界层的影响。在海雾发展的盛期，雾顶上方逆温层异常明显，仅仅靠下沉运动和平流效应难以解释。Koračin 等[5]指出雾顶长波辐射冷却及其导致的雾顶夹卷会有效地增强逆温。但在海雾发展和消散阶段逆温层往往比较弱甚至没有逆温。我们还不清楚在海雾发展、维持和消散阶段雾顶长波辐射对边界层垂直结构的影响有何变化，而后者的变化又会通过什么过程对海雾的发展、维持和消散产生影响。迄今为止，对海雾雾顶长波辐射效应的研究主要依赖于模式。对雾顶长波辐射强度与雾层温度、湿度结构、液态水含量的关系迄今还少有观测研究，阻碍了我们对相关物理过程和科学问题的认识，也难以对模式结果进行校验。

还有一个有趣的现象，迄今仍然是个谜。海雾在卫星云图上有其独特的分布形态。由于陆地热力性质与海洋差别大，海雾登陆后趋于消散，所以雾区往往与海岸线基本吻合(图 1(b))；对于开放海域中的海雾，雾区边界比较平滑整齐，与低云明显不同(图 1(a)、(b))。有研究指出，雾区分布与海表温度、海–气温差(海表面水温–海表面气温)和天气系统有关，这可以大体解释为什么海雾出现在某个海区[2, 3, 11~13]。但如图 1(a)所示，海雾西边界自南向北几乎成一条直线，图 1(b)中北黄海海雾西边界也近于直线，其他开放海区海雾边界弯曲平滑，这些形态特征是利用卫星可见光云图判识雾区一个依据[14]。但是这些特征难以用上述因子刻画出来。控制海雾分布形态的根本原因是什么？是否与雾顶长波辐射有关？

总之，由于缺乏观测，我们对黄东海海区影响低云/海雾的边界层过程认识甚少。特别是对低云/海雾通过长波辐射影响 MABL 垂直结构，后者又如何反过来影响低云/海雾的发展、维持和消散这一科学难题，值得深入研究。

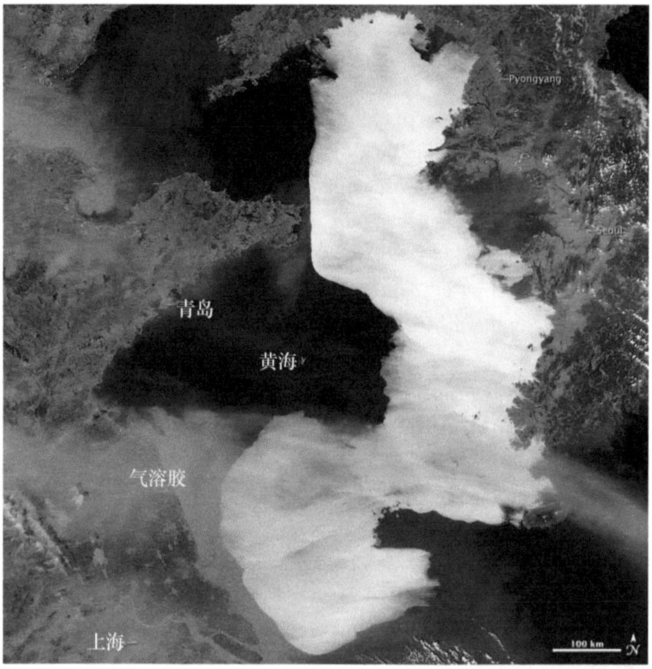

(a)

(b)

图 1　黄海海雾的卫星图片，图中黄海上空乳白色为海雾区

(a) 2012 年 3 月 28 日 MODIS 可见光云图(http://earthobservatory.nasa.gov)；(b) 2012 年 2 月 23 日 MTSAT 可见光云图(http://www.hko.gov.hk/wxinfo/intersat/satpicc_s.shtml)

参 考 文 献

[1] Xie S P. Satellite observations of cool ocean atmosphere interaction &. Bulletin of the American Meteorological Society, 2004, 85(2): 195-208.

[2] Zhang S P, Li M, Meng X G, et al. A comparison study between spring and summer fogs in the Yellow Sea-observations mechanisms, pure appl. Geophys, DOI 10.1007/s00024-011- 0358-3, 2012, 169(5-6), 1001-1017.

[3] Huang H, Liu H, Huang J, et al. Atmospheric boundary layer structure and turbulence during Sea Fog on the Southern China Coast. Monthly Weather Review, 2015, 143(5): 150217142359000.

[4] Koračin D, Businger J A, Dorman C E, et al. Formation, Evolution, and Dissipation of Coastal Sea Fog. Boundary-Layer Meteorology, 2005, 117(3): 447-478.

[5] Norris J R, Iacobellis S F. North Pacific cloud feedbacks inferred from synoptic-scale dynamic and thermodynamic relationships. Journal of Climate, 2005, 18(22): 4862-4878.

[6] 王彬华. 海雾. 北京: 海洋出版社. 1983, 352.

[7] Liu J W, Xie S P, Yang S, et al. Low-cloud transitions across the Kuroshio Front in the East China Sea. Journal of Climate, DOI: 10.1175/JCLI-D-15-0589.1, 2016, 29: 4429-4443.

[8] 张苏平, 王媛, 衣立, 等.一次层积云发展过程对黑潮延伸体海洋锋强迫的响应研究——观测与机制分析. 大气科学, 2017, 41(1).

[9] Man L I, Zhang S. Impact of sea surface temperature front on stratus-sea fog over the Yellow and East China Seas——A case study with implications for climatology. Journal of Ocean University of China, 2013, 12(2): 301-311.

[10] 张苏平, 刘飞, 孔扬. 春季一次黄东海海雾和层云关系的研究. 海洋与湖沼, 2014, 45(2), 341-352.

[11] Huang J, Wang X, Zhou W, et al. The characteristics of sea fog with different air flow over the Huanghai Sea in boreal spring. Acta Oceanol Sinica, 2010, 29(4): 3-12.

[12] Fu G, Li P, Crompton J G, et al. An observational and modeling study of a sea fog event over the Yellow Sea on 1 August 2003. Meteorology and Atmospheric Physics, 2010, 107(3): 149-159.

[13] Gao S, Hang L, Shen B, et al. A heavy sea fog event over the Yellow Sea in march 2005: Analysis and numerical modeling. 大气科学进展, 2007, 24(1): 65-81.

[14] 张纪伟, 张苏平. 基于 MODIS 的黄海海雾研究——海雾特征量反演. 中国海洋大学学报, 2008, 39(增): 311-318.

撰稿人：张苏平

中国海洋大学，zsping@ouc.edu.cn

影响海上亚微米气溶胶生成的关键海洋和大气过程

Key Oceanic and Atmospheric Processes Influencing the Formation of Submicro Marine Aerosol

大气气溶胶是悬浮在大气中的固态和液态颗粒物的总称，粒子的空气动力学直径为 0.001~100μm [1]。一方面大气气溶胶通过直接和间接效应改变地球的能量平衡，另一方面由于其粒径小、分布面积大，影响大气的各种化学过程和人类健康[1, 2]。从全球范围来看，海洋气溶胶是自然排放气溶胶的重要组成部分。海洋每年向大气中排放的气溶胶高达 16600Tg，其中大约 7.52Tg/a 的海洋源气溶胶与其他源大气气溶胶共同作用，通过吸收、散射太阳辐射和地表辐射直接影响地球的能量平衡，同时也通过改变大气中云凝结核(cloud condensation nuclei，CCN)或冰凝结核(ice nuclei，IN)的形成和维持等过程间接地影响地球的辐射、能量平衡[3~5]。大气中亚微米级气溶胶(100nm 至 1.0μm)的生命周期比较长，是云凝结核的主要组成部分。

除陆源输送外，影响海上亚微米气溶胶浓度的关键海洋和大气过程包括以下三方面。

(1) 风应力驱动产生的飞沫气溶胶(图 1)。海洋飞沫的粒径大小为 10nm 到几毫米，以液相为主。按形成机制不同，海洋飞沫可分为膜滴、喷滴和裂滴三种。膜滴和喷滴是气泡破裂过程生成的[6, 7]，膜滴大小从小于 10nm 到数百纳米，喷滴粒径大小约是母体气泡的 10%。若风速大于 10m/s，波峰撕裂可产生裂滴，粒径从数十微米到数毫米，可在几秒至几分钟内直接落回水面。

图 1　海洋源气溶胶生成及转化过程示意图[8]

虽然我们对产生海洋飞沫气溶胶的物理过程比较了解，但是至今没有解决海洋飞沫气溶胶通量的准确估计方法。表示单位面积单位时间产生的单位粒径间隔的粒子数量称为海洋飞沫气溶胶通量，通常用源函数来描述[8]，其中白冠法是被广泛应用的一种源函数估算方法。按照这种方法，不同研究者给出的估算偏差可达一个数量级[9]。造成偏差的原因是白浪覆盖率公式与风速之间存在不确定性。总体而言，海面 10m 高度风速和白冠覆盖率关系的不确定性为 3~7 倍，其中风速 8.5m/s 时不确定性为 7 倍，风速 10m/s 时为 5 倍[10]。另外，白浪覆盖率也会随着摩擦速度、大气稳定度、波浪周期、波龄等变化。一方面，在大气不稳定状况下，即使是低风速(3m/s 左右)也可以产生白浪；而低层大气稳定的条件下，6m/s 左右的中等风速也可能不会出现白冠。风区长可催生较为成熟的海浪，因此更易出现海浪破碎导致白冠产生。如果强风作用的时间很短，也有可能不产生大面积的白冠[11]。另一方面，由于海流剪切与长波相互作用，海流速度增大会导致白冠覆盖率的减少[12]。因此，目前关于海面白冠覆盖率及其影响因素的研究还很不成熟，特别是白冠覆盖率与海表面流速、盐度、表面活性剂的种类和浓度的关系还只能被定性描述。这些不确定性因素直接导致了准确估算海洋飞沫产生气溶胶通量的困难。

(2) 由硫酸和碘氧化物等的转化导致的新粒子生成。一方面，海洋中的藻类或者微生物可通过酶降解释放大量二甲基巯基丙酸(Dimethylsulfoniopropionate，DMSP)，而 DMSP 是二甲基硫(DMS)的重要前体物。由海洋释放的 DMS 和含碘分子经海气边界层进入大气后很快被大气中的 OH^-自由基和 NO_3^-等氧化性物质氧化生成 SO_2和甲硫磺酸(methane sulphonic acid，MSA)。其中 SO_2 可直接被颗粒物吸附或者被进一步氧化生成 H_2SO_4，继而发生均相成核生成颗粒物(SO_4^{2-})(图 1)；另一方面，MSA 和 H_2SO_4 均可附着在大气中已有的颗粒物表面，发生非均相成核现象[13]。这些新生成的 MSA 和 SO_4^{2-}粒子可以迅速从几个纳米增长到埃根核大小(~100nm)，导致 CCN 数量增加并影响云的生成，从而对气候产生影响。

海洋表层水中含有大量颗粒物，如浮游生物、水藻、微生物、细菌及其他有机体，形成地球表面最大的有机活性碳物质储库[14]。越来越多的研究表明这些有机物也会通过前面所述的风浪破碎过程进入到大气，因此除海盐外，海洋飞沫可能也对海洋源有机气溶胶组分有重要贡献[15, 16]，但目前有关海洋有机物释放的研究尚处于起步阶段。由于相关的航海观测条件有限，海洋释放的有机物浓度低(痕量级别)，更加大了实地观测的难度；目前也有一些研究将海洋带入实验室[17]，进行海浪模拟生成海洋气溶胶，但同样也面临着复杂的海洋状况模拟及痕量分析技术等方面的难题。

(3) 自由对流层粒子的卷入。在遥远大洋的海气边界层，新粒子的主要来源可能不是大气中的核化过程[18]，而是自由大气层中发生的 H_2SO_4 诱发的颗粒物成核[18, 19]。箱式模型和三维全球尺度模型研究结果也表明自由大气层中颗粒物的下沉对海气边界层内的 CCN 有一定贡献[8]。但是这些在自由大气层生成的颗粒物很可能需要经过长达数千千米的传输之后才会下沉到大气边界层，因此高 DMS 海气交换通量的海域未必同边界层中 DMS 诱导生成的颗粒物浓度高值区位置相匹配，这种与 DMS-颗粒物相关的局部区域内生物–气候反馈循环的非耦合现象也是海气边界层颗粒物研究的难点问题[20]。

关于海洋释放颗粒物和气溶胶的认识还有很多不足之处，已成为目前气溶胶–气候耦合模式发展的瓶颈，在该领域还有许多问题需要科学家们去深入探索。

参 考 文 献

[1] 唐孝炎，张远航，邵敏，等. 大气环境化学 (第二版). 北京：高等教育出版社, 2006.

[2] Lim S S, Vos T, et al. A comparative risk assessment of burden of disease and injury attributable to 67 risk factors and risk factor clusters in 21 regions, 1990-2010: A systematic analysis for the Global Burden of Disease Study 2010. Lancet 2012, 380, (9859), 2224-2260.

[3] Textor C, Schulz M, et al. Analysis and quantification of the diversities of aerosol life cycles within AeroCom. ACP 2006, 5(5): 8331-8420.

[4] Carslaw K S, Lee L A, et al. Large contribution of natural aerosols to uncertainty in indirect forcing. Nature, 2013, 503(7474): 67-71.

[5] Andreae M O, Rosenfeld D. Aerosol–cloud–precipitation interactions. Part 1. The nature and sources of cloud-active aerosols. Earth-Science Review, 2008, 89(1-2): 13-41.

[6] Spiel D E. On the births of film drops from bubbles bursting on seawater surfaces. Journal of Geophysical Research: Oceans, 1998, 103(C11): 24907-24918.

[7] Spiel D E. On the births of jet drops from bubbles bursting on water surfaces. Journal of Geophysical Research: Oceans, 1995, 100(C3): 4995-5006.

[8] O'Dowd C D, De Leeuw G. Marine aerosol production: A review of the current knowledge. Philosophical transactions of the royal society a: Mathematical, Physical and Engineering Sciences, 2007, 365(1856), 1753-1774.

[9] De Leeuw G, Andreas E L, Anguelova M D, et al. Production flux of sea spray aerosol. Reviews of Geophysics, 2011, 49(2): 193-209.

[10] Tyree C A, Hellion V M, Alexandrova O A, et al. Foam droplets generated from natural and artificial seawaters. Journal of Geophysical Research Atmospheres, 2007, 112(D12): 1103-1118.

[11] Stramska M, Petelski T. Observations of oceanic whitecaps in the north polar waters of the Atlantic. Journal of Geophysical Research Oceans, 2003, 4504(3086): 1121-1142.

[12] Kraan G, Oost W, et al. Wave energy dissipation by whitecaps. JAtOT 1996, 13(1): 262-267.

[13] Charlson R J, Lovelock J E, et al. Oceanic phytoplankton, atmospheric sulphur, cloud albedo and climate. Nature, 1987, 326(6114): 655-661.

[14] Fuhrman J A. Marine viruses and their biogeochemical and ecological effects. Nature, 1999, 399(6736): 541-548.

[15] Bigg E K, Leck C, et al. Particulates of the surface microlayer of open water in the central Arctic Ocean in summer. Marine Chemistry, 2004, 91(1): 131-141.

[16] O'Dowd C D, Facchini M C, et al. Biogenically driven organic contribution to marine aerosol. Nature, 2004, 431(7009): 676-680.

[17] Prather K A, Bertram T H, et al. Bringing the ocean into the laboratory to probe the chemical complexity of sea spray aerosol. Proceedings of the National Academy of Sciences, 2013, 110(19): 7550-7555.

[18] Hegg D A, Radke L F, et al. Particle production associated with marine clouds. Journal of Geophysical Research, 1990, 95(D9): 13917-13926.

[19] Clarke A, Varner J, et al. Particle production in the remote marine atmosphere: Cloud outflow and subsidence during ACE 1. Journal of Geophysical Research, 1998, 103(D13): 16397-16409.

[20] Merikanto J, Spracklen D, et al. Impact of nucleation on global CCN. Atmospheric Chemistry & Physics, 2009, 9(21): 8601-8616.

撰稿人：盛立芳　周　杨

中国海洋大学，shenglf@ouc.edu.cn

陆源气溶胶传输与沉降对海气交换的影响

The Effect of Transport and Deposition of Continental Aerosolson Air-Sea Exchange

海洋覆盖了地球表面约 70%，是影响地球生态化学平衡的重要因子。随着海洋科学的发展，人们对海洋在全球气候变化中调控作用的认识逐步深入。作为初级生产过程中的主要化学反应，海洋植被的光合作用可吸收近 1/3 人类活动排放的 CO_2，是影响全球碳循环的重要环节，也是影响气候变化的关键因素[1]。

制约海洋初级生产力的因素有很多，包括光照、海洋水文环境、营养盐分布、海洋植被种类等物理、化学和生物方面的因素[2]。研究表明，陆源气溶胶长距离传输及沉降是海洋营养盐(如氮、磷、硅)和痕量金属(如铁、锰)的重要来源。陆源气溶胶，包括火山爆发、森林大火、沙尘暴，以及灰霾等产生的气溶胶，向海洋的沉降可以影响海洋生物固氮和氮循环过程，并通过氮、碳、硫循环的耦合作用，影响海洋与大气的物质交换[3]；此外，陆源气溶胶沉降可以为海洋生态系统提供磷、铁等微量元素，促进浮游植物生长，增加海洋生产力并促使更多 CO_2 被海洋吸收，加速碳从海洋表层向深层的输送和储存，从而缓解或改变温室效应带来的全球变暖问题(图 1)。

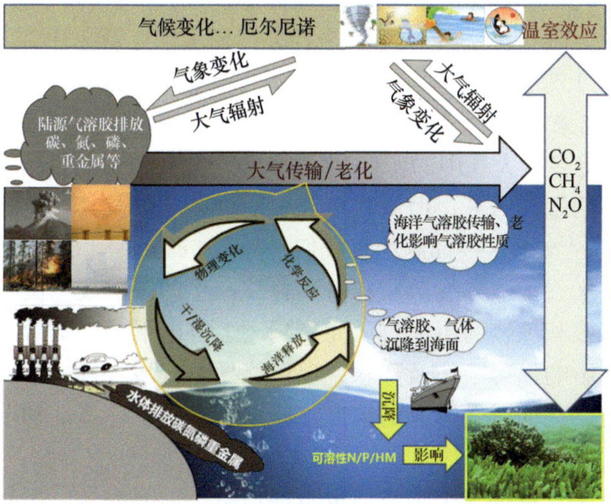

图 1　陆源气溶胶传输和沉降对气候变化的潜在影响示意图

据估计，全球范围内大气氮沉降所贡献的表层海洋初级生产力占海洋总生产力的 8%~70%[4, 5]。虽然氮沉降可能导致或加剧近岸海区水体富营养化；但在远海海域，氮沉降为浮游生物提供所需的营养盐、增加海洋生态系统的初级生产力，是海洋碳循环的重要影响因素。然而，由于观测手段等的限制，各海域的氮沉降量及其对海气交换的影响存在很大不确定性，也是目前相关科学研究的难点和热点。

早在 1988 年，Martin[6]就提出了著名的“铁假说” (iron hypothesis)，即铁(Fe)限制了高营养盐低叶绿素(HNLC)海区中浮游生物的生产力，并提出假设向这些海区人为施加铁，将会促进大气 CO_2 向海洋表面转移，从而降低大气中 CO_2 的含量，增强海洋的储碳能力。为此 Martin 曾大胆预言：“给我半罐铁，我将给地球带来下一个冰河期”。而在之后近 20 几年的时间里，至少有 11 次中尺度的海上施铁实验有效地验证了铁假说[7]。

科学家已经发现了 Fe 对海洋固碳能力的影响，以及铁沉降与气溶胶传输和沉降的关联,那么可以为海洋生物提供 Fe 的陆源气溶胶有哪些呢？从全球范围来看，沙尘气溶胶是海洋主要的 Fe 来源。虽然沙尘气溶胶中 Fe 的溶解度较低，但研究仍发现海洋生物可获取的 Fe 可以限制海洋的初级生产力；即便在非 HNLC 海域也发现沙尘的输入可以影响氮的固定[7]。另外，沙尘颗粒物传输过程中与其他气态或液态污染物混合，并通过物理化学过程发生老化，将会改变沙尘中 Fe 物种的形态并进一步改变 Fe 的溶解度(图 1)。

进一步研究发现不仅沙尘气溶胶中可溶性 Fe 的沉降对海洋生产力有重要贡献，人为排放的气溶胶传输沉降对海洋可溶性 Fe 的贡献同样重要，这是因为相当一部分人为污染源排放的 Fe 的溶解度比沙尘气溶胶中 Fe 的溶解度高得多。近期的观测、实验室[8~10]及模拟[11, 12]研究发现燃烧排放的 Fe 具有较高溶解度，也是海洋中非常重要的生物可获取 Fe 的主要来源，因而引起广泛关注。此外，浮游植物所吸收的碳仅有 15%左右暂时沉入深海，而当植物遗体分解时，这部分碳仍会以 CO_2 的形式释放出来；因此，陆源气溶胶沉降输入到海洋中的营养物究竟能导致海洋生物吸收并固定多少大气中的 CO_2 仍然未知。此外，虽然目前不少研究对重金属沉降量进行了测量和估算，但对重金属中的可溶部分及其在液相中的化学机理的认识还很欠缺[7, 13, 14],这些都制约着我们对陆源 Fe 输入同 CO_2 之间的定量认识。

从更大尺度来看，陆源气溶胶和海洋释放产生的一次或二次气溶胶都会影响海洋上空云凝结核和冰核的生成，从而影响云、雾的形成、消散、光学特性和寿命等，并进一步影响辐射平衡及降水，也可能导致区域气候、季风演变和极端天气事件发生变化，进而对气溶胶的浓度、时空分布、生命周期和沉降产生影响，又通过另外的反馈耦合机制影响气溶胶传输和沉降对海洋营养盐的贡献(图 1)。而这其中的影响机制及贡献大小，我们也不甚清楚，需要海洋、生物、化学等多学科的科学家们共同探讨。因此，陆源气溶胶传输与沉降对海气 CO_2 交换、对海洋生态系统生产力变化、对碳循环和气候变化有着深远而复杂的影响，需要科学家更进一步的深入探索来解决这一科学难题。

参 考 文 献

[1] Menon S, Denman K L, Brasseur G, et al. Couplings between changes in the climate system and biogeochemistry. Lawrn Brly Naonal Laboraory, 2007, 499-587.

[2] 沈国英, 黄凌风, 郭丰, 等. 海洋生态学. 北京: 科学出版社, 2010.

[3] 高会旺, 姚小红, 郭志刚, 等. 大气沉降对海洋初级生产过程与氮循环的影响研究进展. 地球科学进展, 2014, 29(12): 1325-1332.

[4] Duce R A. The impact of atmosphere nitrogen, phosphorus, and iron species on marine biological productivity-The role of air-sea exchange in geochemical cycling. Berlin: Springer Netherlands, 1986: 497-529.

[5] Paerl H W, Rudek J, Mallin M A. Stimulation of phytoplankton production in coastal water by natural rainfull inputs: Nutritional and trophic implications. Marine Biology, 1990, 107(2): 247-254.

[6] Martin J H, Fitzwater S E. Iron deficiency limits phytoplankton growth in the north-east Pacific subarctic. Nature, 1988, 331: 947-975.

[7] Shi Z, Krom M D, Jickells T D, et al. Impacts on iron solubility in the mineral dust by processes in the source region and the atmosphere: A review. Aeolian Research, 2012, 5(6): 21-42.

[8] Chen H, Grassian V H. Iron dissolution of dust source materials during simulated acidic processing: The effect of sulfuric, acetic, and oxalic acids. Environmental Science & Technology, 2013, 47(18): 10312-21.

[9] Chen H, Laskin A, Baltrusaitis J, et al. Coal fly ash as a source of iron in atmospheric dust. Environmental Science & Technology, 2012, 46(4): 2112-2120.

[10] Fu H, Lin J, Shang G, et al. Solubility of iron from combustion source particles in acidic media linked to iron speciation. Environmental Science & Technology, 2012, 46(20): 11119-11127.

[11] Ito A. Atmospheric processing of combustion aerosols as a source of bioavailable iron. Environ Sci Technol Lett, 2015, 2(3): 150203103108006.

[12] Ito A, Shi Z. Delivery of anthropogenic bioavailable iron from mineral dust and combustion aerosols to the ocean. Atmospheric Chemistry & Physics, 2016, 15(16): 23051-23088.

[13] Mahowald N M, Engelstaedter S, Luo C, et al. Atmospheric iron deposition: Global distribution, variability, and human perturbations. Annual Review of Marine Science, 2009, 1(1): 245-278.

[14] Deguillaume L, Leriche M, Desboeufs K, et al. Transition metals in atmospheric liquid phases: Sources, reactivity, and sensitive parameters. Chemical Reviews, 2016, 105(9): 3388-431.

撰稿人：王文彩 周 杨

中国海洋大学，wangwc@ouc.edu.cn

亚洲大气污染物向海洋输送对太平洋气候的影响

The Impact of Asian Air Pollutants' Transportation to Ocean on the Pacific Climate

来自自然源和人为源排放的大气污染物，可以通过对太阳辐射的散射和吸收，以及改变云微物理特征和对水循环的调节，直接和间接地影响着地球能量的收支平衡[1]。全球变化和人类活动影响下，大气污染物和沙尘向海洋的输送和沉降增强[2]。陆源大气污染物经过远距离输送而到达近海和大洋环境，观测和模拟研究证明了沿岸区域陆源入海物质中大气的输入占有相当比例[3~5]。卫星和原位测量都已清晰地观测到人为排放亚洲大气污染物排放和长距离传输过程[6, 7]。亚洲大陆不断升高的大气污染物水平对陆地气候和海洋气候的潜在影响已成为大气科学和海洋科学关注的重要科学问题之一。

大气气溶胶的间接辐射强迫是气候预测中的主要不确定性之一。已有的定性研究显示，较高的气溶胶水平将使得具有一定液态水含量的云滴粒径变小[8~10]。云滴粒径的减小将延迟降水的发生，并有利于云的形成和重构。Zhang 等[7]对ISCCP(international satellite cloud climatology project)的长期卫星云图研究发现，1984~2005 年，太平洋上空冬季深对流云(deep convective clouds，DCC)有明显增加的趋势[7]。1994~2005 年北太平洋的深对流云量较 1984~1994 年增加了 20%~50%，在西北太平洋尤为明显。为了评估亚洲污染物输出引起的气溶胶和云的相互作用，研究者采用CR-WRF(cloud-resolving weather research and forecasting)模型对两种气溶胶进行模拟，即主要成分为氯化钠的海洋气溶胶和主要成分为硫酸铵的污染的陆源气溶胶[11, 12]。由于液水路径(liquid water path，LWP 单位面积云体上的垂直方向的液水总量，或叫柱液水量，单位为 g/m^2，可用于了解垂直方向上云水的丰沛程度[12])和冰水路径(ice water path，IWP)增加，陆源气溶胶模式下，深对流云量的增加超过 40%。同时，CR-WRF 模型也预测出，相较于海洋气溶胶，污染的亚洲气溶胶模式下太平洋地区的对流更强，降水将增加 25%。另外，亚洲污染物向太平洋的输出增加了可活化云滴的云凝结核(cloud condensation nuclei，CCN)数量，CCN 数量的增加使得云滴数浓度和上升气流速度增加，云滴平均粒径变小(图 1)。Zhang 等的研究证实：北太平洋冬季的深对流云系有明显增加的趋势，增强的太平洋风暴路径与亚洲污染物的输出之间存在明显联系[7]。

太平洋区域气溶胶光学性质的变化同样受到亚洲大气污染物的影响。Wang 等[1]

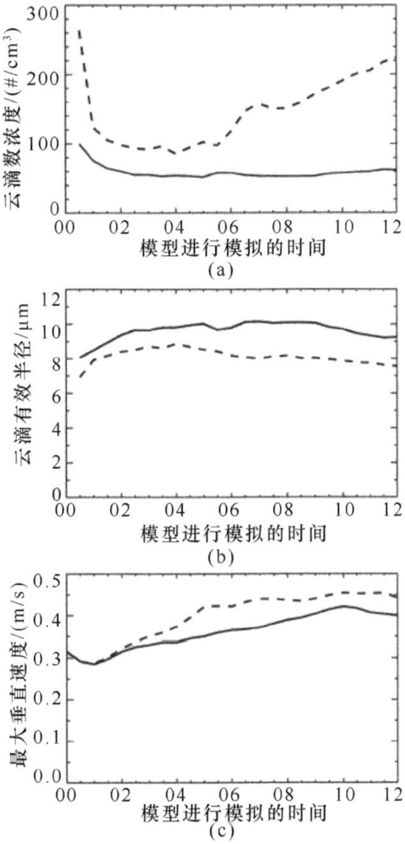

图 1 CR-WRF 模型对云性质的模拟[7]

图中实线和虚线分别代表海洋气溶胶和污染的陆源气溶胶；#代表个数；#/cm^3 即每立方厘米的体积中云滴的个数

使用多尺度全球气候模型估算了当今 (present-day，PD) 和工业化前 (preindustrial，PI) 的人为排放气溶胶对太平洋气候的影响。亚洲陆源人为排放大气污染物使得西北太平洋地区气溶胶光学厚度 (aerosol optical depth，AOD) 显著增加，当今和工业化前的气溶胶光学厚度的差异如图 2(a)所示。图 2(b)给出了当今和工业化前积聚模态气溶胶质量浓度和化学组成，可以看到，当今硫酸盐的浓度达到 9.76μg/kg，比工业化前的 2.93μg/kg 有显著增加，陆源人为排放增加是硫酸盐浓度增加的重要原因。与之相反，自然源的排放，如沙尘和海盐，在当今和工业化前几乎持平。当今增强的气溶胶光学厚度是由于亚洲陆源人为排放的大气污染物经过传输到太平洋区域而造成的[6~8]。

对流云和亚洲污染物流出的耦合作用对云的性质、大气辐射强迫和极地热输送有着显著的影响[1]。当今硫酸盐浓度的增加导致西北太平洋地区云滴数浓度的显著增加，在污染源附近增长最多，平均相对增幅达到 108%。与工业化前相比，总

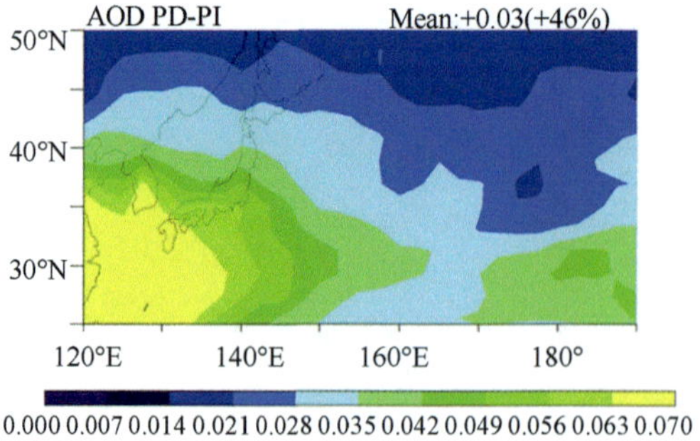

(a)当今(PD)和工业化前(PI)的气溶胶光学厚度(AOD)的差异

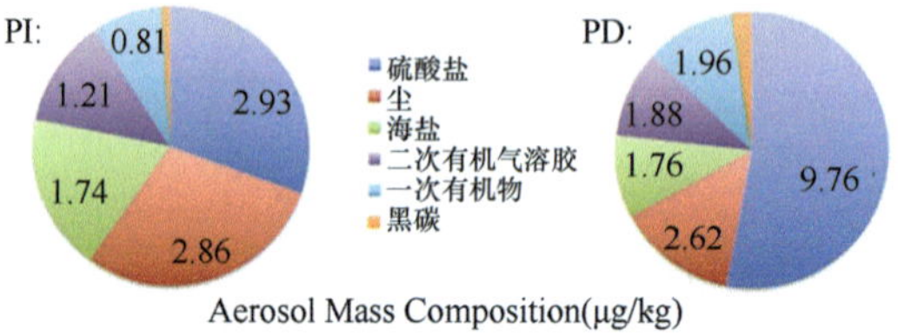

(b)当今(PD)和工业化前(PI)积聚模态气溶胶质量浓度和化学组成

图 2　西北太平洋地区气溶胶性质[1]

液水路径增强了 5.6 g/m^2(9.8%)，表明在颗粒物污染流出和大量小云滴存在条件下，热沉降延迟。由于当今液水的增长比例小于云的数浓度的增加，云有效半径削减了 13%。当今西北太平洋区域平均冰水路径增加了 0.7 g/m^2(9%)，说明有更有效的混合相过程发生，如在凝固点以上发生冰晶的液滴凝固和淞化。强化的冰水路径位于北太平洋中心区域(约 180°E)，风暴路线的下游，液水路径增强的下风向，靠近亚洲大陆。液水路径、冰水路径和云滴有效半径的改变使得大气层顶的云辐射强迫发生变化。由于当今(PD)云滴有效粒径的减小和液水路径的增强，大气层顶的短波云辐射强迫增强了 2.5W/m^2，表现为更强的致冷效应。而当今大气层顶的长波云辐射强波增强了 1.3 W/m^2，表现为对大气更强的加热作用，尤其在夜间。西北太平洋的降水过程对不同气溶胶模式的响应并不一致，降水过程的增强主要出现在平均降水量较大(>6mm/d)的区域，而整个西北太平洋的平均降水量增加了 2.4%。太平洋风暴是全球大气环流中输送热通量和水汽通量的重要部分，当今西北太平洋的涡向热流(eddy meridional heat flux，EMHF)比工业化前增加了 5%，表明亚洲陆源大气污染物流出的影响对太平洋风暴路径的热传输的强化作用。

总的来说，亚洲空气污染物水平的增加引起了广泛的关注，但其对区域气候和全球大气环流影响的量化评估仍较为缺乏。目前，仅有少量的观测数据和气候模型模拟结果显示，受亚洲陆源大气污染物的影响，北太平洋地区气溶胶光学厚度显著增加，对流云数量和云凝结核数量增加，使得对短波辐射的散射和长波辐射的吸收加强，天气模式发生改变，降水增多[1]。一些模拟结果表明，人为污染物中可作为云凝结核及冰核的气溶胶，能有效地改变太平洋风暴系统中对流云的微物理特性和光学特性。太平洋风暴是北半球主要的天气驱动力量，作为全球大气环流的重要组成部分，太平洋风暴对于向高纬度地区输送热量和水汽有重要意义。而由于与云的相互作用，颗粒物能够改变太平洋风暴系统中的热量分布，从而改变风暴的动力学特征，对热传输有显著的强化作用，使得风暴系统加剧[11]。由于亚洲空气污染而增强的风暴系统对于全球其他地区的天气系统也有重要影响，但有关亚洲空气污染与具体的极端天气变化之间的关系仍需大量研究。亚洲陆源大气污染物如何向海洋传输，传输过程中的物理、化学反应机理，以及陆源污染物排放量的变化对太平洋气候的影响等，都需要通过现场观测、实验室模拟，以及模型模拟的探索研究来得到进一步答案。

参考文献

[1] Wang Y, Wang M, Zhang R, et al. Assessing the effects of anthropogenic aerosols on Pacific storm track using a multiscale global climate model. Proceedings of the National Academy of Sciences, 2014, 111(19): 6894-6899.

[2] 高会旺，姚小红，郭志刚，等. 大气沉降对海洋初级生产过程与氮循环的影响研究进展. 地球科学进展, 2014, 29(12): 1325-1332.

[3] 高会旺，张英娟，张凯. 大气污染物向海洋的输入及其生态环境效应. 地球科学进展, 2002, 17(3): 326-330.

[4] Duce R A, Liss P S, Merrill J T, et al. The atmospheric input of trace species to the world ocean . Global Biogeochemical Cycles, 1991, 5(3): 193-259.

[5] Yuan G, Robert A D. Air sea chemical exchange in coastal oceans . Advance in Earth Sciences, 1997.

[6] Yu H, Remer L A, Chin M, et al. A satellite based assessment of transpacific transport of pollution aerosol . Journal of Geophysical Research: Atmospheres, 2008, 113(D14).

[7] Zhang R, Li G, Fan J, et al. Intensification of Pacific storm track linked to Asian pollution . Proceedings of the National Academy of Sciences, 2007, 104(13): 5295-5299.

[8] Mochida M, NishitaHara C, Furutani H, et al. Hygroscopicity and cloud condensation nucleus activity of marine aerosol particles over the western North Pacific. Journal of Geophysical Research: Atmospheres, 2011, 116(D6).

[9] Rosenfeld D. Suppression of rain and snow by urban and industrial air pollution . Science, 2000, 287(5459): 1793-1796.

[10] Andreae M O, Rosenfeld D, Artaxo P, et al. Smoking rain clouds over the Amazon . Science, 2004, 303(5662): 1337-1342.

[11] Wang Y, Zhang R, Saravanan R. Asian pollution climatically modulates mid-latitude cyclones following hierarchical modelling and observational analysis. Nature Communications, 2014, 5.

[12] 周毓荃，陈英英，李娟，等. 用FY-2C/D卫星等综合观测资料反演云物理特性产品及检验. 气象, 2008, 34(12): 27-35.

撰稿人：胡 敏 李梦仁

北京大学，minhu@pku.edu.cn

10000 个科学难题·海洋科学卷

海 洋 化 学

为什么一些边缘海向大气释放 CO_2 而另一些吸收大气 CO_2?

Why Some Marginal Seas are Sources of Atmospheric CO_2 While Others are Sinks?

边缘海碳循环是地球气候系统的重要组成部分[1, 2]，但目前边缘海 CO_2 通量的研究尚不能提供足够精确的信息以预测气候变化[2]。近十年来，由于区域性观测的迅速开展，全球边缘海海–气 CO_2 通量评估的准确性已显著提升。基于已有数据的集成分析显示，目前边缘海在全球尺度上呈现为大气 CO_2 的汇，为 0.2~0.4 Pg C/a[1~3]。Dai 等[3]基于前人总结，结合近期发表数据，进一步集成全球边缘海海–气 CO_2 通量数据，重新计算出全球边缘海吸收 CO_2 的总量为 0.36 Pg C/a。这一数值已占全球海洋总碳汇量(约 1.4 Pg C/a[4])的 21%，凸显了边缘海在全球碳循环中发挥着与其面积(只占全球海表总面积的 7%)不相称的重要作用。

但无论是单个系统还是全球尺度，陆架边缘海碳循环研究的时间、空间分辨率仍然不高，海–气 CO_2 通量评估的准确度仍局限在±0.05 Pg C/a[2]。更重要的是，对于“为什么一些边缘海向大气释放 CO_2 而另一些吸收大气 CO_2”这一问题，仍缺乏机理性的理解。已有研究指出，边缘海碳源汇格局大致呈现纬度带分布趋势，低纬度边缘海由于高海表温度下，CO_2 溶解度较低，从而水体 CO_2 分压(partial pressure of CO_2，P_{CO_2})较高，往往向大气释放 CO_2[1, 2]。然而，低纬为源、高纬为汇这一全球性分布格局中也有例外。首先，边缘海 CO_2 源汇格局沿纬度的转换及强度变化，仍缺乏明显的温度控制；其次，高纬度区域也有边缘海呈现出大气 CO_2 的源或处于海–气平衡状态。例如，司考田沙洲(Scotian Shelf)和英吉利海峡(English Channel)均位于 40°~60°N 高纬度区域，前者是大气 CO_2 的源[5]而后者接近平衡[6]。而所有低纬度边缘海系统虽整体呈现为大气 CO_2 的源，但也存在季节性变化甚至发生源汇反转，如密西西比河外墨西哥湾北部在早春和秋季是源而夏季则为汇[7]。由此可见，边缘海 CO_2 源、汇的季节性分布，并不能简单地由海表增温/冷却所引起的 P_{CO_2} 热力学变化或有机物降解释放 CO_2 量的多寡来完全解释。

上述讨论自然而然地引出一个基本但却悬而未决的问题，即向大气释放 CO_2 的边缘海系统中的 CO_2 究竟从何而来？回答这一问题的一个简单提示是检验上升流系统。一些高纬度边缘海，如位于 50°N 以北的白令海南部陆坡区域，因受上升流影响而呈现为大气 CO_2 的强源[8]。因此，边缘海接受的有机物及其降解并不是所释放的 CO_2 的唯一来源，非原位(off-site)CO_2 的输入在某种程度上也可作用于区域碳收支。据此，Dai 等[3]提出一个新假说：除了与开阔大洋海–气 CO_2 交换相同的控制机制如热力学过程和生物泵过程，陆源输入和与开阔大洋交换是调控边缘海 CO_2 通量的另外两个重要机制。因此，全球边缘海至少可划分为两个特征系统：河流主控边缘海(river-dominated ocean margin，RiOMar[9])和大洋主控边缘海(ocean-dominated margin，OceMar)。简而言之，RiOMar 如前人描述，以同时接受自养物质(营养盐)和异养物质(有机质)为特征，而 OceMar 则以非原位输入为特征，尤其是溶解无机碳(dissolved inorganic carbon，DIC)和营养盐自深层的同时输送。

与大河连接的诸多 RiOMar 系统已受到广泛关注，包括亚马孙河[10]、长江[11]、珠江[12]和密西西比河[7]冲淡水影响的沿岸陆架区域。研究表明，尽管冲淡水径流量高时可输入大量有机物，但这些系统的海表 P_{CO_2} 显著下降，呈现为大气 CO_2 的汇，指示强烈的初级生产过程净消耗 DIC。以上 RiOMar 系统随冲淡水径流量的变化表现出明显的季节性特征，其海–气 CO_2 通量最终受控于系统接受的自养与异养物质间新陈代谢过程的竞争。相反，OceMar 系统通过至少二维尺度与相邻开阔大洋进行物质交换，即大洋水团向边缘海的水平运移及其后在边缘海内部的涌升和垂直混合。与此同时，大洋初始水团中特定比例的 DIC 和营养盐即被输送至边缘海真光层内进行生物消耗，而两者间的相对利用最终决定了后者的海–气 CO_2 通量。这种机制下，相对于营养盐过剩的 DIC 将会导致边缘海向大气释放 CO_2(图 1)。

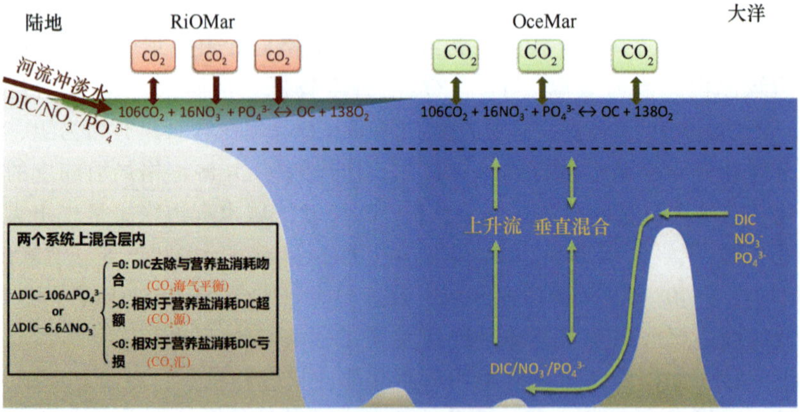

图 1　河流主控边缘海和大洋主控边缘海碳源汇解析示意图[3]

RiOMar 和 OceMar 概念框架下定量解析海–气 CO_2 通量的方法为：首先通过准保守型化学因子如碱度或钙离子检验水团混合过程，明确外源输入的溶解无机碳(DIC)和营养盐(硝酸盐 NO_3^-、磷酸盐 PO_4^{3-})初始值；而两者在边缘海上层的相对消耗则基于 Redfield 比值[13]比较两者初始值与实测值之间的差值(即比较 DIC 与 ΔNO_3^-或ΔPO_4^{3-})；过剩(通过 CO_2 排气释放至大气中，即大气 CO_2 的源)或亏损(经由大气 CO_2 输入进行补充，即大气 CO_2 的汇)的 DIC 最终通过海水均质缓冲系数(revelle factor)[14]转化为海–气 CO_2 分压差基于 OceMar 概念框架及其定量解析方法，Dai 等[3]解析出相邻大洋深部的无机碳输入在很大程度上调控两大 OceMar 系统——南海和加勒比海(分别是太平洋和大西洋最大的边缘海)海盆区的 CO_2 源汇格局，预测 CO_2 通量，并得到实测数据验证，从而证明了这两个系统的上层 DIC 均来源于大洋深层水的输入，而最终的 CO_2 源汇特征则决定于深层水 DIC 和营养盐的相对贡献和上层水体中生物地球化学过程对两者的改变；继而又解析了由大洋次表层水涌升主导的俄勒冈–加利福尼亚沿岸上升流系统的 CO_2 源汇格局，同时提出 OceMar 系统中的物理与生物地球化学过程需在相近的时间尺度内、即稳态条件下发生[15]。

OceMar 新概念的提出对深化边缘海碳循环研究具有重要意义，尝试了从机理上解答“为什么一些边缘海向大气释放 CO_2 而另一些吸收大气 CO_2”这一科学难题，指出从 DIC、营养盐和有机物的相对贡献分析边缘海的新陈代谢过程，并结合水文物理条件，可从根本上解决碳质量平衡和通量的估算。而将边缘海系统划分为 RiOMar 和 OceMar，可以化繁为简，根据两者独特的物理和生物地球化学特征解析 CO_2 通量；但需指出的是，某个边缘海的界定可能会随时间和空间而发生改变。由于物理环境如环流和冲淡水径流量的变化，一个本是 RiOMar 的边缘海可以转化为 OceMar，且 OceMar 定量解析方法能否应用至 RiOMar 的碳源汇解析也有待验证。此外，作为新概念，OceMar 需要不断的充实、完善及更为广泛的检验和应用；其定量解析方法中也存在一些有待解决或确认的难点，如：①水团混合过程的端元值如何更好地准确界定；②经典 Redfield 比值是否在所有边缘海普遍适用；③其他界面的碳和营养盐来源对某些边缘海系统的影响，如大气输入、地下水输入等。上述问题的逐步厘清，有助于深入解析边缘海 CO_2 通量、控制机理及其在全球碳循环中的意义。

参考文献

[1] Cai W J, Dai M, Wang Y. Air-sea exchange of carbon dioxide in ocean margins: A province-based synthesis. Geophysical Research Letter, 2006, 33: L12603, doi: 10.1029/2006GL026219.

[2] Cai W-J. Estuarine and coastal ocean carbon paradox: CO_2 sinks or sites of terrestrial carbon incineration. Annual Review Marine Science, 2011, 3: 123-145.

[3] Dai M, Cao Z, Guo X, et al. Why are some marginal seas sources of atmospheric CO_2. Geophysical Research Letter, 2013, 40: 2154-2158, doi: 10.1002/grl.50390.

[4] Takahashi T, Sutherland S C, Wanninkhof R, et al. Climatological mean and decadal change in surface ocean pCO_2, and net sea–air CO_2, flux over the global oceans. Deep Sea Research Part II Topical Studies in Oceanography, 2009, 56(11): 554-577.

[5] Shadwick E H, Thomas H, Comeau A, et al. Air-Sea CO_2 fluxes on the Scotian Shelf: Seasonal to multi-annual variability. Biogeo Sciences, 2010, 7: 3851-3867.

[6] Borges A V, Frankignoulle M. Distribution of surface carbon dioxide and air-sea exchange in

the English Channel and adjacent areas. Journal of Geophysical Research, 2003, 108(C5): 3140, doi: 10.1029/2000JC000571.

[7] Lohrenz S E, Cai W-J, Chen F, et al. Seasonal variability in air-sea fluxes of CO_2 in a river-influenced coastal margin. Journal of Geophysical Research, 2010, 115: C10034, doi: 10.1029/2009JC005608.

[8] Fransson A, Chierici M, Nojiri Y. Increased net CO_2 outgassing in the upwelling region of the southern Bering Sea in a period of variable marine climate between 1995 and 2001. Journal of Geophysical Research, 2006, 111: C08008, doi: 10.1029/2004JC002759.

[9] McKee B A, Aller R C, Allison M A, et al. Transport and transformation of dissolved and particulate materials on continental margins influenced by major rivers: Benthic boundary layer and seabed processes. Continental Shelf Research, 2004, 24: 899-926.

[10] Cooley S R, Coles V J, Subramaniam A, et al. Seasonal variations in the Amazon plume-related atmospheric carbon sink. Global Biogeochem Cycles, 2007, 21: GB3014, doi: 10.1029/2006GB002831.

[11] Tseng C-M, LiuK-K, Gong G-C, et al. CO_2 uptake in the East China Sea relying on Changjiang runoff is prone to change. Geophysical Research Letter, 2011, 38, L24609, doi: 10.1029/2011GL049774.

[12] Cao Z, Dai M, Zheng N, Wang D, Li Q, Zhai W, Meng F, Gan J. Dynamics of the carbonate system in a large continental shelf system under the influence of both a river plume and coastal upwelling. Journal of Geophysical Research, 2011, 116: G02010, doi: 10.1029/2010JG 001596.

[13] Redfield A C, Ketchum B H, Richards F A. The influence of organisms on the composition of seawater in The Sea. In: Hill M N, 26-77, Wiley: New York, 1963.

[14] Sundquist E T, Plummer L N, Wigley T M L. Carbon dioxide in the ocean surface: The homogenous buffer factor. Science, 1979, 204: 1203-1205.

[15] Cao Z, Dai M, Evans W, Gan J, et al. Diagnosing CO_2 fluxes in the upwelling system off the Oregon-California coast. Biogeosciences, 2014, 11: 6341-6354.

撰稿人：戴民汉　曹知勉

厦门大学，zmcao@xmu.edu.cn

低分子量有机酸类物质如何影响近海二氧化碳体系？

How do Low-Molecular-Weight Organic Acids Affect Coastal Carbon Dioxide System?

有机酸是指一些具有酸性的有机化合物。其中羧酸是最常见、最典型的有机酸，其酸性来源于羧基(—COOH)。碳链长度小于 5 的羧酸能够溶于水，而碳链长度 6 及以上的羧酸是不溶于水的脂肪酸。除了羧酸，磺酸(—SO_3H)、亚磺酸(RCOSH)等也属于有机酸。广义上，结构复杂的腐殖酸等也可以看作有机酸类物质。在这些有机酸中，低分子量有机酸(low-molecular-weight organic acids，LMWOAs)的水溶性较好，容易挥发。比较常见的 LMWOAs 包括甲酸、乙酸、丙酸、乳酸、正丁酸、异丁酸、正戊酸、异戊酸、甲基磺酸、丙酮酸、三氟乙酸等。它们广泛分布于海洋、湖泊、大气、土壤等各种天然环境中[1~4]，是生物化学过程中非常重要的中间产物和代谢物[5, 6]。在海洋中，一般认为 LMWOAs 能和痕量金属形成多种复杂的配合物，增加海水中痕量金属的溶解性，降低重金属的毒性。更重要的是，绝大多数 LMWOAs 的酸性高于碳酸或者与碳酸相当，对调节海水的 pH 起显著作用，从而影响海水的二氧化碳系统，进而对海洋碳循环产生不可忽视的影响。

国内外已经对大气中的 LMWOAs 进行了广泛的研究，对其来源、传输、沉降、与其他化学成分的相互作用，以及对酸雨和雾的形成的影响等，都有大量的文献报道。与大气中的有机酸研究相比，海洋中的有机酸研究进行的很少。主要原因是：一方面，长期以来，人们认为在海洋尤其是开阔大洋中，LMWOAs 的生物化学循环速度较快并且含量较低，因而对海水 pH 的影响几乎可以忽略不计。另一方面，由于分析方法的局限，较早的相关研究仅关注有机酸浓度较高的海洋沉积物。1997 年，Albert 和 Martens[7]初步建立了以吡啶为衍生化试剂，利用高效液相色谱分离测定短链有机酸–硝基代苯酚联肼衍生物浓度，进而确定海水和沉积物中短链有机酸浓度的方法。在此基础上，对有机酸分布和组成等方面的研究也从沉积物向海水拓展。对于海水中的 LMWOAs，比较典型的研究目前集中在有缺氧海水存在的相对封闭的海区，如黑海、Cariaco(卡利亚克)海盆等。Albert 等[5]的研究表明，黑海缺氧海水中检测出的甲酸、乙酸、乳酸的浓度相当高，甲酸的浓度比另外两种酸高 2~4 倍，达到 10 μmol/L 以上。三种酸的浓度一般在有氧和无氧海水的界面达到极大值。Ho 等[8]对卡利亚克海盆水体中的乙酸进行了研究，结果表明，该海盆水体中乙酸的浓度为 1~30 μmol/L。与黑海相似，在有氧–无氧界面，乙酸浓度出现极大值，而最高值出现在深海样品中。上述研究还表明，LMWOAs 的分布与硫酸盐还原过程有密切的关系。海洋中 LMWOAs 的来源十分复杂，既包括有机物降解等天然过程，也包括污染物排放、海水养殖等人为过程。早在 1965 年，Sansone[9]的研究发现，在 cape lookout bight 的沉积物中，绝大多数有机酸是由较大有机分子通过发酵、降解产生的。在工业区、排污口附近，海水中的有机酸，如丙酸的浓度可高至 100 μmol/L 以上。这些海水样品的 pH 通常低于开阔大洋，显示出低分子量有机酸可能导致海水 pH 的降低。

刘宗丽等[10]对我国胶州湾表层水的 LWMOAs 进行了初步研究。结果表明，胶州湾表层水中的 LWMOAs 包括甲酸、乙酸和乳酸，总浓度可以高达 24 μmol/L 以上，甚至高于其在黑海等缺氧海区的浓度，首次证实近岸富氧海水中长期存在高浓度 LMWOAs。进一步分析表明，胶州湾周边各种高强度的人类活动是胶州湾 LMWOAs 的主要来源，河流输入、污染物排放、海水养殖等都对胶州湾 LMWOAs 的浓度和分布有显著影响。在此基础上，周玉娟等[11]进一步的研究表明，浓度较高的 LMWOAs 对胶州湾海水 pH 的降低有重要的影响，导致其 pH 比黄海海水低 0.185，对近岸海水二氧化碳系统的影响是不可忽视的。此外，Muller 和 Bjorn[12]发现有机组分较高的近岸海水中，有机酸对有机碱度的贡献稳定，但是他们并没有确定有机酸的种类和浓度。事实上，目前对海洋 LMWOAs 的研究仍然处于起步阶段，相关资料十分匮乏，对较长时期内 LMWOAs 在近岸海水特别是陆架海域的时空变化规律、分布、通量、影响因素等掌握有限，也缺乏对 LMWOAs 在近岸海洋环境变化和海水碳循环中的作用的充分认识。

海水二氧化碳系统包括溶解在海水中的二氧化碳、碳酸、碳酸氢根离子和碳酸根离子，存在以下平衡：

$$CO_2(g) = CO_2(aq)$$
$$CO_2\,(aq) + H_2O = H_2CO_3$$
$$H_2CO_3 = H^+ + HCO_3^-$$
$$HCO_3^- = H^+ + CO_3^{2-}$$
$$Ca^{2+} + CO_3^{2-} = CaCO_3$$

式中，g 为气相；aq 为水相。

海水二氧化碳系统的基本参数包括 pH、总碱度(TA-Alk)、总溶解无机碳(DIC)和二氧化碳分压(pCO$_2$)。海水 pH，根据 Sorensen 在 1924 年的定义，为海水中氢离子活度的负对数，是海水酸碱性的标度；海水中 DIC 是海水碳酸盐、碳酸氢盐、碳酸和溶解二氧化碳浓度的总和；而海水的 TA-Alk 是海水中氢离子接受体净浓度的总和，可表示为

$$\begin{aligned}\text{TA-Alk} &= \text{C-Alk} + \text{B-Alk} + \text{Org-Alk} + \text{P-Alk} + \text{Si-Alk} + \cdots \\ &= [HCO_3^-] + 2[CO_3^{2-}] + [B(OH)_4^-] + \text{Org-Alk} + [OH^-] + [HPO_4^{2-}] \\ &\quad + 2[PO_4^{3-}] + [SiO(OH)_3^-] + \cdots - [H^+]_F - [HSO_4^-] - [HF] - [H_3PO_4]\end{aligned}$$

式中，C-Alk、B-Alk、Org-Alk、P-Alk、Si-Alk 等分别为海水中的碳酸碱度、硼酸碱度、有机碱度、磷酸碱度和硅酸碱度等。

一方面，海水中检测到的甲酸、乙酸和乳酸的酸度系数 pKa 分别是 3.75、4.86 和 3.86，均低于碳酸在海水中的 pKa(6.38)，这些酸的解离导致海水 pH 降低，同时使海水碳酸平衡体系向生成 CO_2 的方向移动，从而影响海水 DIC 的总浓度。另一方面，这些酸对海水 TA-Alk 的影响非常复杂。传统上，海水的有机碱度的计算是比较笼统的，只用 Org-Alk 这一项来代表。但是在近岸海水中，已经鉴定出的甲酸、乙酸和乳酸是以酸根的形式存在，另外还包括腐殖酸。因此，海水碱度表示式中，Org-Alk 可以包括至少四项，即

$$\text{Org-Alk} = [\text{For-Alk}] + [\text{Ace-Alk}] + [\text{Lac-Alk}] + [\text{HA-Alk}]$$

式中，右边四项分别为甲酸、乙酸、乳酸和腐殖酸贡献的碱度。使用经典的 Gran 滴定法测定总碱度的时候，设定的滴定终点 pH 在 4.4~4.5，因此，pKa 接近或低于该 pH 的酸只能被部分中和。因而，前三种低分子量有机酸对碱度的贡献必须进行调整，即

$$\begin{aligned}\text{LMWOA-Alk} &= [\text{For-Alk}] + [\text{Ace-Alk}] + [\text{Lac-Alk}] \\ &= \frac{[\text{For}]_T K_{\text{For}}}{K_{\text{For}} + [H^+]}\sqrt{\frac{K_{\text{For}}}{10^{-4.5}}} + \frac{[\text{Ace}]_T K_{\text{Ace}}}{K_{\text{Ace}} + [H^+]}\sqrt{\frac{K_{\text{Ace}}}{10^{-4.5}}} + \frac{[\text{Lac}]_T K_{\text{Lac}}}{K_{\text{Lac}} + [H^+]}\sqrt{\frac{K_{\text{Lac}}}{10^{-4.5}}}\end{aligned}$$

式中，$[\text{For}]_T$，$[\text{Ace}]_T$，$[\text{Lac}]_T$ 分别为三种酸有机酸根和未解离的酸的总浓度；K_{For}，K_{Ace}，K_{Lac} 分别为三种酸的解离常数。总体上，低分子量有机酸根的增加提高了海水的碱度，但很难准确评估这种增加。显然，以甲酸、乙酸和乳酸为代表的低分子量有机酸在海水中浓度的增加，对海水二氧化碳系统的各个参数都有不可忽视的影响。如果再考虑其他有机物如氨基酸等，这种影响将变得更加复杂。

理论上，有机酸影响海水二氧化碳系统的平衡，对海水总碱度和 pH 都有显著贡献，因此，研究海水二氧化碳系统时，其作用不可忽视。然而，由于 LMWOAs 和其他一些有机酸具有极高的生物可利用性，它们在近岸海水中的浓度受生物活动、陆源输入、大气沉降、沉积物再悬浮等多种因素的影响，有一定的不确定性，追踪这些有机酸的时空变化规律需要长时间的观测和数据积累。目前关于有机酸对海水二氧化碳系统影响的认识不足，前期工作较少，欠缺对近岸海水有机酸的系统调查。因此，一方面，有机酸对近岸海水二氧化碳体系的影响范围有多大，影响的时间有多长，影响的程度有多深，有机酸具体通过什么样的物理、化学、生物过程影响海水的二氧化碳体系，目前尚不得而知。另一方面，由于有机酸种类较多，目前分析海水有机酸的方法较为复杂并且费时、费力，几乎没有现场分

析技术，要获取大规模的海水有机酸数据，还需要在分析方法上做进一步改进。鉴于上述原因，海洋有机酸的研究还存在相当多的困难。要解决有机酸对海水二氧化碳体系的影响这一难题，还需经过长期系统的研究工作。

参 考 文 献

[1] Vairavamurthy A, Mopper K. Determination of low-molecular-weight carboxylic acids in aqueous samples by gas chromatography and nitrogen-selective detection of 2-nitrophenylhydrazides. Analytica Chimica Acta, 1990, 237(1): 215-221.

[2] Sansone J F, Martens C S. Volatile fatty acid cycling in organic-rich marine sediments. Geochimcaet Cosmochimca Acta, 1982, 46(9): 1575-1589.

[3] Conard R, Claus P, Chidthaisong A, et al. Stable carbon isotope biogeochemistry of propionate and acetate in methanogenic soil lake sediments. Organic Geochemistry, 2014, 73(3): 1-7.

[4] Loflund M, Kasper-Giebl A, Schustera B, et al. Formic, acetic, oxalic, malonic andsuccinic acidconcentrations andtheir contribution to organic carbon incloudwater. Atmospheric Environment, 2002, 36: 1553-1558.

[5] Albert D B, Taylor G T, Martens C S. Sulfate reduction rates and low molecular weight fatty acid concentrations in the water column and surficial sediments of the Black Sea. Deep-Sea Research Part I, 2002, 42(7): 1239-1260.

[6] Xu Y, Wang W L, Li S F Y. Simultaneous determination of low-molecular-weight organic acids and chlorinated acid herbicides in environmental water by a portable CE system with contactless conductivity detection. Electrophoresis, 2007, 28(28): 1530-1539.

[7] Albert D B, Martens C S. Determination of low-molecular-weight organic acid concentrations in seawater and pore-water samples via HPLC. Marine Chemistry, 1997, 56(1-2): 27-37.

[8] Ho T-Y, Scranton M I, Taylor G T. Acetate cycling in the water column of Cariaco Basin: Seasonal and vertical variability and implication of carbon cycling. Limnology and Oceanography, 2002, 47(4): 1119-1128.

[9] Sansone F J. Depth distribution of short-chain organic acid turnover in Cape Lookout Bight sediments. Geochimcaet Cosmochimca Acta, 1986, 50(1): 99-105.

[10] 刘宗丽，丁海兵，杨桂朋．胶州湾表层低分子量有机酸的分布及特征．海洋科学进展，2013, 31(1): 116-127.

[11] 周玉娟，丁海兵，杨桂朋．三种低分子量有机酸对胶州湾海水 pH 影响的研究．中国海洋大学学报, 2014, 44(sup.): 150-158.

[12] Muller F, Bjorn B. Estimating the organic acid contribution to coastal seawater alkalinity by potentiormetric titration in closed cell. Analytica Chimica Acta, 2008, 619(2): 183-191.

撰稿人：丁海兵

中国海洋大学，dinghb@ouc.edu.cn

为什么大洋深层溶解有机碳的浓度较恒定且具有相近的稳定碳同位素值?

Why Does Dissolved Organic Carbon (DOC) Have a Constant Background Concentration and Constant ^{13}C Values in the Deep Ocean?

海洋中的溶解有机碳(dissolved organic carbon, DOC)是海洋中量最大的可交换有机碳，也是碳循环中重要的组成部分，其量级在 662 ± 32 Pg C(6000 亿 t 碳)，相当于大气中 CO_2 碳库的量[1]。DOC 不仅是海洋中微生物赖以生存的食物能量来源，同时对海洋中的生物地球化学过程，以及微量元素的存在形态具有重要影响[2]。海洋 DOC 的相关研究自 20 世纪 70 年代以来陆续开展，特别是自 80 年代末对 DOC 浓度的测定有了突破性的发展和统一认识后[3],近 20 年来 DOC 研究有了一些突破。但由于海洋深层(>1000m)DOC 的浓度较低(~ 40μM)，从采样到分析都具有很大的挑战性，与其他有机碳库(颗粒有机碳、沉积有机碳)相比，对海洋 DOC 的认识仍比较肤浅，且具有局限性。尤其是深海 DOC 的来源和循环，仍是一个未解之谜。

目前普遍认为，海洋中的 DOC 主要来自海洋真光层中自生的有机碳，而经河流输入的陆源及通过大气沉降的 DOC 仅占很少一部分[4]。海洋表层经光合作用新合成的颗粒有机碳在物理、化学及微生物的作用下，一部分转化为 DOC。海洋中 DOC 的分布通常呈表层高(70~80 μM)，随深度增加而降低的趋势(如图 1 所示)，在各大洋水深 1000m 以下，DOC 浓度变化很小，基本保持在 40 μM 左右。根据 DOC 的分布特征，通常将 DOC 划分为易降解(labile DOC)、半易降解(semi-labile DOC)和难降解(refractory DOC)三个组分[1]，如图 1 所示。易降解 LDOC 通常在真光层即被细菌快速消耗，半易降解 DOC 随深度增加进一步被消耗，而海洋深层的 DOC 是难降解的 RDOC。大量数据显示，海洋中高于 95%的 DOC 为 RDOC 组分[5]。通过对 DOC 中天然 ^{14}C 放射性同位素含量的测定显示，海洋深层 DOC 的 ^{14}C 年龄在大西洋和太平洋分别为 4900 年和 6500 年[6, 7]。DOC 在两大洋的年龄差异与大洋环流的时间周期有关[6, 7]，目前科学家认为，海洋中的 DOC 存在一个背景值(background)，约为 35μM，在各大洋的深层水中，基本测不到低于该背景值的 DOC 浓度。这是一个难以理解的科学问题，DOC 是一个含有多种化合物的混合组分，为什么大洋 DOC 具有这样一个不高不低的背景值？是什么过程控制着大洋深层 DOC 背景值的恒定？而更为不解的是，海洋深层 DOC 的稳定碳同位素分馏值(δ^{13}C)

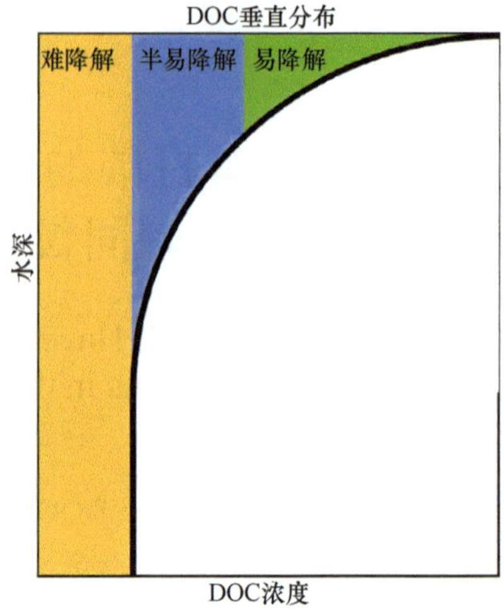

图 1 DOC 在海洋中的垂直分布示意图[1]

也具有极相似的规律，各大洋深层 DOC 的 δ^{13}C 值基本在–21‰~–22‰[8]。

在海洋碳循环中为什么各大洋深层DOC具有浓度相近的背景值和相似的稳定碳同位素值？这一背景浓度 DOC 的来源是什么？为什么这些 DOC 可以在海洋中长期循环而不被细菌利用？为什么海洋中 DOC 在降解过程中没有显示出碳同位素的分馏作用，导致 LDOC 和 RDOC 的 δ^{13}C 值基本一致？这些问题促使海洋有机地球化学家们进行不断地研究，以寻求答案。

大量海洋 DOC 稳定碳同位素的测定结果显示，其 δ^{13}C 值与海洋初级生产力生成的有机碳 δ^{13}C 值(–18‰~–21‰)相近，因此推断海洋中的 DOC 主要来源于海洋自生的有机碳。这一观点虽然被普遍接受但也有难以解释的地方。通常，海洋自生的有机碳是海洋浮游植物通过光合作用将溶解的无机碳合成的，这些新生成的有机碳因此具有现代年龄且很容易被细菌降解利用。如果海洋深层的 RDOC 也是源于海洋自生的有机碳，经细菌不断分解利用将 DOC 转化成为不能被细菌继续利用的 RDOC，那么这部分 RDOC，根据其 ^{14}C 年龄，起码在海洋中循环了 4900~6500 年时间。而海洋形成的历史虽不确定，却也要以亿年为尺度。如果海洋中的 RDOC 能够在海洋中长期循环不被细菌利用，那么为什么其年龄只有 5000~6000年，而不是更老些呢(^{14}C测年范围可达5万年)？另外，如果只根据RDOC 的 δ^{13}C 值与海洋自生有机碳的 δ^{13}C 值相似从而确定海洋中的 RDOC 主要来自海洋，似乎也很牵强。虽然我们知道海洋微生物对 DOC 的循环起到至关重要的作用，但其能否将海洋深层的 RDOC 保持在一个近似恒定的浓度范围和一定的年龄区间，尚且没有科学的证据。

近期 Arrieta 等[9]提出了海洋 DOC 的“稀释限制”(dilution limit)假设，他们

认为大洋 DOC 的低浓度可能是导致其不能被微生物进一步消耗利用的原因，从而保持大洋 DOC 处于一个较恒定的背景值。这一假设认为：大洋深层 DOC 仍含有各种易被降解的有机化合物，但由于浓度太低，导致细菌利用这些化合物进行代谢要付出较多的能量，因此使深海的 DOC 降解过程很慢，从而能够长时间地循环。这一假说提出了控制深海 DOC 浓度的一种可能，但该研究的数据是基于用固相萃取(SPE)的方法富集海洋中的 DOC，然后用 SPE 富集的 DOC 进行微生物降解实验得到的。问题是其使用的 SPE 方法只能富集到海洋中 30%~40%的极性大分子量 DOC，这一部分 DOC 的化学特性与其他 60%~70%无法富集到的非极性小分子量 DOC 并不相同，用这部分 SPE-DOC 的实验结果代表整个海洋 DOC，显然不妥，与实际情况可能存在极大的误差。因此，该假说存在争议，有待进一步研究加以证实。

河流输入是将陆源物质向海洋输送的主要通道，也是海洋 DOC 的主要外部来源之一。世界河流每年向海洋输送大约 5 亿 t 的陆源有机碳，其中约 60%(约 3 亿 t)为 DOC[10~12]。通常认为河流输入的 DOC 含有很多木质素等不易被细菌利用的成分，属于 RDOC 的范畴[13]，但对海洋 DOC 组分的研究显示，海洋 DOC 中几乎很难检出木质素成分，而且，河流输入陆源 DOC 的 $\delta^{13}C$ 值因受碳三植物的影响(–24‰~–27‰)，通常较海洋自生 DOC 偏负。大洋中 DOC 的组成和 $\delta^{13}C$ 值均表明，河流输入的陆源 DOC 并没有在海洋中不断富集保存，应该是被细菌不断利用和降解，同时，紫外光也具有分解 DOC 的作用。如果事实如此，那我们不禁要问，为什么河流输入的陆源 DOC 可以被细菌利用分解但却没有在海洋 DOC 中留下任何陆源有机碳的信号？由于对海洋 DOC 研究的局限性，导致对大洋 DOC 的很多认识只是局限于一些假说中，而这些假说目前还没有确切的实验证据支持。

最近 Follett 等的研究[14]对大洋 DOC 的来源和循环提出了新的挑战，他们对 DOC 进行不同时间段的紫外光连续氧化并进行 ^{14}C 和 ^{13}C 测定，发现大洋 DOC 存在不同 ^{14}C 年龄的组分，有的相对年轻(1500 年)。在目前普遍认为的大洋两组分(颗粒有机碳和 DOC) 循环模式基础上，他们提出了一个大洋 DOC 的多组分来源循环模型，如图 2 所示；认为大洋 DOC 背景值的很大一部分(25μM)具有更老的 ^{14}C 年龄(–800‰，13000 年 BP)，其主要来自河流输入、海底热液、海底冷泉区甲烷渗漏、沉积物中的扩散，以及大气沉降。而来自海洋初级生产力的 DOC 基本已被消耗，占较少部分。

近来，王旭晨等[15]以长江、珠江和黄河为例，研究了我国三条主要河流输送的 DOC 不同组分的碳同位素特征，发现河流输送 DOC 不同组分的 $\Delta^{14}C$ 和 $\delta^{13}C$ 值具有显著差异。通过固相萃取(SPE)截获的极性 DOC 组分(河流中占约 60%)具有相

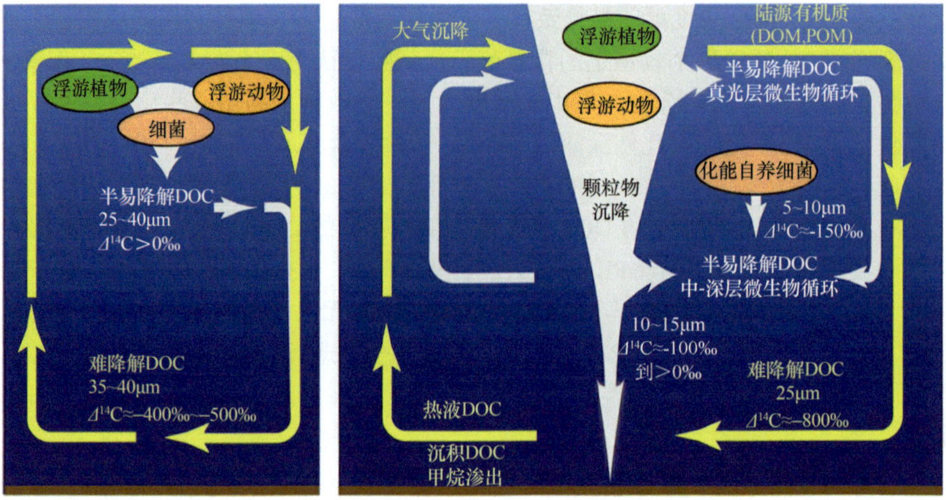

(a) DOC 的二组分来源循环模型　　(b) DOC 多组分循环模型

图 2　海洋中 DOC 的循环模型[14]

对年轻和较低的 δ^{13}C 值；而固相萃取流出液中非极性和小分子量的 DOC 组分则具有与大洋 DOC 相似的较老年龄和 δ^{13}C 值。这些初步结果也证明河流输入的非极性小分子量的陆源 DOC 很可能是大洋 RDOC 的重要来源，支持了 Follett 等[14]的上述模型。以河流每年向海洋输入 2.5 亿 t 陆源 DOC 计算，如果其中 40%为非极性小分子量 DOC，则河流每年可向海洋输入 1.0 亿 t RDOC，6000 年的时间即可以填充海洋中的 DOC 库。因此认为，河流输入有可能是海洋中老的 RDOC 的重要来源之一。但这一假设需要对更多的河流做大量的研究加以证实。在此提出，只作为认识海洋 DOC 来源和循环的一个研究方向。

总之，目前对海洋中 RDOC 的来源和循环机制、其化学组成和结构虽有一些研究结果和说法，但认识仍非常有限。作为一个科学难题，目前尚没有明确答案，未来的难点仍然是要从分子水平确定大洋 DOC 的化学组成并从分子组成角度认识大洋 DOC 的来源。如能测定 DOC 中单体化合物的 ^{14}C 含量和年龄分布，对认识 RDOC 的来源和循环无疑将有很大帮助。随着先进仪器和分析技术的不断改进和发展，相信海洋有机地球化学家们会在不久的将来对这一难题给出新的答案。

参 考 文 献

[1] Hansell D A, Carlson C A. Biogeochemistry of marine dissolved organic matter. 2nd Edition. Academic Press, 2014.

[2] Hansell D A, Carlson C A. Marine dissolved organic matter and the carbon cycle. Oceanography, 2001, 14(4): 41-49.

[3] Sharp J H, Benner R, Bennett L, et al. Re-evaluation of high temperature combustion and chemical oxidation measurements of dissolved organic carbon in seawater. Limnology and Oceanography, 1993, 38(8): 1774-1782.
[4] Hedges J I. Global biogeochemical cycles: progress and problems. Marine Chemistry, 1992, 39(1): 67-93.
[5] Hansell D A, Carlson C A. Localized refractory dissolved organic carbon sinks in the deep ocean. Global Biogeochemical Cycles, 2013, 27(3): 705-710.
[6] Druffel E R M, Griffin S, Coppola A I, et al. Radiocarbon in dissolved organic carbon of the Atlantic Ocean.Geophysical Research Letters, 2016, doi: 10.1002/2016GL068746.
[7] Druffel E R M, Griffin S. Radiocarbon in dissolved organic carbon of the South Pacific Ocean. Geophysical Research Letters, 2015, 42(10): 4096-4101.
[8] Druffel E R M. Comments on the importance of black carbon in the global carbon cycle. Marine Chemistry, 2004, 92(1): 197-200.
[9] Arrieta J M, Mayol E, Hansman R L, et al. Dilution limits dissolved organic carbon utilization in the deep ocean . Science, 2015, 348: 331-333.
[10] Spitzy A, Ittekkot V. Dissolved and particulate organic matter in rivers, ocean margin processes in global change. SCOPE, 1991, 42: 5-17.
[11] Meybeck M, Vörösmarty C. Global transfer of carbon by rivers. Global Change Newsletter, 1999, 37: 18-19.
[12] Hedges J I, Keil R G, Benner R. What happens to terrestrial organic matter in the ocean. Organic Geochemistry, 1997, 27(5): 195-212.
[13] Cowie G L, Hedges J I. Digestion and alteration of the biochemical constituents of a diatom (Thalassiosira weixsflogii) ingested by an herbivorous zooplankton (Calanus paczfkxs). Oceanography, 1996, 41(4): 581-594.
[14] Follett C L, Repeta D J, Rothman D H, et al. Hidden cycle of dissolved organic carbon in the deep ocean. Proceedings of the National Academy of Sciences, 2014, 111(47): 16706-16711.
[15] Wang X C, Xu C L, Druffel E M, et al. Two black carbon pools transported by the Changjiang and Huanghe Rivers in China. Global Biogeochemical Cycles, 2016, 30, doi: 10.1002/2016 GB005509.

撰稿人：王旭晨
中国海洋大学，xuchenwang@ouc.edu.cn

为什么在过饱和的海洋浅层碳酸钙会溶解？

Why does $CaCO_3$ Dissolve in the Oversaturated Shallow Ocean?

碳酸钙($CaCO_3$)的生产和溶解(式(1))是海洋碳循环的重要组成部分，与光合和呼吸作用共同调控着海洋碳酸盐系统对大气二氧化碳(CO_2)的缓冲能力。研究表明，全球海洋 $CaCO_3$ 的生产和输出通量大致相当，均为 0.4~1.8 Gt C/a，指示了碳酸盐泵较高的固碳效率[1]。自 20 世纪显现的海洋酸化问题日益严重，其对海洋 $CaCO_3$ 循环和钙化生物代谢过程的直接影响受到了广泛重视[2]。

$$Ca^{2+}+2HCO_3^{-}\leftrightarrow CaCO_3+CO_2+H_2O \tag{1}$$

海水的 $CaCO_3$ 饱和度($CaCO_3$ saturation state，Ω)定义为海水钙离子(Ca^{2+})浓度和碳酸根离子(CO_3^{2-})浓度乘积与现场温度、盐度和压力下文石(aragonite)或方解石(calcite)溶度积(solubility product，K_{sp}^*)的比值(式(2))。Ω=1 时，$CaCO_3$ 在海水中恰好饱和，对应的水深定义为饱和深度(saturation horizon)；饱和深度以浅的海水 $\Omega>1$，处于过饱和状态而利于 $CaCO_3$ 生产；饱和深度以深的海水 $\Omega<1$，处于不饱和状态而容易发生 $CaCO_3$ 溶解。文石的溶度积大于方解石，故其饱和深度浅于方解石，在北大西洋分别约为 1500 m 和 4300 m，在北太平洋分别约为 500 m 和 750 m[3]。综合而言，海洋表层至 1000 m 内的水体一般处于过饱和状态，该热力学条件下不会发生 $CaCO_3$ 溶解；而显著的溶解始于溶跃面(lysocline，不饱和水体中 $CaCO_3$ 溶解速率突然增大的水平深度的界面[4]，一般 Ω 约为 0.8[5])，至补偿深度(compensation depth，$CaCO_3$ 溶解速率和沉降速率平衡的水深处)后，$CaCO_3$ 完全溶解。

$$\Omega=\frac{\left[Ca^{2+}\right]\times\left[CO_3^{2-}\right]}{K_{sp}^*} \tag{2}$$

因此，传统理论认为 $CaCO_3$ 溶解一般受热力学控制，主要发生在深于 1000 m 的 $CaCO_3$ 不饱和水体中。但是，Milliman 等[5]集合诸多方面的研究证据，提出了“溶跃面之上溶解(supralysocline dissolution)”的假说，即 60%~80%的 $CaCO_3$ 颗粒在 500~1000 m 水深范围内，甚至在更浅的过饱和水体中已经溶解(图 1)，且这种浅层 $CaCO_3$ 溶解(shallow-depth $CaCO_3$ dissolution)往往由生物活动所致。

浅层 $CaCO_3$ 溶解的观点开辟了海洋 $CaCO_3$ 循环的新视野。Milliman 等[5]提供的证据之一是北太平洋 ALOHA 站文石溶跃面上观测到的 60~80 μmol/kg 的过量 Ca^{2+}(实测 Ca^{2+} 与根据保守 Ca^{2+}/Salinity 值获得的理论 Ca^{2+} 之差)；但是，考虑由南

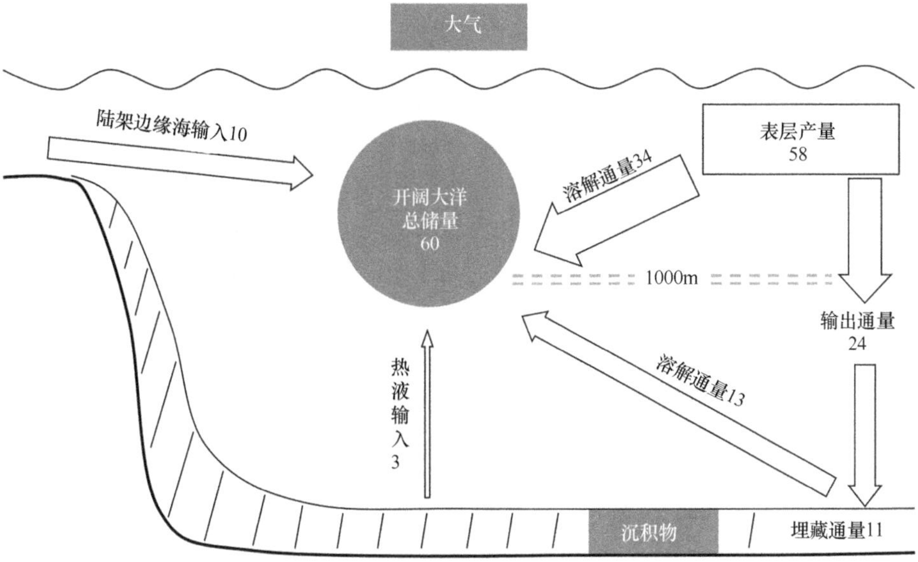

图 1　全球开阔大洋碳酸钙($CaCO_3$)收支[5] (单位：10^{12} mol C/a)

根据估算，海洋表层 $CaCO_3$ 产量为 58×10^{12} mol C/a，其中 34×10^{12} mol C/a 在沉降至 1000 m 水深前已经溶解，约为表层产量的 58.6%；剩余 24×10^{12} mol C/a 的 $CaCO_3$ 在埋藏至海底沉积物前又有 13×10^{12} mol C/a 发生溶解，约为表层产量的 22.4%

大洋而来的 Ca^{2+}端元值后，Chen[6]指出这部分超额量只剩下约 10 μmol/kg，与测定方法的精密度大致相当；因此，对一特定水团用 Ca^{2+}估算 $CaCO_3$ 溶解通量时，首先必须去除其来源水团的贡献，端元值的选取也尤为关键。Cao 和 Dai[7]通过分析南海和西菲律宾海(后者代表西北太平洋水体，并通过吕宋海峡进入南海，是为前者的来源水团)的高精度海水 Ca^{2+}数据，发现南海次表层水(200~800 m)相对于西菲律宾海，存在 13±5 μmol/kg 的超额 Ca^{2+}，指示过饱和水体中的原位 $CaCO_3$ 溶解，其溶解速率约为 0.5 mmol/(m^2·d)，超出南海海盆整个水柱 $CaCO_3$ 溶解通量的一半，从而直接证明了“溶跃面之上溶解”的假说。另一方面，Berelson 等[1]总结了基于碱度(total alkalinity，TAlk)分布估算的各大洋 $CaCO_3$ 溶解通量，全球海洋 200~1500 m 水层内总的溶解通量约为 1.0 Gt $CaCO_3$/a，是 2000 m 以深溶解通量的约 2.5 倍，沉降 $CaCO_3$ 颗粒的溶解确实主要发生在上层海洋过饱和水体中。

虽然诸多证据指向“溶跃面之上溶解”，但其溶解机制尚不明确，现场或原位的直接证据仍然匮乏，已然成为化学海洋学的谜题之一。Milliman 等[5]提出了浅层 $CaCO_3$ 溶解的两种可能的发生机制：一是上层海洋浮游动物摄食含 $CaCO_3$ 藻类后，发生在其肠道(gut)或排泄粪粒(fecal pellet)中的溶解，如 Harris[8]通过室内培养实验发现两种桡足类动物摄取的颗石粒(coccolith，颗石藻生长时形成的钙质外壳)只有 27%~50%被吸收利用，其余部分则在其肠道中溶解；又如处于饥饿状态的桡足类动物黑尔戈兰哲水蚤(*Calanus helgolandicus*)体内 pH 低至 6.1，从而溶解部分摄食的 $CaCO_3$[9]。但是，Jansen 和 Wolf-Gladrow[10]的模型计算表明，桡足类动物对颗石藻的摄食虽能导致 $CaCO_3$ 溶解，溶解量却并不显著。二是微生物氧化分解有机物造成的酸性不饱和微环境(microenvironment)促进 $CaCO_3$ 溶解。海洋中的溶解有机碳具有疏水性质，易附着在颗粒物质的表面，且无论自由沉降还是包裹在粪粒中的颗石藻或颗石粒都附带有机物，从而为细菌的附着生长提供了可能性。Godoi[11]观察到颗石藻细胞表面覆盖的有机物膜并测量了其厚度，同时观察到附着在其表面的细菌，认为细菌会降解有机物膜释放 CO_2，从而降低颗石藻细胞周围的 $CaCO_3$ 饱和度，引起 $CaCO_3$ 的溶解和颗石粒的破裂。Wollast 和 Chou[12]证明了比斯开湾(Gulf of Biscay)浅层过饱和水体中的 $CaCO_3$ 溶解，并猜测微环境可能位于浮游动物排泄的粪粒中或生源文石、方解石颗粒的表面；而南海 100~600 m 水体中也存在可观的超额溶解无机碳[13]，结合 Cao 和 Dai[7]发现的超额 Ca^{2+}，某种程度上也支持了有机物的微生物分解造成了低 pH 的微环境因而利于 $CaCO_3$ 溶解。但是，在 Bissett 等[14]进行的室内培养试验中，结合微电极、显微观测和激光扫描技术并未发现显著的、由细菌活动调控的 $CaCO_3$ 溶解。除去上述两种机制，Millero[15]指出浅层 $CaCO_3$ 溶解份额甚至可达 80%，其中溶度积更高的 $CaCO_3$ 晶型，如高镁方解石(high-Mg calcite)的溶解也是重要的影响因素之一。

值得一提的是，海水 K_{sp}^* 的计算依据的是 Mucci[16]的经验公式(温度与盐度的函数并经过压力校正)，该经验公式通过在实验室内控制无机文石和方解石获得；而 Morse 等[17]进行了海洋生源 $CaCO_3$ 矿物(沉积物中有孔虫壳体等)的控制实验，获得的 K_{sp}^* 和无机矿物的 K_{sp}^* 没有显著差别。因此，通过室内无机矿物控制实验获得的文石和方解石的 K_{sp}^* 经验公式一直被用于海水 $CaCO_3$ 饱和度的计算。但是，从材料化学角度看，$CaCO_3$ 的实际溶解度与颗粒的尺度、结晶度和杂质都有直接关系。颗粒尺度越小，结晶度越低，杂质含量越高，$CaCO_3$ 越易溶解。根据 Ostwald-Freundlich 方程[18]，当颗粒尺寸在 500nm 以下时，其饱和溶解度较正常无机 $CaCO_3$ 矿物明显提高；如果颗粒发生重结晶，如海底沉积物中的生源 $CaCO_3$ 在长时间尺度上重结晶为 $CaCO_3$ 单晶结构，即可解释早期研究发现的无机矿物的 K_{sp}^* 和海洋生物矿物的 K_{sp}^* 没有区别。据此，考虑到海洋上层水体中的 $CaCO_3$ 颗粒主要是生源的、与有机物混杂的颗粒，其在海水中真正的溶解度或 K_{sp}^* 可能要高于经验公式的计算值，也就意味从真光层刚刚沉降至次表层的生源 $CaCO_3$ 可能会在传统定义的过饱和水体中发生溶解。这一推断还需要实际数据的检验。

尽管目前尚不能完全解答“为什么在过饱和的海洋浅层碳酸钙会溶解”这一问题，但较之热力学控制的溶解主要引起深层海水中的 Ca^{2+} 和 TAlk 增加，浅层 $CaCO_3$ 溶解可提升上层海水的化学缓冲能力，从而利于海洋吸收人为 CO_2。因此，海洋浅层水体中 $CaCO_3$ 是否真正溶解；若有可观的溶解通量，导致其溶解的具体机制究竟又是什么，亟待深入研究，尤其在海洋酸化的大背景下。

参 考 文 献

[1] Berelson W M, Balch W M, Najjar R, et al. Relating estimates of $CaCO_3$ production, export, and dissolution in the water column to measurements of $CaCO_3$ rain into sediment traps and dissolution on the sea floor: A revised global carbonate budget. Global Biogeochem Cycles, 2007, 21: GB1024, doi: 10.1029/2006GB002803.

[2] Riebesell U, Gattuso J-P. Lessons learned from ocean acidification research. Nature Climate Change, 2015, 5: 12-14.

[3] Millero F J. Composition of the major components of seawater, in Chemical Oceanography, 3rd ed. Boca Raton: CRC Press, Fla, 2006.

[4] Morse J W. Dissolution kinetics of calcium carbonate in seawater. V. Effects of natural inhibitors and the position of the chemical lysocline. American Journalof Science, 1974, 274: 638-747.

[5] Milliman J D, Troy P J, Balch W M, et al. Biologically mediated dissolution of calcium carbonate above the chemical lysocline. Deep Sea Research I, 1999, 46: 1653-1669.

[6] Chen C-T A. Shelf- vs. dissolution-generated alkalinity above the chemical lysocline. Deep Sea Res. II, 2002, 49: 5365-5375.

[7] Cao Z, Dai M. Shallow-depth $CaCO_3$ dissolution: Evidence from excess calcium in the South China Sea and its export to the Pacific Ocean. Global Biogeochem Cycles, 2011, 25: GB2019, doi: 10.1029/2009GB003690.

[8] Harris R P. Zooplankton grazing on the coccolithophore Emiliania huxleyi and its role in inorganic carbon flux. Marine Biology, 1994, 119: 431-439.

[9] Pond D W, Harris R P, Brownlee C. A microinjection technique using a pH-sensitive dye to determine the gut pH of Calanus helgolandicus. Marine Biology, 1995, 123: 75-79.

[10] Jansen H, Wolf-Gladrow D A. Carbonate dissolution in copepod guts: A numerical model. Marine Ecology Progress, 2001, 221: 199-207.

[11] Godoi R H M, Aerts K, Harlay J, et al. Organic surface coating on Coccolithophores-Emiliania huxleyi: Its determination and implication in the marine carbon cycle. Microchemical Journal, 2009, 91: 266-271.

[12] Wollast R, Chou L. Distribution and fluxes of calcium carbonate along the continental margin in the Gulf of Biscay. Aquatic Geochemistry, 1998, 4: 369-393.

[13] Chou W-C, Sheu D D, Chen C-T A, et al. Transport of the South China Sea subsurface water outflow and its influence on carbon chemistry of Kuroshio waters off southeastern Taiwan. Journal of Geophysical Research, 2007, 112: C12008, doi: 10.1029/2007JC004087.

[14] Bissett A, Neu T R, de Beer D. Dissolution of calcite in the twilight zone: Bacterial control of dissolution of sinking planktonic carbonates is unlikely. PLoS One, 2011, 6: e26404, doi: 10.1371/journal.pone.0026404.

[15] Millero F J. The marine inorganic carbon cycle. Chemical Review, 2007, 107: 308-341.

[16] Mucci A. The solubility of calcite and aragonite in seawater at various salinities, temperatures, and one atmosphere total pressure. American Journal of Science, 1983, 283: 780-799.

[17] Morse J W, Mucci A, Millero F J. The solubility of calcite and aragonite in seawater of 35‰ salinity at 25℃ and atmospheric pressure. Geochimica Et Cosmochimica Acta, 1980, 44: 85-94.

[18] Freundlich, Herbert. Kapillarchemie: Eine Darstellung der Chemie der Kolloide und verwandter Gebiete (Capillary Chemistry: A presentation of colloid chemistry and related fields). Akademische Verlagsgesellschaft, Leipzig, Germany, 1909, 144.

撰稿人：曹知勉 戴民汉

厦门大学，zmcao@xu.edu.cn

海洋中的氮收支是否处于平衡状态？

Does the Global Ocean Nitrogen Budget Remain in Balance?

氮是海洋生态系统中维系初级生产力的重要营养元素之一，与其他生源要素共同支撑并显著影响生态系统及其演化。海洋中氮的源、汇和循环过程(图 1)是近十年来海洋科学研究的热点领域[1]。随着陆地农业与人为活动加剧和全球气候变化效应的日益凸显，氮元素的关键角色将使得氮循环跃升为下个十年海洋领域最重要的研究方向之一[2, 3]。

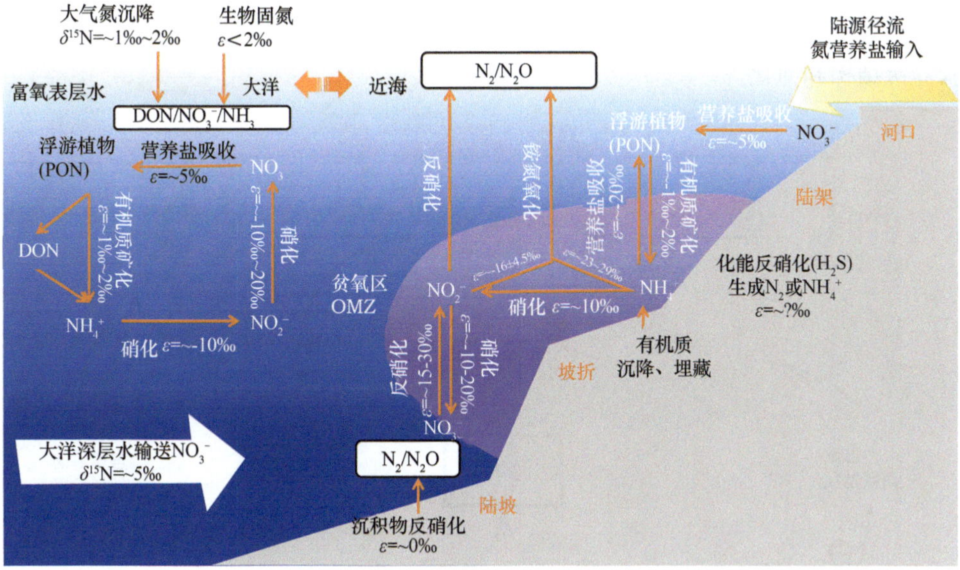

图 1　氮元素在海洋中(含低氧区)主要源、汇和循环过程[4]

ε. 各个过程的氮同位素分馏系数；PON. 颗粒有机氮；DON. 溶解有机氮；DO. 溶解氧；OMZ. oxygen minimum zone，贫氧区-紫色区域；橙色细箭头代表不同形态氮之间的转化过程；橙色双向箭头代表近海和大洋的相互作用

如图 1 所示，海洋中氮的来源主要包括陆源径流排放、大气干/湿沉降、沉积物-海水界面交换以及生物固氮。氮的循环转化过程是一个生物/微生物参与的过程，具体包括：由生物不可直接利用的氮气转化为可直接利用的氮化合物的固氮，浮游植物/动物对溶解无机氮($DIN=NO_3^-+NO_2^-+NH_4^+$)的吸收，进而转化为溶解有机

氮(dissolved organic nitrogen，DON)和颗粒有机氮(particulate organic nitrogen，PON)；溶解有机氮和颗粒有机氮再通过微生物降解为溶解无机氮，再次参与浮游植物的吸收；脱氮是水体中溶解无机氮重要的去除过程，也是一个严格意义上的厌氧微生物降解过程，将溶解无机氮转化为 N_2 或 N_2O 排放到大气中，从而减少水体中溶解无机氮的含量。

海洋氮循环的收支平衡是海洋生物地球化学循环研究中的一个基本且具有重大意义的科学问题。从宏观角度出发，氮循环收支平衡状态的变化受到人类活动和气候变化的共同影响(图 2)，同时通过海洋生态系统演化对气候变化和人类活动进行反馈和作用。从微观角度出发，氮循环的各个过程均受到微生物/生物种属、种群结构变化、海洋小尺度动力过程等因素的制约。从海洋生态系统营养级角度出发，脱氮过程对海洋中氮的收支平衡和海洋生态系统发展具有重要作用：富营养海域(近岸海域为主)的脱氮过程可以打破水体中氮营养盐收支平衡，从而促进寡营养海域(开阔大洋为主)的生物固氮；脱氮过程可显著地改变水体中氮营养盐的含量进而改变氮磷比，改变浮游植物/动物/微生物种群结构，从而影响海洋生态系统营养级结构和演化。

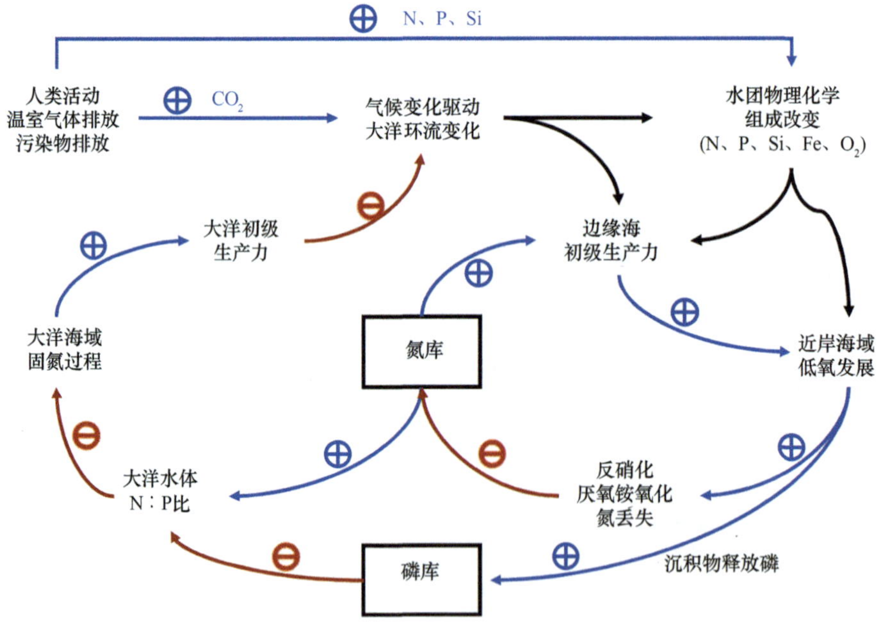

图 2　海洋氮循环与其他生源要素对人类活动和气候变化的响应[5]

⊕. 加强/正反馈；⊖. 削弱/负反馈

现代氮循环研究对于全球海洋氮收支平衡进行了大量估算，早期的研究结果表明全球海洋氮的收支并不平衡，存在 100~200 Tg N/a 的亏损，但氮收支的不确定性高达 30%[6]。可是近期的研究表明全球海洋氮收支基本处于平衡状态[7]。海洋中氮收支是否真的处于平衡状态？回答这个问题需要从以下四个方面来考虑。

(1)全球海洋动力模型的误差，如河口近岸、中尺度过程等氮循环热点区域的动力过程刻画不够精细，会引入全球海洋的氮“汇”的估算误差。

中尺度涡内的氮循环在最近 5 年才受到关注，海洋中尺度和次中尺度涡的发生发展都会显著地控制氮营养盐等生源要素在水体的分布(图 3)；涡的存在显著提高了水体的脱氮强度[8, 9]。由此可见，中尺度涡是海洋中脱氮的“热点”，涡内氮循环的收支会对全球海洋氮循环的收支平衡产生显著影响；而全球海洋中尺度涡(6000 余个)的动态变化也自然成为氮循环收支平衡估算中误差的重要来源之一。此外，对于近海次中尺度或小尺度涡与氮循环过程的研究仍然缺乏，但不可忽视其短时间内的物质输送对于氮收支的贡献。

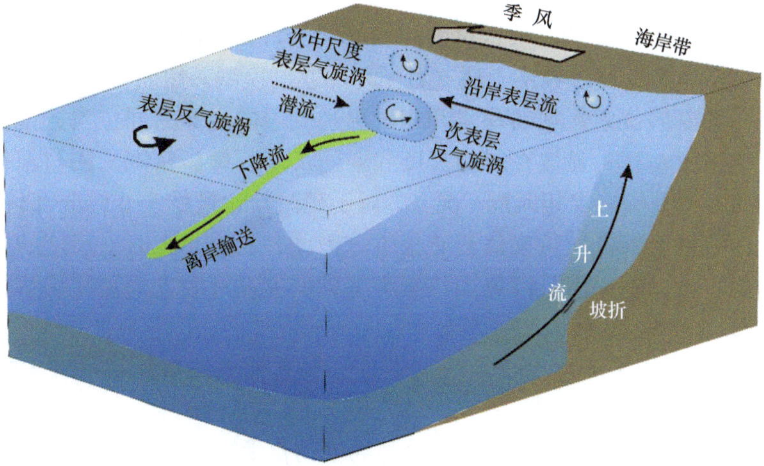

图 3　中尺度涡、次中尺度涡的产生及其对生源要素循环转化的影响[10]

图中气旋与反气旋的定义在南北半球不同，在北半球气旋定义为逆时针方向，在南半球气旋定义为顺时针方向；图中所示针对南半球。中尺度涡的直径一般为 50~150 km，时间尺度 1~8 个月，次中尺度涡的直径 1~10 km，时间尺度 7~15 天

(2)要求对氮循环过程有更加精准的认识，需要对氮“源”“汇”主导过程的时空动态变化及反应速率等有更加深刻的认知。

海洋氮库的“源”主要包括海洋生物固氮和大气沉降氮。海洋生物固氮速率存在很大的时空差异，生物固氮在海洋有光和无光区均有发现，且无光水层可能比有光水层对海洋氮“源”有更大的贡献。海洋固氮菌的固氮速率在太平洋 El Nino 和 La Nina 年也有较大差异。这也极大地增加了海洋氮“源”估算中的不确定性。

大气氮沉降是海洋中的另外一个重要氮源。由于人为活动导致的氮排放逐年增加，大气氮沉降对全球海洋氮“源”的重要性越来越显著。大气氮沉降物中包含无机氮和有机氮化合物。但由于缺乏足够的观测结果，这些有机氮的含量及其生物可利用性均尚未可知。

自从海洋中发现厌氧铵氧化过程，关于是厌氧铵氧化主导还是传统反硝化主导脱氮过程，成为海洋氮循环研究中一直争论的重要科学问题之一。这两个脱氮过程对海洋氮“汇”贡献的相对大小将直接影响氮收支平衡的计算。厌氧铵氧化和传统反硝化过程的竞争，不仅受到海水溶解氧浓度的控制[11]，还受到有机物新鲜程度[12]和海水中硫化物含量的影响[13]。从上可见，海洋中氮收支过程中的“汇”的估算取决于对脱氮过程的更加准确的认识。

(3)现有氮同位素数据的时空跨度及解析度无法满足基于氮同位素的收支模型精度的需求。

细菌反硝化法的出现，使科学家可以大批量预处理水体样品进而测定硝酸盐、亚硝酸盐的氮氧同位素[14]。大批量的海水氮同位素数据的产生，推动海洋生态模型把氮同位素作为重要参数用于建立氮循环的收支模型。然而仅仅依靠近 20 年对陆架边缘海的氮同位素数据的积累和相对更加有限的大洋氮同位素数据，对全球海洋氮收支进行估算，显然在时间尺度和空间尺度的解析精度无法与现有大型高精度海洋动力模型的要求相匹配。况且，对于硝酸盐含量低于 0.5 μmol/l 的广阔寡营养盐大洋海域，其氮同位素值鲜有报道。因此，无论是在时空尺度的解析度上还是数据累积量，远未满足以氮同位素为基础的氮循环收支模型精确估算氮收支的需求。

(4)对已知的氮循环过程机理认识不足，对其他未知氮循环过程仍需要深入探究。

氮循环过程是一个典型的微生物参与的生物化学过程(图 4)，而我们对于海洋中微生物及其功能基因的了解远远不够[2, 13]。是否有未知的氮循环过程存在？新的氮循环过程的发现势必会导致海洋氮收支平衡的重新考量。

此外，现有氮收支模型是基于氮同位素分馏系数(图 1 中的 ε)[4, 7]。但是近年的研究结果发现，反硝化氮同位素分馏系数并非 25‰~30‰[4]，现场实验结果显示在 10‰~15‰；而厌氧铵氧化过程中，NH_4^+和 NO_2^-的氮同位素分馏系数分别是 23.5‰~29.1‰和 16.0‰±4.5‰ [15]。由于分馏系数的不确定性，也会对氮循环的各个过程的通量估算带来较大的误差。

综上所述，虽然已有多项研究表明全球海洋氮循环基本处于收支平衡状态，但在气候变化和人类活动的双重驱动作用下，海洋中氮循环过程正在发生着显著的变化。对海洋中氮收支是否处于平衡状态这一问题，仍然缺乏确凿的结论，仍需要有在海量数据基础上的量化解释。对海洋氮循环研究，需要从不同过程(物理、地质、生物、化学等)之间的相互作用出发，针对海洋生态系统不同营养级，在不

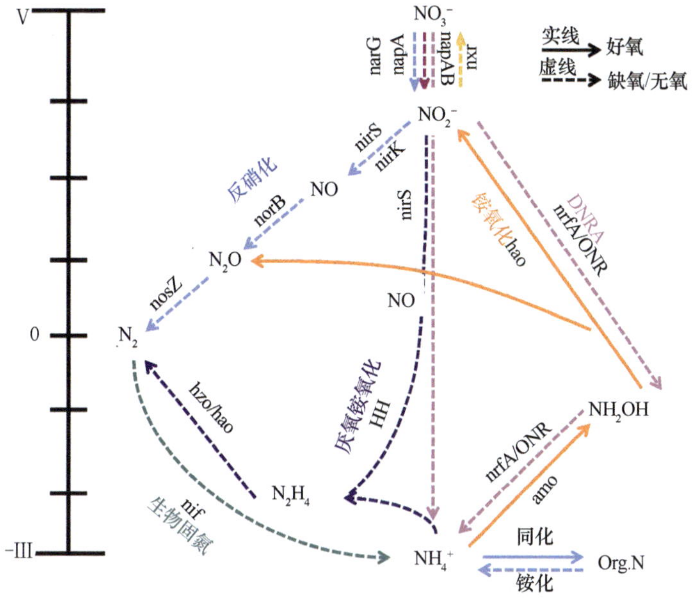

图 4　氮循环各个过程及其涉及的酶

narG. 膜结合异化硝酸还原酶；napA. 周质异化硝酸还原酶；nirS. 细胞色素 cd1 亚硝酸盐还原酶；nirK. 亚硝酸盐还原含铜酶；norB. 一氧化氮还原酶；nosZ. 一氧化二氮还原酶；nrfA. 细胞色素 c 亚硝酸盐还原酶；nirS. 细胞色素 cd cd1 亚硝酸盐还原酶；hzo. 肼氧化还原酶；amo. 氨单加氧酶；hao. 羟胺氧化还原酶；nxr. 亚硝酸盐氧化还原酶；ONR. 细胞色素 c 还原酶；nif. 固氮酶

同时间尺度(千年以上、年/代、季节、秒等)和空间尺度(全球、大洋、区域海域、生物个体、细胞和分子等)开展更加详尽的研究。此外，人类开展海洋观测只有 60 余年历史，且观测活动仅限于上层海洋即水深 2 km 以上的海洋；而对于 4 km 以下甚至是 6 km 以下深渊海域的观测则为数不多。考虑到对浩瀚海洋的有限调查和模拟，全球海洋氮循环是否处于平衡状态，仍然是一个没有确定答案的难题。

参 考 文 献

[1] Capone D G, Bronk D A, Mulholland M R, et al. Nitrogen in The Marine Environment (2nd Edition). Academic Press, 2008.

[2] Capone D G, Hutchins D A. Microbial biogeochemistry of coastal upwelling regimes in a changing ocean. Nature Geoscience, 2013, 6(9): 711-717.

[3] Arevalo-martínez D L, Kock A, Löscher C R, et al. Massive nitrous oxide emissions from the tropical South Pacific Ocean. Nature Geoscience, 2015, 8(7): 530-533.

[4] Steele J, Thorpe S, Turekian K. Encyclopedia of Ocean Sciences (2nd Edition). Academic Press, 2009.

[5] Deutsch C, Weber T. Nutrient ratios as a tracer and driver of ocean biogeochemistry. Annual Review Marine Science, 2012, 4: 113-141.

[6] Gruber N, Galloway J N. An Earth-system perspective of the global nitrogen cycle. Nature, 2008, 451(7176): 293-296.

[7] Casciotti K L. Nitrogen and oxygen isotopic studies of the marine nitrogen cycle. Annual Review Marine Science, 2016, 8: 379-407.

[8] Altabet M A, Ryabenko E, STRAMMA L, et al. An eddy-stimulated hotspot for fixed nitrogen-loss from the Peru oxygen minimum zone. Biogeosciences, 2012, 9(12): 4897-4908.

[9] Bourbonnais A, Altabet M A, Charoenpong C N, et al. N-loss isotope effects in the Peru oxygen minimum zone studied using a mesoscale eddy as a natural tracer experiment. Global Biogeochem Cy, 2015, 29(6): 793-811.

[10] Ramachandran S, Tandon A, Mahadevan A. Enhancement in vertical fluxes at a front by mesoscale-submesoscale coupling. Journal of Geophysical Research: Oceans, 2014, 119(12): 8495-8511.

[11] Dalsgaard T, Stewart F J, Thamdrup B, et al. Oxygen at nanomolar levels reversibly suppresses process rates and gene expression in anammox and denitrification in the oxygen minimum zone off northern Chile. MBio, 2014, 5(6): e01966-14.

[12] Babbin A R, Keil R G, Devol A H, et al. Organic matter stoichiometry, flux, and oxygen control nitrogen loss in the ocean. Science, 2014, 344(6182): 406-408.

[13] Ulloa O, Canfield D E, Delong E F, et al. Microbial oceanography of anoxic oxygen minimum zones. Proceedings of the National Academy of Sciences of the United States of America, 2012, 109(40): 15996.

[14] Sigman D M, Casciotti K L, Andreani M, et al. A bacterial method for the nitrogen isotopic analysis of nitrate in seawater and freshwater. Analitical Chemistry, 2001, 73(17): 4145-4153.

[15] Brunner B, Contreras S, Lehmann M F, et al. Nitrogen isotope effects induced by anammox bacteria. Proceedings of the National Academy of Sciences of the United States of America, 2013, 110(47): 18994-18999.

撰稿人：辛　宇　刘素美

中国海洋大学，xinyu312@ouc.edu.cn

海洋氧化亚氮分布规律与控制机制是什么？

Distribution of Oceanic N_2O and Its Underlying Controlling Mechanism

氧化亚氮(N_2O)是一种对全球气候和大气化学有着重要影响的痕量气体，它既是重要的温室气体，又是当前最主要的臭氧层消耗物质[1]：研究发现，N_2O 的单分子吸收长波辐射的能力是 CO_2 的 216 倍[2]，并且，大气 N_2O 的停留时间可以长达 110~120 年，显著长于大气 CO_2 和 CH_4 的停留时间，因此大气 N_2O 浓度虽然比 CO_2 和 CH_4 分别低 3 个和 1 个数量级，但是却贡献总温室气体辐射强迫的 6% [3]。此外，随着大气环流从低空扩散进入平流层中的 N_2O，会在太阳紫外辐射下光解形成 NO 自由基并参与破坏臭氧分子的链式反应，从而导致臭氧层的消耗。随着氟利昂等臭氧层消耗物质的生产量减少，N_2O 已经成为 21 世纪最重要的臭氧层消耗物质[4]。

工业革命以来，人类活动加剧特别是农业化肥、化石燃料等的大量使用，极大地扰动了地球系统的氮循环过程，显著刺激了 N_2O 的排放并对全球气候造成持续影响。过去十年，大气 N_2O 以将近 1ppb/a 的速度持续增长[3]。海洋是大气 N_2O 的重要来源之一，基于现有全球海洋观测的数据估算，海洋每年通过海-气界面向大气释放 1.8~9.4 Tg N 的 N_2O，这一释放量约占地表系统向大气释放量的 25%~33%[5]，由于海水中的 N_2O 含量通常在纳摩尔量级，如此低浓度给海洋中 N_2O 研究带来了极大的困难，现有的海水 N_2O 的观测数据要远远少于其他海洋温室气体例如 CO_2 的研究结果；同时，由于海洋 N_2O 产生的机制复杂，不同类型的海区有截然不同的 N_2O 产生与消耗机制(见后文)，N_2O 通量估算方法难以大范围外推；最后，全球海洋-大气界面通量存在巨大时空变异性，缺乏连续观测，无法获知完整的 N_2O 释放变异。上述因素使得目前全球海洋向大气释放 N_2O 的通量估算还具有很大的不确定性。因此，如何进一步增强对于海洋 N_2O 产生与释放机制的理解，提高海洋向大气释放 N_2O 通量评估的准确度，是正确评估海洋在全球气候中所扮演角色的关键内容，是预测强烈人为扰动背景下海洋 N_2O 释放趋势的重要基础，也是当前低层大气-上层海洋相互作用和全球气候变化领域研究中的一项重点与难点。

已有的观测和模型结果显示，全球海洋表层的 N_2O 总体呈现过饱和的状态，这意味着海洋总体是向大气释放 N_2O，而其释放的热点集中于赤道上升流区、高纬度涌升区、东边界上升流区，以及阿拉伯海这些相对高营养盐、高生产力的区域(图 1(i))。此外，近岸系统尤其是河口区域也是 N_2O 释放显著的区域[6]。在全球开阔大洋中，由于不同海区的水文和生物地球化学过程不同，各大洋 N_2O 的垂直分布具有显著差异。在富氧海区，N_2O 的浓度通常随着深度增加而逐渐升高，并在溶解氧极小值水层达到浓度极大值。N_2O 与溶解氧浓度呈现很好的镜像关系、与硝酸盐浓度则呈现正相关关系，证明硝化是富氧海区 N_2O 的主要产生过程[7]。在水平方向上，沿着大洋环流，从北大西洋到北太平洋，中深层水的 N_2O 浓度呈现逐渐增大的趋势，这表明了全球不同海区中深层水不同水龄导致的 N_2O 产物累积的现象。在全球中深层水随着热盐环流流动的过程中，受有机质矿化和硝化的贡献，会持续产生和释放 N_2O，并且随着环流而累积(图 1(a)~(g))。在全球主要的缺氧海区，如东赤道太平洋和阿拉伯海，由于高生产力驱动高营养盐再生和溶解氧消耗，诱发了强烈的硝化和反硝化，并伴随着 N_2O 的产生与消耗过程的耦合。在上述海区，通常会在水柱溶解氧跃层的上下界面，形成两个极大值的双峰特点，表明在溶解氧跃层有着强烈的 N_2O 净产生；而在无氧区的核心，N_2O 则被反硝化进一步消耗，从而出现亏损(图 1(h))。在低氧区和缺氧区，N_2O 的产生和消耗都十分强烈，而 N_2O 产生或者消耗的净结果与溶解氧的浓度有着紧密关系。随着全球暖化和人类活动造成的活性氮输入的持续增大，普遍预测未来全球近岸缺氧区会持续扩大，这极有可能会进一步刺激海洋产生更多的 N_2O，从而使得海洋成为大气 N_2O 更强的源[8]。在水动力过程较强的边缘海区和近岸上升流区，N_2O 的产生与释放过程则更加复杂。在上述海域，较高的营养盐所刺激的高生产力和随后快速的氮迁移转化，从而具备较高的 N_2O 产生速率。

海洋氮循环是个极其复杂的反应网，其中有着多个过程可以产生和释放 N_2O(图 2)，目前已经有报道的 N_2O 产生至少包括了硝化、硝化细菌反硝化、反硝化、硝酸盐异化还原成铵、化学反硝化等过程。其中由氨氧化微生物和反硝化微生物所执行的硝化和反硝化被认为是 N_2O 产生的主要来源。在有氧水体或沉积物中，一些具有氨氧化能力的细菌和古菌(统称为氨氧化微生物)能够在将氨(NH_3)或者铵盐(NH_4^+)氧化成亚硝酸盐(NO_2^-)的过程中产生和释放 N_2O，然而 N_2O 是如何生成的尚不清晰，目前普遍认为氨氧化的不稳定中间产物羟氨(NH_2OH)或者一氧化氮(NO)可能会由于非生物过程分解为 N_2O[9]。此外在低氧条件下，氨氧化细菌也能够执行反硝化进程，将 NO_2^-逐步还原成 NO 和 N_2O，但是由于硝化细菌缺乏将 N_2O 的进一步还原为 N_2 的能力，所以它们在低氧环境进行反硝化会高效地产生 N_2O，但是这种情形在自然界中并不多见，所以尽管产率高，其对于大气 N_2O 贡献的重要性目前依旧不明确。另一方面，反硝化微生物介导的 N_2O 产生通常发生在低氧水体、沉积物，以及悬浮颗粒物缺氧的微环境中，由硝酸盐(NO_3^-)经 NO_2^-、NO 还原形成 N_2O，其中部分的 N_2O 还能继续被还原为 N_2。

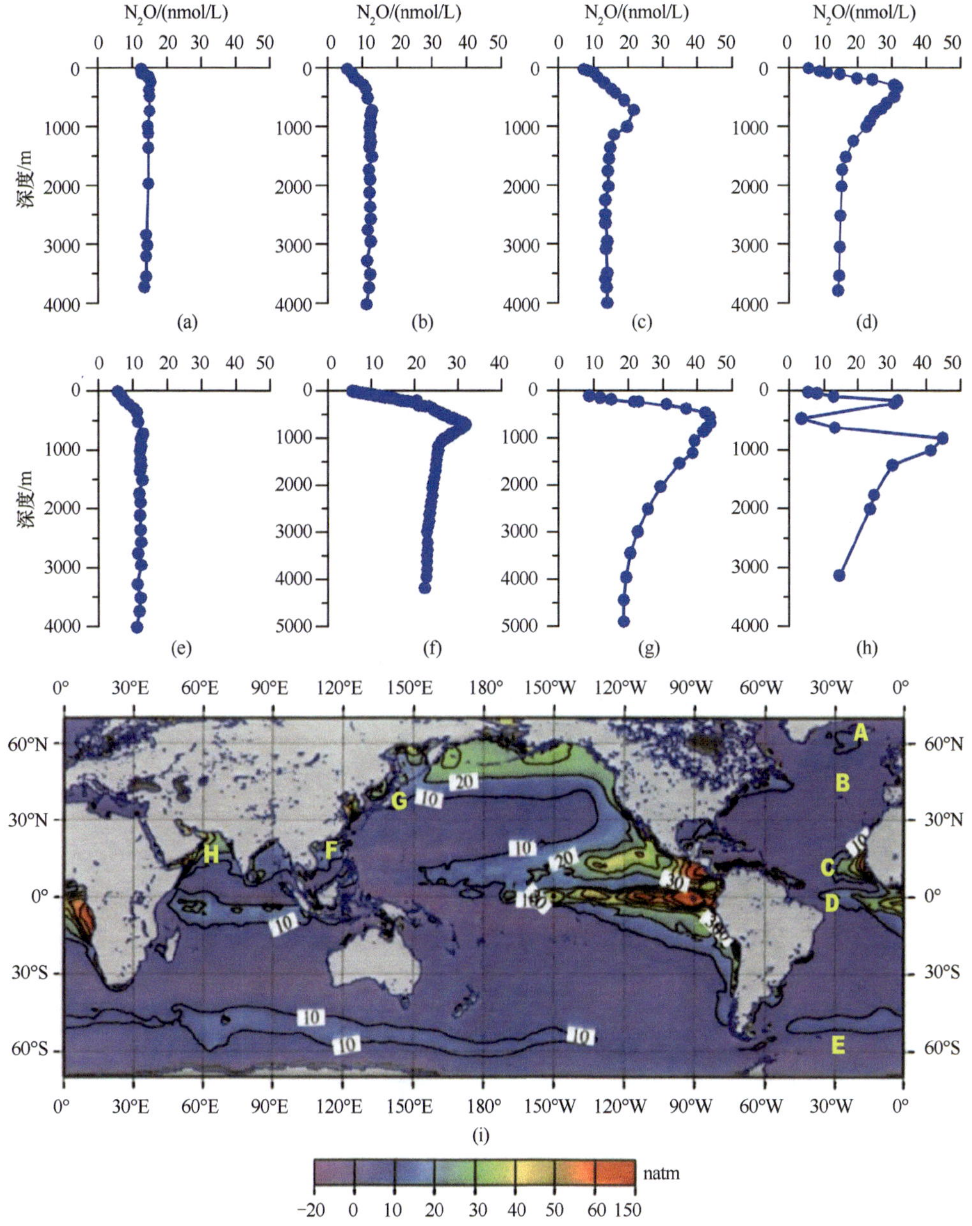

图 1 大洋表层 ΔpN_2O 以及不同大洋典型 N_2O 剖面分布图[6]

(a). 北冰洋；(b). 中纬度北大西洋；(c). 亚热带北大西洋；(d). 赤道大西洋；(e). 亚南极南大西洋；(f). 南中国海；(g). 西北太平洋；(h). 阿拉伯海；(i). 全球表层海洋 N_2O 过饱和度

N_2O 的产生效率及其控制因子一直以来是倍受瞩目的关键科学问题之一，通常将 N_2O 的释放量在该反应最终产物的比例定义为产生效率，如氨氧化中 N_2O 的产生效率(N_2O 释放量与 NO_2^- 产生量的比值)通常在 0.004%~0.4%，但是在低氧条件，硝化细菌主导的反硝化可以使得 N_2O 产率高达 10%；反硝化释放 N_2O 的效率通常在 0.1%~0.5%，但是也有报道在富营养区，反硝化的 N_2O 产率可高达 6%[10]。其余的 N_2O 产生途径，包括硝酸盐异化还原成铵与化学反硝化，则主要报道于高度厌氧的环境中，但是到目前为止，对于上述两个过程的观测较少，因此其对于海洋 N_2O 的释放量贡献尚未清晰。但在特定的环境中，如富含有机质的陆架沉积物、高浓度 NO_2^- 累积的海洋溶氧极小区，该两个过程可能是 N_2O 的重要产生途径。

当前，受人类活动效应加剧的影响，全球气候正快速变化并可能对海洋生态造成一系列显著的影响，造成包括海洋酸化、表层海洋层化加剧、近岸富营养化和近岸缺氧区范围加大和程度加深等一系列后果。在复杂的环境变迁背景下，海洋氮循环与 N_2O 的产生机制与释放通量的响应，以及海洋通过释放 N_2O 对于全球气候的反馈效应，是科学界新兴的研究方向之一。目前围绕海洋 N_2O 研究亟待解决的关键研究内容包括：①提高 N_2O 观测的时间和空间分辨率，尤其是加强高精度的走航观测和时间序列观测，以获取更精准的表层海洋 N_2O 分布时空变异特征；②通过新技术的运用以及学科交叉，包括应用同位素技术、分子生物学手段和数值模拟，更加深入了解主要的 N_2O 产生机制及其环境控制因子；③研究海洋酸化、缺氧区扩大与海洋层化等几个关键全球海洋变化趋势对海洋 N_2O 产生与释放的影响。

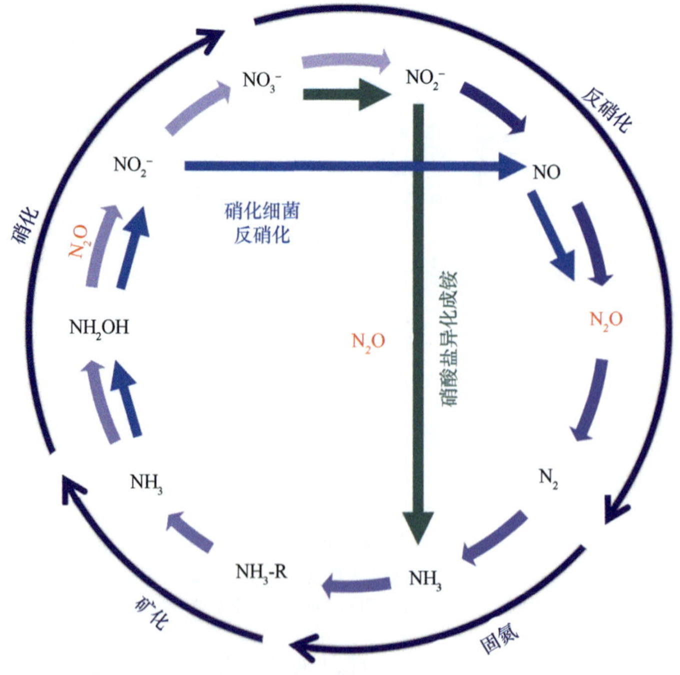

图 2　海洋氮循环主要路径及 N_2O 的产生过程

参考文献

[1] Ciais P, Sabine C, Bala G, et al. Carbon and other biogeochemical cycles. In: Climate Change 2013: The Physical Science Basis. Contribution of Working Group I to the Fifth Assessment Report of the Intergovernmental Panel on Climate Change. In: Stocker T F, Qin D, Plattner G K, et al. Cambridge University Press, Cambridge, United Kingdom and New York, NY, USA, 2014.

[2] Lacis A, Hansen J, Lee P, et al. Greenhouse effect of trace gases, 1970-1980. Geophysical Research Letters, 1981, 8(10): 1035-1038.

[3] WMO. The WMO Greenhouse Gas Bulletin: 2015. http://library.wmo.int/pmb_ged/ ghg-bulletin_11_en.pdf.2016-8-16.

[4] Ravishankara A R, Daniel J S, Portmann R W. Nitrous oxide (N_2O): The dominant ozone-depleting substance emitted in the 21st century. Science, 2009, 326(5949): 123-125.

[5] Nevison C, Butler J H, Elkins J W. Global distribution of N_2O and the ΔN_2O - AOU yield in the subsurface ocean. Global Biogeochemical Cycles, 2003, 17(4).

[6] Suntharalingam P, Sarmiento J L. Factors governing the oceanic nitrous oxide distribution: Simulations with an ocean general circulation model. Global Biogeochemical Cycles, 2000, 14(1): 429-454.

[7] Walter S, Bange H W, Breitenbach U, et al. Nitrous oxide in the North Atlantic Ocean. Biogeosciences, 2006, 3(4): 607-619.

[8] Codispoti L A. Interesting times for marine N_2O. Science, 2010, 327(5971): 1339-1340.

[9] Cabello P, Roldan M D, Moreno-Vivian C. Nitrate reduction and the nitrogen cycle in archaea. Microbiology, 2004, 150(11): 3527-3546.

[10] Bange H W, Freing A, Kock A, et al. Marine pathways to nitrous oxide, in Nitrous oxide and climate change. In: Smith K A. London: Earthscan, 2010.

撰稿人：万显会 高树基

厦门大学，wxhui@xmu.edu.cn

氧化性的水体中是否存在 N_2 移除？

Can N_2 Removal Occur in Oxic Waters?

作为蛋白质组成的主要元素之一，氮元素是海洋生物体生长代谢必不可缺的重要元素。但是与同时组成生命体的碳、氢和氧相比，其含量在海水中处于相对较低的水平，经常被视为限制浮游植物生长的关键因子，影响着海洋光合作用对 CO_2 的固定，进而对全球气候变化产生影响[1]。因此，研究海洋中氮元素所参与的生物地球化学循环有着显著的科学意义。

氮元素在海洋中的存在形式总体可分为无机氮和有机氮两种。无机态氮主要包括铵盐、亚硝酸盐、硝酸盐，以及以气态形式存在的 N_2 和 N_2O 等(NO 自由基一般不在考虑之列)。有机氮包括氨基酸、尿素、蛋白质，以及腐殖酸等复杂成分。除 N_2 外，其余形式的氮又经常被称为“活性氮”，主要是因为这些氮通常可通过生物、光化学或者辐射过程，参与生物地球化学循环[2]。这些活性氮在海洋中的多寡，主要取决于海洋环境中氮元素收支过程之间的博弈；所谓收支，指的是进入海洋生态系统的过程(术语称之为“源”)和从海洋生态系统中移除的过程(术语称之为“汇”)。关于海洋中氮收支是否处于平衡状态目前尚存争议，而且随着对海洋氮循环研究的深入，刷新着对于“源”和“汇”方面的评估[3]。本文主要从海洋中活性氮的移除即“汇”的方面加以讨论。

海洋中活性氮的移除主要是指海洋中的活性氮经过一系列的微生物过程最终以 N_2 或者 N_2O 的形式从海洋生态系统中移除，主要通过厌氧条件下反硝化和厌氧铵氧化这两个途径实现(图 1)[3]，当然也包括少量永久埋藏在沉积物中而移出海洋。反硝化和硝化过程也会产生部分 N_2O，但与 N_2 产生的量相比所占比例较低，一般不足 2%[4]，采用 N_2 移除的概念基本可以代表活性氮的移除。海洋中 N_2 移除起着正面与负面的双重作用。对于大洋整体而言，N_2 移除意味着生物可利用的氮减少而不利于 CO_2 的固定；而在近岸，N_2 移除反而是人们所共同期待的，因为可以缓解由于近岸活性氮大量输入所引发的诸如富营养化和底层水体缺氧等海洋生态问题。

从 20 世纪 60 年代开始，人们便关注到大洋永久性缺氧水体(oxygen minimum zones，OMZs)中存在显著的反硝化，而且当时的观点一致认为，反硝化是 N_2 移除的唯一途径[5]。直到 20 世纪 90 年代中期，污水处理中发现厌氧铵氧化也可以将活性氮以 N_2 的形式移除。后来分别在海洋厌氧沉积物和 OMZs 中也证实厌氧铵氧化的存在,而且在有些 OMZs 中,厌氧铵氧化对 N_2 移除的贡献甚至占据绝对优势[6, 7]。按照目前的认知,海洋沉积物是 N_2 移除的主要场所,50%~70%的 N_2 移除发生在此处;剩余 30%~50%发生在 OMZs 中,尽管其体积不足海洋总体积的 0.1%[8]!

按照海洋中氧化有机物的氧化还原序列,一般只有在厌氧的条件下才能够发生诸如反硝化和厌氧铵氧化等 N_2 移除。这主要是因为在有氧气存在条件下,有机物更容易发生好氧降解而释放更多的吉布斯自由能(热力学概念,一个化学反应能够释放的吉布斯自由能越多,越倾向于自发进行),而硝酸盐作为电子受体(即氧化剂)是位列氧气之后的。但是海洋中的化学过程并非单纯的化学反应,一般都有微生物参与其中,如反硝化需要在反硝化细菌的参与下才能实现 N_2 移除;同样,厌氧铵氧化细菌负责进行厌氧铵氧化。然而这些微生物在一定条件下可能也并不那么循规蹈矩,如反硝化细菌在有氧条件下也能存活,只不过可能不执行厌氧条件的生理功能罢了,或者反硝化细菌可能栖息于氧化性水体中具有微厌氧环境的颗粒物内部继续执行反硝化。人们有理由怀疑氧化性水体中是否也存在 N_2 移除(图 1 虚线部分),毕竟这部分水体占据了海水的绝大部分。如果氧化性的水体中有 N_2 移除,并假设其 N_2 移除速率较之 OMZs 水体中低 3 个量级,即便如此,总的 N_2 移除量也与 OMZs 中 N_2 移除量相当,对于现估算的海洋中氮的收支结果,将会产生莫大的挑战。

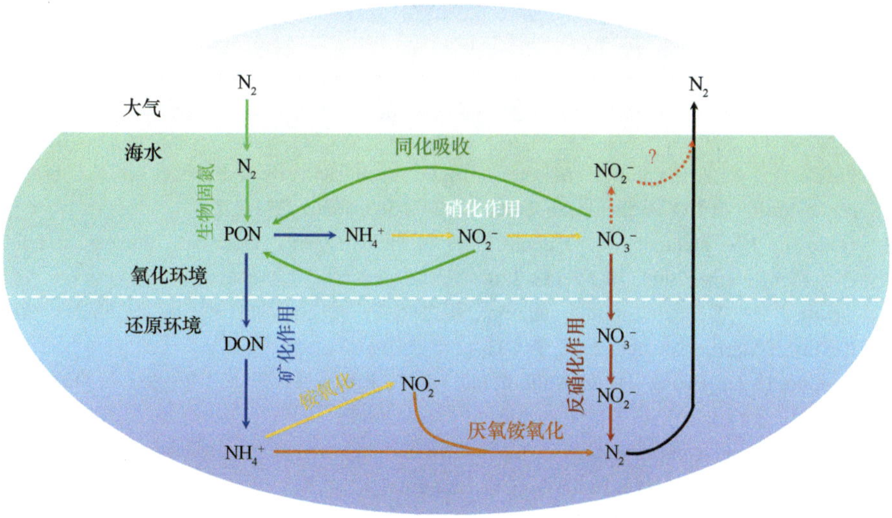

图 1　海洋水体环境中氮转化示意简图[7]

但是如何证实大洋氧化性的水体中是否存在 N_2 移除,首先是对技术层面的要求,即如何以化学或者分子生物学的手段进行证实。化学手段一般采用 ^{15}N 同位素标记技术进行实验验证,类似证实海洋沉积物中存在厌氧铵氧化那样[6]。沉积物中氧气一般只存在于表层几毫米之内，这以下的无氧还原环境非常有利于反硝化和厌氧铵氧化的进行。而在 OMZs 中氧气含量非常之低甚至无氧，亦有利于 N_2 的产生。顺着这个思路很容易就联想到，易形成无氧环境的海洋颗粒物中是否也有利于 N_2 的产生。这些颗粒物一般为浮游生物死亡或者摄食过程中产生的有机碎屑，内部微生物活性非常之高，很容易在局部产生厌氧环境[9]，虽然将其和周围水体一起看待的话，仍然视为氧化环境。目前，实验室内的人工硅藻聚集体已经表现出 N_2 移除的端倪[10]，而且已经有研究表明在河口比较浑浊的或者水华爆发的水体中存在反硝化潜质[11]。此外，对于厌氧铵氧化来说，在水体溶解氧高达 20 μmol/L 的背景下，依然可以表现出厌氧铵氧化活性，从而产生 N_2[8]，似乎也提示着氧化性水体中 N_2 产生的可能性。然而大洋氧化性水体的相关研究报道鲜见，最主要的原因很可能在于产生 N_2 的活性太低以至于目前仪器的分辨率无能力应对。不过，可以参考另外一种活性氮移除产物 N_2O 的情况。已经有证据表明，在氧化性的大洋水体中硝化细菌的反硝化作用可以产生 N_2O，这对于 N_2 移除评估来说无疑又增加了一种新的思路[12]。另外一种思路就是找出在有氧条件下能够进行反硝化的细菌并测试其 N_2 产生潜能。早在 20 世纪 80 年代实验室内的纯培养就能够分离出好氧反硝化细菌[13]，但是在天然条件下的海洋环境的相关研究一直进展缓慢。不过有实验表明在潮滩沉积物中存在着好氧的反硝化，并且表现出甚至高于厌氧反硝化条件的 N_2 产生速率[14]。如果真的存在好氧条件下的反硝化，那么对于传统的理论也是一个挑战。

参 考 文 献

[1] Falkowski P G. Evolution of the nitrogen cycle and its influence on the biological sequestration of CO_2 in the ocean. Nature, 1997, 387(6630): 272-275.

[2] Galloway J N, Dentener F J, Capone D G, et al. Nitrogen cycles: Past, present, and future. Biogeochemistry, 2004, 70(2): 153-226.

[3] Devol A H. Denitrification, anammox, and N_2 production in marine sediments. Annual Reviewof Marine Science, 2015, 7: 403-423.

[4] Capone D G, Bronk D A, Mulholland M R, Carpenter E J. Nitrogen in The Marine Environment (2nd Edition)[M]. Academic Press, 2008.

[5] Seitzinger S P. Denitrification in freshwater and coastal marine ecosystems: ecological and geochemical significance. Limnology Oceanogrophy, 1988, 33(4 part2): 702-724.

[6] Thamdrup B, Dalsgaard T. Production of N_2 through anaerobic ammonium oxidation coupled to nitrate reduction in marine sediments. Applied and Environmental Microbiology, 2002, 68(3): 1312-1318.

[7] Lam P, Jensen M M, Lavik G, et al. Linking crenarchaeal and bacterial nitrification to anammox in the Black Sea. Proceedings of the National Academy of Sciences of the United States of America, 2007, 104(17): 7104-7109.

[8] Kalvelage T, Jensen M M, Contreras S, et al. Oxygen sensitivity of anammox and coupled N-cycle processes in oxygen minimum zones. PLoS One, 2011, 6(12): e29299.
[9] Alldredge A L, Silver M W. Characteristics, dynamics and significance of marine snow. Progress of Oceanogrophy, 1988, 20(1): 41-82.
[10] Stief P, Kamp A, Thamdrup B, Glud R N. Anaerobic nitrogen turnover by sinking diatom aggregates at varying ambient oxygen levels. Frontiers of Microbiology, 2016, 7.
[11] Omnes P, Slawyk G, Garcia n, et al. Evidence of denitrification and nitrate ammonification in the River Rhone plume (northwestern Mediterranean Sea). Marine Ecol-Progress, 1996, 141: 275-281.
[12] Wilson S T, Del Valle D A, Segura-noguera M, et al. A role for nitrite in the production of nitrous oxide in the lower euphotic zone of the oligotrophic North Pacific Ocean. Deep-Sea Research. I, 2014, 85: 47-55.
[13] Robertson L A, Kuenen J G. Aerobic denitrification: A controversy revived. Arch. Microbiology, 1984, 139(4): 351-354.
[14] Gao H, Schreiber F, Collins G, et al. Aerobic denitrification in permeable Wadden Sea sediments. ISME Journal, 2010, 4(3): 417-426.

撰稿人：宋国栋　刘素美
中国海洋大学，gsong@ouc.edu.cn

上升流影响区固氮与非固氮生物对无机氮的利用有何空间分布规律？

The Interplay Between Diazotrophs and Non-Diazotrophs Regulates the Spatial Variability of Inorganic Nitrogen Uptake Regime in Upwelling Region

氮是海洋生物生长的必需营养元素，是生物体中蛋白质、核酸、光合色素等有机分子的重要组成元素。海水中的氮以多种形态存在，其中溶解于海水中的氮气分子(N_2)是海洋氮库中最主要的存在形态，而开阔大洋表层水中无机氮营养盐(NO_3^-、NO_2^-和 NH_4^+)的浓度通常很低。如果浮游生物可以直接利用溶解于海水的N_2，理论上，海洋中的生物生产力将拥有几乎永不枯竭的氮源，但实际情况却是，全球上层海洋有近 50%海域的生物生产力受限于氮营养盐的不足[1, 2]。这是由于N≡N 键的稳定性，除了少数固氮生物之外，海洋中的绝大多数浮游植物并不具备直接利用 N_2 的能力[3]。N_2 在生物体内由固氮酶催化还原为氨的过程称为生物固氮作用。生物固氮作用的总反应式为

$$N_2 + 8H^+ + 8e^- + 16ATP \xrightarrow{\text{固氮酶}} 2NH_3 + H_2 + 16ADP + 16P_i$$

在地球历史早期，固氮作用就扮演着改造地球大气的重要角色[4]。在当今海洋无机氮的利用格局中，无固氮能力的浮游植物占据主导。与绝对数量占优的非固氮生物比较而言，固氮生物具有得天独厚的优势来应对氮缺乏，它们不但能够通过固氮作用来支持自身的生长，还可通过分泌、分解等过程释放结合态氮以缓解氮限制，是全球海洋一个关键的新氮来源[5]。

在过去五十年关于海洋固氮作用的研究里，束毛藻(*Trichodesmium*)在大部分时间内都被视为海洋固氮最主要的贡献者，故而绝大多数固氮研究都以束毛藻为研究对象[6]。束毛藻主要分布在温度>20°C 的水体中，其固氮作用活跃发生的水温通常>25°C，绝大多数已报道的束毛藻水华更发生于水温≥25°C 且水体稳定度高的热带和亚热带海区，如寡营养盐亚热带北太平洋环流区及亚热带北大西洋[7]。基于此，传统观点认为，上升流海域因具有低温、高营养、水体不稳定等特点，故不利于固氮作用发生。因此，到目前为止，在沿岸上升流区开展的生物固氮作用研究报道极少。但是，近些年一些新的研究发现上升流影响区具有活跃的固氮行为，表明上升流区的固氮作用在很长时间里被忽视了，其可能是导致海洋固氮通量被低估的重要原因之一[8~14]。遗憾的是，关于上升流影响区固氮作用的研究数据还很

匮乏，对同一海区的研究结论甚至可能自相矛盾[11, 15]。在上升流影响区，生物固氮作用在空间分布上有什么规律？又是什么因素导致了这种规律的形成？这些都亟待开展充分的实测研究加以解答。

物理-生物过程的耦合可能在上升流影响区无机氮的利用格局中起着决定性的作用。Zhang 等[14]率先报道了夏季南海西北部沿岸上升流区基于 $^{15}N_2$ 示踪获得的生物固氮速率，发现南海西北部沿岸上升流区生物固氮速率表现出上升流外缘区高于上升流核心区和海盆区的分布规律(图 1)。调控固氮速率空间分布的机制可能如下：南海西北部沿岸上升流核心区的水体稳定性较弱，同时海水呈低温、高 N、P 营养盐和营养元素 Fe 的状态，在这种环境中，硅藻等浮游植物比固氮生物更适应核心区的物理、化学环境，得以快速生长；伴随着核心区上涌水体往外缘区的水平输送，水温逐渐升高，水体垂直稳定性得到加强，同时海水中的 DIN：DIP 比值降低，由此促进了固氮作用的加强；至海盆区时，尽管海水温度和垂直稳定性较高，但由于极度缺乏无机营养盐，导致固氮速率和初级生产力同步降低。这一研究强调，沿岸上升流调控生物固氮的作用在以往很长时间内被忽略。同时，研究表明，生物固氮作用在当地新氮收支中扮演着不可忽视的角色，是仅次于陆地河流、大气沉降输入之外的第三大新氮来源。

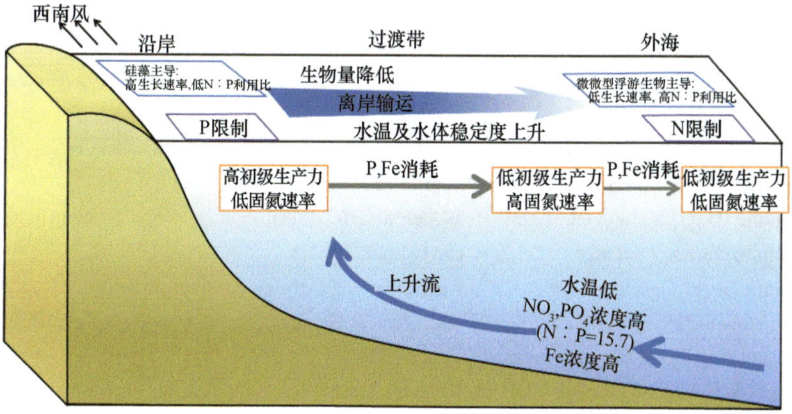

图 1　夏季南海沿岸上升流区生物固氮作用的物理-生物耦合示意图[14]

从营养盐调控的角度看，全球海洋固氮作用可能受到浮游植物对无机营养盐吸收比例的影响[16, 17]。现场及实验室数据业已证实，浮游植物对无机氮、磷营养盐的吸收比值具有很大的可变性，非 Redfield N/P 吸收比在海洋非固氮浮游植物中广泛存在，如在水华时浮游植物(如硅藻)的 N/P 吸收比低于 16：1[18, 19]，而在寡营养盐区域，微微型蓝藻吸收无机营养盐的 N/P 比则高于 16：1[19]。因此，当浮游植物群落中快速生长的浮游植物占据主导时，可供固氮作用使用的“过剩”磷酸盐减少，导致固氮作用受限；反之，当生长速率较慢的微微型蓝藻占据主导时，氮营养盐不足加剧，固氮作用得到促进[16]。从这个意义上说，无固氮能力的浮游植物对无机 N、P 营养盐的利用比例可能起着关键的“节拍器”作用，调节着固氮与非固氮生物对于无机氮的吸收格局，这可能也是上升流核心区及其周边海域生物固氮作用存在空间变化的调控因素。

上升流影响区固氮与非固氮生物对无机氮的吸收利用是极有前景的研究领域，亟待开展相关研究，以厘清上升流影响区域无机氮利用格局的空间变化规律及其受控因素，弥补海洋氮循环研究中目前缺失的一环，以利更为完整地描绘海洋氮循环的图像。

参 考 文 献

[1] Tyrrell T. The relative influences of nitrogen and phosphorus on oceanic primary production. Nature, 1999, 400 (6744): 525-531.

[2] Moore J K, Doney S C, Glover D M, et al.Iron cycling and nutrient-limitation patterns in surface waters of the World Ocean. Deep-Sea Research Part II, 2001, 49(1-3): 463-507.

[3] Karl D M, Michaels A F, Bergman B, et al. Dinitrogen fixation in the world's oceans. Biogeochemistry, 2002, 57 (1): 47-98.

[4] Berman-Frank I, Lundgren P, Falkowski P. Nitrogen fixation and photosynthetic oxygen evolution in cyanobacteria. Research in Microbiology, 2003, 154 (3): 157-164.

[5] Mulholland M R. The fate of nitrogen fixed by diazotrophs in the ocean. Biogeosciences, 2007, 4 (1): 37-51.

[6] Benavides M, Voss M. Five decades of N_2 fixation research in the North Atlantic Ocean. Frontiers in Marine Science, 2015, 2, doi: 10.3389/fmars.2015.00040.

[7] Capone D G, Zehr J P, Paerl H W, et al.Trichodesmium, a globally significant marine cyanobacterium. Science, 1997, 276 (5316): 1221-1229.

[8] Raimbault P, Garcia N. Evidence for efficient regenerated production and dinitrogen fixation in nitrogen-deficient waters of the South Pacific Ocean: Impact on new and export production estimates. Biogeosciences, 2008, 5 (2): 323-338.

[9] Voss M, Bombar D, Loick N, et al. Riverine influence on N_2 fixation in the upwelling region of Vietnam, South China Sea. Geophysical Research Letters, 2006, 33: L07604.

[10] Bombar D, Dippner J W, Doan H N, et al. Sources of new nitrogen in the Vietnamese upwelling region of the South China Sea. Journal of Geophysical Research, 2010, 115 (C6): C06018.

[11] Sohm J A, Hilton J A, Noble A E, et al. Nitrogen fixation in the South Atlantic Gyre and the Benguela Upwelling System. Geophysical Research Letters, 2011, 38 (16): L16608.

[12] Subramaniam A, Mahaffey C, Johns W, et al. Equatorial upwelling enhances nitrogen fixation in the Atlantic Ocean. Geophysical Research Letters, 2013, 40 (9): 1766-1771.

[13] Fernandez C, Gonzalez M L, Muñoz C, et al. Temporal and spatial variability of biological nitrogen fixation off the upwelling system of central Chile (35°S-38.5°S). Journal of

Geophysical Research: Oceans, 2015, 120 (5), doi: 10.1002/2014JC010410.
[14] Zhang R, Chen M, Yang Q, et al. Physical-biological coupling of N_2 fixation in the northwestern South China Sea coastal upwelling during summer. Limnology and Oceanography, 2015, 60 (4): 1411-1425.
[15] Wasmund N, Struck U, Hansen A, et al. Missing nitrogen fixation in the Benguela region. Deep Sea Research Part I, 2015, 106: 30-41.
[16] Mills M M, Arrigo K R. Magnitude of oceanic nitrogen fixation influenced by the nutrient uptake ratio of phytoplankton. Nature Geoscience, 2010, 3 (6): 412-416.
[17] Capone D G, Hutchins D A. Microbial biogeochemistry of coastal upwelling regimes in a changing ocean. Nature Geoscience, 2013, 6(9): 711-717.
[18] Arrigo K R, Robinson D H, Worthen D L, et al. Phytoplankton community structure and the drawdown of nutrients and CO_2 in the Southern Ocean. Science, 1999, 283 (5400): 365-367.
[19] Klausmeier C A, Litchman E, Daufresne T, et al. Optimal nitrogen-to-phosphorus stoichiometry of phytoplankton. Nature, 2004, 429: 171-174.

撰稿人：张　润　陈　敏
厦门大学，mchen@xmu.edu.cn

固氮所引入的氮素及其迁移的时空变化规律

Temporal and Spatial Variations of Diazotroph-Derived Nitrogen (DDN) and DDN Transfer

生物固氮过程是固氮生物通过固氮酶将氮气转化成生物可利用氮的过程。在绝大部分热带亚热带寡营养海洋中，层化作用减弱了次表层的硝酸盐向真光层的补充，生物可利用氮因此成为真光层海洋初级生产过程的主要限制因子[1]，凸显固氮过程提供的氮源的重要性。在上述情境下，固氮蓝藻(蓝细菌)因其固氮能力，在氮限制的寡营养海区与其他浮游植物的竞争中占有优势，在海洋生物地球化学循环中扮演重要的角色。在千年时间尺度上，固氮过程引入的新氮(diazotroph-derived nitrogen，DDN)与反硝化及厌氧氨氧化过程的氮移除，共同调控着海洋氮库，决定海洋生产力水平进而影响大气二氧化碳的浓度，调节气候的变化。目前，基于模型的估算，全球海洋固氮通量为 100~200 Tg/a，这与其他模型计算的氮移除通量有相当差距[2]。因此，海洋氮库是否处于源汇平衡状态，仍存在疑问。解决这一问题，有赖于更大范围的现场固氮速率的准确测量。

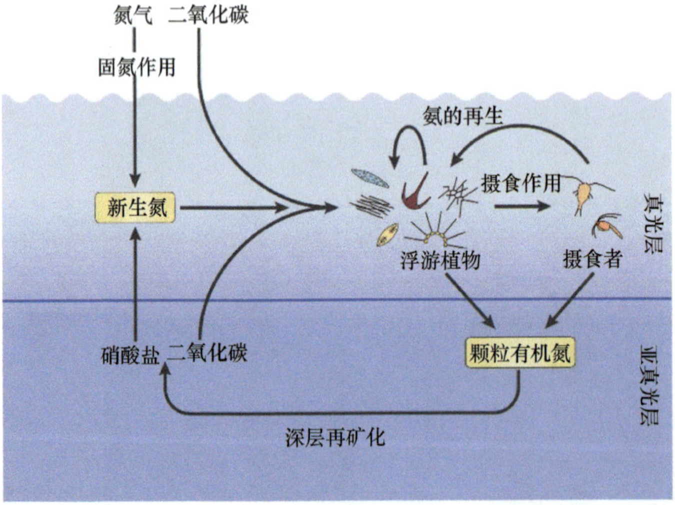

图 1　生物固氮在上层海洋碳氮循环中所扮演的角色[4]

开阔大洋中，固氮蓝藻大致可分为三大类：①束毛藻(*Trichodesmium*)；②有异形胞与硅藻共生的蓝藻(diatom diazotroph associations，DDAs)；③单细胞的固氮蓝藻(UCYN-A、UCYN-B、UCYN-C) [3]。束毛藻是海洋中最常见、生理学特征研究最深入的固氮蓝藻，通常以丝状聚集成簇或以单个藻丝存在，无异形胞，广泛分布于热带亚热带海洋。在水团稳定、水温超过 25℃且风速较小的环境中经常形成大范围的藻华[4]。随着分子生物学技术的进步，粒径较小、分布更广泛、丰度高的单细胞固氮蓝藻被依次发现。由于纯株分离的困难，关于它们的生理性质的研究相对较缺乏，而在现场研究中，各个固氮生物对固氮速率的相对贡献更是难以定量[3]。因此，这方面仍有相当的工作需要开展。

关于海洋固氮蓝藻的研究，有以下若干亟待解决的热点问题。首先是准确评估全球海洋固氮蓝藻所引入新氮的通量；其次是固氮蓝藻所引入新氮在生态系统中如何迁移，如何传递至其他非固氮浮游植物，对浮游植物群落结构的影响，如何转化为生物泵的过程等。

20 世纪 60 年代初 Dagdale 等通过 $^{15}N_2$ 加标培养法，首次证实了海洋中存在束毛藻的固氮，但受限于当时的仪器技术与条件，该方法并未得到大规模应用[5]。60 年代末，乙炔还原法测量固氮速率的应用，使实验室与现场固氮速率的研究有了很大进展[6]，但该方法需要将乙炔还原率乘以转化系数得到实际固氮速率，而不同环境、不同固氮生物间的转化系数差异极大，因此目前认为该方法虽能体现固氮酶活性的强弱，但是与实际速率仍有相当差距。

随着同位素比值质谱技术的发展，$^{15}N_2$ 加标培养法成为测量现场固氮速率的通用方法[7]，使得准确估算全球海洋固氮通量成为可能。但近年来发现，直接加入 $^{15}N_2$ 气体不能保证其完全溶解在培养体系中，影响最后速率的计算，且部分商用的 $^{15}N_2$ 气体内有 ^{15}N 标记的铵盐和硝酸盐污染，因此应更加谨慎地评估和应用以往研究所得的现场速率数据，并在后续研究中确保上述问题得到解决。

从形态上讲，固氮新引入的活性氮分布在颗粒态及溶解态两部分中。基于 $^{15}N_2$ 加标培养法所得到的固氮速率体现的是截留在 GF/F 膜上>0.7μm 的颗粒态部分，而溶解态部分(<0.7μm)被现有绝大部分现场测量所忽略。过去已有的现场实验结果显示，束毛藻可以以溶解有机氮 (主要为溶解游离态氨基酸)的形式释放近一半其新固定的氮[8,9]。现场分粒径培养实验的结果也表明，<10 μm(单细胞固氮蓝藻)和>10 μm (束毛藻)分别有约 23%和约 14%的 DON 代谢[10]。另外，近期实验室纯株培养结果表明 *Trichodesmium*IMS101 仅有约 8% 的 DON 代谢，而单细胞的 *Cyanothece* (UCYN-C) 的代谢通量更是<1%[11,12]。不同实验之间有如此大差异，可能是由于实验室纯株培养无法体现浮游动物摄食以及病毒裂解对 DON 代谢的贡献。但无论如何，溶解态部分的固氮通量的测量都应得到重视，这对准确评估海洋固氮通量，以及了解固氮蓝藻的生理特性及其生物地球化学循环有着重要意义。

留存于颗粒态上的新固定氮的归宿与固氮蓝藻的种类直接相关。对于 DDAs

而言，由于其共生的硅藻硅质外壳具有高保存度高沉降速率的特性，能将其快速沉降至中深层海洋，因而有较高的生物泵效率，更有效地将二氧化碳封存[13]。但关于束毛藻和单细胞固氮蓝藻所固定氮的去向，仍知之甚少。新固定的氮向更高的营养级传递大致有两个途径：①固氮生物直接被浮游动物摄食；②固氮生物主动代谢或被动裂解后，向周围水环境释放溶解态活性氮，随后被其他浮游植物或细菌吸收后，再分别进入传统的食物网或微食物环。在受固氮过程影响的海域，发现处在不同营养等级的颗粒有机氮均有相对较轻的天然氮同位素信号，这表明固氮所引入的轻氮同位素信号沿营养级迁移。但如何定量固氮所引入的新氮向其他非固氮生物的迁移，传统的 $^{15}N_2$ 加标培养已无法解决这一问题，必须辅以单细胞水平的分离检测技术，如纳米级二次离子质谱技术 (nanoscale secondary ion mass spectrometry，nanoSIMS)、流式细胞分选技术 (flow cytometry sorting)等。

2015 年，Adam 等[14]在研究波罗的海一种有异形胞丝状固氮蓝藻束丝藻 *Aphanizomenon* 的夏季藻华时，将 nanoSIMS 与传统的 $^{15}N_2$ 加标培养结合，发现束丝藻将 50%新固定的氮以铵离子的形式代谢到周围水环境中，这部分代谢的铵并未在水体中累积，而是被迅速(周转时间约 5 小时)转移至环境包括硅藻及桡足类在内的自养和异养微生物中。目前，急需将该方法推广应用于全球海洋中藻华发生频次最高、范围最广、对固氮通量贡献最大的束毛藻研究中。这将深入对束毛藻在全球海洋碳氮元素循环及在生态系统中所扮演角色的认识。

综上所述，海洋固氮过程对海洋氮库的源汇平衡、真光层初级生产过程，以及生物泵的运转有着重要的作用。而准确且全面地测定固氮通量，厘清海洋固氮蓝藻新固定氮的归宿及其时空变化规律，对理解固氮过程在整个海洋生态系统及气候变化中的作用尤为紧迫和重要。

参 考 文 献

[1] Capone D G, Zehr J P, Paerl H W, et al. *Trichodesmium*, a globally significant marine cyanobacterium. Science, 1997, 276(5316): 1221-1229.

[2] Karl D M, Michaels A F, Bergman B, et al. Dinitrogen fixation in the world's oceans. Biogeochemistry, 2002, 57(1): 47-98.

[3] Zehr J P. Nitrogen fixation by marine cyanobacteria. Trends in Microbiology, 2011, 19(4): 162-173.

[4] Sohm J A, Webb E A, Capone D G. Emerging patterns of marine nitrogen fixation. Nature Reviews Microbiology, 2011, 9(7): 499-508.

[5] Dugdale R, Menzel D, Ryther J. Nitrogen fixation in the Sargasso Sea. Deep-Sea Research, 1961, 7: 298-300.

[6] Stewart W D P, Fitzgerald G P, Burris R H. In situ studies on N_2 fixation using the acetylene reduction technique. Proceedings of the National Academy of Sciences, 1967, 58: 2071- 2078.

[7] Montoya J P, Voss M, Kaehler P, et al. A simple, high precision tracer assay for dinitrogen

fixation. Applied and Environmental Microbiology, 1996. 62: 986-993.

[8] Glibert P M, Bronk D A. Release of dissolved organic nitrogen by marine diazotrophic cyanobacteria, *Trichodesmium* spp. Applied and Environmental Microbiology, 1994, 60(11): 3996-4000.

[9] Capone D G, Ferrier M D, Carpenter E J. Amino acid cycling in colonies of the marine planktonic cyanobacterium, *Trichodesmium thiebautii*. Applied and Environmental Microbiology, 1994, 60: 3989-3995.

[10] Benavides M, Bronk D A, Agawin N SR, et al. Longitudinal variability of size-fractionated N_2 fxation and DON release rates along 24.5°N in the subtropical North Atlantic. Journal of Geophysical Research: Oceans, 2013, 118(7): 3406-3415.

[11] Mulholland M R, Bronk D A, Capone D G. Dinitrogen fixation and release of ammonium and dissolved organic nitrogen by *Trichodesmium* IMS101. Aquatic Microbial Ecology, 2004, 37(1): 85-94.

[12] Benavides M, Agawin N SR, Arístegui J, et al. Dissolved organic nitrogen and carbon release by a marine unicellular diazotrophic cyanobacterium. Aquatic Microbial Ecology, 69(1): 69-80.

[13] Subramaniam A, Yager P L, Carpenter E J, et al. From the cover: Amazon River enhances diazotrophy and carbon sequestration in the tropical North Atlantic Ocean. Proceedings of the National Academy of Sciences, 2008, 105(30): 10460-10465.

[14] Adam B, Klawonn I, Svedén J B et al. N_2-fixation, ammonium release and N-transfer to the microbial and classical food web within a plankton community. ISME, 2015, 10(2): 450-459.

撰稿人：卢阳阳　高树基

厦门大学，sjkao@xmu.edu.cn

海洋溶解有机氮的组分、活性、源汇过程

Composition, Bioavailability and Transformation of Dissolved Organic Nitrogen (DON) in the Ocean

氮是合成核酸与蛋白的主要元素，密切参与海洋生物地球化学循环，在维持碳以及其他化学元素循环中扮演着重要的角色，并可能对全球气候造成反馈。溶解有机氮(dissolvedorganicnitrogen，DON)是全球大部分海洋上层(除了上升流区外)最大的活性氮储库[1, 2](图 1(a))。已有的海洋 DON 的研究主要集中在诸如尿素和氨基酸等一些小分子上，DON 的绝大部分组分仍属未知。基于全球海洋表层 DON 相对均匀的分布[3, 4](图 1(b))，过去很多学者推论海洋 DON 是惰性的，不易被生物利用，但也有一些研究表明 DON 可能积极参与上层海洋氮循环与生产过程[1~4]。因此，厘清 DON 在海洋氮循环中的功能、储库变化，以及其源汇过程的环境影响因子，可协助理解 DON 在生态系统中的定位和人类活动引起的氮添加与气候变化的关联。

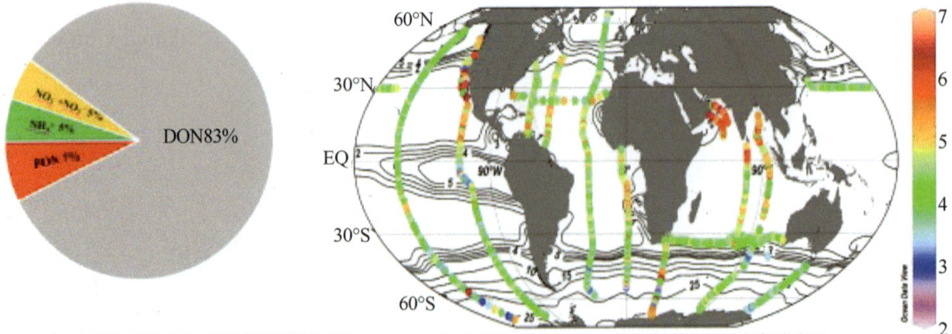

(a)开阔大洋上层除氮气外的氮储库组成[2]　　(b)全球海洋上层10m 水深处的DON 浓度分布[3]

图 1　海洋中 DON 的分布

海洋 DON 是复杂多样的有机分子组合，长久以来其绝大部分化合物组成还未被鉴定出来。甄别、分离、定量 DON 组分对于回答海洋 DON 到底由多少种化合物组成及其重要性尤为重要。DON 在操作定义上一般指通过 0.2~0.7μm 的滤膜过滤后，留在滤液的有机组分。为了避免过滤时压力导致的细胞破裂和可能的污染[1, 4]，在开阔大洋采样时一般不过滤，所以测量的是总有机氮(total organic nitrogen，

TON)，而非 DON。目前还没有一种普遍被接受的 DON 浓度直接测量方法，而是通过总溶解氮(totaldissolved nitrogen，TDN)和总无机氮(dissolvedinorganic nitrogen，DIN，包括铵氮、硝氮、亚硝氮)的差减，间接计算 DON 浓度。需要指出的是，差减法误差来源项多，不确定性较大，尤其是在 DIN 浓度占比高的水体，如深海、高营养盐低叶绿素区和富营养水体中。

根据分子大小可将海洋 DON 分成大分子 DON(high molecular weight DON，HMWDON/UDON,大于 1000Da;占总 DON 的 20-40%)和小分子 DON(lowmolecular weight DON，LMWDON，<1000Da，占 DON 高达 80%)两大类[1, 2]。目前已知的 HMWDON 主要有蛋白质、核酸和类腐殖质物质，LMWDON 包括尿素、多肽类、氨基糖、酰胺类、嘌呤和嘧啶等[2]。另外，从停留时间的角度可以将海洋 DON 分成三类：活性 DON，包括尿素、溶解性游离氨基酸、核酸，占总 DON 的极小部分，停留时间为分钟至天；半活性 DON，包括蛋白、溶解性结合氨基酸、氨基多糖，也只占总 DON 的一小部分，其变化在季节到年之间；惰性 DON，占很大部分，在年到千年尺度变化。但所谓的生物活性也只是相对而言。Letscher 等[3]研究表明，对上层海洋微生物来说是惰性的 DON，对于海洋中层的细菌反而是可被利用的活性物质，DON 的生物可利用率具有微生物针对性。过去认为海洋中大部分 DON，尤其是深海 DON，是以不被生物降解的含氮化合物形式存在，并且推测这些大分子物质主要源于非生物过程对生物化学前体进行的自发凝结。McCarthy 等[5]用 ^{15}N 核磁共振(NMR)技术，证实海洋中大部分 HMWDON 以酰胺(amide)形式存在而非自发凝结成的杂环化合物(图 2)。然而，酰胺不太可能是非生物过程形成的，

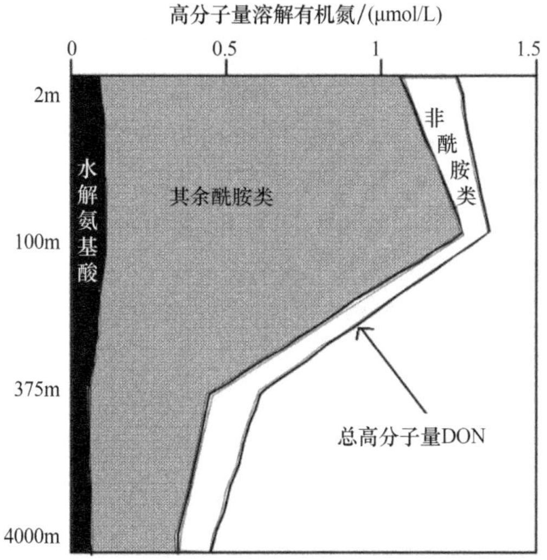

图 2 大西洋高分子 DON 组成[5]

因此，海洋 DON 储库很可能直接来自抗降解的生物分子。海洋 DON 的长时间尺度循环受控于细菌(及相应的代谢功能)和细菌相关化合物的累积机制[6]。尽管有研究指出，HMWDON 同样具有惰性的组分[7]，但一般认为，惰性 DON 可能主要包括某些 LMWDON 组分，HMWDON 组分则更可能代表活性和半活性组分[8]。这一观点得到培养实验结果的佐证，实验结果也符合海水中天然溶解有机物(dissolved organic matter，DOM)的分子粒径谱分布特征。由于受 DON 提取、富集，以及检测方法的限制(如固相萃取富集时小分子 DON 严重丢失)，加上海洋环境中 DON 本身的复杂性，不同的研究结论之间尚没有完全的一致性。

上层海洋 DON 浓度一般比深层高出 30%~50%[1, 2, 4]，McCarthy 等[5]报道的大西洋 HMWDON 的垂直分布与总 DON 一致，呈现上高下低的趋势(图 2)。虽然一些研究表明浮游植物吸收无机氮的过程中会有相当大一部分以 DON 的形式再返回海水中[1, 2, 9~11]，但对于 DON 垂直分布的控制因子、导致表层 DON 累积的生地化过程仍不清晰，只有了解 DON 的垂直组成特征及其生物可利用性(活性)，才可能对其在海洋中的源汇过程有所了解。

开阔海洋 DON 的来源主要有自生和外来两种。外源 DON 主要有河流输入、地下水输入和大气沉降[1, 4]，目前准确定量这些外源输入通量尚很困难。而系统内产生 DON 的过程主要与浮游植物、细菌、浮游动物和病毒相关(图 3)[1, 2, 4]。浮游植物以主动形式释放、通过细胞膜被动扩散或在被浮游动物摄食或病毒裂解时被动释放 DON。室内纯株培养和野外现场调查均发现浮游植物的 DON 释放，且室内培养的 DON 释放速率一般小于自然环境。但是，测量的 DON 释放速率通常都是净速率，尤其在氮限制的条件下，新生的 DON 可能很快被浮游植物再利用[1, 4, 12, 13]。细菌释放 DON 主要是酶主动释放、细胞膜被动扩散、颗粒有机物矿化或是细菌、病毒引起的释放。细菌释放的 DON 存在空间变异性[1, 4, 8]，表明 DON 释放受到不同过程的控制。浮游动物通过分泌或排泄释放 DON，其垂直迁移还可贡献不同水深处的 DON 通量。目前，对于浮游动物释放 DOM 或溶解有机碳(dissolved organic carbon，DOC)的研究相对较多，释放 DON 的研究则主要在集中在尿素和溶解性游离氨基酸上。另外，病毒在裂解期可以释放细胞质内溶解物质，以细菌和浮游植物为宿主，通过裂解性感染宿主释放 DON，而病毒本身也属于 DON 的一部分[1, 4]。

从全球尺度看，表层海洋 DON 的汇包括生物吸收、化学转换和垂直混合。DON 可被异养细菌和自养浮游植物吸收利用(图 3)。那么，谁在利用 DON？利用了哪些组分？如何被利用？这些都是很重要且未解答的问题。例如，异养生物消耗 DON 的过程会释放 CO_2，自养生物吸收 DON 的过程会吸收 CO_2，所以不同营养类型的生物在利用氮的同时对全球碳通量的影响是不一样的；异养细菌耗氧而自养生物产氧，谁在系统中占主导，可以用来判断系统的“自养/异养”状态。另外，大部分浮游植物比细菌大，如果浮游植物吸收 DON 占主导的话，更可能被高营养级浮游动物摄食，从而导致传统的输出生产力效率(*f* 比值)被高估[1, 4, 12]。

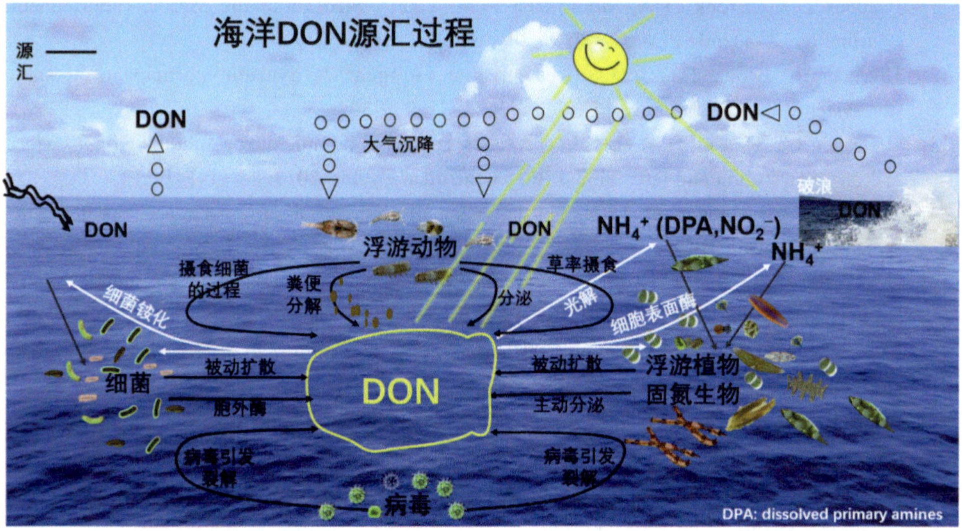

图 3 海洋 DON 源汇过程概念图[9]

DON 被生物利用的可能机制有：酶降解、胞饮作用、光降解等[1, 4]。一些小分子物质如尿素、部分氨基酸可以直接通过钠离子通道进入细胞内，但是 HMWDON 一般要通过酶(胞外酶或是胞内酶)将大分子降解成 LMWDON 后，浮游植物才进行吸收。但是，目前已知的这些酶类是否可以降解较大范围的 DON 物质？如果没有临近细菌的帮助(降解 DON 后将产物释放至周围环境供浮游植物利用)，浮游植物可以吸收的 DON 又有多少？除此之外，少数浮游植物可以扩大其泡或囊，将胞外的大分子物质包住，然后在体内形成液泡慢慢消化(胞饮作用)，但更为关键的是如何证实自然环境中胞饮作用的发生？光可以降解有机物，降解产物很可能被浮游植物利用，但是当前研究主要聚焦淡水和半咸水的光降解实验，涉及浮游植物吸收利用光降解产物的相关研究还未见报道。

综上所述，近年来对海洋 DON 组分、活性和源汇过程的研究虽然取得了一些进展，但严格来说，对其认识和理解还停留在初步阶段。这一科学难题中的以下问题亟待解决：①如何准确定性和定量 DON 的化学组成？②如何定义、分离并定性、定量惰性和活性 DON？③如何评估不同来源 DON 分子的释放和被利用速率？④如何区分 DON 的释放和吸收是主动还是被动？如何判断吸收是由内部机制还是由细胞外其他物质介导？⑤DON 释放和吸收的机制与调控因子是什么？

参 考 文 献

[1] Capone D G, Bronk D A, Mulholland M R, et al. Nitrogen in the Marine Environment. Burlington: Academic Press, 2008: 95-140, 303-361, 385-450.

[2] Berman T, Bronk D A. Dissolved organic nitrogen: A dynamic participantin aquatic ecosystems. Aquatic Microbial Ecology, 2003, 31: 279-305.

[3] Letscher R T, Hansell D A, Carlson C A, et al. Dissolved organic nitrogen in the global surface ocean: Distribution and fate. Global Biogeochemical Cycles, 2013, 27(1): 141-153.

[4] Hansell D A, Carlson C A. Biogeochemistry of Marine Dissolved Organic Matter. UK: Academic Press, 2014, 27: 127-232.

[5] McCarthy M, Pratum T, Hedges J, et al. Chemical composition of dissolved organic nitrogen in the ocean. Nature, 1997, 390(6656): 150-154.

[6] Mccarthy M D, Hedges J I, Benner R. Major bacterial contribution to marine dissolved organic nitrogen. Science, 1998, 281(5374): 231-4.

[7] Aluwihare L I, Repeta D J, Pantoja S, et al. Two chemically distinct pools of organic nitrogen accumulate in the ocean. Science, 2005, 308(308): 1007-10.

[8] Ogawa H, Amagai Y, Kolke I, et al. Production of refractory dissolved organic matter by bacteria. Science, 2001, 292: 917-920.

[9] Bronk D A, Ward B B. Magnitude of dissolved organic nitrogen release relative to gross nitrogen uptake in marine systems. Limnology and Oceanography, 2000, 45(8): 1879-1883.

[10] Ward B B, Bronk D A. Net nitrogen uptake and DON release in surface waters: Importance of trophic interactions implied from size fractionation experiments. Marine Ecology Progress, 2001, 219(1): 11-24.

[11] Varela M M, Bode A, Fernández E, et al. Nitrogen uptake and dissolved organic nitrogen release in planktonic communities characterised by phytoplankton size–structure in the Central Atlantic Ocean. Deep Sea Research Part I Oceanographic Research Papers, 2005, 52(9): 1637-1661.

[12] Bronk D A, See J H, Bradley P, Killberg L. DON as a source of bioavailable nitrogen for phytoplankton.Biogeosciences, 2007, 4(3): 283-296.

[13] Berthelot H, Moutin T, L'Helguen S, et al. Dinitrogen fixation and dissolved organicnitrogen fueled primary production andparticulate export during the VAHINE mesocosms experiment (New Caledonialagoon). Biogeosciences, 2015, 12: 4273-4313.

撰稿人：徐 敏 高树基

厦门大学，minxu@stu.xmu.edu.cn

大洋中第一亚硝酸盐最大值(PNM)的形成机制：是氨氧化，还是浮游植物释放？

Formation Mechanism of the Primary Nitrite Maximum in the Ocean: Ammonium Oxidation or Phytoplankton Release?

亚硝酸盐(NO_2^-)是硝化和反硝化过程的中间产物，其对海洋氮循环过程中氧化-还原平衡具有重要的指示作用。20 世纪 60~70 年代，随着对 NO_2^- 在海洋氮循环中重要地位的认识和不同海盆大量观测数据的获得，人们发现在层化水柱中有一个共同特征，即在真光层底部存在一个 NO_2^-浓度峰值，而更浅或更深的水层中 NO_2^-浓度几乎接近于零。峰区的 NO_2^-浓度通常在几十到几百个 nmol/L，但最高可达几个 μmol/L，这一 NO_2^-浓度峰值被称为第一亚硝酸盐最大值(primary nitrite maximum，PNM)。

不同海域的 PNM 呈现不同的时空变化，可用深度和强度来描述。在热带/亚热带季节性水体层化的海域，PNM 的时间变化主要表现为由春初到秋初的季节变化[1]。PNM 形成于春季水华后温跃层形成之时，此时 PNM 深度浅而强度较大；夏季随着太阳辐射的增强及真光层中营养盐消耗殆尽，PNM 深度变深而强度变小；秋季以后随着光照减弱和水体稳定度的降低，PNM 现象逐渐消失。PNM 的空间变化主要表现为随光照、营养盐和温跃层的变化而变化，一般近岸海域 PNM 深度浅而强度高，随着向外海/大洋寡营养区的过渡，PNM 深度变深而强度变小[2]。

虽然人们对海洋中 PNM 的时空分布特征已有较清楚的了解，但对 PNM 的形成机制自 20 世纪 60 年代以来一直存在争议[3]。在有氧水柱中可通过以下三种途径产生 NO_2^-：①氨氧化微生物(包括细菌、古菌)的氨(NH_4^+)氧化；②光限制条件下浮游植物对吸收的 NO_3^-的不完全同化还原，产生 NO_2^-而释放至水体中；③NO_3^-的光解还原。就第三种途径而言，真光层中光的快速衰减严重限制了该过程在 PNM 形成中的作用，但也许在某些海区的对流混合期间，真光层中 NO_2^-浓度的增加对 PNM 形成起到重要作用。因此，对 PNM 形成机制的争论便集中在前两种 NO_2^-产生途径：是氨氧化，还是浮游植物的释放？

观点一：氨氧化是 PNM 形成和维持的主要因素。

20 世纪 80 年代，Olson 等[4]发现自然水体硝化细菌(氨氧化菌，ammonium oxidizing bacteria，AOB；亚硝酸氧化菌，nitrite oxidizing bacteria，NOB)的氧化速

率随着光辐射的增强而降低，且 NOB 氧化速率较 AOB 降低更多，据此提出差异光抑制假说，即在真光层的底部(大多数研究采用 1%表面光强深度)，同样存在着不同硝化细菌(即 AOB 和 NOB)的差异光抑制机制，使得氨氧化起主导作用进而形成 PNM 现象。后来，研究发现光抑制活性的 AOB 在黑暗下可快速恢复氧化能力，而 NOB 的氧化能力则无法或难以恢复，因而认为硝化细菌的光抑制恢复机制造成了真光层底部氨氧化菌群占主导地位，进而形成 PNM 现象[5]。近年来，随着分子技术的发展，研究者在海水中发现并分离出具有氨氧化能力的古菌，命名为氨氧化古菌(ammonium oxidizing archaeal，AOA)，并证实了氨氧化细菌和古菌对光照的敏感性和光抑制后的恢复能力不同[6]。后来，人们通过同位素示踪法研究了水体 NO_2^-的来源、去除和周转时间，发现阿拉伯海水体的氨氧化速率与 NO_2^-浓度呈显著相关关系，PNM 水层中氨氧化速率最高，因而认为氨氧化是 PNM 中 NO_2^-的主要来源[7, 8]；McCarthy 等[9]对氨氧化速率和 NO_2^-吸收速率的培养实验发现，培养前期氨氧化为 NO_2^-的速率较 NO_2^-的吸收速率高两倍，说明氨氧化足以维持阿拉伯海 PNM 现象；Mackey 等[1]也指出红海水体层化期真光层底部的 NO_2^-累积来源于氨氧化。但是，也有研究者对此提出质疑，即 PNM 水层中 NH_4^+的浓度是否足以支撑形成几百甚至几千纳摩尔的 PNM？PNM 水层与 NH_4^+浓度峰值所处水层是否一致？观测表明 PNM 水层中 NH_4^+浓度大小不一，PNM 与 NH_4^+浓度峰值关系不定，有的海域二者所处水层重合，有的海域 NH_4^+浓度峰值则出现在 PNM 水层的上方，也有仅存在单一的 PNM 或 NH_4^+浓度峰值的现象，甚至同一海域不同站位 NH_4^+浓度峰值与 PNM 的关系也不一致[10]。

观点二：浮游植物的释放是 PNM 形成的主要原因。

早在 20 世纪 60 年代，人们就发现浮游植物可能是 PNM 水层中 NO_2^-的主要来源，后来利用箱式模型证实了北太平洋 PNM 水层中浮游植物释放的 NO_2^-足以抵消水体垂直混合造成的损失，从而形成和维持 PNM 现象[11]。后来的室内培养实验发现，在高 NO_3^-浓度、低光照条件下，硅藻(假微型海链藻)细胞可以较快速地释放 NO_2^-；也有学者认为光照强度的快速变化而非单纯的光照强度是造成浮游植物释放 NO_2^-的主要因素[12]。有研究指出，铁限制时易造成浮游植物的 NO_2^-释放，即铁限制阻碍了铁氧化还原酶的生产，浮游植物叶绿体核蛋白还原 NO_2^-的活力比细胞质还原 NO_3^-的活力低得多，进而使 NO_2^-释放到环境中[13]；氮限制也能造成浮游植物的 NO_2^-释放，如在氮限制条件下鞭毛藻体内的亚硝酸盐还原酶比硝酸盐还原酶的数量减少得更多，故当水体中氮得到补充(如上升流)时，藻体内相对较多的硝酸盐还原酶将 NO_3^-还原为 NO_2^-并释放到水体中，造成 NO_2^-的累积[14]；尽管上述观点不尽相同，但前提条件均为环境中具有较高的 NO_3^-浓度和浮游植物生物量，浮游植物可在体内累积较高浓度的 NO_3^-，但却不能过多地累积具有生物毒性的 NO_2^-，当条件受限(光/铁/氮限制)时，将体内累积的 NO_3^-还原为 NO_2^-释放到水体中，进而形成 PNM。但是，多数研究者根据 PNM 层中 NO_2^-与叶绿素的相关关系，推测浮游植物释放是 PNM 形成的主要因素，缺乏更直接的现场实验证据。

氨氧化和浮游植物释放均可对 PNM 的形成有所贡献，但究竟 PNM 水层中的 NO_2^-是来源于氨氧化还是浮游植物释放？现有研究未能给出直接的、无可辩驳的实验证据，而且目前的技术手段(如培养实验、同位素示踪等)似乎也无法有效区分。因此，目前准确判断某一海区 PNM 的形成机制仍是一个待解决的难题。未来对 PNM 形成机制的深入研究，一方面应当加强周日变化观测和垂直方向的加密采样和分析，另一方面需要采用高灵敏度的同位素示踪新技术，以及研究特定生物类群氮吸收的新技术。

参 考 文 献

[1] Mackey K R M, Bristow L, Parks D R, et al. The influence of light on nitrogen cycling and the primary nitrite maximum in a seasonally stratified sea. Progress in Oceanography, 2011, 91(4): 545-560.

[2] Santoro A E, Sakamoto C M, Smith J M, et al. Measurements of nitrite production in and around the primary nitrite maximum in the central California Current. Biogeosciences, 2013, 10(11): 7395-7410.

[3] Lomas M W, Fredric L. Forming the Primary Nitrite Maximum: Nitrifiers or Phytoplankton. Limnology & Oceanography, 2006, 51(5): 2453-2467.

[4] Olson R J. 15N tracer studies of the primary nitrite maximum. Journal of Marine Research, 1981, 39(203-226.

[5] Guerrero M A. Photoinhibition of marine nitrifying bacteria. II. Dark recovery after monochromatic or polychromatic irradiation. Marine Ecology Progress, 1996, 141(1-3): 193-198.

[6] Merbt S N, Stahl D A, Casamayor E O, et al. Differential photoinhibition of bacterial and archaeal ammonia oxidation. FEMS Microbiol Letter, 2012, 327(1): 41-46.

[7] Buchwald C, Casciotti K L. Isotopic ratios of nitrite as tracers of the sources and age of oceanic nitrite. Nature Geoscience, 2013, 6(4): 308-313.

[8] Newell S E, Babbin A R, Jayakumar A, et al. Ammonia oxidation rates and nitrification in the Arabian Sea. Global Biogeochemical Cycles, 2011, 25(4): n/a-n/a.

[9] Mccarthy J J, Garside C, Nevins J L. Nitrogen dynamics during the Arabian Sea Northeast Monsoon. Deep Sea Research Part II Topical Studies in Oceanography, 1999, 46(8): 1623-1664.

[10] Krom M D, Woodward E M S, Herut B, et al. Nutrient cycling in the south east Levantine basin of the eastern Mediterranean: Results from a phosphorus starved system. Deep Sea Research Part II: Topical Studies in Oceanography, 2005, 52(22-23): 2879-2896.

[11] Kiefer D A, Olson R J, Holm-Hansen O, et al. Another look at the nitrite and chlorophyll maxima in the central North Pacific. Deep Sea Research & Oceanographic Abstracts, 1976, 23(12): 1199-1208.

[12] Lomas M W, Glibert P M. Comparisons of nitrate uptake, storage, and reduction in marine diatoms and flagellates. Journal of Phycology, 2000, 36(5): 903-913.

[13] Milligan A J, Harrison P J. Effects of Non-Steady-State Iron Limitation on Nitrogen Assimilatory Enzymes in the Marine Diatom thalassiosira Weissflogii (Bacillariophyceae). Journal of Phycology, 2000, 36(1): 78–86.

[14] Sciandra A, Amara R. Effects of nitrogen limitation on growth and nitrite excretion rates of the dinoflagellate Prorocentrum minimum. Marine Ecology Progress, 1994, 105: 301-309.

撰稿人：王保栋

国家海洋局第一海洋研究所，wangbd@fio.org.cn

如何示踪和反演现今和过去的海洋生物泵？

How to Evaluate Modern and Reconstruct Past Ocean Biological Pump?

工业革命以来，因大气二氧化碳(CO_2)浓度增长而导致的地球表面增温，是人类面对的最为重要的环境问题之一。海洋“生物泵”是对海洋去除大气 CO_2 的一种形象描述[1]。所谓“生物泵”，是指海洋表层浮游植物的光合作用将表层海水中的溶解无机物如 CO_2 和 NO_3^-、PO_4^{3-}、$Si(OH)_4$ 等吸收到体内形成生源的颗粒物，由于重力作用往深海沉降输出的过程(图 1)。该过程中，大部分颗粒物被降解或溶解，其所携带的生源要素也返回水体，只有一小部分颗粒物可以最终到达海底。海洋“生物泵”实际上是初级生产、颗粒沉降、有机物降解、生源矿物溶解等诸多生物地球化学过程的综合，而其净结果是表层的溶解 CO_2 可以在较长时间尺度上滞留在深海，或被保存在深海沉积物中，从而脱离大气循环。20 世纪 70 年代以来，对于海洋“生物泵”的研究一直是海洋学，特别是海洋生物地球化学的核心内容。

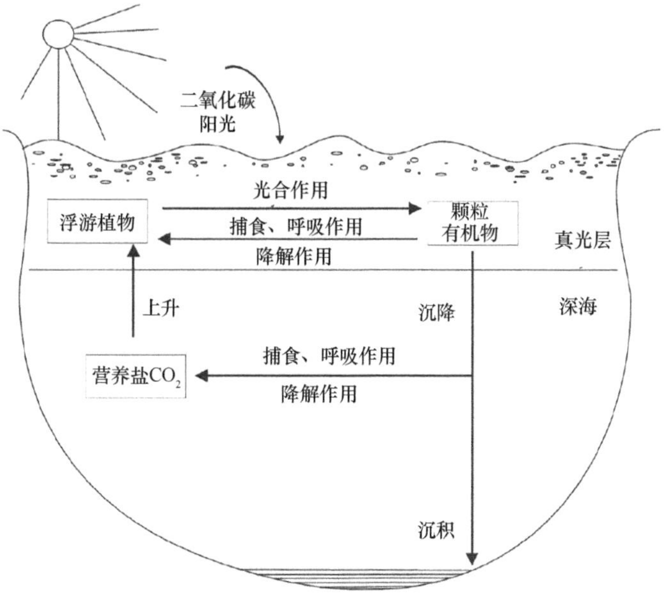

图 1　海洋生物泵简图[1]

海洋“生物泵”始于海洋表层浮游植物的光合作用对 CO_2 的固定，所以对海洋初级生产变化规律的了解是“生物泵”的首要部分。来自初级生产过程的生源颗粒受到重力的影响而向海洋深处沉降，沉降的速率与颗粒物的大小、密度成正比。粒径较大的浮游植物，特别是具有生物成矿能力的浮游植物(如硅藻等)具有较强的沉降能力。对全球各主要海区颗粒有机碳通量的综合观测也证实：大型浮游植物如硅藻等的水华，可以使颗粒物输出通量和输出效率显著提高[2]；反之，微微型和超微型的浮游植物具有相对较低的沉降速率。海水中的有机物在沉降过程中会持续不断地相互碰撞，结合为较大体积的聚合体，它们的形成无疑有助于这一部分有机物的沉降。而大的聚合体在海水剪切力的作用下将分裂为小的碎片，这一过程即解聚过程，它与聚合过程的共同作用导致颗粒有机物的形态在沉降过程中持续变化，并最终达到平衡[3]。输出颗粒物的丰度和通量都呈现出自上而下递减的分布规律。在开放大洋，少于 1%的初级生产的颗粒物可以最终到达沉积物，余下的颗粒物在输送过程中被矿化并返回溶解态，这主要通过浮游动物的捕食和异养微生物对有机物的降解来完成。

不同于主要受异养生命活动所控制的有机物降解，颗粒物中的主要矿物如碳酸钙、硅酸盐等主要在海水饱和度的影响下，与海水中溶解无机盐之间进行再平衡。而生源矿物的溶解对颗粒有机物的降解至关重要。例如，在对全球颗粒输出的研究中发现，有机碳的输出通量与矿物的输出通量呈现稳定的比例关系[4]，这意味着矿物可能对有机碳的输出起着重要的调控作用。尽管相关的机理还不十分清楚，但是成矿生物如硅藻、球石藻等的矿物壳体对其有机内容物的包裹作用，可能是其中的一个重要原因。此外，最近的研究表明，如蓝藻等超微型浮游植物的降解可以生成富硅的有机物并被长期保存，这可能是调节颗粒有机碳输出的重要因素。

现代“生物泵”的强度可以用真光层以下水柱生源颗粒的输出通量来表示，常用的方法有放射性同位素示踪法和沉积物捕获器法。前者主要利用 $^{234}Th/^{238}U$ 不平衡法来测量，主要原理是根据放射性同位素 ^{238}U 和其子体 ^{234}Th 不同的化学性质。海水中，^{234}Th 主要以 $Th(OH)_n^{(4-n)+}$的形式存在；这种形式的 ^{234}Th 呈正电性，很容易吸附到呈负电性的海洋颗粒上，并随颗粒的向下沉降最终迁出上层海洋。而其母体 ^{238}U 主要以 $UO_2(CO_3)_3^{4-}$的形式存在，很难被颗粒所吸附，因此 ^{238}U 在开阔大洋中一般呈保守状态。由于 ^{234}Th 与其母体 ^{238}U 在颗粒活性上的差异，造成在上层水体 ^{234}Th 相对于 ^{238}U 出现亏损 (deficit) 。根据 ^{234}Th 与 ^{238}U 之间的不平衡，可以计算由颗粒物的向下迁出所引起的 ^{234}Th 通量。进一步，通过测定沉降颗粒中的 $C/^{234}Th$ 比值，可以将 ^{234}Th 的通量转化成碳的通量。

20 多年前，沉积物捕获器的发明，对海洋现代生物地球化学过程研究具有划时代的意义。沉积物捕获器是直接测量和研究“生物泵”过程的有力武器。沉积物捕获器可分为自由漂浮式(free floating)、锚定式(mooring)和中性浮力(neutrally buoyant)漂浮式沉积物捕获器[5, 6]等三类。其中又以深海锚定式的时间系列沉积物捕获器应用最为广泛。由于这种捕获器在水下可以按预先设定的采样时间和间隔自动转换样品杯的位置，因而使高时间和空间分辨率的沉降颗粒采样成为可能。与此同时，现代地球化学分析测试技术的进步，也使人们在样品的多学科研究方面能够向微量和痕量领域进军。大孔径时间系列沉积物捕获器的广泛应用，不仅能提供输出真光层的物质通量的数据，同时还可以通过分析时间系列样品，获得真光层浮游生物季节性消长情况以及相关的生物地球化学过程信息。

过去碳循环的最直接记录是冰心里面的气泡。冰心气泡中 CO_2 气体浓度的检出数据，证实了大气 CO_2 浓度在冰期低、间冰期高的变化趋势，而海洋“生物泵”的强度和效率，对于解释及重建地质历史时期的碳循环至关重要。例如，在千年时间尺度上，大气 CO_2 浓度和海洋洋流，以及初级生产力具有同步变化的特征[7]。为了重建地质历史时期的海洋“生物泵”过程，需要厘清调控历史上海洋 CO_2 气体的吸收机制，重建过去海洋表层生物地球化学过程和海洋古环流等。目前重建历史时期海洋表层营养盐、碳酸盐体系和 CO_2 分压的方法主要包含以下四类：①利用沉积物中浮游有孔虫壳体的镉钙比(Cd/Ca)和 $^{13}C/^{12}C$，指示表层海水 Cd 的浓度和 DIC 的 $^{13}C/^{12}C$，进而重建上层水体营养盐的浓度[8]；②利用沉积物中微体化石键合的有机氮同位素组成，反演表层浮游植物对硝酸盐的利用程度；③利用沉积物中硅藻化石中的 Si 同位素组成和锗硅比(Ge/Si)，反演表层海水中硅酸盐的利用程度；④利用沉积物中单体有机分子和硅藻化石的碳同位素组成，反演表层海水 CO_2 浓度及光合作用速率[9]。而输出生产力(即有机碳的输出通量)则主要通过如下几种方法测定：①在沉积定年基础上，通过 ^{230}Th 的产生速率[10]、钡的输出通量[11]、有机碳的累积速率代表总生产力；通过沉积物生物硅的积累速率代表硅藻生产力；②通过微体化石、生物标志物(如烯酮和甾醇等[12])重建各个生物种群的古输出生产力。另一方面，海洋古“生物泵”效率在很大程度上受控于大洋环流和海洋通风程度；目前可以通过古生物学方法、地球化学法，反演古温度、古盐度和海水流通情况，结合数值模拟恢复历史时期的大洋环流。例如，利用沉积物中放射性同位素 Pa/Th 值，重建深层水滞留时间；利用珊瑚或者底栖有孔虫壳体的放射性碳同位素，追溯深层海水通风时间；利用氧同位素重建地转流及利用深海沉积物物理特性，重建近底层流的流速等，以及利用钕同位素重建全球大洋热盐环流等[13]。

由于海洋“生物泵”自身的复杂性，至今还无从知晓控制其运作效率的主控因子，如浮游植物群落结构如何控制颗粒物质向深层海洋的输运。另外，估算颗粒物质输出通量的手段仍然非常有限，且存在各种缺陷，如 U-Th 不平衡法中，对碳输出通量的估算严重依赖于 C/Th 值观测的准确度，而沉积物捕获器方法又受水动力、浮游动物入侵、样品处理中污染等的影响。因此，定量海洋“生物泵”仍存在巨大的不确定性。而古生物泵反演主要的难点是替代指标的可靠性的验证。这牵涉到两个方面的问题：一是理论上需要对现代海洋生物地球化学过程有更深入的了解，以期更好地了解替代指标的示踪原理和适用范围；二是在技术上需要有更精确、快速的微量分析方法。

参 考 文 献

[1] de La Rocha C L. 2003. The biological pump. Treatise on Geochemistry, 6: 83–111.

[2] Buesseler K O. The decoupling of production and particulate export in the surface ocean. Global Biogeochemical Cycles, 1998, 12(2): 297-310.

[3] Hill P S. Controls on floc size in the sea. Oceanography, 1998, 11: 13-18.

[4] Armstrong R A, Lee C, Hedges J I, et al. A new, mechanistic model for organic carbon fluxes in the ocean based on the quantitative association of POC with ballast minerals. Deep Sea Research Part II: Topical Studies in Oceanography, 2001, 49(1): 219-236.

[5] Honjo S, Doherty K W. Large aperture time-series sediment traps: Design objectives, construction and application. Deep Sea Research, 1988, 35: 133-149.

[6] Valdes J R, Price J F. A neutrally buoyant, upper ocean sediment trap. Journal of Atmospheric and Oceanographic Technology, 2000, 17(1): 62-68.

[7] Sigman D M, Hain M P, Haug G H. The polar ocean and glacial cycles in atmospheric CO_2 concentration. Nature, 2010, 466(7302): 47-55.

[8] Boyle E A, Keigwin L. North Atlantic thermohaline circulation during the past 20, 000 years linked to high-latitude surface temperature. Nature, 1987, 330(6143): 35-40.

[9] Hayes J M, Freeman K H, Popp B N, et al. Compound-specific isotope analysis: A novel tool for reconstruction of ancient biogeochemical processes. Organic Geochemistry, 1990, 16: 1115-1128.

[10] Francois R, Frank M, Rutgers van der Loeff M M, et al. ^{230}Th normalization: An essential tool for interpreting sedimentary fluxes during the late Quaternary. Paleoceanography, 2004, 19(1): 1-16.

[11] Pollard R T, Salter I, Sanders R J, et al. Southern ocean deep-water carbon export enhanced by natural iron fertilization. Nature, 2009, 457(7229): 577-580.

[12] Hinrichs K U, Schneider R R, Müller P J, et al. A biomarker perspective on paleoproductivity variations in two Late Quaternary sediment sections from the Southeast Atlantic Ocean. Organic Geochemistry, 1999, 30(5): 341-366.

[13] Bertram C, Elderfield H. The geochemical balance of the rare earth elements and neodymium isotopes in the oceans, Geochim. Cosmochim Acta, 1993, 57: 1957-1986.

撰稿人： 陈建芳　唐甜甜　周宽波　李宏亮

国家海洋局第二海洋研究所，jfchen@sio.org.cn

光化学反应如何影响海洋有机物的降解和转化过程？

How do Photochemical Reactions Affect the Degradation and Transformation of Marine Organic Matter?

溶解于海水中可以吸光的有机物质被统称为有色溶解有机物(chromophoric dissolved organic matter，CDOM)。CDOM是普遍存在于海水中的复杂混合物，主要由既可吸收紫外光、又可吸收可见光的高分子量化合物组成。吸收光辐射后，CDOM自身发生或引发海水中其他组分发生光化学反应，导致有机物组成和性质的改变，进而影响海洋有机物的降解与转化。

海水中的有机物为什么可以发生光化学反应？光化学反应类型又有哪些？CDOM能够发生光化学反应，主要是因为其含有大量对太阳辐射具有吸收性质的双键结构(C═C，C═O等)，这种结构使CDOM分子在光照作用下发生由低能量基态向高能量激发态的跃迁。CDOM的光化学反应主要包括光漂白、光降解、光矿化及光铵化等。其中，光漂白指的是CDOM中的发色团吸收紫外光后引起其的光吸收现象，该过程往往同时导致CDOM荧光性质的变化(图1)[1]。光降解则是指光照下大分子有机物裂解为小分子有机物的过程。而光矿化则是发生在光降解过程中的一种使有机物中的某些(种)组分氧化为无机碳或营养盐的过程，其中有机氮转化成无机铵的光矿化过程便被称为光铵化[2]。

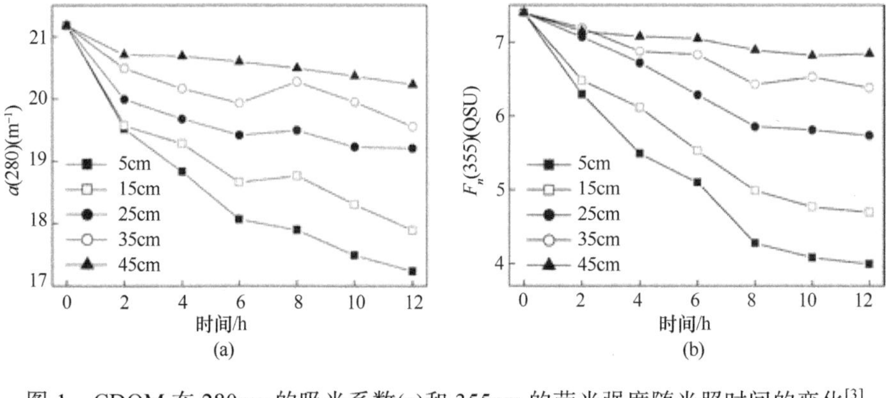

图1　CDOM在280nm的吸光系数(a)和355nm的荧光强度随光照时间的变化[3]

5、15、25、35和45cm分别为测定样品距UV-B灯光源的距离在各种复杂的有机物光反应中，光化学降解可以产生大量的光解产物，从而促进海水中微生物的活动。一般认为，光化学反应有利于提高有机物的生物利用性，原因主要有：①光照促进含氧物质的生成，如一氧化碳，可被许多化学自养细菌利用[4~6]；②光照可增加海水中氨基酸、糖等，为细菌代谢提供能量[7, 8]；③光降解可产生许多具有脂肪酸和酮酸基团的小分子量有机化合物[9, 10]，如甲酸、乙二醛、丙酮等，这些小分子有机物易参与海洋中的生化反应。但也有学者认为，光化学反应是一个降低有机物生物利用性的过程。这些互相矛盾的研究结果可能与不同海域中不同的有机物的来源、组成和转化途径等因素相关。海水中 CDOM 的来源复杂，大体将其分为陆源和海源两种。其中，陆源有机物主要来自河流的输入，而且大部分产生于陆地上植物凋零后分解或人类产生的工业和生活污染物。而在远离近岸影响的大洋海域，海洋有机物主要来自于被细菌降解后的浮游动植物。相对而言，陆源有机物分子中不饱和基团更多，光化学活性更强。对于光化学反应对有机物生物利用性的影响，一般认为，光反应会促进陆源有机物的生物利用性，但抑制海源有机物的生物利用性[11, 12]。

既然有机物的来源和组成对于海洋中光化学的研究如此重要，那么准确判断有机物的来源和组成，就成为有机物光化学研究的重要问题。目前判断海洋中 CDOM 的主要来源和组成是通过主成分分析或平行因子分析方法，解析有机物的三维荧光光谱。该方法可将 CDOM 大体分为两类：类腐殖质荧光团和类蛋白质荧光团。显然如此粗略的分类并不能满足有机物研究的需求，因而成为目前 CDOM 研究的瓶颈。除此之外，多维核磁共振光谱、配置凝胶柱的高效体积排阻色谱以及傅立叶变换离子自旋共振光谱等分析技术的使用，提供了从分子水平研究 CDOM 光化学降解的新思路。目前只有 10%~20%的光化学降解产物得到有效鉴定或识别[13]，而其他大量未定性的有机物也可能是微生物的物质与能量来源。CDOM 化学组成的测定在很大程度上解释了紫外光如何影响 CDOM 的光化学特性和生物利用性，但是这些信息还需要加以整合并建立起包含气候变化的全球碳循环模型。相信不断成熟的分析工具和智能的组合方法将继续改善对 CDOM 化学组成、结构、光特性和氧化还原特性等的理解。此外，对于分子水平上光化学的研究，时间分辨光谱法是必不可少的，但目前为止该方法还仅适用于极少数的环境光化学研究。

除了有机物的来源、组成，以及光降解产物的研究外，海洋有机物光化学的反应机理也是一个亟待解决的重要科学问题。目前有机物的光化学反应主要分为两类：直接的光化学反应和间接的光化学反应。直接光化学反应是指有机物吸收光能后，有机分子立刻产生异构化、化学键的断裂和光分解等化学变化的过程。直接的光分解较为复杂，不少金属有机配合物(如铁、锰等)能直接促进直接光化学反应的进行[14]。而间接光化学反应是通过光敏剂的参与发生的光化学反应，CDOM 自身以及一些过渡金属、NO_3^-、NO_2^- 等无机离子均为天然的光敏剂。研究表明，有机物的间接光化学反应主要通过与羟基自由基(HO·)，以及有机过氧化物自由基(ROO·)的反应进行[15]。与直接光反应相比，这种间接的光化学反应更为重要与普遍，因为它可以使原来不发生光降解的物质发生化学变化。然而，由于海洋环境的复杂性和有机物组成的不确定性，对有机物的光反应(特别是间接反应)机理还有待更加深入的研究和探讨，这对于认识光化学反应如何影响海洋有机物的降解与转化有重要的科学意义。

参考文献

[1] Wang X, Chen H, Lei K, et al. UVA illumination-induced optical coupling between tryptophan and natural dissolved organic matter.Environmental Science and Pollution Research, 2015, 22(21), 16969-16977.

[2] 邓男圣, 吴峰.环境光化学. 北京: 化学工业出版社, 2003.

[3] Zhang Y, Liu M, Qin B, et al. Photochemical degradation of chromophoric-dissolved organic matter exposed to simulated UV-B and natural solar radiation. Hydrobiologia, 2009, 627(1): 159-168.

[4] Kujawinski E B, Del Vecchio R, Blough N V, et al. Probing molecular-level transformations of dissolved organic matter: Insights on photochemical degradation and protozoan modification of DOM from electrospray ionization Fourier transform ion cyclotron resonance mass spectrometry. Marine Chemistry, 2004, 92: 23-37.

[5] Kulovaara M, Corin N, Backlund P, et al. Impact of UV 254-radiation on aquatic humic substances. Chemosphere, 1996, 33: 783-790.

[6] Xie H, Andrews S S, Martin W R, et al. Validated methods for sampling and headspace analysis of carbon monoxide in seawater. Marine Chemistry, 2002, 77(2): 93-108.

[7] Nieto-Cid M, Alvarez-Salgado X A, Perez F F. Microbial and photochemical reactivity of fluorescent dissolved organic matter in a coastal upwelling system. Limnology and Oceanography, 2006, 51: 1391-1400.

[8] Baldock J A, Masiello C A, Gelinas Y, et al. Cycling and composition of organic matter in terrestrial and marine ecosystems. Marine Chemistry, 2004, 92: 39-64.

[9] Kieber D J, McDaniel J, Mopper K. Photochemical source of biological substrates in sea water: Implications for carbon cycling. Nature, 1989, 341: 637-639.

[10] Moran M A, Zepp R G. Role of photoreactions in the formation of biologically labile compounds from dissolved organic matter. Limnology and Oceanography, 1997, 42: 1307-1316.

[11] Kaiser E, Sulzberger B. Phototransformation of riverine dissolved organic matter (DOM) in the presence of abundant iron: Effect on DOM bioavailability. Limnology and Oceanography, 2004, 49: 540-554.

[12] Judd K E, Crump B C, Kling G W. Bacterial responses in activity and community composition to photo-oxidation of dissolved organic matter from soil and surface waters. Aquatic Sciences, 2007, 69: 96-107.

[13] Miller W L, Zepp R G. Photochemical production of dissolved inorganic carbon from

terrestrial organic matter: Significance to the oceanic organic carbon cycle. Geophysical Research Letters, 1995, 22: 417-420.

[14] White E M, Vaughan P P, Zepp R G. Role of thephoto-Fenton reaction in the production of hydroxyl radicals and photobleaching of colored dissolved organic matter in a coastal river of the southeastern United States. Aquatic Sciences, 2003, 65: 402-414.

[15] Pullin M J, Bertilsson S, Goldstone J V, et al. Effects of sunlight and hydroxyl radical on dissolved organic matter: Bacterial growth efficiency and production of carboxylic acids and other substrates. Limnology and Oceanography, 2004, 49: 2011-2022.

撰稿人：张洪海　杨桂朋

中国海洋大学，honghaizhang@ouc.edu.cn

为什么海洋中的黏土颗粒物对有机物起保护作用？

Why Could Clay Minerals Protect Organic Matter in the Ocean?

黏土矿物(clay minerals)是地球上组成黏土岩和土壤的主要矿物，主要包括一些以铝、镁等为主的含水硅酸盐矿，如高岭石、蒙脱石、伊利石等，其晶体粒径通常小于 2μm。黏土颗粒物也广泛存在于海洋中，主要通过河流的输入和大气沉降进入海洋，并最终沉降于海底，成为海洋沉积物的主要组成部分。

黏土对地球上生命的起源可能起重要作用。美国康奈尔大学研究人员最近的研究[1]认为：在早期的地质过程中，黏土水合物(clay hydrogel)可能为生物化合物分子和生物化学反应提供了具有保护功能的载体。黏土通过吸收水分形成黏土水合物，在几十亿年的地质过程中，单一化合物在黏土水合物中通过复杂的反应形成大的蛋白质和 DNA，并最终产生了生命的最小单位——细胞。黏土水合物对细胞形成的生化反应起保护作用，使完整的生命细胞得以形成[1]。这一研究结果为认识生命的起源提供了新的视角。

在海洋生物地球化学和有机地球化学的早期研究中，科学家发现了一个现象，即有机物和黏土颗粒物的结合可以保护有机物不被微生物降解[2]。这在过去 20 年的研究中不断被证实，很多极易被细菌吸收利用的新生成的有机化学物，如氨基酸和糖类，能够和黏土颗粒形成絮状颗粒物沉降(图 1)，并能够被长时间地保存于沉积物中。对很多不同海区沉积物的研究也发现，有机碳的含量通常随沉积物中黏土的含量及其表面积的增加而增加[3]。埋藏于海洋沉积物中的有机碳达 3 万亿 t (3000Gt)，是地球上有机碳的三大汇之一[4]。科学家将这一结果归因于黏土颗粒对有机化合物有吸附作用，从而保护有机物不被微生物吸收利用而被长期保存下来[5~7]。但是，是什么过程和机理，导致有机物与黏土颗粒物的相互作用而形成絮状物，以及黏土对有机物的吸附？被吸附的有机物为什么难以被细菌所利用？目前这些科学问题仍然没有明确的答案，促使科学家仍为此不懈努力。

Keil 和 Mayer[8]在他们最近的文章中对黏土颗粒与有机物的相互作用做了概述，讨论了一些可能的机理和过程。作为一个最常见的现象，有机物与海洋沉积物中黏土颗粒物的表面积有密切关系，颗粒物粒径越小其表面积越大，吸附的有机物越多。颗粒物对有机物的吸附能力取决于很多因素，如有机分子的性质、大小和立体构型，同时也取决于矿物类型和颗粒物表面特性。吸附可以是简单的表面吸附，也可以是化合物分子进入矿物的晶格结构中，形成更紧密的结合。研究将有机物在矿物颗粒表面的吸附归结为六种主要机理：配位体交换(ligand exchange)、离子交换(ion exchange)、离子桥(cation bridging)、范德华力作用(van der Waals interactions)、氢键(hydrogen bonds)和疏水作用(hydrophobic effects)[8]。这些机理对化合物的吸附作用差别很大。

很多研究发现，化合物分子的结构在很大程度上影响其吸附能力。通常具有环状结构的大分子量化合物如蛋白质和DNA都可形成大的聚合物且产生非可逆的吸附[9]。大的聚合物较稳定并可以抵抗微生物的降解利用。但是，目前对蛋白质之类的大分子在颗粒物表面的吸附机理和过程的了解很少(图 1)。

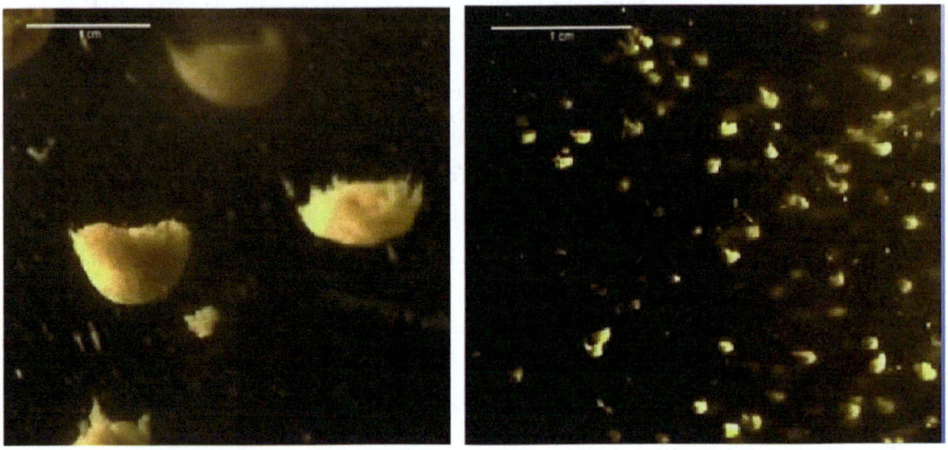

(a)　(b)

图 1　实验室模拟实验中得到的浮游植物非钙化(a)和钙化(b)细胞形成的絮状聚合物[10]
图中标尺为 1 cm

为什么有机物被颗粒物吸附后能受保护而不被微生物利用？对此没有很明确的答案，可能涉及能量的消耗和转化问题。微生物对有机物吸收利用，首先要使有机物分子通过其细胞膜；但当小的有机物被吸附或形成大的絮状物后，从尺寸和能量的角度，微生物可能无法将这些吸附的有机物解吸利用，或说大的絮状化合物无法通过细胞膜。Keil 和 Mayer[8]通过图形的方式，较形象地描述了有机物的吸附和聚合，如图 2 所示。有机物可以和颗粒物形成大小不同的絮状物，也可以被单层吸附在颗粒物表面。相比之下，颗粒物表面的非可逆吸附对有机物具有更好的保护作用，其作用可达上千年；而可逆吸附的化合物，可能在几秒时间内解吸，回到溶液中而被微生物消耗。对小的絮状有机物，保护时间可在几年至百年尺度，大的絮状有机物可在几天至几年之间。

虽然在理论上可以很好地解释有机物分子在颗粒物表面的吸附，但海洋沉积物中吸附对有机物的保存机理并不十分清楚。早期的研究曾提出有机物在颗粒物

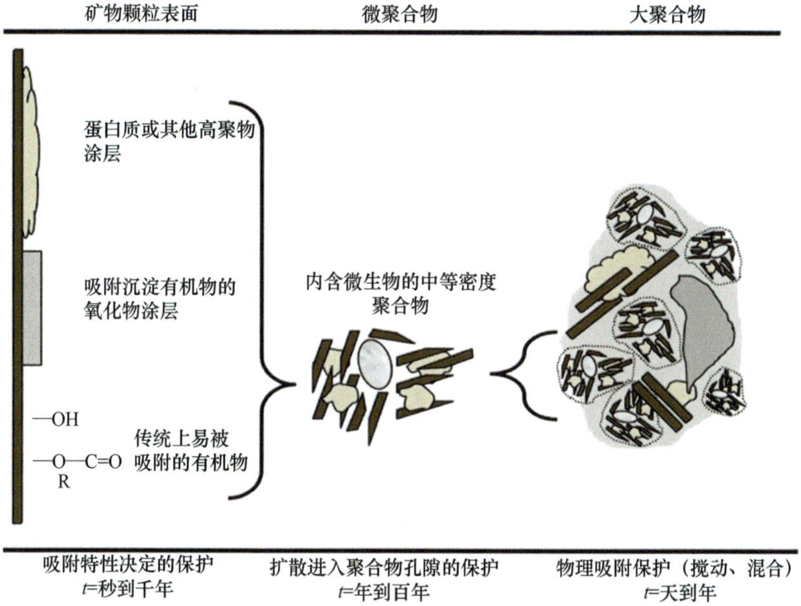

图 2　沉积物中有机物在颗粒物表面吸附及絮状聚合物形成示意图[8]

表面的单一层吸附机理[11, 12]。后来又提出有机物主要保存于颗粒物中的小孔隙中(直径小于 10 nm)[13]。目前比较认可的观点是有机物进入沉积物细颗粒的孔隙中并形成小的絮状物，小的絮状物在新鲜有机质的胶合作用下，进而形成大的絮状物，从而起到对有机物分子的保护作用[8]。当然，发生在沉积物中的早期成岩作用也会影响到有机物的吸附和生物降解过程，如氧化还原状态。

总之，虽然我们对有机物和颗粒物的相互作用已经有长期的了解，但对这一过程的认识还是很表面的，需要做更深入的研究。目前缺乏一个具有共性的理论依据去解释有机物在海洋沉积物中的保存。同时，实验中如何分离沉积物中不同分子量级的化合物组分，用以研究不同化合物与不同矿物颗粒表面的吸附过程，即从分子量级来表征有机物-黏土矿物的相互作用，仍是一个难题。更重要的是，自然界的有机物-黏土颗粒相互作用包含了微生物过程，因此很有必要把微生物过程结合起来研究。有机物与矿物颗粒的相互作用是地球表面重要的地球化学过程之一，认识这一过程，对了解土壤和沉积物的形成和变化及地球表面化学性质的变化，均有重要意义[14, 8]。

参 考 文 献

[1] Yang D, Peng S, Hartman M R, et al. Enhanced transcription and translation in clay hydrogel and implications for early life evolution. Scientific Reports, 2013, 3(3165), doi:

10.1038/srep03165.

[2] Schreiner O, Shorey E C. The isolation of picoline carboxylic acid from soils and its relation to soil fertility. Journal of the American Chemical Society, 1908, 30(8): 1295-1307.

[3] Mayer L M. Extent of coverage of mineral surfaces by organic matter in marine sediments. Geochimica et Cosmochimica Acta, 1999, 63(2): 207-215.

[4] Hedges J I, Keil R G. Sedimentary organic matter preservation: an assessment and speculative synthesis. Marine Chemistry, 1995, 49(2): 81-115.

[5] Wang X C, Lee C. Adsorption and desorption of aliphatic amines, amino acids and acetate by clay minerals and marine sediments. Marine Chemistry, 1993, 44(1): 1-23.

[6] Keil R G, Montluon D B, Prahl F G, et al. Sorptive preservation of labile organic matter in marine sediments. Nature, 1994, 370: 549-552.

[7] Kennedy M J, Löhr S C, Fraser S A, et al. Direct evidence for organic carbon preservation as clay-organic nanocomposites in a Devonian black shale: From deposition to diagenesis. Earth and Planetary Science Letters, 2014, 388: 59-70.

[8] Keil R G, Mayer L M. Mineral matrices and organic matter. Reference Module in Earth Systems and Environmental Sciences, 2014, 12: 337-359.

[9] Wiseman C L S, Püttmann W. Interactions between mineral phases in the preservation of soil organic matter. Geoderma, 2006, 134(1): 109-118.

[10] Engel A, Szlosek J, Abramson L, et al. Investigating the effect of ballasting by $CaCO_3$ in Emiliania huxleyi: I. Formation, settling velocities and physical properties of aggregates. Deep Sea Research Part II: Topical Studies in Oceanography, 2009, 56(18): 1396-1407.

[11] Suess E. Interaction of organic compounds with calcium carbonate-II. Organo-carbonate association in recent sediments. Geochimica et Cosmochimica Acta, 1973, 37(11): 2435-2447.

[12] Müller P J, Suess E. Interaction of organic compounds with calcium carbonate—III. Amino acid composition of sorbed layers. Geochimica et Cosmochimica Acta, 1977, 41(7): 941-949.

[13] Mayer L M. Relationships between mineral surfaces and organic carbon concentrations in soils and sediments. Chemical Geology, 1994, 114(3-4): 347-363.

[14] Grunwald S, Thompson J A, Boettinger J L. Digital soil mapping and modeling at continental scales: Finding solutions for global issues. Soil Science Society of America Journal, 2011, 75(4): 1201-1213.

撰稿人：王旭晨

中国海洋大学，xuchenwang@ouc.edu.cn

如何定量河口近岸海区的再悬浮过程

How to Estimate the Resuspension of Particulate Matter in the Coastal Ocean?

一方面，再悬浮过程是海洋中一个普遍存在的物理现象，在河口近岸海区，海底表层沉积物容易在风浪、潮汐等物理过程，以及生物扰动的作用下产生再悬浮，使还原态沉积物暴露于有氧环境，将颗粒物携带的营养盐转化为无机溶解态重新进入水体，促进浮游植物生长；另一方面，再悬浮也释放重金属和有机污染物，增加水体混浊度，影响环境质量，抑制浮游植物的光合作用[1, 2]。因此河口近岸海区悬浮颗粒物的沉降-再悬浮过程对生源要素的循环及污染物的迁移、转化和归宿都具有重要的作用，其中沉降量与再悬浮量是了解上述过程的基础和前提，是污染物输运模型及海洋沉积动力学中悬沙输运数学模型的必需参数[3, 4]。

Bloesch[5]曾对湖泊再悬浮量的测定和计算方法进行总结，其中大部分方法仅基于水体中悬浮颗粒物浓度的变化或底层沉积物的侵蚀量来间接确定。海水中的颗粒物主要来自海洋自身产生的颗粒物(浮游生物及其排泄物和残骸)、大气颗粒物的沉降、陆源颗粒物的输入，以及沉积物的再悬浮[6](图 1)。如果不同来源的颗粒物具有不同的元素组成或化学组分，可用混合模型直接定量水体中再悬浮比例与过程。

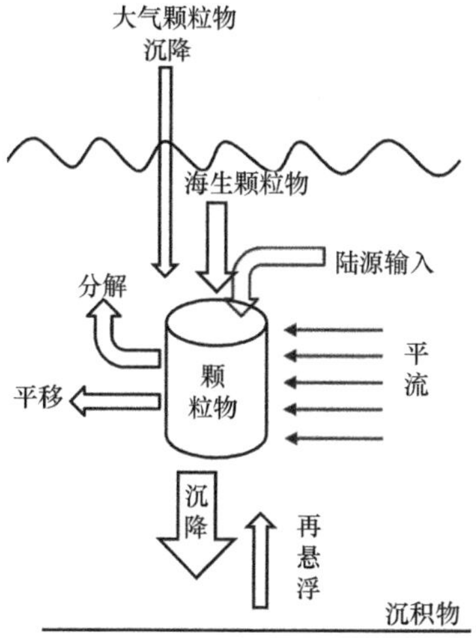

图 1　近海颗粒物的来源及垂直转移过程[6]

陆源元素(硅、铝、铁)和生源元素(碳、氮)在海生颗粒物与再悬浮颗粒物上含量不同，因此对于近岸海区，可利用沉积物捕获器法计算再悬浮比例和通量，即利用沉积物捕获器来测定沉降通量，然后利用颗粒物再悬浮模式来推算再悬浮量。

近年来常用的颗粒物再悬浮模式是由 Bloesch[1]发展起来，其基本假设为：①海洋中的悬浮颗粒物质由自身生成的颗粒物质和再悬浮的沉积物组成，它们在混合时，其化学组分不发生变化；②底质物再悬浮后，其化学组分不发生变化；③化学组分在悬浮颗粒物质中分布均匀。

$$R = S - N \tag{1}$$

$$R * f_R = S * f_S - N * f_N \tag{2}$$

式中，f_R、f_S 和 f_N 分别为再悬浮颗粒物、总沉降颗粒物和净沉降颗粒物中某组分的百分含量(图 2)。联立式(1)和式(2)即得再悬浮颗粒占总沉降颗粒比例：

$$\alpha_r = \frac{R}{S} \times 100\% = \frac{f_S - f_N}{f_R - f_N} \times 100\% \tag{3}$$

计算时，f_R、f_S 和 f_N 分别取底表沉积物、水体底层颗粒物和温跃层顶部颗粒物中特定组分的百分含量。

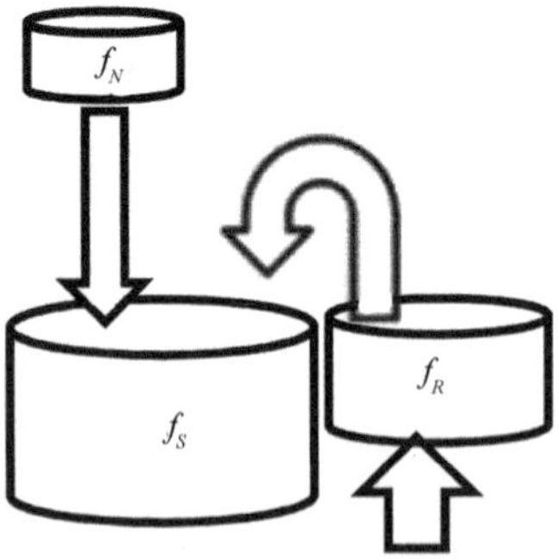

图 2　颗粒物再悬浮模式示意图[1]

f_R、f_S 和 f_N 分别表示再悬浮颗粒物、总沉降颗粒物和净沉降颗粒物中某组分的百分含量

利用这个模式计算的关键与难点是特征化学组分的选择。詹滨秋等[7]利用颗粒物中的有机碳和氮组成(particulate organic carbon，POC；particulate organic nitrogen，PON)，计算出东海陆架区再悬浮的沉积物在 68 m 和 76 m 水深处悬浮颗粒物质中的比例高达 96%，表明沉积物再悬浮在东海陆架区的显著影响。基于陆源元素(硅、铝、铁)，杨茜等[8]发现桑沟湾养殖内湾底层再悬浮比例的平均值高达 92.8%。但 Zhan[9]研究指出，悬浮物质中的可燃烧组分、颗粒微量金属和稀酸可溶解组分具有不稳定性，不能用来计算。

对于大部分河口地区，尽管径流带来的颗粒物与海源容易区分，但河口颗粒物的主要来源是陆源带来的黏土矿物，其在河口输送过程中几乎不变，而且河口沉积物的来源、矿物组成和地化性质通常随时间变化不大，因此一般的组分难以示踪、定量河口再悬浮量。放射性同位素法如铀-钍(U-Th)系列核素钍和铅(^{234}Th、^{210}Pb)、宇生核素铍(^{7}Be)、人工核素铯和钚(^{137}Cs、$^{239+240}Pu$)等在河口近岸和海洋中具有不同的分布特征和行为，可用于悬浮颗粒物和沉积物的来源、输运和再悬浮研究。近年来的研究发现河口地区不同来源的悬浮颗粒物上 ^{7}Be、^{137}Cs、^{210}Pb 活度不同：河流输入的新鲜颗粒物，^{7}Be 活度比较高，在底床沉积物中，^{7}Be 经过衰变，通常活度迅速降低，而 ^{210}Pb 与 ^{137}Cs 常年累积，活度相对较高[11]；河床沉积物上 $^{7}Be/^{210}Pb$ 值通常<1，而流域和海洋输入的颗粒物上该值则高达 2~16[12]，因此 $^{7}Be/^{210}Pb$ 可用来示踪和计算河口再悬浮过程和通量。Wilson 等[12]基于 South Slough 河口不同来源沉积物的 $^{7}Be/^{210}Pb_{xs}$ 值，计算发现该地区的再悬浮过程对泥沙入海通量的贡献高达 39%。

上述两种方法均可进行沉积物再悬浮通量的定量分析，有效地反映再悬浮过程，但使用化学组分示踪时需要选取合适的标记物以建立物质混合模型，应用时需检验相应的假设条件是否满足。目前对于再悬浮过程与机制缺乏足够的认识，未来在两种方法定量分析的基础上，可以结合悬浮颗粒物浓度的原位观测及必要的模型计算开展进一步研究。

参 考 文 献

[1] Bloesch J. Mechanisms, measurement and importance of sediment resuspension in lakes. Marine and Freshwater Research.1995, 46: 295-304.

[2] Turner A, Millward G E.Suspended particles: their role in estuarine biogeochemical cycles.Estuar Coast ShelfS, , 2002, 55: 857-883 .

[3] 禹雪中，杨志峰，钟德钰，等.河流泥沙与污染物相互作用数学模型. 水利学报，2006, 37(1): 10-15.

[4] 蒋东辉，高抒. 海洋环境沉积物输运研究进展. 地球科学进展, 2003, 18(1): 100-108.

[5] Bloesch J. A review of methods used to measure sediment resuspension. Hydrobiologia, 1994, 284: 13-18.

[6] 张岩松. 黄-东海沉降颗粒物的垂直通量. 青岛：中国海洋大学, 2004.

[7] 詹滨秋，宋金明.东海悬浮物质再悬浮比率的初步研究. 海洋科学集刊, 1997, 38: 99-101

[8] 杨茜，杨庶，宋娴丽，孙耀. 桑沟湾夏、秋季悬浮颗粒物的沉降通量及再悬浮的影响. 海洋学报, 2104, 36: 85-90.

[9] Zhan B Q. The study on vertical processes in the East China Sea. Proceedings in the 1994 Sapporo ICBP symposium, 14-17 Nov., 1994, Japan, 177-182.

[10] Du J Z, Zhang J, Baskaran M. Applications of Short-Lived Radionuclides (^{7}Be, ^{210}Pb, ^{210}Po, ^{137}Cs and ^{234}Th) to Trace the Sources, Transport Pathways and Deposition of Particles/ Sediments in Rivers, Estuaries and Coasts. Chap.16th in "Handbook of Environmental Isotope Geochemistry". In: Baskaran M. 2012, Berlin: Springer, 305-329.

[11] Cornett R J, Bonvin E, Chant L A, et al. Identifying resuspended particles using isotope ratios.

Hydrobiologia, 1994, 284: 69–77.

[12] Wilson C G, Matisoff G, Whitng P J. The use of Be-7 and Pb-210(xs) to differentiate fine suspended sediment sources in South Slough, Oregon. Estuaries and Coasts, 2007, 30: 348-358.

撰稿人：陈蔚芳

厦门大学，chenwf@xmu.edu.cn

颗粒物化学组成对海水中钍-230 和镤-231 的分馏作用

Fractionation Between Thorium-230 and Protactinium-231 Induced by Particulate Components

地球上，存在三个天然的放射衰变系列，即 ^{238}U 衰变系(又称铀系)、^{235}U 衰变系(又称锕系)和 ^{232}Th 衰变系(又称钍系)。三个天然衰变系产生了多种钍(Th)和镤(Pa)放射性核素，包括 ^{234}Th、^{230}Th、^{228}Th、^{227}Th、^{234}Pa、^{231}Pa 等。这些核素具有不同的半衰期，常被用于示踪不同时间尺度的地球化学过程。其中，^{230}Th 主要由母体 ^{234}U 衰变产生，半衰期长达 75000 年，^{231}Pa 主要由母体 ^{235}U 产生，半衰期长达 32500 年，因此 ^{230}Th 和 ^{231}Pa 被用于研究一些古海洋学过程。

^{230}Th 和 ^{231}Pa 都具有很强的颗粒活性(颗粒活性指元素在颗粒物与海水之间固-液分配系数很大，容易吸附到海洋颗粒物表面)，因此，海水中的 ^{230}Th 和 ^{231}Pa 主要通过颗粒物沉降进入沉积物。由于海水中 U 同位素组成是均匀的[1]，^{234}U 和 ^{235}U 的比值恒定，因此，海水中 ^{231}Pa 和 ^{230}Th 的产生速率比值亦是恒定值(0.093)。海水中 ^{230}Th 和 ^{231}Pa 的停留时间分别为 10~40 年和 50~100 年。由于相对较短的停留时间，^{230}Th 进入沉积物的速率通常与水柱中 ^{230}Th 的产生速率相等，所以 ^{230}Th 通常沉降于当地沉积物中；而 ^{231}Pa 较长的停留时间使其在沉降过程中可以水平运移更远的距离，结果导致 ^{231}Pa 沉降于当地的速率受颗粒物的沉降速率影响非常大[2]，最终沉积物中 ^{231}Pa/^{230}Th 值往往并不等于 0.093，而是随沉降颗粒物通量的增加而增大。

通常，在靠近陆地的边缘海沉降颗粒物比较多，表层沉积物中 ^{231}Pa/^{230}Th 值大于 0.093，而在沉降颗粒物比较少的大洋中心，该比值小于 0.093(图 1)[3]。鉴于 ^{231}Pa/^{230}Th 值与沉降颗粒物之间的这种关系，以及开阔大洋颗粒物主要取决于表层海洋的输出生产力，有研究指出：^{231}Pa/^{230}Th 值可以作为重建古海洋输出生产力的指标[2]。另一方面，^{230}Th 和 ^{231}Pa 受海水-沉积物界面附近发生的早期成岩作用影响很小，沉积物中的 ^{231}Pa/^{230}Th 值能真实地记录沉降颗粒物中 ^{231}Pa/^{230}Th 的值[4]，也为 ^{231}Pa/^{230}Th 值作为古海洋生产力指标提供了有利条件。一些海域的研究也证实沉积物中 ^{231}Pa/^{230}Th 值揭示的古海洋生产力变化与其他指标重建的古海洋生产力变化特征一致[5]。

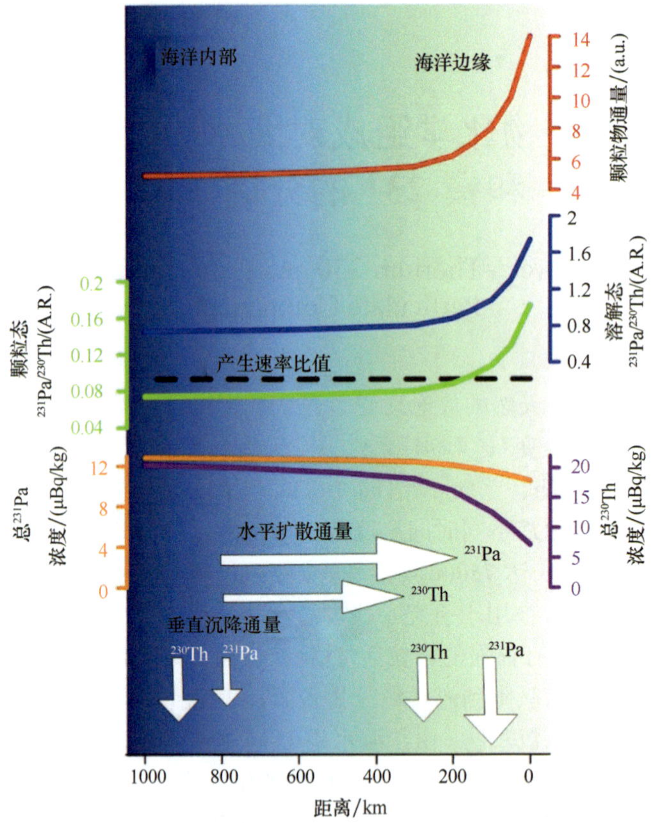

图 1　海洋中 ^{231}Pa 和 ^{230}Th 沉降通量空间变化示意图[3]

A. R.是 activity ratio 的缩写，表示该比值是放射性活度的比值，而非质量比值；a.u.是 arbitrary units 的缩写，表示采用任意的颗粒物通量单位

但是，^{231}Pa/^{230}Th 值重建古海洋生产力有一个基本假设，即"沉积物中 ^{231}Pa/^{230}Th 值仅取决于沉降颗粒物的多少，它随沉降颗粒物的增加而增大"。这一假设是否普遍成立呢？近年来，许多现场研究[6, 7]和实验室研究[8]结果表明：沉积物中 ^{231}Pa/^{230}Th 值不仅取决于沉降颗粒物多少，还受颗粒物化学组成的调控。

通过对太平洋和大西洋沉积物捕集器采集的沉降颗粒物研究，不同实验室获得了不同的结论。有实验室研究[6]表明：岩成(lithogenic)组分是吸附海水中 ^{231}Pa 和 ^{230}Th 的主要组分，并且岩成组分对 ^{230}Th 的吸附强于 ^{231}Pa(即发生分馏效应)，其分馏因子达到 10，而生源颗粒组分(如碳酸盐)对 ^{231}Pa 和 ^{230}Th 的分馏作用很弱(分馏因子约为 1)，清除过程中 ^{231}Pa 和 ^{230}Th 的分馏取决于颗粒物中蛋白石与岩成组分的含量比例。Roy-Barman 等[9]在大西洋的研究表明：^{230}Th 与锰和岩成组分含量均密切相关，但是在大气沉降强烈的冬季 ^{230}Th 与岩成组分之间没有相关性，因此，指出并不是岩成组分直接清除 ^{230}Th，而是其表面的 MnO_2 在清除 ^{230}Th，并且 ^{231}Pa 和 ^{230}Th 之间的分馏可能缘自胶体 MnO_2 的作用；而碳酸盐和蛋白石与 ^{230}Th 之间并没有相关性，也就是说碳酸盐和蛋白石并不是吸附 ^{230}Th 的有效组分。Chase 和 Anderson 等[7]的研究则认为：蛋白石和碳酸盐是吸附海水中 ^{231}Pa 和 ^{230}Th 的主要组分，而不是岩成组分，并且蛋白石对 ^{231}Pa 有更强的吸附能力，而碳酸盐则对 ^{230}Th 有更强的吸附能力，蛋白石和碳酸盐对 ^{231}Pa 和 ^{230}Th 的分馏因子分别约为 42 和 0.3，并认为颗粒物对 ^{231}Pa 和 ^{230}Th 的分馏程度取决于蛋白石和碳酸盐组分的相对比例，并非蛋白石和岩成组分的相对比例。一些研究也通过颗粒物化学组成的变化解释南大西洋极锋区以南海域低沉降颗粒物水柱中增强的 ^{231}Pa 吸附现象[10]。实验室的模拟研究发现：颗粒物中碳酸盐、蛋白石、陆源矿物、有机物等组分对 Th 和 Pa 同位素都具有吸附作用，而且不同组分对两个核素的吸附能力存在不同程度的差异，吸附过程中会产生不同程度的分馏效应[8]。最近的研究发现热液区自生的铁/锰水合氧化物以及近底层还原环境再悬浮的颗粒物会加强 ^{231}Pa 和 ^{230}Th 的吸附，并会导致蛋白石的作用变得无足轻重[2]。除此之外，少数研究指出：颗粒物中有机物吸附 Pa 和 Th 的作用不可忽视[11]。可见，除沉降颗粒物多少之外，颗粒物的化学组成也在很大程度上影响了进入沉积物的 $^{231}Pa/^{230}Th$ 值，尽管颗粒物组分对 ^{231}Pa 和 ^{230}Th 的分馏作用方面尚没有达成共识，但这些研究结果已经对 $^{231}Pa/^{230}Th$ 值作为古海洋生产力指标提出了挑战。

鉴于颗粒物组分对 ^{231}Pa 和 ^{230}Th 的分馏作用，有研究提出 $^{231}Pa/^{230}Th$ 值作为古海洋学指标可能应根据具体的海水环境决定，如南大洋沉积物中该比值更适合示踪蛋白石的沉降[12]，在大西洋则可用于示踪大洋环流[13]。在颗粒物组分决定 $^{231}Pa/^{230}Th$ 值的海域，该比值可能可以帮助我们重建古海洋浮游植物群落结构[7]。当前正在实施的 GEOTRACES 计划仍然极为重视 ^{231}Pa 和 ^{230}Th，尽管 $^{231}Pa/^{230}Th$ 作为古海洋学指标能够示踪的古海洋学过程依然不够明确，颗粒物组分对 ^{231}Pa 和 ^{230}Th 的分馏作用研究依然任重而道远，但是 $^{231}Pa/^{230}Th$ 指标从独特的视角揭示的潜在古海洋学信息对于我们理解古海洋学至关重要，所以 $^{231}Pa/^{230}Th$ 指标在当前及今后很长一段时间内仍会受到重视。

参 考 文 献

[1] Ku T L, Knauss K G, Mathieu G G. Uranium in open ocean: Concentration and isotope composition. Deep-Sea Research, 1977, 19: 233-247.

[2] Lao Y, Anderson R F, Broecker W S. Boundary scavenging and deep-sea sediment dating: Constraints form excess ^{230}Th and ^{231}Pa. Paleoceanography, 1992, 7: 783-798.

[3] Hayes C T, Anderson R E, Fleisher M Q, et al. ^{230}Th and ^{231}Pa on GEOTRACES GA03, the U.S. Geotraces North Atlantic transect, and implications for modern and paleoceanographic chemical fluxes. Deep-Sea Research II, 2015, 116: 29-41.

[4] Thomas A L, Henderson G M, Robinson L F. Interpretation of the $^{231}Pa/^{230}Th$ paleocirculation proxy: New water-column measurements from the southwest Indian Ocean. Earth and Planetary Science Letters, 2006, 241: 493-504.

[5] Kumar N, Anderson R F, Mortlock R A, et al. Increased biological productivity and export production in the glacial Southern Ocean. Nature, 1995, 378: 675-680.

[6] Luo S, T-LKu. Oceanic $^{231}Pa/^{230}Th$ ratio influenced by particle composition and remineralization. Earth and Planetary Science letters, 1999, 167: 183-195.

[7] Chase Z, Anderson R F, Fleisher M Q, et al. The influence of particle composition and particle flux on scavenging of Th, Pa and Be in the ocean. Earth and Planetary Science letters, 2002, 204: 215-229.

[8] Guo L, Chen M, Gueguen C. Control of Pa/Th ratio by particulate chemical composition in the ocean. Geophysical Research Letters, 2002, 29(20), doi: 10.1029/2002GL015666.

[9] Roy-Barman M, Jeandel C, Souhaut M, et al. The influence of particle composition on thorium scavenging in the NE Atlantic ocean (POMME experiment). Earth and Planetary Science Letters, 2005, 240: 681-693.

[10] Walter H J, Rutgers van der Loeff M M, Hoeltzen H. Enhanced scavenging of ^{231}Pa relative to ^{230}Th in the South Atlantic south of the Polar Front: Implications for the use of the $^{231}Pa/^{230}Th$ ratio as a paleoproductivity proxy. Earth and Planetary Science Letters, 1997, 149, 85-100.

[11] Li Y H. Controversy over the relationship between major components of sediment-trap materials and the bulk distribution coefficients of ^{230}Th, ^{231}Pa, and ^{10}Be. Earth and Planetary Science Letters, 2005, 233: 1-7.

[12] Kretschmer S, Geibert W, Rutgers M M, et al. Fractionation of ^{230}Th, ^{231}Pa, and ^{10}Be induced by particle size and composition within an opal-rich sediment of the Atlantic Southern Ocean. Geochimica et Cosmochimica Acta, 2011, 75: 6971-6987.

[13] McManus J F, Francois R, GherardiJ-M, et al. Collapse and rapid resumption of Atlantic meridional circulation linked to deglacial climate changes. Nature, 2004, 428: 834-837.

撰稿人：陈　敏　杨伟锋

厦门大学，mchen@xmu.edu.cn

钡稳定同位素能否示踪营养盐循环和生物生产力？

Can Stable Barium Isotopes Trace Nutrient Cycling and Biological Production in the Ocean?

钡(Ba)是碱土金属元素之一，与钙、镁、锶同处第二主族；但与后三者是海水的常量组分不同，溶解钡(dissolved Barium，DBa)在海洋中的浓度范围为 30~150 nmol/kg，属于痕量至微量的范畴。钡生物地球化学行为是化学海洋学的经典命题，自 20 世纪 70 年代 GEOSECS(地球化学海洋断面研究)计划以来，海水溶解态和颗粒态钡浓度已被广泛测定[1]。溶解钡具有“营养盐型”的垂直分布特征，在上层海洋由于生物吸收或颗粒吸附浓度较低，而在深层因颗粒物溶解或降解释放钡，导致其浓度增加[2]。此外，海源颗粒钡(pelagic or excess particulate barium，Ba_{xs}；校正陆源钡后的颗粒钡浓度)往往在 100~600 m 的中层水呈现极大值，形成原因主要是沉降有机颗粒物降解过程中产生钡或硫酸根过饱和的微环境(microenvironment)，从而利于重晶石(Barite，$BaSO_4$)的沉淀[3]。由于溶解钡在空间上存在显著的浓度梯度，故可有效地示踪环流、水团混合和河流输入[4, 5]；而海洋表层有机碳输出通量高时，其在次表层和中层的矿化会产生更多的微环境以增加重晶石的沉淀，海源颗粒钡或重晶石在深层海洋的沉降通量或在沉积物中的累积速率即可反演生产力[2]。因此，钡作为物理和生物地球化学过程的替代指标(proxy)，在现代海洋学、古海洋学乃至古气候学领域应用广泛，具有重要的研究意义。

然而，海洋钡循环中一些机理性的基本问题尚未解决。首先，溶解钡“营养盐型”的分布特征一般认为由重晶石的沉淀和溶解主控，但海洋中其他成分的颗粒相，包括碳酸钙、有机质、铁锰氧化物等亦可载带钡[6]；其次，中层颗粒钡极大值的准确形成机制仍存争议。除有机质降解形成过饱和微环境外[7]，重晶石沉淀也可能发生在细菌 *Myxococcus xanthus* 提供的成核位点上[8]，而浮游动物 acantharians 的硫酸锶骨骼溶解时也可能释放钡而导致重晶石形成[9]；最后，厌氧沉积环境下，重晶石相对较差的保存可能会在一定程度上妨碍钡指标在古海洋学上的应用[10]。

传统的钡浓度分析方法难以鉴别和区分以上各类过程的影响，尤其在海上调查，时空覆盖分辨率有限，从而限制了钡元素行为和控制机制的准确评估。但元素的稳定同位素组成却具有其天然优势：一是稳定同位素组成的变化和分馏效应受不同机制(如生物活动、物理混合等)的影响较为明确、固定；二是同位素组成信号的保存较之元素浓度更加完整，可记录更长时间尺度的信息。尤其当下，

GEOTRACES(痕量元素及其同位素海洋生物地球化学循环)国际海洋合作项目承接 GEOSECS 计划正在进行，痕量金属稳定同位素(归类为非传统稳定同位素，nontraditional stable isotope)的分析与应用已是化学海洋学的前沿领域和科学热点。钡作为痕量金属和生物地球化学指标与 GEOTRACES 计划的主旨高度吻合，研究钡稳定同位素有望提升对海洋钡循环及相关生物地球化学过程的理解和认识，同时可验证或拓展其示踪海洋学过程，包括营养盐循环和生物生产力的指标作用。

钡稳定同位素在地球化学和海洋学中的开发和应用起步较晚，直至近 5 年才陆续有论文发表。尽管半数研究着重讨论钡同位素质谱分析方法的建立和完善[11~13]，但初步发现不同来源的天然矿物钡稳定同位素组成存在显著差异(−0.5‰~0.1‰)，且实验室模拟的碳酸钡和硫酸钡无机沉淀过程都会优先富集较轻的钡同位素，从而导致同位素分馏[11]。在海洋学中的实际应用和现场调查始于近期海水钡同位素的分析。Horner 等[14]测定了南大西洋 1 条深水剖面，发现溶解钡同位素组成在上层 200 m 保持不变，其后随深度逐渐变轻，该垂直分布模式与浓度呈现明显的镜像关系，从而猜测表层至 600m 的梯度主要由重晶石的沉淀和溶解循环控制。Cao 等[15]测定了东海和南海 4 条海水剖面及世界多条大河(包括长江和珠江)的钡同位素比值，发现河水溶解态钡同位素组成($\delta^{137}Ba_{DBa}$)整体轻于海水，而不受河流输入影响的上层水体$\delta^{137}Ba_{DBa}$ 显著重于深层水和相应悬浮颗粒物钡同位素组成($\delta^{137}Ba_{Baxs}$)(图 1)。这一垂直分布模式与东海和南海的硅稳定同位素类似[16, 17]，由于硅藻生长优先吸收较轻的硅同位素，上层水体硅同位素组成重于深层水和颗粒生源硅。虽然钡同位素组成呈现“营养盐型”的分馏模式，但一一比较钡和硅同位素数据，却发现东海和南海表层水中由于硅藻耗尽硅酸盐，硅同位素比值最高，其后在真光层内随深度逐渐降低；而钡同位素组成由表层至 100 m 分布均一，没有显著变化，且溶解钡浓度及其同位素组成与硝酸盐和磷酸盐浓度的分布也不耦合。基于此，一方面，Cao 等[15]提出轻质量钡同位素优先吸附于生源颗粒物，而非被浮游植物直接吸收，是造成上层海洋溶解钡同位素组成偏重的主要机制，指出钡同位素可用于研究海洋水团混合、河流输入等过程；另一方面，钡与氮、磷、硅之间的不耦合也表明钡稳定同位素与营养盐吸收和颗粒物再矿化之间的关系需要进一步研究。

前期工作虽然初步证明了钡稳定同位素分布规律总体符合相应的海洋学过程且有望成为生物地球化学新指标[14, 15]，但仍存在几个有待商榷或解决的问题：

(1)南海 A0 站上层 150 m 总(bulk)悬浮颗粒物钡同位素组成分布均一，且比溶解钡同位素系统性地轻~0.7‰(图 1)，初步表明上层海洋轻质量钡同位素确实优先富集于颗粒物[15]。然而，这一现象需在更大时空尺度进行验证；此外，对不同粒级的颗粒物及不同颗粒载带相与钡的相互作用进行观测，可望深入了解钡的颗粒动力学及其同位素分馏机理。

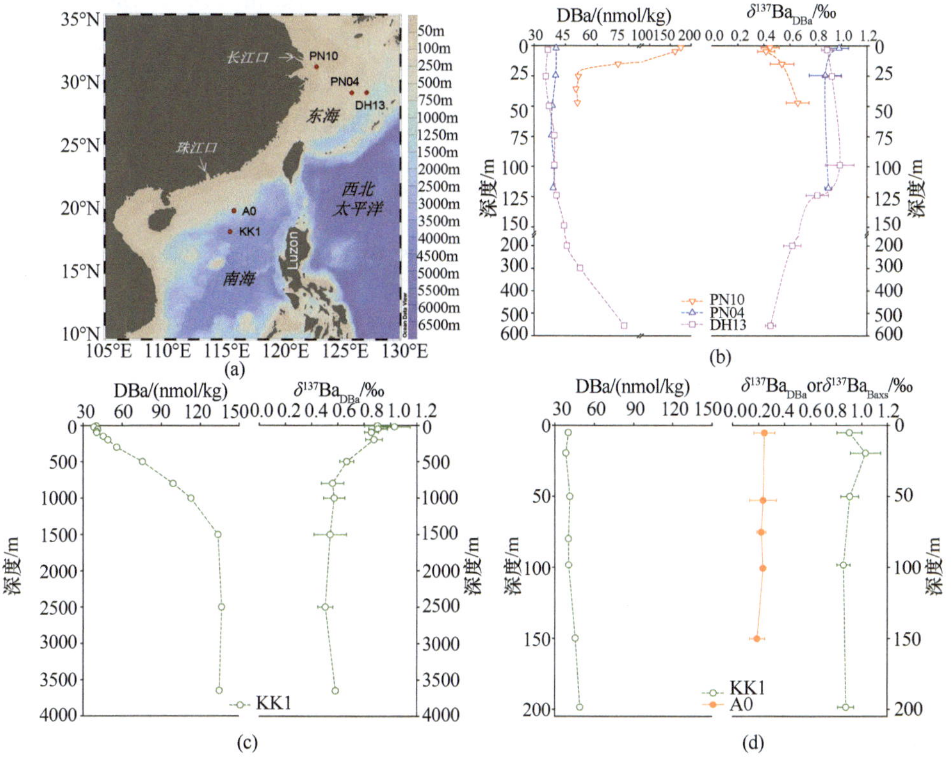

图 1 东海和南海溶解钡浓度(DBa)及其稳定同位素组成($\delta^{137}Ba_{DBa}$)垂直分布[15]

(a)东海和南海地形及采样站位；(b)东海 PN10 站(表层受长江冲淡水影响)、PN04 站和 DH13 站全水柱分布；(c)南海 KK1 站全水柱分布；(d)南海 KK1 站上层 200 m 分布及 A0 站上层 150 m 总悬浮颗粒物钡同位素组成($\delta^{137}Ba_{Baxs}$，实心圆圈所示)分布

(2)与 Horner 等[14]观点不同，Cao 等[15]认为南海 200~800 m 的溶解钡同位素组成梯度主要由上下水团的垂直混合所致，重晶石循环过程中即使存在同位素分馏，其对溶解钡同位素组成的影响也会因物理过程主导而被掩盖。因此，需从颗粒态直接研究重晶石钡同位素的分馏效应，解析其与有机质输出和矿化的关系。

(3)钡元素作为生物生产力替代指标意义重大。海洋上层颗粒物向下输出后会经历一系列过程，包括降解或溶解及向重晶石的转变，其间钡同位素组成的变化和效应实属未知，而这也是决定其能否成为生产力替代指标的关键所在。因此，需从表至底全方位地追踪其动态变化，细致研究海洋上层至中层的过渡，以及其下直至海底沉积物的衔接。

目前对海洋钡同位素的认知十分有限，有待于全面、深入的研究。首先，溶解钡同位素组成及其“营养盐型”分馏模式需在更多海区进行验证，深入研究其与营养盐耦合或非耦合的必然性与偶然性；其次，需以颗粒态为主，综合分析悬浮和沉降的、不同粒级的颗粒物，以及载带钡的不同颗粒相的钡同位素组成，着重探索重晶石循环过程的钡同位素分馏效应，进而解答“钡稳定同位素能否示踪生物生产力”。通过开拓研究钡稳定同位素，厘清钡生物地球化学循环的不明之处，从而在 GEOTRACES 大框架下构建一套全新的同位素体系。

参 考 文 献

[1] Bacon M P, Edmond J M. Barium at GEOSECS III in the Southwest Pacific. Earth and Planetary Science Letters, 1972, 16: 66-74.

[2] Paytan A, Griffith E M. Marine barite: Recorder of variations in ocean export productivity. Deep-Sea Research II, 2007, 54: 687-705.

[3] Dehairs F, Shopova D, Ober S, et al. Particulate barium stocks and oxygen consumption in the Southern Ocean mesopelagic water column during spring and early summer: Relationship with export production. Deep-Sea Research II, 1997, 44: 497-516.

[4] Guay C K, Falkner K K. A survey of dissolved barium in the estuaries of major Arctic rivers and adjacent seas. Continental Shelf Research, 1998, 18: 859-882.

[5] Jacquet S H M, Dehairs F, Rintoul S. A high resolution transect of dissolved barium in the Southern Ocean. Geophysical Research Letters, 2004, 31: L14301, doi: 10.1029/2004 GL020016.

[6] Sternberg E, Tang D, Ho T-Y, et al. Barium uptake and adsorption in diatoms. Geochimica et Cosmochima Acta, 2005, 69: 2745-2752.

[7] Ganeshram R S, François R, Commeau J, et al. An experimental investigation of barite formation in seawater. Geochimica et Cosmochima Acta, 2003, 67: 2599-2605.

[8] González-Muñoz M T, Luque B F, Ruiz F M, et al. Precipitation of barite by *Myxococcus xanthus*: Possible implications for the biogeochemical cycle of barium. Applied and Environmental Microbiology, 2003, 69: 5722-5725.

[9] Bernstein R E, Byrne R H. Acantharians and marine barite. Marine Chemistry, 2004, 68: 45-50.

[10] McManus J, Berelson W M, Klinkhammer G P, et al. Geochemistry of barium in marine sediments: Implications for its use as a paleoproxy. Geochimica et Cosmochima Acta, 1998, 62: 3453-3473.

[11] von Allmen K, Böttcher M E, Samankassou E, et al. Barium isotope fractionation in the global barium cycle: First evidence from barium minerals and precipitation experiments. Chemical Geology, 2010, 277: 70-77.

[12] Miyazaki T, Kimura J-I, Chang Q. Analysis of stable isotope ratios of Ba by double-spike standard-sample bracketing using multiple-collector inductively coupled plasma mass spectrometry. Journal of Analytical Atomic Spectrometry, 2014, 29: 483-490.

[13] Nan X, Wu F, Zhang Z, et al. High-precision barium isotope measurement by MC-ICP-MS. Journal of Analytical Atomic Spectrometry, 2015, 30: 2307-2315.

[14] Horner T J, Kinsley C W, Nielsen S G. Barium-isotopic fractionation in seawater mediated by

barite cycling and ocean circulation. Earth and Planetary Science Letters, 2015, 430: 511-522.

[15] Cao Z, Siebert C, Hathorne E C, et al. Constraining the oceanic barium cycle with stable barium isotopes. Earth and Planetary Science Letters, 2016, 434: 1-9.

[16] Cao Z, Frank M, Dai M. Dissolved silicon isotopic compositions in the East China Sea: Water mass mixing vs. biological fractionation. Limnology and Oceanography, 2015, 60: 1619-1633.

[17] Cao Z, Frank M, Dai M, et al. Silicon isotope constraints on sources and utilization of silicic acid in the northern South China Sea. Geochimica et Cosmochima Acta, 2012, 97: 88-104.

撰稿人：曹知勉

厦门大学，zmcao@xmu.edu.cn

为什么在中低纬度太平洋 2~3 千米水深处出现 $^{240}Pu/^{239}Pu$ 和 $^{239}Pu/^{137}Cs$ 的极大值？

Why do $^{240}Pu/^{239}Pu$ and $^{239}Pu/^{137}Cs$ Ratios Show Maxima at 2~3 km Depth of the Mid-Low-Latitude Pacific Ocean?

钚($^{239+240}Pu$)和铯(^{137}Cs)是典型的人为放射性核素，主要来源于核武器试验、核反应堆的放射性废物、核燃料处理厂的放射性废液等。钚在水体中有较强的颗粒活性，能相对快速地被海洋表层的自生颗粒物和大气沉降颗粒物吸附并载带至深海或沉积物中，而铯的颗粒活性相对较弱[1]。海洋中人为放射性核素分布主要受全球性大气沉降(global fallout)和局部性沉降(close-in fallout)的影响。位于北赤道流附近的美国前太平洋试验场(PPG)是全球最为重要的局部释放源。在北太平洋有大于60%的 Pu 来自 PPG，并通过沉积物的再溶出持续影响着太平洋海水中钚的储量与分布[2, 3]。但是，PPG 释放的钚与全球大气沉降的钚在原子比($^{240}Pu/^{239}Pu$)上有着明显的差异，分别是 0.33 ± 0.03 与 0.178 ± 0.019[4~6]。

20 世纪 90 年代以前，受到仪器和前处理技术的限制，科学家们几乎只能测定天然海水中 ^{239}Pu 和 ^{240}Pu 的总活度($^{239+240}Pu$)，难以获得其同位素比值。已有的海水 $^{239+240}Pu$ 活度的垂直分布资料表明，在 500~1000m 水深处会出现活度极大值。科学家普遍认为这一典型现象是由于 Pu 的颗粒活性使其易被有机和无机颗粒物吸附并向下清除，尔后随着物理化学环境的变化，并在微生物的作用下被分解所致[7, 8]。到了 90 年代，随着质谱仪 TIMS(热电离质谱)和 ICP-MS(电感耦合等离子体质谱)测量技术的不断发展，科学家们试图开始测定天然海水中 Pu 的同位素比值($^{240}Pu/^{239}Pu$)。但是，由于天然海水中的 Pu 仅为菲克量级且海洋深层水的大体积采样难度较大，Pu 同位素比值的研究主要集中在表层或浅层水体，完整的全水柱剖面几乎没有，只有零星的几个深层水数据。不过，科学家们也渐渐认识到太平洋的钚主要受到全球大气沉降和太平洋实验场这两个源的影响[5]。

进入 21 世纪以后，TIMS、MC-ICP-MS(多接收电感耦合等离子体质谱)和固相萃取技术进一步发展，科学家们得以探索海洋 Pu 同位素比值的垂直分布特征，并在赤道太平洋、南太平洋和日本海域获得了几条 $^{240}Pu/^{239}Pu$ 或 $^{239}Pu/^{137}Cs$ 的垂直分布剖面[9~11]。从 $^{240}Pu/^{239}Pu$ 的垂直分布特征来看，其并没有像 $^{240+239}Pu$ 活度的垂直分布那样在 500~1000m 水深处出现一个普遍存在的极大值，而是在太平洋赤道海域的 3000 m 水深处出现极大值(图 1(A)中 a、b)。其最大比值为 0.266~0.267，明显高于全球大气沉降的同位素比值 0.178。由于 Pu 的颗粒活性，$^{239+240}Pu$ 活度多反映与清除、迁移和矿化相关的过程，而 $^{240}Pu/^{239}Pu$ 则不然。因为，核反应源原料和强度的不同将产生不同比值的 $^{240}Pu/^{239}Pu$。一般认为反应堆级别的 $^{240}Pu/^{239}Pu$ 值大于燃料级别，而燃料级别又大于武器级。因此，$^{240}Pu/^{239}Pu$ 则能够反映出物质的来源和传输路径。与此同时，有科学家在南太平洋 32.5° S 上的 2000~3000 m 水深处也发现 $^{239}Pu/^{137}Cs$ 的极大值[10]。Pu 与 Cs 在颗粒活性上有较大差异，因此 $^{239}Pu/^{137}Cs$ 的变化不仅与矿化过程相关，同时也反映出物源的信号。那么为什么会在中低纬度太平洋海域 2000~3000 m 水深处发现 $^{240}Pu/^{239}Pu$ 和 $^{239}Pu/^{137}Cs$ 的极大值？是否能够用其指示一些海洋学过程？这些问题的解答有助于探索 Pu 同位素在海洋中的地球化学行为，从而为研究钚的环境污染问题及其在海洋科学中的应用提供帮助。

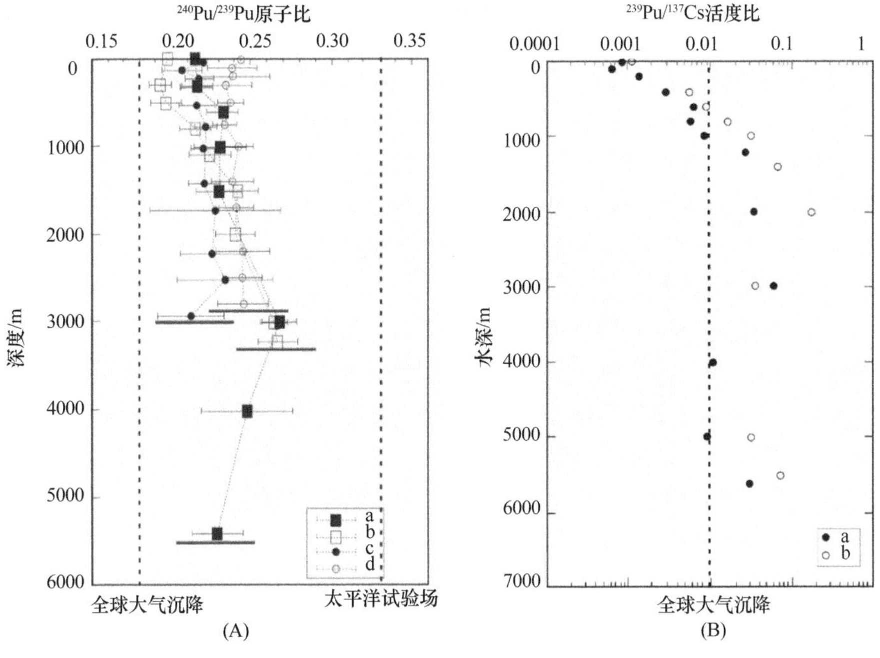

图 1 $^{240}Pu/^{239}Pu$ 原子比与 $^{239}Pu/^{137}Cs$ 活度比在太平洋的垂直分布剖面

(A)图表示 $^{240}Pu/^{239}Pu$ 原子比在赤道太平洋(a、b)与日本海(c、d)的垂直分布剖面(a 位于 00.03°N，178.92°E，水深 5389 m，采样时间：1990 年；b 位于 04.97°S，168.91°E，水深 3266m，采样时间：1990 年；c 位于 38.30°N，135.48°E，水深 2931m，采样时间 1993 年；d 位于 38.68°N，132.80°E，水深 2829m，采样时间 1994 年)[9, 10]；(B)图表示 $^{239}Pu/^{137}Cs$ 活度比在南太平洋的垂直分布剖面(a 位于 32.50°S，177.67°W，水深 6500 m，采样时间 2003 年；b 位于 32.50°S，169.50°W，水深 5960m，采样时间 2003 年)[11]

根据 $^{240}Pu/^{239}Pu$ 的溯源特性，3000 m 水深处的 $^{240}Pu/^{239}Pu$ 极大值说明有相对

较多的由 PPG 传输过来的 Pu。那么，这些 Pu 是受控于颗粒矿化过程的垂向传输，还是受控于大洋环流的水平传输呢？1997 年，美国科学家 Buesseler 将太平洋表层水体与深层水体和沉积物的 $^{240}Pu/^{239}Pu$ 值进行对比，发现表层水体的 Pu 同位素比值明显较低，从而认为全球大气沉降的 Pu 与 PPG 释放的 Pu 在海洋里具有不同的地球化学行为[5]。由于全球大气沉降的 Pu 主要被载带在次微级的氧化铁颗粒物上，这些被蒸发释放并随后冷凝的核爆物质与地表物质没有发生过任何的相互反应[12, 13]；而 PPG 局部释放的 Pu 颗粒物的物理化学性质完全不同，它们夹带着大量的碳酸钙、氧化钙和氢氧化钙，这些化合物更容易聚合并形成壳体物质[12]。因此，目前的一种解释认为 PPG 释放的 Pu 优先在表层被清除并向下垂直传输，尔后逐渐矿化，并在 2000~3000 m 水深处出现 $^{240}Pu/^{239}Pu$ 的极大值[9]。但是，日本海的 $^{240}Pu/^{239}Pu$ 垂直分布并没有出现极大值层，整个剖面从表层到底层分布一致，平均值为 0.234 ± 0.004(图 1(A)中 c、d)。而单纯的颗粒垂向清除过程无法完全解释为什么在日本海出现了 $^{239+240}Pu$ 的极大值，却没有出现 $^{240}Pu/^{239}Pu$ 的极大值。所以，除了垂向传输外，其很可能同时受到与大洋环流相关的水平传输的影响，如穿越对马海峡流入日本海的强对马海流。此外，$^{239}Pu/^{137}Cs$ 值在南太平洋 2000~3000 m 水深处也出现极大值,尔后随着深度的增加逐渐减小,并在 4000~5000m 出现极小值层(图 1(B))，且该极小值 0.009 与同一时间全球大气沉降的 $^{239}Pu/^{137}Cs$ 值吻合。这一现象同样很难用颗粒物的垂向传输完全解释[11]。因此，对于中低纬度太平洋海域 2000~3000 m 水深处出现的 $^{240}Pu/^{239}Pu$ 极大值,应考虑其是否同时受控于物理海洋学过程中的水平传输，并能够反映大洋的深层环流[14]。

由于目前精确分析天然海水中 Pu 同位素比值仍需较大的水样量，全球海洋中全水柱的 $^{240}Pu/^{239}Pu$ 与 $^{239}Pu/^{137}Cs$ 剖面数据仍非常有限。此外,部分研究侧重于 Pu 和 ^{137}Cs 的环境问题，缺少与海洋学科，特别是物理海洋学的融合，这一难题一直悬而未决。但是，随着仪器分析技术的不断进步、小体积水样 Pu 同位素比值测定方法的建立、$^{240}Pu/^{239}Pu$ 与 $^{239}Pu/^{137}Cs$ 垂直剖面数据的逐渐增多，以及各学科间的进一步交流，这一问题的答案应会渐渐浮出水面。

参 考 文 献

[1] Hirose K, Sugimura Y, Aoyama M. Plutonium and ^{137}Cs in the western North Pacific: estimation of residence time of plutonium in surface waters. International Journal of Radiation Applications & Instrumentation.part A.applied Radiation & Isotopes, 1992, 43 (1): 349-359.

[2] Wu J W, Zheng J, Dai M D, et al. Isotopic composition and distribution of plutonium in Northern South China Sea sediments revealed continuous release and transport of Pu from the marshall islands. Environmental Science & Technology, 2014, 48 (6): 3136-3144.

[3] Bowen V T, Noshkin V E, Livingston H D, et al. Fallout radionuclides in the Pacific Ocean: Vertical and horizontal distributions, largely from GEOSECS stations. Earth and Planetary

Science Letters, 1980, 49 (2): 411-434.

[4] Kelley J M, Bond L A, Beasley T M. Global distribution of Pu isotopes and ^{237}Np. Science of Total Environment, 1999, 237/238: 483-500.

[5] Buesseler K O. The isotopic signature of fallout plutonium in the North Pacific. Journal of Environmental Radioactivity, 1997, 36 (1): 69-83.

[6] Muramatsu Y, Hamilton T, Uchida S, et al. Measurement of $^{240}Pu/^{239}Pu$ isotopic ratios in soils from the Marshall Islands using ICP-MS. Science of the Total Environment, 2001, 278: 151-159.

[7] Fowler S W, Ballestra S, La Rosa J, et al. Vertical transport of particulate-associated plutonium and americium in the upper water column of the Northeast Pacific. Deep-sea Research Part I, 1983, 30 (12): 1221-1233.

[8] Livingston H, Anderson R. Large particle transport of plutonium and other fallout radionuclides to the deep ocean. Nature, 1983, 303 (19): 228-231.

[9] Yamada M, Zheng J. ^{239}Pu and ^{240}Pu inventories and $^{240}Pu/^{239}Pu$ atom ratios in the equatorial Pacific Ocean water column. Science of the Total Environment, 2012, 430: 20-27.

[10] Yamada M, Zheng J. Temporal variation of $^{240}Pu/^{239}Pu$ atom ratio and $^{239+240}Pu$ inventory in water columns of the Japan Sea. Science of the Total Environment, 2010, 408: 5951-5957.

[11] Hirose K, Kim C, Yim S, et al. Vertical profiles of plutonium in the central South Pacific. Progress in Oceanogrophy, 2011, 89 (1): 101-107.

[12] Adams C, Farlow N, Schell W. The compositions, structures and origins of radioactive fall-out particles. Geochimica et Cosmochimica Acta, 1960, 18 (1): 42-56.

[13] Weimer W C, Langford J C. Iron-55 and stable iron in oceanic aerosols: Forms and availability. Atmospheric Environment, 1978, 12 (5): 1201-1205.

[14] Tsumune D, Aoyama M, Hirose K. Numerical simulation of ^{137}Cs and $^{239,240}Pu$ concentrations by an ocean general circulation model. Journal of Environmental Radioactivity, 2003, 69 (1): 61-84.

撰稿人：谢腾祥

厦门大学，xietengxiang@163.com

调控海洋中 Redfield 比值保持基本恒定的主要因子有哪些？

Which Factors Control the Redfield Ratio at a Constant Value in the Ocean?

Redfield 比值是海洋生物地球化学研究中非常重要的一个概念，指海洋中浮游生物体内和海水中生源要素(C、N、P)之间的特定比值。这个比值将浮游生物体内与海水中的化学元素比值关联起来，即浮游植物通过光合作用按照一定的比值吸收海水中的营养盐合成自身的有机物质(式(1)，正向)；而当浮游植物死亡分解时，有机物质也是按照这个比值释放出无机营养盐(式(1)，反向)。海洋中最基本生源要素的生物地球化学循环通过该比值形成一个统一的有机整体，从这个意义上来说，可以称 Redfield 比值是整个海洋生物地球化学研究的基石[1]。人们利用 Redfield 比值可以研究生源要素在海洋中的循环机制与通量，这对评估生源要素在海洋中的收支平衡至关重要；此外，通过比较某个海区实际的与理论上的 Redfield 比值大致可以推断水体中浮游植物生长的受限情况，即海水中是磷缺少还是氮匮乏。此外，在涉及生源要素参与的模型预测研究中几乎都可见 Redfield 比值的影子[2]。

$$106CO_2+16HNO_3+H_3PO_4+122H_2O \Longleftrightarrow (CH_2O)_{106}(NH_3)_{16}(H_3PO_4)+138O_2 \quad (式 1)$$

传统上的 Redfield 比值指的是浮游生物体内或者海水中的 N：P 比值，而随着人们对海洋生物地球化学认识的深入，这一比值逐渐扩展为描述海洋中主要生源要素的一个比值，包括组成生命所必需的元素 C、N、P 和 O，甚至一些微量营养元素，如 Fe 元素[3]，也被纳入这一比值体系。Redfield 比值最初起源于 1934 年美国学者 Alfred Redfield 对浮游生物的化学组成和海水营养盐关系的研究[4, 5]。他发现不同海区的海水其 N：P 比值近乎一致，其物质的量之比为 20：1；更为惊奇的是浮游生物自身的 N：P 比值为 19：1，与海水中该比值非常接近。这个比值与现在常见于文献的 16：1 或 15：1 略有不同，主要因为当时测定的磷酸盐存在一定的盐效应，经 Cooper 校正后的 N：P 比值为 15：1[6]。尽管后来的研究表明，浮游生物体内的 N：P 比值波动较大，甚至超过一个数量级的波动，但整体平均值还是比较接近传统上所接受的 Redfield 比值。化学海洋学家可能更关注水体中 N：P 比值，随着数据收集量的增加，发现大洋水体的 N：P 比值尽管与当初界定的 15：1 略有出入，但仍接近这个值(图 1)[1]。

为何海洋中的 Redfield 比值能够基本保持恒定？即海洋中 Redfield 比值受哪

些因素所调控？这一直是海洋学家试图解释的难题[7]，厘清它将有助于加深人们对于海洋生物地球化学的认识。它之所以成为难题在于 Redfield 比值的概念涉及空间大尺度(与整个大洋关联)和时间长尺度(与海洋的演化密切相关)两个方面的问题。Redfield 比值是个均值的概念，既不能使用海洋中某单一生物物种体内的化学元素比值进行量化，也不能单独采用某一海区水体中生源要素的比值进行衡量。现在的研究表明，现代海洋条件下 Redfield 比值基本处于恒定的状态，然而在地质历史时期，海洋中的生源要素比值可能存在一些波动，如当温度较高的间冰期，海洋中的反硝化作用比较强烈，使 N∶P 比值可能维持在较低水平；而在冰期由于风对陆地沙尘输送活动的加剧，海洋固氮作用可能得到加强而又提高了 N∶P 比值[8]。但目前只能从一些沉积记录中获取这些示踪信息，尚不能在科学研究中实现如此长时间尺度的验证实验，因为即便是大洋热盐环流尚需千年尺度。Redfield 最初提出了三种用于解释为何海洋中的 Redfield 比值能够基本保持恒定的假设[5]，分别是：①偶然假设，即认为浮游生物体内与海水中 N∶P 比值保持一致仅仅是一种巧合；②浮游生物适应假设，即浮游生物体内的 N∶P 比值是对周围海水中 N∶P 比值的一种适应；③浮游植物决定假设，即海水中的 N∶P 比值受控于浮游植物的活动，正是浮游植物对营养盐的吸收利用塑造了海水中与其自身相一致的 Redfield 比值。对第一种假说，显然难以成立。因为浮游生物在生长、消亡和分解过程中，不可避免地要从海水中吸收营养盐，而死亡后又分解释放出营养盐，故海水中的营养盐或多或少地受到影响。对第二种假设，似乎有一定的合理性。可以视为生态学上生物对环境的一种适应，但却无法解释存在的矛盾，若按照浮游生物适应假设，则浮游生物体内的 N∶P 比值应该与通常所认可的 Redfield 比值(即 15∶1)不一致，因为不是所有的海水的 N∶P 比值均符合该比值。而现代分子生物学已经证明浮游生物体内蛋白质(单细胞浮游生物体内的主要组成物质)与核糖体 RNA(可视为生物体内蛋白质合成的“装配机”)中平均 N∶P 比值为 16±3[9]。对第三种假设，Redfield 在当时提出了一种反馈机制解释水体中的 N∶P 比值为何由海洋中浮游生物的活动决定，后来很多对 Redfield 比值恒定性的解释都基于该反馈机制。该反馈机制认为生物固氮和活性氮移除(主要指反硝化)是决定海洋中 Redfield 比值基本保持恒定的主要因素。氮磷均充足时，浮游生物与水体中的 N∶P 比即为 Redfield 比值；当氮匮乏时，固氮生物(如束毛藻)会启动固氮功能，将氮气转化为浮游植物可利用的活性氮以便弥补氮的匮乏来维持基本恒定的 Redfield 比值；当氮充足时，海洋中的浮游植物通过初级生产产生大量的颗粒有机碳向深层海洋输送，有机碳的降解使得海水中呼吸速率增加造成海水缺氧状况的加剧，进而促进反硝化作用的发生，这样富余的活性氮又被以氮气的形式加以移除，从而使得 N∶P 比依然维持在 Redfield 比值附近[10]。从氮元素和磷元素在海洋中的逗留时间来看，该反馈机制似乎较合理。对磷元素，由于其输入(主要为河流)与输出(沉积埋藏)海洋的途径较单一，使得其在海洋中的周转时间长达万年；对氮元素，其输入(在不考虑人类活动影响的情况下主要为生物固氮)与输出(主要为反硝化和厌氧铵氧化)很大程度上都受控于生物过程，速率较快，造成其周转时间在几千年的尺度上；因此上述反馈机制假定磷不变而通过氮的变化来解释 Redfield 比值的恒定性是可行的。但在空间尺度上，现有的研究对于固氮与反硝化所在的区域是否紧密耦合尚存在争议[11, 12]，因此，对于上述看似合理的反馈解释机制目前仍无法定论。

上述对于维持海洋中 Redfield 比值基本保持恒定的机制主要考虑自然过程的影响，然而目前的研究表明人类活动对海洋氮循环的影响愈发显著，据估计由人类活动产生而排入海洋中的活性氮已经达到甚至超过海洋中固氮生物的固氮量[13]。人类活动所产生的活性氮通过大气沉降可以显著地改变表层海洋中的 N/P 比值[14, 15]。这对于大洋深层水体中 Redfield 比值是否也能产生影响尚需检验[10]，但这可能为短时间尺度内检验 Redfield 比值的恒定性提供了一种可能。

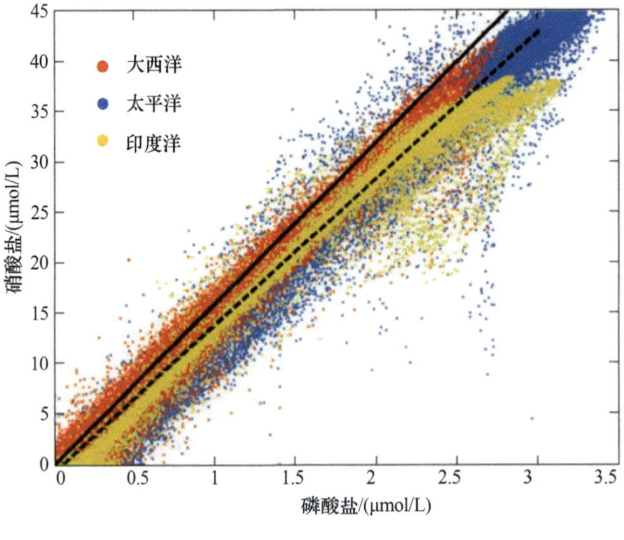

图 1　全球大洋水体中硝酸盐和磷酸盐的关系散点图[1]

图中实线表示浮游生物体内平均氮磷比，即 16 : 1，虚线表示对所有散点的线性回归斜率(14.5)，略低于 16 的主要原因在于对于具有高浓度营养盐的水体来说有一部分处于大洋永久性缺氧水层，引发了反硝化导致部分活性氮丢失。同时，低浓度的贫营养海区的固氮作用使得氮磷比被拉低

参 考 文 献

[1] Deutsch C, Weber T. Nutrient ratios as a tracer and driver of ocean biogeochemistry. Annual Review of Marine Science, 2012, 4: 113-141.

[2] Tyrrell T. The relative influences of nitrogen and phosphorus on oceanic primary production. Nature, 1999, 400(6744): 525-531.

[3] Arrigo K R. Marine microorganisms and global nutrient cycles. Nature, 2005, 437(7057): 349-355.

[4] Redfield A C. On the proportions of organic derivatives in sea water and their relation to the composition of plankton. James Johnstone memorial volume: University Press of Liverpool, 1934.177-192.

[5] Redfield A C. The biological control of chemical factors in the environment. American scientist, 1958, 46(3): 205-221.

[6] Cooper L H N. Redefinition of the anomaly of the nitrate-phosphate ratio. Journal of the Marine Biological Association of the United Kingdom, 1938, 23(01): 179-179.

[7] Falkowski P G. Rationalizing elemental ratios in unicellular algae. Journal of Phycology, 2000, 36(1): 3-6.

[8] Falkowski P G. Evolution of the nitrogen cycle and its influence on the biological sequestration of CO_2 in the ocean. Nature, 1997, 387(6630): 272-275.

[9] Loladze I, Elser J J. The origins of the Redfield nitrogen-to-phosphorus ratio are in a homoeostatic protein-to-rRNA ratio. Ecology Letters, 2011, 14(3): 244-250.

[10] Gruber N, Deutsch C A. Redfield's evolving legacy. Nature Geoscience, 2014, 7(12): 853-855.

[11] Deutsch C, Sarmiento J L, Sigman D M, et al. Spatial coupling of nitrogen inputs and losses in the ocean. Nature, 2007, 445(7124): 163-167.

[12] Knapp A N, Casciotti K L, Berelson W M, et al. Low rates of nitrogen fixation in eastern tropical South Pacific surface waters. Proceedings of the National Academy of Sciences, 2016, 113(16): 4398-4403.

[13] Gruber N, Galloway J N. An Earth-system perspective of the global nitrogen cycle. Nature, 2008, 451(7176): 293-296.

[14] Duce R A, Laroche J, ALTIERI K, et al. Impacts of atmospheric anthropogenic nitrogen on the open ocean. Science, 2008, 320(5878): 893-897.

[15] Kim T W, Lee K, Najjar R G, et al. Increasing N abundance in the northwestern Pacific Ocean due to atmospheric nitrogen deposition. Science, 2011, 334(6055): 505-509.

撰稿人：宋国栋　刘素美

中国海洋大学，gsong@ouc.edu.cn

海洋浮游植物吸收利用与化学手段测定的营养盐之差异

The Difference of Nutrients Between the Marine Phytoplankton Uptake and Chemical Detected

海洋中浮游植物的生物量仅占地球上总生物量的 0.2%，但这些浮游植物通过光合作用对地球上 CO_2 固定量(即将 CO_2 转变为有机碳)的贡献却高达 50%，显著地调控着大气中 CO_2 这一温室气体的含量，从而对全球气候变化产生显著影响[1]。正如农作物的生长需要氮、磷等元素一样，浮游植物光合作用时也需要这些元素合成自身需要的有机物质，因此称这些元素的化合物为营养盐。海水中的营养盐对浮游植物生长至关重要，尤其当 Redfield 比值(表征海洋浮游生物体内或周围水体中 N：P 比值)概念被提出后，对了解海洋中生源要素的内部迁移转化机制乃至大洋中水体的运移起到不可忽视的作用，一直是海洋化学的核心研究内容。浮游植物生长所需要的营养盐主要包括氮、磷和硅元素，而且一般指的是其无机形态，如对于氮包括硝酸盐、亚硝酸盐和铵盐等三种形态的无机氮，对于磷主要指以氧化数为 5 的正磷酸盐，硅主要指以原硅酸(水合二氧化硅)形式存在的硅酸盐。

欲对海洋中营养盐的作用进行深入了解，势必先获取海水中有关营养盐含量这一基本信息，这就涉及海水中营养盐的分析测试方法。这些方法大多是基于分光光度法而建立的，直到目前为止，依然是海水中营养盐含量测定的标准方法。早期用于分析测试海水中营养盐含量的方法均沿用淡水体系的方法，然而这些方法对于具有较高离子强度的海水体系有的并不适用。例如，Redfield 在研究浮游生物体内与周围水体中生源要素的关系时最初得到的 N：P 值为 20，直到后来才修正为目前我们所熟知的 15：1，而且当时用于测定硝酸盐的方法也存在缺陷[2]。有关早期海水中营养盐分析方法的评述可以参考相关文献[3, 4]。20 世纪 50~70 年代海洋化学家改进或研发了用于分析测试海水营养盐的方法体系，有的甚至一直沿用至今。同时，得益于流动分析技术的发展，基于分光光度法的海水营养盐自动分析技术也随之流行。一些专门的介绍海水分析方法的手册亦逐渐问世[5~7]。对于常规分光光度法测定水体营养盐的操作步骤一般为：首先利用一定孔径的滤膜将水样区分为溶解态与颗粒态，然后根据溶解态营养盐存在形式的不同，分别采用不同的显色剂与被测物质发生化学反应而产生不同的颜色，所含被测物质的浓度与颜色的深浅一般呈正比关系。根据颜色的不同利用分光光度计选择不同的特定波长测定所形成的颜色对光的吸收程度，即可求得原来海水样品中待测营养盐的含量。表 1 列出了目前常用的测定海水营养盐的方法及相关性能。这些方法适用于测定常规浓度的海水营养盐，但对含量只有 nmol/L 的寡营养海区(如中纬度大洋表层水)有些不适用。因此，近 10 年来用于测定低含量营养盐的方法随之发展，主要包括三种：第一种是使用更高灵敏度的方法(如基于化学发光原理测定硝酸盐的方法和基于荧光原理测定铵盐的方法)；第二种是采用富集的方法(如基于共沉淀富集测定磷酸盐的方法)；第三种是采用长光纤比色槽增加分光光度法中检测池长度的办法，均可以使检测限达到几个 nmol/L 的水平，从而实现低含量营养盐的测定[8]。

表 1　海水中常用的营养盐测定方法及其性能[9~11]

营养盐形态	测定方法	检测波长/nm	检测限/(μmol/L)	常用标准物质
磷酸盐	磷钼蓝法	880	0.02	KH_2PO_4
亚硝酸盐	Griess 试剂法	540	0.002	$NaNO_2$
硝酸盐	镉铜还原- Griess 试剂法	540	0.01	KNO_3
铵盐	靛酚蓝法	630	0.05	$(NH_4)_2SO_4$
	次溴酸钠法	540	0.02	
硅酸盐	硅钼蓝法	810	0.03	Na_2SiF_6

要精确揭示浮游植物的生长规律应直接分析浮游植物不同生长期体内营养元素的含量，但这种操作分析成本较高，且需时较长。因此，一般通过快速测定水体中营养盐浓度的方式间接揭示浮游植物的生长规律。但如此一来，人们不得不面临这么一个问题，即海洋浮游植物真正吸收利用的营养盐与我们用化学分析手段所测定的营养盐二者有区别吗？也就是说，用上述光度法所测定的营养盐可能并不一定全都是浮游植物所吸收利用的部分，而浮游植物所吸收利用的部分营养盐用现行的光度法可能无法直接或全部测得。

在光度法建立之初人们就已经意识到了上述问题的存在。这一点对于磷酸盐，尤为明显。一方面，磷钼蓝法所测定的磷酸盐除包括海水中原有的溶解无机磷(DIP)外，还包含一些能够在反应的酸性条件下水解出溶解无机磷的有机磷化合物或者溶解出的无机磷的胶体无机磷化合物。此外，一些小分子的溶解有机磷本身也有可能发生显色反应而被计入溶解活性磷中。因此，将磷钼蓝法所测定的磷酸盐称为“溶解活性磷”(soluble reactive phosphorus，SRP)。显然，将溶解活性磷作为溶解无机磷的代替指标会对真正的无机磷造成高估，由此而计算出的氮磷比存在一定程度的低估[12]。已有大量的证据表明水体中真正的溶解无机磷在溶解活性磷中所占的比例并不是很高[13]。然而，近半个世纪以来，海洋学家已经习惯了将溶解活性磷视为溶解无机磷，但是这其中区别我们还是要加以注意。另一方面，能够被浮游植物所吸收利用的磷除了溶解无机磷之外，部分溶解有机磷或者临时经微生物分解的有机磷也可以作为浮游植物可利用的磷加以吸收[14]，这对于贫营养海区的表层海水尤其重要，此时浮游植物对磷的需求可能会饥不择食。而这部分有机磷很可能有一部分并不能被目前广泛使用的磷钼蓝法所检测到。因此，准确区分海水中磷的存在形态及其生物可利用性仍然是研究磷生物地球化学循环所面临的一个重要难题。然而，由于目前我们尚不能完全确定海水中溶解有机磷的准确存在形式，因此也就无法知道这种干扰究竟有多大，这正是该难题的核心问题。此外，准确量化浮游植物所吸收利用的磷需要进行藻类培养，实验周期较长加之样品处理的繁琐可能也是限制这一领域发展的瓶颈。对亚硝酸盐和硝酸盐，一般不存在类似磷酸盐的问题。利用靛酚蓝法或者荧光法测定海水中的铵盐与浮游植物所吸收的铵盐形态是一致的，然而如果利用次溴酸钠法测定铵盐可能会存在一定程度的高估，这是因为该方法除了将铵盐氧化外，还将一部分溶解有机氮(如氨基酸)氧化为亚硝酸盐。对硅酸盐，上述问题存在的可能性并不大，已有的研究表明利用硅钼蓝法所测定的硅酸盐基本上都是无机硅酸盐，有机硅酸盐几乎不存在[15]。

参 考 文 献

[1] Falkowski P G, Barber R T, Smetacek V. Biogeochemical controls and feedbacks on ocean primary production. Science, 1998, 281(5374): 200-206.

[2] Redfield A C. On the proportions of organic derivatives in sea water and their relation to the composition of plankton. James Johnstone memorial volume: University Press of Liverpool, 1934.

[3] Harvey H W. The chemistry and fertility of sea waters. University Press, 1955.

[4] Riley J P, Skirrow G. Chemical Oceanography Vol. 3 (2nd Edition). Academic Press, 1975.

[5] Strickl J D H, Parsons T R. A practical handbook of seawater analysis (2nd Edition). Fisheries Research Board of Canada, 1972.

[6] Grasshof F K. Methods of Seawater Analysis. Verlag Chemie, 1976.

[7] Parsons T R, Maita Y, Lalli C M. A Manual of Chemical and Biological Methods for Seawater Analysis. Pergamon Press, 1984.

[8] Ma J, Adornato L, Byrne R H, et al. Determination of nanomolar levels of nutrients in seawater. TrAC Trends in Analytical Chemistry, 2014, 60: 1-15.

[9] Grasshoff K, Kremling K, Ehrhardt M. Methods of seawater analysis (3rd Edition). Wiley-VCH, 1999.

[10] Oliver W. Practical Guidelines for the Analysis of Seawater. CRC Press, 2009.

[11] 海洋监测规范(GB17378.4—2007)。中华人民共和国国家质量监督检验检疫总局，中国国家标准化管理委员会, 2007.

[12] Dodds W K. Misuse of inorganic N and soluble reactive P concentrations to indicate nutrient

status of surface waters. Journal of the North American Benthological Society, 2003, 22(2): 171-181.

[13] Rigler F H. Radiobiological analysis of inorganic phosphorus in lakewater. Verh. Int. Ver. Limnol, 1966, 16: 465-470.

[14] Björkman K, Karl D M. Bioavailability of inorganic and organic phosphorus compounds to natural assemblages of microorganisms in Hawaiian coastal waters. Marine Ecology Progress Series, 1994, 111(3): 265-273.

[15] Isshiki K, Sohrin Y, Nakayama E. Form of dissolved silicon in seawater. Marine Chemistry, 1991, 32(1): 1-8.

撰稿人：宋国栋　刘素美

中国海洋大学，gsong@ouc.edu.cn

海洋中的磷酸酯与膦酸酯能被真核浮游植物所利用吗？

Are Both Phosphate Esters and Phosphonates Bioavailable to the Eukaryotic Phytoplankton in the Ocean?

磷是生物体的基本生源要素之一，不仅是细胞生命活动所需各类化合物(如蛋白质、遗传物质核苷酸、细胞膜磷脂分子等)的必要组成元素，而且参与了生物体内有机物的新陈代谢及细胞的信号传导。作为海洋生态系统的重要初级生产者——浮游植物，其生长和固碳往往受到磷限制，因而磷的循环对海洋初级生产力高低具有关键影响，然而迄今为止，有关海洋中磷的储库和生物地球化学循环的研究仍十分有限[1~3]。

海洋中的磷的主要来源为河流和大气沉降的输入，海水中的总磷包括颗粒态磷(particulate phosphorus，PP)和溶解态磷(total dissolved phosphorus，TDP)，而后者又可进一步分为溶解态活性磷(soluble reactive phosphorus，SRP)和溶解态非活性磷(soluble nonreactive phosphorus，SNP)[3, 4]。PP 的产生往往伴随着各类生物代谢生成的颗粒态有机物缓慢沉降，参与磷的矿化与再循环，而海洋真光层中的 SRP 和 SNP 成为海洋初级生产力所需磷源的主要贡献者[2, 4]。SRP 的主要成分为溶解态无机磷(dissolved inorganic phosphorus，DIP)，其存在形式为正磷酸盐(HPO_4^{2-}，PO_4^{3-})，可被浮游植物直接吸收利用；而 SNP 包括了溶解态的有机磷(dissolved organic phosphorus，DOP)、多聚磷酸盐和亚磷酸盐等[3, 4]。

表层海水中的 DIP 因为真光层浮游植物生长的消耗，含量较低，已报道的数据显示，大西洋和北太平洋表层海水中的 DIP 浓度范围可小于 200 nmol/L；即使在营养盐较丰富的沿岸海区，在浮游植物发生水华的时期及海水层化的夏季，表层海水的 DIP 也常常低于 200 nmol/L。与之相反，DOP 的浓度在沿岸表层水中含量较高，随着海水深度和离岸距离的增加而逐渐降低[4]。在全球海洋的大部分海区中(尤其是表层海水)，SNP 是 TDP 的重要组成，在近岸海区，SNP 对 TDP 库的贡献可高达 50%，而在开阔的大洋海区，如太平洋真光层中，DOP 占全部 TDP 的 70%~98%及总磷的 60%~90%；在某些海区，SNP 的含量甚至超出 SRP 好几倍[3, 4]。

工业化以来，大量农田肥料和家用洗涤剂的使用、养殖和污水排放(包括处理厂废液)等带来了大量的人为营养盐输入，从而改变了近海营养盐中的氮磷比例[5, 6]。已有的大量研究结果显示，在大洋或者近岸，无机磷都不同程度地成为限制浮游植物生长的主要因子之一，在此情况下，作为 SNP 重要组成部分的 DOP 的组成、分布、生物可利用性(bioavailability)及被浮游植物吸收的同化速率，都将对浮游生物的群落结构、初级生产力，能量流动和物质循环的效率产生重要影响，因此已成为近年来的磷的生物地球化学循环研究热点之一[2, 7]。

目前已确定及可能存在于海水中的 DOP 具有代表性的各大类组成，主要包含磷酸酯(phosphate ester)、膦酸酯(phosphonate)、维生素、磷脂及部分未确定化学结构的化合物等[3]。其中磷酸酯和膦酸酯是海水 DOP 组成中最重要的两大类化合物，分别占 75%和 25%，并且含量保持在相对稳定的水平。磷酸酯的生物可利用性已得到普遍认知，细菌和真核浮游植物都可从磷酸酯获得磷元素。其利用机制主要经由细胞表达的碱性磷酸酶、5'核苷酸酶等水解酶催化释放出无机磷酸根离子供细胞吸收[2, 7]。其中，碱性磷酸酶目前被认为最为普遍，其水解过程需要锌、铁、镁或钙离子作为活性中心，其活性可能受海水中这些阳离子，尤其是锌浓度的影响较大[8, 9]。因而探讨细菌和真核浮游植物通过表达碱性磷酸酶利用磷酸酯与海水中上述痕量金属含量的耦合效应，可进一步厘清磷营养策略带来的生态位优势。

不同于由 O—P 键构成的磷酸酯(phosphate ester)，膦酸酯(phosphonate)的化合物结构以 C—P 键为代表特征，其化学结构比 O—P 键稳定。迄今为止，只有细菌被发现有利用膦酸酯的能力，不同细菌可针对不同类型的膦酸脂类化合物采取完全不同的新陈代谢机制加以水解利用，异养型细菌能降解膦酸酯并利用其中的有机碳(如甲烷)、氮或磷[2, 10]。2006 年首次报道海洋光合自养具固氮能力的蓝细菌——束毛藻在寡营养盐海域，可能通过利用海水中的膦酸酯(phosphonate)应对环境中的无机磷限制，因而成为寡营养海域的优势固氮生物[11]。然而，膦酸酯(phosphonate)是否能被真核浮游植物所利用尚未有确实定论，成为 DOP 研究中亟待解决的难题。

对一些甲藻及硅藻的代表种的初步研究表明，它们对海洋中最常见的膦酸酯 2-AEP(2-amnoethylphosphonic acid)的利用是依赖异养型细菌的帮助(水解膦酸酯释放出磷酸根至水体中)，而自身无法直接利用[12]。通过将细菌对海水中已知不同类型的 C—P 键化合物的新陈代谢途径与已有的浮游植物组学数据进行比较分析[12, 13]，结果显示，这些真核浮游植物同样拥有其中生化途径代谢基因家族中的关键功能基因，但缺乏转运蛋白的编码基因。这一结果表明 2-AEP 在浮游植物体内合成有可能是作为细胞内部磷储库，参与了细胞内部磷的循环利用。膦酸酯在其他浮游植物类群的可利用性尚待更系统的研究[7, 12]。

但是最近的一项研究结果表明，有些真核浮游植物的确可以利用某些膦酸酯[13]。如表 1 所示，以人工合成的 C—P 化合物除草剂——草甘膦作为唯一磷源开展的室内培养实验，其结果表明定鞭藻及一些硅藻的生长得到促进。虽然不同种类浮游植物利用草甘膦和受抑制的细胞机理尚未明确，深入研究亟待开展，但目前的研究结果为探讨膦酸酯在真核浮游植物中的生物可利用性提供了研究基础。

表 1　14 种浮游植物对不同草甘膦浓度培养条件的生长响应[13]

门	种	单一磷源	无机磷+低浓度草甘膦	无机磷+高浓度草甘膦
定鞭藻	*Isochrysis galbana*	+	—	促进
	Emiliania huxleyi	+	抑制	抑制
硅藻	*Skeletonema costatum*	+	抑制	抑制
	Phaeodactylum tricornutum	+	抑制	抑制
	Thalassiosira weissflogii	抑制	抑制	抑制
	Thalassiosira pseudonana	抑制	抑制	抑制
甲藻	*Alexandrium catenella*	—	—	抑制
	Prorocentrum minimum	—	—	抑制
	Karenia mikimotoi	—	—	抑制
	Symbiodinium sp.	—	—	抑制
	Amphidinium carterae	—	—	—
针胞藻	*Heterosigma akashiwo*	—	—	抑制
	Chettonella marina	抑制	抑制	抑制
绿藻	*Dunaliella tertiolecta*	—	—	抑制

注：“+”表示可以利用草甘膦为单一磷源，“—”表示对细胞生长无影响($p<0.05$，RM ANOVA)。

上述开展实验室生理研究和现代组学的大数据分析的实验示例，展示了膦酸酯在真核浮游植物中可利用性的复杂特性，并提供了某些化学形式的膦酸酯可被某些真核浮游植物所利用的初步证据。在生理研究的基础和需求下，已发展了海水基底中痕量草甘膦的检测方法[14]，但是仍然缺乏适用于生理观测中，对其他特定 C—P 键有机磷的浓度和分布特征的有效检测方法，藻类学研究者只能通过利用不同类型的 DOP 作为单一磷源开展室内培养实验，通过观测不同磷营养条件培养下细胞的生长曲线差异，并结合鉴定相关膦酸酯代谢途径中关键基因的表达差异，进而间接确定不同类型 DOP 在细菌或者浮游植物中的生物可利用性[11~13, 15]。局限于对膦酸脂类化合物及其代谢产物的鉴定方法的不完善，对于上述真核浮游植物种类在利用膦酸脂时的吸收速率、代谢速率和代谢产物的相关研究尚无深入开展，因而对于通过与原核生物比较推测得到的代谢途径无法验证，其代谢机制在不同浮游植物种类中是否存在不同和独特之处也尚未知。因而目前亟须更多的深入研究提供进一步的证据，以探讨其对浮游植物的生长和现场海区浮游植物群落结构的影响。

综上所述，人类活动对海洋环境尤其是沿岸海区的影响逐年加剧(有机物大量输入)，随着对生源要素中氮和铁的生物地球化学循环研究的深入，磷元素在海洋环境里的生物可利用性及其在海洋食物网中的吸收代谢、再生与循环的研究愈显薄弱与迫切，因而具有重要的研究意义。但局限于适用于海水基底的不同类型 DOP 化合物的定量检测方法的缺乏，以及 DOP 化合物结构的不明晰，故在深入开展 DOP 经由浮游植物细胞的利用和再矿化的研究中缺少直观实验数据的支持，海水中复杂的可溶性有机物中有机磷化合物的定性和定量分析等方法学亟待深入研究。在此基础上，进一步探讨 DOP 在海洋中的化学形式、生物转化过程和效率、时空变动过程等将是未来磷的生物地球化学循环研究的主要方向之一。

参 考 文 献

[1] Karl D M. Phosphorus, the staff of life. Nature, 2000, 406: 31-32.

[2] Karl D M. Microbially mediated transformations of phosphorus in the sea: new views of an old cycle. Marine Science, 2014, 6(6): 279-337.

[3] Karl D M, Björkman K M. Biogeochemistry of Marine Dissolved Organic Matter: Dynamics of Dissolved Organic Phosphorus. Netherland: Elsevier, 2014.

[4] Paytan A, Mclaughlin K. The oceanic phosphorus cycle. ChemInform, 2007, 107(20): 563-76.

[5] Moore C M, Mills M M, Arrigo K R, et al. Processes and patterns of oceanic nutrient limitation. Nature Geoscience, 2013, 6(9): 701-710.

[6] Wells M L, Trainer V L, Smayda T J, et al. Harmful algal blooms and climate change: Learning from the past and present to forecast the future. Harmful Algae, 2015, 49: 68-93.

[7] Lin S, Litaker R W, Sunda W G. Phosphorus physiological ecology and molecular mechanisms in marine phytoplankton. Journal of Phycology, 2016, 52(1): 10–36.

[8] Kathuria S, Martiny A C. Prevalence of a calcium-based alkaline phosphatase associated with the marine cyanobacterium *Prochlorococcus*, and other ocean bacteria. Environmental Microbiology, 2011, 13(1): 74-83.

[9] Lin X, Wang L, Shi X, et al. Rapidly diverging evolution of an atypical alkaline phosphatase ($PhoA^{aty}$) in marine phytoplankton: Insights from dinoflagellate alkaline phosphatases. Frontiers in Microbiology, 2015, 6: 868.

[10] Mcgrath J W, Chin J P, Quinn J P. Organophosphonates revealed: new insights into the microbial metabolism of ancient molecules. Nature Reviews Microbiology, 2013, 11(6): 412-9.

[11] Dyhrman S T, Chappell P D, Haley S T, et al. Phosphonate utilization by the globally important marine diazotroph *Trichodesmium*. Nature, 2006, 439(7072): 68-71.

[12] Cui Y, Lin X, Zhang H, et al. PhnW-PhnX pathway in dinoflagellates not functional to utilize extracellular phosphonates. Frontiers in Marine Science, 2015, 2: 120.

[13] Wang C, Lin X, Li L, et al. Differential growth responses of marine phytoplankton to herbicide glyphosate. PLoS ONE, 2016, 11(3): e0151633.

[14] Wang S, Liu B, Yuan D, et al. A simple method for the determination of glyphosate and aminomethylphosphonic acid in seawater matrix with high performance liquid chromatography and fluorescence detection. Talanta, 2016, 161: 700-706.

[15] Feingersch R, Philosof A, Mejuch T, et al. Potential for phosphite and phosphonate utilization by *Prochlorococcus*. Isme Journal, 2012, 6(4): 827-834.

撰稿人： 林　昕　林森杰

厦门大学，xinlin@xmu.edu.cn

海洋微量元素的形态变化及其生态影响

Diverse Chemical Species of Trace Elements in the Ocean and Their Ecological Significances

海洋浮游植物是海洋上层生物链的食物来源，而浮游植物的生长则离不开海洋中的基本营养元素碳、氮、磷等的代谢吸收与合成有机物的过程。令人惊奇的是，所有海洋生命的代谢生长过程都离不开一些很少量的关键物质，即微量金属元素如铁、猛、镍、铜、锌等。这些金属元素参与绝大部分生物酶的合成，并形成这些酶或辅酶的活性中心，而这些形形色色的酶则直接调控着生物细胞的物质合成，如细胞壁与蛋白质等。此外这些以金属元素为活性中心的酶在基本元素代谢方面(如碳、氮、磷循环)也起到关键的催化作用，并通过激发、调控或抑制某些生化反应的进行，影响到整个海洋生态系统的生物地球化学过程。图 1 展示了痕量元素(如铁、猛、镍、铜、锌等)在海洋生态系统的碳、氮、磷代谢过程中的关键作用，包括无机碳酸盐、有机磷、不同形态氮的吸收及细胞内转化等过程。

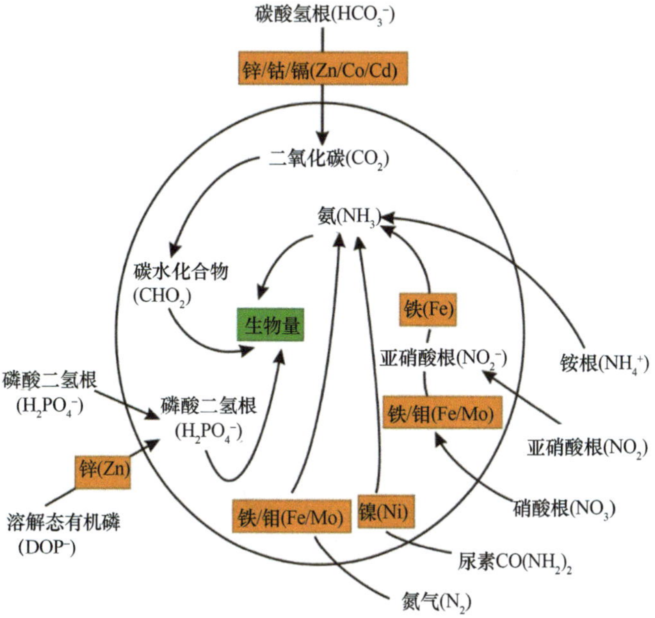

图 1　痕量金属元素参与浮游植物吸收利用碳、氮和磷过程示意图[1]

海洋中的碳、氮和磷存在着无机与有机等不同形态，并直接贡献着海洋生物的生长代谢。同样的，海洋中的痕量金属也以多种不同形式存在，包括无机态与有机态、不同价态、胶体态等。至关重要的是，金属在自然水体的生物可利用性及毒性不仅取决于总溶解态含量，更取决于这些金属元素的不同形态[2]。目前的研究已表明：有机汞的毒性远大于无机态汞；离子态的铜更易被生物吸收，超过一定阈值也是造成生物毒性作用的直接因素；生物对铁的吸收主要受水体内离子态浓度的影响等。因此，研究痕量金属在海水中的不同存在形态，是现在海洋化学领域的一个重要研究方向。海水中的痕量金属形态多样，包括不同价态离子、游离态离子、有机与无机配位态，特别是与不同有机分子结合而形成的有机态最为繁多。根据树脂分离操作定义(表 1)，海水中痕量金属可分为：①生物活性态金属，即易于与无机配位体和简单的有机配位体结合的部分金属，包括自由离子、氧化态、水合金属离子、简单的有机配合物；②非活性疏水有机态金属，即与有机配位体(包括非极性脂肪碳、多糖、复杂的腐殖酸聚合物)结合的金属，这部分金属具有稳定性高、时间尺度变化小的特征，所以常用作指示海水来源[3]。

表 1　根据树脂分离的方式划分的不同形态金属的存在形式[4~9]

金属形态	化学形态存在形式	举例
生物活性态	自由离子、氧化形式、水合金属离子	M^{2+}、MO_4^{2-}、$M(H_2O)^{2+}$
	无机配位体(Cl^-、OH^-、CO_3^{2-})	MCl^+、MCO_3、M(OH)Cl 等
	简单的有机配合物	M-碳水化合物
非活性疏水有机态	非极性脂肪碳、多糖	M-类脂化合物、M-多糖
	复杂的腐殖酸聚合物	M-NCH、M-NC=O 等
	硫醇类复合物	$M\text{-}CH_2CH_2SH$

注：M 为金属离子。

目前研究这些不同形态金属元素的传统方法有利用化学反应鉴定或分离法、电化学法或树脂分离法等。但这些方法受实验操作技术等的局限性明显，对复杂分子很难区分。近年来，这一领域引入了一些大型仪器如气相或液相色谱、各类质谱及核磁技术等，使人们对不同形态金属的认识得到进一步提高，但与此同时，也带来了许多新的难题。其中，最大的困难在于，这些不同形态的金属，多处于热力学不稳定状态，因而分析测定的结果的重复性差。导致难于解释这些不同形态金属的生物地球化学与生态学意义。之前的研究[5, 8, 9]提出了一些假设，如在水体中，有机态、活性态、颗粒吸附态、生物吸收态的金属之间会相互转换(图 2)，并且是金属从水体沉降到沉积物这一过程的重要途径。但这些不同形态金属之间也时刻发生着转换过程，且易受海洋环境如酸度、盐度、氧化物、悬浮物、有机配体及海洋生物的影响。

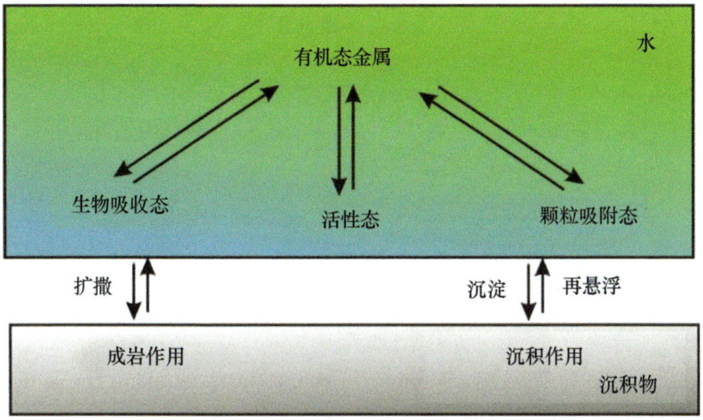

图 2　水体中微量金属元素不同形态之间的转换[5~9]

海洋生物会通过释放金属螯合物如铁载体、多糖等生物过程影响金属的化学形态[10]。由于浮游植物的细胞壁中含有羟基、氨基、羧基等基团，通过物理吸附和化学反应，金属离子可以通过不同方式进入细胞内，如首先吸附在细胞表面，其次进入细胞内部[11~13]。但是，目前为止，对有关金属形态、生物与金属形态转化及吸收机制等仍然了解甚少。在海洋水体中，不同金属形态如何影响生物生长和代谢？其生物地球化学及生态学意义究竟如何？这些难题有待于进一步测定与验证。

参 考 文 献

[1] Morel F M M, Price N M. The biogeochemical cycles of trace metals in the oceans. Science, 2003, 944, 300.

[2] Mota A M, Correia Dos Santos M M. Trace metal speciation of labile chemical species in natural waters: Electrochemical methods. In: Tessier A, Turner D R. Metal Speciation and Bioavailability in Aquatic Systems. John Wiley and Sons, 1995, 205-257.

[3] Morel F M M, Hering J G. Principles and Applications of Aquatic Chemistry. John Wiley and Sons, 1993, 588.

[4] Stumm W, Morgan J J. Aquatic chemistry: An introduction emphasizing chemical equilibria in natural waters. Características Químicas Da Água, 1981.

[5] Mills G L, Quinn J G. Isolation of dissolved organic matter and copper-organic complexes from estuarine waters using reverse-phase liquid chromatography. Marine Chemistry, 1981, 10(2): 93-102.

[6] Mao J D, Tremblay L, Gagné J P, Kohl S, Rice J, Schmidt-Rohr K. Humic acids from particulate organic matter in the Saguenay Fjord and the St. Lawrence Estuary investigated by advanced solid-state NMR. Geochimica Et Cosmochimica Acta, 2007, 71(22): 5483-5499.

[7] Leenheer J A, Jean-Philippe C. Characterizing aquatic dissolved organic matter. Environmental Science Technology, 2003, 37(1): 18A-26A.

[8] Jiann K T, W L S , Santschi, et al. Trace metal (Cd, Cu, Ni and Pb) partitioning, affinities and removal in the Danshuei River estuary, a macro-tidal, temporally anoxic estuary in Taiwan. Marine Chemistry, 2005, 96: 293-313.

[9] Beck A. J, Sañudo-Wilhelmy S A. Impact of water temperature and dissolved oxygen on copper cycling in an urban estuary. Environmental Science Technology, 2007, 41(17): 6103-6108.

[10] Sunda W G. Feedback interactions between trace metal Nutrients and Phytoplankton in the ocean. Frontiers in Microbiology, 2012, 3: 204.

[11] 阎海, 潘纲, 霍润兰. 铜、锌和锰抑制月形藻生长的毒性效应. 环境科学学报, 2001, 21: 328-332.

[12] Sheng P X, Ting Y P, Chen J P. Sorption of lead, copper, cadmium, zinc andnickel by marine algal biomass: Characterization of biosorptive capacity andinvestigation of mechanisms. Journal of Colloid and Interface Science, 2004, 275: 131-141.

[13] Soumya N, Chris M W. Biotic ligand model, a flexible tool for developingsite-specific water quality guidelines for metals. Environmental Science Technology, 2004, 38: 6177-6192.

撰稿人：张雪莲　王德利

厦门大学，deliwang@xmu.edu.cn

海洋大气化学一些关键过程假设如何验证？

Validations of Key Processes for Marine Atmospheric Chemistry

海洋大气化学(marine atmospheric chemistry)是海洋化学和大气化学的交叉科学，通过研究海洋上空大气化学组成特别是化学物种(chemical species)的含量、迁移变化、来源及海气交换通量，判别和预估人为和自然过程对全球气候变化，以及区域海洋环境和生态系统的影响。

那么海洋大气化学作为一门新学科，它的科学需求、研究目标和理论基础是什么？ 大家知道，全球变化科学自 20 世纪 80 年代快速地形成了一个新兴科学领域，而海洋大气化学的研究核心是揭示陆–海–气相互作用的关键过程，成为了全球变化科学的重要组成。海洋大气化学研究目标十分明确。首先，由于工业化以来人类活动加剧产生了大量有害物质，通过长距离大气传输向海洋沉降，影响着全球气候和海洋生物地球化学循环，是海洋大气物质沉降的重要来源；碳、氮、硫、氧、铁和水汽等气候敏感要素及放射性核素、重金属、POPs(持久性有机污染物)等生物有害物质的上层海洋和低层大气循环观测研究和评估已成为全球变化、海洋生态环境和海洋酸化研究的重要内容；北冰洋和南大洋夏季出现快速融冰和大面积开阔水域，温室气体海-气通量和水汽通量的观测评估，加深了极区海洋海-气物质输送变化对全球气候变化影响和全球极端天气的认识[1]。再者，海洋大气化学研究还承担着全球变化一些重要理论基础和假设的验证。由于海洋表面占地球表面积的 2/3 和海洋边界层比大陆边界层高 1~2km，因此海-气系统在地球系统中地位越发重要，从 20 世纪 60 年代以来，陆续出现对气候敏感要素的大气-海洋生物地球系统循环在全球变化中的重要作用提出的一些假设[2]和验证[3]，其中包括著名的盖亚假设、CLAW 假设、铁假设、甲烷水合物枪假说等。

盖亚假设，是由英国大气学家拉伍洛克在 20 世纪 60 年代末提出的[4]。该假设认为地球是一个巨大的有机体，具有自我调节的能力，在生命与环境的相互作用之下，能使得地球形成适合生命持续生存与发展的机制。假设认为对于二氧化碳所造成的温室效应，地球生物体自我调节机制的主角叫做二甲基硫，如大气二氧化碳的增加产生温室效应而使气温上升时，同时会导致藻类增加二甲基巯基丙酸的排放量，经过二甲基硫化物到硫酸盐转化而使得大气的反射率增加，进而降低地表温度。根据上述机制，80 年代产生了 CLAW 假设，CLAW 是按照 1987 年发表英国 *Nature* 文章四位作者姓的第 1 个字母的组合命名的[5]。该假设进一步阐述硫在海洋-大气循环中，对云凝结核(cloud condensation nuclei，CCN)和云反照率产生作用而对全球变暖产生负反馈过程(图1)，即当全球变暖，海洋温度升高，促使海洋浮游植物增长而使新陈代谢产物二甲基巯基丙酸排放增加，氧化产物二甲基硫化物也增加，在大气中进一步氧化形成生物源硫酸盐气溶胶，增加云凝结核和云反照率而减低了气温，从而缓解全球变暖，CLAW假设推进了关于地球气候的生物调控的思想。

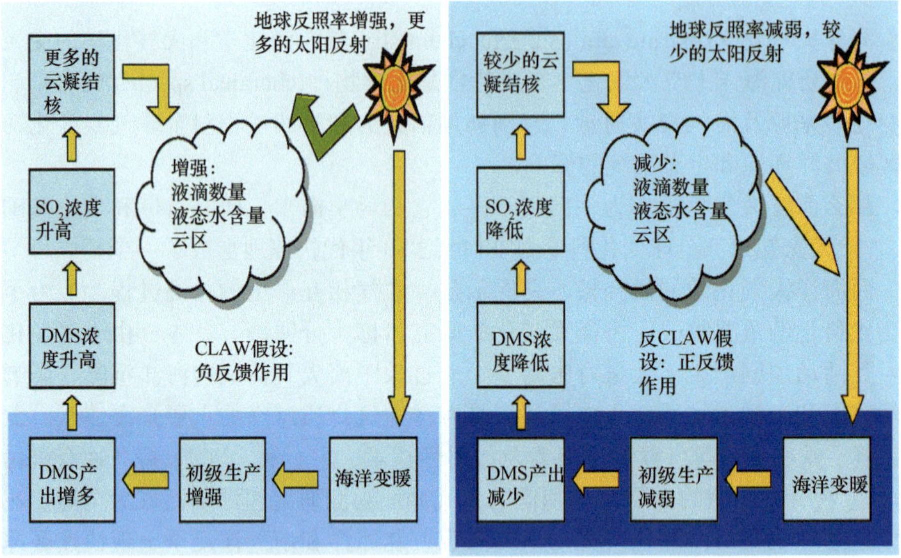

图1　CLAW假设[5]

CLAW假设的验证，需要现场同步实时地观测到海水中和大气中的二甲基硫化物(DMS)浓度及其转化成为非海盐硫酸盐的路径和通量，因此发展走航的海水DMS[6]和颗粒有机碳(POC)测定、大气中甲磺酸气体(MSA)、SO_2和SO_4^{-2}观测[7]等是一项CLAW假设验证关键工程技术，这样就可以准确地定量海-气硫的生物地球化学过程，通过卫星获取表层海水温度(SST)、Chl-a、CCN，以及云状态和降水等参数，形成了验证CLAW假设的海-气循环。

铁假设是由美国约翰·马丁[8]提出的。他认定，一些洋区的表层海水营养元素丰富，但浮游植物稀少，可归因于海水缺铁，一旦施铁肥，浮游植物就会大量繁殖，并通过更多吸收大气CO_2而影响全球气候变化。“铁假说”推动了20年来进行了13次大洋铁施肥试验[9]，如南大洋大部分海区存在着高营养盐低叶绿素海区，生物必需要素如铁的大气输入成为了制约海洋生产力的主要机制，因此南大洋也成为了施铁肥试验的重要海区，通过向海水注入硫酸亚铁，观测初级生产力快速增长而评估其对大气二氧化碳吸收能力，结果表明，海洋施肥可在有机碳循环中储存更多的碳，并增加食物网产出，因此，其在减缓气候变化和可持续增加渔业产量方面均具潜力，但所施放的铁肥是硫酸亚铁，对海洋生态环境产生影响评估，是进一步实施海洋施铁所面临的重大课题。

另外，陆源各种形态铁的长距离大气输运是海洋铁尤其是寡营养盐海域中铁的重要来源(图 2)，而对这种铁假设的验证还需要更多的精细现场实验，如通过船舶来跟踪浩瀚大洋的大气铁输入，则需要在船上建立洁净实验室，采集大气各种颗粒样品，分析各种形态的铁，计算输入海洋通量，评估海水中铁迁移和生物吸收利用效率等[10]。

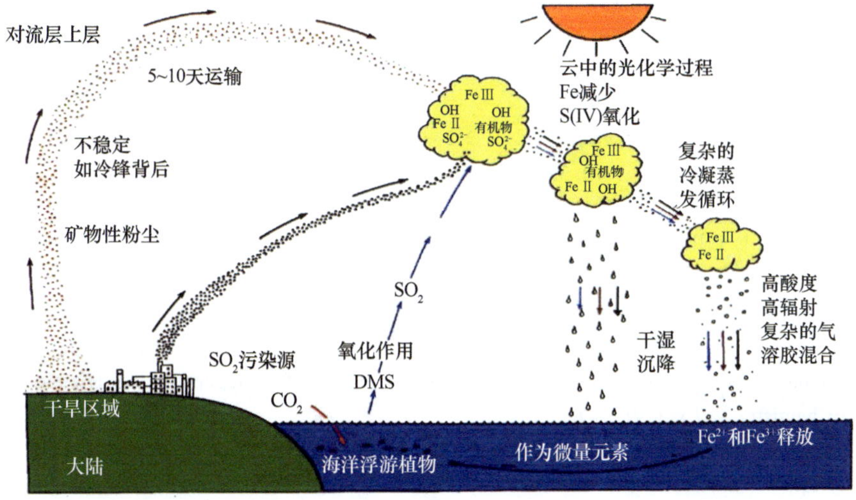

图 2 每年 5 亿多吨沙漠尘土进入海洋大气，相当每年近 2000 万 t 铁沉降到海洋，为海洋尤其是高营养盐低叶绿素海域输入促进生物生产所必需的铁[8]

甲烷水合物枪假说认为[11]，当海平面下降和温度升高时，深埋海底和极圈及高原的永久冻结带里的甲烷水包合物会把大量甲烷释放到大气里。甲烷也是一种主要的温室气体，它在大气中迅速增加会使全球变暖加速，导致更多冰雪融化，从而使更多甲烷释放出来，这样形成一个正反馈循环，由此全球变暖也会变得越发严重。上述的假设促进了海洋大气化学发展并为学科进步提供理论依据。目前甲烷水合物枪假说的验证主要以北冰洋陆架海域为试点，通过观测温度升高，海冰快速融化，冰冻层中 CH_4 大量释放到海水和大气中的通量，评估其对全球气候变化的影响。

目前海洋大气化学仍处于初始发展阶段，由于极端海洋环境复杂性和海气相互作用的时空变化性，对许多化学物种的源、汇和时空分布及海-气循环等的认识仍存在着很大的不确定性，也为海洋大气化学关键过程假设的验证带来困难。因此，提高对关键过程假设的精准验证寄希望于高新观测工程技术和方法的发展，需要进一步加强现场观测实验覆盖率、获取数据的连续性和准确性，以及推进高分辨海气系统模式的研发，建设岸基(岛基)、浮标、船载、机载和遥感等的立体观测体系是海洋大气化学研究实现从点-线-面的时空评估的关键工程技术，而气-固转化反应、光化学反应、海-气交换速率等模型，以及气候化学模式的发展将大大促进海洋大气化学学科的进步。

参 考 文 献

[1] 陈立奇. 南极和北极地区变化对全球气候变化的指示和调控作用——第四次IPCC评估报告以来一些新认知. 极地研究, 2013, 25(1): 1-6.

[2] 陈立奇, 祁第, 高众勇, 等. 快速融冰背景下北冰洋夏季表层海水 CO_2 分压的变异假设. 科学通报, 2016, 21: 2419-2425.

[3] Cai W J, Chen L Q, Chen B S, et al. Decrease in the CO_2 uptake capacity in an ice-free arctic ocean basin. Science, 2010, 329, 556, DOI: 10.1126/Science.1189338.

[4] Lovelock J E, Margulis L. Atmospheric homeostasis by and for the biosphere: Thegaia hypothesis.Tellus, 1974, 26: 2. doi: 10.1111/j.2153-3490.1974.tb01946.x.

[5] Charlson R J, Lovelock J E, Andreae M O, et al. Oceanic phytoplankton, atmospheric sulphur, cloud albedo and climate. Nature, 1987, 326 (6114): 655-661.

[6] Zhang M M, Chen L Q. Continuous underway measurements of dimethyl sulfide in seawater bypurge and trap gas chromatography coupled with pulsed flamephotometric detection. Marine Chemistry, 2015, 174: 67-72.

[7] Chen L Q, Wang J J, Gao Y, et al. Latitudinal distributions of atmospheric MSA and MSA/nss-SO42-ratios in summer over the high latitude regions of the southern and northern hemispheres. Journal of Geophysical Research, 2012, 117, D10, 2011JD016559R.

[8] Martin J H. Glacial-interglacial CO_2 change: The iron hypothesis. Paleoceanography, 1990, 5: 1-13.

[9] Boyd P W, Jickells T, Law C S, et al. Mesoscale iron enrichment experiments 1993-2005: Synthesis and future directions. Science, 2007, 315(5812): 612-617.

[10] Gao Y, Xu G, Zhan J, et al. Spatial and particle-size distributions of atmospheric dissolved iron in aerosols and its input to the southern ocean and coastal east antarctica. Journal of Geophysical Research-Atmospheres, 118, doi: 10.1002/2013JD0203672013, 2013.

[11] Kennett J P, Cannariato K G, Hendy I L, et al. Methane hydrates in quaternary climate change: The clathrate gun hypothesis. Washington D C: American GeophysicalUnion. 2003, ISBN 0-87590-296-0.

撰稿人：陈立奇

国家海洋局第三海洋研究所，Chenliqi@tio.org.cn

海洋生源活性气体海–气排放通量的不确定性

Uncertainty of the Sea-to-Air Emission Fluxes of Marine Biogenic Active Gases

随着人类活动影响的增强和气候变化的加剧，海洋产生的二甲基硫(DMS)、甲烷(CH_4)、氧化亚氮(N_2O)、挥发性卤代烃(VHC)等非 CO_2 生源活性气体对全球气候变化的影响备受国际学术界关注。CH_4、N_2O 和 VHC 是仅次于 CO_2 的温室气体，三者的贡献约占温室效应的 30 %左右[1]。海洋是活性气体 DMS、CH_4、N_2O 和 VHC 的重要储库，全球海洋释放的 CH_4、N_2O 和 VHC 分别占大气中总来源的约 5%、25%和 30%，而向大气排放的 DMS 占全球天然硫排放总量的 60%以上。自 20 世纪 70~80 年代开始，国际海洋界对全球许多海区中生源活性气体的时空分布及海-气通量进行了大量的调查工作，初步描绘了全球某些海域 DMS、CH_4、N_2O 和 VHC 的空间分布图景[2]。然而，对生源活性气体的调查海区相对于全球海洋来说零散稀疏，很多海区数据仅靠单一航次数据或相邻海域外推获得，特别是缺乏长时间序列的连续观测。此外，由于观测技术和研究手段的限制，生源活性气体的海-气通量大多采用经验模式进行估算，这些估算存在很大的不确定性，直接影响气候效应的准确评估。

DMS 是海洋中最重要的挥发性生源硫化物，主要来源于海洋浮游植物，是由其前体物质 β-二甲基巯基丙酸内盐(DMSP)分解产生的。1972 年，Lovelock 等[3]在 *Nature* 上首先报道了海水中普遍存在 DMS，并认为“并非 H_2S 而是 DMS 是连接海洋-大气硫循环的桥梁”。之后许多学者对世界各个大洋，以及近岸海区中 DMS 的生产过程、浓度分布、时空变化、海-气通量及其环境效应进行了深入研究，初步阐明了控制其在上层海洋中浓度分布与迁移转化的关键生物地球化学过程。研究 DMS 的重要性不仅在于它是海洋释放量最大的生源硫气体，对全球硫收支平衡有重要贡献，更重要的在于 DMS 排放与全球气候变化之间可能存在的负反馈过程，即科学界提出的著名的 CLAW 假说[4]。这一假说将海洋生物活动产生的 DMS 与全球气候变化联系起来，即 DMS 通过海-气界面交换过程进入大气之后，最终被氧化生成 SO_4^{2-}气溶胶，增加云凝结核(CCN)数量，增强云层的反照率，改变大气辐射强迫，从而对温室效应产生一定的减缓、抵消作用。国外学者在 Cape Grim 多年的在线监测数据发现，大气 DMS、非海盐硫酸盐(nss-SO_4^{2-})和 CCN 有着极其相似的季节变化规律，如果 DMS 的通量变化一倍，全球的平均温度将会变化几度。然后，最近的研究表明，DMS 对 CCN 的生物控制可能并不存在，DMS 对气候的生物控制已经被过分估计[5]。但更多的学者认为，海洋 DMS 释放肯定会对气候产生影响，只是现在对某些环节认识不够，特别是对由于全球气候变化对海洋生态环境和浮游植物种类所产生的影响还缺乏直接的证据。因此，为了全面弄清负反馈循环的正确性，必须深入了解 DMS 的生物地球化学过程及其在大气中的转化过程之间的相互联系。

通常认为海洋中产生 CH_4 的细菌是严格的厌氧菌，但是研究表明 CH_4 可以在富氧表层海水中的生物排泄物、悬浮和沉降的有机颗粒物、浮游动物或其他海洋生物肠道内的缺氧微生物环境内产生[6, 7]，并被认为是富氧水体中甲烷产生的重要途径。但是最近的研究发现，在营养盐限制条件下，富氧表层海水中微生物可以利用甲基膦酸、DMSP 和二甲亚砜等甲基化合物，而甲烷可作为其代谢副产物产生[8]。这些在富氧混合层中可能存在产生 CH_4 的新途径对碳循环和气候的影响将意义深远，然而若要证实上述机理，还需要继续在不同海洋环境中进行深入研究。

到目前为止，CH_4 的全球循环已经有相对完整的图景。尽管地球表面 71%被海水覆盖，并且海洋中有天然气水合物、冷泉，以及不断释放甲烷的海底沉积物等大量的甲烷源，但海洋对全球甲烷通量的贡献不超过 5%，对大气甲烷的贡献比例更低，仅为 2%。这是由于绝大部分海洋中产生的甲烷在进入大气之前被氧化消耗掉了。尽管海水对大气甲烷的贡献比例很低，但多年来对海洋中的甲烷的研究表明，海洋中存在一个“甲烷悖论”。海水中甲烷的来源包括沉积物释放、地下水和富含甲烷的河流的输入、海底油气资源的泄露、随海水流动迁移、甲烷水合物释放等。甲烷的消耗主要包括向大气的输出、随海水流动迁移，以及甲烷的氧化。许多面积巨大的海区的含氧丰富的海水中，甲烷往往是过饱和的；并且在这些海区，甲烷的消耗量大于甲烷的输入量。也就是说，在这些富氧海区内部，存在甲烷的净产生，而目前已知的产甲烷的微生物是严格厌氧的。因而，这些海区中甲烷的来源就成为一个难以解决的问题，形成了“甲烷悖论”。

而对于 N_2O 来说，作为参与氮循环氧化还原反应的一个重要中间体，主要通过硝化和反硝化过程产生，其中在有氧海水中 N_2O 主要作为硝化的副产物产生，而在缺氧深层海水和沉积物中 N_2O 是反硝化过程的中间产物，既可以通过反硝化产生，也可能通过其消耗。但是最近几年的新发现正在促使我们重新审视海洋中 N_2O 的产生路径及其调控机制，如早期的培养实验表明由于受到光抑制，硝化过程不能在透光层中发生，而后来的大量现场测定则表明透光层中可能存在硝化作用，而且硝化速率可能足以影响表层海水中的营养盐循环及 N_2O 向大气的释放[9]。

此外，海洋是大气中卤素(Cl、Br、I)的一个巨大储库[10]。研究发现热带及海洋锋面海域 VHC 释放量较高，并且近海海域 VHC 释放量最高；海洋释放是大气中溴代烃最大的来源。海洋是大气 VHC 的一个重要的源和汇，但是海水中 VHC 确切的源与汇的机理仍不清楚。大气中源和汇的估算表明大气中一些 VHC 的收支呈现不平衡状况，如 C_2HCl_3 和 C_2Cl_4 已知的汇远超过已知的源，而 $CHCl_3$ 已知的源远远大于已知的汇[11]。这些不平衡很大程度上也是因为对海洋中 VHC 的来源与去除机制认识不够清楚。因此当今很多学者致力于不同海域不同季节 VHC 的调查研究，以期获得更加丰富的数据用于 VHC 全球收支的准确估算。

海-气交换是海水中生源活性气体的重要去除机制，也是大气中活性气体的主要来源途径之一。获得生源活性气体海-气交换通量的准确数值对于评价它们在全球气候变化中的作用至关重要，但是海-气交换通量一直是气体研究领域“最不确定、最薄弱”的瓶颈环节，是急待解决的关键难题。

目前生源活性气体 DMS、CH_4、N_2O、VHC 等海-气交换通量的研究方法主要分为两类：一类利用模型估算；另一类利用半经验和微气象学方法直接测量。常用的模型主要是 20 世纪 70 年代建立的滞膜模型和表面更新模型，80 年代发展起来的边界层模型，以及 90 年代末开始使用的质量平衡光化学模型，最常用的模型仍是滞膜模型。

首先对 DMS 来说，不同研究者采用不同的方法对全球 DMS 通量进行了估算。例如，Andreae[12]根据大量 DMS 生物生产、大气浓度测量和海-气交换通量研究的基础上，得到全球 DMS 海-气交换通量为 20~40 Tg S/a。Kettle 等[13]综合 134 个航次的 15617 个表层海水 DMS 观测结果整合得到 3317 个海洋数据方格，并将其内插到全球海洋得到全球 DMS 浓度空间分布。根据 16000 个海洋表层数据外推到全球网格，建立了全球排放模式，并与全球 DMS 传输速率模式耦合。Kettle 和 Andreae[14]采用滞膜模型，基于 3 种计算传输速率的模式、3 套风速和海面温度的数据，得到 DMS 海-气交换通量为 15-33Tg S/a。

其次，关于全球海洋范围内非 CO_2 温室气体 CH_4、N_2O 和 VHC 的海-气交换通量，很多研究者也进行了估算，如根据 Bering 海的数据，估算每年从海洋进入大气的 CH_4 量为 4Tg。根据 1987~1994 年对太平洋进行的 5 个航次调查的结果，估算出全球海洋向大气释放的甲烷总量为 0.4Tg[15]。

对于 N_2O 来说，根据 NO_2^- 再生过程中 N_2O 和 NO_2^- 产率之比和估算的海洋中 NO_2^- 再生总量，可以估算出每年从海洋向大气释放的 N_2O 总量为 6~16Tg。根据在太平洋的调查结果，利用滞膜模型估算出全球海洋年释放 N_2O 为 30Tg。Elkins[16]根据在太平洋和印度洋的两次调查结果，推算出全球海洋年释放 N_2O 为 2.2~4.1 Tg。Nevison 等[17]利用双膜模型，根据 1977~1993 年，覆盖各季节和全球各大洋的 6 万多次大气和表层海水中 N_2O 分压差的测定结果，估算出从海洋向大气释放的 N_2O 为 1.9~10.7Tg/a，但他们同时发现在现有的全球表层 N_2O 浓度数据中，40%以上是在夏季调查中获得的，因此根据这些数据外推得到的全球海洋年释放 N_2O 量仍有较大的不确定性。

近几年的研究表明，海洋每年向大气所释放 CH_3Cl、CH_3Br 和 CH_3I 的量分别约占全球总量的 10%~50%、35%、70%。海洋向大气释放的 $CHCl_3$、C_2HCl_3 和 C_2Cl_4 分别(以 Cl 计)达 320Gg/a、20Gg/a 和 20Gg/a[18]；$CHBr_3$(以 Br 计)达 2.53(0.76~5.57)Tg/a，其中近海海域来源占到全球的 23%~75%，世界陆架海来源约占全球的 47%；CH_3I(以 I 计)达 0.1~1Tg/a。这些数据说明，海洋释放的 VHC 量是巨大的。

总的来说，尽管研究者利用模式方法对全球和区域 DMS、CH_4、N_2O、VHC 等通量进行了大量研究，但是模式方法估算的海气交换通量存在很大的不确定性。首先，模型估算本身具有不确定性，不同模型计算结果相差可达 1 倍。其次，模型中所需的海水中生源活性气体的浓度数据缺乏，大多是根据某几次调查或对某一特定海域的调查结果进行外推得到的全球范围内的海-气交换通量，没有充分考虑到不同海洋环境中海-气交换通量的差异，因此其估算结果差异性较大，并带有很大的偶然性。再次，海水中活性气体浓度受多种因素影响，至今没有得到 DMS、CH_4、N_2O、VHC 浓度与海洋物理、化学和生物参数定量的关系，因此这种外推会带来误差。尤其是将相对较多的近海数据外推到更大尺度的远海和全球，会造成更大的误差。上述几种不确定性的存在使得准确估算全球 DMS、CH_4、N_2O、VHC 等生源活性气体海-气交换通量变得非常困难，误差通常在 30%~100%。

基于此，近年来出现了一些直接观测技术，比较有代表性的是微气象学的涡漩相关法(EC)和松弛涡漩积累法(REA)等。目前直接观测 DMS 海-气交换通量的研究仅有 4 例报道，其中 2 例报道了 EC 法走航直接观测 DMS 通量，但都采用了大气压离子质谱(APIMS)作为快相应传感器，仪器昂贵，操作复杂、维护需要很高的技巧等缺陷。另外 2 篇报道了在海岸边利用 REA 法直接观测，然而应用微气象学方法必须满足的前提条件之一是上风向距离至少是测量高度的 100 倍。当陆风盛行时，海岸 DMS 采样口采样高度如果在 1.5m，则采样位置必须伸出海岸线 150m 以上，实际通量测量往往不能满足该条件，采样时间和地点受到很大局限。但是 REA 方法可以用常规采样方法和分析仪器弥补 EC 方法的局限，可广泛用于开展 DMS 通量观测。

综上所述，无论模型估算或直接测量都存在问题：模型的方法虽然广泛使用，但是至今没有准确的模型可供使用，几种常用的模型之间误差很大；而准确的直接测量方法由于技术上的难度和仪器的限制，还仅限于零星的观测，未能实现方法的广泛使用。这些因素的存在，都极大地限制了生源活性气体海-气通量的准确估算和对气候效应的定量评估，给研究者带来挑战和机遇。

参 考 文 献

[1] IPCC (Intergovernmental Panel on Climate Change), Climate Change 2013.

[2] Carpenter L J, Archer S D, Beale R. Ocean-atmosphere trace gas exchange. Chemical Society Review, 2012, 41: 6473-6506.

[3] Lovelock J E, Maggs R J, Rasmussen R A. Atmospheric dimethylsulphide and the natural sulphur cycle. Nature, 1972, 237: 452-453.

[4] Charlson R J, Lovelock J E, Andreae M O, et al. Oceanic phytoplankton, atmospheric sulfur, cloud albedo and climate. Nature, 1987, 326: 655-661.

[5] Quinn P K, Bates T S. The case against climate regulation via oceanic phytoplankton sulphur emissions. Nature, 2011, 480: 51-56.

[6] Marty D G. Methanogenic bacteria in seawater. Limnology and Oceanography, 1993, 38: 452-456.

[7] Karl D M, Tilbrook B D. Production and transport of methane in oceanic particulate organic matter. Natrue, 1994, 368: 732-734.

[8] Karl D M, Beversdorf L, Björkman K M, et al. Aerobic production of methane in the sea. Nature Geoscience, 2008, 1: 473-478.

[9] Raimbault P, Garcia N. Evidence for efficient regenerated production and dinitrogen fixation in nitrogen-deficient waters of the South Pacific Ocean: Impact on new and export production estimates. Biogeosciences, 2008, 5: 323-338.

[10] Moore R M, Tokarczyk R. Volatile biogenic methyl halides in the northwest Atlantic. Global Biogeochemistry Cycles, 1993, 7: 195-210.

[11] McCulloch A. Chloroform in the environment: Occurrence, sources, sinks and effects. Chemosphere, 2003, 50: 1291-1308.

[12] Andreae M O. The ocean as a source of atmospheric sulfur compounds. In: Buat-Menard P. The role of air-sea exchange in geochemical cycling. Dordrecht Holland: D. Reidel Publishing Company, 1986, 331-362.

[13] Kettle A J, Andreae M O, Amouroux D, et al. A global database of sea surface dimethylsulfide (DMS) measurements and a procedure to predict sea surface DMS as a function of latitude, longitude and month. Global Biogeochemical Cycles, 1999, 12: 399-444.

[14] Kettle A J, Andreae M O. Flux of dimethylsulfide from the oceans: A comparison of updated data sets and flux models. Journal of Geophysical Research, 2000, 105: 26793-26808.

[15] Bates T S, Kelly K C, Johnson J E, et al. A revaluation of the open ocean source of methane to the atmosphere. Journal of Geophysical Research, 1996, 101: 6953-6961.

[16] Elkins J W. State of the research for atmospheric nitrous oxide in 1989, Contribution for the Intergovernmental Panel on Climate Change, 1989.

[17] Nevison C D, Weiss R F, Erickson D J. Global oceanic emissions of nitrous oxide. Journal of Geophysical Research, 1995, 100: 15809-15820.

[18] Khalil M A K, Moore R M, Harper D B, et al. Natural emissions of chlorine-containing gases: Reactive chlorine emissions inventory. Journal of Geophysical Research, 1999, 104: 8333-8346.

撰稿人：杨桂朋　张洪海　丁海兵

中国海洋大学，gpyang@ouc.edu.cn

什么过程控制河流中溶解无机碳的浓度和年龄?

What Are the Processes Controlling the Concentration and Ages of Dissolved Inorganic Carbon in Rivers?

在世界河流每年向海洋输送的约 9 亿 t 陆源碳中约 50%为无机碳[1]，而很大一部分陆源无机碳是以溶解无机碳(dissolved inorganic carbon，DIC)的形式被河流源源不断地输送到海洋中。因为在海洋真光层中浮游植物通过光合作用利用 DIC 合成有机碳，所以河流输送的大量陆源 DIC，会对边缘海的初级生产力起很大的影响。然而，对河流输送 DIC 的来源一直存在争论，而且对河流输入 DIC 进入海洋后的循环过程也不十分清楚。

为什么对河流输入 DIC 的来源存在争议？地球陆地上有两个消耗大气二氧化碳(CO_2)的主要过程：一个是岩石风化过程中消耗 CO_2 并将消耗的 CO_2 转化为陆地水系中的 DIC；另一个过程则为陆地植物的光合作用将大气 CO_2 转化为有机碳[2]。从地质地球化学的角度认为，地球上万年至几十万年时间尺度的岩石风化作用是影响和控制大气中 CO_2 浓度的一个最重要的过程[3~5]。而河流中 DIC 的主要来源包括岩石风化过程中消耗的 CO_2，有机物的分解，以及大气 CO_2 与河流的气液交换。陆地岩石风化主要以碳酸盐岩和硅酸岩的风化为主，其风化过程可以用下式表示。

碳酸盐矿物：

$$CaCO_3(\text{方解石})+ CO_2+ H_2O = Ca^{2+} +2HCO_3^-(1)$$

$$CaMg(CO_3)_2(\text{白云石}) +2CO_2+ 2H_2O = Ca^{2+}+Mg^{2+}+4HCO_3^-(2)$$

硅酸盐矿物：

$$Mg_2SiO_4(\text{橄榄石})+4CO_2+4H_2O = 2Mg^{2+}+4HCO_3^-+H_4SiO_4(3)$$

$$2NaAlSi_3O_3(\text{钠长石}) +2CO_2+11H_2O=Al_2Si_2O_5(OH)_4+2Na^++2HCO_3^-+4H_4SiO_4(4)$$

从上面碳酸盐矿物和硅酸盐矿物的化学风化反应可以看出，两者均消耗大气的 CO_2，产生 DIC，但不同的是碳酸盐矿物本身含有碳酸根，因此，1 摩尔的碳酸钙风化后会产生 2 摩尔的碳酸氢根(HCO_3^-)，即 DIC。所以碳酸盐岩风化对河流中 DIC 的贡献是 50%来自大气 CO_2，50%来自碳酸盐矿物本身。相比之下，硅酸盐矿物分子中不含碳酸根，其风化过程中所消耗的 CO_2 全部转化为 DIC。因此硅酸岩风化对 DIC 的贡献为全部来自大气 CO_2 或土壤中的 CO_2。根据两类矿物风化反应的差异，不难想象利用测定 DIC 中天然 ^{14}C 的含量，从 ^{14}C 年龄的角度可以定量确定 DIC 的来源，因为大气中的 CO_2 所含的 ^{14}C 为现代年龄，而碳酸盐岩中 ^{14}C 的年龄要老得多(万年以上尺度)，土壤中由有机质分解产生的 CO_2 中含有的 ^{14}C(通常百年至千年尺度)也比碳酸盐矿物中的碳要年轻的多。

目前河流中 DIC 的来源研究基本上根据两种矿物的主要溶解离子(Ca^{2+}、Mg^{2+}、Na^{+}、Si^{2+})等的比值来判断是碳酸盐或是硅酸盐矿物的风化起主要作用[2]。例如，Gaillardet 等[2]分析了世界上 60 条大河流中主要离子的含量，并定量计算了各河流中碳酸盐岩风化和硅酸岩风化对大气 CO_2 的消耗，以及对河流 DIC 的贡献。以长江和黄河为例，其流域面积(包括支流))达 1/3 的国土面积，且 DIC 的浓度在 2000~4000μmol/L，在世界大河流中属于高 DIC 浓度河流。长江和黄河 DIC 的年入海通量分别达 1.68×10^{12}mol/a 和 1.22×10^{11}mol/a[6]。Gaillardet 等的计算结果显示，长江主要以碳酸盐矿物风化为主，约占 50%，而硅酸盐矿物风化只占对 DIC 贡献量的 5%；对于黄河，碳酸盐岩风化占 20%，硅酸岩风化占 15%左右，其余 DIC 可能来自植被有机物的降解、土壤及地下水的输入等。这似乎和两条流域主要矿物的覆盖面积有关。据报道，长江流域碳酸盐矿物的覆盖面积达 44%，而黄河流域只有 7.6%[6]，但是，黄河中 DIC 浓度的含量几乎常年都高于长江中的 DIC。一些国内学者也认为，长江和黄河中的 DIC 主要是由碳酸盐矿物的风化所控制[7~9]。研究表明，长江中 Ca^{2+}和 Mg^{2+}离子的浓度比世界河流中的平均浓度高 5~6 倍[10, 6]，这也显示了碳酸盐岩风化的重要性，有研究报道指出黄河中的 DIC 有 90%来自于碳酸盐岩的风化[11]。既然黄河流域碳酸盐岩的覆盖面积只有 7.6%，但黄河中如此高的 DIC 浓度似乎难以解释(图 1)。

王旭晨[12]2014~2015 年首次测定了长江和黄河下游及河口 DIC 的 ^{14}C 含量并计算了其年龄分布。结果发现虽然黄河下游 DIC 的浓度高于长江下游，但两条河流中 DIC 的 ^{14}C 年龄并没有很大差别。在 2014 年的春、秋两个季节中，长江下游 DIC 的年龄为 1250 ± 50 年，黄河下游 DIC 的年龄为 1200 ± 170 年，两个河流中 DIC 年龄的相似性说明其具有相似的来源。通过三端元同位素质量平衡模型计算得出，岩石风化利用大气 CO_2 对长江和黄河 DIC 的贡献分别占到 65%和 73%，而碳酸盐岩风化的贡献在两条河流的下游只占到 17%和 12%，大气 CO_2 对 DIC 的贡献主要是通过硅酸盐矿物的风化消耗大气中的 CO_2，这一结论显然与两条河流中碳酸盐岩风化为 DIC 主要来源的结论不一致。道理很简单，如果碳酸盐矿物风化是河流中 DIC 的主要来源，即 50%的 DIC 来自碳酸钙的风化，那么 DIC 的 ^{14}C 年龄要老的多，如图 1 所示，因为对长江和黄河下游中颗粒碳酸钙(PIC)的 ^{14}C 测定计算的年龄都达到 16000 年[12]，河流中 DIC 的年龄如果受控于碳酸盐岩风化，其 ^{14}C 年龄必然会受到颗粒碳酸盐岩风化的影响。

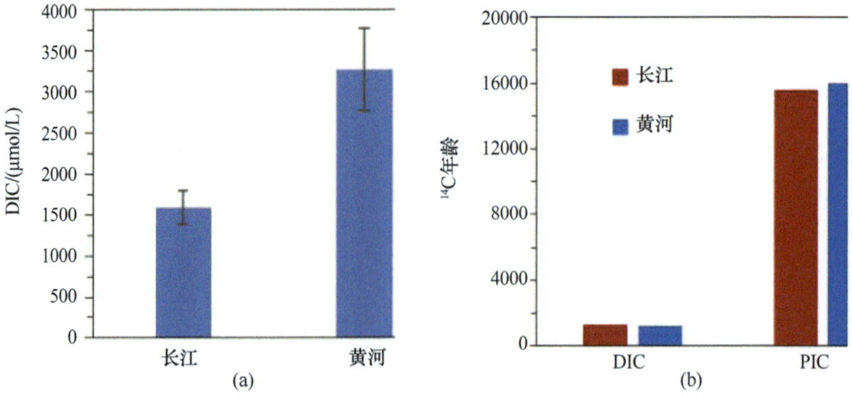

图 1　2014 年测得长江下游和黄河下游春、秋季溶解无机碳(DIC)的平均浓度(a)，长江和黄河下游 DIC 和颗粒无机碳(PIC)估算的平均 ^{14}C 年龄(b)[12]

通过 2016 年进一步对长江和黄河整个流域中 DIC 的 ^{14}C 含量分析研究，发现岩石风化作用对两条河流不同流域的贡献也是很不相同的。长江和黄河虽然都起源于青藏高原，但其源头 DIC 的 ^{14}C 年龄具有很大的差异。如图 2 所示，长江源头曲麻莱至上游丽江河段，DIC 的年龄都在 3500 年以上，而黄河源头玛多 DIC 的年龄则小于 500 年，长江中下游和黄河整个流域，DIC 的年龄则相近，基本都在 2000 年以下。根据同位素三端元模型，计算得到不同来源对长江和黄河 DIC 的贡献(图 3)，对于长江源头，碳酸盐岩风化显然占了主导地位(高于 70%)，而对于黄河源头，硅酸岩的风化则占主要(大于 70%)；在长江的中下游，硅酸岩风化和有机质降解对 DIC 的贡献不断增加，而碳酸盐岩的贡献不断降低。对于黄河，硅酸岩风化对 DIC 的贡献在中下游一直占主要地位。

很显然，用天然 ^{14}C 方法对研究河流输送 DIC 的来源无疑提供了一个强有力的手段，可以对河流 DIC 的来源做出估算，对深入认识河流输送 DIC 具有很好的

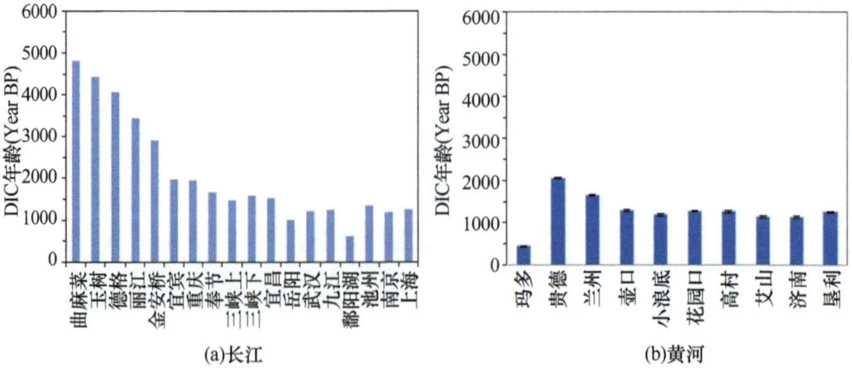

图 2　长江和黄河自源头至河口不同站位 DIC 的 ^{14}C 年龄分布[12]

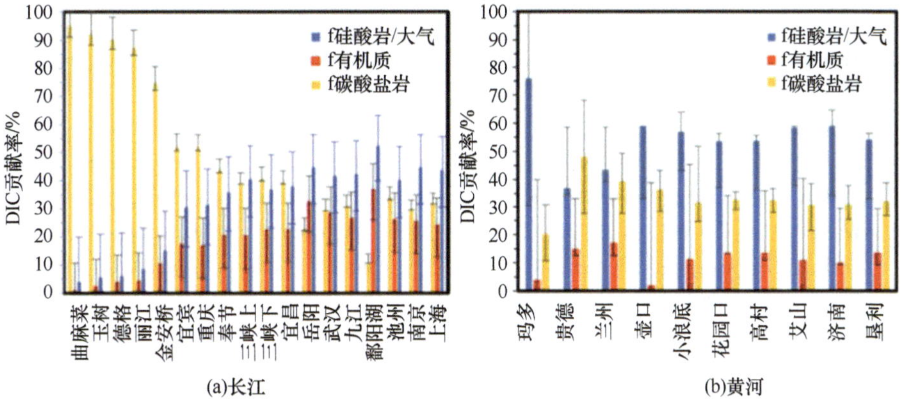

图 3　同位素三端元模型计算得出的不同来源对长江和黄河 DIC 的贡献[12]

参考价值。但结果与通过河流化学离子浓度研究 DIC 得到的结论存在一定的差异，成为一个仍不确定，有待争议的科学问题。对不同的河流，由于其流域环境的不同，其输送 DIC 的来源可能会有很大的不同，对导致这些差异的地质过程和化学反应仍是一个需要进一步研究的科学问题。

参 考 文 献

[1] Cole J J, Prairie Y T, Caraco N F, et al. Plumbing the global carbon cycle: Integrating inland waters into the terrestrial carbon budget. Ecosystems, 2007, 10(1): 172-185.

[2] Gaillardet J, Dupré B, Louvat P, et al. Global silicate weathering and CO_2 consumption rates deduced from the chemistry of large rivers. Chemical Geology, 1999, 159(1): 3-30.

[3] Kempe S. Carbon in the rock cycle. The Global Carbon Cycle, 1979, 380: 343-375.

[4] Lenton T M, Britton C. Enhanced carbonate and silicate weathering accelerates recovery from fossil fuel CO_2perturbations. Global Biogeochemical Cycles, 2006, 20(3), doi: 10.1029/2005GB002678.

[5] Hartmann J, Jansen N, Dürr H H, et al. Global CO_2-consumption by chemical weathering: What is the contribution of highly active weathering regions. Global and Planetary Change, 2009, 69(4): 185-194.

[6] Cai W J, Guo X, Chen C T A, et al. A comparative overview of weathering intensity and HCO_3^- flux in the world's major rivers with emphasis on the Changjiang, Huanghe, Zhujiang (Pearl) and Mississippi Rivers. Continental Shelf Research, 2008, 28(12): 1538-1549.

[7] Qin J, Huh Y, Edmond J M, et al. Chemical and physical weathering in the Min Jiang, a headwater tributary of the Yangtze River. Chemical Geology, 2006, 227(1): 53-69.

[8] Wu W, Xu S, Yang J, et al. Silicate weathering and CO_2 consumption deduced from the seven Chinese rivers originating in the Qinghai-Tibet Plateau. Chemical Geology, 2008, 249(3): 307-320.

[9] Wu L, Huh Y, Qin J, et al. Chemical weathering in the Upper Huang He (Yellow River) draining the eastern Qinghai-Tibet Plateau. Geochimicaet Cosmochimica Acta, 2005, 69(22):

5279-5294.

[10] Zhang J, Huang W W, Letolle R, et al. Major element chemistry of the Huanghe (Yellow River), China-weathering processes and chemical fluxes. Journal of Hydrology, 1995, 168(1): 173-203.

[11] Li J Y, Zhang J. Chemical weathering processes and atmospheric CO_2 consumption in the Yellow River drainage basin. Marine Geology and Quaternary Geology, 2003, 23(2): 43-50.

[12] Wang X, Luo C, Ge T, et al. Controls on the sources and cycling of dissolved inorganic carbon in the Changjiang and Huanghe River estuaries, China: ^{14}C and ^{13}C studies. Limnology and Oceanography, 2016, 61(4).

撰稿人：王旭晨

中国海洋大学，xuchenwang@ouc.edu.cn

为什么河流中溶解态黑碳的 ^{14}C 年龄比海洋的要年轻？

Why the ^{14}C Ages of Riverine Dissolved Black Carbon (DBC) are Younger Than Those of DBC in Ocean?

海洋作为地球上一个巨大的储库接纳着来自各个渠道的物质输入。这其中河流输入是陆源物质进入海洋的主要途径。若只考虑有机碳的输入，河流每年就可向海洋输送约 5 亿 t 的陆源有机碳，其中约 60%为溶解有机碳(DOC)[1~3]。最近的研究表明，世界河流对黑碳(black carbon，BC)，特别是对溶解态黑碳(dissolved black carbon，DBC)的输入起到重要作用[4, 5]。据估算，世界河流每年向海洋中输送约 2700 万 t 的 DBC，相当于河流输入 DOC 通量的 10%。如图 1 所示，在 Jaffé 等[5]所研究的河流中，DBC 与 DOC 具有很好的线性关系($R^2 = 0.95$)，河流中 DBC 的浓度随 DOC 浓度的增加而增加，说明 DBC 普遍存在于河流输送的 DOC 中。这些新的研究结果对我们了解河流输入陆源有机碳在碳循环中的重要作用提供了新的认识和思考。

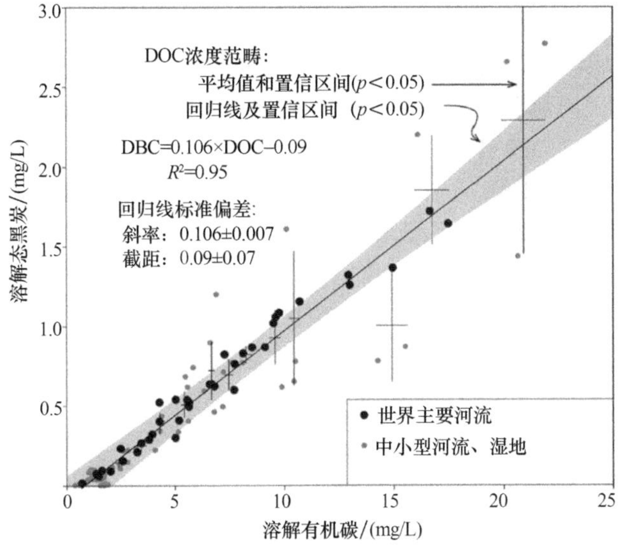

图 1 世界河流中溶解态黑碳(DBC)与溶解有机碳(DOC)浓度之间的关系[5]

黑碳是有机物质在燃烧不完全过程中产生的一组具有高度芳香化结构的产物，广泛存在于大气、水体、土壤和沉积物等自然环境中[6, 7]。黑碳的来源主要有两类：化石燃料(煤、石油产品)和植被(木材、植物秸秆等)。据估算，全球每年由化石燃料和植被不完全燃烧产生的黑碳分别达 0.5 亿~2.7 亿 t[8]和 0.12 亿~0.24 亿 t[9]。但 2015 年 Santin 等的最新研究估算认为，仅北半球森林火灾产生的黑碳就可能高达 1 亿 t[10]。总之，尽管这些估算值虽有很大差异，但每年全球有大量黑碳产生是一个不争的事实。在我国北方，秋季大量植被的燃烧和冬季取暖大量煤碳的燃烧也是产生黑碳的重要来源。绝大部分黑碳产生后会存留在土壤中，一些细小颗粒的黑碳可经大气输送到较远距离，最终沉积于海洋中[11]。黑碳不仅对生态系统和人类健康具有一定的危害性，同时对气候也有一定的影响，而且由于黑碳的化学性质较稳定，作为一种不易被细菌分解利用的有机物，黑碳也被看作是去除大气 CO_2 的一个重要的汇。因此近年来对自然界黑碳的研究一直得到科学界的高度关注，特别是在我国由于近年来雾霾天气频发，对大气黑碳的研究也得到高度重视。

利用天然 ^{14}C 方法研究黑碳具有独特的优势，因为通过测定 ^{14}C 含量可以计算碳的年龄。植物的生长周期短，燃烧后产生的黑碳具有现代年龄，而化石燃料中含有的 ^{14}C 早已衰变完全，所产生的黑碳则具有很老的年龄(大于 5 万年，但 ^{14}C 只能测到 5 万年)，因此通过测定 BC 中 ^{14}C 含量计算碳的年龄可以很好地区分黑碳的来源。目前利用 ^{14}C 方法对河流和海洋中 DBC 的研究刚刚开展，数据也很少，这主要是因为 DBC 的浓度相对较低，通常只占 DOC 浓度的 10%以下，而富集足够量的 DBC 用于 ^{14}C 测定需要特殊的方法。但现有的研究发现，河流输送的 DBC 年龄要远远低于海洋中的 DBC 年龄。通过超滤方法富集美国佛罗里达 Suwannee 河中的 DBC，以及大西洋、太平洋海水中的 DBC，Ziolkowski 和 Druffel 在 2010 年首次测定比较了河流和海洋中 DBC 的 ^{14}C 年龄的差异[12]，发现 Suwannee 河中的 DBC 年龄在 410 ± 280 年，而两个大洋中 DBC 的平均年龄为 18000 ± 3000 年，远远高于河流 DBC 的年龄，这是没有预料到的，这一结果也使科学家们重新考虑到河流输送的 DBC 可能比原来想象的要更容易降解，但为什么河流中的 DBC 和海洋中的 DBC 的年龄相差如此之大？两者的来源是什么？是什么机理和过程导致了两者之间如此之大的年龄差异？目前这仍是一个没有答案的难题。这些问题需要对更多的河流及大洋 DBC 的来源组成、稳定性及循环时间尺度进行系统研究进而寻求可能的答案。

为了进一步验证这一科学问题，王旭晨[12]等以我国长江和黄河及东海为研究对象，对河流 DBC 和颗粒态黑碳(particulate BC，PBC)的 ^{14}C 年龄进行了比较研究。结果显示，河流输送的 DBC 的确具有较年轻的 ^{14}C 年龄，这似乎是一个普遍现象。其数据如图 2 所示，长江中的 DBC 年龄与 Suwannee 河中的 DBC 年龄基本一致(410 年)，黄河中 DBC 的平均年龄要老一些(1140 年)，而受到长江输入影响的东海陆架区海水中的 DBC 年龄明显增加(2620 年)，但与大西洋和太平洋中的 DBC 年龄(18000 年)相比，仍然要年轻的多。DBC 的年龄明显具有自河流、近岸向大洋急剧增加的分布趋势。

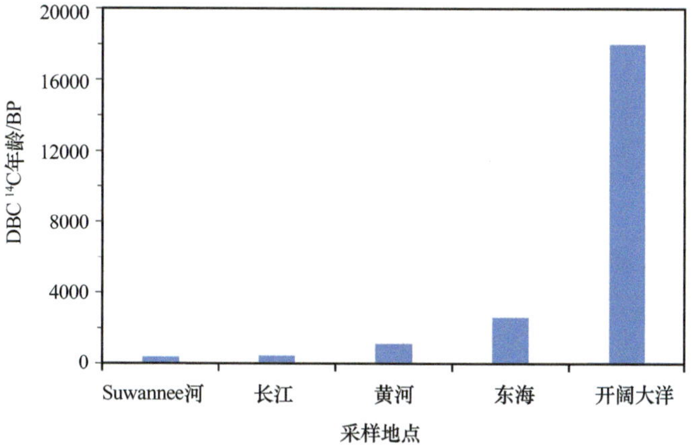

图 2　美国佛罗里达 Suwannee 河、中国长江和黄河以及东海和大洋中 DBC 的 ^{14}C 年龄比较[12]

图 3 比较了长江和黄河中 DBC 和 PBC 的年龄差异，可以看出两条河流中 DBC 的年龄(410~1140 年)要明显低于 PBC 的年龄(4500~6000 年)，说明河流输送的溶解态黑碳和颗粒态黑碳具有不同的来源。根据 ^{14}C 同位素质量平衡计算结果表明，长江和黄河输送的 DBC 中植被燃烧产生的黑碳占主要比例(80%~90%)，而化石燃料燃烧产生的黑碳在 DBC 中只占<20%，但在 PBC 中，植被和化石燃料燃烧产生的黑碳各占约 50%的比例。这说明，河流中，植被燃烧产生的黑碳主要是以溶解态形式输送，而化石燃烧产生的黑碳则主要以颗粒态形式输送，这可能与两种黑碳之间的化学结构和特性的差异有关。

但问题是为什么河流输送的 DBC 进入海洋后其年龄则变得如此之老呢？这期间究竟发生了什么过程导致黑碳这种年龄的巨大变化？还是我们忽视了什么过程？这些问题目前仍不得而解。我们可以考虑一些可能的情况，如研究发现河流输入的 DBC 中含有的植被燃烧产生的黑碳的化学组成主要是具有一些环状结构的大分子化合物，在进入海洋后这些大的化合物可能被细菌很快地分解利用，或是通过光降解作用使环状结构大分子化合物被分解成一些小分子化合物从而加速被细菌的利用，而化石燃烧产生的 DBC 可能具有更复杂的化学结构，从而很难被细菌利用并在海洋中保留下来，导致海洋中 DBC 的年龄增加[12]。这只是一种假设，需要得到实验的验证。已有研究显示，植被燃烧产生的黑碳在陆地是可以被细菌所分解利用的，但海洋细菌对这部分黑碳的利用似乎还没有报道；而

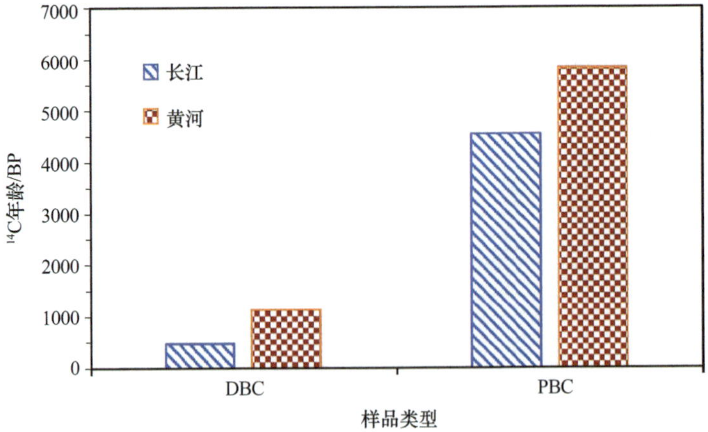

图 3　长江和黄河中 DBC 和 PBC 的 ^{14}C 年龄比较[12]

且相对于新鲜生物质燃烧产生的 DBC，这些年龄更老的 DBC 组分往往具有更加大的分子量和芳香化程度[13]，从而可能导致其理化性质和环境行为存在较大差异。此外，最近研究还发现，对于大洋/开阔水体，通过水汽交换进入上层水体中的多环芳烃(DBC 的重要组成部分)的通量远远超出人们的原先估计，而化石燃料燃烧对多环芳烃有重要贡献[14, 15]。这一过程可能对于大洋水体 DBC 的年龄差异也起到一定作用。

总之，河流作为陆源物质输运的重要通道，每年向海洋输送大量的陆源有机碳，其中包括颗粒态和溶解态黑碳。这部分黑碳作为一个重要的碳汇，进入海洋后的生物地球化学行为和归宿目前尚不清楚，有待更深入的研究。

参 考 文 献

[1] Spitzy A, Ittekkot V. Dissolved and particulate organic matter in rivers. Ocean Margin Processes in Global Change. SCOPE, 1991, 42: 5-17.

[2] Meybeck M, Vörösmarty C. Global transfer of carbon by rivers. Global Change Newsletter, 1999, 37: 18-19.

[3] Hedges J I, Keil R G, Benner R. What happens to terrestrial organic matter in the ocean. Organic Geochemistry, 1997, 27(5): 195-212.

[4] Dittmar T, Paeng J, Gihring T M, et al. Discharge of dissolved black carbon from a fire-affected intertidal system. Limnology and Oceanography, 2012, 57(4): 1171.

[5] Jaffé R, Ding Y, Niggemann J, et al. Global charcoal mobilization from soils via dissolution and riverine transport to the oceans. Science, 2013, 340(6130): 345-347.

[6] Laflamme R E, Hites R A. The global distribution of polycyclic aromatic hydrocarbons in recent sediments. Geochimica et Cosmochimica Acta, 1978, 42(3): 289-303.

[7] Goldberg E. Black carbon in the environment: Properties and Distribution. 1985, New York: Wiley.

[8] Kuhlbusch T A J, Crutzen P J. Toward a global estimate of black carbon in residues of vegetation fires representing a sink of atmospheric CO_2 and a source of O_2. Global Biogeochemical Cycles, 1995, 9(4): 491-501.

[9] Penner J E, Eddleman H, Novakov T. Towards the development of a global inventory for black carbon emissions[J]. Atmospheric Environment. Part A. General Topics, 1993, 27(8): 1277-1295.

[10] Santín C, Doerr S H, Preston C M, et al. Pyrogenic organic matter production from wildfires: A missing sink in the global carbon cycle. Global Change Biology, 2015, 21(4): 1621-1633.

[11] Masiello C A, Druffel E R M. Black carbon indeep-seasediments.Science, 1998, 280(5371): 1911-1913.

[12] Wang X, Xu C, Druffel E M, et al. Two black carbon pools transported by the Changjiang and Huanghe Rivers in China. Global Biogeochemical Cycles, 2016, 30, doi: 10.1002/2016GB005509.

[13] Abiven S, Hengartner P, Schneider M P W, et al. Pyrogenic carbon soluble fraction is larger and more aromatic in aged charcoalthan in fresh charcoal. Soil Biology Biochemistry, 2011, 43: 1615-1617.

[14] González-Gaya B, Fernández-Pinos M C, Morales L, et al. High atmosphere–ocean exchange of semivolatile aromatic hydrocarbons. Nature Geoscience, 2011, 9: 438-444.

[15] Hu L M, Shi X F, Qiao S, et al. Sources and mass inventory of sedimentary polycyclic aromatic hydrocarbons in the Gulf of Thailand: Implications for pathways and energy structure in SE Asia. Science of the Total Environment, 2017, 575: 982-995.

撰稿人：王旭晨

中国海洋大学，xuchenwang@ouc.edu.cn

地下河口对海洋的影响

Impacts of Subterranean Estuaries on the Ocean

地下河口(subterranean estuary)是 1999 年美国化学海洋学家 Willard S. Moore 提出的概念[1]，用以表明地下水和海水在沿岸含水层中混合并伴随化学反应发生的区域(图 1)。从地下河口输出入海的水流通常被称为海底地下水排放(submarine groundwater discharge)。众所周知，河水和海水在海洋-陆地界面的交汇形成了地表河口。大量陆源物质通过地表河口输入海洋，是海洋主要的物质来源之一[2]。那么，地下河口作为陆源物质入海的另一通道，其输出入海的物质通量有多大？对海洋的影响有多强呢？在评估近海物质收支与平衡时，定量评估地下河口对海洋的影响是海洋学界无法忽视的一个难题。

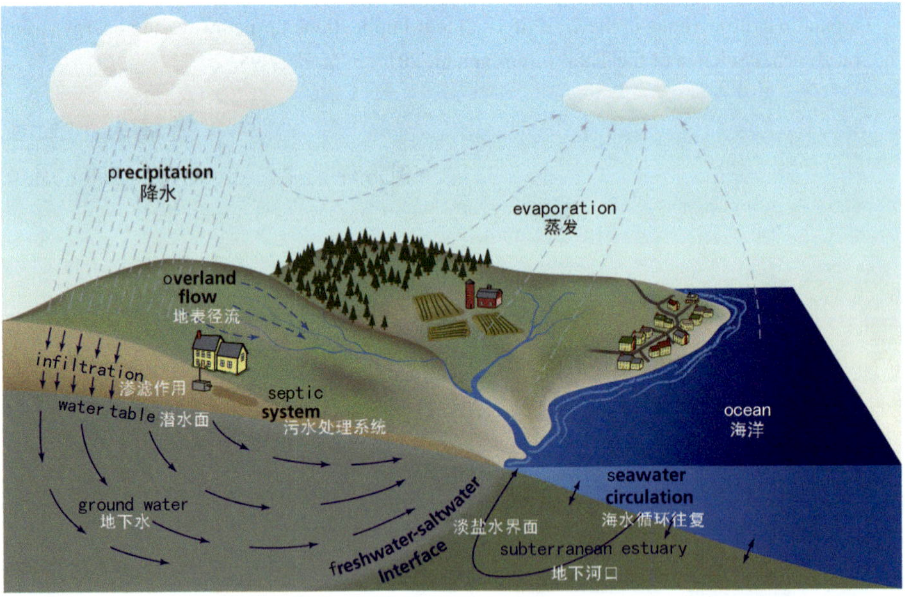

图 1　地下河口示意图

改编自美国伍兹霍尔海洋研究所 Jack Cook 和 Matt Charette 的供图

要评估地下河口对海洋的影响，我们所面临的主要困难包括以下几点：①与地表河口不同，地下河口看不见、摸不着，因此适用于地表河口的直接的观测手段大部分不适合于地下河口；②由于地下河口中物质浓度的空间差异较大及通常采用的质量平衡法的均一化，地下河口输出的物质通量的估计存在较大的不确定性，如何降低不确定性是这个领域亟待解决的问题；③随着全球气候变暖，海平面上升，地下河口的范围可能会变大，而人类活动对地下河口的物质浓度的影响存在很大的地区差异，难以准确预估；相应地，地下河口反过来对近岸水体的影响也难以准确预判。

要评估地下河口对近岸水体的影响，一项主要的工作是定量地下河口输出入海的水通量，即海底地下水排放通量。目前应用于海底地下水排放通量研究的方法主要有水文地质模型法、地球化学元素示踪法和原位测定三大类。水文地质模型法在初期的水文地质研究方面，只考虑了陆源的地下水，随着模型的发展，逐渐模拟出再循环海水的结果，相应地其应用也逐步增多。此法的缺点是需要大量的水文地质参数支持，参数越多，模拟结果越接近实际情况。渗流仪法是目前唯一能直接定量海底地下水排放通量的原位测定方法，其成本低，容易开展，但是这种方法仅适用于某一时期、较小的研究区域的海底地下水排放通量的监测，要覆盖大范围的区域，需要布放大量的渗流仪，人工成本较高。地球化学元素示踪法是当前研究海底地下水排放应用最多的一种方法，适合的化学示踪剂一般具有如下特点：①在地下河口中的浓度远高于近岸水体中的浓度；②在近岸水体中的化学性质相对保守。目前惯用的化学示踪剂包括：^{222}Rn、放射性镭同位素(^{223}Ra、^{224}Ra、^{226}Ra、^{228}Ra)、钡、甲烷等。化学示踪剂在地下水和地表水体中的分布特征明显，源汇信号清晰，能反映出海底地下水排放在大尺度空间上的集成信号，适合应用于均质和非均质的近岸含水层；而且随着这些化学示踪剂的测定技术精度越来越高，以及数据解析手段的更加多样化(如端元混合模型、质量平衡模型和涡动扩散模型等)，利用不同的方法得到的结果的一致性保证了估算得到的海底地下水排放通量的可信度。同时采用以上不同的方法进行对比研究是增加结果可信度的常用手段。

在地下河口中，海水与淡水混合后，会和沉积物接触发生一系列的复杂的物理化学反应，这些反应包括：①离子强度增加所引起的化学元素的吸附与解吸；②碳酸盐的溶解与沉淀反应；③微生物的介导使有机物质的再矿化而导致碳、营养盐和痕量金属的释放；④其他的氧化还原反应[3]。经过这一系列的反应，地下河口输出入海的水体中含有高浓度的各种物质，如营养盐(溶解无机氮、活性磷酸盐、硅酸盐等)、溶解无机碳、有机碳、金属(如铁、钡)等，其物质浓度经常是地表河口中的几倍甚至更高[3]。

对地下河口输出物质的研究可以追溯到20世纪70年代后期[1]，不过当时并没有引起海洋学界的重视，直到大约20年后地下河口概念的提出，Willard S. Moore总结了已有的相关研究，海洋学界才开始重视地下河口，地下河口作为海洋-陆地界面过程发生的一个主要区域开始吸引越来越多的科研工作者开展相关的研究。

利用化学示踪剂的实测数据和模型结合估算得到的海底地下水排放通量在全球尺度上与地表河流的径流量相当[4]。通过对海底地下水排放的化学示踪剂和其他化学参数的测定和分析，科学家们发现地下河口在全球许多区域均为近岸水体重要的营养盐、碳和金属的来源，其输出到海洋的物质通量在很多区域并不逊色于当地的地表河口，在部分地区甚至高于当地的地表河口[3, 5~9]。地下河口作为近岸重要的营养盐来源，是诱发近岸水体富营养化的一个重要因子[10, 11]。同时，如果地下河口中含有硫化氢、甲烷等还原性物质，则地下河口的物质输出可能引发近岸水体的缺氧[3]或使得缺氧加剧。此外，地下河口中的 pH 通常较低，其输出可能造成近岸水体的酸化，对近岸生态系统(尤其是珊瑚礁系统)的健康影响可能也比较大[12]。在全球气候变化的背景下，地下河口受日益增强的人类活动的干扰，其对海洋的影响将如何变化目前尚无研究涉及。

参 考 文 献

[1] Moore W S. The subterranean estuary: a reaction zone of ground water and sea water. Marine Chemistry, 1999, 65: 111-126.

[2] Jickells T D. Nutrient biogeochemistry of the coastal zone. Science, 1998, 281, 217-222.

[3] Moore W S. The effect of submarine groundwater discharge on the ocean. The Annual Review of Marine Science, 2010, 2: 345-374.

[4] Kwon E Y, Kim G, Primeau F, et al. Global estimate of submarine groundwater discharge based on an observationally constrained radium isotope model. Geophysical Research Letters, 2014, 41, doi: 10.1002/2014GL061574.

[5] Zhang J, Mandal A K. Linkages between submarine groundwater systems and the environment. Current Opinion in Environmental Sustainability, 2012, 4: 219-226.

[6] Wang G, Wang Z, Zhai W, et al. Net subterranean estuarine export fluxes of dissolved inorganic C, N, P, Si, and total alkalinity into the Jiulong River estuary, China. Geochimicaet Cosmochimica Acta, 2015, 149: 103-114.

[7] Johannes R E. The ecological significance of the submarine discharge of ground water. Marine Ecology Progress Series, 1980, 3: 365-373.

[8] Moore W S. The effects of groundwater input at the mouth of the Ganges-Brahmaputra Rivers on barium and radium fluxes to the Bay of Bengal. Earth and Planetary Science Letters, 1997, 150: 141-150.

[9] Shaw T J, Moore W S, Kloepfer J, et al. The flux of barium to the coastal waters of the southeastern USA: The importance of submarine groundwater discharge. Geochimica et Cosmochimica Acta, 1998, 52: 3047-3054.

[10] Hu C, Muller-Karger F E, Swarzenski P W. Hurricanes, submarine groundwater discharge, and Florida's red tides. Geophysical Research Letters, 2006, 33, doi: 10.1029/2005GL025449.

[11] Lee Y W, Kim G. Linking groundwater-borne nutrients and dinoflagellate red-tide outbreaks in the southern sea of Korea using a Ra tracer. Estuarine Coastal and Shelf Science, 2007, 71: 309-317.

[12] Wang G, Jing W, Wang S, et al. Coastal acidification induced by tidal-driven submarine groundwater discharge in a coastal coral reef system. Environmental Science and Technology, 2014, 48: 13069-13075.

撰稿人：王桂芝

厦门大学，gzhwang@xmu.edu.cn

海底地下水对近海生源要素循环过程的影响

The Impact of Submarine Groundwater Discharge on Processes of the Biogenic Elements in the Coastal Ocean

人们对海底地下水排放(submarine groundwater discharge，SGD)的认知和历史可以追溯到几个世纪前[1]，但由于其隐蔽性和测量的难度，在以往研究中一直被忽视。SGD 一般认为是在不考虑驱动力、来源和流体成分的情况下从大陆边缘由海底流出的所有水流，是海陆界面上通过海底的总通量；它有多种表现形式，可以是海岸处浅层露头地下水向海洋的排放，也可以是海底含水层缝隙流出的泉水或孔隙水(SFGD)，同时也可以是淡水、盐水或半咸水的混合物，还可以是再循环海水(RSGD)(图 1)[2]。

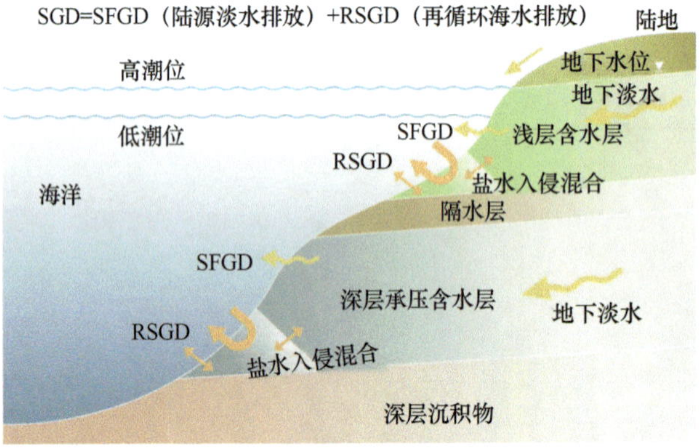

图 1　SGD 的理论概念图[1, 4]
箭头代表水流方向

通常在研究陆源物质入海通量及其对近海生态环境的影响过程中，人们更多地关注来源于地表径流和大气沉降物质输入的影响，而忽视通过 SGD 输入物质的影响。近年来，在 SCOR 和 LOICZ 等国际组织和国际计划中，通过成立有关 SGD 研究的工作小组，有力地促进了海洋科学工作者对 SGD 重要性的深入了解。至此，人们逐渐认识到 SGD 是海岸带重要的陆海相互作用过程，是陆地向海输送物质的重要通道之一，通过 SGD 输送的营养物质和污染物对近海生态环境起着不可忽视的作用[2~6]。

与地表河流入海量相比，SGD 所占的比例可能不大，但是其输送的溶解态物质通量可与河流输入相当[6]。SGD 往往伴随着大量的营养盐、重金属、碳及其他化学元素的向海输入，而且近岸地下水中营养盐和重金属的含量往往比表层水体中的含量高几个数量级。很小的 SGD 可能会带来意想不到的大量营养盐和重金属的输入[7,8]，尤其是具有不平衡的高 N/P 比值受污染沿岸地下水输入到河口或海湾等近海环境中，将对近海海洋生态系统有严重的影响。已有研究证实富含营养盐的 SGD 输入可能是近岸海域富营养化的一个重要影响因素，可引起浮游生物的过度繁殖[9]。

虽然地表径流和大气沉降带来的物质输送十分重要，但 SGD 带来的营养物可能会直接或间接的通过改变近海营养物质的组成和结构来影响近海生态环境，进而影响甚至改变传统的近海生物地球化学循环模式[10]。有学者推测 SGD 可能是目前全球碳循环研究中一个重要而被忽视了的因素。由于赋存环境的不同，地下水通常比地表水能容纳更多的总无机碳[11,12]，因此 SGD 可能是陆地向海洋输送碳的重要途径之一。Moore 等[13]利用天然放射性镭同位素(Ra)通量，地下水中溶解无机碳(DIC)/Ra 和溶解有机碳(DOC)/Ra 比例来评价 SGD 输入到 Okatee 盐沼的 DIC 和 DOC 通量分别为 2 mmol/(m^2·d)和 50mmol/(m^2·d)，远远超过了河流的输入量。Rodellas 等[14]在研究地中海的 SGD 时发现通过 SGD 输送的营养物质对维持其初级生产起着重要作用。因此不难看出，无论是小尺度的海湾，还是大尺度的大洋，相对于河流和大气的输入，SGD 由陆地向海洋输送物质的过程不可忽视。然而，SGD 的研究同样存在着尚待解决的困难。

其一，海底地下淡水作为 SGD 的重要组成部分，虽然其排泄量占总 SGD 的比例可能不大，但是地下淡水端元的营养盐等生源要素的含量往往比地下咸水端元的含量要高出几十倍甚至上百倍，因此地下淡水部分在物质输送入海中发挥着重要的作用[6]。然而，目前多数研究都不能区分不同来源的 SGD，进而也一直缺乏评估不同来源 SGD 的有效手段。

其二，定量研究 SGD 的方法有水文计算法、现场实测法和地球化学示踪法，但是目前的研究缺乏不同方法之间的相互比较和验证[2]。地球化学示踪法是目前比较常用的方法，通过其计算的 SGD 可以代表研究区域的平均值，但是有时我们更关注研究区域内不同位置的具体 SGD 情况，这就需要借助其他示踪剂或方法进行辅助研究。以往的 SGD 研究，很少涉及水文地质条件，这是由示踪法、渗流仪法的特点决定的，该方法基本上不需要水文地质的知识。纵观 SGD 的研究历史，水文地质学家参与的 SGD 研究太少，没有发挥其应有的作用。水文地质学家在完整地刻画地下水流条件、定量分析海岸带含水层中地下水流方面具有明显专业优势，可以弥补海洋学家常用示踪法研究 SGD 的不足[15]。

其三，从评估某研究区域 SGD 本身来讲，在利用地球化学示踪法评估 SGD

及其输送物质的过程中，各个端元值(地下水、河流、外海海水等)的选取对评价结果往往影响很大，这也是造成 SGD 估算存在较大不确定性的主要原因之一。但是目前的研究在采样及计算过程中对于端元的选取往往仅根据盐度、取样位置，甚至仅依据极值，缺乏更合理的科学依据。因此如何设计可靠合理的地下水、河流、外海海水等端元选取方法，以消除或有效减小由此带来的不确定性，也是亟待解决的重要问题之一。

其四，在 SGD 输送物质通量的研究中目前往往是结合地下水端元的物质含量与 SGD 的通量进行估算。但是海岸带含水层中营养盐、碳和金属等的浓度分布范围和变化往往很大，所以在以往评价陆海之间物质通量的研究中，严重忽略了海底地下水与地下河口混合水的化学反应。因而需要了解海岸带含水层中这些组分的主要控制因素，了解这些组分的浓度在 SGD 从陆地到海洋的流径上是如何发生变化的，并可能发生哪些化学反应。这就涉及在不同距离、不同深度的地下水取样问题，同时这也是关于地下河口研究中面临的最大困难。因此，需加强地下河口的生物地球化学循环的研究，逐步认识和解决这一困难。

最后，目前全球 SGD 的研究多在大江大河的入海河口区和相对较小的潟湖和海湾，而其他海岸带的研究则偏少；并且全球海岸带 SGD 的研究程度也很不平衡，有些海岸带 SGD 研究程度已经很高，而大部分海岸带 SGD 研究还没有开展。随着海平面上升、地下水开采、港口疏浚、海岸线变化等人类活动对海岸带含水层和地下河口都会产生或多或少的影响，但这些因素对海岸带含水层中营养盐、碳和金属等的物质浓度和 SGD 的综合影响效应还不清楚[5]。所以，关注这些人为因素的影响，厘清全球海岸带 SGD 及其物质输送量，对于准确评价 SGD 在全球水循环中的作用和重新构建海洋中化学物质收支平衡模式均具有深远的意义。

SGD 在近海海洋生物地球化学循环中扮演着重要而易被忽视的角色。在我国，SGD 的研究还主要集中于重要河口和尺度较小的海湾，研究程度不成熟(如同一区域不同方法及不同时间的多次重复观测过程)，存在上述各种问题，大尺度的研究还很少见。因此，定量评估 SGD 对我国近海生源要素的影响过程存在着很大的挑战，需要引起科学工作者的重视并加强研究，从而解决这个科学难题。

参 考 文 献

[1] Taniguchi M, Burnett W C, Cable J E, et al. Investigations of submarine groundwater discharge. Hydrological Processes, 2002, 16: 2115–29.

[2] Burnett W C, Aggarwal P K, Aureli A, et al. Quantifying submarine groundwater discharge in the coastal zone via multiple methods. Science of the Total Environment, 2006, 367: 498-543.

[3] Moore W S, Sarmiento J L, Key R M. Submarine groundwater discharge revealed by ^{228}Ra distribution in the upper Atlantic Ocean. Nature Geoscience, 2008, 1(5): 309-311.

[4] Moore W S. The effect of submarine groundwater discharge on the ocean. Annual Review of

Marine Science, 2010, 2: 59-88.

[5] Moore W S. Large groundwater inputs to coastal waters revealed by ^{226}Ra enrichments. Nature, 1996, 380: 612-614.

[6] Sawyer A H, David C H, Famiglietti J S. Continental patterns of submarine groundwater discharge reveal coastal vulnerabilities. Science, 2016, 353(6300): 705-707.

[7] Moore W S. Radium isotopes as tracers of submarine groundwater discharge in Sicily. Continental Shelf Research, 2006, 26(7): 852-861.

[8] Lee Y W, Kim G. Linking groundwater-borne nutrients and dinoflagellate red-tide outbreaks in the southern sea of Korea using a Ra tracer. Estuarine, Coastal and Shelf Science, 2007, 71(1): 309-317.

[9] Lee Y W, Hwang D W, Kim G, et al. Nutrient inputs from submarine groundwater discharge (SGD) in Masan Bay, an embayment surrounded by heavily industrialized cities, Korea. Science of the Total Environment, 2009, 407(9): 3181-3188.

[10] Johannes R E. The ecological significance of the submarine discharge of ground water. Marine Ecology Progress Series, 1980, 3: 365-373.

[11] Maher D T, Santos I R, Golsby-Smith L, et al. Groundwater-derived dissolved inorganic and organic carbon exports from a mangrove tidal creek: The missing mangrove carbon sink. Limnology and Oceanography, 2013, 58 (2): 475–488.

[12] 贾国东, 黄国伦. 海底地下水排放: 重要的海岸带陆海相互作用过程. 地学前缘, 2005, 12: 29-35.

[13] Moore W S, Blanton J O, Joye S B. Estimates of flushing times, submarine groundwater discharge, and nutrient fluxes to Okatee Estuary, South Carolina. Journal of Geophysical Research: Oceans. 2006, 111(C9): C09006, doi: 10.1029/2005JC003041.

[14] Rodellas V, Garcia-Orellana J, Masqué P, et al. Submarine groundwater discharge as a major source of nutrients to the Mediterranean Sea. Proceedings of the National Academy of Sciences, 2015, 112(13): 3926-3930.

[15] Kazemi G A. Editor's message: Submarine groundwater discharge studies and the absence of hydrogeologists. Hydrogeology Journal, 2008, 16(2): 201-204.

撰稿人：杜金洲

华东师范大学，jzdu@sklec.ecnu.edu.cn

近海沉积物–水界面物质交换的过程、机制与通量

Material Exchange Between Sediment and Seawater in Coastal Seas: Processes, Mechanisms and Fluxes

近海是陆源物质入海的主要通道。以河口为例，在全球尺度上，每年经由河口入海的淡水量为 $34.7\times10^{12}m^3$，颗粒物质总量为 13.5×10^9t[1]，总碳量高达 1×10^9t[2]。通过河口入海的陆源物质主要来自大陆岩石的风化、土壤侵蚀、火山活动，以及人类活动。陆源物质通常富含有机质及海洋浮游植物生长所必需的痕量元素，如铁(Fe)、锰(Mn)等，在汇入河口的过程中，由于再矿化的作用，所含的生源要素逐渐释放至水体中，从而根本性地决定了河口及近岸海区的生物地球化学性质及生态环境。因而，近岸海区是陆-海相互作用最为重要的区域。

入海的陆源物质，一部分在水柱中经历了再矿化作用后将穿越近岸海区，最终埋藏在陆架、陆坡，甚至深海盆底部；另一部分则直接沉积在河口和近岸海区。例如，观测结果表明，我国的长江河口输出的陆源物质，~40%直接淤积在河口区内[3]。然而，这部分颗粒物质，并非一成不变地被封存在河口区底部，而是不断经受早期成岩作用引起的变化。早期成岩作用的主要驱动力源自于沉积颗粒中有机组分的氧化还原反应。有机物质在降解过程中，因为需要电子受体，将按照氧化还原电位的高低，依次消耗氧气(O_2)、硝酸盐(NO_3^-)、二氧化锰(MnO_2)、氢氧化铁($Fe(OH)_3$)和硫酸盐(SO_4^{2-})(图 1)。同时，伴随有机物的消耗，产生大量重要的生源要素，如溶解无机碳(DIC)、主要营养盐(NO_3^-、NH_4^+、PO_4^{3-}等)，以及痕量营养盐(Fe^{2+}、Mn^{2+}等)。这些生源要素溶解于沉积物的孔隙水中，改变了孔隙水的化学组成，使之迥异于上覆海水。直接观测表明，近岸沉积物的孔隙水，其溶解氧通常在 1cm 以下完全耗尽，DIC 一般远高于上覆海水的含量，NH_4^+、 Fe^{2+}、Mn^{2+}比之上覆海水的值则可高出 1~5 个数量级[4]。由于化学组分浓度上的差异，沉积物-水界面通常存在强烈的浓度梯度，加之活跃的物理和生物过程，如分子扩散、沉积物混合、生物浸灌、波浪和潮汐的物理扰动等，导致上覆海水与孔隙水发生强烈的交换作用。这种交换作用的结果，极大地影响近海物质的收支平衡，进而影响其生态环境，如 Elrod 估计全球陆架沉积物-水界面输入的铁与全球大气输入量相当[5]。Colbert 和 McManus 发现沉积物-水界面输入美国西海岸 Tillamook 湾的锰总量达到河流输入量的 2.9 倍[6]。Lee 等发现沉积物-水界面输入济州岛附近海湾的汞

与大气沉降通量相当[7]。

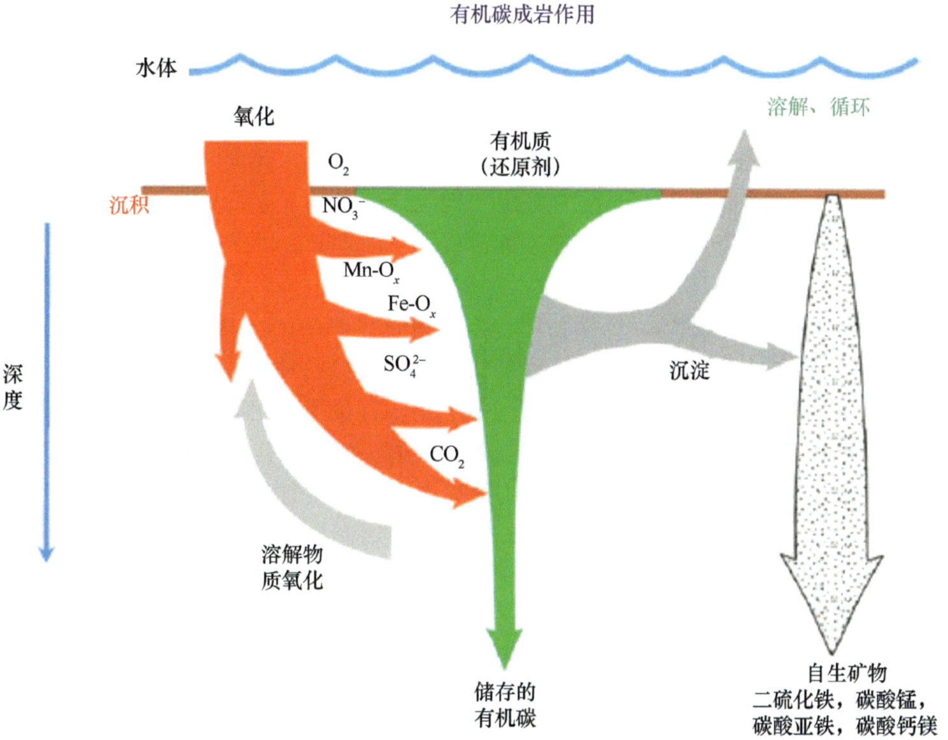

图 1 海洋沉积物早期成岩作用中的主要化学过程[8]

图中化学式分别为 O_2(氧气)、NO_3(硝酸根)、$Mn\text{-}O_x$(锰的氧化物)、$Fe\text{-}O_x$(铁的氧化物)、SO_4^{2-}(硫酸根)、CO_2(二氧化碳)

底部沉积物-水界面物质的交换受多种过程影响，如分子扩散、生物扰动、生物浸灌，以及剪切流等。传统研究认为分子扩散是主要的控制过程，因此通常采用经典的 Fick 第一定律定量底部沉积物-水界面之间物质的交换通量。然而，近期的研究表明，浸灌作用是控制河口、近海区域沉积物-水界面物质交换的主要机制[9]，并且浸灌作用的强度与底部沉积物混合速率紧密相关。

尽管底部沉积物-水界面物质的交换过程对近海的生物地球化学性质有着重要的影响，在实际的研究中，这一过程却经常缺失。例如，河口海域缺氧(hypoxia)现象近年来屡见报道，已成为全球性的重大环境问题。在我国，长江口和珠江口均存在全年性或季节性的缺氧现象，对缺氧区形成机制的研究中，沉积物-水界面氧的交换过程(即沉积物耗氧过程)却常被忽略[10, 11]。然而，最近的研究结果表明，长江口底部沉积物-水界面过程平均消耗了上覆海水 30%的氧气，是缺氧区形成的重要机制之一[9]。在研究元素或生源要素的河口地球化学行为时，经典的方法是审视其在河-海水混合过程中随盐度的变化曲线，并依据实测结果与保守混合线的偏离判断在河口中是否存在物质的迁除或添加过程。例如，对长江口钡(Ba)的地球化学行为研究表明，在河-海水混合过程中，存在 Ba 的添加过程，其机制被归因于悬浮颗粒物上 Ba 的解吸作用[12]，而未考虑底部沉积物可能的贡献；对 Tamar 河口 Mn^{2+}、NH_4^+地球化学行为的研究发现，在河-海水混合过程中，存在 Mn^{2+}、NH_4^+的添加过程，推测这一添加过程可能源自于底部沉积物-水界面的物质交换[13]，然而，这一推测尚需直接观测证据的支持。类似地，在世界上的许多河口，均发现河-海水混合过程中存在着磷酸盐的添加过程[12]，而沉积物-水界面交换的作用同样未被考虑。

此研究现状与沉积物-水界面物质交换过程研究中存在的固有困难休戚相关。传统上，沉积物-水界面物质交换过程的研究通常依赖三种方法，即理论模拟法、底部收集器(benthic chamber)法及质量平衡法[4]。理论模拟法采用早期成岩的普适方程[14]，对沉积物孔隙水中的元素或生源要素的深度分布进行模拟。该方法可以推断控制其分布的关键过程。然而，在估算通量时，该方法必须建立在许多假设或前提条件之上，而这些假设或前提条件通常难以满足。尤其在近岸及河口近表层沉积物，通常存在大量的底栖生物，导致沉积物中沟壑纵横，洞穴网布。原位二维的 pH 传感器的直接观测清晰地再现了这种图像[15](图 2)。复杂多样的生物活动，兼之高频波浪和潮汐运动，极大地加剧了近海沉积物-水界面的物质交换过程，并改变元素或生源要素早期成岩过程的速率，这些生物及物理作用是理论模拟法难以定量描述的；底部收集器法直接在沉积物之上布设收集器，通过监测收集器内溶解物质的浓度变化，获得了沉积物-水界面的物质交换通量。该方法有效减少了理论模拟法所需的诸多假设和前提条件，但底部收集器的成本高，其布设及回收均存在较大的难度。此外，底部收集器的布设不可避免地改变沉积物-水界面的湍流状况及其原位的氧化还原环境。尤其对近岸及河口浊度很高的水体，物质交换通量的测定出现严重的偏差。质量平衡法通过全面评估上覆水柱中某一元素或生源要素的各种来源及迁除项，通过建立质量平衡方程，间接推算出沉积物-水界面的物质交换通量。这一方法不仅要求清楚了解影响水体中元素或生源要素浓度的各种过程，同时必须获悉上覆水体的停留时间，这在实际研究中通常是很困难的。因此，开拓沉积物-水界面物质交换的全新研究手段，探索调控界面物质交换的具体过程与机制，定量物质交换通量，进而评价其在海洋生物地球化学中的作用，是海洋化学家面对的重要挑战。近期，Cai 等开拓出适宜沉积物-水界面物质交换研究的全新、无外加干扰的天然放射性同位素新体系——$^{224}Ra/^{228}Th$ 不平衡法[16]。利用这一方法，这些研究者揭示了浸灌作用是控制河口沉积物-水界面物质交换的关键机制[9, 17]；并发现底部沉积物是珠江河口水体中溶解无机碳(DIC)和营养盐 NH_4^+的重要来源[18]。作为一种天然同位素新体系，$^{224}Ra/^{228}Th$ 不平衡法是一种十分适合于复杂环境条件下，定量研究沉积物-水界面物质交换通量的手段，其完善与应用可望解决大洋中生源要素(如 Fe)的来源问题。

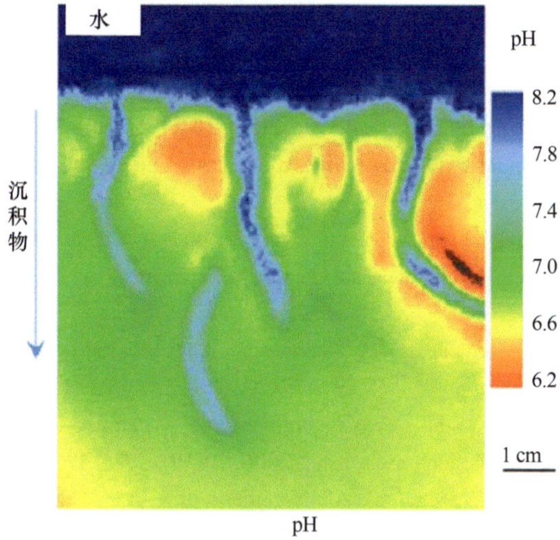

图 2 近岸沉积物的原位二维 pH 分布图[15]

参考文献

[1] Aumont O, Orr J C, Monfray P, et al. The role of rivers in the inter-hemispheric transport of carbon. Global Biogeochemical Cycles, 2001, 15(2): 393-405.

[2] Milliman J D, Meade R H. World-wide delivery of river sediment to the oceans. The Journal of Geology, 1983, 91(1): 1-21.

[3] Milliman J D, Huang-Ting S, Zuo-Sheng Y H, et al. Transport and deposition of riversediment in the Changjiang estuary and adjacent continental shelf. Continental Shelf Research, 1985, 4(1-2): 37-45.

[4] Schulz H D, Zabel M. Marine Geochemistry (2nd edition). Berlin: Springer-Verlag. New York: Heidelberg, 2006.

[5] Elrod V, Berelson W M, Coale K H, et al. The flux of iron from continental shelf sediments: A missing source for global budgets. Geophysical Research Letters, 2004: 31: L12307.

[6] Colbert D, McManus J. Importance of seasonal variability and coastal processes on estuarine manganese and barium cycling in a Pacific Northwest estuary. Continental Shelf Research, 2005, 25: 1395-1414.

[7] Lee Y, Rahman M DM, Kim G, et al. Mass balance of total mercury and monomethylmercury in coastal embayments of a volcanic island: Significance of submarine groundwater discharge. Environmental Science & Technology , 2011, 45: 9891-9900.

[8] Aller R. Sedimentary Diagenesis, Depositional Environments, and Benthic Fluxes. in *Treatise on Geochemistry* (*Second Edition*). In: Holland H D, Turekian K K. Oxford: Elsevier, 2014: 293-334.

[9] Cai P, Shi X, Moore W S, et al. 2014. ^{224}Ra: ^{228}Th disequilibrium in coastal sediments: Implications for solute transfer across the sediment-water interface. Geochimica et Cosmochimica Acta, 125(15): 68-84.

[10] Li D, Zhang J, Huang D, et al. Oxygen depletion off the Changjiang(Yangtze River) estuary. Science in China Series D: Earth Sciences, 2002, 45(12): 1137-1146.

[11] Dai M, Guo X, Zhai W, et al. Oxygen depletion in the upper reach of the Pearl River estuary during a winter drought. Marine Chemistry, 2006, 102(1-2): 159-169.

[12] Edmond J M. Chemical dynamics of the Changjiang estuary. Continental Shelf Research, 4 (1-2) , 1985, 17-36.

[13] Knox S, Turner D R, Dickson A G, et al. Statistic analysis of estuarine profiles: application to manganese andammonium in the Tama estuary. Estuarine, Coastal and Shelf Science, 1981, 13(4): 357-371.

[14] Benner R A. Early Diagenesis—A Theoretical Approach. Princeton: Princeton University Press, 1980.

[15] Zhu Q Z. Two-dimensional pH distributions and dynamics in bioturbated marine sediments.Geochimica et Cosmochimica Acta, 2006, 70(19): 4933-4949.

[16] Cai P, Shi X, Moore W S, et al. Measurement of ^{224}Ra: ^{228}Th disequilibrium in coastal sediments using a delayed coincidence counter. Mar. Chem, 2012, 138: 1-6.

[17] Hong Q, Cai P, Shi X, et al. Solute transport into the Jiulong River estuary via pore water exchange and submarine groundwater discharge: New insights from ^{224}Ra/^{228}Th disequilibrium. Geochim Cosmochim Acta, 2017, 198: 338-359.

[18] Cai P, Shi X, Hong Q, et al. Using ^{224}Ra/^{228}Th disequilibrium to quantify benthic fluxes of dissolved inorganic carbon and nutrients into the Pearl River Estuary. Geochim Cosmochim Acta, 2015, 170: 188-203.

撰写人：蔡平河

厦门大学，Caiph@xmu.edu.cn

海洋酸化及其生态效应

Ocean Acidification and Its Ecological Effects

就在人们密切关注“CO_2与全球变暖”问题的同时，CO_2的另一环境问题——海洋酸化，近年来也引起科学界的广泛注意。工业革命以来，全球海洋吸收了人类向大气排放约 30%的 CO_2[1]，海洋吸收的 CO_2正在改变海洋系统千万年来形成的碳酸盐化学平衡，导致海水 pH 下降。这种由于海洋吸收了大气人为 CO_2引起的海水酸度增加过程，称为海洋酸化。目前全球海洋正处于 5500 万年以来海洋酸化速度最快的时期，未来数十年内海洋酸化的速度还将加快[2]。如果人为的 CO_2排放量持续增长，全球海洋就面临越来越酸的危险。海洋酸化显著地改变了海水的化学性质，从而影响到海洋生物的生理、生长、繁殖和代谢过程，破坏海洋生物多样性和生态系统平衡。海洋酸化将直接影响到海洋生物资源的数量和质量，导致人类可利用渔业资源的永久改变，最终会影响到海洋捕捞业的产量和产值，造成数百万人口的食品短缺。由此可见，海洋酸化将是继全球变暖和环境污染之后，成为严重影响和威胁人类社会发展的又一重大环境问题[3]。

在过去 200 万年，海洋表层海水 pH 在 8.2 左右波动且波动幅度不大，但工业革命以来，随着大气 CO_2不断增加，全球表层海水 pH 已经下降了 0.1[2]。假定人为排放 CO_2的增长速度维持在当前水平，预计到 2050 年和 2100 年，全球表层海水 pH 将分别下降 0.2 和 0.4[4]。目前全球海洋 pH 变化速率远远超过了过去几千万年的变化速率，表层海水 pH 正以每 20 年下降 0.015 个单位的速率下降[5]，并且随着人为 CO_2的不断排放，未来海水 pH 的变化速率将更快。海洋酸化速率与人类活动所排放的 CO_2的速率呈正比，随着大气 CO_2浓度增加，表层海水 pH 也成一定比例降低(图 1)[5]。科学家预计，在未来 20~30 年内，海洋酸化最快的地方将是极区(主要指北冰洋和南大洋)。极区海洋由于水温较低，吸收了更多的人为 CO_2，因此极区海洋首当其冲，受海洋酸化的冲击更大、更早。近年来，极区海洋已经观测到明显的海洋酸化现象，成为全球海洋酸化最严重的海区[6]。

大气 CO_2浓度的升高将引起海水 CO_3^{2-}的浓度减少、降低各种碳酸盐组成矿物(文石、方解石等)的饱和度。海水 $CaCO_3$饱和度是表征海洋酸化对海洋钙质生物危害的重要指标，迄今的研究显示，一些海洋钙质生物，如钙质浮游植物、钙质大型藻类、珊瑚类、贝类等对 $CaCO_3$饱和度非常敏感。当 $CaCO_3$饱和度<2，大多数海洋生物的钙化作用受到抑制，难以形成钙质骨骼和外壳；若 $CaCO_3$饱和度降

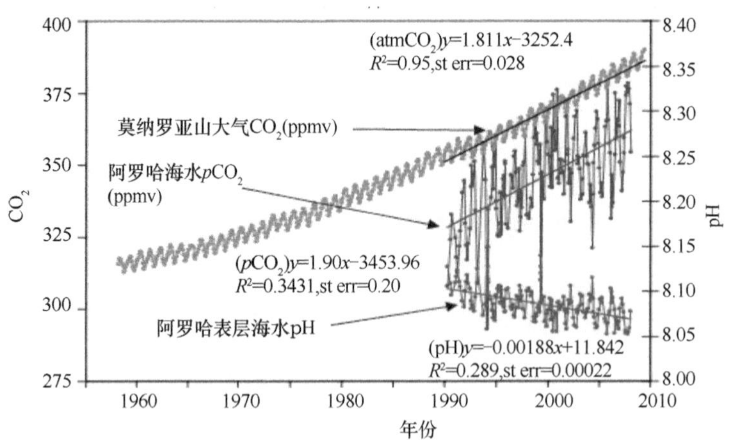

图 1　美国夏威夷大气 CO_2 及阿罗哈表层海洋 pH 和 pCO_2 的变化情况

至 1，已形成的钙质骨骼和外壳也将趋于溶解。$CaCO_3$ 饱和度降低将引起生物的钙化速率降低，改变生物种群的结构和功能，使得某些具有钙化能力的生物在生存的竞争中失去优势。事实上，大气 CO_2 浓度增高引起的海洋酸化已经开始影响海洋中的钙化过程。在饱和度低于 1 的海水中，$CaCO_3$ 正以每年每千克海水 0.003~1.2μmol 的速度溶解，全球海洋由于酸化导致的 $CaCO_3$ 溶解量每年已经达到约 5×10^8t 碳[7]。受控培养实验表明，将海洋广泛分布的一种微型浮游植物(球石藻)置于 pH 为 8.0 的海水中培养两个月后，其钙化“骨骼”受到严重破坏，再将这种球石藻放回 pH 为 8.2 的海水中培养 12 个月后，它们的钙化结构才能得以恢复[8]。这说明了海洋酸化对球石藻钙化的负面效应，也展示了球石藻钙化对碱性海水环境的依赖性。

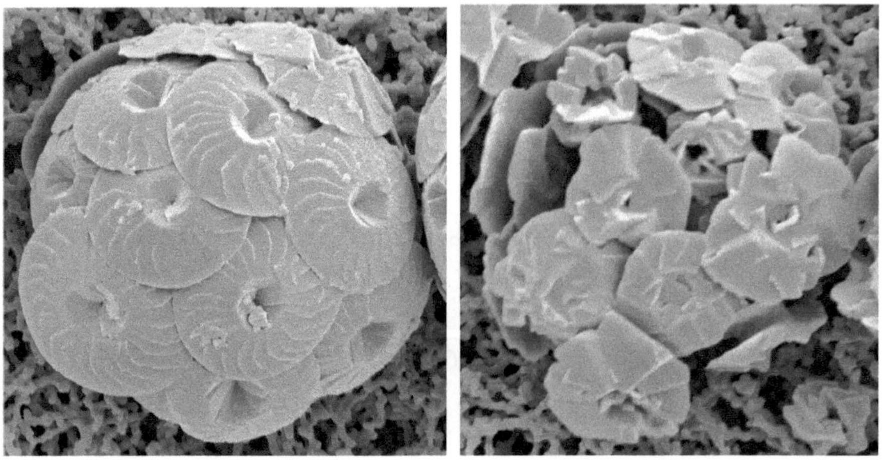

(a)在当前海水pH为8.2条件下　　(b)设定2100年时海水pH为8.0条件下

图 2　球石藻在海洋酸化条件下骨骼的变化情况

随着大气 CO_2 的不断升高，珊瑚礁生态系统将是海洋酸化的最显著的受害者，其主要危害表现为：珊瑚礁中造礁生物的钙化速率降低，珊瑚礁的骨架变脆，生长减缓和易受侵蚀，进而将导致珊瑚礁生态系统的结构和功能等一系列的变化[9]。造礁生物的种类繁多，不同的种群分类，由于它们具有不同的钙化机制和不同的碳酸盐矿物学，导致它们的钙化速率对 $CaCO_3$ 饱和度的响应具有不同的特性。位于澳大利亚的大堡礁珊瑚礁的钙化速率自 1990 年以来已经下降了 14%，这是过去 400 年来最大的降幅。据预测，如果大气 CO_2 浓度按预期的速度持续上升，到 2050 年温带水域珊瑚礁的生长将受到严重威胁，甚至导致一些物种的灭绝；到 2100 年 70%的冷水珊瑚礁将会暴露于酸化水域，从而打破它们赖以生存的重要的生态系统平衡[10]。

海洋酸化对非钙质生物也产生影响，如促进浮游生物的呼吸作用，影响受精过程及鱼类嗅觉等[11]。海洋酸化对鱼类的多种感觉器官，如嗅觉、听觉等产生不同程度的影响。实验结果表明，在酸化环境长大的鱼比正常条件长大的同类较易被敌害捕食[12]。另外，鱼类的生物电场与电(磁)感受能力也可能会受到海水酸度增加的影响，如洄游、摄食和繁殖等行为[13]。

海洋酸化会直接或间接地影响浮游动物的生理代谢，直接影响它们体内或细胞内的酸碱平衡，间接影响是通过影响浮游植物的数量或其饵料价值[14]。在直接影响方面，酸化影响某些桡足类行为，使其呼吸与摄食率增加，排便量也增加。从生态系统水平看，海洋酸化可能会通过食物链，将初级效应传递到上级营养层，进而影响物种间的相互作用及生态系统的稳定性[11]。

海洋酸化不仅逐渐降低一些生物的钙化能力，还将逐渐影响整个生态系统的结构和功能。它从较为脆弱的仔鱼和贝类开始，触发了海洋食物链的反应，最终影响人类的渔业生产，导致世界许多贫困地区的食品危机。海洋的大部分区域将不再适宜珊瑚礁生存，从而影响了食品业、旅游业、海岸带保护和生物多样性。有关海洋酸化的生态效应研究，目前在国际上才刚刚起步，许多重大科学问题尚在解决之中。迄今的研究结果显示了海洋酸化对多数海洋生物种类的影响，然而对这种影响的认识，目前还局限于酸化单一因子的水平上[11]。海洋生物如何从生理、生化乃至遗传等方面适用这种变化，有待于进一步研究。由于缺乏海洋酸化及其生态效应的系统研究，科学界目前尚无法确定海洋环境和地球系统能够承受海洋酸化的极限状态，也无法预言海洋酸化将给人类和地球的未来带来什么后果。

地球历史上曾经发生多次的海洋酸化“事件”，出现海洋生物种群丰度减少、钙质骨骼壳体体型质量减小等现象，说明海洋酸化可能给全球海洋生态系统带来灾难性的影响。例如，发生在大约两亿年前(三叠纪—侏罗纪边界期)的海洋酸化“事件”，导致 1/3 的石珊瑚种群灭绝，海洋双壳类及腹足类生物受到严重影响[15]。因此，我们有理由相信正在发生的海洋酸化事件也可能产生相同的后果。

令人担忧的海洋酸化正在越来越严重地威胁我们的海洋生态系统，海洋酸化一旦发生，便只有等待自然界去调节。这意味着海洋碳酸盐系统将不可避免地经历一个漫长的恢复过程，或许上万年甚至更久，而生物的修复还需要更长一段时间。人类唯一能够解决的办法便是，必须立即采取有效措施，深入、快速地控制 CO_2 排放，制止海洋酸化的继续恶化。时不我待，为了制定最佳的应对策略，科学家正在将研究聚焦于认识海洋酸化的后果和这个全球性问题的影响机制，在全球范围内开始大规模地利用调查船、潜标、浮标等观测设施和技术，建立全球海洋酸化观测网，监测和预测全球海洋酸化的变化趋势；与此同时，通过建立了不同尺度的受控生态实验设施，从亚细胞到生态系统水平上研究海洋酸化对海洋生物及其生态系统的潜在影响。科学家的研究结果希望能够给人类敲响警钟，提醒人们认识到大气中 CO_2 的排放对气候变化和海洋酸化均有影响。

参 考 文 献

[1] Doney S C, Fabry V J, Feely R A. Ocean acidification: the other CO_2 problem. Annu Rev Mar Sci, 2009, 1: 169-192.

[2] Orr J C, Fabry V J, Aumont O, et al. Anthropogenic ocean acidification over the twenty-first century and its impact on calcifying organisms. Nature, 2005, 437: 681-686.

[3] 贺仕昌，张远辉，陈立奇，等. 海洋酸化研究进展. 海洋科学, 2014, 38(6): 85-93.

[4] Brewer P G. Ocean chemistry of the fossil fuel CO_2 signal: The haline signal of “business as usual”. Geophys. Res. Lett, 1997, 24: 1367-1369.

[5] Feeley R A, Doney S C, Cooley S R. Ocean acidification: Present conditions and future changes in a high-CO_2 world. Oceanography, 2009, 22(4): 36-47.

[6] McNeil B I, Matear R J. Southern ocean acidification: A tipping point at 450-ppm atmospheric CO_2. Proceedings of the National Academy of Sciences of the United States, 2008, 105: 18860-18864.

[7] Feely R A, Sabine C L, Lee K, et al. Impact of anthropogenic CO_2 on the $CaCO_3$ system in the oceans. Science, 2004, 305: 362-366.

[8] Riebesell U, Zondervan I, Rost B, et al. Reduced calcification of marine plankton in response to increased atmospheric CO_2. Nature, 2000, 407: 364-367.

[9] Kleypas J A, Buddemeier R W, Archer D, et al. Geochemical consequences of increased atmospheric CO_2 on coral reefs. Science, 1999, 284: 118-120.

[10] Hoegh-Guldberg O, Mumby P J, Hooten A J, et al. Coral reefs under rapid climate change and oceanacidification. Science, 2007, 318: 1737-1742.

[11] 唐启升，陈镇东，余克服，等. 海洋酸化及其与海洋生物及生态系统的关系. 科学通报, 2013, 58(14): 1307-1314.

[12] Dixson D L, Munday P L, Jones G P. Ocean acidification disrupts the innate ability of fish todetect predator olfactory cues. Ecol Lett, 2010, 13: 68-75.

[13] Zhang X G, Herzog H, Song J K, et al. Response properties of the electrosensory neurons in

hindbrain of the white sturgeon, Acipenser transmontanus. Neurosci Bull, 2011, 27: 422-429.

[14] Ishimatsu A, Hayashi M, Kikkawa T. Fishes in high CO_2, acidified oceans. Mar Ecol-Prog Ser, 2008, 373: 295-302.

[15] Hautmann M. Effect of end-Triassic CO_2 maximum on carbonate sedimentation and marine mass extinction. Facies, 2004, 50: 257-261.

撰稿人：张远辉

国家海洋局第三海洋研究所，zhangyuanhui@tio.org.cn

10000 个科学难题 · 海洋科学卷

生物海洋学

地球生命起源于深海吗？又是如何起源的呢？

Was Life Really Originated from Deep Sea，and How?

地球生命起源仍是最大的科学问题之一。构筑生命的分子是怎么产生的？原始细胞是怎样形成的？生命是什么时间、又是从哪里开始的？……一系列的重要问题概括为地球生命起源之谜。

地球诞生于46亿年前，形成之初的环境不适合于生命生存，也未发现生命存在的地质记录，但是在地球形成之初近10亿年的漫长过程中确实孕育了生命，因为38亿年的地质记录里已经出现了微生物。根据化石记录，目前发现地球上最早的生命形式可能出现于38 亿年前[1]。那么，生命从无到有，经历了一个怎样的过程呢？首先，有机合成的化学反应在地球早期无生命的环境中就开始了，实现了从无机到有机的发展。随着时间的推移，“化学原始汤”形成了，构成生命的基本分子单元(monomers of life)在特殊的催化条件下产生了，实现了从有机小分子到氨基酸、核糖核酸等生物分子的突破。很多研究认为，RNA 分子可能是最先出现的关键生物分子，并提出了“RNA World”假说[2, 3]。然而，近期对氨基酸的研究表明，地球曾是一个肽键-RNA 的世界，而非只有 RNA 的世界[4, 5]。

为追溯地球生命起源，我们不禁要问：孕育生命诞生的地球原始环境有什么特征？目前地球上是否还存在这样的地方？尽管我们不能排除外星也存在生命，而且也有可能宇宙尘埃或者星球撞击为地球带来了少量的氨基酸等生命分子，但是我们更愿意相信，地球生命起源于地球。生命既可能在地外产生，也可能在地球产生。生命的诞生是一个必然过程，无论在哪里，只要具备合适的条件即可。

首先是从无机到有机。无论实验室还是自然环境中，高温高压的化学催化是从无机物合成有机物的基本条件。海底深部是一个比较理想的天然化学催化实验室。现代海底热液活动及有关的生命现象是最近30年来自然科学最重要的发现之一，给地质学、地球化学和生物学的研究提供了全新的视野。根据生命诞生所需的能量与物质来源，人们推测地球生命可能起源于早期地球的深海热液活动[6]，或者地球早期的类似环境。

深海热液活动在地球形成早期比较活跃。在太古宙，大洋洋中脊的长度大约是现今海底洋中脊长度的 3~5 倍，海底热液活动的强度是现今的5倍。古海洋冷的酸性海水(2℃) 沿着裂隙向下渗透到地壳的 1~4 km 深处，抵达地幔柱上方的岩浆房(magma chamber)，岩浆房加热海水并与围岩发生水岩反应，生成还原性物质进入海水，海水化学成分与性质发生变化，形成热液，沿裂隙上升至海底烟囱口喷出，高温热液流体温度高达 300~400℃。目前，在全球洋底沿洋中脊发现了近 600 处海底热液区。研究已经证明，海底高温高压下地幔岩与海水相遇发生的“水岩反应”催生了氢气、甲烷乃至短链烷烃，实现了从无机到有机的合成；研究表明，洋底橄榄石在热液作用蛇纹石化过程可释放氢气和甲烷。在这些富含氢气的热液中除了甲烷外，还有其他小分子有机化合物如甲酸和乙酸等，这为生命在大洋海底的诞生提供了可能性[7]。

接着是化学进化，并实现从非生命到生命的突破。地球早期生命起源必须要有适合生命生存的环境、满足生命形成的物质和提供生命活动的能量等[8]。理论研究表明，热液口环境从热力学角度通过能量驱动为生命起源演化提供了保障；近来还发现，海底热液活动形成的离子梯度可能驱动了有机分子的形成。质子梯度和钠离子梯度的耦合或许在生命起源中扮演着重要的角色。近年来的研究把地球的生命起源越来越指向深海热液口。热液喷口及烟囱壁是生命起源的理想地方，底部产生的还原性分子或许在这里进行化学催化形成更高级的生物分子。烟囱壁中富含 Fe、S 的硫化物可能在电子传递，以及催化中起着重要作用[9]。至今在从微生物到动物的各类生物中，铁硫蛋白仍然是细胞内电子传递的重要载体，这应该不是巧合。

研究发现，深海碱性低温热液口更可能是海底生命起源的地方[9, 10]。在现代海洋中，碱性热液口很少，位于北大西洋中脊的著名热液区“失落之城”(lost city) 是目前发现的唯一的碱性低温热液口，其烟囱壁不是以金属硫化物为主要成分的黑烟囱，而是以碳酸盐为主的白烟囱[11, 12]，其理化特征与地球早期环境类似，热液碱性(pH 为 9~11)，烟囱口与海洋形成了 pH 界面。这一界面与冥古宙 (hadean eon) 海底烟囱类似，那时热液 pH 为 9~10，而海水 pH 为 5~6。这种环境对于细胞的起源是必需的[13, 14]，这里可能就是地球生命最初诞生的地方。一方面，这里环境稳定，可以躲避地球形成早期的撞击导致的“灭菌”作用，海底海水的阻隔也可能帮助最初的生命躲避紫外线等辐射灭活作用；另一方面，热液活动从早期地球至今仍在持续发生，为有机物的合成、富集与化学进化提供了足够的时间；深海热液的高静水压有利于某些化学反应的进行，并促进出现的生命体对其他极端条件的耐受；再者，热液喷口在厘米乃至毫米级微小空间上存在着巨大的物理和化学梯度，形成了各种各样的微环境，可以大大缩短生命演化的时间。

根据生命系统发育树，目前发现的“古老”微生物就是来源于海底热液口。这些微生物类群一般为高温厌氧嗜酸菌，如分离自热液口的极端嗜热古菌，可以在 121℃高温下生长，这也是目前最高的生物生长温度。高温、高压、厌氧、酸性这些特性与地球的早期环境和热液口环境暗合。到目前为止所发现的嗜热化能自养微生物，在生物演化历史上也最接近“最后的共同祖先” (last universal common ancestor，LUCA)。这都暗示海底热液口为地球早期生命起源与演化的重要场所。

生命进化，从简单到复杂。在热液条件下，不仅一些有机物能通过无机合成得以生成，喷口/海水界面上剧烈的物理和化学梯度为生命的进化提供了能量。通过长时间的化学进化，首先形成具有自催化与自装配能力的复杂体系[15]。基于此，生物会逐步进化，从简单到复杂，形成一个高度复杂的系统。自催化是生命开始的基础。原始细胞一旦形成，会慢慢进化出不同类型的离子泵，驱动合成更复杂的生物大分子。这样原始生命就能够脱离深海热液口，向着更广阔的海洋扩展，从单细胞向多细胞生物进化，并演化出不同类型的生物(图 1)。但是，有关热液口生命起源问题仍没有直接证据，是否可能通过获得更原始的生命形式即更古老的微生物，来证明生命的起源仍需大量研究。寻找露卡(LUCA)与地化记录是回答生命起源面临的一项具体任务。具体的难题包括：①从海底深部或热液口是否可以

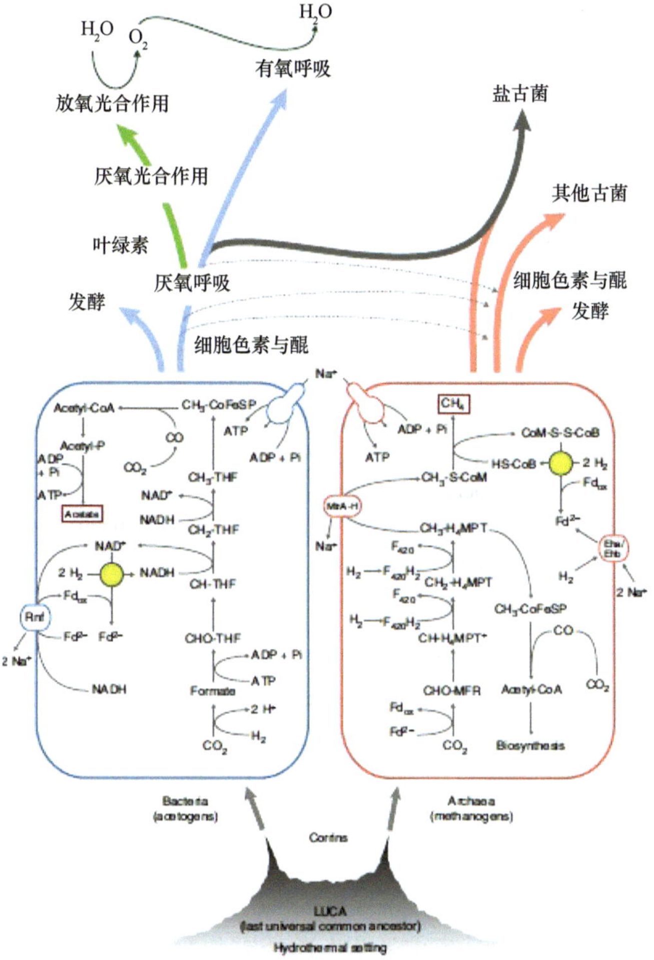

图 1 碱性热液口早期生命进化的可能进程

Cold spring harb prospect boildoi：10.1101/cshprospect.a018127

找到露卡？②如何证明地球生命起源于深海热液口？又是怎样起源的？③原始海洋中有什么样的有机物？它们是怎样形成？又是怎样演化成生物分子的？

参 考 文 献

[1] Mojzsis S J, Arrhenius G, Mckeegan K D, et al. Evidence for life on Earth before 3 800 million years ago. Nature, 1996, 384(6604): 55-59.

[2] Higgs P G, Lehman N. The RNA World: Molecular cooperation at the origins of life. Nature Reviews Genetics, 2015, 16(1): 7-17.

[3] Lehman N. The RNA World: 4 000 000 050 years old. Life (Basel), 2015, 5(4): 1583-1586.

[4] Wolfenden R, Jr L C, Yuan Y, et al. Temperature dependence of amino acid hydrophobicities. Proceedings of the National Academy of Sciences of the United States of America, 2015, 112(24): 7484-7488.

[5] Carter CW, Jr., Wolfenden R. tRNA acceptor stem and anticodon bases form independent codes related to protein folding. Proceedings of the National Academy of Sciences of the United States of America, 2015, 112(24): 7489-7494.

[6] Martin W, Baross J, Kelley D, et al. Hydrothermal vents and the origin of life. Nature Reviews Microbiology, 2008, 6(11): 805-814.

[7] Lane N, Allen J F, Martin W. How did LUCA make a living? Chemiosmosis in the origin of life. Bioessays, 2010, 32(4): 271-280.

[8] Martin W F. Early evolution without a tree of life. Biology Direct, 2011, 6(1): 1-25.

[9] Herschy B, Whicher A, Camprubi E, et al. An origin-of-life reactor to simulate alkaline hydrothermal vents. Journal of Molecular Evolution, 2014, 79(5): 213.

[10] Russell M J. The onset and early evolution of life. In Evolution of Early Earth's Atmosphere, Hydrosphere, and Biosphere- Constraints from Ore Deposits. In: Kesler S E, Ohmoto H. Boulder, CO: Geological Society of America, 2006: 1-33.

[11] Gretchen L, Früh-Green, Kelley D S, Bernasconi S M, et al. 30000 Years of Hydrothermal Activity at the Lost City Vent Field. Science, 2003, 301(5632): 495-498.

[12] Kelley D S, Karson J A, Frühgreen G L, et al. A serpentinite-hosted ecosystem: the Lost City hydrothermal field. Science, 2005, 307(5714): 1428-1434.

[13] Martin W, Russell M J. On the origin of biochemistry at an alkaline hydrothermal vent. Philosophical Transactions Biological Sciences, 2007, 362(1486): 1887-1925.

[14] Gollihar J, Levy M, Ellington A D. Biochemistry. Many paths to the origin of life. Science, 2014, 343(6168): 259-260.

[15] Tkachenko A V, Maslov S. Spontaneous emergence of autocatalytic information-coding polymers. Journal of Chemical Physics, 2015, 143(4): 045102.

撰稿人：邵宗泽

国家海洋局第三海洋研究所，shaozongze@tio.org.cn

海洋生物的物种灭绝速率在加快吗？

Whether the Extinction Rates of Marine Species are Accelerating?

某一植物或动物物种在地球上不可恢复地消失或死亡，称为物种灭绝(species extinction)。在漫长的演化过程中，物种的数量呈现长期的稳定期与短期的剧变期的相互交替状态。在稳定期内，物种平均新生率远远大于平均灭绝率，总的平均灭绝率维持在一个低水平上，这种低水平灭绝被称作背景速率(background rates)；与此相对应，在剧变期许多生物门类在短期内大量灭绝，生物演化进程突然中断，使灭绝率突然升高，而新生率则降得很低，这种大规模的绝灭叫集群灭绝或大绝灭(mass extinction)。古生物学家研究表明，在过去的 54000 万年中地球上共发生了 5 次物种大灭绝事件。每次灭绝都造成地球上 3/4 以上的物种消失，而经历灭绝危机后的地球则需要经过 1000 万年才能恢复元气[1, 2]。第一次发生在距今 4.4 亿年前的奥陶纪末期，约有 85%的物种灭绝；第二次发生在距今约 3.65 亿年前的泥盆纪后期，海洋生物遭到重创；第三次发生在距今约 2.5 亿年前的二叠纪末期，是地球史上最大最严重的一次，估计有 96%的物种灭绝，其中 90%的海洋生物和 70%的陆地脊椎动物灭绝；第四次发生在距今 1.85 亿年前，80%的爬行动物灭绝；第五次发生在 6500 万年前的白垩纪，也是最为现代人所熟知的一次，统治地球达 1.6 亿年的恐龙灭绝[1]。

一些科学家推测全球已进入第六次最大规模的物种灭绝时代[2]。生物栖息地的破坏、气候变化、外来物种入侵、环境的严重污染等已经造成多个物种灭绝或濒临灭绝。与地球史上前五次因自然灾害而导致的物种大灭绝所不同的是，人类在这场过早到来的第六次危机里扮演了举足轻重的角色。在过去的 2 亿年中，平均大约每 100 年才有 90 种脊椎动物灭绝，平均每 27 年有一种高等植物灭绝。然而，在过去 40 年中，英国本土的鸟类种类减少了 54%，本土的野生植物种类减少了 28%，而本土蝴蝶的种类更是惊人地减少了 71%[3, 4]。国际自然保护联盟(IUCN)每 4~8 年对全球濒危物种保护的具体情况进行科学评估，进而发布《IUCN 濒危物种红色名录》。2016 年发布的濒危物种红色名录收录了约 8.3 个物种，有 2.4 万个正遭受灭绝的威胁，占比 28.9%[5]。因此，全球濒危物种依然面临着极大的生存威胁，生物多样性及物种保护形势依然不够乐观。

海洋是地球生命的摇篮，也是人类生存与可持续发展的重要空间。全球范围内的气候变暖、海洋酸化、过度捕捞和海洋环境污染，以及外来生物入侵，已经导致区域性的海洋物种和海洋栖息地大量减少，使海洋生态系统的服务功能显著降低[6]。目前人们已经对全球 3.6%的已知物种进行了灭绝风险评估；而海洋生物仅有 2%被评估，包括芋螺属、珊瑚类、鲨鱼和魟鱼等[7]。IUCN 对 6000 多种海洋生物的生存状况进行评估，发现由于过度开发、栖息地丧失和气候变化导致 16%海洋生物的生存受到威胁，9%即将受到威胁[7]。对可追溯到 20 世纪 60 年代的科学数据和近千年来的历史记录进行分析，结果发现海洋生物多样性显著降低，海洋鱼类、贝类、鸟类、植物和微生物等种类急剧减少，大约有 29%的种类已处于濒临灭绝的边缘[6, 8]。考虑到我们对海洋的认识，及对海洋生物的种类的鉴别还远远不够，以及海洋资源的开放性和流动性特点，现阶段还难以确定海洋生物的物种灭绝速率是否是在加快。

对海洋生物的物种灭绝速率进行评估与预测存在以下难题。

(1)物种灭绝的背景速率。考虑到物种数量的不确定性和仅有一小部分物种被纳入到物种灭绝研究的范畴里面，之前物种灭绝速率的表示方式采用了基于时间序列的灭绝速率，即每百万物种数量和每年的基础之上的灭绝统计数据(extinctions per million species-years，E/MSY) [7]。海洋是动态、开放的系统，海洋生物多样性受到海水流动性和湍流影响，使得海洋生物多样性的研究更加复杂[7]。因此，如何跟踪记录一个海洋物种的数量，以及确认该物种是否灭绝是比较困难的。同时，如何计算人为因素造成的灭绝速率增加值，即将人为因素从物种灭绝的背景速率估计值中区分开来也是比较困难的。

(2)物种多样化速率(diversification rates)对比物种灭绝速率。在生物进化的历程中，许多物种现在已经灭绝，新的物种同时不断产生。植物的多样化速率(新物种每百万年每物种)平均值为 0.06、鸟类为 0.15、脊索动物 0.2、节肢动物 0.17、哺乳动物 0.07[7]。Valente 等发现石竹、羽扇豆、绣眼鸟和非洲东部湖泊中的慈鲷鱼等都大于 1[9]。自人类社会产生以来，尚无证据证实存在广泛的物种多样性降低，因此物种灭绝速率肯定低于物种多样化速率。来自化石数据和相关系统发育研究证实，一些物种多样化速率高的生物，它们的物种灭绝速率未被检测到[7]。目前我们对海洋仍然知之甚少，尤其在深海、南极洲附近的海洋中，有超过 80%的甲壳类、蠕虫类和软体动物类等微小生物尚未被发现和描述[10]。对海洋的物种多样化速率研究的困难必然导致我们对海洋物种灭绝速率无从判断。

(3)物种灭绝的生物地理学。浮游生物、底栖生物通常分布于特定的栖息地内；游泳生物一般分布比较广泛，有些种类甚至能横跨大洋作长距离的洄游。分类学家通常会优先记录广泛分布的，以及本地丰度高的物种，而常常忽略小范围分布的物种及本地丰度低的物种。其次，由于大量海洋物种还未被鉴定和描述，对特定未知海域进行调查与采样会包含许多的新物种，它们有时候也很容易被忽略掉[7]。目前一项紧迫的任务是识别哪些海域、哪些物种容易发生不可逆的全球物种消亡。

因此，只有持续推进世界海洋物种目录(world register of marine species，WoRMS)工程，不断积累物种名单，结合生物地理学研究，才有可能对特定海域的物种多样化和总物种多样性，以及灭绝速率提供令人信服的估算。

(4)物种灭绝的预测模型。造成物种灭绝的首要的驱动力来自于人类种群数量的增长，以及日益增长的人均消费。对多种未来物种灭绝的预测模型进行比较，令人震惊的是 6 套模型预测相差百倍的灭绝率[11]。这些模型分别着重于不同的驱动力(土地使用变化、气候变化或者二者兼顾)、模型方法、分类学覆盖度、地理尺度。因此，迫切需要对已记录的物种灭绝速率预测进行验证。但只有少数研究去尝试验证。中山大学何芳良教授的研究证实，目前科学界广泛采用的“种数-面积曲线”方法过高估计了真实的物种灭绝速率。他应用数学模型成功地论证，真实的灭绝速率大约是过去所发表的灭绝速率的 40%左右[12]。

(5)人为干扰对海洋生态系统的影响。海洋生态系统是海洋中由生物群落及其环境相互作用所构成的自然系统。海洋生态系统具有开放性、动态性、代谢性和自适应性等复杂系统的一般特征，符合耗散结构理论(dissipative structure theory)特点[13]。海洋生态系统与外界进行物质和能量的交换，它的结构随着外部扰动和内部涨落的变化而发生改变，是一种动态稳定的有序结构，在时间上也表现出演替的阶段和特点。因此，人为干扰到底会增加海洋物种多样性还是会加速海洋物种的灭绝，在理论上仍存在不确定性。

参考文献

[1] Barnosky A D, Matzke N, Tomiya S, et al. Has the Earth’s sixth mass extinction already arrived. Nature, 2011, 471(7336): 51-57.

[2] Ceballos G, Ehrlich P R, Barnosky A D, et al. Accelerated modern human–induced species losses: Entering the sixth mass extinction. Science, 2015, 1: e1400253.

[3] Thomas J A, Telfer M G, Roy D B, Preston C D, Greenwood J J, Asher J, Fox R, Clarke R T, Lawton J H. Comparative losses of British butterflies, birds, and plants and the global extinction crisis. Science, 2004, 303: 1879-1881.

[4] Thomas J A, Simcox D J, Clarke R T. 2009. Successful conservation of a threatened maculinea butterfly. Science, 325: 80-83.

[5] International Union for the Conservation of Nature (2016). http://www.iucnredlist.org.

[6] Worm B, Barbier E B, Beaumont N, et al. Impacts of biodiversity loss on ocean ecosystem services. Science, 2006, 314: 787-790.

[7] Pimm S L, Jenkins C N, Abell R, Brooks T M, Gittleman J L, Joppa L N, Raven P H, Roberts C M, Sexton J O. The biodiversity of species and their rates of extinction, distribution, and protection. Science, 2014, 344(6187): 1246752.

[8] Lotze H K, Worm B. Historical baselines for large marine animals. Trends in Ecology & Evolution, 2009, 24: 254–262.

[9] Valente L M, Savolainen V, Vargas P. Unparalleled rates of species diversification in Europe. Proc Biol Sci, 2010, 277: 1489-1496.
[10] Appeltans W, Ahyong S T, Anderson G. The magnitude of global marine species diversity. Current Biology, 2012, 22: 2189-2202.
[11] Pereira H M, Leadley P W, Proença V. Scenarios for global biodiversity in the 21st century. Science, 2010, 330: 1496–1501.
[12] He F, Hubbell S P. Species-area relationships always overestimate extinction rates from habitat loss. Nature, 2011, 473(7347): 368-371.
[13] 狄乾斌, 韩雨汐. 熵视角下的中国海洋生态系统可持续发展能力分析. 地理科学, 2014, 34: 664-670.

撰稿人：刘胜浩　张朝晖
国家海洋局第一海洋研究所，shliu@fio.org.cn

海–陆交汇对单细胞真核生物的生存与进化带来的机会和挑战

The Intersection of Ocean and Land：Chances and Challenges to the Survival and Evolution of Unicellular Eukaryotes

海洋是生命的摇篮，后来生命逐渐从海洋向陆地发展，直至进化到今天的规模。海洋与陆地的交汇处是海-陆相互作用、变化极为剧烈的地带，因其丰富的自然资源和特殊的环境条件，形成具有海陆过渡特点的独特的生态系统。那么，生命在跨越海洋-陆地交汇处的过程中其生存面临何种挑战？它们是如何适应和进化的？

对生物生存产生影响的环境因素有生物因素和非生物因素，其中非生物因素主要包括温度、酸碱度、盐度等。相对于海洋和陆地的典型生境，海-陆交汇处变化最剧烈的环境因子通常是盐度。那么，生物在从海洋向陆地生境“入侵”的过程中是如何应对盐度的剧烈变化的呢？

盐度对于生物的生存、生长和发育均具有十分重要的影响，能在海-陆交汇生境中生长繁殖的生物必定对盐度变化具有相应的适应机制，因此研究生物对于盐度的适应机制，能够更清楚地了解生物对于环境的适应性进化及其适应机制的多样性，也可为评估未来地球环境变迁对生物多样性的影响提供科学依据。

目前关于生物对盐度的适应性机制研究主要集中在红树、盐芥等大型植物[1, 2]以及鱼、虾等大型水生动物[3]，细菌等原核生物对于盐度的适应性也已有相关的研究[4, 5]，但是针对单细胞真核生物(微藻、原生动物等)的研究却比较少[6]。单细胞真核生物是微食物网的重要环节，它们个体小、生活周期短、繁殖速度快，极易受到各种环境因素的影响而在短时间内发生改变，其中不少种类对环境变化极为敏感，研究该类生物对盐度变化的适应机制，不仅可了解其在海-陆交汇处是如何应对盐度变化这一挑战的，丰富我们对生物盐度适应机制多样性的认识，还可为海-陆交汇处这一人类社会与经济活动最活跃地带的生态系统健康评估提供重要理论依据。

生物的生长繁殖对渗透压有一定的要求。根据目前生物对盐度适应相关研究的进展，对盐度变化给生物带来的挑战和生物的适应机制简述如下。

生物对盐胁迫信号的感知及传递：当生境盐度变化时，钠离子浓度的变化作为胁迫信号会刺激细胞质基质的钙离子响应，进而刺激体内的钙调磷酸酶等信号通路，对细胞产生一系列作用。丝裂原活化蛋白激酶(MAPK)是分布最广泛、最普遍的信号通路之一，它是一组能够被不同的细胞外刺激激活的丝氨酸-苏氨酸蛋白激酶，是信号从细胞表面传导到细胞内部的重要传递者，是一种从酵母到人类都保守的三级激酶模式，它可以接受到生长因子、细胞因子以及渗透压等各种刺激，参与细胞生长、分化、对环境的应激适应等多种重要的细胞生理病理过程[7, 8]。信号通路的传递和调节过程往往涉及非常复杂的细胞活动，不同生物对信号的感知和传递过程不尽相同。单细胞真核生物包括了真菌、动物、植物等各类生命形式，它们对盐胁迫的耐受不同，应对策略也不同（如没有细胞壁的原生动物可形成包囊）[9]，相关的信号通路和传递过程有待深入研究。

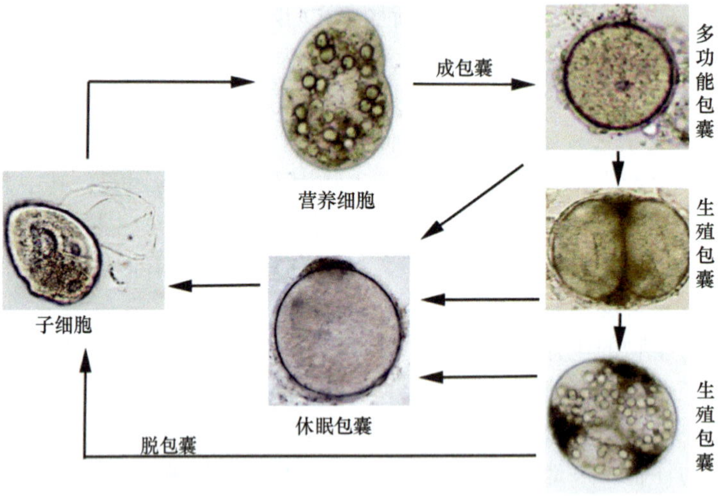

图 1　一肾形类纤毛虫的成包囊、脱包囊过程(自作者，未发表)

生物的盐度适应机制：环境中盐浓度发生变化后，生物会通过自身渗透压调节机制来平衡细胞内的渗透压，调节自身的新陈代谢，以适应相应的盐度环境。硬骨鱼可以通过鳃、肾、肠等对细胞内外的渗透压进行调节，而在高盐环境中生长的细菌都比较小，可能是个体尺寸大的细菌无法适应高渗透压环境。除形态上的适应外，一些渗透调节物质的表达会提高生物对于盐度的适应性：植物通过渗透调节物质调节内部的渗透压平衡，细菌可通过向体外分泌大量的高分子聚合物来增强对渗透压的抵抗能力，小球藻通过寡糖的积累来调节对盐度的渗透反应[10]。同时，生物也有一些离子平衡机制，如 Na^{+}+K^{+}+ATP 酶在生物体内具有调节渗透压的作用，在鱼类的渗透压调节中起到至关重要的作用[11]。在植物和动物，以及微生物对不利环境的胁迫应激中均有一个共同的效应——氧化应激，即通过过量的活性氧(ROS)的产生而引起生物大分子的损伤，从而打破胞内氧化还原平衡，造成细胞功能紊乱、细胞损伤甚至死亡[12]，生物体也已经进化出了一系列应对氧化应激损伤的一套抗氧化应激损伤的机制，包括抗氧化酶系统和小分子抗氧化剂[13]。同时，在盐胁迫过程中也伴随相关基因的表达，如在硬骨鱼中，渗透压转录因子(OSTF1)调控离子转运通道蛋白的表达变化[14]。研究表明，盐度适应相关基因的进化是多源发生的[15]，不同生物因生境条件的不同进化出了不同的盐度适应机制，而这也直接决定了它们生存的机会及进化的方向。

以上研究绝大部分针对高等动植物和细菌，而对单细胞真核生物这一具有极高的生物多样性、在生态系统中具有重要生态功能、在地球上已经生存了20多亿年类群的研究却极为匮乏。海-陆交汇处生态系统的健康与人类生活息息相关，在当前全球变化大背景下，研究盐度变化对该生境中单细胞真核生物的生存及进化的影响是重要的科学问题之一。

参 考 文 献

[1] Pang Q, Guo J, Chen S, et al. Effect of salt treatment on the glucosinolate-myrosinase system in Thellungiellasalsuginea. Plant and Soil, 2012, 355(1): 363-374.

[2] Ali A, Park H C, Aman R, et al. Role of HKT1 in Thellungiellasalsuginea, a model extremophile plant. Plant Signaling and Behavior, 2013, 8(8): e25196.

[3] Hofmann G, Todgham A. Living in the now: Physiological mechanisms to tolerate a rapidly changing environment. Annual Review of Physiology, 2010, 72(1): 127-145.

[4] Benlloch S. Sequencing of bacterial and archaeal 16S rRNA genes directly amplified from a hypersaline environment. Systematic and Applied Microbiology, 1995, 18(4): 574-581.

[5] Mutlu M B, Martinez-Garcia M, Santos F, et al. Prokaryotic diversity in Tuz Lake, a hypersaline environment in Inland Turkey. FEMS Microbiology Ecology, 2008, 65(3): 474-483.

[6] Filker S, Kaiser M, Rosselló-Móra R, et al. "Candidatus Haloectosymbiotes riaformosensis" (Halobacteriaceae), an archaeal ectosymbiont of the hypersaline ciliate Platynematumsalinarum. Systematic and Applied Microbiology, 2014, 37(4): 244-251.

[7] Chen L, Xin F J, Wang J, et al. Conserved regulatory elements in AMPK. Nature, 2013, 498(7453): E8-10.

[8] Fassett J T, Hu X, Xu X, et al. AMPK attenuates microtubule proliferation in cardiac hypertrophy. AJP Heart and Circulatory Physiology, 2013, 304(5): 749-758.

[9] Yamaoka M, Watoh T, Matsuoka T. Effects of salt concentration and bacteria on encystment induction inciliated protozoanColpodasp. Acta Protozoologica, 2004, 43(2): 93-98.

[10] Ghoulam C, Foursy A, Fares K. Effects of salt stress on growth, inorganic ions and proline accumulation in relation to osmotic adjustment in five sugar beet cultivars. Environmental and Experimental Botany, 2002, 47(1): 39-50.

[11] Laverty G, Skadhauge E. Hypersaline Environments[M]. Springer International Publishing, 2015, 85-106.

[12] Nyström T. Role of oxidative carbonylation in protein quality control and senescence. EMBO

Journal, 2005, 24(7): 1311-1317.
[13] Meloni D A, Oliva M A, Martinez C A, et al. Photosynthesis and activity of superoxide dismutase, peroxidase and glutathione reductase in cotton under salt stress. Environmental and Experimental Botany, 2003, 49(1): 69-76.
[14] McGuire A L, Evans B J, Caulfield T, et al. Science and regulation. Regulating direct-to-consumer personal genome testing. Science, 2010, 330(6001): 181-182.
[15] Mitchell A C, Phillips A, Schultz L, et al. Microbial $CaCO_3$ mineral formation and stability in a simulated high pressure saline aquifer with supercritical CO_2. International Journal of Greenhouse Gas Control, 2013, 15(1): 86-96.

撰稿人：林晓凤
华南师范大学，xlin@scnu.edu.cn

海洋中有哪些病毒？

How About the Diversity of Marine Viruses

海洋病毒是目前海洋生态系统中数量最多、多样性最为丰富的生物类群。病毒通过侵染、裂解宿主，将大量细胞内物质释放到海洋中，影响营养物质和能量的流动，是海洋生物地球化学循环的主要推动力。通过侵染特定的宿主，病毒对生物的群落结构、多样性，以及进化具有重要的调控作用[1~3]。海洋病毒生态学研究可以为阐明海洋病毒在物质循环和能量流动中的作用、解释海洋环境乃至全球气候变化等重大事件、了解海洋生物多样性开发利用海洋微生物资源等方面提供科学依据。

随着对海洋病毒研究的深入，科学家已经充分认识到病毒在海洋生态系统中的广泛分布和重要生态地位。然而人们对海洋病毒的多样性组成还知之甚少，海洋病毒的多样性仍是海洋科学中亟待开发的宝库。由于病毒可以侵染任何一种海洋生物，而且同一种生物往往会被多种病毒所侵染；因此，理论上海洋病毒的多样性要高于其宿主多样性。另外，虽然病毒的基因组较小，但病毒与宿主间频繁的水平基因转移，导致病毒的进化速率很高，这也增加了病毒的多样性。据统计，在 200L 的海水中有超过 5000 种病毒基因型，在 1kg 的沉积物中病毒基因型甚至可达到 1 000 000 种以上[4]。由于病毒的高多样性，在自然环境中即使最为丰富的病毒种类占总病毒群落的比例也少于 5%。但是由于技术手段的限制，人们对海洋病毒多样性的认识还远远落后于其宿主，其中一个主要的原因是海洋病毒缺乏类似原核微生物 16S rRNA 或者真核微生物 18S rRNA 那样的标记基因，从而极大地限制了人们对海洋病毒多样性的研究。

在病毒基因组信息较少的研究初期，海洋病毒的多样性研究只有通过先培养其宿主，再经过分离纯化病毒的方式进行。基于培养方法进行海洋病毒的分离，是研究海洋病毒多样性最经典也是必不可少的方法。由于病毒间具有极高的差异性，只有通过分离培养，并在实验室建立宿主-病毒体系，才可以对其进行详细的生理、生态和基因多样性研究，如基于病毒头部和尾部形态结构进行的形态多样性分类、基于病毒宿主范围和侵染过程等开展的生理学多样性研究等。截至目前，通过分离培养的方法，人们已经获得了超过 1500 个病毒基因组；其中包括侵染海洋环境中占有非常重要地位的细菌的病毒，如海洋中分布最为广泛的 SAR11 细菌的病毒，海洋中广泛分布的玫瑰杆菌的病毒，海洋初级生产力主要的贡献者蓝细菌(主要为原绿球藻和聚球藻)的病毒等。对病毒的全基因组分析表明大部分

(60%~80%)海洋病毒基因在数据库中找不到相似的序列，这说明了海洋病毒具有极大的多样性，同时也说明了我们对海洋病毒了解的局限性。此外，人们也发现病毒基因组上含有不同的宿主基因，海洋噬菌体能够从宿主基因组中获得一些重要的代谢基因来增强自身的适应性，如光合基因、磷代谢基因、核酸代谢基因等，这也进一步增加了海洋病毒的基因多样性。

虽然分离培养是研究病毒多样性不可或缺的方法，然而由于自然环境中超过99%的微生物宿主是不可培养的，因此通过该手段揭示的只是海洋病毒多样性的冰山一角。随着 DNA 测序技术和生物信息学方法的不断突破，越来越多海洋病毒的全基因组序列得到解析。在病毒的全基因组研究中，人们发现某些病毒类群具有保守性的基因，这些保守基因可以在一定程度上反映出特定病毒种群的遗传多样性。通过设计特异的简并引物，研究者可以从海洋病毒群落中扩增出这些基因来研究特定病毒类群在海洋环境中的分布、多样性和动态变化。目前藻类病毒的 DNA 聚合酶基因 pol，蓝细菌病毒的蛋白基因 g20，T4 类型噬菌体的衣壳蛋白基因 g23 等都已经被广泛应用于藻类病毒、蓝细菌病毒和 T4 类噬菌体的多样性研究[5~8]。所有这些研究都表明海洋环境中病毒的多样性很高，且大多都还不为人所知。通过这种方法，人们已经获得了一些用培养方法所不能得到的关于病毒群落多样性的数据。例如，基于 psbA 基因可以将聚球藻肌尾病毒分为 4 个类群；基于 g23 基因的分析可以将病毒分为大洋类群、近岸类群等[5~8]。但目前基于特定基因扩增方法的应用还存在一定的局限性，由于目前对海洋病毒多样性认识的不足，现有的扩增引物并不能覆盖到所有待识别的种类，得到的只是特定病毒类群的多样性信息，而无法对整个病毒群落多样性进行研究。

近年来，宏基因组学技术的应用在海洋病毒多样性的研究中掀起了一场革命。海洋病毒宏基因组学(virome)不依赖于传统的分离培养及保守基因的扩增，在应用过滤、超离等技术手段将大部分的宿主和病毒分离之后，直接提取病毒总核酸，通过高通量测序探究环境病毒群落的结构和功能，极大地丰富了人们对海洋病毒多样性及其功能的认识。2002 年，Breitbart 等通过建立 Scripps Pier 表层海水中浮游病毒(dsDNA 病毒)的环境基因组文库，揭开了海洋病毒宏基因组学研究的序幕。该研究结果显示大约 65%的序列同数据库中已有的序列没有显著相似性，同时也展示了之前从未发现的极为丰富的海洋病毒多样性，从而引起了海洋病毒学家的极大重视[9]。随后，在海盆尺度甚至全球尺度上的海洋病毒宏基因组调查相继开展。2015 年，Tara Oceans[10]研究团队发表了一项全球海洋病毒宏基因组调查项目，该项目采集了全球 7 大海区表层、叶绿素最大层和海洋中层 43 个海水样本(图 1)，共获得了超过 20 亿条序列；并通过对病毒蛋白聚类簇、种群和形态分析展示了病毒分布的生物地理模式：研究表明病毒具有非常高的全球多样性，而特定环境下拥有其独特的病毒类群，这可能源于局部环境的影响和约束产生了本地所特有的病毒类群[10]。

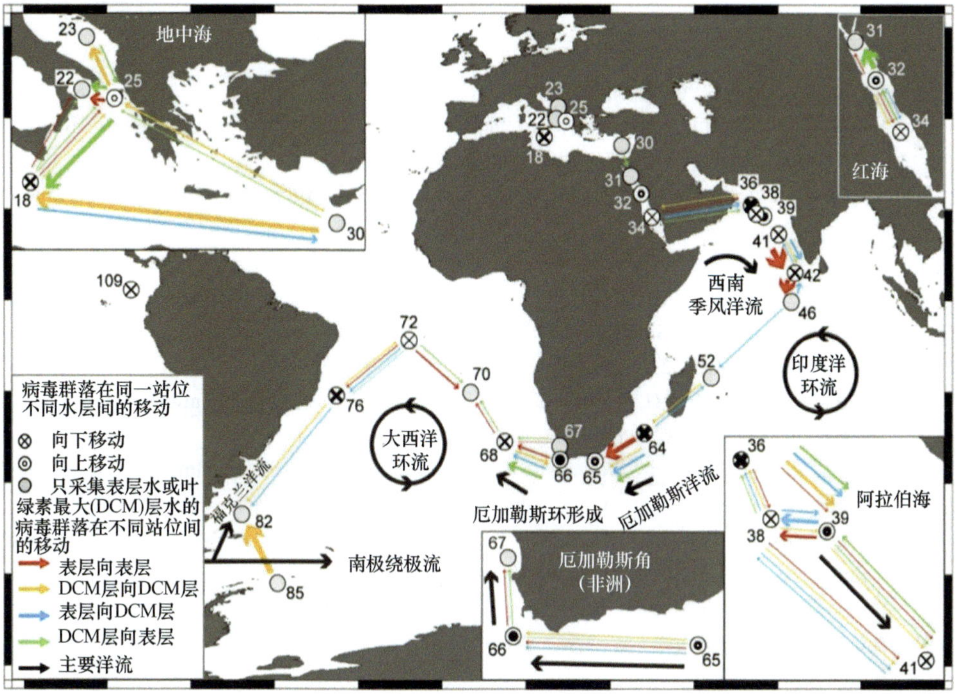

图 1 Tara Oceans 研究团队关于全球海洋病毒宏基因组调查示意图[10]

随着宏基因组学技术的逐渐发展和完善，该技术为海洋病毒多样性研究提供了信息量更大、更为全面可靠的数据。然而，通过宏基因组研究海洋病毒多样性也不可避免地面临着诸多挑战。病毒宏基因组学所采用的高通量测序得到的信息往往是海量的。如何快捷深入有效地进行数据挖掘是当前海洋病毒多样性研究面临的难题。另外，由于现有基因数据库中病毒数据相对匮乏，且通过病毒宏基因组得到的大部分(60%~99%)序列仍是未知的，这就对生物信息学计算、宏基因组数据分析和功能预测软件的开发和运用等提出了巨大的挑战。此外，值得一提的是，到目前为止，绝大多数海洋病毒宏基因组分析都是以 dsDNA 病毒为研究对象，有关 ssDNA 及 RNA 病毒的分析依然十分有限。再者，由于采样限制，目前我们对占据海洋总体积约 75%的深海环境中病毒多样性的认识几乎处于空白阶段。而且，由于测序读长的限制，目前关于海洋病毒长片段序列及单基因组分析问题也是悬而未决。

总之，海洋病毒的世界丰富多样，其诸多潜在意义等待着人们去开发挖掘，然而目前仍有许多难题尚待解决，但相信随着科学研究的逐步开展和生物技术的愈发成熟，海洋病毒的神秘面纱终将被人类慢慢揭开。

参 考 文 献

[1] Suttle C A. Viruses in the sea. Nature, 2005, 437 (7057): 356-361.

[2] Suttle C A. Marine viruses--major players in the global ecosystem. Nature Reviews Microbiology, 2007, 5 (10): 801-812.

[3] Zhang R, Wei W, Cai L. The fate and biogeochemical cycling of viral elements. Nature Reviews Microbiology, 2014, 12 (12): 850-851.

[4] Edwards R A, Rohwer F. Viral metagenomics. Nature Reviews Microbiology, 2005, 3 (6): 504-510.

[5] Culley A I, Lang A S, Suttle C A. High diversity of unknown picorna-like viruses in the sea. Nature, 2003, 424 (6952): 1054-1057.

[6] Breitbart M, Miyake J H, Rohwer F. Global distribution of nearly identical phage-encoded DNA sequences. FEMS Microbiology Letter, 2004, 236 (2): 249-256.

[7] Chen F, Suttle C A, ShortC M. Genetic diversity in marine algal virus communities as revealed by sequence analysis of DNA polymerase genes. Applied and Environmental Microbiology, 1996, 62 (8): 2869-2874.

[8] Bellas C M, Anesio A M. High diversity and potential origins of T4-type bacteriophages on the surface of Arctic glaciers. Extremophiles, 2013, 17 (5): 861-870.

[9] Breitbart M, Salamon P, Andresen B, et al. Genomic analysis of uncultured marine viral communities. Proceeding of the National Academy of Sciences of the USA, 2002, 99 (22): 14250- 14255.

[10] Brum J R, Ignacio-Espinoza J C, Roux S, et al. Patterns and ecological drivers of ocean viral communities. Science, 2015, 348 (6237): 1261498.

撰稿人：蔡兰兰　张　锐

厦门大学，ruizhang@xmu.edu.cn

海洋古菌在"极端"环境中是如何生存的？

How Archaea Adapt to the "Extreme" Environments in the Ocean?

1. 古菌名字的由来

古菌(Archaea)又称古细菌、太古菌或太古生物。1977 年起，伍斯等合作者认为它们在细胞膜质和基因方面与细菌有着根本的不同，于是正式命名其为古菌，与细菌和真核生物(Eukarya)一起构成了生物的三域系统[1]。古菌的英文名字"Archaea"来源于希腊语，是古老("ancient")的意思。因为古菌最初常被发现生活在高盐、高温等极端环境中，如盐湖、海底热液口、陆地热泉，因此曾经一度被认为是极端微生物,并被认为可能是地球上最早出现的生命,即"古老的生命"。

2. 海洋常温古菌的发现

近年来的研究发现，多数未被鉴定的古菌并不生活在上述极端环境中。1992 年，*Science* 和 *Nature* 同时报道在海洋中发现了适应低温生长的浮游古菌[2,3]，并简单把它们分为 marine group I(MGI)和 marine group II(MGII)[2]。目前大部分的观测和研究结果显示，MGI 是化能自养类型，也称海洋氨氧化古菌，属于奇古菌门，MGII 则是异养类型，属广古菌门；MGII 主要分布于表层海水，MGI 则主要分布大洋中层及深层水域，其丰度随着海水深度的增加而增加[4, 5]。

3. MGI 如何适应海洋低氨环境

氨氧化古菌 MGI 是海洋中的氨氧化过程主要参与者，首株成功分离纯培养的海洋氨氧化古菌是 *Nitrosopumilus maritimus* SCM1，属于 MGI，由华盛顿大学的 David Stahl 教授团队从西雅图的水族馆分离而来[6]。基因组学分析表明全球海洋中分布的氨氧化古菌 MG I 具有特殊的硝化机制和自养机制[7]。更详细的细胞学及生理学分析表明 SCM1 可以在极低的铵离子浓度下存活，表明海洋中的氨氧化古菌 MG I 具有适应极端寡营养的能力，而氨氧化细菌则不能适应这种寡营养环境[8]。由于氨氧化古菌的生长较慢、遗传操作困难，使得研究者对于其生理生化过程的研究也困难重重，尽管有研究者推测了 MGI 可能利用羟胺途径来利用海洋中低浓度的铵根离子[9]，但仍未得到实验验证，揭示海洋中这一氮循环节点的生物化学过程是一个重要的科学难题。

4. MGII 如何适应低营养环境

尽管 MGII 在海洋中的分布也十分广泛，但相比于 MGI 而言，它们的研究程度仍然较浅。原因之一是该类群缺少纯培养的菌株。根据其基因组特征推测 MGII 是一类光能异养古菌，表层海水发现的 MGII 均含有光驱动的质子泵功能 proteorhodopsin。尽管很多关于 proteorhodopsin 功能的研究得以开展，但只有少数几株菌株表现出光促进效果[10]。更多的研究者认为，在寡营养海域的能量及碳源限制的压力条件下，proteorhodopsin 可以帮助维持细胞膜的能量梯度及保持细胞处于最小的能量耗损。同时发现，在低营养海域调控 proteorhodopsin 的功能基因多样性较高，提示了在寡营养条件下存在更多的不同类群的 MGII[11]。另外，笔者近期研究表明，在珠江口咸淡水混合区存在 MGII 的常年勃发现象，该区域 MGII 比其他海域发现的最高 MGII 丰度还要高出 10 倍左右，这些 MGII 也含有 proteorhodopsin 基因，但其丰度与表层海水的月平均光强呈负相关，提示这些 MGII 更适应低光强环境。该区域 proteorhodopsin 的相邻基因的排布与地中海西北区域及夏威夷 HOT 站点发现的 MGII 均相似，表明 MGII 对低光强的适应性可能具有普遍性[12]。

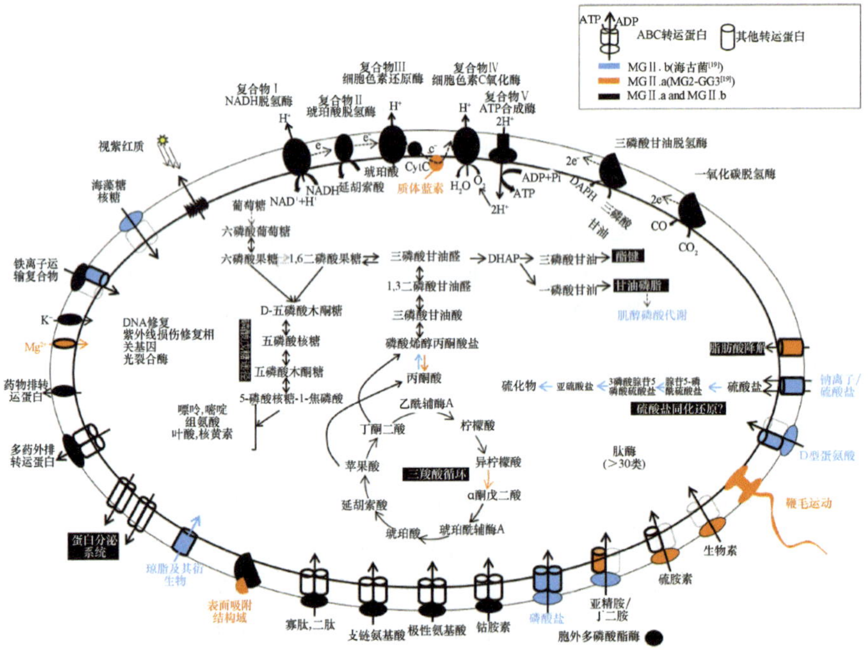

图 1　基于宏基因组分析推测的 MGII(MGIIa 和 MGIIb)代谢途径[19~21]

5. 海洋古菌膜脂对其适应海水温度变化的意义如何

具有类异戊二烯结构()特征的醚键类脂物(二醚和四醚)被认为是古菌域生

物最具特征的标志物。GDGTs 同系物中五元环的数量随表层海水温度增加而增加，据此建立了新的温度指标——TEX_{86}(具有 86 个碳的四醚指数) [13]，并被广泛应用于古海洋的研究[14]。但是，由于对海洋中 GDGTs 的生物源尚不清楚，该指标应用的生物学机制还远未得到回答。笔者研究团队率先在南海开展了以古菌膜脂化合物为海水温度指标的研究，展示了 TEX_{86} 在南海深水沉积物中所响应的表层海水温度变化[15, 16]或受沉积搬运过程的影响[17]，而近海所出现的 TEX_{86} 低异常可能是 MG II 对 GDGTs 的贡献造成的[18]。

6. 深渊古菌如何适应高压低温极端环境

日本研究者于 2015 年揭示了马里亚拉海沟 10000m 水柱的微生物群落分布，发现在 1 万 m 的深渊环境中，仍然存在比例较高的氨氧化古菌[22]。由于深海中的古菌不容易培养，对古菌在深渊这样的极端环境下的生存机制尚不清楚。对深渊细菌膜质的研究表明，它们会产生较多的不饱和脂肪酸来适应高压低温极端环境[23]。古菌膜质是否会有类似特征仍不清楚，但随着我国在深渊技术和装备方面的大力发展，我们已具备了深入开展深渊古菌研究的优势[24]，特别是国内 6000 m 以下大体积(>1000 L)采水能力的提高，这些优势为研究深海古菌对高压低温的适应性提供了契机，使得我们能够走在深渊古菌研究的国际前列。

参 考 文 献

[1] Woese C R, Fox G E. Phylogenetic structure of the prokaryotic domain: The primary kingdoms. Proceedings of the National Academy of Sciences of the United States of America, 1977, 74(11): 5088.

[2] Delong E F. Archaea in coastal marine environments. Proceedings of the National Academy of Sciences, 1992, 89(12): 5685-5689.

[3] Fuhrman J A, Mccallum K, Davis A A. Novel major archaebacterial group from marine plankton. Nature, 1992, 356(6365): 148.

[4] Karner M B, Delong E F, Karl D M. Archaeal dominance in the mesopelagic zone of the Pacific Ocean. Nature, 2001, 409(6819): 507-510.

[5] Herndl G J, Reinthaler T, Teira E, et al. Contribution of archaea to total prokaryotic production in the deep Atlantic Ocean. Applied & Environmental Microbiology, 2005, 71(5): 2303.

[6] Könneke M, Bernhard A E, Jr D L T, et al. Isolation of an autotrophic ammonia-oxidizing marine archaeon. Nature, 2005, 437(7058): 543.

[7] Walker C B, Jr D L T, Klotz M G, et al. Nitrosopumilus maritimus genome reveals unique mechanisms for nitrification and autotrophy in globally distributed marine crenarchaea. Proceedings of the National Academy of Sciences, 2010, 107(19): 8818-8823.

[8] Martenshabbena W, Berube P M, Urakawa H, et al. Ammonia oxidation kinetics determine niche separation of nitrifying Archaea and Bacteria. Nature, 2009, 461(7266): 976-979.

[9] Kozlowski J A, Stieglmeier M, Schleper C, et al. Pathways and key intermediates required for obligate aerobic ammonia-dependent chemolithotrophy in bacteria and Thaumarchaeota. Isme

Journal, 2016, 10(8): 1836.
[10] Dubinsky V, Haber M, Burgsdorf I, et al. Metagenomic analysis reveals unusually high incidence of proteorhodopsin genes in the ultraoligotrophic Eastern Mediterranean Sea. Environmental Microbiology, 2016.
[11] Fuhrman J A, Schwalbach M S, Stingl U. Proteorhodopsins: An array of physiological roles. Nature Reviews Microbiology, 2008, 6(6): 488-494.
[12] Xie W, Luo H, Murugapiran S K, et al. Localized high abundance of Marine group II archaea in the subtropical Pearl River Estuary: Implications for their niche adaptation. Environmental Microbiology (accepted), 2017.
[13] Schouten S, Hopmans E C, Schefuß E, et al. Distributional variations in marine crenarchaeotal membrane lipids: A new tool for reconstructing ancient sea water temperatures. Earth & Planetary Science Letters, 2002, 204(1–2): 265-274.
[14] Schouten S, Hopmans E C, Damsté J S S. The organic geochemistry of glycerol dialkyl glycerol tetraether lipids: A review. Organic Geochemistry, 2013, 54(1): 19–61.
[15] Wei Y, Wang J, Liu J, et al. Spatial variations in archaeal lipids of surface water and core-top sediments in the south china sea and their implications for paleoclimate studies. Applied & Environmental Microbiology, 2011, 77(21): 7479-89.
[16] Ge H, Zhang C L, Li J, et al. Tetraether lipids from the southern Yellow Sea of China: Implications for the variability of East Asia Winter Monsoon in the Holocene. Organic Geochemistry, 2014, 70(5): 10-19.
[17] Wei Y L, Wang P, Zhao M X, et al. Lipid and DNA Evidence of dominance of Planktonic Archaea preserved in sediments of the South China Sea: Insight for application of the TEX86 proxy in an unstable marine sediment environment. Geomicrobiology Journal, 2014, 31(4): 360-369.
[18] Wang J X, Wei Y, Wang P, et al. Unusually low TEX 86, values in the transitional zone between Pearl River estuary and coastal South China Sea: Impact of changing archaeal community composition. Chemical Geology, 2015, 402: 18-29.
[19] Iverson V, Morris R M, Frazar C D, et al. Untangling genomes from metagenomes: revealing an uncultured class of marine Euryarchaeota. Science, 2012, 335(6068):587-590.
[20] Martin-Cuadrado A B, Garcia-Heredia I, Moltó A G, et al. A new class of marine Euryarchaeota group II from the mediterranean deep chlorophyll maximum. ISME J, 2015, 9(9):1619-1634.
[21] Zhang C L, Wei X, Ana-Belen M C, et al. Marine Group II Archaea, potentially important players in the global ocean carbon cycle. Frontiers in Microbiology, 2015, 6: 1108.
[22] Nunoura T, Takaki Y, Hirai M, et al. Hadal biosphere: Insight into the microbial ecosystem in the deepest ocean on Earth. Proceedings of the National Academy of Sciences, 2015, 112(11): E1230.
[23] Fang J, Zhang L, Bazylinski D A. Deep-sea piezosphere and piezophiles: Geomicrobiology and biogeochemistry. Trends in Microbiology, 2010, 18(9): 413.
[24] Tian J, C H, Wang M, Xu H, et al. and the "Marathons" Project Party. Integration of physical, geological and biological approaches for exploring the hadal biosphere (meeting abstract). The 26th Goldschmidt Conference. Yokohama, Japan, 2016.

撰稿人：张传伦　谢　伟

南方科技大学，Zhangcl@sustc.edu.cn

海洋微生物如何适应水压变化

How do Marine Microbes Adapt to Hydrostatic Pressure Change

全球海洋面积约占地球表面积 70%，平均深度达 3800m，海底平均压力达 38MPa，因此静水压是影响海洋微生物分布和演化的一个关键环境因子之一[1]。海洋中的高压环境包括海洋沉积物、深海热液口、冷泉及洋壳，这些地质构造独特的环境，孕育了丰富的生态系统。随着深海采样技术的发展，研究者发现了深海高静水压环境下生存的微生物，有些除了可以在常压(0.1MPa)下生长，还可以耐受高压环境，定义为耐压菌；有些在高压下比常压下生长得更好，定义为嗜压菌；还有些不能在常压生长，只能在高压下生长，定义为严格嗜压菌(图 1) [2]。能够耐受几十 MPa 压力变化的微生物主要来自于高压环境，自从第一株来自马里亚纳海沟的严格嗜压细菌 *Colwellia* sp. MT-41 被发现以来[3]，研究者就投入了大量精力来研究这些海洋微生物是如何适应压力变化的。这个问题的探索不仅对微生物进化和对环境适应机制的研究至关重要，还有助于探讨生命是否起源于深海高压环境。另外，在工业生产中，利用高静水压来灭活微生物和利用嗜压微生物代谢生产所需的物质，都需要对微生物如何适应压力变化有更深入的研究[4]。

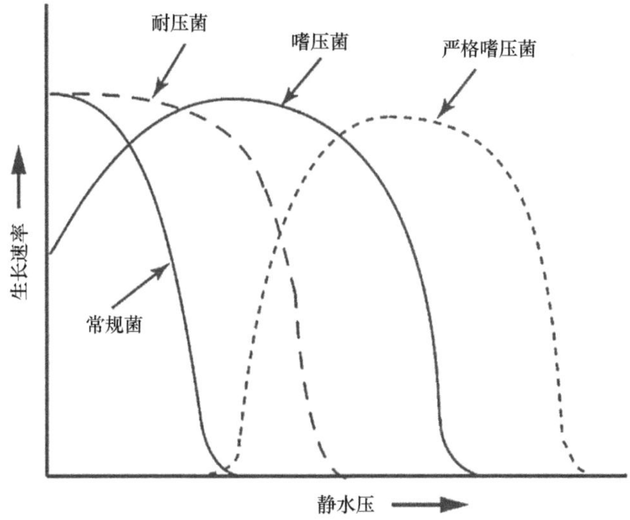

图 1 常规菌、耐压菌、嗜压菌与严格嗜压菌在不同压力下的生长曲线[2]

人们采用了不同的策略来研究微生物如何适应压力的变化。首先考虑静水压对微生物生命活动过程的影响，对压力敏感的微生物在不同压力下进行培养，探讨该微生物作出的响应。高压下，压力敏感微生物细胞内的大分子结构和稳定性以及胞内化学反应平衡均会被破坏；细胞膜上的膜脂结构也会被破坏，影响其流动性和分子透过性；高压还会打破分子间的弱化学键，改变蛋白质结构，影响其折叠、稳定性和功能；高压还会影响 DNA 双链的稳定性，进而影响转录翻译过程[5]。正是由于高压对以上各个方面的影响，导致了高压对细胞生理过程的影响，如大肠杆菌在 10MPa 下其运动性能被破坏，50MP 下其生长能力及 DNA 复制过程被破坏，77MPa 下其转录能力被破坏[6]。

静水压对压力敏感的微生物会造成损伤，那些适应了高压环境的微生物是如何避免这些损伤，从而在高压环境中存活的呢？为此，研究者采用了两种策略：一方面对一些压力敏感菌在各种刺激条件下进行人工诱变、筛选，获得耐压菌，然后比较野生株与突变株的差异；另一方面，从深海高压环境中分离耐压菌或者嗜压菌，研究这类菌在压力下的特性，并且构建遗传操作系统，来探索其适应压力变化的机制。这些耐压或嗜压微生物在压力下可能有独特的代谢通路。例如，研究者发现酵母菌 *Saccharomyces cerevisiae* 的突变株可以耐受到 25MPa 压力，其耐压特性可能来自于高亲和性色氨酸透过酶的高表达，而对这类大分子氨基酸的吸收过程是细胞在高压下生长的限速步骤；ATP 合成酶(F_1F_0-ATPase)转运质子的过程是对压力高度敏感的，而大肠杆菌的耐压突变株提高了 ATP 产生的能力[6]。对嗜压菌的研究发现了微生物压力适应机制的不同类型。例如，在深海嗜压菌 *Photobacteriumprofundum*SS9 中发现了感应压力的 ToxR/S 系统[7]，还发现在高压下其膜上有更多的不饱和脂肪酸从而增加了膜的流动性[6]；嗜压细菌 *Shewanellaviolacea* 具有两套细胞色素复合体(c 和 d)以应对不同的静水压力。这些研究证实，海洋微生物对水压的适应不仅仅因为某类蛋白质或酶，而是通过代谢的全局调控。对嗜压嗜热菌 *Thermococcusbarophilus*、*Pyrococcusyayanosii* 和 *Desulfovibriohydrothermalis* 的研究也证实了这一结论[8]。

研究者检测耐压突变株对其他环境因子耐受性时发现，菌株对温度、pH、盐度等的耐受能力也发生了变化。随着人们对压力及其他环境因子的深入研究，发现海洋微生物时刻处在包括压力在内的多种环境因子的刺激下，微生物对压力的适应与对其他环境因子的适应密切联系且互相影响(图 2)[9]，基于此，科学家们提出了“共适应”机制，即微生物通过自身的同一套系统来应对周围环境的各种刺激，而对压力的适应在其中起着重要作用。例如，研究者在嗜压菌中发现的抗氧化物质和小分子相容性溶质等可以帮助微生物应对极端温度、盐度和 pH[9]。

压力适应中最引人注目的问题有两个。第一，为什么深海分离到的嗜压菌在常压下转接 2~3 代以后会丢失其压力适应特性？第二，是什么关键因子决定了严格

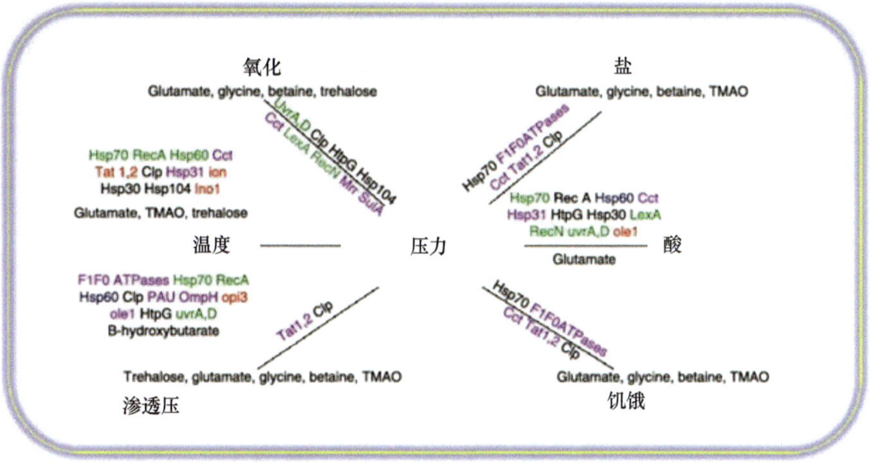

图 2 微生物对压力和其他极端条件适应的关系[9]

嗜压菌必须依赖高压生长？研究者在地表常压环境中也发现了嗜压菌的存在，该菌可以耐受高浓度镁离子，并在常压下转接约半个世纪依旧保持了高压适应特性。这些发现将微生物对高压适应和对分子离散液(chaotropic agent)的适应联系在了一起，为研究微生物适应压力变化提供了新的思路和材料。

迄今，研究者已通过基因突变获得了压力耐受菌，从深海高压环境分离到了嗜压菌和严格嗜压菌，在地表常压环境中发现了稳定嗜压菌。目前对压力适应机制的大部分研究结果表明，压力适应涉及全局代谢调控，随着微生物组学技术的发展，利用基因组、蛋白质组、代谢组学技术对全局代谢调控进行比较研究，相信可以更好地发现微生物适应压力变化的机制，为进一步探索微生物在高压环境下的生物学功能和生态学意义提供理论支撑，并将促进高压生物技术产业的发展。

参 考 文 献

[1] Yayanos A A. Evolutional and ecological implications of the properties of deep-sea barophilic bacteria. Proceedings of the National Academy of Sciences of the United States of America, 1986, 83(24): 9542-9546.

[2] Kato C. Distribution of Piezophiles. In: Horikoshi K. Extremophiles Handbook. Tokyo: Springer Japan, 2011, 643-655

[3] Yayanos A A, Dietz A S, Van Boxtel R. Obligately barophilic bacterium from the Mariana trench. Proceedings of the National Academy of Sciences of the United States of America, 1981, 78(8): 5212-5215.

[4] Hoover D G, Metrick C, Papineau A M, et al. Biological effects of high hydrostatic pressure on food microorganisms. Food Technology, 1989, (3): 99-107.

[5] Mota M J, Lopes R P, Delgadillo I, et al. Microorganisms under high pressure — Adaptation, growth and biotechnological potential. Biotechnology Advances, 2013, 31(8): 1426-1434.
[6] Bartlett D H. Pressure effects on in vivo microbial processes. Bba-protein. Struct. M, 2002, 1595(1–2): 367-381.
[7] Welch T J, Bartlett D H. Identification of a regulatory protein required for pressure-responsive gene expression in the deep-sea bacterium Photobacterium species strain SS9. Molecular Microbiology, 1998, 27(5): 977-985.
[8] Michoud G, Jebbar M. High hydrostatic pressure adaptive strategies in an obligate piezophile Pyrococcusyayanosii. Scientific Reports, 2016, 6.
[9] Zhang Y, Li X, Bartlett D H, et al. Current developments in marine microbiology: High-pressure biotechnology and the genetic engineering of piezophiles. Current Opinion Biotechnology, 2015, 33(0): 157-164.

撰稿人：闫文凯　肖　湘
上海交通大学，xoxiang@sjtu.edu.cn

科普难题

微生物在海洋弱光层有机物再矿化中的作用如何？

What Is the Role of Microbes in the Remineralization of Organic Matter in the Twilight Zone of the Ocean?

在生物地球化学领域，再矿化过程是指生源性有机物被分解或转化为简单的无机形态的过程，与几个重要的生源要素(如碳、氮、磷、硫和铁等)的循环紧密相关。以碳为例，海洋是地球上最大的碳库之一，其中仅溶解有机物的含碳量就相当于大气中二氧化碳的总碳量[1]。如果这些溶解有机物全部被氧化成二氧化碳，并按 1∶2 的比例分配到大气和海水中，则大气中二氧化碳的分压将升高 100 ppm[2]，这将进一步加剧全球温室效应，极大地影响着全球气候变化和生态系统稳定。因此，海洋有机物再矿化是海洋生物地球化学循环研究的热点之一。

海洋弱光层通常是指从真光层底部(100m)到 1000 m 水深之间的水体部分，包含溶解氧浓度出现最低值的水层，也是有机物再矿化的最重要区域。如图 1 所示，有两个重要的碳泵过程调控着弱光层的有机物再矿化过程。生物泵是依赖于沉降性颗粒物将表层光合作用固定的有机物被动向下输送到深海的过程，在尺度上贯穿整个海洋垂直剖面；而微型生物碳泵则是通过微生物代谢过程将活性的溶解有机物转化为惰性的溶解有机物储存在海洋内部，它的发生区域取决于微生物的分布，理论上可存在于海洋的各个角落。两个碳泵之间紧密相连，如通过生物排泄分泌、浮游动物摄食、病毒裂解、胞外酶降解和有机物自发聚集与解聚作用等过程，使有机物在颗粒态和溶解态之间不断地转化，从而使有机物在两个碳泵之间相互迁移和转化。两类碳泵互作的结果是，海洋表层生产的约 1000 亿 t 有机碳中只有 5%~15%沉降到深海[3, 4]，其他均在弱光层被降解和矿化。研究表明，微生物对海洋弱光层有机物再矿化的贡献达到 70%~92%[5]，调控着海洋的储碳效率及碳储量[6]。然而，海洋有机物成分极其复杂，包含成千上万种大小不同的分子物质[2]，因此弱光层有机物的微生物再矿化过程十分复杂，目前我们对其间发生的过程了解甚少。在阐明微生物在弱光层的作用方面，我们主要有四大难题(微生物多样性、代谢活动、互作网络和节点速率)需要解决(图 1)。

近年来，分子指纹表征技术和 DNA 测序技术的快速发展，提高了人们对原位微生物组成和微生物新物种的认识。研究发现，弱光层的微生物组成与表层迥然不同[6~8]，甚至在同一水层，不同粒径颗粒物上的微生物组成亦不相同，而颗粒物上附着的与自由生活的微生物类群存在显著差异[9]。此外，弱光层中的微生物不但存在水层间差异，也存在季节性变化[10]和海区差异[6, 11]。显然，弱光层的微生物组成存在一定的特异性，这也许是导致不同海区弱光层沉降性颗粒的有机碳转化效率不一致[12]和输出通量差异[12, 13]的重要原因。在弱光层中已发现了一些重要的微生物类群，如放线菌、奇古菌、SAR11、SAR324 和 SAR202，以及低氧水层中的 SUP05 等。虽然我们对微生物进行了很好的分类归档，但是不断有新的微生物门类和种群被发现[14, 15]，我们还不清楚到底有多少微生物类群没有被发现，它们的作用如何。当前，弱光层微生物多样性研究依然非常薄弱，系统地开展不同海区弱光层中微生物多样性研究有助于揭示有机物再矿化的关键过程和调控机制。

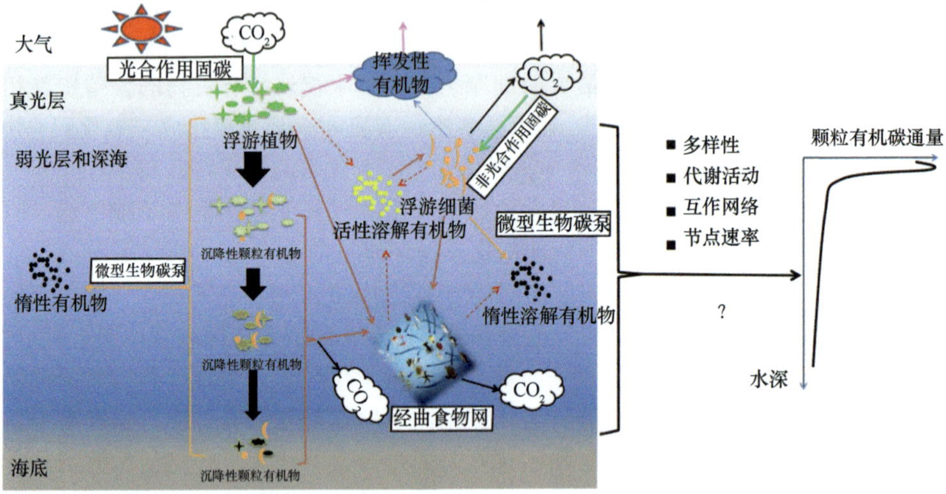

图 1　海洋固碳产生的有机物转化途径及弱光层有机物微生物再矿化过程对海洋颗粒有机碳通量的影响

其中沉降性颗粒物中含有部分活性细胞，也包含了吸附其上的溶解性有机物

在微生物多样性调查的基础上，还需要进一步了解整个微生物群落的代谢活动，才能回答诸如哪些微生物真正参与再矿化过程而哪些只是出工不出力等问题。对微生物群落代谢活动的了解，目前主要有培养和不依赖于培养这两大技术手段来实现。一方面，实验室分离的可培养菌株可以让我们很方便地对它们进行测序和受控条件下的生理生化监测等，从而揭示它们在弱光层环境下的代谢潜能。然而，微生物的培养是个世界性难题。虽然目前的高通量培养技术已获得上千株海洋细菌[16]，但对于海量的微生物物种来说仍是杯水车薪。如对弱光层重要的 SAR324 种群尚无可培养菌株；同时有些广布性微生物，如海洋中另一重要的细菌类群 SAR11，人们发现在弱光层中存在不同于表层的另一分支[17]，但是表层的 SAR11 种群混杂在弱光层种群中，增加了分离的困难。更重要的是，实验室培养条件很难做到和原位条件一样，使得实验室培养获得的结论外推到现场受

到一定的限制。当然，这并不意味着可以抛弃实验室培养手段，如 SAR11 可培养株系极大地推动了我们对这一种群的了解。另一方面，不依赖于培养的手段，如新兴的涵盖基因组、转录组、蛋白质组和代谢组的宏组学极大地规避了微生物培养的困难，在原位水平上获得了微生物群落的代谢信息。然而，目前由于测序手段的限制，以及环境样品微生物多样性的复杂性，我们对于微生物代谢活动了解的广度和深度仍有待提高。而弱光层由于采样不如表层方便，其积累的数据更是缺乏。以 SAR324 细菌为例，其既具有同化吸收无机碳的固碳途径，又有依赖于有机营养物的异养代谢途径，亦能通过硫氧化途径提供能量，同时还具有利用一碳化合物支持生长的潜能[18~20]。虽然它的固碳过程已经在亚热带海区弱光层中被证实[20]，但是也有发生异养过程的，它在弱光层有机物再矿化中所起的作用尚需更多的数据来揭示。奇古菌是另一类重要的弱光层微生物种群，它们是海洋中重要的氨氧化者，参与氮循环中将氨氧化成亚硝酸盐的过程，同时还能进行自养代谢，也有混合营养的生态亚型[21~23]。它在弱光层氮循环中的作用同样也需要积累更加详尽的数据。此外，研究表明环境微生物群落中存在着很大一部分生物量很低的种群[24]，由于丰度极低，目前宏组学的分辨率和检测限还难以满足，这些微生物的代谢信息极度的片段化，它们在弱光层有机物再矿化过程中的作用和地位几乎是空白。此外，在基因或蛋白质功能解析过程中，人们常常会遇到一部分功能完全未知的基因或蛋白质，这也可能导致对有机物再矿化过程了解的不完整。目前，对于弱光层微生物的代谢研究存在很多不足，除了改进培养手段外，尚需要进一步结合单细胞测序和长序列的基因测序技术进行微生物代谢潜能研究，同时结合宏转录组、宏蛋白质组和代谢组等手段还原真实环境中有机物的微生物再矿化过程。

微生物种群如何协作分解有机物，即微生物间的互作网络格局也是未来一个非常重要的研究课题。生活在同一环境中的微生物会表达具有相同功能的转运蛋白，意味着它们可能会利用同一有机底物，那么它们之间是竞争关系还是互补关系？微生物如何解决这一冲突而调控该有机物的再矿化？此外，颗粒有机物上附着的微生物和自由生活的微生物对颗粒有机物与溶解有机物之间的转化及再矿化如何进行偶联？在弱光层中，常常发现一些具有活性的蓝细菌和真核光合作用生物，这些浮游植物并不是弱光层特化出来的一个分支[25, 26]，而是与表层生活的同属一个种群，源自真光层。既然它们在这里存活，且部分蓝细菌种群具有异养生活特性[27, 28]，那么这些光合微生物是否介入了弱光层有机物的再矿化过程还是仅仅作为提供碳源的过客？这些都需要开展深入的研究，才能揭示微生物有机物再矿化的相互协作网络。

弱光层微生物组成的差异暗示存在不同的有机物再矿化过程。在构建完整的微生物之间代谢网络的基础上，监测各种有机物转化速率，从而查明各网络内部的关键控制节点和水柱上下层网络间的传输控制节点。一些证据表明，仅仅依靠下沉的有机碳不足以支撑弱光层微生物的生物量[6]。弱光层的微生物也表达了与表层细菌同样的转运蛋白[29]，表明它们吸收同样或者类似的有机底物。这些有机物在下沉过程中，经过层层微生物的“盘剥”，如何能够持续地向下供应？一种解释是，有机物向下传输的速率大于微生物的吸收速率，而颗粒有机物不断地聚集和解聚使得并非所有可利用的有机物得以充分暴露于微生物面前；另一种解释是，水层中有额外的非光能驱动固定的碳被不断地补充到下沉颗粒物中。然而，人们目前掌握的有关弱光层中这些有机物通量和转化速率的数据是极其匮乏的。只有充分了解各微生物网络节点上有机物的再矿化速率，才能有效地评估不同微生物在有机物再矿化中的作用。

总之，广袤的弱光层调控着海洋有机物的再矿化和储碳速率，但人们对生活在其间的微生物，以及它们在有机物再矿化中作用的了解还非常有限，因而系统地开展弱光层微生物多样性和代谢活性的研究是非常必要和迫切的。

参考文献

[1] Hedges J I. Global biogeochemical cycles: progress and problems.Marine Chemistry, 1992, 39(1): 67-93.

[2] Hansell D A, Carlson C A. Biogeochemistry of marine dissolved organic matter. Academic Press, 2014.

[3] Laws E A, Falkowski P G, Smith W O, et al. Temperature effects on export production in the open ocean. Global Biogeochemical Cycles, 2000, 14(4): 1231-1246.

[4] Henson S A, Sanders R, Madsen E, et al. A reduced estimate of the strength of the ocean's biological carbon pump. Geophysical Research Letters, 2011, 38(4).

[5] Giering S L C, Sanders R, Lampitt R S, et al. Reconciliation of the carbon budget in the ocean/'s twilight zone. Nature, 2014, 507(7493): 480-483.

[6] Arístegui J, Gasol J M, Duarte C M, et al. Microbial oceanography of the dark ocean's pelagic realm. Limnology and Oceanography, 2009, 54(5): 1501-1529.

[7] Treusch A H, Vergin K L, Finlay L A, et al. Seasonality and vertical structure of microbial communities in an ocean gyre. The ISME journal, 2009, 3(10): 1148-1163.

[8] DeLong E F, Preston C M, Mincer T, et al. Community genomics among stratified microbial assemblages in the ocean's interior. Science, 2006, 311(5760): 496-503.

[9] Fontanez K M, Eppley J M, Samo T J, et al. Microbial community structure and function on sinking particles in the North Pacific Subtropical Gyre. Frontiers in Microbiology, 2015, 6: 469.

[10] Weinbauer M G, Liu J, Motegi C, et al. Seasonal variability of microbial respiration and bacterial and archaeal community composition in the upper twilight zone. Aquatic Microbial Ecology, 2013, 71(2): 99-115.

[11] Hewson I, Steele J A, Capone D G, et al. Remarkable heterogeneity in meso- and

bathypelagic bacterioplankton assemblage composition. Limnology and Oceanography, 2006, 51(3): 1274-1283.

[12] Buesseler K O, Lamborg C H, Boyd P W, et al. Revisiting carbon flux through the ocean's twilight zone. science, 2007, 316(5824): 567-570.

[13] Buesseler K O, Boyd P W. Shedding light on processes that control particle export and flux attenuation in the twilight zone of the open ocean. Limnology and Oceanography, 2009, 54(4): 1210-1232.

[14] Yilmaz P, Yarza P, Rapp J Z, et al. Expanding the world of marine bacterial and archaeal clades. Frontiers in microbiology, 2015, 6.

[15] Hug L A, Baker B J, Anantharaman K, et al. A new view of the tree of life. Nature Microbiology, 2016, 1: 16048.

[16] Connon S A, Giovannoni S J. High-throughput methods for culturing microorganisms in very-low-nutrient media yield diverse new marine isolates. Applied and Environmental Microbiology, 2002, 68(8): 3878-3885.

[17] Thrash J C, Temperton B, Swan B K, et al. Single-cell enabled comparative genomics of a deep ocean SAR11 bathytype. The ISME Journal, 2014, 8(7): 1440-1451.

[18] Cao H, Dong C, Bougouffa S, et al. Delta-proteobacterial SAR324 group in hydrothermal plumes on the South Mid-Atlantic Ridge. Scientific Reports, 2016, 6.

[19] Sheik C S, Jain S, Dick G J. Metabolic flexibility of enigmatic SAR324 revealed through metagenomics and metatranscriptomics. Environmental Microbiology, 2014, 16(1): 304-317.

[20] Swan B K, Martinez-Garcia M, Preston C M, et al. Potential for chemolithoautotrophy among ubiquitous bacteria lineages in the dark ocean. Science, 2011, 333(6047): 1296-1300.

[21] Martens-Habbena W, Berube P M, Urakawa H, et al. Ammonia oxidation kinetics determine niche separation of nitrifying Archaea and Bacteria. Nature, 2009, 461(7266): 976-979.

[22] Walker C B, De La Torre J R, Klotz M G, et al. Nitrosopumilusmaritimus genome reveals unique mechanisms for nitrification and autotrophy in globally distributed marine crenarchaea. Proceedings of the National Academy of Sciences, 2010, 107(19): 8818-8823.

[23] Qin W, Amin S A, Martens-Habbena W, et al. Marine ammonia-oxidizing archaeal isolates display obligate mixotrophy and wide ecotypic variation. Proceedings of the National Academy of Sciences, 2014, 111(34): 12504-12509.

[24] Sogin M L, Morrison H G, Huber J A, et al. Microbial diversity in the deep sea and the underexplored “rare biosphere”. Proceedings of the National Academy of Sciences, 2006, 103(32): 12115-12120.

[25] Gao W, Shi X, Wu J, et al. Phylogenetic and gene expression analysis of cyanobacteria and diatoms in the twilight waters of the temperate northeast Pacific Ocean. Microbial Ecology, 2011, 62(4): 765-775.

[26] Jiao N, Luo T, Zhang R, et al. Presence of Prochlorococcus in the aphotic waters of the western Pacific Ocean. Biogeosciences, 2014, 11(8): 2391-2400.

[27] Gómez-Baena G, López-Lozano A, Gil-Martínez J, et al. Glucose uptake and its effect on gene expression in Prochlorococcus. PLoS One, 2008, 3(10): e3416.

[28] Zubkov M V, Tarran G A, Fuchs B M. Depth related amino acid uptake by Prochlorococcus cyanobacteria in the Southern Atlantic tropical gyre. FEMS microbiology ecology, 2004, 50(3): 153-161.

[29] Stewart F J, Ulloa O, DeLong E F. Microbial metatranscriptomics in a permanent marine oxygen minimum zone. Environmental microbiology, 2012, 14(1): 23-40.

撰稿人：谢彰先　孔玲芬　王大志

厦门大学，dzwang@xmu.edu.cn

海底热液区特殊生态系统的演替

Succession of Deep Sea Hydrothermal Ecosystem

在广袤静谧的大洋深处，在冰冷黑暗的海底世界，贫瘠犹如沙漠，难觅生物的行踪。直到 1977 年，美国“阿尔文”号深潜器在东太平洋海隆 2500 m 水深的加拉帕戈斯裂谷第一次发现了热液喷口(hydrothermal vent)[1]。热液区的生物量和栖息密度都很高，其丰度通常是周围海水的 300~500 倍[2]。海底热液区特殊生态系统从何而来？在黑暗的海底，没有光合作用，生命所需能量来自哪里？

深海热液区(700~5000m 水深)常出现在地壳板块交界的洋中脊、俯冲带、弧后盆地和热点火山[3]。由洋中脊全球数据库(interridge global database)的记录得知，目前已发现 600 多个存在或存在过的热液区。海水渗透进浅层地壳，被加热后经循环对流再喷出海底。高温热液与低温海水(1~2℃)混合后，在喷口附近沉淀硫化物或硫酸盐，形成了一种烟囱状的地貌，通称为黑烟囱。“黑烟囱”喷口通常与海底 1~3km 以下的岩浆房(magma chamber)直接相通，因此温度较高(>250℃)；黑烟囱喷出的热液呈酸性，主要成分为含大量金属元素(硅、铁、锰、锌、铜、铅等)的含硫化合物和无机小分子气体(H_2S、H_2、CO_2、CH_4等)。另一种类型俗称“白烟囱”，其不与岩浆房直接相通，热液温度低(<100℃)、呈碱性、缺少 CO_2、含有较高含量的氢气和甲烷，热液中钡、钙、硅等元素较为丰富，如位于北大西洋中脊的 Lost City 热液区[4]。

与陆地上以光合作用产生有机质的生态系统不同，热液生态系统依赖热液喷口喷出的还原性物质所提供的化学能，如 H_2S、H_2、CO_2、CH_4 等。这些化合物可被化能自养微生物利用，获取能量、合成有机物。这类化能自养微生物是海底热液区生态系统的初级生产者。不同微生物有不同的能量来源，主要来自于硫氧化(H_2S 和单质硫)、甲烷厌氧氧化、金属氧化(如铁、锰等)、氨氧化和氢氧化等[5]。此外，有一些尚未培养的微生物类群，如属于古菌类的 Marine Group Ⅰ/Ⅱ/Ⅲ、DHVE 类群和细菌类的 SAR202、SAR406 等，这些菌群的代谢机制和能量来源都不清楚，亟待进一步的研究[6]。

大量的化能自养微生物可自由生活或形成菌膜，吸引了小型底栖动物(Meiofauna)如端足类(Amphipods)和桡足类(Copepods)等初级消费者，进而慢慢形成了大型底栖动物(Macrofauna)群落(图 1)，主要有软体动物门(Mollusca)、节肢动物门(Arthropoda)、环节动物门(Annelida)、刺胞动物门(Cnidaria)等[7]。热液区常见的底栖动物有软体动物门的螺、贻贝、蛤、帽贝，节肢动物门的虾、蟹，环节动物门的管状蠕虫，刺胞动物门的海葵，甲壳动物门的藤壶等。微生物还利用附生和共生等方式寄居在大型生物体表和体内，其代谢产物可以直接作为大型生物的食物来源，也可以帮助大型生物抵御热液环境中的重金属离子和 H_2S 等有毒物质。

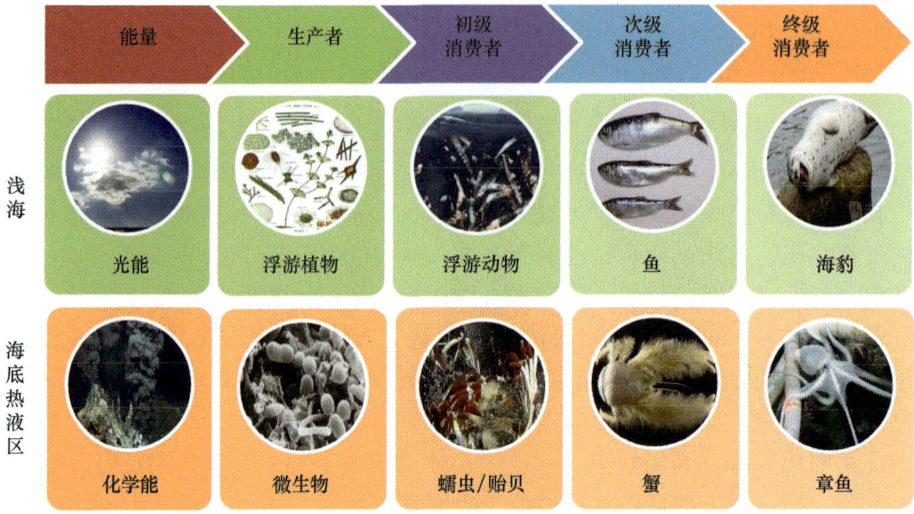

图 1　以光合作用为基础的浅海生态系统和以化能合成为基础的海底热液区生态系统
依据 http://oceanlink.island.net/SOLE/vents/End_foodweb.html 绘制

海底热液区生态群落随时间梯度是如何演替的呢？目前，仅有极少量的对海底热液区生态系统的长期观测数据。美国科学家利用 Alvin 潜水器对东太平洋洋中脊一处热液口进行了长达 5 年的不连续观察，进行了海底拍照摄像和化合物监测[8]：①新的低温弥散流烟囱(22~55℃)喷口出现初期，羽流中硫化氢和铁浓度极高，均大于 1 mmol/kg，自养微生物开始生长并可形成白色菌膜，白色絮状物(“snowstorm”)可在海水中飘到离底 50m 的高度；②可移动的热液生物开始响应，并慢慢聚集；③喷发 1 年后，微生物菌席逐渐减少了 60%，管栖蠕虫 *Tevniajerichonana* 为主，并集中在弥散流密集的区域，伴生着多种帽贝，同时有大量的端足类和桡足类底栖生物；④喷发两年后，硫化氢的浓度由最高的 1.90mmol/kg 降为 0.97mmol /kg，主要生物物种更替为体型较大的管状蠕虫 *Riftiapachyptila*，数量维持在每平方米 50~100 只，并以每年 85~200cm 的生长速度生长，端足类生物数量持续增加；⑤喷发三年后，硫化氢的浓度降至 0.88mmol/kg，贻贝 *Bathymodiolusthermophilus* 出现在蠕虫外围 0.5~6m 的区域；⑥喷发四年后，蟹和多毛类数量持续增加，贻贝逐渐移居至蠕虫附近；⑦喷发后从第 2~5 年，贻贝、螺和多毛类数量持续增加，前两者可达 300ind./m^2 以上和后者可达 2000ind./m^2 以上。总的来说，在热液喷口喷发后的 3~5 年内，热液生物群落生物量增加了 2~3 倍，管状蠕虫为优势种群；在 5~10 年里，随着热液活动的减少，贻贝、螺等体型较小的生物将成为优势种群。在此过程中，共附生微生物在大生物体内和体表找到适合的寄居地。当热液活动停止后，生态系统失去了能量来源，生物(底栖生物和微生物)将逐渐消亡，或随洋流找到其他适合生长的新家园，如其他热液喷口、鲸鱼尸体生态系统等。通过对更多海底热液区生态群落的长期观测或人工模拟，将有助于科学家更深入地认识海底热液区生态系统的演替过程及其主要影响因子。

令科学家感兴趣的是，在各大洋不同的海底热液区，其生物区系存在较大的不同，呈现区域性地理分布[7]。在太平洋热液区，又高又肥的管状蠕虫 *Riftiapachyptila* 是东太平洋主要类群(图 2(a))；细瘦的管状蠕虫 *Ridgeapiscesae* 是东北太平洋热液区的主要类群；而西太平洋热液区的主要类群是螺、茗荷和藤壶。在北大西洋洋中脊热液区，贻贝和头足类是较浅的热液区(水深 800~1700m)里的主要类群，而热液盲虾和贻贝是较深的热液区(2500~3650m 水深)里的主要类群(图 2(b))。中印度洋热液区则糅合了西太平洋和大西洋的主要类群，即“毛”螺和虾，而且发现了一个新的物种：

图 2　海底热液区生态系统

(a)以蠕虫为主的东太平洋热液区(http://web.whoi.edu/darklife/)；(b)以盲虾为主的大西洋热液区(http://wwz.ifremer.fr/)；(c)以贻贝、螺、蟹为主的印度洋热液区(图片来自中国大洋 35 航次蛟龙号拍摄)；(d)印度洋热液区偶见鱼类(图片来自中国大洋 35 航次蛟龙号拍摄)

鳞脚腹足类(scaly Gastropoda)[7]。我国科学家于2015年利用蛟龙号载人深潜器对西南印度洋洋中脊龙旂热液区进行科学考察，发现该区域生物物种异常丰富，贻贝、螺、虾、茗荷等大生物分布于不同喷口(图 2(c)、(d))。为什么会形成这样的生物区域化分布？科学家推测海底热液生物的扩散是其幼体借助底部洋流沿着洋中脊轴线进行的，并通过其他生态系统如冷泉、鲸鱼尸体等作为长距离传输的中间点[9]。对更多海底热液区生物的分布数据和热液生物的繁殖、幼体扩散机制进行研究都将有助于我们最终揭开谜底。关于海底热液区生物地理分布的主要成因，有两类假设：一是各大洋热液区生态群落是各自独立形成的；二是由某一处海底热液区作为多物种的聚集地，热液生物依靠迁移逐渐扩散到不同洋区，从而形成有区域化特点的热液生物群落。不同热液生物的种间竞争与共存的机制又是什么？随着海底调查和科学研究的深入，海底热液区生态系统的形成与演替机制将逐渐被认识。

参 考 文 献

[1] Lonsdale P. Clustering of suspension-feeding macrobenthos near abyssalhydrothermal vents at oceanic spreading centers. Deep Sea Research, 1977, 24: 857-863.

[2] Viders H. Hydrothermal Vents. Alert Diver Online. http://www.alertdiver.com/ Hydrothermal_Vents. 2011.

[3] Van Dover C L, German C R, Speer K G, et al. Evolution and biogeography of deep-sea vent and seep invertebrates. Science, 2002, 295: 1253–1257.

[4] Herzig P M, Hannington M D. Input from the deep: hot vents and cold seeps. In: Schulz H D, Zabel M. Marine Geochemistry. Berlin: Springer, 2006, 457–479.

[5] Jebbar M, Franzetti B, Girard E, et al.Microbial diversity and adaptation to high hydrostatic pressure in deep-sea hydrothermal vents prokaryotes. Extremophiles, 2015, 19(4): 721-740.

[6] Campbell B J, Polson S W, Allen L Z, et al. Diffuse flow environments within basalt- and sediment-based hydrothermal vent ecosystems harbor specialized microbial communities. Frontiers in Microbiology, 2013, 4(182): 182.

[7] Ramirezllodra E, Shank T M, German C R. Biodiversity and biogeography of hydrothermal vent species: Thirty years of discovery and investigations. Oceanography Society, 2007, 20(1): 30-41.

[8] Shank T M, Fornari D J, Von Damm K L, et al. Temporal and spatial patterns of biological community development at nascent deep-sea hydrothermal vents (9°50′N, East Pacific Rise). Deep Sea Research, 1998: 465-515.

[9] Bachraty C, Legendre P, Desbruyeres D, et al. Biogeographic relationships among deep-sea hydrothermal vent faunas at global scale. Deep Sea Research, 2009, 56(8): 1371-1378.

撰稿人：曾　湘　邵宗泽

国家海洋局第三海洋研究所，zengxiang@tio.org.cn

深海热液口无脊椎动物与化能自养微生物是如何互利共生的？

Symbiosis Betweenmarine Invertebrates and Chemoautotrophs in Deep-Sea Hydrothermal Vents

1977 年美国科学家搭载“阿尔文”号深潜器首次在太平洋加拉帕戈斯海底发现了壮观的海底热液喷发以及栖息于此的繁盛生物群落[1]。这一发现，打破了人们对生命极限的认识，颠覆了以前人们对深海海底世界的认识：寒冷、食物匮乏、生物量低。相反，深海热液口生物群落发达、多样性丰富，包括有不同种类的无脊椎动物，如各种管状蠕虫、贻贝、盲虾、螺等。相对于其他深海环境，这里是海底“生命绿洲”。

那么在热液口这种极为恶劣的环境(高压、黑暗、剧烈的温度变化，并充斥有毒的化学物质)下，无脊椎动物如何获得营养物质和能量，从而成长为巨大的成体并维持很高的生物量(如管状蠕虫，成体最长可达 3m；盲虾，在热液环境中每平方米可达 3000 只[2])，是人们一直以来关注的焦点。起初科学家们认为这些无脊椎动物是通过滤食底质有机碎屑来维持高生物量。随后越来越多的研究发现，为了适应该极端环境，无脊椎动物形成了独特的身体结构及代谢机制：它们参与捕食、滤食和消化相关的一些器官和功能退化或消失；取而代之的是，与化能自养微生物形成共生关系，产生或演化出相应的形态结构以适应共生生活，如蠕虫中特化的营养体结构和大西洋盲虾口部附肢和鳃室等。目前研究表明，热液口无脊椎动物主要依赖共生微生物合成的有机物进行生长。图 1 所示为与化能自养微生物共生的热液口无脊椎动物。

热液口无脊椎动物为化能自养微生物提供栖息环境和化能合成所需的各种组分，同时化能自养微生物所合成的有机物供给无脊椎动物生长利用，从而形成互利共生关系。根据共生部位不同，共生方式分为两种：一种是内栖共生，即微生物生活在宿主体/细胞内，如管状蠕虫中特化的营养体结构、贻贝的鳃表皮细胞和热液纤毛虫的细胞质等，是内栖共生微生物的主要共生部位；另一种是体表共生，即微生物生活在宿主/细胞表面，如大西洋中脊盲虾口部附肢和鳃室、雪蟹螯足与步足胸板上繁密的刚毛等为体表共生菌提供了良好的栖息环境[5]。

图 1　深海热液口与化能自养微生物共生的无脊椎动物

蠕虫、多毛虫和贻贝图片来源于美国伍兹霍尔海洋研究所；螺(*Alviniconcha*)图片来源于 Roxanne A. Beinart[3]；雪蟹图片来源于 Sven Thatje[4]；柯氏绒铠虾图片来源于 Daiju Azuma；其余图片来源于我国大洋科学考察航次拍摄

迄今为止，与热液口无脊椎动物共生的化能自养微生物均没有成功获得培养，因此极大地限制了我们对热液环境共生机制的研究。目前科学家们只能通过免培养方法解析这些共生微生物的代谢机制，如通过宏基因组方法已获得了管状蠕虫的共生菌“*Candidatus*Endoriftia persephone”[6]、蛤的共生菌“*Candidatus*Ruthiamagnifica”[7]和盲虾 ε-和 γ-变形菌纲细菌的基因组信息[8]。这些共生微生物基因组中包含用于二氧化碳固定、硫化物氧化、氢气氧化、铁氧化、氨同化，以及氨基酸和维生素生物合成的基因。因此推测，这些共生微生物可能利用热液口还原性物质(包括硫化物、氢气、低价铁等)作为电子供体，通过氧化获得能量，以固定二氧化碳合成有机物，供给宿主生长。然而，在目前的实验条件下，这些共生微生物还不能被培养，许多过程都是推测的结果。例如，微生物和宿主系统是如何选择这些还原性物质作为能源？不同类型微生物是如何与宿主细胞进行协同作用的？共生微生物的代谢途径是如何调控和发挥作用的？化能自养菌产生了哪些有机物供给宿主？这些问题还有待进一步实验证明。

关于共生微生物合成的营养物质向宿主转运的机制，目前普遍认为有两种模式：第一种是宿主通过消化系统分解共生微生物，从而获取营养；第二种是共生微生物合成的小分子有机物可直接释放至细胞外，被宿主吸收利用。科学家们在研究管状蠕虫时发现，管状蠕虫的成体没有消化系统，营养物质的传递是采用第二种模式；然而也有研究发现在管状蠕虫营养体中存在不同裂解状态的共生微生物，而且有科学家认为营养体来源于肠道内胚层的吞噬细胞，所以管状蠕虫也可能采用第一种模式来利用共生微生物合成的有机物。柯氏绒铠虾中营养物质的传递是采用第一种模式。起初科学家们发现柯氏绒铠虾经常会利用颚足梳理刚毛，然后做出喂食行为；进一步研究发现其是利用颚足捕食刚毛中的共生微生物，然后在肠道内进行消化吸收，获得营养[9]。然而，科学家们在研究大西洋中脊的盲虾时，却得出不同的结论。虽然盲虾同柯氏绒铠虾一样，是甲壳类动物，属于体表共生，但营养物质的获取不是依靠捕食行为。科学家们提出假设：体表共生的微生物通过化能自养合成的可溶性小分子可直接通过盲虾表皮，被吸收利用。但是有些学者提出反对意见，他们指出甲壳类动物与其他海洋无脊椎动物不同，其表皮是没有渗透性的，不可能通过表皮吸收可溶性有机物。最近的研究结果似乎支持这一假说：盲虾鳃部共生微生物合成的有机物确实转移到盲虾肌肉组织中，更重要的是，盲虾的表皮可以吸收可溶性有机分子，如乙酸和赖氨酸[10]。目前为止，仍没有直接证据表明共生微生物固定的二氧化碳是如何转移到宿主的。这两种吸收营养物质的模式不一定相互排除，很可能同时存在，那么它们各自对宿主营养物质的吸收贡献有多大？无脊椎动物体表吸收可溶性有机分子的部位仍有待发现。

此外，化能自养微生物合成的有机物是否完全可以满足热液口无脊椎动物的生长需求？管状蠕虫没有消化系统，营养物质完全依赖于与其共生的化能自养微生物。然而，对于其他具有消化系统的无脊椎动物而言，如盲虾，虽然研究表明其生长主要是通过吸收利用体表共生的化能自养微生物合成的有机物。但是，其肠道内也含有微生物，它们的作用至今仍然不清楚：肠道内的化能自养微生物为宿主提供有机物，还是仅是一般的肠道微生物？亦或是被吞进的“食物”？

总之，对热液口无脊椎动物与化能自养微生物共生机制的研究，有助于理解这些热液生物如何能够在如此极端恶劣的环境下生生不息，并对探究生命的演化有重要意义；同样，共生作用的研究对于认识热液口生物地球化学元素循环也具有重要意义。基于深海化学生态模拟试验、化能自养微生物的成功培养，以及“组学”的研究等手段最终能揭开这个谜团。

参考文献

[1] Corliss J B, Dymond J G, Gordon L I, et al. Submarine thermal springs on the Galapagos rift. Science, 1979, 203(4385): 1073-1083.

[2] Schmidt C, Bris N L, Gaill F. Interactions of deep-sea vent invertebrates with their

environment: The case of *Rimicaris exoculata* . J Shellfish Res, 2008, 27(1): 79–90.

[3] Beinart R A, Sanders J G, Faure B, et al. Evidence for the role of endosymbionts inregional-scale habitat partitioning byhydrothermal vent symbioses . PNAS, 2012, 109(47): 3241- 250.

[4] Thatje S, Marsh L, Roterman CN, et al. Adaptations to Hydrothermal Vent Life in*Kiwa tyleri*, a New Species of Yeti Crab fromthe East Scotia Ridge, Antarctica . PLoS One, 2015, 10(6): e0127621.

[5] 刘昕明, 林荣澄, 黄丁勇. 深海热液口化能合成共生作用的研究进展. 地球科学进展, 2013, 28(7): 794-801。

[6] Robidart J C, Bench S R, Feldman R A, et al. Metabolic versatility of the *Riftia pachyptila* endosymbiont revealed through metagenomics . Environ Microbiol, 2008, 10(3): 727-737.

[7] Newton I L, Woyke T, Auchtung T A, et al. The *Calyptogena magnifica* chemoautotrophic symbiont genome . Science, 2007, 315(5814): 998-1000.

[8] Jan C, Petersen J M, Werner J, et al. The gill chamber epibiosis of deep-sea shrimp *Rimicaris exoculata*: An in-depth metagenomic investigation anddiscovery of Zetaproteobacteria. Environ Microbiol, 2014, 16(9): 2723-2738.

[9] Watsuji T O, Yamamoto A, Motoki K, et al. Molecular evidence of digestion and absorption of epibiotic bacterial community by deep-sea crab *Shinkaia crosnieri*. ISME J, 2015, 9(4): 821-831.

[10] Ponsard J, Cambon-Bonavita M A, Zbinden M, et al. Inorganic carbon fixation by chemosynthetic ectosymbionts and nutritional transfers to the hydrothermal venthost-shrimp *Rimicaris exoculata* . ISME J, 2013, 7(1): 96-109.

撰稿人：姜丽晶　邵宗泽

国家海洋局第三海洋研究所，shaozongze@tio.org.cn

深海溶解有机碳库是怎样形成的？

How was the Deep Ocean Dissolved Organic Carbon Reservoir Formed?

海洋作为大气 CO_2 的“汇”，对减缓全球变暖起到重要的作用。海洋碳循环的过程与机制不仅在于物理和化学方面，还在于生物的过程与机制。CO_2 由自养过程固定下来成为有机碳，有机碳又被异养过程呼吸返回为 CO_2，完成一个循环。其中一部分有机碳逃逸这个循环而被储藏在海洋中，从而起到调节气候的作用。人们所熟知的生物泵(biological pump，BP)是其中一个重要的储碳机制，然而该机制产生并长期储存在深海中的颗粒有机碳(particular organic carbon，POC)仅 13~25 Gt[1]，剩余的 90%以上的海洋有机碳以溶解有机碳(dissolved organic carbon，DOC)的形式存在的。而这其中约 95%的 DOC 是生物不能利用的惰性 DOC(recalcitrant DOC，RDOC)，巨大的 RDOC 碳库(约 650Gt)可与大气 CO_2 总碳量相当[2]。这个巨大的 RDOC 碳库早在 1968 年就被认识到了，但其形成过程、惰性机制一直没有令人信服的阐释，被称为“海洋生物地化过程的无解之谜”[3]。

海洋中的 DOC 包括周转时间在几分钟到几天的活性 DOC(labile DOC，LDOC)、周转时间在几个月到若干年的半活性 DOC(semi-labile DOC，SLDOC)，以及可以在海洋中停留千年尺度的 RDOC。其中，LDOC 和 SLDOC 很快被微型生物分解利用，除了提供生长代谢所需要的碳源和能源之外，还有一部分在微型生物的持续作用下转化为 RDOC，逃逸了生物的利用和操控，进入水体长期积累构成海洋水体储碳，这种作用被称之为“微型生物碳泵”(microbial carbon pump，MCP)[4, 5]。微型生物产生 RDOC 的机制包括主动机制如通过微型生物代谢分泌 RDOC，以及被动机制如病毒与原生动物促动的 RDOC 释放等[4]。具体来说，微型生物分泌的胞外多聚物如糖蛋白、脂蛋白、胞外 DNA、L 型葡萄糖，细菌细胞壁组分如 D 型氨基酸等，病毒感染和裂解细菌/古菌细胞释放出组分复杂的细胞物质，如单体、寡聚体和多聚体、胶体物质和细胞碎片等[6]，原生动物通过摄食活动释放的大分子溶解有机物及小的胶体颗粒等[7]都是海洋 RDOC 的重要来源。MCP 理论指出，RDOC 分子可分为两类：$RDOC_t$(environmental context-dependent RDOC)和 $RDOC_c$(concentration-constrained RDOC)[5]。$RDOC_t$ 指在特定的生化环境中不能被微型生物吸收利用，当转换环境后由于不同的微型生物群落、环境条件等可能会再次被吸收分解的 RDOC 化合物；而 $RDOC_c$ 由多类低分子量分子构成，这类化合物由于浓度低于微型生物利用的阈值而不能被利用(图 1)。

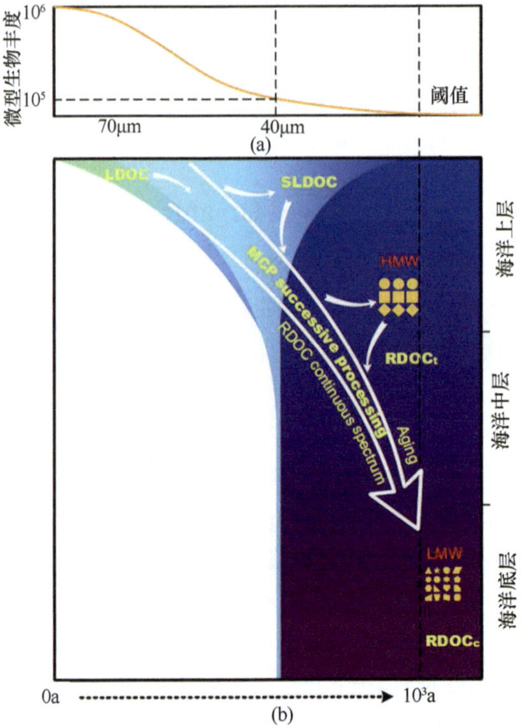

图 1　时空尺度的 RDOC 特征

(a)微型生物丰度与海洋 DOC 浓度的关系。深海 DOC 浓度在 40μm 左右，微生物丰度在 10^5 尺度；当浓度小于某阈值时，微型生物不能继续利用 DOC，对应(b)中的 $RDOC_c$。(b)持续的微型生物作用导致 RDOC 在量上和惰性程度上不断积累；MCP. 微型生物碳泵；$RDOC_t$. 在某特定环境下不能被微型生物利用的 RDOC 分子，当环境改变时有可能被进一步地分解；$RDOC_c$. 由于浓度低于阈值而难以被微型生物摄食；LDOC. 活性溶解有机碳；SLDOC. 半活性溶解有机碳[5]

RDOC 分子如何通过物理屏蔽或化学修饰免于被微型生物利用？长期以来有两种假说对此问题进行解释。一种是“稀释假说”[8, 9]，即深海中大部分 DOC 分子是由于其浓度低于微生物可利用的阈值，才不能够被使用而留存，该类分子正是 MCP 定义的 $RDOC_c$。细菌培养实验已证实当碳源浓度小于一定阈值时会限制底物的吸收利用从而影响微型生物的生长[8]。深海 DOC 的化学组分非常复杂，而大部分单类分子的浓度非常低[10]，已有研究表明单类 DOM 分子浓度远小于高亲和度吸收系统所需要的毫微摩尔范围[11]，可见 $RDOC_c$ 也是微型生物代谢活动的产物。“生物惰性假说”认为 DOC 分子化学结构相对比较稳定，难以被微型生物利用[12]，不同的生物群落或者环境可能会使其分解，故该类分子可以归为 $RDOC_t$[5]。培养实验表明，海洋环境中微型生物群落能将添加的葡萄糖或谷氨酸快速转变为难以再利用的结构复杂的 RDOC 分子，其中包含结构稳定的基团如羧基、芳香基等[13]，说明微型生物改变了简单碳源的结构使其趋于稳定结构。目前深海 RDOC 已经确定的化合物中含量比较高的脂环族羧基化合物，其包含的脂环结构难以被微型生物所分解。相比于 LDOC，深海中的 RDOC 分子组成有一些共性，如分子量更高、氢碳比(H/C)更低，其中 RDOC 中的氢含量相对于 LDOC 更少，表明其中稳定的芳香基团含量更大，致其更难被微型生物降解[10]。

无论是 $RDOC_c$ 分子还是 $RDOC_t$ 分子都是在微型生物的持续作用下使其在量上及惰性方面不断积累，从而形成巨大的有机碳库，微型生物碳泵理论实现了这两种假说的有机链接(图 1)。然而两类 RDOC 分子的相对多少决定了不同机制在 RDOC 形成过程中的相对作用大小，对于探索 RDOC 库的形成具有至关重要的作用，因此研究两类 RDOC 分子的相对比例问题成为目前的研究焦点之一。新近，Arrieta 等采用新的技术手段重复设计并分析了 Barber 在 1968 年进行的 DOC 富集实验[3]，实验结果显示随着 DOC 浓度的增加，原核生物生长率显著提高，他们认为该实验证实了“稀释假说”的成立，而且傅里叶变换离子回旋共振质谱(FT-ICR-MS)数据的分析结果表明深海中大部分 RDOC 属于 $RDOC_c$[9]。然而 Jiao 等[14]分析 Arrieta 的数据发现 DOC 的利用率并没有随 DOC 浓度的增加而增加，大约在 6%以内。而且目前采用 FT-ICR-MS 进行简单粗暴的定量分析还存在争议，该技术在固相萃取阶段对于 DOC 分子的选择性也使其结论具有不确定性。Wilson 等[15]采用 Arrieta 等的实验数据，结合 DOC 的产生率和放射性碳测年龄与箱式模型计算出深海中 $RDOC_t$ 的比例在某些海区高达 95% (under review)。Walker 等[12]建立的 DOC 粒径-放射性碳测年龄-化学构成模型支持化学惰性是使 RDOC 分子保持惰性的主要原因，但是该模型不能排除其他机制对于 RDOC 分子惰性的贡献。目前两类 RDOC 分子的相对多少仍是悬而未决的焦点问题之一，然而产生 RDOC 的分子生物学过程与机制系统研究的缺乏、化学分析、基因组学等分析技术的局限性限制了对问题本来面目的认识，这不仅需要更多精心设计的培养实验，也需要结合 FT-ICR-MS、核磁共振(NMR)等技术对 RDOC 分子进行深入的化学结构分析，通过基因组学从生物学机制入手研究，结合模型探索深海 RDOC 分子的产生机制，才有可能给出准确答案。

海洋 RDOC 碳库并非现代海洋才有，在距今 5.4 亿~8.5 亿年前的新元古代中晚期曾一度是目前海洋 DOC 库的 100~1000 倍以上，且其碳循环的周期远大于 10^4 年[16]。在这一地质时代，多细胞动物参与的生态系统尚未进化出来，此时基于颗粒有机碳沉降的生物泵储碳基本不参与 RDOC 的形成过程。而此时的海洋中充满了微型生物，在缺乏捕食者的情况下，碳流不是向上层营养级传递而是被病毒裂解为 DOC，因此这一超大型 RDOC 库的形成可以基本归结为 MCP 作用加剧的结果。海洋中的 DOC 除了占主要部分的海洋自生有机碳，也有一部分陆源有机碳。虽然每年约有 5 亿 t 的陆源有机碳通过河流输入到海洋中[17]，然而大洋中的 DOC 组分及其稳定同位素值($\delta^{13}C$)等证据表明陆源 DOC 并没有在海洋中富集保存，而是被微型生物不断代谢转化，最后归一化为与海源有机碳相似的组分，可以推测 MCP 连续作用在各种来源的 DOC 成分使其惰性加强而形成庞大的惰性碳库。

气候变化将会从不同机制上影响到 BP 和 MCP 的相对作用，以及二者对海洋碳库的贡献。一方面，在当今全球变暖的背景下，海洋升温将加剧海洋层化、减弱水柱混合，从而减少来自深水向真光层的营养盐补充，使得表层水更加贫瘠，在这种情况下，初级生产过程及其产品结构将发生变化，DOC 比例上升、POC 比例下降；同时海洋酸化将会刺激微型生物的活动，使得光合作用固定的碳更多地转化为 DOC；在海洋层化和酸化共同作用下，海洋表层的 LDOC 通过光降解更多地转化为 RDOC。这几种机制在一定程度上削弱 BP 的作用，提高 MCP 的相对重要性，由 BP 主导的碳封存过渡到 MCP 主导的碳封存[1, 5]。然而另一方面，气候驱动导致大西洋和太平洋温盐环流减弱，在海洋酸化加剧的情况下促进了通过温盐环流提升到海洋表层的 RDOC/SRDOC 的光降解作用[1]。与此同时，由 BP 和 MCP 过程影响的海洋碳库的变化也不可避免的影响全球气候变化。POC 沉降至海底沉积物后，除部分被沉积环境中的微生物利用之外，可以保存在深部沉积物中，进而形成了巨大的有机物库，并且在地质年代时间尺度上保存，不再回到海洋和大气圈层的碳循环。而保存在海水中的 RDOC，其平均年龄为数千年，也就是说，大部分 RDOC 碳库参与了千年尺度上海洋和大气圈层的碳循环。如前所述，海洋中的 RDOC 量与大气 CO_2 量相当，因此，海洋 RDOC 碳库的变动可以影响千年尺度上全球气候变化。新元古代中晚期海洋 DOC 库的变动与当时全球气候的剧烈变化有密切的关系，这在一定程度上表明了 MCP 储碳机制对全球气候的巨大影响。对海洋碳库 BP 和 MCP 机制进行更为深入的研究，包括分子生物学过程与机制、环境生态学过程与机制，以及生物地球化学过程与环境效应等，是探寻 RDOC 碳库形成机制及其与气候变化的相互影响的关键所在。

参 考 文 献

[1] Legendre L, Rivkin R B, Weinbauer M G, et al. The microbial carbon pump concept: potential biogeochemical significance in the globally changing ocean. Progress in Oceanography, 2015, 134, 432-450.

[2] Hansell D A, Carlson C A, Schlitzer R. Net removal of major marine dissolved organic carbon fractions in the subsurface ocean. Global Biogeochemical Cycles, 2012, 26(1): 151-161.

[3] Barber R T. Dissolved organic carbon from deep waters resists microbial oxidation . Nature, 1968, 220(5164), 274-275.

[4] Jiao N, Herndl G J, Hansell D A, et al. Microbial production of recalcitrant dissolved organic matter: Long-term carbon storage in the global ocean. Nature Reviews Microbiology, 2011, 8: 593-599.

[5] Jiao N, Robinson C, Azam F, et al. Mechanisms of microbial carbon sequestration in the ocean – future research directions. Biogeosciences, 2014, 11: 5285-5306.

[6] Jacquet S, Miki T, Noble R, et al. Viruses in aquatic ecosystems: Important advancements of the last 20 years and prospects for the future in the field of microbial oceanography and limnology. Advances in Oceanography and Limnology, 2010, 1: 71-101.

[7] Nagata T, Kirchman D L. Release of macromolecular organic-complexes by heterotrophic marine flagellates. Marine Ecology Progress Series, 1992, 83: 233-240.

[8] Jannasch H W. The microbial turnover of carbon in the deep-sea environment. Global and Planetary Change, 1994, 9(3): 289-295.

[9] Arrieta J M, Mayol E, Hansman R L, et al. Dilution limits dissolved organic carbon utilization in the deep ocean. Science, 2015, 348(6232): 331-333.

[10] Hansman R L, Dittmar T, Herndl G J. Conservation of dissolved organic matter molecular composition during mixing of the deep water masses of the northeast Atlantic Ocean. Marine Chemistry, 2015, 177: 288-297.

[11] Kattner G, Simon M, Koch B. Molecular characterization of dissolved organic matter and constraints for prokaryotic utilization. Microbial carbon pump in the ocean. Washington, DC: Science/AAAS, 2011, 60-61.

[12] Walker B D, Beaupré S R, Guilderson T P, et al. Pacific carbon cycling constrained by organic matter size, age and composition relationships . Nature Geoscience, 2016, 9(12): 888-891.

[13] Ogawa H, Amagai Y, Koike I, et al. Production of refractory dissolved organic matter by bacteria. Science, 2001, 292: 917–920.

[14] Jiao N, Legendre L, Robinson C, et al. Comment on “dilution limits dissolved organic carbon utilization in the deep ocean”. Science, 2015, 350(6267): 1483-1483.

[15] Wilson J D, Arndt S. Modeling radiocarbon constraints on the dilution of dissolved organic carbon in the deep ocean. Global Biogeochemical Cycles (under review).

[16] 焦念志，张传伦，李超，等. 海洋微型生物碳泵储碳机制及气候效应. 中国科学：地球科学, 2013, 01: 1-18.

[17] Meybeck M, Vörösmarty C. Global transfer of carbon by rivers. Global Change Newsletter, 1999, 37: 18-19.

撰稿人：王南南　焦念志

厦门大学，jiao@xmu.edu.cn

微生物如何影响海洋活性氮库变化？

How do Microorganisms Influence the Dynamics of the Marine Reactive Nitrogen Inventory?

氮元素是地球上所有生命的组成成分之一，是构成生物体中诸如核酸和蛋白质等结构和功能物质的关键元素。氮元素对海洋中的各种生命形式均发挥着重要作用，从非细胞结构的病毒、原核的细菌和古菌，到真核的原生动物乃至海洋鲸类等大型动物，没有氮就不会有这些海洋生命形式的存在。从宏观系统角度分析，氮营养盐是构成海洋生态系统结构和功能的重要基础[1]，海洋环境中活性氮(reactive nitrogen)的库存大小和变化与海洋初级生产力、海洋储碳能力、海洋渔业及海洋生态服务等息息相关，并通过海洋氮循环与碳循环的相互作用，影响海洋对大气二氧化碳的吸收能力及海洋对全球变化的调节能力。

人类对地球和海洋氮生物地球化学循环的了解经历了一个漫长的发现和认知过程，历史上早期相关研究可以追溯到 19 世纪，如 1836 年，法国化学家 Jean-Baptiste Boussingault 发现了农家肥对植物的生长促进作用来自其中的含氮成分，随后英国科学家 John Bennet Lawes 和 Joseph Henry Gilbert 通过向作物添加硫酸铵等物质进一步证实了植物生长对氮营养盐的需求[2]。德国化学家 Justus von Liebig 于 1840 年创建了有关作物生长对氮、磷、钾等无机营养盐需求的“最小因子法则”(Law of the Minimum)，即那些相对于植物需求而处于最少量状态的营养元素决定了植物的生长状态[3]。环境中各种含氮物质间的转化构成了地球和海洋的氮循环，此后的研究表明，不管是陆地、淡水还是海洋生态系统，Liebig 的最小因子法则揭示了一个普遍生态规律。

关于氮循环及相关微生物过程和机理的研究始于 19 世纪下半叶。1856 年，法国科学家 Jules Reiset 发现，有机质降解可以产生气态氮[2]，表明环境中的氮不但可被利用，也可被再生，应处于循环过程中。随后的研究进一步确立了氮循环的一些关键微生物过程和机理，如 1877 年法国科学家 Jean Jacques Théophile Schloesing 和 Charles Achille Müntz 发现了细菌的硝化过程，1880 年德国科学家 Hermann Hellriegel 和 Hermann Wilfarth 发现了豆科植物共生细菌的生物固氮作用，1886 年法国科学家 Léonard-Ulysse Gayon 和 Auguste-Gabriel Dupetit 分离到两株反硝化细菌并由此发现了微生物反硝化过程[2]。19 世纪末期发现的以上三个微生物氮转化过程构成了随后 100 多年中氮循环研究的主要内容，直到进入 21 世纪，海洋和陆地环境氮循环中的另一关键过程——厌氧铵氧化作用才被发现(图 1)[4]，并且随着研究的深入，越来越多的细菌和古菌类群被发现具有氮转化功能，如近十年在海洋环境中率先发现的古菌氨氧化作用和固氮作用[5, 6]。由于海洋环境的特殊性和多样性，人们逐渐认识到古菌是海洋氮循环不可或缺的重要成员。另外，过去一百多年中，人们普遍认为硝化过程中的氨氧化和亚硝酸盐氧化分别由不同的微生物完成。然而，2015 年“完全硝化”细菌的发现改写了这一传统氮循环观念[7]。

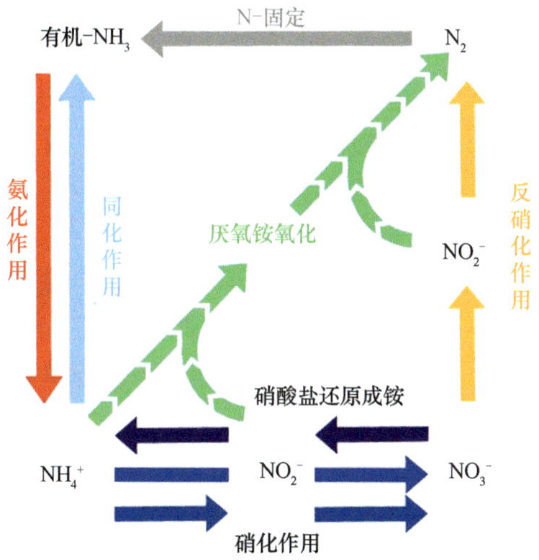

图 1　微生物介导的氮循环关键过程[4]

由于远离陆地及其他输入源，并且水体分层使得营养盐在水柱中的垂直混合传输效率很低，低纬开阔大洋中的很多表层水体氮营养盐非常缺乏，根据 Liebig 的最小因子法则[3]，在这些环境中，氮营养盐构成了海洋生态系统和生物生产力的关键限制因子，多年的海洋氮循环研究对此提供了佐证[8]。因此，海洋氮营养盐储库的大小和动态变化是决定海洋生态系统结构和功能及其变化的重要因素。但是，目前关于海洋活性氮库的大小和动态变化趋势在科学界却存在很大争议[1]。一些科学家认为，作为地球活性氮储库之一的现代海洋活性氮库处于一种不平衡状态，即由微生物反硝化作用所产生的活性氮移除速率大于由微生物固氮作用所产生的活性氮输入速率，使得海洋活性氮库处于一种逐渐减小的状态[9]。另外，新近发现的海洋厌氧铵氧化过程可能贡献了 50%的海洋氮移除[4]，因此，在反硝化作用和厌氧铵氧化作用共同驱动下，海洋活性氮库的减小可能会更加迅速和显著[10]。

然而，貌似不平衡的海洋活性氮库并不见得是真实的。微生物生态过程所驱动的氮循环可能在地球上已经存在了近 30 亿年[1]，生态系统的长期进化使得氮循环过程形成了反馈等调节过程和机制。因此，有科学家认为，地球上的氮循环应处于一种近乎平衡状态[11]，即由微生物固氮所产生的活性氮输入与由微生物反硝化作用和厌氧铵氧化作用所产生的活性氮移除大体相当。这些科学家还认为，虽然人类活动(如化肥生产和施用、化石燃料燃烧、污水等环境污染物排放)已对地球氮循环构成重大影响，微生物群落的自然反馈机制有可能使得现代地球和海洋氮循环在一个新的状态下稳定下来，达到一种新的平衡[11]。

貌似不平衡的海洋活性氮库可能还与人们对海洋微生物固氮作用研究的不深入和不全面有关。尽管海洋微生物固氮作用的研究已有半个多世纪之久，但是很多固氮微生物类群最近才被科学家们所发现，因此人们对这些微生物的生理特征及环境反应等生态过程了解尚浅[1, 12]。自然环境中的微生物生理生态过程可能异于实验室培养的纯菌种的生理生态特征，现有研究发现，曾被科学家认为微生物不进行固氮或固氮作用不明显的很多海洋环境(如氮营养盐丰富的富营养化河口和海湾等)，其实发生着不可忽视的微生物固氮作用[1, 13]。另外，海底热液和冷泉环境，以及广袤的海洋沉积环境可能存在着大量活跃固氮的异养细菌和化能自养古菌[1, 6, 12]，海水中的悬浮颗粒物也可能为微生物的固氮作用提供了微氧和缺氧微环境[14]。这些推测说明，海洋中可进行固氮的微生物种类及可进行固氮的环境远超出人们目前的认知。近来海洋环境固氮速率测定方法的改进也使人们认识到，以前很多测定结果可能低估了环境微生物的实际固氮速率[15]。基于此，海洋微生物固氮作用所提供的氮输入很有可能与反硝化和厌氧铵氧化作用所产生的氮移除相当。

综上所述，我们认识到，要解答海洋微生物对海洋氮库的作用和影响这一科学难题，还需要更全面系统地进行科学研究，我们期待在此过程中，对海洋微生物氮循环过程和机理产生新的发现和了解。

参 考 文 献

[1] Voss M, Bange H W, Dippner J W, et al. The marine nitrogen cycle: recent discoveries, uncertainties and the potential relevance of climate change. Philosophical Transactions of the Royal Society of London, 2013, 368(1621): 20130121.

[2] Galloway J N, Leach A M, Bleeker A, et al. A chronology of human understanding of the nitrogen cycle. Philosophical Transactions of the Royal Society B: Biological Sciences, 2013, 368(1621): 20130120.

[3] Von Liebig J. Die Organische Chemie in ihrer Anwendung auf Agrikultur und Physiologie (Organic chemistry in its applications to agriculture and physiology). Braunschweig, Germany: Bieweg and Cohn, 1840.

[4] 党宏月, 黄榕芳, 焦念志. 厌氧铵氧化细菌的科学发现及启示——利用科学原理指引科学发现和推动科学发展的经典范例. 中国科学: 地球科学, 2016, 46(1): 1-8.

[5] Francis C A, Roberts K J, Beman J M, et al. Ubiquity and diversity of ammonia-oxidizing archaea in water columns and sediments of the ocean. Proceedings of the National Academy of Sciences of the United States of America, 2005, 102(41): 14683-14688.

[6] Dang H Y, Luan X W, Zhao J Y, et al. Diverse and novel *nifH* and *nifH*-like gene sequences in the deep-sea methane seep sediments of the Okhotsk Sea. Applied and Environmental Microbiology, 2009, 75(7): 2238-2245.

[7] Daims H, Lücker S, Wagner M. A new perspective on microbes formerly known as nitrite-oxidizing bacteria. Trends in Microbiology, 2016, 24(9): 699-712.

[8] Moore C M, Mills M M, Arrigo K R, et al. Processes and patterns of oceanic nutrient limitation. Nature Geoscience, 2013, 6(9): 701-710.

[9] Codispoti L A, Brandes J A, Christensen J P, et al. The oceanic fixed nitrogen and nitrous oxide budgets: Moving targets as we enter the anthropocene. Scientia Marina, 2001, 65(Suppl. 2): 85-105.

[10] Mahaffey C, Michaels A F, Capone D G. The conundrum of marine N_2 fixation. American Journal of Science, 2005, 305(6-8): 546-595.

[11] Canfield D E, Glazer A N, Falkowski P G. The evolution and future of Earth's nitrogen cycle. Science, 2010, 330(6001): 192-196.

[12] Zhou H, Dang H, Klotz M G. Environmental conditions outweigh geographical contiguity in determining the similarity of *nifH*-harboring microbial communities in sediments of two disconnected marginal seas. Frontiers in Microbiology, 2016, 7: 1111.

[13] Knapp A N. The sensitivity of marine N_2 fixation to dissolved inorganic nitrogen. Frontiers in Microbiology, 2012, 3: 374.

[14] Dang H Y, Lovell C R. Microbial surface colonization and biofilm development in marine environments. Microbiology and Molecular Biology Reviews, 2016, 80(1): 91-138.

[15] Großkopf T, Mohr W, Baustian T, et al. Doubling of marine dinitrogen-fixation rates based on direct measurements. Nature, 2012, 488(7411): 361-364.

撰稿人：党宏月

厦门大学，danghy@xmu.edu.cn

海洋化能自养微生物的固碳作用机理及对其他元素循环的作用

Carbon-Fixing Mechanisms of Marine Chemoautotrophic Microbes and Their Effects to the Cycling of Other Elements

自养固碳生物是生态系统物质循环和能量流动的基石，没有自养生物执行无机碳向有机碳转化的生物化学过程，地球上就不会有生命及生物圈的存在。自养生物主要分为两大类，即光能自养生物和化能自养生物，它们分别利用光能和化学能作为能量来源进行无机碳生物固定[1~3]。在海洋环境中，由于光能只存在于太阳光可以达到的表层海水中(即真光层中)，而其他大部分海洋水体及沉积物为弱光或黑暗无光状态。因此，可行使光合作用固碳的生物(包括产氧蓝细菌、微藻和大型藻类)在海洋中的分布非常有限。但是，能行使化能自养作用的微生物(细菌和古菌)不需要光能进行固碳，因此它们在海洋中的分布非常普遍。从海底深部生物圈、热液和冷泉等极端环境到表层沉积物、各深度海水乃至真光层，都有一些种类的化能自养微生物行使固碳功能[4]。相关研究表明，一些海洋水体环境中化能自养的“黑暗固碳”作用对水体初级生产力的贡献可以接近或甚至高于真光层浮游植物和光合细菌的光合固碳量[5, 6]。这些研究发现，激发了人们对海洋化能自养微生物及其固碳机理和生态功能的研究热情，该研究方向近年来迅速成为海洋微生物学、微生物海洋学和全球变化研究的热点和前沿[4]。

人类对生物自养固碳(包括化能自养固碳)的研究由来已久，最早可以追溯到19 世纪对陆地植物光合固碳的实验研究[7]。19 世纪末叶也见证了科学家对化能自养固碳微生物生命过程的探索。1887 年俄国微生物学家谢尔盖·尼古拉耶维奇·维诺格拉斯基(Sergei Nikolaievich Winogradsky)首次报道了细菌无机化能营养方式(chemolithotrophy)这一划时代意义的发现，即 *Beggiatoa* 属硫氧化细菌(sulfur-oxidizing bacteria，SOB)以氧化硫化氢和单质硫获取能量进行生长[8]。随后几年，维诺格拉斯基进一步报道了营无机化能自养(chemolithoautotrophy)的氨氧化细菌(ammonia-oxidizing bacteria，AOB)和亚硝酸盐氧化细菌(nitrite-oxidizing bacteria，NOB)，并系统地证明了地球上除了光能自养固碳外，还存在着不依赖于光能的化能自养固碳生物过程[8]。作为微生物生态学创始人及世界上第一位微生物生态学家，维诺格拉斯基系统地创建了化能自养固碳学术理论体系，开创了化能自养微生物及自然环境微生物参与的氮和硫生物地球化学循环研究的先河[8]。

由于海洋环境的多样性和复杂性，海洋中除了分布有化能自养作用的硝化细菌(AOB 和 NOB)和 SOB 外，还分布有很多其他化能自养微生物类群[4]。尤其是最近 20 年来，随着分子生物学、宏基因组学和微生物培养技术的发展，在海洋环境中发现了一些重要的化能自养细菌和古菌的新类群。例如，1999 年在太平洋海底冷泉环境中首次发现了营化能自养作用的厌氧甲烷氧化古菌(anaerobic methane-oxidizing archaea，ANME)[9]，随后发现这类古菌普遍分布于海底冷泉、泥火山和天然气水合物赋存等沉积环境，其中的一些种类还参与固氮作用，在甲烷丰富的海底环境的碳、氮循环中发挥重要作用[10]。2003 年，在黑海等缺氧水体中发现了营化能自养固碳的厌氧铵氧化(anaerobic ammonium-oxidation，Anammox)细菌[11]，随后发现这类细菌普遍分布于低氧和缺氧的海水和沉积物中，在环境氮去除中发挥重要作用[12]。2005 年，在海水和沉积物中发现了营化能自养固碳的氨氧化古菌(ammonia-oxidizing archaea，AOA)[13]。从此人们才认识到，海洋中行使氨氧化作用的微生物不只是 AOB。在很多环境下，AOA 甚至具有比 AOB 更高的种群丰度和氮转化活性，是海洋环境中参与硝化作用的更重要的微生物类群。2007 年，变形菌门中的ζ-变形菌纲被确立，这个纲普遍可以在近中性 pH 环境下与铁氧化相偶联进行化能自养固碳作用，即它们为铁氧化细菌(iron-oxidizing bacteria，FeOB)[14]。该类细菌不但在深海热液和沉积物等环境中参与铁的生物地球化学循环过程，而且还在近岸等水体和沉积物中参与碳钢等金属的腐蚀作用，是环境中的一类重要细菌[15]。另外，海洋缺氧水体和沉积物中还广泛分布有产甲烷古菌等其他化能自养微生物类群。

光能自养的高等植物、藻类和蓝细菌依赖卡尔文循环(Calvin-Benson-Bassham cycle，CBB)途径进行生物固碳，这一固碳途径也存在于一些无机化能自养细菌中[4]。CBB 循环虽然是现代地球表面和真光层海水中最重要的生化固碳途径，但并不是唯一的自养固碳途径。微生物还有其他 5 条自养固碳途径：还原三羧酸(reductive tricarboxylic acid，rTCA)循环固碳途径普遍存在于厌氧或微好氧固碳细菌中；还原性乙酰辅酶 A(reductive acetyl-CoA，即 Wood-Ljungdahl，WL)固碳途径主要分布于 Anammox 细菌、产甲烷古菌及 ANME 古菌中；二羧酸/4-羟丁酸(Dicarboxylate/4-Hydroxybutyrate，DC/4-HB)循环固碳途径主要分布于泉古菌门除硫球菌目(Desulfurococcales)和热变形菌目(Thermoproteales)自养古菌中；绿弯菌科(Chloroflexaceae)的不产氧光合细菌还有一条 3-羟丙酸双循环(3-Hydroxypropionate bicycle，3-HP)自养固碳途径；此外，最近还发现了分布于奇古菌门(Thaumarchaeota)AOA 和泉古菌门(Crenarchaeota)硫化叶菌目(Sulfolobales)古菌中的 3-羟丙酸/4-羟丁酸(3-Hydroxypropionate/4-Hydroxybutyrate，3-HP/4-HB)循环固碳途径，其揭示了海洋中丰度最高的一类古菌的化能自养固碳机理及其对海洋碳、氮循环的潜在贡献[4]。

海洋中种类多样的化能自养细菌和古菌的共同点是，它们可以利用还原性小分子物质作为电子供体(如 NH_3、NH_4^+、NO_2^-、S^{2-}、S、Fe^{2+}、H_2、CH_4 等)进行能量代谢，并利用 CO_2(或 HCO_3^-)作为碳源合成有机物。除甲烷外，这些小分子都是无机物，因此这些微生物(除 ANME 外)的固碳方式统称为无机化能自养，而 ANME 利用甲烷获能，其固碳方式为有机化能自养(chemoorganoautotrophy)。这些化能自养微生物在生态系统营养阶层中是初级生产者，只要环境条件合适，它们可以在海洋中维持长期活跃的生物量(biomass)，其本身就构成了一种储碳方式，即所谓的“碳封存于生物量中”(carbon sequestration in biomass)。化能自养微生物固定的部分有机碳，可通过食物链被其他生物直接利用，转变为新的生物量储存于海洋中。化能自养固碳微生物的能量代谢特征还表明，这些微生物在进行生物固碳的同时活跃地进行其他元素(如氮、硫、铁等)的生物地球化学循环。

目前对深海热液和冷泉以外海洋环境化能自养微生物固碳机理和生态功能的研究起步不久，复杂多样的能量代谢和固碳途径，使得人们对海洋化能自养微生物的生态特征和生物地球化学作用还知之甚少。海洋化能自养微生物的研究，需要依赖系统生物学方法，这也增加了研究的难度。现代微生物组学研究方法的发展和成熟，将为该科学难题的解答提供必要的技术基础。

参 考 文 献

[1] Tabita F R. 1988. Molecular and cellular regulation of autotrophic carbon dioxide fixation in microorganisms. Microbiological Reviews, 1988, 52(2): 155-189.

[2] Ting C S, Rocap G, King J, Chisholm S W. Cyanobacterial photosynthesis in the oceans: The origins and significance of divergent light-harvesting strategies. Trends in Microbiology, 2002, 10(3): 134-142.

[3] Scanlan D J, Ostrowski M, Mazard S, et al. Ecological genomics of marine picocyanobacteria. Microbiology and Molecular Biology Reviews, 2009, 73(2): 249-299.

[4] Hügler M, Sievert S M. Beyond the Calvin cycle: Autotrophic carbon fixation in the ocean. Annual Review of Marine Science, 2011, 3: 261-289.

[5] Taylor G T, Iabichella M, Ho T Y, et al. Chemoautotrophy in the redox transition zone of the Cariaco Basin: A significant midwater source of organic carbon production. Limnology and Oceanography, 2001, 46(1): 148-163.

[6] Yakimov M M, La Cono V, Smedile F, et al. Contribution of crenarchaeal autotrophic ammonia oxidizers to the dark primary production in Tyrrhenian deep waters (Central Mediterranean Sea) . ISME Journal, 2011, 5(6): 945-961.

[7] Huzisige H, Ke B. Dynamics of the history of photosynthesis research. Photosynthesis Research, 1993, 38(2): 185-209.

[8] Dworkin M. Sergei Winogradsky: A founder of modern microbiology and the first microbial ecologist. FEMS Microbiology Reviews, 2012, 36(2): 364-379.

[9] Hinrichs K U, Hayes J M, Sylva S P, et al. Methane-consuming archaebacteria in marine sediments. Nature, 1999, 398(6730): 802-805.

[10] Dang H Y, Luan X W, Zhao J Y, Li J. Diverse and novel *nifH* and *nifH*-like gene sequences in the deep-sea methane seep sediments of the Okhotsk Sea. Applied and Environmental Microbiology, 2009, 75(7): 2238-2245.

[11] Kuypers M M M, Sliekers A O, Lavik G, et al. Anaerobic ammonium oxidation by anammox bacteria in the Black Sea. Nature, 2003, 422(6932): 608-611.

[12] 党宏月, 黄榕芳, 焦念志. 厌氧铵氧化细菌的科学发现及启示——利用科学原理指引科学发现和推动科学发展的经典范例. 中国科学: 地球科学, 2016, 46(1): 1-8.

[13] Francis C A, Roberts K J, Beman J M, et al. Ubiquity and diversity of ammonia-oxidizing archaea in water columns and sediments of the ocean. Proceedings of the National Academy of Sciences of the United States of America, 2005, 102(41): 14683-14688.

[14] Emerson D, Rentz J A, Lilburn T G, et al. A novel lineage of Proteobacteria involved in formation of marine Fe-oxidizing microbial mat communities. PLoS One, 2007, 2(8): e667.

[15] Dang H Y, Chen R P, Wang L, et al. Molecular characterization of putative biocorroding microbiota with a novel niche detection of *Epsilon*- and *Zetaproteobacteria* in Pacific Ocean coastal seawaters. Environmental Microbiology, 2011, 13(11): 3059-3074.

撰稿人：党宏月

厦门大学，danghy@xmu.edu.cn

海洋微型生物胞外代谢物在海洋储碳中的作用

The Role of Microbial Extracellular Metabolites in Marine Carbon Storage

海洋占地球表面积的 71%，人类活动产生的 CO_2 大约有 1/3 被海洋吸收，因此海洋是地球上极为重要的碳库。海洋储碳对于应对全球气候变化意义重大。

海洋中的有机碳以两种形式存在，即颗粒有机碳(particle organic carbon，POC)和溶解有机碳(dissolved organic carbon，DOC)。其中 DOC 约占总有机碳的 95%，为海洋有机碳主要存在形式。约有 95%的 DOC 是生物难以利用的惰性 DOC (recalcitrant dissolved organic carbon，RDOC)[1]，可以在水体中长期积累，构成了海洋水体储碳。海洋 RDOC 碳库巨大(约为 650 Gt)，可与大气 CO_2 总碳量相媲美[2]。目前已知的海洋生物储碳机制包括依赖于生物固碳及颗粒态碳沉降的“生物泵(biological pump，BP)”[3]，以及不依赖于颗粒态碳沉降的“微型生物碳泵(microbial carbon pump，MCP)”[1]。

微型生物包括自养和异养的原核和真核单细胞生物及病毒，其个体虽小，但数量巨大。微型生物是海洋中 DOC 的主要生产者和消费者，也是海洋巨大的 RDOC 库的主要贡献者[1]。

自养生物在真光层利用光能固定 CO_2 合成不同的有机分子，包括胞内及胞外有机物，统称为初级生产力。每年海洋真光层净初级生产力固定的碳约为 48.5 Pg[4]。初级生产力的大部分是作为胞外代谢物被释放到水体中，是海洋有机碳的重要来源。海洋微型生物普遍分泌胞外代谢物如胞外多糖、脂蛋白、胞外 DNA 及 D-氨基酸等。微型生物释放的胞外代谢物的组成与海水 DOC 的组成非常相似[5]。例如，硅藻是光合自养原核生物的主要类群，可以占到地球初级生产力的 25%，在硅藻的发育过程中可以分泌大量的纤维状胞外代谢物，其主要成分为胞外多糖(图 1)[6]。调查发现，在北亚得里亚海的一些硅藻种，每月可以产生高达 50g/m^3 的胞外多糖[7]，而多糖已被证实是海水大分子 DOC 的主要成分，在表层及深层海水大分子 DOC 中的含量分别达到 50%及 25%[8]。

除了藻类，细菌是海洋胞外多糖的另一个主要来源。与藻类不同，细菌在海洋中无处不在，是海洋中生物量最大的微型生物类群。电子显微镜观察发现，微型生物合成的胞外代谢物可以以荚膜的形式与细胞紧密结合，也可以与细胞松散地结合或分泌到环境中(图 2)。海洋环境中的细菌，无论是浮游细菌还是与颗粒物结合的细菌，其细胞的完整性与荚膜的有无密切相关[9]，由细菌释放的胞外代谢物

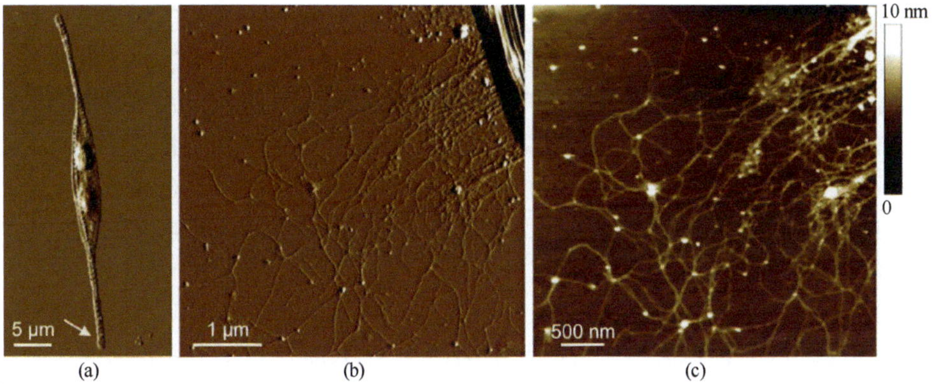

图 1　硅藻在发育过程中分泌大量的胞外代谢物

原子力显微镜观察硅藻完整的细胞(a)及其分泌的胞外代谢物(b)(c)[6]

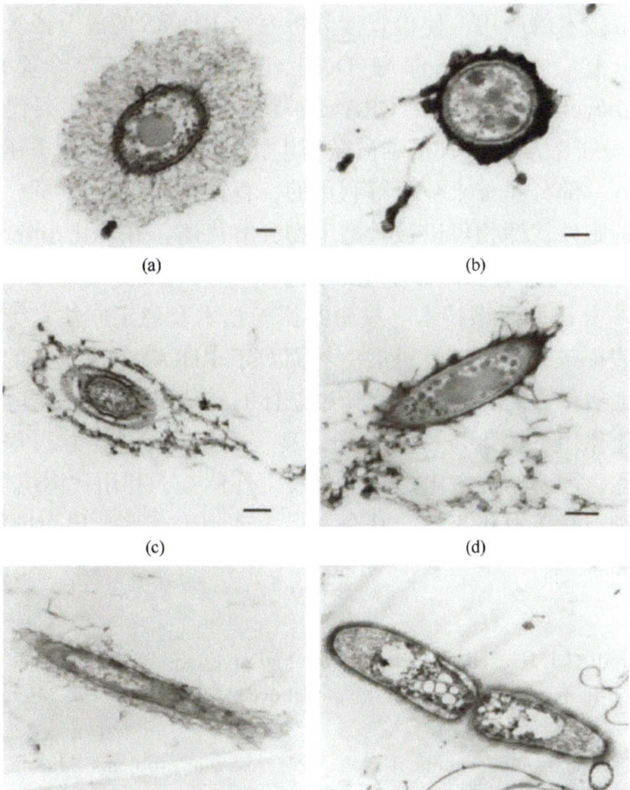

图 2　海洋细菌胞外代谢物的分泌特性[9]

(a) 中形成比细胞尺寸还要大的松散的包被，而(f)中仅在细胞四周形成一层致密的薄膜，(d)和(f)在海雪颗粒中存在；比例尺 (a)，(b) 为 100 nm，(c)~(f)为 200 nm

是海洋 DOC 的重要来源之一。与藻类胞外多糖不同，细菌分泌的胞外多糖含有大量的糖醛酸，推测细菌生产的胞外多糖更加难于被分解利用。为了验证此假说，我们提取了由典型海洋细菌分泌的含有大量糖醛酸的胞外多糖，并用其培养自然海水细菌群落。研究发现，在培养周期内胞外多糖未能被完全利用，构成 RDOC 碳库的一部分；细菌在分解利用这些大分子胞外多糖的过程中，合成新的荧光类惰性有机碳，贡献于 RDOC 碳库；无机营养盐可以促进有机碳的矿化，从而不利于海洋储碳[10]。

胞外代谢物也是 POC 的主要成分，参与由 BP 介导的生物储碳过程[11]。然而，由 BP 导致的 POC 向深海的输出是十分有限的，绝大部分 POC 在沉降过程中被降解转化成 CO_2 再度回到大气中，仅有很小部分可以逃逸矿化，到达海底，封存在沉积物中构成海洋碳库的一部分。

RDOC 分子组成的解析是认识海洋储碳过程与机制的前提。近几年发展起来的高分辨率质谱技术的应用，使得直接分析海水 RDOC 的成分成为可能。研究发现，DOC 成分复杂，表层与深海 DOC 组成相似；富含羧基的脂环族分子(carboxyl-rich alicyclic molecules，CRAM)被认为是 RDOC 的主要代表成分[12]；大多数的 RDOC 分子浓度极低，很难被微型生物利用。不论是藻类还是细菌产生的胞外代谢物均有一部分是难于被分解利用的，直接构成 RDOC 的一部分被储存起来，而大部分的胞外代谢物可以被微型生物分解代谢，并转化小分子的 CRAM 类 RDOC 分子[13]。伴随着有机碳分子量的减小，有机碳成分的复杂程度及其年龄呈上升趋势[14]。高分辨率质谱技术、核磁共振等技术及稳定同位素等技术的应用为 RDOC 的分子表征带来了突破性进展。然而对于 RDOC 形成机制的认识目前还相当缺乏。微型生物释放的胞外代谢物经过怎样的转化过程，由哪些微型生物介导，在哪些酶的催化作用下转化为 RDOC 分子等一系列复杂的生物过程尚有待解明。要回答这些问题，需要结合室内培养实验及野外调查，利用代谢组学、蛋白组学、基因组学、转录组学等分析手段，从分子、生理到生态多个层面进行综合分析。

参 考 文 献

[1] Jiao N, Herndl G J, Hansell D A, et al. Microbial production of recalcitrant dissolved organic matter: Long-term carbon storage in the global ocean. Nature Reviews Microbiology, 2010, 8: 593-599.

[2] Hedges J I. Global biogeochemical cycles: Progress and problems. Marine Chemistry, 1992, 39: 67-93.

[3] Gehlen M. Reconciling surface ocean productivity, export fluxes and sediment composition in a global biogeochemical ocean model. Biogeosciences, 2006, 3: 521-537.

[4] Field C B, Behrenfeld M J, T R J, Falkowski P. Primary production of the biosphere: Integrating terrestrial and oceanic components. Science, 1998, 281: 237–240.

[5] Aluwihare L I, Repeta D J. A comparison of the chemical characteristics of oceanic DOM and extracellular DOM produced by marine algae. Marine Ecology Progress Series, 1999, 186: 105-117.

[6] Svetličić V, Balnois E, Zutic V. Electrochemical detection of gel microparticles in seawater. Croatica Chemica Acta, 2006, 79: 107-113.

[7] Myklestad S M. Release of extracellular products by phytoplankton with special emphasis on polysaccharides. Science of the Total Environment, 1995, 165: 155-164.

[8] Benner R, Pakulski J D, McCarthy M, et al. Bulk chemical characteristics of dissolved organic matter in the ocean. Science, 1992, 255: 1561-1564.

[9] Heissenberger A, Leppard G G, Herndl G J. Relationship between the intracellular integrity and the morphology of the capsular envelope in attached and free-living marine bacteria. Applied and Environment Microbiology, 1996, 62: 4521-4528.

[10] Zhang Z, Chen Y, Wang R, et al. The Fate of marine bacterial exopolysaccharide in natural marine microbial communities. PLoS One, 2015, 10: e0142690.

[11] Bhaskar P, Bhosle N B. Microbial extracellular polymeric substances in marine biogeochemical processes. Current Science, 2005, 88: 45-53.

[12] Hertkorn N, Benner R, Frommberger M, et al. Characterization of a major refractory component of marine dissolved organic matter. Geochimica et Cosmochimica Acta, 2006, 70: 2990-3010.

[13] Koch B P, Kattner G, Witt M, et al. Molecular insights into the microbial formation of marine dissolved organic matter: recalcitrant or labile. Biogeosciences, 2014, 11: 4173-4190.

[14] Benner R, Amon R M. The size-reactivity continuum of major bioelements in the Ocean. Annual Review of Marine Science, 2015, 7: 185-205.

撰稿人：张子莲

厦门大学，zhangzilian@xmu.edu.cn

微型生物在海洋储碳过程中发挥怎样的作用？

What is the Role of Microbes in Ocean Carbon Storage?

地球表面约 71%被海洋所覆盖，海洋平均深度超过 4000m，其中生活着数量巨大、个体微小、作用重要的海洋微型生物。海洋微型生物是一个生态学概念，一般指粒径小于 20μm 的纳微型浮游生物(nanoplankton，2~20μm)和皮微型浮游生物(picoplankton，0.2~2μm)[1, 2]。微型生物在影响气候变化、驱动生物地球化学元素循环过程中，发挥着意义重大且不可替代的作用。同样，对于在生命活动中发挥重要作用的碳元素循环而言，海洋微型生物不但在全球尺度上驱动着碳循环，而且通过自身生命活动将大气二氧化碳封存至海洋，减少其在大气中的积累，是人类应对气候变化的“同盟军”[3]。

海洋是地球上最大的活跃碳库，其容量约为大气碳库的 50 倍、陆地碳库的 20 倍[4]，是全球碳循环舞台上绝对意义的主角。同时，海洋每年约从大气中净吸收 22 亿 t 碳，已经约吸收了自工业革命以来人类排放的一半的二氧化碳[5]。那么生活在海洋中的微型生物在海洋储碳过程中发挥怎样的作用？海洋微型生物储碳的机制又有哪些？认识微型生物在海洋储碳过程中所发挥的作用，并非一蹴而就。今天回顾起来，有以下几个重要的“里程碑”式进展：

生物泵(biological pump)理论。生物泵理论的提出和完善经历了以下的历程。1967 年 Dugdale 和 Goering 明确定义了新生产力(new production)，即由真光层外源输入的氮支持的初级生产力[6]。1979 年 Eppley 与 Peterson 提出了可沉降的颗粒有机碳(particulate organic carbon，POC)通量与新生产力的关系，认为向下输出的 POC 与新生产力在统计上是相当的[7]，他们的理论事实上引导了之后几十年海洋碳通量研究。20 世纪 80 年代，科学家逐渐将向海洋深处输出生产力的过程总结为生物泵理论(图 1)[8, 9]。生物泵是指以 POC 为主体的碳经过产生、消耗、传递、沉降、分解等过程从海洋表层向深层转移的过程，POC 包括海洋生物及海洋生物生命活动产生的有机碎屑，微型生物在 POC 的形成、输送、埋藏过程中发挥着不可替代的重要作用。

微食物环(microbial loop)理论。1983 年美国 Scripps 海洋研究所的 Azam 等提出了微食物环概念[10]。不同于之前仅将海洋细菌认为是把有机物单向转化成无机物释放到环境中分解者，微食物环理论认为：海洋细菌可以将浮游植物光合作用，以及浮游动物摄食过程中产生的溶解有机碳(dissolved organic carbon，DOC)通过自身生命活动吸收加工，转化成细菌 POC；POC 经过原生生物摄食后再次回到主食物链传递。1998 年和 2007 年，Azam 等进一步完善微食物环理论，使海洋微型生物对于海洋碳循环及碳通量的作用得到了进一步认识，同时病毒对于微型生物裂解作用，以及古菌在海洋生物碳循环中的作用亦被引入(图 1)[11, 12]。

微型生物碳泵(microbial carbon pump)理论。进入 21 世纪以来，厦门大学的焦念志等在研究海洋中特殊功能类群——好氧不产氧光合异养菌(aerobic anoxygentic phototrophic bacteria，AAPB)生理生态功能时发现，AAPB 对于 DOM 具有选择利用性。受此启发，结合海洋中存在大量惰性溶解有机质(recalcitrant DOM，RDOM)但不知其来源的现实，创造性地提出“海洋微型生物碳泵”这一海洋储碳新机制。该理论框架指出，海洋中微型生物在利用活性溶解有机碳(labile DOC，LDOC)的同时亦产生惰性溶解有机碳(recalcitrant DOC，RDOC)，正是海洋中数以亿万计的微型生物生命代谢活动，造就了海洋中 RDOC 库，客观上将大气二氧化碳长期封存至海洋[13](图 1)。基于 MCP 理论，焦念志等进一步提出了通过陆海统筹，减少

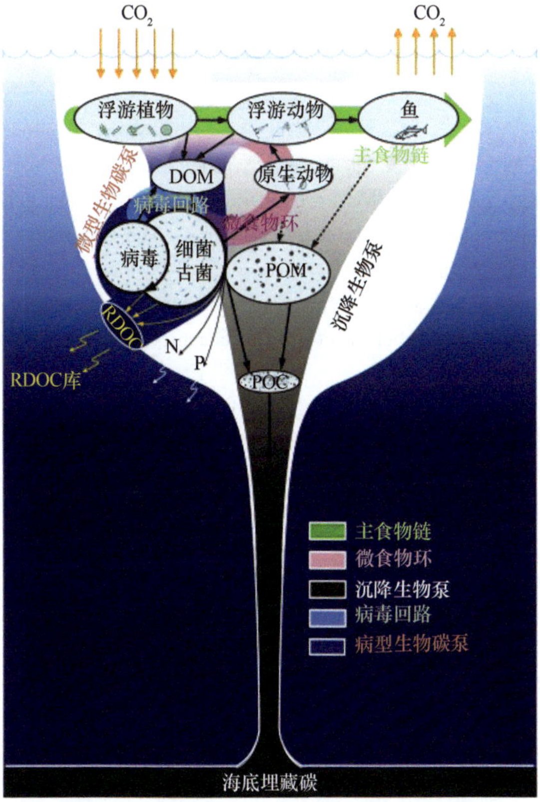

图 1　海洋碳循环有关的主要生物过程[19]

微型生物碳泵(MCP)，蓝色区域；沉降生物泵，灰色区域；微食物环(microbial loop)，粉红色区域

陆地施肥增加近海储碳的海洋增汇新思路[14]，其效应得到自然环境有机碳和硝酸盐分布统计结果验证[15]，并被若干研究所证实[16]。美国 *Science* 杂志将 MCP 称为“巨大碳库的幕后推手” [17]。在全球变暖的背景下，推测 MCP 的相对重要性将进一步增强[18]。MCP 理论在学界产生了重要国际影响，标志着我国在该领域处于国际前沿。

回顾人们对于微型生物在海洋储碳过程中作用的认识过程可以发现，整个过程逐步加深、趋于完善，同时伴随着科学技术的发展，检测手段逐渐提高。仅举一例：MCP 理论是受到 AAPB 生理生态功能的启发，而 AAPB 生理生态功能的确定是以 AAPB 准确定量为基础；同时，AAPB 准确定量是以 TIREM 方法(时间序列红外荧光显微数字化技术)的建立为关键[20]。对于 MCP 过程的深入阐释需要多学科交叉，目前主要聚焦于 MCP 的主动机制和被动机制、微型生物不同类群对 MCP 的贡献，以及环境条件对 MCP 的影响等，并寻求海洋增汇途径，从而不仅实现科学上的突破，而且服务于国家需求。揭示微型生物在海洋储碳过程中作用的三个理论机制，背后无不饱含着科学家长久地坚持和持续的付出，更需要年青一代的生物海洋学家的不断努力。

参 考 文 献

[1] 焦念志. 海洋微型生物生态学. 北京：科学出版社, 2006.

[2] 焦念志. 海洋微型生物生态学(第二版). 北京：现代教育出版社, 2009.

[3] Bacteria and climate change: invisable carbon pumps. The Economist. http://www.economist.com/note/16990766. 2010.

[4] Holmen K. The global carbon cycle. International Geophysics, 2000, 72: 282-321.

[5] Sabine C L, Feely R A, Gruber N, et al. The oceanic sink for anthropogenic CO_2. Science, 2004, 305(5682): 367-371.

[6] Dugdale R, Goering J. Uptake of new and regenerated forms of nitrogen in primary productivity. Limnology and oceanography, 1967, 12(2): 196-206.

[7] Eppley R W, Peterson B J. Particulate organic matter flux and planktonic new production in the deep ocean. Nature, 1979, 282(5740): 677-680.

[8] Sundquist E T, Broecker W S. Ocean carbon pumps: Analysis of relative strengths and efficiencies in ocean-driven atmospheric CO_2, changes. In: The Carbon Cycle and Atmospheric CO: Natural Variations Archean to Present. American Geophysical Union, 2013: 99-110.

[9] Longhurst A R, Harrison W G. The biological pump: Profiles of plankton production and consumption in the upper ocean. Progress in Oceanography, 1989, 22(1): 47-123.

[10] Azam F, Fenchel T, Field J, et al. The ecological role of water-column microbes in the sea. Marine ecology progress series Oldendorf, 1983, 10(3): 257-263.

[11] Azam F. Microbial control of oceanic carbon flux: The plot thickens. Science, 1998, 280 (5364): 694.

[12] Azam F, Malfatti F. Microbial structuring of marine ecosystems. Nature Reviews Microbiology, 2007, 5(10): 782-791.

[13] Jiao N, Herndl G J, Hansell D A, et al. Microbial production of recalcitrant dissolved organic matter: long-term carbon storage in the global ocean. Nature Reviews Microbiology, 2010, 8(8): 593-599.

[14] Jiao N, Tang K, Cai H, et al. Increasing the microbial carbon sink in the sea by reducing chemical fertilization on the land. Nature Reviews Microbiology, 2011, 9(1): 75-76.

[15] Taylor P G, Townsend A R. Stoichiometric control of organic carbon–nitrate relationships from soils to the sea. Nature, 2010, 464(7292): 1178-1181.

[16] Liu J, Jiao N, Tang K. An experimental study on the effects of nutrient enrichment on organic carbon storage in western Pacific oligotrophic gyre. Biogeosciences, 2014, 11(2): 2973-2991.

[17] Stone R. The invisible hand behind avast carbon reservoir. Science, 2010, 328(5985): 1476-1477.

[18] Jiao N, Robinson C, Azam F, et al. Mechanisms of microbial carbon sequestration in the ocean–future research directions. Biogeosciences, 2014, 11 (19): 5285-5306.

[19] 焦念志, 张传伦, 李超, 等. 海洋微型生物碳泵储碳机制及气候效应. 中国科学: 地球科学, 2013, 43(1): 1-18.

[20] Zhang F, Liu J, Li Q, et al. The research of typical microbial functional group reveals a new oceanic carbon sequestration mechanism—A case of innovative method promoting scientific discovery. Science China Earth Sciences, 2016, 59(3): 456-463.

撰稿人：张　飞　焦念志

厦门大学，zhangfei502@xmu.edu.cn

海洋生物固氮受何控制及其如何响应全球变化？

What Controls the Marine Biological Nitrogen Fixation and How Does it Response to Global Changes?

氮作为所有蛋白质的组成元素之一，是包括海洋生物在内的所有生物的重要构成元素，因而在大部分海区往往是初级生产力的主要限制性元素之一[1]。氮存在着多种化学形态，其中氮气(N_2)是最丰富的化学形态。但是，绝大多数生物并不能直接利用 N_2。海洋中的固氮微生物可以将 N_2 转化成易被生物利用的铵盐，进而合成蛋白质等生命的组成有机物，称之为固氮。固氮促进碳的光合固定，显著影响着海洋生产力水平和海洋对二氧化碳的储藏能力。现代海洋固氮约贡献了全球海洋生态系统从外界获取氮总量的一半(每年约 100~150Tg)[2]，另一半主要来自于河流输入和大气沉降。但是，不同海区生物固氮速率可以相差上万倍[3]。海洋生物固氮到底受什么因素控制？在全球变化下，海洋生物固氮又会如何变化？这些仍然是科学家还没有找到明确答案的问题。

海洋中的固氮微生物，称为固氮生物(diazotrophs)，包括固氮蓝藻、变形菌门细菌和古菌等。其中，固氮蓝藻是海洋固氮的主要贡献者，主要包括三种类型(图 1)[4, 5]：①非异形胞丝状蓝藻(束毛藻，Trichodesmium)；②异形胞固氮蓝藻(与硅藻共生的固氮蓝藻，主要包括 Richelia 和 Calothrix)；③包括 A、B 和 C 三种类群的单细胞固氮蓝藻(UCYN-A，UCYN-B，UCYN-C)，其中 UCYN-B 为 Crocosphaera 属。

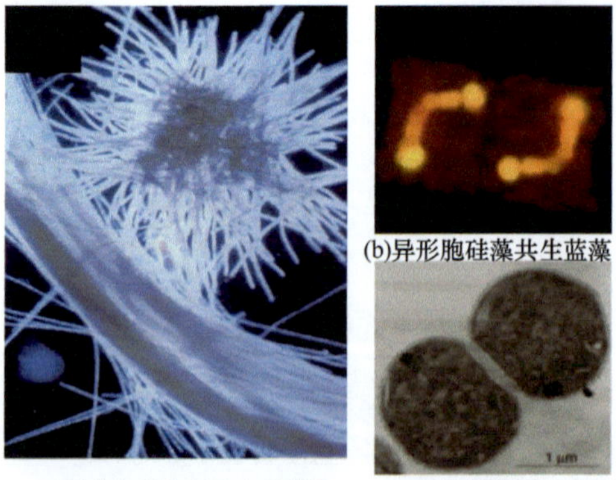

(a)形成丝状集群的束毛藻[6]　(b)异形胞硅藻共生蓝藻　(c)单细胞固氮蓝藻[

图 1　三种主要的海洋固氮蓝藻图例

过去有一些研究提出一系列的海洋生物固氮控制机制假说。这些假说主要集中于光照、温度和营养盐等环境因素对固氮的影响，生态学上称之为“上行控制机制”(bottom-up control)(图 2)。下面对其进行具体阐述。

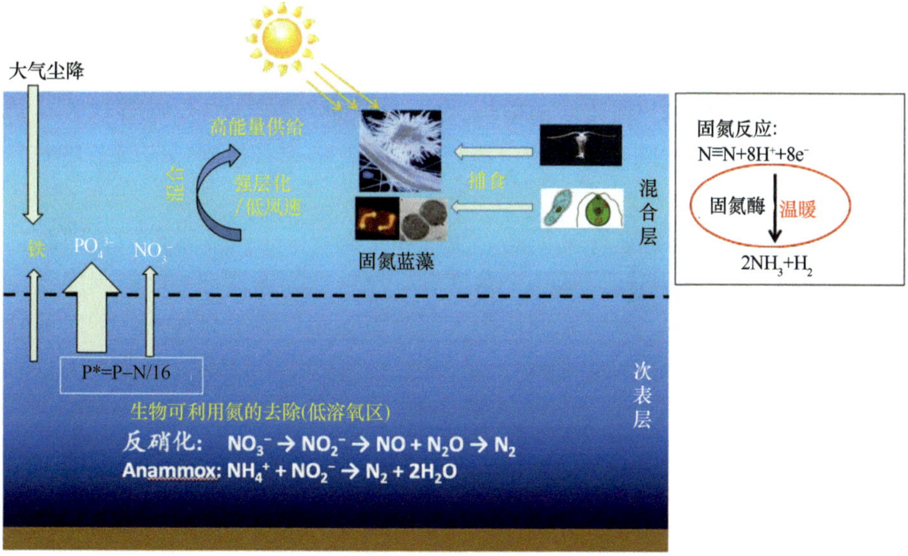

图 2　海洋固氮控制机制的主要假说

海洋中浮游植物生长需要营养盐和光照。浮游植物吸收氮、磷两种营养盐的比例大致为 16∶1[9]。通常我们可以用 P^*来表征海水中是否相对缺乏氮($P^*=[PO_4^{3-}]-[NO_3^-]/16$)[10]：当 P^*大于零时，说明对于浮游植物的需要来说，海水中磷含量相对高于氮，生态系统表现为氮限制，固氮生物相对其他浮游植物来说具有竞争优势，固氮潜力较大。反之，当 P^*小于零时，表现为磷限制，氮相对充足，不利于固氮。低溶氧区次表层氮的移除(反硝化、厌氧氨氧化)会造成输入海表的氮营养盐较磷低，可能有利于海洋固氮。铁是固氮酶的重要组分，海洋固氮生物需要铁的量，是其他不固氮的浮游植物铁需求量的 5~10 倍[11]，因而铁也是固氮生物的主要限制营养元素之一。铁主要从大气尘降提供，少部分从深层海洋供给[12]。

生物固氮需要把氮气分子的三键打开，比直接利用铵盐和硝酸盐等氮营养盐需要消耗更多的能量，因此作为能量来源的光照是控制生物固氮的一个重要环境因子。进一步考虑强物理分层、风速小的环境，海表混合层较浅，固氮蓝藻在混合层内上下垂直运动中获得的平均光照更强，可能更利于海洋固氮。强物理分层也会限制硝酸盐从深层输送入表层，利于固氮蓝藻在与其他浮游植物的竞争中获胜。强光照、强物理分层的环境海水温度一般较高，而固氮酶在温暖的水温中活性也更高，因此也更利于固氮。

虽然已有研究表明，上述环境因子在区域尺度或者在生物生理上对海洋固氮确有一定影响，但是在全球海洋尺度上使用观测数据，对这些因子与固氮的空间分布进行统计验证，发现部分过去公认的环境因子并未在全球尺度上显示出与固氮速率的强相关关系，因此可能并没有对固氮形成限制[13]。光照和次表层溶氧是与固氮最相关的环境因子(R^2 约 40%)。大气沙尘沉降作为铁的主要来源，尽管在北大西洋与固氮速率有一定的正相关关系，但在全球海洋尺度上却不存在正相关关系。使用多元回归分析，把这些假说的环境因子综合起来进行统计分析，一共也只能解释 58%的固氮空间变化，所以能量与营养盐等上行控制环境因子只能部分解释海洋固氮的控制机制。

三种主要的海洋固氮蓝藻从形态、生理和生态特征上都非常不同，因此它们受到的捕食压力也有所不同。从这个角度看，浮游动物捕食也可能控制固氮。束毛藻形成较大的藻丝体，科学家们认为大部分束毛藻可能不会被捕食，而部分束毛藻能被中型浮游动物(如桡足类)和一些鱼类所捕食[14, 15]。单细胞固氮藻较小，一般直径只有 1~10μm，其捕食压力可能来自于更小的原生动物，如异养鞭毛虫、纤毛虫等。异形胞硅藻共生体，其受到的捕食压力来自于其宿主硅藻的捕食。束毛藻容易形成藻华，一则因为其不被捕食，而若被捕食但作为其捕食者的桡足类又有较长生命周期，不能随束毛藻的爆发快速繁殖。而单细胞固氮蓝细菌和硅藻的捕食者为小型浮游动物，繁殖迅速，可能在固氮藻华爆发的初期就跟随繁殖。这种浮游动物摄食对固氮生物生长的影响则属于下行控制机制(top-down control)，可能也可以部分解释海洋固氮的空间分布。

所以，若要回答海洋生物固氮受何控制的科学难题，需要从能量、营养盐和浮游动物捕食这些不同的机制入手，但是这些机制彼此间又会有相互作用，对固氮有共同效应。特定海区、特定条件下的采样难以区分这些机制各自的效应，数据统计模型与机制模型相结合可能是解决此难题的途径之一。

在未来全球变化背景下，海洋固氮如何响应？首先，海水温度的上升会造成海洋层化加剧，底层营养盐难以输送到上层。如果在磷和铁供应充足的区域，氮输送的减少可能会促进固氮，但是氮与其他营养盐的相对供应量究竟如何变化，并不清楚。其次，海水温度上升会造成氧气的溶解率降低，层化加剧也使得下层海水难以与大气接触补充氧气，这些都会造成缺氧区的扩大，进而增加氮的去除，促进固氮。再次，大气尘降如何变化，其对海洋供给铁的速率是否会进一步限制固氮，也并不清楚。最后，海洋生态系统内固氮生物与其他生物的相互作用会如何变化更是一个复杂的问题。所以，要预测海洋固氮如何响应全球变化，必须要在研究清楚海洋固氮的上行、下行控制机制的基础上，结合海洋科学研究、气候变化研究和地球系统研究的总体进步，才能更好地解决。

参考文献

[1] Gruber N. The Marine Nitrogen Cycle: Overview and Challenges. // Nitrogen in the Marine Environment (2nd Edition). 2008: 1-50.

[2] Galloway J N, Dentener F J, Capone D G, et al. Nitrogen Cycles: Past, Present, and Future. // Fruit present and future. Royal Horticultural Society, 1973: 153-226.

[3] Luo Y W, Doney S C, Anderson L A, et al. Database of diazotrophs in global ocean: Abundance, biomass and nitrogen fixation rates. Earth System Science Data Discussions, 2012, 4(21): 47-73.

[4] Zehr J P. Nitrogen fixation by marine cyanobacteria. Trends in Microbiology, 2011, 19(4): 162-173.

[5] Sohm J A, Webb E A, Capone D G. Emerging patterns of marine nitrogen fixation. Nature Reviews Microbiology, 2011, 9(7): 499-508.

[6] Karl D, Michaels A, Bergman B, et al. Dinitrogen fixation in the world's oceans. Biogeochemistry, 2002, 57-58(1): 47-98.

[7] Foster R A, O'Mullan G D. Nitrogen-Fixing and Nitrifying Symbioses in the Marine Environment. // Nitrogen in the Marine Environment (2nd Edition). 2008: 1197-1218.

[8] Zehr J P, Waterbury J B, Turner P J, et al. Unicellular cyanobacteria fix N_2 in the subtropical North Pacific Ocean. Nature, 2001, 412(6847): 635-638.

[9] Redfield A C. On the proportions of organic derivations in sea water and their relation to the composition of plankton, in James Johnstone Memorial Volume. In: Daniel R J. 1934, University Press of Liverpool, 177-192.

[10] Deutsch C, Sarmiento J L, Sigman D M, et al. Spatial coupling of nitrogen inputs and losses in the ocean. Nature, 2007, 445(7124): 163-167.

[11] Kustka A B, Sunda W G. Iron requirements for dinitrogen - and ammonium-supported growth in cultures of Trichodesmium (IMS 101): Comparison with nitrogen fixation rates and iron: carbon ratios of field populations. Limnology & Oceanography, 2003, 48(5): 1869-1884.

[12] Fung I Y, Meyn S K, Tegen I, et al. Iron supply and demand in the upper ocean. Global Biogeochemical Cycles, 1999, 14(14): 281-296.

[13] Luo Y W, Lima I D, Karl D M, et al. Data-based assessment of environmental controls on global marine nitrogen fixation. Biogeosciences Discussions, 2013, 11(3): 691-708.

[14] O'Neil J M, Metzler P M, Glibert P M. Ingestion of $^{15}N_2$-labelled Trichodesmium spp and ammonium regeneration by the harpacticoid copepod Macrosetella gracilis. Marine Biology, 1996, 125(1): 89-96.

[15] Eberl R, Carpenter E J. Association of the copepod Macrosetella gracilis with the cyanobacterium Trichodesmium spp. in the North Pacific Gyre. Marine Ecology Progress, 2007, 333: 205-212.

撰稿人：罗亚威　陈　楚

厦门大学，ywluo@xmu.edu.cn

丰富却多态性不明的 SAR11 细菌在海洋碳循环中扮演的角色之谜

Challenges of Understanding the Roles of SAR11 Bacteria，a Group with Significant Abundance but Unclear Diversity yet，in Marine Carbon Cycle

SAR11 细菌是 20 世纪 90 年代初发现的一类海洋细菌，属于 α-变形菌纲下的 Pelagibacterales 目。其细胞呈弧形，状如逗点，是目前可培养细菌中体积最小的细菌，广泛分布于全球各大洋[1]。研究表明，不论是从近岸到远洋，还是从表层海洋到深海，SAR11 细菌数量都非常庞大，总量达到 2.4×10^{28} cells，占海洋原核细胞量的 25%[1]，显示了其重要的生态地位。

在海洋中 SAR11 细菌可以说是独步天下的佼佼者。人们禁不住要问它凭借什么而遍布海洋水体，并常常在海洋浮游微生物群落中占据绝对优势。是种群本身有复杂的多态性来应付各种环境的变化？虽然在种系发生树上，SAR11 细菌表现为相对独立的一个分支，但它们的 16S rRNA 基因差异可达 18%，大大超过了种、属的水平。Field 等发现 SAR11 至少存在三种与水层特异性分布相关的亚型，生态型Ⅰa，Ⅰb 和Ⅱ[2]。最早在实验室培养成功的 *Candidatus Pelagibacter ubique* str. HTCC1062 株系和随后从马尾藻海及俄勒冈近岸海水中分别分离出的 12 种和 5 种新菌株都属Ⅰa 亚型，它们的 16S rRNA 基因序列相似度在 97.6%~99.6%。随着研究的不断深入，人们发现在自然水体中至少存在 9 种 SAR11 生态亚型(图 1 中Ⅰ)[3~5]，表明 SAR11 细菌庞大的种群内部发生了生态位分化。生态Ⅰa 型在真光层中是相对主导的分支，而Ⅱ型在中层水上部丰度较高，Ⅰb 型也生活在表层海洋中[5]。在海洋表层常年观察到 SAR11 生态型的季节性演替[6]，如在大西洋百慕大海域表层 40 m 内的水层，随着海水层化的加剧，每年可观察到Ⅰa 型替代Ⅰb 型的现象。其他生态型主要分布如下：Ⅰc 型分布于真光层以下，Ⅱa 型在春季表层水，Ⅱb 型在中层水上部，Ⅲa 型亦分布于表层，但常出现在混合层加深之时，Ⅲb 为淡水亚型，Ⅳ型分布于夏季叶绿素最大层，而Ⅴ型则分布在整个表层水[5]。一系列研究表明，SAR11 生态亚型与水层、季节变化、营养盐水平、混合层深度和温度等密切相关。但是，对这些生态亚型生理生态差异及在碳循环中的生态功能差别尚缺乏足够的研究。自然海区中是否还存在更多的 SAR11 生态型，特别是真光层以下广袤的黑暗水体，如深海甚至是深渊？研究表明 3000 m 以下的深海仍存在 SAR11 细菌[1]。

SAR11 细菌的基因组是目前已知自由生活细菌中最小的。据已分离的菌株显示，其基因组大小在 1.2~1.5 Mbp[3, 4]。在这种简化的基因组(streamlined genome)中，不含假基因，内含子和转座子，基因间的间隔区也最短[7, 8]。SAR11 细菌这种简化的基因组大大减少了细胞 DNA 复制所需能量和物质的消耗，从而在营养盐贫乏的环境脱颖而出。对涵盖其他生态型的另外 7 株 SAR11 细菌基因组测序进一步证明，SAR11 细菌基因组基本保持简化模式，但核心基因(所有株系都共有的基因)非常保守，比例之高是目前自由生活细菌之最，核酸碱基 GC 含量较低、基因同线性高、含有由 rRNA 基因分隔开的高可变区[3]。一个有趣的问题是，既然 SAR11 细菌基因组如此的小，如此的简化，在自然环境中的数量又如此的多，我们却无法从宏基因组数据中拼接出一个完整地 SAR11 基因组。虽然生态型Ⅰa 和Ⅰb 主导了表层海洋，但 SAR11 细菌 16S rRNA 基因所表现的多样性是不充分的，那么如何解释这一现象？可能是因为 SAR11 细菌种群庞大，演化年代久远，积累了广泛的中性突变序列而大大增加了拼接的难度[8]，也许最新的长序列测序方法可以验证这一解释。研究表明，SAR11 种群内部基因重组频率非常高，比点突变频率还要高。如此高的基因重组频率，其机制是什么？这对于解答 SAR11 多态性及其生态意义尤其重要。但目前仅依靠培养株系和 16S rRNA 去挖掘 SAR11 多态性，显然无法解决这一问题。单细胞基因组测序手段可以很好的规避培养的困难和 16S rRNA 的信息局限性。如对Ⅰc 型 SAR11 的单细胞测序表明，这一亚型除与表层 SAR11 拥有大量的同源基因外，还有一些显著的差异，如与细胞膜/细胞壁/细胞包被物合成相关的基因很丰富，以及独特的病毒抵抗基因[4]。近来通过对已有海洋微生物宏基因组的分析[8]，发现自然种群中 SAR11 基因同线性非常高，可达 96%，而发生基因顺序重排的区域常发生在基因操作子边缘。此外，还发现 SAR11 基因组中存在 4 个高可变区域，其中第二个高可变区中的基因主要与细胞表型相关，这些高可变区和 SAR11 多样性及环境适应性密切相关。这些研究表明，SAR11 细菌基因组一方面保持了许多核心特征，如简化性、同线性等，另一方面又通过高可变区展示了其复杂的多态性，两者相辅相成，对维持 SAR11 高多态性和广布性起着重要作用。那么，SAR11 高可变区的功能和作用机制到底如何，它又是如何影响 SAR11 细菌的多态性，以及在 SAR11 生态功能中扮演何种角色等，是亟待解决和充满挑战性的研究方向。

SAR11 作为海洋中的一个高丰度微生物种群，它们的代谢活动对碳循环的影响是人们关注的一个焦点。据估算全球海洋每天光合作用产生的有机碳中有 5%~22%通过 SAR11 转化成 CO_2。因而，它们的代谢活动深刻地影响着有机碳在海洋中的存在形式、分布格局及留存时间。研究表明，SAR11 细菌含有大量转运活性溶解有机物的功能蛋白，其运输的底物包括尿素、氨基酸、多胺类、糖类和一些有机渗透物等[7]，结合其细胞体积小的特点，一方面由此展示了一定的竞争优势，另一方面暗示着它们在碳循环中有机物的转化速率上的重要生态功能。研究表明，SAR11 细菌可对环境中的甲基化合物(甜菜碱、三甲胺和氧化三甲胺)进行脱甲基，并把一碳化合物(如甲醇、甲醛和甲胺)氧化成 CO_2[9]。在磷限制的人工海水培养基中，Carini 等发现在磷饥饿条件下 SAR11 代谢甲基膦酸可产生甲烷，意味着在磷限制海区,SAR11 是生源性甲烷的来源之一[10]。最近的研究又发现了 SAR11 细菌代谢二甲基巯基丙酸钠盐的另一种途径，即分解产生甲硫醇，这种化合物可被细胞吸收转化形成蛋白质[11]。这些研究表明 SAR11 在一碳化合物和含硫化合物代谢过程扮演重要的生态角色。此外，SAR11 需要外源的还原型含硫有机物和甘氨酸维持生长[5, 12]，表明 SAR11 生长有着特殊的营养需求，并可能与海区中的其他物种相关联，如 Carini 等发现培养 SAR11 细菌需要添加一种叫 HMP 的维生素 B1 前体物质[5]。而海洋中某些藻类和细菌可以分泌 HMP，因此自然海区中 SAR11 种群变动可能与此有一定的关系。这些培养实验呼应了早期 SAR11 细菌及还未获得培养的种群在分离培养上的困难。另外，不同 SAR11 株系在碳源利用上也展示了一定的差异性，如不同 SAR11 株系对糖类的利用能力不同，如 HTCC1062 和 HTCC7211 均无法利用半乳糖、海藻糖、阿拉伯糖、核糖、甘露糖和鼠李糖作为碳源，但 HTCC1062 能利用葡萄糖，而 HTCC7211 则不能[5]。总而言之，如图 1 中Ⅱ所示，SAR11 既能把海洋有机物再矿化形成 CO_2，也能释放有机物到水体中。然而，目前我们并不清楚 SAR11 对海洋惰性溶解有机碳库有什么样的贡献，这也是一个重要的科学问题。这涉及两大难点，一是 SAR11 原位环境活性的测定；二是 SAR11 代谢物指纹表征。显然，SAR11 的数量之众，其他海洋细菌只能望其项背。然而由于不同的方法有各自的偏好性，获得的 SAR11 活性数据存在很大的争议[5]。例如，通过 rRNA/rDNA 比值测定表明 SAR11 并不活跃，而用放射自显影技术则表明多数 SAR11 细胞在活跃地进行同化过程。而后者，在海水溶解有机物中已发现了成千上万种不同的有机物[13]，但大部分的化学组成尚无法确认。初步的实验数据表明,海水中的某些有机物信号同样也出现在 SAR11 的纯培养体系中[13]。这些有机物是什么？为什么 SAR11 会释放这些有机物？如何释放以及受那些外界环境因子调控？这些问题都亟待解决。

近年来，在海水中发现了许多变形菌视紫红质(proteorhodopsin，PR)的基因片段。该基因执行光驱动质子泵的功能，是有别于光合作用的另外一种光能利用途径，具有非常重要的生态学意义。研究表明，无论是实验室培养的还是自然海区的 SAR11 细菌都能表达这个基因[14]，且无论有光还是黑暗条件下都可表达，但细胞生长速率却无差别(如图 1 中 III)[14, 15]。此外，从近岸和开阔大洋分离的 SAR11 菌株几乎都有 PR 基因，但对 PR 基因氨基酸序列分析发现近岸菌株可利用绿光或蓝光，而大洋的则只利用蓝光，表明 SAR11 细菌的 PR 基因产生了环境适应性演化。进一步研究表明，SAR11 细菌在生长的指数增长期，氧消耗量在有

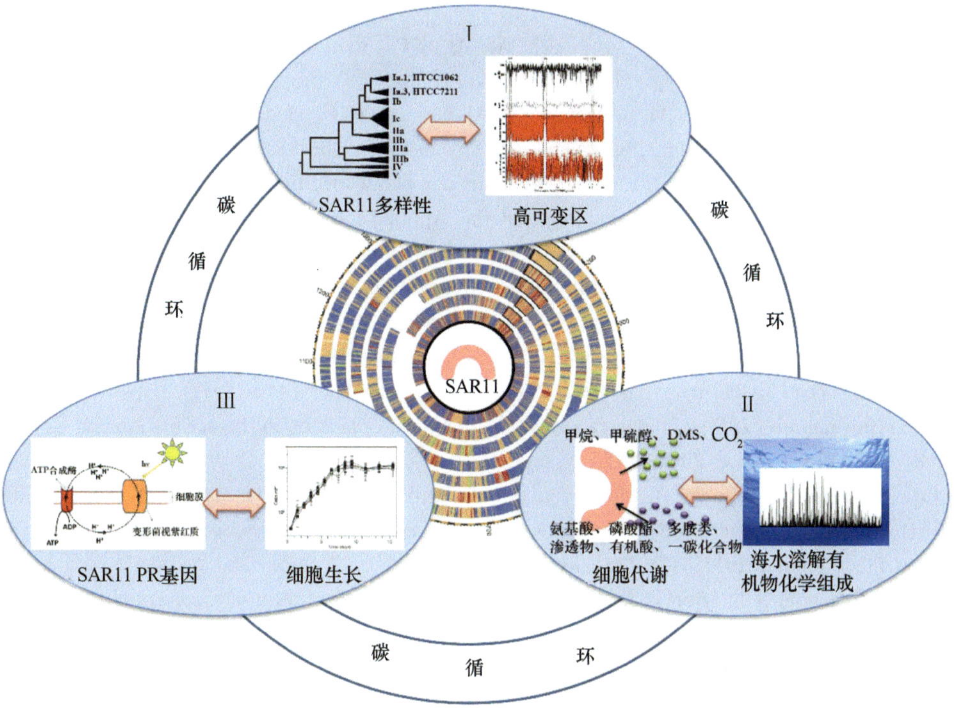

图 1 SAR11 细菌在海洋碳循环中的作用

Ⅰ. SAR11 细菌多态性与碳循环；Ⅱ. SAR11 细菌与惰性溶解有机碳库；Ⅲ.SAR11 细菌的 PR 与细胞生长和碳代谢。图中部分插图修改自参考文献[5, 8, 13, 14]

光、无光条件下并无差别，但在生长的平台期，无光培养的细胞开始变小、变圆并生出菌丝；与有光培养下的 SAR11 细菌相比，无光培养细胞的 ATP 含量、运输有机底物能力下降，但 PR 基因的表达增加。这些结果表明，PR 基因可能在 SAR11 处于碳饥饿状态下支撑细胞的代谢活动[15]。然而，目前尚无充足的证据表明 SAR11 细菌的 PR 基因参与了细胞代谢过程，尚不知其在有机物利用中的作用。据了解，Giovannoni 实验室曾尝试构建 SAR11 突变体系来解答 PR 基因的作用，但由于各种原因尚未获得成功，显示了这一问题的难度所在。由于 PR 基因也广泛分布于许多重要的海洋细菌种群，对其功能的详尽研究不但是揭示 SAR11 细菌生态功能的关键问题之一，同时也有助于阐释拥有 PR 基因的微生物种群在碳循环中的作用。

总之，SAR11 细菌在海洋中的生态意义非常重要，但目前我们对 SAR11 细菌多态性及它们在海洋碳循环中的作用的了解还非常有限。只有阐明了不同海洋环境中 SAR11 细菌的多态性，以及它们与环境的相互协作，才能揭示它们在海洋碳循环中的真正作用。

参考文献

[1] Morris R M, Rappé M S, Connon S A, et al. SAR11 clade dominates ocean surface bacterioplankton communities . Nature, 2002, 420(6917): 806-810.

[2] Field K, Gordon D, Wright T, et al. Diversity and depth-specific distribution of SAR11 cluster rRNA genes from marine planktonic bacteria . Applied and Environmental Microbiology, 1997, 63(1): 63-70.

[3] Grote J, Thrash J C, Huggett M J, et al. Streamlining and core genome conservation among highly divergent members of the SAR11 clade . MBio, 2012, 3(5): e00252-12.

[4] Thrash J C, Temperton B, Swan B K, et al. Single-cell enabled comparative genomics of a deep ocean SAR11 bathytype . The ISME journal, 2014, 8(7): 1440-1451.

[5] Giovannoni S J. SAR11 Bacteria: The most abundant plankton in the ocean . Annual Review of Marine Science, 2014, 9(1).

[6] Vergin K L, Beszteri B, Monier A, et al. High-resolution SAR11 ecotype dynamics at the Bermuda Atlantic Time-series Study site by phylogenetic placement of pyrosequences . The ISME journal, 2013, 7(7): 1322-1332.

[7] Giovannoni S J, Tripp H J, Givan S, et al. Genome streamlining in a cosmopolitan oceanic bacterium. Science, 2005, 309(5738): 1242-1245.

[8] Wilhelm L J, Tripp H J, Givan S A, et al. Natural variation in SAR11 marine bacterioplankton genomes inferred from metagenomic data . Biology Direct, 2007, 2: 27.

[9] Sun J, Steindler L, Thrash J C, et al. One carbon metabolism in SAR11 pelagic marine bacteria. PLoS One, 2011, 6(8): e23973.

[10] Carini P, White A E, Campbell E O, et al. Methane production by phosphate-starved SAR11 chemoheterotrophic marine bacteria . Nature Communications, 2014, 5: 4346.

[11] Sun J, Todd J D, Thrash J C, et al. The abundant marine bacterium *Pelagibacter* simultaneously catabolizes dimethylsulfoniopropionate to the gases dimethyl sulfide and methanethiol . Nature Microbiology, 2016, 1(8): 16065.

[12] Tripp H J, Kitner J B, Schwalbach M S, et al. SAR11 marine bacteria require exogenous reduced sulphur for growth . Nature, 2008, 452(7188): 741-744.

[13] Kujawinski E B, Longnecker K, Blough N V, et al. Identification of possible source markers in marine dissolved organic matter using ultrahigh resolution mass spectrometry . Geochimica et Cosmochimica Acta, 2009, 73(15): 4384-4399.

[14] Giovannoni S J, Bibbs L, Cho J C, et al. Proteorhodopsin in the ubiquitous marine bacterium SAR11. Nature, 2005, 438(7064): 82-85.

[15] Steindler L, Schwalbach M S, Smith D P, et al. Energy starved *CandidatusPelagibacter ubique* substitutes light-mediated ATP production for endogenous carbon respiration . PLoS One, 2011, 6(5): e19725.

撰稿人：谢彰先　王大志

厦门大学，dzwang@xmu.edu.cn

原生生物在深海水体生态系统中的生态学功能

The Ecological Functions of Protists in Deep Sea Pelagicecosystem

原生生物(微型真核生物)是一大类形态、基因、功能各异的单细胞真核生物。在水生生态系统中可充当初级生产者、消费者、分解者、寄生者、共生者的角色。自养原生生物(如单细胞藻类)能够进行光合作用，是海洋初级生产力的重要贡献者；异养原生生物(原生动物，如纤毛虫、鞭毛虫等)能够摄食水体中个体较小的原核生物、单细胞藻类，将其“打包”构建成自身生物量，然后被更大的浮游动物所摄食，在微食物环物质循环与能量流动中发挥枢纽作用；混合营养的原生生物则兼具上述二者的生态学功能[1, 2]。同时，原生动物的分泌与排泄可产生新的溶解有机碳组分(其中包含不易被其他生物利用的惰性有机碳)。因此，原生生物在全球海洋生物地球化学循环(如碳、氮、磷、硅及其他元素)中发挥着举足轻重的作用[3, 4]。

由于样品获得、研究技术方法等限制，目前我们对原生生物群落结构、时空分布特征及其影响因素、生态效应的研究大都局限于海洋表层的真光层内。对于深海，尤其是水深大于 1000m 的水体环境中原生生物的认识非常有限[4]。对深海微型生物的分布、群落结构、食物网内组分间的关系，以及代谢活动的研究与认识才刚刚开始，且大都局限于细菌、古菌等原核生物，涉及原生生物的研究严重不足[5]。为数不多的基于显微镜计数原生生物不同类群的研究发现，在水深大于 1000m 深海中(下同)纤毛虫与微型异养鞭毛虫(heterotrophic nanoflagellate，HNF)是深海原生生物类群主要组成部分。纤毛虫丰度大都在 0.1~10 ind/L，个别海区可以达到 50 ind/L[5]。HNF 的丰度大都在 10 ind/mL 至几十个 ind/mL[5, 6]。其他原生生物类群(如有孔虫、放射虫、腰鞭毛虫等)丰度相对低很多。基于现代分子生物学技术(如克隆文库构建、高通量测序等)对深海原生生物的研究发现，深海原生生物多样性与表层截然不同，且存在很多未知的类群[7, 8]。

在真光层，HNF 被认为是原核生物及超微型藻类的主要摄食者，是海洋表层环境微食物环的主要功能类群[9]。在深海环境中，HNF 是否发挥同样的功能？有研究表明，深海环境中原核生物与 HNF 的比值(prokaryote to heterotrophic nanoflagellate ratio，PFR)随深度的变化不明显，维持在 1000 : 1 左右[4]；同时，HNF 的摄食者(主要是纤毛虫)丰度非常小，因此 HNF 所承受的下行控制(top down control)微乎其微。由此可以推断，在原核生物量相对较低的黑暗深海区，HNF 对原核生物的摄食效应同样显著。目前，为数不多的摄食培养实验表明，北太平洋深海(1000~3500m)环境中 HNF 可以摄食大约一半的原核生物生产力[10]；另一项在北大西洋深海水(2500m)的研究表明，HNF 能够摄食 31.14% ± 8.24%的原核生物现存量(standing prokaryote stock)[11]。然而，由于研究手段／方法的限制，目前的结论大都基于 PFR 的计算、船载培养实验的数据，没有深海原位数据的支持。HNF 对原核生物在深海环境下的摄食效应也成为 2008 年召开的“海洋生物地球化学和生态系统综合研究计划”(IMBER，IMBIZO)会议提出的五大亟待解决的深海研究主题之一。

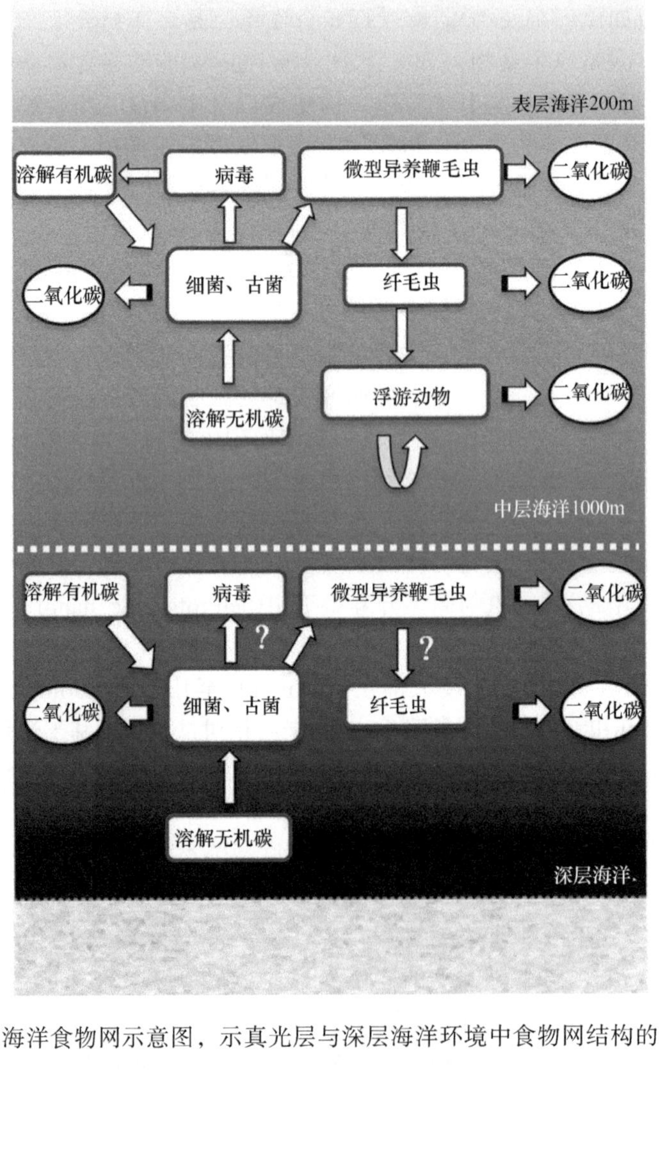

图 1　海洋食物网示意图，示真光层与深层海洋环境中食物网结构的不同[5]

Sohrin 等[12]的研究发现，在太平洋中部海区深海环境中，纤毛虫生物量与原核生物生物量呈显著正相关，但与 HNF 的生物量没有相关性。因此，他们推断深海微食物环的结构和能流途径与表层的显著不同。然而，由于涉及深海纤毛虫分布、群落结构及其活性的数据非常有限，纤毛虫在深海水体微食物环中所发挥的作用仍不清楚。

综上所述，相较于表层环境，目前对于深海环境中原生生物类群组成、群落结构、微食物环结构与能流途径及摄食产物组分所知甚少(图 1)，深海原生生物类群在全球海洋生物地球化学循环中的作用存在相当多未知之处。未来的研究将结合研究方法/技术的进步，定性、定量研究特定原生生物类群在深海环境中的生物地理学分布、摄食作用及产物成分，以期揭示其在整个海洋生物地球化学循环中的作用。

参考文献

[1] Caron D A, Alexander H, Allen A E, et al. Probing the evolution, ecology and physiology of marine protists using transcriptomics. Nature Reviews Microbiology, 2016, 160.

[2] Azam F F T, Fenchel T, Field J G, et al. The ecological role of water-column microbes in the sea. Marine Ecology Progress, 1983, 10(3): 257-263.

[3] Jiao N Z, Herndl G J, Hansell D A, et al. Microbial production of recalcitrant dissolved organic matter: Long-Term carbon storage in the global ocean. Nature Reviews Microbiology, 2010, 8: 593-599.

[4] Worden A Z, Follows M J, Giovannoni S J, et al. Environmental science. Rethinking the marine carbon cycle: Factoring in the multifarious lifestyles of microbes. Science, 2015, 347(6223): 1257594.

[5] Arístegui J, Gasol J M, Duarte C M, et al. Microbial oceanography of the dark ocean’s pelagic realm. Limnology and Oceanography, 2009, 54: 1501-1529.

[6] Nagata T, Tamburini C, Arístegui J, et al. Emerging concepts on microbial processes in the bathypelagic ocean - ecology, biogeochemistry, and genomics. Deep-Sea Research II, 2010, 57: 1519-1536.

[7] Countway P D, Gast R J, Dennett M R, et al. Distinct protistan assemblages characterize the euphotic zone and deep sea (2500 m) of the western North Atlantic (Sargasso Sea and Gulf Stream). Environmental Microbiology, 2007, 9: 1219-1232.

[8] Scheckenbach F, Hausmann K, Wylezich C, et al. Large-scale patterns in biodiversity of microbialeukaryotes from the abyssal sea floor. Proceedingsof the National Academy of Sciences USA, 2010, 107: 115-120.

[9] Pernice M C, Forn I, Gomes A, et al. Global abundance of planktonic heterotrophic protists in the deep ocean. The ISME Journal, 2016, 9: 782-792.

[10] Fukuda H, Sohrin R, Nagata T, et al. Size distribution and biomass of nanoflagellates in meso- and bathypelagic layers of the subarctic Pacific. Aquatic Microbial Ecology, 2007, 46: 203-207.

[11] Rocke E, Pachiadaki M G, Cobban A, et al.Protist community grazing on prokaryotic prey in deep ocean water masses. 2015. PLoS ONE, 10: e0124505. doi: 10.1371/journal.pone.0124505.

[12] Sohrin R, Imazawa M, Fukuda H, et al. Full-depth profiles of prokaryotes, heterotrophic nanoflagellates, and ciliates along a transect from the equatorial to the subarctic central Pacific Ocean. Deep-Sea Research II, 2010, 57: 1537-1550.

撰稿人：徐大鹏

厦门大学，dapengxu@xmu.edu.cn

深海生物圈的能量供给从何而来？

Where Do Energy Sources for the Deep-Ocean Biota Come From?

深海，黑暗、高压、低温，看似恶劣的环境却孕育着丰富的、多样的、代谢活跃的生物圈。然而，缺少了光照，深海生物圈的能量从哪里来呢？

海洋真光层的浮游植物通过光合作用将二氧化碳(CO_2)转化为颗粒有机碳(POC)，其中大部分的 POC 在真光层内再次被矿化成 CO_2 返回大气中。有 1%~40% 的碳从真光层输出至深海，其在深海被重新矿化的速率远低于表层[1]，并在深海积累了较高浓度的溶解无机碳，这就是我们熟知的“生物泵”。生物泵的效率以表层输出的碳与浮游植物初级生产的总碳的比值来表示[1]。显然，POC 的输出沉降是深海生物圈能量供给的一个重要来源。受生物过程和物理过程如微生物降解、浮游动物摄食，以及因湍流而导致的物理解聚等的影响，表层输出的 POC 通量随深度显著递减。

最初，人们认为颗粒物输出到深海的通量在开放大洋基本没有差别。但是“全球联合海洋通量研究”(the joint global ocean flux study，JGOFS)显示，100m 水深处的 POC 输出量在不同海域差异很大，因而导致颗粒物转化效率常数在营养水平不同的海域差异可高达一个数量级[2]。也就是说深海中沉降有机碳若全部矿化为 CO_2 时的临界深度差异很大。这个深度对于深海生物圈的能量供给至关重要，水深越深意味着 POC 输出到达深海的量越大。

因此，真光层底部 POC 输出量的高低决定其对深海生物圈能量供给的多寡。最近数十年的研究表明，海洋表层的浮游植物群落组成在很大程度上决定了沉降到深海的有机物的质和量。例如，温带北大西洋和南大洋硅藻占优势的海域，由于硅藻的聚合作用或捕食硅藻的浮游动物富硅粪粒的快速沉降，其颗粒物通量往往很大且快速[3]。在这些海区的中层，浮游动物的分解作用对颗粒物通量的快速衰减贡献较大。而亚热带和热带大洋寡营养海区优势浮游植物通常为粒径小于 2μm 的超微型浮游植物，因而 POC 输出特征表现为小颗粒物的缓慢沉降，细菌再矿化作用是这些海区颗粒物输出通量衰减的主要机制。但是当超微型浮游植物发生聚合时，其沉降速度则与大粒径的藻类相当；并且由于全球海洋中超微型浮游植物占统治地位的寡营养大洋区系范围广泛，因而总体上超微型浮游植物可能贡献了与大粒径藻类等量的海洋表层碳输出[4]。

尽管大量的研究已经在真光层有机碳输出通量方面取得了重要突破，但是进入深海，颗粒物通量的速度和量级，及其时空变异度还相当不明确。尽管沉降颗粒物为深海生物圈异养代谢提供了最主要的食物和能量来源，但进入到深海的 POC 的归宿仍难以确定。异养细菌和浮游动物是深海颗粒物再矿化的主要承担者，但其各自对深海中颗粒物转化的贡献尚且未知。

海洋中绝大部分的代谢活动由微生物介导，尤其是深海。因此，微生物对碳的需求(异养微生物群落生物量生产所需的碳量和呼吸代谢所需碳量的总和)应该与沉降颗粒通量一致。确实，在大洋中层，异养微生物生物量生产(即群落次级生产力)随深度降低，剖面趋势与基于沉积物捕获器数据的沉降颗粒通量模型一致。但是微生物群落总的呼吸活性在深海随深度剖面的变化小于生物量生产的变化[5]，导致微生物总的碳需求比沉降颗粒物通量高很多。也就是说，表层沉降的有机碳不能够满足深海微生物的碳和能量需求。这种显著的供需不匹配在大西洋和太平洋均有报道[5, 6]，而在南海差异更大(作者未发表数据)。

我们需要考虑其他可能的能量来源。深海有着巨大的溶解有机碳库，然而，这类溶解有机碳库大部分是惰性的[7]，对深海异养微生物碳需求的贡献不足 15%[8]。越来越多的研究发现，在深海化能自养细菌和古菌的活性比以往认为的要高很多，它们能利用还原性无机化合物作为能量来源，以无机碳作为碳源生成新的有机质。基于还原性无机化合物的可得性，以往认为化能自养仅在厌氧沉积物、缺氧水体和低氧区中存在。但是，越来越多的证据表明一些还原性无机化合物(如氢、硫化物和氨)在深海富氧水体中能被微生物用作能源。深海微生物这种利用多种能源的能力表明深海中存在相当异质的小生境，这些小生境极有可能就是深海水体中的颗粒物所提供的。

化能自养细菌和古菌对深海溶解无机碳的固定，显然为深海生物圈提供了一类非常重要的碳和能量来源。而且出乎意料的是，深海固定的碳与异养微生物生物量生产处于同一个数量级[9]。在南海甚至要高于异养生物量生产(作者未发表数据)。这就意味着在深海微生物通过无机碳固定形成的新有机质，有意义地驱动了深海的异养食物网。但是，在沉降颗粒物的碳量基础上加上这部分化能自养微生物固定的碳量，仍然不能够满足深海异养群落的代谢需求[9]。

考虑到深海沉降颗粒物通量主要用沉积物捕获器测定，但持续的湍流可能降低其收集沉降颗粒的效率，因此生物泵中缓慢沉降和悬浮颗粒物的重要性在很大程度上被忽略了。水下照相系统的发展揭示了亚微米至厘米级悬浮颗粒物随深度衰减并不明显，其平均有机碳浓度比沉积物捕获器收集的沉降颗粒浓度高 1~2 个数量级[10]。这种浓度相对稳定的深海悬浮颗粒物剖面分布与沉降颗粒物快速衰减的剖面分布形成了鲜明的对比。有研究表明，微生物呼吸活性与悬浮颗粒有机碳间有紧密关联[11]。而且，大颗粒物(例如粒径大于 500μm)也可能是悬浮的，其可能在水层内逗留足够长的时间从而被微生物所分解[12]。通过放射性碳同位素(^{14}C)定年北太平洋和北大西洋中层水体中的悬浮颗粒有机碳，发现“海雪”(marine snow)(图 1)是其中一个重要来源[13]，这表明悬浮非生命颗粒物可能主要来源于表层海洋且周转时间为 8~10 年[5]。

(a) (b)

图 1 深海中缓慢沉降或悬浮的“海雪”

(a)图源自 http://moocs.southampton.ac.uk/oceans/2014/01/28/what-does-the-ocean-mean-to-me-2/；(b)图源自 http://acccearthscience.wikispaces.com/Marine+Snow++-+AC

从微生物的角度来看，生活在深海意味着挑战。对于浮游异养微生物来说，其代谢所依赖的溶解有机质库中惰性成分越来越高。相反，颗粒附着微生物可利用的有机底物浓度可能会升高。放射性碳同位素研究显示，大洋内部的颗粒有机质库要比溶解有机质库年轻，因而对于生物而言有着更高的营养价值[14]。这一点与颗粒附着微生物往往具有相对较高的细胞活性、维持有多样的酶催化机制、基因组较大等特性一致。(宏)基因组信息显示，颗粒附着微生物和浮游微生物群落在系统发育和功能上均显著不同，而且颗粒附着微生物在深海更为普遍。相对于表层微生物群落，深海微生物群落过度表达用于合成菌毛(用于附着于颗粒物上的聚合结构)、多糖和抗生素的基因，意味着颗粒附着的生活方式更占优势[15]。也就是说，深海微生物比表层水体微生物更适于颗粒附着生活。

可见，越来越多的证据证实了深海微生物活动主要集中于颗粒物，包括沉降颗粒物和悬浮颗粒物。但采集并区分这些深海颗粒物非常困难。利用沉积物捕获器收集深海颗粒物不是最好的方法；而使用传统的葵花式采水器进行深海水采样会产生湍流，破坏这些往往易碎的聚集体，从而破坏聚集体高度结构化的富营养微环境。因此，深海悬浮颗粒物对微生物代谢能量的供给尚未被准确测量和估算，亟须进一步深入研究。利用远程遥控装置或深潜器等进行颗粒物选择性采样，或许可实现快速沉降颗粒物和悬浮颗粒物的化学组成、天然同位素指纹等分析，从而帮助明确各自对深海生物圈的贡献。

上述有机碳来源是否能解释深海生物圈(主要是微生物群落)有机质消耗与供应的不匹配尚待验证。但是，可以明确的是，深海微生物群落的代谢运作机制从根本上不同于表层水体群落。

参 考 文 献

[1] Ducklow H W, Steinberg D K, Buesseler K O. Upper ocean carbon export and the biological pump. Oceanography, 2001, 14: 50-58.

[2] Kwon E Y, Primeau F, Sarmiento J L. The impact of remineralization depth on the air-sea carbon balance. Nature Geoscience, 2009, 2: 630-635.

[3] Smetacek V. The giant diatom dump. Nature, 2000, 406: 574-575.

[4] Richardson T L, Jackson G A. Small phytoplankton and carbon export from the surface ocean. Science, 2007, 315: 838-840.

[5] Herndl G, Reinthaler T. Microbial control of the dark end of the biological pump. Nature Geoscience, 2013, 6: 718-724.

[6] Yokokawa T, Yang Y, Motegi C, et al. Large-scale geographical variation in prokaryotic abundance and production in meso- and bathypelagic zones of the central Pacific and Southern Ocean. Limnology and Oceanography, 2013, 58: 61-73.

[7] Hansell D A, Carlson C A, Schlitzer R. Net removal of major marine dissolved organic carbon fractions in the subsurface ocean. Global Biogeochemical Cycles, 2012, 26: GB1016.

[8] Arístegui J, Duarte C M, Agustí S, et al. Dissolved organic carbon support of respiration in the dark ocean. Science, 2002, 298: 1967.

[9] Reinthaler T, Aken H Mv, Herndl G J. Major contribution of autotrophy to microbial carbon cycling in the deep North Atlantic's interior. Deep Sea Research II, 2010, 57: 1572-1580.

[10] Baltar F, Arístegui J, Sintes E, et al. Significance of non-sinking particulate organic carbon and dark CO_2 fixation to heterotrophic carbon demand in the mesopelagic northeast Atlantic. Geophysical Research Letters, 2010, 37: L09602.

[11] Baltar F, Arístegui J, Gasol J M, et al. Evidence of prokaryotic metabolism on suspended particulate organic matter in the dark waters of the subtropical North Atlantic. Limnology and Oceanography, 2009, 54: 182-193.

[12] Bochdansky A B, Aken H Mv, Herndl G J. Role of macroscopicparticles in deep-sea oxygen consumption. Proceedings of the National Academy of Sciences of the United States of America, 2010, 107: 8287-8291.

[13] Druffel E R M, Bauer J E, Griffin S, et al. Penetration of anthropogenic carbon into organic particles of the deep ocean. Geophysical Research Letters, 2003, 30.

[14] Druffel E R M, Williams P M. Identification of a deep marine source of particulate organic carbon using bomb ^{14}C. Nature, 1990, 347: 172-174.

[15] DeLong E F, Preston C M, Mincer T, et al. Community genomics among stratified microbial assemblages in the ocean's interior. Science, 2006, 311: 496-503.

撰稿人：张　瑶　汤　凯

厦门大学，yaozhang@xmu.edu.cn

海洋中微型食物网变化的"蝴蝶效应"

"The Butterfly Effect" of Pelagic Microbial Food Web

"蝴蝶效应"原指一只南美洲亚马孙河流域热带雨林中的蝴蝶，偶尔煽动几下翅膀，可能在两周后引起美国得克萨斯州的一场龙卷风，主要形容在一个系统中，初始条件微小的变化能够引起整个系统的连锁反应。本文中"蝴蝶效应"用来说明微食物网的细微结构变动对传统食物链乃至生态系统的巨大影响。

大多数研究者认为微食物网与经典食物链之间是紧密联系的(图 1)，所以微食物网的结构变化可能会影响到经典食物链的稳定性[1, 2]。微小的浮游生物作为微食物网的一部分，在海洋生态系统中发挥重要作用。一方面，浮游植物是海洋初级生产力的基础；另一方面，浮游动物作为海洋生态系统中物质循环和能量流动的重要环节，其动态变化控制着初级生产力的节律、规模和归宿，并同时控制着鱼类等高营养级生物资源的变动[3]。海洋微食物网/环的概念由 Azam 等于 1983 年首次提出，即物质和能量可通过溶解有机物(DOM)→异养细菌→原生动物→浮游动物的摄食关系传递，是海洋经典食物链即浮游植物→浮游动物→鱼的重要补充[4, 5]。在微食物网内，生物粒径主要分为 3 个部分(微微型 pico-，0.2~2μm；微型 nano-，2~20μm；

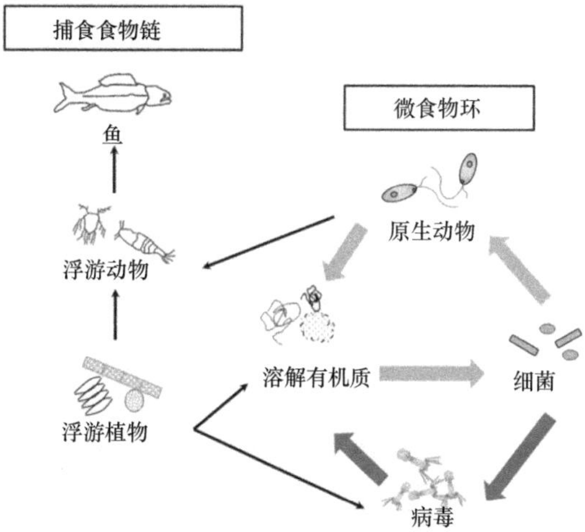

图 1　微食物链与传统食物链
http://bg.aori.u-tokyo.ac.jp/en/wp-content/uploads/2016/ 03/re08-1.jpg

小型 micro-，20~200μm)，主要成分包括细菌、鞭毛虫、纤毛虫和硅藻等；但在海洋病毒被广泛发现后，微食物网中又有了第四个粒径成分(极微型 femto-，<0.2μm)。病毒作为海洋微食物网中新的组分能感染大部分蓝细菌和异养细菌，引起浮游细菌的裂解，参与物质和能量流动[6, 7]。

海洋中的微食物网是一个相对独立、具有独特生态效率和营养物质快速更新等性质的食物网，并且是海洋食物链的有机组成部分。那些极其细微的浮游生物可以通过微食物网被更高营养层次的海洋生物所利用，因此微食物网在海洋生态系统中发挥着重要的作用。微食物网在能量流动方面的作用是不可忽视的。首先，作为微食物网基础的海洋微生物在海洋生态系统中不仅是分解者更是生产者。其次，在富营养海域，微食物网作为牧食食物链的一个侧支，为海域生态系统的能量流动提供新的途径，从而提高了总的生态效率；在贫营养海域，微食物网在海洋食物链起始阶段的作用远远大于经典的牧食食物链，是能流的主渠道[8, 9]。微食物网在物质循环中也具有极其重要的作用，微食物网中微型浮游真核藻类和原核藻类所分泌的可溶性有机物，可以被细菌摄取，再被原生动物(主要是鞭毛虫和纤毛虫)或不同时期的桡足类幼体所捕食，成为较大的颗粒有机物，从而与传统食物链发生联系[2]。

微食物网各类群对环境变化十分敏感，对环境变化具有重要的指示作用[10, 11]。环境要素的改变，会引起各营养级的生物变动，使微食物网的稳定性受到影响。一个极端的例子就是赤潮的爆发，赤潮是指一些海洋微食物网中的微藻、原生动物等在水体中过度繁殖或聚集而令海水变色的现象。赤潮的发生首先导致海洋中浮游植物种类组成及丰度发生改变，这些变化势必影响到以它们为食的浮游动物等初级消费者的群落结构[12]，也会通过影响浮游动物的摄食、繁殖等活动而影响到藻类→浮游动物这一环节的物质和能量的传递效率，这种影响通过食物链的传递有可能导致整个海洋生态系统的失衡或破坏。赤潮对于海洋生态系统的巨大破坏性影响即是典型的微型食物网变化带来的“蝴蝶效应”。微食物网内另一个重要的组成部分是微微型浮游生物中的光合自养生物，在全球各大洋和近岸海域都有分布，对海洋初级生产及海洋碳循环有巨大的贡献[13]。另外，浮游病毒作为分解者对微食物网中各主要角色都有相当程度的影响，病毒对细菌和藻类的裂解向水体中释放可溶性有机物，这部分可溶性有机物又被细菌再利用，产生了微食物环中的病毒回路(viral shunt)，影响了海洋生态系统物质循环和能量流动的途径[14]。

微食物网的发现，以及对其重要性的认识是近 30 年的事情，尽管目前已受到各国海洋生物学家的重视，但由于相关检测技术仍不能满足需要及微型生物本身具有动态异常复杂的特点，很多基本问题都未弄清。另外，目前对微食物网中各功能类群之间的相互作用依然没有明确的了解，包括食物关系、营养竞争和空间竞争等关系，而对于这些关系的深入研究有助于明确微食物网的结构和功能及其在海洋生态系统物质循环和能量流动中的重要作用。

对于微食物网与经典食物链之间的连接关系也是我们需要重点研究的一个问题。原生动物纤毛虫，或者是小型浮游动物(桡囊虫或无节幼体)，亦或是其他动物，充当微食物网与经典食物链的连接尚有争议；实际上，在不同海域的不同季节，其连接者可能有所不同[9]。

参 考 文 献

[1] Kirchman D L, Keel R G, Simon M, et al. Biomass and production of heterotrophic bacterioplankton in the oceanic subarctic Pacific. Deep Sea Research Part I: Oceanographic Research Papers, 1993, 40(5): 967-988.

[2] 孙书存, 陆健健. 微型浮游生物生态学研究概述. 生态学报, 2001, 21(2): 302-308.

[3] 陈洋. 有害赤潮对海洋浮游生态系统结构和功能影响的初步研究. 中国科学院海洋研究所博士论文, 2005.

[4] 何剑锋, 崔世开, 张芳, 等. 北冰洋海域微食物环研究进展. 生态学报, 2011, 31(23): 7279-7286.

[5] Azam F, Fenchel T, Field J G, et al. The ecological role of water-column microbes in thesea. Marine Ecology Progress Series, 1983, 10(3): 257- 263.

[6] 李洪波, 杨青, 周峰. 海洋微食物环研究新进展. 海洋环境科学, 2012(6): 927-932.

[7] Fenchel T. The microbial loop – 25 years later. Journal of Experimental Marine Biologyand Ecology, 2008, 366: 99–103.

[8] Sommer U, Stibor H, Katechakis A, et al. Pelagic food web configurations at different levels of nutrient richness and their implications for the ratio fish production: primary production. Hydrobiologia, 2002, 484(1-3): 11-20.

[9] 戴聪杰. 极地近海微食物环的主要类群组成及其功能. 厦门大学博士论文, 2006.

[10] Vincent W F. Microbial ecosystem responses to rapid climate change in the Arctic. ISME Journal, 2010, 4(9): 1087-1090.

[11] Jiang Y, Liu Q, Yang E J, et al. Pelagic ciliate communities within the Amundsen Sea polynya and adjacent sea ice zone, Antarctica. Deep Sea Research Part II Topical Studies in Oceanography, 2015, 123: 69-77.

[12] Kamiyama T. Change in the microzooplankton community during decay of a Heterosigmaaka-shiwo Bloom. Journal of Oceanography, 1995, 51: 279-287.

[13] Fogg G E. Some comments on picoplankton and its importance in the pelagic ecosystem. Aquatic Microbial Ecology, 1995, 9(1): 33-39.

[14] Wilhelm S W, Suttle C A. Virus and nutrient cycles in the sea. Bioscience, 1999, 49(10): 781-788.

撰稿人：姜 勇

中国海洋大学，yongjiang@ouc.edu.cn

海洋光合生物如何实现多分支进化

Multiple Phylogenetic Clades of Marine Photosynthetic Organisms

光合作用是一个十分古老而且重要的生物过程，它将太阳能转化为生物所需要的化学能，提供地球上最重要的生产力。陆地上的光合生物生物量巨大，但是从进化的角度上看相对单一，基本都是属于有胚植物的进化分支。相反，尽管海洋中光合生物的生物量占全球生物量不到 1%，却贡献了地球上一半的初级生产力，而且光合生物的进化类群呈现更加多样化的特点。

现在普遍认为最早的光合生物起源于一类厌氧不产氧的原核生物(没有成形的细胞核的生物，这里主要指细菌)，因为在早期的地球大气层中不含氧气[1]。大约在 27 亿年前，由于产氧的蓝细菌出现，大气层中才渐渐地充满了氧气，直到 6 亿年前，大气层氧气的浓度达到稳定[2]。最早出现的厌氧原核光合生物为了适应逐渐有氧的新环境，沿着产氧光合作用和不产氧光合作用分别进化，产氧光合作用主要存在于蓝细菌、藻类和高等植物中，不产氧光合作用则存在于原核光合生物中(图 1)。

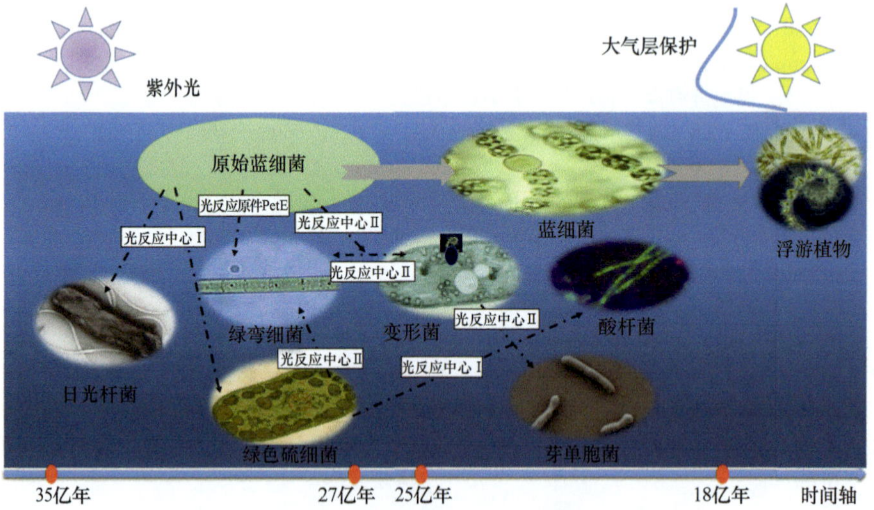

图 1　不同光合细菌的进化演替及在地质历史时期出现的时间

藻类和高等植物行使光合作用，主要是依靠细胞中的叶绿体，将二氧化碳转化成有机物，并释放出氧气。关于叶绿体的起源人们普遍认可的是内共生假说，即异养原生动物(一类真核微生物)吞噬光合蓝细菌后，光合蓝细菌并没有被消化，反而与原生动物形成一种共生的状态，成为原生动物中的细胞器，即叶绿体。在漫长的岁月中，低等的藻类再向着高等植物继续进化。关于叶绿体内共生的假说有大量的电子显微镜观察图片和分子生物学上的证据支持。从形态上看，叶绿体与蓝细菌的形态相似，从比较基因组的数据表明在系统进化上叶绿体的大部分基因与蓝细菌的基因同源[3]。有趣的是，随着研究的深入，现在发现最初吞噬了蓝细菌的异养原生动物很有可能再被体积更大的异养生物吞噬，这种多重吞噬有可能会发生 2~3 次[4]，才会形成现在真核光合生物的系统进化分布的格局。同时关于蓝细菌被吞噬这一过程，是“主动”还是“被动”也一直是科学家们研究和争论的焦点。

比起真核光合生物进化的研究，原核光合生物起源与进化争议更多。一方面，关于光合生物的起源至今没有一个比较统一的定论，所以无法从起源分析其进化的过程，另一方面，原核光合生物更易受环境变化的影响，会进行水平基因转移(不同的生物个体之间，遗传物质的传递)等遗传物质的改变以适应环境的变化。

到目前为止，所发现的原核光合生物分别分布于七个类群，即蓝细菌、变形菌、绿色硫细菌、绿弯细菌、日光杆菌、酸杆菌和芽单胞菌[5]。这些原核光合生物是散布在进化的分支上，这种分布很可能是在其进化的过程中以某种代谢途径为垂直进化路线，同时光合基因很可能还在细菌之间进行了基因转移。这些原核光合生物都以(细菌)叶绿素为光合色素，但其光反应中心(光合作用的主要反应场所)却不尽相同。按照其光反应中心，可将现有的七类原核光合生物大致划分为两大类：以铁-硫蛋白为光反应中心的 type I 类型(RC1)，如绿色硫细菌、日光杆菌、酸杆菌和以脱镁叶绿素-醌为反应中心的 type II 类型(RC2)，如绿弯细菌、变形菌、芽单胞菌。蓝细菌同时含有 RC1 和 RC2 两种类型的光反应中心。

关于原核光合生物的起源，现在普遍被认可的有三种假说：第一种认为日光杆菌是原核光合生物的祖先，后来再进化出其他的光合细菌类群；第二种认为变形菌才是光合生物的祖先；第三种假说则认为光合生物来源于一种原始的蓝细菌，然后以垂直进化为主发展成其他的原核光合生物。为了适应环境的变化，其中一部分原核光合生物在进化过程中丢失掉其中的一个光合系统，还有另外一部分原本是异养的原核生物通过水平基因转移的方式获得光合基因系统[6~8]。这些假说都可以从一定程度上解释原核光合生物的进化路线，但是都是存在较大的争议和矛盾。

科学家们总结了各方的观点，提出两种进化模型试图解释现有原核光合生物在系统进化上的分布。第一种模型称为选择性丢失模型[7, 9]，即所有的原核光合生物拥有一个共同的祖先，这种最早的原核光合生物类似于现代的蓝细菌，它含有两套光反应中心，但是其并不能产氧。在后期的进化中，除了蓝细菌仍然保留着两套光反应系统，并发展为产氧光合作用，其他类群的细菌在环境选择压力下丢失了 RC1 或者 RC2，并按照这两个不同的路线分别进化。同时也有一些原核光合生物，是通过水平基因转移的方式获得了整个光反应基因。Schopf 等在 35 亿年前的化石中发现了一种与蓝细菌类似的光合生物，这是目前为止发现的最早的光合生物，很有可能是所有光合生物的祖先 [10]。近些年来的分子生物学研究还证实了水平基因转移在光合生物进化中扮演着十分重要的角色。例如，芽单胞菌的光合基因簇很可能是从变形菌纲的紫色细菌中获得[11]。还有一些原核光合生物的光合基因簇是存在于质粒(一种染色体外的稳定遗传因子)上，质粒很容易受到环境的影响，从细胞中丢失，同时也很容易在一定的环境中获得，因此这很有可能是适应水平基因转移的一种机制[12]。

第二种模型称为融合模型[13]，其观点认为 RC1 和 RC2 从一开始就是分别存在于两种原核光合生物中，所以两个光反应中心进化是独立的。RC2 最开始来自于变形菌，接下来沿着变形菌、绿弯菌和蓝细菌的 RC2 分别进化。RC1 则被认为比 RC2 出现时间晚，其来源于日光杆菌，往后再进化出绿色硫细菌和蓝细菌的 RC1。进化完善的 RC1 和 RC2 之间恰好可以建立一个完整的电子传递链。所以现代蓝细菌的光合系统是后来融合 RC1 和 RC2 两个系统，而且这种融合被认为是含有 RC1 的生物包含了 RC2 生物的光合基因而形成的。这个观点最有力的支持在于现在已经证实在蛋白分析上 RC1 和 RC2 从进化上并不是同源的，也就是说它们没有共同的起源。这个模型看起来似乎更加符合常理，因为系统的进化从理论上讲应该是从简单进化到复杂进化。

光合作用的研究一直是科学界所关注的焦点，因为光合生物的起源与生命的起源有着紧密的联系。尽管在过去的 100 多年中，关于光合生物进化的研究已经取得了许多令人瞩目的成功，但仍有许多问题困扰着人们，如光反应中心进化事件的发生是否是在一个细胞中，是否还有新的光反应系统类型没被发现，最原始的光反应中心到底是什么样子，等等。由于光合生物在漫长的进化过程中，地球的环境发生过剧烈的变化，生物遗传方式也丰富多样，因此光合生物进化情况就显得十分复杂，光合作用进化的研究也变得更加困难。随着组学技术((宏)基因组学、(宏)转录组学、(宏)蛋白质组学)的发展，为解决这些问题提供了新的思路和方法。同时自然界中很有可能仍然存在我们尚未发现的光合生物，因此对于这些光合生物的发现和深入研究，对揭开光合生物的起源及其多分支的进化有着重要的作用。

参 考 文 献

[1] Hohmann-Marriott M F, Blankenship R E. Evolution of photosynthesis. Annual Review of Plant Biology, 2011, 62: 515-548.

[2] Kasting J F, Siefert J L. Life and the evolution of Earth's atmosphere. Science, 2002, 296(5570): 1066-1068.

[3] Margulis L. Symbiosis in Cell Evolution: Microbial Communities in the Archean and Proterozoic eons. New York, United States. W. H. Freeman and Company, 1993.

[4] Keeling P J. The endosymbiotic origin, diversification and fate of plastids. Philosophical Transactions of the Royal Society of London B: Biological Sciences, 2010, 365(1541): 729-748.

[5] Raymond J. Coloring in the tree of life. Trends in Microbiology, 2008, 16(2): 41-43.

[6] Raymond J, Zhaxybayeva O, Gogarten J P, et al. Whole-genome analysis of photosynthetic prokaryotes. Science, 2002, 298(5598): 1616-1620.

[7] Olson J M, Pierson B K. Origin and evolution of photosynthetic reaction centers. Origins of Life and Evolution of the Biosphere, 1987, 17(3-4): 419-430.

[8] Shi T, Falkowski P G. Genome evolution in cyanobacteria: The stable core and the variable shell. Proceedings of the National Academy of Sciences, 2008, 105(7): 2510-2515.

[9] Olson J M, Pierson B K. Evolution of reaction centers in photosynthetic prokaryotes. International Review of Cytology, 1987, 108: 209-248.

[10] Schopf J W. Microfossils of the Early Archean Apex chert: New evidence of the antiquity of life. Science, 1993, 260(5108): 640-646.

[11] Zeng Y, Feng F, Medová H, et al. Functional type 2 photosynthetic reaction centers found in the rare bacterial phylum Gemmatimonadetes. Proceedings of the National Academy of Sciences, 2014, 111(21): 7795-7800.

[12] Petersen J, Brinkmann H, Bunk B, et al. Think pink: Photosynthesis, plasmids and the Roseobacter clade. Environmental Microbiology, 2012, 14(10): 2661-2672.

[13] Olson J M, Pierson B K. Evolution of reaction centers in photosynthetic prokaryotes. International Review of Cytology, 1987, 108: 209-248.

撰稿人：郑　强　刘燕婷

厦门大学，zhengqiang@xmu.edu.cn

海洋光合自养生物与其共栖微生物的互利共生

The Symbiotic Relationship Between Marine Photoautotrophs and Theirassociatedmicrobes

海洋光合自养生物可以分为真核自养生物和原核自养生物，它们都含有光合色素，能够通过光合作用，将二氧化碳和水转化成有机物，为自身提供物质能量，同时，也为其他营养级的生物提供物质能量，故也称它们为初级生产者。真核自养生物，也就是我们通常所说的浮游植物(生态学概念)和大型藻类，包括了所有已知的海洋真核藻类，可食用的海带(一种大型褐藻)和紫菜(红藻)也包括于其中；原核自养生物，主要是指以原绿球藻和聚球藻为代表的微型蓝细菌，它们在海洋中有着非常广泛的分布，承担了地球上 50%的光合固碳总量，占据着极其重要的生态地位[1]。

海洋生态系统是一个极其复杂的系统，每一个生物都与其他众多生物相互作用着、联系着，形成了一个大而复杂，同时也是环环相扣的网络系统[2, 3]。海洋生物与生物之间的相互作用关系是多种多样的，有捕食、竞争、拮抗、寄生、共生关系等。为了适应周围不断变化的环境，这些相互关系在某些特定条件下也是可以发生转变的。其中很多相互作用关系都是发生在微米甚至是纳米的微观尺度上的，但却能够影响整个海洋生态系统和全球的生物地球化学循环[4]。

海洋光合自养生物与其共栖微生物的相互作用在过去几十年一直是个热门话题。通过对真核光合自养生物(如微藻、硅藻等)与其共栖微生物相互作用关系的研究发现，它们之间存在着非常强的协同作用(图 1)。在生长过程中，藻类会向周围环境中释放有机物质，如碳水化合物、多肽、氨基酸、脂类和有机磷酸盐等，或者是光合作用过程的副产物，如乙醇酸等，这些有机物质可作为碳源被异养细菌所利用[5, 6]。同时，异养细菌在代谢这些有机物质时又可以将部分营养元素释放到环境当中，如铁元素，为藻类的生长提供必要的生长因子。此外，有些藻类缺少不依赖维生素 B_{12} 的蛋氨酸酶，需要额外的维生素 B_{12}，而很多异养细菌都可以产生维生素 B_{12}。还有一些具有固氮功能的异养细菌，能够为藻类的生长提供足够的氮源。有些异养细菌可以利用菌毛，与藻类形成一个非常紧密的联系。综上所述，藻类与其共栖的微生物(异养细菌)处在一个互利共生的网状环境中[6, 7]。

与光合自养生物共栖的微生物其实是一个复杂的集合体，不仅包括了与生物体共生的微生物，也包括了生物体体表附生、体内寄生，以及与生物体临时共存的

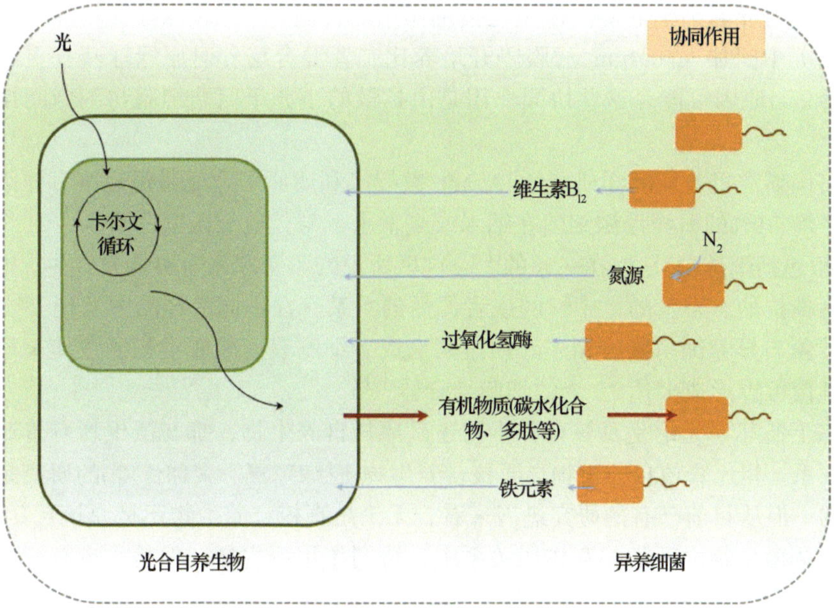

图 1 光合自养生物与异养细菌协同作用示意图

微生物。并且，是由很多不同种属微生物组成的集合体。通过对微拟球藻和硅藻共栖微生物群落结构的研究发现，这些细菌主要集中在拟杆菌门(*Bacterioidtes*)、变形菌门(*Proteobacteria*)、放线菌门(*Actinobacteria*)、厚壁菌门(*Firmicutes*)等[8, 9]。

目前，针对真核光合自养生物与其共栖微生物的研究还是相对较多的。由于真核光合生物的粒径更大，其主体本身就是微生物生存的环境，加之与真核生物共栖的微生物丰度相对较高，因此研究真核光合自养生物与微生物的相互作用比研究原核光合自养生物与微生物之间的相互作用更容易很多。关于原核自养生物，如蓝细菌(特别是聚球藻)与共栖微生物的相互作用关系很少见报道。但是，就目前已有的报道表明蓝细菌与其共栖异养细菌有很强的互利共生关系[10, 11]。

科学家早期培养原绿球藻的时候发现，加入异养细菌混养的原绿球藻要比单纯原绿球藻生长的要好，以致后来再培养原绿球藻的时候都会刻意地加入一些异养细菌作为“帮助者”[10]。研究发现，这些作为“帮助者”的异养细菌可以去除氧化压力，使原绿球藻细胞免受过氧化氢的损害。如果这些“帮助者”被除去，过氧化氢的浓度就会增加，当达到一定浓度的时候，会导致原绿球藻的细胞外膜破损，从而无法进行光合作用[11]。同时，“帮助者”可以利用原绿球藻在生长过程中释放的有机物质进行生长。

最近一项研究把 344 株异养细菌与高光和低光原绿球藻共培养发现，异养细菌会使低光原绿球藻生长更快和叶绿素荧光信号更高，说明在室内培养条件下原绿球藻与异养细菌的协同作用比拮抗作用更普遍[12]。在原绿球藻培养液和异养细菌培养中间加入 0.4μm 滤膜隔开培养比二者混合培养时原绿球藻有更高的叶绿素峰值，原因可能是这些协同作用是由扩散的小分子而非细胞与细胞间接触完成的[12]。

美国斯克里普斯海洋研究所 Azam 教授等利用原子力显微镜观察海洋细菌发现，平均 30%的海洋浮游细菌在纳米或毫米水平与其他细菌紧密联系，21%~43%的细菌(包括聚球藻)是连在一起的[13]。这里所说的紧密联系有可能是共生，也有可能包括拮抗的、寄生的、中性的或者偶然的关系。在不同的样品中发现 6%~42%的聚球藻与异养细菌紧密相连。通过菌毛或者细胞表面凝胶类物质连接聚球藻与异养细菌可以形成多达 20 个的细胞结合体[13]。

综上所述，无论是真核自养生物还是原核自养生物，都与微生物有着非常紧密的联系。相比真核自养生物，原核自养生物(原绿球藻、聚球藻等)的研究是相对较慢的。但从目前已有的研究进展来看，无论是真核自养生物还是原核自养生物，与其共栖微生物之间的相互作用关系中，协同作用占主导。但是，也有一些研究显示，它们在某些情况下或存在着一定的竞争关系，如对磷源争夺。甚至在某些情况下，细菌分泌的一些蛋白酶类可以降解藻类的细胞壁[14]。总而言之，它们之间是一种简单互利共生关系，或是在特定的条件下转变成为竞争关系或者是拮抗关系，以及在真实的海洋环境中到底是一种怎样关系，还有很多未知的问题等着我们去解答。另外，比起原核自养生物(原绿球藻和聚球藻)对海洋初级生产力的贡献之大，对它们的研究还是很不足的。这的确存在一些客观原因，如与真核光合自养生物相比，它们被发现的时间更短，体积微小，并且对实验室培养条件要求相对苛刻。所以无论是原位调查还是实验室研究，都需要更多更全面的研究，才能去解决这一难题。

参考文献

[1] 焦念志. 海洋微生物生态学. 北京: 科学出版社, 2006.

[2] Estes J A, Terborgh J, Brashares J S, et al. Trophic downgrading of planet Earth. Science, 2011, 333: 301-306.

[3] Stocker R. Marine microbes see a sea of gradients. Science, 2012, 338: 628-633.

[4] Azam F, Malfatti F. Microbial structuring of marine ecosystems. Nature Reviews Microbiology, 2007, 5: 782-791.

[5] Dela Pena M. Cell growth and nutritive value of the tropical benthic diatom, Amphorasp., at varying levels of nutrients and light intensity, and different culture locations. Journal of Applied Phycology, 2007, 19: 647-655.

[6] Ding L, Wu J Q, Pang Y, et al. Simulation study on algal dynamics based on ecological flume experiment in Taihu Lake, China. Ecological Engineering, 2007, 31: 200-206.

[7] 郑天凌, 田蕴, 苏建强, 等. 海洋赤潮生物与厦门海域几种细菌的生态关系研究. 生态学报, 2002, 22: 2063-2670.

[8] Amin S A, Parker M S, Armbrust E V. Interactions between diatoms and bacteria. Microbiology and Molecular Biology Reviews, 2012, 76: 667-684.

[9] 黄适, 吴双秀, 徐健. 微拟球藻培养中共生关系的初步研究. 安徽农业科学, 2011, 39: 14246-14249.

[10] Morris J J, Kirkegaard R, Szul M J, et al. Facilitation of robust growth of Prochlorococcus colonies and dilute liquid cultures by "helper" heterotrophic bacteria. Applied and Environmental Microbiology, 2008, 74: 4530-4534.

[11] Morris J J, Johnson Z I, Szul M J, et al. Dependence of the cyanobacterium Prochlorococcus on hydrogen peroxide scavenging microbes for growth at the ocean's surface. PLoS One, 2011, 6: e16805.

[12] Sher D, Thompson J W, Kashtan N, et al. Response of Prochlorococcus ecotypes to co-culture with diverse marine bacteria. The ISME journal, 2011, 5: 1125-1132.

[13] Malfatti F, Azam F. Atomic force microscopy reveals microscale networks and possible symbioses among pelagic marine bacteria. Aquatic Microbial Ecology, 2009, 58: 1-14.

[14] Amin S A, Parker M S, et al. Interactions between diatoms and bacteria.Microbiology and Molecular Biology Reviews, 2012, 76(3): 667.

撰稿人：郑　强　谢　睿

厦门大学，zhengqiang@xmu.edu.cn

海洋浮游植物藻华形成和衰亡的内因是什么？

What is the Intrinsic Factors Resulting Information and Decay of Marine Phytoplankton Blooms?

浮游植物是海洋中最重要的初级生产者，贡献了全球约 45%的初级生产力，在调节海洋碳等生源要素生物地球化学循环和全球气候等方面起着重要作用[1~3]。此外，浮游植物也是海洋食物链(网)的重要组成部分，在生态系统的物质循环和能量流动中起着非常重要的作用。

浮游植物分布广泛，从赤道至极地海域都有分布，且种类组成和生物量随海洋环境条件的变化而改变。通常情况下，单位水体中浮游植物的细胞密度非常低，但在某一特定环境条件下，浮游植物群落某一种类的细胞数目会迅速增加，并在群落中占据优势，引起水体变色，形成藻华。在已知的浮游植物类群中，约 2%的种类可引起藻华，其中很大一部分是硅藻和甲藻[4]。浮游植物藻华形成后，单位体积海水中藻华种的细胞数目占据绝对优势，其余类群的细胞数目较低。藻华高峰期及衰亡期造成局部海区缺氧、鱼虾死亡、散发难闻气味，破坏局部生态系统。部分藻华种还可分泌毒素，贝类摄食后随食物链累积，最终人类摄食被污染的海产品后会导致腹泻甚至死亡。近年来，由于人类活动干扰和全球环境变化加剧，浮游植物藻华，特别是甲藻藻华呈全球化拓展趋势：爆发频率增加、规模扩大、危害加剧。浮游植物藻华不仅直接影响海洋生态系统稳定、生物资源可持续利用和水产养殖业等海洋产业的健康发展，部分有毒藻华对人类健康甚至生命也构成了严重威胁[5, 6]，因此浮游植物藻华越来越受到人们的关注。

浮游植物藻华研究中一个最根本的问题是浮游植物为什么会形成藻华？哪些因素调控着浮游植物藻华的形成和衰亡？目前对于浮游植物藻华形成和衰亡过程中细胞内重要基因、蛋白质及相关生物学过程(即藻华形成衰亡的内因)了解较少。近半个多世纪，人们围绕这些问题开展了大量研究，试图从海洋学和生态学的角度揭示浮游植物藻华形成和衰亡的原因[7~10]。现有研究表明，特定的环境条件是浮游植物形成藻华的基础，如适宜的光强、水温、营养盐、水团、洋流，以及较少的捕食者等(图 1(a))为浮游植物的生长、繁殖提供了理想的环境，导致细胞迅速增殖，数量增加并占据群落优势，进而形成藻华。但是，海洋生态系统是一个复杂的体系，在同一环境中存在着种类众多的浮游植物，为什么只有某一种浮游植物能够形成藻华？它是否拥有某些特殊的能力使其在竞争中脱颖而出，成为独一无二的优势种？目前的研究仍不足以回答浮游植物如何形成藻华这一根本问题。

浮游植物普遍存在丰富的基因遗传多样性，这种基因遗传多样性决定了其表型特征的多样性，增强了浮游植物适应环境的能力，它们在种群的维持和藻华的形成方面起着非常重要的作用(图 1(b))。研究表明，当环境条件发生改变时，在短时间内最适应某一海区环境的基因型物种会在数目上占据优势并在条件适宜时形成藻华[11]。种群遗传多样性是浮游植物对复杂多变海洋环境的一种生存策略，是保证浮游植物在特定海区长期存在而进化的一种适应机制。藻华生物遗传多样性的阐明有助于我们揭示藻华形成的原因。

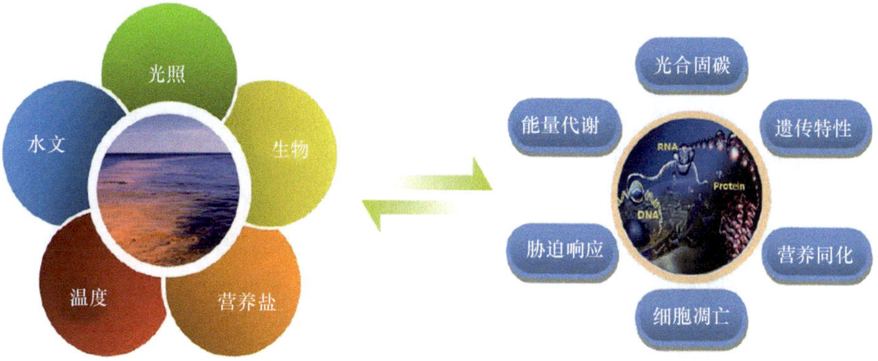

(a)浮游植物藻华形成外因　　(b)浮游植物藻华形成内因

图 1　海洋浮游植物藻华形成和衰亡的原因

浮游植物藻华形成的过程，就是浮游植物细胞生长、繁殖的过程，而细胞生长受到细胞内诸多生物学过程的调控，如营养吸收、光合固碳、能量代谢、胁迫适应等，而某一过程或某些过程的变化都会影响细胞的生理状态和生长速率(图 1(b))，因而对这些生物学过程的研究有助于我们真正地揭示浮游植物藻华形成的原因。藻华形成发展过程中的缺氧、营养盐胁迫、低光胁迫等环境条件影响细胞内部生物学过程的进行。研究表明，不同浮游植物种类对温度、营养盐、海水浑浊度和光照等环境条件的适应能力存在很大差异。每一种形成藻华的藻种都有其特殊的适应策略，使其能在特定的环境中竞争过其他藻种。例如，海区中的一种褐潮藻——抑食金球藻(*Aureococcusanophagefferens*)，比与其共存的浮游植物拥有更多的光能捕捉、有机物和微量元素利用基因，这些基因编码的蛋白质能在水体浑浊度、溶解有机质浓度和微量金属浓度较高的环境中大量表达，使得该褐潮藻种脱颖而出并形成藻华[12]。部分浮游植物则通过改变胞内物质组成，大量合成色素蛋白、捕光蛋白，或者启动其他光能利用途径以适应低光条件[13]，因此不同浮游植物种类对环境适应能力的差异可能是导致浮游植物形成藻华的一个重要原因，而生物的环境适应性又受到生物本身遗传特性的调控。所以，未来需要加强不同浮游植物藻华种类对环境适应的遗传基础研究，揭示参与环境适应的基因和蛋白质及其代谢调控网络。

细胞生长受细胞周期的严格调控，而细胞周期蛋白(cyclin)和细胞周期蛋白依赖性激酶(cyclin-dependent kinase，CDK)则共同控制着细胞周期进程，这些蛋白质的运转直接影响细胞周期进程及细胞分裂和繁殖[14]。目前对藻华时期浮游植物细胞生长调控的了解较少。对浮游植物藻华形成的原因持有两种观点：一种认为是细胞短时间内爆发性增殖引起，另一种认为是细胞生长阶段性累积的结果。如果是前者，那么细胞周期调控必定发生紊乱，导致细胞的异常增殖。但有限的研究表明，现场藻华生物的细胞周期并未出现异常。藻华发生时期与非藻华时期相比，一个完整细胞周期是否缩短仍不清楚。海区调查结果表明，藻华发生孕育时期部分类群在叶绿素最大层累积，达到一定的生物量后蔓延至海水表面形成藻华；甲藻类群可随细胞内节律在海区垂直移动，白天迁移到海水表层吸收阳光，晚上迁移到次表层吸收营养盐。因而，必须加强现场浮游植物细胞周期调控研究，只有阐释了细胞周期和细胞生长调控机理才能更好地揭示和认识浮游植物藻华形成的原因。

目前对浮游植物藻华衰亡的原因了解还非常少。一些研究表明，藻华爆发海区营养盐限制、浮游动物摄食、细菌和病毒的作用，以及环境因子改变等都可能引起浮游植物藻华的衰亡，因此藻华衰亡是一个非常复杂的过程。然而，这些外部因素不足以解释浮游植物藻华衰亡的真正原因。研究表明，细胞在受到环境胁迫后会诱导程序性凋亡，它是一种基因指导的细胞自我消亡方式，通过诱导部分细胞死亡，为其他健康细胞提供生存的空间和营养，这一过程在维持细胞增殖和种群生存等方面起着重要作用(图 1(b))。近来有学者提出藻华的快速消亡可能源于细胞分裂能力的停止[15]，而细胞程序性凋亡为解释藻华快速衰亡提供了理论依据，但目前我们对这方面的了解还非常有限。环境胁迫或细胞自身的老化可能启动了浮游植物细胞内的凋亡程序，引起藻华的衰亡，查明细胞凋亡的生化基础和基因调控对全面、深入地认识浮游植物藻华衰亡原因具有重要意义。

总之，在过去的半个多世纪中，在浮游植物藻华形成和衰亡机制方面获得了很多新的认识，但仍有很多问题需要深入研究。由于浮游植物的多样性和遗传的复杂性，目前的研究仍面临很多挑战。首先，浮游植物拥有较大的基因组，同一基因的多拷贝、重复拷贝及同源基因的存在给基因组测序的完成带来巨大挑战；其次，海区环境中生物多样性复杂，如何获得特定浮游植物类群的信息也给浮游植物藻华研究带来了困难。此外，结合传统生态学和海洋学研究，有机整合藻华发生过程中的物理、化学和生物学数据仍亟待加强。如何有效解决这些难题并整合新的技术手段对于浮游植物藻华的研究至关重要。随着浮游植物藻华研究的不断深入，结合宏观的现场环境调控和微观的细胞生物学过程将是未来浮游植物藻华研究的大趋势，而新研究方法的不断涌现，如基因组学和蛋白质组学等，为我们揭示环境与浮游植物的相互作用提供了强大工具，现场浮游植物藻华基因组学、转录组学和蛋白质组学等的研究，将有助于我们深入认识和揭示浮游植物藻华形成和衰亡的内在原因。

参 考 文 献

[1] Field C B, Behrenfeld M J, Randerson J T, et al. Primary production of the biosphere: Integrating terrestrial and oceanic components . Science, 1998, 281(5374): 237-240.

[2] Armbrust E V. The life of diatoms in the world's oceans . Nature, 2009, 459(7244): 185-192.

[3] Morel F M M, Price N M. The biogeochemical cycles of trace metals in the oceans . Science, 2003, 300(5621): 944-947.

[4] Wang D Z. Neurotoxins from marine dinoflagellates: a brief review. Mar Drugs, 2008, 6(2): 349-371.

[5] Van Dolah F M, Lidie K B, et al. The florida red tide dinoflagellate *Karenia brevis*: New insights into cellular and molecular processes underlying bloom dynamics . Harmful Algae, 2009, 8(4): 562-572.

[6] Lansberg J H. The effects of harmful algal blooms on aquatic organisms . Reviewsin Fisheries Science, 2002, 10(2): 113-390.

[7] He X, Bai Y, Chen C T A, et al. Satellite views of the seasonal and interannual variability of phytoplankton blooms in the eastern China seas over the past 14 yr (1998-2011) . Biogeosciences, 2013, 10(7): 4721-4739.

[8] 周名江, 朱明远. 我国近海有害赤潮发生的生态学、海洋学机制及其防治研究 . 应用生态学报, 2003, 7(7): 1029-1266.

[9] 周名江, 朱明远. “我国近海有害赤潮发生的生态学, 海洋学机制及预测防治”研究进展 . 地球科学进展, 2006, 21(7): 673-679.

[10] 周名江, 于仁成. 有害赤潮的形成机制、危害效应与防治对策 .自然杂志, 2007, 29(2): 72-77.

[11] Rynearson T A, Armbrust E V. Succession, bloom development and genetic variation in Ditylumbrightwellii during the spring growth season . Limnology and Oceanography, 2006, 51(3): 1249-1261.

[12] Gobler C J, Sunda W G. Ecosystem disruptive algal blooms of the brown tide species, Aureococcusanophagefferens and Aureoumbralagunensis . Harmful Algae, 2012, 14: 36-45.

[13] Ramos J B, Schulz K G, Febiri S, et al. Photoacclimation to abrupt changes in light intensity by Phaeodactylumtricornutum and Emiliania huxleyi: The role of calcification . Marine Ecology Progress, 2012, 452(452): 11-26.

[14] Nurse P. Ordering S phase and M phase in the cell cycle. Cell, 1994, 79(4): 547-55.

[15] Noji T, PassowU, Smetacek V. Interactionbetweenpelagial and benthal during autumn in Kiel Bigt. I. Development and sedimentation of phytoplankton blooms. Ophelia, 1986, 26(1): 333-349.

撰稿人：张 浩 张树峰 王大志

厦门大学，dzwang@xmu.edu.cn

为什么原绿球藻是海洋中数量最多的光合生物

Why *Prochlorococcus* is the Most Abundant Photosynthetic Organism in the Ocean

海洋原绿球藻(*Prochlorococcus*)是目前已知的数量最多、细胞体积最小的产氧光合微生物[1](图 1)。一般认为原绿球藻主要分布于热带和亚热带寡营养大洋 200m 以浅的真光层内，丰度通常可以达到 10^4~10^5cells/mL[1]。在这些贫营养海区，原绿球藻可以占到光合生物总量的 21%~43%，净初级生产力的 13%~48%[2~4]。与同属蓝细菌门的海洋聚球藻(*Synechococcus*)相比，原绿球藻在广阔的寡营养热带和亚热带大洋区的细胞丰度是聚球藻的 100 倍，换算为生物量是 20 倍[5]。最新的研究估计，海洋中总共有 2.9×10^{27} 个原绿球藻细胞，每年固定约 40 亿 t 的碳[6]。自从 1992 年原绿球藻被正式定名，科学家们通过一系列现场调查和室内生理实验，以及最近的分子生物学研究，揭开了原绿球藻成为海洋中数量最多的自养光合生物的秘密[1, 7, 8]。

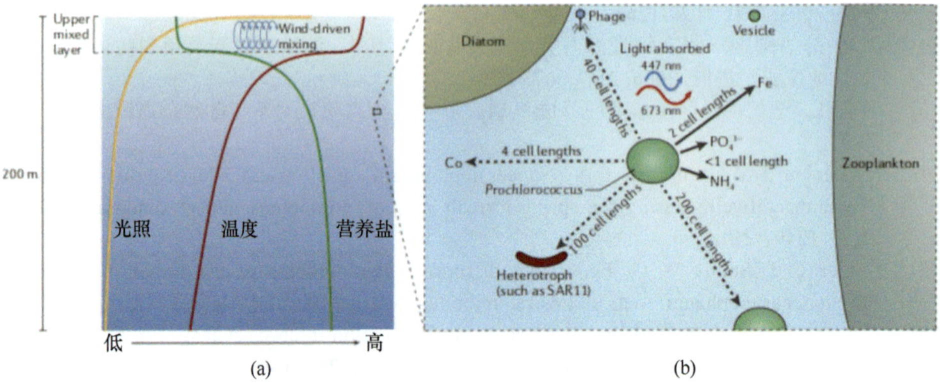

图 1　原绿球藻在海洋中的生存环境

(a)图展示了原绿球藻生活的整个真光层，其特征是有较大的光照、温度和营养盐梯度。(b)图展示了原绿球藻生活在一个高度稀释的环境中和几个主要影响因素，并用原绿球藻细胞大小来衡量它们之间的距离。按比例的距离用实线标示，不按比例的距离用虚线标示。光波长代表原绿球藻 MED4 株系的两个主要吸收峰[8]

在漫长的进化和激烈的竞争过程中，原绿球藻形成了多个适应热带亚热带贫营养大洋环境的特征：①原绿球藻细胞极小，直径 0.5~0.7 μm，是目前已知最小的原核自养光合微生物。其表面积体积比大，利于对低浓度营养物质的吸收。此外，微小的细胞体积还有利于对海洋真光层深部有限的光的吸收利用[9]。②原绿球藻含有特殊的光合系统,其最主要的特点是以二乙烯基叶绿素a和b为主要捕光色素[1],这一细小的突变使原绿球藻的吸收光谱出现微小的红移，易于利用在大洋真光层深部占主导的蓝光[8]。一般认为，这一色素上的微小改变是原绿球藻成为开阔大洋生产力主宰者的重要原因。原绿球藻的光合系统区别于其他蓝细菌的另一个特征是不含藻胆体，而是以Pcb蛋白代替，作为捕光天线蛋白，进一步增强了原绿球藻对低光强的适应能力[10]。③与其他蓝细菌相比，原绿球藻基因组最明显的一个特征是，发生了基因组流线型化(genome streamlining)[11, 12]。原绿球藻是目前已知的基因组最小的自由生活的产氧光合生物，部分株系基因组只有约1.6Mbp，编码约1700个基因[13]。原绿球藻基因组发生流线型化，是对热带和亚热带寡营养大洋相对稳定环境的适应，即丢失一些对此环境来说非必需的基因，从而使基因组减小[13, 14]。基因组流线型化，使原绿球藻的生长，特别是DNA复制所需的营养物质消耗减小，复制时间缩短，细胞体积减小，生长速度加快，提高了其在贫营养大洋的竞争力。基因组流线型化过程中，丢失的基因主要是编码调节蛋白的相关基因[13, 14]，而原绿球藻可以通过具有调节功能的非编码RNA或者反义RNA代偿部分调节功能[15~17]。④原绿球藻通过减小细胞基因组和使用硫脂替代细胞膜上的磷脂，从而降低对磷的需求，适应于开阔大洋真光层极低的磷酸盐浓度[8]。⑤原绿球藻还通过具有不同适应特性的各种生态型(ecotype),实现对整个真光层环境梯度的适应，从而使原绿球藻作为一个整体，成为整个真光层的主宰者。目前发现的原绿球藻共有13个生态型，其中可培养的生态型有6个。通过对不同光强适应特性及进化分析，这13个生态型可以分为两大类群，即适应高光强的高光型(high-light adapted)原绿球藻和适应低光强的低光型(low-light adapted)原绿球藻[8, 18]。⑥原绿球藻还可以通过病毒介导的水平基因转移，丰富其基因多样性，从而更好地适应局地的生态环境。原绿球藻通过不同的生态型，共建了一个泛基因组(pan-genome)，并通过水平基因转移共享这些基因，在保持单个细胞基因组较小的情况下，仍然具有较高的环境适应能力[8]。⑦原绿球藻能够通过与其他伴生的微生物，代偿部分功能。因为高度的基因组流线型化，使原绿球藻失去了部分非必需的基因，也因此失去与之对应的生理功能，但原绿球藻能从伴生的异养细菌代偿部分生理功能。这种功能代偿，使得原绿球藻在保证生存繁衍的同时，不需要携带相关功能基因，减小了自身细胞负担。例如，有研究发现与原绿球藻伴生的海洋交替单胞杆菌，可以吸收对原绿球藻有害的活性氧类物质(reactive oxygen species)，从而利于原绿球藻的生长，而原绿球藻自身的基因组不含分解此类物质的功能基因[19]。

通过这些特殊的生存策略和生理特征，海洋原绿球藻成功地成为了热带和亚热带寡营养大洋光合作用的主宰者，并通过其极大的数量反过来影响着海洋环境。

原绿球藻长期贫营养大洋环境的适应，形成了特殊的生理特征，因此原绿球藻对培养条件十分敏感，目前世界上只有少数实验室能长期稳定培养原绿球藻，这加大了研究原绿球藻的难度。目前，国内系统性的原绿球藻生理研究较为欠缺。

原绿球藻自从 20 多年前被正式发现和定名以来，因为其巨大的生物量和在海洋生物地球化学循环的重要作用，迅速成为了海洋微生物学研究焦点。在目前全球气候变暖的大背景下，对原绿球藻这一主要的初级生产力贡献者进行建模，预测其在未来海洋的中变化，显得特别重要。最近，Flombaum 等在 35000 个样品的基础上，通过量化生态位模型研究，发现原绿球藻作为一个整体在全球变暖的情况下可能增加 29%，并且有向极地方向扩大分布的趋势[6](图 2)。当然，也有研究者认为，在未来海洋表层升温，海洋层化加剧的情况下，原绿球藻能否适应这种极端寡营养的条件还有待进一步研究[9]。

由于原绿球藻对全球生产力存在重要影响，因此原绿球藻自身在未来的变化，及其与气候变化的反馈关系同样十分重要。在全球变暖，大洋表层升温，海水层化加剧，海洋表层更加贫营养化的条件下，需要营养盐较多的真核藻类丰度可能会下降，而对营养盐需求相对较少的原绿球藻丰度可能将增加。这种一正一负的变化会对全球气候变化造成何种影响，同样亟待海洋生物学家的深入研究。

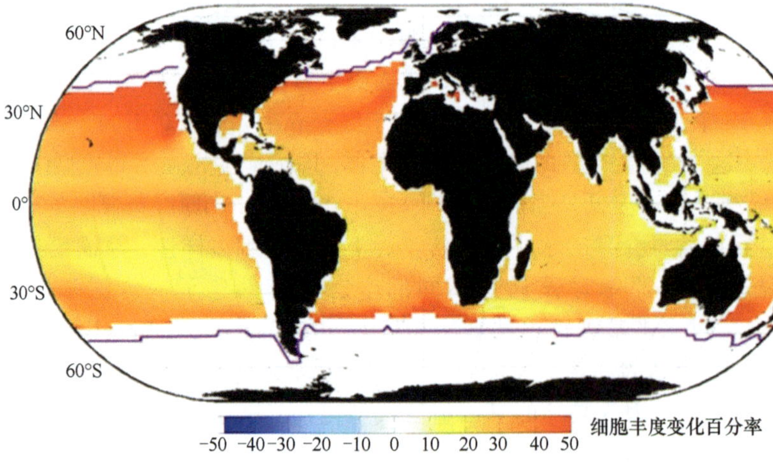

图 2　原绿球藻的全球丰度和分布的变化预测(2100 年)

图中彩色区域为当前和未来(20 世纪末和 21 世纪末)年平均丰度的变化(百分比)。彩色区域边界代表在目前气候下原绿球藻丰度大于 10^4 细胞每毫升的分布界限；紫色线表示未来气候条件下原绿球藻丰度大于 10^4 细胞每毫升的分布界限[6]

参 考 文 献

[1] Partensky F, Hess W R, Vaulot D. *Prochlorococcus*, a marine photosynthetic prokaryote of

global significance. Microbiology Molecular Biology Review, 1999, 63(1): 106-127.

[2] Campbell L, Liu H, Nolla H A, Vaulot D. Annual variability of phytoplankton and bacteria in the subtropical North Pacific Ocean at Station ALOHA during the 1991–1994 ENSO event. Deep Sea Research. Part I Oceanogr. Res. Pap., 1997, 44(2): 167-192.

[3] Vaulot D, Marie D, Olson R J, et al. Growth of Prochlorococcus, a photosynthetic prokaryote, in the equatorial Pacific Ocean. Science, 1995, 268(5216): 1480-1482.

[4] DuRand M D, Olson R J, Chisholm S W. Phytoplankton population dynamics at the Bermuda Atlantic time-series station in the Sargasso Sea. Deep Sea Research. Part II, 2001, 48(8): 1983-2003.

[5] Partensky F, Blanchot J, Vaulot D. Differential distribution and ecology of Prochlorococcus and Synechococcus in oceanic waters: a review. Bioscience, 1999, 61(10): 743-749.

[6] Flombaum P, Gallegos J L, Gordillo R A, et al. Present and future global distributions of the marine Cyanobacteria Prochlorococcus and Synechococcus. Proceeding of National Academy of Sciences of U.S.A., 2013, 110(24): 9824-9829.

[7] 杨燕辉, 焦念志. 原绿球藻 Prochlorococcus 的研究进展. 海洋科学, 2001, 25(3): 42-43, 53.

[8] Biller S J, Berube P M, Lindell D, et al. Prochlorococcus: the structure and function of collective diversity. Nature Review Microbiology, 2015, 13(1): 13-27.

[9] Partensky F, Garczarek L. Prochlorococcus: Advantages and limits of minimalism. Annual Review Marine Sciences, 2010, 2(1): 305-331.

[10] Partensky F, La Roche J, Wyman K, et al. The divinyl-chlorophyll a/b-protein complexes of two strains of the oxyphototrophic marine prokaryote Prochlorococcus – characterization and response to changes in growth irradiance. Photosyn Res, 1997, 51(3): 209-222.

[11] Kettler GC, Martiny AC, Huang K, et al. Patterns and implications of gene gain and loss in the evolution of Prochlorococcus. PLoS Genet, 2007, 3(12): e231.

[12] Luo H, Friedman R, Tang J, Hughes A L. Genome reduction by deletion of Paralogs in the Marine Cyanobacterium Prochlorococcus. Molecular. Biology And Evolution, 2011, 28(10): 2751-2760.

[13] Rocap G, Larimer F W, Lamerdin J, et al. Genome divergence in two Prochlorococcus ecotypes reflects oceanic niche differentiation. Nature, 2003, 424(6952): 1042-1047.

[14] Dufresne A, Salanoubat M, Partensky F, et al. Genome sequence of the cyanobacterium Prochlorococcus marinus SS120, a nearly minimal oxyphototrophic genome. Proceeding of National Academy of Sciences of U.S.A., 2003, 100(17): 10020-10025.

[15] Axmann I M, Kensche P, Vogel J, et al. Identification of cyanobacterial non-coding RNAs by comparative genome analysis. Genome Biology, 2005, 6(9): R73.

[16] Steglich C, Futschik M E, Lindell D, et al. The challenge of regulation in a minimal photoautotroph: Non-coding RNAs in Prochlorococcus. PLoS Genet, 2008, 4(8): e1000173.

[17] Waldbauer J R, Rodrigue S, Coleman M L, et al. Transcriptome and proteome dynamics of a light-dark synchronized bacterial cell cycle. PLoS ONE, 2012, 7(8): e43432.

[18] Huang S, Wilhelm S W, Harvey H R, et al. Novel lineages of Prochlorococcus and Synechococcus in the global oceans. ISME Journal, 2011, 6(2): 285-297.

[19] Morris J J, Kirkegaard R, Szul M J, et al. Facilitation of robust growth of Prochlorococcus colonies and dilute liquid cultures by "helper" heterotrophic bacteria. Applied and Environmental Microbiology, 2008, 74(14): 4530-4534.

撰稿人：严　威　焦念志

厦门大学，jiao@xmu.edu.cn

低等的甲藻为什么具有超过人类的庞大基因组?

Why Do Dinoflagellates Havelarger Genomes Than Humans?

甲藻(Dinoflagellate)，又称“双鞭毛藻”，一般为单细胞，有双鞭毛，具有很高的物种多样性(图 1)，是藻类中一类重要的类群。化石证据表明，甲藻起源于约4亿年前的志留纪或更早时期，迄今共发现 2000 多种甲藻(图 1)[1, 2]。甲藻作为低等的浮游植物类群，在细胞生物学、生物进化和基因组方面具有许多“不寻常”的特性。最令人惊讶的是，甲藻细胞虽小(10~100 μm)，却拥有巨大且差异悬殊的基因组(~3~250 Gb)，相当于人类单倍体基因组的 1~80 倍，而其他大部分真核藻类的基因组仅为 0.54 Gb 左右[1, 3]。虽然已知生物的基因组大小受进化动力、环境选择、生物适应和基因突变等因素的影响[4, 5]，但为什么低等甲藻拥有比人类还要复杂的庞大基因组至今仍然是一个未解之谜。

甲藻在生物进化和生态系统中都起着举足轻重的作用。甲藻虽为真核细胞，但其染色体却表现出许多类似原核细胞类核体的特征，如染色体在整个细胞周期过程中都处于保持致密状态，细胞分裂时染色体结合在核膜上等[1]。甲藻特殊的细胞核结构是低等生物进化的结果，还是高等生物“退化”形成的？至今仍有争议。此外，甲藻还是引发赤潮(有害藻华)的主要浮游植物类群，对海洋生态系统和人类健康造成严重威胁[6]。为什么有些甲藻藻华可以在营养贫瘠的海区爆发？有些甲藻藻华常发生于其他藻华消亡之后？这些甲藻具有怎样的生态适应策略，又是如何获得竞争优势占据有利生态位的呢？尽管通常将甲藻在分类地位上归为植物，但完全自养的物种非常罕见，很多甲藻为兼性营养类型，如威尔多甲藻(*Peridinium willei*)[7]等。甲藻的异养行为使其兼备生产者和消费者的双重角色，能更好地衔接微食物环和后生动物间的物质循环和能量流动。因此，弄清为什么低等甲藻拥有如此庞大的基因组，对了解甲藻的进化地位，揭示甲藻相关重大环境问题的成因和甲藻在生态系统中的作用都具有十分重要的意义。

早期人们认为，DNA 作为基因的载体，生物越复杂需要的基因越多，其基因组也必然越大。然而事实并非如此，许多看似简单的生物，像甲藻、百合等[5]，却拥有比复杂的多细胞生物高几倍甚至数千倍的基因组。对甲藻基因组的组成预测发现，虽然甲藻具有庞大的基因组，但绝大多数(98.2%~99.5%)序列属于非编码 DNA，可以编码蛋白质的序列仅占 0.05%~1.8%，约 38 188~87 688 个蛋白质编码基因(1~3 倍于人类

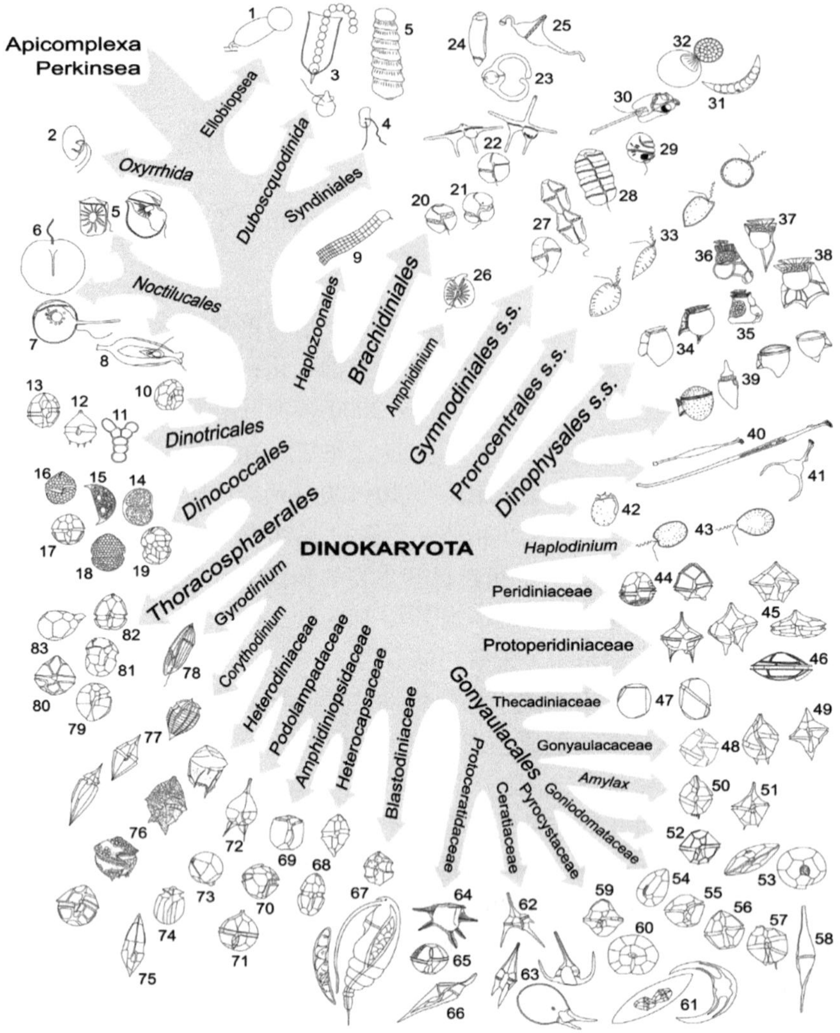

图 1　甲藻的多样性[2]

图中物种名称见 http://dx.doi.org/10.1080/14772000.2012.721021

基因组)[1, 3]。在人类基因组的 30 亿个碱基对中，非编码 DNA 同样高达 97%左右[8]。由此可见，非编码 DNA 是导致低等甲藻与人类基因组巨大差异的主要原因。那么，是什么样的进化动力使得低等甲藻拥有如此多的非编码 DNA?是自然环境选择的结果吗？甲藻拥有如此庞大的非编码 DNA 又有什么样的生物学意义呢？

非编码 DNA 的作用曾一度备受争议，一些科学家认为非编码 DNA 是毫无用处的“垃圾 DNA”，还有一些科学家则认为非编码 DNA 是“隐蔽的 DNA 宝藏”[8]。直到 2012 年，由美国倡导启动的“DNA 元件百科全书”(ENCODE)计划才为非编码 DNA 正名。研究发现相当一部分非编码 DNA 可以被转录成 RNA(即非编码 RNA),并在转录水平发挥作用,但不能被翻译成蛋白质[8]。非编码 RNA 主要包括微小 RNA(miRNA)、小干扰 RNA (siRNA)、小核 RNA(snRNA)、piRNA 和长链非编码 RNA(lncRNA)等,这些非编码 RNA 在 DNA 复制、基因转录调控、翻译、表观遗传学修饰和进化过程中都扮演着非常重要的角色[9]。基因组中非编码 DNA 的含量可能与自然环境选择对细胞大小的作用相关,也可能是复制插入突变(增加 DNA)与缺失突变(减少 DNA)之间平衡的结果[10]。研究发现果蝇丢失 DNA 的速度是夏威夷蟋蟀的 40 倍,并认为这是果蝇染色体比夏威夷蟋蟀小 11 倍之多的原因[10]。甲藻中是否也存在这样的现象?这是否是低等甲藻与人类基因组巨大差异的原因呢(图 2)?目前还不清楚。人类和其他真核生物非编码序列的研究为甲藻非编码序列的研究和破解甲藻庞大基因组之谜提供了有益的参考。

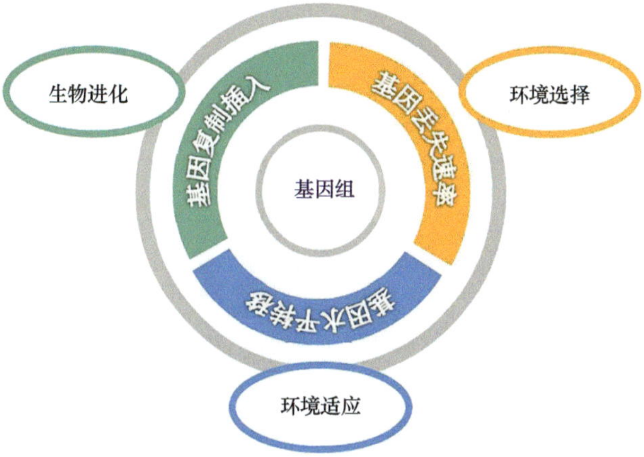

图 2 影响低等甲藻基因组大小的潜在因素

近年来,高通量测序技术的迅猛发展为深入研究生物基因组和转录组提供了可能。然而,由于甲藻基因组中大量的非编码串联重复序列和多拷贝基因,给甲藻全基因组测序带来了巨大的挑战。直到 2015 年,首个甲藻基因组才被成功破译,实现全基因组测序的虫黄藻(*Symbiodinium kawagutii*)基因组大小约 1.18 Gb,属于基因组较小的甲藻,其基因组中 68%左右的编码基因是以基因家族的形式存在[3]。以虫黄藻为模式生物,结合基因组和转录组研究发现,虫黄藻存在以转座子和反转座子为主的基因组扩增机制,其扩张的基因家族中主要是重复序列长散布元件-1 反转录酶基因[3, 11]。对虫黄藻-珊瑚共生体系分析发现,二者可能存在协同进化的关系,在虫黄藻基因组中也发现了与其共生生活方式相关的物质运输和应激反应基因,这表明低等甲藻基因组的进化与环境之间有着密切的关系[3]。对微小原甲藻(*Prorocentrum minimum*)的基因组序列分析也发现,微小原甲藻基因组中 28.95%的序列是来自与其共生细菌基因的水平转移[12]。甲藻基因组的扩增机制和大量基因的水平转移现象可能是导致低等甲藻与人类基因组巨大差异的重要原因。甲藻转录组研究发现，甲藻的 mRNA 上具有一段用于转录后调控的特异性非编码序列，这一发现已应用于甲藻的现场研究[11]。虽然目前已鉴定到了大量的非编码序列，但绝大多数非编码序列的功能仍知之甚少。基因的功能最终是由蛋白质在细胞水平上体现的，因此，即便弄清甲藻全部基因的表达情况也难以阐明基因的实际功能。近年，以蛋白质组学为核心的功能基因组学克服了基因组学在转录后修饰和蛋白质相互作用等方面的局限，成为当今生命科学研究的热点[13]。虽然蛋白质组学在甲藻研究中的应用还处于起步阶段，但也给我们带来了一些新的认识，如发现东海原甲藻(*Prorocentrum donghaiense*)在不同细胞周期和氮营养变化时蛋白质表达的差异，对揭示甲藻的环境适应机制具有重要的意义[14, 15]。但环境适应和基因水平转移对甲藻庞大基因组的贡献又有多大目前还不清楚(图 2)。

总体来说，目前甲藻基因组和非编码序列的研究还处于初级阶段，还存在很多问题亟须解决：①测序技术、生物信息分析方法与软件还不能满足破译甲藻超大基因组的需求；②甲藻全基因组测序的物种太少，尤其拥有庞大基因组的甲藻物种；③甲藻非编码序列的相关研究还很缺乏；④甲藻蛋白质组学及多组学联合的研究还比较少。因此，未来的研究工作应重点关注以下几个方面：①高度重复序列、GC 含量等复杂基因组测序技术、分析软件及方法的开发；②拥有庞大基因组甲藻的全基因组测序；③甲藻非编码序列的研究；④甲藻蛋白质组学和多组学联合的研究。我们期待着这些工作的开展将有助于破解低等甲藻拥有庞大基因组之谜。

参 考 文 献

[1] Lin S J. Genomic understanding of dinoflagellates. Research in Microbiology, 2011, 162 (2): 551-569.

[2] Gómez F. A quantitative review of the lifestyle, habitat and trophic diversity of dinoflagellates (Dinoflagellata, Alveolata). Systematics and Biodiversity, 2012, 10 (3): 267-275.

[3] Lin S J, Cheng S H, Song B, et al. The *Symbiodinium kawagutii* genome illuminates dinoflagellate gene expression and coral symbiosis. Science, 2015, 6 (6261): 691-694.

[4] Hou Y, Lin S. Distinct gene number-genome size relationships for eukaryotes and non-eukaryotes: Gene content estimation for dinoflagellate genomes. PLoS ONE, 2009, 4 (9): e6978.

[5] Petrov D A. Evolution of genome size: New approaches to an old problem. Trends in Genetics Tig, 2001, 17 (1): 23-28.

[6] Lansberg J H. The effects of harmful algal blooms on aquatic organisms. Reviews in Fisheries Science, 2002, 10(2): 113-390.

[7] Sun J, Guo S J. Dinoflagellate heterotrophy. Acta Ecologica Sinica, 2011, 31 (20): 6270-6286.

[8] Ecker J R, Bickmore W A, Barroso I, et al. Genomics: ENCODE explained . Nature, 2012, 489 (7414): 52-55.

[9] Cech T R, Steitz1 J A. The noncoding RNA revolution-trashing old rules to forge new ones. Cell, 2014, 157 (1): 77-94.

[10] Petrov D A, Sangster T A, Johnston J S, et al. Evidence for DNA loss as a determinant of genome size. Science, 2000, 287 (5455): 1060-1062.

[11] Zhang H, Hou Y, Miranda L, et al. Spliced leader RNA trans-splicing in dinoflagellates. Proceedings of the National Academy of Sciences of the United States of America, 2007, 104 (11): 4618-4623.

[12] Ponmani T, Guo R, Ki J-S. Analysis of the genomic DNA of the harmful dinoflagellate *Prorocentrum minimum*: A brief survey focused on the noncoding RNA gene sequences. Journal of Applied Phycology, 2016, 28(1): 335-344.

[13] Tyers M, Mann M. From genomics to proteomics. Nature, 2003, 422 (6928): 193-197.

[14] Wang D Z, Zhang Y J, Zhang S F, et al. Quantitative proteomic analysis of cell cycle of the dinoflagellate *Prorocentrum donghaiense* (Dinophyceae). PLoS ONE, 2013, 8 (5): e63659.

[15] Zhang Y J, Zhang S F, He Z P, et al. Proteomic analysis provides new insights into the adaptive response of a dinoflagellate *Prorocentrum donghaiense* to changing ambient nitrogen. Plant Cell and Environment, 2015, 38 (10): 2128-2142.

撰稿人：张树峰　张　浩　王大志

厦门大学，dzwang@xmu.edu.cn

海洋聚球藻是如何适应多样的海洋环境的？

How Does Marine *Synechococcus* Adapt to Diverse Marine Habitats

海洋超微型蓝细菌是海洋生态系统中丰度最大、分布最为广泛的初级生产者，主要包括原绿球藻和聚球藻两个属。在开阔的大洋，超过 80%的初级生产力都是由以原绿球藻和聚球藻为主的超微型蓝细菌贡献的[1,2]。原绿球藻主要分布在热带与亚热带(45°N~40°S)开阔的贫营养海域，而在富营养的近岸与河口海域极少分布[3]。根据对光的适应性，原绿球藻被划分为高光和低光两大类[4]。而高光型原绿球藻又可分为高光 HLⅠ-HLⅥ6 个基因型，低光型原绿球藻分为 LLⅠ-LLⅣ4 个基因型[5]。同原绿球藻相比，海洋聚球藻的遗传多样性更为丰富。目前，基于 16S rDNA 的进化分析把海洋中的聚球藻划分 5.1、5.2 和 5.3 三个亚类群[6]。基于多个基因的进化分析又把这三个亚类群划分为 20 多个差异明显的分支(图 1)[7]。其中，5.1 亚类群是海洋聚球藻最为多样化的类群，包含有 12 个分支。而 5.2 和 5.3 类群发现的分支相对较少，分别包括 2 个和 6 个分支(图 1)。除此之外，还有一些分离于海洋环境的聚球藻株系和环境样品的克隆文库序列，由于其独特的进化地位未被划入三个亚类群(图 1)[7]。

同原绿球藻相比，聚球藻在海洋环境中的分布更为广泛，在 2~3°C 到高于 30°C 温度范围的海域内都能发现它们的踪迹[6]。在海洋生态系统中，聚球藻各类群占据着不同的生态位，也各自具有适应不同环境的能力。5.1 亚类群是海洋聚球藻研究最多的类群，其中 12 个分支具有不同的生态分布特征[8]。分支Ⅰ-Ⅳ是丰度最高的分支[6]。分支Ⅰ和Ⅳ生态位相似，通常同时存在于 30°N 以北或 30°S 以南的温带中营养或高纬度近岸海域，并占优势地位，为低温、中高营养类型(图 2，图 3)。分支Ⅰ和Ⅳ在环境中的丰度非常相关，所不同的是分支Ⅰ可以有效利用环境中快速增长的营养盐而占优势地位，分支Ⅳ的丰度则相对较为平稳。基因组学、生理学和转录组学的研究表明，这两个分支对近岸环境中频繁变化的金属含量有很好的适应性[8]。此外，分支Ⅰ和Ⅳ在高营养盐低叶绿素(HNLC)的北太平洋铁限制海域占据主导地位，可以耐受环境中较低的铁浓度。与分支Ⅰ和Ⅳ相反，分支Ⅱ和Ⅲ主要分布在亚热带和热带的外海贫营养、大陆架和近岸海域，为高温、低营养类型。分支Ⅱ是开阔大洋贫营养海域分布最为广泛、优势最为明显的类群，而分支Ⅲ的丰度和分布范围相对于分支Ⅱ明显较小(图 2、图 3)。分支Ⅴ-Ⅶ在海洋中的分布十分广泛，但是丰度较低[6]。分支Ⅷ一般分布在富营养海域或河口区域[6]。CRD1

和 CRD2 是最能适应缺铁环境的分支，主要分布在热带/亚热带的 HNLC 区域，如赤道上升流区、北太平洋海域，并且是这些海域中丰度最大的类群[8]。分支 CRD1 和 CRD2 之间的差异表现在 CRD1 与环境中的 PO_4^{3-}浓度正相关，而 CRD2 与温度的正相关性更为明显(图 3)。同为高温生态型，CRD1 和 CRD2 的分布区域与分支Ⅱ和Ⅲ相比，营养盐浓度较高，而铁含量较低。分支ⅩⅤ和ⅩⅥ常以较低的丰度分布于具有中间水平的温度、营养盐及铁浓度的生态交错带，为生态过渡类型[8]。

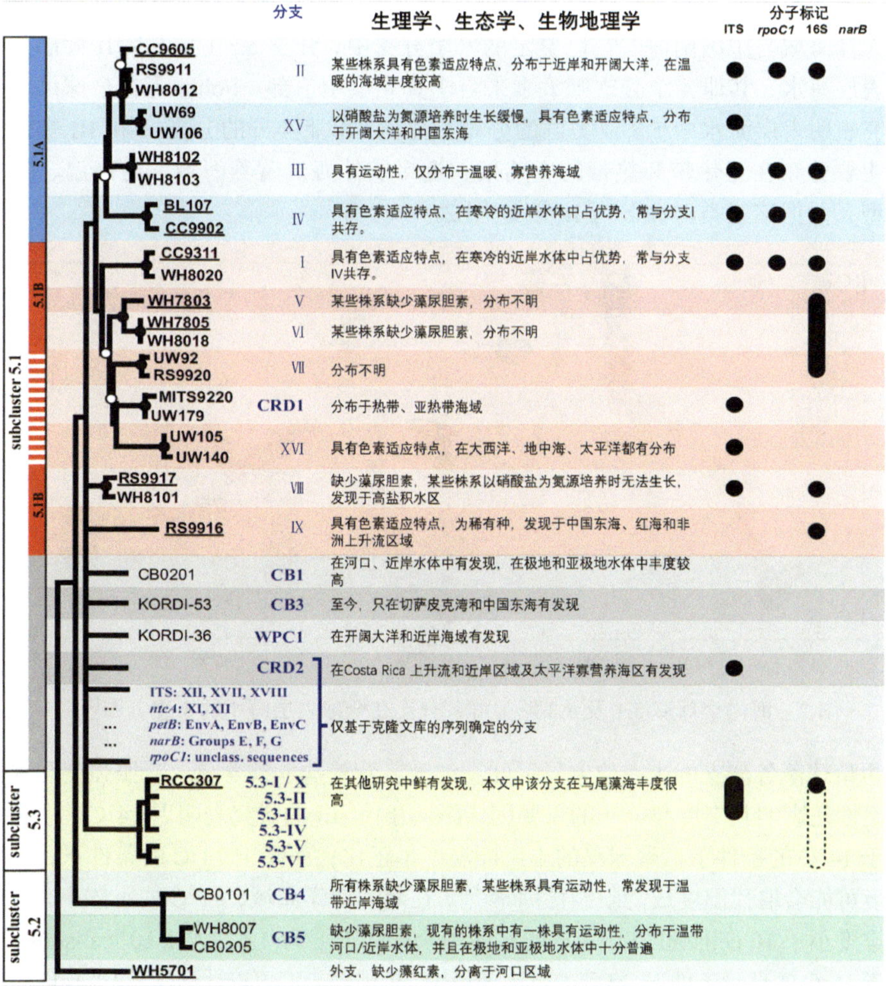

图 1 海洋聚球藻的遗传及生态多样性[7]

关于 5.2 亚类群在海洋中的分布与多样性的研究较少，该亚类群目前包括 CB4 和 CB5 两个分支。除切萨皮克湾之外，Choi 和 Noh 在日本海分离得到一株 CB5 聚球藻[9]。Huang 等在高纬度海域白令海和楚科奇海(北冰洋海域)检测到 CB5 的信号[10]。另外，Choi 等在中国东海检测到 CB4 与 CB5 的信号，并且发现这两个类群在低温条件下占比例较高[11]。由此，5.2 类群分布于温带或高纬度河口、近岸等富营养或中营养生境，可以描述为低温、中高营养类型。

目前，人们对 5.3 亚类群的认识同样比较缺乏，仅在地中海与日本海分离到可培养的株系。此外，Ahlgren 和 Rocap 在马尾藻海检测到该亚类群[7]，Huang 等在两个分支的基础上又发现了 4 个新的分支，并且发现 5.3 亚类群主要分布于亚热带开放大洋海域与中国南海[10]。已鉴定的 6 个分支中，分支 5.3-I 与 5.3-III 大部分来自于表层海水，其他 4 个分支则大多来自于真光层中下部。Sohm 等在全球尺度上的研究表明表层海水中 5.3 亚类群的分布特征与 5.1 亚类群的分支 II 和 III 较为相似，主要分布在亚热带和热带的大陆架、近岸及外海贫营养海域，为高温、低营养类型，并把该亚类群命名为 X 分支(图 2)。

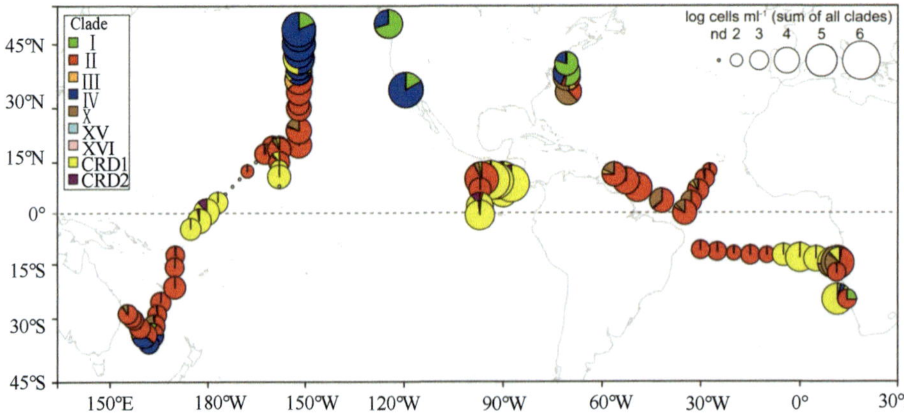

图 2　海洋聚球藻 5.1 及 5.3 亚类群各分支在全球表层海水的丰度分布[8]

由聚球藻各分支的生态位差异可知，温度、营养盐、铁含量、光照强度和水体的稳定性是影响其丰度与分布的重要因素(图 3(b))。Li 的研究表明以 14°C 为界限，在低于 14°C 的条件下，聚球藻的丰度同温度呈正比；而高于 14°C 的条件下，硝酸盐浓度可能会取代温度成为限制性因素[12]。在南大西洋海域，–1°C 的水体中，聚球藻的丰度小于 10 cells/mL；9~14°C 的水体中聚球藻丰度为(1.6~3.4) × 10^4 cells /mL[6]。在高于 16°C 的环境条件下，富营养近岸环境中，聚球藻丰度可以达到 10^5~10^6 cells/mL；而开阔的大洋中其丰度为 10^3~10^4 cells/mL[6]。

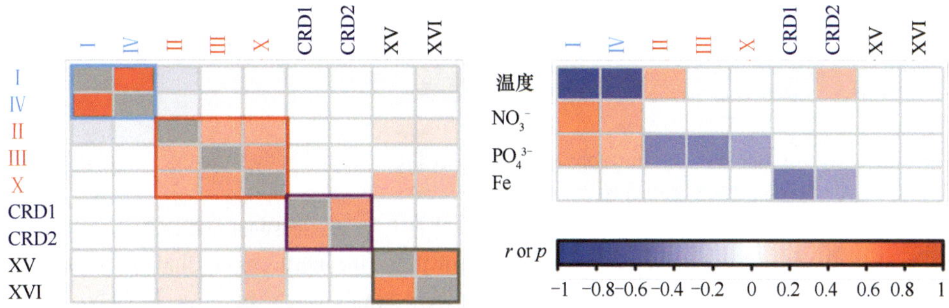

(a)聚球藻各分支丰度之间的相关性　　(b)聚球藻各分支丰度与环境因子之间的相关性[8]

图 3　海洋聚球藻各分支丰度之间及丰度与环境因子之间的相关性

目前，关于海洋聚球藻各分支对不同生境的适应机制的研究主要包括光合作用，对不同形式的 N、P、痕量金属元素的获取和利用等生理过程的研究。聚球藻和原绿球藻基因组中都存在一些被称之为“基因岛”的多变区域。这些“基因岛”区域通常分布着一些与细胞表面修饰、营养吸收和光合作用等相关的基因。这些基因的表达可以增加它们对所处环境的适应性[13]。在光合作用方面，聚球藻各分支可以通过合成不同类型或组成的辅助捕光色素(藻蓝素、藻红素、藻尿胆素)及改变捕光器具(色彩适应)来帮助它们适应所处的光环境[7]。在营养获取利用方面，分支 III 中的菌株具有其他大多数分支没有的移动性，可以帮助它们在贫营养海域吸收利用营养盐[7]。聚球藻各分支基因组中普遍存在感受、识别和响应环境中各种形态氮源的 ntcA 基因。ntcA 基因的表达对不同形态氮源的吸收利用起着重要的作用。而各分支基因组中不同进化类型的 ntcA 则可能影响它们吸收利用不同氮源的能力及在各类型生境中的分布特征。另外，在盐度相对稳定的海洋环境中，聚球藻用不含 N 的甘油葡萄糖苷作为相容性溶质来调节渗透压，以节约贫营养环境中稀缺的氮源[14]。在磷元素的获取方面，聚球藻基因组中通常编码多种类型的磷亲和性蛋白基因，以适应贫营养海域较低的 P 浓度。为适应环境中处于限制状态的低无机磷浓度，某些聚球藻分支可以利用相对惰性的有机态磷，如膦酸酯，作为补偿[13]。此外，不同分支基因组中包含不同的铁胁迫、储存相关基因，这些基因的类型或有无可以为处于铁限制环境中的聚球藻分支提供不同的适应性[7]。

虽然目前可以基本确定聚球藻各分支在全球海域的空间分布特征，但人们对各分支是如何适应其生境的了解还十分欠缺。由于聚球藻各分支代表性株系的分离还十分有限，研究不同分支适应各自生境的机制变得非常困难。虽然人们对聚球藻与大量元素之间的关系研究较多，但解除大量元素限制的研究发现，控制聚球藻群落组成的因素要比预计的复杂得多。海洋聚球藻各分支是如何适应不同的海洋环境的？其适应能力的大小和机制是由什么样的自身因素决定的呢？日益蓬勃发展的组学技术((宏)基因组学、(宏)转录组学、(宏)蛋白质组学)及生物信息学分析在这一研究领域的应用，可能会对这一问题的解答提供重大的帮助。

参 考 文 献

[1] Li K W. Composition of ultraphytoplankton in the central North Atlantic. Marine Ecology Progress Series, 1995, 122: 1-8.

[2] Veldhuis M J W, Kraay G W, Van Bleijswijk J D L, et al. Seasonal and spatial variation in phytoplankton biomass, productivity and growth in the northwestern Indian Ocean: The southwest and northeast monsoon, 1992-1993. Deep Sea Research, 1997, 44: 425-449.

[3] Partensky F, Blanchot J, Vaulot D. Differential distribution and ecology of *Prochlorococcus* and *Synechococcus* in oceanic waters: a review. Bulletin-Institute oceanographique Monaco Numero Special, 1999, 19: 457-476.

[4] Moore L R, Chisholm S W. Photophysiology of the marine cyanobacterium *Prochlorococcus*: Ecotypic differences among cultured isolates. Limnology and Oceanography, 1999, 44: 628-638.

[5] Biller S J, Berube P M, Lindell D, et al. *Prochlorococcus*: The structure and function of collective diversity. Nature Review Microbiology, 2015, 13(1): 13-27.

[6] Scanlan D J. Marine picocyanobacteria. In: Whitton B A. Ecology of Cyanobacteria II. Netherlands: Springer, 2012, 503-533.

[7] Ahlgren N A, Rocap G. Diversity and distribution of marine *Synechococcus*: Multiple gene phylogenies for consensus classification and development of qPCR assays for sensitive measurement of clades in the ocean. Frontiers in Microbiology, 2012, 3: 213.

[8] Sohm J A, Ahlgren N A, Thomson Z J, et al. Co-occurring *Synechococcus* ecotypes occupy four major oceanic regimes defined by temperature, macronutrients and iron. The ISME journal, 2016, 10(2): 333-345.

[9] Choi D H, Noh J H. Phylogenetic diversity of *Synechococcus* strains isolated from the East China Sea and the East Sea. FEMS Microbiology Ecology, 2009, 69: 439-448.

[10] Huang S, Wilhelm S W, Harvey H R, et al. Novel lineages of *Prochlorococcus* and *Synechococcus* in the global oceans. The ISME Journal, 2012, 6: 285-297.

[11] Choi D H, Noh J H, Shim J. Seasonal changes in picocyanobacterial diversity as revealed by pyrosequencing in temperate waters of the East China Sea and the East Sea. Aquatic Microbiology Ecology, 2013, 71(1): 75-90.

[12] Li W K W. Annual average abundance of heterotrophic bacteria and *Synechococcus* in surface ocean waters. Limnology Oceanography, 1998, 43: 1746-1753.

[13] Scanlan D J, Ostrowski M, Mazard S, et al. Ecological genomics of marine picocyanobacteria. Microbiology and Molecular Biology Reviews, 2009, 73(2), 249-299.

撰稿人：徐永乐

山东大学，xuyongle@sdu.edu.cn

浮游生物小型化趋势的驱动机制是什么？

What are the Driving Mechanisms for the Miniaturization of Marine Plankton?

在海洋生态系统中，浮游生物是一类悬浮在水层中常随水流移动的小型海洋生物，它们种类繁多(图 1)，主要由微生物(病毒、细菌、真菌和古菌)、浮游植物、浮游动物，以及无脊椎动物和鱼类的幼体组成[1]。浮游生物是海洋生态系统的重要组成部分，在水体物质循环和能量流动过程中发挥着重要作用[1, 2]。近年来，越来越多的研究发现浮游生物群体正趋于小型化。这一改变不仅常在近海海湾等水域被发现，在远海区域也有报道[3]；另外，不仅体积相对较大的浮游动物和藻类存在着小型化趋势，海洋浮游细菌也同样被观测到群落整体形态变小的趋势[2]，因此，海洋浮游生物小型化是一普遍存在的现象。这一变异现象可经食物链向高营养级传递，成为海洋生态系统结构与功能演变的主要原因之一[4]。然而，海洋浮游生物为什么会发生小型化？其潜在的驱动机制是什么？目前，我们并没有明确的答案。

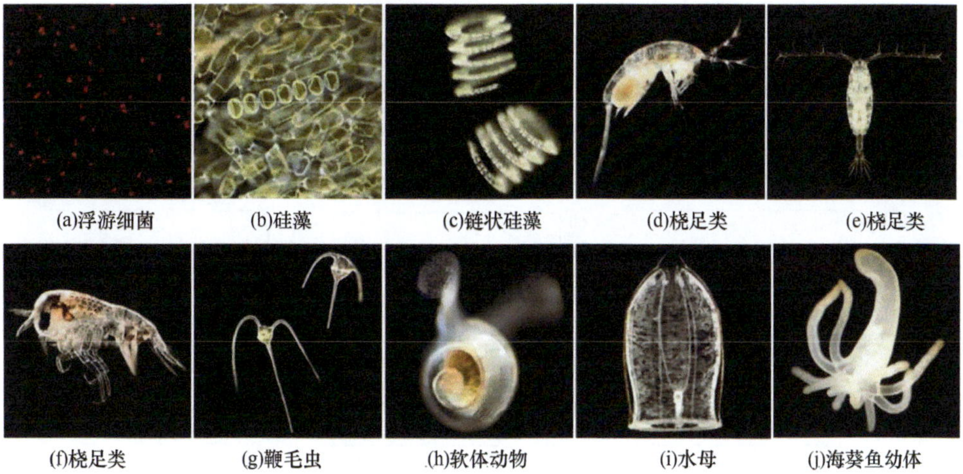

图 1 海洋浮游生物组成

https：//www1.plymouth.ac.uk/research/marine/oceandrifters/ Pages/What-are-plankton.aspx

现有的研究表明，驱动海洋浮游生物个体大小发生改变的潜在因素很多，概括起来大致可以分为四类：一是全球变化，如气候变暖和海洋酸化；二是与水体营养盐浓度有关联的因子，如陆源营养物的输入和洋流等；三是与浮游生物生长密切相关的其他元素，如 Fe^{3+}和 Si 浓度等；四是捕食压力。其中研究最多、最为热点的是气候变暖对浮游生物小型化的影响。气候变暖是 21 世纪人类面临的最严重的环境问题之一。据联合国政府间气候变化专门委员会(Intergovernmental Panel on Climate Change，IPCC)的报告，自 1850 年以来，全球气温平均上升了 0.74°C，且以每十年 0.2°C 的趋势增加，到 2100 年，全球地表平均温度将升高 1.1 到 6.4°C(IPCC)[5]。持续增加的大气温度使得海洋浮游生物小型化趋势明显(图 2)。通过长期野外调查、控制试验，以及对已发表数据的整理，Daufresne 等[2]发现海洋浮游生物(如藻类、浮游动物和细菌)其平均个体大小，随着水体温度的升高而呈显著变小的趋势(图 2)。在加利福尼亚海域的研究同样发现，海水温度的升高使得浮游动物个体的生长速度加快，性成熟时间缩短，在温暖区域的浮游动物的形体

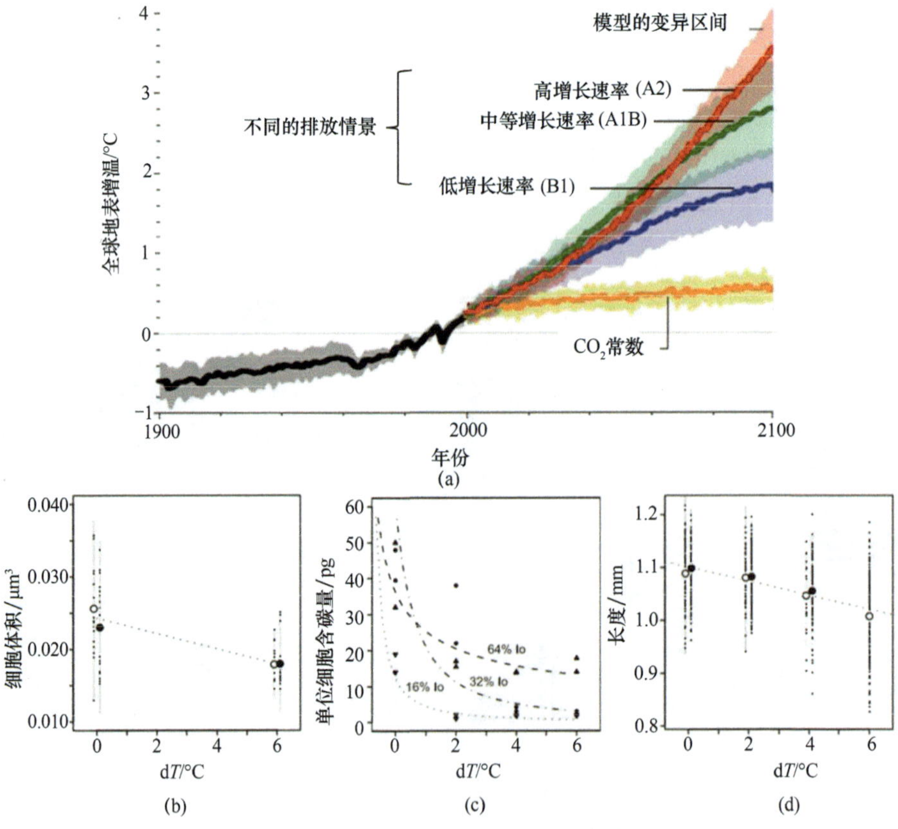

图 2　从 1900~2100 年全球地表温度的增幅

(a)，http://earthobservatory.nasa.gov/Features/ GlobalWarming/page5.php)和增温对浮游细菌(b)、浮游植物(c)以及海洋桡足类(d)形态大小的影响[2]

要比在正常温度范围区域内的小很多[3]。另外，对全球不同海域浮游植物与粒级大小的相关性分析同样表明，海水温度升高常伴随着小粒级浮游植物丰度和优势度的增加[6]。也有许多研究证实了气候变暖和生物小型化之间存在着显著相关关系，使得生物小型化被认为是生物对气候变暖生态响应的第三个普适性定律，而第一和第二响应定律分别是生物分布向更高纬度和更高海拔移动，以及生物物候在季节尺度上的改变。随着气候变暖的进一步加剧，全球海洋生态系统中浮游生物分布格局将可能发生改变，如小型浮游生物的栖息范围将会向极地海区扩展，从而取代一些体型较大的群体成为新的优势种。与气候变暖类似，海洋酸化也可能导致浮游生物小型化，如使桡足类个体体积变小[7]。

影响海洋浮游生物小型化的另一关键因素是水体营养盐浓度。例如，对英国的凯尔特海域浮游植物组成的研究发现在高营养盐浓度地区，浮游植物组成以体积较大的硅藻为优势类群，而在营养盐浓度较低的区域，体积较小的甲藻和小型鞭毛藻占主导地位[8]。对北美西海岸的温哥华岛外海域的研究同样表明，在初级生产力较低的时期，硅藻的丰度下降，而微型甲藻成为该地区浮游植物的优势类群；但随着该地区上升流发生改变，水体营养盐得到了补充，大型的链状硅藻又成为主要类群[9]。除温度和营养盐水平外，海洋浮游生物粒级结构还可能受 Fe^{3+}和 Si 等浓度的影响。例如，在秘鲁海域的研究中，Hare[10]发现连续增加 Fe^{3+}的浓度能促使该海域浮游植物类群从个体较大的硅藻向蓝藻和微型浮游植物转换。Goes 等[11]在哥斯达黎加海域，以 Si、Zn、Fe 和光作为浮游植物群落结构的调控因子，发现 Si 和光照这两种因子协同作用能使微微型浮游植物(如聚球藻)的细胞粒径变大。在海洋生态系统中，浮游生物的捕食压力也可能造成群落结构与个体大小的变化。有研究表明，在剧烈的摄食压力下，浮游生物也会呈现小型化趋势，如 Feniova 等[12]通过围隔实验发现由于下行效应的作用，鱼类捕食压力的增强会使优势浮游动物类群由体型较大的水蚤类向体型较小的转变。Chen 和 Liu[13]对浮游植物的研究同样发现，浮游植物的捕食致死率与浮游植物平均个体大小呈现显著正相关关系，即浮游植物平均个体越大，其被捕食的压力越大。

个体大小是生物最基本的特征，它反映了生命有机体生理、生态和进化历史。目前，大量调查研究结果证实了海洋浮游生物小型化普遍存在，科学家们试图寻找普适性的规律来解答这一现象。从进化适应的角度考虑，小型浮游生物因其具有较高的表面积/体积比在能量和物质获取和利用方面常占优势，因此，在贫营养环境中小型浮游生物比个体较大的浮游生物更易获得营养资源并形成竞争优势。同时，小型生物因具有较高的表面积/体积比和更薄的边界层，其热量更易耗散[14]。因此，在温度较高的环境条件下，往往更利于小型生物的生长与繁殖。另外，相对于个体较大的浮游生物，小型浮游生物因数量多、生命周期短、繁殖速率快等特点(r-策略)，在营养充足或摄食压力大的生境中，更易占据优势。科学家们通过基因组测序还发现，在海洋中广泛存在且数量众多的微型浮游细菌(如 SAR11)和微型浮游藻类(如 *Mycoplasma*)，其基因组均较小[15]。这些海洋优势微型浮游生物为了适应海洋寡营养的环境特征，裁剪了其基因组组成，保留了其中很多与调节和代谢能力相关的基因，却遗弃了很多与生物合成有关的基因，而这部分遗失的功能主要依赖与其共生的其他生物来实现。人类活动与全球气候变化的综合影响破坏了海洋生态系统内部的个体之间、群落之间、不同营养级之间的平衡关系，如低营养级生物的粒级结构的改变，以及高营养级生物的选择性摄食使得浮游生物群落乃至整个生态系统演变的环境响应机制更加复杂化[4]。对于自然海区中究竟谁是影响浮游生物粒级结构的最关键因子，本身就存在诸多争议。不管在何种情况下，单独的温度或营养盐因子对不同种群个体大小的影响都不能解释整个海洋中浮游植物粒级结构的巨大变化，如 Pico 级浮游植物(<2 μm)所占生物量可以在<5%~>95%波动，而这种波动实际反映了浮游植物群落对周围资源获取及利用的综合策略。此外，在近岸富营养化海域，浮游生物群落结构对营养盐输入的响应规律也较为复杂，难以用简单的生态学定律去解释。例如，富营养化可能通过影响水体的 N∶P 比例，使纤毛虫等小型浮游动物比例增加；或通过促进有毒藻类的生长，阻碍了大型浮游动物的摄食，进而使原生动物和个体较小的桡足类的比例增加，最终造成浮游生物群落结构的小型化[4]。

海洋浮游生物小型化势必会影响海洋生态功能的实现和生物资源多样性的保护，因此，研究海洋浮游生物小型化及其驱动机制具有极其重要的生态学意义。可是要回答浮游生物小型化趋势的驱动机制是什么，我们首先需要解答的问题是生物小型化到底发生在群落、种群还是个体水平？如果浮游生物小型化是发生在种群水平，那么是哪一类小型生物更容易在环境发生改变后，成为生物群落中的优势类群？如果是每一个个体均发生小型化，那么我们还需要弄清楚生物小型化是生物对环境改变的表型适应还是基因水平上的响应？如果是基因水平上的响应，那么是否存在一类用来调控浮游生物的形态特征的特定基因？这些尚待回答的科学问题还需要科学家们去进一步探索与发现。

参 考 文 献

[1] 郑重，李少菁，许振祖. 海洋浮游生物学. 北京：海洋出版社, 1984.

[2] Daufresne M, Lengfellner K, Sommer U. Global warming benefits the small in aquatic ecosystems. Proceedings of the National Academy of Sciences, 2009, 106(31): 12788-12793.

[3] Rebstock G A. Climatic regime shifts and decadal-scale variability in calanoid copepod populations off southern California. Global Change Biology, 2002, 8(1): 71-89.

[4] Uye S I. Human forcing of the copepod–fish–jellyfish triangular trophic relationship. Hydrobiologia, 2011, 666(1): 71-83.

[5] IPCC. Climate Change 2007: The physical science basic. Contribution of working group I to

the fourth assessment report of the intergovernmental panel on climate change. Cambridge: Cambridge University Press.

[6] Sato M, Kodama T, Hashihama F, et al. The effects of diel cycles and temperature on size distributions of pico-and nanophytoplankton in the subtropical and tropical Pacific Ocean. Plankton and Benthos Research, 2015, 10(1): 26-33.

[7] Sheridan J A, Bickford D. Shrinking body size as an ecological response toclimate change. Nature Climate Change, 2011, 1: 401-406.

[8] Lauria V, Attrill M J, Pinnegar J K, et al. Influence of climate change and trophic coupling across four trophic levels in the Celtic Sea. PLoS One, 2012, 7(10): e47408.

[9] Harris S L, Varela D E, Whitney F W, et al. Nutrient and phytoplankton dynamics off the west coast of Vancouver Island during the 1997/98 ENSO event. Deep Sea Research Part II: Topical Studies in Oceanography, 2009, 56(24): 2487-2502.

[10] Hare C E. Consequences of iron limitation and climate change on phytoplankton community composition. University of Delaware, ProQuest Dissertations Publishing, 2007.

[11] Goes J I, do Rosario Gomes H, Selph K E, et al. Biological response of Costa Rica Dome phytoplankton to light, silicic acid and trace metals. Journal of Plankton Research, 2016, doi: 10.1093/plankt/fbv108.

[12] Feniova I, Dawidowicz P, Gladyshev M I, et al. Experimental effects of large-bodied Daphnia, fish and zebra mussels on cladoceran community and size structure. Journal of Plankton Research, 2015, 37 (3): 611-625.

[13] Chen B, Liu H. Relationships between phytoplankton growth and cell size in surface oceans: Interactive effects of temperature, nutrients, and grazing. Limnology and Oceanography, 2010, 55(3): 965–972.

[14] Gardner J L, Peters A, Kearney M R, et al. Declining body size: A third universal response to warming. Trends in Ecology & Evolution, 2011, 26(6): 285-291.

[15] Yooseph S, Nealson K H, Rusch D B, et al. Genomic and functional adaptation in surface ocean planktonic prokaryotes. Nature, 2010, 468: 60-66.

撰稿人：宋星宇

中国科学院南海海洋研究所，songxy@scsio.ac.cn

海洋浮游植物多样性与群落形成机制

Mechanisms that Sustainand Drive Marine Phytoplankton Diversity and Community Assembly

浮游植物的光合作用每年固定了 50 Gt 的碳，几乎占了全球初级生产力的一半[1]。初级生产固定的碳被打包在个体大小及化学组分不同的单细胞生物中，物质与能量通过经典食物网及微食物环向上层营养级传递，其途径与效率与浮游植物的群落组成与结构密切相关[2](图 1)。在几乎匀质的水体中，光照、硝酸盐、磷酸盐、硅酸盐、铁等浮游植物生长所依赖的资源通常较为有限，而单位体积的海水可能含有几种到十几种不同的优势种类，还有许多丰度较低的稀有种类，浮游植物群落整体呈现出极高的生物多样性。然而，生态学的竞争排除原理指出：面对资源的短缺，两个物种不能同时或者不能长时间共享同一生态位，因为两者之间会展开竞争，最终导致其中一方获胜，而另一方则被排斥或被取代[3]。简单竞争模型及模拟竞争实验表明，在平衡状态下可以共存的物种数不会超过限制性资源的数目[4]。因此，浮游生物的高多样性现象与竞争排斥原理相矛盾。那么，该如何解释海洋水体如此之高的浮游生物多样性？为什么是很多种类共存，而不是一两个竞争优势种类替代其他许多种类？著名生态学家 Hutchinson 于 1961 年将这个困扰了群落生态学研究者们长达一个世纪的问题总结为“浮游生物悖论”，也称为“哈钦森悖论”[5]。

浮游生物悖论是浮游生物生态学研究中的一个基本问题，也是生物海洋学研究中的一个难题，长期以来激励着一代又一代人去探究浮游生物多样性、群落形成的格局及深层次的物理、化学、生物学与海洋学机制。Hutchinson 最重要的洞见在于提出不同浮游生物物种在不同的环境条件下占优势，如果环境随时间改变明显，则没有哪一个竞争者能始终占据优势从而排除其他物种。他认为，由于光照与湍流的垂直梯度、共生或共栖生、差异性捕食或环境条件(如季节、天气、水文条件等)都在不断变化中，这种未达到平衡的环境状态(非平衡状态)可以使多种浮游植物共存于同一群落。

自悖论提出后，大量研究相继开展，试图从不同角度阐述浮游生物群落维持非平衡状态的机理。实验及理论模型的结果也支持环境扰动可以使物种共存的观点。例如，用适低温与适较高温度的两种硅藻做混合培养实验，当温度稳定并达到平衡后，将只有其中一种占据优势。然而，如果环境温度在高、低温之间周期

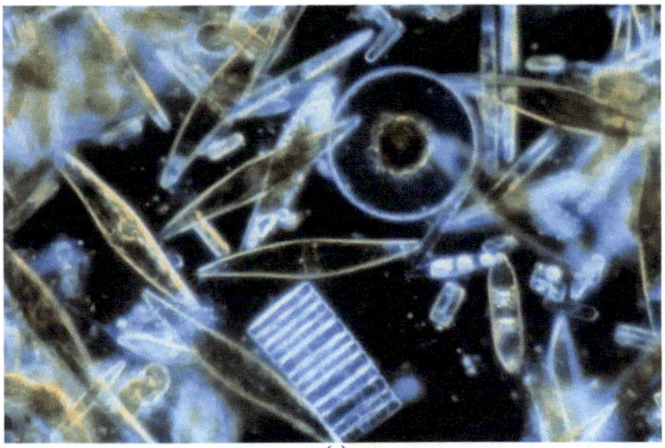

(a)

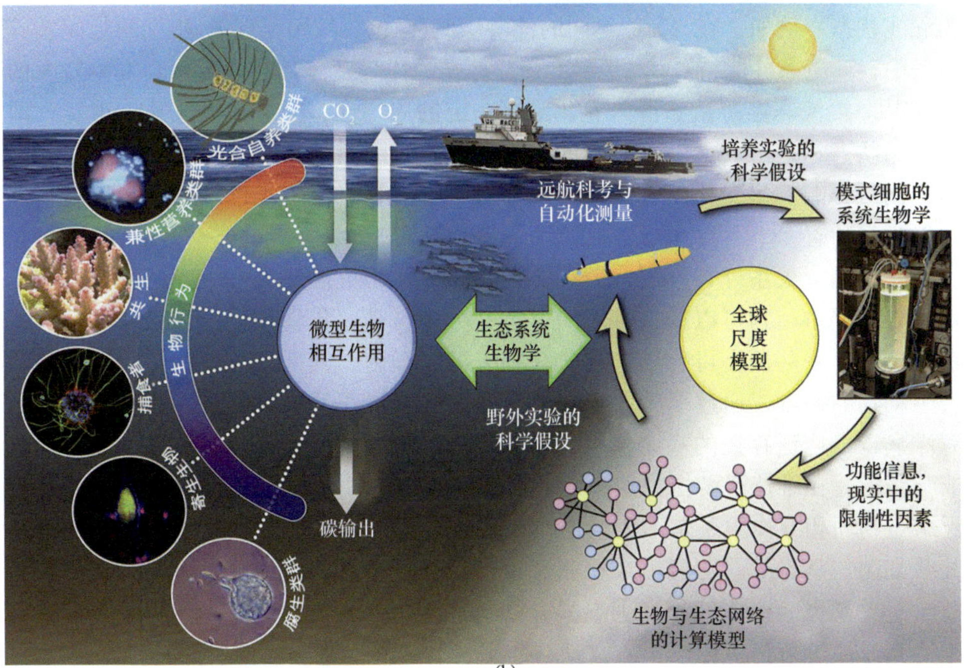

(b)

图 1　(a)海洋硅藻不同种类在同一生境中共存(自维基百科)；(b)浮游植物的生态模型、海洋微型食物网中的类群间相互作用及海洋生物地球化学循环[2]

性地振荡，那么这两个种都能维持适当的丰度[6]。

时空异质性也会导致浮游植物群落处于非平衡状态。大多浮游植物种类的倍增时间为 2~5 天，而竞争排除效应需要经历 10 个世代后才会发生，达到平衡可能需要 1~2 个月。在此期间，表层海水的对流混合及浮游植物对光能的吸收会明显受到天气的影响；近海的大小潮也会影响上层海水。另外，海洋的中尺度湍流、相干涡旋及锋面均可阻碍海水的充分混合，造成事实上的空间不均一性；在某时某处竞争强势的物种，在另一时刻则可能变得弱势，因此大尺度上竞争性浮游植物种类可以保持相对稳定[7]。海水的混合不充分，以及物种之间生长与扩散速率的差异可能使竞争性种类之间出现空间上的隔离，从而减少种间竞争[8]。研究表明，三种竞争性物种组成的群落中，物种自我组织形成空间不均一性，从而使群落多样性得以维持，当空间较为均一时则群落崩溃[9]。

混沌动力学也被用来解释浮游植物多样性悖论。一般认为，在没有外源扰动的情境下浮游植物的演替将在 1~2 个月内达到稳定状态，使其中一种或几种占优势。然而，当浮游植物竞争三种或更多种资源，抑或存在捕食者及可相互竞争的猎物时，群落可能进入一种混沌状态，各物种的丰度都呈现出周期性的波动，并使多种类共存[10]。即使外界条件极为稳定，浮游植物群落也会保持一种飘忽不定的混沌状态。例如，在 20 种不同的浮游植物(也包含细菌、浮游动物)的封闭实验体系中，环境条件保持长达 10 年不变，种类的优势度及相对丰度也会发生较大的波动[11]。混沌态浮游植物群落变化具有一定的周期性，但变化模式从不重复；即使初始状态相差不大，随着时间的推移那些差异也会被指数性地放大。因此，虽然我们对影响群落变化的因素可以了解得非常清楚，但仍难以准确预测群落长期的组成与动态[12]。

除了捕食关系外，不同营养级之间的相互作用可能促进多个浮游植物物种共存。有些浮游植物可以通过特定的形态、行为与某些化学物质的分泌来防御被捕食。例如，一些藻类可合成多种化合物来抑制细菌、其他浮游植物、原生动物和后生动物的捕食，通过下行效应与上行效应的双管齐下来构建浮游植物群落[13]。海洋病毒等广泛存在的病原体可以控制竞争优势者的生物量，调节群落物种的组成与结构，在维持浮游植物多样性上发挥重要作用[14]。在 Hutchinson 时代，许多浮游生物间相互作用还是不太清楚的，而目前我们对寄生性原生生物、游动真菌、某些细菌、病毒等对可调节或控制浮游植物种群生长的认识已大大提高。尽管如此，有关藻类病原体的种群生态学、化学物质介导的物种相互作用等生态过程在维持海洋浮游植物多样性中的贡献与作用机制仍需要进一步的研究。

浮游植物对限制性资源(光、营养盐等)需求上的差异也可能促进多种类共存，维持群落较高的多样性。例如，红色的蓝细菌利用其藻红蛋白吸收绿光，它们在清亮的水体中占优势；绿色的蓝细菌利用藻蓝蛋白吸收红光并在浑浊水体中占优势；在中等浑浊度水体中，红、绿两类蓝细菌则可广泛共存[15]。生态模型模拟也表明，当海洋藻类对营养盐的需求比例不同时，它们的共存度高于将营养盐的需求统一设为 Redfield 比值的情景[16]；事实上，不同类群海洋浮游植物的最适元素比(如氮磷比)也确实会随生态条件的变化而变化，尽管其平均值接近 Redfield 比值[17]。

Hutchinson 时代假定浮游植物通过竞争有限的溶解态营养盐及严格的光能自

养而生存。后来人们发现，某些光能自养的鞭毛虫、甲藻也能摄食细菌或微藻[18, 19]，表明有些浮游植物除自养外也可以行异养生活(兼性营养)，从而减轻营养盐的限制。当溶解无机磷浓度很低时，藻类的生长受到限制，但有些藻类可以通过捕食细菌获取颗粒有机磷，从而维持生长[20]。因此，兼性营养在一定程度上减轻了浮游植物对营养盐的竞争，进而促进多物种的共存。然而，在自然海洋环境中，兼性营养方式对浮游植物群落多样性维持的贡献量还不尽清楚。

综上所述，Hutchinson时代对浮游植物多样性的思考引发了其后大量研究从环境扰动、时空异质性、营养级间的相互作用、形态与功能的适应等不同角度去探索浮游植物多样性维持机理及群落形成原因，并取得了长足的进展，这对我们理解海洋浮游植物多样性及分布格局具有重要意义[2, 21]。然而，建立一个可靠的浮游植物动态数值模型，预测浮游植物在物种水平上的群落组成，仍需要对许多关键种的生理、生化、资源需求、病原体的敏感性、遗传变异等做进一步研究，这也是当前海洋浮游生物多样性研究所面临的一项艰巨的挑战[22]。

参考文献

[1] Chavez F P, Messié M, Pennington J T. Marine primary production in relation to climate variability and change. Annual Review of Marine Science, 2011, 3: 227-260.

[2] Worden A Z, Follows M J, Giovannoni S J, et al. Rethinking the marine carbon cycle: Factoring in the multifarious life styles of microbes. Science, 2015, 347: 1257594.

[3] Hardin G. The competitive exclusion principle. Science, 1960, 131: 1292-1297.

[4] Tilman D. Resource competition between planktonic algae: An experimental and theoretical approach. Ecology, 1977, 58: 338-348.

[5] Hutchinson G E. The paradox of the plankton. American Naturalist, 1961, 95: 137-145.

[6] Descamps-Julien B, Gonzalez A. Stable coexistence in a fluctuating environment: An experimental demonstration. Ecology, 2005, 86: 2815-2824.

[7] Bracco A, Provenzale A, Scheuring I. Mesoscale verticesand the paradox of the plankton. Proceedings of the Royal Society of London: Series B, 2000, 267: 1795-1800.

[8] Károlyi G, Péntek Á, Scheuring I, et al. Chaotic flow: The physics of species coexistence. Proceedings of the National Academy of Sciences, USA, 2000, 97: 13661-13665.

[9] Petrovskii S V, Li B L, Malchow H. Quantification of the spatial aspect of chaotic dynamics in biological and chemical systems. Bulletin of Mathematical Biology, 2003, 65: 425-446.

[10] Huisman J, Weissing F J. Biodiversity of plankton by species oscillation and chaos. Nature, 1999, 402: 407-410.

[11] Heerkloss R, Klinkenberg G. A long-term series of a planktonic foodweb: A case of chaotic dynamics. Internationale Vereinigung für Theoretische und Angewandte Limnologie, 1998, 26: 1952-1956.

[12] Benincà E, Huisman J, Heerkloss R, et al. Chaos in a long-term experiment with a plankton community. Nature, 2008, 451: 822−825.

[13] Fistarol G O, Legrand C, Granéli E. Allelopathic effect of *Prymnesium parvum* on a natural plankton community. Marine Ecology Progress Series, 2003, 255: 115-125.

[14] Short S M, Suttle C A. Temporal dynamics of natural communities of marine algal viruses and eukaryotes. Aquatic Microbial Ecology, 2003, 32: 107-119.

[15] Stomp M, Huisman J, Vörös L, et al. Colourful coexistence of red and green picocyanobacteria in lakes and seas. Ecology Letters, 2007, 10: 290-298.

[16] Göthlich L, Oschlies A. Phytoplankton niche generation by interspecific stoichiometric variation. Global Biogeochemical Cycles, 2012, 26: GB2010.

[17] Klausmeier C, Litchman E, Daufresne T, et al. Optimal nitrogen-to-phosphorus stoichiometry of phytoplankton. Nature, 2004, 429: 171-174.

[18] Bird D F, Kalff J. Bacterial grazing by planktonic lake algae. Science, 1986, 231: 493-495.

[19] Estep K W, Davis P G, Keller M D, et al. How important are oceanic algal nanoflagellates in bacterivory. Limnology and Oceanography, 1986, 31: 646-649.

[20] Nygaard K, Tobiesen A. Bacterivory in algae: A survival strategy during nutrient limitation. Limnology and Oceanography, 1993, 38: 273-279.

[21] Barton A D, Dutkiewicz S, Flierl G, et al. Patterns of diversity in marine phytoplankton. Science, 2010, 327: 1509-1511.

[22] Cloern J E, Dufford R. Phytoplankton community ecology: Principles applied in San Francisco Bay. Marine Ecology Progress Series, 2005, 285: 11-28.

撰稿人：龚　骏

中国科学院烟台海岸带研究所，jgong@yic.ac.cn

生物介导的氧化还原过程是如何在根本上影响海洋物质循环和生态系统功能的？

How Biologically Mediated Redox Processes Influence Fundamentally Marine Material Cycling and Ecosystem Functioning?

氧化还原反应(oxidation and reduction reaction，redox)涉及元素电子得失及电子在不同物质间传递，是自然界一种常见化学反应，在地球元素循环过程中发挥着重要作用。元素价态(携带电荷多寡)影响元素或其参与形成的基团的化学反应活性，并有可能影响元素的多种物理性质，如一些重金属离子在不同价态下溶解度不同，因此很多重金属在水环境中的迁移能力随其价态变化而变化。氧化还原反应由两个“半反应”组成：氧化剂得电子而被还原，而还原剂失电子而被氧化。得电子和失电子可发生在同一种元素上，亦可发生在不同种元素上。因此，氧化还原反应与地球元素循环密切相关，并由于很多氧化还原反应牵涉两种不同元素，氧化还原反应使自然界中各元素循环间形成一个相互交织的网络[1]。

地球上所有生命体都参与氧化还原反应，氧化还原酶(oxidoreductases)是生命体最重要的酶，它们主导地球生命的主要能量转导(energy transduction)过程和非平衡热力学(non-equilibrium thermodynamics)生物地球化学循环过程[2]。由于生物酶作用，地球氧化还原环境在生命出现后发生了巨大变化。例如，地球早期蓝细菌的光合作用，使原始海洋和大气中的氧逐渐积累起来，为多细胞后生动物的起源和进化创造了环境条件，并彻底改变了海洋环境及其生态系统结构。催化这一地球原始还原环境向氧化环境转变的功臣，是蓝细菌光系统 II(photosystem II)这一复杂的细胞内生化反应系统，其利用太阳光能氧化水分子使其裂解，并产生电荷分离(charge separation)将光能转化为化学能，合成 ATP，为碳、氮固定等代谢活动提供能量[3, 4]。原始地球的海洋环境可能处于氮营养盐极度缺乏状态[4]，限制了海洋生态系统进化和功能。蓝细菌 N_2 固定在早期海洋氮补充过程中可能发挥了重要作用，由其促进的惰性 N_2 向氮营养盐的转化，使早期海洋蓝细菌光合放氧作用和固碳作用逐渐强盛起来，经过漫长地质历史时期氧的积累，海洋、大气和地球表面才真正进入氧化状态，地球和海洋生态系统的结构和功能，以及生物地球化学循环的格局才基本被完善起来。微生物固氮不只在地球和海洋环境演化的早期对海洋光合生产力和输出生产力可能发挥了决定性作用[5]，而且在冰期-间冰期地质历史时间尺度，由微生物固氮所决定的海洋活性氮库和海洋输出生产力大小决定了海洋对大气 CO_2 吸收的强度及大气 CO_2 的浓度变化[6]。地球生命和生态系统的进化史与地球和海洋环境的演化史密切相关，互为因果。在生命与地球和海洋环境的共进化(coevolution)过程中[7]，微生物介导的氧化还原过程发挥了主导作用。

除了光合作用，氧化还原酶还参与微生物其他众多形式的能量代谢过程[2]。现今，已在生物分子中发现了超过 25 种化学元素[7]，但多细胞真核生物只参与其中几种元素的生物地球化学循环，而原核生物(细菌和古菌)则参与所有这些元素的循环，被誉为地球和海洋生物地球化学循环的引擎[1]。微生物利用多样的氧化还原反应进行能量转导，以氮循环微生物为例，氨氧化细菌和氨氧化古菌从氨的需氧氧化过程中获得化学能；亚硝酸盐氧化细菌从亚硝酸盐的需氧氧化过程中获得化学能；完全硝化细菌从氨和亚硝酸盐的连续需氧氧化过程中获得化学能；厌氧铵氧化细菌以铵为电子供体，以亚硝酸盐为电子受体，在缺氧环境中通过铵的氧化和亚硝酸盐还原获得化学能；硝酸盐异化还原成铵微生物在低氧和缺氧环境中从硝酸盐还原过程中获得化学能；而反硝化微生物则以硝酸盐或亚硝酸盐为最终电子受体，在缺氧环境中通过硝酸盐和亚硝酸盐还原，产生 N_2O 和 N_2，并获得化学能。微生物介导的氧化还原反应产生的化学能，主要用以建立细胞膜跨膜质子驱动力(proton motive force，PMF)并合成 ATP，以满足微生物各种代谢活动的能量需求。这些微生物在能量代谢过程中参与的海洋含氮化合物氧化还原反应，无疑会影响海洋氮营养盐化学组成，进而影响海洋生态系统结构和功能[8]。有研究表明，个体较大、沉降较快且生物泵(biological pump，BP)作用显著的海洋硅藻偏爱硝酸盐[9]，而个体较小、沉降较慢、BP 作用较弱且易产赤潮毒素的甲藻等则偏爱铵盐[10, 11]。因此，氮营养盐组成变化会引起浮游植物组成变化，进而影响生态系统功能，如 BP 储碳作用等。另外，微生物氧化还原反应介导的海洋氮循环，还会影响海洋氮营养盐的丰度、收支及其动态，并通过作用于海洋浮游植物初级生产力和新生产力而影响海洋碳循环过程、碳收支及其动态。通过氮循环与碳循环的链接和交互影响，海洋氮循环微生物氧化还原过程在现代海洋生物地球化学循环中，同样发挥着重要作用。

很多生物介导的氧化还原反应发生在有氧(oxic)和缺氧(anoxic)界面环境中，如海水氧最小带(oxygen minimum zone，OMZ)及沉积物有氧沉积表层与下部低氧(suboxic)和缺氧沉积层等界面处。界面环境聚集了来自不同环境的不同种类化学物，为氧化还原反应的发生提供了环境条件和物质基础，是海洋中氧化还原反应的热点(hotspot)环境[12]。界面处可能还发生着一些不易被察觉的微生物介导的氧化还原反应，如智利 OMZ 环境中隐藏着隐形硫循环(cryptic sulfur cycle)[13]，微生物介导的硫酸盐还原和硫氧化反应非常迅速，常规海洋地球化学检测很难看到它们在发生。但应用同位素示踪和微生物分子生态学检测方法，环境中的这些过程就可显现出来。尽管此类隐形元素循环不易被察觉，但这并不意味着它们不重要。隐形硫循环中的硫酸盐还原往往使得环境中大量溶解有机碳(dissolved organic carbon，DOC)被呼吸再矿化，而硫氧化往往与化能自养固碳相耦合，因此，隐形硫循环对低氧环境碳循环可能有重要影响[13]。随后研究发现，隐形硫循环在海洋其他一些 OMZ 和沉积物中也有发生[14, 15]，但我们目前对其所知甚少。海洋微生物生命过程的复杂性使我们有理由相信，在海洋水体和沉积环境中，可能还有许多尚待发现的新颖微生物氧化还原等代谢过程，相关研究将对深入系统解析海洋生物地球化学循环和全球变化产生重大影响。

除了参与能量代谢，微生物介导的氧化还原反应在海洋生态系统物质代谢过程中同样发挥着重要作用，如固碳作用即是无机碳被还原形成有机碳过程。海洋微生物介导的氧化还原过程不但在海洋宏观尺度上及在沉积物有氧-低氧-缺氧小尺度界面上对元素生物地球化学循环发挥着驱动作用，并影响海洋生态系统结构和功能，而且在微观尺度上行使着同样重要的作用[12, 16]。颗粒物是海洋中物质的重要组成部分，海洋颗粒物附着(particle-associated)微生物往往与海水自由生活(free-living)微生物具有不尽相同的种类组成和功能过程，附着微生物在海洋营养盐再生、碳氮磷硫铁硅等生源要素循环、环境污染物降解、食物网物质、能量和遗传信息流动中发挥着重要作用[16]。一方面，附着微生物通过呼吸作用加速海洋颗粒有机物(particulate organic matter，POM)的降解，从而影响海洋 POM 再矿化深度、海洋 BP 储碳作用，以及海洋对大气 CO_2 浓度及全球气候变化的调节作用。另一方面，附着微生物在降解 POM 的同时，加速营养盐再生，有可能促进海洋真光层的光合固碳作用及弱光和无光层的微生物化能自养固碳作用，对全球气候变化和海洋环境变化产生重要影响[16]。附着微生物降解 POM 可能产生局部高浓度氮营养盐，有可能促进颗粒物附着微生物的代谢合作[16]，如氨氧化与亚硝盐氧化耦合、硝化与反硝化耦合、氮代谢与碳代谢(化能自养或异养)耦合等，POM 可能构成了海水中微生物群落氧化还原过程介导的能量代谢、物质代谢及多种代谢合作的热点微生境[16]。附着微生物对 POM 的降解，还向周围海水释放 DOC 及其他代谢底物和营养物质，有可能促进海水中自由生活异养微生物的代谢和生长，促进微型生物碳泵(microbial carbon pump，MCP)等储碳过程[16, 17]，并且还有可能促进一些特定的附着微生物与自由生活微生物间在长期进化过程中形成代谢合作等伙伴关系，在水体生态系统水平上建立起不同生活方式微生物间的合作网络，促进海洋碳、氮等元素的生物地球化学循环[16]。海洋颗粒物附着微生物群落在海洋氧化还原过程中发挥着重要作用，其研究是微生物海洋学领域的国际前沿和重点，也是海洋生物地球化学循环及全球变化研究的一大科学难题和挑战。相信通过技术进步和科学理论水平的提高，最终这一科学难题可以得到很好的解答。

参考文献

[1] Falkowski P G, Fenchel T, DeLong E F. The microbial engines that drive Earth's biogeochemical cycles. Science, 2008, 320(5879): 1034-1039.

[2] Kim J D, Senn S, Harel A, et al. Discovering the electronic circuit diagram of life: Structural relationships among transition metal binding sites in oxidoreductases. Philosophical Transactions of the Royal Society B: Biological Sciences, 2013, 368(1622): 20120257.

[3] Nickelsen J, Rengstl B. Photosystem II assembly: From cyanobacteria to plants. Annual Review of Plant Biology, 2013, 64: 609-635.

[4] Hamilton T L, Bryant D A, Macalady J L. The role of biology in planetary evolution: Cyanobacterial primary production in low-oxygen Proterozoic oceans. Environmental Microbiology, 2016, 18(2): 325-340.

[5] Olson S L, Reinhard C T, Lyons T W. Cyanobacterial diazotrophy and earth's delayed oxygenation. Frontiers in Microbiology, 2016, 7: 1526.

[6] Falkowski P G. Evolution of the nitrogen cycle and its influence on the biological sequestration of CO_2 in the ocean. Nature, 1997, 387(6630): 272-275.

[7] Jelen B I, Giovannelli D, Falkowski P G. The role of microbial electron transfer in the coevolution of the biosphere and geosphere. Annual Review of Microbiology, 2016, 70: 45-62.

[8] Dang H, Jiao N. Perspectives on the microbial carbon pump with special reference to microbial respiration and ecosystem efficiency in large estuarine systems. Biogeosciences, 2014, 11(14): 3887-3898.

[9] Bowler C, Vardi A, Allen A E. Oceanographic and biogeochemical insights from diatom genomes. Annual Review of Marine Science, 2010, 2: 333-365.

[10] Leong S C, Murata A, Nagashima Y, et al. Variability in toxicity of the dinoflagellate *Alexandrium tamarense* in response to different nitrogen sources and concentrations. Toxicon, 2004, 43(4): 407-415.

[11] Hattenrath-Lehmann T K, Marcoval M A, Mittlesdorf H, et al. Nitrogenous nutrients promote the growth and toxicity of *Dinophysis acuminata* during estuarine bloom events. PLoS One, 2015, 10(4): e0124148.

[12] Wright J J, Konwar K M, Hallam S J. Microbial ecology of expanding oxygen minimum zones. Nature Reviews Microbiology, 2012, 10(6): 381-394.

[13] Canfield D E, Stewart F J, Thamdrup B, et al. A cryptic sulfur cycle in oxygen-minimum-zone waters off the Chilean coast. Science, 2010, 330(6009): 1375-1378.

[14] Holmkvist L, Ferdelman T G, Jørgensen B B. A cryptic sulfur cycle driven by iron in the methane zone of marine sediment (Aarhus Bay, Denmark). Geochimica et Cosmochimica Acta, 2011, 75(12): 3581-3599.

[15] Carolan M T, Smith J M, Beman J M. Transcriptomic evidence for microbial sulfur cycling in the eastern tropical North Pacific oxygen minimum zone. Frontiers in Microbiology, 2015, 6: 334.

[16] Dang H Y, Lovell C R. Microbial surface colonization and biofilm development in marine environments. Microbiology and Molecular Biology Reviews, 2016, 80(1): 91-138.

[17] Jiao N, Robinson C, Azam F, et al. Mechanisms of microbial carbon sequestration in the ocean – future research directions. Biogeosciences, 2014, 11(19): 5285-5306.

撰稿人：党宏月
厦门大学，danghy@xmu.edu.cn

沙丁鱼和鳀鱼等小型中上层鱼类的资源量为什么变动巨大？

Why Do Small Pelagic Fishes Such as Sardine and Anchovy Show Great Fluctuations in Abundance?

沙丁鱼类(*Sardinops* spp.和 *Sardina pilchardus*)和鳀鱼类 (*Engraulis* spp.)跟鲱鱼(*Clupea* spp.)都属于鲱鱼目(Clupeiforms)，广泛分布于世界各大洋(图 1)[1]。它们不仅是重要的商业捕捞对象，作为以浮游生物为食的中营养级小型中上层鱼类(small pelagic fishes)，也是金枪鱼类等很多大型鱼类的饵料生物，在海洋生态系统中起着承上启下的作用。以沙丁鱼和鳀鱼为代表的小型中上层鱼类，尤其以种群数量变动巨大著称，其捕捞量在各地都呈现出巨大的年代际和年际变化特征(图 2)[2]。例如，秘鲁鳀鱼(图 1(b)②)1970 年的渔获量超过了 1300 万 t，这是单一鱼种渔获量的最高纪录，约占了当时全球渔业总产量(5900 万 t)的 22%，而 1984 年的渔获量不足 10 万 t，变动幅度相差了 100 倍以上；斑点盖纹沙丁鱼(*S. melanostictus*)，图 1(a)⑤)是西北太平洋的代表鱼种，日本 1988 年的渔获量超过了 500 万 t，而 1965 年还不足 1 万 t[1]。小型中上层鱼类资源量的增加往往伴随着分布域的扩张。斑点盖纹沙丁鱼在资源量高的 20 世纪 80 年代，是我国黄渤海的重要捕捞对象，然而在资源量较低的 90 年代以后，在我国海域就很少出现。沙丁鱼和鳀鱼种群数量达数百倍的巨大变动，不仅严重影响着渔业生产以及相关产业的稳定，对海洋生态系统的结构和功能也影响深刻，并提出了一个难以回答的问题：为什么沙丁鱼和鳀鱼的种群数量变动如此巨大？同时，另一个有趣的问题是，如图 2 所示，一般来说沙丁鱼多(少)的年代鳀鱼则少(多)，也就是说为什么沙丁鱼和鳀鱼的数量变动是异相的(out-of-phase)？

传统的鱼类种群动力学理论认为，鱼类资源的变动主要受人类捕捞活动的影响，过度捕捞会引起鱼类资源的减少以至崩溃。1973 年秘鲁鳀鱼资源的崩溃在当时被认为是捕捞过度的影响，但后来才被证实是厄尔尼诺影响的结果，这也是引发海洋学领域对厄尔尼诺深入研究的一个契机[3]。不同海流区鳀鱼和沙丁鱼变动的同期性(图 2)，也说明了受全球尺度气候变化影响的可能性[2, 3]。遗憾的是，现代的渔业生产统计还只有几十年，时间长度较短，不足以准确检验环境的影响，会夸大捕捞的影响程度。然而通过测量海洋沉积物中的鱼鳞、耳石等鱼类硬组织的沉

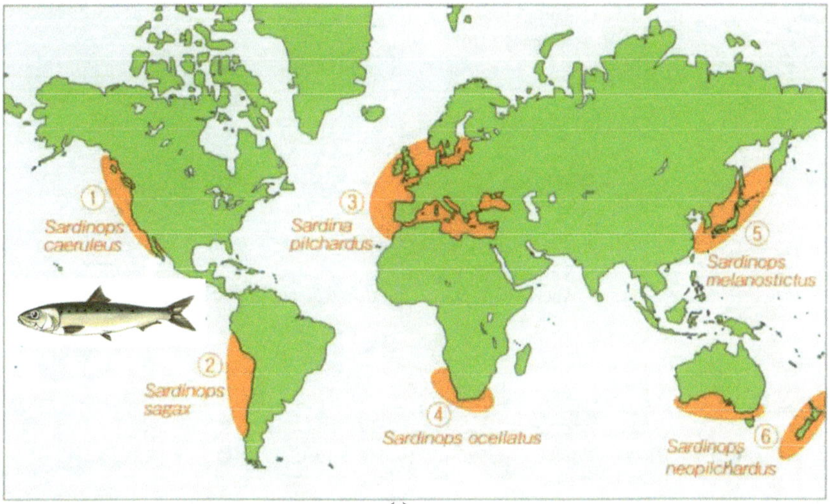

(a)

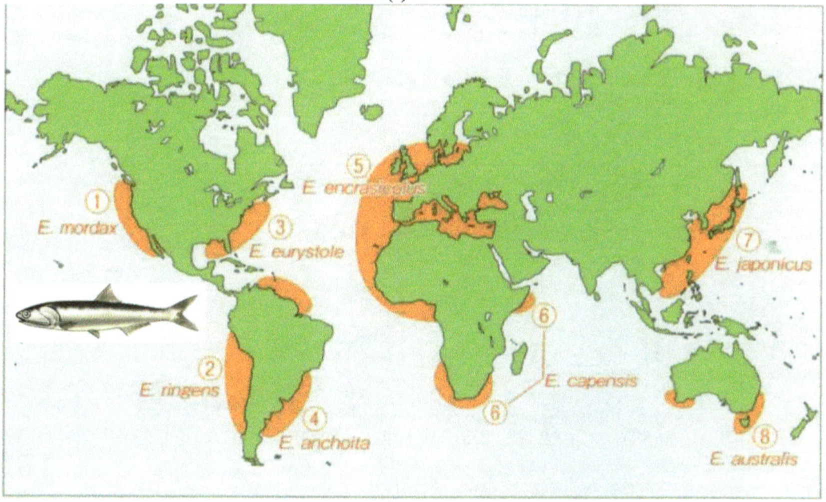

(b)

图 1　(a)沙丁鱼类(8 种)和(b)鳀鱼(6 种)的分布[1]

积速度，可以复原商业捕捞活动以前的过去几千年的鱼类资源变动[4~6]。例如，图 3 是从加利福尼亚外海 Santa Babara 海盆的地质沉积物中的鱼鳞沉积速度(SDR)复原的公元 270 年以后约 1700 年间的沙丁鱼(图 1(a)①)和鳀鱼(图 1(b)①)的资源量变动[6]。在商业捕捞活动还没有开始的年代，沙丁鱼和鳀鱼的资源就显示了巨大的数量变动，充分表明了环境的影响。然而，由于沙丁鱼和鳀鱼的变动周期不同，两者之间并不是单纯的同期性或异相性。现在越来越多的证据显示鱼类资源的变动受环境等多重压力的胁迫，而捕捞只是加大了资源变动的幅度[7]。以沙丁鱼和鳀鱼为代表的小型中上层鱼类一般具有产卵多、生长快、成熟早的生物特性，在生活史策

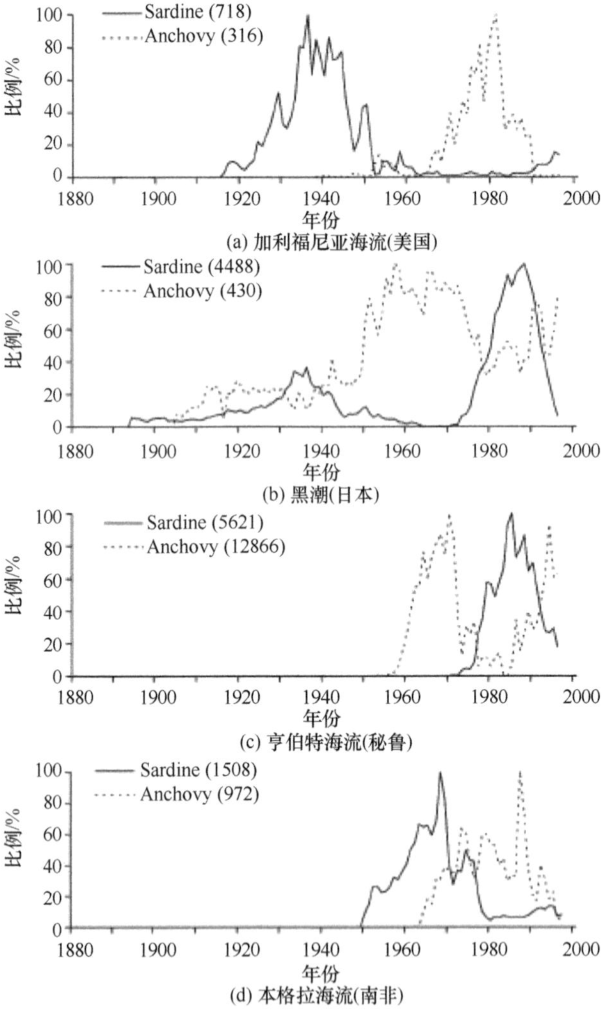

图 2　四大海流域沙丁鱼和鳀鱼渔获量变动[2]

图以相对于最高产量(图中括弧内数值，单位是千吨)的百分比表示

略上属于典型的 r-选择，作为机会主义者，环境的适宜和不适宜直接决定了其生存的概率和繁盛的程度。一般认为，鱼类早期生活史中的生存环境，包括水温、盐度等物理环境和饵料浮游生物、捕食者密度等生物环境的适宜度，决定了鱼类早期补充量的好坏并直接关系到种群数量变动。沙丁鱼和鳀鱼具有不同的生活史特性，从出生到死亡，从产卵场到索饵场，受不同时空尺度环境(生物和非生物)的影响，到底是哪一个环节的哪一个因子决定其早期补充量的高低和资源量的变动幅度，依然没有一个完全的答案。

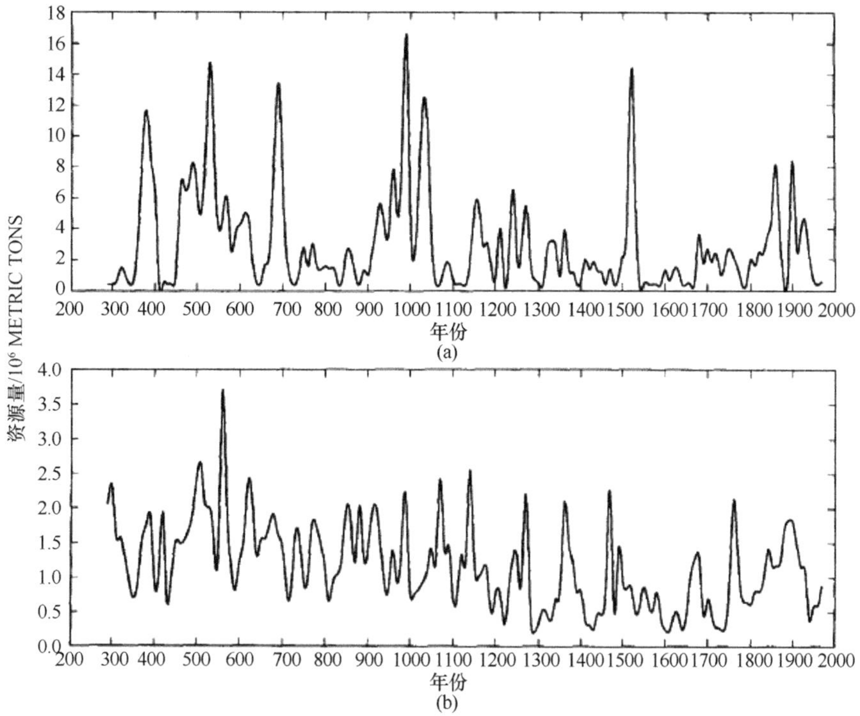

图 3 从海洋沉积物中鱼鳞沉积速度(scale deposition rate，SDR)复原的过去 1700 年加利福尼亚沙丁鱼(a)和鳀鱼(b)的资源量变动[6]

鳀鱼和沙丁鱼所显示的异相位变动模式，也被称为鱼种更替(species alternation)，更是吸引了众多科学家的关注。学者们分别从鱼类生活史战略和大洋尺度气候变化的影响等不同角度提出了多种假说，包括太平洋年代际涛动(pacific decadal oscillation，PDO)周期假说、海流变弱假说(weak flow)，以及最适生长水温假说(optimal growth temperature，OGT) 等。其中，以 PDO 为指标的气候突变(regime shift)假说产生了很大的反响[8~10]，这一假说表示沙丁鱼和鳀鱼对同一个气候环境(如温暖期)的响应相异，从而导致了变动的异相性(图 4)，但对其响应的生态过程和机理没有提出回答。海流变弱假说主张黑潮和加利福尼亚海流的通量变化引起水温的增减是影响到沙丁鱼和鳀鱼繁荣异相的原因[11]；最适生长水温假说指的是沙丁鱼和鳀鱼在早期生活史中最适生长水温的差异决定了其生存率的不同和资源量变动的相异[12]。目前，围绕鳀鱼和沙丁鱼在全球尺度下变动的同期性和相异性，从观测、分析到数值模拟，各国科学家使用各种方法开展了大量的工作，各种学说争论炽烈，依然是有待解决的科学难题，这也说明了鱼类种群数量变动在海洋生态系统中的复杂性。

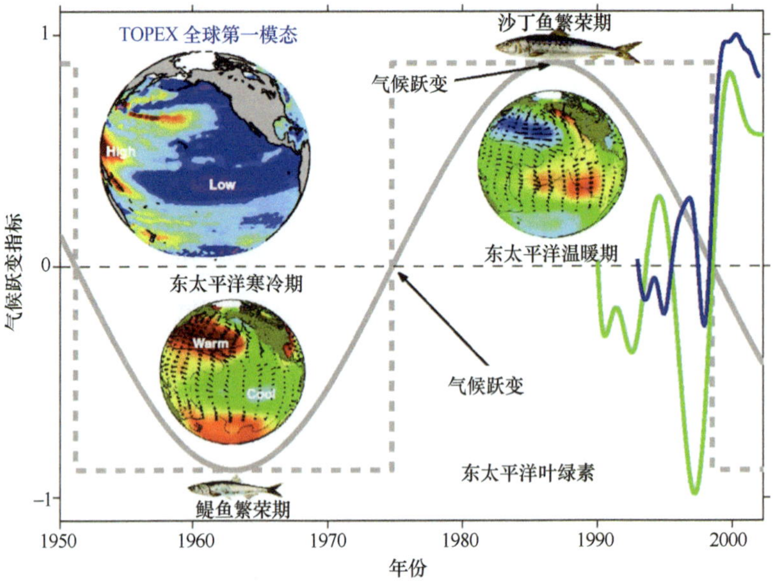

图 4　50 年周期的气候跃变假说所显示的沙丁鱼和鳀鱼的变动模式[8]

参 考 文 献

[1] 渡邊良朗. イワシ、意外と知らないほんとの姿. 東京: 恒星社厚生閣, 2012: 49- 71.

[2] Lehodey P, Alheit J, Barange M, et al. Climate variability, fish, and fisheries. Journal of Climate, 2006, 19: 5009-5030.

[3] 気候影響 ·利用研究会編. エルニーニョと地球環境. 東京: 成山堂書店, 1999: 77- 144.

[4] Finneyb P, Gregory-Eavesi, Douglas M S V, et al. Fisheries productivity in the northeastern Pacific Ocean over the past 2, 200 years. Nature, 2002, 416: 729-733.

[5] Emeis K C, Finney B P, Ganeshram R, et al. Retracted: Impacts of past climate variability on marine ecosystems: Lessons from sediment records. Journal of Marine Systems, 2010, 79(3): 333-342.

[6] Baumgartnertr, Soutar A, Ferreira-Bartrina V. Reconstruction of the history of Pacific sardine and Northern Anchovy populations over the past two millenia from sediments of the Santa Barbara Basin, California. CalCOFI Rep, 1992, 33: 24-40.

[7] Hsieh C, Reiss C, Hunter J, et al. Fishing elevates variability in the abundance of exploited species. Nature, 2006, 443: 859-862.

[8] Chavez F P, Ryan J, Lluch-Cota S E, et al. From Anchovies to sardines and back: Multidecadalchange in the Pacific Ocean. Nature, 2003, 299: 217-221.

[9] Zwolinski J P, Demer D A. A cold oceanographic regime with high exploitationes in the Northeast Pacific forecasts a collapse of the sardine stock. PNAS, 2012, 109(11): 4175- 4180.

[10] Lindegrena M, Checkleydm, Rouyerb T, et al.Climate, fishing and fluctuations of sardine and anchovy in the California Current. PNAS, 2013, 110(33): 13672-13677.

[11] MacCall A. Mechanisms of low-frequency fluctuations in sardine and anchovy populations, in

Climate Change and Small Pelagic Fish. In: Checkley D, et al. 2009, 285y D. Checkley et al., New York: cPress.

[12] Akinori Takasuka A, Oozekiy, Kubota H, et al. Contrasting spawning temperature optima: Why are anchovy and sardine regime shifts synchronous across the North Pacific. Progress in Oceanography, 2008, 77: 225-232.

撰稿人：田永军

中国海洋大学，yjtian@ouc.edu.cn

鲸落——“踏脚石假说”能否解释深海热泉生物的扩布？

Whale Falls—Whether the Stepping Stones Hypothesis Explains the Dispersal of Deep-sea Creatures in Hydrothermal Vents?

鲸是目前地球上体型最大的动物，除几种生活在淡水外，绝大部分种类栖息于海洋。鲸作为哺乳动物的一个目，包括须鲸和齿鲸两个亚目。须鲸的种类较少，但体型巨大，已知最小的种类体长也超过 6m。最大的鲸是须鲸亚目的蓝鲸，长达 33.5m，质量达 195t，相当于 35 头大象的质量(图 1)。齿鲸类的体形差异较大，最长的在 20m 以上。

(a)　　(b)

图 1　南极蓝鲸和灰鲸

(a)图自 Mike Johnson，http://www.antarctica.gov.au；(b)图自 http://www.mmc.gov

鲸在水中是负浮力的，即身体的密度较海水大，因此当鲸死亡后，其庞大的身躯会一直沉落到半深海或深海的海底，其尸体/残骸被称之为鲸落(whale fall) [1]。对于许多海洋生物来说，沉落到深海底的鲸落，是供其享用很长一段时间的饕餮大餐，可为深海生物提供食物支持数十年，并在这里点亮一个局域化的复杂生态系统。这与落到近海的鲸落不同，在那里食腐动物可在较短的时间内将其消耗完毕。

早在 1854 年，人们在漂浮的鲸脂上发现了一种新的贻贝，自此开始意识到鲸落上有特异性的动物群落。到 20 世纪 60 年代，在深海拖网时又无意发现了帽贝等新物种附着在鲸骨上[2]。随着深海机器人技术的发展及探测技术的提高，深海鲸落的真正发现始于 70 年代末。1977 年美国海军在东太平洋的深海潜艇试航时，发现了一具已完全没有组织的完整的鲸尸骨骼，基于骨骼的大小、牙齿的有无及其出现在圣卡塔利娜岛以西的位置，认定是一具死亡的灰鲸，这是首次报道的鲸落[3]。1987年夏威夷大学海洋学家Craig Smith领导的海洋生物团队利用“阿尔文号”载人深潜器在卡塔利娜湾1240m深的海底发现了另一沉鲸生物群落[2]。此后，更多的鲸落被深海研究者及海军所发现，这些发现均得益于可精密检测海底大型聚集物的侧扫声呐技术的应用。

深海鲸落上栖息的生物主要包括体型巨大的等足类、铠甲虾、虾、龙虾、毛足虫多毛类、食骨蠕虫、蟹、海参、盲鳗和睡鲨等。1998年在东太平洋圣克鲁兹海盆约1750m深海底发现的一具重35t、长13m，已死亡18个月的灰鲸骨骼上，生活有盲鳗、成千的端足类，以及新栖居的蛤类幼体[4]。深海鲸落生物具有生物量大、丰度高、多样性高和特有种多的特点。那么，鲸落生物是怎么来的呢？或者说是如何形成和演变的？

Smith等通过对一具沉降至加利福尼亚附近的圣克鲁兹海盆1674m海底、重达35t的灰鲸的研究，为相关鲸落生物群落的形成和演变提供了大量有价值的线索[5](图2)。当庞大的鲸尸躯体抵达深海底时，会很快被盲鳗、睡鲨、深海蟹等生物发现。鲸鱼90%以上软组织会被它们吃掉，这顿“深海盛宴”一般可持续4~12个月。当这些大型腐食者离去后，多毛类和甲壳类这些小型生物入住，进行第二轮或第三轮的取食，依靠食物残渣可以再延续两年，在这里孕育一个丰富多样的鲸落生物群落[6~8](图3)。当只剩鲸骨时，大量厌氧细菌进入鲸骨深处，分解其中的脂类，利用硫酸盐产生硫化氢，创造出类似于深海热泉口的富硫环境。硫化氢对大部分动物是有毒的，但化能合成细菌可利用其获得能量，某些生物靠与这些细菌共生获得能量，另一些则直接以这些细菌为食。

有些种类的多毛类专门依靠鲸落或类似的生态系统存活，离开这样的生境就无法生存。例如，一类专吃骨头的多毛类——噬骨蠕虫(*Osedax*)，最早在2002年发现于加利福尼亚外海的蒙特利海底峡谷中，此后也发现于瑞典、日本外海域和南极。这些1cm长的噬骨蠕虫很可能是鲸落生物群落形成过程的促进者，它们没有眼和口；幼体没有消化道，在大洋中营浮游生活；随后形成类似小树的辅器来吸收氧气[9]。它们有一套特殊的根状结构，可以伸入鲸骨内，这些根状结构上有共生细菌，可以帮助分解鲸骨内的蛋白，为蠕虫提供营养。蠕虫成熟后，释放卵并开始一个新的过程。

相较于近海，深海的营养物质十分贫瘠，深海底的生物除一类特殊的可依靠化能合成的冷泉或热泉生物外，主要依赖于上层海水输送来的物质。从海面缓慢飘下来的生物碎屑(又称“海雪”marine snow)是深海底生物的天降甘霖，而偶然落下的庞大的动物身躯，则是它们在“大洋荒漠”之中的孤岛和绿洲。全球大部分深海的沉积物每年获得来自上层海洋的颗粒有机碳通量为2~10g[10]，而一头30t的鲸落软组织易分解的有机碳含量达1.2×10^6g[11]。由此，一具沉落洋底的30t重的

图 2　一具 35t 重的灰鲸于 1998 年沉至 1674m 海底后的群落演替[5]

(a) 0.12 年后，大量盲鳗在取食保存尚完整的鲸落。(b) 1.5 年后，鲸的软组织已被大量消耗，仍可见一些盲鳗。(c) 4.5 年后，鲸骨上有厚厚的白色硫氧化菌席，黑斑为多毛类双栉虫科的管和噬骨蠕虫的洞穴，双栉虫的管在鲸骨内数量很大。(d) 5.8 年后，鲸骨持续被硫氧化菌、双栉虫的管和噬骨蠕虫形成的斑块所覆盖，附近沉积物中可见双栉虫的管和黑色硫化物斑。(e) 6.8 年后，鲸骨仍大部分完整，外覆黄色硫氧化菌席，菌席已扩展至附近沉积物，肋骨附近可见巨蛤、瓷蟹、多毛类等生物。(f) 5.8 年后肋骨附近沉积物中双栉虫的泥管数量丰富，白点是巨蛤的壳

图 3　鲸骨的甲壳类和多毛类等小型生物取食者

http://hackettfilms.com/wordpress/wp-content/uploads/2012/06/WhaleFall_02.jpg

巨鲸，在深海底覆盖面积约 100m^2 的有机碳通量相当于同一水柱≥1000 年的“海洋雪花”的总和。而且，鲸骨体型巨大，富含脂类，分解又十分缓慢，一头大型鲸落可以维持这样一个绿洲和里面上百种无脊椎动物生活长达几十年甚至上百年。在体型庞大的鲸诞生之前，那些巨大的海洋鱼类和爬行动物也许就部分担当了深海绿洲的任务，而数千万年前鲸的到来让深海底焕发的新生更加灿烂。

鲸大多都是大洋性洄游种类。估计在某个时期，全球的海底可能隐藏着超过 85 万具鲸落。据 Smith 等的估计，即使按今天日逐渐减少的鲸的数量，海底可能保存着全球鲸的 9 个个体最大物种的约 6.9 万个鲸落，且绝大多数都在深海底。据此测算，平均每 12km 就有一具，而在鲸鱼迁移的路线上，每 5km 可能就有一具。有些研究者估计，在灰鲸的迁徙路线上，平均每年每 8000km^2 就有至少一头灰鲸落入海底；两个鲸落之间的平均距离不到 10km[12]。

鲸尸生物群落的发现，为长期以来困扰科学家们的一个问题的解答提供了关键线索，即深海热泉(又称热液)等特殊生境的生物群落是如何在广袤的深海扩布的？

深海热泉又称黑烟囱，其主要成分是硫化物，生物群落依赖于硫氧化菌作为初级生产者产生的能量，是完全不依赖于太阳能的独特生态系统，孕育了独特的生物群落。在这里，“万物生长靠太阳”这一规律已不再适用，维持生态系统运转的能量来自于细菌的化能合成作用。深海热泉生物群落可以持续几年到几十年，但一旦喷口停止喷发可用于化能合成的物质，则生物群落便随之消亡。这些喷口形成的生物群落一般较小，群落直径一般仅数十米。而且，这些特殊生境之间大都相距甚远，有些达数千千米之遥，生物代谢的模式又太专一，离开这些特殊生境就难以存活。对于热泉等深海底的大型底栖生物而言，它们虽然可通过幼虫进行扩布，但幼虫必须在有限的时间内找到合适的生境才能生存下来，而遥远的距离无疑是其生命延续和扩布的一个重大障碍[13]。

鲸落的存在，成为茫茫深海大洋“荒漠”中的绿洲，成为海底生物扩布的宝贵跳板，成为深海极端生境中生命进化和扩布的一个重要地理“驿站”。据 Smith 等研究发现，在鲸落周边沉积物中出现的 100 个大型生物中，仅 10 个数量占优势的种为鲸落所独有，6 个种与冷泉生物共有，5 个种与热泉生物共有，12 个种与附近的海藻和沉木共有[5]。在较高生物分类阶元的组成上，热液喷口和冷渗口等生物群落与鲸落生物相似。科学家们猜想，鲸落的存在营造了一个类似热泉或冷泉的生境，为深海化能合成生态系统中的大型底栖生物幼虫的成功着生提供了“踏脚石”(stepping stones)，从而可以使幼虫从一个地方成功扩布到另一个地方。鲸落沉积物可能不仅为深海热泉、冷泉等一些特殊生境的物种的扩布提供了“踏脚石”，而且支撑了独特的大型生物群落，并且为深海生态系统贡献了极大的β-多样性[14]。

然而，鲸落和热泉口及冷渗口的生物仅在较高分类阶元(科级)的组成上相似，但在科以下阶元的组成上明显不同[15]。例如，热泉生物群落中常见则占优势的大型管栖蠕虫——多毛类的海沟虫(*Riftia*)却未在鲸落中出现，在鲸落中代之的是多毛类的噬骨蠕虫(*Osedax*)。因此，“踏脚石假说”还难以完全解释深海热泉等极端生物是如何扩布的，相关机制仍然不明。对鲸落生物群落的深入研究与探索，无论是对于特殊生境中生命的发现，还是对于认识深海底生物的地理分布及进化等均具有十分重要的意义。

参 考 文 献

[1] “Whale Falls”. Columbia University. Archived from the original on 16 March 2010.

[2] Little Crispin T S. The Prolific Afterlife of Whales. Scientific American, February 2010, 78-84.

[3] Steven J POpe. Dive Log. bathyscaphtrieste.org.

[4] Russo J Z. This Whale's (After) Life. NOAA’s Undersea Research Program, NOAA, 24 August 2004, Retrieved 13 November 2010.

[5] Smith C R, Bernardino A F, Baco A, et al. Seven-year enrichment: macrofaunal succession in deep-sea sediments around a 30 tonne whale fall in the Northeast Pacific. Marine Ecology Progress Ser, 2014, 515: 133-149.

[6] Smith C R, Baco A R. Ecology of whale falls at the deep-sea floor. Oceanography & Marine Biology Annual Review, 2003, 41: 311-354.

[7] Fujiwara Y, Kawato M, Yamamoto T, et al. Three-year investigations into sperm whalefall ecosystems in Japan. Marine Ecology (Berl), 2007, 28: 219-232.

[8] Lundsten L, Schlining K L, Frasier K, et al. Time-series analysis of six whale-fall communities in Monterey Canyon, California, USA. Deep-Sea Research I, 2010, 57: 1573-1584.

[9] “Strange Worms Discovered Eating Dead Whales”. livescience.com, 17 November 2009.

[10] Lutz M J, Caldeira K, Dunbar R B, et al. Seasonal rhythms of net primary production and particulate organic carbon flux to depth describe the efficiency of biological pump in the global ocean. Journal Geophysical Research C, 2007, 112, C10011, doi: 10.1029/2006JC003706.

[11] Smith C R. Bigger is better: The roles of whales as detritus in marine ecosystems. In: Estes J. Whales, whaling and marine ecosystems. Berkeley: University of California, 2006, 286-300.

[12] Smith C R, Glover A G, Treude T, et al. Whale-Fall Ecosystems: Recent insights into ecology, paleoecology, and evolution. Annual Review Marine Sciences, 2014, 7: 571-596.

[13] Thatje S, Marsh L, Roterman C N, et al. Adaptations to hydrothermal vent Life in *Kiwa tyleri*, a new species of yeti crab from the East Scotia Ridge, Antarctica. PLOS ONE, 2015, 10(6): e0127621.

[14] Bernardino A F, Smith C R, Baco A R, et al. Macrofaunal succession in sediments around kelp and wood falls in the deep NE Pacific and community overlap with other reducing habitats. Deep-Sea Research I, 2010, 57: 708-723.

[15] Bernardino A F, Levin L A, Thurber A R, et al. Comparative composition, diversity and trophic ecology of sediment macrofauna at vents, seeps and organic falls. PLOS ONE, 2012, 7(4): e33515.

撰稿人：徐奎栋

中国科学院海洋研究所，kxu@qdio.ac.cn

鱼类对厄尔尼诺等气候变化是怎样响应的？

How do Fishes Response to Climate Change Such as ENSO?

大家对刚刚过去的2016年夏季在长江和淮河流域发生的大洪水想必还记忆犹新。同1998年的长江流域大洪水一样，它被认为分别与2015/2016年和1997/1998年的超强厄尔尼诺有关。厄尔尼诺(拉尼娜)是东部太平洋赤道海域水温比平常年升高(降低)的现象，是海洋与大气的相互作用和关联，气象上把厄尔尼诺和拉尼娜合称为ENSO(El Niño/La Niña-southern oscillation)。这种全球尺度的气候振荡被称为ENSO循环。ENSO现象一般每隔2~7年出现一次，持续几个月至一年不等，但20世纪90年代以来，这种现象越来越频繁出现，且滞留时间延长。科学研究表明，ENSO是导致全球各地破坏性干旱、暴风雨和洪水的罪魁祸首，而且水温的异常升高对海洋生态系也有着深刻的影响[1]。

ENSO对鱼类影响最著名的例子是非秘鲁鳀鱼(*Engraulis ringens*)莫属[1]，这也是引发海洋学对ENSO深入研究的契机。秘鲁鳀鱼作为重要经济鱼种，不仅是鱼粉加工业的重要原料，也是很多海鸟的饵料。海鸟产生的大量鸟粪(guano)，则是制造种植大豆所需化肥的重要原料。1970年，秘鲁鳀鱼的渔获量超过了1300万t，单一鱼种渔获量达到历史最高纪录，而1973年则降低到170万t，资源濒临崩溃。厄尔尼诺为起因的鳀鱼资源崩溃，经过一系列的连锁反应最终会导致以进口大豆为原料的日本豆腐价格上升。“厄尔尼诺的发生会导致豆腐涨价”这样的媒体报道虽然是夸大其词，但鳀鱼资源崩溃对秘鲁的经济和税收造成了实实在在的打击。如图1所示，秘鲁鳀鱼的资源量和渔获量的急速减少似乎跟强的ENSO事件关系密切[2]。南美大陆秘鲁的外海，亨伯特寒流(也称秘鲁海流)从南到北向赤道方向流动，在沿海海域产生了上升流，带来了丰富的营养盐，产生的高初级生产力支撑了秘鲁鳀鱼的高资源量。然而，这一生态机制会因厄尔尼诺的发生而受到阻碍，从而导致了鳀鱼资源的崩溃[2]。围绕这一见解也有很多争论，从图1仔细看来，鳀鱼资源的崩溃从1971年就开始了，而超强厄尔尼诺(1972/1973年)则是滞后发生的，因此有人主张厄尔尼诺只是加速了鳀鱼的资源崩溃，过度捕捞才是主要原因[2]。另外，除了捕捞和厄尔尼诺的混合学说，近来也有科学家指出是气候突变(regime shift)的影响。

ENSO对鱼类影响的另一个例子是秋刀鱼[3, 4]。秋刀鱼(*Cololabis saira*)是广泛分布于北太平洋的洄游性表层鱼类，冬季在日本九州南部外海的黑潮水域产卵，随

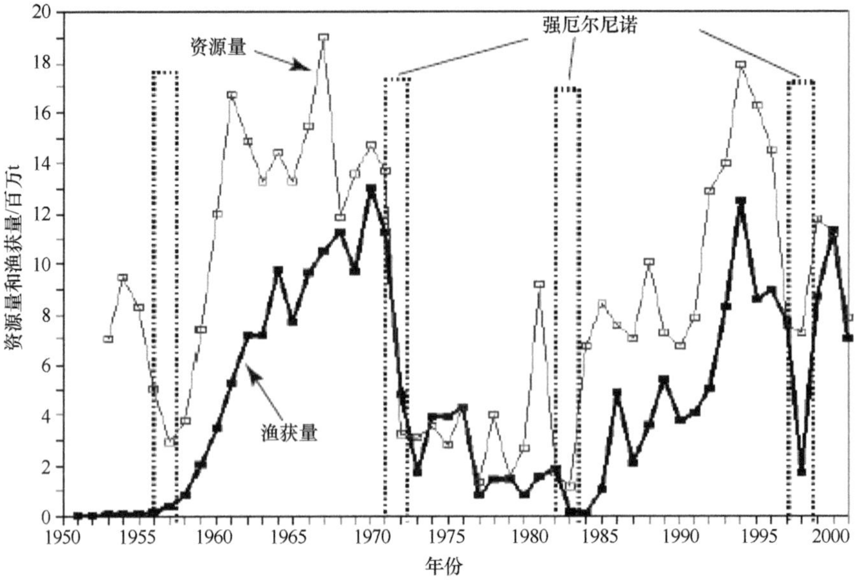

图 1　秘鲁鳀鱼的资源量和渔获量变动以及强厄尔尼诺事件[2]

着季节变化进行长距离的南北洄游，从春季到初夏从黑潮水域洄游到亚寒带水域索饵，从秋季到冬季则南下进行产卵洄游。秋刀鱼是我国近年来重点开发的大洋性渔业资源，2014 年捕捞量超过了 7 万 t。秋刀鱼资源以数量变动巨大而著称，有趣的是过去一个世纪的渔获量统计分析显示，日本秋刀鱼的资源量指数在厄尔尼诺年是拉尼娜年的 3 倍(图 2)[3]，表明厄尔尼诺对秋刀鱼的有着正向作用，而拉尼娜则有负向作用。那么发生在东部太平洋赤道水域的厄尔尼诺是如何影响到西北太平洋的秋刀鱼的呢？研究表明，秋刀鱼产卵水域的冬季水温变动跟厄尔尼诺有很强的相关性，也就是说 ENSO 是通过影响到秋刀鱼冬季产卵场的水温，而最终引起秋刀鱼资源变动的。然而，产卵海域水温的变化对秋刀鱼影响的生态过程依然未有合理的解答。除了 ENSO，秋刀鱼还受气候突变的影响。秋刀鱼在温暖期(warm period)资源量增加，而在寒冷期(cold period)资源量减少，呈现年代际的变化特征[4]，可以说秋刀鱼资源变动巨大的原因就是 ENSO 和环境突变等多尺度气候变化影响的结果。另外，太平洋鱿鱼类与 ENSO 的关系也非常密切，鱿鱼渔场的形成、分布、洄游等都跟 ENSO 相关[5, 6]。如图 3 所示，茎柔鱼(也称美洲大鱿鱼 *Dosidicus gigas*)的 CPUE(单位捕捞努力量渔获量)不论是厄尔尼诺年还是拉尼娜年，也就是在 ENSO 异常年都比较低，显示了与秋刀鱼不同的响应[6]。

鳀鱼、秋刀鱼和鱿鱼类以生长快、寿命短、食浮游动物为特征，因此其对气候变化的响应比较迅速，也比较容易被发现。以鱼类为饵料的金枪鱼类等高营养级大型鱼类受 ENSO 的影响也非常显著[7, 8]，如鲣鱼(*Katsuwonus pelamis*)等金枪鱼类的洄游、移动、渔场形成和补充量变动都与 ENSO 关系密切，但鱼种的不同对 ENSO 的响应模式则不同[7]。根据这些机制，可以利用模型模拟和预测 ENSO 事件背景下的鲣鱼渔场分布(图 4)，对渔业生产也有着重要意义。

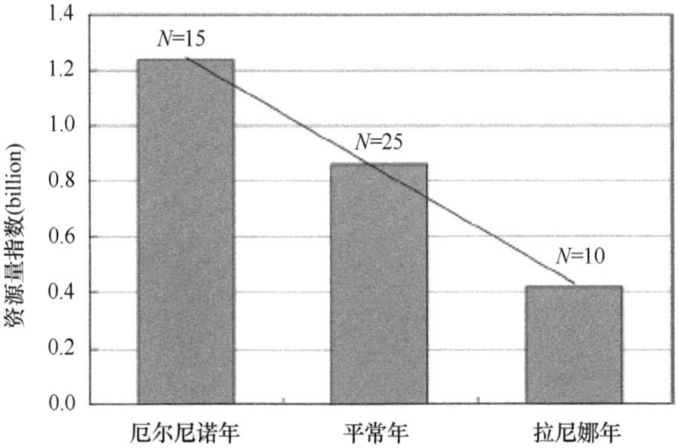

图 2　不同 ENSO 事件背景下的秋刀鱼资源量指数分布[3]

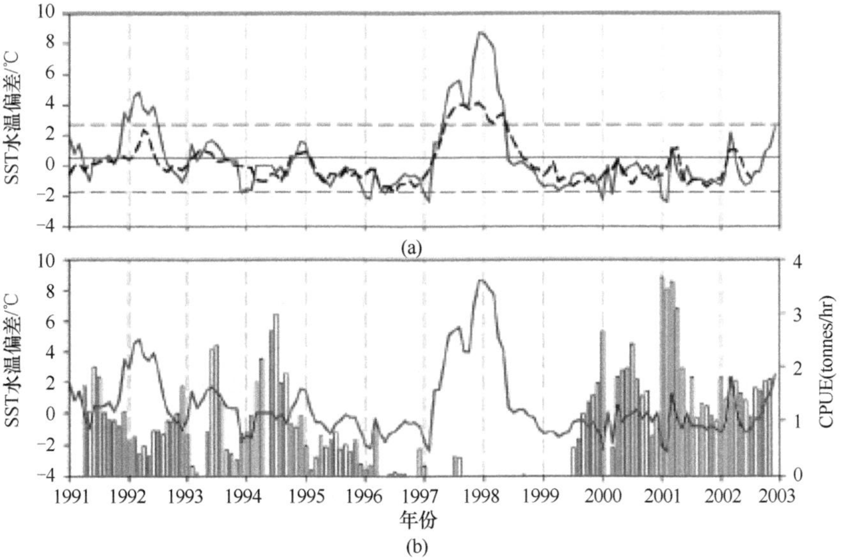

图 3　(a)秘鲁外海厄尔尼诺海域(虚线)和 Puerto Chicama (实线)的表面水温偏差月变化。(b)秘鲁海域茎柔鱼 CPUE 和 Puerto Chicama (实线)的表面水温偏差月变化的关系[6]

以上几个例子，主要聚焦了 ENSO 尺度气候变化对鱼类的影响。从一年周期的季节变化和 2~7 年周期的 ENSO 事件，到年代际尺度的气候突变和世纪尺度的全球变暖，气候变化具有多重时空尺度，而且捕捞等人类活动的影响也在加剧，可以说鱼类种群数量变动巨大和复杂性在于其受多重时空尺度环境变化的胁迫。

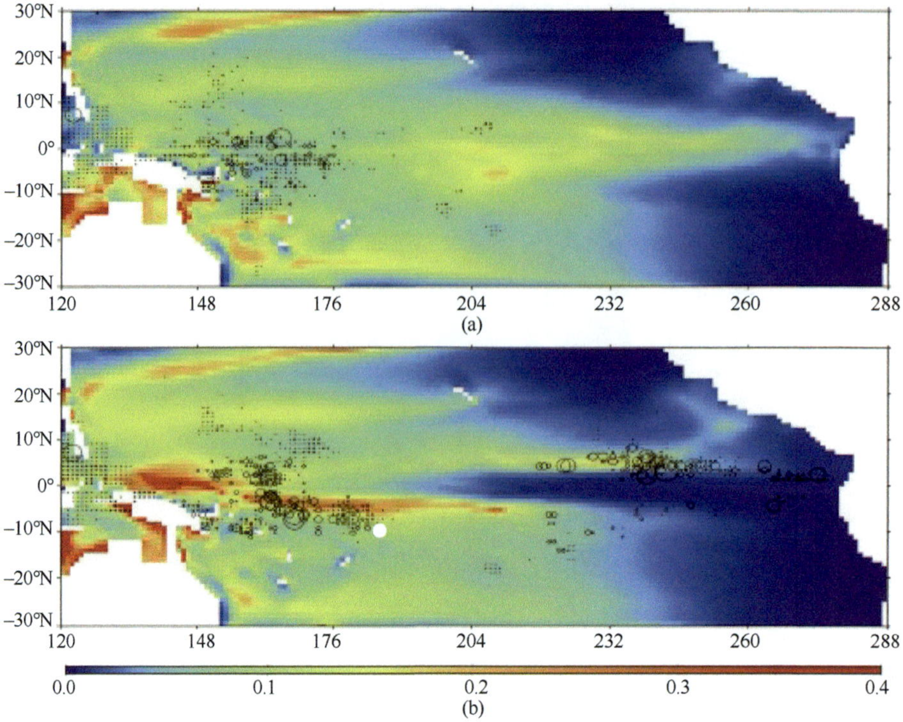

图 4　厄尔尼诺(a)和拉尼娜(b)背景下的鲣鱼 CPUE 分布预测[8]

鱼类从产卵、孵化到死亡，不同的生活史阶段经受不同时空尺度环境的影响，其对气候变化的响应也就因生活史阶段不同而异。早期生活史过程是决定鱼类资源变动的关键时期，耳石微化学、分子生物学、计算机模拟等技术的发展为研究仔稚鱼的生长、存活和输运等对环境的响应提供了广大的可能性。另外，鱼类对气候变化的响应从生理、生态、行为到洄游分布等时空尺度不同，机制各异。例如，鱼类是如何从生理、生态、行为，以及进化尺度上响应全球变暖引起的海洋酸化的？鱼类对气候变化的响应在分子、个体、种群等不同水平上又是如何表现的？总之，鱼类对气候变化的响应是一个非常复杂多样的生理生态过程[9]，也是一个还没有标准答案的科学难题。

现在被海洋学广泛认知的 ENSO 和气候突变这两个现象和概念，其提出都是与渔业科学家的贡献分不开的。“去问问鱼最近的天气如何？(have there been recent changes in climate? Ask the fish)”[10]，加拿大科学家用这样生动的语言来形容三文鱼、沙丁鱼等鱼类与气候变化关系之密切。深居大海中的鱼类，对海洋的丝毫变化都会肌肤所感，也许它们才是真正的气候变化的指标种。研究鱼类对气候变化的响应，不仅对于渔业资源的可持续利用和管理有着现实性的意义，也许会帮助我们发现未来气候变化的早期预警信号(early warning signal)，为海洋科学的发展做出意想不到的贡献呢。

参 考 文 献

[1] 気候影響・利用研究会編. エルニーニョと地球環境. 東京: 成山堂書店, 1999: 77-144.

[2] Klyashtorin B L B. Climate change and long-term fluctuations of commercial catches. The possibility of forecasting. FAO Fish. Techn. Paper. 2010.

[3] Tian Y, Akamine T, Suda M. Variations in the abundance of Pacific saury (Cololabissaira) from the northwestern Pacific in relation to oceanic-climate changes. Fisheries Research, 2003, 60: 439-454.

[4] Tian Y, Ueno Y, Suda M, et al. Decadal variability in the abundance of Pacific saury and its response to climatic/oceanic regime shifts in the northwestern subtropical Pacific during the last half century. Journal of Marine Systems, 2004, 52: 235-257.

[5] Chen X J, Zhao X H, Chen Y. Influence of El Niño/La Niña on the western winter–spring cohort of neon flying squid (Ommastrephesbartramii) in the northwestern Pacific Ocean. ICES Journal of Marine Science, 2007, 64: 1152-1160.

[6] Waluda C M, Yamashiro C, Rodhousea P G. Influence of the ENSO cycle on the light-fishery for Dosidicus gigas in the Peru Current: An analysis of remotely sensed data. Fisheries Research, 2006, 79: 56-63.

[7] Lehodey P, Alheit J, Barange M, et al.Climate variability, fish, and fisheries. Journal of Climate, 2006, 19: 5009-5030.

[8] Lehodey P, Bertignac M, Hampton J, et al. El Niño Southern Oscillation and Tuna in the western Pacific. Nature, 1997, 389: 715-718.

[9] Möllmann C, Diekmann R. Chapter 4 - marine ecosystem regime shifts induced by climate and overfishing: A review for the Northern Hemisphere. Advances in Ecological Research, 2012, 47: 303-347.

[10] Mcfarlane G A, King J R, Beamish R J. Have there been recent changes in climate? Ask the fish. Progress in Oceanography, 2000, 47(2-4): 147-169.

撰稿人：田永军

中国海洋大学，yjtian@ouc.edu.cn

科普难题

如何从耳石中获取鱼类生活史信息？

How Can We Get the History Traits From the Fish Otolith?

对于鱼类来说，耳石就是他们的一个“黑匣子”。虽然耳石只是鱼类头部中非常微小的一块结构，但是在耳石中记载着鱼类生活史过程中非常丰富的信息。科学家利用对耳石中这些信息的分析，可以在许多方面开展非常重要的鱼类生活史研究。你想了解耳石吗？让我们逐一揭开它的神秘面纱。

所有鱼类都有耳石，包括硬骨鱼类和软骨鱼类，甚至在原始鱼类如盾皮鱼和甲胄鱼都有耳石的存在，只不过部分鱼类如鲨鳐类由于具有发达的侧线系统，对耳石的倚赖不如硬骨鱼类，其耳石体积相对较小。

对于硬骨鱼类来说，耳石并不只有一种。一般这些鱼类，在一个鱼体中同时具有 3 对耳石，即矢耳石、微耳石和星耳石。其中，对于从事鱼类研究的学者来说，矢耳石由于体积相对较大，采样和分析较为便利而成为研究中最为常用的耳石种类[1]。如无特别说明，通常我们所说的耳石指的是矢耳石。

那么耳石是如何形成的呢？哈，这个问题就有点复杂了！详细点说，耳石从鱼类一出生就有了，这时耳石很小，小到可能仅有数十微米，要在显微镜下透过鱼体才能找到，这时耳石是圆形的，上面往往能观察到一圈圈的同心环状的轮纹；随着生长，耳石外部形态轮廓逐渐发生很大的变化，二维形态外部轮廓变得不规则，并呈现三维的立体结构。当鱼体逐渐成年，耳石外部形态轮廓会变得稳定下来，虽然随鱼体生长其耳石大小仍然在增长，但其外部轮廓特征在同一鱼种中会趋于固定。再具体一点说，实际上耳石是在鱼类个体生长过程中，主要由钙质沉积而成。鱼类个体生长生活过程中获得的钙质，以及生活水域中的一些微量甚至含量非常少的痕量元素，随着鱼体代谢过程逐层沉积在了耳石中，使得耳石随鱼体生长越变越大，并呈现出不同鱼种间的形态多样性(图 1)。

对于鱼类，一般认为耳石司平衡和听觉功能。大黄鱼在过去是中国海域重要的大宗经济鱼种，其肉味鲜美，深得人们喜爱。渔民过去在捕捞大黄鱼时，就利用了大黄鱼耳石较大，对声音非常敏感的特性，用各种工具在船舷上敲打，发出声音影响大黄鱼听觉，帮助捕获更多的大黄鱼。而对于研究者来说，鱼类耳石算得上是一个信息的宝库。人们利用耳石可以获得许多鱼类生活史方面的信息，供渔业研究与管理使用。

图 1　多种多样的海洋鱼类耳石(图片来源：叶振江)

首先，科学工作者利用耳石研究鱼类的年龄与生长。鱼类的年龄与生长属性涉及渔业资源的准确评估与科学管理，是个非常重要的基础科学问题。耳石在这方面的研究中起着非常重要的作用，是鱼类个体年龄鉴定的最为重要的材料[2]。耳石在生长形成的过程中，以钙质为主要成分的各种元素不断沉积，而这种沉积的速度一般随着鱼类个体在不同季节生长速度的不同而有所变化，从而造成耳石在不同季节形成的沉积层密度呈规律性变化。这种密度的变化反映在耳石横切面上，在光照下就会呈现出明、暗相间的变化，从而形成年轮，这和树木的年轮形成原理一致。人们通过对耳石整体(当耳石较薄时)或切片(当耳石较厚时)进行观察，可以准确地鉴定鱼类个体的年龄(图 2)[3]。

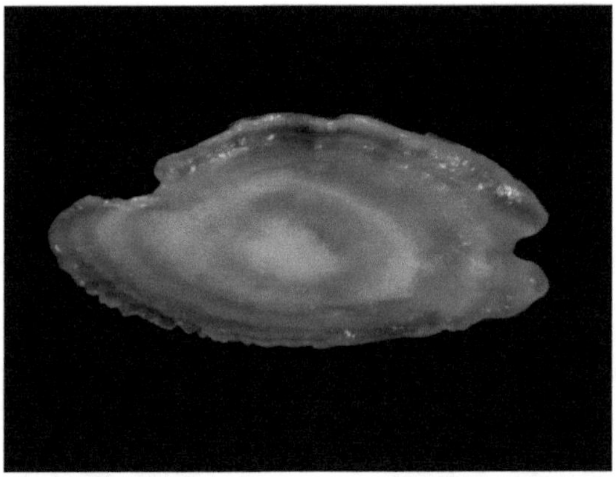

图 2　凯平鲉的耳石，示 3 龄个体(图片来源：叶振江)

除成鱼年龄与生长的研究外，耳石还用于幼鱼生长的研究，即所谓鱼类“日龄”的研究[4]。现代渔业研究与管理已精细到非常深的地步，反映在鱼类早期生活史方面，需要了解鱼类每天能生长多少。而这方面耳石更是具有得天独厚的优势。耳石伴随鱼体而出现，通常在鱼类幼体开口吃东西以后，即会在耳石上每天形成一圈轮纹，称为“日轮”。科学工作者采到样品，在显微镜下数一数耳石上有多少圈环形的轮纹，再加上个体开口前经过的天数，即可获得个体生存的天数。这种工作通常可应用于数月大小的幼鱼，通过不同大小幼鱼日龄的准确鉴定，获得幼鱼的生长规律。但是不得不说的是，这可是个非常精细的实验工作。

耳石一个非常重要的科学应用，是对鱼类生活史的追踪。鱼类个体来自哪里？如何移动？分为哪些地方群体？这都是与生活史过程密切相关的重要科学问题，也是颇为复杂难解的生物科学难点。这方面比较常规的研究方法是标志放流，然而标志放流解决不了全部问题，同时其也存在一些局限性，特别是涉及研究费用一般过于巨大。耳石在这方面起到了非常重要的研究作用，这方面涉及两个具体技术层面，分别是耳石形态和耳石微化学的研究。

首先是耳石形态学的研究。耳石形态会受遗传和环境共同影响，因而在特定产卵场出生的个体，其鱼体及耳石最终形态会带有其生活海域环境的影响，显示出一定的特异性。这种区别虽然很微小，但是仍然可以利用统计学分析手段进行较为准确地鉴定，从而可识别出一个经济鱼种由哪些不同的群体所组成[5, 6]。这方面的研究结果对渔业资源的管理是不可或缺的。

对耳石微化学的研究更是鱼类生活史追踪的“利器”[7]。耳石中各种化学成分的组成，也可以称为“化学指纹”，非常鲜明地带有鱼类出生地及所经历水域的环境特征。人们使用一种价格超过 200 万元的电感耦合等离子体激光质谱仪，可以每隔数十微米，在耳石上从中心到边缘分别进行打点测量，以追踪鱼类个体在生活史过程中所经历的环境变动。研究结果对分析鱼类洄游过程，以及特定鱼种不同群体间的分类识别起到非常重要的作用。耳石形态及微化学研究结果，在大西洋鳕等一些世界重要经济鱼类的群体划分与资源的科学管理中已经发挥了重要作用。

除了上述应用外，借助耳石形态，人们还可以进行鱼种的辅助鉴定，特别在鱼类食性分析过程中，一些小型饵料鱼类由于被消化，在胃中仅余下难以消化的耳石等材料，这种情况下耳石形态则是分析动物所摄食饵料成分的一种主要手段。另外，对于一些分类学家来说，耳石还是研究鱼类尤其是近缘种鱼类的系统发生与遗传进化的重要工具。

作为一种重要的渔业生物研究对象，国际科学界每隔几年定期举行耳石研究专题学术会议，至今已举办多届。一些世界知名的研究机构还设有专门的耳石研究实验室，开展多个领域的相关研究。耳石在鱼类研究中将起到越来越大的作用。

参 考 文 献

[1] Victor M. Tuset Otolith atlas for the western Mediterranean, north and central eastern Atlantic. Scientia Marina, 2008, 72(S1): 7-198.

[2] 陈大刚. 渔业资源生物学. 北京: 农业出版社, 1997, 1-173.

[3] 王英俊, 叶振江, 张弛, 等. 车牛山岛铠平鲉繁殖群体生物学研究. 中国海洋大学学报自然科学版, 2011, 41(12): 46-52.

[4] Schismenou E, Palmer M, Giannoulaki M, et al. Seasonal changes in otolith increment width trajectories and the effect of temperature on the daily growth rate of young sardines. Fisheries Oceanography, 2016, 25(4): 362-372.

[5] Zhang C, Ye Z, Wan R, et al. Investigating the population structure of small yellow croaker (Larimichthys polyactis) using internal and external features of otoliths. Fisheries Research, 2014, 153: 41-47.

[6] Zhang C, Ye Z, Li Z, et al. Population structure of Japanese Spanish mackerel Scomberomorus niphonius in the Bohai Sea, the Yellow Sea and the East China Sea evidence from Random Forest based on otolith features. Fisheries Science, 2016, 82(2): 251-256.

[7] 卢明杰. 鄱阳湖水域刀鲚耳石的形态学和微化学研究. 上海: 上海海洋大学, 2015.

撰稿人：叶振江 张 弛

中国海洋大学，yechen@ouc.edu.cn

捕捞能引起鱼类进化吗？

Can Fishing Induce Fish Evolution?

根据达尔文的进化论观点，鱼类在其漫长的进化史中通常受到自然选择的影响，人类对它们的影响很小[1]。但到了近代，大规模的商业捕捞活动对鱼类的影响显著。在鱼类捕捞活动中，人们总是倾向于捕捞大个体鱼，而大部分网具的选择作用也是过滤去除小个体鱼，留下大个体鱼。在刺网、钓这类渔具中，主要是捕捞特定体长范围内的鱼类。这些选择性捕捞导致了鱼类种群中个体繁殖概率不均等，从而使不同的个体对后代的贡献有差异。在人类捕捞量远远小于鱼类种群规模的时代，这种差异很难表现出来并被察觉。但自 20 世纪开始出现了商业性捕捞，特别是第二次世界大战以后的造船、化纤材料、电子等科技发展带来了捕捞行业的飞速发展，短短几十年间，世界上大部分经济鱼类资源出现了过度捕捞甚至濒临灭绝的边缘。与此同时，这些鱼类种群也纷纷被发现表现出体长小型化、性成熟年龄变早等表型性状的明显变化，这些变化自然与对鱼类种群长期、连续、高强度的渔业捕捞压力是密不可分的。另外，鱼类的表型性状受环境、营养等因素的影响，又具有较大的可塑性。由于缺乏遗传基因方面的证据支撑，上述表型性状的明显变化究竟是在可塑性范围内，还是已经产生了进化，即捕捞胁迫引起进化(fishing induce evolution，FIE)，仍然是个有待验证的问题。

鱼类在长期、持续、高强度的捕捞胁迫下，种群的表型特征(体长、体重、性成熟时间等)会发生显著性的变化，如带鱼(*Trichiurusslepturus*)、大西洋鳕鱼(*Gadusmorhua*)等经济鱼种中均出现小型化、低龄化和性早熟的现象[2, 3]。针对鱼类种群出现的这些现象，科学家长期以来对欧洲水域常见的经济鱼种进行 FIE 证据的收集和分析，掌握了几种常见的经济鱼种在性成熟和生长方面进化的相关证据[4]，分析结果表明大西洋鳕鱼和底层鱼类性成熟特征的进化显著(图 1)，而生长上的进化主要发生在大西洋鳕鱼种群和几种淡水鱼种中[5](图 2)。

以上证据说明长期渔业捕捞会导致鱼类种群在性成熟和生长上出现进化，但引起进化的原理和机制多数是以鱼类自适应和遗传的可塑性等相关概念来解释[6~9]。实际的渔业捕捞中，很难针对单一鱼种实行不同渔获方式的选择性捕捞实验，故需要选择具有个体小、繁殖周期短的模式鱼种进行选择性捕捞实验，获得在不同的渔获方式下种群表型特征的变化趋势，找出验证种群是否发生 FIE 的证据。目前，利用模式鱼种来验证 FIE 的实验方法已被科学家们所采用，选用凤尾鱼(*Poeciliareticulata*)、

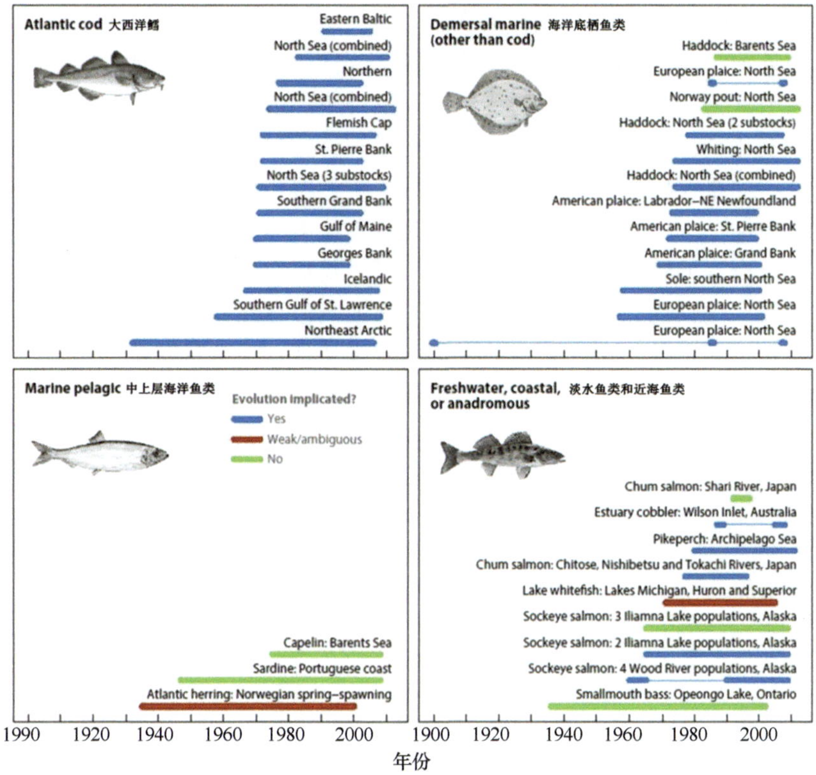

图 1 FIE 在性成熟方面的进化证据[5]

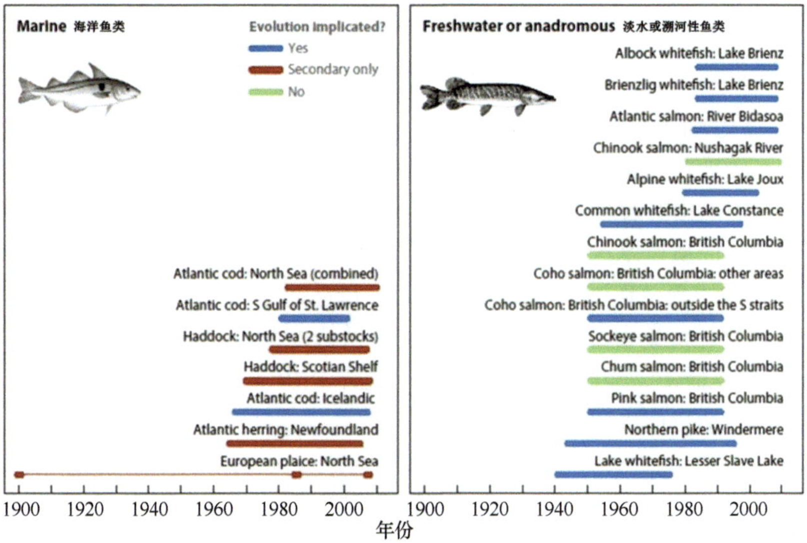

图 2 FIE 在生长方面进化的证据[5]

大西洋银汉鱼(*Menidiamenidia*)作为实验对象，进行不同渔获方式的选择性捕捞实验的结果见图 3。从凤尾鱼和大西洋银汉鱼的实验中，我们可以明显看出 FIE 的发生。有研究认为，只要限制捕捞，渔业开发种群的表型性状就可以得到恢复，表型遗传的变化具有可逆性[10]。但也有研究表明，捕捞对种群进行开发时具有定向的选择性，如果长期作用的话很可能导致鱼类种群个体的表型性状发生变化，并具有不可逆性[11, 12]，即捕捞是引起鱼类进化的主要因素。之所以出现这些不同的结果，一个合理的解释是它们的捕捞作用时间长短和强度不同，我们不妨假设某一特定鱼类对选择性捕捞的强度和作用时间的响应存在一个阈值。在这个阈值范围内，可塑性起主导作用，表型的变化具有可逆性；当超过这个阈值后，表型的变化被固化，难以在自然条件下恢复到原来的状态。

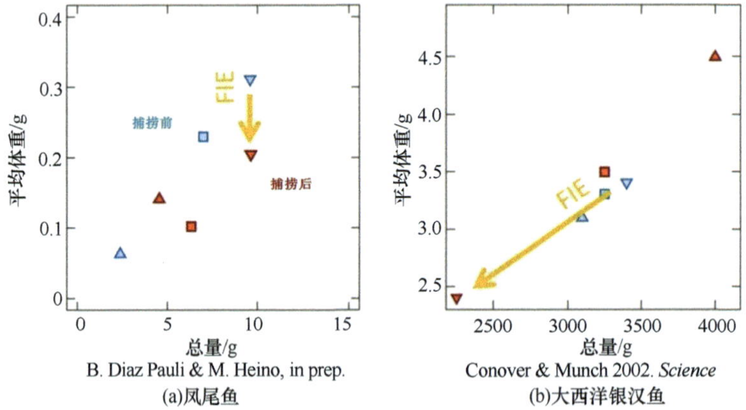

图 3　不同渔获方式的选择性捕捞实验

△捕捞小个体的鱼；□随机捕捞；▽捕捞大个体的鱼

总之，FIE 的发生到底是表型的可塑性还是真正的遗传进化，仍是一个亟待解决的难题，需要严密的实验生态学数据支持，并从基因层面上给出最终的解释。而从基因层面给出解释的难点在于，如何找到控制鱼类生长(体长、体重等)、性成熟等表型性状的遗传基因或基因组并确认其是否发生变异。

这个工作的意义在于，如果能够证明选择性捕捞最终将引起鱼类的进化，而这种进化显然与鱼类资源养护、负责任捕捞等理念相悖，则需要对目前的“捕大留小”“选择性捕捞”等渔业管理和捕捞的基本理念重新审视，对未来渔业管理、捕捞技术的革新将产生颠覆性影响。

参 考 文 献

[1]　Darwin C. The origin of species. Bantam Classics Reissue, 1999.

[2]　Heino M, Dieckmann U, Godø O R. Estimation of reaction norms for ageand size at

maturation with reconstructed immature size distributions: A new technique illustrated by application to Northeast Arctic cod. ICES Journal of Marine Science, 2002, 59: 562-575.

[3] Sun P, Liang Z L, Yu Y, et al. Trawl selectivity-induced evolution effects on age structure and size-at-age of large headhairtail (*Trichiurusslepturus*) Linnaeus, 1758 in the East China Sea, China. Journal of Applied Ichthyology, 2015, 31(4): 657-664.

[4] Dieckmann U, Heino M. Probabilistic maturation reaction norms: their history, strengths, and limitations. Marine Ecology Progress Series, 2007, 335: 253-269.

[5] Heino M, Pauli D B, Dieckmann U. Fisheries-induced evolution.Annual Review of Ecology, Evolution, and Systematics, 2015, 46: 461-480.

[6] Conover D O, Heins S W. Adaptive variation in environmental and genetic sex determination in a fish. Nature, 1987, 326: 496-498.

[7] Gavrilets S, Scheiner S. The genetics of phenotypic plasticity. V. Evolution of reaction norm shape. Journal of Evolution Biology, 1993, 6: 31-48.

[8] Fuller T. The integrative biology of phenotypic plasticity. Biol Philos, 2003, 18: 381-389.

[9] Heino M, Dieckmann U, Ernande B. Reaction norm analysis of fisheries-induced adaptive change. In: Dieckmann U, Godø O R, Heino M, Mork J. Fisheries-induced adaptive change. Cambridge: Cambridge University Press, 2007.

[10] Conover D O, Munch S B, Arnott S A. Reversal of evolutionary downsizing caused by selective harvest of large fish. Proceedings of Royal Soecity B, 2009, 276: 2015-2020.

[11] Sun P, Liang Z L, Huang L Y, et al. Relationship between trawl selectivity and fish body size ina simulated population. Chinese journal of Oceanology and Limnology, 2013, 31(31): 327-333.

[12] Liang Z L, Sun P, Yan W, et al. Significant effects offishing gear selectivity on fish life history. Journal of Ocean University of China, 2014, 13(3): 467-471.

撰稿人：孙　鹏　梁振林

中国海洋大学，sunpeng@ouc.edu.cn

捕捞活动是否对海洋渔业资源及生态系统产生影响？

The Impact of Fishing on Marine Fishery Resources and Ecosystems

有史以来，海洋捕捞一直是人类向海洋索取食物的主要手段之一。据统计，现今全球大洋每年可以提供人均大约 18.5kg 的高蛋白[1]。我国所辖大陆架面积广阔，人均海洋渔业资源量占全球的 33%左右[2]。然而，自 20 世纪 50 年代以来，随着我国渔业捕捞产业的快速发展，过度捕捞、水域环境污染加剧，以及渔业综合管理薄弱等因素导致我国近海渔业资源几近枯竭[3]，严重制约着我国海洋渔业的可持续发展。我国近年来渔获量不断下降、生物多样性持续降低，渔业结构也出现了相应转变。持续地过度捕捞所造成的一系列问题逐渐成为人们关注的焦点，人们就如何解决我国过度捕捞的问题也进行了相关探讨[2, 4]。

过度捕捞所引发的最直接的后果是渔业资源的衰退甚至枯竭，导致“无鱼可捕”，对渔业经济造成极大的冲击。据保守估计，渔业捕捞可导致 50%~70%的上层高营养级捕食性生物资源量衰减[5]。例如，太平洋金枪鱼，人类捕捞使其生物量减少了 9%~64%(具体减少量视其储量而定)[6]。在濑户内海，由于对蓝点马鲛(俗称鲅鱼)的过度捕捞，其年渔获量已从 20 世纪 80 年代中期的 6000t 降低到 21 世纪初期的 500t[7]。虽然日本相关部门启动了“鱼类资源恢复计划”[8]，但就短期而言，收效并不明显。自 50 年代以来，我国近海渔业资源结构逐渐向个体小型化、年龄结构简单化、质量劣质化演替[9]，种群结构稳定性逐渐减弱[10]，不合理捕捞被认为是渔业资源结构演变、持续衰退的主要原因。确切来讲，渔业资源的时空变动与人类活动、自然环境变化及其自身特性都有一定关系。虽然我们无法在气候变化的大背景下量化人类捕捞活动对渔业资源变动的影响，但过度捕捞的影响却不容忽视，近期研究表明它可能是导致某些鱼类种群灭绝的重要因素之一[11]。

渔业捕捞的影响不仅局限于此。一方面，捕捞会引起鱼类生活史参数的进化性变化，具体表现为鱼类成熟期提前、体长减小等[12]；另一方面，渔业资源一旦遭到破坏，其恢复可能性及恢复速度都不得而知，生物多样性丧失将十分严重。研究表明，渔业捕捞及其他人类活动所导致的海洋生物多样性减少的程度惊人[13]，而该效应在整个生态系统如何传播还难以预测。即使对于遗传多样性丰富的物种而言，渔业捕捞也会对其造成较大的冲击。例如，作为我国最重要经济鱼类之一的小黄鱼，其适应能力、生存能力和进化潜力较其他鱼类都有一定的优势，过度捕捞并不会对其遗传多样性造成很大的影响。然而，捕捞压力增大却在引发资源量下降的同时导致小黄鱼种群结构简单化和经济性状衰退[14]。在现阶段捕捞压力下，小黄鱼是否会维持原有的遗传多样性水平呢？其种群动态又会出现什么样的变化？这些问题都与小黄鱼资源量的维持和恢复密切相关，应进一步深入探讨。

从整个生态系的角度来讲，人类捕捞活动是不断挑战海洋生态平衡的过程(图 1)。每一个物种在海洋生态系统中都扮演着不可替代的角色，其种群的非自然变动将“牵一发而动全身”。一方面，捕捞不单单会移除对象鱼种，同时还会使捕捞压力向低营养级转移[15]，从而导致平均渔获营养级水平(MTL)的降低；另一方面，渔获物种类的减少在导致同等营养级竞争物种和被捕食物种丰度增加的同时会降低其捕食者的食物供给，进一步通过食物链改变其他生态组分，从而造成生态系统结构演变、功能丧失及服务功能减少[16]，生态系统稳定性降低[17]，还会对物种的行为生态过程(活动模式、择偶及繁殖行为、栖息地选择等)产生一定的影响[16]。

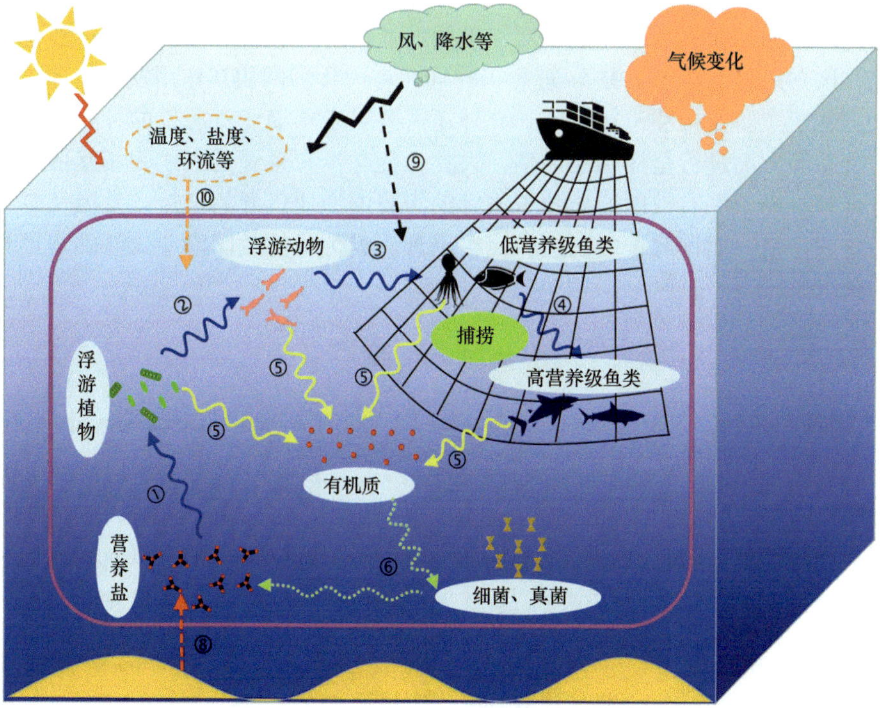

图 1 捕捞活动及海洋生态系统概念图

其中与生态系统相关的各过程代表：①光合作用；②浮游动物捕食活动；③低营养级鱼类捕食活动；④高营养级鱼类捕食活动；⑤海洋中消费者细胞外排泄、排遗等；⑥细菌、真菌等分解者的分解过程；⑧海底矿化过程；⑨大气沉降；⑩海洋环境与生态系统相互作用渔业对捕捞对象鱼种的影响显而易见，然而这种影响在整个食物网的传递却错综复杂，现阶段我们还很难从整个生态系统的角度评估该影响可能造成的后果。总之，捕捞对生态系统的影响程度视该捕捞对象物种的生活史、捕捞程度、补偿潜能、功能冗余及其在生态系统中扮演的角色而定[18]，而且该影响是多方面、多层次的，持续地高强度捕捞可能引发“多米诺骨牌效应”，使整个海洋生态系统结构功能恶化，这绝非危言耸听。

既然如此，我们该如何在满足人类自身需求和维系海洋生态系统稳定之间找到平衡？关键在于把握一定的“度”。海洋生态系统具有一定的自我调节功能，适度捕捞不仅可以在不破坏生态系统平衡的同时满足人类的需求，维持海洋渔业资源的动态平衡，促进海洋捕捞业的可持续发展。当然这个“度”的确定不能凭空臆测，需要科学理论的支持。近年来发展起来的“基于生态系统的渔业管理”(ecosystem-based fishery management，EBFM)理念[19]，为人类对渔业资源的合理开发利用确定了发展方向。针对具体国情，我国制定了“伏季休渔”等制度，该政策的实施在很大程度上保护了我国近海渔业资源，宏观上确保了我国海洋渔业的可持续发展。然而，现代捕捞业的需求更甚，对于不同的捕捞物种，我们还应进一步细化捕捞方案。该方案需要基于 EBFM 理念，在同时考虑食物网相互作用及气候因子的基础上，基于实验及推测进行制定，此外还需要对来年渔业资源量的补充及生态平衡的维系等方面进行全面预测评估。人类福祉与生态系统健康之间相互依赖，科学、合理、健康、有效的捕捞政策将有助于我国渔业资源的可持续发展及海洋生态系统的修复，而该政策的制定和完善也理应成为目前我国渔业关注的焦点和探究的重点。

参 考 文 献

[1] Agriculture Organization of the United Nations. The state of world fisheries and aquaculture. Rome: Food & Agriculture Organization, 2014.

[2] 陈本良. 近海渔业资源捕捞过度的原因与对策. 中国渔业经济, 2001(2): 37-39.

[3] 程济生. 黄渤海近岸水域生态环境与生物群落. 青岛: 中国海洋大学出版社, 2004.

[4] 聂善明. 如何解决海洋渔业过度捕捞问题的探讨. 中国渔业经济研究, 2000(6): 26-28.

[5] Hampton J, Sibert J R, Kleiber P, et al. Fisheries: Decline of Pacific tuna populations exaggerated. Nature, 2005, 434(7037): E1-E2.

[6] Sibert J, Hampton J, Kleiber P, et al. Biomass, size, and trophic status of top predators in the Pacific Ocean. Science, 2006, 314(5806): 1773-1776.

[7] Shoji J, Maehara T, Aoyama M, et al. Daily ration of Japanese Spanish mackerel Scomberomorus niphonius larvae. Fisheries Science, 2001, 67(2): 238-245.

[8] Nagai T. Recovery of fish stocks in the Seto Inland Sea. Marine Pollution Bulletin, 2003, 47(1): 126-131.

[9] 卢继武, 罗秉征, 兰永伦, 等. 中国近海渔业资源结构特点及演替的研究. 海洋科学集刊,

1995, 10: 198-210.
[10] 樊伟, 周甦芳, 崔雪森, 等. 拖网捕捞对东海渔业资源种群结构的影响. 应用生态学报, 2003, 14(10): 1697-1700.
[11] Wilkinson A. Overfishing could push European fish species to extinction. Science, 2015.
[12] Olsen E M, Lilly G R, Heino M, et al. Assessing changes in age and size at maturation in collapsing populations of Atlantic cod (Gadus morhua). Canadian Journal of Fisheries & Aquatic Sciences, 2005, 62(62): 811-823.
[13] Worm B, Barbier E B, Beaumont N, et al. Impacts of biodiversity loss on ocean ecosystem services. Science, 2006, 314(5800): 787-790.
[14] 蒙子宁, 庄志猛, 金显仕, 等. 黄海和东海小黄鱼遗传多样性的 RAPD 分析. 生物多样性, 2003, 11(3): 197-203.
[15] Pauly D, Christensen V, Dalsgaard J, et al. Fishing down marine food webs. Science, 1998, 279(5352): 860-863.
[16] Crowder L B, Hazen E L, Avissar N, et al. The impacts of fisheries on marine ecosystems and the transition to ecosystem-based management. Annual Review Ecology Evollution System, 2008, 39(1): 259-278.
[17] Gascuel D, Pauly D. EcoTroph: Modelling marine ecosystem functioning and impact of fishing. Ecological Modelling, 2009, 220(21): 2885-2898.
[18] Board O S. Dynamic Changes in Marine Ecosystems: Fishing, Food Webs, and Future Options. Washington D C: National Academies Press, 2006.
[19] Pikitch E K, Santora C, Babcock E A, et al. Ecosystem-based fishery management. Science, 2004, 305(5682): 346-347.

撰稿人：于华明　于海庆

中国海洋大学，hmyu@ouc.edu.cn

中国近海渔业资源的长期变动规律及其与浮游动物的关系如何

How about the Long-Term Fluctuation of Fishery Resources and Its Relationship with Zooplankton in China Seas?

当今，各沿海国家均把合理利用、可持续开发海洋作为重要战略，而近海渔业资源对于保障各国食物安全和促进海洋经济发展发挥着极其重要的作用，成为缓解粮食危机的重要措施之一[1]，世界几大渔场也主要分布在近海海域(图 1)。而就我国而言，从南海南部的曾母暗沙到渤海最北部的辽东湾，跨越气候带上的热带、亚热带、暖温带以及中温带，跨度近 4000km。在跨度如此之大的海域，海洋渔业资源的开发量也是巨大的。以 2012 年为例，当年近海捕捞产量达 1267 万 t，产值逾 1700 亿元(包含远洋产量 122 万 t)[2]。然而，在这些数字的背后，却是过度捕捞，以及海洋污染等因素所带来的我国近海渔业资源的不断枯竭。

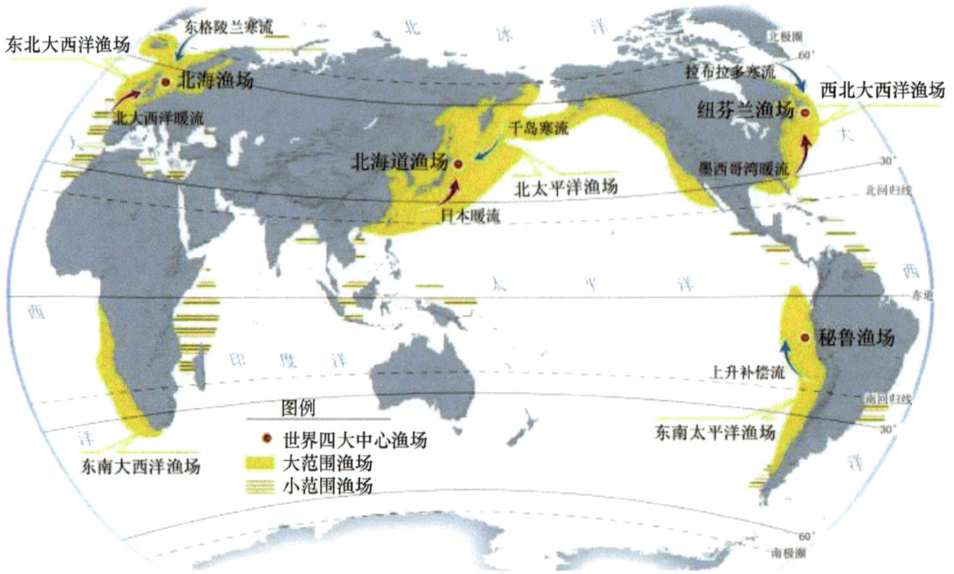

图 1　世界主要渔场的分布

http://www.dili360.com/cng/article/p5350c3da7850f43.htm

针对我国近海渔业资源衰竭的现状，2013 年国务院在《关于促进海洋渔业持续健康发展的若干意见》中明确指出，“加强海洋渔业资源和生态环境保护，不断提升海洋渔业可持续发展能力”是我国今后渔业发展的主要任务[3]。而对于海洋渔业，尤其是近海渔业资源的保护，弄清我国近海渔业资源的长期变动规律是这一工作的重要组成部分，把握住了这一规律，就像治病抓住了病因，才可以对症下药。

中国近海渔业资源的长期变动与哪些因素相关呢？曾有学者指出，我国近海渔业资源的组成、结构、丰度、时空分布格局、洄游规律等都与环境密切相关[4]。这里所提到的环境，包括了许多因素，既有非生物因素，也有生物因素。非生物因素中，由气候变化造成的海洋环境变化所带来的影响最为关键。气候变化会影响海洋的物理特性(温度、盐度、垂直混合度、热盐及风动环流等)[5]，而海洋生物的生存无疑会受这些物理特征的影响。生物因素对近海渔业资源长期变动的影响主要通过海洋食物网来反映。食物网中每一个环节之间都是紧密相连的，其中任何一个环节的生物发生数量、分布等的变化时，均会影响到其他生物。在海洋食物网中，浮游动物(包括原生动物、刺胞动物、甲壳动物、毛颚动物、被囊动物等类群，个体大小自微米级至米级不等)是重要的次级生产者，连接着初级生产者和更高营养级的生物，浮游动物可作为多种鱼、虾等海洋生物的食物，这类生物的数量、分布很大程度上会影响其他海洋生物的分布和数量。浮游动物不仅为渔业资源提供了饵料基础，而且多数经济海产动物(尤其是无脊椎动物)在发育过程中也都经过浮游阶段，甚至有些浮游动物(如毛虾、海蜇)就是海洋渔业的捕捞对象，形成了“浮游生物渔业”。可见，浮游动物与海洋渔业的关系非常密切。由此可以得出，浮游动物对中国近海渔业资源的长期变动规律有很大的影响。

前面提到，浮游动物可作为更高营养级海洋生物的食物，当这些饵料浮游动物数量减少时，以这些浮游动物为食的鱼、虾等海洋生物的数量自然会减少。但是，浮游动物与鱼类等之间的关系远不止仅有捕食关系这么简单。以目前国际上一个热点话题“水母暴发”为例，当水母暴发时，因水母与鱼类等经济海产动物存在食物竞争关系，从而影响了鱼类对饵料浮游动物的获取，且水母也会捕食鱼卵、仔稚鱼等经济动物幼体，由此对渔业资源的种群补充造成破坏；同时，水母暴发会导致水体缺氧，直接影响鱼、虾等的生存；另外，水母暴发的原因中也包括了过度捕捞所造成的渔业资源衰退，以及渔业生态系统中水母天敌的减少(银鲳、刺鲳等)[6]。由此我们发现，渔业资源的变动与浮游动物之间的交互作用是非常复杂的。我国在这一领域内所开展的研究相对而言比较缺乏，主要集中在对部分海域的饵料浮游动物的研究上，如通过对浮游动物的生物量谱来估算潜在鱼类的生物量[7]。

想要弄清楚中国近海渔业资源的长期变动规律，所需要的数据量和数据的时间、区域跨度都是巨大的，这是一个需要几代人共同努力的工作。1958~1960 年的全国海洋普查，是中国海洋界对中国近海渔业资源全面研究的重要起始。在“七五”期间开展了如“胶州湾生态学和生物资源研究”等有关渔业资源与海洋环境的研究计划。这些计划在对近海渔业资源的种群结构、摄食、繁殖、洄游分布，以及资源数量分布与变动规律、渔业生态环境等方面积累了重要的调查数据[8]。此后，也有一些重大研究项目涉及相关的研究，如一批科技部支持的有关海洋研究的 973 计划项目。目前，对于中国近海海洋生物资源及其与环境变化关系的研究已取得了不少成果，如渤海渔业生态系统结构长期演变机制[9]等，但是中国近海渔业资源的长期变动规律是非常复杂的，目前的研究成果因受到资料完整性等方面的限制尚无法完全解释这一问题。

到目前为止，对中国近海渔业资源的长期变动规律及其与浮游动物的关系研究还非常有限。而且，如前所述，中国近海渔业资源的长期变动规律受非生物和生物因素共同影响。因此，一方面，在开展海洋渔业研究的同时，开展海洋水文、海洋化学的研究也尤为重要。另一方面，近海是众多渔业生物的优良产卵场、索饵场和渔场，支撑着渔业种群的持续补充和繁衍，同时又是人类活动密集、开发强度高的区域，其生境和生物资源受人类活动和环境压力的影响也是显而易见的[10]。还有一点不能忽视的是，近海渔业资源会受到环境变化的影响，而浮游动物的数量、分布和种类组成也会受到环境变化的影响，这两类生物对于同样一种变化的响应也可能有很大的差异。环境变化本身就是一个非常复杂、多变的存在，而要将渔业资源的变动、浮游动物的变动与其结合起来，就显得更加困难。

在解决中国近海渔业资源的长期变动规律及其与浮游动物的关系是怎么样的这一难题上，需要海洋水文、海洋化学、渔业资源、浮游动物等多个学科的科研人员共同开展长时间连续观测研究，将各个领域的研究结合起来，才有望早日解决这一难题。

参 考 文 献

[1] Jacquet J, Pauly D, Ainley D, et al. Seafood stewardship in crisis. Nature, 2010, 467(7311): 28-29.

[2] 国家统计局. 中国渔业统计年鉴. 2013. 北京：中国农业出版社, I–II.

[3] 国务院关于促进海洋渔业持续健康发展的若干意见. 中华人民共和国农业部公报. 2013, 07: 4-7.

[4] 卢继武, 罗秉征, 兰永伦, 等. 中国近海渔业资源结构特点及演替的研究. 海洋科学集刊, 1995, 00: 195-211.

[5] Cochrane K, De Young C, Soto D, et al. Climate change implications for fisheries and aquaculture. FAO Fisheries and Aquaculture Technical Paper, 2009, 530: 212.

[6] Uye S. Human forcing of the copepod–fish–jellyfish triangular trophic relationship. Hydrobiologia, 2011, 666(1): 71-83.

[7] 彭荣, 左涛, 万瑞景, 等. 春末夏初莱州湾浮游动物生物量谱及潜在鱼类生物量的估算. 渔业科学进展, 2012, 01: 10-16.

[8] 邓景耀, 赵传絪. 海洋渔业生物学. 1991. 北京: 中国农业出版社, 1-686.

[9] 金显仕, 赵宪勇, 孟田湘, 等. 黄、渤海生物资源与栖息环境. 2005. 北京: 科学出版社, 1-405.

[10] Worm B, Barbier E B, Beaumont N, et al. Impacts of biodiversity loss on ocean ecosystem services. Science, 2006, 314(5800): 787-790.

撰稿人：刘光兴

中国海洋大学，gxliu@ouc.edu.cn

海洋地质学

科普难题

人类活动是否已开启了“人新世”新纪元

Has Anthropogenic Agent Already Created a New Epoch of Anthropocene?

人类活动作为一种地质营力，已经对地球环境产生巨大的、深刻的影响。IPCC(联合国政府间气候变化专门委员会)第五次评估报告认为，近期全球变暖95%以上归因于人类活动，这主要是工业化革命以来化石燃料消耗迅速增加，导致大气二氧化碳等温室气体浓度快速上升造成的(www.IPCC.ch)。工业化革命之前二氧化碳浓度长期稳定在260~280 ppm，之后的1800~1950年是相对缓慢的上升期，于1950年二氧化碳浓度达到310 ppm[1]；随后进入快速上升期，夏威夷昌纳罗亚长期观测站资料表明，自2013年5月10日二氧化碳浓度首次突破400 ppm之后，2016年均值也超过了此值(www.esrl.noaa.gov/gmd)，这可能是过去80万年甚至是2000万年的极值(www.IPCC.ch)。除此之外，人类活动极大改变了氮、磷等生物地球化学循环，对生物分布、种群演化也产生了深刻影响，约50%的地表已强烈被改造为人工地貌，而且这些变化通常是不可逆的或产生深远的负面影响。因此，时任IGBP(国际地圈生物圈计划)副主席、诺贝尔奖获得者Crutzen教授于2000年一次报告上首次提出，全新世已经结束，我们已步入人新世[2]。

人新世概念一经提出便得到环境科学、大众媒体等的高度关注，迅速成为一个热词，并从环境科学向其他领域延伸。题目或关键词有“人新世”的论文已不计其数，目前以“人新世”命名的国际专业期刊就有四种，包括Elsevier出版社的“*The Anthropocene*”，SAGE出版社的“*The Anthropocene Review*”，BioOne出版社的“*Elementa：Science of the Anthropocene*”，以及即将由华东师范大学和加拿大科学出版社联合刊发的“*Anthropocene Coasts*”。

人类活动极大改变了河流泥沙和溶解质的源-汇过程，如通过毁林、山坡耕作、修建公路等增加了产沙量，但退耕还林、修建水库等又大量减少河流泥沙输出[3]。近几十年由于入海泥沙急剧减少，以及海平面加速上升和地面沉降等问题相叠加，海岸侵蚀、湿地生态退化和沿海风暴潮灾害加剧等成为全球共同关注的问题。与此同时，通过河流输入的营养盐和污染物急剧增加，导致近几十年河口及邻近海域有灾藻华和底层水体低氧事件频发，可能造成大面积海洋生态灾害，被称为“死亡地带”而广受关注[4]。这些变化已极大偏离了全新世的自然状态，并且产生了相应的沉积记录，因此地质学家，尤其是地层学家，开始考虑是否将“人新世”作为一个新的纪元正式列入国际地质年代表。

Zalasiewicz 等 21 位伦敦地质学会成员联名于 2008 年在“*GSA Today*”上发表论文，从生物学、沉积地质学和地球化学等方面阐述了目前所发生的变化已明显不同于全新世，尽管这些变化还处在初期阶段，但足于用来建立全新世-人新世的界线，可用全球界线层型剖面和点位(GSSP)或全球标准地层年龄(GSSA)来最终确定该界线[5]。该建议被第四纪地层专门委员(SQS)接受，并于 2009 年成立了人新世工作组(AWG)，共 35 位成员，包括地层学、沉积学、环境科学等领域的国际著名专家，以及个别报刊专栏记者。经过七年的研讨，发表了一系列专业期刊论文和新闻报导，其中结论性成果发表于 2015 年的《第四纪国际》[6]和 2016 年的《科学》[7]上，两篇论文分别有 26 位和 24 位工作组成员联合署名，说明取得较广泛的共识。他们详细对比分析了 3~4 种人新世底界的可能划分方案，认为 20 世纪中叶是最理想的界限。

由于新技术和全球化的快速发展，20 世纪 50 年代以来全球社会经济进入了高速发展时期，许多新的科技材料被发明并大量生产，其中最为显著的是铝制品、水泥、塑料、化纤等(图 1(a))。化石燃料消耗也随经济快速发展而显著增加，对应大气二氧化碳浓度加速上升，导致全球升温加快。化石燃料不完全燃烧会形成大量的黑炭(图 1(b))，它们在湖泊和海洋沉积下来可能成为地层标志[7]。微塑料更容易通过风和水流搬运，目前可能在陆地和海洋各个角落找到相应的沉积记录。随着科技发展，不同时期生产的塑料类型差异明显，塑料埋藏后很难降解，在地层中可作为重要的“科技化石”(techofossil)来识别人新世沉积[8]。

将 21 世纪中叶定为人新世开端还有一个重要地层学标志，就是始于 1945 年核试验，在 20 世纪 50 年代和 60 年代初期核试验高峰期，产生了大量人工放射性核素，如 ^{14}C、$^{239+240}Pu$、^{137}Cs 等(图 2)，它们随大气扩散和沉降，可分布在全球各个角落，成为重要的全球性地层标识[6, 7, 9]。尽管自然界存在 ^{14}C，但全新世以来其沉降量较稳定(图 2(a))，1950 年以后显著升高，至 1963 年达到峰值，随后因拥核大国于 1963 年 8 月在莫斯科签订了《禁止在大气层、外层空间和水下进行核武器试验条约》，大气中 ^{14}C 含量因不断沉降而显著减少。^{137}Cs 完全是人工核素，由于其半衰减期(30.16 年)较短，只适用于短时间尺度的沉积速率估算，不能作为长期的地层标志。^{239}Pu 因在自然界中非常少见，可算是人工核素，它的半衰期长达 24110 年，低溶解性和高活度等特点，使其广泛分布于海洋沉积物中，因此可作为重要的地层标识[7]。

然而从“人新世”概念提出开始，就有诸多反对意见。传统地层学家多数认为“人新世”主要是环境问题，地层记录才开始，未为人类活动影响还有很大的不确定性，尚不具备地层学特点开展相关研究，因此认为当前提议建立“人新世”地质年代只是一种“政治秀”[10]或是因应“流行文化”[11]并非基于地层学和地质

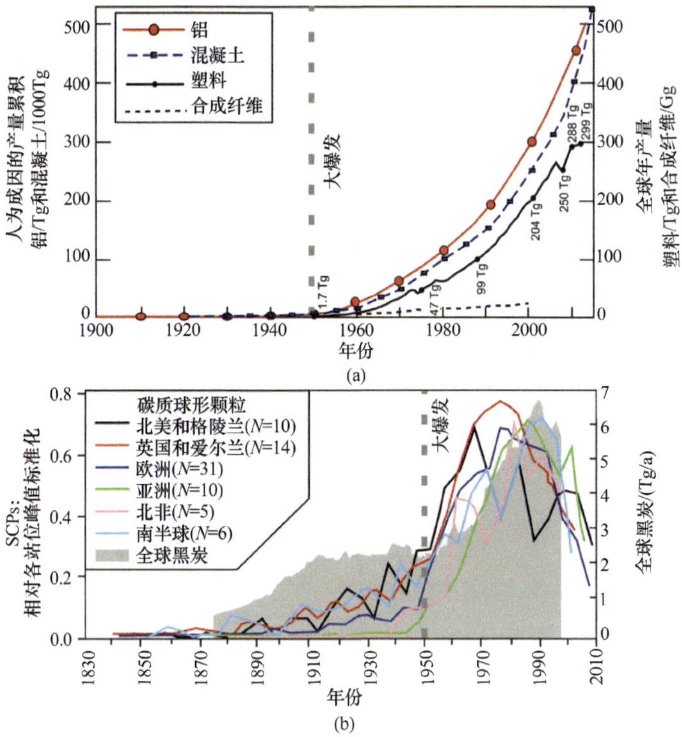

图 1 (a)20 世纪 50 年代后新科技产品研发和生产进入明显加速期，(b)全球黑炭排放量和湖泊钻孔地层中球型颗粒炭埋藏量也在 50 年代后显著增加[7]

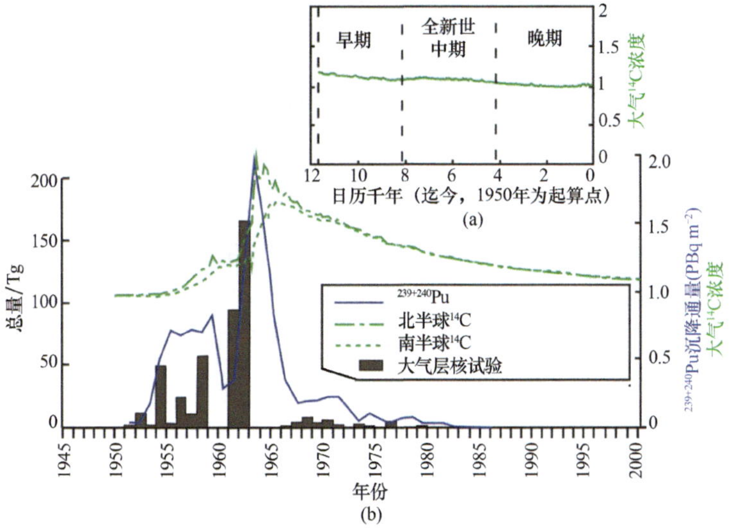

图 2 放射性核素沉降量在 1950~1963 年地表核试验高峰值均出现了显著峰值，可做为人新世地层记录的重要标志[7]

学研究需要。另外，关于“人新世”的起点争议很多[12~14]，Ruddiman 等作了很好的总结(图 3)，人类活动可能在更新世末期就开始显现，贯穿整个全新世，而且把第四纪最后一次间冰期单独列出作为全新世时期，本身就考虑了人类活动的影响[10, 12]。因此有人建议，把全新世改为人新世以满足当前环境恶化的需要，但全新世概念已提出一百多年，已广泛运用且是正式的地质年代单位，废弃全新世几乎不可行[10]。但如果把 18 世纪的工业革命或 20 世纪中叶的核试验或全球经济加速增长期作为人新世的起点，又会割裂人类活动对地球环境影响的历史连续性[15]。

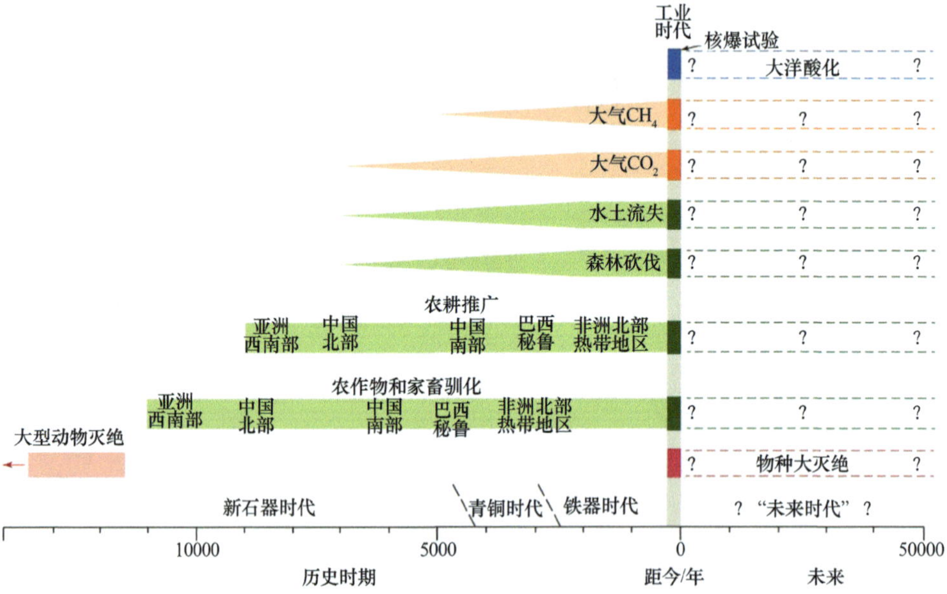

图 3　人类活动造成不同影响的起始时间[15]

中国是文明古国，也是人口大国，开展人类活动与环境影响关系研究具有得天独厚的条件，刘东生先生早在 2003 年就曾撰文呼吁科学界，尤其是第四纪研究要注重人新世的研究[12]。而且地质年代或年代地层单元的正式命名及全球界线层型剖面和点位确定都经历了很长一段时间，至今仍有一些地层单元尚未建立层型剖面，而人新世论证工作刚刚开始，是否需要建立一个新的年代地层单元，还有很多争议和问题需要时间解决[10]。

参 考 文 献

[1] Steffen W, Crutzen P J, McNeill J R. The Anthropocene: Are humans now overwhelming the great forces of Nature. Ambio, 2007, 36: 614-621.

[2] Crutzen P J, Stoermer, E F. The anthropocene. Global Change Newsletter, 2000, 41: 17-18.

[3] Wang H J, Saito Y, Zhang Y, et al. Recent changes of sediment flux to the western Pacific Ocean from major rivers in East and Southeast Asia. Earth-Science Reviews, 2011, 108: 80-100.

[4] 吴伊婧, 范代读, 印萍, 等. 近海底层水体低氧沉积记录研究进展. 地球科学进展, 2016, 31(6): 567-580.

[5] Zalasiewicz J, Williams M, Smith A, et al. Are we now living in the Anthropocene. GSA Today, 2008, 18(2): 4-8.

[6] Zalasiewicz J, Waters C N, Williams M, et al. When did the Anthropocene begin? A mid-twentieth century boundary level is stratigraphically optimal. Quaternary International, 2015, 383: 196-203.

[7] Water C N, Zalasiewicz J, Summerhayes C, et al. The Anthropocene is functionally and stratigraphically distinct from the Holocene. Science, 2016, 351(6269): aad2622.

[8] Zalasiewicz J, Waters C N, Sul J A I, et al. The geological cycle of plastics and their use as a stratigraphic indicator of the Anthropocene. Anthropocene, 2016, 13: 4-17.

[9] Lewis S L, Maslin M A. Defining the Anthropocene. Nature, 2015, 519 (7542): 171-180.

[10] Finney S C, Edwards L E. The “Anthropocene” epoch: Scientific decision or political statement. GSA Today, 2016, 26(3-4): 4-10.

[11] Autin W J, Holbrook J M. Is the Anthropocene an issue of stratigraphy or pop culture. GSA Today, 2012, 22(7): 60-61.

[12] 刘东生. 第四纪科学发展展望. 第四纪研究, 2003, 23(2): 165-176.

[13] Head M J, Gibbard P L. Formal subdivision of the Quaternary system/period: past, present, and future. Quaternary International, 2015, 383: 4-35.

[14] Walker M, Gibbard P, Lowe J. Comment on “When did the Anthropocene begin? A mid-twentieth century boundary is stratigraphically optimal”. Quaternary International, 2015, 383: 204- 207.

[15] Ruddiman W F, Ellis E C, Kaplan J O, et al. Defining the epoch we live in. Science, 2015, 348 (6230): 38-39.

撰稿人：范代读

同济大学，ddfan@tongji.edu.cn

海平面升降如何影响三角洲的溯源堆积和侵蚀？

How does These A-Level Fluctuation Impact the Delta Development?

当今世界，最热门的环境话题当属全球变暖、海平面上升问题。随着科技发展，借助高精密仪器对地表温度和海平面位置进行全方位观测。人们发现，过去的“沧海桑田”已经可以在我们短暂的人生尺度再现；大规模的冰川融化，北极熊的栖息地在不断缩小；太平洋所罗门群岛的部分岛屿因侵蚀而“彻底消失”……这一系列问题都拉响了海平面上升的警报。此外，作为人类聚居区的沿海城市特别是河口三角洲特大城市也正面临着这一严峻的危机。

几乎所有的科学家认为，目前海平面上升将导致河口三角洲发生侵蚀。但有趣的是在全新世海平面上升过程中，尽管河口口外三角洲也出现了废弃与破坏，口门以内却发生了沉积作用[1~3]。伴随海平面上升引起的河口以内沉积作用强度和垂向上的加积厚度，自海向陆是逐渐削弱[4]。例如，长江三角洲随着末次冰期海面上升，口门以内发生淤积，随后延展到长江中下游，位于口门的上海地区平均沉积厚度可达 50m 左右，而到下荆江洞庭湖区域则减少到 20~25m[3, 5]。科学家通常将因海平面上升引起的自河口逆向上游发展的淤积称为河口溯源堆积，这与因河流入海泥沙而造成的三角洲淤积前展截然不同。

在海平面上升过程中，河口以内潮水倒灌的回水区，以及受潮汐涨落出现的壅水区便产生溯源堆积(图 1)。我们假定海平面先后从 M_1 经过 M_2 抵达 M_3，河口的位置即从 R_1 经历 R_2 抬升到 R_3，河口回水及壅水区则由 $R_1—P_1—P_2$，先后相应形成的堆积区为 $P_1R_2R_1$ 和 $P_1P_2R_3R_2$[1]。口门以内的堆积以顶点向上的三角洲楔状堆积为特点(图 1(a))。由于回水作用的影响，沉积物在垂向上呈现出自下而上由粗变细的沉积韵律[1]。此外，河口-下游地区对于海平面上升的响应不尽相同。当流域来沙的沉积速率大于海面上升速率时，河口湾开始逐渐被填充，泥沙充裕的河口，堆积速度快，河口湾则逐渐向三角洲转化；若泥沙供应不足，堆积速度慢，则河口湾或三角港仍能保留其最初的形态。而在河口湾被填充时，沉积环境也会发生变化[6~8]。显然，当前海平面上升很可能将重复全新世海平面上升引起的河口溯源堆积过程，但这种沉积过程究竟从何时开始，最大的影响范围在哪？什么因素将决定溯源堆积的特性和过程？是研究海平面上升过程中河口沉积不容忽视的难题之一。

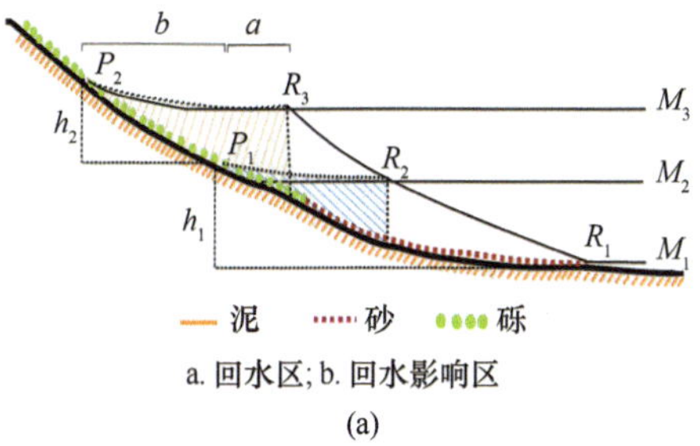

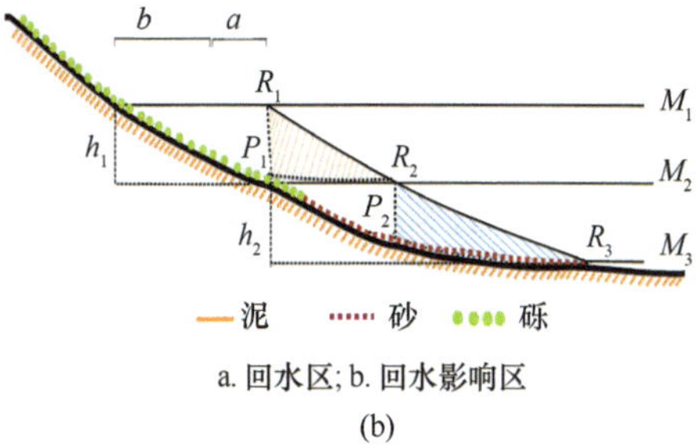

图 1 (a)海面上升条件下河口的后退及其溯源沉积的发展，(b)海面下降条件下河口的前进及其溯源侵蚀的发展(略有修改)[1]

海平面上升过程中，河口发生溯源堆积。相应地，海平面在下降过程中，河口出现溯源侵蚀，即由于海平面下降，在先前壅水的河谷区域最先发生侵蚀(图 1(b))，伴随河谷侵蚀的物质剥离，河谷继续向上游源头方向继续后退。与河口溯源堆积明显差异的是，溯源侵蚀自源头开始，而且是由于河流的冲刷作用所致(图 1(b))。如假定海平面的位置为侵蚀基准面，二者共同之处则都是因为基准面的上升或下降，导致水面比降减少或增加，从而引起河口以内的区域发生淤积或侵蚀。实际上，河口溯源侵蚀是河流通过侵蚀河谷达到河道延长，增加流路和减小比降的目的。这和通常意义上的海岸侵蚀或河谷侵蚀的发生机制完全不一样。然而，控制溯源侵蚀的因素、溯源侵蚀的沉积学和地貌学意义何在？溯源侵蚀与河口演变的过程如何耦合，则也是科学家们一直探索的问题。

河口溯源堆积和溯源侵蚀在最初的海平面升降触发下，淤积和侵蚀源的始端完全不同(图 1)，淤积与侵蚀的方向相反，驱动机制不同，沉积过程自然迥然相异。这就大大激发了科学家的兴趣。随后，人们进一步发现，二者的出现和河口演变密不可分，直接影响河口的变化过程，特别是现代黄河口的淤积—延伸—改道直接涉及河口的溯源堆积和侵蚀[6]。然而，由于较早的研究河口溯源堆积和侵蚀来自于对全新世海平面升降阶段中的河口沉积层序分析，对二者发生的动力过程、引发的沉积机制尚停留在认知层面，有关径流、波浪及潮流、海平面变化在其中是否有推波助澜的作用，以及水体中悬浮泥沙成分和数量、河谷底的岩性与地质作用都没有定性或统一的说法。

不可否认，当前海平面上升产生了溯源堆积。但是，因高强度人类活动，可能导致类似海平面下降时的水位比降增大，即引发所谓的河口溯源侵蚀。例如，在东江下游及三角洲地区，正是高强度的人工采砂活动，使得河床高程大规模下降,引发了河床的强烈侵蚀[7]。当我们在理论或机制上尚缺乏对它们的科学认识时，目前出现的现象又将导致何种对人类有益或灾难性的影响，这是我们在察觉当前海平面上升三角洲发生侵蚀之外的另一类需着重考虑和解决的科学问题。

参 考 文 献

[1] 李春初. 学思集——李春初地理文选. 香港: 中国评论学术出版社, 2009.

[2] Ishihara T, Sugai T, Hachinohe S. Fluvial response to sea-level changes since the latest Pleistocene in the near-coastal lowland, central Kanto Plain, Japan. Geomorphology, 2012, 147: 49-60.

[3] 张桂甲, 李从先. 冰后期钱塘江河口湾地区的海陆相互作用. 海洋通报, 1996, 15(2): 43-49.

[4] 方金琪. 冰后期海面上升对长江中下游影响的探讨. 地理学报, 1991 (4): 427-435.

[5] 杨达源. 晚更新世冰期最盛时长江中下游地区的古环境. 地理学报, 1986 (4): 302-310.

[6] 庞家珍. 黄河三角洲流路演变及对黄河下游的影响. 海洋湖沼通报, 1994 (3): 1-9.

[7] 任杰, 曾学智, 贾良文. 东江下游河段溯源侵蚀特征与机理. 水科学进展, 2010, 21(1): 84-88.

[8] 刘苍字, 陈吉余, 戴志军. 河口地貌. 中国地貌, 2013.

撰稿人：戴志军　楼亚颖

华东师范大学，zjdai@sklec.ecnu.edu.cn

影响河口海床周期性冲淤规律的主要因素

Serching for the Major Factors Controlling Periodic Scour and Siltation Features of the Estuarine Seabed

月有盈亏，潮涨潮落，自行有律。自然的奥秘一直吸引着科学家，尤其是那些隐藏在奥秘背后的规律，更值得我们去探索。位居大陆与海洋交汇地带的河口海床周期性的冲淤即是如此。

河口作为河海博弈的角斗场，是人类从河流走入海洋的必经之地，故自古就有舟楫之利，鱼盐之乡。然而，河口海床的往复冲淤使得通航水道变无定势，更有甚者可能导致船只搁浅，危及生命。

追本溯源，研究河口海床冲淤规律的关键环节，就是探究河口海床的泥沙运动规律。而河口的泥沙运动受到几种不同应力(河流、潮汐、波浪等)、在不同时间尺度(洪枯季、大小潮、涨落潮等)的共同作用。这些多重应力的耦合机制极为复杂，若是其中某一应力发生变化，极可能会引起河口海床不同的冲淤响应[1, 2]。因此，对河口海床的冲淤规律判定极为困难，如李九发等在研究长江河口河床冲淤变化的基础上，指出长江河口在不同径流、潮流条件下的底沙和悬沙交换机理不同[3]；Patchineelama 和 Kjerfve 则认为美国 Winyah 湾河口最大浑浊带悬沙不仅存在季节性的，也存在不同潮流尺度下的变化，其规律性难以把握[4]，等等。若要厘清河口海床的周期性冲淤规律，则需要特别考虑和判别洪季与枯季、大潮与小潮、涨潮与落潮这三种不同环境出现下的泥沙运动特征。

由于受到温度、降水等因素影响，径流在年内存在着明显的洪枯季之分。在径流这种季节性变化的影响下，河口海床会表现出洪季淤积，枯季冲刷[1~5]的冲淤变化(图 1(a))。当然，河口的风浪在一定程度上也控制了海床冲淤的季节性变化。以长江河口为例，由于河口的泥沙主要来源于河流输沙。在洪季，其流量占总流量的 87%[3]，径流量大，水中悬浮泥沙浓度高，水流挟沙能力减弱。同时，洪季一般是 5~10 月，这段时间的河口水体温度较高，在一定程度上加速小颗粒的悬沙发生絮凝而沉降，这可导致河口海床在洪季出现淤积的现象[3]。在枯季时，由于径流明显减小，潮流增大，水体中的悬沙浓度较低，水体挟沙能力增强；近底层泥沙主要受到潮泵效应影响发生泥沙的悬浮和输移，使得河床发生侵蚀[3]。与径流的影响不同，风浪的动力作用主要发生在口外海床，长江口及其附近海域水深较浅，在强劲的风浪作用下，海床底沙再悬浮现象频繁发生。由于冬季风浪比夏季的风浪更强，引起底沙再悬浮作用强度增大，导致口外的悬沙浓度在冬天更高[5](图 1(b))。即在冬季，海床易发生冲刷。

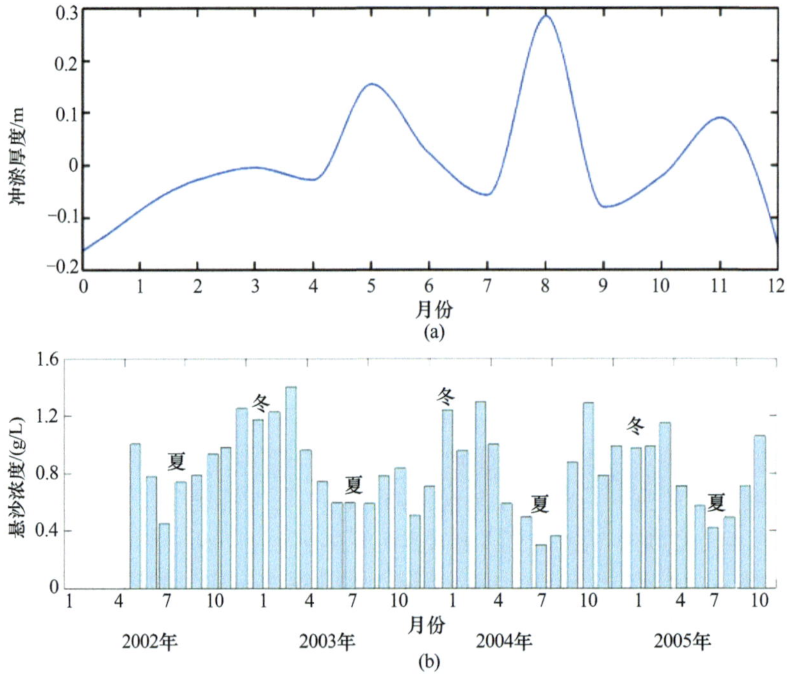

图 1　(a)长江口口内(南槽)1989 年月均冲淤变化图[1]，(b)长江口口外悬沙浓度在 2002~2005 年的季节性变化图[8]

有意思的是，尽管径流控制了河口海床的季节性冲淤现象，但潮流的大小潮循环也能表现在河口海床的冲刷与淤积变化上。通过现场观测和实验室模拟，科学家发现大多数河口海床冲淤展现大潮冲刷，小潮淤积的现象[6~10]。其中，潮流作用是控制大小潮周期规律的主要动力因子。潮流在半个月的大小潮周期里会发生明显波动。在大小潮周期中，在大潮期间泥沙再悬浮现象比在小潮期间更为明显，悬移质浓度在大潮时期明显高于小潮[5, 6](图 2)。这是因为，大潮时潮流增大引起的强剪切流作用可促使海床底沙发生再悬浮现象。而且，在这一时期潮流不对称性，潮泵效应更明显，使得表层悬沙浓度增加[6]。但在小潮时期，潮流流速减小，在水体中的一部分悬沙沉积在河床，使得水体中的悬移质浓度降低。此外，河口和近岸浅水悬浮泥沙的产生来源只有横向输入(平流)和底沙的再悬浮。其中平流所携带的悬浮沉积物也来自潮泵效应和潮流的输运[5]。因此，水体悬沙浓度的增加在侧面也反映了河口海床的冲刷。由此可见，海床的沉积和侵蚀规律和潮流周期是相对一致的，如以长江河口为例，经测定，在一个大潮到小潮的周期里底床最大淤积和侵蚀变幅大约可达 0.2m[3]。

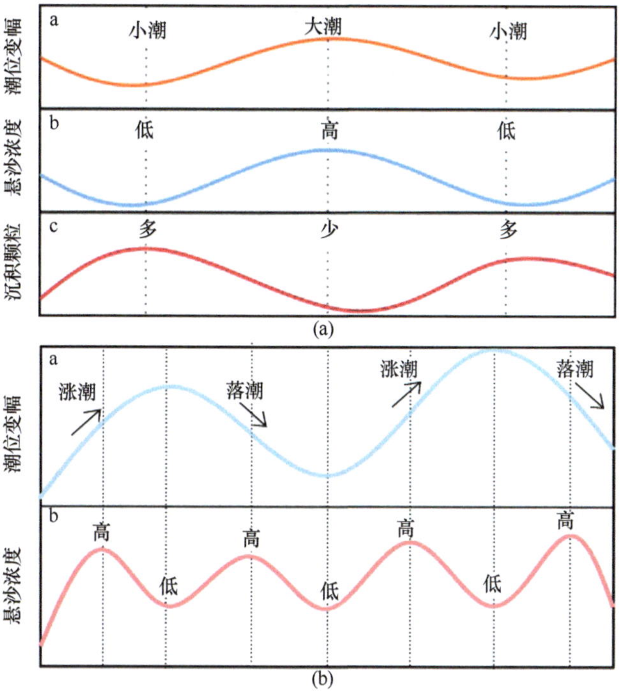

图 2 大小潮(a)和涨落潮(b)周期内对应的悬沙浓度和沉积颗粒的关系示意图(略有修改)[6]

此外，研究人员还发现，潮流在一个潮周期内对河口海床的冲淤作用也相当明显。在半日潮周期中，大量细颗粒物质会出现间接侵蚀、再悬浮和沉降现象[7]。而在一些强潮河口，如法国的塞纳河口[6]、吉伦特河口[7]，涨潮和落潮对河床形态演变的影响较为强烈。从水动力作用上分析，在一个潮周期里，涨潮时底部流速增大，许多刚沉降形成的床质会受到侵蚀并在水流作用下再次被带上表层水体，使得近河床悬沙浓度增大，海床发生冲刷。而当流速急剧减小，细颗粒物质则易发生絮凝和沉降，致使底床发生再次淤积。在退潮时期，受落急流速的影响，底层和表层的悬沙浓度可再一次增大[6]，导致河床再次冲刷。世界上的大部分潮汐河口，一个潮周期常常可以出现悬沙浓度的两次峰值和两次谷值(图 2)。在长江河口地区，由于河口近底河床存在一层容重较小的淤泥，在下击和上升流作用下，淤泥层被再次悬浮扬起，使水体悬沙量增高，故甚至会出现 3~4 次的峰值[3]。因此，一个涨落潮期间的河口海床可频繁地出现冲刷与淤积。

概而言之，正是在大自然径流、潮流和风浪这三种动力因素的巧妙组合下，形成了河口海床周期性的冲淤规律。尽管科学家总结出了最有可能出现的洪枯、大小潮，以及涨落潮海床冲刷与淤积的规律性，但河口海床的这种变化是非线性的，极端事件和人类活动对于河口海床的冲淤同样不可忽视。例如，2000 年的杰拉华台风造成了长江口北槽航道的普遍淤积[9]。而水库大坝的建造也会改变进入河口的径流和泥沙，进而影响甚至打破河口海床自然的冲淤规律。

因此，我们目前很难定性掌握河口海床究竟何时发生冲刷，什么时候又出现淤积，更不用说如何去量化河口海床的冲刷和淤积数量。这就导致河口经常会发生航道淤积现象，我们能采取的措施往往是大规模的人为疏浚维护航道这种“笨”办法。对隐藏在河口海床冲淤规律的宏观把握和定量评估，仍然是今后很长一段时间需要探索和解决的，而且是服务于航运资源而需迫切攻克的难题。

参 考 文 献

[1] 赵庆英, 杨世伦, 朱骏. 河口河槽季节性冲淤变化及其对河流来水来沙响应的统计分析——以长江口南槽为例. 地理科学, 2003, 23(1): 112-117.

[2] Woodruff J D, Geyer W R, Sommerfield C K, et al. Seasonal variation of sediment deposition in the Hudson River estuary. Marine Geology, 2001, 179(1): 105-119.

[3] Li J, He Q, Li L, et al. Sediment deposition and resuspension in Mouth Bar area of Yangtze River. China Ocean Engineering, 2000, 14(3): 339-348.

[4] Patchineelama S M, Kjerfve B. Suspended sediment variability on seasonal and tidal time scales in the Winyah Bay estuary, South Carolina, USA. Estuarine, Coastal and Shelf Science, 2004, 59: 307-318.

[5] Chen S, Zhang G, Yang S L. Temporal and spatial changes of suspended sediment concentration and resuspension in the Yangtze River estuary. Journal of Geographical Sciences, 2003, 13(4): 498-506.

[6] Robertlafite L G, et al. Hydrodynamics of suspended particulate matter in the tidal freshwater zone of a macrotidal estuary (the Seine Estuary, France). Estuaries, 1999, 22(3a): 717-727.

[7] Allen G P, Salomon J C, Bassoullet P, et al. Effects of tides on mixing and suspended sediment transport in macrotidal estuaries. Sedimentary Geology, 1980, 26: 69-90.

[8] 郜昂, 赵华云, 杨世伦, 等. 径流、潮流和风浪共同作用下近岸悬沙浓度变化的周期性探讨——以杭州湾和长江口交汇处的南汇嘴为例. 海洋科学进展, 2008, 26(1): 44-50.

[9] 丁平兴, 胡克林, 孔亚珍, 等. 风暴对长江河口北槽冲淤影响的数值模拟——以“杰拉华”台风为例. 泥沙研究, 2003 (6): 18-24.

[10] 陈吉余. 中国河口海岸研究与实践. 北京: 高等教育出版社, 2007.

撰稿人：戴志军　汪亚平　楼亚颖

华东师范大学，zjdai@sklec.ecnu.edu.cn

河流体系演化过程如何影响大陆边缘的沉积与物质循环？

How does the River System Evolution Affect the Sedimentary and Material Cycling in Continental Margins?

无论是“海纳百川，取则行远”，还是“百川东到海，何时复西归”这些古代诗句都描述了河流和海洋的密切关系。河流是海洋的源头，海洋是河流的归宿。那么，河流体系的改变会对海洋沉积和物质循环产生什么样的影响？

大陆表面和大洋底面之间存在着一个广阔的过渡带称为大陆边缘，它包括大陆架、大陆坡和大陆隆等海底地貌单元。大陆边缘可占海洋总面积的 28%。人们将大陆边缘按照活动性质分为活动大陆边缘和被动大陆边缘两类。前者以太平洋边缘为代表，具有地震活动强烈、火山活动活跃的特点；后者以大西洋边缘为代表，构造活动相对较弱。大陆边缘是地球上最主要的沉积区之一，来自陆地的各种沉积物大部分会堆积在这里，这里也是海洋生物生成、死亡后埋藏的主要场所。因此，一般大陆边缘都存在厚层的沉积物堆积。从这些沉积记录中，科学家可以解读地质历史时期陆地上所发生的构造运动，也可以得到关于古海平面、全球气候变化，以及大洋环流演化等重要信息。

作为联系陆与海的纽带，全球河流每年向海输送巨量的淡水、沉积物和溶解质，是联系陆源沉积物和溶解物质从形成之初(源)到最终沉积入海(汇)整个过程的核心。在地质历史时期不同阶段，受全球海-陆构造及气候系统变化影响，陆地河流系统不断演化，进而对河控型大陆边缘的沉积记录与物质循环产生重要的影响。其中最典型的例子之一如黄河改道，它深刻影响我国东部大陆边缘的沉积、地貌演化与物质循环。

亚洲是开展河流系统演化与大陆边缘沉积的理想地区。印度洋板块与亚欧板块的碰撞使得青藏高原隆升，造就了众多大江大河，其中包括我们所熟知的黄河、长江、红河、湄公河、恒河及印度河等。这些河流携带大量沉积物和溶解质进入海洋，世界每年经由河流入海沉积物约 200 亿 t，其中 70%以上来自南亚及环太平洋与印度洋的河流(图 1)[1]。

中国黄、东海属于典型的河控型大陆边缘，接纳了世界级大河黄河、长江携带的大量沉积物。在距离我们最近的一个冰川时期，中国黄、东海海平面可以下降 100 多米，当时长江与黄河河口并不在现在位置，可能向东外延至大陆架的边缘，甚至可将沉积物带入冲绳海槽(图 2)。随着冰川消融，海平面开始快速上升，陆架被迅速淹没，海岸线以及古河口迅速后退，之前堆积在陆架区的河流沉积物受到潮流作用的强烈淘洗，细粒物质会被带走，较粗颗粒沉积物被留下来，形成现今陆架区的潮流沙脊系统。当海平面接近现今高度，大部分河流沉积物堆积在河口-内陆架海区，形成若干面积巨大的泥质沉积体系[2]，沉积中心最大厚度可达十几米至 40 余米[3]。

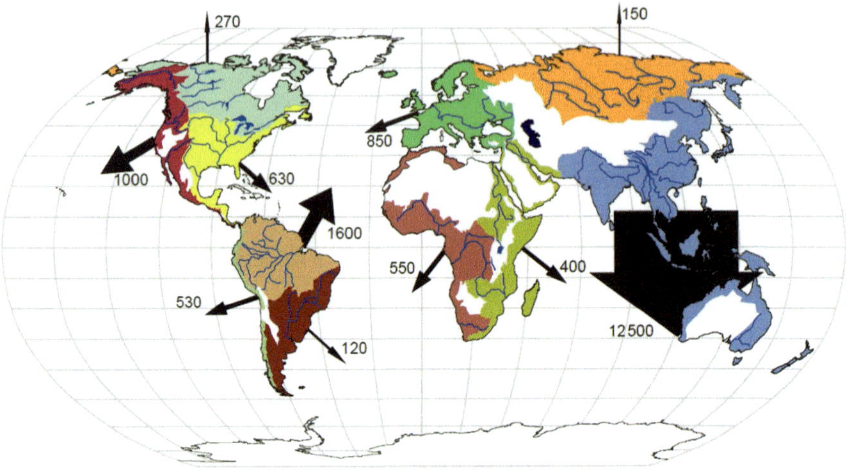

图 1　全球河流入海悬浮沉积物通量示意[1]

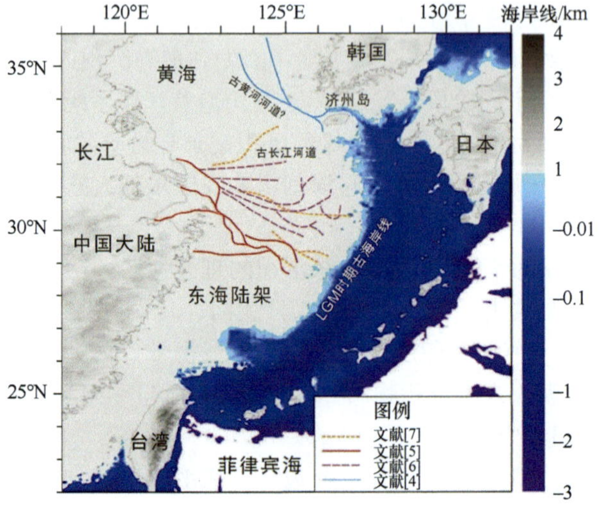

图 2　东海外陆架末次冰盛期古河道与古海岸线分布[4~7]

近年来越来越多的研究表明，中小河流的入海物质对世界边缘海沉积、全球海洋化学组成、碳循环等影响很大[1]。在较强的季风和极端气候环境、较高的降水量及快速构造隆升等综合因素的影响下，这些山溪性小河流虽然流域面积小，但每年入海颗粒物和溶解质通量非常大。全球不少中小河流输运入海的沉积物通量要远大于那些世界大河；新几内亚(New Guinea)的山溪性小河每年入海泥沙达 17 亿 t，相当于北美所有河流输沙的总和，而其流域面积仅为 80 万 km^2。我国台湾入海河流年均入海输沙量达到 2.3 亿~5 亿 t，相当于目前大陆三条主要大河(长江、黄河与珠江)输沙量的总和。

就全球碳循环研究的意义上，小的流域对大陆边缘沉积系统也有着重要的影响，如加勒比岛屿区小河流对 Biscay 湾的淡水贡献只占 28%，但它们输入海区的有机碳却占整个海湾的 80%左右[8]。这些小河流输运陆源有机碳入海的效率要远远高于那些世界大河[9]，它们对全球碳循环的贡献值得更深入的研究。

目前在国际上，大陆边缘沉积物的扩散与河流体系演化过程的关系受到了生物地球化学和全球变化研究的普遍关注。已有若干个大型计划对此开展了专门研究，包括 IGBP 的海岸带陆海相互作用研究计划(LOICZ)、“洋陆边缘计划中的源-汇系统研究”(Source to Sink，S2S)、“大陆边缘地层形成机制”(STRATA FORmation on margins，STRATAFORM)、“河控型大陆边缘”(river-dominated ocean margins，RiOMars)、大河三角洲前缘——河口(large-river delta-front estuaries，LDE)等研究计划。我国科学家广泛关注了 S2S 和 STRATAFORM 计划的科学目标和研究成果[10, 11]。尽管如此，中国大陆到目前为止尚未开展大型的、类似于 S2S 或 STRATAFORM 的研究计划，但在中国台湾实施了一个非常成功的小型研究计划“FATES-HYPERS”(fate of terrestrial/nonterrestrial sediments in high yield particle-export river-sea systems)，过去十年利用科学仪器在高屏河-高屏峡谷开展精确的现场观测研究，对台风引发的暴雨、洪水和浊流等对沉积物从陆到海的输送过程进行了非常细致的刻画[12]。

在过去几十年，我国对河流体系演化与大陆边缘沉积关系的研究投入了大量精力。已有研究主要关注大陆边缘的沉积记录，而缺乏对地质历史时期河流体系演化过程本身的了解，缺少对大陆和岛屿河流入海沉积物通量、组成特征及其变化的深入刻画，没有很好地将河流体系演化与大陆边缘沉积作为一个整体进行系统综合研究。目前还没有一个模型能将大型河流中沉积物的输送和储存与海洋中沉积物的输送和储存联系起来。这一模型的建立需要对现代沉积过程进行监测，并将其与地质历史时期的沉积记录进行对比分析，同时需要对沉积物从源到汇系统中的不同单元进行同步的监测。

参 考 文 献

[1] Milliman J D, Farnsworth K L. River discharge to the coastal ocean: A global synthesis.

Oceanography, 2011.

[2] Li G X, Li P, Liu Y, et al. Sedimentary system response to the global sea level change in the East China Seas since the last glacial maximum. Earth-Science Reviews, 2014, 139: 390-405.

[3] Liu J P, Xu K H, Li A C, et al. Flux and fate of Yangtze river sediment delivered to the East China Sea. Geomorphology, 2007, 85(3-4): 208-224.

[4] 秦蕴珊. 东海地质. 北京: 科学出版社, 1987.

[5] Wellner R W, Bartek L R. The effect of sea level, climate, and shelf physiography on the development of incised-valley complexes: A modern example from the East China Sea. Journal of Sedimentary Research, 2003, 73(6): 926-940.

[6] 李广雪, 刘勇, 杨子赓, 等. 末次冰期东海陆架平原上的长江古河道. 中国科学, 2005, 35(3): 284-289.

[7] 朱永其, 李承伊, 曾成开, 等. 关于东海大陆架晚更新世最低海面. 科学通报, 1979, 24(7): 317-320.

[8] Coynel A, Etcheber H, Abril G, et al. Contribution of small mountainous rivers to particulate organic carbon input in the Bay of Biscay. Journal of Applied Physiology, 2005, 61(3): 836-842.

[9] Hilton R G, Galy A, Hovius N, et al. Efficient transport of fossil organic carbon to the ocean by steep mountain rivers: An orogenic carbon sequestration mechanism. Geology, 2011, 39(1): 71-74.

[10] 李铁刚, 曹奇原, 李安春, 等. 从源到汇: 大陆边缘的沉积作用. 地球科学进展, 2003, 18(5): 713-721.

[11] 高抒. 美国《洋陆边缘科学计划 2004》述评. 海洋地质与第四纪地质, 2005, 25(1): 119-123.

[12] Liu J T, Kao S, Huh C, et al. Gravity flows associated with flood events and carbon burial: Taiwan as instructional source area. Annual Review of Marine Science, 2013, 5: 47-68.

撰稿人：杨守业　毕　磊　郭玉龙　李　超

同济大学，syyang@tongji.edu.cn

海滩近岸带多尺度地貌动力过程

Beach Nearshore Multiscale Morphodynamic Processes

近岸带是陆地和大陆架之间的过渡地带，包括破波带、碎波带和冲流带(图 1)，在国家经济、商业开发、娱乐活动和休闲娱乐方面有十分重要的意义[1~3]。海滩近岸带地貌动力过程是波浪、潮流、冲流(swash)、泥沙输运、地形组合与演变等各种要素多时间和空间尺度耦合的过程[1~3]。根据对已有研究成果的总结，海洋学家一般把海滩地貌动力过程研究划分为 3 个时间和空间过程：小尺度(0.1 秒至 1 天，0.1mm 至 10 m)；中尺度(1 秒至 1 年，1 m 至 10 km)；大尺度(月至 10 年，1~100 km)[1](图 2)。它们之间以线性和非线性方式相互作用。进一步理解海滩地貌动力过程，是海岸地貌学家、海岸工程师和海岸管理者面临的重要挑战。

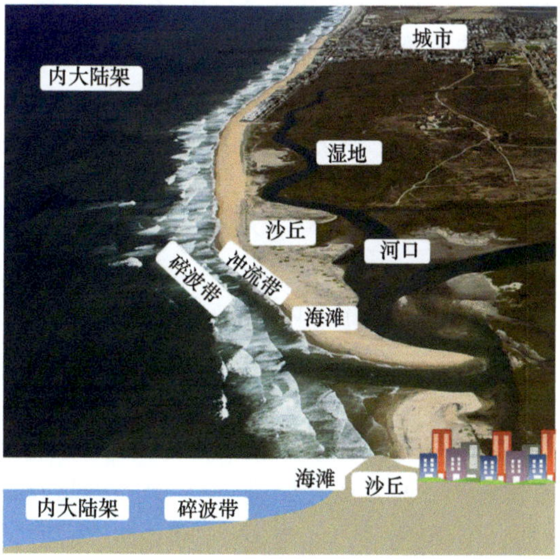

图 1　近岸带范围示意图(根据文献[3]修改)

海滩地貌动力过程的实质是海岸地貌与动力的耦合导致的海岸系统的稳定性问题，包括三个方面内容[4]。

(1) 外部环境：指的是海岸环境条件及其时间和空间变化特征。由外部驱动力要素(极端天气、气候、天文)构成了海岸系统环境动力的基本条件和背景。而海岸系统的时间和空间演变幅度和频度则受 3 个主要因素控制：①岸线固体边界的

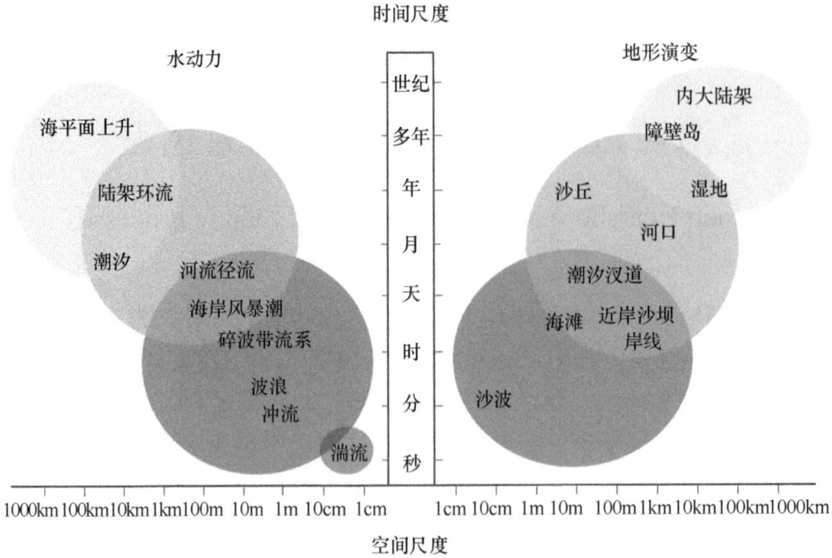

图 2　海滩过程时间和空间尺度(据文献[3]修改)

初始状态(区域或当地地质背景、前期地貌形态)；②进入海岸系统内部可用来产生地形响应的泥沙丰度；③进入海岸系统的外部能量(波、流、潮、风)的频度、量级及特性等。

(2) 海岸系统内部：海岸地貌与动力相互作用及时间和空间变换形成不同类型的特征地形与组合。上述二者互为因果关系，并通过环境条件相互连接、转变。

(3) 海岸系统经过长期演变过程，趋于形成适应新的海岸环境条件下的地貌形态与水动力环境联合体。

20 世纪 80 年代以前，一般采用简单的模型描述海滩地貌动力过程，研究的重点包括[3]：一方面，通过观测对各地的海滩地貌特征进行描述；另一方面，基于工程建设和生活安全的需要，从工程的视角对海岸防灾减灾进行探讨。但是，对其中存在的大量非线性现象和反馈很少研究[5~7]。随着现场观测和计算机技术的发展，特别是大型现场观测项目的开展，如美国的 FRF (field research facility)[8]，荷兰的 JARKUS[9]及欧洲五国(英国、荷兰、法国、西班牙和比利时)合作的 COAST3D[10]项目，海滩地貌动力过程已经得到了进一步的理解，建立了诸多模型来描述不同时间和空间尺度的海滩过程。

鉴于海岸环境的复杂性(包括随机性和非线性)、地域性和海滩地貌动力过程机理的不确定性等特点，已有的模型在推广使用上还存在诸多问题。例如，海岸地貌学家、海岸工程师和海岸管理者常用的确定性过程模型，往往通过对小尺度泥沙输运模型连续积分的方法，“自下而上”地建立大尺度地貌动力模型。这种预测方式的准确性还难以保证，甚至得到错误的结果[1]。其原因是由于过程模型存在局限性：①不同的海岸具有不同的特征，这些特征不容易用过程模型进行模拟；②模型中的系数需要校正[11]。对于海岸科学家常用的数据驱动模型研究来说，该方法通过大量的现场观测数据分析，建立海滩地貌动力过程与动力之间的关系，由此揭示海滩地貌动力过程并进行预测。这种策略的优点是数据系列包含了海滩地貌动力过程中发生的全部时间和空间信息，也不需要校正模型系数。其缺点也很明显：①观测数据是基于特定环境和有限的面上调查资料总结出来的，模型的普适性值得进一步地推敲和完善；②模型忽略掉了不十分重要的特征，可能会造成信息的遗漏；③获得足够时间和空间精度的数据很困难。总的来说，目前还没有一个通用的模型来分析和预测全部时间和空间尺度海滩过程[12]。

解决这些问题需要深入研究海滩过程中各种时间和空间尺度物理现象的机理[1, 2]，其中要优先研究的领域包括：①冲流带的流和泥沙输运，包括：冲流过程和泥沙输运的敏感性、沿岸流和剪切应力对冲流带输沙的影响；②波浪破碎、边界层和湍流的问题，包括：折射、长重力波和流对波浪破碎的影响，碎波带湍流的水平和垂直结构，波浪破碎波能的弥散等；③破波与波生流相互作用，包括：入射波形态和方向分布对波浪破碎的影响、近岸环流中混合机制的作用、时间平均环流与入射波的反馈、复杂地形对近岸波浪和流的影响等；④近岸泥沙输运，包括：波流联合作用下的悬移质和推移质输沙、泥沙运动对边界层的影响、泥沙粒径分布对泥沙输运的影响、泥沙输运对底部地形迁移的影响等；⑤地形变化，包括：如何预测多尺度的地形变化，地形和流场的反馈；大尺度地形模型等。

进入 21 世纪以来，随着全球气候变化、海平面上升，风暴和人类活动的加剧，全球海滩普遍遭受侵蚀。客观形势要求上述问题得到尽快的研究和解决。海滩近岸带环境的复杂性，多时间和空间要素的耦合特征，使得这些问题的解决还面临很多的现实困难。目前可采取的策略是：①整理现有数据并建立近岸海域多要素数据库；②建立长期测量计划；③应用新技术改进现有现场测量仪器；④发展近岸海洋环境的分析与预测数学模型。我国海岸线漫长，具有多样的海滩类型，对这方面的研究工作具有丰富的资源。需要选择具有代表性的海岸，以点、线、面结合方式，应用新技术手段，开展多学科、多尺度的海滩近岸过程观测和研究，进一步推动我国包括海滩过程在内的海岸海洋科学研究水平和层次。

参 考 文 献

[1] Thornton E B, Dalrymple R A, Drake T, et al. State of nearshore processes research: II. Technical Report NPS-OC-00-001. Naval Postgraduate School, Monterey, California 93943.2000, 37.

[2] De Vriend H J. Mathematical modeling and large-scale coastal behavior: Part 1. Physical processes. Journal of Hydraulic Research, 1991, 29 (6): 727-740.

[3] TNPC(The Nearshore Processes Community). The future of nearshore processes research. Shore & Beach, 2015, 83(1): 13-38.

[4] 陈子燊, 于吉涛, 罗智丰. 近岸过程与海岸侵蚀机制研究进展. 海洋科学进展, 2010, 28(2): 250-256.

[5] Prandtl L.Berichtüber untersuchungen zur ausgebildeten turbulenz. Zeitschrift für Angewandte Mathematik und Mechanik, 1925, 5 (2): 136-139.

[6] Puleo J A, Lanckriet T, Wang P. Near bed cross-shore velocity profiles, bed shear stress and friction on the foreshore of a microtidal beach. Coastal Engineering, 2012, 68: 6-16.

[7] Holman R A, Haller M C, Lippmann T C, et al. Advances in nearshore processes research: Four decades of progress. Shore & Beach, 2015, 83(1): 39-52.

[8] Southgate H N. Data-based yearly forecasting of beach volumes along the DutchNorth Sea coast. Coastal Engineering, 2011, 58 (8): 749-760.

[9] Larson M, Kraus N C. Temporal and spatial scales of beach change, Duck, North Carolina. Marine Geology, 1994, 117: 75-94.

[10] Soulsby R L. Coastal sediment transport: the COAST3D project. In: Edge B L. Coastal Engineering 1998: Proceedings of the 26th International Conference on Coastal Engineering. ASCE, Copenhagen, Denmark, 1998: 2548-2558.

[11] Różyński G. Data-driven modeling of multiple longshore bars and their interactions. Coastal Engineering, 2003, 48: 151-170.

[12] Requejo S, Medina R, González M. Development of a medium–long term beach evolution model. Coastal Engineering, 2008, 55: 1074-1088.

撰稿人：李志强

广东海洋大学，qiangzl1974@163.com

中国东部海域泥质区是如何形成的？

How was the MudAreas formed in the Eastern China Seas?

中国东部海域是世界上最宽广的陆架海之一，在全球海平面变化过程中，形成了多个规模不等的沿岸流和涡漩泥质沉积区[1](图 1)。沿岸流泥质区受沿岸流作用

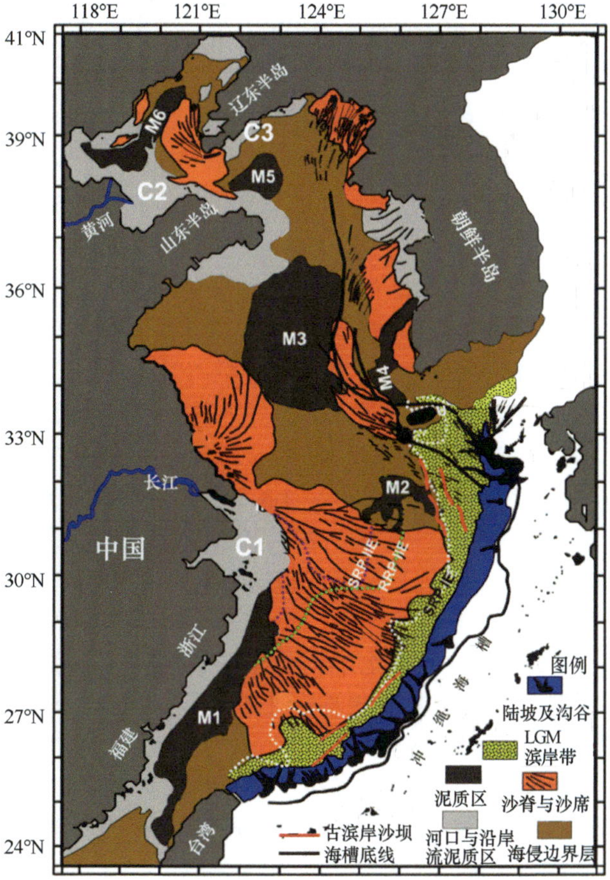

图 1 中国东部陆架海沉积环境格局[1]

M1~M6 为中国东部陆架涡漩泥质沉积区；M1. 浙闽台湾海峡涡漩泥质区；M2. 济州岛西南涡漩泥质区；M3. 南黄海中部涡漩泥质区；M4. 南黄海东部涡漩泥质区；M5. 北黄海涡漩泥质区；M6. 渤海中部涡漩泥质区。C1~C3 为中国东部陆架沿岸流泥质沉积区；C1. 浙闽沿岸流泥质沉积；C2. 渤海湾-山东半岛沿岸流泥质沉积区；C3. 北黄海-辽南沿岸流泥质沉积区

主要分布于陆架内部，包括北黄海-辽南沿岸流泥质沉积区、渤海湾-山东半岛沿岸流泥质沉积区和浙闽沿岸流泥质沉积区。高水位期，来自黄河、长江等河流的悬浮泥沙，以及来自废弃三角洲的再悬浮沉积物被沿岸流携带进入环流系统，在涡流创造的低能环境下逐渐沉降下来形成了连续的涡漩泥质沉积区，主要分布于陆架中部及外缘。自北向南主要有渤海中部涡漩泥质区、北黄海涡漩泥质区、南黄海中部涡漩泥质区、南黄海东部涡漩泥质区、济州岛西南涡漩泥质区和浙闽台湾海峡涡漩泥质区。这些泥质沉积体基本形成于全新世高海平面时期，具有沉积厚度大、沉积速率高、沉积连续的特征，完整地记录了陆地气候变化(东亚季风演化、物源区气候变化等)及海洋环境演化(海洋环流演变、海平面升降等)等重要信息，是研究全新世以来高分辨率全球变化区域响应的良好载体。近几十年来，众学者对各泥质沉积区的空间分布、沉积物来源和沉积演化开展了大量的研究工作[2, 3]。但是，关于泥质沉积区成因机制和物源问题的争议一直没有得到解决。

物源和海洋动力是海洋沉积物形成的两个主要因素，其中物源对泥质区的形成起着决定性作用[4]。中国东部海域沿岸河流输沙是泥质区主要的细颗粒物质来源。每年中国东部陆架河流的输沙量达 14.4×10^8t，其中黄河占 59%，长江占 32.4%，滦河占 1.4%[5]。其次，来自废弃三角洲和潮流沙脊的再悬浮沉积物也是泥质区的一个重要来源。研究发现每年由黄河废弃三角洲输入黄海的再悬浮沉积物就达 5×10^8t[6]。此外，入海河流体系的演化过程对泥质区的形成也有重要影响。研究表明，全新世以来黄河河道频繁摆动，在黄海、渤海沿岸堆积了一系列黄河三角洲沉积体。尤其是 1855 年黄河改道入渤海以来，大的河道改道就达 10 余次以上。河流改道之后，废弃黄河三角洲沉积由于缺少泥沙供应加之潮流侵蚀作用，经历了复杂的再悬浮、搬运和沉积的改造过程。近岸区不断遭受严重侵蚀、离岸区则接受来自近岸侵蚀的大量细颗粒物质，基本形成“涡漩泥质区”和“沿岸流泥质区”[2]。

按照空间分布来看，渤海泥质区沉积物来源主要为渤海周围河流输入的泥沙，其中黄河输沙主要沉积于下游与河口及三角洲地区[7]，滦河物质主要沿渤海西岸向辽东湾内输运，而辽河物质主要沿东岸向渤海南部输送[8]。目前，黄海各个泥质沉积体主要来源包括长江物质、黄河及老黄河口再悬浮物质、朝鲜半岛中小河流物质、陆地近岸侵蚀物质及黄海暖流带来的外海物质等，但确切物源问题尚存在争议。东海内陆架泥质区通常被认为是长江入海泥沙在冬季风暴的作用下再悬浮后，经沿岸流携带向南扩散并沿程沉积形成[9, 10]；此外，浙闽沿岸小河流沉积物及台湾物质也是其不可忽视的来源。

在研究物源对泥质沉积控制作用的同时，也不能忽视沉积动力的因素。东中国海环流系统主要由暖流及沿岸流组成[11, 12]。暖流由黑潮及其分支——台湾暖流、对马暖流及黄海暖流组成，给东中国海带来高温、高盐的大洋水；沿岸流由江河入海的径流及季风产生的风海流等组成，主要有黄海沿岸流、浙闽沿岸流和西朝鲜半岛沿岸流。高海平面时期，中国东部陆架海在西侧季风驱动与东侧黑潮驱动的共同影响下，形成了独特的复杂环流系统。来自黄河、长江等河流的悬浮泥沙被沿岸流携带进入环流系统，从而发生再搬运、再沉积和再分配过程。

环流的形成对海洋沉积物的搬运和沉积起着十分重要的作用，控制着沉积物的空间分布及其沉积模式。中国东部海域泥质区的形成与环流系统演变密切相关，是沉积物“源-汇”效应的典型代表。前人通过分析总结，提出了中国东部陆架海陆源沉积物的输运模式[1, 2](图 2)，初步解释了中国东部海域泥质区的成因。冬半年，在东亚冬季风驱动下中国东部海域沿岸流发育，与来自陆架外的暖流水体形成涡漩，捕获了来自黄河、长江等径流的悬浮泥沙，在涡流创造的低能环境下沉积形成涡漩泥质区。此外，沿岸流既是悬浮泥沙的搬运通道，又是悬沙沉积区，不仅可以将陆源碎屑物质搬运至陆架中外部，还可以在流经区域形成主要的沿岸流沉积带。

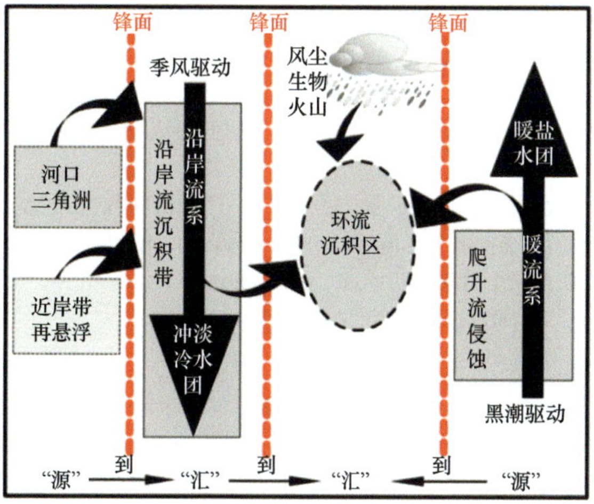

图 2　中国东部陆架海沉积物“源-汇”效应概念模式

尽管目前对中国东部海域泥质区的成因机制有了初步的认识，但不同泥质区所处的地理环境、洋流发育情况、物源、形成年代等不同，具体成因也会存在差异。目前仅局限于对某个区域或某个泥质区的认识，缺乏对整个中国东部海域进行整体性和系统性的研究，尤其是对中国东部海域泥质区形成机制的定量化研究，仍面临巨大挑战。

参考文献

[1] Li G X, Li P, Liu Y, et al. Sedimentary system response to the global sea level change in the East China Seas since the last glacial maximum. Earth-Science Reviews, 2014, 139: 390-405.

[2] 李广雪, 杨子赓, 刘勇. 中国东部海域海底沉积环境成因研究: 中国东部海域海底沉积物类型图. 北京: 科学出版社, 2005.

[3] Liu J P, Xue Z, Ross K, et al. Fate of sediments delivered to the sea by Asian large rivers: Long-distance transport and formation of remote along shore clinothems. Sedimentary Record, 2009, 7(4): 4-9.

[4] 何起祥. 海洋沉积作用的物源控制. 海洋地质前沿, 2011, (1): 8-13.

[5] Jin J H, Chough S K. Erosional shelf ridges in the mid-eastern Yellow Sea. Geo-Marine Letters, 2001, 21(4): 219-225.

[6] Saito Y, Yang Z. Historical change of the Huanghe (Yellow River) and its impact on the sediment budget of the East China Sea. Global Fluxes of Carbon and Its Realted Substances in the Coastal Sea-Ocean-Atmosphere System, 1995: 7-12.

[7] Park S C, Lee H H, Han H S, et al. Evolution of late Quaternary mud deposits and recent sediment budget in the southeastern Yellow Sea. Marine Geology, 2000, 170(3): 271-288.

[8] Wang K, Shi X, Jiang X. Sediment provenance and province of the southern Yellow Sea: Evidence from light mineral. Science Bulletin, 2003, 48(1): 30-36.

[9] Liu J P, Li A C, Xu K H, et al. Sedimentary features of the Yangtze River-derived along-shelf clinoform deposit in the East China Sea. Continental Shelf Research, 2006, 26(17-18): 2141-2156.

[10] 肖尚斌, 李安春, 刘卫国, 等. 闽浙沿岸泥质沉积的物源分析. 自然科学进展, 2009, 19(2): 185-191.

[11] Lee H J, Chao S Y. A climatological description of circulation in and around the East China Sea. Deep Sea Research Part II Topical Studies in Oceanography, 2003, 50(6-7): 1065-1084.

[12] Li G X, Han X B, Yue S H, et al. Monthly variations of water masses in the East China Seas. Continental Shelf Research, 2006, 26(16): 1954-1970.

撰写人：李　倩　李广雪

中国海洋大学，estuary@ouc.edu.cn

海底滑坡能预测吗？

Can Submarine Landslides be Predicted?

海底滑坡是指斜坡上的物质以各种方式顺坡运动。海底滑坡最早的证据来自于海底通信电缆破坏，Sparling 等[1]认为地震是引起海底滑坡的原因，由此产生的块体运动是造成海底电缆破坏的主因。海底滑坡的研究逐渐受到重视，已经成为海洋灾害地质领域最为关注的研究课题之一。

图 1 Storegga 滑坡块体上部的三维图像

利用精密海底地形测量结果绘制，虚线圈定滑坡体的范围。可以看到许多层理平行于破裂面，块状的滑坡碎块填充了部分上部滑坡残痕[2]

海底滑坡主要发生在陆坡、海底峡谷和三角洲地区，其中陆坡区是海底滑坡最集中的地区。Hance[3]统计了 399 处海底滑坡，发生在 3°~4°边坡上的滑坡最为集中，85%以上的坡度小于 10°。He 等[4]对南海北部陆坡中部的海底滑坡进行统计，结果显示坡角均值为 6.52°。Pinet 等[5]指出位于加拿大劳伦海峡的海底滑坡坡角也很小。海底滑坡既可以在大陆架/大陆坡发生，也可以在近似水平的平缓海底存在。与陆地滑坡相比，海底滑坡坡角明显偏小，但滑坡体启动后，可在小角度海底保持运动，远达 1500 km。Hance[3]对 343 处滑坡的平均坡度和滑动距离进行统计，发现滑动距离基本和坡度呈负相关[6]。

滑坡伴生的海啸都是在没有任何预警的情况下发生，对沿海地区生命财产造成巨大损失[7]。2004 年印度尼西亚的苏门答腊岛海啸，夺去了 20 多万人的生命，推断是由地震和海底滑坡共同造成的。此外，海底滑坡还直接影响钻井平台、海底光缆等海洋工程设施。1929 年报道的 Grand Banks 事件中海底电缆损坏是关于海底滑坡最早的工程灾害报道，块体运移影响的水深范围 650~2800 m，滑移距离超过 850 km，据推算块体的最大滑动速度可达 70 km/h[8]。1969 年卡米尔飓风袭击密西西比河三角洲，引起海底大面积土体滑移，造成三个平台破坏，其中之一翻倒并沿斜坡向下滑出 30 m，造成经济损失超过 1 亿美元。

海底滑坡与陆地滑坡的环境不同，主要区别在于海底滑坡周围的介质为海水，而陆地滑坡周围介质是空气。海水的存在对滑坡的影响十分重要，一方面海水中滑坡体的下滑力会急剧下降，海水会在滑坡体表面产生拖曳力，进一步降低滑坡体的下滑力；另一方面，滑坡体的端部束缚的水体使滑坡体发生“滑翔”现象，降低滑坡体的下滑阻力，使滑坡体能够滑移更长的距离，也会使滑坡体在下滑过程中吸入海水而发生破碎，形成碎屑流和浊流等重力流。海底滑坡的最终形态类型是由土性、地形和载荷作用的能量等综合因素决定的[9]。海底滑坡大致有两种最终形态：一是滑动体停止滑动以后仍保持基本形态，没有破碎崩解；二是滑坡体不断顺坡运动，滑坡体崩解成为沉积物流(碎屑流)。海底滑坡与陆地滑坡在动力学机制也有相同之处。海底滑坡在各种力的作用下，必然经历形成、滑动和静止。海底斜坡失稳后，一部分滑坡体变成流动状态，另一部分则具有有限的变形滑动或塌陷。滑坡体能否转变为碎屑流与物质组成和转化到滑坡体上的能量有关。根据临界状态理论[10, 11]，具有减缩性的土失稳后容易形成高速碎屑流，而减胀性的土需要较强的能量才能够转变为碎屑流。

形成海底滑坡的因素是各种各样的，Watkins 等[11]指出存在三种导致陆架和陆坡区海底滑坡和沉积物移动的基本力学机制，它们是重力、水动力和地震作用。重力作用导致的土体移动可以归类为滑动和蠕动两种类型，当滑动应力大于抗剪强度就发生基本的滑动现象，速度较快，位移距离大。地震作用的影响在于地震波的传播，导致土体中形成有效剪应力，这种剪切应力具有循环应力的特性，导致土体强度的降低和侧向变形。与水动力有关的因素，如海浪、潮汐作用、洪水和海啸等因素也会影响海底斜坡的稳定性。

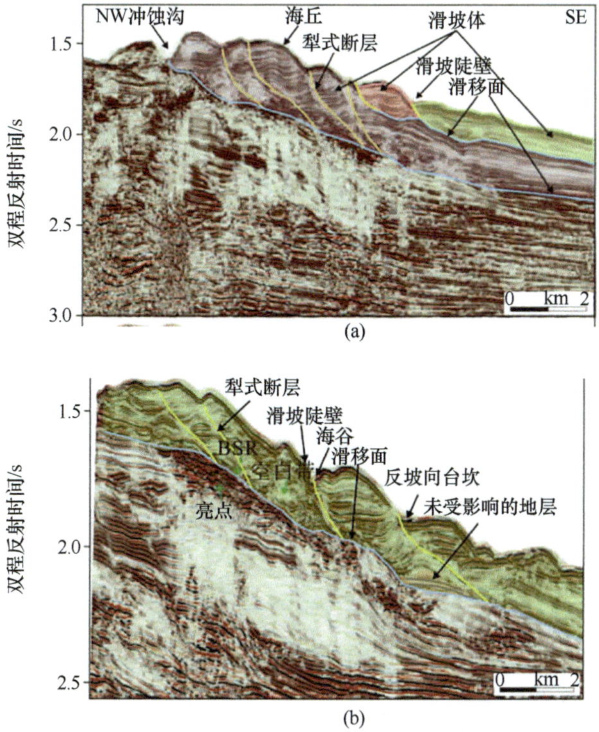

图 2 南海北部滑坡造成的特殊构造及在地震剖面上的响应[12]

滑坡一般由滑坡后端、滑坡体和滑坡前缘 3 个部分组成，具有 5 个明显的微地貌单元，即滑坡陡壁、滑坡谷、滑移台阶、丘状滑坡体和沉积物流舌状体

随着人类海洋工程建设和投入越来越多，海底滑坡灾害的预报预警就显得越来越重要。但海底探测和监测技术的限制给海底斜坡失稳的研究和预报增大了难度。尽管现代海洋地球物理调查技术的发展，多波数测深、侧扫声呐、浅地层剖面探测，以及多道地震技术的相继出现，能够提供高精度海底地形地貌和地层特性数据，使得海底滑坡的形态几乎清晰可见，为海底滑坡的定量分析研究提供可能。但是在现有的技术条件下，我们可以预测滑坡体可能发生的位置，但是对于具体滑坡的准确预测是达不到的，尤其是触发事件通常是瞬时的。

在陆地上可以利用地震检测仪或者 GPS 阵列对一些风险区域进行连续监测，预报块体的运动，因此借鉴陆地滑坡观测、研究和预报的经验，建立海底滑坡观测网，进行滑坡理论和预报模型研究。

近来海底原位观测技术，可以实时、连续观测海底滑坡发生时的洋流、滑坡体移动速度、沉积物浓度的详细信息，为研究海底滑坡的机制，以及海底滑坡的预测提供了可能。对于海底来说，监测的技术难度和范围，使得海底滑坡的观测研究程度比较薄弱，海底滑坡是如何触发的？如何实现对海底滑坡进行准确预测？将还有很长的路要走。

参 考 文 献

[1] Sparling G, Milne J, Vincent K. Effect of soil moisture regime on the microbial contribution to Olsen phosphorus values. New Zealand Journal of Agricultural Research, 1987, 30(1): 79-84.

[2] Masson D, Harbitz C, Wynn R, et al. Submarine landslides: processes, triggers and hazard prediction. Philosophical Transactions of the Royal Society of London A: Mathematical, Physical and Engineering Sciences, 2006, 364(1845): 2009-39.

[3] Hance J J. Development of a database and assessment of seafloor slope stability based on published literature. 2003.

[4] He Y, Zhong G, Wang L, et al. Characteristics and occurrence of submarine canyon-associated landslides in the middle of the northern continental slope, South China Sea. Marine and Petroleum Geology, 2014, 57: 546-60.

[5] Pinet N, Brake V, Campbell C, et al. Geomorphological characteristics and variability of Holocene mass-transport complexes, St. Lawrence River Estuary, Canada. Geomorphology, 2015, 228:286-302.

[6] Heidarzadeh M, Krastel S, Yalciner A C. The state-of-the-art numerical tools for modeling landslide tsunamis: A short review. Submarine Mass Movements and Their Consequences. Berlin: Springer. 2014: 483-95.

[7] Heezen B C, Ewing M. Turbidity currents and submarine slumps, and the 1929 Grand Banks earthquake. American Journal of Science, 1952, 250(12): 849-73.

[8] 叶银灿. 中国海洋灾害地质学. 北京：海洋出版社, 2012.

[9] Poulos S J. The steady state of deformation. Journal of Geotechnical and Geoenvironmental Engineering, 1981, 107(ASCE 16241 Proceeding).

[10] Poulos S J, Castro G, France J W. Liquefaction evaluation procedure. Journal of Geotechnical Engineering, 1985, 111(6): 772-92.

[11] Watkins N D, Kennett J P. Erosion of deep-sea sediments in the Southern Ocean between longitudes 70°E and 190°E and contrasts in manganese nodule development. Marine geology, 1977, 23(1-2): 103-111.

[12] 陈珊珊, 孙运宝, 吴时国. 南海北部神狐海域海底滑坡在地震剖面上的识别及形成机制. 海洋地质前沿, 2012, 28(6): 40-5.

撰写人：丁大林　李广雪

中国海洋大学，estuary@ouc.edu.cn

海底峡谷的成因与演化之谜

How are Submarine Canyons Formed?

海底峡谷是大陆边缘(尤其是活动性大陆边缘)上常见的大型水下地貌特征，也是陆源碎屑沉积物和其他颗粒物质由陆地向深海输运的最重要通道。从地貌特征上看，海底峡谷跟陆地上的大峡谷(如美国西部的著名的大峡谷 Grand Canyon)相似[1]，在地球表面上弯曲延绵数百千米，垂向深度近千米。陆上峡谷由地质历史上的河流下切而成(如我国著名的三峡)已经是共识，因此，人们自然而然地就会问：海底峡谷是不是由“水下河流”的冲刷下切造成的？这种密度比海水大、沿海底顺坡而下的“水下河流”通常被海洋地质学家称为海底浊流(turbidity currents) [2]。

以海底峡谷的长度和大小而言(图 1)，大型峡谷一般都横跨整个大陆坡，下切坡折带(shelf break)和部分大陆架，更有少数大型峡谷下切整个陆架(如 Monterey 峡谷[3])，甚至进入现行的河口(如 Congo 峡谷[4])。而较小的峡谷大多起源于陆坡的中、下部(图 1)。

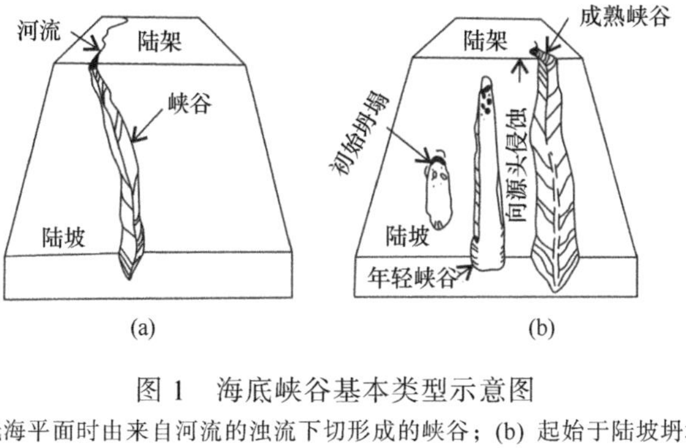

图 1　海底峡谷基本类型示意图

(a) 低海平面时由来自河流的浊流下切形成的峡谷；(b) 起始于陆坡坍塌，而后被溯源侵蚀和浊流冲刷形成的海底峡谷。根据 Pratson 等[5]的图 19 改绘

多数大型海底峡谷，特别是那些正在或者曾经与河流直接相连的峡谷[6]，都形成于低海平面时期。因为当时的岸线以及沉积物供给都离大陆坡折带较近 [7]，而陆坡上没有足够的空间储存来自于大陆的沉积物，因此它们会在浊流的作用下向深海输运，这对于峡谷的下切具有重要作用[8]。可以想象那时的河流直接把大量的陆源沉积物由陆架坡折带处入海，当沉积物浓度高于 35 kg/m^3 时，就会以异重流

形式跨陆坡向深海搬运，当坡度、流速等条件满足时，形成冲刷能力极强的浊流(ignited turbidity currens[9])。这一冲刷过程不断重复就形成了陆坡上深切的海底峡谷，在紧邻峡谷口的陆隆(continental rise)上发育巨大的浊积体(turbidites)是海底峡谷浊流成因说的一个最有力证据[2]。低海面时一些河流下切可延伸至坡折附近，直接向陆坡上的海底峡谷提供沉积物；高海平面时，这些陆架上的古河谷演变成了海底峡谷的一部分。

对于那些在陆坡上由滑坡(坍塌)形成的峡谷来说，因海底涌泉导致沉积物坡失稳而崩塌(spring sapping) [10]，反复作用造成滑塌向上游方向不断延伸(溯源侵蚀)，达到峡谷纵向不断增长的效果。

综上所述，海底峡谷的成因可以归纳为两种，而且都与浊流有关，那么如何确定峡谷的年龄就成为更深入理解其成因的关键。但是，因为海底峡谷具有侵蚀特征，能够标定其形成时间的沉积物都被移走了，所以峡谷形成的时间很难确定[11]，如果一条峡谷是在多种机制下形成的，如何确定其年龄就变得更为复杂[12]。

参 考 文 献

[1] Shepard F P, Geological Oceanography: Evolution of Coasts, Continental Margins and the Deep-Sea Floor. New York: Crane, Russak, 1977.

[2] Ericson D B, Ewing M, Wollin G, et al. Atlantic dee-sea sediment cores. GSA Bulletin, 1961, 72: 193-285.

[3] Paull C K, Ussler III W, Caress D W, et al. Origins of large crescent-shaped bedforms within the axial channel of Monterey Canyon, offshore California. Geosphere, 2010, 6(6): 755-774.

[4] Babonneau N, Savoye B, Cremer M, et al. Sedimentary architecture in meanders of a submarine channel: Detailed study of the present Congo turbidite channel (Zaiango Project). Journal of Sedimentary Research, 2010, 80(10): 852-866.

[5] Pratson L F, Nittrouer C A, Wiberg P L, et al. Seascape evolution on clastic continental shelves and slopes. Continental Margin Sedimentation: From Sediment Transport to Sequence Stratigraphy, 2007: 339-380.

[6] Twichell D C, Roberts D G. Morphology, distribution, and development of submarine canyons on the United States Atlantic continental slope between Hudson arid Baltimore Canyons. Geology, 1982, 10(8): 408-412.

[7] Emery K O, Uchupi E. Western North Atlantic Ocean: Topography, rocks, structure, water, life, and sediments. American Association of Petroleum Geologists, 1972.

[8] Daly R A. Origin of submarine canyons. American Journal of Science, 1936, (186): 401-420.

[9] Parker G, Fukushima Y, Pantin H M. Self-accelerating turbidity currents. Journal of Fluid Mechanics, 1986, 171: 145-181.

[10] Robb J M. Spring sapping on the lower continental slope, offshore New Jersey. Geology, 1984, 12(5): 278-282.

[11] Miller K G, Melillo A J, Mountain G S, et al. Middle to late Miocene canyon cutting on the New Jersey continental slope: Biostratigraphic and seismic stratigraphic evidence. Geology, 1987, 15(6): 509-512.

[12] Shepard F P. Submarine canyons: Multiple causes and long-time persistence. AAPG Bulletin, 1981, 65(6): 1062-1077.

撰稿人：徐景平

中国海洋大学，xujp@ouc.edu.cn

为什么大陆坡的坡度多在 2°~4°之间？

Why do Most of Continental Slopes Have a Gradient of 2~4 Degrees?

翻开任何一本海洋地质学的教科书，几乎都会有一幅高度简化的大陆边缘地形单元示意插图(图 1)[1]：由海岸线到深海洋盆依次为陆架、陆坡、陆隆和洋盆。各地形单元的宽度和水深范围可以随大陆边缘的类型有较大的变化，如被动大陆边缘的陆架宽度普遍要比活动大陆边缘的陆架宽度高出数倍甚至一个量级[2]，但全球平均的陆架/陆坡转换带(shelf break)，又称陆架坡折带的水深在 130~150m。

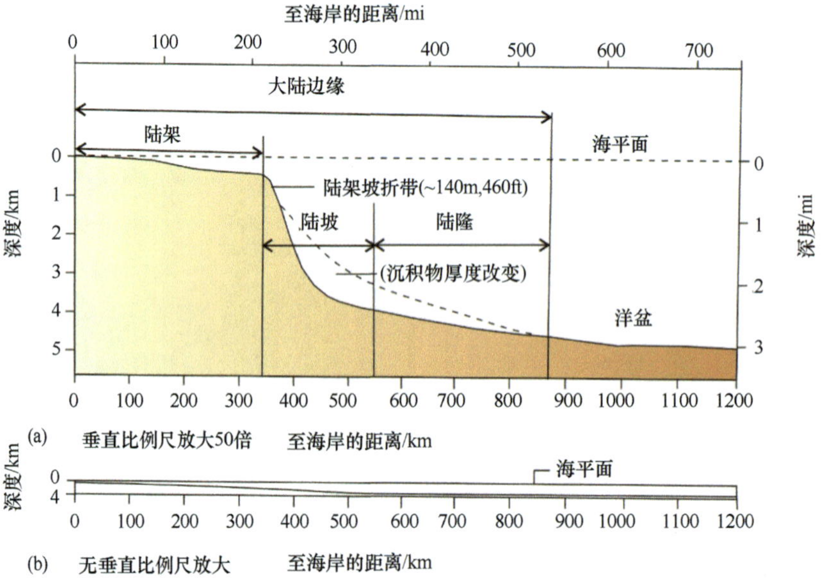

图 1　典型大陆边缘地形单元示意图

根据 Tom Garrison 的 Oceanography，8th edition，Figure 4.12 改绘；1mi=1.609344km

陆坡的宽度通常要比陆架小得多，但坡度却要大得多。由于所用数据不同，研究人员得出的统计结果也不尽相同[1~3]，但陆坡坡度的全球平均值为 2°~4°[4]。众所周知，陆架坡折带的全球平均水深已经被证实与过去 25 万年以来的全球海平面变化有直接关系，即现在陆架坡折带的位置是第四纪最低海平面的位置[1]。也就是说无论海平面高低，陆坡一直是陆源沉积物的汇聚地，虽然全球陆坡面积只占全球海面面积的 6%，陆坡上的沉积体却是全球海洋沉积物的 41%[5]。陆坡沉积多为细颗粒泥质沉积物，干燥状态下这些细颗粒物质的最大休止角(angle of repose)为 25°~35°，在水中沉积的状态下因受孔隙水浮力的作用其休止角大致减半，但也有 12.5°~17.5°[6]。那么是什么原因导致陆坡坡度(2°~4°)远远低于休止角的呢？已有学者研究表明，内潮(internal tides) 在塑造陆坡坡度的过程中起了至关重要的作用[4]。

内潮是周期为 12 小时的内波(internal waves)，因为发生在水体内部的密度界面上，内潮的波高可达几十米到上百米[7]。更重要的是，内潮可以沿不同角度传播(海表面潮波只能水平传播)，其传播角度取决于内潮本身的频率、水体的密度结构和与所处纬度有直接关系的惯性频率[8]：

$$c=\left(\frac{\sigma^2-f^2}{N^2-\sigma^2}\right)^{1/2}$$

我们知道半日内潮的频率是 σ=0.081 cph (cycles per hour)，中纬度的地球惯性频率大约是 f=0.05 cph。典型陆坡水体的密度结构决定其稳定性频率 N 在 1~4[9]。如果我们取其中间值 N=2，那么可以算出中纬度典型海域的内潮传播角度为 c=3.6° 左右。

理论证明[8]，当内潮在传播过程中遇到陆坡时，陆坡坡度γ与内潮传播角度 c 的比值(γ/c)决定了内潮能量的分配。当$\gamma/c<1$ ($\gamma/c>1$)时，内潮能量会通过前反射(后反射)继续向陆坡上部(下部)传播(图 2)，只有当$\gamma/c=1$ 或接近于 1 时(图 2(c))，内潮

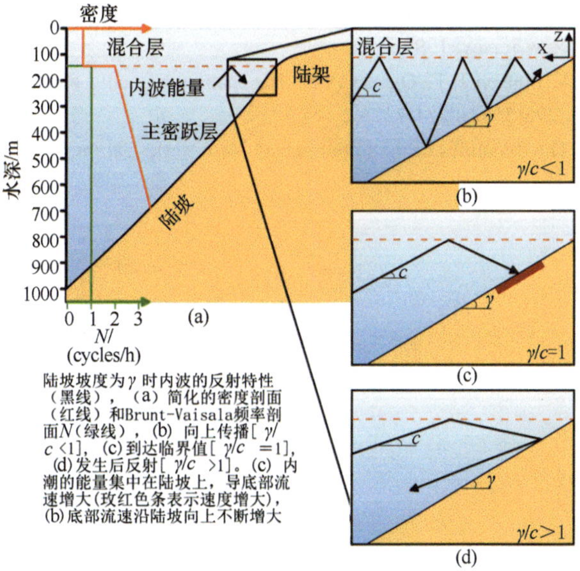

图 2　内潮在陆坡的传播示意图

当陆坡坡度达到临界值($\gamma=c$)时，陆坡上的底剪切应力最大。根据文献[8]中图 1 改绘

的能量才集中在陆坡上，导致较大的底剪切应力，使颗粒物无法沉积在受影响的陆坡上。假设陆坡坡度因为沉积物的累积而逐渐增加，那么当陆坡的坡度在达到临界坡度($\gamma=c$)后，由于内潮的作用阻止了进一步的沉积物累积，因此陆坡坡度也就不会继续增加，即达到了一个平衡状态[8]。

自从地球上有海洋以来内潮可以说是无处不在、无时不在[4]，内潮对陆坡坡度的影响目前虽然仍是一个科学假设，但以上分析表明是一个合理的假设。尽管如此，有些现象是内潮假设所无法解释的，如为什么有的陆坡坡度远远高于 2°~4°的临界坡度？所以，是否还有其他因素影响陆坡坡度？譬如浊流(turbidity currents) [4]，有待更深入的研究。

参 考 文 献

[1] Garrison T S. Oceanography: An invitation to marine science. Nelson Education, 2015.

[2] Shepard F P. Submarine Geology, Third Edition. Harper & Row. USA, 1973.

[3] Seibold E, Berger W H. The sea floor: An introduction to marine geology. Marine Geology, 1997, 3(136): 319.

[4] Pratson L F, Nittrouer C A, Wiberg P L, et al. Seascape evolution on clastic continental shelves and slopes. Continental Margin Sedimentation: from sediment transport to sequence stratigraphy, 2007: 339-380.

[5] Kennett J P. Marine Geology. Prentice-Hall, Gnglewood Cliffs, New Jersey, USA, 1982.

[6] Allen J R L. Principles of Physical Sedimentology, 1985. London: Allen&Unwin, 272.

[7] Knauss J A. Introduction to Physical Oceanography. Second Edition. Pretice Hall, Upper Saddle River, New Jersey, 1997.

[8] Cacchione D A, Pratson L F, Ogston A S. The shaping of continental slopes by internal tides. Science, 2002, 296(5568): 724-727.

[9] Phillips O M. The dynamics of the upper ocean. New York: Cambridge University Press, 1977.

撰稿人：徐景平

中国海洋大学，xujp@ouc.edu.cn

海底沉积物波的成因之争

Arguments on the Origin of Submarine Sediment Waves

20 世纪 50 年代以来，深海钻探计划的成功实施，以及大量海洋地质调查活动，在全球不同海域发现了一种大面积分布的沉积物波(图 1)[1~4]。这些沉积物波的波长(以 1~10km 为主)和波高(以 10~100m 居多)差异较大，在全球海域均有记录，可分布于陆架坡折到深海平原的任何深度，但是沉积物波发育区的坡度均很小，绝大部分在 0.5°以下，最大不超过 1°。作为深海沉积体系的重要组成部分，对于深海大型沉积物波的研究有助于更好地理解深海沉积过程，不但对重建古气候、古地理、古构造等具有重要的科学意义，而且对于深水油气勘探开发具有重要的现实意义。此前，人们认为波痕只发生在受海面波浪影响的浅水区域，那么，这种发育在深水环境下的波状沉积物到底是如何形成的呢？

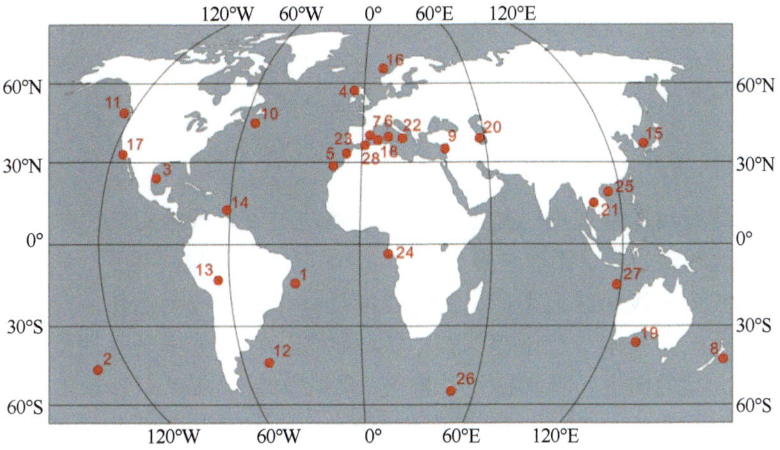

图 1 全球探明沉积物波分布图

通过大量的海洋调查，已基本清楚了沉积物波的几何形态及其全球分布特征。但是对其成因机制一直颇有争议，目前主要有 5 种解释。

1. 背流波成因

背流波模式由 Flood[2]提出，用于解释波脊垂直于流向的细粒底流沉积物波的形成和迁移。该模式要求有弱的层状底流和海底初始起伏地形条件存在，在波状起伏的地形上，背流波可同时产生不对称的水流速度，当弱层状底流流经沉积物波表面时将引发背流波，而背流波的形成会导致底流的流速在沉积物波的背流面增大，从而使背流面的沉积作用减弱，甚至出现无沉积和侵蚀作用，迎流面由于流速较缓，剪应力小，沉积速率较高，沉积物波向上游的迁移是这种水流形式的自然结果。

该模式已得到阿根廷盆地和罗科尔海槽东北部实际资料的证实[2~5]。但是，Wynn[1]等对 8 个已知的沉积物波形成条件的计算表明，这些波并不满足形成背流波所需要的弗汝德数(Fr)条件($Fr<1/\pi\approx0.318$)，即背流波能否形成这种面积宽广、波形规则的沉积物波仍是值得怀疑的。

2. 浊流成因

浊流主要发生在巨大的海底水道、沟槽和峡谷地区。向下坡迁移的沉积物波可以是浊流形成的，该类型沉积物波迁移方向与底流成因的沉积物波迁移方向垂直，分布于水深 2600~4100m，波长和波高都有很大变化[6, 7]。

有学者认为[4, 8]，沉积物波向陆坡上倾方向迁移的现象是一个普遍现象，与浊流环境中逆行沙波的发育有关，而且浊流沉积物波多被认为分布比较局限[6]，一般几十至数百平方千米，单一的浊流是否有足够的流动层厚度和流速来形成如此巨大的沉积物波是值得怀疑的。向下坡迁移的沉积物波也可以是浊流形成，但浊流模式不能解释大型上坡迁移的沉积物波和对称状的沉积物波，也很难解释大型沉积物波大面积分布所对应的高能环境与泥质成分所对应的低能环境之间的矛盾。

3. 底流成因

由于地球旋转而形成的温盐循环底流多数情况下以顺坡走向、大致平行于等深线流动的地转流为主，流速一般在 5~20m/s，具有波域宽广特征。底流成因沉积物波与表面波形成浅水波痕类似，沉积物波迁移方向一般与水体流向一致。该观点能解释迁移方向基本平行于等深线的沉积物波，但不能解释其他形式的沉积物波，特别是大型的向上坡迁移的沉积物波。Allen[9]计算了逆行沙丘形成所需的弗汝德数条件($0.844<Fr<1.77$)，而多数底流的 $Fr<0.3$，故底流沉积物波不能以逆行沙波形式出现。

4. 滑塌成因

滑塌成因的沉积物波主要发育在陆坡、峡谷、沟槽和天然堤等地区[10]，其沉积过程主要体现为沉积物波逆陆坡向上倾方向的迁移，通常受多过程控制与披覆沉积物交互构成，可出现于坡度很陡(>3°)或受到某种构造应力作用、存在有底流或浊流活动且陆源物质供给量很高的陆坡区[11]。尽管这种沉积变形的沉积物波具有“似波状”的外部形态和向陆坡上倾方向迁移的特征，但实质上是沉积地层在气体渗漏、软弱层等因素配合下，由重力作用导致的变形特征，本质上并不是沉积成因[12]。而海底普遍发育的大型沉积物波通常具有规则外形和内部结构特征，可排除滑塌成因的可能性，因而滑塌作用模式具有相当的局限性。

5. 内波成因

内波是一种水下波，它存在于两个不同密度的水层界面之上，或存在于具有梯度的水层界面之内[6, 13, 14]。水体存在密度差并受外力作用形成扰动源是产生内波的必要条件。内波在形成海底大型沉积物波(特别是向上坡迁移的沉积物波)方面可能起到相当大的作用。当然内波成因说仍处在探讨阶段，内波与其他底流联合作用形成大型沉积物波也有可能。

总之，对于深水沉积物波的成因至少有 5 种解释，不能简单认为是由一种或两种成因机制所致，更可能是多种成因机制共同作用的结果[6]。为了全面了解沉积物波的成因，有必要开展深海沉积物波形成过程的长期观测及室内物理模拟和数值模拟方面的研究[15]。同时，需要加强利用现代科技手段，如深海多波束调查、高分辨率地球物理调查、深海原位测量技术、深潜探测、深海高保真取样技术等，进而加强多学科的交流，来回答海底沉积物波的真正成因。

参考文献

[1] Wynn R B, Stow D A V. Classification and characterisation of deep-water sediment waves. Marine Geology, 2002, 192(1): 7-22.

[2] Flood R D, Piper D J W, Klaus A, et al. Proc ODP initreports. 1995, 155: 1-33.

[3] Howe J A. Turbidite and contourite sediment waves in the northern Rockall Trough, North Atlantic Ocean. Sedimentology, 1996, 43: 219-234.

[4] Normark W R, Hess G R, Stow D A V, et al. Sediment waves on the Monterey fan levee: A preliminary physical interpretation. Marine Geology, 1980, 37: 1-18.

[5] Nakajima T, Satoh M. The formation of large mud waves by turbidity currents on the levees of the Toyama deep-sea channel, Japan Sea. Sedimentology, 2001, 48: 435-463.

[6] Damuth J E. Migrating sediment waves created by turbidity currents in the northern south China basin. Geology, 1979, 7: 520-523.

[7] Jiang T, Xie X, Wang Z, et al. Seismic features and origin of sediment waves in the Qiongdongnan Basin, northern South China Sea. Marine Geophysical Research, 2013, 34(3-4): 281-294.

[8] Belde J, Back S, Reuning L. Three-dimensional seismic analysis of sediment waves and related geomorphological features on a carbonate shelf exposed to large amplitude internal waves, Browse Basin region, Australia. Sedimentology, 2015, 62(1): 87-109.

[9] Allen J R L. Sedimentary Structures, Their Character and Physical basis. Amsterdam: Elsevier, 1984.

[10] Faugères J C, Gonthier E, Mulder T, et al. Multi-process generated sediment waves on the

Landes Plateau (Bay of Biscay, North Atlantic). Marine Geology, 2002, 182(3): 279-302.

[11] 王海荣, 王英民, 邱燕, 等. 南海北部大陆边缘深水环境的沉积物波. 自然科学进展, 2007, 17(9): 1235-1242.

[12] Hand B M, Middleton G V, Skipper K. Antidune cross-stratification in a turbidite sequence, Cloridorme Formation, Gaspé, Québec. Sedimentology, 1972, 18(1-2): 135-138.

[13] Karl H A, Cacchione D A, Carlson P R. Internal-wave currents as a mechanism to account for large sand waves in Navarinsky Canyon head, Bering Sea. Journal of Sedimentary Research, 1986, 56(5).

[14] 高振中, 何幼斌, 罗顺社, 等. 深水牵引流沉积——内潮汐、内波和等深流沉积研究. 北京: 科学出版社, 1996, 1-46.

[15] 姜涛, 解习农, 汤苏林, 等. 浊流成因海底沉积波形成机理及其数值模拟. 科学通报, 2007, 52(1): 1-6.

撰稿人：姜　涛

中国地质大学(武汉)，taojiang@cug.edu.cn

"海底沉积物风暴"如何爆发？

Potential Mechanisms for Triggering the Benthic Sediment Storms

20 世纪 50 年代初，Jerlov 首次通过光学手段观测到深海中近底的水层中沉积物浓度较正常海水要高许多[1]。其后，Ewing 和 Thorndike 将该富含沉积物的水层命名为底部雾状层(benthic nepholoid layers)，并指出：底部雾状层在空间分布上遍布整个大洋，而不仅限于海底峡谷周边地形；时间上则几乎永久性地存在于近底水层中，而不是对海底地震等事件的短暂瞬时性响应，因此是全球大洋广泛分布且永久存在的沉积特征[2]。随着观测技术的进步，70 年代末 80 年代初在大西洋首次实现了深海沉积动力过程的长期连续观测，发现底部雾状层中沉积物浓度随时间变异非常大，尤其是存在沉积物浓度异常升高的事件，最大沉积物浓度可高达 600~800 μg/L(图 1)，远超过底部雾状层中典型的沉积物浓度范围(10~250 μg/L)[3]。这种发生在海洋底部雾状层中的短时沉积物浓度快速升高的事件被称为"海底风暴"(benthic storms 或 dep-sea storms)。后续观测发现某些海底风暴发生时沉积物浓度可高达 3~12 mg/L[4]。类似于大气中的沙尘暴，海底沉积物风暴一般伴随有极高的底层流速，可对其运移路径上下伏沉积物造成强烈侵蚀，使沉积物发生再悬浮和再搬运[4]。在过去几十年内，沉积学家在全球范围内对海底风暴进行了大量调查和研究，但目前就海底风暴的成因及机制还存在许多悬而未决的问题，如下伏沉积物的侵蚀和再悬浮是引起海底风暴的原因，还是仅是海底风暴发生造成的结果？如果底层海流的高流速不是造成海底风暴的原因，那么海底风暴又是怎样形成的？海底风暴与底部雾状层的存在有什么关系？间歇性的海底风暴是引起和维持底部雾状层长期稳定存在的主要机制吗？[4]

Gardner 和 Sullivan 在北大西洋百慕大隆起进行的观测发现：两次海底风暴的发生，恰好对应于大西洋飓风经过观测站位所在海面位置，因此海底风暴的发生可能与大气风暴的发生有关[3]。而 Isley 等在同一海区的观测研究发现：14 次深海沉积物高浓度事件中，超过一半开始于大气风暴经过后 24 小时之内，因此很难认为大气风暴经过与海底沉积物风暴在时间上的对应关系只是一种巧合[5]。但是，大气风暴快速经过所引起的海水压力变化一般都会被海面高度变化所平衡，很难影响到几千米水深的海底[3]。移动速度较慢的大规模热带风暴的发生，则可能会造成海洋涡动能的增加，进而引起底层流速上升和海底沉积物风暴的发生[4]。

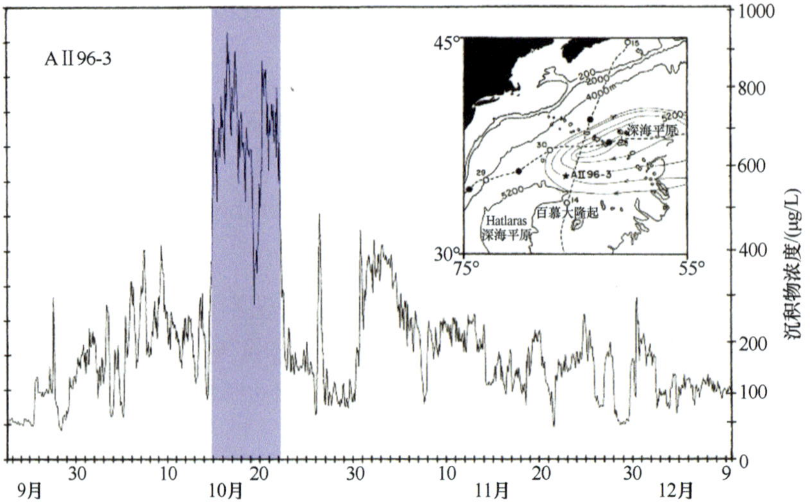

图 1　在北大西洋百慕大隆起观测到的海底沉积物风暴事件 [3]

在加拿大新斯科舍(Nova Scotia)岸外北大西洋深海区进行的高能底部边界层试验(high energy benthic boundary layer experiment，HEBBLE)，发现深海沉积物风暴的发生与高流速(10~15 cm/s)的底层海流方向发生频繁变化有关，而底层海流流速流向的变化则受控于海表墨西哥湾流涡动能的变化[6]。频繁变化的底层海流造成该海区底层沉积物较其他海区更为松散，因此高流速更易侵蚀底层沉积物，形成海底沉积物风暴。该研究还认为：除湾流外，大洋中其他重要表层洋流——如环南极洋流、黑潮、厄加勒斯流、马尔维纳斯海流等——都会通过类似机制引起深海风暴[6]。由于保持沉积物悬浮所需临界沉降剪切应力远小于造成其再悬浮的临界悬浮剪切应力，底层沉积物一旦发生再悬浮，只需较低流速即可维持其悬浮状态。因此，后续研究认为：全球洋流所引起的深海风暴是维持全球大洋底部雾状层的重要因素[7]。该研究通过计算得出：一年中只要发生数次浓度大于 1 mg/L 的深海沉积物风暴，就足以维持底部雾状层的沉积物浓度[7]。

除全球表层洋流外，海洋中尺度涡的发生也可以通过引起海表涡动能的增加引发深海沉积物风暴。在欧洲岸外大西洋深海区进行的东北大西洋监测实验(nordostatlantisches monitoring-programm，NOMAP)发现，观测期间发生的 20 次深海风暴，都与影响深度非常大的海洋中尺度涡活动有关[8]。生命周期长达数月的海洋中尺度涡，可造成途经海区底层沉积物再悬浮并将沉积物限制在涡旋内，这些沉积物可随着涡旋的运动被搬运到较远的地区。

此外，在南大西洋阿根廷盆地所做的观测发现：表层海水中浮游植物勃发造成的颗粒沉降，可能是某些长达数月的海底沉积物风暴的诱因[9]。这些富含有机质的颗粒，相对陆源硅酸盐碎屑而言更易发生再悬浮并维持其悬浮状态。因此，浮游植物勃发引起的颗粒沉降对于高纬海区——尤其是远离陆地输入的海区——海底沉积物风暴的发生。

综合以上观点，底层海流的高流速及频繁转向可能是引起海底沉积物风暴的重要原因，但底层海流变化受多种机制影响，如大气风暴活动、海洋中尺度涡及大洋表层洋流活动等。研究发现，底层海流变化与海底沉积物风暴的对应关系非常复杂，还进一步受到底层沉积物岩性和粒度、底质硬度及局部地形等多种因素影响[4]。即使在同一观测地点，底层海流强度与沉积物浓度间的数值关系也很难确定，有时很强的海流(> 30 cm/s)都无法引起海底风暴的发生，而有时只需很弱的海流就可以引起规模很大的海底风暴。根据 Gross 和 Novell 对 HEBBLE 计划所获数据的研究，流速高达 25~35cm/s 的高流速事件可维持 4~7 天之久，但仅在流速快速增加的前几个小时会发生底层沉积物的侵蚀，但悬浮沉积物只需较小流速即可维持其悬浮状态[10]。因此，现在所观测到的底层海流强度与沉积物浓度间的不确定关系，可能是空间或时间上的片段观测造成的，如沉积物风暴发生在沿底层海流上游海区，或只观测到了海底风暴的部分片段。要完全理解底层海流与海底风暴间的数值关系，要在一定海区内进行三维空间和时间上的连续观测，且须结合多种观测手段，以对海流强度、底质硬度、沉积物粒度及局地地形等进行综合考察。

海底风暴的发生机制迄今没有得到很好的解释，从目前的研究结果来看，该现象可能存在多种不同的触发机制，其与底层海流的耦合关系也受到多种不同因素影响。对海底风暴发生机制的解释，是深海沉积学研究亟待解决的一个难题。

参 考 文 献

[1] Jerlov N C. Particle distribution in the ocean. In: Reports of the Swedish Deep-Sea Expedition, 1953, 3: 73-97.

[2] Ewing M, Thorndike E M. Suspended matter in deep ocean water. Science, 1965, 147: 1291-1294.

[3] Gardner W D, Sullivan LG. Benthic storms: Temporal variability in a deep ocean nepheloid layer. Science, 1981, 213: 329-331.

[4] Gardner W D, Tucholke B E, Richardson M J, Biscaye P E. Benthic storms, nepheloid layers, and linkage with upper ocean dynamics in the western North Atlantic. Marine Geology, 2017, 385: 304-337.

[5] Isley A E, Pillsbury R D, Laine E P. The genesis and character of benthic turbid events, Northern Hatteras Abyssal plain. Deep Sea Research Part A. Oceanographic Research Papers, 1990, 37: 1099-1119.

[6] Hollister C D, McCave I N. Sedimentation under deep-sea storms. Nature, 1984, 309: 220-222.

[7] Gross T F, Williams III A J, Novell A R M. A deep-sea sediment transport storm. Nature, 1988, 331: 518-521.

[8] Klein H. Benthic storms, vortices, and particle dispersion in the deep West European Basin. Deutsche Hydrografische Zeitschrift, 1987, 40: 87-102.

[9] Richardson M J, Weatherly G L, Gardner W D. Benthic storms in the Argentine Basin. Deep Sea Research II, 1993, 40: 975-987.

[10] Gross T F, Novell A R M. Turbulent suspension of sediments in the deep sea. Philosophical Transactions of the Royal Society A, 1990, 331: 167-181.

撰稿人：赵玉龙

同济大学，yeoloon@tongji.edu.cn

如何寻找判别沉积物来源的“DNA”指标

How Can We Find DNA-Like Proxies for Sediment Provenance Discrimination?

当你在小溪边或是海滩上玩耍时，有没有想过脚下千奇百怪的鹅卵石或者沙子，从哪里来而最终又要到哪里去？要回答这些问题，就必须了解这些颗粒的地球化学、矿物学等特征指标。在漫长的地质历史过程中，有些指标随着环境的变迁改变；而有些指标却亘古不变，如同生物学中的脱氧核糖核酸(Deoxyribonucleic acid，DNA)包含大量的遗传信息一般，继承了颗粒物源头的各种信息，从而为我们追溯这些颗粒物的来源指明了方向。找到这些地质学标本中的“DNA”指标，是地球科学中沉积物物源判别最核心的问题。

沉积物的从“源”到“汇”是一个十分复杂的过程。地表岩石在风、水、冰川以及生物等的综合作用下，发生物理或化学的风化作用，从而逐渐破碎分解。这些风化产物将通过一系列地表过程搬运至河漫滩、三角洲、大陆架、甚至通过浊流搬运至深海地区(图 1)。而沉积物源分析主要是通过研究沉积物的组成和结构，

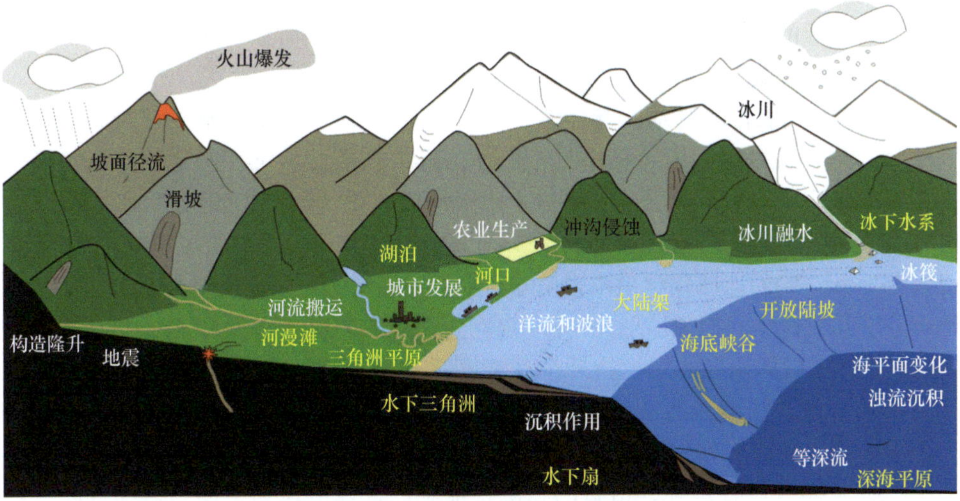

图 1 沉积物输运系统模式图

黑色字体代表沉积物的不同来源(“源”)，黄色字体代表不同的沉积区(“汇”)

http://www.nsf-margins.org/Publications/SciencePlans/MARGINS_SciencePlans2004.pdf

推测物源区的特征，恢复构造、古地理和古气候演化的历史，重建从风化剥蚀、搬运到沉积的系统过程。

现代物源研究起源于矿物颗粒的统计分析，如著名的 Dickinson-QFL 三角图解[1]。随着研究的逐渐深入，人们发现该方法虽然简单易行，但会受到风化、水动力分选和成岩作用、人为分析统计误差等因素的干扰，难以给出可靠的物源判别结果。因此，人们把目光从沉积物中的主要成分分析转移到一些具有物源指示意义的特征微量矿物上，尤其是重矿物[2]。在这一阶段，物源分析是通过在显微镜下人工统计各种矿物的数量来实现的。然而，这种方法的物源判别结果受到源区地质背景(岩性和矿物组成)的限制，难以给出精确的物源判别结果。进入 20 世纪，随着分析测试技术的不断进步，地球化学分析方法得到了飞速的发展。其中，质谱仪的出现可谓是地球化学研究领域最大的“功臣”。通过将质谱仪和其他仪器联用，我们能够测试各类样品的元素和同位素组成，而这些新的地球化学指标极大地促进了物源探究技术的发展。今天，随着检测水平的不断提高，以地球化学分析为主要手段的物源判别方法正逐渐朝多元化的方向发展。

尽管沉积物源分析已经有几十年的历史，方法也层出不穷，但仍然存在一些难题。物源分析的主要挑战在于沉积物很难完全继承源岩的地球化学组成特征。其主要原因为：沉积物源区的复杂源岩组成、不同岩性的沉积物产率具有很大差异；沉积物的成分和结构在风化、磨蚀、搬运分选、埋藏沉积和沉积再旋回的过程中可能发生改变(图 2)；此外，用于物源分析的很多地球化学指标存在多解性。这将导致不同方法揭示的物源组成可能不吻合甚至相互矛盾。因此，如何找到判别沉积物来源的“DNA 指标”是最为关键的问题。在实际研究中，导致沉积物物源判别产生偏差的主要原因包括：

(1) 样品代表性。受水流选择性携带作用(水动力分选)的影响，粒径大而密度低的颗粒更容易搬运，而粒径小且密度高的颗粒则更容易沉积。这导致源区沉积物在搬运过程中产生矿物分选，并进一步影响地球化学组成[3]。因此，水动力分选严重干扰了沉积物中保存的源区信号。前人多通过分析特征粒级沉积物(如黏土粒级、<63 μm 等)的地球化学组成来消除粒径效应的影响。然而，这种做法却又人为地筛除了其他粒级的物源信息，并不一定能全面且更客观地反映沉积物源组成特征。

(2) 物源指标选取。每个指标都有特定的适用范围和局限性。以锆石 U-Pb 年代学为例，该方法虽然能够给出精确的物源判别结果，但由于锆石作为密度比较大的重矿物，在沉积物中所占的质量比普遍小于 1%，因此锆石的沉积动力学特征与沉积物全样有显著差异，锆石的物源特征难以代表沉积物整体的物源组成，尤其还要考虑到不同源区的锆石产率存在数量级的差异[4]。而且，锆石的 U-Pb 年龄还是存在多解性，需要与 Lu-Hf 和 O 同位素综合运用，才可以取得好的物源示踪效果。与重矿物不同，轻矿物(如石英和长石)虽然能够代表沉积物的主要组成，但由于各类轻矿物普遍存在于不同物源区，源区之间的“辨识度”差异较小，因此难以获得精确的物源判别结果。

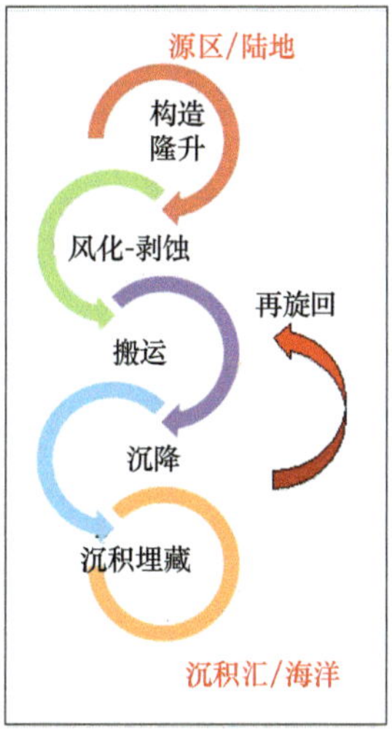

图 2　大陆边缘沉积物源汇过程复杂性

(3) 实验分析。在对沉积物样品进行处理时，考虑到全样组成混杂了沉积过程中的各种信息，通常会利用顺序提取法将不同相态的组分分离出来，以指示不同的地质信息[5]。一般认为，沉积物在经历酸淋滤后，最终残渣态中的元素和同位素组成主要源自稳定的硅酸盐矿物，在自然环境条件下不容易释放，因此可以较好地反映物源区的信息。然而，化学试剂的选取一直以来未有定论，不同浓度(如 0.25~2 mol/L)、不同类型(如盐酸或醋酸)的酸处理方法均有报道[6]，这在一定程度上制约了同一物源指标在不同研究中的对比。同时，对酸溶态和残渣相态的环境信息解读也还需要结合矿物学、沉积学等，才能得出正确的认识。

(4) 数据处理。一般的物源分析思路为，将沉积区的物源指标变化与潜在源区进行对比，寻找相似性和差异性。传统的物源对比仅仅局限于数据图表的视觉对比，这容易产生人为主观判断的偏差。因此，更为有效的定量化物源对比手段包括模型还有待开发。前期研究中，学者们已经将统计分析中的常用工具应用于该领域[7]，如 K-S 检验、聚类分析和主成分分析等。然而，以上工具给出的数据处理结果能否真实反映地质意义仍值得商榷。此外，随着物源研究的不断深入，不同类型的物源指标数据大量积累，如何综合考虑这些数据并给出更为全面的物源判别结果也是今后值得关注的重点[8]。

目前，如何应用多指标、定量化、大数据分析等手段来综合判断沉积物来源是研究工作面临的关键与难点。

参考文献

[1] Dickinson W R, Suczek C A. Plate tectonics and sandstone compositions. American Association of Petroleum Geologists Bulletin, 1979, 63(12): 2164-2182.

[2] Morton A C, Hallsworth C. Identifying provenance-specific features of detrital heavy mineral assemblages in sandstones. Sedimentary Geology, 1994, 90(3): 241-256.

[3] Garzanti E, Andò S, France-Lanord C, et al. Mineralogical and chemical variability of fluvial sediments: 1. Bedload sand (Ganga-Brahmaputra, Bangladesh). Earth and Planetary Science Letters, 2010, 299(3): 368-381.

[4] Malusà M G, Resentini A, Garzanti E. Hydraulic sorting and mineral fertility bias in detrital geochronology. Gondwana Research, 2016, 31: 1-19.

[5] Tessier A, Campbell P G C, Bisson M. Sequential extraction procedure for the speciation of particulate trace metals. Analytical chemistry, 1979, 51(7): 844-851.

[6] 杨守业, 韦刚健, 石学法. 地球化学方法示踪东亚大陆边缘源汇沉积过程与环境演变. 矿物岩石地球化学通报, 2015, 34(5): 902-910.

[7] Gehrels G. Detrital zircon U-Pb geochronology: Current methods and new opportunities. Tectonics of Sedimentary Basins: Recent Advances, 2011: 45-62.

[8] Vermeesch P, Garzanti E. Making geological sense of 'Big Data'in sedimentary provenance analysis. Chemical Geology, 2015, 409: 20-27.

撰稿人：杨守业　邓　凯　李　超　郭玉龙

同济大学，syyang@tongji.edu.cn

洋中脊生长速率和拓展方式的差异受什么控制?

What Controls Growth Rate and Propagation of Mid-Oceanic Ridge?

洋底有高耸的海山、起伏的海丘、绵长的海岭、深邃的海沟，也有坦荡的深海平原或大洋盆地。纵贯大洋中部的大洋中脊，在太平洋、印度洋、大西洋和北冰洋内连续延伸，首尾相接，全长 78000 km，脊顶水深一般 2000~3000 m，平均 2500 m 左右，像一条巨龙伏卧在洋底。大洋中脊出露海面的部分可以形成岛屿，但太平洋皇帝-夏威夷群岛、印度洋 90°E 海岭例外，它们不是洋中脊出露部分。洋中脊宽度变幅较大，一般数百至几千千米，最宽(如太平洋)可达 4000 km 以上；从洋中脊相对于深海平原隆起的地方算起，其面积约占大洋底的 1/3，可谓世界规模最大的环球山系(图 1)。

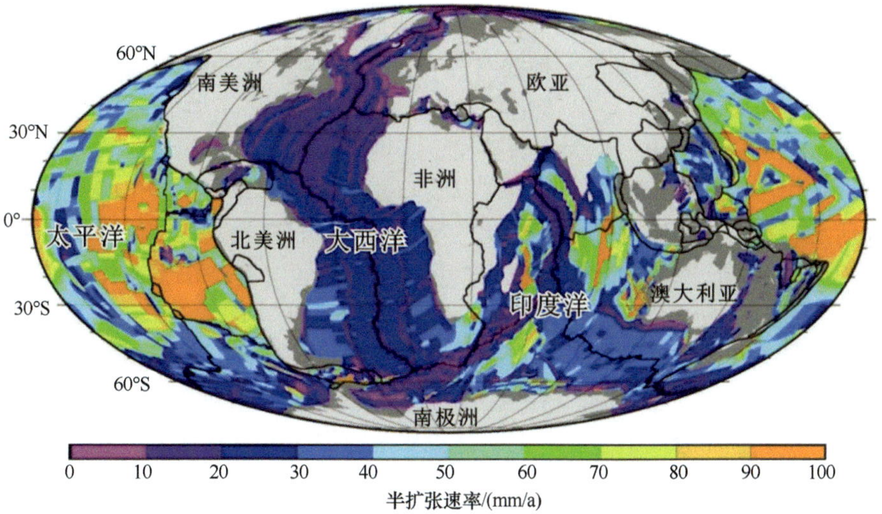

图 1　全球洋中脊位置及其半扩张速率

在地质上，大洋中脊是一条地球系统中火山活动最为频繁、岩浆大规模上涌和新洋壳形成的巨型活动构造带，是海底热液活动的主要发生地[1]。关于大洋中脊的成因，大多采用海底扩张说和板块构造学说来解释：作为一种板块构造边界，洋中脊是深部热地幔物质上涌的出口，地幔物质沿脊轴不断上升形成新洋壳(图 2)，故洋中脊顶部的热流值甚高，火山活动频繁。洋中脊的隆起地形实际上是洋中脊物质热膨胀的结果。在地幔对流带动下，新洋壳自脊轴向两侧扩张推移。在扩张和冷却的过程中，软流圈顶部物质逐渐冷凝，转化为大洋岩石圈，致使大洋岩石圈随远离脊顶而增厚。冷却凝固伴随着密度增大、体积缩小，大洋岩石圈在扩张增厚的过程中逐渐下沉，于是形成轴部高两翼低的巨大海底山系。

但是，洋中脊的生长速率受何种因素控制？洋中脊生长的快慢是否与岩浆量供应大小正相关？洋中脊是否是岩浆主动上涌形成？目前还存在争论，这视为洋中脊垂向生长之谜。此外，洋中脊如何在平面上生长？如何拓展生长？是双向还是单向生长？成为洋中脊的第二个科学之谜。

1. 垂向生长之谜

洋中脊的扩张速率和形态与洋中脊所处的构造位置是伸展还是挤压有关。一种情况是处于伸展环境下的扩张洋底同时把邻接的大陆向两侧推开，形成新的大洋，扩张速率低，洋中脊趋向形成于大洋中心盆地，且地形崎岖，两坡较陡，如大西洋和印度洋。另一种情况是洋底扩张移动到大陆边缘，洋壳与大陆地壳相遇，发生挤压，洋壳向下俯冲潜没，大洋开始收缩，扩张速率高，洋中脊形成于中部，地形宽缓，且未发育中央裂谷，如太平洋。

Morgan 和 Chen(1993)[2]认为，洋中脊的形态与其扩张速率和其深部的岩浆供给速率有关[2]。岩石圈底部受到地幔对流和熔体从地幔中的析离过程所施加的应力控制，还有差异冷却收缩，以及脊轴地形导致的自重等所产生的应力作用。沿大洋中脊，岩浆建造过程表现为熔岩喷发、岩墙侵入和深部深成岩体的冷凝结晶；机械拉张作用表现为近地表的断层，以及与拉张断层耦合的深层位的塑性伸展。岩浆活动和拉张作用这两方面的对比关系，又称为岩浆收支平衡，即板块分开每单位距离沿脊轴所补给的岩浆和释出热量的多少，可能是造成不同洋中脊地形和构造显著差异的根源。大量的地震学研究表明，快速洋中脊发育有长期的、稳定的岩浆房；但在慢速洋中脊却少有发现岩浆熔融体的证据，即使存在，也是短期的、不稳定的熔融体[3]。因此，在快速扩张脊有充分的岩浆供给，即岩浆上涌形成新洋壳跟得上板块分离的过程，而构造拉张量有限，岩浆收支平衡数为正值，在地形上表现为隆起的海隆、缺失中央裂谷(图 2(A)、(B))，轴部地形及地壳结构缺乏明显的变化；而慢速扩张脊岩浆供给有限，岩浆上涌形成的新洋壳不足以填补板块分离的空间，故岩浆收支平衡数为负值，在地形上表现为中央裂谷[4](图 2(a)、(b))，地壳结构沿轴部方向上随深度变化，三维地幔上隆特征明显。进而，根据扩张速率及其深部岩浆供给量的不同，洋中脊划分为超快速、快速、中速、慢速、超慢速 5 种不同类型，不同类型洋中脊的地质地形、深部结构、岩浆作用及形成机制完全不同：①快速扩张洋中脊，一般全扩张速率为 80~180 mm/a，由于具有更多的岩浆供给量，洋脊轴部一般表现为中央隆起，其地壳增生以岩浆活动为主导；②慢速扩张洋中脊，一般全扩张速率小于 55mm/a，轴部一般表现为巨大的中央裂谷，断层与裂隙系统发育完整；③中速扩张洋中脊介于上述二者之间；④超慢速扩张洋中脊(全扩张速率 4~16mm/a)是一种岩浆段与无岩浆段共同组成的曲线型构造板块边界。

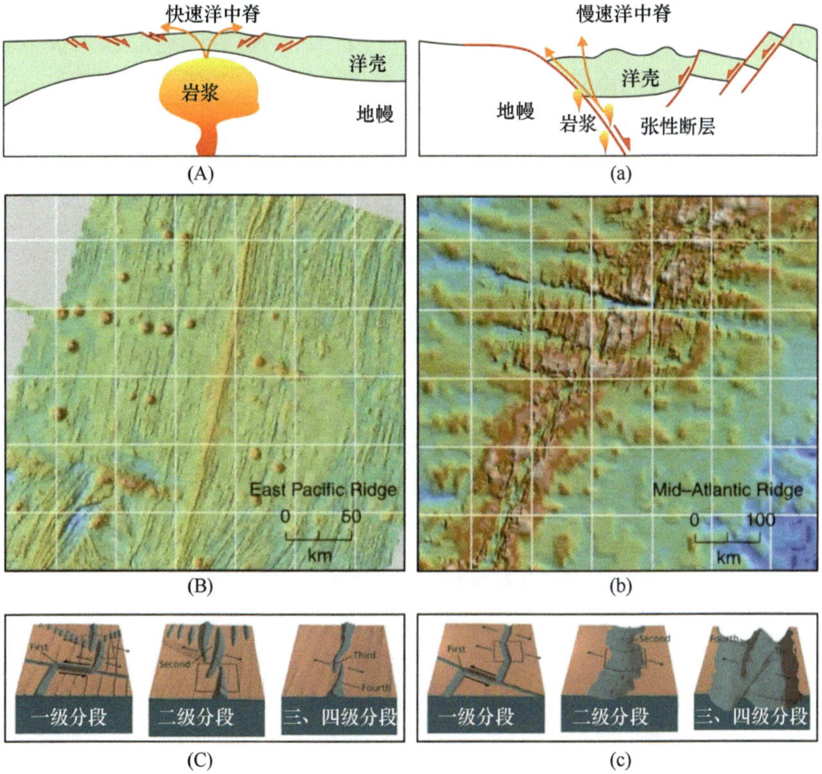

图 2 不同扩张速率洋中脊的剖面和平面特征

左：快速扩张东太平洋海隆(East Pacific Rise)为例，右：慢速扩张大西洋中脊(Mid-Atlantic Ridge)为例

2. 平面拓展之谜

受岩浆供应方式制约，洋中脊可以划分为不同的脊段。这种分段性无论在快速或慢速扩张脊都存在，较长的脊段往往由相邻较短脊段的不断损耗或拓展、连接而逐渐生长，以至于较长的脊段不断增长其长度和寿命，而短脊段只能存在一定的时间范围内。横向上，大多数洋脊分段主要涉及洋脊内部谷地，特别是轴向火山脊；纵向上，各段洋脊的中央裂谷表现为中间宽、两端渐窄，岩浆热和地热梯度在中部比两端和边缘高[5]。针对洋脊分段的诸多表象，不同学者提出了多种假说试图解释洋脊分段拓展增长过程。洋脊分段机制和过程分析还处于各种推测假说和模拟探讨阶段。

一般认为，洋脊下部为源于上地幔的轴向熔岩库，受围岩性质、构造环境和温压条件的不均匀性影响，熔岩库顶面上涌的高度和速度在不同段落具有明显差异，使离地壳表面越浅的区段，岩浆供应充足，成为一段洋脊的膨胀域或发源地，而向两端岩浆逐渐耗尽。主体岩浆囊在上升途中，受到不同导热性质围岩的吸热、分解和隔挡，逐步分化为不同等级的熔岩流中心，每个不同规模熔岩流中心对应于相应分段级别的洋脊发源地，导致洋脊分段拓展。熔岩的连续注入使局部岩浆喷发，或从上升源向周围迁移，导致轴向岩浆囊沿走向拓展。岩浆的侧向迁移，由于离岩浆充填中心渐远，丧失拓展力而自行终止。因此，岩浆囊可在洋脊下一定深度沿走向稳定拓展延伸。当深部迁移岩浆沿张性破裂走向上涌到海底时，火山喷发会导致破裂进一步沿轴向拓展。其轴向洋脊的间断发生在脉动岩浆源的远端，形成以岩浆膨胀源为中心的洋脊分段现象(图 3)。在快速扩张情况下，岩石圈

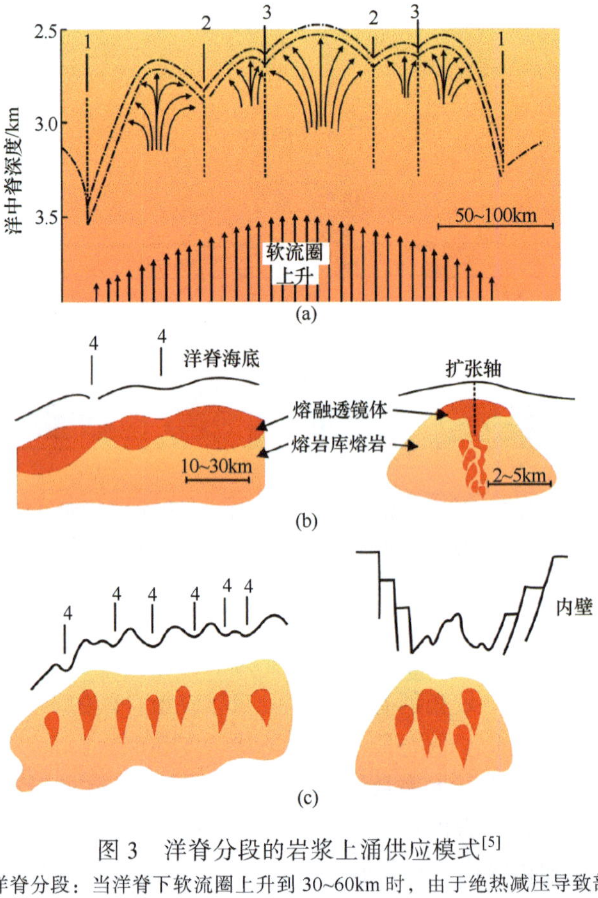

图 3　洋脊分段的岩浆上涌供应模式[5]

(a)为地幔上升导致洋脊分段：当洋脊下软流圈上升到 30~60km 时，由于绝热减压导致部分熔融，在熔岩与残余固体一起上升的途中，由于速度差异，导致不同程度的分割，形成 1~3 级分段现象；(b)和(c)为岩浆上涌供应导致洋脊分段：分别表示快速(b)和慢速(c)扩张脊；左边表示被 4 级不连续面分割的洋脊走向分段剖面，右边分别表示垂直洋脊的横剖面。图中比例尺只具有示意性的相对意义

厚度还不足以使转换断层将扩张轴的微小分歧错开，导致快速扩张脊不同脊段之间以叠接性扩张轴的形式进行拓展连接，每一段的洋中脊的横向延伸长度也较长、纵向上无裂谷。而慢速扩张脊的岩浆囊不稳定存在，在有岩浆供应的情况下，岩石圈表现为刚性，不同脊段之间以转换断层形式连接；在岩浆供应间断的情况下，不同脊段之间以无岩浆段形式连接；每一段的洋中脊的横向延伸长度较短、纵向上裂谷发育(图 2(C)、(c))。

参 考 文 献

[1] 赵明辉，丘学林，李家彪，等. 慢速、超慢速扩张洋中脊三维地震结构研究进展与展望. 热带海洋学报, 2010, 29(6): 1-7.

[2] Morgan J P , Chen Y S. Dependence of ridge-axis morphology on magma supply and spreading rate. Nature, 1993, 364: 706-708.

[3] Sinha M, Constable S, Peirce C, et al. Magmaticprocesses at slow spreading ridges: Implications of the RAMESSES experiment at 57°45′N on the Mid-Atlantic Ridge. Geophysical Journal International, 1998, 135: 731-745.

[4] Mendal V, Sauter D. Seamount volcanism at the super slow-spreading Southwest Indian Ridge between 57°E and 70°E. Geology, 1997, 252: 99-102.

[5] 李三忠，郭晓玉，侯方辉，等. 洋中脊分段性及其拓展和叠接机制. 海洋地质动态, 2004, 20(11): 19-28.

撰稿人：索艳慧　李三忠

中国海洋大学，suoyh@ouc.edu.cn

太平洋板块俯冲后撤如何影响东亚陆缘资源分布–环境变化？

How to Link Subduction Retreat of the Pacific Plate to Effects of Natural Resources and Environment in the East Asian Continental Margin?

现今地球上最大的大陆是欧亚大陆，最大的大洋是太平洋。最大的大陆和最大的大洋之间的过渡区是东亚陆缘，也称为西太平洋洋-陆过渡带。从板块构造理论出发，西太平洋所在的海域是太平洋板块，由约 185 Ma(早侏罗世)前的古太平洋板块(先后有依泽奈崎、法拉隆和菲尼克斯板块)发展演变而成的[1, 2]。

现今的太平洋板块是一个古老而致密的大洋岩石圈板块，欧亚板块是一个大陆板块，太平洋板块俯冲到欧亚板块之下，形成了西太平洋俯冲带(图 1)。西太平洋是世界上最典型、最集中的俯冲带分布海域，太平洋板块和菲律宾海板块均在此与欧亚板块相互作用，以整体俯冲为主，兼有局部碰撞，影响着板块边缘及板块内部的动力过程、应力场特征及构造运动等[3]。所以，西太平洋俯冲带是当前地球科学家们研究的关键地带。假如全球运动的板块系统是一辆汽车，那么俯冲带俯冲过程犹如这辆汽车的“发动机”之一，西太平洋洋-陆过渡带的一切地质过程、成岩-成藏-成矿-成灾的资源环境效应都与俯冲带俯冲过程密切相关，因而洋-陆过渡带成为国际研究的重点区域。

俯冲带是如何启动俯冲过程的？现今研究认为，密度差是板块俯冲启动的关键。随着俯冲带的成熟和演化，俯冲到地幔深部的大洋板块因为压力增加快于温度降低密度的作用，因而绝对密度会增加，并在重力作用下，俯冲板块俯冲角度会持续增加，最终趋于垂直。这更有利于俯冲的继续，最终引起俯冲板块的回卷和后撤，即俯冲带和海沟的后撤，同时，俯冲带上覆的大陆岩石圈板块会紧随俯冲带的后撤而被动发生迁移[4](图 2)。上覆大陆岩石圈板块在张应力的作用下发生张裂，引起弧后盆地的形成和扩张。因此，西太平洋俯冲带向东的后撤引起东亚大陆也向东被动漂移，并处于拉张状态，从而导致东亚大陆边缘的裂解和西太平洋海沟-岛弧-边缘海盆地体系的形成(图 1)，且绝大多数岛弧都有具有大陆岩石圈物质的基底。东亚大陆紧随太平洋板块向东的被动迁移会促使海沟-岛弧向海洋方向的迁移，从而引发一系列地质、资源和环境效应。Maruyama 等[5]提出中国东部这种西太平洋板块的俯冲后撤发生在新生代的 50 Ma 以来。

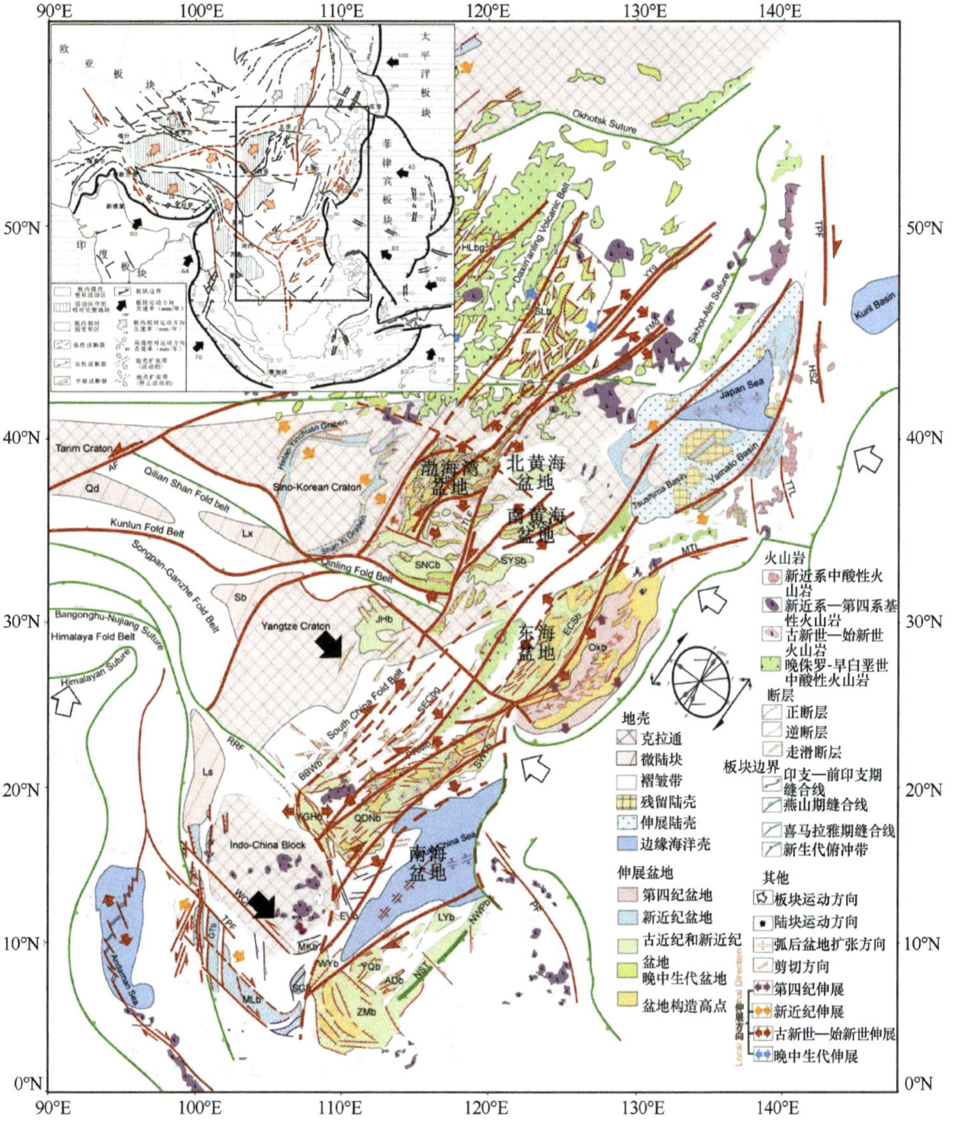

图 1 中国东部及邻区构造格局[6]

实际上，除此之外，还要考虑到中国西部的印度板块自 50 Ma 以来，也逐步开始与欧亚板块碰撞。这个强烈的碰撞导致了后来的青藏高原的隆升，这个过程对西太平洋板块俯冲后撤有无远程影响是当前科学界争论的问题[2]。地球物理学家利用 P-波地震层析成像，揭示低速软流圈从青藏高原延伸到了中国东部，约 50 Ma 后，软流圈地幔物质向东的侧向流动明显。这种深部塑性的地幔流动可能驱动着上覆刚性的大陆块体整体向东或向南的运动，迫使东亚陆缘深部的太平洋板块俯

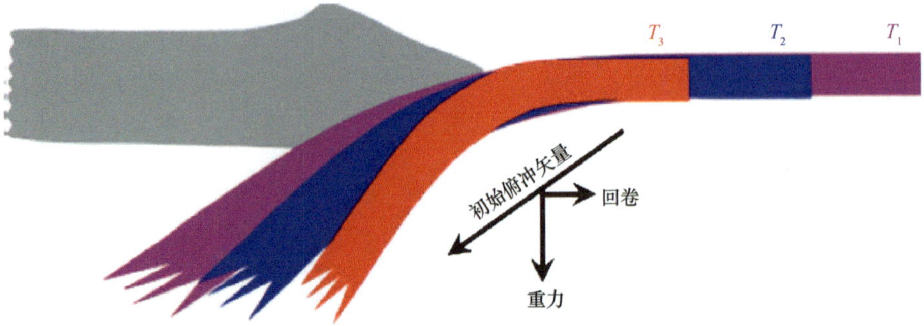

图 2　板块俯冲后撤示意图[4]

随时间 $T_1 \rightarrow T_2 \rightarrow T_3$ 发展

冲角度变陡，因而，也可能太平洋板块的俯冲后撤是被迫的，是被动的，而不是主动俯冲后撤的。尽管是主动还是被动俯冲后撤存在争论，但俯冲后撤确实导致了中国东部弥散性的软流圈上涌、岩石圈裂解、广泛的火山活动和盆地群总体向东或向南的跃迁[6]。此外，Maruyama 等[5]提出印度板块和太平洋两大板块同时向欧亚大陆下俯冲，携带大量水分的俯冲洋壳随着俯冲深度增加逐步脱水，导致西太平洋俯冲带地幔楔出现地幔水化，加速地幔熔融，形成地幔楔内热异常，甚至形成大量小型地幔柱，或直接导致边缘海盆地形成。处在太平洋西岸的中国东部至少自侏罗纪开始就一直处于俯冲影响之下，多项研究认为太平洋板块的俯冲后撤对中国东部的构造形变、岩浆活动、资源和环境起着决定性的作用[6, 7]。尽管取得了一些宏观的认识，但太平洋板块俯冲后撤与东亚陆缘资源分布-环境变化之间精细的关联还有待深化。

1. 地表系统巨变和构造变形效应

已有研究揭示，中生代期间中国东部的地形比中国西部要高，是东高西低；但新生代以来，中国地形发生了巨变，变成了西高东低，这不仅表现为中国地形的四级台阶：青藏高原、黄土高原、华北平原、海水之下的东部陆架，而且表现在河流系统流向、湖盆分布格局的巨变上。Dmitrienko 等[8]提出这种一级构造地貌的成因是晚中生代以来的向东的构造跃迁导致的，是与西太平洋俯冲后撤密切相关的过程。

在西太平洋洋陆过渡带，则表现为边缘海盆地向东的逐渐变年轻(图 1)，受控于太平洋板块俯冲后撤，从西侧的菲律宾海盆(55~34 Ma)到中部的四国-帕里西维拉海盆(30~18 Ma)直至东侧的马里亚纳海槽(8~3 Ma)，西太平洋活动大陆边缘弧后盆地系统形成年龄自西向东逐个变新。这种巨变不仅改变了洋陆过渡带的盆地格局，而且改变了西太平洋的海洋环流结构。

2. 构造跃迁和成藏-成灾效应

中国东部由于俯冲后撤效应的张裂，形成一系列北东向大型走滑断裂，这些断裂控制了包括渤海湾、黄海、东海和南海在内的中国东部盆地群的形成和发展(图 1)。该盆地群存在很大的相似性：北东向控盆断裂，近东西向控坳断层，地堑、半地堑的断陷结构，东西分带、南北分块的总体构造格局等，总体表现出自西向东迁移的构造变形。以东海陆架盆地为例：新生代期间古新世断裂活动集中在盆地西部，渐新世断裂活动集中在东部，总体西部老断裂的活化起始和结束时期早于东部；渐新世末期，盆地沉降带从西部迁移到东部，迄今集中迁移到冲绳海槽海域；盆地西部主要沉积古新统，盆地东部以渐新统为主；受控于构造迁移，盆地的生油层位-储层-盖层、油气圈闭-油气运聚-油气保存六大成藏要素和形成时间也自西向东变新。

3. 岩浆活动和成矿-成藏效应

中国东部出现“燕山期岩浆-成矿大爆发”事件，其中最引人注目的是埃达克岩和铜矿、金矿的形成[7]，尤以长江中下游成矿带最为典型。华南燕山期花岗岩年龄分布自西向东可以大致划分出 170~150 Ma、170~120 Ma 和 120~85 Ma 三个时期，具有向东变年轻的趋势。中国东部新生代岩浆活动分为 65~41 Ma、41~21 Ma、21~13 Ma 和 11 Ma 至现今 4 个时期，第一、二期主要分布在渤海湾、东海陆架等含油气盆地，第二、三期主要集中在东海陆架等盆地东缘，第四期主要发生在冲绳海槽等地区，总体表现出自西向东迁移的规律(图 1)。新生代的岩浆活动主要影响了盆地的油气富集规律。

参 考 文 献

[1] Hilde T W C, Uyeda S, Kroenke L. Evolution of the western Pacific and its margins. Tectonophysics, 1977, 38: 145-465.

[2] 李三忠, 余珊, 赵淑娟, 等. 东亚大陆边缘的板块重建与构造转换. 海洋地质与第四纪地质, 2013, 33(3): 65-94.

[3] 臧绍先, 宁杰远. 西太平洋俯冲带的研究及其动力学意义. 地球物理学报, 1996, 39(2): 188-202.

[4] 牛耀龄. 俯冲带形成、后撤和板块构造动力学的一些基本概念和全新解释——全球意义、西太平洋弧后盆地的成因与演化及对中国东部的地质影响. 板块构造、地质事件与资源效应——地质科学若干新进展, 北京: 科学出版社, 2013, 10-29.

[5] Maruyama S, Santosh M, Zhao D. Superplume, supercontinent, and post-perovskite: Mantle dynamics and anti-plate tectonics on the Core-Mantle Boudary. Gondwana Research, 2007, 11: 7-37.

[6] 索艳慧, 李三忠, 戴黎明, 等. 东亚及其大陆边缘新生代构造迁移特征与盆地演化. 岩石

学报, 2012, 28(08): 2602-2618.
[7] 孙卫东, 凌明星, 汪方跃, 等. 太平洋板块俯冲与中国东部中生代地质事件. 矿物岩石地球化学通报, 2008, 27(3): 218-225.
[8] Dmitrienko L, Li S Z, Cao X Z, et al. Large-scale morphotectonics of the ocean-continent transition zone between the Western Pacific Ocean and the East Asian Continent: A link of deep process to the Earth's surface system. Geological Journal, 2006, 51(S1): 263-285.

撰稿人: 索艳慧　李三忠
中国海洋大学, suoyh@ouc.edu.cn

什么因素决定了边缘海盆地之间的差异？

What Controls Difference Among Marginal Sea Basins?

俯冲带(subduction zone)是全球物质循环的重要场所，并常把大洋板块活动边缘的俯冲系统作为一个“俯冲工厂”(subductionfactory)进行研究[1]，国际上把“俯冲工厂”作为“国际大陆边缘研究计划”(inter margin)和“综合大洋钻探计划”(IODP)的一个重要课题实施。板块在这里俯冲到地幔深处，经历强烈的变质、变形和脱水作用，发生显著的物质循环再造，导致俯冲带大地震的发生、弧前地幔楔的蛇纹岩化、岛弧岩浆作用，以及弧后扩张作用。

弧后扩张作用，是“俯冲工厂”中的重要一环，导致了岛弧裂离大陆或岛弧本身分裂而形成弧后盆地，也称为边缘海盆地。弧后盆地主要分布在太平洋周边，在世界其他大洋边缘少有分布，以西太平洋边缘海之下洋陆过渡带地区的最为典型。

边缘海盆地或弧后盆地形成的扩张作用主要动力来源包括板缘裂开、地幔物质的上涌和贯注、弧后板块的后退、软流圈流动等。根据现代西太平洋活动大陆边缘弧后盆地的形成机制的分析，将弧后盆地的扩张模式归纳为六种类型[2](图 1)。模式 A~C 被称为主动张裂模式，其中模式 A 是由于岛弧底部俯冲板片熔融作用、幔源物质发生上涌而导致弧后扩张；模式 B 是海沟位置固定，导致地幔楔发生次级对流，使得上覆板片张裂，弧后板块远离海沟运动，导致弧后张裂；模式 C 则是由于岛弧后生成有热点或热区而产生地幔物质主动注入，导致弧后主动裂解。模式 D~F 可以称为被动张裂模式，其中模式 D 是地球自转效应，导致浅表运动快于深部，因而俯冲角度变陡，地幔楔总体向俯冲带方向流动，且弧后还形成次级地幔对流；模式 E 是当俯冲板片下部软流圈流动较快，导致俯冲角度变大；模式 F 是地幔挤出作用所致海沟后撤，同时俯冲角度变陡，现今层析成像似乎更支持西太平洋边缘海盆地是这种模式所致。但是，西太平洋的这些边缘海盆地之间还存在巨大不同，不能简单用俯冲角度变陡或地幔挤出作用简单说明它们之间的差异。

总之，从动力学角度考虑边缘海盆形成机制，现在比较流行的说法有主动扩张机制和被动扩张机制两种[3]。①主动扩张机制：主动扩张机制认为边缘海盆的扩张是由上涌的地幔物质引起的，强调地幔物质上涌的主动性，大致有热底辟和次生对流两种模式(图 1)。②被动扩张机制：主动扩张机制似乎可以解释西太平洋边缘海盆的形成，但同样具有俯冲带的东太平洋安第斯陆缘却无边缘海盆形成，难以用主动扩张机制解释。于是，有人提出了被动扩张机制，这种机制认为地幔物

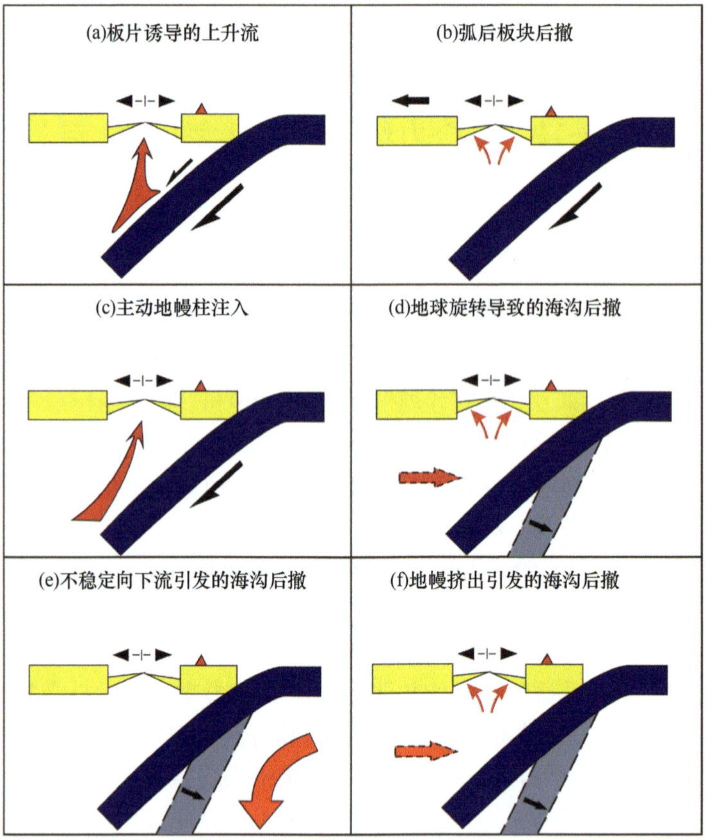

图 1　弧后扩张模型[2]

质的上涌是被动的，受板块之间运动方式的控制。如果大陆板块与岛弧-海沟体系之间为被动的分离运动，这种被动分离是俯冲带俯冲后撤的结果，这就为弧后扩张提供了空间，可以促使地幔物质上涌，从而引起边缘海盆的扩张。如果有俯冲带与大陆板块之间相向运动，大陆板块推掩于俯冲带之上，则形成安第斯陆缘而不会形成边缘海盆。尽管被动扩张机制能解释西太平洋和东太平洋陆缘的差异，但是还没法解释西太平洋边缘海盆地之间的巨大差异。

是什么因素导致了西太平洋边缘海盆地之间的差异？因此，不得不考虑，上覆大陆板块对俯冲板块俯冲过程的响应差异。上覆大陆板块不仅经历了复杂的演化历史，不同地段存在先存的构造差异，对同样的俯冲过程的响应会巨大不同。对于一些在陆缘(大陆地壳)基础上张开或拉分的边缘盆地来说，在海底扩张发生之前，还经历过早期陆壳的裂陷作用，因而存在开裂时间和程度的不同。在俯冲板块的俯冲方向一致的背景下，也会也因为俯冲带边界弯曲，表现出斜向俯冲和正向俯冲的差异，从而导致上覆板块差异响应。在发育了俯冲带的大陆边缘，大洋板块的俯冲作用使陆壳在拉张作用下伸展变薄，这种伸展也可以是正向伸展，也可能是斜向伸展、拉分，拉薄了的地壳又会在均衡作用下陷落，下陷程度可以不同。在这种情况下，如果有来自地幔的基性-超基性岩浆上侵，可使拉薄了的陆壳整体加重，陆壳转化为过渡型地壳，即所谓的“大洋化”作用。随着大洋岩石圈板块的持续俯冲，海底扩张进一步发生，逐渐形成边缘海盆地。以上种种因素都可能导致同样俯冲背景下的边缘海盆地之间的差异。

当然，这种边缘海盆地之间的差异也可能来自深部差异，上述这些模式的本质区别，主要在于其地幔对流样式存在显著差异。但地球深部的地幔对流样式往往难以得到很好约束。边缘海地区深部构造研究，能为限定地幔对流样式提供最为直接的证据。然而，由于海水覆盖，观测成本高，缺乏长期稳定的观测平台，迄今为止，西太平洋洋陆过渡带地区的弧后盆地的深部精细三维构造特征还没有得到很好的约束，这制约了对弧后扩张作用精细动力学过程的深入理解。随着海底观测平台的不断完善，开展系统的俯冲带深部精细三维构造研究，有助于区分弧后盆地成因类型，阐明弧后扩张作用的内在动力学机制。

参 考 文 献

[1] Hacker B, Abers G, Peacock S. Subduction factory 1.Theoretical mineralogy, densities, seismic wave speeds, and H_2O contents. Journal of Geophysical Research, 2003, 108(B1), 2029, doi: 10.1029/2001JB001127.

[2] Flower M, Russo R, Tamaki K, et al. Mantle contamination and the Izu-Bonin-Mariana (IBM) 'high-tide mark': Evidence for mantle extrusion caused by Tethyan closure. Tectonophysics, 2001, 333(1-2): 9-34.

[3] 李三忠，赵淑娟，刘鑫，等. 洋-陆转换与耦合过程. 中国海洋大学学报，2014, 44(10), 113-133.

撰稿人：刘　鑫　李三忠

中国海洋大学，liuxin@ouc.edu.cn

俯冲带大地震和岛弧火山喷发的触发因素

Triggering Factors of Large Earthquake Along the Subduction Zone and Volcanism Along the Island Arc?

俯冲带，是一个大洋板块(俯冲板块)向另外一个大洋板块或大陆板块(上覆板块)之下俯冲的界面，也是全球物质循环的重要场所，一直以来受到地球科学界的广泛关注。在这里，相对较冷的大洋板块，俯冲到相对较热的地幔中去。与之相关的物理和化学过程导致了俯冲带处剧烈的构造、岩浆及变质作用，包括火山喷发、大地震发生等一系列壮观的自然现象。

著名的环太平洋火山带(或环太平洋地震带)的直接成因，就在于大洋板块的俯冲消减(图 1)。以西北太平洋俯冲带为例，自 20 世纪末以来，基于地球科学理论及

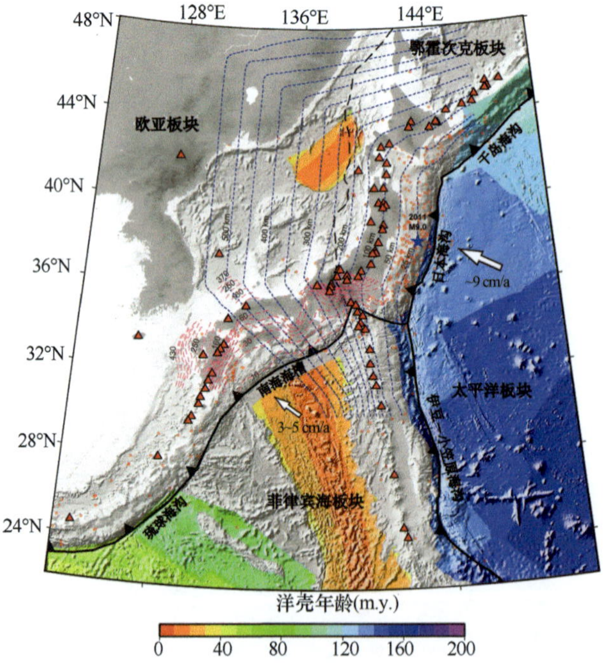

图 1　西北太平洋地区火山、大地震分布图(修改自文献[1])

红色三角代表活火山；蓝色五角星代表 2011 年东北日本大地震(Mw 9.0)；红色圆圈代表 1900 年以来发生在海域之下的六级以上大地震；蓝色虚线代表了俯冲的太平洋板块所处的深度；紫色虚线代表了俯冲的菲律宾海板块所处的深度

方法的不断进展，地球科学家不仅可以观测到西北太平洋俯冲带现今的地表地质过程，还能探知其深部结构构造特征，并了解其在地质历史时期的演化历程及其相关的地球动力学过程。其中，地震层析成像方法及成果，为理解俯冲带火山和大地震的起源，提供了较好的约束[2]。

俯冲的太平洋板块，与大陆板块相比，其密度大、成分差异小，表现为高地震波速、低地震波衰减的特征，而在俯冲板块之上的地幔楔中，存在向陆倾斜的席状低波速、高衰减异常体，该异常体的底部与俯冲板块相连，顶部则位于岛弧火山之下[1]。这一显著特征，存在于全球众多俯冲带中，反映了在俯冲过程中，由于温度和压力的升高，原本富水的俯冲板块发生了脱水作用，这些水进入到介于俯冲板块与上覆板块之间的地幔楔中(图 2)，从而使地幔楔呈现出低波速、高衰减的特征。进入到地幔楔中的水，弱化地幔楔中的橄榄岩，弱化的橄榄岩随着地幔对流，被带入到岛弧火山之下。大量水的加入，使得岛弧火山之下深部的橄榄岩熔点降低，发生了部分熔融，并最终在岛弧火山之下形成密度更低的岩浆房。岩浆从岩浆房中上涌喷出，就形成了岛弧火山。

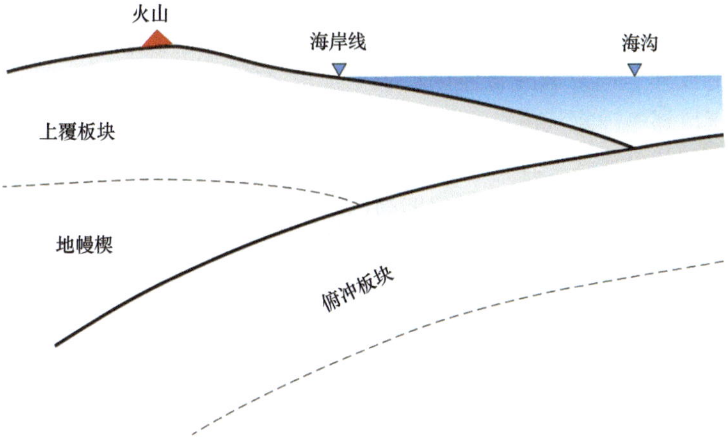

图 2　俯冲板块、上覆板块、地幔楔相对关系示意图

岛弧火山往往呈链状产出，这些串珠状孤立的火山相连，构成一条显著的岛弧火山前线。在一些俯冲板块俯冲角度较为平缓的地区，岛弧火山前线与海沟之间的距离较大，而当俯冲板块角度较陡时，岛弧火山前线与海沟之间的距离则较小。岛弧火山前线之下的俯冲板块深度一般约为 100km。

虽然岛弧火山整体呈链状分布，但为什么火山是沿着岛弧火山前线零星出现，而不是处处线状连续都有？地震层析成像方法根据深部物质的微小密度差异，来区分不通过该物质组成的块体。这些不同密度的物质块体具有不同的地震波穿越速度，密度大的速度大，密度小的速度小，但是，水的介入也可以导致地震波速的降低，在相同深度范围内，密度没有差异时，可推测是水的分布差异，因而通过对地震层析成像结果，可以发现，地幔楔中的席状低波速、高衰减异常体，在深部是成片出现，连为一体的，而到了浅部，则仅存在于岛弧火山之下，并不是在岛弧火山前线之下都有分布。由此，提出了“热手指模型”来解释岛弧火山零星出现的问题[3]。这一理论认为，在地幔楔深部，由于俯冲板块的脱水作用而整体富水，形成了面状的低波速、高衰减异常体，犹如人的手掌，这一面状异常体，向浅部，则分散出一系列手指状的低波速、高衰减异常体，导致了岛弧火山的零星分布。然而，更为精细的地幔楔对流过程，以及造成这种地幔对流样式的根本原因，还有待深入研究。

俯冲带处发育有大量地震，根据地震发生的位置，大致可以分为三类：发生在上覆板块内的地震、发生在俯冲板块内的地震，以及发生在俯冲和上覆板块交界处(板间)弧前巨大逆冲断层带中的地震。有现代地震记录以来，全球 9 级以上的大地震，都是发生在弧前巨大逆冲断层带中的板间逆冲型地震。

俯冲带板间逆冲型大地震，一般发生在弧前巨大逆冲断层带中的高波速、低衰减异常体内或者其周缘地区，并往往毗邻于显著的低波速、高衰减异常体[4]。这些高波速、低衰减异常体代表了俯冲的大洋板块与上覆的大陆板块之间的强耦合部位，而低波速、高衰减异常体则代表了板块之间的弱耦合部位。俯冲带板间大地震的同震滑移不一定局限在震源所处的高波速、低衰减异常体内(强耦合部位)，它可以在相邻的低波速、高衰减异常体中(弱耦合部位)继续扩张，从而引发巨大地震。俯冲带弧前巨大逆冲断层带内的高波速、低衰减异常体主要由俯冲的海山或大洋板块表面的隆起地形所形成；而低波速、高衰减异常体则可能由俯冲的海底沉积物，以及俯冲板块的脱水作用所导致。板块边界处所富含的流体，对弧前巨大逆冲型地震的孕育成核起到重要作用。

俯冲带板间逆冲型大地震的发生，可能需要满足以下三个主要条件。

(1) 需要能量的大量积累。这就需要在俯冲板块边界处存在较为显著的强耦合部位。板块之间的相对运动，可以使得应力在强耦合部位不断积累，从而为巨大地震的发生积累能量。

(2) 积累与释放能量的广泛空间。地震自相似性原则[5]表明，引发地震的断层破裂面越大，震级就越大，地震所释放的能量也就越大。在弧前巨大逆冲断层带处，断层破裂面的大小，在一定程度上，受控于断层面上强、弱耦合部位的分布情况。当断层面上一个(或一组)强耦合部位的周边存在广泛的弱耦合部位时，断层破裂面的发育会受到相对较小的约束，从而为巨大地震的能量释放提供足够的空间。

(3) 流体改变临界条件触发地震。海底沉积物的俯冲，以及俯冲板块的脱水作用，使得板块边界处富含流体。流体的增多，增大了断层处孔隙流体压力，减小了摩擦系数，从而对弧前巨大逆冲型地震的孕育成核起到重要作用。这也正是俯冲带板间巨大逆冲型地震的震源位置往往毗邻于显著的低波速、高衰减异常体的原因。

尽管科学家迄今了解到俯冲带大地震触发和火山爆发触发机制的上述几个因素，但是，地震和火山爆发预测是世界性难题，现今还很难做到大地震和火山喷发发生时刻和发生地点的精准预测，即使是地震和火山爆发的预警，也需要科学家加强临震前和喷发前的多学科综合交叉研究，提升对震前和火山爆发前各种预兆的监测和研判。

参 考 文 献

[1] Liu X, Zhao D, Li S. Seismic attenuation tomography of the Northeast Japan arc: Insight into the 2011 Tohoku earthquake (Mw 9.0) and subduction dynamics. Journal of Geophysical Research, 2014, 119(2): 1094-1118.

[2] Zhao D, Yu S, Ohtani E. East Asia: Seismotectonics, magmatism and mantle dynamics. Journal of Asian Earth Sciences, 2011, 40(3): 689-709.

[3] Tamura Y, Tatsumi Y, Zhao D, et al. Hot fingers in the mantle wedge: new insights into magma genesis in subduction zones. Earth and Planetary Science Letters, 2002, 197(1-2): 105-116.

[4] Zhao D. The 2011 Tohoku earthquake (Mw 9.0) sequence and subduction dynamics in Western Pacific and East Asia. Journal of Asian Earth Sciences, 2015, 98: 26-49.

[5] Aki K. Scaling law of seismic spectrum. Journal of Geophysical Research, 1967, 72(4): 1217-1231.

撰稿人：刘 鑫 李三忠

中国海洋大学，liuxin@ouc.edu.cn

大洋板块俯冲如何导致稳定克拉通破坏？

How Does Subduction of Oceanic Plate Result in Destruction of Stable Craton?

克拉通是地球表层的重要组成单元，占地球陆地面积的 50%左右。它主要形成于前寒武纪(>5.4 亿年)，特别是早前寒武纪(>18 亿年)。典型的克拉通具有超过 200km 的岩石圈厚度，而且地幔岩石圈密度和热流值较低、刚性较高，所以克拉通具有免遭后期地质作用改造的能力[1]，表现在其形成后，无明显的壳内韧性变形和岩浆活动，其上覆沉积盖层呈近水平状产出；现今也无明显地震活动，从而成为地球上最稳定的地区。正是由于这种稳定性，克拉通保留了目前地球上最古老的物质(44 亿年)和最完整的地质历史记录，成为有地质学以来研究大陆形成与演化最重要的地区。但是，也有的克拉通发生了破坏，那么克拉通为什么会破坏就成为当前研究热点。

华北克拉通位于东亚大陆边缘区域(图 1)，是地球上古老克拉通破坏的典型例子。研究华北克拉通破坏为理解全球大陆演化，以及地球内部动力学过程提供了很好的实验场所。对不同地区金伯利岩中橄榄岩捕虏体 Os 同位素特征分析发现，华北克拉通古生代时期的岩石圈地幔是太古宙的(25 亿~27 亿年)[3]，表明华北岩石圈地幔和地壳是在同一历史时期形成的。然而华北东部新生代玄武岩的 Os 同位素特点与现代大洋橄榄岩类似，岩石圈地幔在整体上表现为新生特点[3]。古生代金伯利岩中的橄榄岩捕虏体在岩石类型上表现为大量的石榴子石和方辉橄榄岩[4]，而新生代玄武岩的地幔橄榄岩则是以尖晶石二辉橄榄岩为主[5]。对橄榄岩包体及产于金伯利岩的金刚石中矿物包裹体的温压条件研究显示，古生代时的地热状况与世界上典型的克拉通相似，约为 40 mW/m^2；在新生代时期表面热流显著升高达到 80 mW/m^2，与裂谷构造带等现代大陆活动区类似[4]，而现今的表面热流约为 60 mW/m^2 [6]。地震层析成像结果显示，华北克拉通东、西部地壳和岩石圈厚度存在明显差异。克拉通东部地区普遍分布着薄的地壳(< 40km)和岩石圈(80~100km)[7]；而在克拉通中西部，地壳普遍偏厚(40~60km)，而且岩石圈厚度向西部逐渐增厚，在稳定的鄂尔多斯盆地岩石圈厚度可达 200km[8]。华北克拉通东部存在广泛发育的拉张型盆地及变质核杂岩，这被认为是地壳遭受构造运动影响的直接证据[9]。这些证据揭示，华北克拉通东部自古生代以来，岩石圈地幔的物理和化学性质发生了根本改变，华北克拉通东部已经被改造甚至发生了破坏。

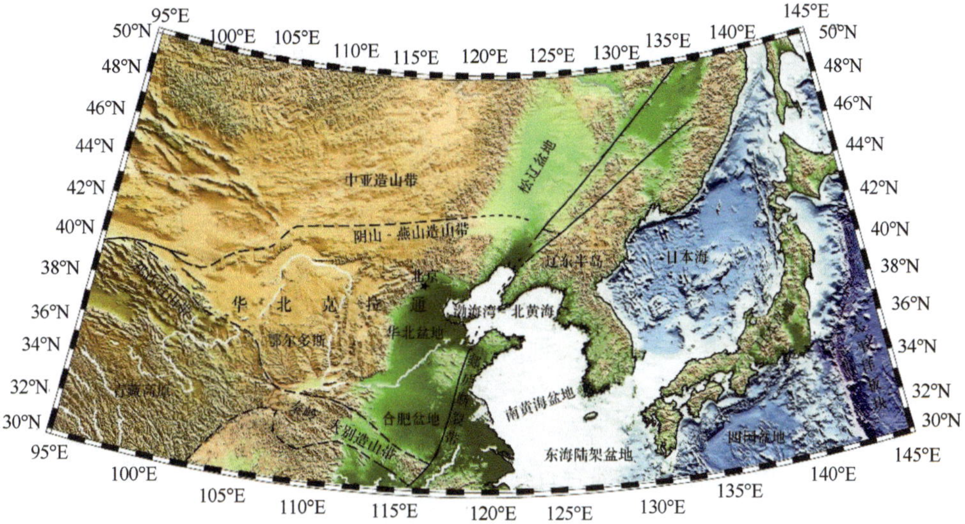

图 1 华北克拉通及邻区区域构造背景(据[2]修改)

黑色线条代表主要构造单元分界线或断裂带构造线

有关华北克拉通破坏的动力学机制一直是争论相对比较激烈的问题。目前提出的比较热门的解释主要可以分为两种：拆沉和热-机械侵蚀。拆沉作用是指由于重力不稳定性而引起的重力垮塌过程，对应自上而下相对快速的破坏过程。热侵蚀是指上涌的软流圈加热软化岩石圈底部，在软流圈流体水平流动产生的剪切应力作用下，这部分物质会被剥蚀转变为软流圈的一部分。除这两种讨论较多的模型外，还有橄榄岩-熔体相互作用、机械拉张作用、岩浆提取作用等模型[10]。随着研究的不断深入，越来越多的证据表明，太平洋板块俯冲是华北克拉通破坏的主要动力学因素，不论热侵蚀还是拆沉等都是板块俯冲动力过程导致的结果。研究还发现，由于太平洋板块的俯冲作用触发了地幔的非稳态流动，致使该克拉通西缘岩石圈不仅减薄，而且被破坏了[9, 11]；同样，现有的各种观测资料表明，中生代以来太平洋板块向东亚大陆的持续俯冲所引发的非稳态地幔流动对华北克拉通东部的整体性破坏起了重要作用[4]。这一结论首先来自太平洋俯冲事件与华北克拉通破坏在时间和空间上的相关性。从时间上来说，华北东部大规模岩浆活动、区域性构造伸展和大规模成矿等均是反映岩石圈减薄和破坏的地质现象，与太平洋板块生长速率显著增加和俯冲方向突然变化的时间相对应。从空间上来说，南北重力梯度带和郯庐断裂带两条中国东部大型构造带的走向，也都显示出与太平洋板块俯冲的相关性。新的地震学研究揭示，华北克拉通东部的破坏与这些浅表地质特征和太平洋板块在地幔过渡带的滞留具有对应性。一方面，这反映了太平洋板块俯冲过程对东部地区从地表到上地幔，以及地幔过渡带的结构与物性都产生了强烈影响，导致华北克拉通下方产生不稳定的地幔流动体系，造成过渡带间断面形态的高度不均匀，引起上地幔减压熔融或地幔物质沿着克拉通根向上流动和停滞在过渡带的俯冲板块部分沉入下地幔。另一方面，上述不稳定的地幔流动体系及太平洋板块的俯冲还引起弧后拉张作用，导致华北克拉通东部普遍发育 NWW—SEE 向伸展构造。在这样的动力背景和非稳态地幔流动体系共同作用下，早白垩世(1.30 亿~1.20 亿年之间)华北克拉通东部岩浆活动达到高峰。由此可见，华北克拉通东部整体性的破坏与太平洋板块俯冲引起的地幔不均一流动密切相关。

岩浆岩源区和不同时代岩石圈地幔中含水量是验证太平洋俯冲作用是华北克拉通破坏的主要动力因素的一个关键因素。因为大陆岩石圈的属性在很大程度上取决于其流变学强度，而后者受流体的影响很大。Xia 等[12]通过对不同时代橄榄岩捕虏体中主要矿物结构水的赋存状态、含量和氢氧同位素组成的测定，以及实验模拟研究，发现华北克拉通东部岩石圈地幔的水含量从~1.25 亿年时总体上远高于大洋中脊玄武岩(mid ocean ridge basalt，MORB)源区、约 0.80 亿年时总体上略高于 MORB 源区、到晚于 0.40 亿年后总体上远低于 MORB 源区。由于~1.25 亿年是华北克拉通破坏的高峰期，此时岩石圈地幔的水含量远高于 MORB 源区，这说明华北克拉通之所以在约 1.25 亿年被破坏是与其被强烈水化导致其强度显著降低密切相关的。同时也说明，太平洋板块俯冲对华北克拉通的影响在 1.25 亿年可能是最强烈的。晚于 0.40 亿年的华北克拉通岩石圈地幔的水含量远低于 MORB 源区，这可能与其从被破坏和改造重新进入新的克拉通化状态是一致的，说明大陆岩石圈属性能保持不变与其经历过强烈脱水而导致的高强度有关。华北克拉通岩石圈地幔水含量从~1.25 亿年到~0.80 亿年到<0.40 亿年逐渐降低，暗示水含量的变化与华北克拉通破坏过程密切相关。华北克拉通东部新生代玄武岩中橄榄岩包体矿物有异于正常地幔的元素组成以及共存矿物之间的不平衡分馏，暗示其岩石圈地幔曾经受到过俯冲洋壳流体的影响。由上可见，不同学科的研究均显示了太平洋板块俯冲对华北克拉通东部岩石圈演化的影响是至关重要的[11]，太平洋板块俯冲是导致这一地区现今盆地和主要构造线的走向、变质核杂岩展布、岩浆作用性质的演变、晚中生代岩石圈地幔富水以及南北重力梯度带形成的主因。

尽管目前已获得了太平洋板块俯冲是造成华北克拉通破坏主要动力作用的一些证据，但还需要多学科综合集成，进一步认识太平洋板块俯冲与华北克拉通破坏的机制、状态、过程、规律等问题。例如，中国东部中—新生代岩浆源区中水和俯冲板片组分的来源，太平洋板块俯冲历史的重建，俯冲板片与岩石圈地幔之间相互作用的方式及其物理化学记录，俯冲板片组分识别，岩石圈地幔的富水和脱水机制和时间，地幔流动状态，岩石圈地幔与软流圈地幔之间的转换关系和相互作用等。对这些问题的深入探索，有赖于获得新的观测资料及其新的研究思路。记录太平洋板块俯冲及其与大陆岩石圈相互作用过程的岩石样品和构造信息十分难得，通过物理模拟和数值模拟研究认识这些作用的机制，判断可能发生的构造作用，是尤为重要的工作。

参 考 文 献

[1] Pearson D G. The age of continental roots. Lithos, 1999, 48: 171-194.

[2] 郭慧丽, 徐佩芬, 张福勤. 华北克拉通及东邻西太平洋活动大陆边缘地区的 P 波速度结构: 对岩石圈减薄动力学过程的探讨. 地球物理学报, 2014, 57(7): 2352-2361.

[3] Gao S, Rudnick R L, Carlson R W, et al. Re-Os evidence for replacement of ancient mantle lithosphere beneath the North China craton. Earth and Planetary Science Letters, 2002, 198: 307-322.

[4] Griffin W L, Andi Z, O'Reilly S Y, et al. Phanerozoic evolution of the lithosphere beneath the Sino-Korean Craton. Geodynamics, 1998, 27: 107-126.

[5] Armitage J J, Jaupart C, Fourel L, et al. The instability of continental passive margins and its effect on continental topography and heat flow. Journal of Geophysical Researches, 2013, 118: 1817-1836.

[6] Menzies M A, Xu Y G, Zhang H F, et al. Integration of geology, geophysics and geochemistry: A key to understanding the North China Craton. Lithos, 2007, 96: 1-21.

[7] Chen L. Lithospheric structure variations between the eastern and central North China Craton from S- and P-receiver function migration. Physics of the Earth and Planetary Interiors, 2009, 173: 216-227.

[8] Chen L, Cheng C, Wei Z G. Seismic evidence for significant lateral variations in lithospheric thickness beneath the central and western North China Craton. Earth and Planetary Science Letters, 2009, 286: 171-183.

[9] Zhu R X, Xu Y G, Zhu G, et al. Destruction of the North China Craton. Science China Earth Sciences, 2012, 55: 1565-1587.

[10] 吴福元, 徐义刚, 高山, 等. 华北岩石圈减薄与克拉通破坏研究的主要学术争论. 岩石学报, 2008, 24(6): 1145-1174.

[11] 朱日祥. 陈凌. 吴福元, 等. 华北克拉通破坏的时间、范围与机制. 中国科学: 地球科学, 2011, 41: 583-592.

[12] Xia Q, Liu J, Liu S, et al. High water content in the Mesozoic lithospheric mantle of the North China Craton and implications for its destruction. Earth and Planetary Science Letters, 2012, 361: 85-97.

撰稿人：王永明　李三忠

中国海洋大学，ymwang@ouc.edu.cn

俯冲或深部动力过程如何控制中国东部台阶式地形？

How Does Subduction or Deep Mantle Dynamics Control Terraced Terrain in East China?

东亚大陆至西太平洋之间的洋陆过渡带，发育一系列大陆裂谷、边缘海和沟-弧体系，其地球动力学成因机制既是当今地球科学前沿领域之一，又是研究热点地区之一。2 亿年前的印支运动以来，中国东部邻近太平洋地区的地质构造格局发生了巨大的变革，由 2 亿年前的前中生代 EW 或近 EW 向的构造主体，逐渐转变、改造、形成一系列 1.6 亿年后的以 NE—NNE 向为主体的构造隆起带和沉降带，从而在中国东部形成一系列的台阶式地形地貌。在东亚大陆边缘发育了两个典型的沉降带，在西面是由松辽、华北、江汉等大型构造盆地组成的第二沉降带，又称为西部沉降带；而在东面则是由鄂霍次克海、日本海、东海和南海所组成的第一沉降带，又称为东部沉降带(图 1)。

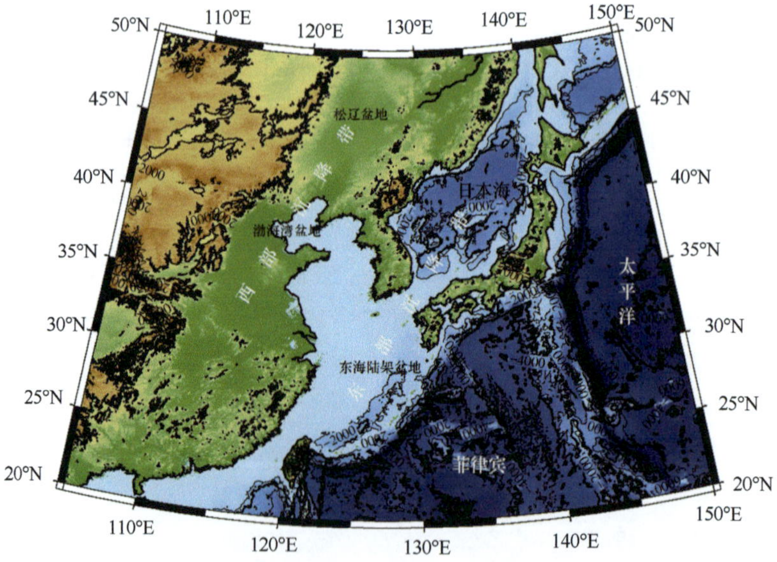

图 1　东亚大陆与西太平洋之间洋陆过渡带区域地形或水深等值线图(据文献[1]修改)

等值线间隔为 2000m

中国东部面向太平洋板块俯冲，也是构造运动最为强烈的地带。但现今稳定的克拉通内盆地成因研究、GPS 测量等都发现板内同样存在变形，其机制难以用经典板块构造理论解释。为此，现今开始重视板下深部非板块构造动力因素对地表地形的控制。实际上，大地构造发展历程的早期曾经强调垂直运动，板块构造诞生以来以水平运动论占主流，尽管板块构造揭示了水深与洋壳年龄关系，但迄今大陆的垂直运动被长期忽视，直至近几十年来裂变径迹技术的运用，才开始探索陆壳隆升机制，古地貌恢复也引起重视，动力(动态)地形与古地貌重建(古山高、古水深)才再度蓬勃发展。

地球的均衡地形主要受地壳和岩石圈密度结构的侧向差异控制，在三维空间中水平运动与垂直运动之间是可以互相转化的。岩石圈板块或地壳块体是运动的还是稳定的，依赖于参照系的选择，具有相对的含义。除均衡地形外，地幔流动也可引起地表变形，导致一级动力地形。这种缓慢的变形可长达几十个百万年，以波长长、幅度相对小(<2km)为特征。以观测数据为约束，可采用模拟技术来理解其幅度、空间型式和时间变化[2]；同时，地幔流变学也会影响地表的垂直运动，抬升和沉降时间则取决于板块边界几何形态和动力学[3]。动力地形是建立深部地幔过程与地壳浅表响应的重要方面[4]，因而建立起地表过程与深部流变过程的联系，揭示不同洋-陆俯冲合地段的变形差异势在必行。这一研究在全球全面开展，使得全球古貌演变逐渐明晰，与地层学、层析成像技术、板块重建技术的结合，成果不断涌现，正推动并发展着板块构造理论，是研究深时(deep time)期间地球环境和开展古地形、古气候和古环流模拟的关键。

俯冲带相关的造山带地形形成与演化通常与不同时空尺度的多种地质过程有关。构造与侵蚀(河流与冰川侵蚀)是地形发展的主要影响因素。地球表面地形也可以由地幔循环塑造，作为地幔中密度异常的响应，地表常产生沿波长的地表抬升或沉降。但是，当动力地形信息被均衡作用效应消除的时候，推断的动力地形(dynamic topography)并不是直接与地幔密度相关，地形对地壳和岩石圈的结构更为敏感。例如，安第斯是典型的俯冲相关的造山带，其动力地形效应是由大洋岩石圈的沉降产生的。现今全球动力地形模型表明安第斯中部和北部的俯冲自 0.40 亿年以来始终在持续，也是全球一个地幔动力学最强的沉降区域。相反，安第斯南部第三纪期间的俯冲作用，因分隔纳兹卡板块、南极板块和凤凰板块的洋中脊与 0.18 亿年的海沟的相互作用导致在 Patagonia 下部形成了板片窗的形成与持续扩大，而表现得不连续。因此，也可以通过低温热年代学方法(如磷灰石(U-Th/He 数据))，以及动力地形的半定量模拟，分析板片窗和气候对地形演化和冷热历史的贡献。

中国东部作为西太平洋活动大陆边缘的重要组成部分，其盆地形成和演化历史与西太平洋区域构造演化密切相关。从全球板块构造格局分析，西太平洋活动大陆边缘的形成和演化是太平洋向欧亚板块下的俯冲和弧后扩张的结果。此外，印度板块-欧亚板块之间的拼合、青藏高原隆升、造山和挤出的远程效应和台湾-菲律宾岛弧与欧亚大陆的弧-陆碰撞和随后的楔入作用在该区域的叠加、复合，从而产生了宽阔的弧后盆地系统。盆地构造等研究揭示，古新世(0.65 亿年)以来，印度板块-欧亚板块的碰撞速率和西太平洋板块-欧亚板块的汇聚速率持续降低[5, 6]，并于中始新世(0.42 亿年)之前，前者的碰撞速率一直保持大于后者的汇聚速率，该时期内中国东部以印度板块的影响占主导；之后，印度-欧亚板块的碰撞速率持续降低，太平洋板块-欧亚板块的汇聚速率开始持续增高并大于印度板块-欧亚板块的碰撞速率，中国东部以先期的印度板块影响占主导转变为以太平洋板块影响占主导，但仍保持为右旋张扭应力场，这直接导致了中国东部陆块的向东挤出和微陆块向东南运移，这是中国东部陆缘发生裂解及盆地构造演化的主要板缘背景和动力学原因[7]。

晚侏罗世—早白垩世期间，太平洋板块向欧亚大陆的俯冲，在中国东部形成了大规模的总体 NNE 向具有走滑性质的区域横压断裂系统，也相继发育了一系列受这些横压系统约束的局部断陷盆地，从而形成了由拉分盆地(如渤海湾和南黄海盆地)、断陷盆地(如松辽盆地)和挠曲盆地或类前陆盆地(如鄂尔多斯盆地、合肥盆地)组成的走滑逃逸盆地群[8]。晚白垩世—古新世，太平洋板块以 120~140mm/a 的平均速率呈 NNW 向向欧亚大陆之下俯冲，板块的俯冲角度由早期的 10°逐渐变为 80°；太平洋板块的高角度潜没和回卷产生的地幔楔内对流以垂向上涌为特征，使欧亚大陆东部地壳逐渐拉伸、垮塌、变薄。同时，太平洋板块俯冲角度的变化使中国东部大陆由低角度俯冲下的压扭变为高角度俯冲下的伸展，在此背景下，渤海湾盆地内的岩浆活动、控盆断裂和断陷盆地也向东发展。始新世晚期，印度与欧亚大陆开始发生硬碰撞，造成欧亚大陆岩石圈向东南的蠕散及板内块体间的大规模滑移[9, 10]；西太平洋俯冲开始向东后撤，这种动力学背景使欧亚东南陆缘的右行张扭应力场更进一步发展，并导致了陆壳的进一步破裂和强烈裂解区域向东继续演化。中始新世(0.42 亿年)，太平洋板块的运动方向由 NNW 向转为 NWW 向，板块俯冲速度增大，华南内陆沿海隆起，裂陷中心南移并发生顺时针旋转，南海北部陆缘裂陷活动达到高峰，裂陷中心自西向东扩展，构造特征相应逐渐向东迁移。利用 P 波地震层析成像研究欧亚板块下的地幔结构，发现低速软流圈从青藏高原延伸到中国东部，大量的地幔岩石圈物质沿印度-澳大利亚板块与欧亚板块的碰撞带处持续注入，约 0.50 亿年后，软流圈地幔物质侧向流动明显。正是这种深部塑性的地幔流动驱动着上覆刚性块体整体向东和向南的运动，从而导致中国东部弥散性的软流圈上涌、岩石圈裂解、广泛的火山活动和盆地群总体向东、向南的跃迁[11]。

总体来看，中国东部盆地的新生代构造机制很可能是板缘、板内和板下地质过程的联合效应，与北西向壳内伸展、印度和欧亚板块碰撞激发的软流圈东扩及太平洋俯冲带的跃迁式东撤区域性“西进东退”的深部机制有关。中国东部台阶式地形地貌特征很可能是俯冲引起的深部地球动力学效应的结果。但是，迄今这种研究结果都只是通过不同时期地质事件的产物识别出来的，其精细过程的再现和机制尚待深入的数值模拟检验。

参 考 文 献

[1] Dmitrienko L V, Li S Z, Cao X Z, et al. Large-scale morphotectonics of the ocean-continent transition zone between the Western Pacific Ocean and the East Asian Continent: a link of deep process to the Earth' s surface system. Geological Journal, 2016, 51: 263-285.

[2] Flament N, Gurnis M, Muller R D. A review of observations and models of dynamic topography. Lithosphere, 2013, 5(2): 189-210.

[3] Matthews K J, Hale A J. Gurnis M. Dynamic subsidence of Eastern Australia during the Cretaceous. Gondwana Research, 2011, 19: 373-383.

[4] Shepard G, Muller R D, Seton M. The tectonic evolution of the Arctic since Pangea breakup: Integrating constraints from surface geology and geophysics with mantle structure. Earth Science Review, 2013, 124: 148-183.

[5] Tamaki K. Upper mantle extrusion tectonics of Southeast Asia and formation of the western Pacific back-arc basins. Workshop: Cenozoic Evolution of the Indochina Peninsula, Hanoi/ Do Son, Abstract with Program, 1995, 89.

[6] Flower M J, Kensaku T, Nguyen H. Mantle extrusion: A model for dispersed volcanism and dupal-like asthenosphere in East Asia and the western Pacific. Mantle Dynamics & Plate Interactions in East Asia, 1998, 67-88.

[7] 索艳慧, 李三忠, 戴黎明, 等. 东亚及其大陆边缘新生代构造迁移与盆地演化. 岩石学报, 2012, 28(8): 2602-2618.

[8] 李三忠, 索艳慧, 戴黎明, 等. 渤海湾盆地形成与华北克拉通破坏. 地学前缘, 2010, 4: 64-89.

[9] Tapponnier P G, Peltzer Y, Dain L, et al. Propagating extrusion tectonics in Asia: New insight from simple experiments with plasticine. Geology, 1982, 10: 611-616.

[10] Tapponnier P, Peltzer G, Armijo R. On the mechanics of the collision between India and Asia. Geological Society London Special Publications, 1986, 19(1): 113-157.

[11] Zhao D. Multiscale seismic tomography and mantle dynamics. Gondwana Research, 2009, 15(3): 297-323.

撰稿人：王永明　李三忠

中国海洋大学，ymwang@ouc.edu.cn

洋壳与陆壳如何过渡？

How to Make a Transition Between Oceanic and Continental Crusts?

洋-陆转换带(continent-ocean transition zone)是大陆向大洋转变的地带，是大陆与大洋相互作用的关键区域，对于理解和认识大洋和大陆的地球动力过程、机制尤为关键，一直处在国际地学研究的前沿。洋-陆转换带最早是在 1980 年由大洋钻探计划(ocean drilling program，ODP)的 103 航次和 104 航次提出[1]。在伊比利亚-纽芬兰大陆边缘，洋壳和陆壳之间并非一个截然的界面，而是一个过渡区域，该区域宽 170~200km，在这个区域中，地幔岩被下伏在减薄的陆壳之下或直接出露海底，它既不表现为正常洋壳，又不表现为正常陆壳，称之为洋-陆转换带。

地球上被动大陆边缘的总长度大约有 105 000km，比俯冲带和洋中脊的长度都要长的多。在全球众多的被动大陆边缘均存在类似的洋陆转换带(图 1)，如南大西洋、北-中大西洋、红海-亚丁湾、印度大陆边缘和澳大利亚大陆边缘等，在阿尔卑斯造山带还发现了由于新生代挤压造山作用而出露地表的中生代特提斯洋的被动

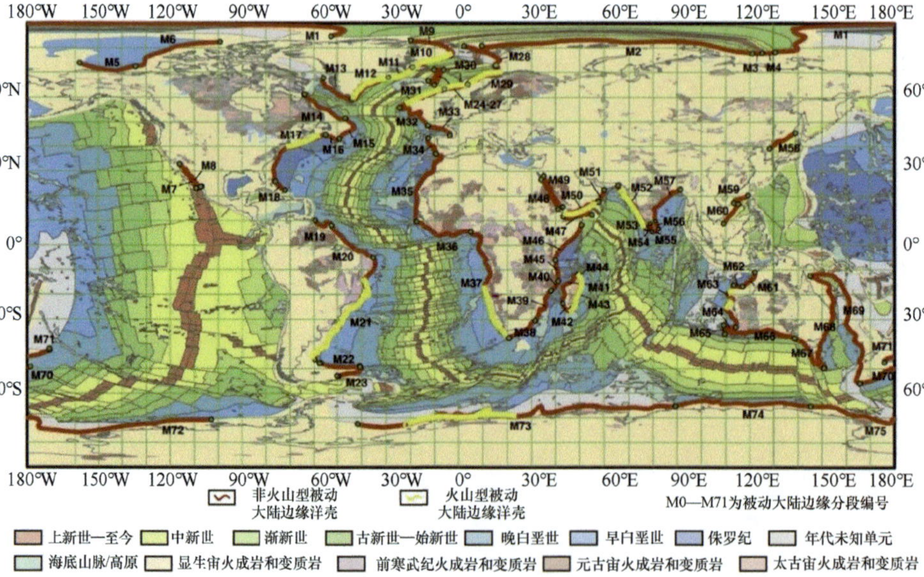

图 1　全球被动大陆边缘分布图[3]

陆缘洋陆转换带露头[2]。至此，人们意识到，洋陆转换带作为伸展陆壳和正常洋壳之间重要的过渡和衔接，是被动大陆边缘普遍发育的一个具有特殊结构的构造单元，蕴含有丰富的地壳岩石圈伸展破裂过程的信息。

目前，被动陆缘有多种成因模式，如对称纯剪模式、不对称单剪模式、分层剪切模式等，据火山岩的多寡，被动陆缘还可分为火山型被动大陆边缘(如纳米比亚边缘)、非火山型被动大陆边缘(如安哥拉边缘)、剪切型被动大陆边缘(如加纳边缘)。因此，不同类型的被动陆缘洋-陆转换变形形式可能存在巨大差异，既有浅层次的伸展、挤压、走滑和旋转等，也有深层次的底侵、拆沉、岩石圈底面热侵蚀或循环对流剥离等，也可能因深部底侵的规模和底侵物质形态差异而出现多样性[4]。

通过地球物理反演，洋-陆转换带在磁异常上一般表现为振幅比较低而且不连续，地壳 P 波速度结构明显不同于大洋或大陆地壳结构。如图 2 所示，在火山型被动大陆边缘，地幔柱活动使得大陆岩石圈裂解，其洋-陆转换带由深部的岩浆岩高速体及地表熔岩流所组成，地震剖面上可见大型的向海倾斜的反射体(SDR)[5]。非火山型被动大陆边缘以伸展断块为特点，岩浆活动微弱，洋-陆转换带由变薄的陆壳和正常洋壳之间的“异常壳”所组成，其 P 波速度在 7.0~7.7km/s。正常的地壳被拉伸变薄或破裂之后，在近海底的浅层或海底与海水之间的水岩相互作用下，原始 P 波速度为 8km/s 的地幔橄榄岩转变为蛇纹石化橄榄岩，导致 P 波速度小于 8km/s。蛇纹石化程度越高，含水量就越高，P 波速度也就越低[6]。

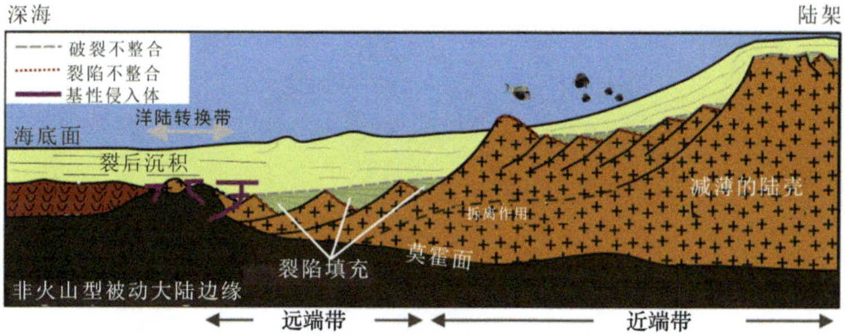

(a)非火山型被动大陆边缘

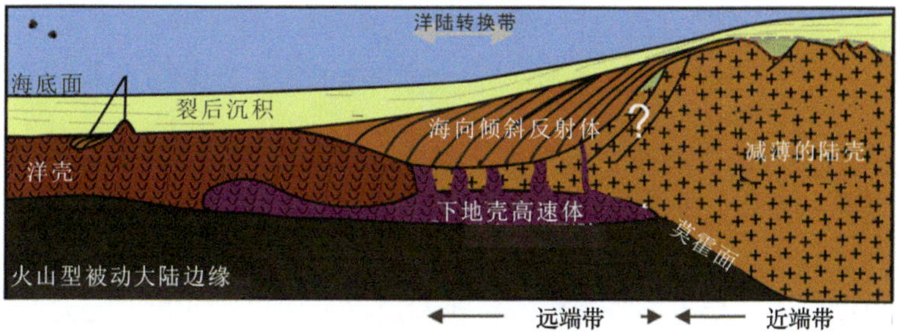

(b)火山型被动大陆边缘

图 2　被动陆缘洋-陆转换带类型和特征[7]

大陆岩石圈的伸展和破裂是大洋扩张、被动大陆边缘形成和演化的核心问题之一。火山型被动大陆边缘和非火山型被动大陆边缘分别起源于火山裂谷和沉积裂谷。

火山型被动大陆边缘形成模式显示，一个比正常地幔热的地幔(如地幔柱)会通过热作用来减薄岩石圈的底部。由于岩石圈减薄时地幔压力会持续减小，且其速率会随时间而增加，因而会发生地幔熔融。该过程可分为两个阶段：①溢流玄武岩阶段，同期发生很小的地壳拉张；②分裂阶段，形成火山型被动陆缘。抬升作用和显著的地壳均衡起始于火山型被动大陆边缘形成之前，并伴随其形成过程。热沉降发生于分裂阶段之后，其幅度取决于新形成的火成岩地壳的厚度和热异常的持续时间。

非火山型被动大陆边缘如何伸展破裂？最新研究提出了纯剪切-简单剪切-岩浆作用的综合模式(图 3)[8]。在被动陆缘的裂谷作用下，首先以纯剪切伸展方式形成均匀分布的断陷盆地群，其后以简单剪切方式沿大型拆离断层变形，一旦拆离断层面沿地壳底界面发育，岩石圈地壳被完全拆离消失，下伏地幔被剥离到海底，形成蛇纹石化地幔橄榄岩。与岩石圈伸展相关的地幔释压熔融产生大量岩浆，其加入伸展的岩石圈会影响伸展流变行为和变形方式，在岩石圈裂解、正常的大洋扩张中心形成后，洋中脊型岩浆增生，集中控制和调节了岩石圈的伸展和变形。

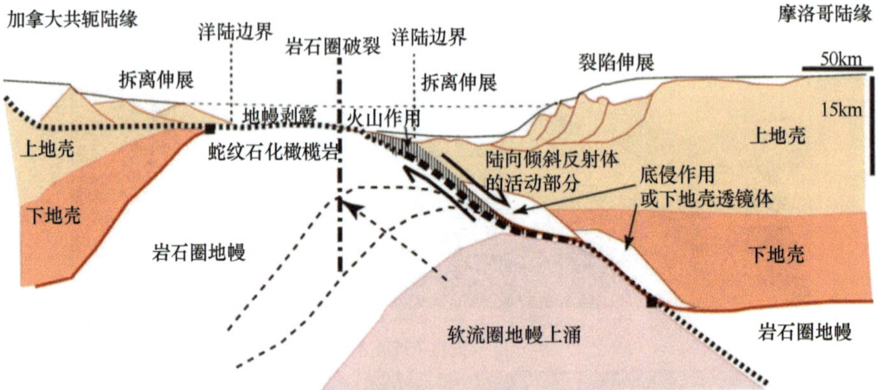

图 3　非火山型被动大陆边缘伸展破裂模式[9]

大陆岩石圈的伸展和破裂不是一个瞬时过程，而是经历了横向上从陆到洋，纵向上从地表到莫霍面，最终到岩石圈底界破裂的变形过程，岩石圈变形机制也经历了从均一纯剪切变形到不对称的简单剪切变形，地壳岩石圈中断层的发育也从小型高角度的正断层、中等规模的铲式断层逐渐变化到低角度的大型拆离断层，最后再到以洋中脊岩墙作用为特征的对称伸展过程，导致了岩石圈最终裂解形成洋壳。

洋-陆转换带是物质和能量交换和传输最为激烈的地带。传统的沉积学、层序地层学主要侧重盆地内部沉积环境研究或盆-山小系统的源-汇过程揭示。洋陆转换带的大气圈、岩石圈、软流圈到水圈、生物圈两两之间的界面，无疑都是全球尺度物质变异的分划性界面，是物质输运、转换需要跨越的一个地带，特别是流体在全球尺度垂向和侧向物质传输和转变中的源-汇效应。

大陆如何起源与生长于洋-陆转换带、洋-陆转换带深部过程与地表响应如何关联、洋-陆转换带物质-能量如何传输与交换等关键基础科学问题目前尚不清楚，因此，洋-陆转换带属性的确定尤为重要。大力加强对洋-陆转换带的研究，解决这个科学难题，才能明确洋壳与陆壳的过渡问题。

参 考 文 献

[1] Boillot G, Recq M, Winterer E L, et al. Tectonic denudation of the upper mantle along passive margins: A model based on drilling results (ODP leg 103, western Galicia margin, Spain). Tectonophysics. 1987, 132(4): 335-342.

[2] 任建业, 庞雄, 雷超, 等. 被动陆缘洋陆转换带和岩石圈伸展破裂过程分析及其对南海陆缘深水盆地研究的启示. 地学前缘, 2015, 22(1): 102-114.

[3] Bradley D C. Passive margins through earth history. Earth-Science Reviews, 2008, 91(1-4): 1-26.

[4] 李三忠, 赵淑娟, 刘鑫, 等. 洋-陆转换与耦合过程. 中国海洋大学学报, 2014, 44(10): 113-133.

[5] Geoffroy L. Volcanic passive margins. Comptes Rendus Geoscience, 2005, 337(16): 1395-1408.

[6] Funck T, Hopper J R, Larsen H C, et al. Crustal structure of the ocean-continent transition at Flemish Cap: Seismic refraction results. Journal of Geophysical Research: Solid Earth, 2003, 108(B11): 2531.

[7] Franke D. Rifting, lithosphere breakup and volcanism: Comparison of magma-poor and volcanic rifted margins. Marine and Petroleum Geology, 2013, 43: 63-87.

[8] Sutra E, Manatschal G. How does the continental crust thin in a hyperextended rifted margin? Insights from the Iberia margin. Geology, 2012, 40(2): 139-142.

[9] Maillard A, Malod J, Thiébot E, et al. Imaging a lithospheric detachment at the continent-ocean crustal transition off Morocco. Earth and Planetary Science Letters, 2006, 241(3-4): 686-698.

撰稿人：郭玲莉　李三忠

中国海洋大学，guolingli@ouc.edu.cn

俯冲隧道中发生了什么？

What Happened in a Subduction Channel?

俯冲隧道是指汇聚板块边缘下伏俯冲板片与上覆板片之间的接触界面及其中发生运动的物质，是板块界面相互作用的产物[1]。俯冲隧道的概念最先在洋-陆俯冲带提出[2, 3]，后被扩展到陆-陆俯冲带[4]。

俯冲隧道在空间上包括了下伏板片和上覆板片的部分物质，其宽度也存在变化，其中大洋俯冲隧道的宽度较小，一般从>1 km 变化到<10 km，大陆俯冲隧道的宽度较大，一般从>5 km 变化到<30 km[1]。

俯冲隧道是在板片俯冲过程中形成的，是实现地球表层与内部之间物质和能量交换的纽带，其内部发生着复杂的物理过程和化学反应。其中物理过程主要包括从下伏和上覆板片刮削下来的块体的运动(向下的俯冲、向上的折返及块体的旋转)、变形及块体间的机械混合。化学反应则主要包括俯冲隧道内的物质在不同深度发生变质脱水、脱碳、相变、部分熔融及地幔交代作用等(图 1)。

1. 物理过程

在大洋俯冲带，俯冲大洋岩石圈板片的上地壳物质(海底沉积物和洋壳玄武岩)由于受地幔楔隧道壁的机械刮削作用而拆离成不同大小的碎块进入俯冲隧道；而在大陆俯冲带，除了俯冲大陆岩石圈上地壳物质(沉积盖层和陆壳基底)，不同大小的地幔岩石碎块也会从地幔楔底部被刮削下来进入俯冲隧道[1]。这些不同来源的物质(碎块)在俯冲隧道内发生机械混合，它们既可以伴随着俯冲过程向下运移，也可以伴随着折返过程向上运移，在这些过程中还可以发生复杂的旋转、变形[1]。其中，在地幔深度，在俯冲过程中被刮削下来的壳源物质之间及这些壳源物质与地幔楔底部刮削下来的橄榄岩碎块之间发生混合，形成超高压变质混杂岩；这些混杂岩折返至地壳深度，部分可能与没有深俯冲的低级变质岩发生机械混合，形成出露于地表的、反映不同变质温压条件且岩石属性不一的构造混杂岩[1]。

2. 化学反应

大洋俯冲带岩石圈地幔楔温度较高，海底沉积物和玄武岩在俯冲过程中变质脱碳或脱水，导致上覆地幔楔发生部分干化或熔融作用，形成同俯冲大洋弧型岩浆作用[6]。同时，海底沉积物脱水后形成高压-低温变质岩，低密度的玄武质洋壳

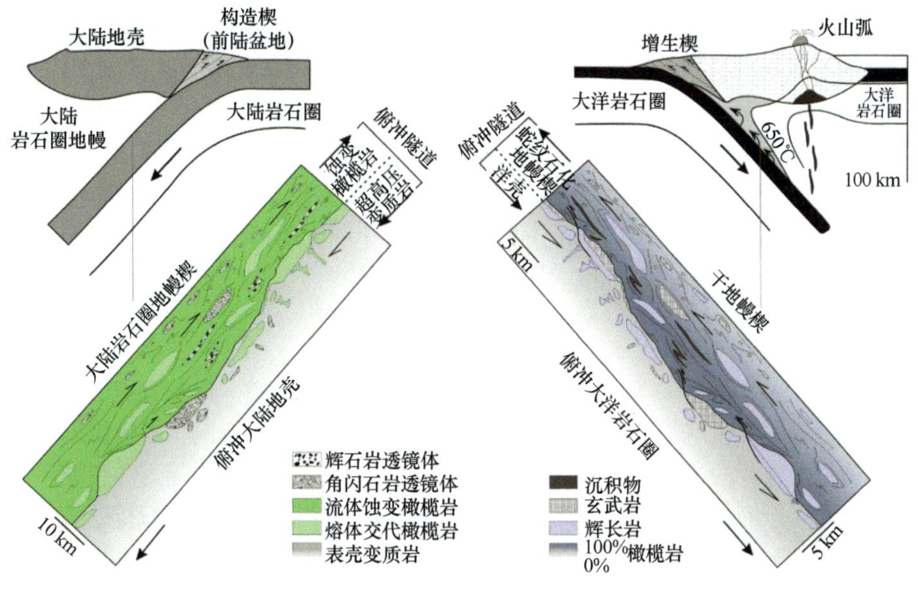

(a) (b)

图 1 大陆俯冲隧道(a)和大洋俯冲隧道(b)中壳幔相互作用示意图[4, 5]

(a) 当大陆地壳(结晶基底和沉积盖层)俯冲到地幔深度时，变质脱水和部分熔融所释放的富水流体和含水熔体交代上覆的大陆岩石圈地幔楔橄榄岩，形成富集不相容元素的地幔交代体。(b) 蛇纹石化俯冲隧道在干的(刚性的)俯冲大洋岩石圈和干的(刚性的)地幔楔之间形成了一个约 60 km 长(从 40~100 km)的软隧道。它由含水大洋岩石圈和地幔楔水化形成的蛇纹岩所组成的混杂岩构成，并包含外来的变玄武岩、变沉积岩和变辉长岩

脱水后则形成高密度的榴辉岩，使大洋岩石圈俯冲至地幔过渡带底部甚至核幔边界。而由于大陆岩石圈与大洋岩石圈在物质组成和状态上存在显著差异，其深部化学过程及壳幔相互作用的产物也出现一系列差异。其中主要区别是，大陆俯冲隧道中地幔楔的温度显著低于大洋俯冲隧道，且具有高黏滞度和低水活度等特点，因而在俯冲过程中难以发生显著的脱水和熔融过程，没有出现同俯冲大陆弧型岩浆作用(图 1)。尽管如此，在大陆俯冲过程中，拆离的地壳碎块和岩片在俯冲隧道内受到构造剪切，促使其变质脱水和部分熔融，大陆岩石圈地幔楔橄榄岩在俯冲隧道界面会被这些富水流体和含水熔体所交代，形成富化、富集的岩石圈地幔交代体[1]。此外，在等温或升温折返过程中含水矿物的脱水分解、名义上无水矿物羟基出溶及外来流体的渗透等也有利于大陆俯冲隧道中超高压岩石的部分熔融，这些过程中形成的富水流体和含水熔体可以沿板片—地幔界面流动并上升进入上覆地幔楔，与地幔楔橄榄岩发生交代作用[7]。

3. 动力来源

俯冲隧道中由于角力流的方向影响，壳源和幔源碎块可以发生不同方向的运动，

其中一些碎块会在俯冲过程中伴随着进变质作用向下运移，埋藏得更深，如高压变质岩随向下运动的板片继续俯冲形成超高压变质岩，另一些碎块则在折返过程中伴随着退变质作用向上运移，如高压-超高压变质地壳碎片的差异性折返[1]。其中高压和超高压岩石的折返是俯冲隧道中的一个不可缺少的部分，这种折返需要俯冲带的弱化及折返板片与残留板片之间的拆离。大洋俯冲隧道中高压变沉积岩的折返过程缓慢且持续时间长，折返速率为 1~5mm/a，大陆俯冲隧道中陆壳起源的超高压岩石折返速度则很快，折返速率可达 40mm/a，但存在时间很短[1]。

4. 折返机制

俯冲隧道内高压和超高压岩石的折返过程也非常复杂，首先需要有一个机械上弱化的俯冲隧道，其由沉积物、含水橄榄岩或部分熔融体组成。影响折返的因素包括浮力、隧道流、板片的构造底侵、俯冲板块后撤及俯冲角度等，其中浮力和隧道流是大陆俯冲隧道中岩石折返的主要力源，而板片底侵则是大洋俯冲隧道岩石折返的主要因素[5]。目前关于大陆俯冲隧道中超高压地体从地幔深度折返至地壳深度的机理主要有：①板片断离引起折返，假设大洋板片与大陆板片在过渡带发生断离，大陆岩石圈整体后退折返；②首先是俯冲地壳在不同深度发生拆离，沿俯冲隧道依次差异性折返，然后大陆岩石圈与大洋岩石圈在过渡带发生断离，俯冲隧道整体折返；③俯冲带后撤引起俯冲隧道空间增大，超高压岩片在浮力驱动下得以折返[1]。

迄今，俯冲隧道研究依然处于起步阶段，针对不同的俯冲隧道类型，开展深入研究非常必要。现今的俯冲带中因俯冲深度和被海水覆盖，难以直接获得样品开展其内部过程的研究，但是现今陆地上存在很多消失的大洋板片，被称为蛇绿岩带。针对这些蛇绿岩带的研究，可以揭示俯冲隧道中的精细构造过程和物质变化过程。俯冲隧道根据上覆板片和俯冲板片的性质不同，可以划分为陆-陆型俯冲隧道、洋-陆型俯冲隧道和洋-洋型俯冲隧道，这些俯冲隧道之间存在巨大差别，不同类型的俯冲隧道中发生了什么？需要今后开展系统研究。

参考文献

[1] 郑永飞, 赵子福, 陈伊翔. 大陆俯冲隧道过程: 大陆碰撞过程中的板块界面相互作用. 科学通报, 2013, 58(23): 2233-2239.

[2] Cloos M, Shreve R L. Subduction-channel model of prism accretion, mélangeformation, sediment subduction, and subduction erosion at convergent plate margins: 1, Background and descryiption. Pureand Applied Geophysics, 1998, 128(3): 455-500.

[3] Cloos M, Shreve R L. Subduction-channel model of prism accretion, mélangeformation, sediment subduction, and subduction erosion at convergent plate margins: 2, Implications and discussion. Pureand Applied Geophysics, 1998, 128(3): 501-545.

[4] Zheng Y F. Metamorphic chemical geodynamics in continental subduction zones. Chemical Geo-

logy, 2012, 328(18): 5-48.

[5] Guillot S, Hattori K, Agard P, et al. Exhumation processes in oceanic and continental subduetion contexts: A review. In: Lallemand S, Funiciello F. Subduction Zone Geodynamics. Berlin: Springer-Verlag, 2009.

[6] Bebout G E. Metamorphic chemicalgeodynamics of subduction zones. Earth and Planetary Science Letters, 2007, 260(3-4): 373-393.

[7] 章军锋, 王春光, 续海金, 等. 俯冲隧道中的部分熔融和壳幔相互作用: 实验岩石学制约. 中国科学: 地球科学, 2015, 45(9): 1270-1284.

撰稿人： 赵淑娟 李三忠

中国海洋大学，zhaoshujuan@ouc.edu.cn

洋陆转换带的深部结构及地质属性

Deep Structure and Geological Nature of the Continent-Ocean Transition Zone

地球历史期间经历了无数沧海桑田的变幻，最大的变化莫过于陆壳如何变成洋壳。板块构造理论告诉我们，大陆裂解到一定程度可以产生大洋洋壳，这种过程受深部动力学控制。那么，到底是什么深部过程导致陆壳向洋壳转换呢？因此，洋陆转换带(continent-ocean transition zone，COT 区)的深部结构和洋、陆归属就成为研究热点，也是目前海洋地质与地球物理学领域面临的难题。这个难题某种程度上受控于我们对 COT 区的深部样品获取能力，以及对其深部结构的探测能力，因此，当前探讨洋陆过渡带也主要是基于有限的 IODP 等资料，全面揭示其真像还待时日。

通常，根据在陆壳裂解阶段岩浆活动的强弱程度，被动大陆边缘可划分为“富岩浆型(magma rich)”和“贫岩浆型(magma poor)”[1]，而洋陆转换带最先是在对富岩浆型陆缘的研究中发现的。通过伊比利亚-纽芬兰陆缘(Iberia-Newfoundland)的大洋钻探计划(ocean drilling program)钻探及综合地球物理探测，发现在缺乏明显同裂谷期构造的陆壳和全部由火成作用形成的壳体之间存在过渡带，该区域既不属于正常洋壳，也不属于陆壳[2]，其蕴含了大陆岩石圈裂解和洋盆初始扩张的重要信息。最近 20 多年来，随着深水油气勘探、综合大洋发现计划，以及陆上陆缘露头研究的推动，对于 COT 区有了更为深入的了解，也促进了大陆岩石圈结构、变形过程，以及形成演化模式的新变革。

被动陆缘往往在 COT 区具有明显的重力异常和地磁异常。一般来说，在重力异常上边缘效应显著，表现为沿着大陆架的外缘，重力自由空间异常急剧升高，同时向陆一侧存在一个重力低，总振幅可以达到 100mGal，这可能与不同密度的洋壳和陆壳接触相关(图 1)。此外，被动陆缘洋壳基底中存在隆起构造也会导致均衡重力异常的升高，如西非的加蓬-刚果(Gabon-Congo)海区、厄加勒斯-马尔维纳斯(Agulhas-Malvinas)海区。而在磁力异常上表现为地磁低缓异常带(magnetic smooth)，或者称为磁静区(magnetic quiet zone)，表现为较为平缓的磁异常。

对于 COT 区这样具有特殊结构的构造单元，其关键的科学问题包括：

1. COT 区的地质属性

目前已知的洋陆转换带可以分为三种类型：①以伊比利亚-纽芬兰陆缘为代表的由蛇纹石化地幔橄榄岩组成的 COT[4]，该类型大陆边缘具有强烈发育的低角度拆离断层，使得大陆下伏地幔直接剥露海底，地壳厚度为 0，其宽度可以达到 130~200 km(图 2)；②加西亚(Galicia)陆缘为代表的异常减薄洋壳组成的 COT[5]，其厚度远低于正常洋壳的 5~10km，由于强烈的构造拉张，洋壳断层发育，使得海水

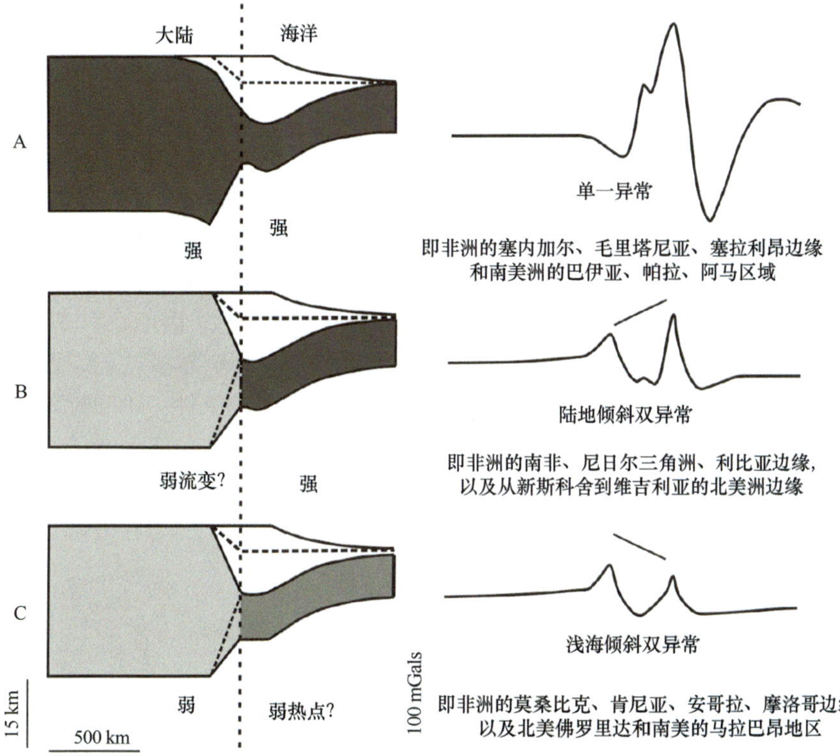

图 1 大陆边缘 COT 区的自由空间重力异常的边界效应[3]

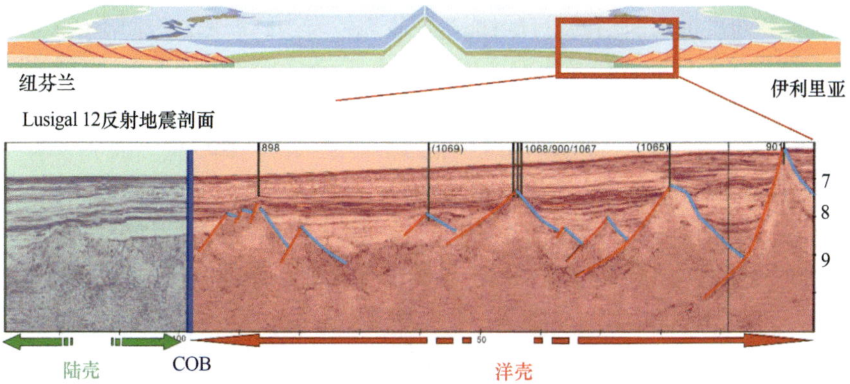

图 2 伊利里亚-纽芬兰 COT 区结构特征，IODP 钻探证实基底掀斜地块为蛇纹石化橄榄岩[4]

渗入至地幔，使得橄榄岩蛇纹石化，地震波速度降低；③以亚丁湾东部南北两侧为代表的以强烈减薄的陆壳为主的 COT[6]，其厚度一般小于 5 km，甚至小于 1 km，整体不显示磁异常，只有在局部地区由于岩浆岩的侵入表现出局部磁异常。

2. COT 区的深部结构决定其分布范围

分布范围也即其向陆及向海一侧的界线。随着广角地震技术(ocean bottom seismometer，OBS)的发展，对 COT 区深部结构的认识也日渐清晰。这些广角反射地震实验表明虽然 COT 具有不同的类型，但都具有 P 波速度从接近基底的 5.0 km/s 逐渐上升到 5km 深度处的 8.0 km/s 左右，没有明显或者突然的在 Moho 处的转化[7]。但是由于在邻近 COT 区可能会有火山/岩浆构造或者裸露的地幔，同时也可能会有一些强烈减薄的陆块，现今被岩浆作用的产物所覆盖，这些因素都会导致 COT 向海一侧外缘位置(continent-ocean boundary，COB)的不确定性。因此在对 COB 的精确定位中，折射地震及重力异常数据通常作用不大，主要依靠多道地震数据及磁力数据。Franke 等[8]对 COT 区向海的边界提出了一些限定条件：①和拉张陆壳相关的最外侧断块；②在叠加地震测线中有典型高频发散的洋壳反射特征；③海盆区条带状磁异常及陆壳区变化规模较小的磁异常；④裂离不整合面的侧向延伸范围。他们认为利用莫霍面的变化来界定 COT 存在不确定性，因为在大多数地震剖面中莫霍面和拆离断层很难区分。

3. COT 区的深部结构记录了洋-陆转换的时空演变过程

通过广角折射/深反射地震剖面和高分辨率多道地震剖面对 COT 区的地壳尺度到盆地内部尺度的界面的精准识别，是刻画 COT 区岩石圈结构和构造地层格架的基本要素。研究发现幕式伸展、应变集中及变形迁移是被动陆缘伸展的普遍规律，而最晚一幕的伸展变形主要发生在 COT 区，包括拆离至地幔的深大断裂的发育[9]。这种低角度拆离断层的发育可能是使得地幔岩出露海底，进而形成 COT 的重要机制。同时这种伸展往往是与深度相关(deep-dependent stretching)，也即脆性的上地壳和韧性的下地壳的伸展量并不一致[10]。COT 区深水及超深水盆地受到多阶段构造活动的改造，接受了不同类型的沉积充填。而对深部结构的最新研究表明很多穿过 COT 区的地震剖面有两个 Moho 面，包括岩性 Moho 面和地震 Moho 面。这些均表明了 COT 区的伸展破裂过程与结构、构造变形及地层格架具有很好的对应关系。

目前对于 COT 的研究，即便对于少数已有详细调查地质与地球物理调查及深部钻探工作的区域，如大西洋陆缘的伊比利亚-纽芬兰区，伍德洛克(Woodlark)盆地，以及红海-亚丁湾区，研究仍有待于进一步深入，而对于调查未深入的地区，其科学问题更需解决。例如，对于南海陆缘 COT 区的分布和范围，COT 区岩石圈结构的精细特征，COT 区变形结构、岩浆活动及对南海渐进式扩张的响应，以及该区的地质属性(剥露的地幔？出露的下地壳？强烈减薄的地壳？)等。这些都需要从海洋调查到科学研究的进一步深入，不仅需要探测和分析技术上的突破，也需要理论上的创新。

未来对 COT 区的研究首先需要广角深反射/折射地震技术对深部结构特征的精准刻画，通过对 P 波反演获取的速度结构及 S 波反演获取的物性信息对其上地幔/地壳结构进行标定。对于二维广角反射/折射地震探测，需要 OBS 更高的布设密度(间距 1 km 左右)，同时应开展三维的广角反射/折射地震探测工作，以获取深部结构在空间上的变化信息。其次，综合大洋钻探依然是对 COT 区地质属性研究最先进也是最直接的技术。继 1999 年和 2014 年南海的两个钻探航次后，IODP 将于 2017 年在南海北部开展第三个航次，其科学目标之一即是旨在厘清南海 COT 区的地质属性(钻井位置见图 3)。通过钻探获取地层的时代和岩性信息，结合高精度的多道地震数据，可以划分 COT 区内重要的构造界面和地层充填顺序，同时基岩的岩性信息可以直接判定 COT 区的地质属性和类型。在以上对地壳岩石圈结构和盆地构造地层格架刻画的基础上，通过模拟技术(物理模拟和数值模拟结合)进行发育过程的定量计算和模拟分析，从而为 COT 区不同阶段岩石圈结构、地壳的热状态和流变特征，以及整个伸展破裂过程的研究提供有效的验证。

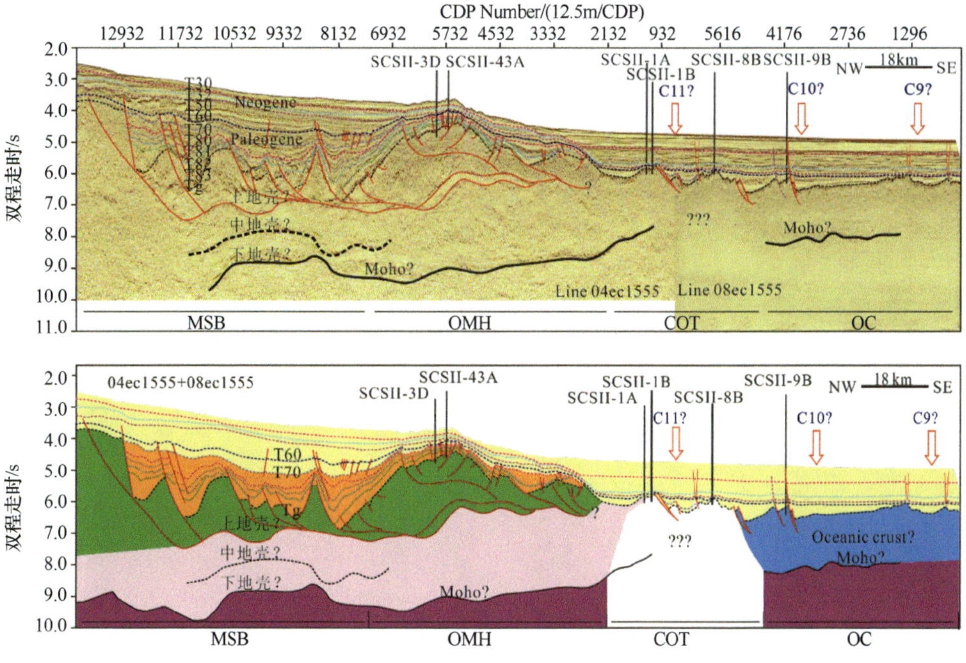

图 3　南海北部陆缘结构特征[11]

黑色竖线为 IODP 348 航次及 349 航次将要实施钻探的预设井位。MSB. 强烈减薄地壳；OMH. 陆缘外侧隆起；COT. 洋陆转换带；OC. 洋壳。红色箭头为解释的磁异常条带

参 考 文 献

[1] Franke D. Rifting lithosphere breakup and volcanism: Comparison of magma-poor and volcanic rifted margins. Marine Petroleum Geology, 2012, 28: 162-176.

[2] Reid I D. Crustal structure of a nonvolcanic rifted margin east of Newfoundland. Journal of Geophysical Research, 1994, 99(B8): 15115-15161.

[3] Watts A B, Marr C. Gravity anomalies and the thermal and mechanical structure of rifted continental margins. Rifted Ocean-Continent Boundaries, 1995, 463: 65-94.

[4] Manatschal G. New models for evolution of magma-poor rifted margins based on a review of data and concepts from West Iberia and the Alps. International Journal of Earth Science, 2004, 93: 432-466.

[5] Funck T, Hopper J R, Larsen H C, et al. Crustal structure of the ocean-continent transition at Flemish Cap: Seismic refraction results. Journal of Geophysical Research, 2003, 108(B11): 117-134.

[6] Leroy S, Lucazeau F, D'Acremont E, et al. Contrasted styles of rifting in the eastern Gulf of Aden: A combined wide-angle, multichannel seismic, and heat flow survey. Geochemistry Geophysics Geosystems, 2010, 11(7): 138-139.

[7] Minshull T A. Geophysical characterisation of the ocean-continent transition at magma-poor rifted margins. Comptes Rendus Geoscience, 2009, 341: 382-393.

[8] Franke D, Barckhausen U, Baristeas N, et al. The continent-ocean transition at the southestern margin of the South China Sea. Marine and Petroleum Geology, 2011, 28: 1187-1204.

[9] Reston T J. Polyphase faulting during the development of the west Galicia rifted margin. Earth and Planetary Science Letters, 2005, 237: 561-576.

[10] Sutra E, Manatschal G, Mohn G. Quantification and restoration of extensional deformation along the Western Iberia and Newfoundland rifted margin. Geochemistry, Geophysics, Geosystems, 2013, 14(14): 2575-2597.

[11] Sun Z, Larsen H, Li C, et al. Testing Hypotheses for lithosphere thinning during continental breakup: Drilling at the South China Sea rifted margin. IODP proposal, 2016, 878-Cpp.

撰稿人：丁巍伟　李家彪　任建业

国家海洋局第二海洋研究所，wwding@sio.org.cn

海底下的“海洋”与热液活动有关吗？

Is Subseafloor Ocean Associated with Hydrothermal Activity?

有众多证据显示海底下存在着流体。随着大洋钻探、海底热流观测等一系列调查工作的开展，地质学家逐渐发现流体活动广泛存在于大洋地壳中，从洋中脊一直延伸到俯冲带，在海底之下形成一个广阔的流体分布区[1](图 1)。流体活动不仅限于洋脊轴部年轻的洋壳内，也存在于洋脊两翼的老洋壳内(> 65 Ma)[2]，且洋脊两翼洋壳(年龄大于 1 Ma)的热通量和流体通量明显高于洋脊轴部[3, 4]，后者的热通量相当于大洋热通量的 30%[3]，这意味着在洋脊两翼广阔的大洋地壳内可能存在大范围的流体循环。据估计，上部洋壳的平均孔隙约为 10%，含水层的厚度可达数百米，其含水总量约占地球表面海水总量的 1%~2%[5, 6]。尽管流体总量不大，但其循环通量惊人，仅 1 Ma 的流体通量就相当于海底面以上海水的总量[5]。不仅如此，研究表明地球深部也是含水的，地幔过渡区(410~650km 深处)的含水量可能接近甚至超过全球海水总量[7, 8]。地幔中的水可以通过岩浆去气等方式向地球表面释放，而且海底热液流体中的部分金属元素可能来自岩浆流体[9]。这也意味着下渗的海水、热液流体及地幔来源的流体，均可能构成海底下“海洋”(subseafloor ocean)的一部分，同时海洋生物学家认为海底下“海洋”中存在大量的微生物群落，构成一个深部生物圈(deep biosphere)，其甚至可能占据地球生物总量的 1/3[10]。这些生物不依赖阳光，而是利用化能合成作用从岩石中获取营养，其与岩石产生相互作用的同时，也使岩石的成分发生改变。这种相互作用在洋壳与大洋之间的化学交换，全球 Fe、C、S 等元素的生物地球化学循环，以及海底下的微生物-矿物相互作用等方面可能扮演着重要的角色[5]。

目前，围绕海底下的“海洋”尚有许多未解之谜，尚不知晓海底下“海洋”与海底热液活动的关系。例如，对海底下“海洋”的流体来源、流体成分，以及流体循环的动力学机制等问题，还缺乏了解。海底热液活动是否是海底下“海洋”的一个窗口？热液流体对海底下“海洋”的贡献有多大？贡献的机制是什么？这些问题并没有给出很好的解答。因此，未来探究回答这些问题将有助于我们深入理解海底下“海洋”的规模、深部过程、成因机理及其与海底热液活动的关系。要解决好上述问题，需要加强地表和地幔组分及其相互作用机制的研究，并充分利用大洋钻探取样及精细地球物理深部探测等技术手段，获取洋壳深部流体的第一手资料，揭开海底下“海洋”的神秘面纱。

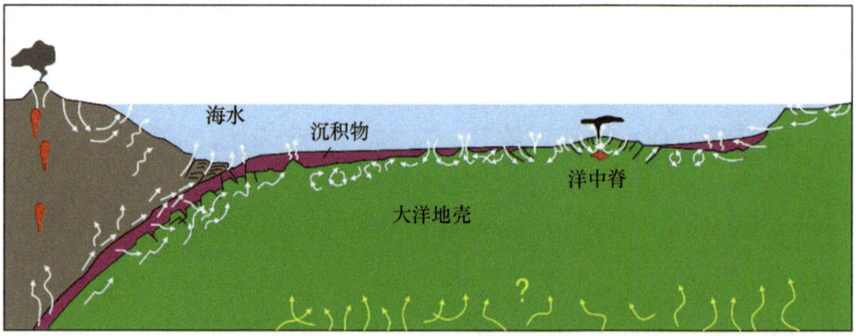

图 1　海底下的“海洋”——洋壳上部流体活动示意图[1]
白色箭头表示洋壳内的流体；黄色箭头表示可能的地幔流体

参 考 文 献

[1] Davis E E, Elderfield H. Hydrogeology of the Oceanic Lithosphere. Cambridge: Cambridge University Press, 2004.

[2] Fisher A, Becker K. Channelized fluid flow in oceanic crust reconciles heat-flow and permeability data. Nature, 2000, 403(6765): 71-74.

[3] Stein C A, Stein S. Constraints on hydrothermal heat flux through the oceanic lithosphere from global heat flow. Journal of Geophysical Research: Solid Earth, 1994, 99(B2): 3081-3095.

[4] Mottl M J, Wheat C G. Hydrothermal circulation through mid-ocean ridge flanks: Fluxes of heat and magnesium. Geochimica et Cosmochimica Acta, 1994, 58(10): 2225-2237.

[5] Edwards K J, Bach W, Mccollom T M. Geomicrobiology in oceanography: microbe-mineral interactions at and below the seafloor. TRENDS in Microbiology, 2005, 13 (9): 449-456.

[6] Johnson H P, Pruis M J. Fluxes of fluid and heat from the oceanic crustal reservoir. Earth and Planetary Science Letters, 2003, 216(4): 565-574.

[7] Pearson D, Brenker F, Nestola F, et al. Hydrous mantle transition zone indicated by ringwoodite included within diamond. Nature, 2014, 507(7491): 221-224.

[8] Schmandt B, Jacobsen S D, Becker T W, et al. Dehydration melting at the top of the lower mantle. Science, 2014, 344(6189): 1265-1268.

[9] Yang K, Scott S D. Magmatic fluids as a source of metals in seafloor hydrothermal systems. In: Christie D M, Fisher C R, Lee S-M, et al. Back-arc spreading systems: Geological, biological, chemical, and physical interactions. Washington: American Geophysical Union, 2006, 163-184.

[10] Mckenzie J. The Search for Life within the Subseafloor Ocean: A Journey to “The Edge of the Sea”. EGS-AGU-EUG Joint Assembly, 2003, 12388.

撰稿人：曾志刚　张玉祥

中国科学院海洋研究所，zgzeng@qdio.ac.cn

海底下热液流体是如何演变的？

How Do Subseafloor Hydrothermal Fluids Evolve?

现代海底热液活动不仅是联系地球岩石圈、水圈及生物圈的天然纽带，而且已逐渐成为联系地球科学及生命科学的重要环节[1]。普遍认为，海底下热液流体是由较冷的海水沿裂隙下渗，经岩浆房加热，并与围岩相互作用后产生的。从海水的下渗到热液流体的喷发，整个过程构成一个流体循环系统。该流体循环系统可分为注入区、反应区、上升区和释放区 4 个部分(图 1)[2]。其中，当海底下热液流体离开反应区进入上升区时，若上升区为高渗透性的区域，则流体快速上升，在释放区以高温(250~400℃)流体形式喷出，并形成烟囱体结构；若上升区为低渗透性的区域，热液流体将与海水混合，经历传导冷却，以低温(8~50℃)扩散流体的形式在释放区喷出(图 1)。目前，主要是通过大洋钻探、理论计算和实验模拟，结合对热液产物中流体包裹体、热液柱，以及喷口流体的分析来了解海底下的热液流体特征。例如，通过数值模拟，人们对热液流体的热通量、物质通量，以及流速等有了一定了解，认识到洋中脊的热液流体可能永远也达不到稳态化学平衡[3]，

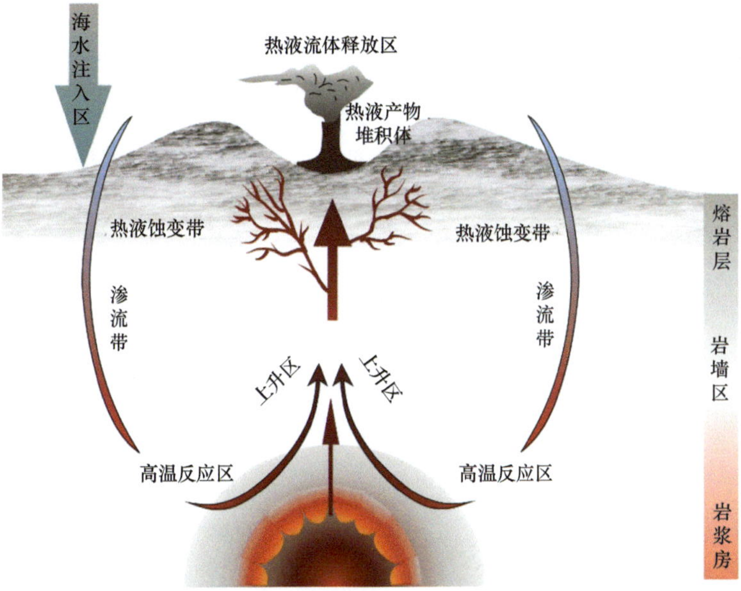

图 1 海底热液系统的循环结构示意图[2]

海底下热液流体经历着一个不稳定的过程。快速扩张洋中脊热液流体的单次循环通常能持续演化十几至几十年，而在频繁的岩浆活动、构造作用影响下，海底下热液流体的输出状态会发生变化，使热液流体能持续活动较长时间，可达几百年[4, 5]。然而，对应的海底下热液流体是如何启动、演变和终结的？经历了怎样的流体-岩石之间的反应过程？现在还依然无法勾勒出一个清晰的画面。不仅如此，至今也不清楚维持喷口流体温度长期稳定的机制、喷口流体盐度具有极大变化范围的原因、构成大型热液产物堆积体空间结构的机制，等等，这些问题均可能与海底下热液流体的物理、化学和相关生物的演变过程有关。此外，研究发现洋中脊、岛弧和弧后盆地的热液流体产物-硫化物的结构、组分不尽相同，这是否与构造环境的不同，以及海水、沉积物和岩石组分的变化有关？因此，更需要我们进一步加强多学科综合研究，运用新技术方法去了解海底热液区的岩浆活动、构造作用，以及其与热液流体的内在联系，进而解决海底下热液流体演变过程这一难题，并为揭示热液流体对海底环境的影响状况提供重要研究支撑。

参 考 文 献

[1] 李军, 孙治雷, 黄威, 等. 现代海底热液过程及成矿. 地球科学(中国地质大学学报), 2014, 39(3): 312-324.

[2] 曾志刚. 海底热液地质学. 北京: 科学出版社, 2011: 567.

[3] Coumou D, Driesner T, Geiger S, et al. The dynamics of mid-ocean ridge hydrothermal systems: Splitting plumes and fluctuating vent temperatures. IEEE International Conference on Multimedia and Expo. IEEE Computer Society, 2010: 322-327.

[4] Lowell R P, Germanovich L N. On the temporal evolution of high - temperature hydrothermal systems at ocean ridge crests. Journal of Geophysical Research Atmospheres, 1994, 99(B1): 565-575.

[5] Tarasov V G, Gebruk A V, Mironov A N, et al. Deep-sea and shallow-water hydrothermal vent communities: Two different phenomena. Chemical Geology, 2005, 224(1-3): 5-39.

撰稿人：曾志刚　李晓辉

中国科学院海洋研究所，zgzeng@ms.qdio.ac.cn

多金属结核"漂浮"在深海沉积物表面的悖论和假说

Hypotheses on Paradox of the Polymetallic Nodules "Floating" on the Surface of Deep-Sea Sediments

多金属结核是由包围核心的铁锰氧化物壳层组成的核形石。核心包括生物介壳、鲨鱼牙齿、鲸鱼耳石、玄武岩碎屑、老结核的碎片等。壳层的化学成分除 Fe、Mn 之外，还包括 Ni、Cu、Co、Mo、REEs 等多种金属元素。结核大小不等，大的直径达 20 多厘米，小的用显微镜才能看到，结核一般直径在 5~10cm，平均 3cm。多金属结核的形状为球状、椭球状或其他不规则形状(图 1(a)~(d))。

早在 1868 年，A. E. Nordenskiold 率领的"索菲亚"号在西伯利亚岸外的北冰洋喀拉海中就发现了多金属结核。然而，具有 Ni、Cu、Co 等金属资源潜力的多金属结核，却是由英国"挑战者"号考察船(H. M. S. Challenger)在 1872~1876 年环球考察中发现的。1873 年 3 月 7 日，"挑战者"号考察船首先在北大西洋采集到了多金属结核样品，在航次的随后考察中，在印度洋和太平洋中均发现了多金属结核。1965 年，Mero 在其专著 *The Mineral Resources of the Sea* 指出了多金属结核的重要资源意义[1]。随后，世界多金属结核勘探开发的相关工作进入了第一个高潮，美国、日本、俄罗斯、加拿大、澳大利亚，以及英国、法国、德国等欧洲国家，先后开展了对多金属结核的地质勘探和采矿技术的研发。这种对多金属结核勘探开发的热潮也导致了国际海底法律制度的建立，以及国际海底管理局的成立。然而，20 世纪 70 年代末到 80 年代初，由于多金属结核仍未实现商业开采，深海矿产领域的注意力逐步转移到富钴结壳和多金属硫化物上来。时至今日，由于富钴结壳和多金属硫化物的商业开采前景也不明朗，相对而言，多金属结核是最接近商业开采的深海资源，所以，多金属结核的勘探与开发又重新回暖，这种"回暖"也显示在国际海底事务的进展上。例如，2006 年前，与国际海底管理局签订的多金属结核勘探合同为 9 份，而 2011 年以后与国际海底管理局签订的多金属结核勘探合同新增 8 份。

在多金属结核勘探与开发中，其空间分布规律是一个关键的科学问题。多金属结核主要分布在深海盆地的深海黏土、钙质软泥和硅质软泥等现代沉积物表面。在个别情况下，多金属结核作为残留沉积分布在时代较老的沉积物上[2]。但是，

DSDP 在世界大洋获取的 370 个钻孔岩心中，51 个岩心中发现了多金属结核，尽管结核数量很少，但遍布世界大洋，且从侏罗纪到更新世都有发育[3]。我国在太平洋利用箱式取样器进行采样时也曾发现，在沉积物表面密集分布着多金属结核，在其下的沉积物中，仍发现有个别结核的存在，如图 1(e)所示；在采集柱状沉积物过程中，也在柱状沉积物深部发现了多金属结核。

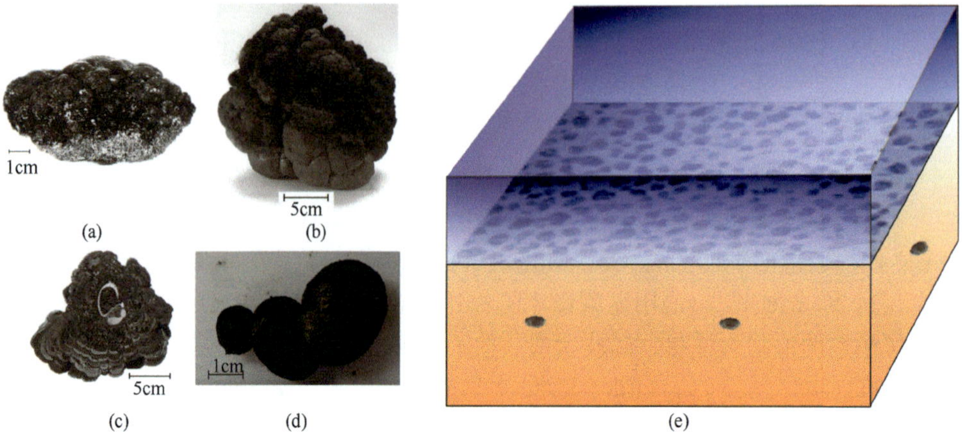

图 1　多金属结核形貌特征和空间分布模式图

(a)为“汉堡状”结核[12]；(b)为不对称的“汉堡状结核”[12]；(c)为不对称结核剖面，核心为鲸鱼耳石[12]；(d)为连生体结核；(e)为结核的空间分布模式图，大部分结核分布在沉积物与海水界面上，偶尔在沉积物中也可见被埋藏的多金属结核

关于多金属结核分布在沉积物表面最难以理解的地质悖论是：多金属结核生长速率为~1~10 mm/Ma，而深海沉积物的沉积速率是~1~10 mm/Ka，深海沉积物的沉积速率比多金属结核的生长速率高 3 个数量级，而绝大多数的多金属结核却没有被深海沉积物掩埋掉。多金属结核的湿密度是 1.88~1.98 g/cm^3[4]，而放射虫软泥和硅藻软泥的湿密度分别为 1.12~1.25 g/cm^3 和 1.16~1.20 g/cm^3，远洋红黏土的湿密度为 1.20~1.33 g/cm^3，显然多金属结核密度大于深海沉积物，所以依据阿基米德定律，多金属结核也不可能漂浮在深海沉积物之上的。

为解释多金属结核不能被沉积物掩埋的地质现象，很多科学家都提出了不同的假说，包括生物扰动假说、底流假说和“巴西果效应”假说等。

1. 生物扰动假说

Piper 和 Fowler[5]提出的假说认为，海底生物通过掘洞，将多金属结核间的沉积物“楔入”固结的沉积物中，以此产生向下的沉积物通量，并保持沉积物表面的多金属结核不移动。在 C-C 区[6, 7]和秘鲁海盆[8, 9]，表层海水具有较高的生物初级生产力，可以为生物活动提供足够的有机质。深海生物的扰动可能是结核“漂浮”在沉积物表面的原因[10, 11]。但是，生物扰动假说缺乏直接的观测证据，并且，向上“推举”多金属结核是消耗能量的行为，在食物匮乏的深海，这种行为显然并不利于此类深海生物进行生存竞争。

2. 底流假说

Glasby[13]对底流的能量进行了半定量的计算，指出底流的能量比维持结核处于沉积物表面的能量高数倍。Glasby 等[14]提出，在西南太平洋海盆，生物生产力相对 C-C 区和秘鲁海盆较弱，因此底流在维持结核处于沉积物表面上起到了重要作用。然而，多金属结核上表面和下表面的年代学数据显示，结核$(0.5\sim5)\times10^5$年的时间范围内没有发生反转；另外，连生体结核(图 1(d))需要几十万年保持不动才能形成，而底流会导致多金属结核发生位移或反转[5]，因此，“底流假说”也存在缺陷。

3.“巴西果效应”假说

1939 年，日本药剂师小山(Oyama)通过转动容器混合颗粒大小不同的药粉时发现，转动并没有使大小不同的药粉颗粒混合均匀，而是按照粒度大小发生了分离聚集。当大小不同的颗粒混合系统在竖直方向振动时，多数情况下，大的颗粒向上运动，小的颗粒向下运动。这种由振动引起的大颗粒在上、小颗粒在下的颗粒分聚行为一般称为“**巴西果效应**”。有学者利用这种效应来解释多金属结核浮在沉积物表面的悖论，如 Barash 和 Kruglikova[15]提出假说，C-C 区的区域性沉积间断形成了富集的多金属结核残留沉积，地震引起的振动导致这些残留沉积的多金属结核“漂浮”到第四纪沉积物表面上来。但是，多金属结核分布于大洋盆地，远离岛弧或洋中脊等地震活跃区，地震波能否将足够的能量传播到大洋盆地中还不确定。

多金属结核究竟为何漂浮在沉积物表面，可能并非由单一因素决定，其控制因素也可能存在区域性的差异，实验室内的模拟实验可能是最终解答这个地质悖论的一个有效途径。

参考文献

[1] Mero J L. The Mineral Resources of the Sea. (Oceanography series vol. 1). Amsterdam: Elsevier, 1965: 312.

[2] Payne R R, Conolly J R. Ferromanganese deposits on the ocean floor. In: Horn D R. 81, IDOE-NSF, Washington D C, 1972.

[3] Glasby G P. Deep-sea manganese nodules in the stratigraphic record: Evidence from DSDP cores. Mairne Geology, 1978, 28: 51-64.

[4] Jauhari P, Pattan J N. Ferromanganese nodules from the central Indian Ocean basin.In: Cronan D S. Handbook of Marine Mineral Deposits. Boca Raton, Florida: CRC Press, 2000: 171-195.

[5] Piper, Fowler. New constraints on the maintenance of Mn nodules at the sediment surface. Nature, 1980, 286: 880-883.

[6] von Stackelberg U, Beiersdorf H. The formation of manganese nodules between the Clarion and Clipperton fracture zones southeast of Hawaii. Marine Geology, 1991, 98: 411-423.

[7] Skornyakova N S, Murdmaa I O. Local variationin distribution and composition of ferromanganese nodulesin the Clarion-Clipperton Nodule Province. Marine Geology, 1992, 103: 381-405.

[8] von Stackelberg U. Manganese nodules of the Peru Basin. In: Cronan D S. Handbook of Marine Minerals. Boca Raton: CRC Press, 2000, 197-238.

[9] von Stackelberg U. Growth history of manganese nodulesand crusts of the Peru Basin. In: Nicholson K, Hein J R, Bühn B, Dasgupta S. Manganese mineralization: Geochemistry and mineralogy of terrestrial and marine deposits. Geological Society Special Publication, 1997, 119: 153-176.

[10] Sanderson B. How bioturbation supports manganese nodules at the sediment-water interface. Deep-Sea Research, 1985, 32A: 1281-1285.

[11] McCave I N. Biological pumping upwards of the coarse fraction of deep-sea sediments. Journal of Sedimentary Petrology, 1988, 58: 148-158.

[12] Glasby G P. Manganese: Predominant role of nodules and crusts. Marine Geochemistry. Berlin: Springer Heidelberg, 2006: 371-427.

[13] Glasby G P. Why manganese nodules remain at the sediment-water interface. New Zealand Journal of Science, 1977, 20(2): 187-190.

[14] Glasby G P, Stoffers P, Sioulas A, et al. Manganese nodule formation in the Pacific Ocean: A general theory. Geo-Marine Letters, 1983, 2: 47-53.

[15] Barash M S, Kruglikova S B. Age of radiolaria from ferromanganese nodules of the Clarion-Clipperton province (Pacific Ocean) and the problem of nodule unsinkability. Oceanology, 1995, 34(6): 815-828.

撰稿人：任向文

国家海洋局第一海洋研究所，renxaingwen@163.com

全球海底多金属硫化物资源量知多少？

How Many Polymetallic Massive Sulfide Deposits are There in the Global Seafloor Hydrothermal Fields?

多金属硫化物是继铁锰结核和富钴结壳之后，在海底发现的又一种新的矿产资源，其富含铜、锌、金、银等有用元素，具有潜在的经济价值和开发前景，已成为国际上进行海底资源调查的重点之一[1]。全球已知的 688 处(该 2016 年给出的数据，随着海底多金属硫化物资源调查工作的进行，还在增加)海底多金属硫化物，主要分布在西太平洋岛弧和弧后盆地、东太平洋海隆、印度洋洋脊和大西洋洋脊的热液活动区中(图 1)。其中，在海隆及洋脊中发现的海底多金属硫化物分布点最多，约占 65%，岛弧和弧后扩张中心分别占 12%和 22%[2]。

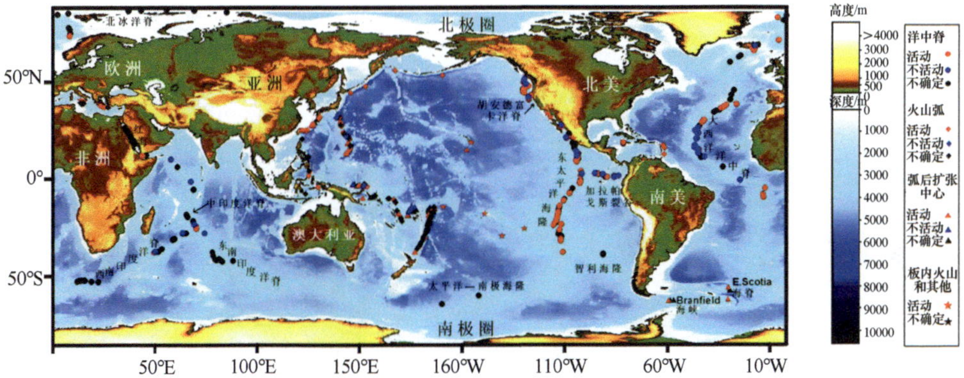

图 1 海底热液活动的全球分布[1]

热液点的数据引自 http://vents-data.interridge.org/ventfields_list_all

那么，全球的海底多金属硫化物资源有多少呢？科学家为此给出了多个估算结果。例如，在东北太平洋南探测者洋脊、东太平洋海隆 13°N 附近和北大西洋洋中脊 TAG 热液区，海底多金属硫化物资源量在(1~5)×10^6t[3]；在北胡安德富卡洋脊的 Middle Valley 热液区和红海的 Atlantis II 海渊热液区，海底多金属硫化物资源量在(0.5~1)×10^8t[3]。随后，在北胡安德富卡洋脊的 Middle Valley 热液区，又估算出海底多金属硫化物至少有 8.8×10^6t[4]；在大西洋洋中脊 Krasnov 热液区，海底多金属硫化物达 1.3×10^7t[5]；在东太平洋海隆 13°N 附近，海底多金属硫化物的资源量

达 2×10^{7}t[6]。进一步，估算出全球海底多金属硫化物总量达到 6×10^{8}t[7]，含铜和锌约 3×10^{7}t[7]，这与陆地上新生代块状多金属硫化物矿床中的铜、锌含量(1.9×10^{7}t)[7]相当。此外，全球海底多金属硫化物中铼(0.6~44t)[8]、锇(1~48kg[8])，以及稀土元素(~280t)[9]的含量相对较低。同时，与洋脊热液活动区相比，弧后盆地和火山弧热液活动区中的海底多金属硫化物具有相对较高的金(达 13.2×10^{-6})[10]和银(达 362×10^{-6})[10]含量(图 2)。

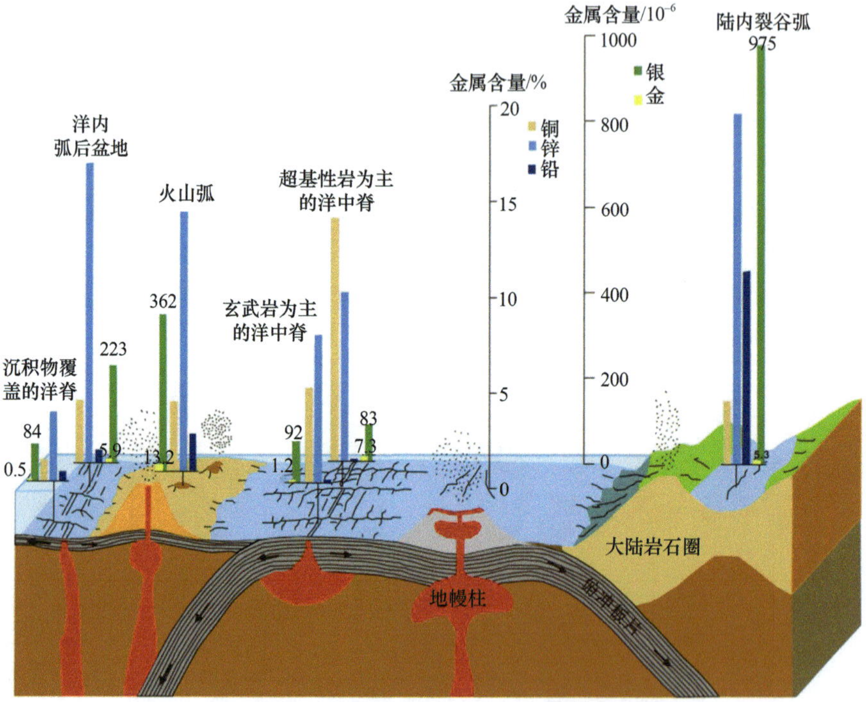

图 2　发育在不同构造背景中硫化物的有用元素含量[10]

很显然，对海底同一热液区(如北胡安德富卡洋脊的 Middle Valley 热液区和东太平洋海隆 13°N 附近)多金属硫化物资源量的前后估算，有较大的差别。这表明，目前对海底多金属硫化物的资源状况仅仅是一个粗略的了解。

进行海底多金属硫化物资源评价依然存在困难。主要体现为：①全球海底多金属硫化物分布位置和数量随着新热液区的发现在变化增长，其分布规律需进一步把握；②不了解绝大多数海底多金属硫化物的产状及规模大小，缺少针对多金属硫化物的露头资料和钻探工作；③海底多金属硫化物资源评价的关键参数(如品位)不足。可见，掌握全球海底多金属硫化物资源状况，仍需继续研发有效的资源评价技术及方法，结合多学科系统的调查研究，才有望破解海底多金属硫化物资源评价难题。

参 考 文 献

[1] 曾志刚. 海底热液地质学. 北京: 科学出版社, 2011: 567.
[2] Hannington M, Jamieson J, Monecke T, et al. The abundance of seafloor massive sulfide deposits. Geology, 2011, 39 (12): 1155-1158.
[3] Herzig P M, Hannington M D. Ploymetallic massive sulfides at the modern seafloor: A review. Ore Geology Reviews, 1995, 10: 95-115.
[4] Zierenberg R A, Fouquet Y, Miller D J, et al. The deep structure of a sea-floor hydrothermal deposit. Nature, 1998, 392: 485-488.
[5] Cherkashov G, Poroshina I, Stepanova T, et al. Seafloor massive sulfides from the northern equatorial Mid-Atlantic Ridge: new discoveries and perspectives. Marine Georesources and Geotechnology, 2010, 28: 222-239.
[6] 曾志刚, 张维, 荣坤波, 等. 东太平洋海隆热液活动及多金属硫化物资源潜力研究进展. 矿物岩石地球化学通报, 2015, 34 (05): 938-946.
[7] Hannington M, Jamieson J, Monecke T, et al. The abundance of seafloor massive sulfide deposits. Geology, 2011, 39: 1155-1158.
[8] Zeng Z G, Chen S, Selby D, et al. Rhenium-osmium abundance and isotopic compositions of massive sulfides from modern deep-sea hydrothermal systems: Implications for vent associated ore forming processes. Earth and Planetary Science Letters, 2014, 396: 223-234.
[9] Zeng Z G, Ma Y, Yin X B, et al. Factors affecting the rare earth element compositions in massive sulfides from deep-sea hydrothermal systems. Geochemistry Geophysics Geosystems, 2015, 16: 2679-2693.
[10] Petersen S, Hein J R. Deep sea minerals: Sea-Floor Massive Sulphides, a physical, biological, environmental, and technical review. In: Baker E, Beaudoin Y. Vol. 1A, Secretariat of the Pacific Community, 2013, 7-18.

撰稿人：曾志刚　陈祖兴

中国科学院海洋研究所，zgzeng@qdio.ac.cn

深海稀土知多少？

How Much do We Know About REY-Rich Deep-Sea Sediments ？

深海富稀土沉积(REY-rich deep-sea sediments)(简称深海稀土)是指富含稀土元素(La、Ce、Pr、Nd、Sm、Eu、Gd、Tb、Dy、Ho、Er、Tm、Yb、Lu)和钇(Y)的沉积物，其稀土元素总含量(ΣREY)最高可超过 2000×10^{-6}，重稀土含量(ΣHREY)最高可达 800×10^{-6}，是 2011 年以来发现的一种新型潜在海底矿产资源[1~3]，它与已经发现的陆地稀土资源属于完全不同的矿床类型。

我们知道，海底除了洋中脊和海山外，大部分被巨厚的沉积物所覆盖。那么，海底究竟分布着多大范围的富稀土沉积呢？根据目前的调查研究，深海稀土主要发育于太平洋的东北太平洋、东南太平洋和西太平洋海区，印度洋的中印度洋海盆区和沃顿海盆区，大西洋还没有发现[1, 3]。当然，这并不是说大西洋及太平洋和印度洋的其他海区就没有富稀土沉积。考虑到深海富稀土沉积的发现至今仅有 6 年的历史，调查研究工作才刚刚开始，我们完全有理由期待在包括大西洋在内的世界大洋中还可以发现更多的稀土资源区。

那么，深海中究竟有多少稀土资源呢？根据 Kato 等的评估结果，仅东南太平洋和中北太平洋部分海域所蕴藏的稀土资源量就超过陆地稀土总资源量[]。而根据我国科学家的初步评估，整个太平洋富稀土沉积物中稀土氧化物资源量可达 1000 亿 t，重稀土氧化物资源量可达 300 亿 t[3]。而印度洋中仅中印度洋海盆富稀土沉积区的稀土氧化物资源量就可达 62 亿 t，重稀土氧化物资源量约为 25 亿 t[3]。虽然，目前人们对深海富稀土资源量潜力估算还非常粗略，但是都认为深海蕴藏着非常丰富的稀土资源。

那么，深海中的稀土是如何富集的呢？目前已经知道，控制稀土元素富集的因素包括碳酸盐补偿深度(CCD)、沉积物类型、沉积速率和氧化还原环境等。其中碳酸盐补偿深度(CCD)是最为直接的因素，深海富稀土沉积都发育于 CCD 之下，也就是说大部分分布于 4000m 水深之下[3, 4]；就沉积物类型而言，稀土元素在沸石黏土和远洋黏土中最为富集，其次为硅质黏土和硅质软泥[3]；沉积速率越低，越有利于沉积物中稀土元素富集[3, 4]。富稀土沉积都发育于氧化环境中，而南极底流(AABW)通过带来大量氧气从而对富稀土沉积的发育起到了重要的作用[3]。富稀土沉积物中的稀土元素绝大部分是直接来源于海水，是由生物成因的磷灰石、热液或水成成因的铁锰(羟基)氧化物，钙十字沸石和黏土矿物等通过不同机制吸收并富集的[1, 3~6]。

总体来说，由于深海富稀土沉积发现的时间非常短，对它的分布规律、资源量，以及成因机制等的认识还很有限，今后还有大量的工作要做。

参考文献

[1] Kato Y, Fujinaga K, Nakamura K, et al. Deep-sea mud in the Pacific Ocean as a potential resource for rare-earth elements. Nature Geosci, 2011, 4: 535-539.

[2] 石学法，黄牧，杨刚，等. 大洋 34 航次第五航段现场报告. 中国大洋协会, 2015.

[3] 石学法，李传顺，黄牧，等. 世界大洋海底稀土资源潜力评估. 中国大洋协会, 2016.

[4] Yasukawa K, Liu H, Fujinaga K, et al. Geochemistry and mineralogy of REY-rich mud in the eastern Indian Ocean. Journal of Asian Earth Sciences, 2014, 93: 25-36.

[5] Yasukawa K, Nakamura K, Fujinaga K, et al. Rare-earth, major, and trace element geochemistry of deep-sea sediments in the Indian Ocean: Implications for the potential distribution of REY-rich mud in the Indian Ocean. Geochemical Journal, 2015, 49: 621-635.

[6] 王汾连，何高文，孙晓明，等. 太平洋富稀土深海沉积物中稀土元素赋存载体研究. 岩石学报, 2016, 32(7): 2057-2068.

撰稿人：石学法　黄　牧　于　淼

国家海洋局第一海洋研究所，xfshi@fio.org.cn

海洋天然气水合物的成矿机制

Mineralization Mechanism of Marine Gas Hydrate

天然气水合物又称之为可燃冰，是由烃类气体与水分子结合形成具有笼型结构的冰状结晶体，通常是由水分子捕获烃类气体分子并借助氢键形成的固体晶格[1]。前人研究认为海底可燃冰的分布范围约占海洋总面积的 10%，约 $4\times10^7km^2$[2]，资源量巨大，引起世界各国高度重视。天然气水合物广泛分布于水深大于 300m 的深水海底沉积物，是迄今所知的最具价值的海底矿产资源，其巨大的资源量和广阔的开发利用前景，以及国际上所面临的能源危机使它有可能成为煤、石油、天然气的替代能源[3]。天然气水合物资源是重要的战略储备能源，对解决能源短缺，保障经济社会持续快速发展具有重要的科学意义和战略意义，因此天然气水合物的研究是当今海洋领域的热点科学课题。由于天然气水合物的环境适应性极差，容易分解，搞清它的成矿机制是天然气水合物安全开采及环境影响评价和预测的前提。

目前，对天然气水合物成因的研究大都从成矿过程、成矿气源、成藏动力学等角度出发，建立了多种天然气水合物的成矿模式，缺乏考虑多种地质作用及物理、化学因素对成矿作用的影响。另外，天然气水合物的形成受到气源条件、温压条件、构造沉积条件等多种因素的影响，但各种因素间的耦合机制研究较少，同时其气源构成特点，以及运聚、富集的方式决定了天然气水合物的成因类型，因此天然气水合物的成矿机制较复杂，至今还没有形成统一的认识。天然气自生成、运移、储集形成水合物的整个过程都对后期成藏有重要影响，其中天然气水合物的形成机理是认识水合物成藏过程和探寻水合物分布规律的关键，是所有研究的基础。众所周知，天然气水合物的形成主要受控于温度(2.5~25℃)、压力(>4.5MPa)、孔隙水盐度和气源等因素及其相互作用[2, 4]。另外，其成藏需要具备的基本条件包括足够的气源供给、气水充分聚集的有利储集空间、一定的温压条件[5, 6]，同时还受到沉积速率、构造、地温梯度、水深、烃类组分等地质和环境因素的影响[7, 8]。全球现今发现的水合物稳定带主要位于西伯利亚永冻土层，以及大陆斜坡带和深海 300~500m 厚的沉积地层中[2]，这些地区都满足低温高压的条件，能够保证水合物稳定存在。因此，天然气水合物从有机质演化至成藏的每个阶段所受到的影响都决定了水合物是否能够顺利成矿。每个矿区都有其特定的沉积环境，能够捕获烃类气体并在适宜的温压条件下形成天然气水合物。

从烃气源构成方面，天然气水合物气源可分为生物成因、热解成因、无机成因，以生物成因气为主，无机成因气最少[9~11]。从成矿成藏方面，水合物成藏主要受控于沉积速率、含砂率、沉积背景等。其中，沉积速率是控制水合物聚集的主要因素之一[11]，沉积速率高使细粒沉积物中的有机质能够免遭氧化作用而保存下来，同时易形成欠压实区，形成良好的孔隙度，盆地热流值降低也利于水合物形成[7]。含砂率决定了地层储集空间大小，含砂率越大，储集空间越大，孔隙水也越多，越利于水合物形成，但含砂率过大会破坏地层封闭性，反而不利于水合物形成[12]。大量研究发现，天然气水合物主要发育于陆源地区的俯冲-增生楔、断裂-褶皱系、底辟构造或泥火山、麻坑构造、滑塌构造、海底扇和陆地多年冻土区等多种地质构造背景[4, 13, 14]。受构造控制因素，陆架边缘区主要有俯冲-增生、断裂-褶皱、底辟或泥火山、滑塌四种成矿地质模式(图 1)。天然气水合物成藏除了受烃类气体丰度控制外还受控于气体向上运移的通道，构造活动所形成的各种地层结构为烃类气体运移提供了有效的通道。滑塌构造与水合物关系密切，滑塌作用既有利于水合物生成，同时也可能是水合物分解后的产物。在海底由于地震、火山喷发、风暴波和沉积快速堆积等事件或因坡体过度倾斜引发滑塌，松散的、富含有机质的滑塌体沉积物由于受到侧向压实作用导致流体大量排放，气体向浅部扩散、渗滤从而形成水合物；水合物由于受到外界条件改变，使其结构不稳定，造成气体溢散，地层失稳，产生滑塌。滑塌作用受其形成条件控制，主要对构造转换带水合物成藏起作用。海底泥火山和泥底辟是海底流体逸出的表现，当含有过饱和气体的流体从深部向上运移到海底浅部时，由于受到快速的过冷却作用而在泥火山周围形成了天然气水合物；而底辟按其穿透地层关系可分为刺穿型和未刺

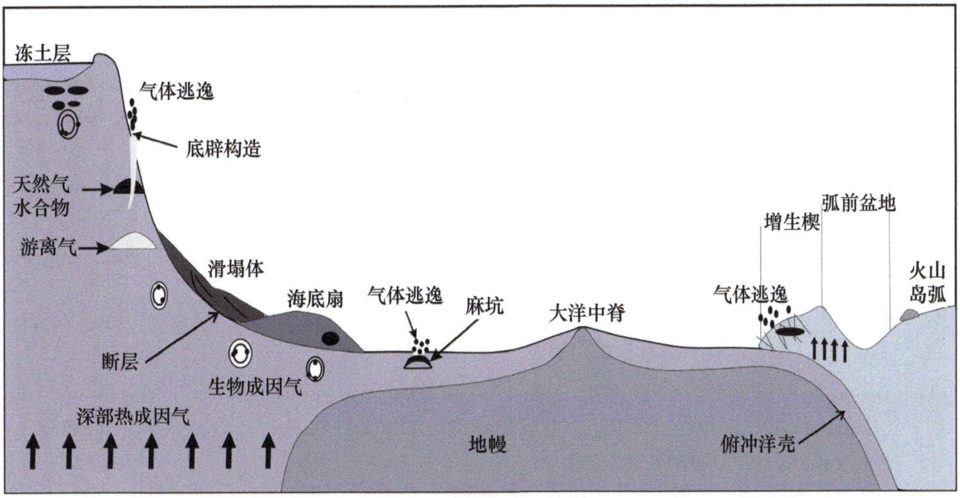

图 1　天然气水合物发育的构造背景模式图[4]

穿型，其中刺穿型底辟破坏地层，不利于气体成藏和水合物的形成，未刺穿型底辟可以形成圈闭，利于水合物成藏。底辟作用主要控制构造低部位或隆坳转折带水合物的成藏。断裂作用为烃类气体运移提供通道，主要对构造高部位的水合物形成最为有利。

前人从水合物成矿过程、成矿气源、成矿动力学等角度提出了多种天然气水合物形成的成矿地质模式，但鲜有从多个角度综合考虑水合物成藏的控制因素，也没有形成统一的认识。综合考虑水合物烃类气源的形成、运移，以及后期成藏的全过程，加之在这一过程中的温压条件、沉积背景、构造活动、沉积速率、地层特性等诸多因素的影响，建立天然气水合物的成藏模式，阐明天然气水合物成矿机制，成为目前急需解决的一大难题。

参 考 文 献

[1] Collett T S. Geologic implications of gas hydrates in the offshore of India: Results of the National Gas Hydrate Program Expedition 01. Marine and Petroleum Geology, 2014, (58): 3-28.

[2] 姚永坚，黄永样，吴能友，等．天然气水合物的形成条件及勘探现状．新疆石油地质，2007, 28(6): 668-672.

[3] 杨木壮，黄永祥，姚伯初，等．南海天然气水合物资源潜力及其能源战略意义．中国土木工程学会，科技、工程与经济社会协调发展——中国科协第五届青年学术年会论文集．中国土木工程学会，2004, 105-106.

[4] 王健，邱文弦，赵俐红．天然气水合物发育的构造背景分析．地质科技情报，2010, 29(2): 100-106.

[5] Sloan E D. Clathrate Hydrates of Natural Gases. New York: Marcel Decker, Inc., 1998.

[6] Koh C A, Westacott R E, Zhang W. Mechanisms of gas hydrate formation and inhibition. Fluid Phase Equilibria, 2002, (194-197): 143-151.

[7] Diaconescu C C, Kieckhefer R M, Knapp J H. Geophysical evidence for gas hydrates in the deep water of the South Caspian Basin, Azerbaijan. Marine and Petroleum Geology, 2001, (18): 209-221.

[8] Milkov A V, Sassen R. Thickness of the gas hydrate stability zone: Gulf of Mexico continental slope. Marine and Petroleum Geology, 2000, (17): 981-991.

[9] Kvenvolden K A. A review of the geochemistry of methane in natural gas hydrate. Organic Geochemistry, 1995, 23(11-12): 997-1008.

[10] 狄永军，郭正府，李凯明，等．天然气水合物成因探讨．地球科学进展，2003, 18(1): 138-143.

[11] Dillon W P. Evidence for faulting related to dissociation of gas hydrate and release of methane off the southeastern United State. Gas Hydrates. London: Geoloical Society London Special Publications, 1998, (137): 293-302.

[12] 于兴河，张志杰，苏新，等．中国南海天然气水合物沉积成藏条件初探及分布．地学前缘，2004, 11(1): 311-315.

[13] 龚跃华, 吴时国, 张光学, 等. 南海东沙海域天然气水合物与地质构造的关系. 海洋地质与第四纪地质, 2008, 28(1): 99-104.

[14] 张光学, 祝有海, 梁金强, 等. 构造控制型天然气水合物矿藏及其特征. 现代地质, 2006, 20(4): 605-612.

撰稿人：王丽艳 李广雪

中国海洋大学，estuary@ouc.edu.cn

海域天然气水合物成藏演化的动力学过程如何

How the Dynamics Process of Formation Evolution on Marine Gas Hydrate

天然气水合物主要赋存于具有低温、高压环境的海洋大陆边缘和高纬度冻土里，其中，海洋天然气水合物通常埋藏于水深大于 300m 的海底以下 0~1100m 处，矿层厚数十厘米至上百米，分布面积数万至数十万平方千米，单个海域甲烷气体资源量可达数万亿至几百万亿立方米。据估算，全球天然气水合物蕴藏的天然气资源总量约为 2.1×10^{16} m^3[1]，相当于全球已探明传统化石燃料碳总量的两倍，其总量之大足以取代日益枯竭的传统油气能源。

目前，海洋天然气水合物资源调查主要依赖于地球物理、地球化学，以及海底钻探等技术手段，其中，似海底反射层(bottom simulation reflection，BSR)、振幅空白带、极性反转、速度变化等地震异常信息被广泛用来作为寻找和确定水合物存在的标志[2~4]。由于海底取样困难，地球化学手段也只能揭示有限的信息，地球物理勘查最重要的标志 BSR 与水合物并非一一对应，有 BSR 显示的地区并不一定有水合物赋存，而没有 BSR 显示的海底也能发现水合物。因此，在物化探手段解释出现多解而一一对应关系不成立时，特别是分析有物化探异常却没有水合物，以及有水合物而异常不显著两种情形下水合物的成矿分析和预测，需要从天然气水合物成藏演化的动力学过程上开展相关研究。综合考虑构造、沉积、稳定域(热力学)、地球化学等成矿条件与水合物的内在联系，把握水合物存在的充分与必要条件，掌握盆地演化对水合物形成、演化与分布的控制规律，探求水合物成藏机理及成藏动力学过程。

天然气水合物成藏的关键取决于温度、压力、气体组分和饱和度及孔隙水组成，其结晶和生长还取决于沉积物颗粒大小、形状和组成，同时受构造作用的控制。因此，水合物形成过程非常复杂。近年来，数值模拟方法迅速兴起，从成因的角度来研究水合物的形成机制。Xu 和 Ruppel[5]研究了孔隙流体中甲烷的对流与扩散两种过程对水合物在海洋沉积物中产状、分布和演化的影响，分析了流体流速、热流和甲烷供应速率对水合物形成和分布的联合制约，但该研究并没有考虑地质演化对该过程的制约[5]。Egeberg 用海底观测的孔隙流体化学成分(Br^-、I^-)来估计 Blake Ridge(布莱克海脊)处流体的流动速率，并据此推测沉积物中水合物和 Cl^-的分布[6]，该模型没有考虑沉积物中甲烷浓度的变化，无法基于热力学背景而从机理上研究水合物生成速率。Davie 和 Buffett 基于物质平衡方程建立了被动大陆边缘水合物形成的数值模型，表达了沉积作用不断将有机质带入水合物稳定带，而有机质在细菌的作用下转变为甲烷促进水合物的形成[7]。但是该模型只考虑了有机质转变为甲烷、溶解甲烷转变为游离态甲烷或水合物这一过程，没能够全面考虑海底与甲烷有关的各种过程与地球化学分带，如硫酸盐还原作用、甲烷与二氧化碳、二氧化碳与碳酸盐之间的转化过程及制约因素。因而很难对水合物形成与分布，特别是海底地球化学分带(硫酸盐还原带、甲烷-硫酸盐界面、水合物稳定带顶界)作出更准确的预测。Buffett 和 Zatsepina 较真实的模拟了海洋环境天然气水合物的生成过程，实验发现在没有游离气体的多孔介质中，气体以溶解态扩散作用进入孔隙流体生成水合物的现象，并建立了溶解气体生成水合物模型[8]。Chen 和 Cathles 通过美国墨西哥湾 Bush Hill 海底天然气渗漏的地质特征分析，建立了海底渗漏天然气沉淀水合物及分解的动力学模型，认识到天然气渗漏速度是影响渗漏型天然气水合物形成的主要控制因素，海底短暂的温度升高可引起海底表层天然气水合物的快速分解，天然气渗漏作用和水合物的形成将导致水合物稳定带的温度上升，并极大地影响天然气水合物稳定性及资源量[9]。Clarke 和 Bishnoi 也提出了一些水合物形成和分解的动力学模型，将水合过程视为链式反应来研究水合物生长动力学[10]。

就目前的研究成果来看，对天然气水合物成藏的动力学过程的认识并不十分清楚，各种因素之间的相互作用及其耦合控矿机理研究较少。甲烷是如何产生，如何传输，又是如何在沉积层中形成天然气水合物的过程，目前还知之不多。天然气水合物富集成矿是宏观地球动力学演化与微观物质-能量演化的统一。天然气水合物成藏包含海底沉积物中甲烷气产出动力学、流体(水、气)运移动力学、水合物成核生长动力学等动力学过程。这一过程中涉及有机质转化为甲烷(生物活动范围之内转化为微生物成因甲烷、在较深地层中有机质成熟度较高时形成热解气)、溶解甲烷转变为游离态甲烷(稳定带之下)或水合物(稳定带内)、水合物分解的甲烷向海水中扩散(水合物带之上)而被部分或全部氧化(硫酸盐还原带)等涉及甲烷的反应。海底条件下甲烷可能有三种存在形式：溶解态、游离态、水合物态，甲烷究竟以哪种形式存在，取决于体系的温度、压力与孔隙流体的物质组成。海底自上而下出现垂向的地球化学分带：海水→硫酸盐还原带/上溶解气带→水合物带→游离气带/溶解气带，这些分带的界面和厚度由沉积物中甲烷的浓度(甲烷通量)、流体流速、地温梯度所控制，甲烷通量是控制和维持天然气水合物带厚度的关键因素。

实际上海底沉积物中类似的各种涉及甲烷与水合物生成的因素与动力学过程都受盆地动力学演化背景的制约，盆地构造演化、全球海平面变化、沉积物供给，以及气候条件控制了盆地内物质充填样式，制约着沉积体系内物性空间展布与时间上的变化(如沉积岩性空间分布、沉积过程中沉积物孔隙的变化等)，沉积过程中有机质的输入(沉积物中有机质的丰度和类型及沉积相和沉积物组成)控制了盆地内有机质的空间分布；盆地演化伴随着的体系温度、压力的变化，决定了沉积物中有机质-甲烷-水合物体系物质相互转化速率，控制着物质存在的形式，以及沉积物孔隙流体组成与性质的变化(化学组成和稳定同位素特征)。

构造演化和盆地的沉积充填特征既决定了含甲烷流体流动的动力场，又决定了含甲烷流体演化的物理化学场，不仅直接影响着流体在盆地中的流动样式，而且直接影响着甲烷等物质在空间上存在形式，因而盆地的动力学演化控制着沉积物中水合物形成与分解的动态变化，控制着海底水合物的分布与富集。要形成具有资源意义的水合物矿床无疑需要上述宏观地球动力学演化与微观物质-能量演化在时间和空间上合理的匹配。

因而以盆地动力学演化为框架，以海底生物成因甲烷的产出、含甲烷流体在沉积物中的流动-反应、甲烷与水在有利的物理化学条件下结晶形成水合物这一动力学过程为纲，结合实际地质、沉积情况，建立水合物成藏模式，部分学者从成藏的地质控制因素出发对水合物成藏模式进行分类，典型的代表是将水合物成藏分为 4 种模式[11](图 1)，分别是：断层构造储集型、泥火山储集型、地层控制储集

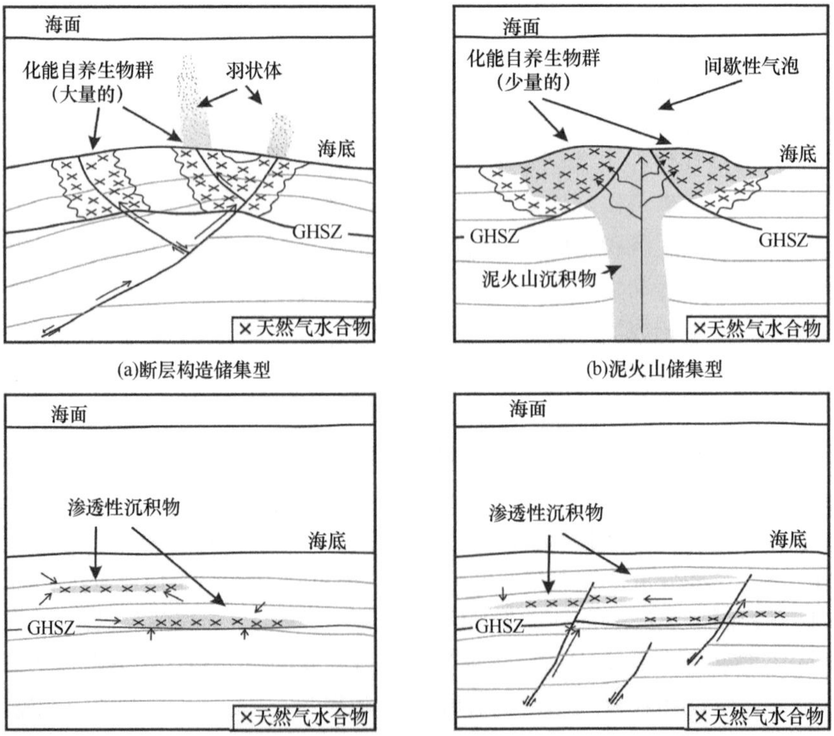

(a)断层构造储集型　(b)泥火山储集型

(c)地层控制储集型　(d)构造-地层储集型

图 1　天然气水合物成藏模式

GHSZ. (水合物稳定带，gas hydrate stability zone)

型、构造-地层储集型。根据这个模型分类，自然界产出的天然气水合物通常受控于活动断层、泥火山、地层和岩性等因素，水合物一般储集于渗透性好的沉积层中。选择合理的地质和物理参数，建立逼近实际条件的地质模型和数学模型，利用盆地数值模拟技术模拟天然气水合物形成的过程，建立天然气水合物的成藏动力学模型，分析天然气水合物形成的动力学过程和机理，客观地揭示水合物成藏机理，预测海底天然气水合物的形成、空间分布与历史演化。将是今后天然气水合物成藏研究的一个重点方向[12, 13]。

参考文献

[1] Kvenvolden K A, Lorenson T D. The global occurrence of natural gas hydrates. Geophysical monograph, 2001, 124: 3-18.

[2] 苏丕波, 雷怀彦, 梁金强, 等. 南海北部天然气水合物成矿区的地球物理异常特征. 新疆石油地质, 2010, 31(05): 485-488.

[3] Malinverno A, Kastner M, Torres M E, et al. Gas hydrate occurrence from porewater chlorine -ity and downhole logs in a transect across the northern Cascadia margin (IntegratedOcean Drilling Program Expedition 311). Journal of Geophysical Research: Solid Earth, 2008, 113(B08103): 1-18.

[4] Shelander D, Dai J C, Bunge G, et al. Estimating saturation of gas hydrates using conventional 3D seismic data, Gulf of Mexico Joint Industry Project Leg II. Marine and Petroleum Geology, 2012, 34(1): 96-110.

[5] Xu W Y, Ruppel C. Prediction the occurrence, distribution, and evolution of methane gas hydrate in porous marine sediments. Journal of Geophysical Research, 1999, 104(B3): 5081-5095.

[6] Egeberg P K, Barth T. Contribution of dissolved organic species to the carbon and energy budgets of hydrate bearing deep sea sediments (Ocean Drilling Program Site 997 Blake Ridge). Chemical Geology, 1998, 149(1-2): 25-35.

[7] Davie M K, Buffett B A. A numerical model for the formation of gas hydrate below the seafloor. Journal of Geophysical Research, 2001, 106: doi: 10.1029/2000JB900363. issn: 0148-0227.

[8] Zatsepina, Buffettba.Nucleations of gas hydrate in marine environments. Geophys. Res. Lett. 2003, 30(9): 1451-1545.

[9] Chen D F, Cathles L M. A kinetic model for the pattern and amounts of hydrate precipitated from a gas steam: Application to the Bush Hill vent site, Green Canyon Block 185, Gulf of Mexico. Journal of Geophysical Research, 2003, 108(B1): 2058.

[10] Clarke M, Bishnoi P. Determination of the intrinsic kinetics of CO_2 gashydrates formation using in situ particle size analysis. Chemical Engineering Science, 2005, 60: 695-709.

[11] Milkov A V, Sassen R. Economic geology of offshore gas hydrate accumulations and provinces. Marine and Petroleum Geology, 2002, 19(1): 1-11.

[12] Pińero E, Berndt C, Crutchley, et al. Modeling 3D gas hydrate accumulations at southern hydrate ridge: Role of faulting in gas migration through the GHSZ. Proceedings of the 8th International Conference on Gas Hydrates (ICGH8-2014), Beijing, China, 2014.

[13] Pińero E, Hensen C, Haeckel M, et al. Gas hydrate accumulations at the Alaska north slope: Total assessment based on 3D petroleum system modeling. Proceedings of the 8th International Conference on Gas Hydrates (ICGH8-2014), Beijing, China, 2014.

撰稿人：苏丕波
广州海洋地质调查局，spb_525@sina.com

天然气水合物成藏气体的成因与来源

Gas Source and Origin of Gas Hydrate Reservoir Forming

天然气水合物是一种由天然气与水在低温高压条件下形成的类似冰的晶状固体物质，俗称“可燃冰”，其主要赋存于全球海底和大陆极地和高原等极低温地区[1]。天然气水合物是一种清洁无污染的新型能源(主要利用天然气水合物分解后的甲烷等烃类气体)，世界上天然气水合物所含的有机碳的总资源量是全球已知常规煤炭、石油、天然气等化石能源资源量总和的两倍[2]，故拥有巨大的利用前景。气体是形成天然气水合物的物质基础，也是开发利用的主要对象。因此，气体来源是天然气水合物成藏研究中最基本的问题。气体的组分特征、成因类型及其来源不仅影响天然气水合物的成藏机理和成藏过程，而且影响到资源调查、评价甚至开发利用的具体方法。与常规油气藏类似，天然气水合物成藏的气体类型主要有低熟生物气(亚生物气)、成熟热解气及混合成因气(生物气及热解气混合成因)[3]。

热成因气的形成机理在传统的油气领域已有比较成熟的认识，在早成熟阶段，热成因甲烷与其他的烃类和非烃类气体一起生成，通常伴生有原油。在热演化最高时，干酪根、沥青和原油中的C—C键断裂，只有甲烷生成。成熟度随着温度的升高而升高，每类烃都有最利于其生成的热窗。对于甲烷，主要是在150℃时生成(图 1)[4]。科学家已注意到天然气水合物与其下部的游离气藏之间的可能联系[5]。

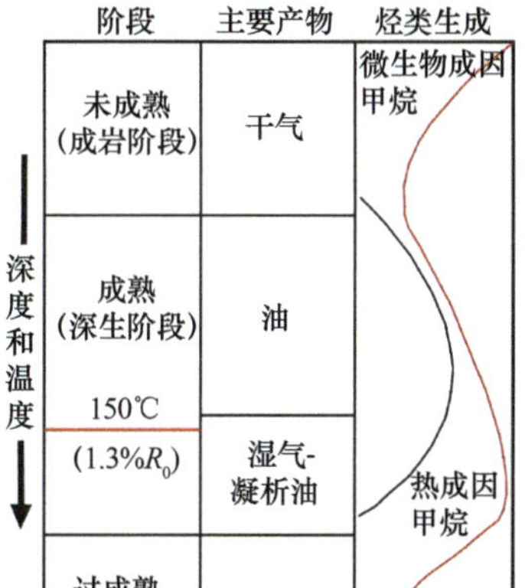

图 1 微生物成因甲烷与热解成因甲烷有利生成深度和温度条件

通常，热解气主要是指腐泥型有机质在过成熟阶段形成的气体，即“油型气”。随着气源岩研究的深入，还发现“煤型气”等其他类型的热解气，而且发现不仅在过成熟阶段才能形成热解气，在成熟阶段甚至在未成熟阶段也能形成热解气。在北阿拉斯加和加拿大的研究表明，热成因气源对于高丰度天然气水合物聚集成藏是非常重要的。随着热解气型或混合气型水合物的发现，研究天然气水合物的学者逐渐关注热解气的生运聚机制，虽然热成因气的形成机理在传统的油气领域已有比较成熟的认识，但在天然气水合物成藏中的贡献及富集成矿过程中的作用还有待深入的研究，所见文献也不多。

微生物气自 20 世纪 70 年代以来一直是天然气领域的研究热点。生物气主要是由产甲烷的微生物菌通过厌氧发酵作用和 CO_2 还原作用将沉积物中的有机质转化而成。20 世纪 70 年代，Bernard 等[6]提出利用碳氢化合物气体成分比值[$R=C_1/(C_2+C_3)$]和甲烷的同位素 $\delta^{13}C$ 值来判别甲烷成因。认为甲烷的 R 值>1000，$\delta^{13}C$ 值在 –90‰~ –55‰为微生物成因；甲烷的 R 值<100，$\delta^{13}C$ 值>–55‰为热成因；介于二者之间的甲烷为混合成因。现在对于甲烷气成因分类多沿用此方法。Finley 和 Krason[7]对 Blake Ridge(布莱克海脊)海洋沉积物的研究表明，当总有机碳(TOC)含量为 1%时，如果沉积物中所有有机质全部转化为甲烷，那么由此形成的天然气水合物可以占据孔隙度为 50%的沉积物中 28%的孔隙空间。实际上，有机质 100%转化为甲烷并不现实。美国地质调查局(USGS)在 1995 年美国天然气水合物资源评价中认为，微生物转化有机质的效率为 50%，如此就设定了海洋环境中水合物形成所需要的 TOC 最低含量为 0.5%。由于绝大多数天然气水合物均由微生物气组成，故微生物气的成生过程得到较多关注，许多学者详细研究水合物产区附近产甲烷菌的分布特征及其生物地球化学作用，探讨微生物气的成气机理和成气过程，并取得了重要进展[8]。

目前，从世界各地已获得天然气水合物实物样品及相关研究结果来看，绝大多数天然气水合物气源是由微生物气组成的[9]，如布莱克海岭、南海海槽、Hydrate 海岭(水合物脊)等，只有少部分是由热解气组成的，如里海、墨西哥湾和加拿大的 Mallik (马利克)地区等，此外还有一部分是由混合气组成的，如中美海槽等。尽管目前为止，天然气水合物产出区绝大多数气源为生物气，但是生物气由于埋藏浅，成熟度低、生成量及供给量远远少于成熟热解气，有学者研究认为生物成因气气量非常有限，只能在局部地区形成分散的水合物矿藏[10]，因此，是否来自深部的成熟热解气更有利于形成高饱和度和大规模成矿成藏的天然气水合物还有待进一步研究证实，而浅层生物气和深部热解气是如何富集成矿成藏这一科学问题一直是科学家研究的重点和热点，同时，世界天然气水合物中非烃类气体很少，CO_2 一般<1%，但是也有部分区域，如墨西哥湾和中美洲海槽的部分水合物中 CO_2 含量最高可达 23%。而我国南海北部含油气盆地的非烃气体非常丰富，许多天然气

气藏中的CO_2和N_2含量奇高，甚至形成90%以上的CO_2气藏，这些非烃气体能否影响，以及如何影响天然气水合物的富集成藏过程？这些关键的科学问题均有必要开展深入的调查研究。

基于气体的成矿富集过程考虑，国内外学者先后提出了渗漏型和扩散型等水合物成藏模式[11, 12]，解释了天然气水合物形成的机理和过程，认为气体主要通过一定的疏导通道自下而上，由深至浅通过扩散或流体渗漏等方式运移至浅层天然气水合物高压低温稳定域富集成藏的，主要的气体运移通道包括断层、裂隙、泥底辟、气烟囱等[13~15]。深部成熟烃源岩热解生成的热解气或浅层低成熟烃源岩生成的生物气沿上述各种运移疏导通道运移至浅层高压低温天然气水合物稳定域富集形成天然气水合物，因此，天然气水合物气源、疏导通道、高压低温稳定域等成藏要素有效地空间耦合匹配，方可形成天然气水合物。因此，对于气源丰富，类型众多的地区，深部热解气、浅层微生物气均有可能形成天然气水合物，究竟哪种气源形成天然气水合物？它们的成气作用、运移途径、富集过程怎样？如何形成天然气水合物？这些关键的科学问题均有必要开展深入的调查研究，以便为天然气水合物的成藏机理研究和资源调查、评价及其以后的开发利用奠定基础。

参考文献

[1] Kvenvolden K A. Gas hydrates-geological perspective and global change. Reviews of Geophysics, 1993, 31(2): 173-187.

[2] 钱伯章，朱建芳.天然气水合物：巨大的潜在能源. 天然气与石油, 2008, 4: 47-52.

[3] 何家雄，颜文，祝有海等. 全球天然气水合物成矿气体成因类型及气源构成与主控因素. 海洋地质与第四纪地质, 2013, 33(2): 121-128.

[4] Tissot B P, Welte D H. Petroleum Formation and Occurrence. New York: Springer-Verlag, 1978: 538.

[5] Vanneste M, Guidard S, Mienert J. Arctic gas hydrate provinces along the western Svalbard continental margin. Norwegian Petroleum Society Special Publications, 2005, 12(05): 271-284.

[6] Bernard B, Brooks J M, Sackett W M. A geochemical model for characterization of hydrocarbon gas source in marine sediments. Houston: offshore Technology Conference, 1977.

[7] Finley P D, Krason J. Evaluation of geological relations to gas hydrate formation and stability. Summary report: U. S. Department of Energy Publication DOE/MC/21181-1950, 1989(15): 111.

[8] Boetius A, Ravenschlag K, Schubert C J, Rickert D, Widdel F, Gieseke A, Amann R, Jørgensen B B, Witte U, Pfannkuche O. A marine microbial consortium apparently mediating anaerobic oxidation of methane. Nature, 2000, 407, 623-626.

[9] 吴时国，王秀娟，陈瑞新，等. 天然气水合物地质概论. 北京：科学出版社, 2015.

[10] Lanoil B D, Sassen R, Ducm T L, et al. Bacteria and Archaea physically associated with gulf of Mexico gas hydrates. Applied & Environmental Microbiology, 2001, 67(11): 5143-5153.

[11] 樊栓狮，刘锋，陈多福. 海洋天然气水合物的形成机理探讨. 天然气地球科学, 2004, 15(5): 524-530.

[12] 陈多福, 苏正, 冯东, 等. 海底天然气渗漏系统水合物成藏过程及控制因素. 热带海洋学报, 2005, 24(3): 38-46.
[13] 吴能友, 杨胜雄, 王宏斌, 等. 南海北部陆坡神狐海域天然气水合物成藏的流体运移体系. 地球物理学报, 2009, 52(6): 1641-1650.
[14] 苏丕波, 梁金强, 沙志彬, 等. 南海北部神狐海域天然气水合物成藏动力学模拟. 石油学报, 2011, 32(2): 226-233.
[15] Collett T S. The gas hydrate petroleum system. Proceedings of the 8th International Conference on Gas Hydrates (ICGH8-2014), Beijing, China, 2014.

撰稿人：苏丕波
广州海洋地质调查局，spb_525@sina.com

海洋天然气水合物为什么会大量释放？

Why a Lot of Marine Gas Hydrate Release?

海洋天然气水合物储量巨大，被认为是未来的替代能源之一。它们主要分布于陆地冻土、陆架外缘陆坡和陆隆沉积物中(图 1)。在海洋中，天然气水合物主要集中在距海底 300~2000m 深的沉积物中[1]。当源于沉积物自身的生物成因的浅成气和热成因的深成气在向上迁移过程中进入该温-压场中并充满沉积物的孔隙，就会形成天然气水合物稳定带(gas hydrate stability zone，GHSZ)。有关研究表明，水越深，GHSZ 的厚度越大，开采过程对环境的影响就越小[2, 3]。

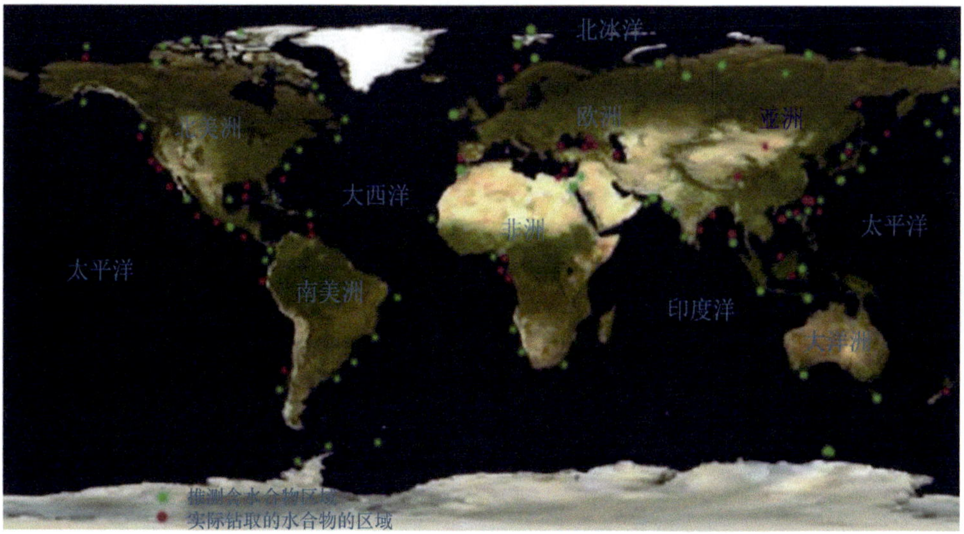

图 1 海洋和永久冻土区物探推测和钻取获得的天然气水合物区[4]

水合物在海洋中的存在形式与甲烷含量、温度、压力及寄主岩的物理化学性质有关，当温度、压力或外界环境变化破坏了天然气水合物稳定边界条件时，水合物溶解到海水中，甲烷以气体形式向上释放[5]。根据压力减少和温度降低快慢不同，水合物分解可分为渐进式和爆发式[6]，在地质历史演变中，大部分水合物是缓慢释放而不是突然的大规模释放。甲烷大规模快速排放是由于海平面突然快速下降、强烈的构造活动、地震等引发的大陆坡坍塌，或海底水合物压力过高而沿构造裂隙快速透涌引发的。在很短时间内大规模地被分解和排放的局部汇聚的水合物或甲烷气体，可直接进入大气中参与甲烷循环，其对全球气候影响程度与排放前水合物或甲烷气含量和分布密切相关[7]。另外，随着全球温度的上升，海底和永久冻土层中的水合物会分解，加剧水合物的释放。

海底天然气水合物主要赋存于陆坡、岛屿和盆地的上部表层沉积物中，它的稳定范围一般从水深大于 300m 的海底开始，垂直向下延伸到因地热梯度的影响使天然气水合物发生分解的深度为止(图 2)[8]。海底的温度和洋壳的地热梯度直接影响了天然气水合物稳定区域的厚度，与极地天然气水合物相比，海底天然气水合物存在的环境温度相对较高，这是由于海底具有较高的压力，从而使天然气水合物保持稳定[9]。极地天然气水合物是在较低的压力和温度下形成的，蕴藏的深度相对比较浅(图 2)[9, 10]，它可以作为水-冰混合物出现在陆地或大陆架上的永久冻土带，大陆架上的这种含有天然气水合物的混合永久冻土带是在末次冰期海平面较低时，在地表环境下形成的，随后海进时被蕴藏在水下[9]。

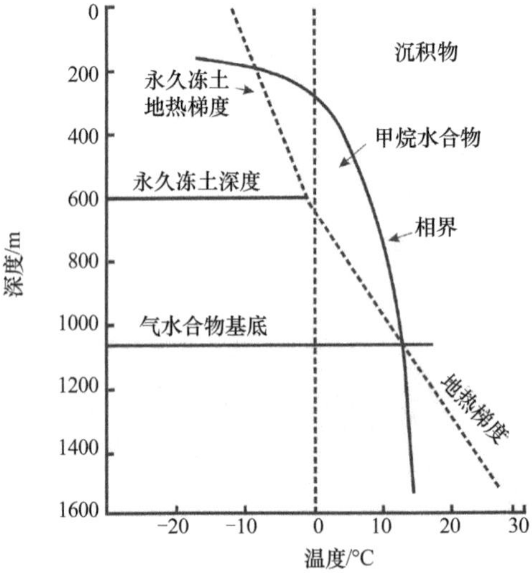

图 2　永久冻土区天然气水合物稳定带的深度与温度范围

根据 Kvenvolden[4]，翁焕新等[9]

在自然界，能够改变海底天然气水合物稳定温度和压力条件的除了地震、滑坡等地质灾害外，另一个重要原因就是全球气候的周期性变化。冰期与间冰期交替出现是古气候变化的基本特征[10]，在冰期，温度降低对海洋天然气水合物稳定性的影响是微弱的，因为海水热容大，温度变化小。然而，对大尺度海面下降产生的压力变化是十分敏感的[9, 11]，与海平面相关的流体静压力的变化，对陆坡天然气水合物的稳定性能产生实质性的影响。

前人研究认为，一旦天然气水合物发生分解，就会释放出远大于水合物体积的甲烷，是天然气水合物带从胶结状态转变为充满气体的状态，从而使原先天然气水合物的沉积物强度几乎为零，如果此时没有孔隙水填充，就会产生过度的孔隙压力(图 3)[12]，导致地质灾害发生。

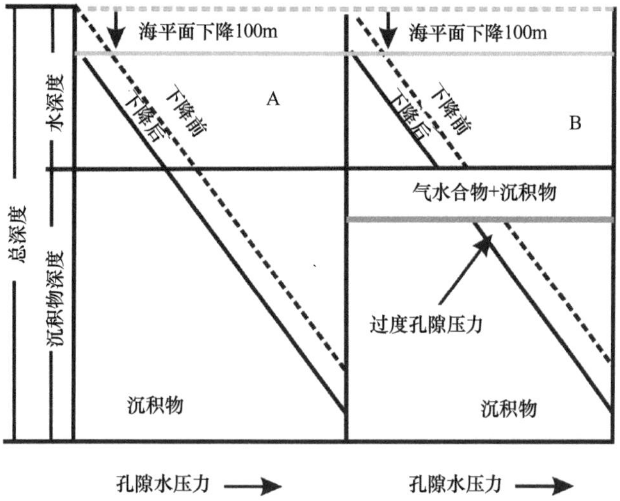

图 3　海平面下降引起过度孔隙压力产生[12]

A. 无气水合物；B. 有气水合物

从全球尺度来看，海平面下降和气候变暖是导致天然气水合物分解和甲烷大规模释放的两大因素，冰期海平面下降，引起静水压力减少，使天然气水合物分解，释放甲烷；气候变暖主要通过极地冻土的水合物分解，以及海域流向的变化，促使流域下方的甲烷分解释放。天然气水合物的稳定性变化及其对环境的影响，是一个复杂的地质过程和生物化学过程。目前，为了进一步揭示它们之间的关系，还存在一些关键性问题：

(1) 天然气水合物与甲烷渗出之间存在何种相互作用的关系？近期研究认为，天然气水合物对甲烷的迁移起到了一个缓冲器的作用，缓解了甲烷的释放，因此，二者之间的关系应做进一步回答。

(2) 甲烷的释放在水体的不同水平层，以及在海-气界面的质量分数是多少？为了解决这一问题，应当深入了解甲烷的物化特性、甲烷在氧化还原界面中垂直迁移过程中的质量分数，同时与海底甲烷释放到大气圈的通量、上升甲烷气泡引起的水体物化特性变化结合。

(3) 海底甲烷释放对“温室效应”的贡献，及“温室效应”对海底天然气水合物、甲烷的释放是否具有反作用。可以通过对大气氧化能力的变化来研究这一问题。同时，对连续的、正常的事件和大量渗出(如地震引起)过程中，甲烷喷发作用进行深入研究[8]。

参 考 文 献

[1] 张旭辉, 鲁晓兵, 刘乐乐. 天然气水合物开采方法研究进展. 地球物理学进展, 2014, 29(2): 858-869.

[2] Osadetz K G. The Mackenzie Delta-Beaufort sea petroleum province: A review of conventional and non-conventional (gas hydrate) petroleum reserves and undiscovered resources. Deepwater Minerals and Gas Hydrates Exploration, 2003, 8(10).

[3] 史斗, 孙成权, 朱乐年. 国外天然气水合物研究进展. 兰州: 兰州大学出版社, 1992: 1-96.

[4] Kvenvolden K A. A review of the geochemistry of methane in nature gas hydrate. Org Geochem, 1995, 23(11/12): 997-1008.

[5] Zhang Y X, Xu Z J. Kinetics of convective crystal dissolution and melting with application to methane and dissociation in seawater. Earth and Planetary Science Letters, 2003, 213: 133-148.

[6] Lerche J, Bagirov E. Guide to gas hydrate stability in various geological setting. Marine and Petroleum Geology, 1998, 15: 427-437.

[7] Leifer I S, MacDonald I. Dynamics of the gas flux from shallow gas hydrate deposits, Interaction between oily hydrate bubbles and the oceanic environment. Earth and Planetary Science Letters, 2003, 210: 411-424.

[8] ASHI J. Large submarine landslides associated with decomposition of gas hydrate. Landslide News, 1999, 12(3): 17-23.

[9] 翁焕新, 许赟溢, 楼竹山, 等. 天然气水合物的稳定性及其环境效应. 浙江大学学报, 2006, 33(5): 588-600.

[10] Barmola J M, Pimienta P, Raynaudet D et al. Vostok ice core provides 160000 year record of atmosphere CO_2. Nature, 1987, 329: 408-413.

[11] Shackleton N J. Oxygen isotopes analyses and Pleistocene temperatures reassessed. Nature, 1967, 215: 15-16.

[12] Kayen R E, Lee H J, Kayan R E. Pleistocene slope instability of gas hydrate-laden sediment on the Beaufort Sea margin. Marine Geotechnology, 1991, 10: 125-141.

撰稿人：张　洋　李广雪

中国海洋大学，estuary@ouc.edu.cn

深水油气勘探的关键难点及攻克

Key Problems and Overcome of Deepwater Oil & Gas Development

20 世纪 70 年代中期以来，随着对能源需求的增长，加之浅水区和老油田区新发现难度的增大，深水区油气勘探开始升温。深水钻井及深水开发设施建造安装能力的提高，使世界上可勘探、开发的深水区范围也随之扩展到水深 3000m 以上。尤其是在巴西坎波斯盆地发现大型油气田以后，深水勘探更是不断升温，如今已成为世界上油气勘探最热、最前沿领域。与浅水和陆上油气勘探相比，尽管深水油气勘探常常面临深水、高温、高压等多重钻探技术难题，但是深水区勘探也有回报高，储量大等特点[1~3]。世界很多国家开始对深水区的油气进行勘探，包括在大西洋两岸的国家；在地中海沿岸国家；在亚太地区如印度、澳大利亚、印尼等，都在积极开展深水油气勘探开发活动，世界上已形成三个深水勘探的热点地区，均位于大西洋两岸，它们是西非、巴西坎波斯盆地和墨西哥湾。目前，全球深水区投产油气田的储量中西非、巴西、墨西哥湾最多，其次是挪威、亚太地区、英国等。近年来南海周边地区的深水油气勘探开发也在广泛地进行，在南海北部的珠江口盆地和琼东南盆地都发现了大型油气田[4~6]。在过去十几年深水油气开发得以迅速发展，同时形成了一套独特的发现油气资源的勘探模式，具有以下三个方面特点。

首先，通过对典型深水油气勘探效益较好的盆地对比分析发现，高产油气区多位于被动大陆边缘盆地或与被动大陆边缘相关的裂谷盆地，且往往是浅水区及陆上勘探的延伸。深水区油气地质条件与相邻陆上及浅水区相类似，在陆上或浅水区已发现油气的前提下，表明该区油气成藏所需的生储盖条件良好。深水油气勘探活动最多、效益最好的地区，属大西洋两侧海域的系列盆地群，这一盆地群亦属被动大陆边缘盆地或是在裂谷盆地或拗陷盆地背景上发育的被动大陆边缘裂谷盆地，如巴西东部的坎波斯盆地和桑托斯盆地等，盆地走向常平行于海岸，具有明显的张裂环境特征，受冈瓦纳大陆裂解的影响，盆地构造演化阶段大体相同[3]。经历 4 个旋回：裂前期陆相巨层序、同裂谷期陆相巨层序、过渡期巨层序和裂后期海相巨层序。墨西哥湾地区、南海地区及澳大利亚深水区，则为局部扩张洋盆的边缘，盆地发育的早期往往是裂谷盆地或拗陷型盆地，后期转化为被动陆缘盆地[3~5]。该类型盆地具有好的生烃潜力和盖层，有利于油气生成和保存。

其次，从油气储层看，世界发现的油气储层常为白垩系或古近系、新近系，且多为古近系和新近系深水浊积砂岩。由于对深海砂岩体系储层性能变化的研究是地质研究的热点之一，这些研究将岩心、测井和来自产层的试井资料与现代沉积体系的资料及野外露头观察资料相结合，来寻找深海相砂岩储层位置与储层质量。深水区盆地如大西洋两侧海域的盆地多在晚侏罗世因拉张才开始发育形成，盆地沉积地层多为白垩系—古近系和新近系，裂谷期的河湖相多为烃源岩(也叫生油岩)发育层段，其上发育的过渡相或海相碳酸盐岩或碎屑岩多为物性良好的储集层。此外，随着盆地向位于大陆坡至深水盆地之间的深水区迁移，常发生重力流沉积，主要为浊流沉积，发育浊积扇砂岩体或深切水道浊积砂岩，形成物性极好的储集层。而且越向深水区，储集层时代越新，物性越好。在巴西坎波斯盆地，大于 200m 水深的油田基本上以始新世以来的浊积岩为储层。始新统储层由中粗粒砂层组成，具有 26%~30%的孔隙度和高达 $1\mu m^2$ 的渗透率，砂层最大厚度为 90m；渐新统储层孔隙度为 25%~30%，渗透率达 $2\sim3\mu m^2$。近来重大发现中主要储集层多为渐新统、中新统浊积岩。在下刚果盆地，近些年的深水勘探也主要集中在中新统浊积岩储层，以及渐新统[1]。

最后，深水油气勘探常以寻找大中型圈闭，且勘探热点地区均具有一套与油气成藏密切相关的盐岩及和盐有关的构造，也已成为当前构造及油气成藏研究的热点。大西洋两岸海域的西非、巴西及墨西哥湾等一系列盆地中，常以发育在深水、超深水区的与盐岩变形或滑脱有关的各类圈闭，如龟背斜、滚动构造、盐岩构造，以及三角洲砂体或浊积砂体形成的岩性和复合圈闭等(图 1)。美国墨西哥湾、

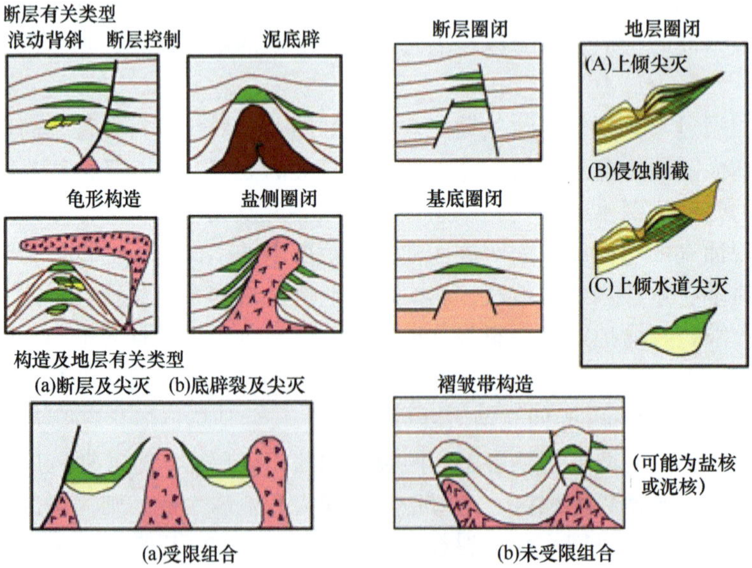

图 1　深水区主要浊流圈闭类型[2]

巴西沿海及西非沿海(主要是加蓬、下刚果和宽扎盆地) 均发育下白垩统阿普第期蒸发岩，它对油气的保存及相关圈闭的形成至关重要。这套盐岩的形成与当时大地构造背景及沉积环境密切相关，阿普第早期海侵形成的潟湖环境沉积了一套厚达数百米的蒸发岩，局部厚达 1000m。岩层对盐下储集层可起到区域盖层的作用，同时，通过盐层的滑脱与滑移形成诸如龟背斜、盐丘等相关圈闭类型，盐下的油气可通过盐窗或断层运移至盐上保存条件好的浊积砂体和圈闭中成藏。这也是大西洋两侧盆地油气成藏条件中最为优越之处。

参 考 文 献

[1] Magoon L B, Dow W G. 1994. The petroleum system——From source to trap. AAPG Memoir, 60: 655.

[2] Pettingill H S, Weimer P. Worldwide deep water exploration production: Past, present and future. The leading edge, 2002, 21(4): 371-376.

[3] Pettingill H S, Weimer P. Global deep water exploration: Past, present and future frontiers. In: Fillon R H, Rosen N C, Weimer P, Lowrie A, Pettingill H W, Phair R L, Roberts H H, Van Hoorn B. Petroleum systems of deepwater basins: global and Gulf and Mexico experience. Gulf Coast Section SEPM Foundation Bob F. Perkins 21st Annual Research Conference, 2001, 1-22.

[4] 谢玉洪. 南海北部自营深水天然气勘探重大突破及其启示. 天然气工业, 2014, 34(10): 1-9.

[5] 龚再升, 李思田, 谢泰俊, 等. 南海北部大陆边缘盆地分析与油气聚集. 北京: 科学出版社, 1997, 63-74.

[6] 朱伟林, 张功成, 高乐. 南海北部大陆边缘盆地油气地质特征与勘探方向. 石油学报, 2008, 29: 1-9.

撰稿人：王秀娟

中国科学院海洋研究所，wangxiujuan@qdio.ac.cn

末次冰期千年尺度气候波动的南北半球不对称性

The North-South Hemispheric Asymmetry of Millennial Climate Fluctuations During the Last Glacial Period

电影《冰河世纪》只是为儿童拍摄的动画片，却无意中将古气候科学中的冰河期(ice age)概念带入普罗大众的视野当中。末次冰期仅是第四纪大冰期中距离现代最近的一次冰盖扩张期(从约 110ka BP 持续到 12ka BP)，北半球高纬大陆冰盖表现出多次缓慢增长期和快速消融期，于 22 ka BP 达到最大范围，并在随后的冰消期中快速消融，其残存部分仅见于格陵兰岛，但仍不失为研究过去气候变化的绝佳材料。

格陵兰冰心的氧同位素曲线显示，末次冰期中存在一系列快速的升温事件(dansgaard-oeschger 事件，D-O 事件)[1]，以约 1470 年的准周期出现、持续时间为 500~2000 年，每个 D-O 事件前期的冷位相(冰阶)结束时，大气温度在几年至几十年间快速升高达 5~16℃，并在随后的暖位相期间缓慢变冷(间冰阶)，最后以“断崖式”变冷进入下一次冰阶，这种冰阶-间冰阶的交替称为 D-O 循环，反映了气候系统在冷、暖两种状态之间的颤动。D-O 事件最初发现于大陆冰盖，同时也记录于海洋，表现为北大西洋深海沉积物中的冰筏碎屑含量高值事件，指示海表水温下降、盐度降低[2]。这些 D-O 冰筏事件与之前研究发现的北大西洋 Heinrich 变冷事件(简称 H 事件)[3]关系密切，从冰心氧同位素记录的大气温度变化来看，每一组 D-O 事件均以突然增暖开始，逐次的 D-O 事件温度趋于下降，到最冷时便发生一次 H 事件，然后又有较暖的 D-O 事件，如此周而复始[4]。奇怪的是，在格陵兰冰阶当中，南极温度却持续变暖；当格陵兰快速变暖进入间冰阶时，南极温度却开始变冷(图 1)，这种南、北半球非对称的气候变化现象被称为“两极跷跷板”[5]。

末次冰期的千年尺度气候波动不仅见于格陵兰和北大西洋高纬区，在西非岸外的热带大西洋、加勒比海 Cariaco 海盆、东北太平洋圣巴巴拉盆地、南海北部和西太平洋暖池区、印度洋的阿拉伯海和孟加拉湾等深海沉积中都有发现，甚至在欧亚大陆的洞穴石笋和中国的黄土记录中也有发现[4, 6]。上述全球各地的重建记录中，虽然可以明显地分辨出类似 D-O 或 H 事件的千年尺度气候响应，但无论其周期、还是时间先后(即相位关系)其实并不完全对应：格陵兰、北欧海域、北大西洋、东北太平洋和亚-非季风区的千年尺度气候波动曲线与 D-O 事件形态相似，且近于

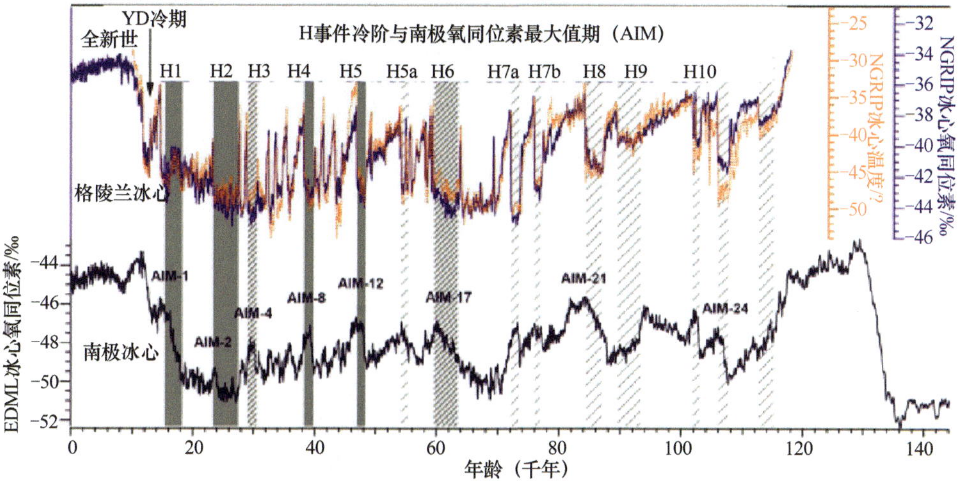

图 1　北极格陵兰冰芯和南极冰芯氧同位素记录的末次冰期以来两极大气温度变化
https：//commons.wikimedia.org/w/index.php?curid=38667599

同时发生[4]；而南大洋深海沉积中千年尺度气候变暖超前北半球约 1500 年[6]，至少在赤道大西洋、南大西洋、南极大部分区域、西北太平洋部分区域和南海南部，末次冰期的千年尺度气候事件基本上与北半球 D-O 事件构成一种南-北半球间的非对称格局。

传统观点一般用大洋温盐环流传送带(thermohaline circulation，THC)[7]在三种不同模态之间的快速切换作为冰期中千年尺度快速气候波动的机制(图 2)，不仅可以解释 H 事件和 D-O 冷阶的北大西洋区显著变冷，甚至可以部分解释南、北半球之间的温度跷跷板[8]。其基本概念模式为：H 事件开始时，北半球大陆冰盖(格陵兰、北美劳伦冰盖)的融冰水注入北大西洋不同敏感区[2]，导致北大西洋深层水(north atlantic deep water，NADW)停止产生、大西洋经圈翻转环流(atlantic meridional overturning circulation，AMOC，也是 THC 的主体部分)从冰期模态减弱至 H 事件模态、AMOC 跨越赤道向北传输至高纬北大西洋的热量减少，再加上低盐淡水覆盖于海表有利于海冰的生成，进一步切断海洋至大气的热传送过程、使得大气温度骤降[9]；同时，由于 NADW 生产减少，南大洋则成为新的深层水生成源区，南极局地大气温度变暖，当南极冰盖的融冰水注入南大洋，使得 AMOC 增强并把热量传输至北大西洋、北半球重新开始变暖、南极开始变冷、H 事件结束[10]。D-O 事件冷期和 H 事件类似，区别可能在于融冰淡水仅来源于东格陵兰[11]、AMOC 仅有中等程度的减弱程度(从现代模态至冰期模态)。

作为一种高纬海洋驱动全球气候变化的概念假说，温盐环流机制的首要问题在于，冰盖、融冰水与 AMOC 减弱的因果联系仍缺乏足够证据，关于 AMOC 变化

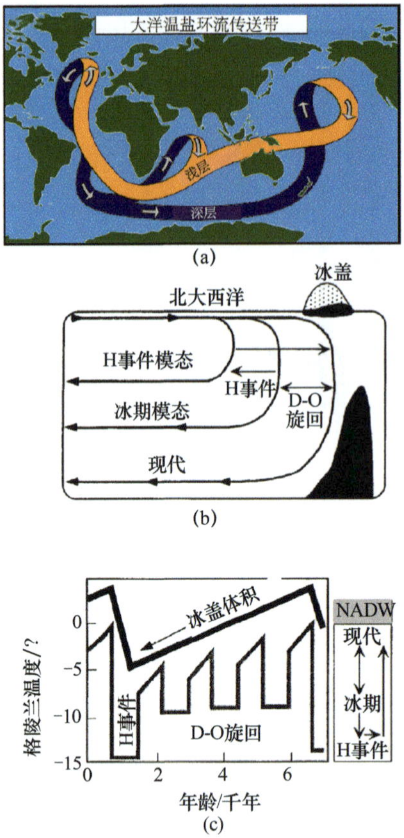

图 2　(a)大洋温盐环流(THC)传送带示意图[7]；(b)代表 AMOC 的三种概念模态的洋流示意图：现代与冰期模态之间转换导致 D-O 震荡，冰期与 H 事件模态之间转换导致 H 事件；(c)代表格陵兰大气温度的理想化时间序列、冰盖大小的总体变化趋势[8]

的触发因子到底是北极冰盖不稳定性、海洋内部动力过程，还是北大西洋以外的变化(热带、南极和南大洋)争议很大，特别是南大洋融冰水的来源、幅度和气候响应更属未知。同时，当该机制被具体用于解释全球不同区域的高分辨率重建记录时，出现了很多难以克服的难题[5, 9]。例如，为什么格陵兰冰心温度变化幅度 8~10℃、呈锯齿形，而南极冰心温度变化幅度仅 3℃、呈双侧对称形？为什么南极冰心中有些特殊的两步变暖事件(AIM8 和 AIM12)在格陵兰冰心中并无对应的反相变化？为什么热带西太平洋很多站位的表层和次表层海温随着南极冰心大气温度同步上升，而同站位的氧同位素变化却与格陵兰冰心更为相似[12]？这些都说明以高纬 THC 变化为驱动来源的两极跷跷板假说并不完整。

事实上，中-低纬海洋和大气环流的变化从很大程度上也可以影响高-低纬度之间的热量和水汽输送：如源自热带的北大西洋涛动(north atlantic oscillation，NAO)

的变化可以调控北半球陆地降水量和冰盖生长过程，而热带大西洋和东太平洋千年尺度的热带辐合带(intertropical convergence zone，ITCZ)南、北位移，可以调控从大西洋到太平洋的水汽输出，进而影响大西洋的盐度平衡，改变温盐环流传送到北半球高纬的热量[13]。与此同时，以 ITCZ 为核心的热带海气耦合过程可以直接解释末次冰期千年尺度上的南美夏季风降水与亚非夏季风降水反位相变化现象[14]；而且 D-O 冷期东亚冬季风增强、夏季风减弱看似无关的现象，也正好可以通过 ITCZ 年平均位置向南移动建立有机联系。那么，千年尺度上 ITCZ 的经向位移是否本身就源自热带，并足以驱动南北半球的非对称性气候变化？还是说它仅仅是前述 AMOC 变化的结果和后续传播机制？这是一个正待解决的难题。

此外，热带太平洋的类厄尔尼诺南方涛动(El Niño southern oscillation，ENSO)型变化也提供了热带驱动高纬气候变化的可能机制。Stott[15]发现西太平洋暖池区的表层海水盐度信号存在与格陵兰 D-O 事件一致的变化：高纬度降温(冰阶)时海温偏冷、盐度较高，指示类似现代 El Nino 条件；高纬区升温则类似现代的 La Nina 条件。这种千年尺度上的超级 ENSO 的影响可以通过大气对流运动和上层海洋的温跃层环流等过程遍及全球，而且可以解释环太平洋不同区域气候响应的差异性。

总之，为探究末次冰期千年尺度气候波动的真相，找到南北半球非对称变化的物理机制，我们不能只关注北半球高纬区，而是需要在全球各地(特别是热带和南大洋)寻求更理想的古环境记录，尤其采样分辨率和定年误差需要至少小于百年时间尺度的数据资料，才能合理地建立不同区域的响应模型，进而开展机制探索研究。

参 考 文 献

[1] Broecker W S, Denton G H. The role of ocean-atmosphere reorganizations in glacial cycles. Geochimica et Cosmochimica Acta, 1989, 53: 2465-2501.

[2] Bond G, Broecker W S, Johnson S, et al. Correlations between climate records from North Atlantic sediments and Greenland ice. Nature, 1993, 365: 143-147.

[3] Heinrich H. Origin and consequences of cyclic ice rafting in the northeast Atlantic Ocean during the past 130000 years. Quaternary Research, 1988, 29: 143-152.

[4] 翦知湣，黄维. 快速气候变化与高分辨率的深海沉积记录. 地球科学进展，2003，18(5): 673-680.

[5] Landais A, Masson-Delmotte V, Stenni B, et al. A review of the bipolar see-saw from synchronized and high resolution ice core water stable isotope records from Greenland and East Antarctica. Quaternary Science Reviews, 2015, 114: 18-32.

[6] Leuschner D C, Sirocko F. The low-latitude monsoon climate during Dansgaard-Oeschger cycles and Heinrich events. Quaternary Science Reviews, 2000, 19(1-5): 243-254.

[7] Broecker W S. The great ocean conveyor. Oceanography, 1991, 4: 79-89.

[8] Alley R B, Clark P U. Making sense of Millennial scale climate change. Geophysical Monograph,

1999, 112: 385-394.

[9] Kageyama M, Paul A, Roche D M, et al. Modelling glacial climatic millennial-scale variability related to changes in the Atlantic meridional overturning circulation: A review. Quaternary Science Reviews, 2010, 29(21-22): 2931-2956.

[10] Weaver A J, Saenko O A, Clark P U, et al. Meltwater pulse 1A from Antarctica as a trigger of the Bolling-Allerod warm interval. Science, 2003, 299: 1709-1713.

[11] van Kreveld S A, Shirley A, Sarnthein M, et al. Potential links between surging ice sheets, circulation changes, and the Dansgaard-Oeschger cycles in the Irminger Sea, 60-18kyr. Paleoceanography, 2000, 15(4): 425-442.

[12] 翦知湣, 王博士, 乔培军. 南海南部晚第四纪表层海水温度的变化及其与极地冰芯古气候记录的比较. 第四纪研究, 2008, 28(3): 291-298.

[13] Leduc G, Vidal L, Tachikawa K, et al. Moisture transport across Cental America as a positive feedback on abrupt climatic changes. Nature, 2007, 445: 908-911.

[14] Wang X, Edwards R L, Auler A S, et al. Millennial-scale interhemispheric asymmetry of low-latitude precipitation: Speleothem evidence and possible high-latitude forcing. Ocean Circulation: Mechanisms and Impacts-Past and Future Changes of Meridional Overturning, 2007: 279-294.

[15] Stott L, Poulsen C, Lund S, et al. Super ENSO and global climate oscillations at millennial time scales. Science, 2002, 297: 222-226.

撰稿人：王　跃　黄恩清

同济大学，163wangyue@tongji.edu.cn

全新世百年尺度海洋气候波动的归因

Driving Forcings of the Centennial Oceanic Climate Fluctuations During the Holocene

全新世(Holocene)常称冰后期，是最年轻的地质年代，它从距今 11700 年前一直持续至今。20 世纪 90 年代之前的古气候研究表明全新世的气候温暖而平和，没有较大的气候波动，但是 90 年代之后高分辨率的古气候重建记录大量出现(如极地冰心、树轮、石笋和其他洞穴沉积物、高沉积速率的深海/湖泊沉积物、砗磲和珊瑚等海洋生物化石)，均表明全新世气候并非持续温暖湿润，而是被千-百年周期性出现的冷干事件所打断 [1]。

Bond 等[2]根据深海沉积中冰岛火山玻璃和赤铁矿等冰筏碎屑(ice-rafted detritus, IRD)确定了全新世北大西洋高纬区的 9 次冷事件的年表(图 1(a))，距现代最近的一次为 0.4ka BP 的小冰期，这些~1500 年周期的冷事件也同样被记录在北非岸外的亚热带大西洋区的海洋沉积物中[3]。中低纬度的全新世冷干事件表现为西北太平洋的黑潮强度减弱、主流轴外移[4]，南海表层水盐度每隔约 800 年出现一次高值期[5](图 1(b))，赤道太平洋上层水体热力结构发生类似 ENSO 的纬向跷跷板式变化[6]，亚-非夏季风区降水减少[7]，这说明全新世千百年尺度的快速气候变化事件具有全球性。

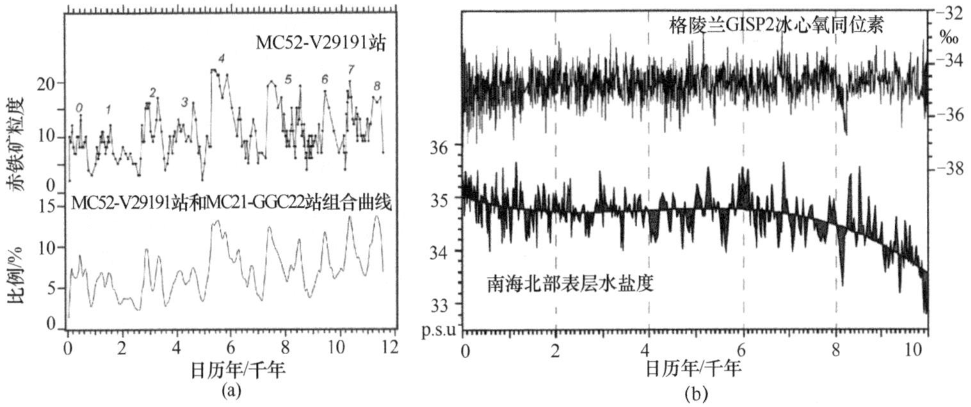

图 1 (a)全新世北大西洋浮冰碎屑记录中的千年尺度波动 [2]；(b)全新世格陵兰冰心δ^{18}O 记录和南海表层水盐度记录中的百年尺度波动[5]

全新世快速气候变化最初是在北大西洋高纬区被发现，并且与之前研究发现的末次冰期千年尺度气候事件(D-O 事件)表现类似，于是人们习惯性地认为它们是 D-O 事件在全新世的延续，也具有 1500 年周期、仅信号强度减弱而已[2]。随后更高分辨率的深海沉积记录却揭示出全新世的快速气候变化更多集中在百年尺度周期上(700~900 年、102~220 年等)(图 1(b))[5]。而且重建记录分辨率越高，短周期波动的贡献越大，特别是 200 年周期变化与太阳活动的 Suess 周期(也是~200 年)吻合[7]。与此同时，全新世热带海洋气候也呈现出典型的~200 年周期变化(无论是热带风暴记录[8]，还是太平洋-北美涛动(pacific/north america pattern，PNA)[9])。相对于末次冰期的千年尺度事件而言，这种周期上的差异说明全新世的百年尺度气候波动可能具有不同的驱动机制。

上述海洋气候变冷，以及相关的夏季风减弱是与全新世的基本气候特征背道而驰的，尽管这些冷干事件一般只有几百年，短的也许只有 100~200 年，但是对人类的农业和社会发展却有很大的影响[10]。例如，8.2kaBP 的冷事件就可能促进了西亚两河流域平原灌溉农业的产生，4.2~4.0kaBP 的气候变冷、变干事件正当两河流域的阿卡德王国解体[11]、印度河流域哈拉帕文明衰落、埃及处于混乱的第 1 中间期，夏朝立国前的洪水及其后 300 年内的干旱等气候突变可能对中华文明的诞生起了催生的作用[12]。

全新世百年尺度气候波动及其与古文明演变关系研究，可以为人类适应未来可能发生的气候突变提供历史借鉴。现代器测记录仅能覆盖年际至年代际的短期气候变化，而当今社会预防气候突变的基础设施(如堤坝、下水系统和海岸堤防等)也都是根据器测时期气候突变的研究结果所设计。根据目前研究结果，全新世中的百年尺度气候波动的影响可能远远超出现代器测资料的极限阈值范围。类似的气候突变在未来又将如何影响人类社会？这很可能是涉及人类生存的关键性科学问题。我们不仅需要全面真实地了解全新世百年尺度气候波动的真相，更需要了解其背后的物理机制所在。

关于全新世百年尺度海洋气候波动的机制假说仍然是众说纷纭[13]：其中强调内因如北大西洋涛动(north atlantic oscillation，NAO)和大洋温盐环流(thermohaline circulation，THC)驱动机制、热带太平洋厄尔尼诺-南方涛动(El Niño southern oscillation，ENSO)假说；重视外因的有火山活动驱动假说和太阳活动驱动假说等。其中，太阳活动变化被认为是最有潜力的驱动来源。

太阳发射出的短波辐射通量(辐照度)变化可以用太阳黑子活动强度来表示，观测记录中的黑子活动基本周期为 11 年。通过分析树轮记录的大气$\Delta^{14}C$生产速率、冰心中 Be^{10} 元素含量等，人们得以推算过去一万年来太阳活动的变化(图 2)，发现全新世北大西洋浮冰增加和气候变冷记录与千-百年尺度上的太阳辐照度减少期紧密相关、东亚季风强度的百年尺度变化(110 年、214 年、472 年和 974 年)与 11 年太阳周期的谐波逐一吻合[14]。

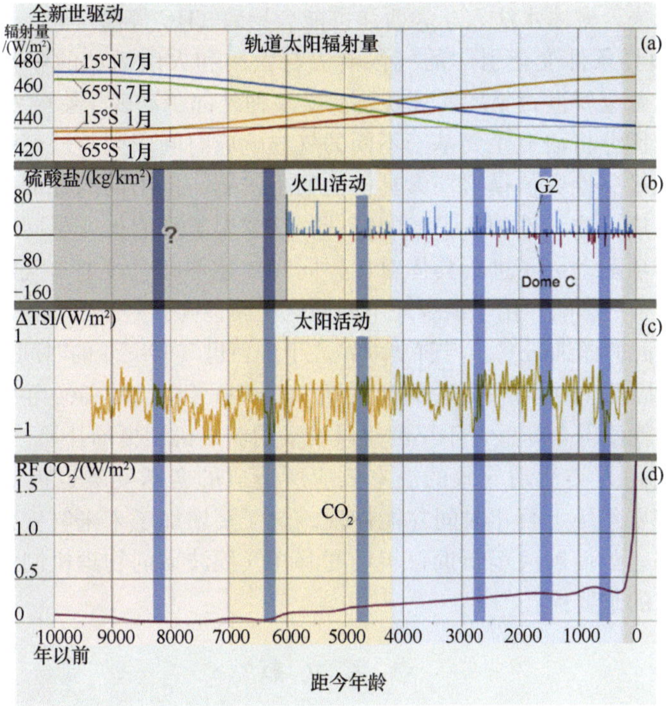

图 2 全新世气候变化的外部驱动因子(轨道太阳辐射量、火山活动、太阳活动、大气 CO_2 浓度)变化[13]

据此有人提出，太阳辐射输出量的减少首先导致高纬北大西洋浮冰增加、表层海洋变冷，进而通过大洋温盐环流(THC)传送带驱动中低纬海洋和陆地变冷，导致非洲和亚洲季风的百年尺度变化[7]。另一种观点则强调低纬气候响应的重要性，如数值模拟结果表明全新世百年尺度的太阳辐照度减小可以直接导致热带太平洋上层水体结构呈现类似现代厄尔尼诺状态(图 3)[6]，相关大气遥相关过程可能会减弱亚洲夏季风、驱动负位相的 NAO 格局和北大西洋变冷事件。

但是，太阳活动驱动假说中，首先并非所有的全新世快速气候变化与太阳活动之间的相关性都能经得起统计检验，气候记录与太阳驱动的相关系数通常都很小；其次，太阳活动引起的能量辐射的增加幅度很小(如 11 年周期的太阳辐照度变化小于 $1W/m^2$，约为总量的 0.1%)，如此小的辐射量变化何以解释全新世古气候记录中百年尺度气候突变的幅度？相关的数值模拟研究对此都没有给出具体而明确的验证结果。究竟是外部驱动的幅度太小？还是模式本身不完善的原因？

另外，大量地质证据揭示了全新世多次降温事件与火山爆发有时间对应关系[15]，但现代观测的火山喷发对日照的阻隔时间(阳伞作用)不过数年，因此该假说无法解释为何低温的时期会持续长达数百年之久。在早全新世 8.2ka BP 之前，北半球冰盖尚未完全消失，融冰水注入北大西洋可能会导致 THC 停滞、北半球变冷，这种由陆地冰盖边界条件变化引起的气候响应与太阳和火山活动的影响可能相互增强，是否暗示着全新世百年尺度气候波动受多种外部驱动因子影响？

已有的归因分析研究主要基于不同的气候响应时间序列与外部驱动的直接对比，进而利用敏感性数值模拟探索具体的物理机制，但不同的外部驱动可能在时间上具有多尺度、非线性和非平稳的特征，这就要求我们提取不同时间尺度的古气候响应与多项驱动因子进行具体对比，同时描述不同时段上古气候变化如何受到特定驱动因子的影响。由于缺少对不同地区全新世高分辨率气候波动的周期、频率、位相等方面的详细研究，当前学术界关于全新世气候突变的时间尺度究竟是更多集中在千年周期(1500 年[2])还是百年周期(700~900 年[5]、100~200 年[7])没有完全一致的认识。这就使得全新世百年尺度气候波动的驱动机制更加扑朔迷离。

目前主要由人类活动导致的温室效应所造成的全球变暖也被认为是缓慢变化，其后果需要经历上百年时间才能体现，这无疑增加了未来气候变化发生大规模突变的概率。如何解决全新世百年尺度海洋气候波动的物理机制难题，是应对未来气候突变的重要途径。

参 考 文 献

[1] 翦知湣，黄维. 快速气候变化与高分辨率的深海沉积记录. 地球科学进展，2003，18(5): 673-680.

[2] Bond G, Kromer B, Beer J, et al. Persistent solar influence on North Atlantic climate during the Holocene. Science, 2001, 294(5549): 2130-2136.

[3] de Menocal P B, Prtiz J, Guilderson T, et al. Coherent high- and low-latitude climate variability during the Holocene warm period. Science, 2000, 288(23): 2198-2202.

[4] Jian Z, Wang P, Saito Y, et al. Holocene variability of the Kuroshio Current in the Okinawa Trough, northwestern Pacific Ocean. Earth and Planetary Science Letters, 2000, 184(1): 305-319.

[5] Wang L J, Sarnthein M, Erlenkeuser H, et al. East Asian monsoon climate during the late Pleistocene: High-resolution sediment records from the South China Sea. Marine Geology, 1999, 156(3/4): 245-284.

[6] Wang Y, Jian Z M, Zhao P, et al. Solar forced transient evolution of Pacific upper water thermal structure during the Holocene in an earth system model of intermediate complexity. Chinese Science Bullentin, 2013, 58(15): 1832-1837.

[7] Wang Y J, Cheng H, Lawrence E R, et al. The Holocene Asian monsoon: Links to solar changes and north Atlantic climate. Science, 2005, 308: 854-857.

[8] Yu K F, Zhao J X, Shi Q, et al. Reconstruction of storm/tsunami records over the last 4000 years using transported coral blocks and lagoon sediments in the southern South China Sea. Quaternary International, 2009, 195: 128-137.

[9] Liu Z, Yoshimura K, Bowen G J, et al. Paired oxygen isotope records reveal modern North American atmospheric dynamics during the Holocene. Nature communications, 2014, 5.

[10] 吴文祥, 葛全胜. 全新世气候事件及其对古文化发展的影响. 华夏考古, 2005, 3: 60-67.
[11] de Menocal P B. Cultural responses to climate change during the late Holocene. Science, 2001, 292(27): 667-673.
[12] 王绍武. 夏朝立国前后的气候突变与中华文明的诞生. 气候变化研究进展, 2005, 1(1): 22-25.
[13] Wanner H, Solomina O, Grosjean M, et al. Structure and origin of Holocene cold events. Quaternary Science Reviews, 2011, 30(21): 3109-3123.
[14] 洪业汤. 太阳变化驱动气候变化研究进展. 地球科学进展, 2000, 15(4): 400-404.
[15] 于革, 刘健. 全球 12000a BP 以来火山爆发记录及对气候变化影响的评估. 湖泊科学, 2003, 15(1): 11-20.

撰稿人：王　跃　翦知湣
同济大学，163wangyue@tongji.edu.cn

海洋与陆地之间季风降雨氧同位素分馏的演化

Evolution of Oxygen Isotopic Fractionation in Monsoonal Precipitation Between the Sea and the Land

水的三相转化及其同位素分馏(^{18}O、^{17}O、^{16}O、^{1}H 和 ^{2}H)是了解地球水循环变化的重要信息(图 1)。任何形式的降水，其水汽最初都来自表层海水的蒸发。水汽从低纬向中高纬度运移过程中，当云团水分只发生气-液相转化时，同位素热力学平衡分馏起作用，导致析出的液态水氢-氧同位素值偏重，而留下的水蒸气氢-氧同位素值偏轻。因此，随着水汽输送路径的延伸和降水的持续进行，云团中水分的氢-氧同位素值不断变轻，这个过程称为瑞利分馏(Rayleigh fractionation)。当温度进一步下降，云团中水分同时存在气-液-固三相时，同位素动力学非平衡分馏也发挥作用，导致降雪的氢-氧同位素进一步负偏。大气降水形成了地球上三个主要淡水储库：冰盖、地下水和地表水。它们分别占据地球水量的 1.8%、0.8%和 0.01%。

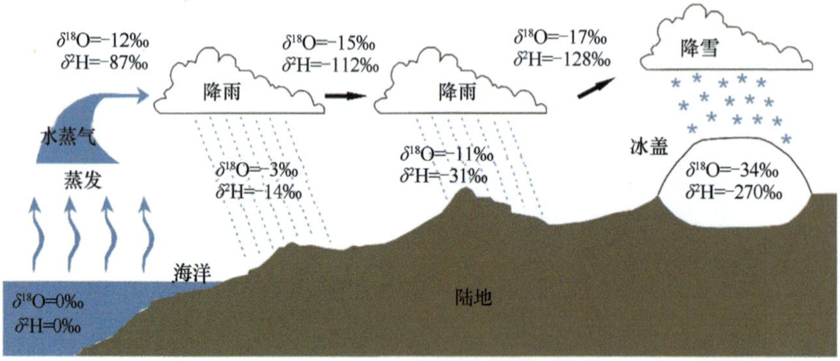

图 1　水汽输送过程的氧同位素分馏演化(修改自文献[1])

在地质时间尺度上，若能知道过去海水、降水、地表水、地下水、冰盖的储库及其同位素变化，就能勾勒出地球海洋-陆地之间水循环变化的规律。由于第四纪出现了规模巨大的冰期-间冰期旋回，极地冰盖可以扣押大量 ^{16}O，因此学术界长期认为水循环过程的 $\delta^{18}O$ 变化主要是由冰盖体积涨缩主导的。然而这种研究视角只考虑了水的液-固转化，而忽略了水的气-液转化。在新生代大多数时间里，地球处于两极无冰或者只有南极有冰的状态。因此，在地球历史的大多数时间段，水的气-液转化才是水循环的主角。即便在晚第四纪有了巨大的冰盖旋回作用，中低纬降水过程仍然表现出独特的轨道驱动周期。例如，晚第四纪冰盖旋回周期约为 10 万年，大量测试结果表明海水平均 $\delta^{18}O$ 在冰期旋回时间尺度上确实也有约 1‰的变化(图 2)[2]。然而季风降水变化却展示出清晰的两万年左右的岁差周期，即低纬太阳辐射量变化周期[3]。

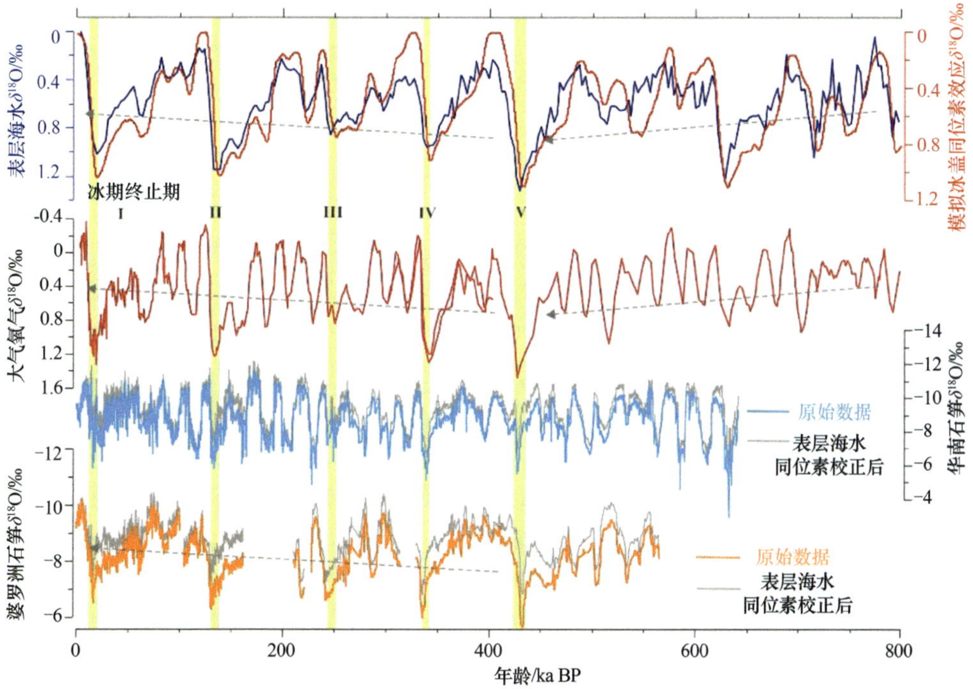

图 2　80 万年以来模拟获得的冰盖对海水同位素影响[4]、重建的表层海水[5]、大气氧气[6, 7]和低纬石笋 $\delta^{18}O$ 记录[8~10]对比

近年来，季风研究最重要的进展来自三个方面：石笋、大气氧气和表层海水 $\delta^{18}O$ 记录。石笋是“古雨水化石”，直接记录了全球各地的降水同位素信号。大气氧气 $\delta^{18}O$ 与道尔效应(Dole effect)相关，反映了低纬陆地接受了多少来自海洋的降水[3, 11]。而表层海水 $\delta^{18}O$ 受降水-蒸发平衡，以及洋流变迁控制，也是水循环变化的敏感指标。近来分析数据表明，由于低纬水循环的影响，表层海水、季风降水和大气氧气 $\delta^{18}O$ 存在着独特的关联(图 2)。

首先，在受季风降水影响的热带海区，表层海水 $\delta^{18}O$ 与冰盖同位素效应差异甚大[12]。例如，在氧同位素 3.3 期和 6.5 期，热带表层海水 $\delta^{18}O$ 明显偏轻；而在氧同位素 5 期，海水 $\delta^{18}O$ 三个轻值峰的振幅接近。因此，整条同位素记录在晚第四纪显示出较明显的岁差周期。这些轨道尺度上的特征在石笋和大气氧气 $\delta^{18}O$ 中均有发现。

其次，在最近五次冰消期(即冰期终止期)，低纬表层海水 $\delta^{18}O$ 变化滞后于冰盖同位素效应 2~3 千年[4, 5]。因此，在扣除冰盖效应之后，表层海水 $\delta^{18}O$ 在冰消期时会出现异常重值。这种同位素重值现象同样体现于东亚和婆罗洲季风降水记录中，并且同时期的大气氧气同位素也出现偏重现象。不难想象，冰消期时海水 $\delta^{18}O$ 变重信号通过水汽蒸发传递到季风降水中。由于陆地植被利用的降水 $\delta^{18}O$ 变重，导致光合作用产出的氧气 $\delta^{18}O$ 也变重。在先前研究中，冰消期时东亚石笋 $\delta^{18}O$ 的重值信号被认为是季风降水极度减弱的缘故[10]。现在看来，至少部分是因为表层海水背景信号改变的引起的。

再次，80 万年以来的表层海水 $\delta^{18}O$ 记录存在两段显著的长期趋势，以 430 ka BP 为分界点，表层海水 $\delta^{18}O$ 由变重改为变轻。这种“先重后轻”的趋势同样反映于氧气 $\delta^{18}O$ 和婆罗洲石笋记录中(图 2)。然而，东亚石笋记录中却不见这个线性变化。这可能是因为东亚石笋远离水汽源区。印度洋蒸发的水汽，需要越过广阔的印度洋、南亚次大陆、中南半岛和南海，最终才到达中国华南地区。因此在水汽输送全程中，降水同位素分馏程度大，岁差周期振幅明显，导致水汽源区的这种长期小规模变化无法体现在东亚石笋记录中。而婆罗洲降水的水汽来自临近的印度-太平洋水面，同位素分馏程度小，岁差振幅弱。水汽源区的背景信号变化可以被清晰记录下来。总之，这三种新发现的关联，明显是由冰盖旋回之外的原因引起的，是季风降水过程独特的同位素证据。

因此，除了冰盖，季风降水同样可以通过改变陆地上液态水的储库、同位素及其滞留时间，从而影响水循环的 $\delta^{18}O$。是否海水 $\delta^{18}O$ 总体上反应的是陆地截留了多少来自海洋的淡水，无论被截留的 ^{16}O 是以固体或者液体形式暂存于陆地？这其中包括几个方面的问题。

(1) 热带表层海水 $\delta^{18}O$ 在轨道周期上的异常特征、在冰消期时展露的异常重值现象及其在长时间尺度上呈现的变化趋势，其气候意义是什么？是代表陆地上降水和淡水储库量变化，还是淡水在不同洋盆之间分配比例变化引起的？到底代表低纬水循环哪些重大调整，需要在大规模收集整理全球数据基础上利用同位素数值模型进行研究。

(2) 大气氧气和东亚石笋 $\delta^{18}O$ 到底指示是什么样的气候意义？由于全球不同区域季风在不同时间尺度上展示出的相对一致性，我国学术界近期提出了“全球季风”的概念[3]。那么是否存在一些指标，可以衡量地质时间尺度上的全球季风强度呢？从现代观测数据中发现，由于北半球陆地多，热带辐合带经向摆动幅度大，全球季风降水量与北半球降水量(特别是亚洲季风区)存在高度相关性。而东亚石笋位于亚洲夏季风水汽路径的末端，根据瑞利分馏原理，理论上可以指示亚洲季风降水量的强度[10]，进而反映全球季风的地质历史变化。同样原理，由于大部分陆地植被位于北半球，季风强度引起的陆地植被量变化同样会反映于大气氧气的

$\delta^{18}O$。但是，大气氧气和东亚石笋 $\delta^{18}O$ 在何种程度上能够反映全球季风？

(3) 地下水变化对海洋 $\delta^{18}O$ 影响如何？地下水是全球最大的液态淡水储库，其现今水量接近全球冰盖的一半[13]。地下水变化研究过去被严重忽视，但利用卫星重力数据，已经发现地下水储库在年际尺度上存在巨大变化[14]。在大西洋沿岸地区，向海洋排放的地下水与河流的径流量相当[15]。并且，地下水的年龄最老可测到上百万年[16]，说明地下水储库在地质时间尺度上可能发生过重要变化，并对海水 $\delta^{18}O$ 造成重要影响。因此迫切需要找到地下水储库变化的替代性指标，才能认识这个最大的淡水储库在地质时间尺度上的变迁历史及其同位素效应。

参 考 文 献

[1] Coplen T B, Herczeg A L, Barnes C. Isotope engineering——Using stable isotopes of the water molecule to solve practical problems. Environmental tracers in subsurface hydrology. Springer US, 2000, 79-110.

[2] Waelbroeck C, Labeyrie L, Michel E, et al. Sea-level and deep water temperature changes derived from benthic foraminifera isotopic records. Quaternary Science Reviews, 2002, 21, 295-305.

[3] Wang P, Wang B, Cheng H, et al. The global monsoon across timescales: Coherent variability of regional monsoons. Climate of the Past, 2014, 10: 2007-2052.

[4] Bintanja R, van de Wal R S W, Oerlemans J. Modelled atmospheric temperatures and global sea levels over the past million years. Nature, 2005, 437: 125-128.

[5] Shakun J D, Lea D W, Lisiecki L E, et al. An 800-kyr record of global surface ocean $\delta^{18}O$ and implications for ice volume-temperature coupling. Earth and Planetary Science Letters, 2015, 426: 58-68.

[6] Petit J-R, Jouzel J, Raynaud D, et al. Climate and atmospheric history of the past 420, 000 years from the Vostok ice core, Antarctica. Nature, 1999, 399: 429-436.

[7] Dreyfus G, Parrenin F, Lemieux-Dudon B, et al. Anomalous flow below 2700 m in the EPICA Dome C ice core detected using $\delta^{18}O$ of atmospheric oxygen measurements. Climate of the Past, 2007, 3: 341-353.

[8] Meckler A N, Clarkson M O, Cobb K M, et al. Inter-glacial hydroclimate in the tropical West Pacific through the late Pleistocene. Science, 2012, 336: 1301-1304.

[9] Carolin S A, Cobb K M, Adkins J F, et al. Varied response of western Pacific hydrology to climate forcings over the Last Glacial Period. Science, 2013, 340: 1564-1566.

[10] Cheng H, Edwards R L, Sinha H, et al. The Asian monsoon over the past 640, 000 years and ice age terminations. Nature, 2016, 534: 640-646.

[11] Bender M, Sowers T, Labeyrie L. The Dole effect and its variations during the last 130, 000 years as measured in the Vostok ice core. Global Biogeochemical Cycles, 1994, 8(3): 363-376.

[12] Wang P, Li Q, Tian J, et al. Monsoon influence on planktic $\delta^{18}O$ records from the South China Sea. Quaternary Science Reviews, 2016, 142: 26-39.

[13] Richey A S, Thomas B F, Lo M-H, et al. Quantifying renewable groundwater stress with

GRACE. Water Resources Research, 2005, 51: 5217-5238.
[14] Moore W S, Sarmiento J L, Key R M. Submarine groundwater discharge revealed by ^{228}Ra distribution in the upper Atlantic Ocean. Nature Geoscience, 2008, 1: 309-311.
[15] Aggarwal P K, Matsumoto T, Sturchio N C, et al. Continental degassing of ^{4}He by surficial discharge of deep groundwater. Nature Geoscience, 2015, 8: 35-39.
[16] Kundzewicz Z W, Dëll P. Will groundwater ease freshwater stress under climate change. Hydrologiacal Science Journal, 2009, 54(4): 665-675.

撰稿人：黄恩清
同济大学，ehuang@tongji.edu.cn

神秘时期深海“老”碳的来源与释放

Source and Release of Extremely C-Depleted Carbon in Deep Waters During the “Mystery Interval” (17.5-14.5 kyr)

末次冰消期，大气 CO_2 浓度在 Heinrich 1(H1)与 Younger Dryas(YD)气候快速变冷期间显著升高~50%(幅度~80 ppm)，尽管学术界几乎均认为深海在其中扮演着关键且重要的角色，但对导致 CO_2 浓度变化具体的驱动机制仍然不清楚[1]。有意思的是，在冰消期 H1 至 Bolling-Allerød(B/A)变暖开始，即~17.5~14.5 ka BP，伴随着大气 CO_2 浓度快速升高~30%(~50 ppm)，大气$\Delta^{14}C$ 同时迅速衰减 190‰[2] (图 1)。如果能寻找到大气$\Delta^{14}C$ 锐减的原因，那么很可能解决冰消期大气 CO_2 浓度变化机制的难题，因而这引起古气候与古海洋学界的密切关注和浓厚研究兴趣。

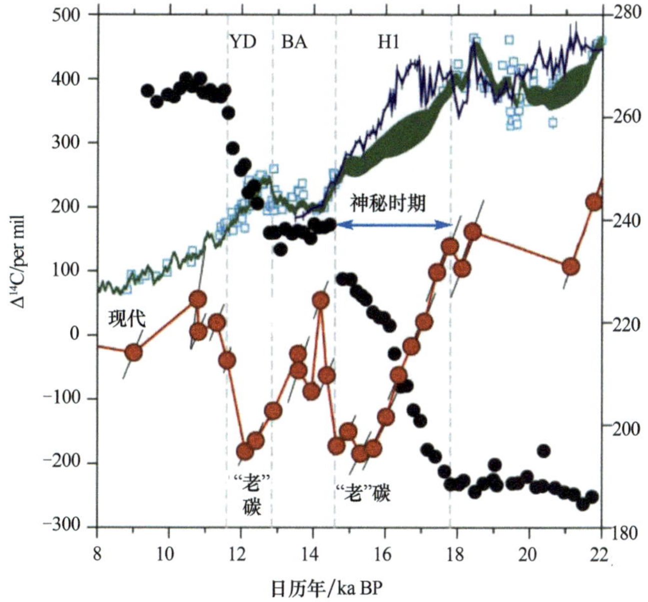

图 1　冰消期 Baja California 中层水$\Delta^{14}C$(红色)、大气 CO_2 含量(黑色)及$\Delta^{14}C$(蓝、绿色)对比[2]
蓝色箭头标示神秘时期

古气候与古海洋学家 George Denton 将末次冰消期的~17.5~14.5 ka BP 时间段称为“神秘时期”(mystery interval)[3]。其主要缘故在于这段时期冰川与海洋的古气候记录相互矛盾、难以解释：欧洲阿尔卑斯山冰川的明显退缩明确指示区域气候在该时期变得更加温暖；但当时北大西洋深层水(North Atlantic deep water，NADW)生成受到明显抑制，径向翻转流(atlantic meridional overturning circulation，AMOC)趋近停滞，北大西洋和地中海区域气候应当非常的寒冷。应用地球磁场强度引起 ^{14}C 生成速率的变化、海底沉积物储存甲烷(亏缺 ^{14}C)释放等机制均不能有效解释神秘时期大气 $\Delta^{14}C$ 的锐减。因此，学术界推测是否冰期大洋内部储存的极其亏损 ^{14}C(“老碳”)通过洋流的作用释放到大气中，造成了冰消期大气 CO_2 含量增加以及 $\Delta^{14}C$ 锐减？[2, 4]

那么，冰期“老碳”的深海储库存在于稳定在具有高盐度的大洋底盆，还是存在于深海累积有机碳强烈再矿化作用区域，或是其他区域？研究显示，冰期深海封闭水团的 $\Delta^{14}C$ 应当比同时期表层海水或大气的 $\Delta^{14}C$ 显著亏损。例如，在北大西洋，底盆水团的通风年龄(同时期底栖有孔虫与浮游有孔虫 ^{14}C 表观年龄的差异)表明在~2.5 km 以下深部水团的 $\Delta^{14}C$ 较同时期大气对应的值要低~200‰~300‰[5]。由于冰期大西洋深部洋流的重组，~2.5 km 以深的水团主要来自南大洋，意味着南大洋深部应当是冰期“老碳”的重要来源。实际上冰期南大洋深部或底盆水团的 $\Delta^{14}C$ 确实较同时期大气低~470‰~520‰，完全能够解释神秘时期大气 $\Delta^{14}C$ 的锐减幅度[6]。但是，太平洋主要水团的年龄证据支持深部水团冰期通风年龄与其现代对应值相当或者小幅度偏老[7]，表明冰期“老碳”的深海储库具有空间范围的局限性。而在西南太平洋，利用火山灰作为地层标志，重建的冰期区域太平洋深层水 $\Delta^{14}C$ 较大气的对应值低~300‰~500‰[8]；近年来在赤道东太平洋(>3 km)也发现冰期 $\Delta^{14}C$ 亏损证据[9]，又指示太平洋也存在某些局部区域也可以作为冰期“老碳”的深海储库。

那么冰期是不是广泛存在相对隔离的 $\Delta^{14}C$ 异常亏损碳储库？数值模拟研究显示盆地尺度的“老碳”储库可能实际难以存在[10]。其一，深海 $\Delta^{14}C$ 极其亏损环境会导致海底严重缺氧，尽管沉积物 U 记录指示冰期太平洋深部含氧量有所降低，但并非缺氧环境[11]；其二，深海 $\Delta^{14}C$ 极其亏损环境，会使海底 $CaCO_3$ 溶解释放的碱度圈闭在深海，这反而会促使冰期大气 CO_2 浓度升高[12]，这与冰期大气 CO_2 浓度降低存在矛盾；其三，由于水团的扩散，即使冰期“老碳”储库存在，也可能只是局部现象而非盆地尺度大范围的稳定存在。由于具有深海“老碳”的储库足够大才能解释神秘时期大气 $\Delta^{14}C$ 的变化，因此首先要寻找冰期深海相对封闭的 $\Delta^{14}C$ 异常亏损的碳储库证据，确定“老碳”水团形成的位置、范围与形成机理。

而且神秘时期深海在何处向上部海洋运移“老碳”水团和向大气释放 $\Delta^{14}C$ 极端亏损 CO_2 过程如何？尽管在加利福尼亚岸外、赤道东太平洋及阿拉伯海北部中层水，均发现神秘时期和 YD 期间“老碳”水团侵入(年龄甚至可达 5000 年以上、$\Delta^{14}C$ 异常亏损)的足迹[13](图 1)。推测是由于冰期储存在大洋深部的“老碳”水团沿着南极中层水(antarctic intermediate water，AAIW)向上部海洋运移，并向大气中释放$\Delta^{14}C$亏损的CO_2造成。在大西洋，AAIW携“老碳”水团甚至可达大西洋60°N区域[14]。然而，沿AAIW路径的智利岸外中层水团中却未发现“老碳”的踪迹[15]。不仅如此，赤道东太平洋中层水$\Delta^{14}C$的记录与加利福尼亚岸外及阿拉伯海的中层水$\Delta^{14}C$在变化时间和幅度也存在显著的差异，赤道东太平洋中层水$\Delta^{14}C$相对更加亏损，是否表明不同的“老碳”水团的来源与运移机制存在？另外，神秘时期“老碳”水团运移与释放，同样面临水团扩散的“困境”，有学者认为是“局部”现象难以大规模存在[10]。

因此，神秘时期深海“老”碳的来源与释放机制仍是古气候与古海洋学界待解的科学难题之一。由于大洋深部水团$\Delta^{14}C$时空覆盖的记录非常有限，为进一步认识和解决这道难题，学术界应当大力加强冰期与冰消期深部水团$\Delta^{14}C$记录的重建工作，提高空间覆盖范围，尤其需要神秘时期大洋中层深度水团的$\Delta^{14}C$的记录。不仅如此，也应当加强数值模拟的研究，通过与地质记录的对比，认识深海“老”碳的存在范围和向外释放机制。

参 考 文 献

[1] Sigman D M, Boyle E A. Glacial/interglacial variations in atmospheric carbon dioxide. Nature, 2000, 407(6806): 859-869.

[2] Marchitto T M, Lehman S J, Ortiz J D, et al. Marine radiocarbon evidence for the mechanism of deglacial atmospheric CO_2 Rise. Science, 2007, 316(5830): 1456-1459.

[3] Denton G H, Broecker W S, Alley R B. The mystery interval 17.5 to 14.5 kyrs ago. PAGES news, 2006, 14(20): 14-16.

[4] Broecker W, Barker S. A 190‰ drop in atmosphere's Δ14C during the “Mystery Interval” (17.5 to 14.5 kyr). Earth Planet Sci Lett, 2007, 256(1-2): 90-99.

[5] Robinson L F, Adkins J F, Keigwin L D, et al. Radiocarbon variability in the western North Atlantic during the last deglaciation. Science, 2005, 310(5753): 1469-1473.

[6] Burke A, Robinson L F. The Southern Ocean's role in carbon exchange during the last deglaciation. Science, 2012, 335(6068): 557-561.

[7] Broecker W, Clark E, Barker S, et al. Radiocarbon age of late glacial deep water from the equatorial Pacific. Paleoceanography, 2007, 22(2): PA2206.

[8] Sikes E L, Samson C R, Guilderson T P, et al. Old radiocarbon ages in the southwest Pacific Ocean during the last glacial period and deglaciation. Nature, 2000, 405(6786): 555-559.

[9] Keigwin L D, Lehman S J. Radiocarbon evidence for a possible abyssal front near 3.1 km in the glacial equatorial Pacific Ocean. Earth Planet Sci Lett, 2015, 425: 93-104.

[10] Hain M P, Sigman D M, Haug G H. Shortcomings of the isolated abyssal reservoir model for deglacial radiocarbon changes in the mid-depth Indo-Pacific Ocean. Geophys Res Lett, 2011, 38(4): L04604.

[11] Jaccard S L, Galbraith E D, Sigman D M, et al. Subarctic Pacific evidence for a glacial deepening

of the oceanic respired carbon pool. Earth Planet Sci Lett, 2009, 277(1-2): 156-165.
[12] Hain M P, Sigman D M, Haug G H. Carbon dioxide effects of Antarctic stratification, North Atlantic Intermediate Water formation, and subantarctic nutrient drawdown during the last ice age: Diagnosis and synthesis in a geochemical box model. Global Biogeochem Cycles, 2010, 24, GB4023, doi: 10.1029/2010GB003790.
[13] Bryan S P, Marchitto T M, Lehman S J. The release of 14C-depleted carbon from the deep ocean during the last deglaciation: Evidence from the Arabian Sea. Earth Planet Sci Lett, 2010, 298(1-2): 244-254.
[14] Thornalley D J R, Barker S, Broecker W S, et al. The deglacial evolution of North Atlantic deep convection. Science, 2011, 331(6014): 202-205.
[15] De Pol-Holz R, Keigwin L, Southon J, et al. No signature of abyssal carbon in intermediate waters off Chile during deglaciation. Nature Geosci, 2010, 3(3): 192-195.

撰稿人：万　随
中国科学院广州地球化学研究所，swan@gig.ac.cn

科普难题

地质时期大洋碳储库和海气碳交换变化及其气候效应

Variation of Ocean Carbon Reservoir and Sea-Air Carbon Exchange in the Geologic Time and its Climatic Impact

大气 CO_2 的温室效应，在理论上很早就已经被科学家所了解。但直到近二三十年，随着“全球变暖”对人类的威胁越来越迫在眉睫，人们才开始深切关注大气 CO_2 浓度变化并着手深入调查地球碳循环的过程和机理。然而，研究碳循环的难度不小。地球表层系统的碳分布在大气、海水、生物体、陆地土壤、海底沉积物等储库之内，其相互间的碳交换涉及物理、化学、生物、海洋和地质等过程(图 1)。

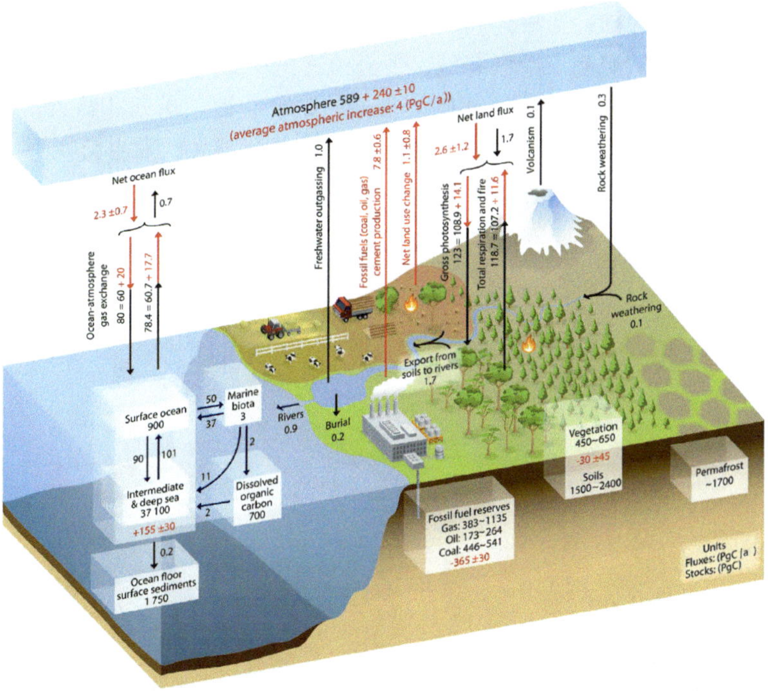

图 1　简化的全球碳循环模式图

碳储库(储量单位：PgC，$1Pg=10^{15}g$)和年交换通量(通量单位：PgC/a)[1]

地球表层碳储库之间发生的碳交换速率在季节到 10 万年尺度，所引发的大气 CO_2 浓度变化对人类活动有直接的影响。

地球表层最大的碳储库是海洋。据联合国政府间气候变化委员会(Intergovernment Panelon Climate Change，IPCC)估算的工业革命前的状况，中深层海水里存有 37100PgC，表层海水 900PgC，溶解有机碳约 700PgC(图 1)。相比而言，大气碳储量约 600PgC，陆地上的植被有 450~650PgC，尚未开采的化石燃料共约 1000PgC，土壤和冻土分别还储存了 1500~2400PgC 和~1700PgC(图 1)。全大洋深部环流的“翻转”时间在千年级别[2]，而表层海水与大气的碳交换以月、年计[3]。因此，海洋是最大的可以与大气快速交换的碳储库，海气碳循环在季节到地质时间尺度上对大气 CO_2 浓度起着最主要的控制作用。

海洋碳循环机制包括物理-化学过程(溶解度泵和深层混合泵)和生物过程(有机碳泵和碳酸盐泵)(图 2)，这些过程决定了海-气碳交换的格局。由于低温海水的 CO_2 溶解度相对更高，因此海洋表层的溶解无机碳在高纬度近极地海域浓度高、在低纬度热带海域浓度低(图 3)。而海-气碳交换的通量在低纬度东太平洋和阿拉伯海以及环南极海域呈正的极大值，代表海洋向大气释放 CO_2；在中-高纬度为负极大值，代表海洋吸收大气的 CO_2(图 3)。在北大西洋和环南极的高纬度海域，富碳海水下沉、运移到全大洋深部；亚极地-中纬度的富碳海水被沉降输送到海洋中层；在热带东太平洋、阿拉伯海和环南极海域，上升流又把中-深层海水返还到海洋表层，当表层生物活动不能完全消耗这些碳，富余的碳就会被“送回”给大气。另外，在一些区域，中-深层海水在横向运移过程中也可能会与大气发生交换(图 2)，南海的区域碳循环就是以这种“深层混合泵”机制为特征[4]。

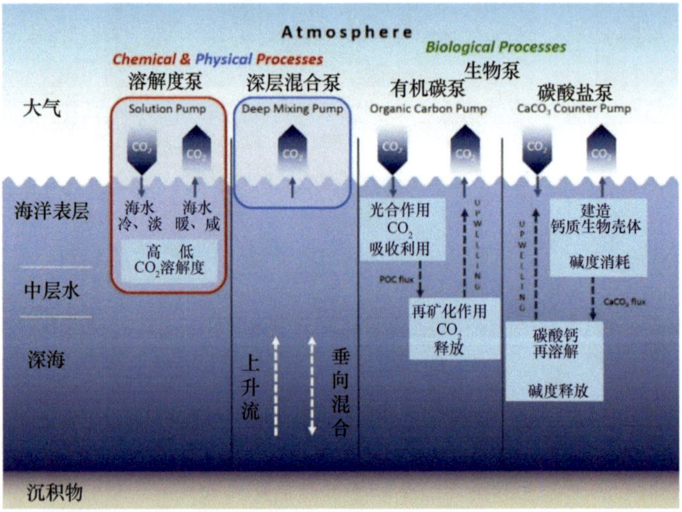

图 2　海洋碳循环机制概念图(据文献[4]和[5]修改)

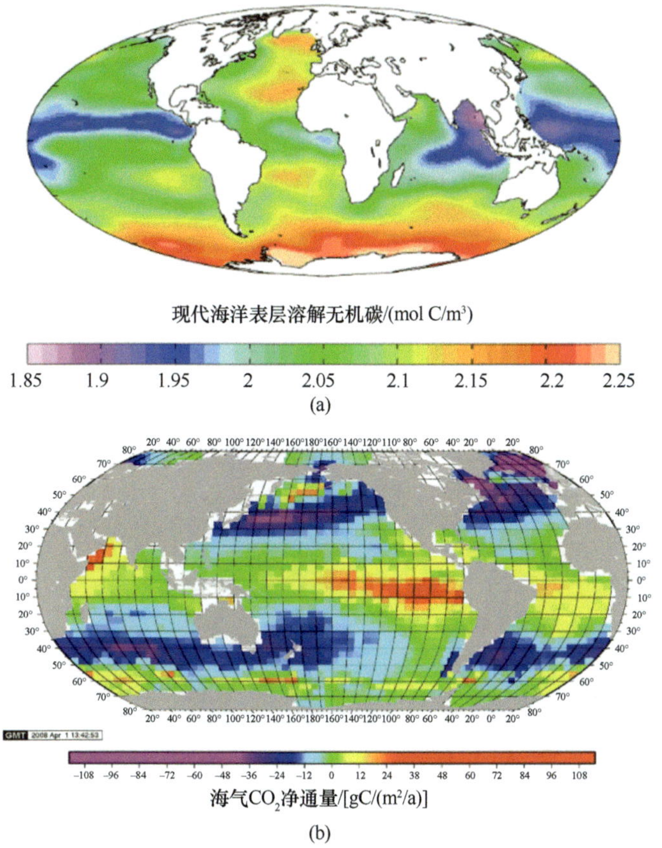

图 3 现代海洋表层溶解无机碳((a)据 Global Ocean Data Analysis Project (GLODAP) climatology，20 世纪 90 年代平均值)和(b)海-气碳通量(据文献[6])

80 万年来的冰心气泡记录显示大气 CO_2 浓度在晚第四纪冰期，相对间冰期，降低了 80~100ppmv(百万分之一体积比)[7]。冰期时高纬陆地被冰盖覆盖，因此陆地生物圈碳储库据推测应该减少了约 500PgC[8, 9]。两项叠加，如果其他碳库的量基本恒定，冰期时海洋碳储库应该增加了约 1500PgC。如果仅仅考虑大洋物理状况，冰期时大洋体积缩减会使大气 CO_2 浓度增加约 8ppmv[10]，大洋更“咸”会造成大气 CO_2 浓度增加约 6.5ppmv、平均温度降低会使大气 CO_2 浓度降低约 30ppmv[11]；总共的净效应只能解释约 15ppmv 的冰期大气 CO_2 浓度降低。因此，简单而言，冰期大气 CO_2 浓度的降低说明深海对碳的“截存”大幅度升高[12]，但其具体的机制涉及生物地球化学和古海洋学过程，仍是一个相当具有争议和挑战的科学问题[11, 13, 14]。当前，解释这一问题的机制性假说很多，主要包括“珊瑚礁”假说、“营养加深”假说和“南大洋铁供给”假说等。

“珊瑚礁”假说的最初版本提出珊瑚建造碳酸钙骨骼时会放出一个 CO_2($Ca^{2+}+2HCO_3^-=CaCO_3+CO_2+H_2O$)，随着冰期结束海平面淹没陆架更有利于珊瑚生长，从而驱动海洋的 CO_2 向大气排放[15]；后来的改进版认为随着冰期-间冰期的海平面变化，海洋碳酸钙的沉淀区域在深海大洋和浅海陆架间转移，会导致冰期时大洋总碱度和碳酸根离子浓度上升、大气 CO_2 下降[16, 17](图 4)。

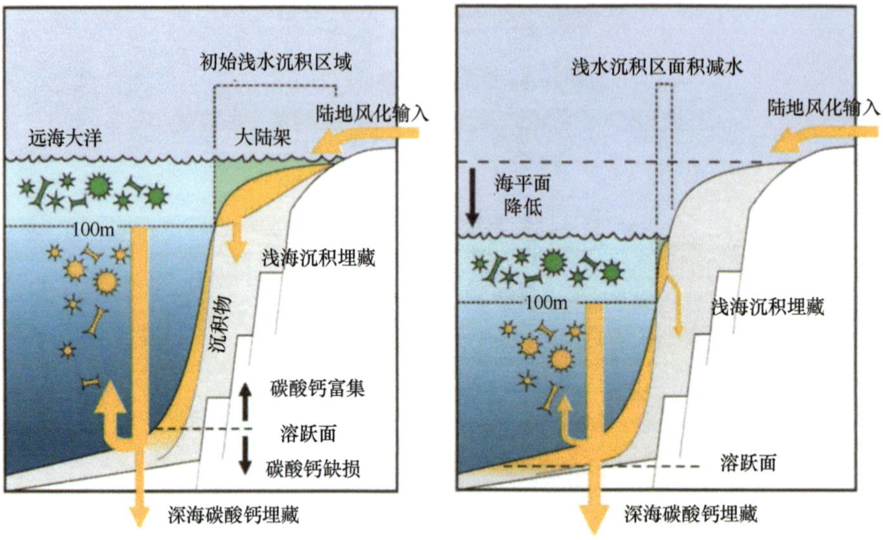

图 4　“珊瑚礁”假说模式图[17]

(a)间冰期高海平面状况，陆地风化输入与陆架和远洋碳酸钙沉积之间的平衡使得碳酸钙溶跃面较浅；(b)冰期低海平面状况，碳酸根的源汇平衡被打破，大洋碳酸钙饱和度升高保存了更多碳，造成大气 CO_2 下降

相比着眼于陆架浅海的“珊瑚礁”假说，“营养加深”假说强调大洋环流和化学分异的变化。有许多证据表明冰期时的大洋环流格局与现在差异显著，同时营养物质和代谢 CO_2 在冰期时“迁移”到了海洋的更深部[18]，导致深海的溶解无机碳总量增加但总碱度变化不大，从而使得深海碳酸根离子浓度降低、沉积的碳酸钙溶解；溶解的无机碳反过来造成大洋碱度的净增加，从而使得海水碱度收支平衡被打破，需要向大气吸收更多的 CO_2[18, 19]。

南大洋在全球海气碳循环中的角色相当特殊，它既是深层水生成区，同时又有强的上升流[20](图 2)。在解释冰期大气 CO_2 下降时，很多研究认为冰期时南大洋表层的生物生产力大幅度升高，从而使得其碳源效应弱化，甚至向大洋“泵”入了更多的碳。原因在于，现代南大洋受限于铁的供应，氮、磷等营养元素并没有被完全利用；冰期时南半球陆地风尘的输入比间冰期强几十倍，南大洋的铁供应增加，因此可以使得生物泵更有效的运转，从而降低大气 CO_2[21, 22]。后续的研究进一步验证，冰期时南大洋海水分层性增强，南极海冰范围北扩、极锋北移，可能与“铁供应”增强同时作用，使得南大洋的变化足以解释约 40ppmv 的冰期大气 CO_2 下降[23]。

近年来的箱式模型检验结果表明，与海洋碳酸钙生产和保存过程相关联的大洋碱度变化对大气的效应，可以占到大气 CO_2 冰期旋回变化的 40%~50%[24, 14]。利用底栖有孔虫 B/Ca 重建的深层海水碳酸根离子浓度变化显示，相对全新世(10ka 以来的间冰期)，末次冰盛期(18~26.5 ka)大西洋深层水碳酸根离子浓度上升了约 65mol/kg，太平洋则相对略微降低了约 15mol/kg[25~27]。这一结果反映大洋海水对大气 CO_2 浓度的调控机制涉及上述几种假说中的多种动力过程(图 5)，且太平洋海底碳酸钙沉积的溶解-沉淀对大洋碳酸盐体系有重要的“缓冲”作用[27]。

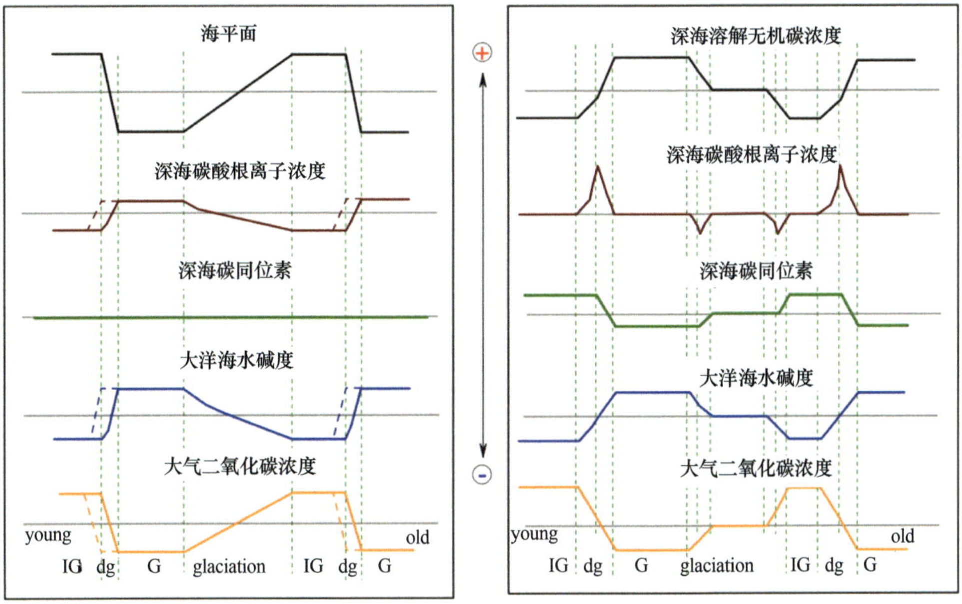

(a)　(b)

图 5　冰期旋回过程中海-气碳循环对海平面变化[27](a)和大洋垂向碳分异(b)的响应模式图

横轴自右向左示时间由老渐新，IG. 间冰期；G. 冰期；dg. 冰消期；glaciation. 冰进期

然而，冰期旋回中大气 CO_2 浓度变化的机制仍然存在许多未完全查明的因素。对于海洋碳储库而言，现有的重建资料还远未覆盖全部海域，因此仍不能完整地了解冰期旋回当中海洋碳储库的演变。以北太平洋为例，有研究认为冰消期早期 Heinrich1 冷事件(14.5~17.5ka)时由于北半球高纬温度异常低、区域降水被抑制，东北太平洋可能会有深层水生成[28]。如果这一场景成立，则 Heinrich1 之后北太平

洋分层性被打破，单单这一个因素就可以解释大气 CO_2 浓度约 30ppmv 的上升[28]。另外，现有对陆地碳储库的认识也可能过于简化。之前普遍认为陆地碳储量在冰期时减小、间冰期增加，仅仅考虑了北半球高纬的森林在冰期时被冰盖掩埋。然而陆地生物圈的储碳主力在热带[29]，热带宽广的陆架(如巽他陆架、莎湖陆架)在冰期海平面降低时出露，必然发育热带雨林和沼泽泥炭，储碳量显然颇为可观。高纬的故事也并不那么简单，冰盖覆盖下的冻土、土壤和有机质在冰盖消融时也会释放大量 CO_2[30]。因此陆地碳储库在冰期旋回的全球碳循环中所扮演的角色，还有相当大的探索空间[31]。

此外，海洋碳循环在跨越冰期旋回的更长时间尺度上的变化也深刻影响着全球碳收支。最早来自南海的记录，以及之后来自各个大洋的证据表明海洋无机碳的 $\delta^{13}C$ 存在约 40 万年的长周期演变[32~34]。以约 40 万年为周期，地球轨道偏心率出现极小值，而海洋无机碳同位素在偏心率极小值时相应地出现 $\delta^{13}C$ 极重值(图 6)。由于偏心率直接约束着地球轨道岁差参数的振幅，而岁差调控着太阳辐射量的季节和纬向分配，进而主导了地球表层水-热循环，因此不难推测 $\delta^{13}C$ 的 40 万年长周期变化反映了水-热循环与碳循环的联动关系。相关的因素包括：水-热循环(全球

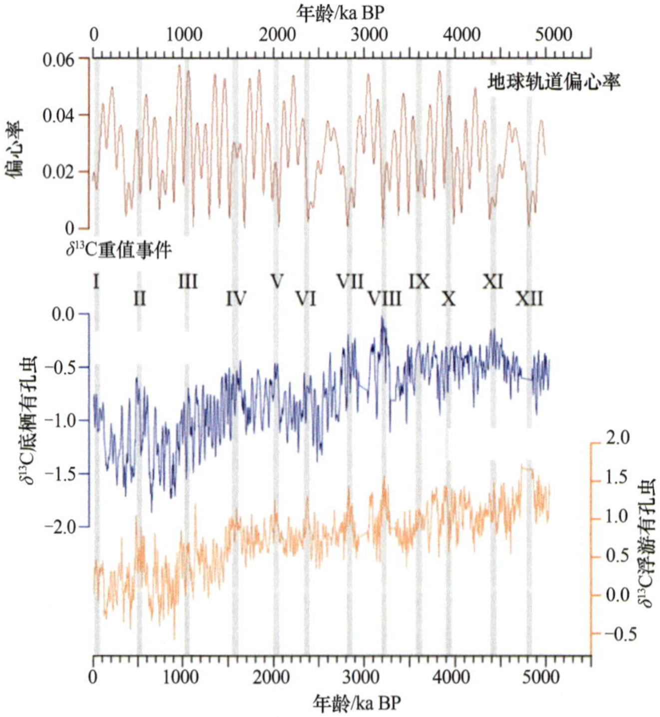

图 6　偏心率与海洋 $\delta^{13}C$ 的约 40 万年长周期演变

由上至下：偏心率[37]，南海北部 ODP1146 站底栖和浮游有孔虫 $\delta^{13}C$ 记录[38]；灰色阴影标注 $\delta^{13}C$ 重值事件

季风)、陆地风化和搬运、海洋无机碳泵和有机碳泵，以及近来刚刚发现的海洋微型生物碳泵和惰性溶解有机碳库[35]等。然而，海洋无机碳同位素的偏心率长周期变化，究竟代表的是海洋无机碳库相对其他哪个(或哪些)碳储库发生了碳的分馏或再分配变化，仍然存在许多未解之谜[36]。

总结而言，海洋碳循环是地球表层碳循环系统中最重要的一个组成部分。当前我们已经初窥海洋碳循环变化在千年尺度、冰期旋回过程和数十万年尺度上的一些端倪，但还远远未能全面了解其具体过程和动力机制。要深入探究海洋碳循环变化及其机制，我们需要探索更多的指标方法，以定量化地计算海洋碳化学的各种参数；还需要探寻更多覆盖不同海域、代表不同深度水体的重建资料；更需要进一步探查海洋碳循环在跨越冰期旋回的更长时间尺度上的变化过程。

参 考 文 献

[1] Ciais P, et al. Chapter 6: Carbon and Other Biogeochemical Cycles.In: Climate Change 2013: The Physical Science Basis, 2013, IPCC.

[2] Broecker W S. The great ocean conveyor. Oceanography, 1991, 4(2): 79-89.

[3] Houghton R A. Balancing the global carbon budget. Annuual Review of Earth and Planetary Sciences, 2007, 35(1): 313-47.

[4] Dai M, Cao Z, Guo X, et al. Why are some marginal seas sources of atmospheric CO_2? Geophysical Research Letters, 2013, 40(10): 2154-2158.

[5] Denman K L, et al. Couplings Between Changes in the Climate System and Biogeochemistry. In: Solomon S, et al. eds., Climate Change 2007: The Physical Science Basis. Contribution of Working Group I to the Fourth Assessment Report of the Intergovernmental Panel on Climate Change. Cambridge University Press, Cambridge, United Kingdom and New York, NY, USA, 2007.

[6] Takahashi T, Sutherland S C, Wanninkhof R, et al. Climatological mean and decadal change in surface ocean pCO_2, and net sea–air CO_2 flux over the global oceans. Deep-Sea Research Part II Tropical Studies in Oceanography, 2009, 56(8): 554-577.

[7] Lüthi D, Le Floch M, Bereiter B, et al. High-resolution carbon dioxide concentration record 650, 000–800, 000 years before present. Nature, 2008, 453(7193): 379-382.

[8] Bird M I, Lloyd J, Farquhar G D. Terrestrial carbon storage at the LGM. Nature, 1994, 371: 566.

[9] Ciais P, Tagliabue A, Cuntz M, et al. Large inert carbon pool in the terrestrial biosphere during the Last Glacial Maximum. Nature Geoscience, 2012, 5(1), 74-79.

[10] Brovkin V, Ganopolski A, Archer D, et al. Lowering of glacial atmospheric CO_2 in response to changes in oceanic circulation and marine biogeochemistry. Paleoceanography, 2007, 22(4): PA4202.

[11] Sigman D M, Boyle E A. Glacial/interglacial variations in atmospheric carbon dioxide. Nature, 2000, 407: 859-869.

[12] Broecker W S. Glacial to interglacial changes in ocean chemistry. Progress in Oceanography,

1982, 11: 151-197.
[13] Kohfeld K E, Quéré C L, Harrison S P, et al. Role of Marine Biology in Glacial-Interglacial CO_2 Cycles. Science, 2005, 308: 74-78.
[14] Sigman D M, Hain M P, Haug G H. The polar ocean and glacial cycles in atmospheric CO_2 concentration. Nature, 2010, 466(7302): 47-55.
[15] Berger W H. Increase of carbon-dioxide in the atmosphere during deglaciation e the coral-reef hypothesis. Naturwissenschaften, 1982, 69: 87-88
[16] Opdyke B N, Walker J C G. Return of the coral-reef hypothesis - basin to shelf partitioning of $CaCO_3$ and its effect on atmospheric CO_2. Geology, 1992, 20: 733-736.
[17] Ridgwell A J, Watson A J, Maslin M A, et al. Implications of coral reef buildup for the controls on atmospheric CO_2 since the Last Glacial Maximum. Paleoceanography, 2003, 18(4): PA1083.
[18] Boyle E A. The role of vertical chemical fractionation in controlling late Quaternary atmospheric carbon dioxide. Journal of Geophysical Research, 1988a, 93: 15, 701-15, 714.
[19] Boyle E A. Vertical oceanic nutrient fractionation and glacial/interglacial CO_2 cycles. Nature, 1988b, 331: 55-56.
[20] Sarmiento J L, Toggweiler J R. A new model for the role of the oceans in determining atmospheric pCO_2. Nature, 1984, 308: 621-624.
[21] Martin J H. Glacial-interglacial CO_2 change: The iron hypothesis. Paleoceanography, 1990, 5: 1-13.
[22] Watson A J, Bakker D C, Ridgwell A J, et al. Effect of iron supply on Southern Ocean CO_2 uptake and implications for glacial atmospheric CO_2. Nature, 2000, 407(6805): 730-733.
[23] Francois R, Altabet M A, Yu E F, Sigman D M, Bacon M P, Frank M. Contribution of Southern Ocean surface-water stratification to low atmospheric CO_2 concentrations during the last glacial period. Nature, 1997, 389: 929-935.
[24] Hain M P, SigmanDM, Haug G H. Carbon dioxide effects of Antarctic stratification, North Atlantic Intermediate Water formation, and subantarctic nutrient drawdown during the last ice age: diagnosis and synthesis in ageochemical box model. Global Biogeochemical Cycles, 2010, 24(4): GB4023.
[25] Yu J, Broecker W S, Elderfield H, et al. Loss of carbon from the deep sea since the Last Glacial Maximum. Science, 2010a, 330(6007): 1084-1087.
[26] Yu J, Foster G L, Elderfield H, et al. An evaluation of benthic foraminiferal B/Ca and $\delta^{11}B$ for deep ocean carbonate ion and pH reconstructions. Earth Planetary Science Letters, 2010b, 293(1-2): 114-120.
[27] Yu J, Anderson R F, Jin Z, et al. Responses of the deep ocean carbonate system to carbon reorganization during the Last Glacialeinterglacial cycle. Quaternary Science Reviews, 2013, 76(12): 39-52.
[28] Rae J W B, Sarnthein M, Foster G L, et al. Deep water formation in the North Pacific and deglacial CO_2 rise. Paleoceanography, 2014, 29(6): 645-667.
[29] Scharlemann J P W, Tanner E V, Hiederer R, et al.Global soil carbon: understanding and managing the largest terrestrial carbon pool.Carbon Management, 2014, 5(1): 81-91.
[30] Zeng N. Glacial-Interglacial Atmospheric CO_2 Change-The Glacial Burial Hypothesis.

Advances of Atmospheric Science, 2003, 20: 677-693.

[31] Zimov S A, Shuur E A G, Chapin F S. Permafrost and the global carbon budget, Science, 2006, 312(5780), 1612-1613.

[32] Wang P X, Tian J, Cheng X R, et al. Carbon reservoir changes preceded major ice-sheet expansion at the mid-Brunhes event. Geology, 2003, 31(3): 239-242.

[33] Wang P X, Tian J, Cheng X R, et al. Major Pleistocene stages in a carbon perspective: The South China Sea record and its global comparison. Paleoceanography, 2004, 19(4): PA4005.

[34] Wang P X, Tian J, Lourens L J. Obscuring of long eccentricity cyclicity in Pleistocene oceanic carbon isotope records. Earth and Planetary Science Letters, 2010, 290(3-4): 319-330.

[35] Jiao N, Herndl G J, Hansell D A, et al. Microbial production of recalcitrant dissolved organic matter: Long-term carbon storage in the global ocean. Nature Reviews Microbiology, 2010, 8: 593-599.

[36] Wang P X, Li Q Y, Tian J, et al. Long-term cycles in the carbon reservoir of the Quaternary ocean: a perspective from the South China Sea. National Science Reviews, 2014, 1(1): 119-143.

[37] Laskar J, Robutel P, Joutel F, Gastineau M, et al. A long-term numerical solution for the insolation quantities of the Earth. Astronomy and Astrophysics, 2004, 428: 261-285.

[38] Clemens S C, Prell W L, Sun Y B, et al. Southern Hemisphere forcing of Pliocene $\delta^{18}O$ and the evolution of Indo-Asian monsoons. Paleoceanography, 2008, 23: PA4210.

撰稿人：党皓文　翦知湣

同济大学，danghaowen@126.com

冰期北太平洋中/深层水的形成与影响

Formation and Influence of Glacial North Pacific Intermediate/Deep Water

大洋环流是地球表层的热能和物质(尤其是水汽和碳)循环的主要载体，调节着地球表层的能量分布、淡水平衡和碳循环，在地球气候系统中起着举足轻重的作用。第四纪冰期旋回中，大气 CO_2 浓度与全球气候具有显著的冰期-间冰期变化特征，深部水团的重组和洋流的改变扮演着极为关键且重要的角色。因此，探讨和理解冰期旋回中深部洋流的演变，对认识大气 CO_2 浓度和地球气候冰期旋回变化的机理，以及预测地球未来的气候均有着相当重要的意义[1]。

现代大洋深部环流，很大程度上由高纬海区冷而咸的高密度海水沉降驱动的。北大西洋与南大洋是形成深部水团的主要源区。强烈的北大西洋深层水(north atlantic deep water，NADW)向南流动，与向北流动的南极底层水(antarctic bottom water，AABW)和南极中层水(antarctic intermediate water，AAIW)汇合，融入环南极洋流系统，并向太平洋及印度洋深部扩展[2]。北太平洋高纬区域，由于表层海水的较低盐度(降水强于水汽蒸发所致)难以沉降，并没有北太平洋深层水(north pacific deep water，NPDW)形成。而北太平洋中层水(north pacific intermediate water，NPIW)是由鄂霍次克海冬季结冰引起盐析作用形成的中层水与亚热带西北太平洋向北运移的中层深度水团混合而成，在北太平洋~300~800 m 水深范围具有明显的低盐度特征。

经过近 30 年的研究，古海洋与古气候学界发现冰期和冰消期北太平洋洋流特征和结构与现今的存在明显差异，冰期或冰消期北太平洋中层水(glacial north pacific intermediate water，GNPIW)(因通风深度的争论也有研究称为 NPDW)可能会在北太平洋高纬海域形成，并向深部和低纬区域扩张。那么，目前的研究是否具有充分证据证实在冰期或冰消期某段时间 GNPIW 能够强烈地生成？其形成的机制是什么？可能的源区在哪里？扩张路径和影响范围如何？对全球碳循环有何贡献？这些关键的科学问题需要地质记录和数值模拟来解答。

水团的营养指标 $\delta^{13}C$ 和 Cd/Ca 指示在 LGM 时期北太平洋可能存在新生成的水团。20 世纪 80 年代末，科学家根据各大洋代表性的底栖有孔虫 $\delta^{13}C$ 记录，建立冰期全球深部水团 $\delta^{13}C$ 的分布，发现北太平洋和北大西洋深部水团 $\delta^{13}C$ 较南大洋的 $\delta^{13}C$ 偏轻，即推测冰期北太平洋和北大西洋均可能是深部水团形成的源区[3]。不仅如此，北太平洋底栖有孔虫碳同位素$\delta^{13}C$的垂向分布显示，北太平洋在~2000 m附近存在典型的深部水文界线：在该深度以上，水团$\delta^{13}C$偏正、贫营养、通风作用强；而其下，水团$\delta^{13}C$偏负、富营养、通风作用弱。$\delta^{13}C$极负值所指示的高营养水团中心位于~3000 m深度，较现代的深~1000~1500 m[4, 5](图 1)。这表明北太平洋高纬海域可能新形成GNPIW，并能影响~2000 m深度之上的深部水团，但不会明显向更深的海域通风或扩张。依据底栖有孔虫Cd/Ca值记录，冰期西北太平洋深层水Cd含量较现代的数值低20%~30%，也指示北太平洋可能存在新生成的贫营养水团向深部通风[6]。而赤道西太平洋深层水Cd含量较现代的有所升高，说明可能新生成的GNPIW并未影响至赤道太平洋深部区域[7]。由于$\delta^{13}C$和Cd/Ca是非保守性水团营养的替代性指标，往往受多重因素的影响，对解析古洋流信息有待于结合其他古海洋学指标综合研究。

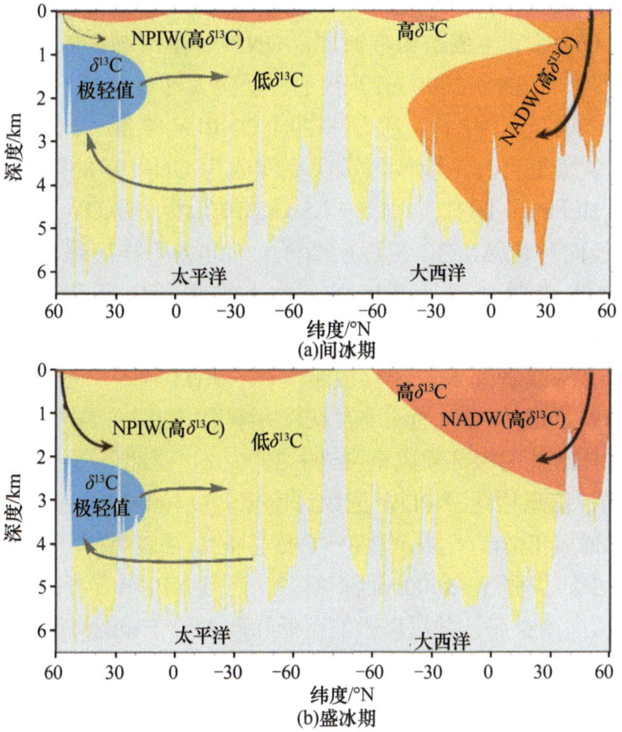

图 1 基于海水$\delta^{13}C$记录的大洋通风效应的概略图[5]

(a)NPIW通风效应较弱，影响深度较浅；NADW形成强烈，向洋盆底部通风，影响深部范围广。(b)GNPIW通风效应较强，影响深度较深；NADW形成减弱，影响深度变浅。$\delta^{13}C$偏重代表贫营养、通风效应较强；$\delta^{13}C$较轻则表示富营养、通风效应较弱。太平洋与大西洋盆地分别沿170°W和30°W经度剖面

如果依据$\delta^{13}C$和Cd/Ca营养指标的推测，GNPIW在北太平洋高纬区域形成并明显地向深部和低纬海域通风或扩张，那么北太平洋中、深层水团的表观通风年

龄(同时期底栖有孔虫与浮游有孔虫 AMS ^{14}C 年龄差异)应当较为年轻。然而，西北太平洋、白令海、南海等区域的水团年龄记录[8~10]，显示出冰期北太平洋中层水与深层水的平均通风年龄，与现代或全新世的对应水团年龄相当或偏老，这并不支持冰期北太平洋中层或深层水团能强烈的生成，并显著地向深部或低纬海域运移。尽管如此，在白令海，沉积物中铁锰氧化物的ε_{Nd}和放射虫喜氧种 *Cycladophora davisiana* 的记录，指示在冰期较寒冷阶段白令海可能是北太平洋中/深层水生成的重要潜在源区，并且白令海表层水团向深部通风深度至少可以达到~800 m[11]。这些证据意味着冰期白令海可能取代现代的鄂霍次克海成为 GNPIW 的重要源区之一，而 GNPIW 也应当受到除白令海中层水以外的热带亚热带海域或"南源"中层深度水团侵入的影响。

因此，GNPIW 相对于现代或间冰期向深部的通风深度增加(可至~2000 m)、并且影响范围扩展，北太平洋与北大西洋的洋流结构可能呈现跷跷板的特征：冰期北大西洋中层水 GNAIW 生成与影响减弱、GNPIW 生成与影响增强；而间冰期相反。但冰期北太平洋深层(>~2000 m)仍然主要受南大洋源深部水团的影响，是冰期全球大洋重要的"碳"汇(图 1)。那么冰期时 GNPIW 来源、组成、路径和形成机制到底如何，白令海是否真正取代鄂霍次克海成为 GNPIW 的重要源区之一？

末次冰消期 Heinrich 1(H1，~14.5-17.5 ka BP)阶段，NADW 形成显著减弱趋向停滞，北大西洋径向环流 AMOC 接近崩溃[12]；而北太平洋高纬海域中/深层水团生成和影响较末次冰消期时期显著加强，北太平洋径向环流(atlantic meridional overturning circulation，PMOC)此时得以建立[8]。研究显示，H1 时期 NPDW 形成的源区可能在白令海或者北太平洋亚极带海域，由区域表层水盐度增加触发和驱动[8]，但对 NPDW 向深部通风的深度存在较大争论：北太平洋中、深层水通风年龄综合记录显示 NPDW 能向深部通风至~2500~3000 m；亚北极海域底层水含氧量记录(沉积物 U 含量指标信息)指示 NPDW 通风深度至多~1400~2400 m[13]；而高纬东北太平洋底层水 pH 和通风年龄(有孔虫$\delta^{11}B$和 ^{14}C 信息)的结果表明在~16~17.3 ka BP NPDW 在高纬度海域至少能扩张至~3600 m 深度[14]。而且 NPDW 运移路径可能是沿着北太平洋西部边界流向南扩张，并可以影响至低纬西太平洋和南海深部海域[8, 10]，向东能侵入到东太平洋加利福尼亚岸外区域[15]。模拟研究估计 H1 时期 NPDW 形成可以贡献末次冰消期大气 CO_2 浓度~30 ppm 的升幅，对冰消期快速气候变化和全球碳循环有着重要作用[14]。

尽管过去北太平洋中/深层水的形成和洋流特征与结构获得了一些重要的基础性认识，然而全面理解和清楚认识冰期和冰消期北太平洋洋流仍然是一道典型的科学难题，面临着诸多困难。首先，北太平洋深部洋流的地质记录相对稀少，覆盖范围十分有限，很难由点带面获得较为系统、全面的认识，对冰期或冰消期北太平洋中/深层水团形成的地点、路径、机制及古气候意义等重要科学问题仍缺乏充分的记录支撑，因此首当其冲应当继续加强地质记录的重建工作；其次，目前对冰期和冰消期北太平洋洋流的认识所依据的古海洋学替代性指标相对较少，主要靠解析水团的营养指标和年龄记录，由于古海洋学指标往往受多重因素影响具有多解性，因而有必要开发和利用新的指标(如底栖有孔虫 B/Ca 与 Mg/Ca 比值、$\delta^{11}B$ 等)建立古洋流特征记录，并进行多种替代性指标的对比和综合解析，进而获得更为准确的古洋流信息；再次，缺乏数值模拟的研究，在地质记录提供海洋模型边界条件的基础上，还需要展开北太平洋洋流形成机制及对全球碳循环影响等的模拟研究。因此，大力加强北太平洋古洋流的研究，以解决冰期北太平洋深部洋流诸多学术难题，才能为认识冰期旋回中不同时期全球洋流体系、理解大气 CO_2 浓度和地球气候冰期旋回变化的机理、预测未来地球气候作出贡献。

参 考 文 献

[1] Sigman D M, Boyle E A. Glacial/interglacial variations in atmospheric carbon dioxide. Nature, 2000, 407(6806): 859-869.

[2] Rahmstorf S. Ocean circulation and climate during the past 120, 000 years. Nature, 2002, 419(6903): 207-214.

[3] Curry W B, Duplessy J C, Labeyrie L D, et al. Changes in the distribution of $\delta^{13}C$ of deep water CO_2 between the last glaciation and the Holocene. Paleoceanography, 1988, 3(3): 317-341.

[4] Matsumoto K, Oba T, Lynch-Stieglitz J, et al. Interior hydrography and circulation of the glacial Pacific Ocean. Quat Sci Rev, 2002, 21(14-15): 1693-1704.

[5] Knudson K P, Ravelo A C. North Pacific Intermediate Water circulation enhanced by the closure of the Bering Strait. Paleoceanography, 2015, 30(10): 1287-1304.

[6] Boyle E A. Cadmium and delta ^{13}C paleochemical ocean distributions during the stage 2 glacial maximum. Ann Rev Earth Planet Sci, 1992, 20: 245.

[7] Ohkouchi N, Kawahata H, Murayama M, et al. Was deep water formed in the North Pacific during the Late Quaternary? Cadmium evidence from the Northwest Pacific. Earth Planet Sci Lett, 1994, 124(1-4): 185-194.

[8] Okazaki Y, Timmermann A, Menviel L, et al. Deepwater formation in the North Pacific during the last glacial termination. Science, 2010, 329(5988): 200-204.

[9] Max L, Lembke-Jene L, Riethdorf J-R, et al. Pulses of enhanced North Pacific Intermediate Water ventilation from the Okhotsk Sea and Bering Sea during the last deglaciation. Clim Past, 2014, 10: 591-605.

[10] Wan S, Jian Z. Deep water exchanges between the South China Sea and the Pacific since the last glacial period. Paleoceanography, 2014: 2013PA002578.

[11] Horikawa K, Asahara Y, Yamamoto K, et al. Intermediate water formation in the Bering Sea during glacial periods: Evidence from neodymium isotope ratios. Geology, 2010, 38(5): 435-438.

[12] McManus J F, Francois R, Gherardi J M, et al. Collapse and rapid resumption of Atlantic

meridional circulation linked to deglacial climate changes. Nature, 2004, 428(6985): 834- 837.

[13] Jaccard S L, Galbraith E D. Direct ventilation of the North Pacific did not reach the deep ocean during the last deglaciation. Geophy Res Lett, 2013, 40(1): 199-203.

[14] Rae J W B, Sarnthein M, Foster G L, et al. Deep water formation in the North Pacific and deglacial CO_2 rise. Paleoceanography, 2014, 29(6): 2013PA002570.

[15] Hendy I L, Pedersen T F. Is pore water oxygen content decoupled from productivity on the California Margin? Trace element results from Ocean Drilling Program Hole 1017E, San Lucia slope, California. Paleoceanography, 2005, 20(4).

撰稿人：万　随

中国科学院广州地球化学研究所，swan@gig.ac.cn

新生代气候变冷的原因之争：洋流改变还是高原隆升？

The Cenozoic Climatic Cooling：Ocean Circulation Change or Plateau Uplift?

全球底栖有孔虫的氧同位素($\delta^{18}O$)记录显示新生代约65Ma以来，地球的气候经历了显著而复杂的演化(图 1)，构造尺度上最明显的特征就是新生代全球气候

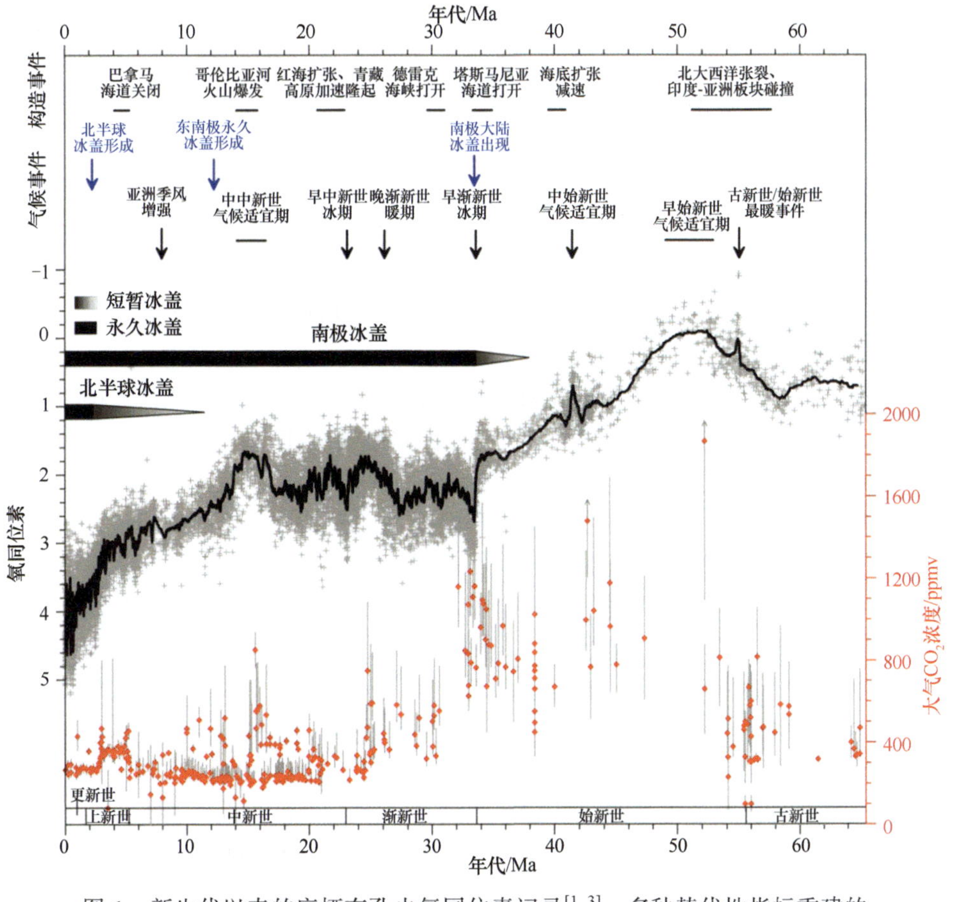

图 1　新生代以来的底栖有孔虫氧同位素记录[1, 3]、多种替代性指标重建的大气 CO_2 浓度[4]及气候事件与构造事件[1, 3]

阶段性的逐渐变冷[1~3]：50 Ma 前全球气候逐渐变冷至 34 Ma 前南极开始形成冰盖，~13.8 Ma 东南极冰盖扩张，气候进一步变冷，直至 3.0~2.5 Ma 北半球大陆冰盖形成，地球进入两极有冰的状态。新生代底栖有孔虫 $\delta^{18}O$ 的变化[1, 3]与大气 CO_2 浓度的变化[4]也是一致的(图 1)。

目前对于新生代气候变冷的原因还存在很多争议，古气候学家提出了一些不同的假说，主要分为两类：一是认为新生代的板块运动打开或者关闭了一些重要的海洋通道，改变了洋流的基本模式，使传输到极地的热量、水汽和盐分发生变化，引起极地变冷，触发冰盖的形成[5]；二是认为新生代以来的构造运动使一些高原(如青藏高原)抬升，而高海拔地形加强了陆壳硅酸盐的风化，去除了更多的大气 CO_2，从而引起全球气候变冷[6]。

洋流假说主要关注环南极洋流和北大西洋暖流分别对南极冰盖和北极冰盖形成的触发作用。James Kennett 认为在~50 Ma 之前，南极大陆与澳大利亚及南美的陆地相连接，低纬暖的洋流可向高纬运动并到达南极地区，传输到南极的热量因此抑制了冰川的产生[5]。在澳大利亚及南美向北移动与南极分裂之后，塔斯马尼亚海道和德雷克海峡逐渐打开，环南极洋流的形成，南极大陆被孤立并被环南极洋流所围绕，低纬传送热量显著减少，由此促使南极大陆的变冷，冰期开始[5]。

北大西洋暖流的形成与巴拿马地峡的关闭有关。随着中美洲的不断抬升，在~4 Ma 前巴拿马地峡关闭，阻断了之前由信风驱动的热带大西洋高温高盐水进入东太平洋，并驱使其向北流动，形成墨西哥湾流，将高温高盐水运输到北半球高纬度地区，抑制北极地区海冰的形成，使更多的水汽从海洋向高纬大陆输送，触发~2.7 Ma 大陆冰盖的生长[7]。

海洋综合环流模型结果则呈现两个截然不同的观点，部分研究认为德雷克海峡的打开可以显著降低南极及周围深层海水的温度[8]，而巴拿马地峡的关闭可以促进湾流的强化，将低纬的高温高盐水带到高纬地区[9]。另外的观点则认为德雷克海峡的打开并没有显著改变南极附近的海洋温度，而巴拿马地峡的关闭虽然可以促进湾流的强化，但却没有明显改变北大西洋高纬度地区的降水形式，带来冰盖形成所需的大量水汽，反而带来的热量增加了夏季冰雪的融化，因此认为洋流的改变并不是触发冰盖生长的关键因素[9]。同时向南极运移的暖水受到阻碍被认为可以引起变冷及伴随的冰川形成，而对于向北运移的暖水的增加被认为可以增加带来的水汽促进冰川作用发生[2]。那么来自热带暖的洋流在到达极地后触发冰盖生长中到底起何种作用?

高原抬升风化强化促进新生代变冷需满足三个主要条件：一是现代高海拔地形的数量必须比新生代早期高很多；二是高海拔地形需要引起大量岩石的破碎(物理风化)；三是新鲜岩石的裸露必须引起很高的化学风化速率[2]。

新生代早期和晚期在高海拔地形上的最大差异就是青藏高原的隆升。青藏高原平均海拔超过 5000m，面积约 300 万 km^2，其在~50Ma 之前由印度和亚洲板块初始碰撞之后开始缓慢抬升[10]。青藏高原与其他山脉高原(如安第斯山脉和落基山脉)的区别在于其形成于新生代，面积大，海拔高，而主要的山脉高原在新生代以前就已形成，面积较小，海拔较低，气候模拟结果也表明青藏高原的隆升相比其他山脉高原更能引起大气环流形式的变化[11, 12]。因此新生代青藏高原的隆升与构造抬升风化加强的假说是一致的。

河流将陆源物质搬运至海盆可以很好的记录高原的侵蚀速率。现代海洋中最大量的年轻沉积物发现于喜马拉雅山脉南缘的印度洋海盆，其在 40 Ma 前开始堆积，在 25 Ma 前堆积速率有所增加，10 Ma 以来堆积速率明显加快[13]。印度洋沉积通量的增加可能主要是由青藏高原隆升及其造成海陆热力差异，形成强劲的南亚季风，带来的丰沛降水加强了风化[11]。但是由于大部分从临海山脉侵蚀下来的物质沉积到海洋之后很快就会俯冲到邻近的海沟，俯冲掉的沉积物无法量化，而且一些海底沉积物还会被侵蚀再沉积，也会改变了堆积速率，因此海洋沉积物不能给出过去全球物理风化速率的准确估计[2]。

化学风化的速率在区域和全球尺度上都很难确定。一些学者根据海生碳酸盐中的锶同位素[14]或锂同位素[15]恢复过去海水中锶或锂的组成，借此反映大陆岩石的化学风化作用。虽然锶和锂同位素的结果反映始新世以来化学风化加强，但由于受到原岩同位素组成与碳酸盐岩风化混染过程，具体机制还存在很大争议。[2, 6]

高原隆升假说的关键还在于青藏高原隆升的时间及其气候效应。目前对于青藏高原隆升阶段的时间还存在许多不确定性[10]，其与全球气候变冷的重要时间面的对应也不是很好[1]。青藏高原的隆升所造成的海陆热力差异及其对气流的阻挡对亚洲季风系统的形成至关重要[11, 12]，但对全球气候变冷的影响程度还存在一定争议[11]。

总之，新生代以来全球逐渐变冷的原因尽管可能由多种因素共同造成[1]，但洋流通道的改变和高原隆升这两个最关键的因素到底担当何种角色，它们对气候系统的影响机制和过程是认识新生代气候变冷面临的问题。不仅需要精确的新生代大气 CO_2 浓度及风化速率的重建，还依赖于海道打开或者关闭精细时间与过程的确定，以及其在向极地输送热量、水汽和盐分中的作用正确认识。

参 考 文 献

[1] Zachos J, Pagani M, Sloan L, et al. Trends, rhythms, and aberrations on global climate 65 Ma to present. Science, 2001, 292(5517): 286-293.

[2] Ruddiman W F. Earth’s climate: Past and future. Second edition. New York: W. H. Freeman and Company Press, 2007: 98-115.

[3] Cramer B S, Toggweiler J R, Wright J D, et al. Ocean overturning since the Late Cretaceous: Inferences from a new benthic foraminiferal isotope compilation. Paleoceanography, 2009, 24, PA4216.

[4] Beerling D J, Royer D L. Convergent Cenozoic CO_2 history. Nature Geoscience, 2011, 4(7): 418-420.

[5] Kennett J P. Cenozoic evolution of Antarctic Glaciation, the Circum-Antarctic Ocean, and their impact on global paleoceanography. Journal of Geophysical Research, 1977, 82(27): 3843-3860.

[6] Raymo M E, Ruddiman W F. Tectonic forcing of late Cenozoic climate. Nature, 1992, 359(6391): 117-122.

[7] Haug G H, Tiedemann R. Effect of the formation of the Isthmus of Panama on Atlantic Ocean thermohaline circulation. Nature, 1998, 393(6686): 673-676.

[8] Nong G T, Najjar R G, Seidov D, et al. Simulation of ocean temperature change due to the opening of Drake Passage. Geophysical Research Letters, 2000, 27(17): 2689-2692.

[9] Mikolajewicz U, Maier-Reimer E, Crowley T J, et al. Effect of Drake and Panamanian gateways on the circulation of an ocean model. Paleoceanography, 1993, 8(4): 409-426.

[10] Royden L H, Burchfiel B C, van der Hilst R D. The geological evolution of the Tibetan Plateau. Science, 2008, 321(5892): 1054-1058.

[11] Ruddiman W F, Kutzbach J E. Forcing of late Cenozoic northern hemisphere climate by plateau uplift in southern Asia and the American West. Journal of Geophysical Research: Atmospheres, 1989, 94(D15): 18409-18427.

[12] Kutzbach J E, Prell W L, Ruddiman W F. Sensitivity of Eurasian climate to surface uplift of the Tibetan Plateau. The Journal of Geology, 1993: 177-190.

[13] Rea D K. Delivery of Himalayan sediment to the northern Indian Ocean and its relation to global climate, sea level, uplift, and seawater strontium. Synthesis of Results from Scientific Drilling in the Indian Ocean, 1993: 387-402.

[14] Edmond J M. Himalayan tectonics, weathering processes, and the strontium isotope record in marine limestones. Science, 1992, 258(5088): 1594-1597.

[15] Misra S, Froelich P N. Lithium isotope history of Cenozoic seawater: Changes in silicate weathering and reverse weathering. Science, 2012, 335(6070): 818-823.

撰稿人：王星星　翦知湣

同济大学，wang_xingxing123@163.com

上新世太平洋是长期厄尔尼诺还是拉尼娜状态？

Was the Pliocene Pacific Ocean in a Permanent El Niño-Like or La Niña-Like Condition?

多年平均的正常气候态情况下(图 1(a))，赤道太平洋上方盛行由东向西吹的信风，东南信风在赤道以南的东太平洋沿岸驱动上升流，造成当地的温跃层变浅、次表层寒冷的海水上翻至表层，使得海水表层温度(sea surface temperature，SST)下降形成冷舌区，表层冷水随后被太阳辐射加热、继而受信风驱动沿着赤道向西传播，暖水堆积在西赤道太平洋形成暖池区，并导致当地的温跃层加深，形成赤道太平洋的温跃层自西向东向上倾斜的现象[1]。赤道太平洋西侧至东侧的海水表层温度梯度在其上方的对流层低层大气中建立了纬向的压力梯度，增强了赤道信风和沃克环流(Walker circulation)，而信风的增强又进一步增强了赤道东太平洋的上升流，造成表层海水冷却，赤道东太平洋的温跃层上翘，使得赤道太平洋的纬向 SST 梯度增大，并进一步增强信风和沃克环流。热带太平洋这一典型的海洋-大气耦合的反馈过程，维持了热带太平洋 SST 西暖东冷的分布，这一机制被称之为 Bjerknes 正反馈机制[2]。

相对于气候平均态而言，厄尔尼诺/拉尼娜状态是现代太平洋典型的两种异常气候状态。19 世纪末，居住在秘鲁和厄瓜多尔海岸一带的渔民发现，在一些年份的圣诞节前后，沿岸海温会升高，并伴随气候异常，渔民将这种气候异常称为厄尔尼诺,；与厄尔尼诺相对应，秘鲁和厄瓜多尔沿岸海温异常变冷的现象称之为拉尼娜。直到 20 世纪 50~60 年代，科学家才逐渐认识到厄尔尼诺/拉尼娜事件是整个热带太平洋海域大范围的气候现象。这些事件中的太平洋水热循环重组过程，对全球气候有巨大的影响，引发太平洋周边区域干旱和强降水-洪水交替出现，严重影响人类社会。

在厄尔尼诺(El Niño)状态下(图 1(b))，东赤道太平洋东南信风变弱，西太平洋西风增强，沃克环流减弱，中-西太平洋暖水向东部输送加强，导致东赤道太平洋上升流减弱、温跃层加深、水体异常变暖(>28℃)，赤道太平洋的温跃层变得更平(图 1(b))，东太平洋的冷舌变弱甚至消失。在拉尼娜(La Niña)状态下正好相反，东赤道太平洋东南信风增强，西风减弱，造成冷水(<25℃)向西扩张(图 1(c))。

20 世纪 20~30 年代，沃克(Walker)将“太平洋高气压，印度洋低气压”这种年际尺度上大气表层气压呈反相位震荡的现象命名为“南方涛动”(southern oscillation)，

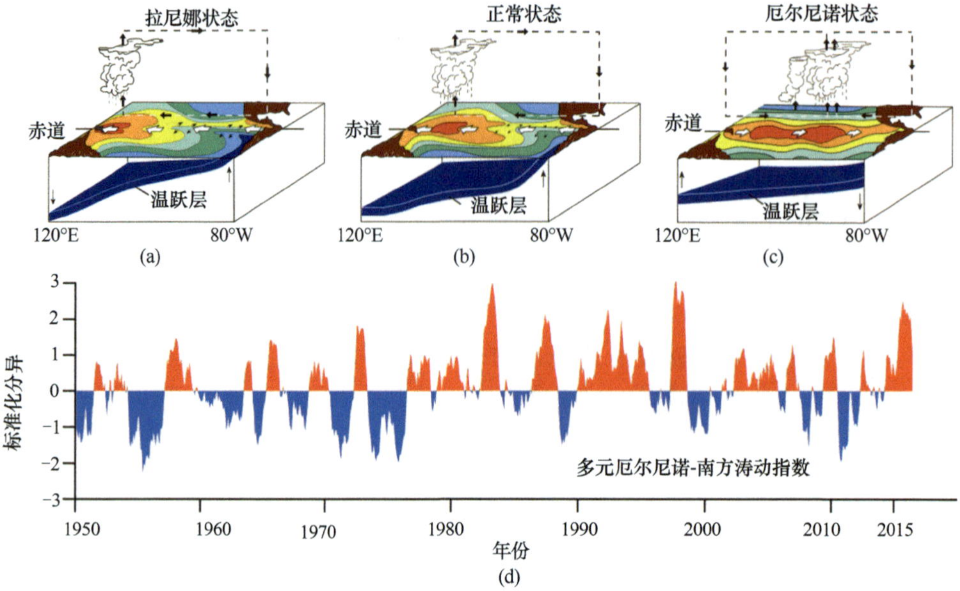

图 1　(a)正常状态、(b)厄尔尼诺状态、(c)拉尼娜状态(http://www.pmel.noaa.gov/elnino/)和(d)1950~2016 年多元厄尔尼诺-南方涛动指数的变化(http://www.esrl.noaa.gov/psd/enso/mei.ext/)，该指标是利用海平面气压、纬向风场、表层大气温度等合成[3]

它是热带太平洋东西方向上的海平面气压呈现跷跷板变化的一种气候现象。在厄尔尼诺发生时，澳大利亚-印度尼西亚附近的低压系统减弱，而位于东南太平洋的太平洋高压也减弱，在拉尼娜现象出现时则相反。厄尔尼诺与南方涛动是热带太平洋-大气年际变化的不同表现形式，统称为厄尔尼诺-南方涛动(El Niño-southern oscillation，ENSO)。

由于海洋和大气过程的复杂性，厄尔尼诺/拉尼娜状态的出现频率并不规则，在年际时间尺度上厄尔尼诺/拉尼娜事件有 2~7 年的准周期。厄尔尼诺/拉尼娜状态下东西太平洋 SST 和气压异常，可以用作厄尔尼诺或者 ENSO 的替代指标[3]。如图 1(d)为 ENSO 的 MEI(multivariate ENSO index)替代指标，在时间序列上，1957~1958 年、1965~1966 年、1972~1973 年、1977~1978 年、1982~1983 年、1997~1998 年、2002~2003 年和 2015~2016 年都是厄尔尼诺事件发生的年份。需要注意的是，每个厄尔尼诺事件都有自己的独特之处，各个厄尔尼诺的强盛期非常相似，但开始和衰败的情形则有所不同。

然而到目前为止，厄尔尼诺的形成机制并不清楚。Bjerknes 正反馈机制是厄尔尼诺的核心机制，但是并没有解释厄尔尼诺的触发机制和厄尔尼诺/拉尼娜交替出现的原因。目前关于厄尔尼诺循环的解释主要包括以下 4 个假说：①赤道罗斯贝波在西边界反射对应的海洋波动调整过程；②赤道太平洋 Sverdrup 运输引起经向热输送导致的充电与放电过程；③赤道外西太平洋局地海洋-大气相互作用形成的赤道风向异常；④与海洋波动的热平流效应。这些反馈过程与 Bjerknes 正反馈机制可能共同决定了厄尔尼诺和拉尼娜之间的转换[4]。

上新世(Pliocene，5.333~2.588 Ma)大气 CO_2 浓度与现代接近[5, 6]，气温比现在高 3~4℃[7]，大洋环流模式、北半球高纬小规模的冰盖等边界条件都与现代类似，那么上新世暖期赤道太平洋在长时间尺度上是厄尔尼诺状态还是拉尼娜状态呢？与现代全球气候变暖趋势下的厄尔尼诺有什么不同呢？

目前，赤道太平洋暖池区和冷舌区重建的上新世 SST 记录给出了一些信息[7~9]。如图 2 所示，浮游有孔虫 Mg/Ca 温度重建的东太平洋上新世 SST 较现在高 4~6℃，东西太平洋海水表层温度梯度较小，指示沃克环流相对较弱，表层和次表层浮游有孔虫稳定氧同位素的差值也显示东西太平洋温跃层深度趋于一致[10]，这似乎说明上新世的太平洋海洋-大气系统处在一个类厄尔尼诺的平均状态。然而，在西赤道太平洋 ODP806 站，利用 TEX_{86} 重建的 SST 记录却与利用浮游有孔虫 Mg/Ca 重建的 SST 记录存在较大差异[8]。由于目前每一种替代指标都存在一定的局限性，例如，浮游有孔虫 Mg/Ca 重建 SST 可能受成岩作用、海水碳酸根离子浓度变化的影响；U^{K}_{37} 重建的 SST 上限为 28.5℃；TEX_{86} 温度计的适用性也饱受争议。因此上新世赤道太平洋到底是否为持续性的厄尔尼诺抑或拉尼娜状态？

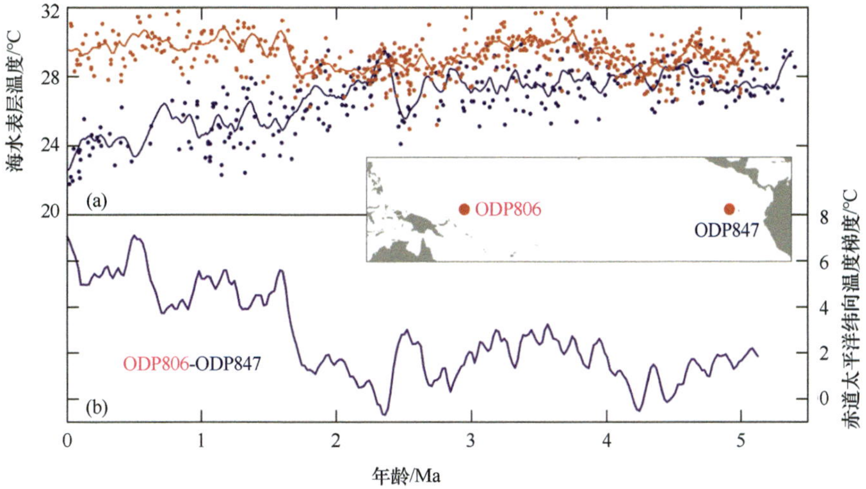

图 2 (a)红色为圆点为赤道西太平洋 ODP806(0°N, 95°W)浮游有孔虫 *Globigerinoides sacculifer* 的 Mg/Ca 重建温度，蓝色圆点为赤道东太平洋 ODP847(0°N, 159°E)浮游有孔虫 *Globigerinoides sacculifer* 的 Mg/Ca 重建温度；(b)ODP806 和 ODP847 两个站位温度差异，用来指示东西太平洋纬向温度梯度。(a)和(b)中的线条均为 0.2 Ma 窗口的高斯加权滑动平均值[10]

上新世暖期的平均气温相对今天是比较稳定的，并且是长时间尺度的自然过程，同时赤道太平洋的平均状态也较为稳定，可以用来描述长时间尺度上全球变暖背景下气候系统状态。过去全球平均气温升高会促进东西太平洋 SST 梯度减小、东太平洋温跃层加深，厄尔尼诺状态发生日趋频繁，那么暖期的上新世是否可能更偏向于厄尔尼诺状态?

然而，现代赤道太平洋是非稳定状态的厄尔尼诺，这种非稳定态的海气耦合过程如何响应及反馈全球变暖? 包括全球变暖如何影响西太平洋暖池区和东太平洋冷舌区的 SST，以及如何影响东太平洋上升流和次表层环流。由于现代观测显示赤道太平洋次表层海水主要来自中纬度太平洋地区[11]，因此还需要系统认识全球变暖趋势下太平洋中纬度地区的次表层环流，深入理解赤道太平洋次表层环流和全球变化机制，才能回答上新世暖期赤道太平洋气候系统状态问题。

参 考 文 献

[1] McPhaden M J, Zebiak S E, Glantz MH. ENSO as an integrating concept in earth science. Science, 2006, 314(5806): 1740-1745.

[2] Bjeritnes J. Atmospheric teleconnections from the equatorial Pacific. Mon Weather Rev. 1969, 97: 163-172.

[3] Wolter K, Timlin MS. El Niño/Southern Oscillation behaviour since 1871 as diagnosed in an extended multivariate ENSO index (MEI.ext). International Journal of Climatology, 2011, 31(7): 1074-1087.

[4] 刘秦玉, 谢尚平, 郑小童. 热带海洋-大气相互作用. 北京: 高等教育出版社, 2013: 47.

[5] Seki O, Foster G L, Schmidt D N, et al. Alkenone and boron-based Pliocene pCO_2 records. Earth and Planetary Science Letters, 2010, 292(1): 201-211.

[6] Martínez-Botí M A, Foster G L, Chalk T B, et al. Plio-Pleistocene climate sensitivity evaluated using high-resolution CO_2 records. Nature, 2015, 518(7537): 49-54.

[7] Brierley C M, Fedorov A V, Liu Z, et al. Greatly expanded tropical warm pool and weakened Hadley circulation in the early Pliocene. Science, 2009, 323(5922): 1714-1718.

[8] Zhang Y G, Pagani M, Liu Z. A 12-million-year temperature history of the tropical Pacific Ocean. Science, 2014, 344(6179): 84-87.

[9] Lawrence K T, Liu Z, Herbert T D. Evolution of the eastern tropical pacific through plio-pleistocene glaciation. Science, 2006, 312(5770): 79-83.

[10] Wara M W, Ravelo A C, Delaney M L. Permanent El Niño-like conditions during the Pliocene warm period. Science, 2005, 309(5735): 758-761.

[11] Harper S. Thermocline ventilation and pathways of tropical——Subtropical water mass exchange. Tellus A: Dynamic Meteorology and Oceanography, 2000, 52(3): 330-345.

撰稿人：田　军　马小林

同济大学，tianjun@tongji.edu.cn

始新世/古新世之交的全球极端高温事件(PETM)的原因

What Causes the Paleocene-Eocene Thermal Maximum Event?

古新世—始新世极热事件(Paleocene-Eocene thermal maximum，PETM)是发生在古新世和始新世之交的一次全球性的快速变暖事件。对 PETM 事件的起因及其对全球环境造成的影响进行研究，将有助于我们正确理解工业革命以来“全球变暖”的趋势。PETM 事件大约开始于 5630 万年前，持续时间约为 17 万年。据计算，南极地区的表层海水温度在 PETM 初期上升了至少 7℃[1]，而工业革命以来全球近地表大气温度平均上升仅为 0.74℃，表层海水增温则远远小于这一数字。迅速而剧烈的升温对全球生态系统及大洋环流系统都造成巨大的影响，引发大量物种灭绝，从而形成了这一高温事件前后全球生态系统的巨大差异。

例如，PETM 事件造成海洋底栖有孔虫大幅度灭绝并引起海洋浮游植物及陆地植物的勃发。许多生活在低纬地区的动植物分布范围向高纬发生了迁移[2]。同时，现代哺乳动物的主要类群——灵长目、奇蹄目和偶蹄目动物都是在 PETM 后首次出现，而很多古新世特征性的哺乳动物类群则发生了灭绝(图 1)[3]。此外，PETM

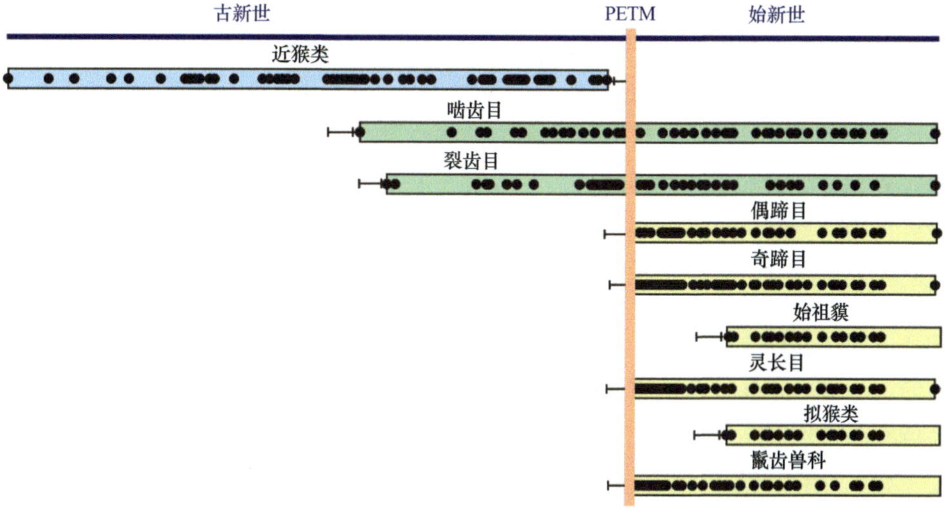

图 1　北美大陆 PETM 前后哺乳动物化石记录的变化(修改自文献[3])

事件造成全球大洋环流格局的根本性变革：PETM 前，大洋底层水的形成中心在靠近南极的海域，逐渐向北流动分布到全球大洋；而 PETM 之后，大洋底层水的形成中心转移到了北半球[4]。

研究发现，短时间内全球海洋及陆地的碳同位素比值在 PETM 早期发生了 3‰~4‰的负偏移，意味着至少 2 万亿~4 万亿 t 的 ^{12}C 进入海气系统中[5]。那么，到底是什么原因导致巨量富含 ^{12}C 的气体进入海气系统中？而这些富含 ^{12}C 的气体是哪里来的，进入的机制又是如何？虽然存在岩浆活动、海底天然气水合物的大规模释放、地外星体撞击，以及轨道周期等多个机制，但至今仍没有一个令人信服的答案。

岩浆活动最早被用来解释 PETM 成因。Eldholm 和 Thomas 认为，古新世末格陵兰与欧亚大陆分裂造成海底玄武岩大规模溢出，北大西洋大火成岩省形成，巨量来自地壳深部和地幔的 CO_2 被释放到大气圈中[6]。类似地，PETM 发生前加拿大北部 Lac de Gras 地区发生了大规模的岩浆型金伯利岩上涌，相当于 1 万亿 t 碳的 CO_2 被排放到大气中[7]。此外，同时期全球其他两个地区也发生了岩浆型金伯利岩上涌，这些火山排气被认为可能是 PETM 碳输入的重要原因。

现代海底天然气水合物的大量发现，人们意识到天然气水合物释放是 PETM 事件的可能原因。开始于~5900 万年前的全球变暖促使大洋深层水的形成地向低纬转移，由此诱发海底天然气水合物越过保持稳定的温度阈值，从而造成海底天然气水合物大规模释放[8]。该假说很好地解释了 PETM 时期全球迅速升温和碳同位素比值负偏移。数值模拟的结果也支持该假说关于大洋深层水形成地点向低纬转移的推测[9]。然而，由于大洋环流变化的信息很难保存在沉积记录中，到底是全球环流模式变化引起底层水升温、触发海底水合物释放并引发 PETM 事件，还是 PETM 事件的发生引起了深层水和环流模式的变化尚无直接证据。

其他研究认为可能是岩浆活动诱发天然气水合物释放，从而导致 PETM 事件发生。约 5500 万年前，北大西洋大火成岩省洋底玄武岩的大规模溢出和环加勒比海岛弧火山活动导致高低纬表层海水温差减小，改变了北大西洋温盐循环模式，使大洋深层水的形成向低纬转移，从而引发了天然气水合物的释放[10]。此外，古新世末持续的海岸侵蚀和地震活动使陡峭的北大西洋西岸不断后退，保存于冰冻层和下伏中生代礁前沉积中的甲烷因压力减小被释放出来，也可能促成了 PETM 事件[11]。海底泥炭层的氧化分解也是 PETM 事件中甲烷产生与释放的可能途径。挪威海古新统中存在大量水热通道，可能与当时幔源熔融物质上涌侵入富含有机质的沉积层，并导致有机质受热分解为甲烷并释放出来有关[12]。此外，PETM 事件恰好发生在地球的 40 万年和 10 万年的偏心率周期都达到最大值，且又刚好在一个延长了的 225 万年偏心率周期辐射量最小值之后。这种特殊的天文条件，使得全球气候的季节性差异达到最大，造成海水季节性温差增大和大洋中层水升温，引起海底天然气水合物的不稳定与释放[13]。

也有人将 PETM 事件归因于古新世末发生的两个重大构造事件——印度次大陆与亚洲大陆的碰撞，以及北大西洋大火成岩省的形成造成了大型陆缘海道的隔离，促使大量有机物暴露于地表并发生干化分解，释放出大量 CO_2[14]。

此外，研究发现在 PETM 时期，全球许多海区都发现富铁的磁性微粒和铱含量异常，因此可能是彗星撞向地球导致了 PETM 事件的发生[15]。

从现有资料来看，PETM 事件的发生应该不是单一原因诱发的，而是由构造活动、轨道周期变化及古新世气候缓慢变暖等多重因素叠加造成。PETM 发生的主要原因，是古气候学研究亟待解决的一个难题。

参 考 文 献

[1] Kennett J P, Stott L D. Abrupt deep-sea warming, paleocenographic changes and benthic extinction at the end of the Paleocene. Nature, 1991, 353: 225-229.

[2] Wing S L, Harrington G J, Smith F A, Bloch J I, Boyer D M, Freeman K H. Transient floral change and rapid global warming at the Paleocene-Eocene boundary. Science, 2005, 310, 993-996.

[3] Gingerich P D. Environment and evolution through the Paleocene–Eocene thermal maximum. Trends in Ecology & Evolution, 2006, 21(5): 246-253.

[4] Nunes F, Norris R D. Abrupt reversal in ocean overturning during the Palaeocene/Eocene warm period. Nature, 2006, 439: 60-63.

[5] Zachos J C, Wara M W, Bohaty S, et al. A transient rise in tropical sea surface temperature during the Paleocene-Eocene thermal maximum. Science, 2003, 302(5650): 1551-1554.

[6] Eldholm O, Thomas E. Environmental impact of volcanic margin formation. Earth and Planetary Science Letters, 1993, 117: 319-329.

[7] Patterson M, Francis D. Kimberlite eruptions as triggers for early Cenozoic hyperthermals. Geochemistry, Geophysics, Geosystems, 2013, 14: 448-456.

[8] Dickens G, O'Neil J, Rea D, et al. Dissociation of oceanic methane hydrate as a cause of the carbon isotope excursion at the end of the Paleocene. Paleoceanography, 1995, 10: 965- 971.

[9] Bice K, Marotzke J. Numerical evidence against reversed thermohaline circulation in the warm Paleocene/Eocene ocean. Journal of Geophysical Research, 2001, 106: 11529-11542.

[10] Bralower T, Thomas D, Zachos J, et al. High-resolution records of the late Paleocene thermal maximum and circum-Caribbean volcanism: is there a causal link. Geology, 1997, 25(11): 963-966.

[11] Katz M, Cramer B, Mountain G, et al. Uncorking the bottle: What triggered the Paleocene/ Eocene thermal maximum methane release. Paleocenography, 2001, 16(6): 549-562.

[12] Svensen H, Planke S, Malthe-Sørenssen A, et al. Release of methane from a volcanic basin as a mechanism for initial Eocene global warming. Nature, 2004, 429: 542-545.

[13] Lourens L, Sluijs A, Kroon D, et al. Astronomical pacing of late Palaeocene to early Eocene global warming events. Nature, 2005, 435: 1083-1087.

[14] Maclennan J, Jones S. Regional uplift, gas hydrate dissociation and the origins of the Paleocene-Eocene thermal maximum. Earth and Planetary Science Letters, 2006, 245: 65-80.

[15] Kent D, Cramer B, Lanci L, et al. A case for a comet impact trigger for the Paleocene/Eocene thermal maximum and carbon isotope excursion. Earth and Planetary Science Letters, 2003, 211: 13-26.

撰稿人：赵玉龙
同济大学，yeoloon@tongji.edu.cn

气候演变的偏心率长周期之谜

Mystery of the Long-Eccentricity Cycle in Climate Change

更新世全球冰盖为何周期性增长和消融？地表气候变化的驱动机制是什么？等等问题，长期以来一直是古气候变化的谜团。

20 世纪 40 年代，南斯拉夫科学家米兰科维奇首先提出了晚第四纪冰期旋回的地球轨道驱动理论[1]，即 65°N 地表接受的太阳辐射量控制了地表的气候变化，并可能触发了更新世的冰期旋回。地球的轨道参数包括偏心率、斜率和岁差，分别具有~10 万年、~4 万年和~2 万年的周期。地球轨道偏心率是描述地球绕太阳公转时轨迹形状的参数。有时公转轨道近于正圆，偏心率小，有时则偏向椭圆，偏心率大，这就产生了近日点与远日点的区别(图 1(a))，两者距太阳可相差 1708.3 万 km 之多。这一距离足以造成不同季节地球接受到的太阳辐射量有所差异。

偏心率大致有两种变化周期，一种是 10 万年的短周期，另一种则是 40 万年的长周期(图 1(b))。地质记录中发现，1.2 Ma 以来反映全球冰盖变化的深海底栖有孔虫氧同位素(δ^{18}O)的变化周期以 10 万年、4 万年及 2 万年为主，并不存在 40 万年周期。如果冰盖变化确由轨道参数驱动，特别是在冰盖变化的 10 万年周期的确与偏心率相关的前提下，那么冰盖变化也理应存在 40 万年周期。1.2 Ma 以来冰盖变化记录缺乏 40 万年周期被称之为 40 万年难题[2]。

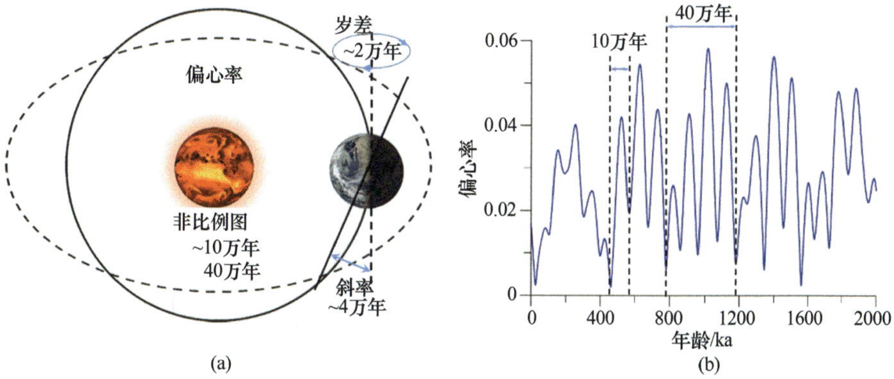

图 1 (a) 地球轨道参数及周期示意图；(b) 2 Ma 以来轨道偏心率的变化情况

但在 1.2 Ma 之前的早更新世至上新世，冰盖记录中确实存在 40 万年周期[3]。不仅是 $\delta^{18}O$ 记录，代表大洋碳储库变化的深海底栖有孔虫碳同位素($\delta^{13}C$)也显示有 40 万年周期，且在全球各大洋的钻孔记录中都有发现(图 2)[4]。一个有意思的现象是 $\delta^{13}C$ 极大值往往对应偏心率的极小值。这种对应关系在中新世、渐新世等更老的深海地质记录中也广泛被发现[5, 6]，以致研究人员将 40 万年周期比喻为地表气候系统的“心跳”[5]。深海 $\delta^{13}C$ 和 $\delta^{18}O$ 都显示 40 万年偏心率长周期，反映了碳储库和碳循环对气候系统(如冰盖变化)的影响，气候系统 40 万年长周期的驱动机制一直是古气候学界的热门研究课题。

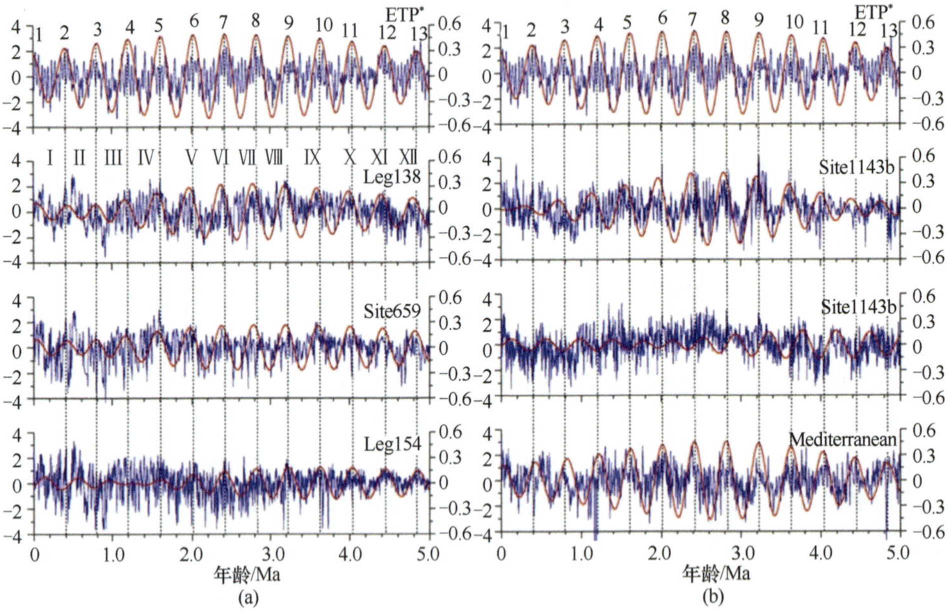

图 2　5Ma 以来各大洋 $\delta^{13}C$ 的 40 万年周期及与偏心率对应关系[4]

在轨道驱动中，偏心率主要通过调控气候岁差的振幅来影响气候系统。然而，40 万年周期在海洋 $\delta^{13}C$ 及碳酸盐岩记录中表现显著。这是因为碳在海洋储库中的滞留时间长达 10 万年以上，使得海洋碳循环的轨道周期变化中高频信号受到明显压制，从而突出了长偏心率周期[5]。特别是在无冰或少冰的温暖气候系统里，40 万年周期尤为清晰，说明热带过程可能是引起 40 万年周期波动的主要因素。

轨道偏心率的改变引起低纬地区风化作用、陆源营养盐输入，造成海洋生产力及有机碳埋藏改变，可能是海洋 $\delta^{13}C$ 周期性变化原因[7, 8]。$\delta^{13}C$ 极大值时期，大量颗粒有机碳被埋藏到海底沉积物中，由于有机物质 $\delta^{13}C$ 偏轻，导致海水无机碳的 $\delta^{13}C$ 偏重。

沉积雨比例(rain ratio，RR)改变则是造成海水 $\delta^{13}C$ 偏重的另一可能因素。RR是海洋沉积物中碳酸盐与有机碳通量的比值，这一比值主要受硅藻与颗石藻的比值的影响。硅藻只产生有机碳，而颗石藻既产生有机碳也产生无机碳。因此硅藻/颗石藻比值高的时期，能提升生物泵的效率，造成有机碳/无机碳埋藏比例增加，从而造成海水 $\delta^{13}C$ 偏重。由于硅藻/颗石藻的比值主要取决于海洋中可供生物吸收的硅的总量，而硅主要来源于热带地区的河流，因此海洋中的长尺度变化可能最终还是与低纬度气候过程相关。

微生物海洋学的最新进展，揭示了微生物碳泵在海洋碳循环中的重要作用[9]。研究认为，溶解有机碳(dissolved organic carbon，DOC)是海水中最大的有机碳库，并以惰性溶解有机碳(recalcitrant dissolved organic carbon，RDOC)存在，可在海洋中滞留长达数千年。DOC 特别是 RDOC 库的变化势必引起无机碳库 $\delta^{13}C$ 的变化。在长偏心率最大值时，低纬度地区夏季辐射量最大，季节性增强，导致全球季风加强和降水增加，进而增强陆地化学风化作用和河流输送，增加了对海洋营养盐的输入。在营养激发态的海洋里，大型真核浮游植物的勃发，表层生产力提高，从而提高了颗粒有机碳和溶解有机碳的比值(POC/DOC)，继而降低了海水的 $\delta^{13}C$[10]。

尽管有多种假说解释 $\delta^{13}C$ 40 万年长周期成因，但 40 万年的轨道偏心率周期是如何调控地球气候系统变化，仍然是古环境与古气候研究中的难题。

参 考 文 献

[1] Milanković M. Kanon der Erdbestrahlung und seine Anwendung auf das Eiszeitenproblem. na, 1941.

[2] Imbrie J, Imbrie J Z. Modeling the climatic response to orbital variations. Science, 1980, 207: 943-953.

[3] Clemens S C, Tiedemann R. Eccentricity forcing of Pliocene early Pleistocene climate revealed in a marine oxygen-isotope record. Nature, 1997, 385: 801-804.

[4] Wang P X, Tian J, Lourens L J. Obscuring of long eccentricity cyclicity in Pleistocene oceanic carbon isotope records. Earth Planet. Sci. Lett. 2010, 290: 319-330.

[5] Pälike H, Norris R D, Herrle J O, et al. The heartbeat of the oligocene climate system. Science, 2006, 314: 1894-1898.

[6] Holbourn A, Kuhnt W, Schulz M, et al. Orbitally-paced climate evolution during the middle Miocene "Monterey" carbon-isotope excursion. Earth Planet. Sci. Lett., 2007, 261: 534-550.

[7] Vincent E, Berger W H. Carbon dioxide and polar cooling in the Miocene: The Monterey hypothesis. The Carbon Cycle and Atmospheric CO: Natural Variations Archean to Present, 1985: 455-468.

[8] Hoogakker B A A, Rohling E J, Palmer M R, et al. Underlying causes for long-term global ocean $\delta^{13}C$ fluctuations over the last 1.20 Myr. Earth Planet. Sci. Lett, 2006, 248: 15-29.

[9] Jiao N, Herndl G J, Hansell D A. et al. Microbial production of recalcitrant dissolved organic matter: Long-term carbon storage in the global ocean. Nat Rev Micro, 2010, 8: 593-599.

[10] Wang P X, Li Q Y, Tian J, et al. Long-term cycles in the carbon reservoir of the Quaternary ocean: A perspective from the South China Sea. National Science Review, 2014, 1: 119-143.

撰稿人：田　军　马文涛

同济大学，tianjun@tongji.edu.cn

冰消期快速气候变化“停滞”对当今全球气候变化有何启示？

What is the Implication of the Multiple Stagnations of Rapid Climate Change during the Last Deglaciation to the Modern Global Warming Hiatus?

19 世纪工业革命以来，化石燃料的大量消耗导致温室气体水平持续上升，全球变暖已经引起人类社会的广泛关注。特别是 20 世纪最后 30 年，全球升温速率呈现加速趋势。然而，全球地表温度的上升趋势却在最近 15 年出现缓解甚至停滞现象(图 1)。这一温度异常引起气候学界的强烈兴趣[1]，并将它命名为“全球变暖停滞期”，那是否意味着气候暖化现象已经结束了呢？

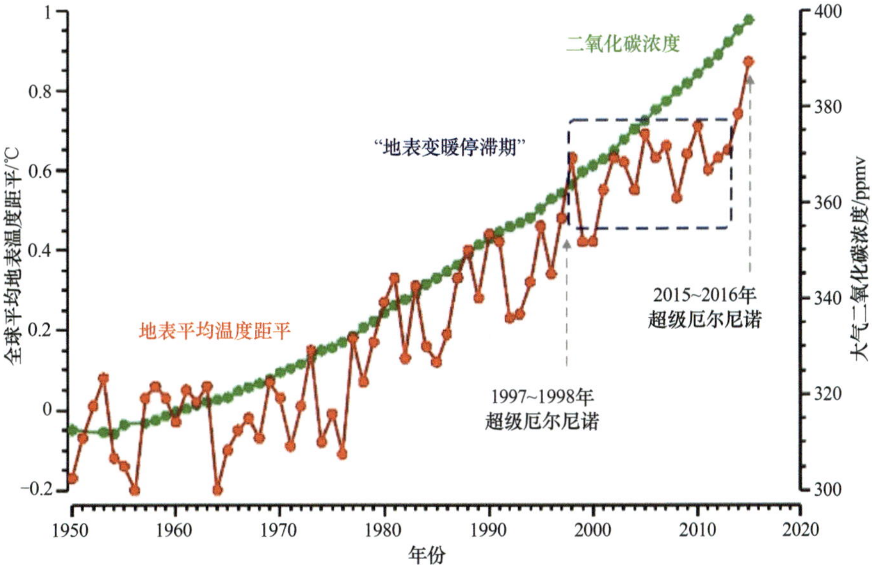

图 1 1950~2015 年全球年均 CO_2 浓度和地表温度距平变化[2, 3]

“地表变暖停滞期”用虚线方框标出；https：//www.ncdc.noaa.gov/

目前，太阳活动处于极弱期，并且全球火山活动加剧，这两个因素有利于全球降温。但经过严密计算，这两个降温因素并不足以抵消温室气体持续排放带来的增温效应(图 1)[1]，科学家们一致相信，地球表层系统仍然在持续积累热量，那些“凭空消失”的能量可能暂时储存在了海洋内部[4]。然而在何种物理机制能将额外热量运移进深海这一科学难题上，产生了重大分歧。

一种观点认为这跟赤道太平洋的气候变率相关。1997~1998 年超级厄尔尼诺事件之后，赤道太平洋处于类拉尼娜状态。热带东太平洋表层水温下降，导致全球统计结果中出现地表变暖停滞现象[5]。2015~2016 年再次出现超级厄尔尼诺活动，全球地表温度又开始大幅度拉升(图 1)。因此可能说明厄尔尼诺活动控制了“停滞期”的出现频率，并将表层热量重新分配到 100~300m 水深的印度-太平洋海水中[6]；又或者通过增强印尼穿越流，将多余能量传输到>700m 水深的印度洋中[7]。另一种观点认为北大西洋亚极地海区的表层盐度存在内部变率，温盐环流强度会发生数十年尺度的振荡。当北大西洋深层水形成加强时，可以将更多热量运移到大西洋和南大洋深部，导致“地表变暖停滞期”的出现；而深层水形成减弱时，这种储热机制被打断，地表恢复升温趋势[8]。到底哪一种机制真正在起作用？由于深海测量数据稀少和气候系统之间复杂的遥相关作用，能否从过去全球变化重建记录中获得启示？

在轨道时间尺度上，冰消期代表了地球气候系统进入振幅最大、速率最快的升温阶段。然而，冰消期全球气候回暖并非呈现线性上升，而是存在半球间差异和阶段性停滞。以末次冰消期为例(图 2)，北极气温变化可以分为 Heinrich 1(H1)

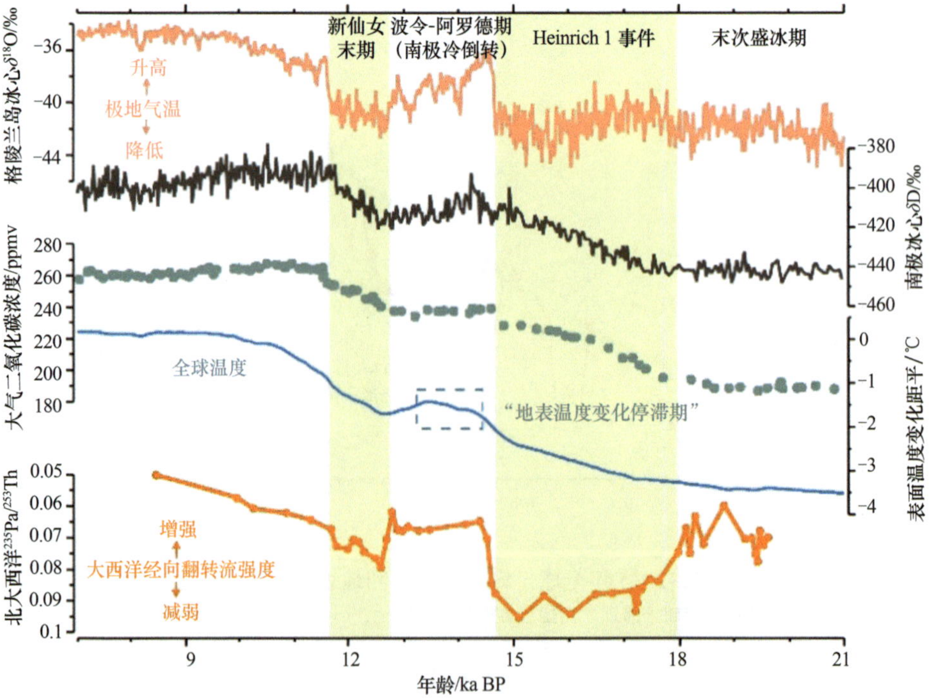

图 2　末次冰消期时全球各个气候子系统的变化过程[9~12]

全球地表温度变暖停滞现象用虚线方框标出

冷期、波令-阿罗德(Bolling-Allerod，B/A)暖期和新仙女木(younger dryas，YD)冷期三个阶段。快速的气候回暖只发生在B/A暖期的开始阶段和YD事件的结束阶段，其余时间气候回暖则处于停滞期甚至出现变冷趋势[9]。南极气温在H1事件和YD事件期间都在持续上升[9, 10]。只是在B/A暖期，二者双双陷入停滞甚至出现变冷和下降趋势。全球地表温度变化也呈现类似的三阶段模式[11]。

北大西洋经向翻转流的变化可以用来解释这种两极间的气候跷跷板现象。Heinrich 1和YD事件期间(冷期)，由于北大西洋地区融冰水的持续注入，导致北大西洋深层水的生成速率减弱甚至停止[13]。原本随洋流向北输送的热量堆积在热带地区或者向南半球输送，导致北极降温，而热带和南极升温。在B/A暖期，北大西洋温盐环流强度恢复，向北热量输送的海洋通道重新打开，导致北极快速升温，而南极出现小幅度降温。

虽然末次冰消期和20~21世纪气候变化在时间尺度上相差甚远，但由于千年尺度上的变化幅度远超年际尺度，二者的对比研究有可能为现今气候变化的机制与可能未来提供启示。

首先，两个时段里地球气候对温室气体水平确实表现出高度的敏感性。虽然因气候系统内部的调节作用出现“增暖停滞期”，但温室效应驱动的全球增温现象是一个不可逆过程。其次，人类对北大西洋温盐环流的观测始于2004年，目前的观测资料过短，还无法对大西洋经向翻转流和深部大洋储热机制的关联性作出准确判断[8]。但末次冰消期大西洋经向翻转流曾经停摆，大西洋中层海水确实出现过大幅度增温。因此这种储热机制应当是存在的。再次，厄尔尼诺的强度和频率是否在冰消期千年尺度气候事件中也出现过重大变化，从而影响深海储热和全球表温？最后，除了大西洋和南大洋，末次冰消期气候变暖停滞时，其余海区的次表层水、中层水和深层水是否也出现变暖现象？之后它们又通过何种机制将热量传输给大气，推进冰消期的气候变暖进程？这些关键问题可能是解决或重新认识当今全球气候变暖停滞现象的重要突破点。然而，受制于过去研究中深部大洋的观测稀缺、海表温度测量不统一等客观因素，未来深部大洋的持续性和多学科观测，以及深部大洋的地质历史重建是主要的努力方向。

参 考 文 献

[1] Pachauri R K, Allen M R, Barros V R, et al. Climate change 2014: Synthesis report. Contribution of Working Groups I, II and III to the fifth assessment report of the Intergovernmental Panel on Climate Change. IPCC, 2014.

[2] Morice C P, Kennedy J J, Rayner N A, et al. Quantifying uncertainties in global and regional temperature change using an ensemble of observational estimates: the HadCRUT4 dataset. Journal of Geophysical Research, 2014, 117: D08101.

[3] Keeling C D, Piper S C, Bacastow R B, et al. Atmospheric CO_2 and $13CO_2$ exchange with the

terrestrial biosphere and oceans from 1978 to 2000: Observations and carbon cycle implications. A History of Atmospheric CO_2 and its effects on Plants, Animals, and Ecosystems, 2005, 83-113.
[4] Trenberth K E, Fasullo J T. An apparent hiatus in global warming. Earth's Future, 2013, 1(1): 19-32.
[5] Kosaka Y, Xie S P. Recent global-warming hiatus tied to equatorial Pacific surface cooling. Nature, 2013, 501: 403-407.
[6] Nieves V, Willis J K, Patzert W C. Recent hiatus caused by decadal shift in Indo-Pacific heating. Science, 2015, 349(6247): 532-535.
[7] Lee S-K, Park W, Baringer M O, et al. Pacific origin of the abrupt increase in Indian Ocean heat content during the warming hiatus. Nature Geoscience, 2015, 8: 445-449.
[8] Chen X, Tung K-K. Varying planetary heat sink led to global-warming slowdown and acceleration. Science, 2014, 345: 897-903.
[9] North Greenland Ice Core Project members. High-resolution record of Northern Hemisphere climate extending into the last interglacial period. Nature, 2004, 431: 147-151.
[10] Monnin E, Indermühle A, Dällenbach A, et al. Atmospheric CO_2 concentrations over the last glacial termination. Science, 2001, 291: 112-114.
[11] Shakun J D, Clark P U, He F, et al. Global warming preceded by increasing carbon dioxide concentrations during the last deglaciation. Nature, 2012, 484: 49-54.
[12] WAIS Divide Project Members. Onset of deglacial warming in West Antarctica driven by local orbital forcing. Nature, 2013, 500: 440-444.
[13] McManus J F, Francois R, Gherardi J-M, et al. Collapse and rapid resumption of Atlantic meridional circulation linked to deglacial climate changes. Nature, 2004, 428: 834-837.

撰稿人：黄恩清　翦知湣
同济大学，ehuang@tongji.edu.cn

区域海洋学

如何认识南海环流系统的开放性与闭合性？

How to Understand the Open and Closure of Ocean Circulation System in South China Sea?

南海位于太平洋西部，是东南亚地区最大的边缘海，其水深变化剧烈、海洋动力系统复杂。海洋环流系统(图 1)是南海最主要的海洋动力过程之一，可以直接影响南海的热力结构和海洋生态系统的变化[1]。例如，海洋环流系统可以决定南海海区冷热不均的海水在空间上的分布特点，进而影响我国夏季风爆发的早晚[2]和本海域的台风强度等[3]。海洋环流系统还可以从深海携带大量的富含营养物质海水进入上层海洋，使得越南和海南岛东岸等海区成为海洋生物的“乐园”[4]。因此，对南海海洋环流系统的研究，尤其是了解它的产生机制和驱动其变化的主要因素，具有重大的科学意义和实用价值。

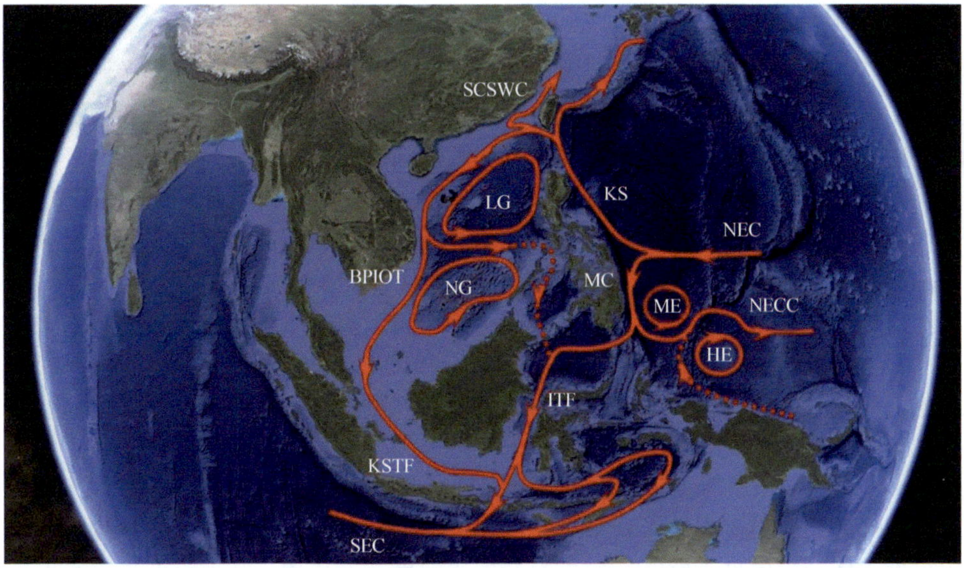

图 1　南海和周边海域环流示意图

BPIOT. 太平洋-印度洋贯穿流分支；HE. 哈马黑拉涡旋；ITF. 印度尼西亚贯穿流；KS. 黑潮；KSTF. 卡里马塔贯穿流；LG. 吕宋流圈；MC. 棉兰老流；ME. 棉兰老涡旋；NEC. 北赤道流；NECC. 北赤道潜流；NG. 南沙流圈；SEC. 南赤道流；SCSWC. 南海暖流

南海海盆的空间尺度是非常广阔的，海上观测数据、数值模拟结果和海洋动力学理论分析都表明，南海内部的环流结构具有典型的大洋环流特点。南海基本的环流结构可以通过该海域的风场计算得到[5]，并且南海西部中南半岛沿岸存在明显加强的西边界流等[6]，这显示了南海环流存在封闭性这一特点，即南海足够辽阔，即使不考虑外海影响，其自身就能够形成一个带有大洋环流特点的海洋环流系统，可以称为“微缩大洋”。

同时，南海通过吕宋海峡、台湾海峡、民都洛海峡、巴拉巴克海峡、卡里马塔海峡和马六甲海峡与太平洋、东海、苏禄海、爪哇海和印度洋等互相连通。南海与周边海域和大洋之间发生海水交换，海水以域际环流的形式，在南海-太平洋、南海-印度洋等海域之间相互交换[7]。南海作为一个交通要道，串联起了太平洋和印度洋两大洋的海洋环流系统[8]。外海的各类“风吹草动”，也可以通过不同途径进入南海，对南海环流系统产生影响。西太平洋的主要海水流系如黑潮、北赤道流等，均通过各种方式与南海海域产生联系。黑潮通过吕宋海峡进入南海，由北至南纵贯整个南海海盆，通过卡里马塔海峡最终与印度尼西亚贯穿流相汇合[7]。吕宋海峡海水输运的结构特点，可能是南海存在逆时针旋转的深层环流的原因[9]。厄尔尼诺事件发生的时候，南海环流会发生相应的变化[10]。这些现象都显示了南海环流存在开放性的一面，即南海与外海沟通的客观条件是存在的，并且有足够多的形式与周边海洋紧密联系在一起。

既然如此，怎样理解南海环流的开放性和封闭性，就成为南海海洋研究中的一个主要科学难题。在全球气候变暖的背景下，对这一问题研究的迫切性越加突出。随着超强厄尔尼诺和拉尼娜现象的此起彼伏，我们尤为关注南海的海洋环流系统是否会被外海各种愈演愈烈的极端气候变化事件所干扰，会发生哪些变化。

南海环流的开放性和封闭性并非是个非此即彼的认识问题，两者应该是相互作用的统一，因此对于南海环流的理解，应该以南海海域典型的海洋流系为基础，揭示当地的大气强迫、地形特点及其与这些环流流系基本结构的关系，重点关注外海发生强海洋-大气异常期间，如厄尔尼诺和拉尼娜等现象的高峰期，南海与之对应的变化。应该从海洋涡旋、海洋波动和海气相互作用等角度，从动力上解释典型流系的产生和变化原因，最终对南海环流的开放性和封闭性进行准确评估。然而，实际解决该难题面临巨大的困难和挑战，主要原因是南海水运动的复杂性。南海地形陡峭，南海海水运动呈现不同尺度混杂的特点，涡旋、内波、湍流等中小尺度水体运动屡见不鲜[11]，存在复杂的多尺度相互作用，从理论上难以给出描述，难从根本上把握南海环流的基本规律。海面以下海水运动情况非常复杂，现有的数值模式难以很好地在线再现南海海水运动的三维结构[12]。需要更多的手段增加对南海的观测与模拟，对南海的多尺度运动特征及其相互作用有更深的认识，才能深刻认识南海环流开放性和封闭性的物理实质。

参 考 文 献

[1] 吴迪生，魏建苏，周水华，等. 南海中北部次表层水温与南海夏季风和广东旱涝. 热带气象学报, 2007, 23(6): 581-586.

[2] 郑艳，蔡亲波，程守长，等. 超强台风“威马逊”(1409)强度和降水特征及其近海急剧加强原因. 暴雨灾害, 2014, 33(4): 333-341.

[3] Zheng Q A, Fang G H, Song Y T. Introduction to special section: Dynamics and circulation of the Yellow, East, and South China Seas. Journal of Geophysical Research Oceans, 2006, 111(C10): 63-79.

[4] 纪世建，周为峰，程田飞，等. 南海外海渔场渔情分析预报的探讨. 渔业信息与战略, 2015, 30(2): 98-105.

[5] Liu Q Y, Yang H J, Liu Z Y. Seasonal features of the Sverdrup circulation in the South China Sea. Progress in Natural Science, 2001, 11(3): 203-206.

[6] 王东晓，刘钦燕，谢强，等. 与南海西边界流有关的区域海洋学进展. 科学通报, 2013(14): 1277-1288.

[7] Fang G H, Wang Y G, Wei Z X, et al. Interocean circulation and heat and freshwater budgets of the South China Sea based on a numerical model. Dynamics of Atmospheres & Oceans, 2009, 47(1-3): 55-72.

[8] Wang D, Liu Q, Huang R X, et al. Interannual variability of the South China Sea through flow inferred from wind data and an ocean data assimilation product. Geophysical Research Letters, 2006, 33(14): 110-118.

[9] Lan J, Zhang N N, Wang Y. On the dynamics of the South China Sea deep circulation. Journal of Geophysical Research Oceans, 2013, 118(3): 1206-1210.

[10] Chao S, Shaw P, Wu S Y. El Nino modulation of the South China Sea circulation. Progress in Oceanography, 1996, volume 38(1): 51-93(43).

[11] Zhao W, Zhou C, Tian J, et al. Deep water circulation in the Luzon Strait. Journal of Geophysical Research Atmospheres, 2014, 119(2): 790-804(15).

[12] Yang Q, Zhao W, Liang X, et al. Three-dimensional distribution of turbulent mixing in the South China Sea. Journal of Physical Oceanography, 2015, 46.

撰稿人：连　展　魏泽勋

国家海洋局第一海洋研究所，lianzhan@fio.org.cn

南海暖流到底是不是常年存在?

Does the South China Sea Warm Current Exist All Year Round?

南海暖流最初由管秉贤和陈上及提出[1]，是一支位于广东外海深水区，大致沿 100 m 等深线终年流向东北的海流。冬季在东北风驱动下，南海北部陆架区为顺风流向西南的沿岸流，在陆架外缘存在一支逆风的东北向流—南海暖流[1~4]。一般认为，南海暖流起源于海南岛附近，向东北方向延伸最远可以达台湾海峡南部海域，对夏季南海暖流的存在已经达成共识，而对于冬季南海暖流位置及是否稳定的存在还有争议，南海暖流的形成和维持机制也是没有完全解决的难题(图 1)。

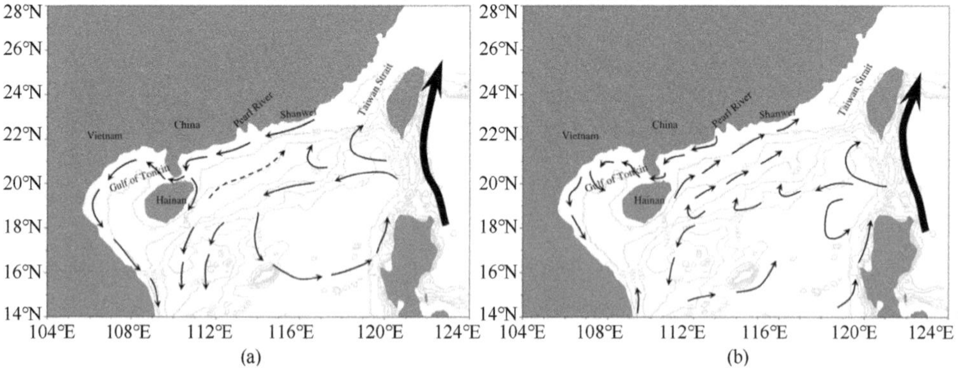

图 1　南海北部冬季(a)和夏季(b)环流形态示意图[5]

图(a)中虚线代表冬季南海暖流

南海暖流在空间和时间上不稳定，并具有明显的季节和年际变化特征[3]。南海北部冬季东北向海流在海南岛东南和南海东北部比较强，而在其他海域则不稳定[3, 6]。南海暖流表层最大流速约为 30cm/s，流幅为 160~300 km[2]。早期的观测研究认为东北向逆风流主要局限于 200~400 m 等深线之间，随着准确地形数据的更新和观测资料的积累，很多研究工作认为东北向逆风流位于 100~300 m 等深线之间[7]。

1971~1973 年冬季，国家海洋局南海分局在南海北部进行了海流连续调查，观测资料显示南海暖流从海南岛东南附近海域向东北方向延伸至广东近海，为南海暖流提供了新的证据。1982 年 2 月，中国科学院南海海洋研究所在南海北部汕头外海进行了“南海暖流动力学试验”，获取了连续 7 天的从 10~800 m 深的海流观测资料。观测发现海流流向比较稳定，基本为东北向流，且在东沙群岛以东海域较强。1975~1984 年，国家海洋局南海分局在南海北部海域进行了大量的断面调查，发现南海暖流终年存在。2006~2009 年南海北部海区 ADCP 观测海流资料显示 200 m 深处没有明显的东北向逆风流，而海南岛东部海域则存在东北向逆风流[8]。

2006~2007 年海洋调查和 2009~2010 年专门在南海北部的补充调查，针对南海暖流进行了专项调查，在传统观点认为的南海暖流的主轴位置布设了多套潜标。观测数据显示，南海北部冬季流场基本为西南向流，没有观测到稳定的南海暖流[9]。另外 Yang 通过分析南海北部陆架上 2001~2002 年冬季和 2005~2006 年冬季锚系的海流观测资料，指出东北向南海暖流仅在东北风较弱的情况下存在[10]。一方面，这几次冬季观测资料显示，在传统观点认为的南海暖流区没有观测到稳定的南海暖流。南海暖流是否常年存在？或仅在冬季季风减弱的情况下才出现？如果南海暖流不是常年存在，那么是什么机制激发和维持该冬季逆风流？另一方面，南海中尺度涡活动丰富，南海北部陆坡海域时常有一连串反气旋涡由东北向西南移动，涡旋的北侧为东北向流。Li 等分析了南海北部冬季长时间的锚系海流观测，并结合卫星高度计资料，揭示了该时段内观测到的东北向流为一反气旋涡经过所致，而且由于该涡旋引起的东北向流可以持续约 20 天左右[11]。这启示我们，前人的观测资料时间较短，其观测到的南海暖流是否为一个反气旋涡经过观测站所引起的东北向逆风流？

受观测资料的局限性，对南海暖流的位置及空间形态难以有较为完整的把握，对于其形成和维持机制也是亟待解决的难题。因此，海洋学者们在观测资料的基础上，结合数值模式对南海暖流的特征和机制进行了探讨。一些学者利用数值模式在南海北部成功地模拟了南海暖流[12~16]。值得注意的是，Xue 等[15]在用 POM 模式对南海环流和黑潮入侵的研究中指出，运用 sigma 坐标的海洋数值模式模拟海洋环流时，在陆坡海域计算斜压梯度力时存在误差。如果处理不当，可能在大陆坡海域模拟出虚假的东北向逆风流。因此，需要发展更加精细和准确的海洋数值模式。

总的来说，近年来的两次冬季长时间的观测没有观测到持续稳定的南海暖流，这似乎向传统的观点提出了疑问。那么南海暖流的主轴是否像传统观点认为的常年存在？两次冬季观测是否仅仅是一个特殊情况？南海暖流的形成和维持机制到底是什么？这还需要更加密集的长时间观测和可靠的数值模拟结果去证实。

参 考 文 献

[1] 管秉贤，陈上及. 中国近海的海流系统. 全国海洋综合调查报告第五册第六章，国家科委海洋组海洋综合调查办公室编, 1964, 1-85.

[2] 管秉贤. 南海暖流——广东外海一支冬季逆风流动的海流. 海洋与湖沼, 1978, 9(2): 117-127.

[3] 管秉贤. 南海北部冬季逆风流的一些时空分布特征. 海洋与湖沼, 1985, 16(6): 429-438.
[4] 管秉贤. 中国东南近海冬季逆风海流. 青岛: 中国海洋大学出版社, 2002.
[5] Fang G, Fang W, Fang Y, et al. A survey of studies on the South China Sea upper ocean circulation. Acta Oceanogr Taiwan, 1998, 37(1): 1-16.
[6] Hsueh Y, Zhong L. A pressure-driven South China Sea Warm Current. Journal of Geophysical Research Atmospheres, 2004, 109(109): 143-168.
[7] Chiang T L, Wu C R, Chao S Y. Physical and geographical origins of the South China Sea Warm Current. Journal of Geophysical Research Atmospheres, 2008, 113(C8): 328-340.
[8] 何琦, 魏泽勋, 王永刚. 南海北部陆架陆坡区海流观测研究. 海洋学报, 2012, 34(1): 17-28
[9] 熊学军. 中国近海环流及其发生机制研究. 青岛: 中国海洋大学博士学位论文, 2013.
[10] Li R, Chen C, Xia H, et al. Observed wintertime tidal and subtidal currents over the continental shelf in the northern South China Sea. Journal of Geophysical Research Oceans, 2015, 119(8): 5289-5310.
[11] Yang K-C. The non-persistent South China Sea Warm Current. Taipei: National Taiwan University M. S. dissertation, 2006, 48.
[12] 曾庆存, 李荣凤, 季仲贞, 等. 南海月平均流的计算. 大气科学, 1989, 13(2): 127-138.
[13] 苏纪兰, 王卫. 南海域台湾暖流源地问题. 东海海洋, 1990, 8(3): 1-9.
[14] Chao S Y, Shaw P T, Wang J. Wind relaxation as possible cause of the South China Sea Warm Current. Journal of Oceanography, 1995, 51(1): 111-132.
[15] Xue H, Chai F, Pettigrew N, et al. Kuroshio intrusion and the circulation in the South China Sea. Journal of Geophysical Research Atmospheres, 2004, 109(2): 23-23.
[16] Wang D, Hong B, Gan J, et al. Numerical investigation on propulsion of the counter-wind current in the northern South China Sea in winter. Deep Sea Research Part I Oceanographic Research Papers, 2010, 57(10): 1206-1221.

撰稿人：鲍献文 丁 扬
中国海洋大学，xianwenbao@126.com

南海多时间尺度海气相互作用及其气候效应

Multiple Time Scale Air-Sea Interaction in the South China Sea and Its Impacts on Climate

多时间尺度的海气相互作用是海洋科学和大气科学研究共同关注的前沿领域，也是未来地球系统科学研究的重要突破口。我国地处典型季风气候区，亚洲季风是影响我国夏季降水的主要物理因素之一。南海位于太平洋与印度洋的衔接地带，是西太平洋最大的深水边缘海，受东亚季风控制，其独特的地理位置导致它与全球气候变化的一系列重大事件相关联。南海作为南北半球赤道气流交换的重要通道，同时也是东亚季风水汽输运的重要通道，是能够直接影响我国气候的邻近上游海域，对我国华南和长江流域的旱涝等天气气候现象有重要的作用。

南海是热带海-气相互作用最显著的海区之一，它的海洋动力环境与大气场紧密耦合，不仅受大气的调制，同时其上层的热力结构又反过来影响周边区域的天气和气候变化。2004 年开始的南海北部开放航次，是由中国科学院南海海洋研究所组织实施的综合性考察航次，为促进南海多时间尺度海气相互作用研究积累了丰富的观测数据[1]。各种研究表明，南海的海气相互作用具有多时间尺度的特征(图 1)。

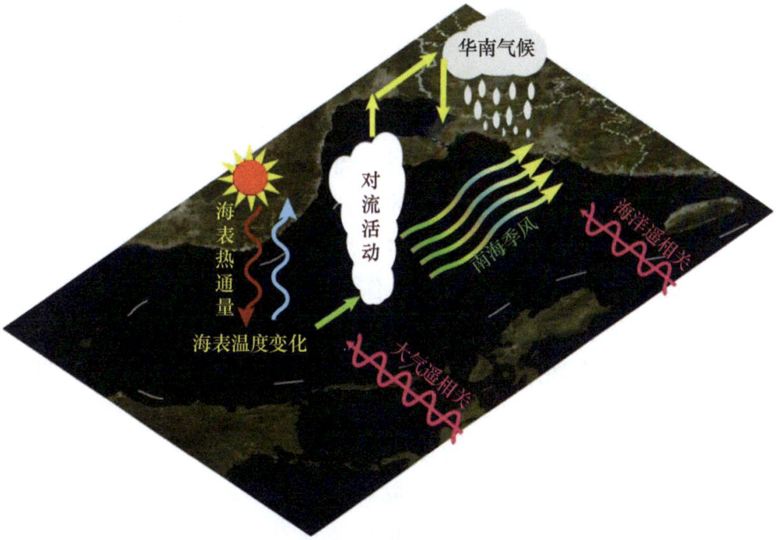

图 1 南海海气相互作用主要过程示意图

在季节内时间尺度上，实测水文气象资料分析证实，南海海表面温度(SST)存在季节内振荡，并发现主振周期在深水区与浅水区存在差别[2]，SST 的季节内变化是大气季节内振荡(ISO)影响上层海洋热量平衡的结果，海气界面的潜热通量和短波辐射在其中起重要作用[3]。锚定浮标观测资料进一步发现，南海的次表层海温也存在显著的季节内变化，这主要是由于海表面风应力强迫引起的温跃层垂向位移导致的[4]。对季节内变化虽然已有一些研究，但是无论是其特征还是形成和传播机制等研究都还很初步。

在季节时间尺度上，受太阳辐射和季风的影响，南海呈现显著的半年周期特征。在夏季，南海夏季风爆发，在中南半岛东部安南山脉的影响下，越南东南部出现风速急流区，其风应力旋度使越南东部离岸流增强，最终引发强烈的沿岸上升流。风应力旋度进一步激发出反气旋式的海洋环流并向东发展，将冷水向南海中部输送，形成夏季冷水舌[5]。在冬季，南海上空转为东北季风，南海南部出现气旋式环流，其西侧的南向流将南海北部的冷水向南输送，使得南海南部形成冬季冷水舌。冷水舌的形成又会对大气环流产生重要影响，在南海 10°N 以南形成弱的对流区[6]。南海夏季风强度指数与夏季长江中下游区降水和淮河区降水有显著的负相关，与江南区降水和华南后汛期降水有显著的正相关[7]。南海受季风和台风的影响，有着强烈的海气相互作用，主要包括南海对大气的热力作用和大气对南海的动力作用两个方面。南海对大气的热力作用主要是由于南海处于热带，在热量存储方面具有一定的优势，夏季时会有较大的净辐射收入，因此它作为一个热源，对季风的爆发具有一定的作用。具体表现为南海区域正的 SST 异常会导致南海夏季风爆发时间推迟，而负的 SST 异常会导致南海夏季风爆发时间提前[8]。南海暖池(warm pool)的形成则体现了大气对南海的驱动作用，主要是太阳辐射和海表面反气旋风应力共同作用的结果。

在年际时间尺度上，早在 20 世纪 90 年代就发现 El Niño 期间南海海温与季风异常(尤其是经向风异常)有较好的相关性[9]。当南海上空出现南风异常时，南海 SST 增暖，而当出现北风异常时，SST 冷异常得到发展[10]。事实上，El Niño 一方面可以通过大气遥相关(“大气桥”)影响南海海温[11]；另一方面，海洋的动力过程(“海洋桥”)也在 El Niño 期间起着重要作用。作为连接南海和太平洋之间的重要通道，太平洋上的 El Niño 信号可以通过吕宋海峡和民都洛海峡传入南海，影响南海的环流及热量收支[12]。通过上述途径，南海 SST 在 El Niño(La Niña)发生期间增暖(变冷)，海温在滞后盛期一到两季后达到最大(最小)[13]。南海 SST 异常在 El Niño 事件中表现出双峰演变特征：第一个峰值最大，发生在次年 2 月，主要是由短波辐射和潜热通量的变化导致的；而经向地转热输运是导致南海第二次增暖的主要因素，峰值出现在次年 8 月[14]。通过对 1997~1999 年的南海超强暖事件进行分析，发现南风异常引起的暖平流导致南海增暖的发生，而加深的温跃层使其增暖得到进一步的维持[15]。此外，南海冬、夏冷舌区也表现出显著的年际变化特征，这种变化同样与 El Niño 有关[5]。在 El Niño 发展期冬季及衰减期夏季，南海区域季风均呈减弱特征。冬季风的减弱被认为是 El Niño 事件通过“大气桥”机制影响南海的结果，而夏季风的变化则属于 El Niño 期间出现在西北太平洋异常反气旋环流的一部分[16]。在南海北部锋面处还存在着海温与海表面风速的正相关关系，即锋面暖水区的表层风速高，而冷水区的表层风速低。这种锋面区域海温和风场的空间耦合特征在冬季具有普遍性，并存在明显的年际变化[17]。

El Niño 对南海海温、降水的影响还表现出年代际尺度的调整。根据 El Niño 影响程度的不同，可以将过去 100 多年划分为四个年代。20 世纪 40 年代之前，El Niño 期间南海增暖呈现“单峰”结构，而在 60 年代之后，增暖呈现“双峰”特征。降水对 El Niño 的响应在 60 年代后显著增强。此外，受西北太平洋反气旋的控制，1984~2007 年中的夏季降水信号明显强于 1960~1983 年。在 1960~1983 年中，东南印度洋增暖及降水增多，维持了南海上空的偏东气流，使海温增暖。而在 1984~2007 年，El Niño 期间南海海温异常是热带印度洋海盆模(IOB)及西北太平洋局地遥相关(PJ 波列)共同作用的结果。其中，短波辐射的增加及海表潜热通量损失的减少有助于南海增暖的维持，与其他年代相比，南海夏季增暖有着更长的持续时间[18]。南海年际变化特征非常复杂，对其的认识还远远未能揭示其真实面貌，而对其机制的理解更是众说纷纭。

综上，南海海域的海气相互作用存在着从日变化、季节内、季节、年际至年代际等不同时间尺度的变化，它们之间又存在着相互影响，如季节内变化会影响日变化的幅度，而日变化又会对季节内变化起到调制作用，南海这种不同时间尺度的海气相互作用又会对周边国家(包括我国)的气候产生重要影响。虽然目前对多时间尺度的变化研究并不少，但是对各种尺度之间的相互作用特征和机制研究仍很初步，存在着不同的看法和认知。将各种时间尺度综合考虑，阐明南海多时间尺度海气相互作用的机理及气候效应，是海洋科学面临的挑战和需要解决的难题之一。

参 考 文 献

[1] Zeng L, Wang Q, Xie Q, et al. Hydrographic field investigations in the Northern South China Sea by open cruises during 2004-2013. Science Bulletin, 2015, 60(6): 607-615.

[2] 周发琇, 丁洁, 于慎余. 南海表层水温的季节内振荡. 青岛海洋大学学报, 1995, 25(1): 1-6.

[3] Hendon H H, Glick J. Intraseasonal air-sea interaction in the tropical Indian and Pacific Oceans. Journal of Climate, 1997, 10(4): 647-661.

[4] 周发琇, 高荣珍. 南海次表层水温的季节内变化. 科学通报, 2001, 46(21): 1831-1837.

[5] Xie S, Xie Q, Wang D, et al. Summer upwelling in the South China Sea and its role in regional climate variations. Journal of Geophysical Research, 2003, 108 (C8): 3261.

[6] Liu Q, Jiang X, Xie S, et al. A gap in the Indo-Pacific warm pool over the South China Sea in boreal winter: Seasonal development and interannual variability. Journal of Geophysical Research, 2004, 109: C07012.

[7] 吴尚森, 梁建茵, 李春晖. 南海夏季风强度与我国汛期降水的关系. 热带气象学报, 2003, 19(增刊): 25-36.

[8] 赵永平, 陈永利. 南海暖池的季节和年际变化及其与南海季风爆发的关系. 热带气象学报, 2000, 16(3): 202-211.

[9] 谭军, 周发琇, 胡敦欣, 等. 南海海温异常与 ENSO 的相关性. 海洋与湖沼, 1995, 26(4): 377-382.

[10] 王东晓, 秦曾灏. 南海年际尺度海气相互作用的初探. 气象学报, 1997(1): 33-42.

[11] Klein S A, Soden B J, Lau N C. Remote sea surface temperature variations during ENSO: Evidence for a tropical atmospheric bridge. Journal of Climate, 1999, 12(12): 917-932.

[12] Qu T, Kim Y Y, Yaremchuk M, et al. Can Luzon strait transport play a role in conveying the impact of ENSO to the South China Sea. Journal of Climate, 2004, 17: 3644-3657.

[13] Klein S A, Soden B J, Lau N C. Remote sea surface temperature variations during ENSO: Evidence for a tropical atmospheric bridge. Journal of Climate, 1999, 12(12): 917-932.

[14] Wang C, Wang W, Wang D, et al. Interannual variability of the South China Sea associated with El Niño. Journal of Geophysical Research: Oceans, 2006, 111(C3): 829-846.

[15] 王东晓, 谢强, 杜岩, 等. 1997-1998 年南海暖事件. 科学通报, 2002, 47(9): 711-716.

[16] Xie S P, Hu K, Hafner J, et al. Indian Ocean capacitor effect on Indo-western Pacific climate during the summer following El Niño. Journal of Climate, 2009, 22(3): 730-747.

[17] Shi R, Guo X, Wang D, et al. Seasonal variability in coastal fronts and its influence on sea surface wind in the northern South China Sea. Deep Sea Research Part II: Topical Studies in Oceanography, 2015, 119: 30-39.

[18] Yang Y, Xie S P, Du Y, et al. Interdecadal difference of interannual variability characteristics of South China Sea SSTs associated with ENSO. Journal of Climate, 2015, 28(18): 7145-7160.

撰稿人：王永刚　谭　伟

国家海洋局第一海洋研究所，ygwang@fio.org.cn

南海贯穿流路径完整性及其气候效应？

The Closed Path of the South China Sea Throughflow and its Climate Effects?

20 世纪 80 年代以前，科学家们视南海为季风驱动的封闭海盆，而 80 年代至 21 世纪初，认为南海环流具有半封闭边缘海海盆环流特征。气候态平均而言，南海得到的年平均净热通量为 0.1~0.2PW，净淡水通量为 0.1~0.3Sv，若南海为半封闭海盆，那么为什么南海持续的海面加热并没有导致南海持续增暖、为什么南海季风所带来的巨大淡水通量也没有导致南海持续变淡？其热量和淡水通量都到哪里去了？因此，南海大尺度环流必须要具有开放性的“贯通”特征。太平洋的水体经吕宋海峡进入南海后，除了北部经台湾海峡流出南海外，在南海南部会分别通过卡里马塔海峡和民都洛海峡流出南海(图 1)，这支太平洋-印度洋水体南海分支被统一称为南海贯穿流(south china sea throughflow)[1, 2]。吕宋海峡的入流经南海西边界通过南部海峡流出，对印度尼西亚贯穿流具有举足轻重的贡献。印度尼西亚贯穿

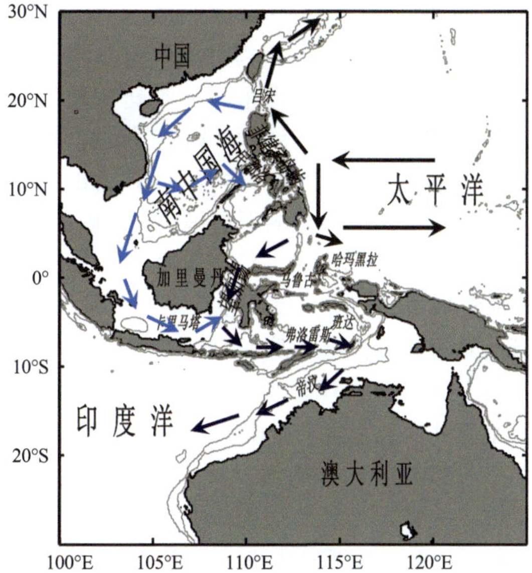

图 1　南海贯穿流示意图以及印度尼西亚贯穿流(深蓝色箭头)和太平洋北赤道流、棉兰老流和黑潮等(黑色箭头)环流示意图

流是太平洋与印度洋之间主要的水体输运通道，是维持全球海洋热量平衡和净水平衡状态的关键因子之一，在全球热盐环流变化中扮演着重要的角色，对全球气候有重要意义。

南海贯穿流主要受太平洋海盆尺度风应力所控制(图 2)，其绕岛理论估算平均量值为 2~4Sv，与数值模式大致吻合[1]。绕岛理论只有在静态平衡和理想流体情况下才适用，海峡摩擦效应、海峡宽度和底地形等都会影响到其量值估算和变化。厄尔尼诺期间南海贯穿流异常偏高，这是由于赤道太平洋异常西风爆发，导致北赤道流增强、分叉点北移，吕宋海峡东侧的黑潮流量减弱，有利于太平洋水体入侵南海，导致南海贯穿流增强；而拉尼娜期间则相反[1~3]。

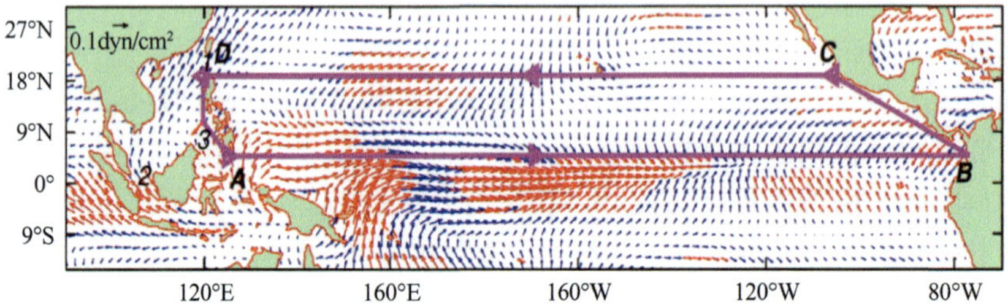

图 2　厄尔尼诺期间合成风应力异常场以及绕岛环流理论风应力积分路径 ABCD 示意图[1]，红色矢量部分代表其风应力合成场通过 95%的信度检验

为何南海持续的海面加热并没有导致南海持续增暖？南海季风所带来的巨量淡水通量为何没有导致南海持续变淡？南海并没有持续增暖加热和变淡的根本原因在于，南海贯穿流的贯通作用将此热量和淡水输送到相邻的海域，从而起到冷平流的作用[2, 4]。南海贯穿流对南海上层热含量和望加锡海峡通道处的热输送变化起着重要的作用。研究发现，若关闭南海海盆，南海内部的海表面温度将上升 1℃，其中升温最明显的区域为南海西边界流的下游区——越南以东以南区域[5]。南海从表面得到 0.12PW 的热量，然后通过南海贯穿流输送出去。2012 年在南海贯穿流异常减弱作用下，导致南海北部上层盐度产生极端淡化事件[6]。吕宋海峡水交换会将太平洋的厄尔尼诺信号传递到南海，从而对环流和热量收支起到重要的作用[7]。当南海海盆关闭后，其上层热含量具有非常大的差异[4]。

南海贯穿流的冷平流作用，不仅会对南海的热含量产生影响[7]，而且会对周边海域的海温和热含量特征产生影响。南海贯穿流通过南部海峡流出进而影响印度尼西亚贯穿流。一方面，在季节尺度上，印度尼西亚贯穿流与吕宋海峡北端和班达海西部的压力梯度差密切相关，吕宋海峡的体积输送对印度尼西亚贯穿流体积输送的贡献平均可达 50%左右[8]。另一方面，作为南海贯穿流出口的主要海峡通道之一的卡里马塔海峡年平均流量为 1.0Sv[9]，其流量在冬季向南为 3.6Sv，在夏季向北为

1.7Sv。冬季南海贯穿流与印度尼西亚贯穿流的流量是相当的，确立了南海贯穿流在沟通西太平洋和东印度洋中的重要地位。

已有研究还发现南海贯穿流会导致厄尔尼诺更长，从而调整厄尔尼诺的出现频率[10]。南海贯穿流关闭后，厄尔尼诺期间望加锡海峡南向热输送会增加，导致西太平洋冷却 1.5℃，对印太暖池海气耦合系统产生重要影响。另外，爪哇海岸弱的暖海温异常对印度洋偶极子模态的出现也可能产生一定影响。南海贯穿流的存在可以通过影响沃克环流从而使厄尔尼诺发生周期产生变化[10]。因此，南海贯穿流在气候变化系统中具有重要的潜在意义。

尽管对南海贯穿流的动力及热力学作用已经有了比较重要的认知，但关于南海贯穿流的具体路径，目前仍存在很大的争议和挑战。南海贯穿流是印度尼西亚贯穿流形成次表层最大流速和季节变率的主要原因，可以基本确定吕宋-卡里马塔-望加锡海峡是南海贯穿流调节印尼贯穿流变率的主要路径之一。吕宋海峡是南海贯穿流的入流通道，经吕宋海峡流入南海的平均体积输送为 0.5~10Sv，冬季最大，夏季最小。以往的研究仅仅是将吕宋海峡流入的流量作为大约指示南海贯穿流的一个表征指数[1, 2, 3, 7]。南海南部卡里马塔和民都洛海峡作为南海贯穿流的主要流出通道，其体积输送量值因缺乏观测依据具有很大不确定性。平均而言，经卡里马塔流出南海流量为 1~3Sv。南海南部海峡哪个是南海贯穿流的出流通道？目前由于缺乏民都洛海峡处的实际流量观测，对南海贯穿流在卡里马塔海峡和民都洛海峡出口的流量再分配仍不清楚。另外，南海西边界可以看作是南海贯穿流在南海内部的主要路径[11]，其季节变化主要受南海整个海盆尺度风场调整。尽管海峡间水体交换对环流季节演变直接影响不大，但南海西边界流域南海北部环流之间存在密切的联系。南海贯穿流在南海内部的具体路径到底如何？伴随这些问题而来的相应机理方面的研究也缺乏，如南海南部海峡通道流量变异的驱动机理如何？控制因素与大洋动力过程的进一步联系又是怎样？压力梯度调整、风场驱动还有波动过程的作用是什么？这些问题都有待于需要通过大量布放观测数据及发展高分辨率海气耦合模式来做进一步的研究和探讨。

参考文献

[1] Wang D, Liu Q, Xin H R, et al. Interannual variability of the South China Sea throughflow inferred from wind data and an ocean data assimilation product. Geophysical Research Letters, 2006, 33(14): 110-118.

[2] Qu T, Yan D, Hideharu S. South China Sea throughflow: A heat and freshwater conveyor. Geophysical Research Letters, 2006, 332(23): 430-452.

[3] 刘钦燕, 黄瑞新, 王东晓, 等. 印尼贯穿流与南海贯穿流的相互调制. 科学通报, 2006, 51: 44-50.

[4] 王伟文. 南海贯穿流对邻近热带大洋的热动力反馈. 中国科学院研究生院硕士学位论文,

2010.

[5] Tozuka T, Qu T, Masumoto Y, et al. Impacts of the South China Sea Throughflow on seasonal and interannual variations of the Indonesian Throughflow. Dynamics of Atmospheres & Oceans, 2009, 47(1): 73-85.

[6] Zeng L, Liu T, Xue H, et al. Freshening in the South China Sea during 2012 revealed by Aquarius and in situ data. Journal of Geophysical Research Oceans, 2014, 119: 8296-8314.

[7] Qu T, Kim Y, Yaremchuk M. Can LuzonStrait transport play a role in conveying the impact of ENSO to the South China Sea. Journal of Climate, 2004, 17: 3644-3657.

[8] Lebedev K V, Yaremchuk M I. A diagnostic study of the Indonesian Throughflow. Journal of Geophysical Research, 2000, 105(C5): 11243-11258.

[9] Fang G, Susanto R D, Wirasantosa S, et al. Volume, heat, and freshwater transports from the South China Sea to Indonesian seas in the boreal winter of 2007–2008. Journal of Geophysical Research Oceans, 2010, 115(C12): 93-102.

[10] Tozuka T, Qu T, Yamagata T. Impacts of South China Sea throughflow on the mean state and El Niño/Southern Oscillation as revealed by a coupled GCM. Journal of Oceanography, 2015, 71(1): 105-114.

[11] Fang G, Susanto D, Soesilo I, et al. A Note on the South China Sea Shallow Interocean Circulation. Advances in Atmospheric Sciences, 2005, 22(6): 946-954.

撰稿人：刘钦燕　王东晓

中国科学院南海海洋研究所，dxwang@scsio.ac.cn

南海通过吕宋海峡与太平洋的水交换特征与机制

Characteristics and Mechanism of Water Exchange Between South China Sea and Pacific Ocean Through Luzon Strait

吕宋海峡位于我国台湾岛和菲律宾吕宋岛之间，是连接南海与外海的唯一深水通道(图 1)。南海与太平洋经吕宋海峡的水交换又被称为“吕宋海峡水交换”，是南海深层水体更新的重要途径[1]。只有通过吕宋海峡中的深海槽，南海才得以与太平洋进行深层水交换。由于太平洋和南海海水性质迥然不同，吕宋海峡水交换对南海的物质和能量平衡有着重要影响，一直是物理海洋学研究的热点[2, 3]。近年来，有研究表明吕宋海峡水交换是太平洋-印度洋洋际水体输运的重要分支，在区域乃至全球海洋-气候系统中都起着重要作用[4]。然而，由于缺乏长时间连续的全水深海流观测，时至今日，人们对吕宋海峡水交换时空变化的特征及其机制仍然缺乏清晰的认知。

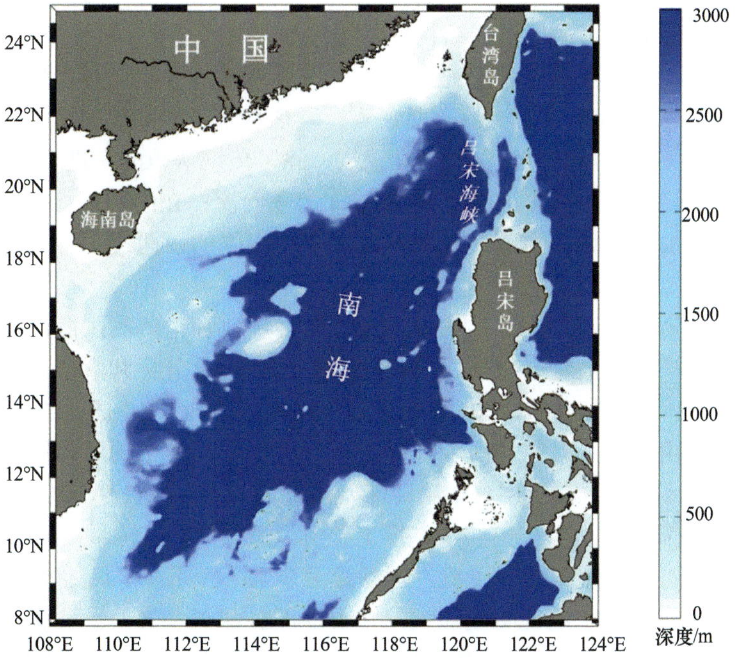

图 1 吕宋海峡地形图

观测是认识海洋最直接也最重要的手段。自 20 世纪 60 年代以来，人们对吕宋海峡水交换做了大量的水文和海流现场观测。Wyrtki 是第一位关注吕宋海峡水交换的海洋学家，他基于船舶漂流和水文观测资料，采用动力计算的方法，发现吕宋海峡冬、夏季的水交换会随着季节性风向的变化而改变，冬季海水由太平洋流入南海，而夏季则由南海流入太平洋[5]。但由于资料限制，这个结论仅适用于表层和上层海水。吕宋海峡上层水交换的这种随季节变化的特征，也被后来包括"世界海洋环流试验"(world ocean circulation experiment，WOCE)、AVISO 卫星遥感等更为丰富的资料所证实。太平洋上层海水进入南海的主要方式可以归纳为三种观点：黑潮以分支的形式进入南海[6]，黑潮以流套的形式进入南海[7]，黑潮以锋面的形式向南海弯曲或通过甩涡进入南海[8]。

由于缺乏海流的现场观测，我们对吕宋海峡中深层水交换的认识较少，一些研究利用温盐观测资料，通过水团分析、地转流计算等方法指出，在吕宋海峡中层北太平洋中层水(300~800m)在冬季入侵南海，而在夏季流出南海，冬季入流强于夏季出流；在吕宋海峡 1500m 以深，存在持久的斜压梯度，驱动太平洋海水常年流入南海，并被形象的称为"深水溢流"(deep water overflow)[9]。人们还通过对吕宋海峡和南海溶解氧分布特征的分析指出，就年平均而言，吕宋海峡水交换在垂直方向呈"三明治"结构，即上层和深层流入南海，而中层流出南海[10]。后来，现场海流观测证实吕宋海峡水交换不仅在垂向上呈"三明治"结构，其上层还存在沿经线方向南进北出的偶极型结构[11]。

近年来，我国科学家在吕宋海峡布放了一系列锚系潜标观测系统，在吕宋海峡开展了为期 1 年的全水深海流剖面观测，发现吕宋海峡海流的结构远比传统认识要复杂，并且存在丰富的变化[12]。在上层，除了传统认识的南进北出结构之外，在吕宋海峡南端还存在平均流速超过 6 cm/s 的东向流；在中层，与上层相反，为南出北进的偶极型结构；在深层，海峡南端存在很强的西向流，与吕宋海峡"深水溢流"有关。

作为现场观测的补充手段，人们还通过绕岛环流理论或利用海洋数值模式对吕宋海峡水交换特征及变异规律进行模拟，并通过理论分析和数值试验对其机制进行了解释[12, 13]。现在我们大体上知道，垂向"三明治"结构是吕宋海峡水交换的基本特征，由于观测时间和所取深度不一，不同研究得出的吕宋海峡流量存在较大差异，整体而言，其上层、中层和深层流量大约在 3 Sv(1 Sv=$10^6 m^3/s$)、–5 Sv 和 1.5 Sv 左右(图 2)。其中，上层水交换主要由黑潮的多形态入侵(黑潮分支、黑潮流套和黑潮甩涡)引起，其流量受到季风的显著影响——东北季风驱动的 Ekman 输运是导致吕宋海峡冬季流量明显加大的主要原因；深层水交换主要由海峡两侧的斜压梯度力驱动——南海和吕宋海峡强混合导致海峡西侧斜压性弱于东侧，从而维持了太平洋指向南海的斜压梯度力；中层水交换主要来自于补偿流，并与季风及局地涡旋有密切关系。吕宋海峡水交换的“三明治”结构是形成南海经向翻转环流的重要驱动力[14, 15]。实际上，对于这个“三明治”结构是如何生成的，其是否发生变化，以及变化规律是什么等问题仍然是悬而未决的科学难题。更为重要的是，无论在海峡的上层、中层还是深层，流速均存在很强的 10~100 天的季节内变化。此外，数值模拟等诊断分析显示，吕宋海峡水交换还存在年际、年代际等多时间尺度的变化。

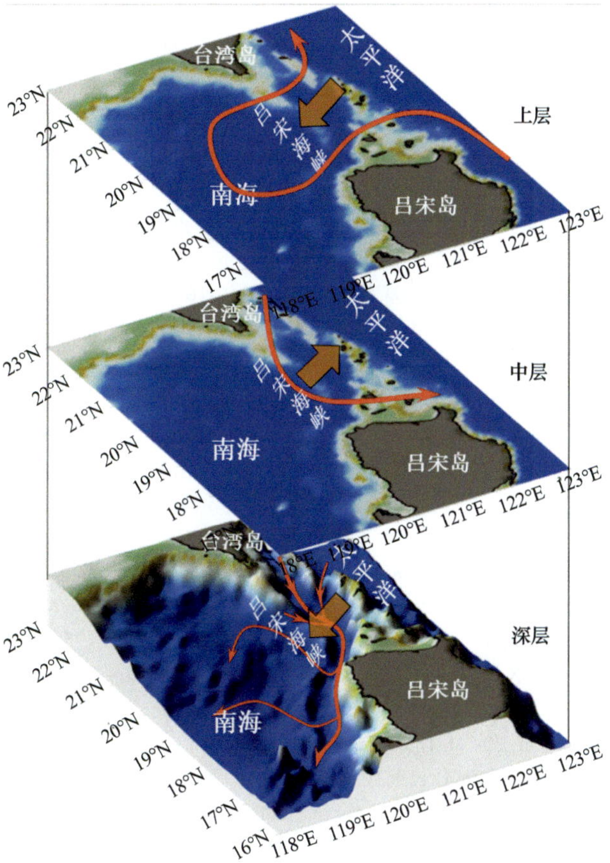

图 2　吕宋海峡水交换示意图

需要指出的是，由于吕宋海峡南、北端分属我国台湾和菲律宾的经济专属区，受政治因素制约，目前尚未能获取吕宋海峡完整的断面观测。由于吕宋海峡海流结构复杂，南北两端观测数据的缺失对吕宋海峡水交换的认识带来了很大的不确定性。

自 Wyrtki 撰写著名的 *NAGA Report* 起，人们已经对吕宋海峡水交换开展了半个多世纪的调查和研究。然而，由于吕宋海峡位于西边界强流区，非线性作用强烈；受地形影响，这里也是内潮能量向南海传播的发源地；从大尺度环流角度来说，吕宋海峡水交换还与北赤道流-棉兰老流-黑潮流系有关，从而受控于北太平洋大尺度风场。复杂动力过程和非线性作用的影响，使得我们难以在经典的物理海洋动力学框架下找到吕宋海峡水交换一般特征、变化规律及其控制因素的合理解释。时至今日，吕宋海峡水交换特征及机制仍然是一个悬而未决的科学难题，需要持续的观测和新的理论方法去研究发现。

参考文献

[1] 刘秦玉, 杨海军, 李薇, 刘倬腾. 吕宋海峡纬向海流及质量输送. 海洋学报, 2000, 22(2): 1-8.

[2] Nan F, Xue H, Chai F, et al. Weakening of the Kuroshio intrusion into the South China Sea over the past two decades. Journal of the Climate, 2013, 26: 8097-8110.

[3] Zeng L, Wang D, Xiu P, et al. Decadal variation and trends in subsurface salinity from 1960 to 2012 in the northern South China Sea. Geophysical Research Letters, 2016, 43.

[4] Fang G H, Wei Z X, Chio B H, et al. Interbasin freshwater, heat and salt transport through the boundaries of the East and South China Seas from a variable-grid global ocean circulation model. Science in China (Series D), 2003, 46(2): 149-161.

[5] Wyrtki K.NAGA Report Volume 2: Physical oceanography of the southeast Asian waters. La Jolla, California, 1961.

[6] Qu T, Mitsudera H, Yamagata T. Intrusion of the North Pacific waters into the South China Sea. Journal of Geophysical Research Oceans, 2000, 105(C3): 6415-6424.

[7] 李立, 伍伯瑜. 黑潮的南海流套. 台湾海峡, 1989, 8(1): 89-95.

[8] 苏纪兰. 南海环流动力机制研究综述. 海洋学报, 2005, 27(6): 1-8.

[9] Qu T D, Girton J B, Whitehead J A. Deepwater overflow through Luzon Strait. Journal of Geophysical Research Oceans, 2006, 111, C01002, doi: 10.1029/2005JC003139.

[10] Qu T D.Evidence for water exchange between the South China Sea and the Pacific Ocean through the Luzon Strait. Acta Oceanologica Sinica, 2002, 21(2): 175-185.

[11] Tian J W, Yang Q X, Liang X F, et al. Observation of Luzon Strait transport. Geophysical Research Letters, 2006, 33: L19607, doi: 10.1029/2006GL026272.

[12] Wei Z, Zhou C, Tian J, et al. Deep water circulation in the Luzon Strait. Journal of Geophysical Research Atmospheres, 2014, 119(2): 790-804(15).

[13] Hsin Y, Wu C, Chao S. An updated examination of the Luzon Strait transport. Journal of Geophysical Research Oceans, 2012, 117(C3): 3022.

[14] Yuan D L. A numerical study of the South China Sea deep circulation and its relation to the Luzon Strait transport. Acta Oceanologica Sinica, 2002, 21: 187-202.

[15] Wei Z X, Fang G H, Xu T F, et al. Seasonal variability of the isopycnal surface circulation in the South China Sea derived from a variable-grid global ocean circulation model. Acta Oceanologica Sinica, 2016, 35(1): 11-20.

撰稿人：徐腾飞　魏泽勋

国家海洋局第一海洋研究所，xutengfei@fio.org.cn

东海黑潮与陆架水体以什么方式相互作用？

In What Way does the Kuroshio Interact with Shelf Water in the East China Sea?

黑潮是太平洋的一支西边界流，它起源于菲律宾以东海域，是北赤道流向北的海流分支。主流沿台湾岛东岸北上，经苏澳-与那国岛间的水道进入东海，继续沿东海陆架边缘流向东北，至日本九州西南折向东，经吐噶喇海峡离开东海返回太平洋。黑潮沿途有多个分支入侵东海，如在台湾岛东北和九州西南，这些分支将与台湾暖流、对马暖流等近海主要环流系统产生相互作用，并对中国近海的水文状况、局地气候、生态环境等产生重要影响。同时，东海黑潮及其分支都存在着显著的周期变化，而且在黑潮两侧常出现中尺度涡、锋面等海洋中尺度过程，它们在黑潮与东海陆架水体相互作用过程中都有重要的贡献。

中尺度过程是海洋动力环境和热力过程的重要组成部分和极其活跃因素，它们不仅推动外海大尺度环流的能量向近海小尺度过程进行传递，还促进海洋水体的垂向混合进而形成温-盐精细结构的差异。最新研究表明，中尺度涡在副热带海域产生的东西向物质输运与大尺度风生、热盐环流量级相当[1]，且涡旋具有的非线性保守性质，可携带着不同于背景环境的水体在海洋中移动[2]；锋面在空间分布上具有显著水平梯度的带状结构，即垂直于锋面的水文要素会呈现显著的差异，在近岸和大洋的水交换过程中发挥着重要作用[3]。

黑潮区域的涡旋具有很强的非线性特征[4]，根据其生成机制不同大致可分为两类：一类是由北太平洋中东部的风应力旋度变化引起的[5]，具有明显的波动性质，但是对热量和位涡输运的贡献较小；另一类是从黑潮及其延伸体脱落而来，能够有效地保持水团性质，并输运热量和位涡，甚至营养盐、叶绿素等生物化学物质，在该区域质量、能量和涡度的交换中起着关键性的作用[6]。其中，前一类涡旋在大洋内区或黑潮延伸体区生成后一般向西移动，海脊地形的存在可使涡旋耗散减弱，并影响其移动速度。可见一方面，涡旋可以从黑潮及其延伸体脱落形成，海流为中尺度涡的产生提供了能量；另一方面，涡旋在传播过程中逐渐衰减，其携带的水体和能量最终回归海流，又为海流的维持提供了能量，两种尺度运动之间的能量串级，通过它们的相互作用得以完成。后一类涡旋在东海黑潮两侧和陆坡附近形成，其中台湾岛东北和九州岛西南是涡旋的高发区(图 1)。其动力原因首先与东海黑潮弯曲现象有密切关系，其次也与地形、风场等有关。

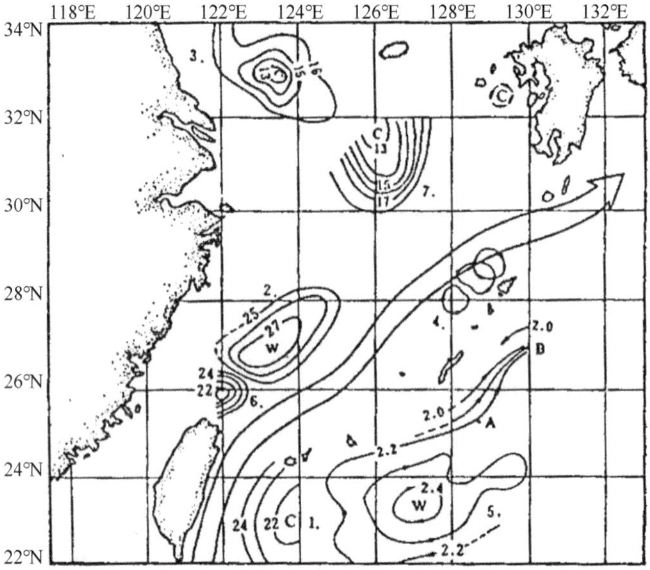

图 1　东海及其附近海域涡旋的综合示意图[7]

1. 台湾岛以东冷涡；2. 东海西南部反气旋暖涡；3. 长江口东北气旋式冷涡；4. 浮标漂浮途径：反气旋式涡；5. 琉球群岛以南反气旋式暖涡；6. 台湾岛东北气旋式冷涡；7. 济州岛西南冷涡；A 和 B 分别为气旋式涡旋途径的中心

黑潮在台湾东北的跨陆架入侵和东海陆架坡折处的弯曲入侵是黑潮与东海陆架之间最为显著的中尺度动力过程，现有主流物理海洋学观点对东海黑潮上冲陆架的动力学机制还未有定论，但基本可以确认的是台湾东北黑潮受多种复杂外强迫综合作用，既有局地项也有遥强迫。东海黑潮弯曲有两种类型：黑潮锋面弯曲和黑潮路径弯曲。

黑潮第一种弯曲出现了锋面涡旋(图 2)，黑潮锋主要存在于东海陆架 200 m 等深线附近[9]，其主要动力特征是：①黑潮水以倒卷的暖水舌形式进入陆架区，并往往发展成长达几百千米的暖丝，锋面涡旋可能搁浅在陆架上，并与陆架水混合后逐渐消失；②由于锋面涡旋是气旋式运动，它驱动了涡旋中心区的下层黑潮冷水涌升，并把丰富的营养盐带到真光层，使得初级生产力水平明显提高；③在气旋式涡旋的驱动下，陆架混合水被卷带入黑潮主流中。这三种动力特征促进黑潮水、陆架水和黑潮下层涌升冷水三者之间在陆架坡折处附近以中尺度规模进行交换和混合。对于整个东海陆架边缘，锋面涡旋作用可导致 1.8×10^6 m^3/s 的陆架混合水卷入黑潮，造成 1.7×10^5 t/a 的营养盐(NO_3—N)向陆架方向输运[10, 11]。

黑潮第二种弯曲，即路径弯曲时在其两侧出现了中尺度气旋涡和反气旋涡。气旋涡充分发展后对黑潮路径又产生影响，出现黑潮路径弯曲，即能量从波长较短的锋面弯曲转移到波长较长的路径弯曲[12]。东海黑潮流量与其附近涡旋的变化也有密切关系：黑潮以东反气旋涡加强时，黑潮流量似乎减小；相反地，当黑潮以东反气旋涡减弱或者代之出现气旋涡时，则黑潮流量似乎加强[13]，而此时黑潮入侵陆架也变强[14]。也就是说，东海黑潮本身的弯曲变异与黑潮锋面弯曲和锋面涡旋之间存在着作用和反馈的动力机制。可以断定，东海黑潮锋面弯曲和锋面涡旋必定在黑潮与东海陆架水交换过程中起着重要的作用。

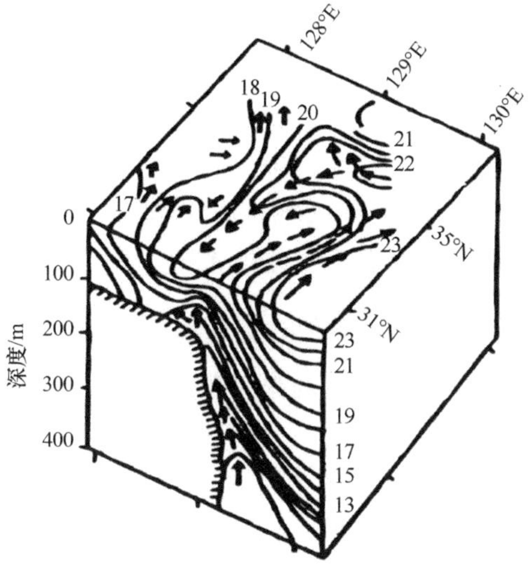

图 2　东海黑潮锋面涡旋的特征示意图[8]

东海黑潮还存在季节、年际甚至更长时间尺度的变异，且黑潮各段存在不同的显著周期。黑潮的时空变化特征主要受到大洋 Rossby 波控制。Rossby 波是海洋位涡动力学的核心物理过程之一，将大洋内部的风场变化信号传递到西边界，影响着黑潮与陆架环流的变异及交换。根据波动理论，大洋传入信号在我国近海主要以地形 Rossby 波的形式传播，在北半球上述波动为右界波，沿着地形逆时针方向前进，从大洋中高纬度如黑潮延伸体传入的波动可以沿着陆架坡折一直影响到黑潮上游，而从台湾传入的波动信号在沿琉球岛链传播过程中很容易被耗散或从海峡通道中传出东海。因此黑潮质量输运的下游实际上是能量传播的上游，中高纬度的波动信号可能比同纬度的波动信号对东海黑潮乃至陆架环流的影响更重要。近海特殊的岛屿分布及地形特征也会使该区域的黑潮和近海环流的相互作用变得更加独特。数值模拟结果[15]证明台湾海峡流动和对马暖流主要是由开阔海盆的大洋环流通过黑潮与岛屿的摩擦作用来驱动的，局地风应力的强迫很重要但仅起到次要作用。另外黑潮和近海环流的相互作用其实还与整个低纬度西边界流系统，包括北赤道流分叉点的移动、黑潮延伸体的强弱变化等密切相关，而这些变化也受太平洋风场变异的影响，特别是还受到大洋内区中尺度涡西传的影响，使得黑潮与近海相互作用过程变得尤为复杂。

综上所述，发生在东海陆架外缘、东海黑潮两翼的涡旋和锋面，在水交换过程中扮演着重要的角色，频繁发生的中尺度过程也成为调控黑潮与东海陆架相互作用的重要因子，黑潮的多时空尺度变化规律，使得近海环流系统变得异常复杂。关于涡旋和锋面在黑潮与东海水交换中所起作用的研究已取得了卓有成效的进展，但对黑潮与东海相互作用的认识尚不完善，以下几方面应引起充分的关注。

1. 西边界流变异影响下中尺度过程的生消机制

东海陆坡附近中尺度涡的生消过程实际上可能有多个机制起作用，受风场、地形、海流、波动等各方面因素影响，因此不同机制之间的关系将尤为复杂。此外，伴随着中尺度涡的消亡，还会有能量向更小尺度的运动传递，即亚中尺度涡的产生和增长，它所伴随的垂向涡动混合会进一步影响到黑潮与近海的交换。

2. 全球变化背景下的黑潮变异及其与近海相互作用

全球变暖造成全球极端气候事件的频率和强度都在改变，增加了气候预测的不确定性。最新研究[16]发现近 30 年太平洋升温最显著的是黑潮及其延伸体区，呈现一种“热斑”效应，这对区域气候及海洋环境变化影响巨大。因此，确定黑潮结构多时空变化特征，揭示其对近海海洋环境影响，不仅是物理海洋学中的热点问题，也是气候变化研究中的重要前沿科学问题，对于提高预测能力，增强机理认知，特别是全球大洋副热带西边界流系统在全球气候变化中的作用具有重要的科学意义。

参 考 文 献

[1] Zhang Z, Wang W, Qiu B. Oceanic mass transport by mesoscale eddies. Science, 2014, 345(6194): 322-324.

[2] Dong C, McWilliams J, Liu Y, Chen D. Global heat and salt transports by eddy movement. Nature Communications, 2014, 5(3294).

[3] Belkin I, Cornillon P, Sherman K. Fronts in large marine ecosystems. Progress in Oceanography, 2009, 81(1-4): 223-236.

[4] Chelton D B, Schlax M G, Samelson R M. Global observations of nonlinear mesoscale eddies. Progress in Oceanography, 2011, 91(2): 167-216.

[5] Qiu B, Chen S. Interannual variability of the north pacific subtropical countercurrent and its associated mesoscale eddy field. Journal of Physical Oceanography, 2010, 40(40): 213-225.

[6] Chelton D B, Peter G, Schlax M G, et al. The influence of nonlinear mesoscale eddies on near-surface oceanic chlorophyll. Science, 2011, 334(6054): 328-332.

[7] Guan B. A sketch of the current structure and eddy characteristics in the East China Sea. SSCS Proc. Beijing: China Ocean Press, 1983: 52-73.

[8] 郑义芳，郭炳火，汤毓祥，等. 东海黑潮锋面涡旋的观测. 黑潮调查研究论文选(四). 北京：海洋出版社，1992: 23-32.

[9] Chen C T A. Chemical and physical fronts in the Bohai, Yellow and East China seas. Journal of Marine Systems, 2009, 78(3): 394-410.

[10] 郭炳火. 东海黑潮锋面涡、暖丝和暖环. 海洋科学进展，1992, 10(3): 10-19.

[11] 郭炳火，葛人峰. 东海黑潮锋面涡旋在陆架水与黑潮水交换中的作用. 海洋学报，1997, 19(6): 1-11.

[12] Nakamura H, Ichikawa H, Nishina A, et al. Kuroshio path meander between the continental slope and the Tokara Strait in the East China Sea. Journal of Geophysical Research, 2003, 108(C11): 3360.

[13] 袁耀初，管秉贤. 中国近海及其附近海域若干涡旋研究综述 II. 东海和琉球群岛以东海域. 海洋学报，2007, 29(2): 1-17.

[14] Vélezbelchí P, Centurioni L R, Lee D K, et al. Eddy induced Kuroshio intrusions onto the continental shelf of the East China Sea. Journal of Marine Research, 2013, 71(1): 309-325.

[15] Ma C, Wu D, Lin X, et al. An open-ocean forcing in the East China and Yellow seas. Journal of Geophysical Research, 2010, 115: C12056.

[16] Wu L, Cai W, Zhang L, et al. Enhanced warming over the global subtropical western boundary currents. Nature Climate Change, 2012, 2(3): 161-166.

撰稿人：马　超　鲍献文

中国海洋大学，xianwenbao@126.com

气候变化背景下黄海冷水团的响应

The Response of the Yellow Sea Cold Water Mass to Climate Change

黄海是一个三面被陆地环抱的半封闭陆架浅海。位于其中央部分的黄海槽水深一般在 50~80m。它由东南向北伸展，形成一纵贯整个黄海的长条洼地。槽的西侧宽缓，东侧比较陡窄。黄海槽在黑山岛附近转向东南，最终通往东海的冲绳海槽北部[1]。

正是在黄海这一特有地形及其他热力和动力因素的共同作用下，整个暖半年，在黄海海域底层海区除近陆岸浅水区外，几乎全被低温水体所盘据，这就是“黄海冷水团”[2]。这一水团在北黄海的中心值低于 7.0℃，而在南黄海的中心值低于 8.0℃(图 1)。黄海冷水团是中国近海的特殊现象，对中国近海的温盐结构和海流状况有重要影响。

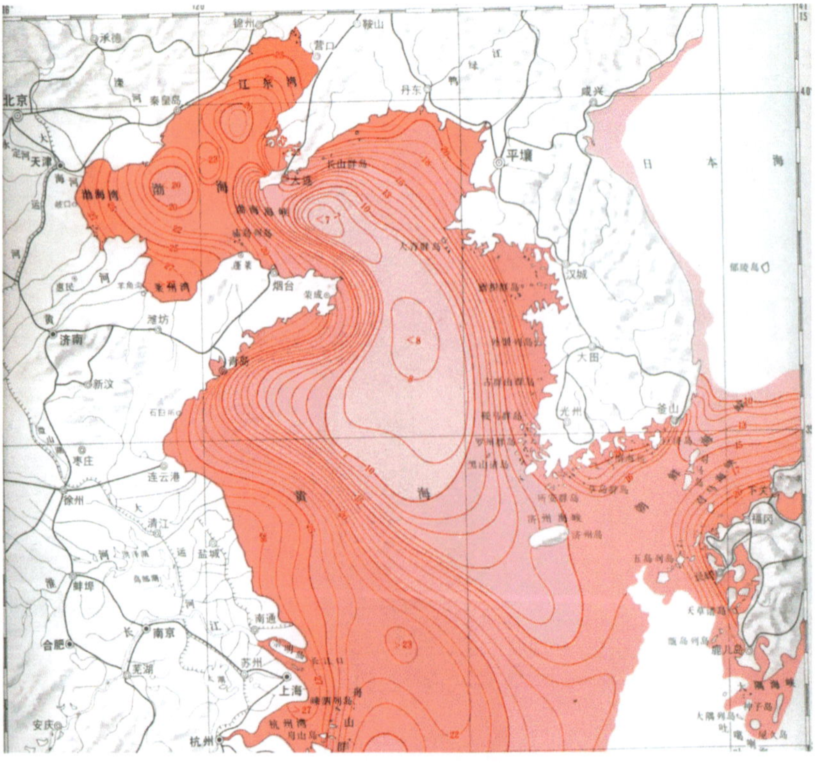

图 1　8 月底层水温分布图[3]

在冬半年期间，由于强劲的偏北季风的影响，黄海西岸的沿岸流自北向南流动；与此同时，一支补偿形式的高盐高温水流沿着黄海东部陆坡由南向北伸展。上层海水由于受干燥寒冷气流的影响，产生强烈蒸发而降温，其结果就导致海水上下的对流；而强劲的风力的搅拌作用加强了上下层海水的混合，遂形成了一个上下一致的低温高盐水团。因此可以推定，黄海冷水团的形成起始于冬季，而且是在黄海本地形成的。到了夏半年由于太阳辐射加强、陆地径流注入和降水的增大，表层海水温度增高而盐度降低。由于高温低盐的上层海水具有较小的密度，而且夏季风力又较冬季为弱，因此与低温高盐的底层水难以混合，结果在黄海的底部就存留了一个令人瞩目的冷水团。已有研究认为黄海冷水团是终年存在的，而夏季的底层更凸显其“冷”的特色[2]。

黄海冷水团的季节性变化与温跃层的演变是相辅相成的。仲春季节，随着温跃层的出现，黄海冷水即显现“冷”的特点。随着温跃层的发展，冷水团与表层水的温差逐步增大。7~8 月为温跃层的强盛期，亦是该水团“冷”特色的鼎盛时期。进入仲秋季节，冷水团的相对强度减弱，温跃层上界深度明显下沉。至 12 月，温跃层渐趋消失，于隆冬之时，底层与表层水温趋于一致[1]。显然，冬季的底层水温不再比表层更低，似乎失去了“冷”的特色，故有人认为是冷水团“消失”了；然而冬季的对流混合其实是冷水团一年一度地更新过程，冬季的冷水可一直存留至下一年的冬季[4]。黄海冷水团夏季底层冷水的温度，主要取决于当年冬季(1~2 月)的气温[5]。此外，潮混合[6]和地形热累积效应[4, 7]也对黄海冷水团有重要影响。

关于黄海冷水团的环流结构，许多研究者的看法不尽一致，归纳起来可大致分为三类：第一类是垂直断面的单环结构环流，冷水团的中心为上升流，边缘为下降流，且垂向流速穿越温跃层[5, 8, 9]；第二类是垂直断面的双环结构环流：在跃层以上区域中心为下降流，边缘为上升流，而在跃层以下则反之[10]；在温跃层上下的两流环不仅流动方向相反，而且强度相差很大，上环弱而下环强，在冷水团的中心区域，流动很弱，且无穿越温跃层的垂向流动[11]；第三类是仅局限于跃层附近的薄壳环流结构，中心为上升流，边缘为下降流[12, 13]。

黄海冷水团有明显的年际和多年际变化，揭示这些变化的机理是黄海冷水团研究的主要难点。据已有观测资料，1967 年以来黄海冷水团经历过 3 次冷事件(1967~1971 年,1983~1988 年和 1996~2008 年)和 2 次暖事件(1972~1980 年和 1990~1995 年)。1967~2008 年温度观测资料的 EOF 分析显示，冷水团温度的主要周期是 2~7 年和 10~20 年[14]。厄尔尼诺事件对表层海水有显著影响，应该对低层水也有影响，但 ENSO 指数(multivariate ENSO index，MEI)与冬季的黄海底层海水异常相关性不明显。黄海冷水团的变化要滞后北太平洋指数(the north pacific index，NPI)3 年，滞后太平洋年代际振荡指数(the pacific decadal oscillation index，PDOI)2 年(图 2)。冷事件的触发与北极振荡指数(arctic oscillation index，AOI)存在相关性[14]。这些研究仅仅探索了各种多年变化现象与黄海冷水团的关系，对其变化机理的认识还严重不足。

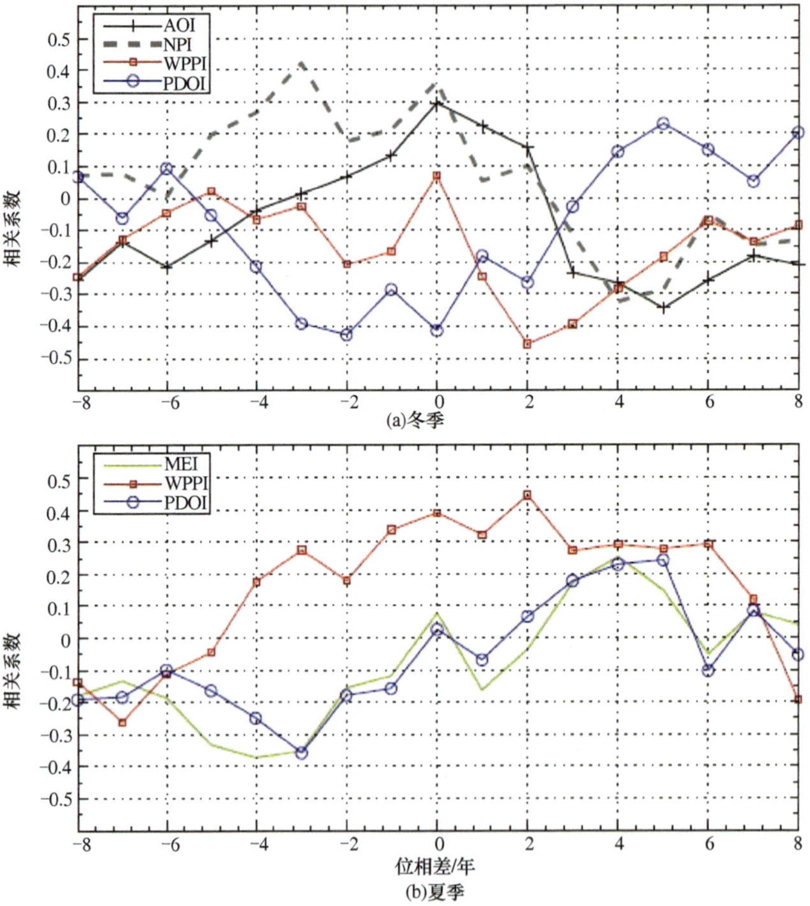

图 2　8 月黄海冷水温度异常的第一个 EOF 主分量与五个气候指数的滞后相关系数[14]

AOI. 北极振荡指数；NPI. 北太平洋指数；MEI. 多元 ENSO 指数；WPPI. 西太平洋模态指数；PDOI. 太平洋年代际振荡指数。负滞后相关系数代表气候指数领先 8 月黄海冷水温度异常

黄海冷水团位于浅海，受陆地和局地气候的影响很大。同时，东海黑潮对黄海的温盐结构和海流也有重大影响。气候变化背景下，极端事件频发，当某年的冬季黄海气温特别冷的时候，第二年的黄海冷水团通常会特别强大。此外，气候变化导致的大洋环流变异，会通过北太平洋环流、东海黑潮、黄海暖流等逐渐影响到黄海冷水团的强弱、范围和变异。所以，气候变化背景下黄海冷水团的响应，影响因素众多，加大了相关研究的难度。需要进一步研究的科学问题有：黄海冷

水团具体是通过什么机制响应 ENSO 和太平洋年代际振荡等大尺度现象的，黄海冷水团与周围水团如长江冲淡水团等的关系，黄海冷水团与周围海流如黄海暖流等的关系等。

参 考 文 献

[1] 于非，张志欣，刁新源，郭景松，汤毓祥．黄海冷水团演变过程及其与邻近水团关系的分析．海洋学报, 2006, 28(5): 26-34.

[2] 赫崇本，汪圆祥，雷宗友，徐斯．黄海冷水团的形成及其性质的初步探讨．海洋与湖沼, 1959, 2(1): 11-15.

[3] 陈国珍．渤海、黄海、东海海洋图集(水文)．北京：海洋出版社, 1992.

[4] Xu D F, Yuan Y C, Liu Y. The baroclinic circulation structure of Yellow Sea Cold Water Mass. Science in China (Series D), 2003, 46(2): 117-126.

[5] 管秉贤．黄海冷水团的水温变化以及环流特征的初步分析．海洋与湖沼, 1963, 5(4): 255-285.

[6] 赵保仁．北黄海冷水团环流结构探讨——潮混合锋对环流结构的影响．海洋与湖沼, 1996, 27(4): 429-436.

[7] 任慧军，詹杰民．黄海冷水团的季节变化特征及其形成机制研究．水动力学研究与进展, 2005, A 辑第 20 卷增刊: 887-896.

[8] 袁业立．黄海冷水团环流 I-冷水团中心部分热结构和环流特征．海洋与湖沼, 1979, 10(3): 187-196.

[9] 缪经榜，刘兴泉，薛亚．北黄海冷水团形成机制的初步探讨Ⅱ——模式解的讨论．中国科学 B, 1991, 21(1): 74-81.

[10] Feng M, Hu D X, Li Y X. A theoretical solution for the thermohaline circulation in the southern Yellow Sea. Chinese Journal of Oceanology and Limnology, 1992, 10(4): 289-300.

[11] 苏纪兰，黄大吉．黄海冷水团的环流结构．海洋与湖沼增刊, 1995, 26(5): 1-7.

[12] 李惠卿，袁业立．黄海冷水团热结构及其环流解析研究．海洋与湖沼, 1992, 23(1): 7-13.

[13] 袁业立，李惠卿．黄海冷水团环流结构及生成机制研究．中国科学(B 辑), 1993, 23(1): 93-103.

[14] Park S, Chu P C, Lee J H. Interannual-to-interdecadal variability of the Yellow Sea Cold Water Mass in 1967-2008: Characteristics and seasonal forcings. Journal of Marine Systems, 87(2011): 177-193.

撰稿人：李　磊

中国海洋大学，lilei@ouc.edu.cn

渤海海峡水交换估计的困难及渤海海水物理自净能力

The Difficulty to Estimate Water Exchange Through Bohai Strait and Physical Self Purification Ability of Sea Water in Bohai Sea

渤海作为我国的内海，地处中国近海的北端。它的北，西，南三面分别与辽宁、河北、天津和山东三省一市毗邻，东面经渤海海峡与黄海相通，辽东半岛和山东半岛犹如伸出的双臂将其合抱。放眼眺望，渤海侧卧于华北大地，其底部两侧即为莱州湾和渤海湾，顶部则为辽东湾。

环渤海城市是我国较发达的地区之一，天津滨海新区、辽宁沿海经济带、河北曹妃甸、山东黄河三角洲等地区正在快速发展，以京津冀、辽东半岛和山东半岛三大城市群为核心的我国重要人口集聚区已经形成。在过去几十年的经济显著发展和城市化过程中，环渤海城市对全国经济的发展提供了基础支持，但是飞速发展的沿岸经济也带来了严重的污染问题。2015 年海水环境质量监测结果显示，辽东湾、渤海湾和莱州湾海域污染严重，第四类和超四类海水水质标准的海域面积最大为 13630 km^2，约占渤海总面积的 18%[1]。缓解如此严重的水污染现状，净化渤海水质，最基本的方法就是借由自然的水交换途径实现渤海海水物理自净[2]。

渤海作为一个半封闭的内海，唯一与外界联通的海洋通道为渤海海峡。沿黄海北上的黄海暖流和辽东半岛的沿岸流系源源不断地将外海海水输运至渤海海峡附近[3]，参与了此处的海水交换。传统的观点认为渤海海峡处海水全年都呈现“北进、南出”的态势①(图 1)。虽然有一些研究认同存在这一特点[4]，但是也有一些研究甚至得到了相反的结论[5]。针对渤海海峡基本环流结构的问题尚且存在争议，对渤海水交换能力的评估就更是分歧较大。不同方法得到的渤海海水更新周期甚至存在从几个月到上百年的巨大差异[2]，突出地体现了对渤海海峡水交换，以及渤海海水物理自净能力评估存在困难。在实际研究中，这种困难主要来自于以下几个方面。

首先，对此问题研究的困难来自于渤海海域的环流流速相对较弱并且存在明显的不同时间尺度的变化[6]。渤海海域是一个潮流占主导的海区，在渤海海峡处以往复式潮流为主，最显著分潮为 M_2[7]，其特征流速要比平均环流流速快 10 倍左右。

① 国家科委海洋组海洋综合调查办公室编. 全国海洋综合调查报告，第五册. 1964.

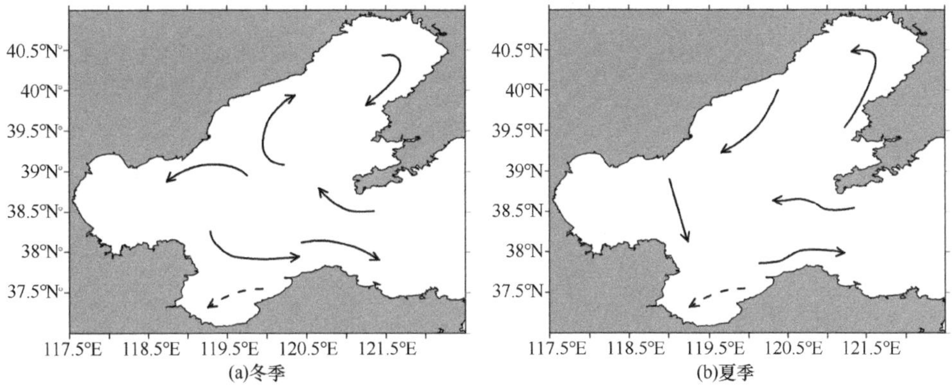

图 1 渤海冬夏季环流流型示意图(根据 Guan[6]结果重绘)

对于海峡处环流的各类研究表明渤海海峡年平均流量和夏季平均分别可达 $4\times10^4 m^3/s$ 和 $5\times10^3 m^3/s$[8, 9]，二者相差近一个量级。也有研究表明，不同的深度，以及不同天气过程作用下的渤海环流都存在差异[10, 11]。

有一个观测实例可以生动地展示渤海环流的这一特点。1966 年 5 月，国家海洋局第一海洋研究所在渤海海峡老铁山水道中部进行了定点连续 7 天的海流观测[12]。图中箭矢方向表示流向，箭矢长短并不表示量值大小。为了突出流向，有意把箭矢绘制成短长不一，这样便于在箭矢傍标注出记号。图中小插图共 6 幅，分别表示，0~3m 层、5m 层、10m 层、20m 层、30m 层和底层 6 个层次，可进行比较。各插图中箭矢旁的数字 1、2、3、4、5、6、7，分别表示观测的顺序。也可理解为第一天观测的记为 1，第 2 天观测的记为 2，其余依次类推。图 2 清晰地描绘出环流流向的显著日际差异，各层次的余流流向，皆呈放射状的摆动。在 0~3m 层，流向摆动在 NNE—WNW；5m 层，摆动在 E—NNW；在 10m 层，流向摆动在 NNE—NNW；底层，流向在 NNE—NW 摆动；而 20m 层和 30m 层，流向的摆动范围更大，几乎波及 270°。

这个资料例子表明：渤海海峡地区的环流复杂而多变，具有明显的日变化。用“天气式”的方法来描述渤海海峡地区的海流，可能更接近于实际情况。另外，渤海处于浅海陆架区，背景环流流速较弱，一些陆架波动系统所带来的扰动在渤海环流的研究中往往是不可忽略的。可见，即便仅从动力角度分析，可能对渤海环流产生影响的因素也数量众多，因此对于渤海海域环流这个相对的小量研究在科学上具有较高的难度。

其次，控制和影响渤海海峡水交换还有许多非海洋动力因素甚至人为因素，如全球气候变化、填海造地导致的地形岸线变迁和沿岸河流入海流量变化等[9, 13]。在全球气候变化大背景下，包括渤海海域背景温度、降水量和蒸发量等一系列因素的长期变化趋势日趋明显，其带来的诸如海洋密度结构等的改变，必将对渤海海峡

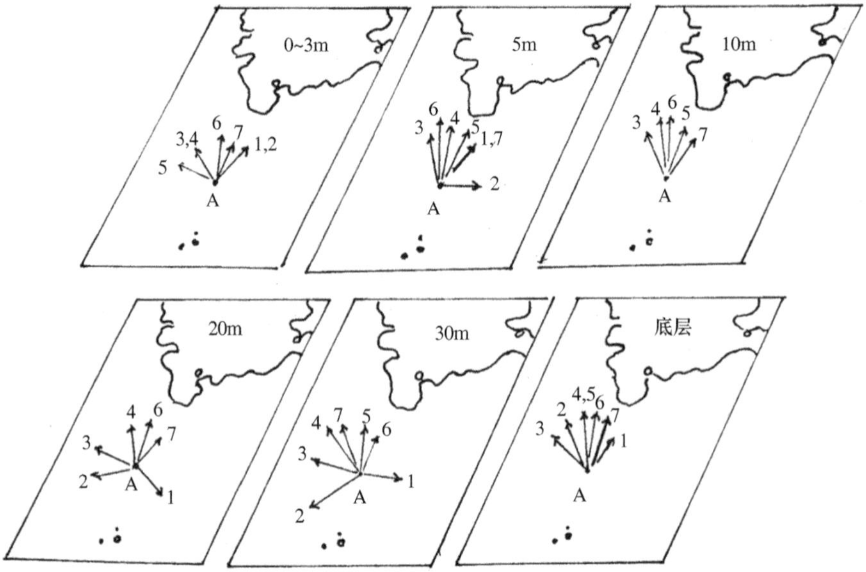

图 2　老铁山水道 A 站处各层次的余流流向分布(1966 年 5 月)[12]

水交换能力造成影响。而这些效应因为其作用时间长、不确定因素多，对其的研究更是存在无法再现以及难以定量等多重困难。而且渤海沿岸各省（市）的填海造地活动对渤海的水交换能力影响也不容忽视[14]。另外，黄河入海口位于渤海，其携带巨量的泥沙源源不断地进入渤海，可能通过改变海底地形等方式对渤海的海流系统造成影响[15, 16]。可见，在如此众多的影响因素共同作用下，若选取不同区域、不同时段或采用不同方法，得到的渤海水交换能力的认识很容易存在差异。如何分辨和评估这些差异，并从中提取出本海域有代表性的真实情况，是非常有挑战性的。

对渤海海峡水交换的准确评估，是全面掌握渤海海水物理自净能力的基础，但二者也并不是简单的对应关系。因直接水体交换导致的渤海海水物理自净能力随不同时段和不同海区而存在变化。因为渤海海峡附近和渤海中部地理位置的便利，外海海水进入渤海后可以更快的抵达此处，使得该类海域海水更新速度较快，“水龄”较短。而蜿蜒转折深入内陆的海湾如辽东湾等，因为距离外海距离远，其海水更新速度便显著慢于渤海中部，即存在高“水龄”水。因此深入研究渤海海水的物理自净能力，就需要我们对整个渤海海域多时间尺度水动力特征的准确把握。并且除了水交换之外，泥沙吸附、沉降等其他过程都可能影响渤海海水的物理自净能力。因此，是否考虑海区差异、是否考虑大风寒潮等强天气过程、是否考虑其他物理过程和机制等，都会导致我们对渤海海水物理自净能力的认识存在差异。

参 考 文 献

[1] 中华人民共和国国家海洋局. 2015 年中国海洋环境状况公报. 北京: 海洋出版社, 2015.

[2] 乔方利. 中国区域海洋学——物理海洋学. 北京: 海洋出版社, 2012: 83-85.

[3] 汤毓祥, 邹娥梅, Lie H J. 冬至初春黄海暖流的路径和起源. 海洋学报, 2001, 23(1): 1-12.

[4] 江文胜, 吴德星, 高会旺. 渤海夏季底层环流的观察和模拟. 青岛海洋大学. 2002, 32(4): 511-518.

[5] 魏皓, 田恬. 渤海水交换的数值研究——半交换时间概念的应用. 青岛海洋大学. 2002, 32(4): 519-525.

[6] Guan B X. Patterns and Structures of the Currents in Bohai, Huanghai and East China Seas. Netherlands: Springer, 1994: 17-26.

[7] Fang G. Tide and tidal current charts for the marginal seas adjacent to China. Chinese Journal of Oceanology and Limnology, 1986, 4(1): 1-16.

[8] 林霄沛, 吴德星, 鲍献文, 等. 渤海海峡断面温度结构及流量的季节变化. 青岛海洋大学学报, 2002, 32(3): 355-360.

[9] 魏泽勋, 李春燕, 方国洪, 等.渤海夏季环流和渤海海峡水体输运的数值诊断研究. 海洋科学进展, 2003, 21(4): 454-464.

[10] 蔡忠亚. 渤海水体平均存留时间及其季节变化数值研究. 中国海洋大学博士论文, 2013.

[11] 万修全, 马倩, 马伟伟. 冬季高频大风过程对渤海冬季环流和水交换影响的数值模拟. 中国海洋大学学报: 自然科学版, 2015, 45(4): 2-7.

[12] 黄海海流状况课题组. 黄海海流状况. 海洋研究增刊, 1979, (3): 1-42.

[13] 张宇铭, 张淑芳, 宋朝阳, 等. 基于质点追踪方法的渤海水交换特性. 海洋环境科学, 2014(3): 412-417.

[14] 王勇智, 吴頔, 石洪华, 等. 近十年来渤海湾围填海工程对渤海湾水交换的影响. 海洋与湖沼, 2015 (3): 471-480.

[15] 中华人民共和国水利部. 2014 年中国河流泥沙公报. 北京: 中国水利水电出版社, 2015.

[16] 李秉天, 王永刚, 魏泽勋, 等. 渤海主要分潮的模拟及地形演变对潮波影响的数值研究. 海洋与湖沼, 2015, 46(1): 9-16.

撰稿人：连 展 魏泽勋

国家海洋局第一海洋研究所，lianzhan@fio.org.cn

陆源物质如何进入冲绳海槽并在海槽中输送？

How Does Terrigenous Matter Enter and Transport in the Okinawa Trough?

冲绳海槽是一个巨大的狭长带状弧间盆地。它位于东海大陆架的边缘，琉球群岛和钓鱼岛列屿之间，是因琉球海沟的岩石圈扩展而形成。冲绳海槽四周的边界分别是琉球岛弧(东)，东海陆架坡折带(西)，台湾岛北部(南)，九州岛岸外(北)。冲绳海槽自西向东全长约 1200 km，其间宽窄不一，最宽处可达 120 km，最窄处仅有 36 km，面积约 14 万 km^2，大部分深度逾 1000m，最大深度 2716m[1](图 1)。复杂的构造-岩浆活动和沉积动力作用，使冲绳海槽地貌演化趋于多样化，海底地貌类型丰富，雁行式的中央裂谷盆地、断块地貌、火山地貌、热液地貌等一应俱全[2]。

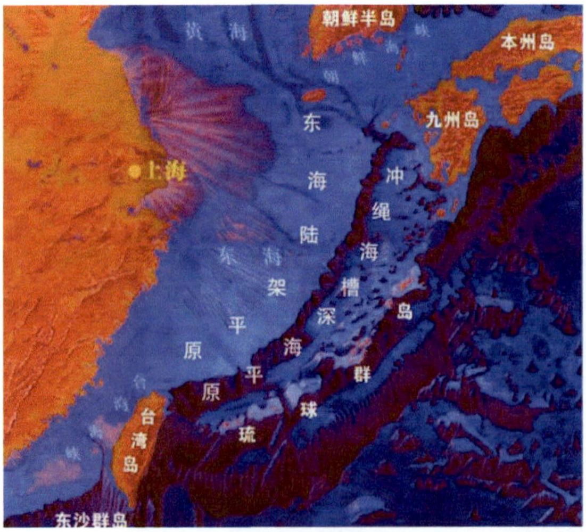

图 1　冲绳海槽的地理位置[3]

冲绳海槽作为东海晚第四纪唯一保存连续海相沉积物的弧后盆地，由于持续性接受陆源物质的输送，具有较高的沉积速率，是研究高分辨率古气候变化及其对陆–海相互作用制约机制的理想场所[4]。目前关于冲绳海槽的研究热点大多集中于古气候事件影响下的沉积记录分析，以及全球性气候事件和冲绳海槽局域性事件之间的联系等。特别是近几年来对气候突变事件，如 Younger Dryas 和 Heinrich 事件等的发现更引起了人们对冲绳海槽的关注[5, 6]。然而，冲绳海槽是陆源物质进入深海的通道和纽带，针对其物质传输机制和物质通量的研究尚显不足。

沉积物的元素地球化学特征可对其来源进行定量判别。学者们常用常、微量元素和稀土元素示踪海洋沉积物物质来源[7]，如利用冲绳海槽中部钻孔的 U_{37}^{k} 研究陆源物质增加事件[8]；另外，一般富集于大陆岩石中的 Al 和 Ti 元素是常用的陆源物质含量的代表性元素；元素比值也是地球化学的重要参数之一，较之单个元素，某些特征比值可以更有效地提供沉积作用和沉积环境的演化信息。Ti/Al、La/Sc 等比值反映岩石中不活泼元素之间的比例关系，代表源(母)岩的原始元素组成，它们在沉积物形成过程中变化很小[9]，是示踪陆源的良好指标。现代研究者们主要通过比对冲绳海槽与长江、黄河、兰阳河、东海陆架沉积物等不同来源的沉积物地球化学参数，进而判断物质来源。

目前研究指出影响冲绳海槽陆源物质输入和沉积的因素可以概括为三个方面：一是来自于海洋表层自身生产力的直接输入；二是东海陆架沉积物(长江、黄河陆源物质的输入区)再悬浮配合大陆东部沿岸流的输入；三是河流携带物质的输入，如台湾东北部的兰阳河。目前对海洋自身生产力的直接输入已有共识，争议主要发生在后两个方面，即陆源物质是来自大陆的长江等河流还是来自台湾的问题，同时也是对冲绳海槽陆源物质传输机制的争议。

中国大陆河流的入海物质量巨大。研究表明，长江每年向东海输入的物质通量可达 478 Mt[10]；还有一些河流如钱塘江、闽江等也会携带大量陆源物质进入东海大陆架。有研究者认为，这些陆源物质大部分(70%~90%)沉积在浙闽两省的沿岸或者河口地区，剩下的陆源物质则被陆架沿岸流搬运，这部分物质或成为冲绳海槽陆源物质的重要组成部分。一些学者认为长江及陆架的物质无法到达冲绳海槽，因为会受到台湾暖流的阻挡，而只有老黄河口水下三角洲的物质，受到跨陆架流的作用才能将沉积物搬运至冲绳海槽[11, 12]。然而另外一些学者则给出了几乎相反的结论，认为陆架沿岸流在往南移动的过程中，受到高地形的阻隔而发生偏转，形成反时针的涡旋[13]，陆架沿岸流所携带的悬浮颗粒在涡旋的作用下被带到台湾北部的陆架，以及东海陆架上堆积，进而在冬季风的艾克曼传输作用影响下，沉积物在底层以“雾状层”的形式向深海传输，这种传输形式是东海陆架物质向冲绳海槽输运的主要方式[14]。不仅如此，另有学者指出：一般情况下长江与老黄河口的沉积物无法向冲绳海槽搬运，但在强烈的风暴潮下长江与老黄河口的沉积物是可以向冲绳海槽搬运的[15]。

陆源物质来自台湾河流的说法也得到了很多学者的支持。从地理位置上而言，台湾兰阳河入海口与冲绳海槽南部相通，较高的剥蚀速率和充沛的降水使得兰阳河每年有 191Mt 的陆源沉积物输入东海[10]，在水动力的作用下，强径流会使得这些沉积物很快被带入冲绳海槽，还有一部分会堆积于宜兰陆架上，等到下次强水动力作用将其带入冲绳海槽，已有研究指出兰阳河的径流量与海槽的沉积通量具有良好的正相关，这从侧面指出了兰阳河在物质输入中的作用[16]。

此外，黑潮基本上控制了整个冲绳海槽地区，其主干沿台湾东侧进入东海后，由南向东北沿东海陆坡流动，部分黑潮水体侵入陆架形成支流，叫黑潮支流。由于冲绳北部陆架坡折的阻隔，黑潮支流在台湾东北部海域(棉花峡谷、北棉花峡谷上方)形成直径 70 km 的反时针涡旋，这一涡旋将台湾东北部，以及东海陆架上的物质源源不断地顺着峡谷向下搬运到海槽南部[3, 4]。

冲绳海槽的陆源物质包含了丰富的陆地气候环境信息，其输送机制与大气、海洋环流，以及河流的输入演化密切相关[17]。近岸物质如何跨等深线运动进入冲绳海槽，海洋环流在此过程中所起的作用机制是什么？黑潮的变异性是否亦对此过程产生影响？另外，随着位置及地质历史时间的变化，冲绳海槽的沉积物源应有所不同，并且古代河流(长江、黄河)对东海和冲绳海槽陆源物质的沉积影响，陆源物质的判识和定量分离方法等方面的关键问题还有待进一步解决。尤其重要的是，进入冲绳海槽的陆源物质如何在海槽中输送研究很少，仍然是一大难题。

参 考 文 献

[1] Li T G, Liu Z X, HAll M, et al. Heinrich events imprints in the Okinawa Trough from oxygen isotope and planktonic foraminifera. Palaeogeography, Palaeoclimatology, Palaeoecology, 2001, 176: 133-146.

[2] 赵月霞, 刘保华, 李西双, 等. 东海陆坡不同类型海底峡谷的分布构造响应. 海洋科学进展, 2009, 460-468.

[3] 郑旭峰. 晚更新世末期以来冲绳海槽峡谷区沉积特征及其环境响应. 中国科学院研究生院(海洋研究所)博士学位论文, 2014.

[4] 陈金霞, 李铁刚, 南青云. 冲绳海槽千年来陆源物质输入历史与东亚季风变迁. 地球科学(中国地质大学学报), 2009, 05: 811-818.

[5] 刘振夏, Yoshikis, 李铁刚, 等. 冲绳海槽晚第四纪千年尺度的古海洋学研究. 科学通报, 1999, 44(8): 883-887.

[6] 刘振夏, 李培英, 李铁刚, 等. 冲绳海槽 5 万年来的古气候事件.科学通报, 2000, 45(16): 1776-1781.

[7] 吴明清.冲绳海槽沉积物稀土和微量元素的某些地球化学特征.海洋学报, 1991, 13(1): 75-81.

[8] 孟宪伟, 杜德文, 吴金龙. 冲绳海槽中段表层沉积物物质来源的定量分离: S-Nrd 同位素方法. 海洋与湖沼, 2001, 32(3): 319-326.

[9] 金秉福, 林振宏, 季福武. 海洋沉积环境和物源的元素地球化学记录释读. 海洋科学进展, 2003, 21(1): 99-106

[10] Milliman J D. Flux and fate of fluvial sediment andwater in coastal seas. Ocean Margin Processes in Global Change. Chichester: Wiley, 1991.

[11] Guo Z, Yang Z, Zhang D, et al. Seasonal distribution of suspended matter in thenorthern East China Sea and barrier effect of current circulation on its transport. Acta Oceanologica Sinica

2002, 24, 71-80.

[12] Yuan D, Zhu J, Li C, et al. Cross-shelf circulation in the Yellow and East China Seasindicated by MODIS satellite observations. Journal of Marine Systems, 2008, 70, 134-149.

[13] Shaw P T, Chao SY, Liu K K, et al. Winter up-welling off Luzon in the northeastern South China Sea. Journal of Geophysical Research, 1996, 101(C7): 16435-16448.

[14] Yanagi T, Takahashi S, Hoshika A, et al. Seasonal variation in the transport of suspended matter in the East China Sea. Journal of Oceanography, 1996, 52: 539-552.

[15] Bian C, Jiang W, Song D. Terrigenous transportation to the Okinawa Trough and the influenceof typhoons on suspended sediment concentration. Continental Shelf Research, 2010, 30, 1189-1199.

[16] Hsu S C, Lin F J, Jeng W L, et al. Observed sediment fluxes in the southwesternmost Okinawa Trough enhanced by episodic events: flood runoff from Taiwanrivers and large earthquakes. Deep Sea Research Part I: Oceanographic Research Papers, 2004, 51: 979-997.

[17] 孟宪伟, 杜德文, 刘焱光, 等. 冲绳海槽近3.5万a来陆源物质沉积通量及其对气候变化的响应. 海洋学报(中文版), 2007, 05: 74-80.

撰稿人：康彦彦

河海大学，kangyanyan@hhu.edu.cn

苏北辐射沙脊群“怪潮”的成因

“Odd-Tide”in the Radial Sand Rgidges Along Jiangsu Coast of China

辐射沙脊群(又称苏北浅滩)地处南黄海西侧，位于我国东部沿海中心，北起废黄河口，南与长江口毗邻，是世界上规模最大、最具风格的潮流沙脊沉积体系，被称为“海上迷宫”。其形态特殊、地形复杂、规模巨大，南北长 199.6km，东西宽约 90km，由 70 多条沙脊及沙脊间的潮流深槽组成，呈辐射状展开，水深介于 0~30m[1~3](图 1)。晚冰期以来，随着海平面的上升，在辐射沙脊群中存储了海岸环境演变的丰富信息，使辐射沙脊群成为研究海陆相互作用和全球变化的重要载体[4]。对辐射沙脊群进行研究不仅在在海洋地貌与沉积学上有重大的基础理论研究意义，而且对其开发利用(海底管线铺设，船舶航行，港口开发，海水养殖，围海造地，军事设施、水下工程、地下水和油气田的开发等)有着重大实际意义。

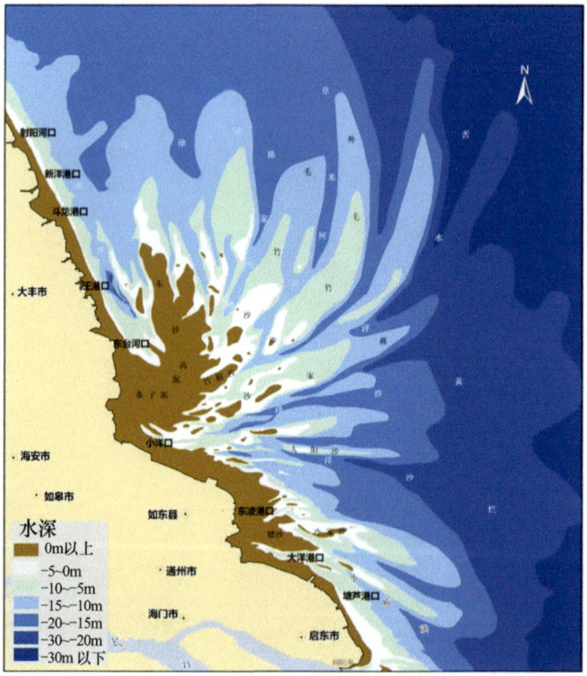

图 1　辐射沙脊群地形图[3]

辐射沙脊群滩涂资源丰富，成为江苏省沿海新增陆地的主要来源。不断向外海扩展的潮间带湿地，为候鸟提供良好的栖息环境。沙脊间的潮流水道为港口建设提供深水航道与优良的避风条件。然而任何事物都是有利有弊，辐射沙脊群海域这种特殊的韵律地形，在给沿海百姓带来了众多物质财富的同时，也为海洋灾害的发生埋下了伏笔。辐射沙脊群海域有一种“怪潮”，袭来时瞬间涌浪骤起，水位短时间内急剧上涌，流速急剧增大，水深急剧升高。怪潮变幻莫测，破坏力巨大，是一些重大海难背后的“主凶”。据南通市海洋局官方数据，滩涂养殖从业人员高达 40 余万，每个“赶海”作业平均有 6000~8000 人工作在激流怪潮事故频发的危险地带[5]。在南黄海浅滩海域，海上作业的主要方式是乘拖拉机赶海，这种安全性不高的生产方式在短时期内难以改变，实现渔业安全生产必须着力解决激流怪潮的监测和预警问题。

那怪潮是如何发生的呢？什么条件下容易产生怪潮呢？众多的学者们对怪潮的产生机理进行了探索，发现苏北浅滩怪潮的发生与这一海域的复杂水动力环境、地形地貌密切相关。辐射沙脊群属强潮区，处于东海前进潮波与黄海旋转潮波的辐合带，并受到苏北沿岸流的影响，当这些不同的流系在运动过程中达到某一谐振状态，正好与沙脊地形配合，在潮流水道里形成海水堆积；当海水堆积速度过快，超出某一限度时，极易引起局地海流流速急增、水位急涨的现象，形成怪潮(涌流激潮)[6]。虽然目前在怪潮的产生机制上已达成初步共识，然而由于辐射沙脊群海域水动力环境复杂，水下地形资料严重匮乏，地貌演变过程仍然不够清晰。

经过 50 年的研究，前期学者已在辐射沙脊群海域已积累了一些基础资料。早期的地貌演变研究主要集中于现场调查分析，现场观测数据在时间和空间上都受到限制。随着遥感技术的发展，对辐射沙脊群海域的研究获得进一步的发展，尤其是在局部区域水深获取、稳定性分析和形态演变等方面[7~10]。虽然遥感数据可获取同步大范围的数据，但受限于卫星过境时间、天气状况、图幅分布等因素，极难得到时间连续且覆盖范围包括整个辐射沙脊群的序列卫星影像。与之相比，数值模拟在时间和空间连续性上有很大优势，南黄海区域大范围水动力数值模拟的成果相对较多[11~13]，但是，对于沉积物输运和地貌演变的模拟却鲜有报道。沉积物模拟起步较晚，而且相比水动力更为复杂，对实测地形和底质分布十分敏感，黏性和非黏性沉积物对流场的响应机制各不相同。辐射沙脊群规模巨大，地貌变化迅速，地形测量成本较高，且海况较差，施测艰难。目前仅能收集到国家“908专项”的部分海域地形数据[3]，且资料时间多为 10 年前，没有更新、更精细化测量资料，难以进行有效的数值模式的研制与应用。

怪潮的机理研究是以辐射沙脊群海域动力环境、地貌演变等研究为基础，主要思路是通过现场观测潮流流速、流向、潮位、风速、风向、地形、水深等，分析激流怪潮的发生的地貌和动力条件，建立气象、海洋水文、滩涂地貌之间的相互作用模式，探究怪潮的产生机理，实现这一海洋灾害的预测，目前已有前期研究[14]。另外，怪潮多发生在极端天气状况下，风-浪-流与地形的耦合机制十分复杂，由于海洋观测测点较少，监测体系尚不够完备，近岸海域高精度地形资料严重匮乏，怪潮的深层机理与预警仍然是一大难题。

参 考 文 献

[1] 任美锷. 江苏省海岸带与海涂资源调查报告. 北京: 海洋出版社, 1986.

[2] 王颖. 黄海陆架辐射沙脊群. 北京: 中国环境科学出版社, 2002.

[3] 张长宽. 江苏近海海洋综合调查与评价总报告. 北京: 科学出版社, 2012.

[4] Li C X, Zhang J Q, Fan D D, Deng B. Holocene regression and the tidal radial sandridge system formation in the Jiangsu coastal zone, east China. Marine Geology, 2001, 173 (1): 97-120.

[5] 吴萍, 王丽琳, 龚茂珣, 等. 苏北浅滩“怪潮”灾害监测预警综合服务关键技术研究. 海洋预报, 2015, 32(6): 94-99.

[6] 简慧兰, 秦洁. 苏北浅滩“怪潮”灾害预警报体系建设的几点思考. 海洋开发与管理, 2012, (11): 49-50.

[7] Wang Y, Zhang Y, Zou X, et al. The sand ridge field of the South Yellow Sea: Origin by river-sea interaction. Marine Geology, 2012, 291-294: 132-146.

[8] 张鹰, 张芸, 张东, 等. 南黄海辐射沙脊群海域的水深遥感. 海洋学报(中文版), 2009, 31(3): 39-44.

[9] 陈君, 王义刚, 张忍顺, 等. 江苏岸外辐射沙脊群东沙稳定性研究. 海洋工程, 2007, 25(1): 105-113.

[10] 马洪羽, 丁贤荣, 葛小平, 等. 辐射沙脊群潮滩地形遥感遥测构建. 海洋学报, 2016, 38(3): 111-122.

[11] Yan Y X, Song Z Y, Xue H C, et al. Hydromechanics for the formation anddevelopment of radial sandbanks (II) . Science China (Ser. D Earth Sci.), 1999, 1: 22-29.

[12] Xing F, Wang Y P, Wang H V. Tidal hydrodynamics and fine-grained sedimenttransport on the radial sand ridge system in the southern Yellow Sea. Marine Geology, 2012, 291: 192-210.

[13] Xu F, Tao J F, Zhou Z, et al. Mechanisms underlying the regionalmorphological differences between the northern and southern radial sand ridges along the Jiangsu Coast, China. Marine Geology , 2016, 371: 1-17.

[14] 刘刻福. 苏北浅滩怪潮灾害监测预警技术示范研究. 北京: 海洋出版社, 2015.

撰稿人：康彦彦

河海大学，kangyanyan@hhu.edu.cn

科普难题

世界大河沿岸大型泥质带是哪些物质的汇和源？

What Material Sinks and Sources Are the Large Mud Belt along the Coast of World Large Rivers?

世界大河沿岸普遍存在大型泥质带，如世界第一大河亚马孙河的大西洋沿岸发育着一条长达 1500km 的泥质带，由亚马孙河口一直延伸到奥里诺科河口[1]。长江河口外也存在沿东海内陆架延伸达 800km 的闽浙泥质带，黄河沉积物出渤海后沿山东半岛海岸在黄海形成长达 700km 的泥质带[3]等(图 1)。同样，在密西西比河河口的墨西哥湾沿岸[4]、伊洛瓦底江-萨尔温江河口的安达曼海沿岸[5]，波河河口的亚得里亚海沿岸[6]等以及其他诸多大河沿岸的陆架海，都存在大型的泥质带。

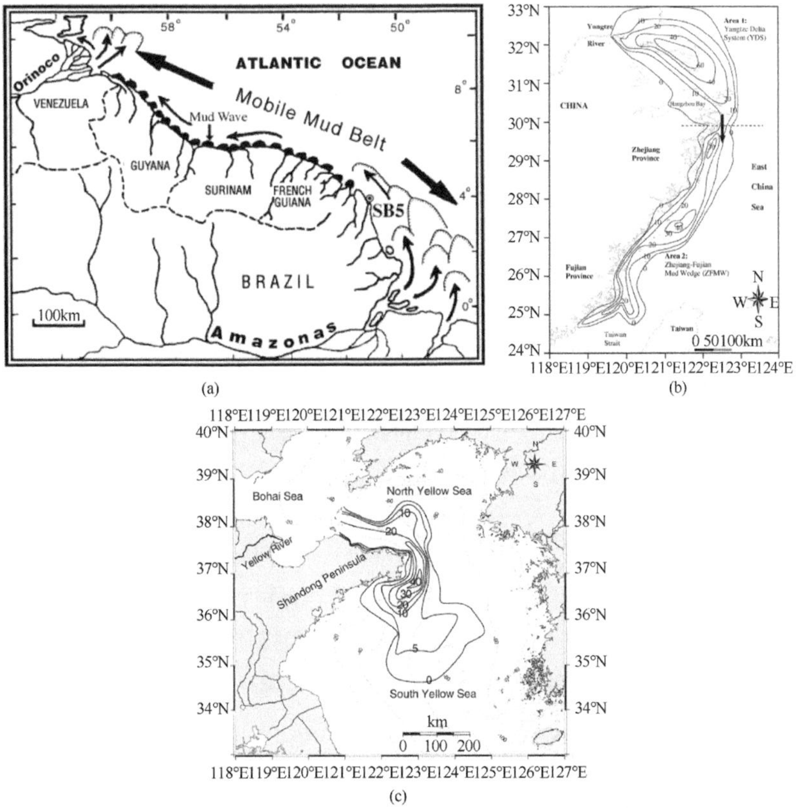

图 1 (a)亚马孙河口沿岸泥质带[1]；(b)长江河口沿岸泥质带[2]；(c)黄河在黄海的泥质带[3]

这些泥质带沉积物的体量巨大，在地层结构上呈楔状体(泥质楔)。亚马孙河每年入海的 12 亿 t 沉积物有 90%左右(11 亿 t/a)进入其泥质带[1]，长江泥质带体积约为 $4.5\times10^{11}m^3$[2]，黄海的黄河沉积物泥质区总量约 840×10^9t[3]。早期对河口-泥质带的物源和沉积过程的调查研究，证实了泥质带的物质确实来自大河的入海沉积物。它们在夏季大量堆积在河口及三角洲，在海洋动力强烈的冬季被输送到沿岸沉积。因此，通常都把这些泥质带认为是现代大河入海沉积物在陆架海的汇聚场所，亦即“物质汇”(material sink)[2, 3, 6]。

随着对这些泥质带的性质和发育过程研究的不断深入，这种认识发生了重大变化。首先，发现了亚马孙河口沿岸泥质带的形成过程是波动式的，即沉积在河口及三角洲的大量沉积物在海洋动力强的冬季发生再悬浮后沿岸主要以移动泥(mobile mud)方式输送，速度不大，在一个冬季的移动距离有限，然后在海洋动力弱的夏季沉积下来，在下一个冬季再重复这一过程。在亚马孙河口沿岸泥质带观察到这种移动泥式输送产生了 20~25 个大型“泥波”(mud wave)，长达 1500km[1](图 1)。在长江河口及闽浙沿岸泥质带也观察到类似现象[7, 8]。这种波动式输送说明，泥质带也是河流入海沉积物的传输带，它仅在夏季是沉积物的汇，冬季则转换成沉积物的源，发生了季节性的汇-源转换。与此同时，初步研究还发现泥质带是大河带入的陆源有机碳、营养盐、无机污染物和有机污染物(多环芳烃、DDT、六氯化苯-六六六等)等物质的汇[8~10]。在泥质带沉积物季节性汇-源转换过程中，底质沉积物的再悬浮和输送促使沉积在底质中的上述物质解附、活化，进而进入水体之中，成为这些物质新的季节性来源。再悬浮的有机碳在水体中氧化，向大气释放出二氧化碳，形成新的碳源，因此，泥质带又被称为沉积有机碳的“焚化炉”，结果使得其近表层的有机碳含量下降到深海沉积物的水平[11]。再悬浮的污染物向陆架海其他区域扩散，构成新的污染源。再悬浮过程增加了水体中的营养盐和溶解氧，导致海域初级生产力的增加，泥质带营养盐发生汇-源转换。因此，泥质带移动泥的季节性再悬浮和输送产生了一系列新的物质汇-源转换和新物源出现，以及原物源弱化的过程。在这样的输送-转换过程中，各种物质汇-源转换中新物源的扩散范围、通量及季节性变化有多大、其过程和机制如何、其最终结果对泥质带作为物质汇的影响有大等，是有待解决的难题。同时，大河沿岸泥质带体量大、形成时间长，除了是大河入海泥沙、陆源有机碳及部分有机污染物汇聚场所之外，是不是也是海源物质的汇？如何区分和评估历史上这些物质通量和源/汇变化及其对全球变化的响应，这一过程的形成机制、产生的物质源-汇通量和环境效应如何，也是尚待解决的难题。

其次，对泥质带沉积物总量的定量评估发现，其总量在大多数情况下远高于大河入海沉积物量。长江河口沿岸的闽浙泥质带是从 7000 a BP 以来形成的，目前估算的长江入海沉积物输送到泥质带的沉积物为其多年入海沉积物 4.8 亿 t/a 的

32%，其 $4.5\times10^{11}m^3$ 的体量[2]需要在 7000 年以来一直在这一数量上。但是，长江沉积物 2000a BP 以前大量沉积在江汉平原，2000a BP 后开始充填喇叭形长江河口，800a BP 以后才开始大量入海。因此，长江 7000a BP 以来不可能一直维持那么大的沉积物供应量。虽然近期的研究证明该泥质带也是闽浙沿岸的一些中小河流乃至台湾西岸河流沉积物的汇，但是这些河流入海物质总体上数量不大[12]，不足以解释该泥质体巨大的体量。更有甚者，假如进入黄海的黄河物源量 7000a BP 以来一直维持在现代黄河进入黄海的多年平均泥沙量，也仅仅相当于该泥质带总量[3]的 25%。而 2000a BP 以前黄河入海泥沙量远少于现代。总体而言，许多大河入海沉积物对泥质带的贡献量显著低于大河沿岸泥质带沉积物总量，那些多出来的沉积物是从哪里来的？一种猜测是冰后期海平面上升阶段第一次融冰水事件(MWP-1a)末期海水入侵大陆架时段高能浅海侵蚀陆架底质沉积物，使粗、细粒级沉积物分异；随着海平面上升，这些细的泥质沉积物构成了泥质带很大一部分的物源[13]，但缺乏科学证据。如果 14000a BP 以来被海水淹没的低海面时期暴露的陆地是其物源，关键的难点是如何将其与大河入海沉积物区分，并定量性地评估其时空变化。

最近的调查显示泥质带也普遍存在于中、小河流河口沿岸区域，而且在全球碳通量和物质循环中有重要作用，具有普适性意义[14]。解决上述难题，对认识陆-海物质源-汇作用、生源要素和污染物等的物质循环具有重要意义。

参 考 文 献

[1] Aller R C, Heilbrun C, Panzeca C, et al. Coupling between sedimentary dynamics, early diagenetic processes, and biogeochemical cycling in the Amazon–Guianas mobile mud belt: coastal French Guiana. Marine Geology, 2004, 208(2): 331-360.

[2] Liu J P, Xu K H, Li A C, et al. Flux and fate of Yangtze River sediment delivered to the East China Sea. Geomorphology, 2007, 85(3): 208-224.

[3] Yang Z S, Liu J P. A unique Yellow River-derived distal subaqueous delta in the Yellow Sea. Marine Geology, 2007, 240(1): 169-176.

[4] McBride R A, Taylor M J, Byrnes M R. Coastal morphodynamics and chenier plain evolution in southwestern Louisiana, USA: A geomorphic model. Geomorphology, 2007, 88: 367-422.

[5] Rao P S, Ramaswamy V, Thwin S. Sediment texture, distribution and transport on the Ayeyarwady continental shelf, Andaman Sea. Marine Geology, 2005, 216(4): 239-247.

[6] Kuehl S A, DeMaster D J, Nittrouer C A. Nature of sediment accumulation on the Amazon continental shelf. Continental Shelf Research, 1986, 6(1): 209-225.

[7] DeMaster D J, McKee B A, Nittrouer C A et al. Rates of sediment accumulation and particle reworking based on radiochemical measurements from continental shelf deposits in the East China Sea. Continental Shelf Research, 1985, 4 (1–2): 143-158.

[8] Yao P, Zhao B, Bianchi T S, et al. Remineralization of sedimentary organic carbon in mud

deposits of the Changjiang Estuary and adjacent shelf: Implications for carbon preservation and authigenic mineral formation. Continental Shelf Research, 2014, 91: 1-11.

[9] Lin T, Hu L, Guo Z, et al. Deposition fluxes and fate of polycyclic aromatic hydrocarbons in the Yangtze River estuarine-inner shelf in the East China Sea. Global Biogeochemical Cycles, 2013, 27(1): 77-87.

[10] Lin T, Nizzetto L, Guo Z, et al. DDTs and HCHs in sediment cores from the coastal East China Sea. Science of The Total Environment, 2016, 539: 388-394.

[11] Aller R C, Blair N E. Carbon remineralization in the Amazon–Guianas mobile mudbelt: A sedimentary incinerator. Contental Shelf Research, 2006, 26: 2241-2259.

[12] Xu K, Li A, Liu J P, et al. Provenance, structure, and formation of the mud wedge along inner continental shelf of the East China Sea: A synthesis of the Yangtze dispersal system. Marine Geology, 2012, 291: 176-191.

[13] Hanebuth T J J, Lantzsch H, Nizou J. Mud depocenters on continental shelves—appearance, initiation times, and growth dynamics. Geo-Marine Letters, 2015, 35(6): 487-503.

[14] Aller J Y, Aller R C, Kemp P F, et al. Madrid Fluidized muds: A novel setting for the generation of biosphere diversity through geologic time. Geobiology, 2010, 8: 169-178.

撰稿人：杨作升

中国海洋大学，zshyang@ouc.edu.cn

潮汐河口细颗粒泥沙如何沉降？

How does Fine Sediment Settle Down in Tidal Estuaries

自有人类文明以来，潮汐河口与淤泥质海岸作为自然的一部分一直是人类活动的重要区域之一[1]。河口最大浑浊带细颗粒泥沙的沉降、淤积过程及地貌演变特征受到复杂的、不同时间和空间尺度物理过程，以及控制因子的影响，一直是河口陆海相互作用的重要海洋科学问题，其中的核心参数之一是细颗粒泥沙沉降速度。

就非黏性泥沙沉降速率而言，钱宁、万兆惠[2]和荷兰 van Rijn[3]均定义泥沙沉降速度(简称沉速)为：单颗粒泥沙在静止的清水中“等速”下沉时(泥沙的重力与其受到的水流阻力相等)的速度；然而，美国 US Army Corps of Engineers[4]定义泥沙沉降速度为：在无限深度的静止的、水温为 24℃的纯净水中，密度为 2.65 g/L 球形单颗粒在沉降过程中达到一个动态平衡时的速度。这些泥沙沉降速度定义中包含：①静水；②单颗粒；③等速下沉；④标准水质、水温与密度；⑤重力与流体黏滞阻力达到动态平衡。

对于细颗粒泥沙(或者黏性泥沙)而言，由于絮凝作用[5]，上述定义需要修正(尤其是对单颗粒、纯净水和等速下沉的要求)。研究表明[1, 5~7]：当天然非均匀泥沙中黏性成分(单颗粒粒径小于 4μm)占一定比例(这个具体的比例值随着天然沙的组分等有所差异)后，泥沙的沉降特性会发生显著而复杂的变化。尤其由于细颗粒泥沙絮凝体的粒径小于或与最小湍流涡尺度(L_c)处于可比拟的量级[6, 7]，絮凝体与湍流发生相互作用，从而影响细颗粒泥沙沉降过程。

在相关中文文献中[8~10]，有学者提出了“动水沉速”的概念，这里的“动”是湍动的“动”，而非流动的“动”。在若干数学模拟中，甚至人为引入一个经验系数，考虑所谓对静水沉速的修正。在实际的水流环境(存在湍流)中，泥沙的自然沉降速度会因水流运动而改变，绝大多数持有此观点的人甚至认为所谓的动水沉速大多小于静水沉速[10]。在英文文献中，尚没有明确地提出动水沉速这个概念，否则会导致与前述泥沙沉速的物理定义相矛盾，而是使用“现场沉速”[11~13]来描述受到湍流影响的实际泥沙沉速。已有的研究[14~18]表明，细颗粒泥沙的沉降过程会出现“聚合-分解”的动态“适应-调整”过程(图 1)。

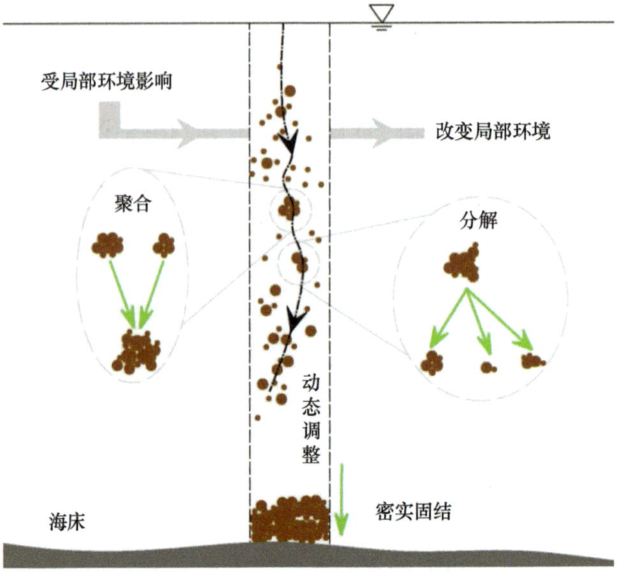

图 1　潮汐河口细颗粒泥沙“非等速”沉降过程概念图

如图 1 所示，由于絮凝作用，在沉降过程中，细颗粒泥沙对局部环境极其敏感[19]。絮凝体的“聚合-分解”每时每刻都在进行着，它的动态发展既受到局部环境(如含沙量、湍流、生学特性[20]等)不同程度的影响，同时又改变了这个环境。因此，其沉降过程无法像粗颗粒泥沙那样达到一个等速下沉的状态(入水后极短时间就能达到重力、浮力与托举力的平衡)，而是明显的不断“适应-调整”的非等速沉降过程。在不同的局部环境条件下，同样原始粒径的细颗粒泥沙絮凝体，其沉降速度(ω)差异数十乃至百倍[1, 21]。

综合已有研究成果[17, 18]可以发现：一方面，湍流会增强细颗粒泥沙絮凝，从而导致其沉降速度增大，即动水沉速大于静水沉速；另一方面，湍流也会对泥沙絮凝体或絮网结构产生破坏效应，从而导致其沉降速度减小，即动水沉速小于静水沉速。湍流对细颗粒泥沙沉降速度的影响或修正，其物理过程及机制仍十分复杂、需进一步研究，特别是加强对湍流作用的精细化观测。湍流对细颗粒泥沙絮凝、沉降过程的影响可能是潮汐河口细颗粒泥沙的非等速沉降过程的重要原因。

需要指出的是：首先，在潮汐河口水体中，鉴于细颗粒泥沙受局部扩散、对流作用等的影响，很难通过观测直接获得沉降速度。与水平流速相比，细颗粒泥沙沉降速度是一个数值相对较小的物理量，其值很容易被测量误差、观测量程、截断误差、计算精度、垂向流速等所干扰。其次，粗颗粒泥沙在天然或者实验室水体中可以很容易地分辨出来，而细颗粒泥沙则不同，不仅单个细颗粒既难以从沙样中取出，而且细颗粒泥沙入水后也难以辨识。潮汐河口水温、水质、盐度、湍流、含沙量等局部水体环境对细颗粒泥沙沉降速度有着重要的影响[10~16]，清水或者纯净水中细颗粒泥沙的沉降速度参考价值不大。由于细颗粒泥沙沉降时时刻刻都受到局部环境的影响，而局部环境也会因沉降速度的变化而改变，在这样的相互作用机制下，潮汐河口天然环境中，细颗粒泥沙呈现高度非线性化的非等速沉降过程(图 1)。最后，潮汐河口细颗粒泥沙沉降速度的现场观测较为困难：无法分辨和剥离自然重力沉降过程与局部水动力过程，现场作业极容易干扰和破坏絮凝团结构，难以控制影响因子和选取代表性，高含沙浓度时一般无法观测等。此外，河口海岸细颗粒泥沙沉降，不仅受到水体物理过程的影响，同时还受到生物化学过程的制约。

总之，从微观上来看，潮汐河口细颗粒泥沙非等速沉降过程已经超越了严格意义上的静力学属性。局部微观动力环境的作用对细颗粒泥沙沉降速度的影响可能会远超过泥沙自身物理特性(粒径、密度等)的影响。因此，仍须进一步理解潮汐河口细颗粒泥沙的非等速沉降过程的物理学，尤其泥沙与水流的相互作用，以及详细的湍流尺度物理过程和相关内在机理。

参 考 文 献

[1] 时钟. 河口海岸细颗粒泥沙物理过程. 上海: 上海交通大学出版社, 2013, xv+334 页.

[2] 钱宁, 万兆惠. 泥沙运动力学. 北京: 科学出版社, 1983, 687.

[3] van Rijn L C. Principles of Sediment Transport in Rivers, Estuaries and Coastal Seas. Amsterdam: Aqua Publications. 1993, 700 pp.

[4] US. Army Corps of Engineers. Sedimentation Investigation of Rivers and Reservoirs. Engineering Manual 1110-2-4000. Washington D.C., 1995, 177.

[5] Kolmogorov A N. The local structure of turbulence in an incompressible fluid with very large Reynolds numbers. Doklady Akademii Nauk SSSR, 1941, 30 (4): 301-305.

[6] Cross J, Nimmo-Smith W A M, Torres R, Hosegood P J. Biological controls on resuspension and the relationship between particle size and the Kolmogorov length scale in a shallow coastal sea. Marine Geology, 2013, 343 (1): 29-38.

[7] Winterwerp J C, van Kesteren W G M. Introduction to the Physics of Cohesive Sediment in the Marine Environment. The Netherlands: Elsevier, 2004, 576.

[8] 金鹰, 王义刚, 李宇. 长江口粘性细颗粒泥沙絮凝试验研究. 河海大学学报, 2002, 30(3): 61-63.

[9] 彭瑞善, 李慧梅, 刘玉忠. 泥沙的动水沉速及对准静水沉降法的改进. 泥沙研究, 1997, 6: 74-78.

[10] 杨扬, 庞重光. 长江口北槽黏性细颗粒泥沙特性的试验研究. 海洋科学, 2010, 01: 18-24.

[11] Mantovanelli A. A New Approach for Measuring in Situ the Concentration and Settling Velocity of Suspended Cohesive Sediment. PhD Thesis, James Cook University, Australia, 2005, 190.

[12] van Leussen W. Estuarine macroflocs and their role in fine-grained sediment transport. PhD

Thesis, Utrecht University, Utrecht, The Netherlands, 1994, 488.

[13] Guan W. Transport and deposition of high-concentration suspensions of cohesive sediment in a macrotidal estuary. PhD Thesis, Hong Kong University of Science and Technology, Hong Kong, 2003, 202.

[14] 王尚毅. 细颗粒泥沙在静水中的沉降运动. 水利学报, 1964, 5: 20-29.

[15] 黄建维. 海岸与河口黏性泥沙运动规律的研究和应用. 北京: 海洋出版社, 2008, 167.

[16] Agrawal Y C, Pottsmith H C. Instruments for particle size and settling velocity observations in sediment transport. Marine Geology, 2000, 168 (1–4): 89-114.

[17] Manning A J, Schoellhamer D H. Factors controlling floc settling velocity along a longitudinal estuarine transect. Marine Geology, 2013, 345: 266-280.

[18] Gratiot N, Michallet H, Mory M. On the determination of the settling flux of cohesive sediments in a turbulent fluid. Journal of Geophysical Research, 2005, 110 (C6): C06004.

[19] Wan Y, Wu H, Roelvink D, Gu F. Experimental study on fall velocity of fine sediment in the Yangtze Estuary, China. Ocean Engineering, 2015, 103: 180-187.

[20] Fettweis M, Baeye M. Seasonal variation in concentration, size, and settling velocity of muddy marine flocs in the benthic boundary layer. Journal of Geophysical Research: Oceans, 2014, 120: 5648-5667.

[21] Wang Y P, Voulgaris G, Li Y, et al. Sediment resuspension, flocculation, and settling in a macrotidal estuary. Journal of Geophysical Research: Oceans, 2013, 118(10): 5591-5608.

撰稿人：万远扬

上海河口海岸科学研究中心，sway110@qq.com

潮汐河口地形致动力结构的能耗模式和湍流过程

Topographically Induced Dynamic Structures in Tidal Estuaries: Energy Dissipation Modes and Turbulent Processes

自 20 世纪 20 年代以来，流体力学家、海洋学家就开始关注海洋的能量耗散。英国 Taylor[1]和 Jefferys[2]的估算表明：占全球 99%的大洋只耗散了不到 1%的潮汐能量，浅海中的湍流底边界层主导了全球海洋能量耗散。现场观测、数学模型和理论研究都表明：海洋局部地形不仅影响平均流动力结构[3, 4]，也直接影响湍流特征量[5, 6]。

对于潮汐河口而言，在河口的时间尺度(从 10^0~10^8s)和空间尺度(10^{-1}~10^5m)内，正常环境下(不考虑风暴潮、海啸等)，潮汐和河流是影响其动力的最主要因素，它们的能量一般远高于其他因素[7]。潮波在向上游传播的过程中，能量逐渐耗散，所有的潮汐能量全部耗散在河口口门到潮区界一段距离内。河口能量场(水面升降所产生的势能和水体流动所具有的动能)和动力场(水位和流速)实质上是同一个过程的不同方面和表述，而河口能量的耗散最终是所有机械能(势能和动能)经过湍流转化为热能的过程。相对于陆架浅海或开阔大洋水体，河口湍流具有更高的耗散率和浮力频率，对河口与陆架环流、物质(盐分、泥沙、污染物和营养盐等)输移、底层水体季节性缺氧、河口水体初级生产力等近岸海洋环境与生态过程产生重要的影响。因此，从平均流结构和湍流微结构两个时空尺度，深入探讨潮汐河口的能耗模式和湍流过程，是从本质上认识河口动力过程和河口特性的有效途径。

进入 21 世纪以来，数学模型成为计算和讨论河口能量平衡和能量耗散的重要工具。潮汐能量耗散在河口分布非常不均匀，高能耗区主要发生在河口狭窄处和浅滩[8]。目前，关于河口能量平衡和能量耗散的报道较多，但是数学模型的选取、底摩擦公式、各种系数或常数的决定常导致不同的结果。另外，对数学模型结果从基本物理意义和机制进行阐述和分析的研究甚少，留下进一步探讨的很大空间。

珠江河口是一个典型的潮汐河口，它为潮汐河口地形致动力结构的能耗模式和湍流过程提供了一个良好的例子。珠江河口主要由河网区和河口湾区两部分组成，连接这两部分的是八个由基岩山丘对峙所形成的口门(图 1)。从地貌动力学角度，“门”的存在极大地改变了海洋和河流动力及其复杂的相互关系：①“门”及其相连的地形边界造成了强烈的双向射流；②“门”的存在将潮汐的巨大能量(势

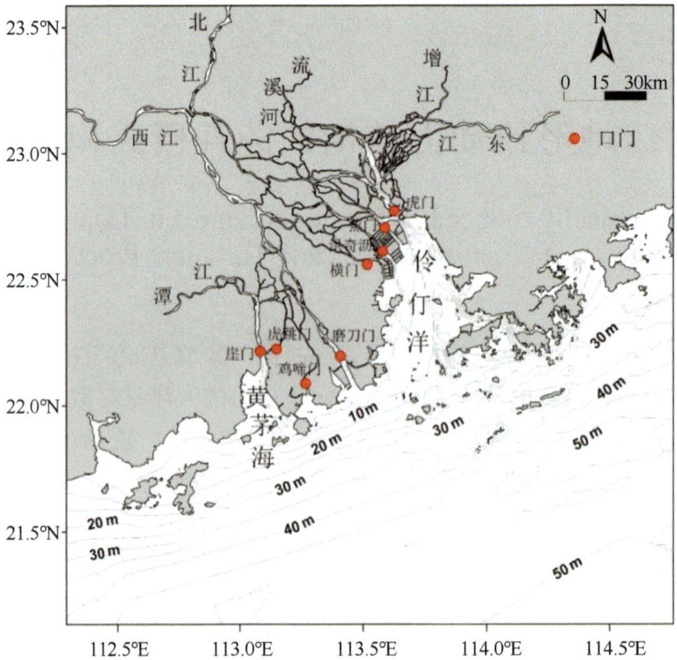

图 1　珠江河口示意图

能和动能)集中到峡口附近，极大程度地改变了海洋动力和潮汐能量的分布，为河网的发育提供了合适的动力环境[9]。

河口能量的耗散涉及河口湍流微结构，已有的珠江河口研究表明：在近底边界层，平均流剪切生成的能量与湍流耗散的能量满足湍流一阶平衡假设[10]。虽然所有河口能量的耗散都与湍流有关，但是，由于侧向岸边界所产生的形态阻力，其对河口能量耗散的作用远大于由于河床糙率所产生的肤面阻力。当地貌尺度大于底边界层厚度时，这些地貌不再仅是糙率单元，而成为流的地貌控制单元。对于具有流控制机制尺度的地貌单元，如“门”、岬角、弯曲岸线、岛屿等，以一种特别的方式控制潮流，产生一系列小尺度动力结构(如射流、分离涡、次生环流等)，改变了平均流和湍流结构，影响了潮波性质和物质输运特性[11, 12]。

与珠江河口类似，其他潮汐河口由于侧向岸边界约束导致的流分离、内波产生等与形态阻力有关的动力过程控制了河口能量耗散，这完全不同于糙率影响或平坦床面的能量平衡过程，更有区别于盐淡水界面剪切不稳定或海表面边界层风作用引起的能量耗散过程。现有的研究大多集中在讨论各种动力过程对湍流的影响[13, 14]，但是，对于地形致动力结构下湍流强度、剪切应力、湍动能耗散率等湍动特征量的响应机制研究并不充分。河口能量耗散，究其成因，大致包括三种情形：①在边界条件上，表现为一定地形和潮汐的相互作用；②在平均流尺度上，表现为一定的动力结构和能量与物质输运模式；③而在湍流尺度上，则反映在湍流强度、剪切应力、湍动能耗散率等湍动特征量的变化。以上认识奠定了探讨潮汐河口“地形–平均流动力结构–能量耗散–湍流特性”之间相互联系的基础。尽管现有的研究都已表明：局部地形对于河口动力有重要的影响，但是，对于地形边界限制所形成的小尺度动力结构在能量耗散、动量平衡上的研究尚不足，主要是因为缺少对形态阻力如何控制河口能量耗散这一过程的认识。在河口中、短尺度动力过程与湍流的相互作用，尤其是从湍动特征量对地形致动力结构的响应机制等方面的研究甚少涉及。以上两方面内容，恰恰是目前复杂非线性河口系统面临的困难所在。

笔者认为“潮汐河口地形致动力结构的能耗模式和湍流过程”这一科学难题主要包括：

(1) 地形边界对河口能量耗散与动力过程的作用和响应机制。当河流流入构造和地貌复杂的半封闭河口时，其“形态-能量-动力”关系表现得相对复杂。地形边界如何影响动量转化和能量耗散，是河口地貌动力学关注的一个基本问题。

(2) 潮汐河口地形致动力结构的能量耗散途径与收支平衡。对于均匀混合河口，底边界层摩擦和侧边界约束产生的形态阻力是潮汐能量耗散的主要因素。在密度分层河口，层化界面边缘不稳定的剪切环境中诱发的浮力通量改变了河口的能量平衡。详细阐明湍流过程在不同类型河口的性质，将有助于回答潮汐能量在河口是如何被耗散的这一科学难题。

针对以上科学难题，目前采用的研究手段主要包括以下几个方面：①基于ROMS、FVCOM、EFDC 等近岸河口数学模型，模拟地形边界影响下的能量耗散过程和平均流流场，刻画射流、涡旋、环流等结构，阐述地形边界对河口能量耗散与动力过程的作用和响应机制；②基于现场观测，讨论地形致动力结构中湍流强度、剪切应力、湍动能耗散率等湍动特征量的时空变化，阐明潮汐河口地形致动力结构的能量耗散途径与收支平衡；③基于动量平衡方程、能量平衡方程等的理论分析，探讨各平衡项在地形致动力结构中的相对重要性，阐明潮汐河口中河口中、短尺度动力过程与湍流的相互作用。

参 考 文 献

[1] Taylor G I. Tidal friction in the Irish Sea. Philosophical Transactions of the Royal Society of London, 1920, A220: 1-33.

[2] Jefferys H. Tidal friction in shallow seas. Philosophical Transactions of the Royal Society of London, 1920, A221: 239-264.

[3] Alaee M J, Ivey G, Pattiaratchi C, et al. Secondary circulation induced by flow curvature and Coriolis effects around headlands and islands. Ocean Dynamics, 2004, 54: 27-38.

[4] Warner S J, MacCready P. The dynamics of pressure and form drag on a sloping headland:

Internal waves versus eddies. Journal of Geophysical Research: Oceans. 2014, 119(3): 1554-1571.

[5] Moum J N, Nash J D. Topographically induced drag and mixing at a small bank on the continental shelf. Journal of Physical Oceanography, 2000, 30: 2049-2054.

[6] Nikurashin M, Legg S. A mechanism for local dissipation of internal tides generated at rough topography. Journal of Physical Oceanography, 2011, 41: 378-395.

[7] MacCready P, Banas N S, Hickey B M, et al. A model study of tide- and wind-induced mixing in the Columbia River Estuary and plume. Continental Shelf Research, 2009, 29: 278-291.

[8] Zhong L J, Li M. Tidal energy fluxes and dissipation in the Chesapeake Bay. Continental Shelf Research, 2006, 26 (6): 752-770.

[9] 吴超羽, 任杰, 包芸, 等.珠江河口“门”的地貌动力学初探. 地理学报, 2006, 61 (5): 537-548.

[10] Liu H, Wu C Y, Xu W M, et al. Contrasts between estuarine and river systems in near-bed turbulent flows in the Zhujiang (Pearl River) Estuary, China. Estuarine, Coastal and Shelf Science, 2009, 83: 591-601.

[11] Rolinski S, Eichweber G. Deformations of the tidal wave in the Elbe estuary and their effect on suspended particulate matter dynamics. Physics and Chemistry of the Earth-Part B: Hydrology, Oceans and Atmosphere, 2000, 25 (4): 355-358.

[12] Stevens C. Short-term dispersion and turbulence in a complex-shaped estuarine embayment. Continental Shelf Research, 2010, 30(5): 393-402.

[13] Iorio D D, Kang K R. Variations of turbulent flow with river discharge in the Altamaha River Estuary, Georgia. Journal of Geophysical Research, 2007, 112(C5): 1357-1377.

[14] Endoh T, Yoshikawa Y, Matsuno T, et al. Observational evidence for tidal straining over a sloping continental shelf. Continental Shelf Research, 2016, 117: 12-19.

撰稿人：刘　欢

中山大学，liuhuan8@mail.sysu.edu.cn

河口三角洲冲淤转换及其环境效应

Transitionfrom Deposition to Erosion in Estuarine Deltas and Its Environmental Effects

河口三角洲是沿海城市集聚地带，人口密集，在社会经济可持续发展中占据重要地位。近几十年来，由于人类活动和气候变化引起的入海泥沙剧减、三角洲沉降、航道疏浚以及海平面上升，全球河口三角洲动力环境和冲淤格局发生了显著变化，河口三角洲普遍由淤涨型向蚀退型转化。例如，美国密西西比河口三角洲自 1930 年以来已丧失 6000km^{2}湿地，近十余年来几乎每 38 分钟就损失一个足球场大小的土地(http://coastal.louisiana.gov；图 1)；我国黄河口三角洲岸线不断蚀退，水下三角洲自 1998 年起逆转为整体侵蚀，黄河口三角洲已由建设期进入破坏期[1](图 2)；长江河口水下三角洲自 21 世纪起也已从淤积转为侵蚀，长江河口四大滩涂(崇明东滩、横沙浅滩、九段沙与南汇边滩)淤涨趋势普遍趋缓[2, 3]。

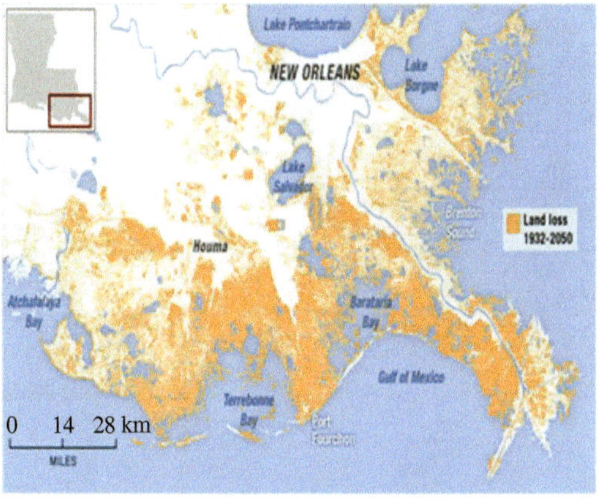

图 1　密西西比河口三角洲

河口三角洲由淤变冲状态的转换给海岸防护增加压力，致使台风和洪涝灾害的风险显著增加；而且湿地面积的大幅减少，严重影响滨海湿地的生态服务功能。为此，包括时任国际地圈生物圈计划(IGBP)主席 J. Syvitski 等国际知名学者呼吁拯救全球三角洲[4, 5]；Tessle 于 2015 年发表的全球可持续发展面临高风险的三角洲的榜单中[6]，我国的长江、黄河、珠江三角洲均位于前列；2015 年国际科联启动了

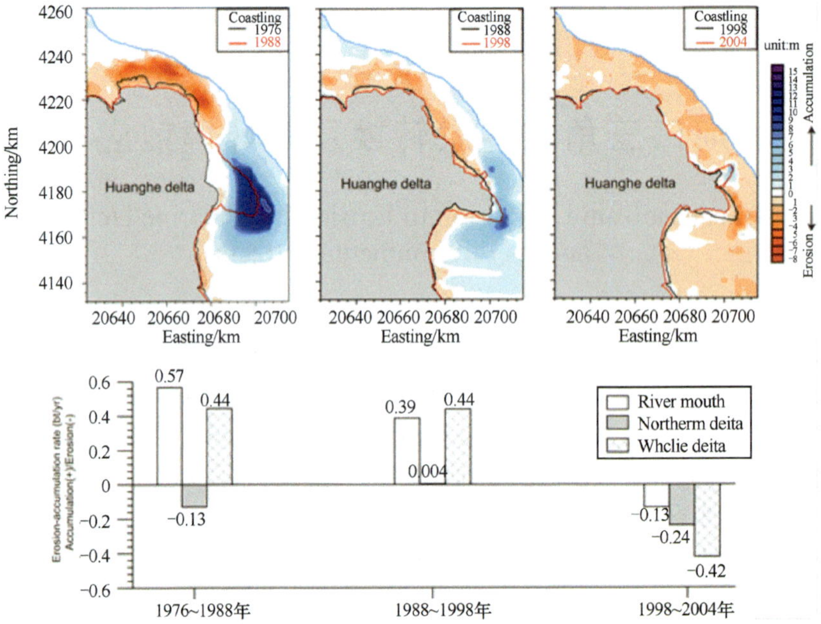

图 2　黄河水下三角洲冲淤量阶段性变化

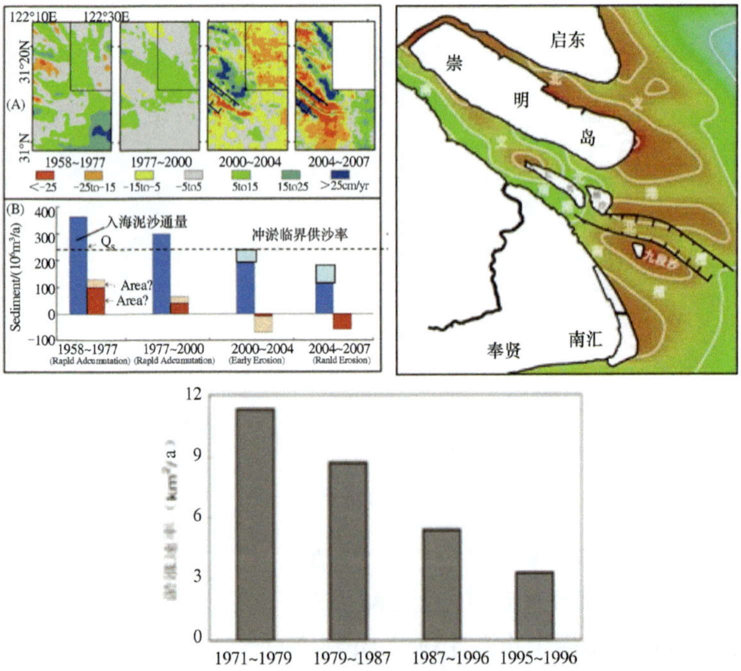

图 3　(a)长江河口水下三角洲冲淤变化及其与长江来沙量之间的统计关系；
(b) 长江河口四大滩涂总淤涨速率呈下降趋势

“可持续三角洲 2015” (Sustainable Delta 2015)计划，显示了国际科学界对三角洲风险的高度关注和重视。

近几十年的研究，人们已知晓入海河口三角洲发生冲淤转换的主因是流域人类活动导致了河口泥沙急剧减少，而且给出了部分河口三角洲冲淤转换的临界泥沙通量[3, 7, 8]。但随着研究的不断深入，人们发现尚有系列问题有待解决，其中包括：

对于类似于长江河口这类大型三角洲，三角洲不同区域对河流来沙变化的响应存在明显空间差异，该如何合理确定三角洲冲淤转换的临界泥沙通量？

冲淤转换除与入海泥沙通量密切相关外，与入海径流量的年际变化、河口局地围填海等大型工程、全球变化导致的海平面上升等响应过程与机制如何？在人类活动和气候变化双重胁迫下河口三角洲的演变趋势如何进行有效预测？

淤涨转变为侵蚀后，河口三角洲湿地会如何变化，特别是其生态服务功能会怎样调整？如何通过湿地生态工程，既缓解河口三角洲的侵蚀，减轻三角洲岸堤防护压力，又提升河口三角洲生态服务功能？

这些问题是近期国内外河口海岸研究的前沿和热点，问题的解决在科学和应用上均会产生重要意义。

参 考 文 献

[1] 丁平兴, 王厚杰, 孟宪伟, 朱建荣. 近 50 年我国典型海岸带演变过程与原因分析. 北京: 科学出版社, 2013.

[2] 丁平兴, 王厚杰, 孟宪伟, 朱建荣, 张利权, 单秀娟. 气候变化影响下我国典型海岸带演变趋势与脆弱性评估. 北京: 科学出版社, 2016.

[3] Yang S L, Milliman J D, Li P, et al. 50, 000 dams later: Erosion of the Yangtze River and its delta. Global and Planetary Change, 2011, 75: 14-20. doi: 10.1016/j.gloplacha. 2010.09.006.

[4] Syvitski J P M, Kettner A J, Overeem I, et al, Sinking deltas due to human activities. Bature Geosciences, 2009, 2(10): 681-686.

[5] Giosan L, Syvitski J, Constantinescu S, et al. Climate change: Protect the world's deltas. Nature, 2014, 516(7529): 31-33.

[6] Tessler Z D, Vörösmarty C J, Grossberg M, et al. Profiling risk and sustainability in coastal deltas of the world. Science, 2015, 349: 638-643.

[7] 李希宁, 刘曙光, 李从先. 黄河三角洲冲淤平衡的来沙量临界分析. 人民黄河, 2001, 23(3): 20-22.

[8] Yang S L, Zhang J, Zhu J, et al. Impact of Dams on Yangtze River Sediment Supply to the Sea and Delta Wetland Response. Journal of Geophysical Research, 2005, 110, F03006, doi: 10.1029/2004JF000271.

撰稿人：丁平兴

华东师范大学，pxding@sklec.ecnu.edu.cn

河口海岸地区植被演替与地貌过程相互作用

The Coupling between Vegetation Succession and Morphodynamics in the Estuaries and Coasts

河口海岸是地球上陆地和海洋交汇的狭长地带，根据其物质组成可分为基岩、沙质和淤泥质等类型。河口海岸地区集中分布了世界各大(特大)城市，居住了超过50%的全球人口[1]。但是，自 19 世纪下半叶以来，由于全球海平面上升和流域泥沙减少，河口海岸地貌已经(或者将要)发生侵蚀，导致这些沿海城市面临严峻的生存压力[2]。因此，迫切需要深刻理解河口海岸地貌过程的主要控制因素，认识它们的变化机理。

传统地貌学认为，河口海岸地貌过程主要受到三方面因素所控制，即泥沙，径流，以及与海平面密切相关的潮汐、风浪等海洋动力[1]。近年来，植被作为影响地貌过程的第四个潜在因素，逐渐被人们所认识[3]。

河口海岸地区往往覆盖着各种植被群落(图 1)。植被根系可以对泥沙进行机械加固，提高泥沙的抗冲刷性能，减缓泥沙侵蚀。例如，盐沼、红树林对淤泥质滩涂岸线加固和保护[4, 5]，以及砂质海岸滨草对沙丘固定等地貌过程[1, 6]。红树林、盐沼等植被还能通过物理阻挡效应，减缓波浪、潮流对泥沙侵蚀，促使地貌淤长[4, 5]。

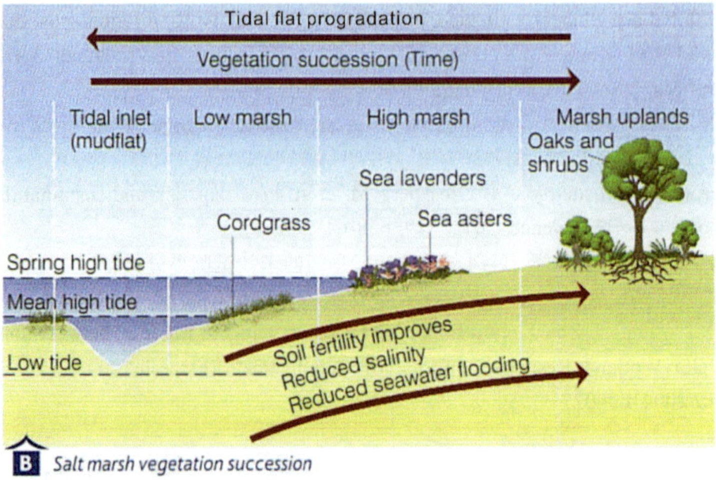

图 1　河口海岸盐沼植被群落演替与地貌演化示意图
改自 https://onlinegeography.wikispaces.com/C+-+Salt+Marshes

另一方面，植被还可以通过根系的“生物地球化学”过程，改变泥沙(土壤)中营养物质循环，并且提高泥沙有机质和黏土含量。黏土、有机质与泥沙黏性(cohesive)密切相关，可增加泥沙的稳定性[7]。而且，由于河口海岸地区营养物质丰富，植被群落往往与底栖生物、微生物存在密切联系。群落内共生的底栖生物通过生物扰动或分泌排泄物，可对泥沙侵蚀产生正面或者负面影响。植被的持续生长，可以提高土壤微生物活动水平，促进微生物胞外聚合物(EPS)的产生；导致泥沙颗粒覆盖生物膜(biofilm)，从而增加泥沙的抗冲刷能力。最新研究表明，这些影响泥沙理化性质的微小因素，均足以改变河口海岸地貌的演化[8, 9]。

更重要的是，随着河口海岸地貌环境的改变，植被也相应从一种群落改变成另外一种群落，即植被发生演替；而且在演替过程中植被也不断对地貌环境进行改造。例如，淤泥质海岸在向海淤长过程中，盐沼随着滩涂前缘不断向海扩展，其身后滩地则逐渐淤积成陆并向灌木、乔木群落转换(图 1)。同时，盐沼也加速了泥沙淤积，促进滩涂向海淤长[10]。

可见，植被通过改变泥沙的理化性质，与地貌之间存在密切的物理、化学与生物相互作用。最早认识这种互动关系的是 19 世纪具有地质学背景的生态学先驱 Henry Cowles。因此，出现了一种生态学和地貌学相交叉的学科，于 20 世纪 60 年代被正式命名为“生物地貌学”(biogeomorphology)，并在 90 年代以后得以快速发展[11]。虽然“生物地貌学”的观点提出仅仅数十年，但是地质历史的证据却早已表明这种关系的存在[12]。近期研究表明，随着地球上的植物在数亿年前出现和进化，原先单一的地貌形态也逐渐发生变化；而且，随着地貌形态不断丰富，植被群落也得以持续向更高阶段演化。可以说，植被和地貌之间的互动一直在延续，从未停止[12]。

生物地貌学过程是非常复杂的，目前仍处在学科研究的初始阶段。河口海岸地区由于泥沙、动力多变、植被繁多，地貌过程演化往往快速而多样化。因此，植被演替和地貌之间的相互作用表现得更为显著和复杂。要清晰刻画河口海岸地区植被演替与地貌过程之间的相互作用，必须面对如下挑战：

第一，群落个体和整体贡献的差异性问题。植被往往以群落形式存在，而且不同植物种群与底栖动物和微生物的互动联系不同。这些群落个体很可能对地貌过程具有不同的贡献。植被演替不仅仅是植被属种数量的变化，而且还体现在“植物-动物-微生物”相互之间的数量变化上。区分群落个体贡献差异，评价群落整体的净贡献，需要在群落内开展更多针对个体属种的综合研究。

第二，时空变化尺度问题。植被种群变化、群落演替，以及河口海岸地区复杂的动力、泥沙、地貌因素，均是在三维空间内发生的，具有自己的时间、空间变化尺度。这些因素之间相互作用非常复杂。如何合理地评价不同尺度下这些因素的重要性，选取更为关键的因素，需要在不同时空尺度内展开更深入的研究[13]。

第三，植被演替和地貌过程之间存在一个经典的“循环因果”关系，即地貌环境导致植被演替，同时，植被也非常积极地改造地貌环境[11]。如何有效描述植被和地貌之间的循环响应和反馈机制，是决定地貌形态和植被演替方向的关键。

为解决上述难点，自 21 世纪以来科学家们分别开展了相应研究。例如，在淤泥质潮滩，科学家针对盐沼区域的牡蛎等底栖生物、底栖藻类等进行观测，研究它们个体和整体的泥沙扰动效应[14]。对不同种类的滩涂植被研究发现，不同属种的地貌贡献差别显著[15]。近年来，得益于数值模拟技术的提高，科学家们开始针对“海平面上升背景下的盐沼发育与岸线迁移问题”这一热点进行一系列研究，探讨了盐沼演化对海岸地貌的影响。研究发现，盐沼植被密度，盐沼在垂向、侧向扩展，以及水平方向的迁移，均能够影响滩地岸线的侵蚀状况[16]。而且，盐沼所导致的泥沙淤积速率是否随着海平面变化而发生改变，将极大改变岸线对未来海平面的适应性[15]。另外，人类活动干预，如营养物质的大量向海输入，则很可能导致了盐沼的消亡，使得问题更加复杂[17]。

总之，由于“植被演替与地貌过程相互作用”这一生物地貌学问题的复杂性和重要性，它将在未来较长一段时间内，成为河口海岸学研究的热点与难点。这一问题的解决，亟须更为深入、系统、多学科交叉的研究。

参 考 文 献

[1] 王宝灿，黄仰松. 海岸动力地貌. 上海：华东师范大学出版社, 1989.

[2] Syvitski J P M, Kettner A J, Overeem I, et al. Sinking deltas due to human activities. Nature Geoscience, 2009, 2(10): 681-686.

[3] Gibling M R, Davies N S.Palaeozoic landscapes shaped by plant evolution. Nature Geoscience, 2012, 5(2): 99-105.

[4] Alongi D M. Mangrove forests: Resilience, protection from tsunamis, and responses to global climate change. Estuarine Coastal and Shelf Science, 2008, 76(1): 1-13.

[5] Yang S L. The role of Scirpus marsh in attenuation of hydrodynamics and retention of fine-grained sediment in the Yangtze Estuary. Estuarine, Coastal and Shelf Science, 1998, 47: 227-233.

[6] Naylor L A, Viles H A, Carter N E A. Biogeomorphology revisited: looking towards the future. Geomorphology, 2002, 47(1): 3-14.

[7] Winterwerp J C. Stratification effects by cohesive and noncohesive sediment. Journal of Geophysical Research: Oceans, 2001, 106(C10): 22559-22574.

[8] Malarkey J, Baas J H, Hope J A, et al. The pervasive role of biological cohesion in bedform development. Nature Communications, 2015, 6: 6257.

[9] Edmonds D A, Slingerland R L. Significant effect of sediment cohesion on delta morphology. Nature Geoscience, 2010, 3(2): 105-109.

[10] 施文彧，葛振鸣，王天厚，等.九段沙湿地植被群落演替与格局变化趋势. 生态学杂志, 2007, 26(2): 165-170.

[11] Stallins J A. Geomorphology and ecology: Unifying themes for complex systems in

biogeomorphology. Geomorphology, 2006, 77(3-4): 207-216.
[12] Editorial. One and only Earth. Nature Geoscience, 2012, 5(2): 81-81.
[13] Phillips J D. Biogeomorphology and landscape evolution: The problem of scale. Geomorphology, 1995, 13(1-4): 337-347.
[14] Andersen T J, Lund-Hansen L C, Pejrup M, et al. Biologically induced differences in erodibility and aggregation of subtidal and intertidal sediments: A possible cause for seasonal changes in sediment deposition. Journal of Marine System, 2005, 55(3-4): 123-13.
[15] Marani M, Da Lio C, D'Alpaos A. Vegetation engineers marsh morphology through multiple competing stable states. Proceedings of the National Academy of Sciences, 2013, 110(9): 3259-3263.
[16] Kirwan M L, Temmerman S, Skeehan E E, et al. Overestimation of marsh vulnerability to sea level rise. Nature Climate Change, 2016, 6(3): 253-260.
[17] Deegan L A, Johnson D S, Warren R S, et al. Coastal eutrophication as a driver of salt marsh loss. Nature, 2012, 490(7420): 388-392.

撰稿人：韦桃源
华东师范大学，tywei@sklec.ecnu.edu.cn

河流入海泥沙减少对河口最大混浊带的影响

Impacts of the Decline in Fluvial Suspended Sediment Discharge on the Maximum Turbidity Zone of Estuary

最大浑浊带是潮汐型河口特有的标志。1938 年法国学者 L. Glangeaud 在研究吉伦特河口时，惊奇地发现河口存在一块水体含沙量明显高于其上游和下游地区，从而产生向陆、向海水体较清，中间水体浑浊的分布区域[1~3]，即通常所说的最大浑浊带(图 1)。其后，人们陆续发现在美国哈德逊河口[3]、圣劳伦斯河口、欧洲莱茵河口、易北河口、俄罗斯叶尼塞河口[2]，以及我国长江、黄河、珠江等河口都存在这一相似现象[4]。

(a) 法国吉伦特河口最大浑浊带(2015年6月30日)

(b) 美国哈德逊河口最大浑浊带(2016年3月30日)

图 1　河口最大浑浊带 Landsat ETM 影像

最大浑浊带的存在有其特殊意义。一方面，经验丰富的渔民往往会乘潮进出河口，因为出现河口最大浑浊带的水域底部会横亘有“中间高、两头低”类似门槛的厚实拦门沙，这为通航船只带来严重不便，阻碍了航运发展。但是，从另一方面来说，由河川径流携带而来的许多重金属和有机污染物通过河口最大浑浊带后，浓度都有相应程度的降低。可以说，最大浑浊带是阻挡河流污染物进入海洋的天然屏障！因此，理解最大浑浊带的形成及机制是河口学的核心内容，具有重要的现实意义。

然而，随着流域大规模人类活动，尤其是河流上游修建越来越多的大坝和水库，世界上大部分大河入海悬浮泥沙都发生了显著减少，如西班牙波河入海悬浮泥沙减少了 35%，美国科罗拉多河入海悬浮泥沙几乎减少 100%[5]，我国长江入海悬浮泥沙则从过去的 4.2 亿 t 减少到目前的不到 1.5 亿 t，几乎减少了 70%[6]。进入河口水体中的悬浮泥沙大幅度减少，是否就意味着河口的最大浑浊带水体会逐渐由浊变清，不再浑浊？河口的“过滤”功能不复存在，河口最大浑浊带亦将随之消失呢？

解决该疑惑的关键是，能否查清河口最大浑浊带的变化和上游泥沙减少存在的因果关系。这就需要很好地理解河口特有的区域为何会出现异常的浑浊现象。由于世界上的河口径流作用、潮汐循环，以及河口的形状等都不尽相同，这就导致对河口最大浑浊带如何产生的机理认识具有多解性和争议性。目前科学家已有的认识主要包括：①泥沙沉降与起动滞后，这主要是在一些河口因涨落潮流出现不对称，潮流沿程发生变化时，泥沙开始沉降的位置和最终到达床面的位置不一致以及泥沙离开床面的临界侵蚀流速和起动流速不一致，结果导致泥沙富集在河口某一特有的区域[7]；②潮泵效应，由于潮汐涨落引起水流急缓转换，进而诱发河口水体泥沙频繁的下沉和河床底沙上扬，从而出现水体异常浑浊。这种因潮汐作为驱动类似于抽水泵导致最大浑浊带出现的效应，被生动的描述为潮泵效应[8]；③絮凝效应，即进入河口的细颗粒泥沙在盐淡水混合的区域将发生大规模絮凝，导致水体中的悬浮泥沙浓度显著增大[9]；④河口环流作用[10]，即对于一些河口存在底层向陆、表层向海的余环流模式，在其作用下，泥沙在底层被带往下游，而余流为零的地方做垂向运动，后者往往成为泥沙富集地区；⑤潮流冲刷效应，因强劲的潮流冲刷作用将导致先前沉降在河口河床上的泥沙再次悬浮进入水体中，从而增加了河口水体的悬沙浓度。此外，河口河床沉降的大规模浮泥在风浪和潮流作用下亦将再次进入河口水体，导致局部最大浑浊带的出现[11]。河口的地貌也是影响最大浑浊带变化的原因之一。

很显然，通过对最大浑浊带形成机制的阐述，人们才知道浑浊的产生机制这么复杂！但仔细梳理后就会发现，控制最大浑浊带形成的条件首先必须要有动力作用，即在径流和潮流作用的驱动下，河口水体的悬浮泥沙才会发生输移；当然，假定径流作用很小，那么所谓的潮泵作用仍然可以驱动泥沙发生变化。其次就是要有足够的维持水体浑浊的泥沙。泥沙是多方面的，可以来自河流的输入，也可以来自外海通过潮流作用带入。当然，因潮流冲刷河床以及潮泵效应同样可以导致底沙再悬浮。最后，要有孕育最大浑浊带存在的河口环境，这又取决于河口地貌是如何响应径潮流耦合作用下的泥沙沉降和再悬浮过程。

因此，泥沙是最大浑浊带形成的基础物质。提供给最大浑浊带的泥沙可以是多方面的，其中河流泥沙的输入只是其中的一个物源，是最大浑浊带出现的必要条件。外海泥沙的输入、河床冲刷泥沙再悬浮、盐淡水交互导致细颗粒泥沙大规模絮凝，以及风暴和大浪导致泥沙再悬浮等都可给最大浑浊带的形成提供物质基础，如进入到法国吉伦特河口的径流不到 1000 m^3/s，而河口水体悬浮泥沙浓度高达 1.4kg/m^3，最大浑浊带的泥沙主要是底沙的强烈悬浮所致[4]。故流域入海泥沙的减少，河口最大浑浊带并不会消失，特别对于那些并不依赖于入海泥沙就可孕育出河口最大浑浊带的河口。实际上，卫星遥感影像给人们也提供了客观的认识。譬如长江入海泥沙的急剧减少，但 1985 年和 2014 年的陆地卫星影像反映的最大浑浊带清晰可辨(图 2)。

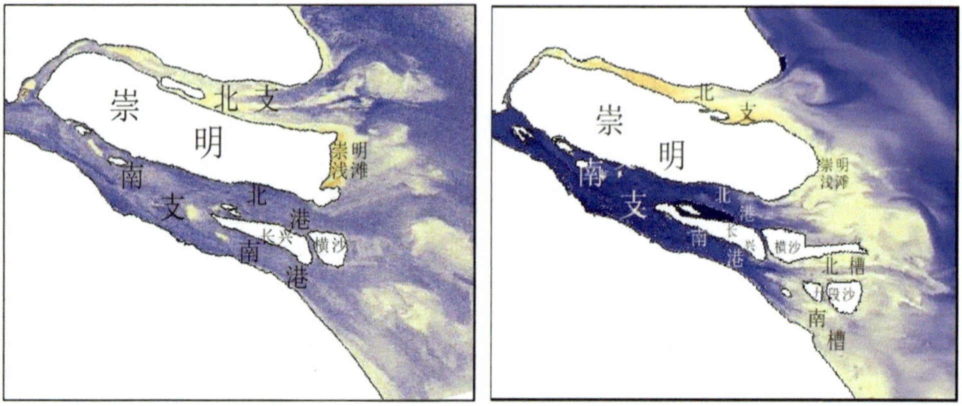

(a)影像为Landsat mss-4(1985年5月20日)　　(b)影像为Landsat ETM-8(2014年12月22日)

图 2　长江口最大浑浊带分布

需要指出的是，流域入海泥沙的减少很可能会给河口带来一系列问题，并影响最大浑浊带的变化。河口是径流和潮流相互博弈的区域，最大浑浊带的范围与强度在很大程度由二者的博弈所判定，其中最大浑浊带的位置在径潮流的博弈下将发生敏感的移动。因此，流域入海泥沙的减少也可能伴随河流入海径流总量减少、径流洪峰削弱和枯水季节径流作用加强。未来河口最大浑浊带位置会发生怎样的移动？再如，流域入海泥沙的持续减少，有可能导致河口区域的水体悬沙浓度总体上出现下降。那么，即使有外在的径潮流驱动，河口最大浑浊带在常态条件下的浑浊程度是否会发生改变呢？浑浊带的范围是否会缩窄？作为河口特有的地理标志，河口最大浑浊带的研究是目前国际陆海相互作用计划重点关注的内容，其形成与机理在不同区域和时间尺度具有不同的理解和认识。显然，既然河口最大浑浊带的成因尚不确定，流域-河口随着高强度人类活动的影响愈加“牵一发而动全身”，加强对河口最大浑浊带变化过程的科学研究就显得尤为紧迫和必要。

参考文献

[1] Glangeaud L. Transport et sedimentation dans l'estuaire et a l'embouchure de la Gironde. Bulletin de la Societe Geologique de France, 1938, 8: 599-630.

[2] Gebhardt A C, Schoster F, Gaye-Haake B, et al. The turbidity maximum zone of the Yenisei River (Siberia) and its impact on organic and inorganic proxies. Estuarine, Coastal and Shelf Science, 2005, 65: 61-73.

[3] Fenga H, Cochran J K, Hirschberg D J. 234Th and 7Be as Tracers for the Sources of Particles to the Turbidity Maximum of the Hudson River Estuary. Estuarine, Coastal and Shelf Science, 1999, 49: 629-645.

[4] 沈焕庭, 潘定安. 长江河口最大浑浊带. 北京: 海洋出版社, 2001, 1-5, 91-99.

[5] Milliman J D, Farnsworth K L. River Discharge to the Coastal Ocean—A Global Synthesis. Cambridge University Press, 2013, 392.

[6] Dai Z J, Liu J T, Wei W, et al. Detection of the three gorges dam influence on the Changjiang (Yangtze River) submerged delta. Scientific Reports, 2013, 4 , 1-7.

[7] Van Straaten L, Kuenen P H. Tidal action as a cause of clay accumulation. Journal of Sedimentary Research, 1958, 28(4): 406-413.

[8] Uncles R J, Elliott R C A, Weston S A. Observed fluxes of water, salt and suspended sediment in a partly mixed estuary. Estuarine Coastal & Shelf Science, 1985, 20(2): 147-167.

[9] Eisma D. Flocculation and de-flocculation of suspended matter in estuaries. Netherlands Journal of Sea Research, 1986, 20(2-3): 183-199.

[10] Rattray Jr M, Hansen D V. A similarity solution for circulation in an estuary. Marine Research, 1962, 20: 121-133.

[11] De Grandpre C, Du penboat Y. Contribuational etude dynamique de la marée estuaire de la Gironde. 法国布列斯特大学出版, 1978.

撰稿人：戴志军

华东师范大学，zjdai@sklec.ecnu.edu.cn

河口海岸底边界层泥沙运动

These Diment Transport in the Estuarine and Coastal Bottom Boundary Layers

底边界层一般认为是水流结构明显受到底床影响的水层[1, 2]，其与流体力学的边界层，在考虑水体黏性的本质上是相同的；底边界层是传统流体力学边界层理论在河口海岸的应用。在底边界层内，能量的摩擦耗散作用强烈，有着与上部水体明显不同的动力学特征。作为水体和底床相互作用的层面，往往伴随着两者之间颗粒物、化学物质和有机体的频繁交换[3](图 1)。就泥沙运动而言，泥沙的侵蚀、输移和沉积过程也主要发生在底边界层内；这些过程直接影响着床面稳定性、物质输移及底栖动物群落的生存环境[4]。因此河口海岸和大陆架的底边界层研究一直是海洋学家、海岸工程学家和环境学家关注的重点。

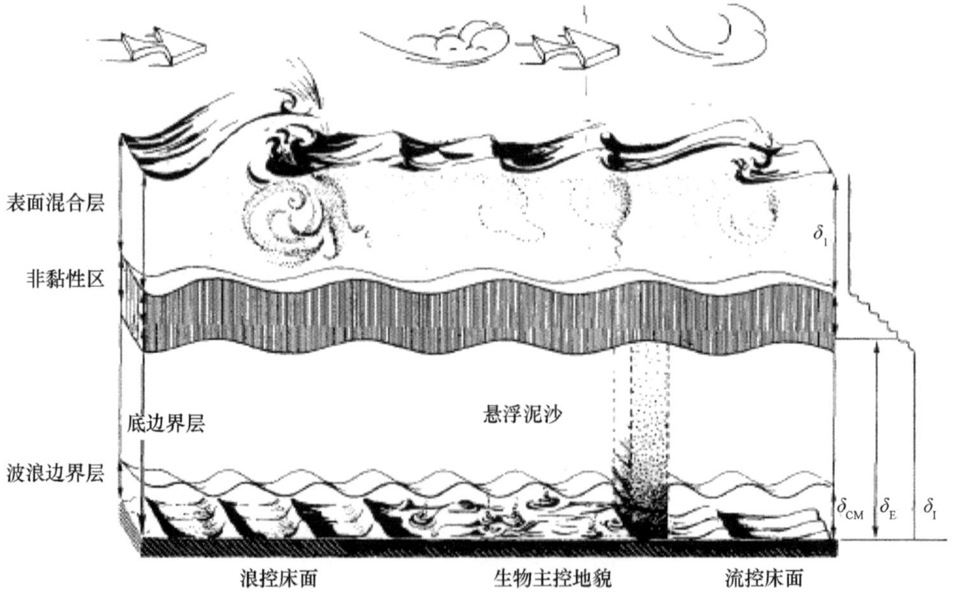

图 1　陆架底边界层水沙运动结构示意图[3]

水体具有黏滞性，近底水流由于受底床摩擦影响，流速会明显偏小；其偏小的程度随距离底床的高度而减小，从而形成底边界层。底边界层的厚度一般认为与涡黏系数和水流的周期成正比[2]。光滑底床底边界层一般可自下而上划分为黏滞亚层(viscous sublayer)，大约几毫米厚度；床面层(bed layer)或过渡层(buffer layer)；对数层(logarithmic layer)和外层(outer layer)[1, 4]。而粗糙底床底边界层一般划分为对数层(logarithmic layer)和外层(outer layer)[1]。底边界层中外层流速分布一般可用流速损耗法则(velocity-defect law)来描述。在外层，科氏力的作用相对摩擦力而言更为重要，而外层更占到了整个底边界层厚度的 80%~90%[4]，对数层流速可用对数法则(law of the wall)描述。波浪会在底部产生波浪底边界层，波浪底边界层厚度一般至少比潮流底边界层厚度小 1~2 个量级。

河口海岸区域的水流、波浪和泥沙三者构成了一个相互耦合、彼此作用的复杂水沙运动系统。一方面，水流向床面传递压力并产生剪切作用，促使床面泥沙起动,并在紊动作用下向上层水体扩散,一定条件下在底边界层形成高含沙水体(或浮泥)，产生物质通量；另一方面，底部高含沙水体(或浮泥)可反作用于波浪及水流的运动，如近底高浓度泥沙的消浪效应、湍流结构和流速分布改变及高含沙水体的减阻作用等。1964 年华盛顿大学的 Sternberg 首次利用三脚架对天然水道中的底边界层进行了研究。他通过观测到的近底流速分布计算了底部剪切应力 τ 和拖曳系数 Cd，包括“墙定理”在底部粗糙、紊动强的潮汐流中的适用性[5]。通过对切萨皮克湾、路易斯安那州大陆架等区域进行底边界层的观测研究，发现了风暴在泥沙侵蚀和输运中的重要作用，并证实了“波浪掀沙，潮流输沙”的认识[6]。

国际组织于 20 世纪 70 年代末 80 年代初，先后开展了一系列大规模的底边界层观测研究。这些研究集中在波流相互作用对底部应力的影响研究[7~10]，表明风暴产生的波-流应力对海底大型沙波的形状和移动的重要作用，展示了大陆架上泥-沙过渡带、斜坡沉积和底部糙度的产生和发展，研究了从河口到阿德里亚海的大陆架泥沙输运机制。这些项目的观测结果被用来验证和改进底边界层的一维模型。近期的底边界层研究主要有细颗粒泥沙絮凝沉降特性[11]；底边界层水沙运动的数值模型探讨[12]；特别是在利用先进仪器设备加强现场观测方面有较大进展，产出了众多关于流场和泥沙场空间高分辨率的观测研究和应用成果[13]。

生物过程是底边界层的重要影响因子[3]；时至今日，在床面生物扰动、生物体阻力、生物抑制和促进床面泥沙输送等方面的研究仍较薄弱，量化的系统研究成果尚未形成。受到波流相互作用的非线性关系、波流边界层厚度差异及不同频率水体流动等多因子影响，关于波流边界层阻力关系的定量表达方面，多数研究成果还是在单纯潮流或波浪作用下得到的[14, 15]；对于底边界层紊流结构理论的探究，波、流和泥沙的相互作用的特征、过程和机制的认识尚不清楚；高浊度水体底边界层水沙运动和生物影响的现场观测等方面亟须技术手段的突破和系统深入的科学研究。

参 考 文 献

[1] Dyer K R. Coastal and Estuarine Sediment Dynamics. New York: John Wiley & Sons, 1986.

[2] Nielsen P. Coastal bottom boundary layers and sediment transport. World Scientific, 1992.

[3] Grant W D, Madsen O S. The continental shelf bottom boundary layer. Ann Rev Fluid Mech, 1986, 18: 265-305.

[4] Wright L D. Benthic boundary layers of estuarine and coastal environments. Aquatic Science, 1989, 1(1): 75-94.

[5] Sternberg R W. Friction factors in tidal channels with differing bed roughness. Marine Geology, 1968, 6: 243-260.

[6] Wright L D, Sherwood C R, Sternberg R W. Field measurements of fair-weather bottom boundary layer processes and sediment suspension on the Louisiana inner continental shelf. Marine Geology, 1997, 140: 329-345.

[7] Hollister C D, Nowell A R M. Hebble epilogue . Marine Geology, 1991, 99: 445-460.

[8] Cacchione D A, Sternberg R W, Ogston A S. Bottom instrumented tripods history, applications, and impacts. Continental Shelf Research, 2006, 26: 2319-2334.

[9] Nittrouer C A. Strataform: Overview of its design and synthesis of its results. Marine Geology, 1999, 154, 3-12.

[10] Fain A M V, Ogston A S, Sternberg R W. Sediment transport event analysis on the western Adriatic continental shelf. Continental Shelf Research, 2007, 27: 431-451.

[11] Winterwerp J C. On the dynamics of high-concentrated mud suspensions. Doctoral thesis, Delft Univ. of Technology, Delft, The Netherlands, 1999.

[12] Safak I, Sheremet A, Allison M A, et al. Bottom turbulence on the muddy Atchafalaya Shelf, Louisiana, USA. Journal of Geophysical Research Atmospheres, 2010, 115(C12): 93-102.

[13] Ha H K, MaaJP-Y, Park K, et al. Estimation of high-resolution sediment concentration profiles in bottom boundary layer using pulse-coherent acoustic Doppler current profiles. Marine Geology, 2011, 279: 199-209.

[14] Hsu T J, Elgar S, Guza R T. Wave-induced sediment transport and onshore sandbar migration. Coastal Engineering, 2006, 53(10): 817-824.

[15] Vittori G, Blondeaux P. Steady streaming induced by sea waves over rippled and rough beds. Continental Shelf Research, 2013, 65(5): 64-72.

撰稿人：何　青

华东师范大学，qinghe@sklec.ecnu.edu.cn

河口锋的形成与演化

The Formation and Evolution of Estuarine Fronts

河口锋是河口中两种性质不同的水体(或水团)交汇的狭窄地带，其两侧的水流、温、盐、密、悬沙含量等的空间变化比周围区域明显要大。河口锋在河口混合(mixing)、物质输运与聚积方面具有重要意义[1]。河口锋为流速的高剪切与物质浓度的高梯度区。河口锋处常存在较大的垂向流速，往往具有较高的悬浮泥沙含量、营养盐浓度和浮游植物量，因而也常常是河口最大浑浊带所在位置[2]、浮游植物，以及鱼类聚集处[3]。由于河口锋处常为水流与水体物质的辐聚带，存在明显的温度、盐度、悬沙含量和叶绿素浓度等的变化，在航片和卫片上常常表现为泡沫、碎屑物等的富集带。河口锋的空间尺度在 $1\sim10^4$m，时间尺度则在潮内(intratidal)与季节变化之间。尽管国内外对河口锋已进行了大量的研究，由于其较小的空间尺度、高度三维动态及强烈非线性的特点，对河口锋的现场观测与数值模拟均存在较大困难,因而河口锋中的许多关键过程与机理,如河口羽流锋中的内波(internal wave)、河口锋中混合的产生机制等，仍是科学研究中的难点，有待于深入研究。

O'Donnell[1]根据河口中水平密度梯度增强的动力机制，将河口锋分为：①温盐垂向湍流输运的水平梯度，这种情况下会形成“潮汐混合锋”；②流速水平剪切与密度水平梯度之间的相互作用，这种情况下会形成“潮汐剪切锋”；其中由于水流的辐聚导致等密度线的辐聚，称为“辐聚锋”；由于水体存在垂向密度分层，在上升流的作用下导致密度梯度增大，称为“上升流锋”；③河口羽流锋与潮汐侵入锋，河口羽流锋主要为河口外的羽流与外海水体之间的锋面，而潮汐侵入锋为潮汐携带的高盐水跃进(plunging)到低盐水之下形成的锋面。

对于河口羽流锋，其空间尺度、水流、压力梯度、温盐分布、混合与分层、水跃、内波的形成与传播等成为研究重点。对其动力与混合过程的精细研究有赖于观测技术的进步。这方面的例子包括：采用拖曳式 ADCP 和 CTD 阵列对 Connecticut 河口锋进行的观测[4];采用湍流测量仪对美国 Fraser 河口的羽流锋的湍流特征值进行的测量与分析[5];采用水下无人船对美国北卡罗来纳州的一个小河口的羽流锋进行了研究[6]。在数值模拟方面，采用静压假定的模型较难模拟其过程，对其的数值模拟研究并不多见[7]，这一方面有待于大涡模型(large eddy simulation, LES)和直接数值模型(direct numerical simulation, DNS)等在河口羽流锋中的应用与发展。

图 1　几个河口锋的例子

尽管对河口羽流锋进行了大量的研究，仍有许多需进一步解决的问题，难点包括：①对小尺度的河口羽流锋而言，在存在沿锋面的流速垂向剪切的情况下，水跃的结构及发生水跃的条件是什么？羽流锋处内波是如何产生及传播的[8]？②决定河口羽流锋的空间尺度(主要为宽度与厚度)的主要因素是什么？这些因素是如何决定其空间尺度的？③如何通过基于非静压假定的数值模型来精确刻画河口羽流锋处的湍混合、能量的辐聚与耗散过程？

对于潮汐侵入锋的研究表明，其主要发生于狭窄口门河口的涨潮期间，口门附近要么发育局部高起的地形(如涨潮三角洲)，要么河口的宽度较为剧烈地展宽[9]。这些地形有利于水跃(jump)的发生。与河口羽流锋一样，侵入锋的时空尺度小，垂向流速较大，对其过程的研究有一定困难。例如，对侵入锋中水跃的发生及消衰过程，尚未见深入的报道。一些研究难点包括：①侵入锋是高密度水体跃进到低密度水体中而形成，为什么一定需要特殊的地形才能发育？②潮汐侵入锋的形成与演化中能量的产生与耗散过程如何？③在湍流的尺度上，潮汐侵入锋是如何对河口混合与分层产生影响的？

对于潮汐混合锋，其研究最先集中在大陆架[10, 11]。对于河口潮汐混合锋的形成，潮汐应变(tidal straining)起着重要作用[12]。总体而言，河口内的混合锋常为盐度锋面，表现为充分混合的水体与分层水体的界面，如盐水楔的向陆端或浅滩与深槽的交界处。由于河口混合锋的空间尺度小，最突出的问题是对其的现场观测相对较少。关于潮汐混合锋，研究难点在于：①河口混合锋处湍动能的生成、输运与耗散过程；②混合锋中纵向与侧向过程的相互作用；③风与波浪在混合锋中的作用等。

河口剪切锋也主要发育于浅滩与深槽的交界处，既可能出现于落潮期，也可能出现于涨潮期[13]。潮坪及分汊水道的存在易导致剪切锋的发育，且其发育与水流的流态变化有关，如从超临界流变为亚临界流[14]。河口剪切锋的研究，难点问题包括：①地形对剪切锋的控制作用；②正压与斜压过程对剪切锋的贡献；③侧向环流的作用。

目前，对于各种不同类型的河口锋，导致水体混合的过程与机理仍有相当多的未知，如河口羽流锋中内波、侧向环流等对水体分层与混合的作用及参数化等。

除了上述从动力角度对河口锋进行分类外，还有从河口锋两侧形成较大梯度的物质组成来进行分类，如将长江口的河口锋分为盐度锋与悬沙锋[15]。在一个具体的河口中，河口锋可能是由多种动力机制而产生形成，如在珠江口西滩的河口锋，既可认为其为潮汐混合锋，也可认为其为剪切锋，在枯季时还可能为河口羽流锋。由于产生机制与过程的多样性，也给某一具体河口锋面的研究带到较大的难度。

总体而言，目前对表层的河口锋研究较多，对底层的河口锋研究相对较少[16]。底层的河口锋对近底物质的输运与聚集具有重要意义，但相比于表层的河口锋，其更难于观测与模拟，因而对其的研究具有更大难度。底层河口锋的研究难点包括：①底层河口锋的形成过程与机理；②底层河口锋对河口混合的影响；③底层河口锋对物质输运与聚积的作用，如对悬沙的汇聚与海底冲淤的影响。

参 考 文 献

[1] O'Donnell J. Surface fronts in estuaries: A review. Estuaries, 1993, 16: 13-39.

[2] Duck RW, Wewetzer S F K. Impact of frontal systems on estuarine sediment and pollutant dynamics. The Science of the Total Environment, 2001, 266: 23-31.

[3] Lucas L V, Koseff J R, Monismith S G, et al.Processes governing phytoplankton blooms in estuaries. II: The role of horizontal transport. Marine Ecology Progress Series, 1999, 187: 17-30.

[4] O'Donnell J. Observations of near-surface currents and hydrography in the Connecticut River plume with the surface current and density array. Journal of Geophysical Research, 1997, 102(C11): 25021-25033.

[5] MacDonald D G, Geyer W R. Turbulent energy production and entrainment at a highly stratified estuarine front. Journal of Geophysical Research, 2004. 109(C05004), doi: 10.1029/2003JC002094.

[6] Rogowski P, Terrill E, Chen J. Observations of the frontal region of a buoyant river plume using an autonomous underwater vehicle. Journal of Geophysical Research: Oceans , 2014, 119: 7549-7567.

[7] Hetland R D, MacDonald D G. Spreading in the near-field Merrimack Riverplume. Ocean Modelling, 2008, 21: 12-21.

[8] Nash J D, Moum J N. River plumes as a source of large-amplitude internal waves in the coastal ocean. Nature, 2005, 437: 400-403.

[9] Largier J L. Tidal intrusion fronts. Estuaries, 1992, 15(1): 26-39.

[10] Simpson J H, Hunter J R. Fronts in the Irish Sea. Nature, 1974, 250: 404-406.

[11] Chen C, Xu Q, Houghton R, et al. A model-dye comparison experiment in the tidal mixing front zone on the southern flank of Georges Bank. Journal of Geophysical Research, 2008, 113, C02005, doi: 10.1029/2007JC004106.

[12] Simpson J H, Matthews B J, Allen G. Tidal straining, density currents, and stirring in the controlof estuarine stratification. Estuaries, 1990, 13: 125-132.

[13] Collignon A G, Stacey M T. Intratidal Dynamics of fronts and lateral circulation at the shoal-channel interface in a partially stratified estuary. Journal of Physical Oceanography, 2011, 42: 869-882.

[14] Mullarney J C, Henderson S M. Hydraulically controlled front trapping on a tidal flat. Journal of Geophysical Research, 2011, 116(C04023), doi: 10.1029/2010JC006520.

[15] 胡方西, 胡辉, 谷国传, 等. 2002.长江口锋面研究. 上海: 华东师范大学出版社, 135.

[16] Geyer W R, Ralston D K. Estuarine Frontogenesis. Journal of Physical Oceanography, 2014, 45: 546-561.

撰稿人：龚文平

中山大学，gongwp@mail.sysu.edu.cn

何为河口 CO_2 源汇的主控因子？

What are the Major Controls on the Source or Sink of the Atmospheric CO_2 in River Estuaries?

河口，顾名思义，就是河流的入海口。河口是陆源物质入海的主要通道，全球每年通过河流和河口输送入海的淡水量为 34.7×10^{12} m^3，颗粒物质约 13.5×10^9 t [1]，总碳量高达 1×10^{15}g C [2]，总氮量高达 21×10^{12} g N [3]。河口的 CO_2 源汇是相对于大气而言的。河口水体从大气吸收 CO_2，则该河口是大气 CO_2 的汇；反之，河口水体向大气释放 CO_2，则该河口是大气 CO_2 的源。需要注意的是，河口的 CO_2 源汇可随时间、空间发生变化。

河口连接海洋和陆地两大碳库，也是人类活动影响最为显著的区域之一。然而由于河口的面积仅相当于近海陆架面积的 4%[4]，其 CO_2 的源汇问题早期并未得到海洋学家的重视。20 世纪末，比利时科学家 Frankignoulle[5]基于在欧洲斯凯尔特(Scheldt)等几个河口的多次调查，在 *Science* 发表了一篇文章，报道欧洲河口的 CO_2 释放量相当于西欧人为活动释放 CO_2 量的 5%~10%。这篇文章及后续其他关于河口 CO_2 高度过饱和的研究结果[6]，在学术界产生了重要影响，河口 CO_2 的源汇研究逐渐成为海洋碳循环研究的热点之一。近年来，一些研究表明某些河口是大气的 CO_2 的汇，河口 CO_2 源汇格局及其控制机制，依然是海洋化学的未解难题之一。

河口 CO_2 源汇格局具有与河流和海洋都不同的特征，如①河口盐度跨度大，河、海水强烈的混合，再加上潮汐和地形的影响，导致河口的生物地球化学过程及其强度和河口环境参数的时空变化异常复杂；②河流径流量的季节变化、洪水等事件及环境污染等也对河口 CO_2 源汇产生重要影响；③部分区域水体混浊，或浮泥含量高，使部分监测手段的应用受到限制等。

一般认为，河口上游比较浑浊，尽管河流输入充足的营养盐，但是这个区域光照不足，限制浮游植物的生长，河流输入的有机物在这里发生矿化降解，向大气释放 CO_2；随着河-海水的混合和颗粒物的沉降，在河口中、下游光照充足的区域，浮游植物的光合作用可能成为主导过程，从而从大气吸收 CO_2。然而，河口 CO_2 源汇的主要调控机制并非如此简单，河口的生物地球化学过程、物理和水文特征、地下水输入、污染物输入、水体分层、水体在河口的停留时间及水-气界面气体交换速率等，都可能会影响河口的 CO_2 源汇，且这些因素或过程在不同河口或同一河口的不同时刻对 CO_2 源汇的影响程度也不同。下面从几个因素/过程分别进行探讨。

1. 河口生物地球化学过程

生物地球化学过程是影响河口 CO_2 源汇的重要调控机制。河口主要的生物地球化学过程包括光合作用、好氧呼吸、厌氧呼吸、硝化作用等。

光合作用与好氧呼吸是两个相反的过程，分别吸收和释放 CO_2。光合作用的化学计量关系如式(1)所示：

$$106CO_2+16NO_3^- +H_2PO_4^- +17H^+ + 122H_2O \rightarrow (CH_2O)_{106}(NH_3)_{16}(H_3PO_4) +138O_2 \quad (1)$$

如果一个系统的光合作用大于群落呼吸作用，则这个系统是自养系统；反之，这个系统是异养的。据统计，河流输入的 50%~70%的颗粒有机碳可以在河口环境中降解[7]，有机物好氧呼吸是产生 CO_2 的重要过程。例如，20 世纪末，欧洲的斯凯尔特河口是异养的，上游水体高 CO_2 分压（高于气 15 倍）的主要维持机制是强烈的呼吸作用，其产生的 CO_2 有 60%被释放到大气中[5]。

另一方面，河流向河口输入陆源有机物的同时也输入大量营养盐，营养盐可能促进河口浮游植物的光合作用，使水体的 CO_2 浓度降低[8]。但是在河口上游，一般是呼吸作用占优势；而在光照比较充足的河口中下游，光合作用较强，浮游植物吸收 CO_2，使 CO_2 分压可能低于大气，从而成为大气 CO_2 的汇，如密西西比河[9]和长江冲淡水区[10]。图 1 是生物地球化学过程对河口 CO_2 源汇影响的概念模型。

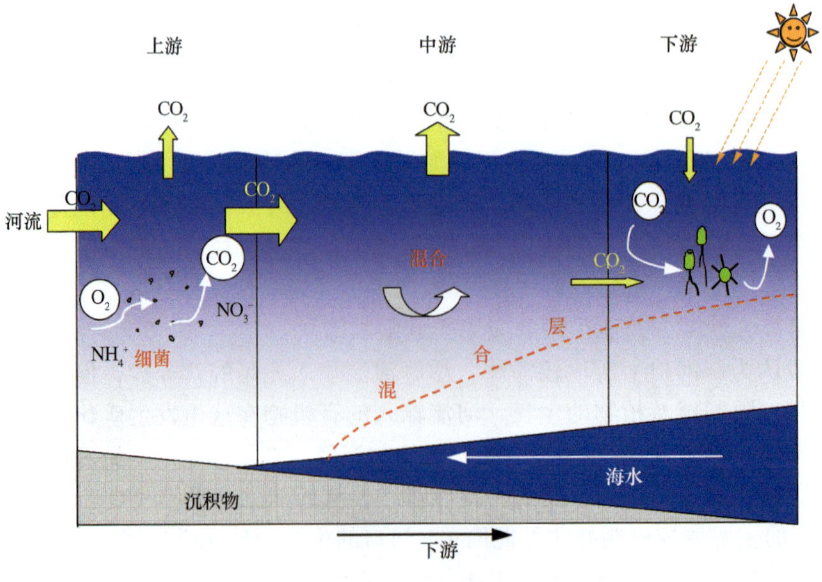

图 1 河口 CO_2 源汇概念模型图(改编自文献[11])

上游. 呼吸作用和硝化作用主导，向大气释放 CO_2，并向下游输入大量过饱和的 CO_2；中游. 生物地球化学过程减弱，上游输入的过饱和 CO_2 在混合过程中向大气释放；下游. 浮游植物光合作用主导，从大气吸收 CO_2

除了好氧呼吸和光合作用，硝化作用也是河口普遍发生的生物地球化学过程。在河口区域尤其是河口上游，当有机物强烈的呼吸作用使该区域的溶解氧低至一定浓度以下时，溶解无机氮以 NH_4^+为主，如斯凯尔特河口和珠江口上游。在这样的条件下，硝化作用经常与呼吸作用相伴发生，硝化作用产生质子，把水中的 HCO_3^-转化成 CO_2，使河口游离 CO_2 浓度升高，促进河口的 CO_2 释放[12]。

反硝化作用和硫酸盐还原是河口沉积物中常见的厌氧过程[2]。在河口环境尤其是水深较浅而且分层不强的河口上游，这些厌氧过程消耗质子，使水体 pH 升高，游离 CO_2 浓度降低。

$CaCO_3$ 的沉淀和溶解也影响水体的 CO_2 浓度。$CaCO_3$ 沉淀过程消耗水体的 HCO_3^-，并向大气释放 CO_2，$CaCO_3$ 的沉淀主要通过生物过程实现；相反，$CaCO_3$ 溶解过程从大气吸收 CO_2：

$$CaCO_3(s) + CO_2 + H_2O \leftrightarrow Ca^{2+} + 2HCO_3^- \tag{2}$$

欧洲的比斯开湾 (Biscay Bay) 是大气 CO_2 很强的汇，但邻近的英吉利海峡的汇强度却弱很多，研究者推测海星的钙化过程可能是该区域碳汇减弱的重要原因[13]。如果河口环境出现钙化过程，则河口的 CO_2 通量也会受其影响。尽管上述各生物地球化学过程对 CO_2 吸收或释放的原理较清楚，但是河口环境中经常有多个过程同时发生，且各过程并非都按照上述计量关系进行，因此定量研究河口的生物地球化学过程对水体 CO_2 的影响极具挑战。

2. 水体在河口的停留时间

生物地球化学过程产生 CO_2 的速率与水在河口停留时间的乘积，可反映生物地球化学过程对水体 CO_2 浓度的影响。在相同速率下，河口水体的停留时间越长，则河口生物地球化学过程产生的 CO_2 对河口 CO_2 释放量的贡献越大[13]。在水体停留时间超过 20 天的欧洲斯凯尔特、吉伦(Gironde)、泰晤士(Thames)、埃姆斯(Ems)等河口，河口释放的 CO_2 几乎都来自河口的生物地球化学过程。但是，在河流淡水输入和潮汐等的影响下，准确估算水体在河口的停留时间有相当大的难度。

3. 河流输入的 CO_2 在河口向大气释放

有些河流水体的 CO_2 是过饱和的，在河口混合过程中，这部分过饱和 CO_2 会向大气释放。水体停留时间短的河口由于当地生物地球化学过程的影响相对较小，因此河流或上游水体输入的 CO_2 在河口向大气的释放量在河口 CO_2 释放通量中占较大的比例，如欧洲莱茵(Rhine)河口向大气释放的 CO_2 主要来自河流输入，只有不到 1/3 的 CO_2 来自河口净群落呼吸作用[12]。由于河口不同区域的温度、盐度等条件不同，CO_2 系统的平衡状态也不相同，因此估算河流输入河口的过饱和 CO_2 并非易事。

4. 河口水体分层情况

河口水体的分层情况影响底层水体和沉积物中呼吸作用产生的 CO_2 能否释放

到大气中。分层水体的海-气 CO_2 通量相对较低，如尽管欧洲兰德斯峡湾(Randers Fjord)和斯凯尔特河口都是异养系统，而且群落净生产力(光合作用与呼吸作用之差)差别不大，但是斯凯尔特河口的 CO_2 释放通量却是兰德斯峡湾的 15 倍[6]。主要原因是斯凯尔特河口的潮汐很强，水体垂直混合均匀，因此整个河口系统呼吸作用产生的 CO_2 几乎都能释放到大气中。相反，兰德斯峡湾水体分层，底层水和沉积物产生的 CO_2 不能进入上混合层向大气释放，而是通过水体交换输送到邻近的开阔海域[6]。由于河口水体分层与底层水 CO_2 向大气的释放并非简单的线性关系，因此很难量化水体分层情况对 CO_2 通量的影响。

5. 地下水输入

地下水的 CO_2 分压一般高达大气的几十甚至几百倍[14]。当地下水渗出地面以后，过饱和的 CO_2 很快释放到大气中。因此，如果河口有地下水输入，则河口的 CO_2 释放通量会增大。地下水具有“看不见、摸不着”的特点，尽管通过放射性同位素等手段可以估算地下水及其所携带的溶解物质的输入通量，但由于水中 CO_2 系统复杂的动态变化，定量研究地下水对河口 CO_2 源汇的影响存在很大的挑战性。

6. 水-气界面气体传输速率

影响水-气 CO_2 通量的另一个重要因素是水-气界面的气体交换速率(或传输速率、活塞系数)。在相同水-气 CO_2 分压差下，气体传输速率越高，则 CO_2 通量越大。然而气体交换速率受风速、潮汐、地形等众多因素影响。有些研究建立了包括气体交换速率与风速等易测定参数的经验公式[15]，即把气体传输速率的变化完全归因到风速的变化，但这些经验公式在不同环境中的适用性不同，从而导致在不同环境采用会带来大小不同的误差。由于 CO_2 分压比较容易准确测定且能获得大量数据，目前大部分河口 CO_2 源汇研究通过测定水-气 CO_2 分压差，利用气体传输速率与风速的经验公式估算传输速率，进而计算水-气 CO_2 通量。这一研究方法中，选择合适的气体传输速率经验公式具有较大的难度和不确定性。

总之，河口 CO_2 源汇的影响因素众多，且大部分因素或过程的影响很难量化；此外，这些因素或过程在人类活动影响下不断变化，在不同河口或在同一河口的不同时间或区域又产生不同的影响，导致河口 CO_2 源汇的确定在未来可能依然是一个难题。解决这个难题，需从影响水体 CO_2 分压的机制和水-气界面气体传输速率两个方面做同步研究。若从全球尺度上研究河口 CO_2 源汇对海洋碳循环的影响，则要将河口进行详细分类汇总，而不能简单地由几个河口的平均值外推至全球。

参 考 文 献

[1] Milliman J D, Meade R H. World-wide delivery of sediment to the oceans. Journal of Geology,

1983, 91(1): 1-21.
[2] Smith S V, Hollibaugh J T. Annual cycle and interannual variability of ecosystem metabolism in a temperate climate embayment. Ecological Monographs, 1997, 67(4): 509-533.
[3] Turner R E, Rabalais N N, Justic D, et al. Global patterns of dissolved N, P and Si in large rivers. Biogeochemistry, 2003, 64(3): 297-317.
[4] Cai W J. Estuarine and Coastal Ocean Carbon Paradox: CO_2 Sinks or Sites of Terrestrial Carbon Incineration. Annual Review of Marine Science, 2011, 3: 123-145.
[5] Frankignoulle M, Abri G, Borges A, et al. Carbon dioxide emission from European estuaries. Science, 1998, 282(5388): 434-436.
[6] Borges A V, Schiettecatte L S, Abril G, et al. Carbon dioxide in European coastal waters. Estuarine, Coastal and Shelf Science, 2006, 70(3): 375-387.
[7] Abril G, Nogueira M, Etcheber H, et al. Behaviour of organic carbon in nine contrasting European estuaries. Estuarine, Coastal and Shelf Science, 2002, 54(2): 241-262.
[8] Gattuso J P, Frankignoulle M, Wollast R. Carbon and carbonate metabolism in coastal aquatic ecosystems. Annual Review of Ecology and Systematics, 1998, 29: 405-434.
[9] Lohrenz S E, Fahnenstiel G L, Redalje D G, et al. Nutrients, irradiance, and mixing as factors regulating primary production in coastal waters impacted by the Mississippi River plume. Continental Shelf Research, 1999, 19(9): 1113-1141.
[10] Chou W C, Gong G C, Sheu D D, et al, Reconciling the paradox that the heterotrophic waters of the East China Sea shelf act as a significant CO_2 sink during the summertime: Evidence and implications. Geophysical Research Letters, 2009, 36: L15607.
[11] Guo X H, Dai M H, Zhai W D, et al. CO_2 flux and seasonal variability in a large subtropical estuarine system, the Pearl River Estuary, China. Journal of Geophysical Research-Biogeosciences, 2009, 114: G03013, doi: 10.1029/2008JG000905.
[12] Dai M H, Wang L F, Guo X H, et al. Nitrification and inorganic nitrogen distribution in a large perturbed river/estuarine system: The Pearl River Estuary, China. Biogeosciences, 2008, 5(5): 1227-1244.
[13] Borges A V, Frankignoulle M. Distribution of surface carbon dioxide and air-sea exchange in the English Channel and adjacent areas. Journal of Geophysical Research-Oceans, 2003, 108(C5): 3140, doi: 10.1029/2000JC000571.
[14] Liu Q, Charette M A, Henderson P B, et al. Effect of submarine groundwater discharge on the coastal ocean inorganic carbon cycle. Limnology and Oceanography, 2014, 59(5): 1529-1554.
[15] Raymond P A, Cole J J. Gas exchange in rivers and estuaries: Choosing a gas transfer velocity. Estuaries, 2001, 24(2): 312-317.

撰稿人：郭香会

厦门大学，xhguo@xmu.edu.cn

淤泥质河口泥沙输移过程与潮滩演变

Sediment Transport Processes and Evolutionof Tidal Flat in Muddy Estuaries

河口是径流淡水与海洋盐水混合和相互作用的区域，其水流运动具有很强的非恒定性[1]。淤泥质河口富含细颗粒泥沙，其输移过程对于河槽和潮滩演变极为重要。河口通常受到人类活动的影响，同时也对人类社会的发展起着重要的作用。鉴于这些，海洋科学家已经对淤泥质河口泥沙输移过程与潮滩演变进行了深入研究[2]。

河口区域的淡水与盐水是两种不同密度的水体，当动力条件强时，它们之间相互作用产生混合；当动力条件较弱、不足以克服垂向密度梯度时，它们之间不能充分混合，会出现层化现象[3]。河口盐水密度致层化引起的湍流抑制作用，会增强最大浑浊带悬沙的捕集(suspended sediment trapping)”。在强层化的河口中，湍流扩散在盐水入侵形成的层化区域之间明显减弱，促进了泥沙沉降，导致近底层泥沙浓度增高,促进最大浑浊带的形成[4]。波浪对河口潮间带底床细颗粒泥沙再悬浮、潮下带海床液化、泥沙流变和泥沙输移起着重要的作用，近底层高浓度浮泥在河口深水航道和强潮河口形成的条件、运动特性及其与最大浑浊带之间有着密切的联系[5, 6]。层化剪切流不稳定导致的混合作用对河口最大浑浊带的形成[7]及河口羽流物质输移有着非常重要的影响[8]。采用考虑含沙量后的水体密度可以研究高浊度河口水体中混合、层化与潮汐应变[9]。鉴于淤泥质河口细颗粒泥沙输移过程的复杂性，含沙量与河口层化的关系仍有待进一步研究。此外，自然界会出现两个或多个河口相邻，如中国长江口和杭州湾(图 1)、美国 Hudson River 和 Raritan River 等，它们之间相互作用，则会使得淤泥质河口泥沙输移过程变得更为复杂、研究更为困难。值得一提的是，这些细颗粒泥沙的输移和沉降为淤泥质河口提供了丰富的潮滩资源。杭州湾的潮滩演变就是一个很好的例子。

潮滩是淤泥质河口重要的地貌特征之一，它既是抵御海洋动力灾害冲击的有效缓冲区域，也为社会发展提供了土地资源，潮滩围垦工程成为沿海地区开发土地资源和促进发展的重要途径。例如，图 1 根据卫星遥感影像获得的近 50 年来钱塘江下游及杭州湾沿岸的岸滩演变。该区域的潮滩围垦工程导致了水域面积的显著减少，必然会改变海域的水动力和泥沙输移过程。

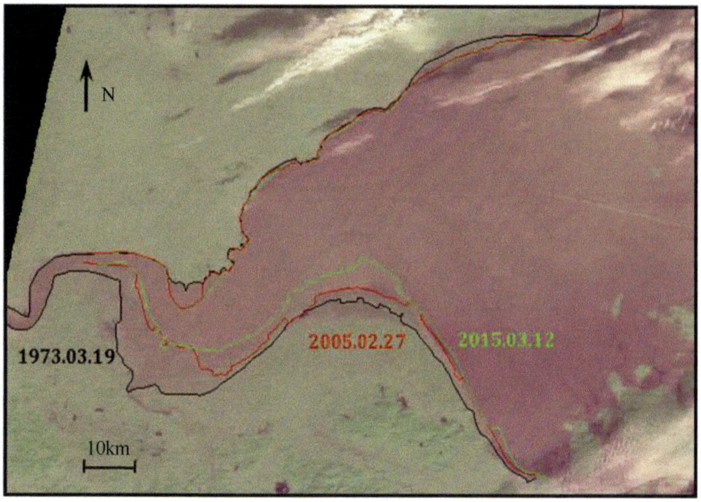

图 1 杭州湾潮滩及围垦岸线变化历程

海洋科学家对淤泥质河口潮滩演变的研究表明，潮滩的存在会加强涨潮流的主导地位，而潮波振幅的增加则会促进落潮流占主导地位[10]。围垦工程的实施急剧地减少了潮滩面积、显著地改变了岸线及地形，基于水深平均积分的水动力与泥沙输移模型由于能够很好地考虑水流与泥沙运动之间的相互作用机制，为理解近海地貌动力演变提供了强有力的工具[11]。基于数值模型并结合实测数据的研究从不同角度分析了沿海围垦工程对海洋潮汐动力特性的影响：一方面，潮滩岸线的改变直接影响了局地流场和泥沙冲淤的动力环境，加强、甚至改变了局地海域的潮汐不对称性，如涨、落潮持续时间和占优方式改变、余流特性变化、泥沙向陆或向海净输运方向改变等；另一方面，大量的潮滩围垦也会对潮汐动力产生远场效应，即改变了几百甚至上千千米之外的近海潮波特征[12, 13]。围垦产生的潮汐不对称对河口细颗粒泥沙的净输移有重要的影响[14]。因此，潮滩围垦工程的局地和远场效应引起了河口复杂的水动力、泥沙输移过程变化，使得其细颗粒泥沙输移模式和岸线及地形冲於在时间与空间上的变化研究更为困难，还影响到污染物和营养盐输移等，必然会对近海区域的整个生态环境带来重要影响。

潮滩是河口重要的水动力和泥沙输移区域，其区域中心位置和范围受潮位、潮流、波浪等因素的影响而不断变动，泥沙密度、粒径、固结度等特征参数的空间分布差异较大。在波、流的耦合作用之下，潮滩区域的水深、流速、泥沙输移通量、悬沙浓度等特征参数随时间、空间变化大，具有明显的非恒定、非线性特征[11]。然而，已有的河口细颗粒泥沙输移数学模型大多基于饱和输沙假定，即认为水流中的泥沙输移能够在极短的时间内达到饱和状态，而这并不能客观地反映潮滩区域泥沙输移在时间和空间上的强非恒定性特征。基于非平衡输沙理论的水深平均积分模型已成功地应用于强非恒定和非线性过程的泥沙运动研究[15]，可以尝试将其应用于淤泥质潮滩细颗粒泥沙非平衡输移过程与潮滩演变的研究。但值得注意的是，该类模型中的两个参数——非平衡输沙饱和恢复长度和水流挟沙力是影响泥沙运动和底床演变计算的重要参数，通常由实验数据获得并结合野外观测数据进行验证。因此，现阶段急需获取大量长时间序列的潮滩实测数据，加深对潮滩浅水区域非线性水动力和泥沙运动机制的理解，合理制定能准确反映野外实际情况的泥沙输移经验或理论参数[16]，以提高河口波浪-潮流-泥沙数值模型对于悬沙浓度和底床冲淤变化的预测能力和精度。

总之，鉴于淤泥质河口的陆、海动力条件和海洋非线性过程、加上气候变化造成的海平面升高，以及频繁的人类活动等，笔者认为围绕淤泥质河口细颗粒泥沙输移过程与潮滩演变这一难题，仍需在以下几方面进一步探索：

(1) 淤泥质河口的海洋非线性动力过程，如次生环流、潮汐应变、层化抑制与界面不稳定等对河口细颗粒泥沙运动的作用机制，特别是对河口近底层高浓度浮泥或泥沙异重流输移、沉降、再悬浮等过程的影响，是淤泥质河口泥沙输移过程急需开展的研究重点。

(2) 淤泥质河口涨落潮、锋面的扩展、沿岸流及其与陆架水的交换过程变得复杂，使得在潮汐不对称、海洋非线性变形、波浪、潮流耦合等动力作用下非均匀细颗粒泥沙的非平衡输移过程与潮滩演变的研究需要对物理机制进行更深入地理解。

(3) 复杂的海洋动力条件使得潮滩区域泥沙输移过程具有明显的非恒定变化特征，而围垦工程导致岸线及地形变化引起的潮汐不对称等非线性过程与细颗粒泥沙输移过程和潮滩演变之间存在着动力学耦合作用，其相互作用与反馈机制并不明晰。

(4) 人类活动，如修建水库、大坝、入海口泵闸等，会显著改变河流入海的水动力和泥沙条件，从而对河口的细颗粒泥沙输移、潮滩岸线、水下地形等带来重要的影响，其在不同时间、空间尺度上的动态响应和调整机制仍有待进一步理解。

参 考 文 献

[1] Geyer W R, MacCready P. The estuarine circulation. Annual Review of Fluid Mechanics, 2013, 46 (1): 175-197.

[2] 时钟. 河口海岸细颗粒泥沙物理过程. 上海: 上海交通大学出版社, 2013, xv+334 页.

[3] MacCready P, GeyerWR. Advances in estuarine physics. Annual Review of Marine Science, 2010, 2: 35-58.

[4] Geyer W R. The importance of suppression of turbulence by stratification on the estuarine turbidity maximum. Estuaries, 1993, 16 (1): 113-125.

[5] Green M O, Coco G. Review of wave-driven sediment resuspension and transport in estuaries.

Review of Geophysics, 2014, 52 (1): 77-117.

[6] 王元叶，何青，刘红．长江口浑浊带近底泥沙浓度变化．泥沙研究, 2009, 6-13.

[7] Shi Z. Behaviour of fine suspended sediment at the North Passage of the Changjiang Estuary, China. Journal of Hydrology, 2004, 293 (1-4): 180-190.

[8] Horner-Devine A R, Hetland R D, Macdonald D G. Mixing and transport in coastal river plumes. Annual Review of Fluid Mechanics, 2015, 47 (1): 569-594.

[9] 李霞，胡国栋，时钟，等．长江口南支南港北槽枯季水体中混合、层化与潮汐应变．水运工程, 2013, 9: 79-88.

[10] FortunatoA B, Oliveira A. Influence of intertidal flats on tidal asymmetry. Journal of Coastal Research, 2015, 21 (5): 1062-1067.

[11] Ribas F, Falqués A, de Swart, et al. Understanding coastal morphodynamic patterns from depth-averaged sediment concentration. Reviews of Geophysics, 2015, 53: 362-410.

[12] Song D, Wang X H, Zhu X, et al. Modeling studies of the far-field effects of tidal flat reclamation on tidal dynamics in the East China Seas. Estuarine, Coastal and Shelf Science, 2013, 133 (4): 147-160.

[13] Wang X H, Cho Y K, Guo X, et al. The status of coastal oceanography in heavily impacted Yellow and East China Sea: Past trends, progress, and possible futures. Estuarine, Coastal and Shelf Science, 2015, 163: 235-243.

[14] Winterwerp J C. Fine sediment transport by tidal asymmetry in the high-concentrated Ems River: indications for a regime shift in response to channel deepening. Ocean Dynamics, 2011, 61 (2): 203-215.

[15] Wu W, Marsooli R, He Z. Depth-averaged two-dimensional model of unsteady flow and sediment transport due to non-cohesive embankment break/breaching. Journal of Hydraulic Engineering, 2016, 138(6): 503-516.

[16] van Rijn L C. A simple general expression for longshore transport of sand, gravel and shingle. Coastal Engineering, 2014, 90: 23-39.

撰稿人：贺治国

浙江大学，hezhiguo@zju.edu.cn

科普难题

大规模迁徙生物类群与河口生态系统的反馈控制机理

Mechanisms of Feedback Control Between the Massive Migrating Groups and the Estuarine Ecosystems

在千百万年的进化过程中，有一大批生物，它们为了适应环境变化、满足种群生存与繁衍的需要，逐步形成了在不同区域间沿着特定路线、周而复始的大规模集群迁徙的行为。最为人熟知的就是鸟类，如北极燕鸥(*Sterna paradisaea*)，虽然体重不到 125g，但每年会往返迁徙于北极繁殖地和南极邻近海域之间，往返迁徙路线总长度超过 80000km，是迄今为止发现的迁徙路线最长的动物[1]。当然，迁徙行为并不是鸟类特有的,其他的生物类群,包括昆虫(如东亚飞蝗 *Locusta migratoria*、黑脉金斑蝶 *Danaus plexippus*)、爬行动物(如绿蠵龟 *Chelonia mydas*)、哺乳动物(如斑纹角马 *Connochaetes taurinus*、灰鲸 *Eschrichtius robustus*)和鱼类(如带鱼 *Trichiurus lepturus*、大黄鱼 *Larimichthys crocea*)等都有相当部分的种类具有迁徙的特性。鱼类等游泳动物的迁徙有一个专有名词，称之为“洄游”。

在这些生物类群的迁徙过程中，有相当一部分会在河口地区停栖(通常所说的河口是指河流与海洋的交汇区域，即入海河口)。由于河流携带的大量泥沙的堆积，河口地区往往有广袤的湿地发育，加上河口具有咸、淡水交汇的特点，可以为各种动物提供适宜的栖息条件；而流域大量营养物质的输入，为河口地区维持较高的初级生产力和次级生产力提供了有力的支撑条件，从而可以为在区域中栖息的各种动物提供丰富的食物资源，形成良好的饵料条件。世界性的大河口，如长江口、黄河口、密西西比河口，每年春秋季迁徙期，都会迎来数以万计的候鸟在区域中停歇。河口对于这些候鸟来讲，就像古代邮差在送信途中可以饮马、休息的场所，古代称之为“驿站”，所以许多河口又有“迁徙驿站”之称。而许多水生生物，在其生活史的某些阶段，必须要进入河口，才能完成它们的生命历程，如中华绒螯蟹(*Eriocheir sinensis*)(俗称大闸蟹)在淡水中生长、发育至性成熟以后，需要到盐度适宜的河口咸淡水交汇区域交配繁殖；在春季气温回暖时，雌蟹在河口水域抱卵孵出溞状幼体；溞状幼体在河口区域发育成大眼幼体(蟹苗)后，借助潮水作用沿江上溯，进入淡水江河、湖泊中生长发育；等发育成熟后，再洄游进入河口繁殖，如此周而复始[2]。另外有相当一部分种类在其生活史的不同阶段，需要分别生活在淡水和海水中。在它们往返于内陆江河与海洋之间的洄游过程中，必须要经过河口区域，河口是它们洄游路线上的重要通道，如中华鲟(*Acipenser sinensis*)[3]和日本鳗鲡(*Anguilla japonica*)[4]等。中华鲟是现存20余种鲟鱼中体型最大、分布纬度最低的种类，也是我国特有种。主要分布在长江和珠江水系，属江海洄游性鱼类。它们生活在近海海洋中，性成熟后由海洋经河口上溯至江河上游产卵繁殖。卵孵化长成幼鱼以后，顺江而下，于第二年5~6月间抵达河口，进行生理调节、索饵育肥。在8~9月入海生活直至性成熟。之后，它们会沿着先辈的足迹，继续进行溯河洄游、产卵繁殖。日本鳗鲡(又称白鳝、河鳗)属于重要的资源水产。它也是一种江海洄游性鱼类，但是它的洄游方向与中华鲟正好相反。从某种意义上说，河口也是它们往返江、海的调适场。正是由于有河口淡水、半咸水、咸水的过渡，使它们能够调适自身，逐步适应由江入海或由海入江所伴随的环境条件的巨大变化。

这些大规模迁徙的生物类群，在河口停留期间，通过它们的栖居、觅食等活动会对河口生态系统产生影响；受影响的河口生态系统，其结构与功能势必会发生改变，进而反作用于相应的生物类群，两者间存在互动反馈控制作用。曾经有许多科学家开展过相关的研究，包括河口环境条件对特定生物类群的影响[5, 6]、生物类群对河口生境条件的利用[7, 8]，以及迁徙生物类群的数量动态与行为特征[9~11]等。但是很少有科学家能够将其关联起来，完整揭示它们之间存在的定量对应关系以及反馈控制机制，至今仍然是未解的科学难题。其主要原因可以概括为以下三个方面。

首先，大规模迁徙生物类群组成及行为的复杂性，加上其所受影响的多源性，使得其本身的变化扑朔迷离，规律难寻。以鸟类中的鸻鹬类为例。在其迁徙过程中，往往是多个鸟种混合集群，而且具体种类、数量的组成存在很大的不确定性。很难区分不同种类对河口生态系统的影响或河口生态系统对它们的反馈作用。而且它们在河口地区的行为，如停栖、觅食还是继续迁飞，除了受自身身体状况的影响外，还受到潮汐、天气条件等诸多因素的制约[12]，也难以判断是否是河口生态系统的反馈控制在起作用。特别是在它们长距离迁徙过程中，除了在河口地区停栖，会受到河口地区各种因素影响之外，还会受到沿途各种因素的作用，如捕猎、环境污染、气候变化等，都会对它们的数量及身体状况产生影响[13]。在大多数情况下，不同时期河口鸻鹬类的观测数据，只能说明抵达河口地区的鸻鹬类的数量变动情况，很难阐明河口生态系统对它的影响。其他迁徙经过河口的生物类群，特别是水生生物类群，往往也是多种生物同时进行迁徙，其行为特征及所受影响千变万化，要定量表述亦非常困难。

其次，河口生态系统本身的复杂性也使得揭示其与大规模迁徙的生物类群的互动反馈控制机制变得困难重重。河口生态系统其所处的独特位置，使得其具有生态交错带的特征。它兼具陆地、海洋、河流、湿地等多种环境特质；兼有适应淡水、半咸水、咸水环境的多种生物门类；物理、化学、生物等各种过程错综复杂[14]。要完整揭示河口生态系统自身的系统结构与功能已非常困难，要阐明其与大规模迁徙生物类群的反馈控制作用更是难上难。

再次，河口地区还要受到流域、海洋、大气，以及人类活动等多种因素的影响，诸多因子变化的不确定性，更增加了相关研究的难度，如流域所有人为或自然过程导致的变化，包括植被退化、水土流失等，都会作用到河口，导致河口地区相应的变化[15]。未来要完整揭示大规模迁徙生物类群与河口生态系统的互动反馈控制机制，需要综合考虑生物类群的迁徙特征、河口生态系统及其外部影响因子等诸多方面。

由于河口生态系统具有生态交错带的特征，兼具多种生态与环境特质，是现今地球上最复杂的生态系统类型之一；同时，河口地区也是人口聚居，经济、社会高速发展，资源与环境问题最突出的地区。大规模迁徙生物类群与河口生态系统互动反馈控制机理的研究，不仅可以揭示河口生态系统与大规模迁徙生物类群的结构与功能特征，丰富河口海岸科学、生态学等相关的理论研究成果，而且可以为河口生态系统和生物多样性的保护、受损河口生态系统与生物资源的修复提供重要的科学依据和技术支撑，对促进区域自然与经济社会的可持续发展都具有重要意义。

参 考 文 献

[1] Egevang C, Stenhouse I J, Philips R A, et al. Tracking of Arctic terns *Sterna paradisaea* reveals longest animal migration. PNAS, 2010, 107(5): 2078-2081.

[2] 堵南山. 中华绒螯蟹的洄游. 水产科技情报, 2004, 31(2): 56-57, 94.

[3] 常剑波, 曹文宣. 中华鲟物种保护的历史与前景. 水生生物学报, 1999, 23(6): 712-720.

[4] 郭弘艺, 魏凯, 唐文乔, 等. 中国东南沿海日本鳗鲡幼体的发育时相及其迁徙路径分析. 水产学报, 2012, 36(12): 1793-1801.

[5] Jessop B M. Annual variability in the effects of water temperature, discharge, and tidal statge on the migration of American eel elvers from estuary to river. American Fisheries Society Symposium, 2003, 33: 3-16.

[6] 管卫兵, 丁华腾, 宣富君. 长江口环境条件对日本鳗鲡(*Anguilla japonica*)鳗苗溯河洄游的影响. 海洋通报, 2009, 28(2): 65-70.

[7] Riera P. Utilization of estuarine organic matter during growth and migration by juvenile brown shrimp *Penaeus aztecus* in a south Texas estuary. Marine Ecology Progress, 2000, 199(3): 205-216.

[8] Hanson K C, Ostrand K G, Glenn R A. Physiological characterization of juvenile Chinook salmon utilizing different habitats during migration through the Columbia River Estuary. Comparative Biochemistry and Physiology, Part A. 2012, 163: 343-349.

[9] Gagnon F, Ibarzabal J, Savard J L, et al. Autumnal patterns of nocturnal passerine migration in the St. Lawrence estuary region, Quebec, Canada: A weather radar study. Canadian Journal of Zoology, 2011, 89: 39-46.

[10] Sant'anna R S, Turra A, Zara F J. Reproductive migration and population dynamics of the blue crab *Callinectes danae* in an estuary in southeastern Brazil. Marine Biology Research, 2012, 8: 370-378.

[11] Stich D S, Zydlewski G B, Kocik J F, et al. Linking behavior, physiology, and survival of Atlantic salmon smolts during estuary migration. Marine and Coastal Fisheries, 2009, 7(1): 68-86.

[12] McConkey K R, Bell B D. Activity and habitat use of waders are influenced by tide, time and weather. Emu, 2005, 105: 331-340.

[13] Stillman R A, Wood K A, Gilkerson W, et al. Predicting effects of environmental change on a migratory herbivore. Ecosphere, 2015, 6(7): 1-19.

[14] Day J W, Crump B C, Kemp W M, et al. Estuarine Ecology (Second Edition).Wiley-Blackwell, 2013, 550.

[15] Valiela I, Batholomew M, Giblin A, et al. Waterwhed deforestation and down-estuary transformations alter sources, transport, and export of suspended particles in Panamanian mangrove estuaries. Ecosystems, 2014, 17(1): 96-111.

撰稿人：童春富

华东师范大学，cftong@sklec.ecnu.edu.cn

风暴作用下近海泥沙运动和海岸演变的预测

Prediction of Coastal Sediment Transport and Beach Evolution on Storm

近岸地区是人类聚集、活动最为频繁的地区。近几十年来，由于自然因素与人为因素，中国乃至全世界的海岸侵蚀出现加剧的趋势。风暴灾害具有突发性、作用力强、破坏性大的特点，对海岸地貌、海底地形和滨海沉积物运移都有较大影响。在风暴期间，瞬时的大量输沙可以加快当地岸线变化，或者扭转海滩运动的发展趋势，从而显著改变十几年到未来的海岸线位置。我国是世界上遭受风暴最多的国家之一，平均每年有超过 10 次的热带风暴对我们沿海地区造成影响[1]。1999 年 9914 号强台风袭击厦门岛及其周边地区，台风掀起的汹涌狂浪冲击海岸时，不仅吞噬码头，摧毁护堤和护坡，而且强烈地冲刷岸滩沉积物，使原有海滩剖面发生急剧变形，其净输沙能力是正常情况下的上百倍。2014 年 1415 号强台风在海口湾无护堤的岸滩产生的严重的侵蚀，在护堤的岸滩产生掏空和侵蚀，破坏建筑物(图 1)。1989 年飓风 Hugo 袭击东北加勒比海，通过水动力作用从近岸带走的泥沙相当于一个世纪的正常泥沙淤积量。

图 1　2014 年 1415 号强台风在海口湾产生严重的岸滩侵蚀

早在 20 世纪初叶，国外一些国家就开始了海岸侵蚀调查和海岸保护立法研究，如英国于 1904 年专门成立了负责海岸侵蚀治理的皇家委员会。50 年代，海岸变化对人们生产和生活的影响越来越大，英国、美国等发达国家投入巨额资金，逐渐通过现场观测和实验的方法开展海岸泥沙运动的研究工作。70 年代，进入海岸演变研究的兴盛期，海岸演变的机制与数值模拟的研究工作进展如火如荼。1972 年，国际地理学会专门成立了“海岸侵蚀动态工作组”。同时，随着风暴对沿海地区的侵害越加严重，海岸演变对风暴的响应研究逐渐引起国内外学者的关注。

1954 年，Bruun 提出岸滩存在均衡剖面，并给出了相关公式。1965 年通过测量沙滩厚度、宽度和坡度，以及海滩泥沙粒径等参数，经过分析之后，发现仅由波高和静止水位两个参数可预测海滩变化趋势[2]。在 1962 年基于此公式率先提出了海平面上升引起海岸侵蚀加剧的观点，即海滨线后退和原海滩上部侵蚀，下部堆积，这个观点就是著名的 Bruun 法则[3]。不同的学者根据各自的观测结果给出了不完全一样的岸滩侵蚀影响因素，目前还没有一个全球适用的解释。一些研究认为长期作用的自然因素以海平面上升的影响最为重大[4]，一些研究指出风暴期间大风引起的增水和风吹流是泥沙输运的主要动力因素，且风海流与潮流叠加后会增大海流流速，加速泥沙输移运动，从一定程度上解释了风暴潮作用下的泥沙输移运动规律。一些研究指出风暴期间巨浪是海滩运动的主要动力因素。一次单一极端风暴可能造成等同于一系列平均能量的风暴群的海岸侵蚀，在极端风暴期间瞬时的大量输沙可以扭转海滩运动的发展趋势。

我国对海岸演变的研究起步比较晚，是从 20 世纪 80 年代开始的。最初的研究一般是基于对国内某些地区的现场调研结果和数据统计得出一些规律性和经验性的结论[5~7]。从海面变化与海岸侵蚀，以及风暴浪潮与海岸侵蚀之间的关系讨论了全球气候变化对我国沿海海岸侵蚀的影响态势[9]。目前基于沿岸泥沙运动的岸线模型有一线模型和多线模型[8]，多线模型需要对横向输沙有一个明确的描述，但横向输沙机理还不十分清楚，导致多线模型的局限性。部分学者也已经采用波浪、风暴潮和泥沙等多个模型耦合的办法对一些风暴过程的冲淤过程进行了模拟[10, 11]。

由于风暴环境的恶劣天气和强烈的水动力条件给泥沙运动研究带来很大的困难，很多常规的测量手段和仪器设备无法在风暴过程中正常工作和使用。因此，目前风暴作用下泥沙运动方面的研究相对较少，且多数倾向于定性解释，对风暴冲淤的机理的研究、数学表征存在显著的不足。现场观测能提供第一手的资料，能对模拟结果提供对比验证，并且通过对观测数据的分析整理，可以得到一些规律。观测范围越大，数据越翔实，精度越高，效果就越好。目前岸滩观测技术正是朝着‘广’和‘准’两个方向发展。遥感技术、激光雷达、GPS 和高精技术测量仪、海滩测量车、实施摄影监测等新技术在岸滩监测中得到了广泛的应用[12]。

那么，在风暴作用下近海与近岸区域的水动力条件如何变化和作用呢？一般来说，风暴能在近海与近岸海域引发巨浪、风暴潮及强流。在这些动力因子的作用下，泥沙运动很复杂，有向岸和离岸的横向运动，平行岸线的沿岸运动，以及垂向环流。风暴作用下近海泥沙运动和岸线演变的预测包括：分析计算近海与近岸区域在风暴作用下水动力条件的变化，探讨近海与近岸区域的输沙路径及强度、泥沙颗粒级配等变化规律，模拟、预测风暴过程泥沙运动和海岸演变过程。

风暴作用下近海泥沙运动和海岸演变的预测存在以下困难。

(1)风暴作用下在近海产生巨浪、风暴潮和强流，波浪辐射应力和破碎产生的沿岸流和裂流，风暴产生增减水、强风海流。水动力在时间上快速变化，在三维空间上分布极其不均匀，使得近岸水动力变得非常复杂，离全面正确数值模拟还有相当差距。

(2)风暴作用下波浪的掀沙和输沙作用，强风海流和潮流的掀沙和输沙作用，风暴潮、潮汐使得动力作用区域迅速变化，对海岸地形和海底地貌产生极大的影响。但是，各动力因子对泥沙运动，以及岸线演变的贡献程度和综合作用缺乏共性的机理研究。

(3)高强度非恒定推移质和悬移质频繁互换，泥沙级配组成不断更新，水流挟沙力也随着水动力特性的快速改变不断变化，泥沙运动处于高度不平衡输移过程中，需要重新认识泥沙粒径分布特征。

(4)巨浪、风暴潮及强流共同作用下，水流条件更为复杂，泥沙运动的相位滞后程度发生变化，研究风暴作用下泥沙运动滞后机理是预测泥沙运动和岸线演变的一个难点。

(5)一般水文条件下输沙率采用经验公式近似估算，但是以往的经验公式并没有很好地考虑极端天气下波浪、海流的作用，目前计算所得的输沙率与实际观测所得到的输沙率存在较大差距。

无论如何，对风暴作用下近海泥沙运动和海岸演变的预测的研究涉及人类的生存空间和临海经济建设，需要大力加强研究，解决这个科学难题。

参 考 文 献

[1] 王鼎祥. 西行台风和海南岛的台风灾害. 热带地理, 1985(3): 141-148.

[2] Dolan R. Beach changes on the outer banks of north carplina. Annals of the Association of American Geographers, 1966, 564.

[3] Bruun P. Sea-level rise as a cause of shore erosion. Proceedings of the American Society of Civil Engineers. 1962, 117-130.

[4] 蒋昌波, 伍志元, 陈杰, 等. 风暴潮作用下泥沙运动和岸滩演变研究综述. 长沙理工大学学报(自然科学版), 2014(1): 1-9.

[5] 施雅风. 我国海岸带灾害的加剧发展及其防御方略. 自然灾害学报, 1994(2): 3-15.

[6] 陈子燊. 弧形海岸海滩地貌对台风大浪的响应特征. 科学通报, 1995(23): 2168-2170.

[7] 戴志军, 陈子燊, 张清凌. 波控岬间海滩剖面短期变化过程分析. 热带地理, 2001(3):

266-269.

[8] Hanson H, Kraus N C. Numerical simulation of shoreline change at Lorain, Ohio. Journal of Waterway Port Coastal & Ocean Engineering, 1991, 117(1): 1-18.

[9] 蔡锋, 苏贤泽, 刘建辉, 等. 全球气候变化背景下我国海岸侵蚀问题及防范对策. 自然科学进展, 2008, 18(10): 1093-1103.

[10] 丁平兴, 胡克林, 孔亚珍, 等. 风暴对长江河口北槽冲淤影响的数值模拟: 以“杰拉华”台风为例. 泥沙研究, 2003(6): 20-26.

[11] Freeman A M, Jose F, Roberts H H, et al. Storm induced hydrodynamics and sediment transport in a coastal Louisiana lake. Estuarine Coastal & Shelf Science, 2015, 161: 65-75.

[12] 戚洪帅, 蔡锋, 任建业, 等. 海滩风暴效应若干问题思考与我国研究前景. 台湾海峡, 2010(4): 578-588.

撰稿人：朱良生　张善举　李健华　邹学锋

华南理工大学，lshzhu@scut.edu.cn

发源于青藏高原的南亚大河对印度洋环境的影响

What is the Influence of the South Asian Large Riversfrom Tibetan Pleteau on the Indian Ocean Environment?

青藏高原有“世界屋脊”之称，是许多欧亚大河的发源地，流入印度洋的南亚大河包括布拉马普特拉河、恒河、伊洛瓦底江、萨尔温江和印度河(图 1)，均发源于青藏高原，它们的入海径流量和沉积物量在世界上位居前列。布拉马普特拉河、恒河和伊洛瓦底江(又称阿耶亚尔瓦底江)多年年均入海径流量分别为 630km^3/a、490km^3/a 和 380km^3/a，居世界大河第 5 位、9 位和 12 位；布拉马普特拉河、恒河、伊洛瓦底江和印度河的多年年均入海泥沙量分别为 540Mt/a、520Mt/a、325Mt/a 和 250Mt/a，居世界大河第 3 位、4 位、7 位和 8 位。另外，萨尔温江年均径流量和沉积物量分别为 210km^3/a 和 180Mt/a，数量也相当可观。布拉马普特拉河、恒河、伊洛瓦底江、印度河和萨尔温江年均入海沉积物量的总和为 1810Mt/a，是长江(470Mt/a)[1]的 3.9 倍、世界第一大河亚马孙河(1200×Mt/a)的 1.5 倍。如此巨量的入海径流和沉积物给印度洋带来了丰富的淡水、沉积物、营养盐、有机碳和污染物，对印度洋近海的生态环境和生物群落产生了重大影响。特别是布拉马普特拉河-恒河、伊洛瓦底江和萨尔温江都流入东印度洋的孟加拉湾及其毗邻的安达曼海，年均入海沉积物总量达 1500Mt 以上，大河物质对东印度洋近海的输送总量超过了世

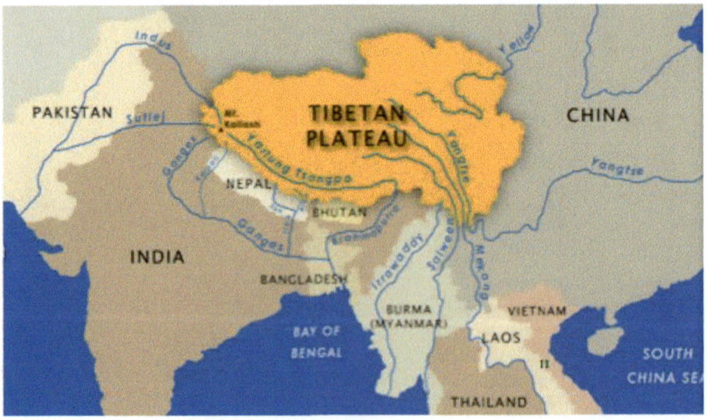

图 1　南亚 5 条大河位置图

由左至右：印度河(Indus)、恒河(Ganges)、布拉马普特拉河(Bramaputra)、伊洛瓦底江 (Irrawaddy)、萨尔温江(Salween)。源自：https：//cn.bing.com/images/search?q=south+Asian+rivers+images(有所删减)

界上任何一个近海海域。由于黄河和长江入海泥沙量近 20 年来已锐减到 150Mt/a 左右，印度河锐减到 10Mt/a 左右[1]，目前布拉马普特拉河、恒河、伊洛瓦底江和萨尔温江年均入海泥沙量应分别居世界大河的 2 位、3 位、5 位、9 位，在入海沉积物位居世界前 10 的大河中有 4 条流入东印度洋。

布拉马普特拉河-恒河是南亚入海径流量和沉积物量最大的两条大河，其入海沉积物量之和已超过世界第一大河亚马孙河，形成了世界上最大的三角洲($1.4\times10^5km^2$)、最大的海底扇($\sim3\times10^6km^2$)和最大的陆源沉积物库(~2900Mt)，陆上三角洲、水下三角洲和水下峡谷-海底扇系统大约各占入海沉积物的 1/3[2]。布拉马普特拉-恒河三角洲有印度最大的城市加尔各答，以及孟加拉国最大城市和首都达卡，人口非常密集，大量的人类活动产物进入这两条大河并输往印度洋近海。同样，伊洛瓦底江和萨尔温江的入海沉积物也形成了河口三角洲，缅甸最大城市和前首都仰光位于伊洛瓦底江三角洲上。受热带季风气候和高耸的喜马拉雅山脉的影响，喜马拉雅山脉以南地区的年均降水量一般在 2000mm 左右，阿萨姆地区降水量世界上最大，可高达 10000mm 以上。湿热高温多雨的环境导致土壤受到强烈风化和侵蚀，使南亚大河流域成为世界上产生悬浮固态物质(悬浮沉积物)总量最高的区域；也是世界上每年单位面积产出颗粒态有机碳(POC)、颗粒态氮(PN)和颗粒态磷(PP)量最高的区域之一[3](图 2)，为大河入海物质提供了非常丰富的物源。

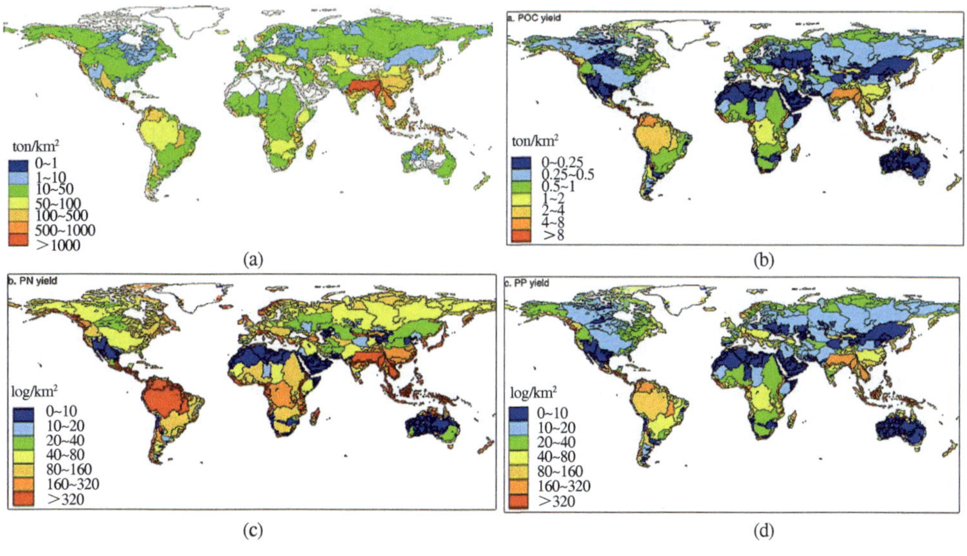

图 2 (a)根据模式得出的全球 3015 条河流流域每年每平方千米产生的悬浮固态物质总量(TSSY，ton/km^2)分布；(b)颗粒态有机碳量(POC，ton/km^2)分布；(c)颗粒态氮量(PN，kg/km^2)分布；(d)颗粒态磷量(PP，kg/km^2)分布[3]。南亚大河流域这些物质的单位产出量都处于最高级的红色或次高级的橙色区域

由于 80%的年降水量集中在 6~9 月的雨季，南亚大河泛滥的洪水将世界上悬浮沉积物，以及 POC、PN 和 PP 年单位面积产量最高的大型流域盆地的表土在这 4 个月内大量带入印度洋，如恒河-布拉马普特拉河 6~9 月的 4 个月内的平均入海沉积物量高达 1100Mt(为年均量的 95%)。如此巨量的陆源沉积物及颗粒态生源要素或营养盐在 4 个月内入海，对近海环境可以说是一种脉冲式冲击。如何在雨季选择适合的现代海洋原位观测仪器并选择代表性站位进行观测，并考虑阵发性沉积物重力流的输送作用，以获取不同时空较准确的各种入海物质通量，从而评估这种入海物质通量强烈的季节性变化对近海生态系统有什么影响，是尚未解决的难题。

南亚大河的入海物质对印度洋近海的影响，迄今主要集中在布拉马普特拉河-恒河入海沉积物和有机碳的研究方面，其他物质的影响研究不多。布拉马普特拉河-恒河入海的有机碳量随其沉积物快速进入水深较大的孟加拉湾，在沉积物中保存下来。70%~85%的有机碳都在孟加拉湾的沉积物中，其总量占海洋陆源有机碳的 10%~20%，是全球海洋最大的陆源有机碳库[4, 5]。但是，即使在陆源有机碳对印度洋近海的影响方面，仍有许多重要问题未解决。伊洛瓦底江向海洋输送的颗粒有机碳和溶解有机碳分别达 2.2~4.3Mt/a 和 0.9Mt/a，如加上萨尔温江的有机碳输送量，这两条河可能是仅次于亚马孙河的世界海洋的第二大陆源有机碳来源[6]。如此大量入海的陆源有机碳对印度洋近海环境有什么影响？由于伊洛瓦底江和萨尔温江的安达曼海沿岸存在由入海沉积物组成的 45000 km^2 的泥质带[7]，陆源有机碳会不会像在亚马孙河三角洲泥质带中那样大量消耗，成为新的碳源？如何在毗邻海域中区分不同大河的物质来源、通量和入海后的源/汇过程，从而评估各大河对近海的独特影响，是尚未解决的难题。此外，本区域是受全球气候变化和人类活动最强烈的地域之一，如何评估和剥离各种因素如全球气候变化和喜马拉雅山脉冰雪融化、南亚季风和 ENSO 事件、人类活动如建坝、工业化进程等，以及自然环境对入海物质的影响，是受到广泛关注的重大问题。

南亚大河从世界上悬浮沉积物、POC、PN 和 PP 单位面积产量最高的大型盆地将它们带入海洋，数量巨大，应该对海洋环境和生态有很大影响，但迄今所知不多[8~11]，特别是伊洛瓦底江和萨尔温江及其近海的资料很少，属于资料贫乏的区域[12]，大量科学问题尚待解决[12~14]。在缺乏历史资料的情况下，如何利用沉积地层分析，提取和甄别历史上区域地质构造演化、全球气候变化、人类活动和自然环境变化的沉积记录，重建大河入海物质对印度洋近海环境影响的历史进程，并对比和评估全球变化导致的后果，也是需要解决的难题。

除恒河外，南亚大河均发源于我国境内，如布拉马普特拉河的上游是雅鲁藏布江，萨尔温江的上游是怒江，伊洛瓦底江的上游是独龙江，印度河的上游是狮泉河，与我国关系密切。我国在这些河流上游的人类活动如建坝等会对下游及入海物质产生影响，南亚也是我国“一带一路”必经之地，因此，本难题的研究具有重要的科学和社会意义。

参 考 文 献

[1] Milliman J D, Farnsworth K J.River Discharge to the Coastal Ocean: A global Synthesis. New York: Cambridge University Press, 2013.

[2] Kuehl S A, Allison M A, Goodbred S L, et al. The Ganges-Brahmaputra delta.Special Publication-SEPM, 2005, 83: 413.

[3] Beusen A H, Dekkers A L, Bouwman A F, et al. Estimation of global river transport of sediments andassociated particulate C, N, and P. Global Biogeochemical Cycles, 2005, 19(4).

[4] Galy V, Hein C, France-Lanord C, et al. The evolution of carbon signatures carried by the Ganges-Brahmaputra river system: A source-to-sink perspective. Biogeochemical Dynamics at MajorRiver-Coastal Interfaces: Linkages with Global Change, 2013: 353.

[5] Galy V, France-Lanord C, Beyssac O, et al. Efficient organic carbon burial in the Bengal fan sustained by the Himalayan erosional system. Nature, 2007, 450(7168): 407-410.

[6] Rao P S, Ramaswamy V, Thwin S. Sediment texture, distribution and transport on the Ayeyarwady continental shelf, Andaman Sea. Marine Geology, 2005, 216(4): 239-247.

[7] Ramaswamy V, Rao P S. The Myanmar continental shelf. Geological Society, London, Memoirs, 2014, 41(1): 231-240.

[8] Ramesh R, Robin R S, Purvaja R. An inventory on the phosphorus flux of major Indian rivers. Current Science, 2015, 108(7): 1294.

[9] Matsuoka K, Koike K. Phytoplankton surveys off the southern Myanmar coast of the Andaman Sea: an emphasis on dinoflagellates including potentially harmful species. Fisheries Science, 2012, 78(5): 1091-1106.

[10] Seitzinger S P, Pedde S, Kroeze C, et al. Understanding nutrient loading and sources in the Bay of Bengal Large Marine Ecosystem. 2014.

[11] Sarma V, Rao G S, Viswanadham R, et al. Effects of freshwater stratification on nutrients, dissolvedoxygen, and phytoplankton in the Bay of Bengal. 2016.

[12] Salmivaara A, Kummu M, Keskinen M, et al. Using global datasets to create environmental profiles for data-poor regions: A case from the Irrawaddy and Salween River Basins. Environmental management, 2013, 51(4): 897-911.

[13] Madhupratap M, Gauns M, Ramaiah N, et al. Biogeochemistry of the Bay of Bengal: Physical, chemical and primary productivity characteristics of the central and western Bay of Bengal during summer monsoon 2001. Deep Sea Research Part II: Topical Studies in Oceanography, 2003, 50(5): 881-896.

[14] Chapman H, Bickle M, Thaw S H, et al. Chemical fluxes from time series sampling of the Irrawaddy and Salween Rivers, Myanmar. Chemical Geology, 2015, 401: 15-27.

撰稿人：杨作升

中国海洋大学，zshyang@ouc.edu.cn

21 世纪以来北极夏季海冰大规模减退的前因后果

Driven Factors and Perspective of the Remarkable Retreat of Arctic Sea Ice

北极是地球的寒极，北冰洋上的海冰是北半球气候系统稳定的重要基础之一。长期以来，北冰洋由密集的海冰覆盖，夏季北冰洋边缘融化的海冰面积仅占冬季的 10% 左右[1]。自从 21 世纪以来，北极的海冰发生了持续的减退，夏季北极海冰覆盖范围呈不断减小的变化趋势(图 1(a))[2, 3]，海冰厚度和海冰密集度也持续降低[4, 5]。2007 年发生了北极海冰覆盖面积突然减少 31%的事件，引起了北极科学界的震惊[6]。2012 年，北极海冰又一次发生了骤减，海冰覆盖范围达到历史新低(http://nsidc.org/sotc/sea_ice.html)(图 1(b))。最新的代用指标重构历史海冰范围数据研究表明，20 世纪后叶以来夏季北极海冰覆盖面积大幅度减少是过去 1450 年以来独一无二的现象[7]。

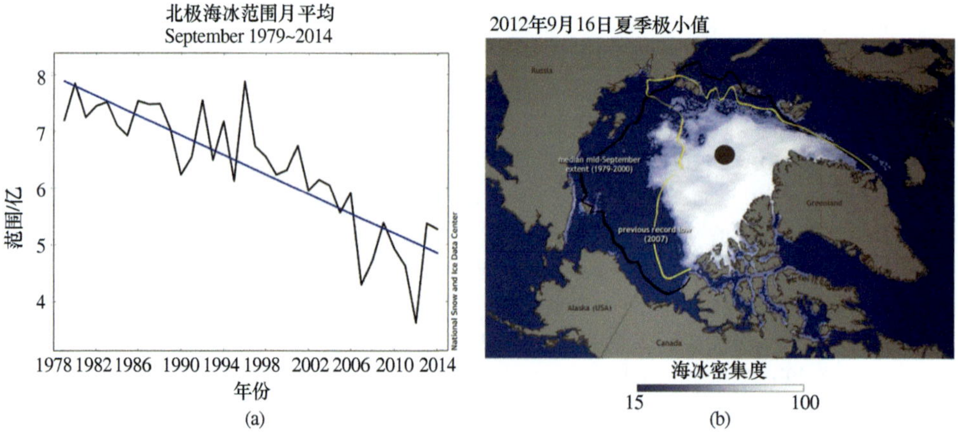

图 1　(a)北极海冰范围的多年变化 http://www.dailymail.co.uk/ sciencetech/article-2970620)；(b)以往多年平均(黑线)、2007 年(黄线)和 2012 年(白色区域) 海冰最小外缘线 http://www.arctic.noaa.gov/report12/sea_ice_ocean.html

不仅海冰发生了变化，大气和海洋也同时发生变化。过去十年，北极的气温变化是全球平均水平的两倍，被称为“北极放大”[8](图 2)。北极的海洋也发生了次表层暖水现象和海洋结构的变化[9, 10]。

当北极的快速变化展现在人们面前的时候，科学界受到极大的震撼，因为所有的科学家都没有预测出北极的变化，所有的模式都没有能模拟出海冰的快速减退(图 3)。近年来，科学界大批的人力物力投向北极，北极快速变化研究已经成为全球变化领域居于首位的研究命题。

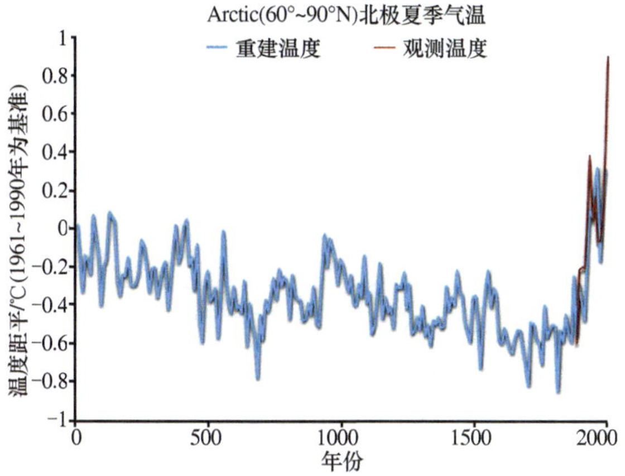

图 2　北极放大现象

http://www.dailymail.co.uk/sciencetech/article-2970620

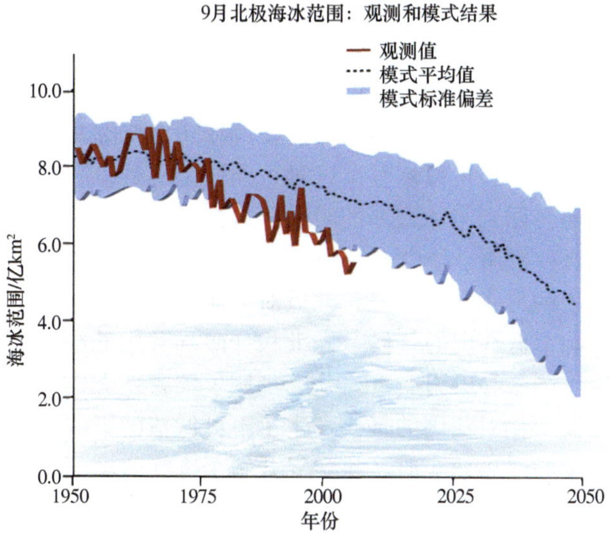

图 3　海冰覆盖范围变化数值预测结果与观测的差异

http://www.ucar.edu/news/releases/2007/seaice.shtml

北极快速变化是如何发生的呢？北极增暖的热量是从哪里来的？人们首先想到，北极放大现象的热量一定是来自中低纬度的海洋和大气。然而，研究结果令人失望，来自中纬度的热量在过去几十年并没有明显增加的趋势[11]。由此判断，北极放大现象的能量一定是北极自身获取的。

在太阳辐射没有明显变化的情况下，北极大气如何能获取更多的能量呢？显然，只能是在北极发生了正反馈过程。科学家检视了冰雪反照率的反馈、云反馈及水汽反馈，发现只有冰雪反照率反馈是显著的正反馈[12]。冰雪的反照率为60%~80%，而海水的反照率只有9%，在同样的太阳辐射条件下，海洋吸收的热量要比冰雪大7~10倍。研究表明，正是这样的正反馈过程导致北极获取越来越多的热量，促使北极海冰减退和气温升高，对气候变化产生正反馈效应[13]。

然而，关于反照率反馈的理解并不充分。冰雪和海洋反照率的差异在过去也存在，为什么一直没有发生这样的正反馈呢？科学界给出的解释是，全球变暖触发了北极变化中的正反馈过程。自从20世纪70年代以来，全球气温持续增高，全球变暖已经是不争的事实。全球变暖开启了北极变化的“潘多拉魔盒”，使北极发生了比全球变暖自身幅度还要强烈的变化。这个解释也许是合理的，但是，非但没有减轻人们的疑惑，反而加深了人们的忧虑。

首先，既然是全球变暖启动了北极的变化，北极变化之快又超过了全球变化的速度，北极的变化是否会失控呢？北极变化的极端情况就是夏季海冰完全消失，北冰洋的海冰成为季节性现象。科学家们经过研究认为，在未来的年代里，海冰还会进一步减少；在不久的将来，将发生夏季没有海冰的北冰洋，只不过对于发生的时间有不同见解[13, 14]。可是，人们有理由怀疑，这些未能预测出过去海冰大规模减退的数值模式，预测出的未来的变化又有多少是可信的呢？是否还会产生意料之外的现象呢？有鉴于这种疑惑，人们在海冰还在持续减少过程中展开逆向思维，讨论海冰在未来是否可以恢复。这种可能性是有的，一旦北极的正反馈过程停止，北极也许还会回到坚冰奇寒的时代。这样，就需要一种机制来抑制北极的正反馈过程，而这种机制至今尚未找到。

其次，人们关注的另一个问题是，北极对全球气候的影响。很多证据表明，北极的变化正在影响中低纬度的气候[15]。北极变暖导致中低纬温度极端天气事件增多，干旱、热浪、严寒等更为严重[16~18]，加剧了灾害性天气事件的频度。我国是中纬度国家，北极变化对我国的气候产生了不可低估的影响。正当大批科学家忙碌于应对北极变化的气候效应时，科学界开始了冷静的思考：难道我们真的可以说全球变暖触发了北极的变暖过程，北极的变化反过来影响了全球气候？如果从全球气候系统的角度来认识北极的变化也许更加合理。地球是一个“热机”系统，北极是全球气候系统的一部分，北极的变化与全球的变化应该隶属于同一个过程。北极变暖已经改变了地球热机的热力结构，只有清楚地了解这个热机的工作特性，才能理解北极与中纬度的相互影响，才能真正认识未来的气候会发生哪些变化。

因此，科学界兵分两路开展研究。北极科学界认为，过去对北极变化没有预测出来，是对北极的很多物理过程知之甚少。目前，一方面，各国投入很大的力气研究北极的各种物理过程，认识海洋、海冰和大气的变化机理，全面认识北极变化的原因。这条路显然是正确的，只有这样才能对北极未来的变化给出可靠的预测。另一方面，大气科学界从全球气候系统的角度考虑北极的变化，了解北极变化与中纬度气候变化的相互影响，试图揭示气候系统的耦合变化。全球气候系统非常复杂，要搞清北极的影响有多强，主要影响机制和渠道是什么。只有搞清了这些问题，对气候预报的改进才会卓有成效[19]。

在科学界得到确切的科学结论之前，人们只能焦虑地判断可能发生的变化，这些变化无非是三种：第一种，大自然有其自身的调节能力，地球会对北极变化和全球变暖做出适当的调整，使异常的过程逐渐恢复；第二种，全球气候是个自我调节能力很强的系统，北极的变化虽然会发生前所未有的增暖现象，但会逐步形成新的平衡，人类会适应这种新常态；第三种，也是人们最担心的，就是气候系统的变化变得失控而发生灾变，形成不利于人类生存的气候条件。

最值得担心的是这第三种，有关的声音不绝于耳，如全球变暖会加剧全球暖化，地球会越来越热；北极变暖引起热盐环流停止，导致北半球进入寒冷时期；北极变化会引发更多的自然灾害等。无论如何，对北极的研究涉及地球的未来和人类的命运，需要大力加强对北极变化的研究，解决这个科学难题。

参 考 文 献

[1] Deser C, Walsh J E, Timlin M S. Arctic sea ice variability in the context of recent atmospheric circulation trends. Journal of Climate, 2000, 13(3): 617-633.

[2] Comiso J C. A rapidly declining perennial sea ice cover in the Arctic. Geophysical Research Letters, 2002, 29(20): 17-11-17-14.

[3] Meier W N, Stroeve J, Fetterer F. Whither Arctic sea ice? A clear signal of decline regionally, seasonally and extending beyond the satellite record. Annals of Glaciology, 2007, 46(1): 428-434.

[4] Maslanik J, Fowler C, Stroeve J, et al. A younger, thinner Arctic ice cover: Increased potential for rapid, extensive sea-ice loss. Geophysical Research Letters, 2007, 34(24): L24501.

[5] Kwok R, Cunningham G F, Wensnahan M, et al. Thinning and volume loss of the Arctic Ocean sea ice cover: 2003–2008. Journal of Geophysical Research: Oceans, 2009, 114(C7): L15501.

[6] Perovich D K, Richter - Menge J A, Jones K F, et al. Sunlight, water, and ice: Extreme Arctic sea ice melt during the summer of 2007. Geophysical Research Letters, 2008, 35(11): L11501.

[7] Kinnard C, Zdanowicz C M, Fisher D A, et al. Reconstructed changes in Arctic sea ice over the past 1, 450 years. Nature, 2011, 479(7374): 509-512.

[8] Screen J A, Simmonds I. Exploring links between Arctic amplification and mid - latitude weather. Geophysical Research Letters, 2013, 40(5): 959-964.

[9] 赵进平, 史久新, 矫玉田. 夏季北冰洋海冰边缘区海水温盐结构及其形成机理的理论研究. 海

洋与湖沼, 2003, 34: 375-388.
[10] Jackson J, Carmack E, McLaughlin F, et al. Identification, characterization, and change of the near - surface temperature maximum in the Canada Basin, 1993–2008. Journal of Geophysical Research: Oceans, 2010, 115(C5): C05021.
[11] Yang X-Y, Fyfe J C, Flato G M. The role of poleward energy transport in Arctic temperature evolution. Geophysical Research Letters, 2010, 37(14): L14803.
[12] Screen J A.Simmonds, I. The central role of diminishing sea ice in recent Arctic temperature amplification. Nature, 2010, 464: 1334-1337.
[13] Holland M M, Bitz C M, Tremblay B. Future abrupt reductions in the summer Arctic sea ice. Geophysical Research Letters, 2006, 33(23): L23503.
[14] Wang M, Overland J E. A sea ice free summer Arctic within 30 years. Geophysical Research Letters, 2009, 36(7): L07502.
[15] Overland J E, Wood K R, Wang M. Warm Arctic-cold continents: Climate impacts of the newly open Arctic Sea. Polar Research, 2011, 30: 15787.
[16] Francis J A, Vavrus S J. Evidence linking Arctic amplification to extreme weather in mid-latitudes. Geophysical Research Letters, 2012, 39(6): L06801.
[17] Screen J A, Simmonds I. Amplified mid-latitude planetary waves favour particular regional weather extremes. Nature Climate Change, 2014, 4(8): 704-709.
[18] Francis J A, Vavrus S J. Evidence for a wavier jet stream in response to rapid Arctic warming. Environmental Research Letters, 2015, 10(1): 014005.
[19] 赵进平, 史久新, 王召民, 等.北极海冰减退引起的北极放大机理与全球气候效应. 地球科学进展, 2015, 30(9): 985-995.

撰稿人：赵进平
中国海洋大学，jpzhao@ouc.edu.cn

融池对北极气-冰-海耦合系统的贡献

The Contribution of Ice Melt Pond to Arctic Atmospheric-Ice-Ocean Coupling System

北极海冰近几十年的快速融化已是不争的事实。驱动北极海冰快速融化的因素是复杂的，其中气候变暖背景下的海冰-反照率正反馈机制[1]被认为起着十分重要的作用。在全球变暖背景下，北极海冰减退、密集度减小，造成北极下垫面反照率降低，更多的太阳辐射被海冰吸收，从而导致冰雪融化速度进一步加快。这种正反馈机制，是全球变暖北极放大现象的基本成因，也对全球气候变化造成强烈的影响[2]。科学家们近年才开始注意到冰面融池在这个正反馈过程中的作用[3]。

在北极海冰融化季节，融池在海冰表面普遍存在。春季，随着太阳辐射的增加，海冰表面开始融化，融水后的冰水或雪水在冰面累积形成融池。融池的分布与冰面开始融化的位置和起始时间有密切的关系。一般来说，融池首先在纬度相对低一些的一年冰上开始出现，在多年冰上通常会晚一个月左右出现；融池开始融化的位置很大程度上取决于与上一个冬季的冰面粗糙度[4]；由于一年冰上的冰面粗糙度比多年冰小的多，融水更容易水平铺展，因此一年冰上的最大融池覆盖率大约是多年冰上的 4 倍[5]。随着北极迅速变暖，北冰洋多年冰上的融池覆盖率有所增加[5]，见图 1。

融池的反照率介于海水和海冰之间，融池的存在将改变海冰表面的散射性质，极大地降低海冰表面的反射率和反照率，融池覆盖的海冰将吸收更多的太阳辐射，从而加剧融池底部海冰的融化。据估计，融池覆盖海冰的融化速度是裸冰融化速度的 2~3 倍[6]，不同深度的融池所吸收的太阳辐射不同、对融池底部海冰融化及进入海洋的热量贡献也不同，融池覆盖的海冰的光谱短波反照率是由海冰的光学性质和物理厚度决定的，而这两者都与融池深度有关[7]。中国北极考察光学观测数据显示，融池反照率与融池深度及融池之下的海冰厚度存在着较为复杂的非线性关系[8]。

融池的热力学作用不仅体现在直接对融池底部海冰的加速融化，更重要的是融池所吸收的热量大部分将返回大气。融池的存在改变了北极地表对太阳辐射的反射、吸收，以及穿透到海洋中的分配比例，导致气-冰-海热力学结构发生变化[9]。融池比例的增加会促进海洋和大气的热量交换，在夏季将更多海洋的热量传给大气，使大气温度升高。由于融化开始时间的提前导致的融池多吸收的这些能量也

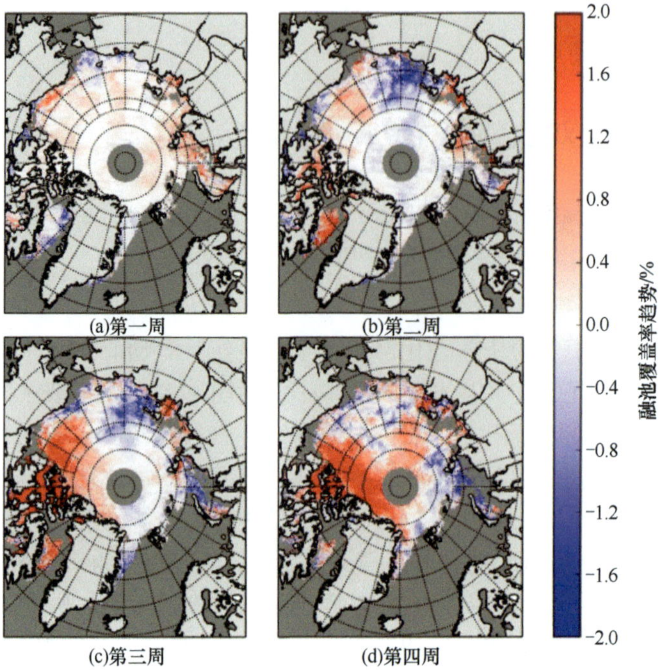

图 1　2002~2011 年 6 月四个周的融池覆盖率趋势[6]

加热了海洋，使秋冬季海冰的再冻结不断推迟，也使低层大气变得比原来温暖[1]，从而导致极区和极区以外的大气环流发生变化。

学者们通常将每年的最小海冰面积作为体现北极海冰气候变化的指标，也采用 9 月平均海冰面积来评估数值模式的模拟结果。近年来，海冰预报网(SIPN)每年都进行多次网络会议及年会，采用统计分析、海冰模式、耦合模式各种方法进行 9 月平均和最小海冰面积的预报[10]。然而，IPCC 报告指出，目前的耦合模式难以再现北极海冰的快速消融的速率[11]，不论是在大气海洋耦合模式，还是在单纯大气模式中，海冰对大气的反馈作用都偏弱。Flocco 等[12]建议，气候模型中的海冰部分需要加入更加真实的、满足海冰质量守恒的物理过程，并指出在海冰模型中融池的形成和演变过程尚没有被很好地模拟出来。最新研究也指出，融池及海冰的开始融化时间与 9 月的海冰最小面积之间有密切的联系[13, 14]。

鉴于融池在北极气候系统中的重要作用，一些学者开始在气候模式中考虑加入融池效应。Pedersen 等[15]在大气环流模式中采用了考虑融池的反照率参数化方案，发现夏季反照率模拟结果出现了约 23%的下降，海冰厚度、密集度、体积等也出现了显著变化。在考虑较多海冰物理过程的单纯海冰模式 CICE (the los alamos sea ice model)中引入了显式融池计算方案后，模拟得到的夏季海冰面积和厚度较未考虑融池或只考虑半经验融池两种方案的结果更接近实际[12]。新版本的 CICE 海冰模式中提供了三种融池参数化方案，他们的研究证明了海冰冰面融池对于北极海冰面积、范围和厚度的模拟预测有重要影响，但目前对融池分布的模拟与实际相差仍然较大[16]。由于融池的面积和形态取决于上一个冬季风对海冰的挤压，因而融池的形成难以预测。同时，融池对海洋温盐结构的影响从春到秋都在发生变化，也难以给出定量的描述。

融池的空间尺度较小、形态各异、变化较快，现场观测数据难以描述融池的一般热力学规律，只能分析融池的统计特征。以往对融池的观测多集中在现场观测、飞机航拍照片及单景高分辨率遥感图像。近年来有学者给出了基于MODIS(moderate resolution imaging spectroradiometer)数据的 8 天平均北极融池反演产品[17]和基于 MERIS(medium-resolution imaging spectrometer)数据的周平均融池反演结果。这些可见光遥感数据对认识融池的空间分布和变化有重要的作用。但是遥感产品最大的问题是只能给出融池的形态，而不能给出融池的结构，大大限制了其在融池研究中的应用。另外，目前只能提供融池发展到一定程度情况下的融池分布，对冰面开始融化时间的判断帮助不大，且算法有待改进。

综上所述，研究融池分布和变化首先需要获取更合理的、用于研究的大尺度融池参数数据，但无论是对于遥感还是模式分辨率，融池都属于次网格问题，更增加了在融池遥感反演算法和模式参数化方面研究的难度。在科学方面，融池在季节、年际和长期趋势不同时间尺度上的变化机制可能并不相同，其特殊的热力学过程尚未得到深入了解。融池分布和变化对北极气-冰-海耦合系统的贡献尚未得到充分认识，解决这一关键问题还需要大量创新性研究。

参 考 文 献

[1] Screen J A, Simmonds I. The central role of diminishing sea ice in recent Arctic temperature amplification. Nature, 2010, 464(7293): 1334-1337.

[2] Perovich D K, Richter-Menge J A, Jones K F, et al. Sunlight, water, and ice: Extreme Arctic sea ice melt during the summer of 2007. Geophysical Research Letters, 2008, 35(11).

[3] Flocco D, Feltham D L. A continuum model of melt pond evolution on Arctic sea ice. Journal of Geophysical Research, 2007, 112(C8).

[4] Polashenski C, Perovich D, Courville Z. The mechanisms of sea ice melt pond formation and evolution. Journal of Geophysical Research, Oceans, 2012, 117(C1): n/a-n/a.

[5] Istomina L, Heygster G, Huntemann M, et al. Melt pond fraction and spectral sea ice albedo retrieval from MERIS data - Part 2: Case studies and trends of sea ice albedo and melt ponds in the Arctic for years 2002-2011. Cryosphere, 2015, 9(4): 1567-1578.

[6] Stroeve J, Hamilton L C, Bitz C M, et al. Predicting September sea ice: Ensemble skill of the SEARCH Sea Ice Outlook 2008&ndash. Geophysical Research Letters, 2014, 41(7): 2411-2418.

[7] Perovich D K. The Optical Properties of Sea Ice. Optical Properties of Sea Ice, 1996.

[8] Lu P, Leppäranta M, Cheng B, et al. Influence of melt-pond depth and ice thickness on Arctic sea-ice albedo and light transmittance. Cold Regions Science & Technology, 2016, 124: 1-10.

[9] Perovich D K, Richter-Menge J A. Loss of sea ice in the Arctic. Marine Science, 2009, 1(1): 417-441.

[10] Stroeve J, Holland M M, Meier W, et al. Arctic sea ice decline: Faster than forecast. Geophysical Research Letters, 2007, 34(9).

[11] Flocco D, Feltham D L, Turner A K. Incorporation of a physically based melt pond scheme into the sea ice component of a climate model. Journal of Geophysical Research, 2010, 115(C8): 488-507.

[12] Schröder D, Feltham D L, Flocco D, et al. September Arctic sea-ice minimum predicted by spring melt-pond fraction. Nature Climate Change, 2014, 4(5): 353-357.

[13] Liu J, Song M, Horton R M, et al. Revisiting the potential of melt pond fraction as a predictor for the seasonal Arctic sea ice extent minimum. Environmental Research Letters, 2015, 10(5).

[14] Pedersen C A, Roeckner E, Lüthje M, et al. A new sea ice albedo scheme including melt ponds for ECHAM5 general circulation model. Journal of Geophysical Research Atmospheres, 2009, 114(D8): r3-r387.

[15] 王传印，苏洁. CICE 海冰模式中融池参数化方案的比较研究. 海洋学报，2015，37(11): 41-56.

[16] Rosel A, Kaleschke L, Birnbaum G, .Melt ponds on Arctic sea ice determined from MODIS satellite data using an artificial neural network. Cryosphere, 2012, 6(2): 431-446.

[17] Zege E, Malinka A, Katsev I, et al. Algorithm to retrieve the melt pond fraction and the spectral albedo of Arctic summer ice from satellite optical data. Remote Sensing of Environment, 2015, 163: 153-164.

撰稿人：苏　洁

中国海洋大学，sujie@ouc.edu.cn

冬季北极环极冰间水道对北极气候的特殊贡献

Special Contribution of Arctic Circumpolar Flaw Leads on Arctic Climate

冬季的北冰洋完全被海冰覆盖。海冰可以分为两大类：一类是固定冰；另一类是流冰。固定冰与陆地冻结在一起，只能随潮汐起伏，基本没有水平运动。而流冰在远离陆地的大洋之中漂移运动，是北冰洋海冰的主体。

有的海冰与陆地冻结在一起，有的海冰在漂流，一动一静的二者之间是如何衔接的呢？事实上，二者根本就不能衔接，没有平滑的过渡，而是产生相对运动，造成两种海冰的相互碰撞、挤压、堆积、开裂等各种现象。这些运动最终会导致在固定冰和流冰之间产生一些开阔水域，称为冰间水道(leads 或者 flaw leads)，英文中“flaw”来源于斯堪的纳维亚语“flew”，意思是沿岸的微风，体现了风场在冰间水道形成过程中的重要性[1]。这些水道时宽时窄、时有时无，但总体来讲是普遍存在的。由于北冰洋是陆地包围的海洋，流冰与固定冰之间会发生环绕北极而存在的冰间水道，被称为“环极冰间水道”(circumpolar flaw leads)。图 1 给出了曾经观测到的环极冰间水道，可见，这些水道在流冰与固定冰的交界处很普遍。

图 1 中海冰覆盖的海域有另外一个重要现象，称为冰间湖，是极区在达到结冰温度的天气条件下仍长期或较长时间保持无冰或仅被薄冰覆盖的冰间开阔水域的现象。在形成机制上，环极冰间水道有别于冰间湖。冰间湖分为两类：潜热型冰间湖是风与地形共同作用的结果，感热型冰间湖是局部对流维持的，而环极冰间水道是固定冰与流冰相对运动的结果。但是在热力学作用方面，二者有很多相似之处。

环极冰间水道是北极海冰的重要现象。虽然冰间水道区域海冰较少，但对大气和海洋的变化异常敏感，是研究冬季海冰气相互作用，以及北冰洋大陆架与深海盆相互作用过程的重要区域。冬季北极的气温很低，冰间水道的海水暴露在空气中，会迅速冷却，并冻结形成海冰；但在动力作用下该区域的海冰较周围的海冰薄很多，不断被海冰间的相对运动所破坏，从而保持冰间水道的开阔水状态[2]。环极冰间水道虽然在整个冬季长期存在，但水道的宽度普遍不大，环极冰间水道的总面积并不大。据初步的估计，北冰洋环极冰间水道所占的面积比例大约是北冰洋面积的 1%~2%[3]。

冰间水道的海水在冻结过程中不断地向冰下海洋析出盐分，使海水的密度增大而发生对流，将较深的水体置换到表面。因此，冰间水道虽然狭窄，其产生的高密度水体会在很大的区域范围内影响海洋结构[4]。与此同时，大范围的海洋可以为狭窄的环极冰间水道提供几乎是取之不竭的热量，支持海洋对大气的热量输送。

在寒冷的冬季，穿透海冰进入大气的热量少于 5W/m^{2}[5]，阻隔了海洋热量的散失。相比之下，冬季冰间水道提供的热量是非常巨大的，可以达到 600W/m^{2}[6, 7]，比夏季太阳辐射进入海洋的热通量(平均约为 150W/m^{2})大得多，产生强烈的气候效应。粗略估计，冬季由冰间水道提供的热量占到海洋提供总热量的 70%[8]，使北冰洋总的热通量达到 10W/m^{2} 以上，是冬季北极的主要热源。根据 SHEBA 计划 1997~1998 年连续观测结果表明，冬季北极海面的净辐射的热损失约为 50W/m^{2}[9]，可见，冰间水道提供的热量大大减缓了北极气温的降低，是维系北极气候系统的重要因素。

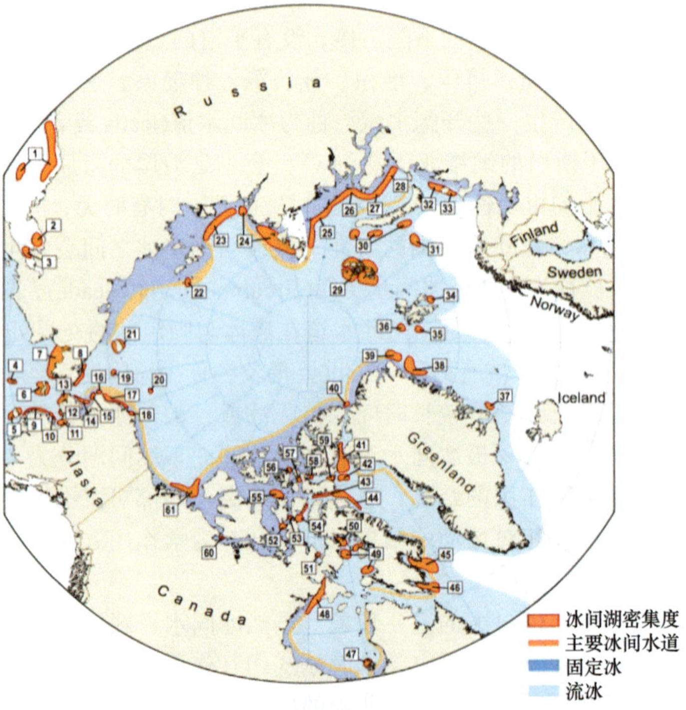

图 1　北极环极冰间水道[2]

其中，淡蓝区域为流冰，深蓝区域为固定冰，土黄色细线环极冰间水道，橘红色区域为冰间湖

此外，冰间水道面积虽然小，但由于其强大的热通量，对局地的天气和气候过程产生显著的影响。大气受到来自海洋的热量驱动而发生运动，形成大气物理结构明显的区域差异。因此，环极冰间水道对气候系统的贡献更趋于热力的、区域性的、中小尺度的，但会通过影响大气的动力学过程影响大气环流系统。冰间

水道在北极气旋的形成过程中扮演了重要的角色，而且与北极涛动过程密切相关，成为北极气候系统的关键要素[10]。

在卫星遥感问世以前，没有很好的手段观测冰间水道，人们对环极冰间水道只有基本的概念和少量的证据，对其空间结构和时间变化都缺乏清晰的认识。现在有了卫星遥感图像，相关的研究工作正在取得进展。在冬季，能够全天候观测海冰的只有微波传感器，用微波辐射计可以获取大范围的海冰影像，但影像最高的空间分辨率只有 6km，对于很窄的冰间水道难以识别[11]；而用合成孔径雷达则可以获取最高几十米分辨率的影像，可以识别冰间水道[12]。在没有云层的情况下，可以通过热红外频段获取海冰数据以识别冰间水道，成为了解冰间水道的重要手段[13]。尽管如此，人们对冰间水道的观测还很不充分。尤其是人们对环极冰间水道发生期间海洋的变化还只是一个概念，缺乏现场观测数据的支持。

虽然卫星遥感可以给出环极冰间水道的一些信息，但冰间水道的热力学特征和其下海水的结构变化都无法通过遥感得到，必须通过现场观测才能获得。由于冬季的考察航次极少，对环极冰间水道的现场观测几乎是空白。已经有了一些仪器用于北极海冰的长期观测，但由于在夏季和秋季无法预知环极冰间水道的位置，还无法在冰间水道布放自动观测仪器，获取冰间水道的数据可谓困难重重。

人们对于来自冰间水道的热量如何影响大气过程尚缺乏研究。来自海洋的热量主要有长波辐射、感热通量和潜热通量。其中，感热和潜热主要影响大气边界层，而长波辐射影响中高层大气。来自冰间水道的热量以感热和潜热为主，导致海洋的热量和水汽进入大气。大气系统对冰间水道热力强迫的响应与整体的大气环流有关。北极的大气环流系统很复杂，有高低压的配置、有涛动性气候变化、有形成阻塞的环境、也有来自中纬度的暖湿气流。人们对于大气对冰间水道强迫的响应还缺乏充足的认识，来自海洋的热力强迫在北极气候系统变化中到底占据怎样的地位还远未搞清楚。

综上所述，环极冰间水道是狭长的海洋现象，而且有显著的动态变化，一方面对大气有显著的热贡献，另一方面影响冰下海洋的运动，可以说是典型的海-冰-气耦合系统。这个系统不仅有局部的耦合变化，还可以将局部的信号传送到更大尺度的运动，成为影响北极气候的关键因素。迄今为止，人们对这个系统的认识相当初级，还需要更多的研究。

参 考 文 献

[1] Deming J W, Fortier L. Introduction to the special issue on the biology of the circumpolar flaw lead (CFL) in the Amundsen Gulf of the Beaufort Sea (Arctic Ocean). Polar Biology, 2011, 34(12), 1797-1801.

[2] Barber D G, Massom R A. The role of sea ice in Arctic and Antarctic Polynyas, in Polynyas:

Windows to the World. In: Smith W O, Barber D G. 2007, 74: 1-54, Elsevier Oceanography Series, doi: 10.1016/S0422- 9894(06)74001-6.

[3] Fichefet T, Morales Maqueda M A. On modelling the sea-ice – ocean system, Problemes non lineaires appliques 1994-1995. Modelisations Couplees en Climatologie, 1995, 76: 343-420.

[4] Stringer W J, Groves J E. Location and areal extent of polynyas in the Bering and Chukchi Seas. Arctic, 1991, 44(5): 164-171.

[5] Maykut G A. Large-scale heat exchange and ice production in the central Arctic. Journal of Geophysical Research, 1982, 7971-7984.

[6] Maykut G A. The surface heat and mass balance. In The Geophysics of Sea Ice. In: Untersteiner N. New York: Plenum Press, 1986, 395-464.

[7] Andreas E L, Murphy B. Bulk transfer coefficients for heat and momentum over leads and polynyas. Journal of Physical Oceanography, 1986, 16(11): 1875-1883.

[8] Marcq S B. Influence of sea ice lead-width distribution on turbulent heat transfer between the ocean and the atmosphere. Cryosphere, 2012, 6(1): 143-156.

[9] Perovich D, Moritz R C, Weatherly J.SHEBA: The Surface Heat Budget of the Arctic Ocean, National Science Foundation, 2003.

[10] Dmitrenko I A, Tyshko K N, Kirillov S, et al. Impact of flaw polynyas on the hydrography of the Laptev Sea. Global and Planetary Change, 2005, 48(1): 9-27.

[11] Röhrs J, Kaleschke L. An algorithm to detect sea ice leads by using AMSR-E passive microwave imagery. Cryosphere, 2012, 6: 343-352.

[12] Fily M, Rothrock D. Opening and closing of sea ice leads: Digital measurements from synthetic aperture radar. Journal of Geophysical Research, 1990, 95: 789-796.

[13] Willmes S, Heinemann G. Sea-Ice Wintertime Lead Frequencies and Regional Characteristics in the Arctic, 2003–2015. Remote Sensing, 2015, 8(1): 4.

撰稿人：赵进平　李　涛

中国海洋大学，jpzhao@ouc.edu.cn

高纬度海洋以何种方式发生海气耦合？

How the Air and Sea Couples in High-Latitudinal Oceans?

海洋是气候变化最活跃的因素之一。海洋与大气之间存在相互作用，有些强海气相互作用被称为海气耦合。最近几十年，由于ENSO(厄尔尼诺-南方涛动)是热带海气耦合年际变率的最强信号及其气候影响的全球性，对于热带海气相互作用有大量的研究成果，可以说，对于中低纬度海气耦合的架构有了非常清晰的认识[1]。在赤道西太平洋暖池的驱动下形成了太平洋赤道垂直断面上的大气沃克环流。一旦赤道东风减弱，太平洋将进入厄尔尼诺期的海气耦合模式[2]。赤道印度洋通过“电容器效应”，起到“充电”和“放电”的作用，迟滞海洋对于气候系统的影响[3]。总之，热带海温的异常加热作用可以激发出大气环流的强烈变化。

而过去一般认为，在高纬度海域是不可能发生与低纬度一样的强海气耦合运动的。首先，低纬度海域温度很高，西太平洋暖池的水温可以高于28℃，海洋有大量的能量可以提供给大气；而高纬度海洋的温度很低，通常只有10℃以下，甚至还有接近0℃的海域。这样低温度的海水热含量很低，即使发生海气耦合，也不能提供很多的能通量，对大气运动的影响有限。第二，低纬度气温很高，大气稳定性较差，容易产生上升气流，将海洋的热量带向高空，改变大气环流，形成海气耦合过程；而高纬度海域近表面气温低，大气稳定度高，不容易发生上升运动，海气相互作用只发生在大气边界层之内，难以形成海气间的强耦合变化。第三，很多海域有海冰覆盖，穿越海冰进入大气的热量很少，海冰事实上阻隔了海气之间的热量交换，强烈抑制了海气之间的耦合变化。

因此，在海气相互作用研究领域，人们往往将大气的对流层与海洋的上混合层相比拟，将大气的对流层顶与海洋的主温跃层相比拟，可以看出海洋大气的差异：低纬度海区对流层顶最高，达到17km，高纬度对流层顶低，只有不到10km。海洋恰恰相反，低纬度海洋的上混合层深度最浅，只有100m的量级；而高纬度海洋的上混合层是对流产生的，其深度可以达到数千米的量级[4]。热带大气是不稳定的，而高纬度大气是稳定的；热带海洋是稳定的，而高纬度海洋是不稳定的。因此，热带海洋SST与热带大气决定着中层大气的状态，与大气的经向环流相联系；而高纬度海洋混合层决定着深海水团的特征，与大洋经向环流相联系(图1)。研究认为，热带海温对大气有明显的驱动作用，而高纬度海温对大气的强迫作用很弱，即使存在也不足以驱动大气的运动。因此，热带外大气环流异常与海温异常超前相关[5]，而中纬度的海气相互作用主要是大气对海洋的强迫，特别是在冬季[6]。在热带海洋，由海洋释放的潜热和感热通量与 SST 呈现正相关，表明海洋的热状况决定向大气输送的热量；而在热带外的海洋，潜热和感热与 SST 的变化趋势呈负相关，即向下的热通量导致海温的升高趋势[7]，反映了大气对海洋的强迫。

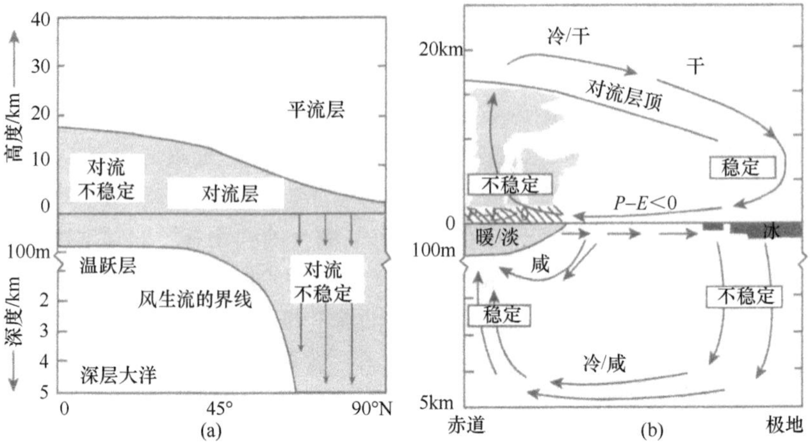

图 1　海气快速相互作用的区域(a)和简化的全球气候系统经向环流(b)示意图[8]

然而，近年来，全球变化引起北极增暖，北极海冰快速消融 [9]，人们普遍认为北极加速增暖是由于北极自身的海气耦合造成的，唤起人们对高纬度甚至极区的海气相互作用的关注。研究工作表明，虽然高纬度大气整体上是稳定的，但只要存在海洋对大气的加热，近海面气温较大幅度的升高，大气就会变得不稳定，发生与热带海气相互作用相似的耦合现象。

在南大洋，海气相互作用的格局主要表现为大气对海洋的强迫，而海洋对大气的作用以响应为主。南半球强大的西风起支配作用，而来自南极大陆的下降风强度也非常强，驱动海水和海冰的运动。海洋对大气有很好的响应，发生风生的流动和辐聚辐散运动，产生海冰和冰间湖的季节变化。海洋的这些变化对大气环流只有弱的反馈作用，与大气的强迫作用不在一个量级上[10]。从海气耦合的角度看，是一种很弱的耦合，是在气候尺度上发生的耦合(见本书“1950 年以来南极绕极波为何只存在 8 年？”一节)。然而，在南极冰间湖海域，这种相互作用格局被颠覆了。在威德尔海，冰间湖上方的平均气温比没有冰间湖时高约 20℃，云量高约 50%，感热通量和潜热通量分别为 150 W/m^2 和 50 W/m^2，达到赤道暖池的热通量水平[11]。冰间湖下的海水产生强大的深对流，形成南极底层水。虽然冰间湖的范围很小，但其对大气环流的影响是不可忽视的。

在北冰洋，海气耦合过程有以下三种类型。

第一类是暖池类型。与西太平洋暖池类似，靠来自海洋的热量和局地上升运动带动大气环流，从而反馈于海洋。在北欧海，由于挪威暖流北上进入北欧海，那里成为北极圈内最暖的海域，很像是高纬度的暖池。虽然北欧海的温度远远低于赤道海域，但比极区其他海域的水温要高很多，其温差很大，可以产生类似于暖池的大气和海洋运动。在冬季最强的时候，北欧海的感热通量和潜热通量都可以达到 100 W/m^2 以上，其中格陵兰海的潜热通量可以达到 150W/m^2 以上[12]。

第二类是表面冷却型。在北极的很多海域，只要存在开阔水域，海洋就会向大气散热，海洋的热量进入大气，改变大气的运动。这种类型看起来很像暖池类型，但其实很不一样。暖池的热量主要在表层海水，海水中的热量支持海洋与大气的耦合。而在表面冷却类型中，冷却之后的表层海水，已经没有能量提供给大气了。表面冷却后，会引起表面海水的密度增大，导致高密度海水下沉，形成对流。对流将表面低温海水带向深处，而将深处相对较为温暖的海水带向表面，相当于很大深度的海水参加海气间热量的输送，形成这种低温海域特殊的海气相互作用，见本书“斯瓦尔巴群岛附近如何发生大型感热冰间湖？”一节。

第三类是结冰析盐型。当气温降低，海面结冰之后，海冰中的盐度被析出，导致表层海水盐度升高，密度增大，引起对流，同样将深层海水中的热量带到海洋表面。表面结冰后的对流引起额外的向上热通量，增加了海洋对大气的热贡献，减缓了海冰的进一步冻结，形成秋季北极极具特色的海洋对大气的作用。这种类型与表面冷却型有很大差异，表面结冰引起的海水密度变化少，通常不会产生深对流，而是形成数十米厚的对流混合层[13]。

这几类高纬度的海气相互作用都有一个共同的特点，那就是都是海洋向大气输送热量，海洋起主导作用，只是来自海洋的热量出自不同的物理过程。高纬度大气的温度一般总是低于海洋，特别是在冬季，有些情况下发生的无冰海洋向大气输送热量与低纬度海域的情况高度相似。高纬度海气耦合的另一个特点是，这些强海气耦合大都发生在较小的无冰区域内，具有局域耦合的特征，在广大区域的大气仍然是非常稳定的[14]。由于北极大气对海洋热力强迫的响应很显著，因而当海冰大范围减少后局域耦合的尺度会随之变大，进而引起气候发生显著的变化。

高纬度海气耦合的研究是气候研究的薄弱点。第一，由于高纬度海区的海气耦合主要发生在冬季，而冬季几乎没有考察航次，可资使用的数据非常少，对其缺乏最起码的定量认识。在北极的海气耦合过程中，大气和海洋同步发生变化，对这些变化的同步观测依据非常稀少。第二，从原理上看，海气耦合是海洋与大气之间存在相互联系的运动；如果看不出大气的反馈，对这种耦合的认识将是不完整的。北极的大气运动是一个复杂的系统，是很多作用因素共同作用的结果，很难说清楚一个局部的海洋强迫会产生什么运动。第三，从数据上看，海洋与大气变化相关性很好的现象很多，有些确实是海气耦合，而有些不是；但由于缺乏研究，真正得到确认的海气耦合现象还不多。此外，北极地区的海气相互作用是在特定的时间尺度和空间尺度上发生的，迄今为止，这些尺度的关系并没有搞清楚，直接导致对高纬度海气耦合的认识不足。

参 考 文 献

[1] 刘式适，蒋循，刘式达，等，地球自转与 El Niño——海气耦合理论．地球物理学报，2001, 44(4): 477-489.

[2] 温娜，刘征宇．海洋对大气反馈的研究进展及其诊断方法讨论．大气科学学报，2013, 36(2): 246-255.

[3] Yang J, Liu Q, Xie S, et al. Impact of the Indian Ocean SST basin mode on the Asian summer monsoon. Geophyscs Research Letter, 2007, 34: L02708.

[4] Gascard J C, Watson A J, Messias M J, et al. Long-lived vortices as a mode of deep ventilation in the Greenland Sea. Nature, 2002, 416(6880): 525-527.

[5] Wallace J M, Jiang Q. On the observed structure of the interannual variation of the atmosphere/ocean climate system. Atmospheric and Oceanic Variability. In: Cattle H. Roy. Meteor. Soc., 1987, 17-43.

[6] 张学洪，俞永强，刘辉．冬季北太平洋海表热通量异常和海气相互作用——基于一个全球海气耦合模式长期积分的诊断分析．大气科学，1998, 22(4): 511-521.

[7] Cayan D R. Latent and sensible heat flux anomalies over the northern oceans: Driving the sea surface temperature. Journal of Physical Oceanography, 1992, 22: 859-881.

[8] 张学洪，俞永强，周天军，等．大洋环流和海气相互作用的数值模拟讲义．北京：气象出版社.

[9] Screen J A, Simmonds I. The central role of diminishing sea ice in recent Arctic temperature amplification. Nature, 2010, 464: 1334–1337, doi: 10.1038/nature09051.

[10] Massom R A. Antarctic Air-Sea-Ice Interactions - Physical and Ecological Implications. In: Marine Science in a Changing World. 9-13 July 2007, Melbourne, Australia.

[11] Moore G W K, Alverson K, Renfrew I A.A reconstruction of the air–sea interaction associated with the Weddell polynya. Journal of Physical Oceanography, 2002, 32(6): 1685-1698.

[12] 赵进平，Drinkwater K.北欧海主要海盆海面热通量的多年变化．中国海洋大学学报，2014, 44(10): 9-24.

[13] Timmermans M-L, Proshutinsky A, Golubeva E, et al. Mechanisms of Pacific Summer Water variability in the Arctic's Central Canada Basin. J. Geophys. Res. Oceans, 2014, 119: 7523-7548.

[14] Bourassa M A, Gille S T, Bitz C, et al. High-Latitude Ocean and Sea Ice Surface Fluxes: Challenges for Climate Research. Bulletin of the American Meteorological Society, 2013, 94(3): 403-423.

撰稿人：赵进平

中国海洋大学，jpzhao@ouc.edu.cn

北白令海生态系如何从底栖为主转变为浮游为主？

How to Shift to a Pelagic-Dominated Ecosystem from a Benthic-Dominated Ecosystem in Northern Bering Sea?

在世界海洋中，海洋生态系统大多是以浮游生态系统为主体。从春季开始，浮游植物在日渐增强的阳光照射下光合作用，如果有充足的营养物质，浮游植物就会大量繁殖。浮游植物的旺发供养了大量浮游动物，进而供养了鱼类和哺乳动物，形成生机勃勃的海洋。这种生态系统的整个食物网都发生在真光层内的上层海洋，因而称为海洋浮游生态系统[1]。在这种条件下，海底仍然有底栖生物，但是他们的食物主要是浮游生物的粪便和碎屑，且随着水深增加，其食物源越来越少，因此，底栖生态系统是相对弱小的。所以，大多数海洋都是以浮游生态系统为主。

难道还有什么海域不是这样吗？有的，那就是北白令海。白令海的绝大部分是深海，只有东部是陆架海。白令海陆架的南部终年无冰，是世界最为富饶的海域之一，也是美国最大的渔场。而白令海陆架北部(简称“北白令海”)在冬季有海冰覆盖，厚度可以达到 1m 以上。在冬季强劲北风的作用下，在圣劳伦斯岛以南形成大量冰间湖。海洋通过冰间湖散热而形成对流，导致海水的温度接近冰点，同时将底层的营养物质输送到表层。由于特殊的动力学作用，该海域的低温水体一直保留到夏季，成为四季存在的冷水团[2](图 1、图 2)。春季，海冰在 4 月开始融化，浮游植物开始大量繁殖。由于该海域水温低，浮游动物和一些底栖鱼类稀少，

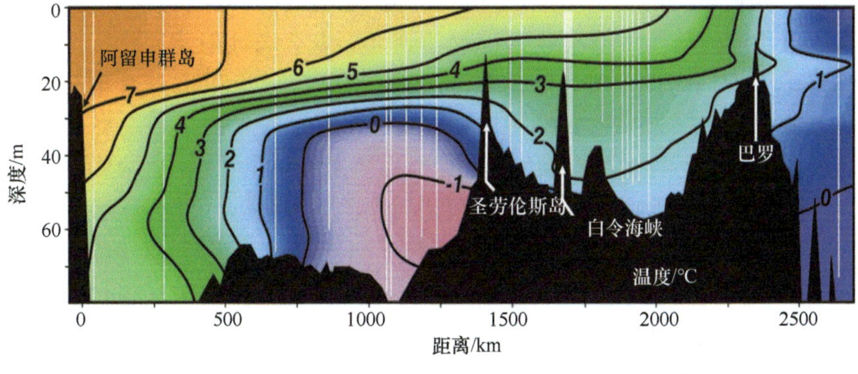

图 1 从美国阿拉斯加州南部的阿留申群岛到北部的巴罗 7 月平均水温的分布

图中在圣劳伦斯岛南边的紫色区域是北白令海的冷水团，底层水温<0℃[8]

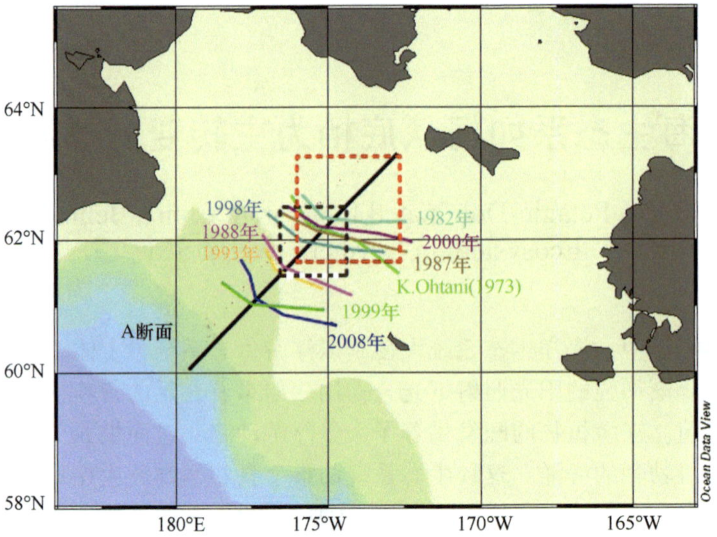

图 2　历年白令海冷水团南部边缘的位置[2]

浮游植物的果实没有被大量消耗，而是沉降在海底，成为底栖生物的丰富食物[3]，形成了独特的以底栖生态系为主的海域[4]。

这种低温的海水和异乎其他海域的丰富果实供养了底栖生物，形成了富饶的底栖生态系统，与其他海域贫瘠的海底形成鲜明的对照[5]。科学家在北白令海做底栖生物考察时，用数码摄像机可以看到密集的底栖生物群落，用底拖网每次都能拖到大量的底栖生物。在不同的区域，底栖生物的主要种群不同，有的是螃蟹，有的是海星，还有的是海螺。富饶的底栖生物成为终年不断的食物源，供养了鲸鱼、海豹、海象等大型哺乳动物[6]和种类众多的海鸟[7]。

然而，北白令海的这种生态系统正受到严峻的挑战。由于全球变暖，北白令海的海冰融化期提前，大致从 4 月底提前到 4 月初。海冰融化提前使得太阳对海水的加热率大大提高，水温迅速上升，大量的浮游动物更早地进入北白令海，浮游植物及其果实未及成熟就被浮游动物消耗，供养了庞大的浮游动物种群，形成了与其他海域类似的浮游生态系统，北白令海生态系发生了系统性的转换[8]。沉积物中氧的摄取量是底栖生物碳供给的重要指标，圣劳伦斯岛南部夏季的溶解氧监测表明，1988 年溶解氧摄取量约为 40 mmol/(m^2·d)，而到 1998 年以后这一数字大幅减少为 12mmol/(m^2·d)。底栖生物存量也从约 40 g C/m^2 减少到约 20 g C/m^2 [8]。由于没有足够的食物，底栖生物遇到了空前的饥荒，种群大量减少，有些底栖生物种群几乎消失，北白令海特有的底栖生态系统趋于消亡[9]。底栖生物的减少对鸟类也产生了灭顶之灾，鸟类种群数量大幅下降[10]。

在历史的长河中，地球上的环境曾发生多次的变迁，生态系统随之响应，发生体系的转换，都属于正常状态。更何况，生态系统从一个体系转到另一个体系也未必是什么坏事，一些生物消失而另一些生物会出现，正是自然界的奇妙所在。而不同的是，此次北白令海的生态系统转换是伴随着全球变暖的步伐发生的，全球变暖过程是人类活动引起的，因此，我们有必要将北白令海生态系统的转换看成是大自然对人类活动的响应，是全球变暖效应的一个侧面，为我们研究全球变化提供了一个新的视角。同时，北白令海的变化让我们看到自然界的另外一种机制，即通过海冰的变化调节海洋温度，从而影响生态系统的变迁。这种过程还可能发生在更多的海域，对整个北冰洋的生态系统产生根本性的影响。

虽然生态系统的变迁是容易理解的，但在科学上还是一大难题，很多相关的认识还停留在概念上，需要深入研究生态系统的演化过程，才能详细地认识生态系统转换的细节。我们需要知道气温变暖后冰间湖的变化特征，从而估计对流的变化，以及营养盐总量的变化；需要知道不同浮游植物的生长周期，以及对营养盐的消耗特征；需要研究不同浮游动物对浮游植物的偏好，认识支持浮游生态系的食物网结构；需要研究是否有更为丰富的营养盐供给，使该海域的生产力更加强大，让底栖生物也能有充足的食物。最为重要的是，气候增暖已经停滞了十余年[11]，未来的气候变化趋势还有各种可能，北白令海的生态系统是否会回归。希望这些问题都能在未来的研究中得到解决。

参考文献

[1] 张武昌，张翠霞，肖天. 海洋浮游生态系统中小型浮游动物的生态功能. 地球科学进展，2009, 24(11): 1195-1201.

[2] 王晓宇，赵进平. 北白令海夏季冷水团的分布与多年变化研究. 海洋学报，2011, 33(2): 1-10.

[3] Lovvorn J R, Cooper L W, Brooks M L, et al. Organic matter pathways to zooplankton and benthos under pack ice in late winter and open water in late summer in the north-central Bering Sea. Marine Ecology Progress, 2005, 291(1): 135-150.

[4] Grebmeier J M, Smith W O, Conover R J. Biological Processes on Arctic Continental Shelves: Ice-Ocean-Biotic Interactions. Arctic Oceanography: Marginal Ice Zones and Continental Shelves. American Geophysical Union, 1995: 231-261.

[5] Wyllie-Echeverria T, Wooster W S. Year to year variations in Bering Sea ice cover and some consequences for fish distributions. Fish Oceanography, 1998, 7: 159-170.

[6] Moore S E, Grebmeier J M, Davies J R. Gray whale distribution relative to forage habitat in the northern Bering Sea: Current conditions and retrospective summary. Canadian Journal of Zoology, 2003, 81(81): 734-742.

[7] Lovvorn J R, Richman S E, Grebmeier J M, et al. Diet and body condition of spectacled eiders wintering in pack ice of the Bering Sea. Polar Biology, 2003, 26: 259-267.

[8] Grebmeier J M, Overland J E, MooreS E, et al. A Major Ecosystem Shift in the Northern Bering Sea. Science, 2006, 311: 1461-1464.

[9] Krupnik I, Jolly D. The Earth is Faster Now: Indigenous Observations of Arctic Environmental Change. Fairbanks: Arctic Research Consortium of the United States, 2002, 384.

[10] CooperL W, Janout M, FreyK E, et al. The relationship between sea ice break-up, water mass variation, chlorophyll biomass, and sedimentation in the northern Bering Sea. Deep Sea Research II65–70, 2012, 141-162.

[11] Chen X Y, Tung K K. Varying planetary heat sink led to global Warming slowdown and acceleration. Science, 2014, 345: 897-903.

撰稿人：赵进平

中国海洋大学，jpzhao@ouc.edu.cn

科普难题

北极变暖对海洋生态系统有深远影响吗？

Does Arctic Warming Have a Profound Impact on the Marine Ecosystems?

北极是指 66°34′N(北极圈)以北的广大区域，包括极区北冰洋、边缘陆地海岸带及岛屿、北极苔原和最外侧的泰加林带。近年来全球变化导致了北极地区生态环境的显著变化，最直接的变化就是气温的升高，根据联合国与加拿大政府专家的说法，过去十年，北极附近气温上升的速度，比地球其他地区快两倍，这种现象被称为“北极放大”(arctic amplification)[1]。

北极变暖使得北极海冰储量迅速下降。海冰是南极、北极海域共有的最主要特征，其中绝大部分以浮冰的形态存在。南极海域的浮冰主要是当年冰，而北极海域存在着大量的多年冰，海冰覆盖面积和多年冰现存量日益减少[2]。卫星资料显示，从 20 世纪 70 年代开始北极海冰覆盖面积以每 10 年约 3%的速率在减少[3]，其中永久性海冰覆盖的面积在 1978~1998 年的 20 年间减少了约 14%[4]。进入 21 世纪，夏季北极海冰覆盖范围持续减少，到 2007 年，北极海冰的范围锐减了 30%，使世界为之震惊[5]。有全球气候模式研究显示，按照目前海冰的减少速度，北冰洋最早将在 2050 年前后出现夏季基本无冰的状态[6]。海冰覆盖面积的减少，将严重影响该海域的水文状况和降水量。有研究表明北极地区的降水量呈逐年增加的趋势，导致欧亚六大河流对北冰洋的年平均淡水输运量在 1936~1999 年增加了 7%[7]。

除了上述几个方面以外，还有其他一些环境变化也引起了人们的广泛关注。例如，在过去的 20 年中，北极上空臭氧层损耗达 10%~15%[8]。大气中温室气体浓度的增加，以及低层大气的增温将会阻碍热量向高层大气的传输，而北极上空较低的平流层温度会加速臭氧的损耗。此外，径流会携带重金属、农药和其他各种污染物进入北冰洋，其中的溶解污染物可能会通过北极贯穿流而影响整个北冰洋。对从海洋甲壳类到大型哺乳类的大量研究均显示，北极生物体内存在明显的污染物生物学富集现象并在食物链中传递[9, 10]。对生物生长具有重要影响的环境要素如温度、盐度和营养盐等也受到影响。罗蒙诺索夫海脊是北冰洋来源于大西洋和太平洋中层水的分界线。最近有研究显示，由于北冰洋海盆中来自大西洋水量的增加，东、西盐跃层的分界线已从罗蒙诺索夫海脊平行被推移到了门捷列夫海脊附近[11]。大西洋水的温度在升高，最高升温达 1.5℃，导致冷盐跃层变薄，马卡洛夫海盆上表层盐度增加。调查同时显示，波弗特海表层盐度下降，融冰量增加，作为北冰洋营养盐重要来源的北太平洋入流水水量在减少[11]。

北极变暖以及由此引发的一系列环境改变，无疑会对该地区的海洋生态系统产生很大的影响。首先，海洋生态系统的初级生产力有望增加。北冰洋常年被海冰覆盖，那里曾是世界上生产力最低的海域。然而海冰覆盖面积减少会导致进入水中的光照增强，以及浮游植物生长速率的提高，加之海冰融化后的海域营养盐含量较高及水温升高，会导致浮游植物大量繁殖。对格陵兰岛以西生物群落的模式研究显示，海冰消失将使该海域的初级生产力增加 50%以上[12]。融冰时间的延长，会导致生长季节延长，而融冰期间的温盐跃层向北延伸，同样会导致冰缘初级生产力的增加。部分环境变化，如臭氧空洞的扩大以及紫外辐射的增加，会对初级生产造成一些负面影响。但数字模拟显示，尽管紫外辐射会明显减少海水表层的浮游植物产量，但由于紫外线在水中和海冰中衰减迅速，对整个真光层的累计初级生产力的影响微乎其微[13]。就总体而言，在冰融初期，北极的环境变化很可能促进初级生产力的增加，从而提高整个北冰洋的生物总量[14]。而随着无冰期的延长，由于上层营养盐利用殆尽，可能导致在一些深海盆区的生物量会下降[15]。

其次，环境条件的变化可能会引起群落结构的改变。随着海冰覆盖面积的逐年减少，海冰消失海域原有的生物群落将消失，从而影响食物链结构。淡水径流的增加，将更多的淡水物种带入北冰洋，导致海冰硅藻丰度下降，淡水绿藻在海冰内部和冰-水界面的优势性增加，而原本常见的线虫和桡足类等逐渐在整个冰心柱中消失[16]。另外，海洋水团的变化和北大西洋入流水的增加，会影响生态系统中大西洋种类所占的比例和分布特征。同时随着水温的升高，较暖区域物种的分布将逐渐向北扩展，几乎全部亚北极的物种都发生北上迁移现象[17]。在正常的历史年份里，当春季到来，进入海水的太阳辐射增加时，海洋表层的浮游植物大量繁殖，这为次级生产者(如桡足类中的哲水蚤)提供了重要的营养来源，因此成为海洋食物网的重要贡献者。由于桡足类生活史中繁殖期是营养需求最高的阶段，因此它们的种群能否成功生长依赖于繁殖期与浮游植物藻华期的同步。当桡足类从表层水中退去后，另一重要的浮游动物类群，原生浮游动物(纤毛虫和异养腰鞭毛虫)有明显增加。在夏季中期以后，原生浮游动物成为浮游植物群落的主要摄食者(图 1)。

而北极变暖导致海冰较早融化，使得春季浮游植物的暴发提前出现，如果桡足类无法适应，即将繁殖期与此同步的话，将导致食物资源不足并大大降低繁殖成功率。无冰期的延长可能会使更多的有机物质流向底栖生物和原生浮游动物(图 2)。紫外辐射也会对不同浮游生物种类的分布产生影响，且这种影响存在着种间差异。特别是对纤毛虫和轮虫，紫外辐射对不同种类的生长的影响可能完全相反[19]，因而紫外辐射的增加会影响整个微、小型浮游生物群落的结构，进而影响整个食物链结构。

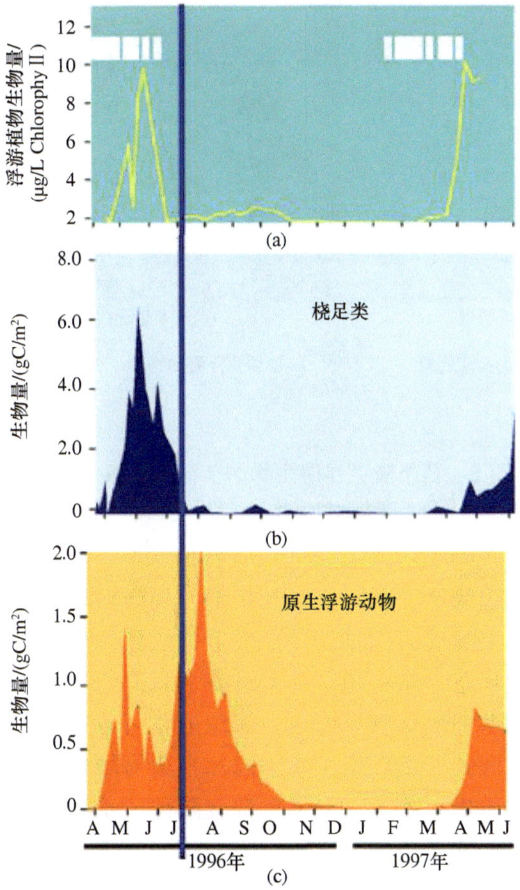

图 1　1996~1997 年西格陵兰海冰覆盖、浮游植物、桡足类和原生浮游动物(纤毛虫和腰鞭毛虫)的季节演替

海冰覆盖由图(a)中的白色区域表示，垂直的蓝色标线表示当表层水中桡足类生物量下降而使得原生浮游动物出现另一个峰值的时间点[18]

除了对浮游生物的影响，环境条件的改变使一些大型海洋哺乳动物的生存面临挑战。随着海洋环境的变化和浮冰的进一步消融，北冰洋的初级生产力有望增加，有些乐观的科学家希望看到北冰洋能像其他海域一样繁衍丰富的生物，成为富饶的海上牧场。然而，海冰退缩对以海冰作为栖息和捕食场所的北极大型哺乳动物而言，却是事关生死存亡的浩劫，如北极熊和海象等，均适应了以北极浮冰为栖息、捕食和繁殖平台的生活习性。海冰的消退，无疑会影响到它们的生存[20]。北极环海豹通常生活在海冰边缘区，它们是北极熊的重要食物来源。过去由于海冰边缘区被压缩在很狭窄的范围，北极熊捕食集中生活在那里的海豹，能够比较容易获取足够的食物，在身体里储备大量脂肪度过寒冬。现在北极海冰缩减，海

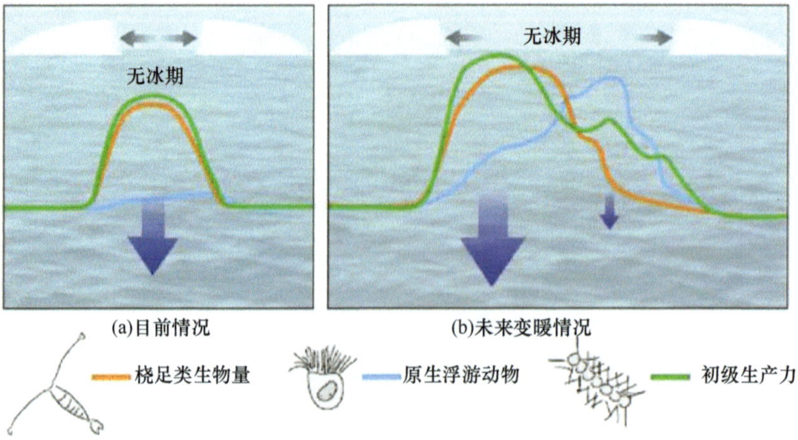

图 2　西格陵兰浮游生物季节演替的概念模型

蓝色箭头表示有机物质的沉降，在变暖的情况(b)，初级生产的增加，以及更多有机物质流向底栖群落和原生浮游动物群落将可能出现[18]

冰大范围破碎，海冰边缘区面积扩大了很多倍，导致海豹分散在很大的范围，北极熊捕食时要消耗比以往更多的体力，仍很难捕食到海豹。为此，北极熊由于食物不足经常处于饥饿状态，体重和出生率显著下降，危及种群生存[21]。北极处于濒危状态的另一种大型哺乳动物是海象。海象通常可以下潜到几十米深的海底，用长长的牙齿刨食海底的贝类。由于春季海冰覆盖海域从大陆架海域迅速退缩到北冰洋深水区，这对于以海冰为平台主要捕食陆架浅水海域贝类的海象，将是极具破坏性的。此外，北冰洋环境污染物由于海冰的减少而加剧了扩散和进入食物链的速度，这将损害哺乳动物的繁殖、发育和免疫功能[14]。

综上所述，北极变暖及其引发的环境变化，可能会对北极海域初级生产量、群落结构和整个海洋生态系统产生深远的影响，但就具体的群落演替模式和种群适应策略仍具很大的不确定性。

目前对于过去几十年里北极海冰覆盖面积变化的主因是气候变化的自然波动，还是全球变暖尚不确定。对海冰厚度变化的认识，仍有较大分歧。这也给预测北极海洋生态系统的演变方向带来很大的不确定性。针对北极环境复杂性，美国于 2001 年 1 月提出北极环境变化研究(SEARCH)科学计划，挪威提出了以挪威特罗姆索和斯瓦尔巴群岛的朗依尔城为节点建立北极海洋生态系统研究网络(ARCTOS network)。重要的北极生态国际研究计划还有 IPY 计划和 PACES 计划等，IPY 科学研究计划主要关注气候变化影响及其适应。目前，人类对即将面临的变化认知还很不充分，迫切需要加快相关的基础研究以及开展广泛的国际合作，以保证人类社会与自然环境的和谐发展[22]。

参考文献

[1] Screen J A, Deser C, Simmonds I. Local and remote controls on observed Arctic warming. Geophysical Research Letters, 2012, 39(10), doi: 10.1029/2012GL051598.

[2] 何剑锋. 北极浮冰生态学研究进展. 生态学报, 2004, 24(4): 750-754.

[3] Parkinson C L, Cavalieri D J, Gloersen P et al. Arctic sea ice extents, areas and trends, 1978-1996. Journal of Geophysical Research Oceans, 1999, 104: 20837-20856.

[4] Johannessen O M, Shalina E V, Miles M W. Satellite evidence for an Arctic sea ice cover in transformation. Science, 1999, 286: 1937-1939.

[5] Perovich D K, Richter-Menge J A, Jones K F, et al. Sunlight, water, and ice: Extreme Arctic sea ice melt during the summer of 2007. Geophysical Research Letters, 2008, 35(11): L11501.

[6] Flato G M, Boer G J. Warming asymmetry in climate change simulations. Geophysical Research Letters, 2001, 28(1): 195-198.

[7] Wang X, Key J R. Recent trends in Arctic surface, cloud, and radiation properties from space. Science, 2003, 299: 1725-1728.

[8] Thompson D W J, Wallace J M. Annual modes in the extratropical circulation, part Ⅱ: Trends. Journal of Climate, 2002, 13: 1018-1036.

[9] Hoekstra P F, O'Hara T M, Pallant S J et al. Bioaccumulation of organochlorine contaminants in bowhead whales (*Balaena mysticetus*) from Barrow, Alaska. Archives of Environmental Contamination & Toxicology, 2002, 42(4): 497-507.

[10] Hoekstra P F, O'Hara T M, Fisk A T et al. Trophic transfer of persistent organochlorine contaminants (OCs) within an Arctic marine food web from the southern Beaufort-Chukchi Seas. Environmental Pollution, 2003, 124(3): 509-522.

[11] Morison J, Aagaard K, Steele M. Recent environmental changes in the Arctic: A review. Arctic, 2000, 53: 359-371.

[12] Hansen A S, Nielsen T G, Levinsen H et al. Impact of changing ice cover on pelagic productivity and food web structure in DiskoBay, West Greenland: A dynamic model approach. Deep-Sea Research, 2003, 50: 171-187.

[13] Arrigo K R, Lubin D, van Dijken G L et al. Impact of a deep ozone hole on Southern Ocean primary production. Journal of Geophysical Research, 2003, 108: 249-260.

[14] 王桂忠, 何剑锋, 蔡明红, 等. 北冰洋海冰和海水变异对海洋生态系统的潜在影响. 极地研究, 2005, 17(3): 165-172.

[15] Cai W J, Chen L, Chen B, et al. Decrease in the CO_2 uptake capacity in an ice-free Arctic Ocean basin. Science, 2010, 329: 556-559.

[16] Melnikov I A, Kolosova E G, Welch H E et al. Sea ice biological communities and nutrient dynamics in the CanadaBasin of the Arctic Ocean. Deep-Sea Research, 2002, 49: 1623-1649.

[17] Dalpadado P, Ingvaldsen R, Hassel A. Zooplankton biomass variation in relation to climatic conditions in the Barents Sea. Polar Biology, 2003, 26(4): 233-241.

[18] Michel C, Bluhm B, Gallucci V. Biodiversity of Arctic marine ecosystems and response to climate change. Biodiversity, 2012, 13: 200-214.

[19] Wickham S, Carstens M. Effects of ultraviolet-B radiation on two arctic microbial food webs.

Aquatic Microbial Ecology, 1998, 16: 163-171.
[20] Kerr R A. A warmer Arctic means change for all. Science, 2002, 297: 1490-1493.
[21] Stirling I, Lunn N J, Iacozza J. Long-term trends in the population ecology of polar bears in western Hudson Bay in relation to climate change. Arctic, 1999, 52(3): 294-306.
[22] 赵进平. 北极海冰缩减对海洋生物的影响. 大自然, 2010, 4: 12-14.

撰稿人：杨金鹏　殷克东
中山大学，yinkd@mail.sysu.edu.cn

冰间湖中初级生产力升高带来消费者怎样的变化？

How Thriving of Primary Production in Polynya Affects the Predators?

冰间湖是极地海洋的无冰区，通常发生在每年的同一时间和地点，是季节性被海冰包围的开放水域。常见的如南极威德尔海和阿蒙森海中都会出现冰间湖。冰间湖的出现，可以增强海洋向大气进行水汽输送和热量输送[1]，上升的高温水在海洋上层降温，稳定度减少，海水垂直混合加强，对深层水和底层水的形成产生较大影响[2]。作为大气和极地海洋之间的能量转移中心，冰间湖孕育了较高的初级生产力，能够吸引浮游动物和海洋哺乳动物的摄食，维持了这一地方的高营养值[3]，日益成为生态学的研究热点(图 1)。

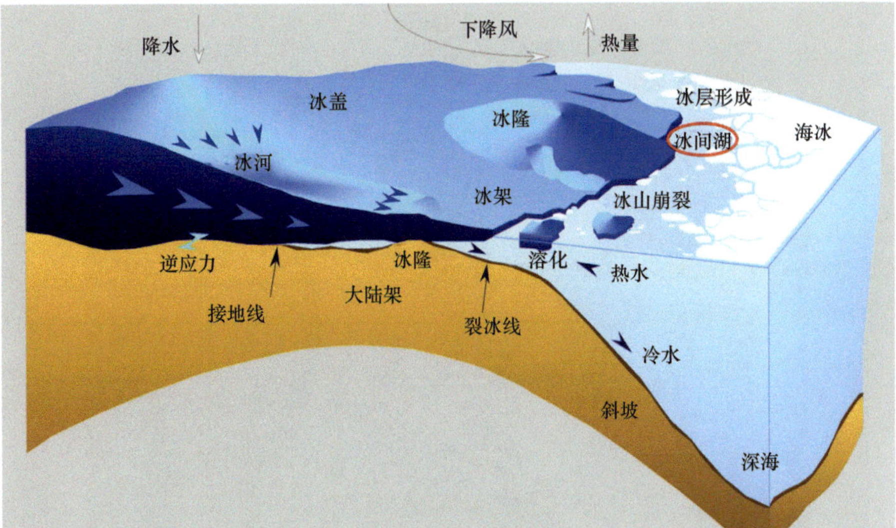

图 1　冰间湖的形成
https://en.wikipedia.org/wiki/Polynya

冰间湖中浮游植物固定的碳大部分被浮游动物消费者摄食。中型浮游动物(>200 μm)和微小型浮游动物(2~200 μm)是浮游植物的主要摄食者，微小型浮游动物从粒径上又可划分为小型浮游动物(micro-，20~200 μm)和微型浮游动物(nano-，2~20 μm)。而浮游植物和微小型浮游动物的粒径太小，一般不能作为鱼类的饵料，中型浮游动物才是鱼类的饵料。大量的无脊椎动物和鱼又为海鸟和哺乳动物提供食物。浮游动物可以被视为初级生产者和更高的营养水平之间的营养联系的枢纽。

Hopkins 等的研究中可以看出，冰间湖中高产量的浮游植物能够带动植食型浮游动物(如桡足类)的生长，并且影响鱼类的生物量[5]。南极冰间湖中的主要生产力是微藻，如南极棕囊藻和硅藻。这两种浮游植物的贡献可以影响生物地球化学循环和区域生态。研究表明浮游动物在罗斯海冰间湖中对南极棕囊藻的影响较小，而在其邻近的特拉诺瓦湾冰间湖对一些较小的硅藻水华的影响较大。尽管在理想状态下，硅藻和南极棕囊藻都很容易被摄食，但特拉诺瓦湾冰间湖中的浮游硅藻生长缓慢，主要因为浮游硅藻被浮游动物大量摄食，带来浮游动物较高的丰度。相反地，在罗斯海冰间湖中，南极棕囊藻生长爆发迅速，浮游动物摄食速率极小，因此浮游动物生物量相对较少。这些表明，浮游动物在罗斯海冰间湖中的低丰度可能是无法大量摄食南极棕囊藻的结果[6](图 2)。

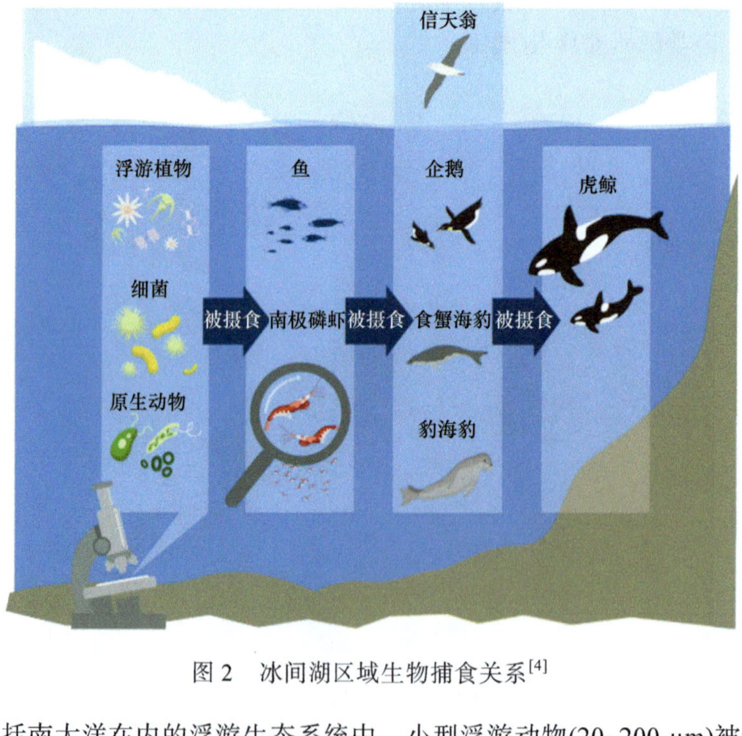

图 2　冰间湖区域生物捕食关系[4]

在包括南大洋在内的浮游生态系统中，小型浮游动物(20~200 μm)被认为是生物地球化学循环中初级生产力的重要消费者[7]。其中，浮游纤毛虫是小型浮游动物最基础的组成部分，并且在海洋食物网中扮演着不可或缺的角色。由于它们的生活史短，并且有一层纤弱的外膜，所以纤毛虫对于外部环境变化的响应速度比大多数多细胞的浮游动物都迅速。长期以来，它们被视为能量传递中的重要媒介，特别是从浮游植物初级生产力到更高的营养级(如桡足类)的传递过程中扮演重要作用[8, 9]。南大洋磷虾、桡足类等会在一定条件下对纤毛虫进行选择性摄食。大量研究表明，纤毛虫等原生动物含有大量的必需脂肪酸DHA、EPA等，在维持浮游动物种群个体生长和繁殖过程中起着重要作用[10]。

冰间湖的区域、面积及开始时间是普里兹湾近岸生态系统的重要影响因子[11]。冰间湖区域硅甲藻生物量远高于周边水域[12]，此类区域对南大洋总生产的贡献大于75%。冰间湖及其邻近的海冰覆盖区域纤毛虫群落的物种数随深度的增加而减少，并且没有明显的分层现象，但是在所有的深度中，冰间湖中的物种数都高于其临近的海冰覆盖区域[10]。晶磷虾产卵和生长可能依靠近岸冰间湖的形成，并且大多数浮游动物也受益于此“绿洲效应”进行种群补充[13]。大型桡足类(尖角似哲水蚤和近缘哲水蚤)和冷水种晶磷虾相应有更高的丰度和幼体发育期组成。初级生产力的提高，也为头足类提供更高的食物生产率，所以在冰间湖区域头足类的数量也更为丰富。另外由于磷虾繁殖的促进，也为企鹅捕食提供了一定便利，使企鹅的数量也有所增加。而且由于冰间湖的存在，像海象、独角鲸、白鲸这些海洋哺乳动物因适应这部分区域的生活规律与生活环境所以即使在冬季也依旧在这生活而不迁移。

海冰影响生物的多样性和分布，冰川的快速融化和海冰的不断减少，将导致生境条件的变化进而导致生物多样性的实质性变化[11, 12]。预测这些变化对生态系统的影响并且了解多样性的改变是很重要的。尽管大多数的浮游物种是世界性的，具有全球性分布特征，海洋浮游动物几乎在任何地方的液态海水中都可能被发现，但是在不同生境中占主导地位的种类是不同的[11]。这可能是一个重要而且经常被忽视的用于海洋生态系统中观察环境变化的方法，特别是在冰间湖这种受到季节性变化影响很大的地区，因此，未来针对冰间湖中浮游动物的多样性研究仍需加强。但是，极地冰间湖研究受限于季节，过往的研究集中在极地夏季，了解物种在冰间湖生境中的演替规律及多样性时间变动仍是较大的难题。

了解浮游动物的摄食变化有助于探讨冰间湖内生产力、藻华、食物网结构等问题。例如，罗斯海冰间湖和特拉诺瓦湾冰间湖中浮游植物和浮游动物不同程度的偶联在食物网结构和碳出口的研究中有很重要的意义。了解消费者(如浮游动物)与较高初级生产力的紧密关系，可能对理解高纬度冰间湖内消费者在生物地球化学循环中的作用和地位提供新的视角。但冰间湖中消解者(如病毒)与初级生产力的关系仍是空白和难点，需要更深入的了解。

参考文献

[1] Smith S, Meunch R, Pease C H. Polynyas and leads: An overview of physical process and environment. Journal of Geophysical Research, 1990, 95: 946129479.

[2] 董兆乾, 梁湘三. 南极海冰、冰穴和冰川冰及其对水团形成和变性的作用. 南极研究, 1993, 5(3): 1216.

[3] BBC. Polar biomes. http://www.bbc.co.uk/education/guides/zt7hvcw/ revision/3. 2017-5-6.

[4] Hopkins T L. Midwater food web in McMurdo sound, Ross Sea, Antarctica. Marine Biology, 1987, 96 (1): 93-106.

[5] Tagliabue A, Arrigo K R. Anomalously low zooplankton abundance in the Ross Sea: An alternative explanation. Limnology and Oceanography, 2003, 48(2): 686-699.

[6] Calbet A, Landry M R. Phytoplankton growth, microzooplankton grazing, and carbon cycling in marine systems. Limnology and Oceanography, 2004, 49: 51-57.

[7] Jiang Y, Yang E J, Kim S Y, et al. Spatial patterns in pelagic ciliate community responses to various habitats in the Amundsen Sea. Progress in Oceanography, 2014, 128: 49-59.

[8] Wickham S A, Steinmair U, Kamennaya N. Ciliate distributions and forcing factors in the Amundsen and Bellingshausen Seas (Antarctic). Aquatic Microbiology Ecology, 2011, 62: 215-230.

[9] Pasternak A F, Schnack-Schiel S B. Feeding patterns of dominant Antarctic copepods: An interplay of diapause, selectivity, and availability of food. Hydrobiologia, 2001, 453/454: 25-36.

[10] Pakhomov E A, Perissinotto R.Antarctic neritic krill *Euphausia crystallorophias*: Spatio-temporal distribution, growth and grazing rates. Deep Sea Research I, 1996, 43: 59-87.

[11] Arrigo K R, DiTullio G R, Dunbar R B, et al. Phytoplankton taxonomic variability and nutrient utilization and primary production in the Ross Sea. J Geophys Res, 2000, 105: 8827-8846.

[12] Hosie G W, Cochran T G. Mesoscale distribution patterns of macrozooplankton communities in Prydz Bay, Antarctica——January to February 1991. Mar Ecol Prog Ser, 1994, 106: 21-39.

[13] Hogan C M. Polar Bear: Ursus maritimus, Globaltwitcher. com, In: Stromberg N, 2008.

撰稿人：姜　勇

中国海洋大学，yongjiang@ouc.edu.cn

太平洋海水对北大西洋生态系统有什么影响

Impacts of Pacific Ocean Water on the Ecosystem of the North Atlantic Ocean?

世界上共有五个大洋，分别为太平洋、大西洋、印度洋、北冰洋和南大洋。各个大洋都不是孤立的，彼此间由多个通道相互连接。太平洋通过白令海峡与北冰洋相接，北冰洋通过弗拉姆海峡、丹麦海峡等多个海峡与大西洋相接。由此可见，北冰洋是连接太平洋和大西洋重要的北部通道，太平洋海水途经北冰洋进入大西洋，该过程中进行的水体交换是调节北极气候变化和海冰形成的关键因素[1]，并且对北大西洋生态系统具有重要影响。

太平洋海水通过白令海峡进入北冰洋，是北冰洋水体的主要来源[2]，其带来的热效应也是造成北极海冰消退的重要原因[3]。受冰川融化、河流径流[4]及其他因素等的影响，太平洋海水在进入北冰洋后，盐度下降，密度降低，水体性质发生显著改变[5]。低温低盐的北冰洋表层水向南流动，通过加拿大北极群岛和弗拉姆海峡进入北大西洋(图 1)。通过弗拉姆海峡进入北欧海(包括格陵兰海、挪威海和冰岛海)

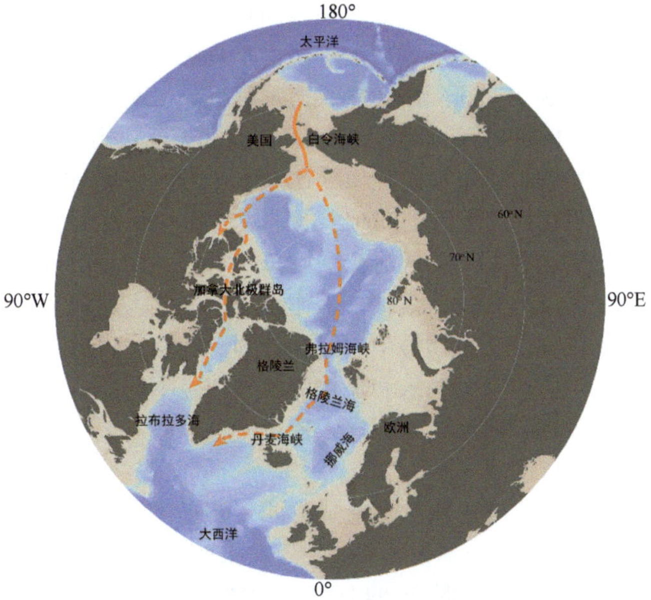

图 1　太平洋海水向北大西洋迁移的路径示意图

后的水体，一部分汇入北欧海内部流圈；一部分与向北流动的高温高盐的大西洋海水混合发生对流，盐度升高，密度增大，最终在苏格兰-格陵兰海脊形成溢流进入北大西洋；另一部分与东格陵兰流交汇，沿格陵兰岛向南流动，通过丹麦海峡进入大西洋(图 1)，成为北大西洋上层水的一部分[6]。

硝酸盐和磷酸盐是海水中的主要无机营养盐，它们通常以固定的比例(N：P≈16：1)被吸收，是维持海洋浮游植物生长繁殖的重要物质基础。太平洋海水和大西洋海水的硝酸盐与磷酸盐的比例(氮磷比)不同，太平洋海水氮磷比较低，而大西洋海水氮磷比较高(受固氮生物消耗磷酸盐影响)。氮匮乏的太平洋海水流经北冰洋时，在白令海和楚科奇海的反硝化脱氮等作用的影响下，氮磷比进一步下降，最终每年携带约 2×10^{10} 摩尔过剩的磷酸盐进入大西洋[5]。太平洋海水携带的过剩磷酸盐会刺激浮游植物的快速繁殖，促使北大西洋硅藻和颗石藻等藻类的爆发[7]，进而对北大西洋原有生态系统产生重要影响。

浮游藻类能够利用光能进行光合作用，合成的有机物经过食物链向更高营养级传递[8]，是生态系统中主要的物质来源和能量来源。我们不禁要问，北大西洋浮游植物的爆发对生态系统中的其他生物会产生怎样的影响？Gomez-Pereira 等的研究表明，北大西洋亚极地区域水体中的拟杆菌门黄杆菌科异养细菌的丰度与微型浮游藻类的丰度具有显著正相关性[9]，表明这些藻类的爆发可能带动黄杆菌科细菌的生长。浮游藻类和细菌间又能发生相互作用，从而改变氮、硫等重要元素的生物地球化学循环过程[10]。然而，目前 99%以上的海洋微生物不能被现有的方法分离培养，这一因素极大地限制了我们对藻菌间相互作用模式的深入理解。藻类光合作用合成的有机物以颗粒的形式从上层海洋垂直沉降下来。颗粒有机质在沉降过程中经过异养微生物的不断降解转变成溶解有机质，是深海大型生物和微生物的主要食物来源[11]。Frank 等近期的研究发现，在北大西洋高生产力区域，表层和深层海水间原核微生物群落组成的相似性比低生产力区域更高[12]，表明藻类爆发后，大量颗粒有机质在加速下降的同时会携带藻类附着/共生微生物一起进入深海环境。但是，表层生物在下沉的同时会受到深层水团的物理阻碍，使不同粒径大小的生物有机体的沉降路径发生偏移，该作用为了解北大西洋生态系统的变化增添了极大难度。不仅如此，食物链中包括动植物、细菌、古菌、病毒等多种生物组分，它们可能会对营养盐的输入和藻类的爆发产生不同的响应，因此有必要对系统中的每一种组分进行研究，从而深入探讨太平洋海水影响下北大西洋生态系统的动态变化过程。

值得注意的是，太平洋海水入流造成的北大西洋浮游植物爆发还具有时空差异性。空间上，研究表明藻类爆发主要集中于北大西洋 40°~59°N 的区域[13, 14]。从北冰洋流出的异常低温水可能是 59°N 区域浮游植物生长的主要限制因素[14]。而南部亚热带区域的低初级生产力水平则主要归结于低营养盐浓度的影响，表明太平洋海水运输的磷酸盐在进入北大西洋后很快被消耗掉，仅少量到达更南部区域。这一磷酸盐的迁移/利用过程还造就了北大西洋固氮作用南高北低的分布特征[7]，北部区域浮游藻类与固氮生物竞争性利用磷酸盐，因此抑制了固氮作用的发生[7]；时间上，北大西洋浮游藻类的爆发主要发生于春夏季节[15]，这一季节性变化不仅受营养盐浓度调控，还与光照、温度、海水垂直混合、海洋涡流等多种环境因素相关[16]。因此，科学界观测到的浮游植物的时空分布特征是在多种因素的共同作用下发生的，可能不仅仅与太平洋海水入流有关。只有搞清楚这些因素的交互作用机制，才能真正分辨太平洋海水入侵对北大西洋生态系统的影响。

除营养盐外，从北冰洋流出的太平洋海水在温度和盐度上也与大西洋海水有明显差异，且已有数据显示高纬度北大西洋水体的盐度自 20 世纪 70 年代初以来呈逐渐下降趋势[17]。温度和盐度均为影响浮游生物生长和分布的重要控制因素[18]。此外，Woodgate 等的研究表明，太平洋海水进入北冰洋的流量从 2001~2011 年呈逐渐上升的趋势[19]。综合这些结果，我们推测太平洋海水对北大西洋生态系统所造成的影响是时刻变化着的，并且多种环境因素的复合影响使生态系统变化的控制机制变得更加复杂。此外，受气候变化、观测设备和人为意外等多种因素的制约，时空尺度上高分辨率的样品采集和数据观测往往难以实现，这极大地限制了我们对太平洋海水向北冰洋、大西洋注入过程，以及生态系统时空变化的深入认识，增大了研究太平洋海水对北大西洋生态系统影响过程的难度。

北大西洋生态系统的平衡稳定对碳、氮、磷等重要元素的区域循环乃至气候变化具有重要意义。因此，我们需要整合物理海洋学、生物学和海洋化学等不同学科的研究力量，加强学科间的密切合作，加大对太平洋海水入流和北大西洋生态系统变化的研究力度，力争攻克这一科学难题。

参考文献

[1] 史久新，赵进平，矫玉田，曲平．太平洋入流及其与北冰洋异常变化的联系．极地研究，2004, 16(3): 253-260.

[2] Steele M, Morison J, Ermold W, et al. Circulation of summer Pacific halocline water in the Arctic Ocean. Journal of Geophysical Research: Oceans, 2004, 109(C2).

[3] Woodgate R A, Aagaard K, Weingartner T J. Interannual changes in the Bering Strait fluxes of volume, heat and freshwater between 1991 and 2004. Geophysical Research Letters, 2006, 33(L15609).

[4] Jakobsson M, Grantz A, Kristoffersen Y, et al. Physiography and bathymetry of the Arctic Ocean. The Organic Carbon Cycle in the Arctic Ocean, 2004: 1-6.

[5] Yamamoto-Kawai M, Carmack E, McLaughlin F. Nitrogen balance and Arctic throughflow. Nature, 2006, 443(7107): 43.

[6] 邵秋丽，赵进平．北欧海深层水的研究进展．地球科学进展, 2014, 29(1): 42-55.

[7] Mills M M, Arrigo K R. Magnitude of oceanic nitrogen fixation influenced by the nutrient

uptake ratio of phytoplankton. Nature Geoscience, 2010, 3(6): 412-416.

[8] 张晓华. 海洋微生物学(第二版). 北京: 科学出版社, 2016.

[9] Gomez-Pereira P R, Fuchs B M, Alonso C, et al. Distinct flavobacterial communities in contrasting water masses of the North Atlantic Ocean. The ISME journal, 2010, 4(4): 472-487.

[10] Durham B P, Sharma S, Luo H, et al. Cryptic carbon and sulfur cycling between surface ocean plankton. Proceedings of the National Academy of Sciences of the United States of America, 2015, 112(2): 453-457.

[11] Arístegui J, Gasol J M, Duarte C M, et al. Microbial oceanography of the dark ocean's pelagic realm. Limnology and Oceanography, 2009, 54(5): 1501-1529.

[12] Frank A H, Garcia J A, Herndl G J, et al. Connectivity between surface and deep waters determines prokaryotic diversity in the North Atlantic Deep Water. Environmental microbiology, 2016, 18(6): 2052-2063.

[13] Longhurst A. Seasonal cycles of pelagic production and consumption. Progress in oceanography, 1995, 36(2): 77-167.

[14] Reid P C, Edwards M, Hunt H G, et al. Phytoplankton change in the North Atlantic. Nature, 1998, 391(6667): 546.

[15] Henson S A, Dunne J P, Sarmiento J L. Decadal variability in North Atlantic phytoplankton blooms. Journal of Geophysical Research: Oceans, 2009, 114(C4).

[16] Mahadevan A, D'Asaro E, Lee C, et al. Eddy-driven stratification initiates North Atlantic spring phytoplankton blooms. Science, 2012, 337(6090): 54-58.

[17] Curry R, Mauritzen C. Dilution of the northern North Atlantic Ocean in recent decades. Science, 2005, 308(5729): 1772-1774.

[18] Lozupone C A, Knight R. Global patterns in bacterial diversity. Proceedings of the National Academy of Sciences of the United States of America, 2007, 104(27): 11436-11440.

[19] Woodgate R A, Weingartner T J, Lindsay R. Observed increases in Bering Strait oceanic fluxes from the Pacific to the Arctic from 2001 to 2011 and their impacts on the Arctic Ocean water column. Geophysical Research Letters, 2012, 39(L24603).

撰稿人：刘吉文　张晓华

中国海洋大学，liujiwen@ouc.edu.cn

科普难题

北冰洋曾经有冰盖吗？

When and Where did Ice Sheets Exist Around the Arctic Ocean?

冰，无疑是寒冷的北极最重要的特征。冰盖的生长和消退对全球海平面的变化，进而对全球的海陆分布有重要的影响。目前在北极，最大的冰盖是冰量上仅次于东南极冰盖的格陵兰冰盖。如果格陵兰冰盖全部融化，将造成全球海平面上升约 8m[1]。此外在加拿大北极群岛、阿拉斯加、冰岛、斯瓦尔巴群岛、新地岛，以及北欧斯堪的纳维亚半岛等地有大大小小的陆地冰川(图 1)。而在北冰洋，则是靠近加拿大-阿拉斯加一侧受到波弗特环流影响的多年海冰，以及靠近西伯利亚和欧洲一侧受到穿极流影响的一年海冰[2]。然而，这个情况在冰期时显然大不相同。

在大约 2 万年前的末次盛冰期(last glacial maximum，LGM)，北半球高纬地区发育有格陵兰冰盖、北美的加拿大甚至美国北部五大湖地区被劳伦泰德冰盖(Laurentide ice sheet)和科迪勒拉冰盖(Cordilleran ice sheet)覆盖，而在北欧也有斯堪的纳维亚冰盖(Scandinavian ice sheet)，以及与之相连的巴伦支海、喀拉海的冰盖座落[3](图 2)。这些大冰盖环绕着北冰洋，同时也极大影响了低纬度区域的气候环境。

冰盖的生长导致海平面下降，在末次盛冰期，大量的水被固结在陆地冰盖上，导致海平面比现在下降了 120~130m[4]。目前北冰洋通过平均水深约 50m 的白令海峡与北太平洋相连，而通过水深约 2500m 的弗莱姆海峡与北大西洋相连。在冰期冰盖生长，海平面下降时，白令海峡出露地表形成白令陆桥，成为联通亚洲大陆和北美大陆的走廊，为人类和各物种的迁徙提供了便利。而此时的北冰洋只有通过狭窄的弗莱姆海峡与外界联通，成为不折不扣的“湖泊”。那么，冰期时的北冰洋这个“湖泊”，是否会被周边陆地延伸出来的冰盖所覆盖，形成冰架，进而连成一片，形成覆盖整个北极和北半球高纬地区的超级大冰盖呢？如果出现这样的超级大冰盖，无疑对全球冰量的变化和海平面的变化会有深远的影响。那时北冰洋将被完全封闭起来，不再有海冰的季节性变化，北极地区的反照率和吸收太阳辐射能量的能力也没有任何季节性的变化。由于缺乏与大气的接触以及光照条件差，北冰洋不会有生物活动发生，也不会有来自陆地的物质和海洋自身产生的物质沉积到海底。

地质历史时期，有可能形成北极超级大冰盖吗？从冰期北冰洋“湖泊”的属性来看似乎是可能的。一方面，因为只要气候足够冷，洋流和风足够弱，有利于

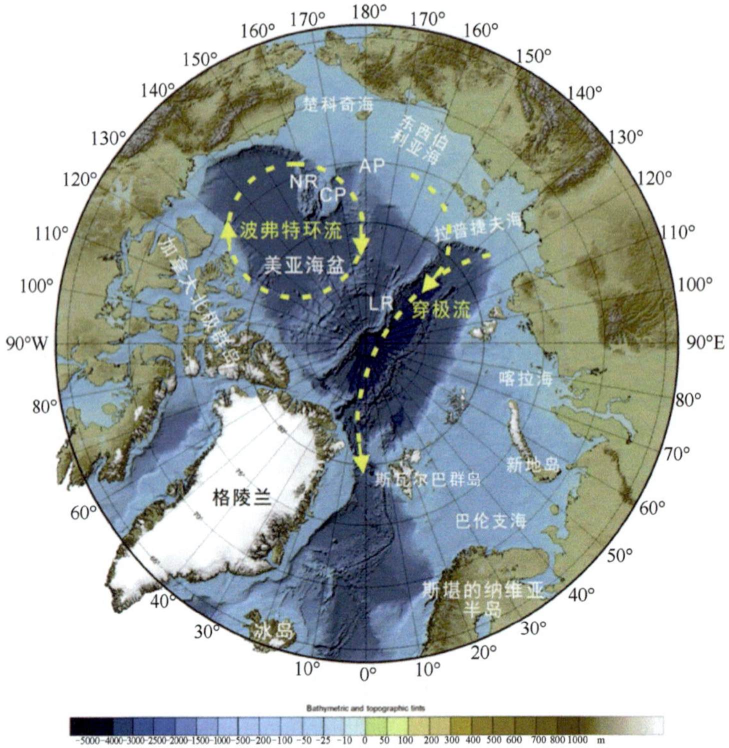

图 1　北极地区现代主要大陆冰盖、表层洋流及海冰范围示意图[7]

NR. 北风海脊；CP. 楚科奇海台；AP. Arlis 海台；LR. 罗蒙诺索夫海脊

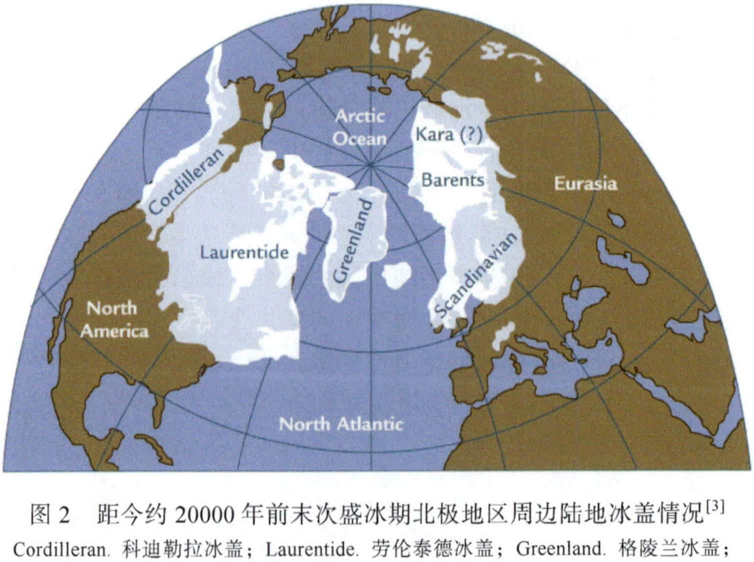

图 2　距今约 20000 年前末次盛冰期北极地区周边陆地冰盖情况[3]

Cordilleran. 科迪勒拉冰盖；Laurentide. 劳伦泰德冰盖；Greenland. 格陵兰冰盖；Scandinavian. 斯堪的纳维亚冰盖；Barents & Kara. 巴伦支和卡拉海冰盖

形成稳定的冰盖。尤其在冰期时环北极大面积的陆架出露，其中心的深海区域的面积仅有整个现代北冰洋约 50%[5]。另一方面，在冰期时是否有足够的水汽搬运到北极形成冰盖依然存疑。特别是西伯利亚北部，由于其寒冷干燥，降水极少，似乎不具备形成冰盖的条件[6]。而北冰洋深海区，虽有一些地形凸起的海脊、海台等，但普遍水深在数百米至上千米，没有更浅的凸起地形作为支撑，冰盖很难稳定下来，并且容易崩塌和裂解。对于北冰洋是否曾经存在这样一个超级大冰盖这个问题，以及超级冰盖出现的时间和覆盖范围，学术界进行了多年的探索。

那么，如何证明北冰洋中曾经存在过大型冰架？与陆地冰川的研究方法类似，如果海洋中存在大型冰架，那必然会在作为支撑冰架的海底凸起地形留下痕迹，如冰在海脊、海台上的擦痕，刨蚀的痕迹和堆积物等，正如陆地冰川对地形地貌的改造一样。在海洋里寻找这样的证据，需要依赖于海洋地质考察和地球物理勘测的方法。

早年由于北冰洋考察困难重重，缺乏海洋地质资料采集的手段，有学者认为在干燥的冰期，北极地区缺乏形成冰盖所需的大量的湿气，北冰洋甚至没有海冰[8, 9]。而随着更多北冰洋考察的开展、深海沉积物的分析及测年技术的发展，Hughes 等[10]提出整个北冰洋在末次冰盛期可能被厚达 1000m 的巨大冰架所覆盖(图 3(a))，其覆盖范围一直延伸至北大西洋一侧的北欧海。近年来，随着更先进的地球物理探测手段的应用，我们对北冰洋海底地貌和沉积物结构有越来越多的了解和认识。利用地球物理勘测，Polyak 等[11]在靠近白令海峡一侧的北冰洋楚科奇海台和北风海脊，以及北冰洋中部水深约 1000m 的罗蒙诺索夫海脊(Lomonosov ridge)都找到了冰川擦痕和刨蚀的痕迹，首次发现了北冰洋中央海区曾经有过厚度达 1000m 的冰架存在的有力证据。通过磨蚀痕迹的走向判断楚科奇海台和北风海脊的冰架来自于冰期加拿大北极群岛劳伦泰德冰盖的垮塌，被洋流带到楚科奇边缘地区，并在这些较浅的地貌单元上座落下来。然而沉积物定年显示，罗蒙诺索夫海脊区这些冰川磨蚀发生于深海洋同位素 6 期(marine isotope stage 6，MIS 6；距今 13 万~19 万年前)[12]，而不是末次盛冰期。但是楚科奇海台和北风海脊冰川侵蚀的痕迹尚无法得知其准确年龄。这项研究也为“北冰洋冰盖”这个课题的研究揭开了新的序幕。

这些证据是否说明整个北冰洋在冰期都被厚达 1000m 的冰架覆盖呢？进入 21 世纪以来，海洋地质学家已在北冰洋中部进行了大量的海洋地质及地球物理学探测，却发现在北冰洋中部其他许多水深小于 1000m 的海脊上并没有被冰川改造过的痕迹[12]，说明在北冰洋中部的大部分区域并没有被冰架覆盖，或者是这个冰架厚度并不均匀，也质疑了 Hughes 等“整个北冰洋在末次冰盛期被厚达 1000m 的冰架覆盖”的假说[10]。此外，研究指出，北冰洋中已经发现的许多冰架侵蚀都发生于 MIS 6[12]。结合前人的研究成果，Jakobsson 等[12]重建了 MIS 6 北冰洋的冰盖(图 3(b))。

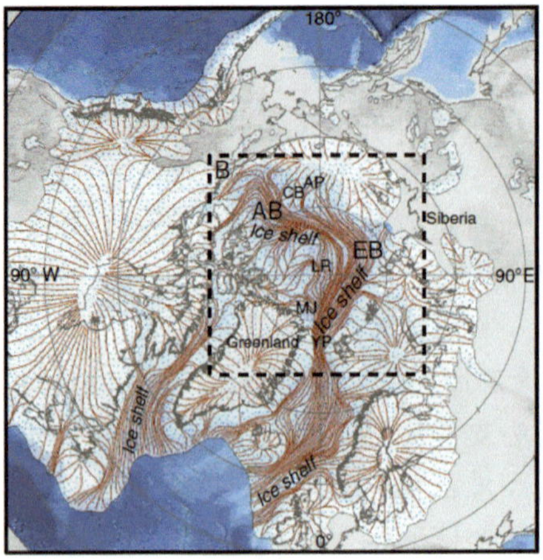

(a)

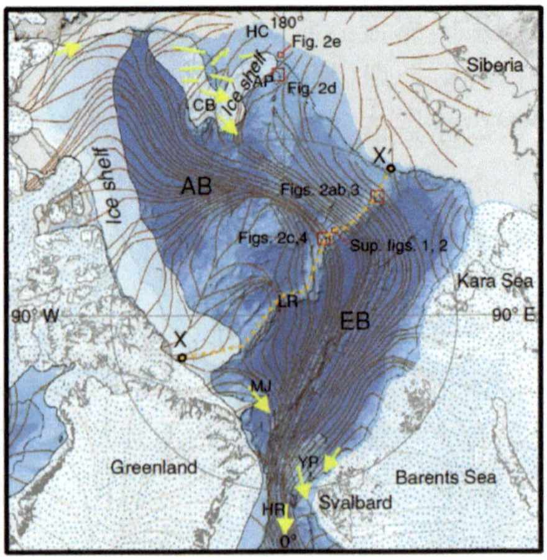

(b)

图 3　北冰洋冰期的两种不同观点冰架示意图[13]

图(a)为 Hughes 等[10]设想的末次盛冰期(距今约为 2 万年前)北冰洋冰盖情况；图(b)为深海氧同位素 6 期(距今 13 万~19 万年前)北冰洋冰盖情况，黄线和箭头表示已发现的冰架侵蚀和移动方向[12, 14]。白色半透明区域为冰盖或冰架范围，红色细线表示推测的冰期冰流方向。AB. Amerasian Basin，美亚海盆；EB. Eurasian Basin，欧亚海盆；CB. Chukchi Borderland，楚科奇边缘地，包括楚科奇海台和北风海脊；LR. Lomonosov Ridge，罗蒙诺索夫海脊；AP. Arlis Plateau，阿里斯海台；Greenland. 格陵兰；Siberia. 西伯利亚；Barents Sea. 巴伦支海；Kara Sea. 喀拉海；Svalbard. 斯瓦尔巴群岛；Ice Shelf. 冰架

如图 3(b)所示，北冰洋的欧亚海盆大部分地区并没有冰架，加拿大海盆部分被劳伦泰德冰盖向北冰洋的延伸冰架所覆盖，楚科奇海台和北风海脊也被北美劳伦泰德冰盖的西北前缘在北冰洋的延伸冰架覆盖，这个 MIS 6 北冰洋冰盖分布的模式近年来已经逐渐被认可。

那么，图 3(b)的冰架分布模式是最终答案吗？根据近几年的新证据对此也提出了新的认识和观点，关于北冰洋中冰盖的问题远远没有解决。例如，原本认为无冰的东西伯利亚边缘海及其邻近的 Arlis 海台上，以及部分楚科奇边缘地区[12, 15]，在末次盛冰期以前埋藏更深的地层中发现了数次冰盖或冰架侵蚀的痕迹(图 4)，推测该地区在地质历史时期曾经存在过稳定的冰架[16, 17]，而冰蚀的方向表明这个冰架可能源自于西伯利亚，因此也挑战了早年“西伯利亚由于缺乏降水难以形成冰盖”的假说。这个坐落在 Arlis 海台上的冰架的存在时间应早于末次冰盛期，而仍然认为在末次冰盛期东西伯利亚边缘海，以及楚科奇边缘的大部分地区没有冰架(图 4(a))。此外，Jakobsson 等[13]根据最新的地球物理学成像技术及沉积物测年等手段，也发现了楚科奇边缘地区在 MIS 6 有明显的冰川侵蚀痕迹，进而提出 MIS 6 时北冰洋的冰架可能远比之前认为的要大得多，至少覆盖了美亚海盆的大部分，甚至全部区域。此外，研究者们并不能排除北冰洋在 MIS 6 之前存在更大范围的冰架，但这点目前很难被证实，因为更老的冰川侵蚀痕迹现在已经很难找到，这些痕迹在

屡次的大规模冰川侵蚀(尤其是 MIS 6)中已经被抹去[12]，因此目前还很难重建 MIS 6 以前北冰洋的冰盖或者冰架分布模式。

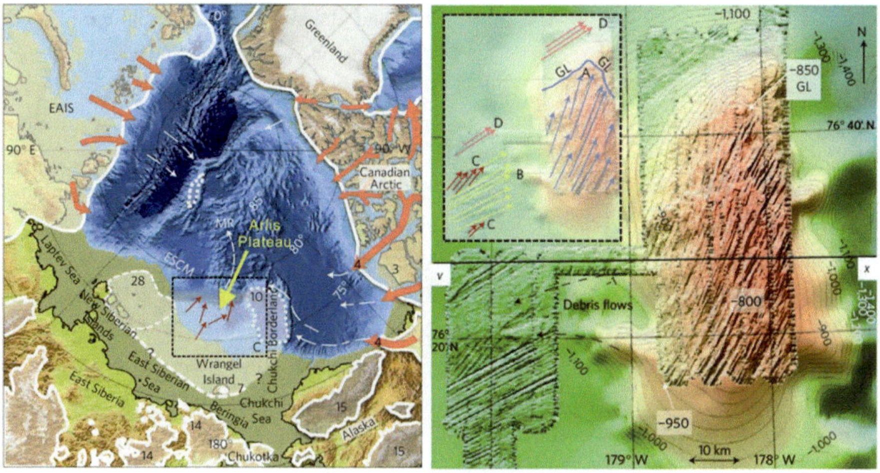

(a)　　(b)

图 4　在阿里斯海台(Arlis Plateau)海台上发现的冰架侵蚀的痕迹[16]

(a)白色阴影是冰期北冰洋冰盖覆盖范围[12] 并指示了阿里斯海台的地理位置，红色箭头指示冰流方向，白色虚线箭头指示冰架延伸方向，(b)为冰架在海底形成的擦痕，这些擦痕的方向同时指示了冰盖的移动方向为东北—西南向，来自于东西伯利亚海

尽管现在的海洋地质取样和地球物理探测手段取得了明显的进步，但仍不断有新的理论和证据提出，这仍然是个开放性的问题。为什么重建北冰洋的冰盖的科学问题，近年来始终无法获得一个明确的答案？北冰洋冰盖问题的难点，主要存在于以下 3 方面：首先，尽管地球物理学的证据能够发现海底或是更深的沉积物中冰川侵蚀的痕迹，但是无法确定这些侵蚀发生的时间，因此目前很难完成同一时期整个北冰洋的冰盖重建。其次，更老的冰盖或冰架侵蚀的痕迹很可能会被更新的冰盖侵蚀抹去，因此地质历史时期完整的侵蚀记录很难保存在沉积物中。再次，目前对于北冰洋中沉积物的精确测年还十分困难，因此很难判断沉积物中的冰碛物层的准确年龄。综上所述，北冰洋中是否存在冰盖或大冰架，以及其出现的时间和覆盖范围，这个问题至今仍没有一个明确的答案，也有待于更多的沉积物岩心，以及海洋地质与地球物理考察工作。

参 考 文 献

[1] Dowdeswell J, Hagen O. Arctic ice caps and glaciers, in Mass Balance of the Cryosphere: Observations and Modelling of Contemporary and Future Changes. 2004. In: Bamber J, Payne P, CambridgeUniv. Press, Cambridge, U. K, 2004: 527-557.

[2] Cavalieri D, Parkinson C. Arctic Sea ice variability and trends, 1979–2010. The Cryosphere, 2012, 6: 881-889, doi: 10.5194/tc-6-881-2012.

[3] Ruddiman W. Earth's climate: Past and future. second edition, 2007, 158.

[4] Lambeck K, Rouby H, Purcell A, et al. Sea level and global ice volumes from the Last Glacial Maximum to the Holocene. Proceedings of the NationalAcademy of Sciences of the United States of America, 2014, 111(43): 15296-15303.

[5] Stein R. Arctic Ocean sediments: Processes, proxies, and paleoenvironment. Oxford: Elsevier, 2008.

[6] Svendsen J, Alexanderson H, Astakhov V, et al. Late Quaternary ice sheet history of northern Eurasia [J]. Quaternary Science Reviews, 2004, 23: 1229-1271.

[7] Jakobsson M, Macnab R, Mayer L, et al. An improved bathymetric portrayal of the Arctic Ocean: Implications for ocean modeling and geological, geophysical and oceanographic analyses [J]. Geophysical Research Letters , 2008, 35, L07602, doi: 10.1029/2008GL033520.

[8] Ewing M, Donn W. A theory of ice ages. Science, 1956, 123: 1061-1066.

[9] Ewing M, Donn W. A theory of ice ages II . Science, 1958, 127: 1159-1162.

[10] Hughes T, Denton G, Grosswald M. Was there a late-Würm arctic ice sheet?. Nature, 1977, 266: 596-602.

[11] Polyak L, Edwards M, Coakley B, et al. Ice shelves in the Pleistocene Arctic Ocean inferred from glaciogenic deep-sea bedforms. Nature, 2001, 410: 453-459.

[12] Jakobsson M, Nilsson J, O'Regan M, et al. An Arctic Ocean ice shelf during MIS 6 constrained by new geophysical and geological data. Quaternary Science Reviews, 2010, 29: 3505-3517.

[13] Jakobsson M, Nilsson J, Anderson L, et al. Evidence for an ice shelf covering the central Arctic Ocean during the penultimate glaciation. Nature Communications, 2016, DOI: 10.1038/ncomms10365.

[14] Jakobsson M, Andreassen K, Bjarnadóttir L, et al. Arctic ocean glacial history. Quaternary Science Reviews, 2014, 92: 112-122.

[15] Ehlers J, Gibbard P. The extent and chronology of Cenozoic global glaciation. Quaternary International, 2007, 164-165: 6-20.

[16] Niessen F, Hong J, Hegewald A, et al. Repeated Pleistocene glaciation of the East Siberian Continental Margin. Nature Geoscience, 2013, 6: 842-846.

[17] Brigham-Grette. A fresh look at Arctic ice sheets. Nature Geoscience, 2013, 6: 807-808.

撰稿人：肖文申　章陶亮　王汝建

同济大学，rjwang@tongji.edu.cn

斯瓦尔巴群岛附近如何发生大型感热冰间湖?

How can Large Sensible Heat Polynyas Occur around Svalbard Islands?

冬季，北冰洋进入海冰覆盖的冰封期。但是此时北冰洋的海冰并不是严丝合缝的完整冰盖，在沿岸区域存在一些无冰或仅有极少碎冰的水域——冰间湖。冰间湖持续几天或更长的时间，有些甚至全年存在。冰间湖在极地海洋中扮演着重要角色，往往主导冬季局地的热量收支，影响海洋内部的垂向对流及水团形成。冰间湖中良好的光照条件有利于提高生物生产力，在厚冰广泛覆盖的极地海域，冰间湖可以看作是极区冰雪荒漠中的“绿洲”。

根据冰间湖的形成机制可以将其分为潜热冰间湖和感热冰间湖两类。潜热冰间湖是由于动力作用(风或海流)形成的海冰辐散区域。这类冰间湖在北冰洋广泛存在，多是风在特定地形下作用的结果，当风从陆地吹向海洋时，可在沿岸海域生成此类冰间湖。感热冰间湖通常与风无直接关系，产生过程是海洋表层以下的热量通过垂向对流混合进入上层，融化海冰并阻止新冰生成[1]。感热冰间湖的数量很少，通常由海气相互作用过程所决定，有更多神秘的色彩。

北冰洋的主要感热冰间湖发生在大西洋水流经的区域。高温高盐的大西洋水通过弗拉姆海峡和巴伦支海进入北冰洋并在流动过程中不断冷却。其中，通过弗拉姆海峡的西斯匹次卑尔根流携带大西洋水沿斯匹次卑尔根岛向北流动并导致沿途海冰减少，在斯瓦尔巴群岛的西侧和北侧形成大量冰间湖[2~5]，其中著名的捕鲸者湾(Whaler's Bay)冰间湖位于斯瓦尔巴群岛以北，是一个全年存在的感热冰间湖(图 1)。斯瓦尔巴群岛周围大西洋水的热量损失最高可达 560W/m^2[3]，79°N 附近 100~200m 水体的向上热量损失率达到 230 W/m^2[6]，向上输送的热量融化了海冰同时加热了其上大气[7]。

卫星数据表明，1979 年以来斯瓦尔巴群岛周围的海冰密集度呈减少的趋势，与北冰洋总体海冰变化特性一致。这一减少趋势开始于 20 世纪 90 年代中期[3]，其中 1979~2012 年群岛北侧海冰以每 10 年减少 10%的速率减退[4]，2006 年以来群岛西侧的海冰也逐渐减少，在某些峡湾甚至消失[8]。斯瓦尔巴群岛北部 1992~2011 年 20 年平均海冰密集度为 89.5% ± 4.0%，而 2012~2014 年冬季海冰密集度不足 70%，捕鲸者湾冰间湖长度 1992~1998 年冬季很少超过 200km，但是 1999~2011 年超过 300km 的频率增大，而 2012 年甚至达到近 700km[9]。由于冰间湖的增大，斯瓦尔巴群岛北部的海冰边缘线逐渐向东北部撤退。导致冰间湖变化的主要因素有:

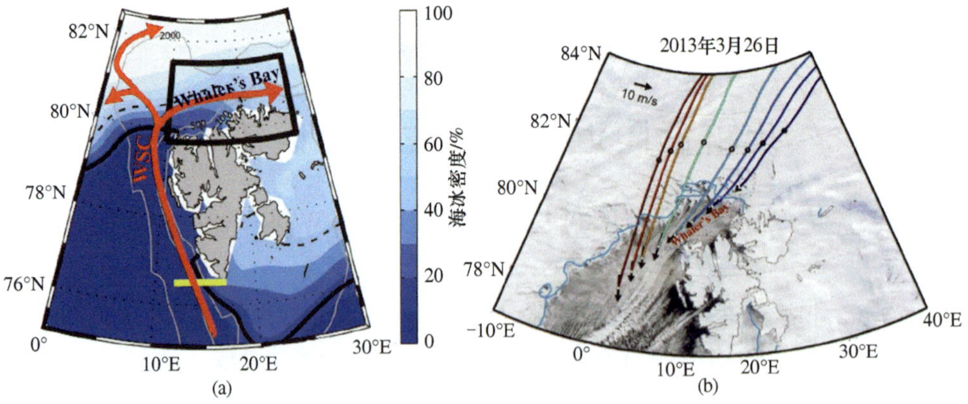

图 1　斯瓦尔巴群岛附近的冰间湖

(a)斯瓦尔巴群岛附近的大西洋流动和海冰边缘线(修改自文献[4])。图中彩色区域为 1979~2012 年年平均海冰密集度，黑色实线为海冰边缘线，黑色虚线为斯瓦尔巴群岛周围平均海冰密集度为 48%的等值线，红线表示西斯匹次卑尔根流，灰色细实线为地形等值线。(b)2013 年 3 月 26 日海冰边缘线[8]及捕鲸者湾冰间湖位置，箭头表示下投式探空仪所在位置边界层的垂向平均风，底图为 MODIS1 可见光图像 http://lance-modis.eosdis.nasa.gov/cgi-bin/imagery/realtime.cgi

第一，气温升高。该区域气温在过去 30 年呈现增暖的现象，捕鲸者湾冰间湖气温在 1979~2012 年增加了 7℃[4]。尽管在斯瓦尔巴群岛周围大气增暖，冬季气温也仅为−10℃左右，并不足以融化海冰，但可能有利于局地海冰生成量的减少。此外，气温升高导致的海气温差减少削弱海洋-大气界面的感热通量，海洋失热减少，也有利于感热冰间湖范围增大。虽然气温升高导致单位面积的感热通量减少，但冰间湖范围增大形成更大的开阔水域使得海洋向大气输送的总热量增多，有利于局地气温进一步升高[4]。冬季冷空气爆发期间，冰间湖的增大会导致大气对流加强[8]。因此，气温升高与冰间湖范围增大似乎是一种耦合机制，有明显的正反馈特点。

第二，风的影响。风的动力作用被认为是影响冬季冰间湖的另一个重要因素，偏北风可以将更多来自穿极流的海冰输送至斯瓦尔巴群岛北部，同时将北部的冷气团带至该区域，从而促进海冰冻结过程，导致冰间湖范围减小；而偏南风作用则通过相反的过程导致冰间湖范围增大。然而，观测数据表明，与 1979 年以来海冰长期减少的趋势不同，风的强度和风向均没有明显的变化趋势[3]。但这不等于说风对冰间湖的变化没有影响。在斯瓦尔巴群岛西侧，偏北风有利于大西洋水和陆架水产生侧向交换[2]，产生陆架上升流将大西洋水热量带入上层，有利于冰间湖的维持(图 2)。大西洋水在冬季入侵陆架作用增强，这一过程与北冰洋的大尺度大气环流有关。在斯瓦尔巴群岛北部，风引起的 Ekman 抽吸正异常导致更多大西洋水进入陆架区域，影响巴伦支海北部的大西洋水温度[10]。持续的沿岸风导致大西洋水在陆架上涌，并加强了大西洋水与沿岸水跨陆架的交换，导致冰间湖范围增大。

第三，垂向混合。一方面，大西洋水融化海冰导致海洋表面形成较稳定的淡水层，增大了垂向稳定度，减少了垂向热通量，可以阻碍海冰进一步融化。另一方面，大气环流过程或局地风提供能量，加强垂向混合，破坏海水层化，将较深处大西洋水的热量传输至上层，继续融化海冰并加热大气。这两个相反的作用共同作用于 40m 以浅水层，形成了感热释放的主要物理基础。这里冰间湖中的海水层化削弱了垂向对流，并不完全符合前述感热冰间湖的定义，但其存在的物理基础仍然是以感热为主体。

第四，侧向热交换。除了垂向的热输送外，大西洋水贡献于冰间湖的另一个途径是通过侧向过程与陆架水交换[11]。浮力强迫或 Ekman 抽吸正异常驱动了大西洋水与陆架水跨越陆架锋面的交换，导致大西洋水热量进入陆架，被认为是陆架海冰融化的主要热量来源[5]。该过程产生的高密度水体潜沉到 200m 以下的深度，转化为北极中层水，保持其相对高温高盐的属性进入北冰洋深处[6]。事实上，存在于中层的大西洋水是潜沉为主还是平流为主尚不清楚，侧向交换引起的潜沉流量更是无从确认。

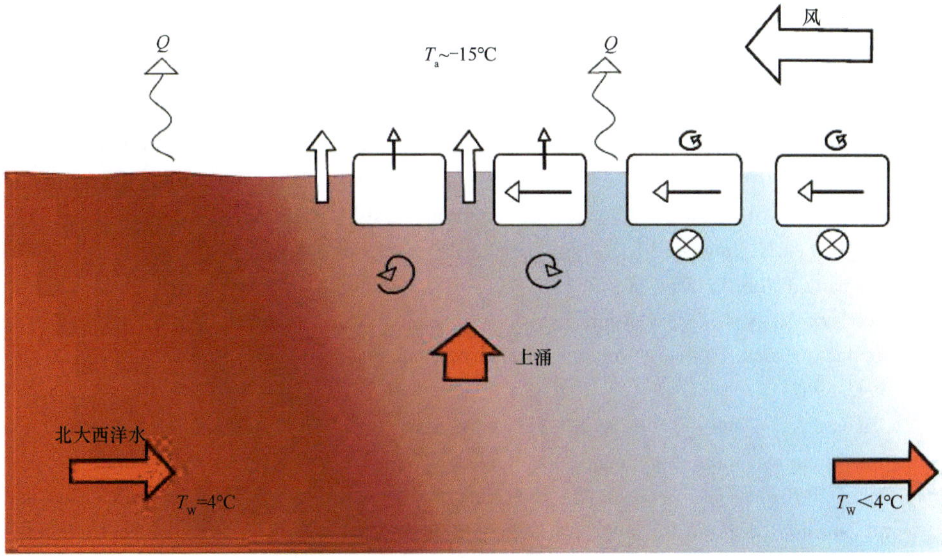

图 2 斯瓦尔巴群岛北部冬季海冰-海洋-大气相互作用示意图[4]

图中左侧为南，右侧为北，T_a为气温，T_w为海温，Q为海面通过净长波辐射、潜热和感热向大气输送的热量，红色箭头为暖流的方向，黑色箭头为北风的方向。北风携带冷气团和海冰至此，导致海冰范围增加。大西洋水(红色所示)融化了侵入的海冰，在海冰之下形成了冷而淡的水层(蓝色所示)

以上方面都可以在一定条件下说明冰间湖的变化与物理过程的关系，但均尚无定论。形成和维持冰间湖的各个过程是相互联系的，由大西洋水体积输运、海冰范围和厚度、垂向混合的变化甚至海冰内部结构的响应等方面的共同作用来决定。到达该区域的大西洋水发生了怎样的变化，哪些物理过程导致了观测到的冰间湖范围的扩大，深入理解这些问题无疑对预测北极快速变化背景下未来海冰的状况至关重要。风的动力过程和冰-气界面和冰-海界面的热力过程均会影响感热冰间湖的形成与维持，有利的风场条件、更暖的气温，以及更高的大西洋水温度有助于冰间湖范围的扩大。在此过程中，大西洋入流较大的热含量对冰间湖的变化有决定性作用。近几十年北冰洋的大西洋入流温度的升高并非是单调的，而是存在一个 8~10 年周期的变化[3]。最近大西洋入流进入一个更暖的新状态，这势必会通过热动力学过程影响冰间湖的大小。因此，我们需要整合可匹配的长时间序列数据，结合冰间湖发生前后的海洋与大气状况、大西洋水性质变化规律、冰间湖内部上升流发生的条件和范围等过程开展深入研究，才能形成对感热冰间湖存在与发展的完整认识。

参 考 文 献

[1] Maqueda M, Willmott A, Biggs N. Polynya dynamics: A review of observations and modeling. Reviews of Geophysics, 2004, 42(1): RG1004.

[2] Cottier F, Nilsen F, Inall M, et al. Wintertime warming of an Arctic shelf in response to large-scale atmospheric circulation. Geophysical Research Letters, 2007, 34(10): L10607.

[3] Ivanov V V, Alexeev V A, Repina I, et al. Tracing Atlantic Water signature in the Arctic sea ice cover east of Svalbard. Advances in Meteorology, 2012, 2012: 201818.

[4] Onarheim I H, Smedsrud L H, Ingvaldsen R B, et al. Loss of sea ice during winter north of Svalbard. Tellus A, 2014, 66: 23933.

[5] Tverberg V, Nøst O A, Lydersen C, et al. Winter sea ice melting in the Atlantic Water subduction area, Svalbard Norway. Journal of Geophysical Research: Oceans, 2014, 119(9): 5945-5967.

[6] Aagaard K, Foldvik A, Hillman S. The West Spitsbergen Current: Disposition and water mass transformation. Journal of Geophysical Research: Oceans, 1987, 92(C4): 3778-3784.

[7] Rudels B, Björk G, Nilsson J, et al. The interaction between waters from the Arctic Ocean and the Nordic Seas north of Fram Strait and along the East Greenland Current: Results from the Arctic Ocean-02 Oden expedition. Journal of Marine Systems, 2005, 55(1): 1-30.

[8] Nilsen F, Skogseth R, Vaardal-Lunde J, et al. A simple shelf circulation model: Intrusion of Atlantic Water on the West Spitsbergen Shelf. Journal of Physical Oceanography, 2016, 46(4): 1209-1230.

[9] Tetzlaff A, Lüpkes C, Birnbaum G, et al. Brief communication: Trends in sea ice extent north of Svalbard and its impact on cold air outbreaks as observed in spring 2013. The Cryosphere,

2014, 8(5): 1757-1762.

[10] Lind S, Ingvaldsen R B. Variability and impacts of Atlantic Water entering the Barents Sea from the north. Deep Sea Research Part I: Oceanographic Research Papers, 2012, 62: 70-88.

[11] Saloranta T M, Haugan P M. Northward cooling and freshening of the warm core of the West Spitsbergen Current. Polar Research, 2004, 23(1): 79-88.

撰稿人：邵秋丽　赵进平

中国海洋大学，shaoql@ouc.edu.cn

海水、海冰和河流入海物质的变化如何影响北冰洋的“生物泵”过程？

Impact of Global Warming，Ice Retreat and Increasing Riverine Inputs on Biological Pump in the Arctic Ocean

北冰洋介于亚洲、欧洲和北美洲之间，是一个半封闭的大洋，其在亚美一侧通过白令海峡与太平洋相通，在欧美一侧则由弗拉姆海峡、巴伦支海和加拿大群岛与大西洋相连。北冰洋周边有马更些河、勒拿河、鄂毕河、叶尼塞河等大型河流注入，每年入海河水总量约有 3336 km^3/a，同时携带大量的营养物质和陆源颗粒物入海[1, 2](图 1)。北冰洋边缘有世界最大的陆架区，外围有广袤的冻土层和大河输入，其独特的地理位置决定了它是开展海陆统筹研究海洋“生物泵”固碳和碳埋

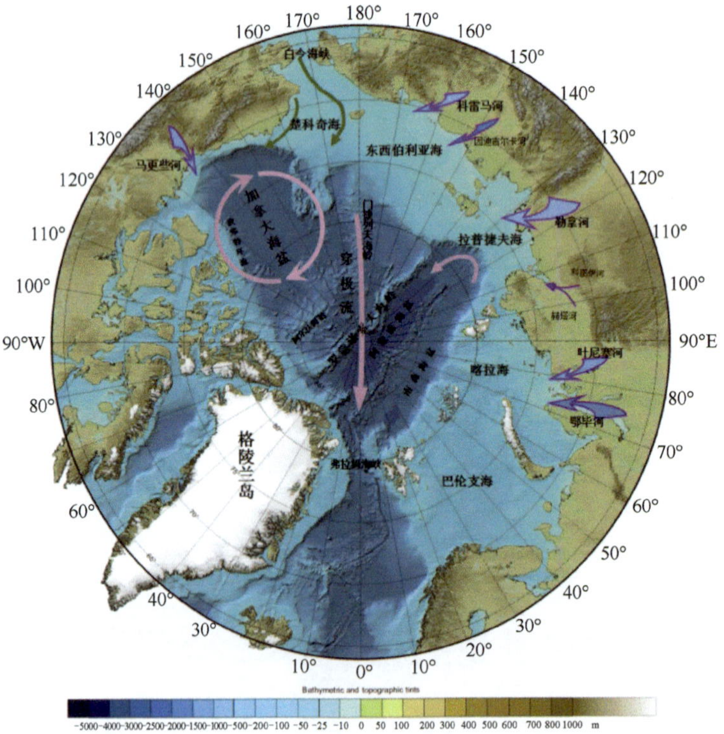

图 1　北冰洋地理位置及区域概况(根据文献[2]改绘)

藏的绝佳场所。“生物泵”指海洋中的浮游植物通过光合作用吸收大气中的CO_2合成自身有机质，并通过食物网内的物质转化、输送，以及颗粒物在水柱中的沉降等过程将上层海洋的碳泵入到深层的过程。其中大部分会在沉降过程中通过呼吸作用重新回到大气中，而一小部分被固定的CO_2会沉降到深海沉积物中，即“碳埋藏”。

由于全球变暖，海冰消退，北极快速变化所引起的一系列大气、冰雪、海洋、陆地和生物等多圈层相互作用过程的改变，已经对北极地区碳的源、汇效应产生了深刻影响。碳的源、汇是指海洋向大气排放CO_2，还是从大气清除CO_2。从大气清除CO_2的过程、活动和机制称为碳汇，而向大气中排放CO_2的过程、活动和机制称为碳源。海洋对大气CO_2的调节主要通过“生物泵”和“物理泵”来完成。“物理泵”，即“溶解度泵”，指在高纬度海区低温海水中CO_2的溶解度增加，使得海水将大气中的CO_2溶解并通过水团下沉、环流等作用将其泵入到深海的过程；此外，海水涌升、上升流等也会把海洋深层高CO_2含量的海水“泵”到上层海洋，导致向大气排放CO_2。北极海域快速变化对气候变化的影响不仅体现在由于陆地冻土圈变化所引起的甲烷和二氧化碳释放增加[3, 4]，而且，随之而来的海水层化、混合和环流变化，陆源有机碳和营养物质入海通量的增加，也改变海洋“生物泵”作用的强度、方式，以及北冰洋原有的碳储库构成，很可能会对全球海陆碳源汇格局及气候变化产生重要影响。因此，北极地区是全球海洋碳循环研究的关键区域之一[2, 5]。

近几十年来，北极海域正在承受着前所未有的快速变化，主要表现为海冰消融，海水温度升高，陆地径流增加、太平洋入流加强，海冰覆盖范围持续减小等[6]。这些快速变化对浮游植物群落结构具有重要的影响，进而会影响碳的生物地球化学循环及“生物泵”固碳效率[7, 8]。图 2 是北极快速变化引起北冰洋“生物泵”过程变化的示意图。北冰洋海冰覆盖面积随季节而变化。一般海冰范围冬季末(3 月)最大，夏季末(9 月)最小。由于全球变暖，海水温度上升，春/夏季海冰融化加剧，海冰变薄，海冰面积减小，北冰洋营养盐丰富的陆架海无冰海域面积增加，浮游生物光限制消失，上层营养盐被充分利用，这可能会极大地促进北极陆架区的生物泵”运转[9]。其次，冰雪融化、海面升温和淡水输入增加，北冰洋上层海水层化加强，混合层变深，这不仅会改变北冰洋的海水混合、水团运动和大尺度的环流过程[10]，从而导致海洋吸收大气CO_2的“物理泵”过程的改变[11]，而且还会显著影响北冰洋海盆区上层海洋浮游生物群落结构，使其向个体更小的微微型藻类发展的趋势增强[12]，从而可能导致“微型生物碳泵”的改变[13, 14]。

上层浮游植物群落组成发生变化，不仅对“生物泵”效率产生影响，还将影响到食物链结构。在北冰洋海域，海洋“生物泵”的主要驱动者除了海洋浮游生物如硅藻、甲藻、绿藻、定鞭藻等之外，冰藻的贡献也不容忽视。冰藻主要分布于海冰底部，海冰硅藻等主要寄居在网状的卤水通道中，利用卤水中的营养盐和

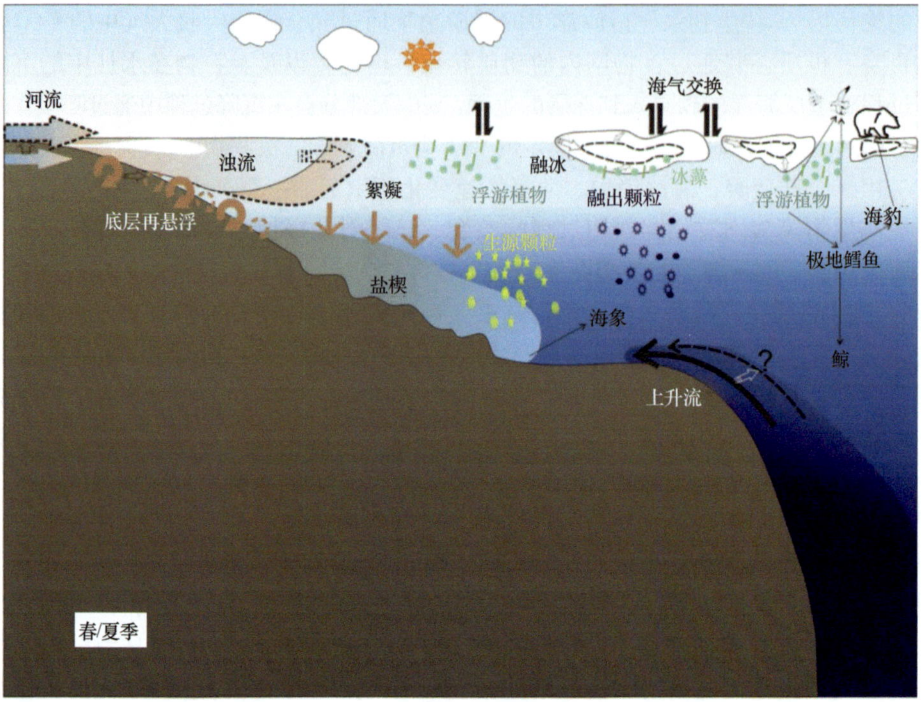

图 2　北极快速变化引起的海洋“生物泵”过程及变化(春/夏季)

实线部分是北冰洋原先的作用过程，虚线表示全球变暖后情形，据文献[15]改绘

透过冰体的阳光进行光合作用合成有机物。随着气候变暖，海冰逐渐从永久冰变为多年冰，甚至一年冰。海冰的变化及光限制的降低都会对冰藻的生产力产生影响。在全球变暖背景下，冰藻的变化将可能改变该区域有机碳的收支。海冰的消退及无冰海域时间跨度增加的影响，在水深相对较浅的陆架海域，食物链结构和碳的输出效率也将会产生变化(图 3)[16]。在北极高生产力陆架海区，由于水深较浅，冰融初期，冰藻藻华后大量迅速沉降到海底，为底栖生物提供了丰富的食物，冰藻–底栖食物链发育；而海冰减少、开阔海出露时间较长时，则浮游生态系充分发展，食物链加长，由底栖食物链为主转向浮游食物链为主，从而影响到北极整个海洋生态系统结构[7, 16]。

此外，全球变暖对陆源有机碳的输入也有着巨大的影响。北冰洋周边区域冻土层发育，全球变暖将会造成永冻层退化，陆地风化作用加强，沿岸侵蚀加剧，大量陆源物质包括颗粒有机碳、溶解有机碳、溶解无机碳、营养盐要素等被带入北冰洋。不仅如此，大量固定在陆地永冻层中的古老有机质被释放并通过河流及海冰携带，进入北冰洋，北冰洋有机质组成结构正发生着巨大的变化。在全球变暖背景下，北冰洋成为全球海洋碳收支最不确定的区域之一[5]。

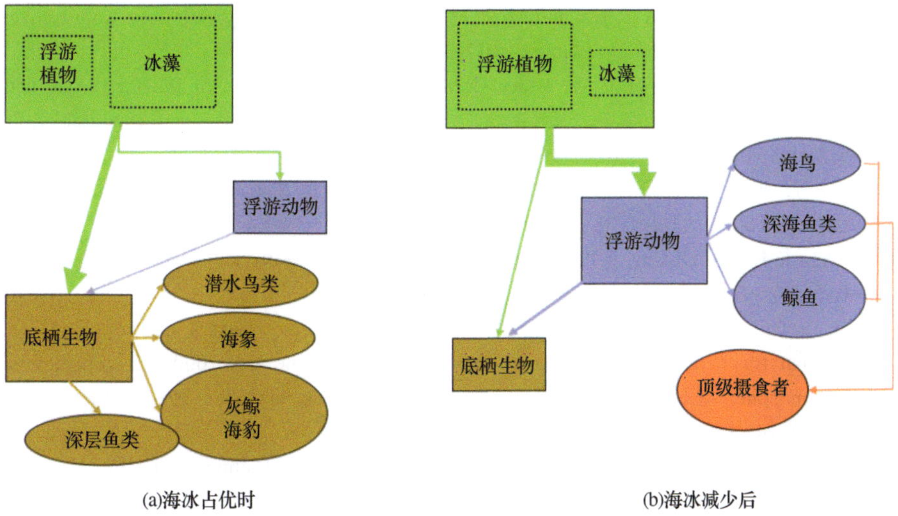

图 3　北极快速变化引起的食物链结构的改变(根据文献[16]改绘)

尽管目前研究表明北冰洋是大气 CO_2 的“汇”(即吸收大气 CO_2)，但这个“汇”究竟有多大？随着全球变暖和北极快速变化程度如何？目前尚无答案。从物理过程看，海水温度升高也可以改变 CO_2 溶解度和分压；海水变暖，海冰融化，径流增加，北冰洋淡水增多，可导致夏季海水层化加强(图 2)，冬季海水下沉受阻。这些均会造成 CO_2 物理泵的作用减弱。一方面，从“生物泵”作用讲，冰覆盖减少、河流入海营养物质增加、开阔海持续时间增加等因素可以导致北极陆架“生物泵”过程加强。但是，全球变化会对这些过程产生怎么样的影响，最后的净效应如何尚不清晰。另一方面，北极冻土层退化和风化作用的加强是向大气释放碳的过程，其与海洋碳汇的增强如何平衡也不明确；北极地区“生物泵”在全球变暖下的变化及其与“物理泵”和陆源输入的相互作用如何厘清，今后均需要加强研究。

参 考 文 献

[1] Holmes R M, McClelland J W, Peterson B J, et al. A circumpolar perspective on fluvial sediment flux to the Arctic Ocean. Global Biogeochem Cycles, 2002, 16: 1098.

[2] 陈建芳, 金海燕, 李宏亮, 等. 北极快速变化对北冰洋碳汇机制和过程的影响. 科学通报, 2015, 35: 3406-3416.

[3] Shakhova N, Semiletov I, Salyuk A, et al. Extensive methane venting to the atmosphere from sediments of the East Siberian Arctic Shelf. Science, 2010, 327: 1246-1250.

[4] Oechel W C, Laskowski C A, Burba G, et al. Annual patterns and budget of CO_2 flux in an Arctic tussock tundra ecosystem. Journal of Geophysical Research, 2014, 119: 323-339.

[5] Cai W J, Chen L Q, Chen B S, et al. Decrease in the CO_2 uptake capacity in an ice-free Arctic Ocean Basin. Science, 2010, 329: 556-559.

[6] Stroeve J C, Serreze M C, Holland M M, et al. The Arctic's rapidly shrinking sea ice cover: A research synthesis. Climatic Change, 2012, 10(3-4): 1005-1027.

[7] Grebmeier J M, Cooper L W, Feder H M. Ecosystem dynamics of the Pacific-influenced northern Bering and Chukchi Seas in the Amerasian Arctic. Progress in Oceanography, 2006, 71(2-4): 331-361.

[8] 陈建芳, 张海生, 金海燕, 等. 北极陆架沉积碳埋藏及其在全球碳循环中的作用. 极地研究, 2004, 16(3): 193-201.

[9] Arrigo K R, van Dijken G, Pabi S. Impact of a shrinking Arctic ice cover on marine primary production. Geophys Res Lett, 2008, 35: L19603.

[10] Rudels B, Schauer U, Björk, G, et al. Observations of water masses and circulation in the Eurasian Basin of the Arctic Ocean from the 1990s to the late 2000s. OS Special Issue: Ice-atmosphere-ocean interactions in the Arctic Ocean during IPY. The Damocles Project, 2013, 9. 147-169.

[11] Wassman P. Arctic marine ecosystems in an era of rapid climate change. Progress in Oceanography, 2011, 90: 1-17.

[12] Li W K, McLaughlin F A, Lovejoy C, et al. Smallest algae thrive as the Arctic Ocean freshens[J]. Science, 2009, 326: 539.

[13] Jiao N Z, Herndl G J, Hansell D A, et al. Microbial production of recalcitrant dissolved organic matter: Long-term carbon storage in the global ocean. Nature Reviews Microbiology, 2010, 8: 593-599.

[14] Jiao N Z, Tang K, Cai H Y, et al. Increasing the microbial carbon sink in the sea by reducing chemical fertilization on the land. Nature Reviews Microbiology, 2011, 9: 75.

[15] Stein R, Macdonald R W. The Organic Carbon Cycle in the Arctic Ocean. Chapter 1. The Arctic Ocean: Boundary Conditions and Background Information. Berlin: Springer-Verlag, 2004, 1-32.

[16] Carroll M L, Carroll J. The Arctic Seas. In: Black K, Shimmield G. Biogeochemistry of Marine Systems. Oxford: Blackwell Publishing, 2003: 127-156.

撰稿人：金海燕　陈建芳

国家海洋局第二海洋研究所，jinhaiyan@sio.org.cn

极地冰盖冰下水系统与海洋之间是否存在联系

Does there Exist Linkage Between Subglacial Hydrological Systems of Polar Ice Sheet and Oceans?

联合国政府间气候变化专门委员会发布的第五次评估报告(IPCC AR5，2013)指出，目前极地冰盖(包括北极格陵兰冰盖与南极冰盖)的冰量达 3000 万 km^3 以上，占全球冰量超过 90%，这可以使海平面上升至少 65m。因此，即使极地冰盖发生“微弱”的变化也可能对全球环境尤其是海平面升降产生深刻影响。自 20 世纪以来，冰盖与海洋的可能联系一直被科学界持续关注。例如，“冰盖的内部和底部特征是怎样的，冰盖下方是否有液态水体的存在”等是自冰盖成为科学研究对象以来必须要面对的问题。

一个很自然的猜测是冰盖的内部和底部可能存在液态的水、水道甚至湖泊。19 世纪的俄罗斯科学家克鲁泡特金就预言，在巨大冰体的压力下，冰盖内部冰体的温度将缓慢上升，其底部可能最先达到融点并融化为淡水，当出现体积很大的冰下水体时就自然形成“冰下湖”。然而早期的冰川学家认为冰盖底部水体的水力学非常微弱，如水流的速度可能非常慢，其冰川动力学效应太小不值得考虑。直到 20 世纪 50~60 年代的苏联南极考察期间，第一个冰下湖(东方湖)在地震波探测过程中被偶然发现，极地冰盖底部水系统逐渐成为研究热点，这个发现也被认为是 20 世纪最伟大的地理发现之一[1]。东方湖长度超过 200km，宽度达 50km，面积 15960 km^2，它的水面距离冰盖的表面超过 3700 m，平均水深为 344 m，最大水深大于 800 m，是世界上第七大湖泊(图 1)。随着冰雷达探测数据的丰富，以及人们对冰下环境的进一步认识，南极冰下湖的位置、大小、深度，以及数目不断得到修正和更新。截至目前，被发现的南极冰下湖超过 400 个[2]，而在格陵兰冰盖直至 2011 年才发现冰下湖的存在[3]。

在南极冰盖，早先人们猜测这些夹在岩石地壳与数千米厚冰盖中间的水体应该是彼此孤立的，很难有活动的空间。但是，最近的卫星测高结果出人意料地表明，其实许多冰下湖是相通的，随着上覆冰盖压力的变化，湖水可以通过冰下水道迁徙流动，高海拔的冰下湖将水排泄到了低海拔的冰下湖[4]。某些湖泊甚至非常活跃，能够通过冰下水道流经几百千米彼此联通，频繁发生水体交换[4]。例如，南极冰穹 C 的冰下湖群，16 个月里有大约 1.8km^3 的水从一个湖流入了 290km 外的另外两个湖里。冰盖下方的水体是否能传输迁移到冰盖边缘的海洋？通过什么方式将冰体或水体供给海洋？2012 年，一个研究表明在冰盖中心与海岸附近的快速冰流之间的地区存在连续的底部湿环境，因此不存在阻止水流从冰盖中心流向海洋的可能[5]。且有证据表明，在联通过程中冰下湖之间的水道会向上磨蚀水体上方的冰，有时也会通过冰下排水通道切割冰下沉积层[6]。然而驱动冰下水体流动的因素是哪些，冰下水道与其上的冰流如何相互作用？目前，没有任何观测事实与数值模拟结果能给出合理解答(图 2)。

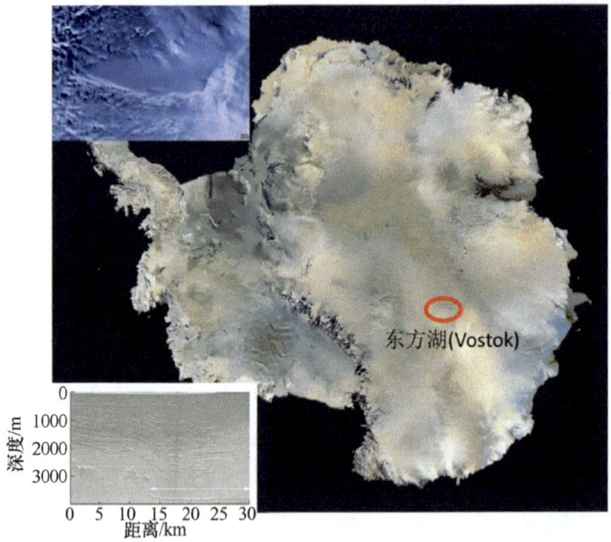

图 1　南极冰盖东方湖(Vostok)的位置，及其冰盖表面卫星影像和冰下湖的冰雷达成像

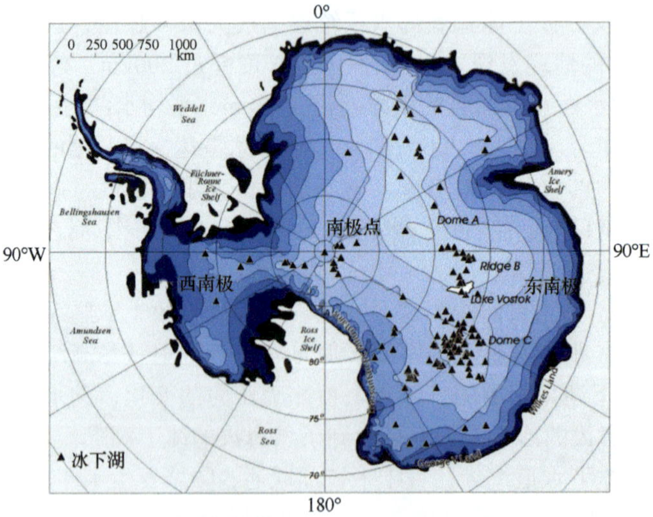

图 2　南极冰盖冰下湖分布图[5]

格陵兰冰盖在最近 20 年对海平面上升的贡献大大提高[7]。遥感观测已表明最近格陵兰冰盖的融冰范围和融化程度都有显著增长，特别是格陵兰西部融化范围的增长快于格陵兰东部[8]。格陵兰冰盖的水体大多储存在冰盖表面的冰上湖里，而发现的冰下湖泊却很少，当前只有 4 个[2]。格陵兰冰盖的冰下湖几乎都位于冰盖的边缘。其冰下湖的水体来源不同于南极冰盖。南极冰盖的冰下湖来源于内部的融化，而格陵兰冰下湖主要是由冰盖表面的融水通过冰穴或裂隙流入到冰下湖中补给其水量。已有证据表明，格陵兰冰盖的湖泊会通过冰下通道将湖水排泄到冰盖边缘流入海洋。因此，气候变暖导致的表面融水增加可能会进一步加剧冰下湖水量的增长，从而使得冰下湖水排向海洋的事件更为普遍。当格陵兰冰盖表面的湖泊向外排水时，水流的较高流速有时会引起周围冰体移动的加速[9]。在南极冰盖，冰下水体流动诱发的冰体加速流动可能会反过来触发冰下湖周围冰坝的溃决引起湖水的突然大规模排放[10]。但此现象尚未在格陵兰岛发现。一般来说，格陵兰冰盖的融水通常在夏天由其表面融化生成，并在重力的影响下流入地势较低的地方形成冰上湖泊。地势较低的地形通常与冰下地形相联系，所以当冰流向冰盖边缘时，这些湖泊的位置并不总是随之一起平移。当融化在夏天持续时，冰上湖和径流会通过冰裂隙和冰臼流入冰下通道。目前猜测冰盖底部的水体能畅通无阻地流到冰盖边缘注入冰架并直达海洋。然而这些冰下水的流驻时间，以及排泄通道到底处于什么状态，冰盖动力效应如何仍然未知。例如，格陵兰冰盖表面融水径流流量占了该冰盖质量流失的大约一半[11]，但是这些融水是否全部都直接流入了海洋，以及通过什么样的途径排到冰盖边缘，目前仍不清楚。

当前，除了俄罗斯科学家在 2012 年钻透冰盖到达了东方湖的水表面外，我们对冰下湖泊、冰下水道及湖水流入冰架下方的具体特征仍未有足够直接的探测，甚至可以说仍处于研究空白状态。事实上，冰盖下方水系统的研究仍处于初始阶段，对于冰下水体的一些基本问题都缺乏了解。根据对少数湖泊做出的评估，我们已知冰下湖的一些基本特征，如①冰下湖的大小，既有超过 200km 长 1km 深的湖也有面积很小深度小于 1m 的湖；②湖的位置，既有位于冰盖中心的冰下湖，也有冰盖边缘的冰下湖；③既存在保有古老水体的单个封闭冰下湖，也存在通过冰下水道相互连通的冰下湖群；④冰下湖地质，既有位于冰下山脉山谷间的冰下湖，也有位于冰下平坦沉积岩之上的冰下湖；⑤冰盖动力学，既有在缓慢流动的冰盖内陆的冰下湖，也有位于快速冰流区的冰下湖；⑥冰厚，既有位于冰下 3000m 以上的冰下湖，也有在冰盖边缘冰下很浅处的冰下湖，甚至有格陵兰的冰上湖。但是一方面，对于已发现的几百个湖中的大多数湖来说，即使是这些基本的特征，我们的理解仍然非常有限；另一方面，我们已知冰盖中心的冰下水体能流到冰盖边缘并进入海洋，但是在获取这些水体如何流出的直接证据方面存在巨大的困难。我们甚至不知道这些聚集起来的冰下湖水是源于远处的源头，还是源于当地的底部融化，或者两者兼有。冰盖运动会强化冰盖的融化、退缩和变薄，但是融水量与冰动力相联系的力学过程，以及冰盖融水注入海洋后对气候变暖的影响仍不确定。例如，通常假定在夏季格陵兰冰盖底部的滑动较强，在冬季滑动则相对较慢，而从夏季较强的底部滑动过渡到冬季相对较慢底部滑动的过程被认为是渐进缓慢的[12]。然而有模拟结果表明，短期变化的融水输入是驱动并强化冰盖底部滑动和冰流快速增强的关键，已有观测发现冰流暂时性的突然加速是由融化增强或冰上湖泊间歇性水体排放所引起的[13]。

考虑到冰盖内部水体通过冰下水道流向冰盖边缘，冰盖冰下水系统与海洋的联系是显而易见的。一个证据是，冰盖下方特别是冰架下方的冰流或者冰下水流含有海水，其来源可能是冰架底部海洋的潮汐[14]。目前我们对进入冰盖底部水系统的海水成分，冰下水系统与海洋在哪些位置相连接，以及海洋与冰盖相互作用如何影响冰下环境这些问题仍缺乏了解。因此，要系统理解冰盖冰下水系统与海洋之间的相互关系，我们需要先对冰盖内部冰下水系统及其相关的冰下环境进行系统的探测，并大力加强对冰下水系的形成机制及其动力学特征的研究，逐步揭示回答上述问题。另外，冰下水系特别是冰下湖中很可能保存了古环境和古生物资料，它们与海洋的相互连通还可能导致其拥有海洋生物。然而，冰下湖是完整而脆弱的生态系统，如何在不破坏其内部环境的前提下探明冰盖冰下水系统与海洋之间的联系是摆在极地科学家面前的难题之一。

参 考 文 献

[1] Kapitsa A P, Ridley J K, Robin G de Q, et al. 1996 Large deep freshwater lake beneath the ice of central East Antarctica. Nature, 1996, 381: 684-686.

[2] Siegert M J, Priscu J C, Alekhina I A, et al. Antarctic subglacial lake exploration: First results and future plans. Philosophical Transactions of the Royal Society A Mathematical Physical & Engineering Sciences, 2016, 374: 20140466.

[3] Palmer S, Mcmillan M, Morlighem M. Subglacial lake drainage detected beneath the Greenland ice sheet. Nature Communications, 2015, 6.

[4] Wingham D J, Siegert M J, Shepherd A, et al. Rapid discharge connects Antarctic subglacial lakes. Nature, 2006, 440: 1033-1036.

[5] Wright A P, Young D A, Roberts J L, et al. Evidence of a hydrological connection between the ice divide and ice sheet margin in the Aurora Subglacial Basin, East Antarctica. Journal of Geophysical Research Earth Surface, 2012, 117(F1): 239-256.

[6] Fricker H A, Siegfried M R, Carter S P, et al. A decade of progress in observing and modelling Antarctic subglacial water systems. Philosophical Transactions of the Royal Society A Mathematical Physical & Engineering Sciences, 2016, 374(2059): 20140294.

[7] Rignot E, Velicogna I, van den Broeke M R, et al. Acceleration of the contribution of the Greenland and Antarctic ice sheets to sea level rise. Geophysical Research Letters, 2011,

38(5).

[8] Abdalati W, Steffen K. Greenland ice sheet melt extent: 1979—1999. Journal of Geophysical Research Atmospheres, 2001, 106(D24): 33983-33988.

[9] Das S B, Joughin I, Behn M D, et al. Fracture propagation to the base of the Greenland Ice Sheet during supraglacial lake drainage. Science, 2008, 320(5877): 778-781.

[10] Stearns L A, Smith B E, Hamilton G S. Increased flow speed on a large East Antarctic outlet glacier caused by subglacial floods. Nature Geoscience, 2008, 1(12): 827-831.

[11] Sasgen I, van den Broeke M, Bamber J L, et al. Timing and origin of recent regional ice-mass loss in Greenland. Earth and Planetary Science Letters, 2012, 333: 293-303.

[12] Sole A, Nienow P, Bartholomew I, et al. Winter motion mediates dynamic response of the Greenland Ice Sheet to warmer summers. Geophysical Research Letters, 2013, 40(15): 3940-3944.

[13] Bartholomew I, Nienow P, Sole A, et al. Short-term variability in Greenland Ice Sheet motion forced by time-varying meltwater drainage: Implications for the relationship between subglacial drainage system behavior and ice velocity. Journal of Geophysical Research: Earth Surface, 2012, 117(F3).

[14] Winberry J P, Anandakrishnan S, Wiens D A, et al. Dynamics of stick–slip motion, Whillans Ice Stream, Antarctica. Earth and Planetary Science Letters, 2011, 305(3): 283-289.

撰稿人：孙 波

中国极地研究中心，sunbo@pric.org.cn

科普难题

南极海洋-冰架相互作用

Ocean-Ice Shelf Interactions Around Antarctica

极其寒冷的南极大陆被全球最大的冰川覆盖，冰川伸展进入大陆周边的海洋，这些漂浮在海洋里的来自于南极陆地上的冰被称为冰架。由于海表强烈的冷却作用，南极海洋上表层较冷，而较深处则相对较暖，因此，冰架在海洋上表层融化较慢，而在深处融化较快，经常形成如图 1 所示的带有冰腔的形状。由于冰架对冰川起着重要支撑作用，冰架通过融化和崩裂导致的质量丢失和形状变化，常可引起冰川加速流向海洋，导致全球海平面上升。但是，冰架与海洋相互作用引起的底部融化存在巨大的不确定性，成为全球海平面变化预测中的一个难题。

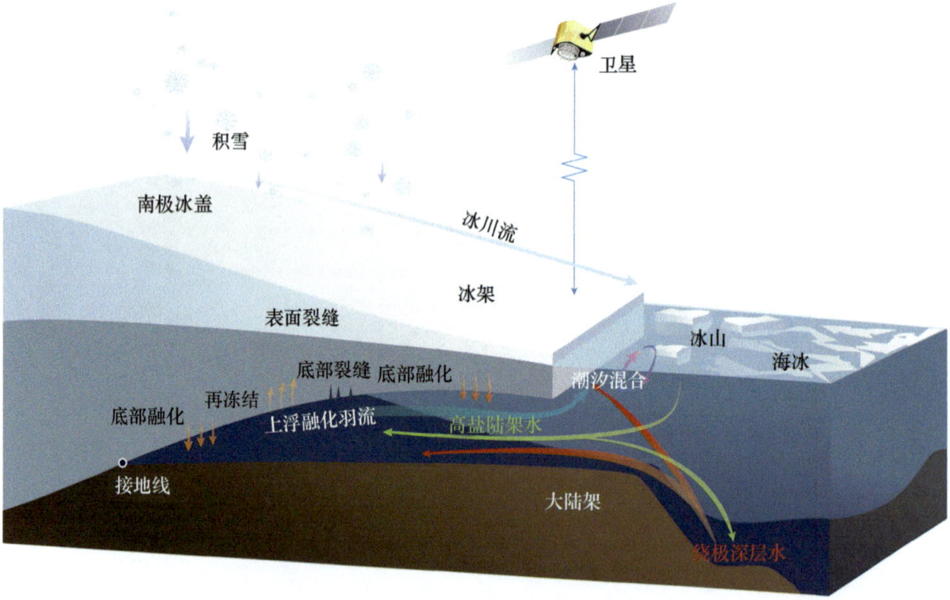

图 1　南极冰架示意图

冰腔为冰架底部与陆地之间含有水体部分

http://earthsky.org/earth/shrinking-of-antarctic-ice-shelves-is-accelerating#

由于南极大陆大气极其寒冷，一年四季南极大陆冰架表面都处于冰点以下，表面融化难以发生，因此，冰架底部融化并进而可能引起的冰架崩裂是冰架失去质量的主导方式。相对于大气和冰，水的热容量较大，海洋温度的变化可以引起很大的热含量的变化，冰架底部融化也就对海水温度变化非常敏感。弄清冰腔内海洋环流如何变化对于理解冰架底部融化十分重要。

驱动冰腔内海洋环流的机制之一是所谓的“冰泵”机制。由于海水的冰点随着压力的加大而降低，一般水深每增加 100m，海水冰点温度降低约 0.075°C。例如，海水表面冰点温度一般为–1.89°C，2000m 水深处冰点温度可为–3.39°C。尽管冰架为淡水冰，但在冰架底部与海水交界处极薄的边界层内，冰点受海水影响较大。因此，进入冰腔的海水温度远高于接地线附近的海水冰点温度，在冰架较深处导致比较大的底部融化。融化的淡水与周围海水混合形成盐度较小和温度较低的冰架水，这些较轻的冰架水上涌并向冰架外流去，驱动冰架内的经向翻转环流。这种冰架底部融化的动力作用被形象的称为“冰泵”作用[1]。

冰架前缘形成的高密陆架水也是海洋环流的重要驱动力。强劲的南极大陆下沉风将海冰驱离冰架前缘，形成的开阔水域向寒冷的大气大量失热导致更多的海冰生成，造成持续的表层盐度增加，常可引起深对流，生成高盐高密陆架水。这些较重海水在海底受重力作用由冰架前缘流向冰腔深处，成为经向翻转环流的另一重要驱动力。

当然，冰腔内环流也受到其他过程的影响。例如，环绕南极大陆的冰架底部海水温度并不均匀。西南极冰架腔体内海水温度较高，常称为“暖腔”，而东南极冰架底部海水温度较低，常称为“冷腔”，因此，西南极和东南极的冰架底部融化差异较大(图 2)[2]。这种差异反映了较暖海水容易侵入“暖腔”，较难侵入“冷腔”，也意味着具有暖腔的冰架易受到全球变暖的影响。形成这种差异的原因是较暖的南极绕极流位置在东西方向上的不对称。南极绕极流和较暖海水更加靠近西南极冰架，较暖海水容易侵入西南极陆架，导致西南极冰架周围海水较暖；而东南极陆架离南极绕极流和较暖海水较远，且存在较强的自东向西陆坡流，很大程度上阻绝了较暖海水侵入陆架，导致东南极冰架周围海水较冷。事实上，现有的冰架质量变化观测表明，受全球变暖影响，西南极冰架底部融化进一步加大，而东南极冰架底部融化则变化很小(图 2)。这是因为，在全球变暖的情况下，南半球西风带显著加强，加强的西风带通过 Ekman 抽吸作用引起绕极深层暖水上涌，使得暖腔受到更多的暖水入侵。

南极冰架下海洋过程的观测在过去几十年有了一定进展。通过热水钻技术钻孔可以获得冰下海洋温度、盐度和压力等的较长时间序列。这一技术在 Filchner-Ronne 冰架有较多应用[3]，在埃默里冰架也有若干观测结果[4]。但是，这种观测方法所需的后勤保障成本很高，因此观测的点位非常少。最近几年，自主式水下航行器(autonomous underwater vehicles, AUV)，如 Autosub2[5]和 Autosub3[6]，被用来观测冰架底部形状及冰架下海洋温盐流和海底地形，但目前这种 AUV 存在

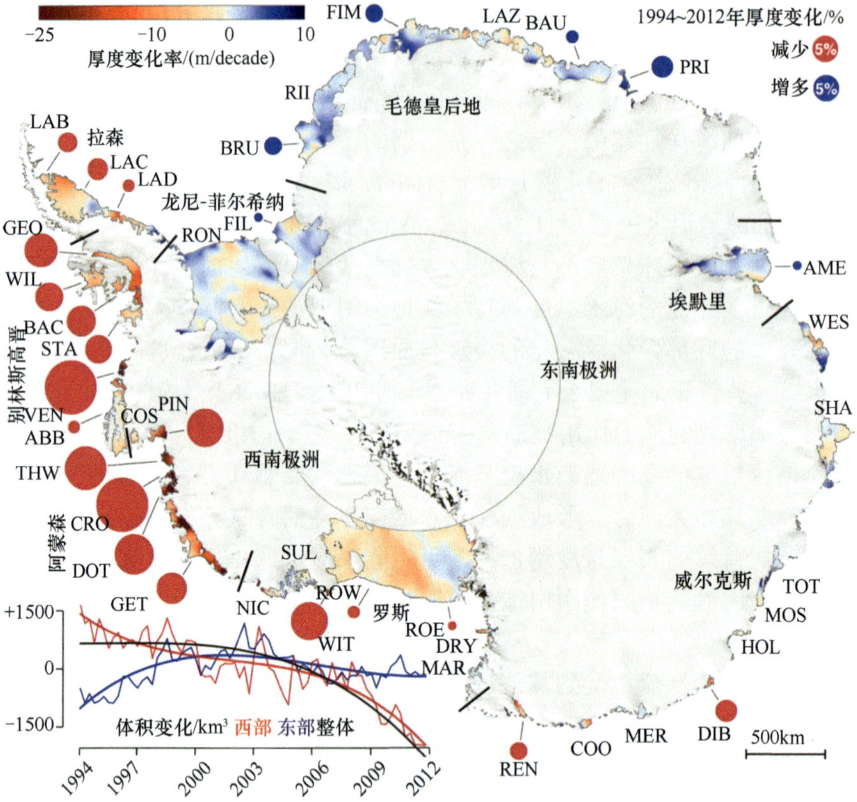

图 2　1994~2012 年环南极冰架厚度变化率(彩色)

圆圈表示每个冰架厚度减少(红色)和增加(蓝色)[2]。左下角时间序列表示 1994~2012 年冰架体积的变化情况(红色. 西南极洲；蓝色. 东南极洲；黑色. 南极所有冰架体积变化的多项式拟合)

很多缺陷，如仅能在夏季使用，制作费用昂贵，需要极地科考船将其运至冰架前缘，且在冰下航行距离较短等。为促进研发能够在冰下航行更远距离的 AUV，世界气候研究组织(World Climate Research Programme)和摩纳哥基金会阿尔伯特王子(Prince Albert II of Monaco Foundation)于 2016 年年初联合发布了一个奖励计划，奖励第一个制造出能够在冰下连续航行 2000km 以上的 AUV 研发团队，奖金高达 50 万瑞士法郎(约合 50 万美元)。

卫星遥感观测冰厚可以提供大范围的冰架厚度变化观测结果，从而可以推测海洋温度变化情况。这一观测方法的主要缺陷是，观测结果通常是长达一年或以上的平均状况，并且需要假设垂直应变率(vertical strain rate)随深度不变，这一假设在落地线附近并不成立[7]。不断变化的积雪厚度引起的表面高度变化的不确定性也给观测带来很大误差。

过去十年，地基相敏雷达(phase-sensitive radar，pRES)曾被用于观测冰架底部融化(由于具有较高盐度海洋冰对电磁信号的影响，这种雷达不能观测底部有海洋冰冻结的冰架厚度变化)[8]和冰盖垂直应变率[9]。使用 pRES 观测的优点是不需要作稳定态假设，可以确定冰内应变力垂直廓线，且精度高。但缺点是设备较重及成本较高，需要室温条件和携带发电机保证设备运转。pRES 的关键缺陷是，同卫星遥感观测一样，观测结果是两次观测时间间隔的平均值，这些时间间隔在夏天短则为几天，长可达一年以上。接地冰垂直应变变化的时间尺度较长，可不必关心其短期变化。但是，冰架底部融化则受短时间尺度海洋过程的影响，可在年际至潮汐尺度甚至更短时间尺度上变化，无法被 pRES 所探测。

为了对冰架底部融化进行无人监管下的一天多次的长期观测，Brennan 等[10]设计了一种便于携带、电池寿命长达一年以上的新型雷达(autonomous phase-sensitive radar，ApRES)。这种新型观测手段受到了许多冰架研究专家的重视，目前这种雷达已经或正在得到较广泛的布放。

对于冰架腔内海洋环流来说，目前仍缺少有效观测手段。尽管热水钻技术和采用 AUV 可以观测冰腔内海洋状况，但由于其高昂的成本，可获得的观测数据极为稀少。因此，数值模拟研究是极为重要的研究手段。近年来，包含环绕南极大陆海洋、海冰和冰架过程的数值模式在研究冰架质量变化方面有了一定发展[11, 12]。但是这种绕极模式的空间分辨率一般为 10~50km，因此不能模拟空间尺度仅为几公里的陆架和陆坡附近的中尺度涡旋过程。考虑现有计算资源的限制，为了能够模拟空间尺度为几公里的陆架和冰腔内涡旋环流特征，目前还必须使用模拟区域更小的超高分辨率(水平网格距 1~2km 或更小)海洋-海冰-冰架耦合模式。

Galton-Fenzi 等[13]基于包含一个冰架模块的区域海洋模式系统(regional ocean modeling system，ROMS)[14]发展了一个以普里兹湾和埃默里冰架为研究区域的海洋-冰架模式，网格距为 3~7km。这一模式特别在埃默里冰架腔内的冰晶生成和输送过程、海洋冰的形成过程等方面有较明显的改进。但这一模式缺少海冰模块，海冰生成和融化过程对海洋环流的淡水强迫作用仅通过海-气热通量进行参数化，不能描述复杂的海冰热力和动力过程及其对海洋环流的影响。模式结果也显示出在模拟陆坡流等方面的不足，这一缺陷也会严重影响冰架外海洋过程对冰腔内环流的影响。而且，冰架底部融化冻结过程的时空变化模拟结果尚没有得到应有的验证。

到目前为止，由于地理位置遥远和气候恶劣，南极冰架和海洋的观测受到极大约束，现有数值模式也存在很多缺陷，南极海洋与冰架相互作用过程因此成为全球海洋环流体系中观测最少、理解最少的部分，是重要的科学难题。这使得我们在冰架质量平衡及南极海洋环流模拟和预测中面临巨大的挑战。

参 考 文 献

[1] Lewis E L. The ‘‘ice pump, ’’a mechanism for ice-shelf melting, glaciers, ice sheets, and sea level. Effect of a CO_2-Induced Climate Change, Rep. DOE/EV/60235, 1985, 1: 275-278.

[2] Paolo F S, Fricker H A, Padman L. Volume loss from Antarctic ice shelves is accelerating. Science, 2015, 348(6232): 327-331.

[3] Nicholls K W, Østerhus S, Makinson K, et al. Ice–ocean processes over the continental shelf of the southern Weddell Sea, Antarctica: A review. Reviews of Geophysics, 2009, 47(3): 223-223.

[4] Craven M, Allison I, Fricker H A, et al. Properties of a marine ice layer under the Amery Ice Shelf, East Antarctica. Journal of Glaciology, 2009, 55(192): 717-728.

[5] Nicholls K W, Abrahamsen E P, Buck J J H, et al. Measurements beneath an Antarctic ice shelf using an autonomous underwater vehicle. Geophysical Research Letters, 2006, 33(8): L08612-[4pp].

[6] Jenkins A, Dutrieux P, Jacobs S S, et al. Observations beneath Pine Island Glacier in West |[nbsp]| Antarctica and implications for its retreat. Nature Geoscience, 2010, 3(7): 468-472.

[7] Jenkins A, Corr H F J, Nicholls K W, et al. Interactions between ice and ocean observed with phase-sensitive radar near an Antarctic ice-shelf grounding line. Journal of Glaciology, 2006, 52(178): 325-346.

[8] Corr H F J, Jenkins A, Nicholls K W, et al. Precise measurement of changes in ice-shelf thickness by phase-sensitive radar to determine basal melt rates. Geophysical Research Letters, 2002, 29(8): 73-1-74-4.

[9] Kingslake J, Hindmarsh R C A, Aðalgeirsdóttir G, et al. Full-depth englacial vertical ice sheet velocities measured using phase-sensitive radar. Journal of Geophysical Research: Earth Surface, 2014, 119(12): 2604-2618.

[10] Brennan P V, Lok L B, Nicholls K, et al. Phase-sensitive FMCW radar system for high-precision Antarctic ice shelf profile monitoring. IET Radar, Sonar & Navigation, 2014, 8(7): 776-786.

[11] Hellmer H H, Kauker F, Timmermann R, et al. Twenty-first-century warming of a large Antarctic ice-shelf cavity by a redirected coastal current. Nature, 2012, 485(7397): 225-228.

[12] Timmermann R, Hellmer H H. Southern Ocean warming and increased ice shelf basal melting in the twenty-first and twenty-second centuries based on coupled ice-ocean finite-element modeling. Ocean Dynamics, 2013, 63(9-10): 1011-1026.

[13] Galton-Fenzi B K, Hunter J R, Coleman R, et al. Modeling the basal melting and marine ice accretion of the Amery Ice Shelf. Journal of Geophysical Research: Oceans, 2012, 117(C9): 39-51.

[14] Dinniman M S, Klinck J M, Smith W O. Cross-shelf exchange in a model of the Ross Sea circulation and biogeochemistry. Deep Sea Research Part II: Topical Studies in Oceanography, 2003, 50(22): 3103-3120.

撰稿人：王召民

河海大学，wzm@nuist.edu.cn

南极海冰范围为什么会在全球变暖情形下不减反增？

Why has the Antarctic Sea Ice Extent Increased under Global Warming?

北极海冰在最近 30 年中加速减退，成为全球变暖最显著的信号之一。与此同时，南极的大气和海洋也表现出增暖趋势[1, 2]，然而南极海冰并没有减少，无论年平均还是逐月平均的海冰范围均呈现略微增大的长期变化趋势[3](图 1)，成为全球气候变暖过程中一个令人费解的现象。

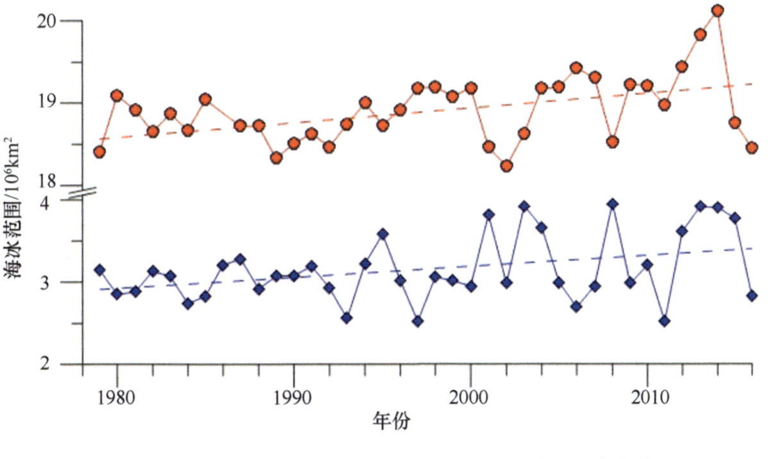

图 1　南极海冰范围在 2 月(蓝色)和 9 月(红色)的多年变化

虚线为其线性拟合，数据来自美国国家雪冰数据中心

由于没有可靠的海冰厚度数据，南极海冰体积的长期变化尚无从知晓。数据同化得到的 1980~2008 年南极海冰体积变化呈现的是增加的趋势[4]。与北极海冰以多年冰为主的特性不同，绝大多数南极海冰为季节性海冰，厚度的变化范围并不大，因此南极海冰范围扩大基本上可以看做是南极海冰的总量增加。

南极海冰与北极海冰的另一个不同是有更厚的积雪，原因在于南极浮冰带也是强降水带。积雪的一部分可以转化为冰，增加了冰厚，积雪的隔热作用也不利于海冰融化，能延长冰期，有利于海冰增加。数值模式的结果显示，南大洋增暖造成的大气水循环加强会导致降雪增加，这可能是海冰增多的一个原因[5]。不过，由于观测资料稀少，南极海冰区降雪是否真的增加，目前尚无定论。

大气强迫对海冰变化有着至关重要的影响。南极臭氧洞是人类活动影响自然系统的最突出例子。数值研究表明，春季平流层臭氧的减少可能导致了南极海冰的增多[6]。然而，在气候变化研究所用的第五次耦合模式比较计划(CMIP5)中，已包含了观测到的平流层臭氧减退，但是却没有模拟出南极海冰范围的增加。这说明，平流层臭氧损失或许并不是南极海冰增多的主要因素[7]。

南半球环状模(SAM)是南大洋气候变化的最重要模态，可作为南大洋西风强度的指标。自 20 世纪 60 年代中期以来，SAM 趋向正位相，说明西风正在加强。根据埃克曼理论，这将有利于海冰向北输送，因而会增大海冰范围。但是，数值模拟给出的结果却是，SAM 增大时，海冰范围是减小的[7]，因为增强的西风会使埃克曼抽吸作用增强，将更多暖的绕极深层水(CDW)带入表层，减缓海冰生成[8]。目前的研究认为，单靠 SAM 不能有效解释南极海冰增多现象[5]。冰心记录显示，当前的 SAM 趋向正位相是过去 1000 年中绝无仅有的现象，在很大程度上可以归因于温室气体增加和臭氧损耗的共同作用，即人类活动的影响。这从一个侧面说明人类活动对南极海冰长期变化趋势的影响是有限的。实际上，南极海冰增多仍在自然气候变率的范围之内[6]。

在南极海冰生消变化最为显著的海域，冷而淡的南极表层水之下是相对暖而咸的 CDW，前者的密度小于后者，形成稳定的层化。如果这一层化加强，将抑制 CDW 的向上热通量，最终导致海冰增多。除了升温之外，表层淡化也将导致层化加强。前文提到的降雪增多，也可以通过在表层注入更多的淡水使层化加强，造成海冰增加。如前所述，由于降雪资料问题，这一作用能否起效尚无法确定。表层淡水的另外一个重要来源是冰川融水。随着气候变暖，南极冰盖损失加剧，注入南大洋的融水增加，可能是南极海冰范围总体上增加的原因[9]。然而，用实测的冰川融化造成的淡水强迫进行数值实验，计算出的海冰增加趋势并不大[10]。因此，冰川融化所起的作用也没有完全确定。

海冰反照率正反馈是造成北极海冰加速减退的重要机制，南大洋变暖为什么没有触发这一正反馈过程呢？数值模拟给出了一个负反馈的解释[1]。海洋升温，使海冰的生成量减小，结冰析盐过程减弱，造成表层海洋相对淡化，将有助于海冰增加。如果层化加强导致的海冰增加比海水升温造成的海冰减少更为显著，净效果就表现为海冰增多。形成这一负反馈的条件是海洋向上热通量在海冰生消中有足够大的作用，这符合南大洋的实际情况。有意思的是，对于近些年来南极海冰持续增长的趋势，后来的数值模拟又给出了一个正反馈的解释[11]。结冰时，因表面冷却和结冰析盐作用使对流加强，形成较深的混合层；融冰时，表层因增暖和融冰淡水注入而密度降低，层化加强，抑制对流，形成较浅的混合层。如此一来，一年的海冰生消循环之后，实质上形成了一个向下的盐输送。在这种效应之下，海冰增多会使上层海洋层化加强，从而促使海冰进一步增多，形成一个正反馈。

正反馈与负反馈都能解释南极海冰增多，说明影响南极海冰变化的因素众多且过程复杂，也说明数值模式对这些物理过程的刻画还不够准确和完整。目前的数值模式对海冰的模拟能力确实不够令人满意。一个突出的例子是，CMIP5 中的绝大多数模式给出了南极海冰减少的模拟结果[12]。

南极海冰范围增大实际上是一个信噪比很低的信号，一方面，海冰范围在 30 多年中的线性变化趋势远小于其年际变化的幅度(图 1)。另一方面，南极海冰变化存在显著且固定的区域性差异(图 2)，也降低了总体变化趋势的代表性。

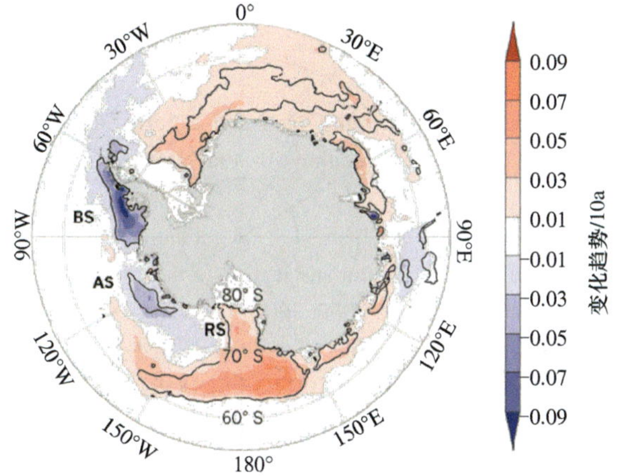

图 2　1979~2012 年的南极海冰密集度变化趋势

实线包围的是显著性水平超过 95%的区域[13]

区域性差异主要表现为罗斯海(RS)的海冰增多，别林斯高晋海(BS)和阿蒙森海(AS)的海冰减少[6, 13]。数值模式结果表明，这一差异可以用经向风的变化来解释，是由于阿蒙森海的气旋式大气环流增强造成的[6]。罗斯海与别林斯高晋海的海冰范围距平在年际尺度上也表现出反相变化的显著特征，被称为南极偶极子[14]。该变化也是由于风场变化造成的，最终可以与热带太平洋海表面温度(SST)距平变化建立联系，即厄尔尼诺与南方涛动(ENSO)对南极海冰产生了影响[14]。上述南极海冰范围长期变化趋势在空间分布上与南极偶极子的相似性，自然令人想到热带的遥相关作用。但是，热带太平洋 SST 的长期变化趋势很小，起不了作用；最终找到的是自 1979 年以来显著升高的北大西洋 SST[15]。这一联系体现出大西洋多年代振荡(AMO)对南极海冰的可能影响，同时也给出这样一个提示，南极海冰在最近 30 多年中表现出的增长趋势，或许只是周期更长的振荡中的一个阶段。自 2014 年 9 月达到有卫星记录以来的最大值之后，南极海冰范围持续走低，延续了以往大幅震荡的变化状态(图 1)。或许，未来南极海冰变化还会超出人们的想象，毕竟对南极海冰变化复杂性的了解还远远不够。

参 考 文 献

[1] Zhang J. Increasing Antarctic sea ice under warming atmospheric and oceanic conditions. Journal of Climate, 2007, 20(11): 2515-2529.

[2] Boning C W, Dispert A, Visbeck M, et al. The response of the Antarctic Circumpolar Current to recent climate change. Nature Geoscience, 2008, 1(12): 864-869.

[3] Simmonds I. Comparing and contrasting the behaviour of Arctic and Antarctic sea ice over the 35 year period 1979 - 2013. Annals of Glaciology, 2015, 56(69): 18-28.

[4] Massonnet F, Mathiot P, Fichefet T, et al. A model reconstruction of the Antarctic sea ice thickness and volume changes over 1980-2008 using data assimilation. Ocean Modelling, 2013, 64: 67-75.

[5] Liu J, Curry J A. Accelerated warming of the Southern Ocean and its impacts on the hydrological cycle and sea ice. Proceedings of the National Academy of Sciences, 2010, 107(34): 14987-14992.

[6] Turner J, Comiso J C, Marshall G J, et al. Non - annular atmospheric circulation change induced by stratospheric ozone depletion and its role in the recent increase of Antarctic sea ice extent. Geophysical Research Letters, 2009, 36(8): L8502.

[7] Sigmond M, Fyfe J C. Has the ozone hole contributed to increased Antarctic sea ice extent?.Geophysical Research Letters, 2010, 37(18): L18502.

[8] Ferreira D, Marshall J, Bitz C M, et al. Antarctic ocean and sea ice response to ozone depletion: A two-time-scale problem. Journal of Climate, 2015, 28(3): 1206-1226.

[9] Bintanja R, van Oldenborgh G J, Drijfhout S S, et al. Important role for ocean warming and increased ice-shelf melt in Antarctic sea-ice expansion. Nature Geoscience, 2013, 6(5): 376-379.

[10] Swart N C, Fyfe J C. The influence of recent Antarctic ice sheet retreat on simulated sea ice area trends. Geophysical Research Letters, 2013, 40(16): 4328-4332.

[11] Goosse H, Zunz V. Decadal trends in the Antarctic sea ice extent ultimately controlled by ice-ocean feedback. The Cryosphere, 2014, 8(2): 453-470.

[12] Shu Q, Song Z, Qiao F. Assessment of sea ice simulations in the CMIP5 models. The Cryosphere, 2015, 9(1): 399-409.

[13] King J. Climate science: A resolution of the Antarctic paradox. Nature, 2014, 505(7484): 491-492.

[14] Yuan X, Martinson D G. The Antarctic dipole and its predictability. Geophysical Research Letters, 2001, 28(18): 3609-3612.

[15] Li X, Holland D M, Gerber E P, et al. Impacts of the north and tropical Atlantic Ocean on the Antarctic Peninsula and sea ice. Nature, 2014, 505(7484): 538-542.

撰稿人：史久新

中国海洋大学，shijiuxin@ouc.edu.cn

1950 年以来南极绕极波为何只存在了 8 年?

Why did the Antarctic Circumpolar Wave Appeare Only Eight Years Since 1950?

亚热带辐合带以南环绕南极大陆的海域称为南大洋，其面积约占全球大洋面积的 25%。由于南大洋没有南北方向的陆地阻隔，在南大洋形成东西方向闭合的环流——南极绕极流。南极绕极流成为沟通全球各个大洋的纽带，促进了各大洋之间的水体交换。南极绕极流属于风生环流系统，并随着大气强迫的变化而发生变化。南大洋的大气环流以西风为主，伴随有明显的区域差异。其中，南美大陆、非洲大陆和澳大利亚这三个大陆对大气环流有显著的影响，在气压场中，环绕南极体现三高三低的结构，即在陆地之上为高压，而在大洋之上为低压。这样的气压配置是南极大气的气候态特征，称为驻波模态。气压的驻波模态是指气压的空间结构不发生移动，只是波腹处气压的振幅发生起伏变化；一旦空间结构发生移动，则意味着系统发生了传播，称为行波模态。海洋对大气的驻波模态有很好的响应，温度、海流等都发生相应的振荡性变化。

然而，White 等注意到[1]，20 世纪 80~90 年代，在南大洋的海洋和大气中的海面气压、海面经向风、海表温度、海冰外缘线这 4 个参数都出现了向东传播的信号，4 个参数的传播特性几乎一致(图 1)。这些信号在环绕南极的海域存在 2 个波数，周期为 4~5 年，8~10 年环绕地球一周(图 2)。也就是说，这些参数从多年的驻波状态转变为行波状态，波数也从驻波的 3 个波数转变为行波的 2 个波数。他们将这个传播的信号命名为南极绕极波(antarctic circumpolar wave，ACW)[1]。南极绕极波被认为是海气耦合波动，因为在这个时间尺度上，大气和海洋参数的变化高度一致。

南极绕极波现象一经发现，就成为海洋和大气科学界的研究热点[2]，人们使用卫星高度计[3]、欧洲中期天气预报中心(ECMWF)再分析数据[4]、美国国家环境预报中心(NCEP)等数据进行分析[5]，并利用海气耦合模式开展研究[6, 7]，得出很多有意义的结论，如发现了绕极波信号和厄尔尼诺现象具有密切的关系[8, 9]，利用数值模式模拟的结果可以得到类似绕极波的特征[3, 4, 7]。其中，人们关注两大问题：一是南极绕极波形态的传播；二是其海气耦合特性。关于后者，有人认为南极绕极波是大气对海洋的单向驱动[4, 10]，也有人认为是一种海气耦合现象[8, 11, 12]。从图 2 中可以看到[13]，在 56°S 纬圈上，南极绕极波并非环绕全球传播，而是主要发生在

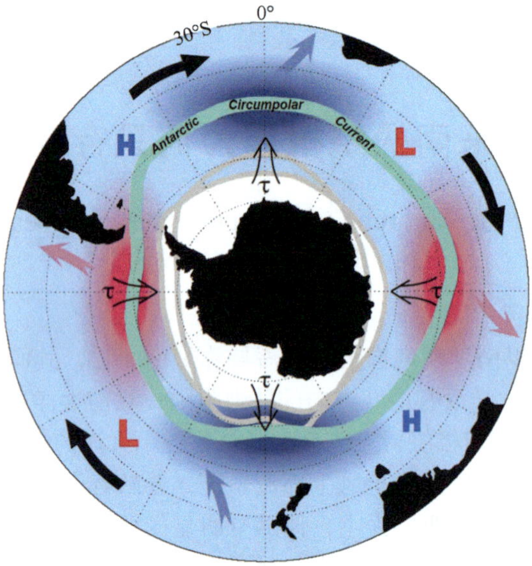

图 1　南极绕极波示意图[1]

海面温度(红为热，蓝为冷)、海面大气压距平(H 为高，L 为低)、经向风应力 τ (空心箭头)、海冰外缘线(灰线)的年际变化示意图[1]

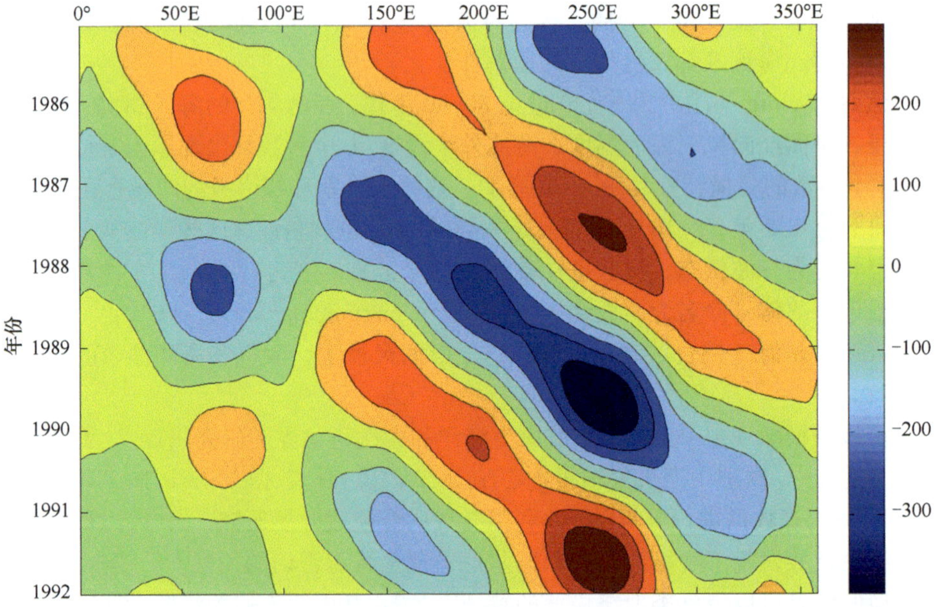

图 2　56°S 绕极波的传播特性(1985~1992 年)

SLP 距平的时间经度图(单位：Pa)

150°~300°E 的南太平洋和西南大西洋海区；在南印度洋海域出现了波动的间断或明显弱化，主要体现为一种类似驻波的形态特征。研究表明，南极绕极波有明显的气候效应，对周边大陆的降水产生明显影响[14, 15]。

然而，当科学家对南极绕极波投入空前的热情的时候，南极绕极波却突然消失了。人们用更长时间序列的数据研究南极绕极波时发现，具有行波特性的南极绕极波只是出现在 1985~1994 年，而在之前和之后的其他时间仍然体现为驻波特征[3, 6, 16]。

科学界对南极绕极波的产生和消失出现了很多认识，有些甚至相互矛盾。有人认为南极绕极波在有些时间段行波占优势，而在另外一些时间段驻波占优势[6]。有人认为，行波和驻波实际上是属于同一系统的两种表达形式，并无本质区别[13]。数值模拟结果表明，南极绕极波是行波和驻波特征交替存在的现象[6, 8, 17]。由于观测数据太少，这种交替出现的看法还未能证实，1950 年至今只发生这一次持续 8 年的南极绕极波现象。时过境迁，南极绕极波似乎已经成为历史，但带给人们的疑惑不但没有消除，反而更加迷雾重重。

从大气动力学角度看，海陆分布对气候系统的影响是占优势的，因为南极大陆和隔海相望的三个大陆决定了大气环流的驻波格局。一旦这种格局被打破，甚至成为行波，一定是有一个更为强大的过程起到决定性作用，使得大陆的作用变得微不足道。可是，我们至今不知道，是什么过程能产生比海陆分布还要强大的影响。虽然南极绕极波与厄尔尼诺相关，但南极绕极波远没有厄尔尼诺频繁，不太可能是厄尔尼诺现象引起的。

有人认为南极绕极波是被某个因素所激发的，但是，激发因素是什么？仍然是未解之谜。1950 年以来南极绕极波为什么只存在 8 年？这 8 年在地球上并没有发生什么很特殊的现象，难以解释南极绕极波何以消失。人们更加关心的是，未来是否还会发生南极绕极波？

南极绕极波是一道谜，至今尚未知晓谜底，还需要长期探索。

参 考 文 献

[1] White W B, Peterson R G. An Antarctic circumpolar wave in surface pressure, wind, temperature and sea-ice extent. Nature, 1996, 380.

[2] 周琴, 赵进平, 何宜军. 南极绕极波研究综述. 地球科学进展, 2004, 19(5): 761-766.

[3] Park Y H. Interannual sea level variability in the southern ocean within the context of the global climate change. AVISO News Letters, 2001, 8: 95-97.

[4] Bonekamp H, Sterl A, Komen G J. Interannual variability in the southern ocean from an ocean model forced by European center for medium-range weather forecasts reanalysis fluxes. Journal of Geophysics Research, 1999, 104(C6): 13317-13331.

[5] Connolley W M. Long-term variation of the Antarctic Circumpolar Wave. Journal of

Geophysics Research, 2003, 108 (C4): SOV 3-1-12.

[6] Christoph M, Barnett T P, Roeckner E. The Antarctic Circumpolar Wave in a coupled ocean-atmosphere GCM. Journal of Climate, 1998, 11: 1659-1672.

[7] Cai W, Baines P G, Gordon H B. Southern mid-to high-latitude variability, a zonal wavenumber-3 pattern, and the Antarctic Circumpolar Wave in the CSIRO coupled model. Journal of Climate, 1999, 12: 3087- 3104.

[8] Venegas S A. The Antarctic circumpolar wave: A combination of two signals?. Journal of Climate, 2003, 16 (15): 2509-2525.

[9] Hong L-C, Lin H, Jin F-F. A southern hemisphere booster of super El Niño. Geophysics Research Letter, 2014, 41, 2142–2149, doi: 10.1002/2014GL059370.

[10] Weisse R, Mikolajewicz U, Sterl A et al. Stochastically forced variability in the Antarctic Circumpolar Current. Journal of Geophysics Research, 1999, 104[C5]: 11049-11064.

[11] White W B, Chen S C. Thermodynamic mechanisms responsible for the troposphere response to SST anomalies in the Antarctic circumpolar wave. Journal of Climate, 2001, 15: 2577-2596.

[12] Baines P G, Cai W. Analysis of an interactive instability mechanism for the Antarctic Circumpolar Wave. Journal of Climate, 2000, 13: 1831-1844.

[13] 李宜振，赵进平. 南极绕极波的行波与驻波共存系统分析. 极地研究, 2007, 19(1): 38-48.

[14] White W B. Influence of the Antarctic Circumpolar Wave on Australian precipitation from 1958 to 1997. Journal of Climate, 2000, Volume 13: 2125-2141.

[15] White W B. Influence of the Antarctic Circumpolar Wave upon New Zealand temperature and precipitation during autumn–winter. Journal of Climate, 1999, Volume 12: 960-976.

[16] Autret G, Rémy F, Roques S. Multi-scale analysis of Antarctic surface temperature series by empirical mode decomposition. Journal Atmosphere Oceanography Technology, 2013, 30: 649-654.

[17] Cai W, Baines P G. Forcing the Antarctic Circumpolar Wave by El Niño-Southern oscillation teleconnections. Journal of Geophysics Research, 2001, 106(C5): 9019-9038.

撰稿人：赵进平　周　琴

中国海洋大学，jpzhao@ouc.edu.cn

南极海域生物多样性在南极绕极流的作用下的区域隔离和融合

The Effect of the Antarctic Circumpolar Current on the Isolations and Integrations of Biodiversity in the Southern Ocean

南极海冰常年覆盖着南极海域，呈现周期性变化，每年 3 月、4 月夏季时海冰量最低，8 月、9 月冬季时达到最高值。夏季海冰融化时，液态的海水会提供稳定的环境，深层海水上涌会带来大量的营养盐，因此会出现正的净初级生产，随后表层的硅藻会大量爆发。这些硅藻藻华会持续整个夏天，是磷虾等捕食者的食物来源，同时也引来了大量的鲸目动物、头足类、海豹、鸟类和鱼类来此觅食[1]。同时，藻华的藻体在死亡后沉降到海底，是海底沉积物中重要的碳来源，可以保存数千年。这种沉降过程相当于每年从海洋中去除 350 万 t 碳，并沉入海底，等同于从海洋和大气中去除了 1280 万 t 二氧化碳，在全球碳循环过程中起重要作用[1]。

从中生代晚期开始，剧烈的板块活动使得冈瓦纳大陆逐渐解体，新生代期间南极大陆缓慢漂移到现在的地理位置[2]。在此过程中，南极大陆的气候逐渐变冷并开始被厚厚的冰雪覆盖[3]。伴随着德雷克海峡的打开，环绕南极的洋流开始形成。南极绕极流，又名西风漂流，是围绕南极洲按顺时针方向自西向东流动的洋流，是南大洋环流的主要特征(图 1)[4]。南极绕极流是世界上最强和最大的海流，连接大西洋、太平洋和印度洋，是它们之间交流的主要途径，如一条纽带联结起全球的热盐环流，对中层水和深层水的运移具有重要意义[5]。南极绕极流不仅与南极海域具有较高的生产力丰度有关，还和南极海域生物多样性的隔离与融合有着密不可分的联系。

首先，南极绕极流是影响南极海域生物多样性的区域隔离的重要因素。在不同海洋环境中，由于地理隔离障碍，会阻碍生物群落之间的基因交流。对西南印度洋的研究显示，浮游植物类群的变化与相对极锋的位置有密切关系，极锋南部硅藻占主导，而在北部甲藻和鞭毛虫占主导[6]。通常，这些地理隔离区域主要包括：扩大陆块(如巴拿马峡谷)[7]；低海面水平期间的大陆(如分离印度洋和太平洋的印度尼西亚通道)[8]；气候的纬向变化区(如加利福尼亚过渡区)[9]。

洋流也是阻碍基因交流的因素之一。南大西洋的高盐高氧水被南极绕极流带入印度洋，而在南印度洋的东部南极绕极流的越洋(印度洋 / 太平洋)输运作用又可

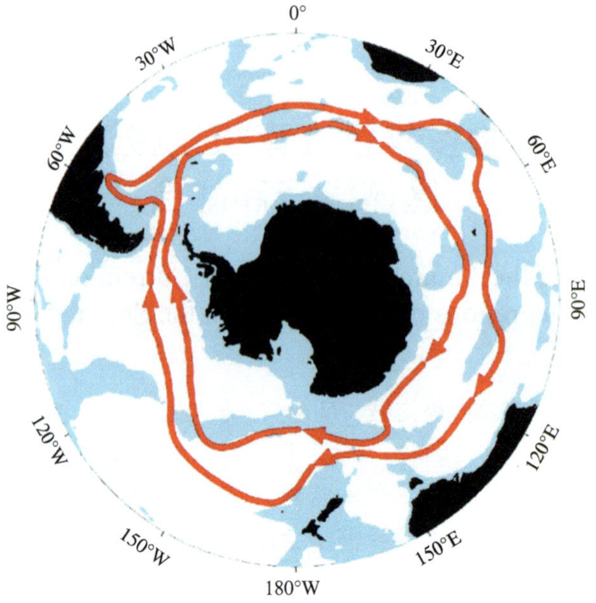

图 1　南极绕极流的示意图路径[4]

以进一步影响到南太平洋。南极绕极流的特点是其极端的温度变动(向南越过极锋的海水突然下降 2~3℃)[10]和其超过 1000m 的影响深度，在一些地方甚至可以影响到 4000m 的海底[11]。

南极绕极流影响下的不同海域存在多样性差异。在普里兹湾以北海区为向东的南极绕极流所占据，近湾存在向西的沿岸流，在普里兹湾中则存在顺时针的环流，普里兹湾内及邻近海域中的硅藻种类和细胞丰度都占绝对优势，以冷水性种为主，如巴克氏菱形藻(*Nitzschia barkleyi*)、赖氏束盒藻(*Trichotoxon reinboldii*)等南极特有种和常见种[12]。威德尔海西北边缘浮冰区的调查表明，微小型链状硅藻和南极棕囊藻占这些海域浮游植物总生物量的 70%。在长城湾附近，优势种显现出块状分布特点，其中的聚生角毛藻(*Chaetoceros socialis*)表现出典型的沿岸性特征，受外海水入侵的影响，翼根管藻无刺变型(*Rhizosolenia alata*)、条纹盒形藻(*Biddulphia striata*)等外海性种集中于湾口。这些区域性的浮游植物分布和多样性研究表明，即使是受南极绕极流影响的海域，也表现出了生物多样性的地理隔离现象，而这些现象与不同海域内南极绕极流的特殊水文情况有很大联系[13]。Thornhill 等采集南美洲南部，南极洲、亚南极半岛区域的海底纽虫 *Parborlasia corrugatus* 进行了线粒体 16S rRNA 基因分析和细胞色素 c 氧化酶亚基 I 序列分析，发现南美洲南部所采集的 *P. corrugatus* 与在极锋南面所采集的样品存在基因差异，这说明南极绕极流是开放海域基因交流障碍存在的重要原因[14]。同时，近几年，研究人员对南极周边水域的浮游细菌类群进行了调查，发现浮游细菌类群以 α 同变形菌、γ 形变形菌和 CFB 类群(Cytophaga/Flexibacteria/ Bacteroides)为主，且群落结构具有季节性变化，这反映了南极绕极流的影响可能存在时间上的差异性[15]。

其次，南极绕极流也促进了不同区域间的生物多样性的融合。Page 等对软体动物的分布研究表明，*Limatula ovalis/pygmaea* 以及其亲缘种属在南极极锋流经区域中广泛存在，南极极锋可能不会对物种的迁入和迁出造成阻碍[16]。此外，前人对南极海域的浮游细菌主导类群[17]的研究也显示出南极绕极流流经海域之间的区域一致性。总得来说，这些区域融合主要体现在体型相对小的浮游生物上，这与南极绕极流的绕极流动是密不可分的。同时，在对比南极鱼类基因组中的抗冻糖蛋白的研究中发现，生活在南大洋的 5 个科(裸南极鱼科、阿氏龙螣科、龙螣科、鳄冰鱼科和南极鱼科)的鱼类基因组都含有抗冻糖蛋白基因并且抗冻糖蛋白基因发生了大量扩增。另外，在生活于新西兰温带海域的南极鱼科：窄体南极鱼(*Notothenia angustata*)和小鳞南极鱼(*N. microlepidota*)体内，也分别发现了 2~3 种编码抗冻糖蛋白的基因，并且在血液中也检测到了低浓度的抗冻糖蛋白，因此推测它们是在中新世晚期随着向北流动的洋流进入到低纬度海域，结果表明南极绕极流对其中生物基因传递的阻碍作用是不连续的，区域间的生物基因交流作用虽然短暂，但会存在[3]。

因为极地研究的复杂性和不连续性，人们很难对整个环南极大陆的海域进行细致的观测，因此针对南极绕极流中生物群落之间的隔离与融合研究，有助于深入了解南极绕极流的形成与发展机制，以及其中生物群体的进化历程。南极绕极流对南极海域中生物群落之间的基因传递的阻碍作用是否普遍存在？区域间的地理隔离作用是否大于浮游生物的随波逐流？呈现明显隔离的生物多样性与各区域环境因子是否有密切联系？这些问题还有待进一步研究。相信随着第二代、第三代测序技术在研究生物多样性上的广泛应用，以及全球化数据的不断积累，这些问题会得到详细的科学解答。

参 考 文 献

[1] Miller C B. Biological Oceanography. Oxford: Blackwell Publishing, 2004.

[2] Scher H D, Martin E E. Timing and climatic consequences of the opening of the Drake Passage. Science, 2006, 312: 428-430.

[3] Francis J E, Poole I. Cretaceous and early Tertiary climates of Antarctica: Evidence from fossil wood. Palaeogeography Palaeoclimatology Palaeoecology, 2002, 182(1–2): 47-64.

[4] Thompson A F. The atmospheric ocean: Eddies and jets in the Antarctic Circumpolar Current. Philosophical Transactions of the Royal Society of London A: Mathematical, Physical and Engineering Sciences, 2008, 366(1885): 4529-4541.

[5] 许强华，吴智超，陈良标. 南极鱼类多样性和适应性进化研究进展. 生物多样性，2014,

22(1): 80-87.

[6] Knox G A. Biology of the Southern Ocean. CRC Press, 2007.

[7] Bermingham E, Lessios H A. Rate variation of protein andmitochondrial DNA evolution as revealed by sea urchinsseparated by the Isthmus of Panama. Proceedings of the National Academy of Sciences, USA, 1993, 90: 2734-2738.

[8] Benzie J A H. Major genetic differences between crown-ofthorns starfish (*Acanthasterplanci*) populations in the Indian and Pacific Oceans. Evolution, 1999, 53: 1782-1795.

[9] Dawson MN. Phylogeography in coastal marine animals: A solution from California. Journal of Biogeography, 2001, 28: 723-736.

[10] Eastman J T. Antarctic Fish Biology: Evolution in a unique environment. San Diego, California: Academic Press, 1993.

[11] Orsi A H, Whitworth III T, Nowlin Jr W.On the meridional extent and fronts of the Antarctic Circumpolar Current. Deep Sea Research I, 1995, 42(5): 641-673.

[12] 李瑞香, 俞建銮, 吕培顶. 南极长城湾网采浮游植物的数量分布. 南极研究, 1992, 4(1): 12-16.

[13] 李瑞香, 朱明远, 洪旭光. 南极长城湾夏季浮游植物数量与环境的关系. 黄渤海海洋, 2001, 19(3): 71-75.

[14] Thornhill D J, Mahon A R, Norenburg J L, et al. Open-ocean barriers to dispersal: A test case with the Antarctic Polar Front and the ribbon worm *Parborlasia corrugatus*, (Nemertea: Lineidae). Molecular Ecology, 2008, 17(23): 5104-5117.

[15] Jamieson R E, Rogers A D, Billett D S M, et al. Patterns of marine bacterioplankton biodiversity in the surface waters of the Scotia Arc, Southern Ocean. FEMS Microbiology Ecology, 2012, 80(2): 452-468.

[16] Page T J, Linse K. More evidence of speciation and dispersal across the Antarctic Polar Front through molecular systematics of Southern Ocean Limatula, (Bivalvia: Limidae). Polar Biology, 2002, 25(11): 818-826.

[17] Jamieson R E, Rogers A D, Billett D S M, et al. Patterns of marine bacterioplankton biodiversity in the surface waters of the Scotia Arc, Southern Ocean. FEMS Microbiology Ecology, 2012, 80(2): 452-468.

撰稿人：姜　勇

中国海洋大学海洋生命学院，yongjiang@ouc.edu.cn

南极潮间带底栖生物群落组成及其成因是怎样的？

Composition and Contributing Factors of Benthic Communities in Antarctic Intertidal Areas?

潮间带生态系统是近海和陆地生态系统的联结纽带，它具有不同于陆地生态系统、淡水生态系统和浅海生态系统的特殊性[1]。潮间带生态系统和陆地生态系统一样，具有较高的初级生产力，尤其以大型底栖藻类居多，而消费者个体较小，所以有大量的初级生产量剩余。在南极潮间带生态系统中，大部分生产者和消费者属于底栖生物范畴。不同的底质生产者优势种组成有所不同，但还是有很多共同的优势种。生产者主要为大型藻类和小型底栖藻类(丝藻和底栖硅藻)，如菊苣紫菜、小腺囊藻、倒卵银杏藻等；消费者主要为多毛类、端足类、软体动物、甲壳动物、鱼类、鸟类等。特别是由种类繁多、成分复杂的底栖动物组成(如帽贝、香螺、海星、海胆、多毛类、鱼类、贼鸥等)；主要的草食性动物是帽贝、小红蛤和极地光滨螺，它们是潮间带的主要优势种，取食潮间带的藻类。帽贝则主要被黑背鸥、南极鳕鱼和香螺等捕食。潮间带是其它各个生态系统相互联系和相互作用的过渡地带[2]。

对于南极沿岸浅水区特别是潮间带的研究一直吸引着研究人员的视野，因为不像深海区域，这部分区域的环境状况很不稳定，主要是由于冰川活动的影响。在潮间带和潮下带上部区域的冰川活动一定程度上决定了底栖动物类群的群落结构。但是国内外关于潮间带底栖动物的研究却相对较少[3]。许多南极的海洋生物已经被认知或被报道，这些种名录大多是由早期海洋调查中用拖网、底泥样品或通过渔业的间接捕获得到，但是许多地区浅岸区的潮间带潮下带生物区系还处于不为人知的状态。目前国际上已有的南极研究中，仅在乔治王岛、斯科舍群岛和南大洋等区域中有关于潮间带底栖生物的报道。具体研究内容为物种组成及分布及其与纬度的关系，以及生物量和丰度等。

我国的南极长城站位于南设得兰群岛最大岛屿乔治王岛的菲尔德斯半岛，该区域潮间带温度相对恒定(气温平均为–8.83~2.43℃，表层水温为–1.68~2.9℃)，潮水幅度大约在 2.2 m，季节变化是规律性的，不算太大。根据历史资料，菲尔德斯半岛潮间带底栖动物有 100 多种，主要有南极帽贝(*Nacella concinna*)、极地光滨螺(*Laevilittorina antarctica*)、小红蛤(*Kidderia subquadrata*)、多毛类小头虫(*Capitella* sp.)，还有棘皮动物中的海盘车、海胆及纽虫等[4]。这些潮间带动物，尤其是帽贝，是肉食性海鸟的觅食对象。小红蛤在石块下与岩石裂缝大量出现，种群密度达到 102440 个/m^2；此外，极地光滨螺的数量猛增，种群密度高达 11600 个/m^2。边缘潮下带生物种类繁多，帽贝是该区的优势种之一，其种群密度最高可达 200 个/m^2，生物量 1605g/m^2。小红蛤、极地光滨螺数量都很多。一些肉食性无脊椎动物如香螺(*Neobuccinum eatoni*，这种螺类对帽贝的掠食也是屡见不鲜的，经常几个香螺附在帽贝壳上利用分泌一种酸性物质，穿孔麻醉帽贝以达到目的)、海葵、海星、海胆、蛇尾等也常见于岩石表面和水洼里。

第 29 次中国南极科学考察期间，在菲尔德斯半岛潮间带共鉴定出大型底栖动物 34 种[3]，优势门类为软体动物(9 种)、环节动物(9 种)和节肢动物(9 种)，另外还有扁形动物门 3 种，刺胞动物门、纽形动物门、星虫动物门、棘皮动物门各 1 种。聚类分析表明砂底大型底栖动物群落都属于同一群组，以丝线蚓(*Lumbricillus* sp.)和小红蛤(*Kidderia subquadrata*)为优势物种；而砾石底大型底栖动物属于三个不同的群组，南极帽贝(*Nacella concinna*)在多数站位处于优势地位。大型底栖动物生物量和香农-威纳指数的最高值位于砾石底站位，而丰度最高值位于东海岸的砂底站位。在功能群方面，碎屑食性者和浮游食性者分别具有最高的丰度和生物量。相关分析表明，大型底栖动物丰度和生物量与沉积物叶绿素 a、脱镁叶绿酸和有机质含量成显著正相关。

菲尔德斯半岛南端东西海岸宽度 2~4km，西海岸面对德雷克海峡，海面开阔，岸上峭壁悬崖，海岸极为原始；东海岸则处于麦克斯韦尔湾内，湾内嵌套小湾，风浪较小，沿岸建有多国考察站，岸滩受人为干扰大。第 29 次考察结果分析显示，东海岸的底栖生物种类、丰度及生物量，总体均高于西海岸[3]：①各个站位的物种数不同，变化范围为 0~16 种，平均为 6 种；香农-威纳多样性指数变化范围为 0~2.16，平均为 1.26。其中霍拉修湾没有发现任何生物，西海岸的生物湾、格兰德谷口生物种类也很少。而位于长城湾的长城站种数最多，其次是企鹅岛坝西南(也位于长城湾)，有 11 种；②潮间带各个站位的底栖生物的丰度和生物量不同，变化范围 0~10216 ind./m^2，平均为 2957.79 ind./m^2；生物量变化范围为 0~109.30 gwwt./m^2，平均为 42.90 gwwt./m^2。东海岸丰度和生物量普遍较高，东海岸大部分站位都有南极帽贝分布，而西海岸所有站位均未发现个体较大的南极帽贝分布。这些明显差异，除了底质的差异，是否有人类影响因素(东海岸为考察站分布区)的存在，需要进一步的调查、研究及分析。

值得注意的是，这一结果与唐森铭[5]在 2003 年 2 月对菲尔德斯半岛两侧南极帽贝种群结构比较分析的结果存在一定差异：西海岸(地理湾霍拉峰下)的帽贝个体普遍大于东海岸，其他生长指标(包括腹足面积)也大于东海岸(企鹅岛及长城站附近海滩)，但分布密度则远低于东海岸。作为半固着栖息的动物，帽贝以岩石上附生的藻类或大型藻类碎屑为食物，生态位狭窄，对环境要求苛刻，常被作为环境变化的研究对象。此外，作为次级捕食动物，它通过鸟类捕食将海洋碳能量向陆地输送，维持着陆地鸟类种群的繁衍，因此是亚南极海洋生态系统中的关键生物。西海岸低密度帽贝种群与当地恶劣的自然环境有关，环境差异导致西海岸出产大个体帽贝，但帽贝种群密度较低。菲尔德斯半岛东、西海岸环境因子，如风浪、冰块冲击作用以至生物捕食产生的环境压力，不仅作用于种群个体的生长状态，而且也作用于种群结构。长城湾潮间带的帽贝呈明显的聚集分布型。调查还显示，在长城站附近的 3 个采样点，离站区越远，帽贝密度越高。东海岸帽贝具有较小个体，除了密度效应外，不排除人类干扰的影响，如潜在污染物的毒性效应可能使帽贝寿命缩短、种群难以长成大个体，人类取食大个体帽贝直接导致帽贝种群低龄化，有利于小个体帽贝生存等。

自 20 世纪 80 年代长城站建站初期开展了站基潮间带底栖动物的调查以来，近年来有关长城站及其周边地区潮下带底栖动物的分布现状鲜见报道。长城站周边海域是研究全球气候变化和人类活动影响的良好海域，底栖动物可为生态环境健康评估提供良好的生物指标。因此，南极潮间带底栖生物群落组成及其成因需要科学家进一步研究和探索，为该南极潮间带生态环境的健康评估提供必要参考资料。在各物种全面调查的基础上，可重点监测优势物种南极帽贝的种群分布和年际变化。

图 1　南极乔治王岛菲尔德斯半岛潮间带常见底栖动物(刘晓收采集、拍摄)

参 考 文 献

[1] 刘海滨，张志南，范士亮，等. 潮间带小型底栖生物生态学研究的某些进展. 中国海洋大学学报，2007，37(5)：767-774.

[2] 沈静，徐汝梅，周国法，等. 南极菲尔德斯半岛陆地、淡水、潮间带、浅海各生态系统的结构及其相互关系的研究 . 极地研究，1999，11(2)：100-112.

[3] Liu X S，Wang L，Li S，et al. Quantitative distribution and functional groups of intertidal macrofaunal assemblages in Fildes Peninsula，King George Island，South Shetland Islands，Southern Ocean. Marine Pollution Bulletin，2015，99(1-2)：284-291.

[4] 杨宗岱，黄凤鹏，吴宝铃.菲尔德斯半岛潮间带生物生态学的研究. 南极研究(中文版)，1992，4(4)：74-83.

[5] 唐森铭. 南极菲尔德斯半岛两侧南极帽贝种群结构比较分析. 极地研究，2006，18(3)：197-205.

撰稿人：刘晓收

中国海洋大学，liuxs@ouc.edu.cn

科普难题

南大洋生物泵运转有何空间变化规律，其维持机制如何？

What is the Spatial Variation of Biological Pump Operation in the Southern Ocean, and How is it Maintained?

南大洋是全球最大的高营养盐低叶绿素(HNLC)海域[1]，但南大洋更是全球二氧化碳(CO_2)的重要汇区。夏季，浮游植物将数量巨大的 CO_2 转化为有机碳[2]，可以解释全球海洋 CO_2 吸收量的 15%~20%[3, 4]。因此，南大洋碳储库的变动对大气圈 CO_2 的浓度及气候变化产生显著影响[5, 6]。

生物固定的有机碳从海洋真光层输出到中深层(即生物泵)的效率是评估一个海域将大气 CO_2 输送到深海的重要指标。通常，地球上大部分海域生物泵的效率小于 10%，部分高纬度海域(如南大洋)可超过 50%[7, 8]。因此，南大洋生物泵的运转对于全球碳循环具有举足轻重的作用。全球海洋通量联合研究(JGOFS)对南大洋极锋区、南极绕极流区、威德尔海、罗斯海、别林斯高晋海等开展了一些研究[9]，基本确定了南大洋生物泵效率较高的总体认识。但是，对于南大洋生物泵的时空变化规律及调控因素等仍然不清楚[10]。例如，在一些高生产力事件中观测到较低的生物泵效率[11, 12]；水华事件中生物泵的效率可从<10%变化至~60%[13, 14]。

海冰的形成与消融是南大洋存在的特殊过程，对生物泵的效率具有显著影响。每年 10 月开始，极锋以南海区海冰开始消融，消融过程中释放大量的冰藻，且冰融水导致的高稳定性有利于浮游植物的生长[15]，导致冰边缘区海水中出现高叶绿素水平[7]。伴随着海冰的消融，新生产力也在短期内升高，但是输出生产力的响应则比较滞后，相对于初级生产力，输出生产力明显增加的信号可延迟长达 1 个月[1]。通常，从 10 月至次年 2 月是南大洋及各边缘海高生产力的窗口期，其中 12 月至次年 1 月达到峰值[7]。伴随着海冰消退，生物泵的效率也会明显变化。研究发现，输出生产力占初级生产力的份额通常在冰边缘区(主要为海冰消融短期内的海域)最高[16]，可达到 50%~65%，而融冰比较早的极锋区生物泵效率会逐步下降到 35%~40%，向北进入亚南极区则逐步恢复到 15%~25%[1]。可见，南大洋生物泵效率伴随海冰覆盖状况的变化存在显著变化，如何量化海冰对生物泵效率的影响是准确评估南大洋生物泵效率的关键之一。由于海冰消融变化的时空复杂性，当前关于海冰对南大洋生物泵影响的研究尚比较少。Buesseler 等[1]通过夏季融冰期持续跟踪海冰消退过程生物泵的时空变化获得了颇有价值的研究结果，但该研究方案对航线、经费等方面的要求很高。另外，通过布放沉积物捕集器也可以连续观测不同海冰覆盖情况下生物泵效率的变化[17]，但南大洋捕集器的布放与回收受冰情的影响较大，也受到一定的限制。

对普里兹湾开展的研究表明，湾内外海域的初级生产力、颗粒有机碳输出通量、稳定同位素特征等存在明显差异，体现出普里兹湾湾内外生物泵运转效率的不同，而生物泵的这种变化可能与冰融化水导致的水体层化作用的空间变化密切相关[18]。研究表明，普里兹湾及其邻近海域表层水中初级生产力与混合层深度之间具有良好的线性负相关关系，说明水体稳定性影响到海域浮游生物的光合作用，较浅的混合层有利于生物生长在光充足的上层水体，从而加强光合作用过程。与此同时，观察到颗粒有机物碳同位素组成($\delta^{13}C_{POC}$)与冰融化水比例、颗粒有机碳浓度(POC)之间呈现正相关关系，而与主要营养盐之间呈现负相关关系。由于$\delta^{13}C_{POC}$的变化反映了浮游植物光合作用吸收 CO_2 强弱的变化，因而调控普里兹湾及其邻近海域$\delta^{13}C_{POC}$空间变化的物理-生物耦合作用可能是，伴随着冰融化水的增加，水体稳定性加强，形成了更有利于光合作用生物生长的物理环境，从而加强海域的初级生产过程；增强的初级生产过程会消耗海水中的主要营养盐，降低海水中溶解 CO_2 浓度，进而降低浮游生物吸收无机碳过程的同位素分馏，提高所合成 POC 的$\delta^{13}C_{POC}$。上述物理-生物耦合作用机制可能是导致普里兹湾湾内外所观察到的一系列化学、生物学要素产生差异的根本原因(图 1)。

南大洋是典型的铁限制海域，铁输入的多少直接影响浮游植物初级生产力的高低，进而作用于生物泵效率。迄今，在南大洋开展了一些铁施肥实验，如 SOIREE[19, 20]、KOEPS[11]、SOFeX[13]等。铁的增加直接导致南大洋表层水中浮游植物生物量及光合作用速率增加，极大地提高了海洋的固碳能力。有研究表明，这些固定的碳主要以浮游植物存在，输出到深海的生源有机碳并没有增加[19]。同时，也有研究发现铁增加会不同程度地提高南大洋输出生产力(即生物泵效率)[11]。因此，尽管南大洋存在铁限制，但是铁变化对生物泵效率的调控结果之间仍然存在分歧。最新的研究[10]发现，南大洋大西洋扇区浮游植物生物量及初级生产力虽然空间上存在很大的变异性，但生物泵的效率却比较相近，说明南大洋真光层生物生产力的高低与生物泵效率的高低并非紧密耦合，真光层中有机碳的快速再循环可能具有重要影响。这一结果揭示出影响南大洋生物泵效率的因素非常复杂。此外，一些研究初步揭示了颗粒物的组成亦是影响南大洋生物泵效率的因素[10]。例如，硅藻的直接沉降可以造成南大洋生物泵效率超过 50%[10]，死亡的浮游植物也是 POC 输出的主要贡献者，浮游动物摄食浮游植物产生的粪团[21]，以及浮游动物的垂直迁移都会对南大洋生物泵的效率起到调控作用[22]。

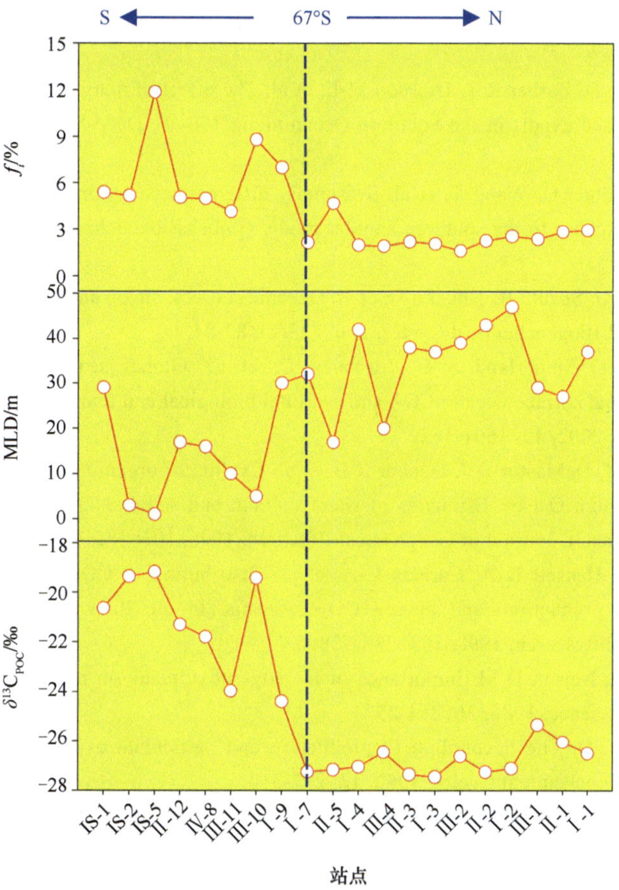

图 1 夏季普里兹湾湾内外冰融水比例(f_i)、混合层深度(MLD)和$\delta^{13}C_{POC}$的差异[18]

南大洋生物泵的运转受到海冰消融、大气沉降(铁的输入)、颗粒物组成等因素影响，表现出极高的时空变异性。尽管南大洋是全球共识的碳循环研究重点海域，但限于天气及海况条件的限制，当前对于这一海域生物泵的认识仍然非常有限，尤其是在 POC 的输出、转化及调控机制方面[10]。之前南大洋生物泵的研究绝大多数集中在南半球夏季融冰季节，对于冰封季节的研究非常稀少[17]。尽管冰封季节生物生产力可能很低，但附着在海冰底部的冰藻依然可以生长，且一年中南大洋冰封时间远长于融冰期，因此，冰封期间生物泵的情况对评估整年生物泵运转效率有多大影响及其对南大洋碳循环有多大贡献等都是需要研究的问题。已有的研究表明南大洋初级生产力存在较大的空间差异性[7, 17]，更广泛地开展南大洋不同海域生物泵及其调控因子的研究也是理解南大洋在全球碳吸收中所起作用的重要内容。

参 考 文 献

[1] Buesseler K O, Barber R T, Dickson M-L, et al. The effect of marginal ice-edge dynamics on production and export in the Southern Ocean along 170°W. Deep-Sea Research II, 2003, 50: 579-603.

[2] Hauck J, Völker C, Wang T, et al. Seasonally different carbon flux changes in the Southern Ocean in response to the southern annular mode. Global Biogeochemical Cycles, 2013, 27(4): 1236-1245.

[3] Nagashima G, Suzuki R, Hokaku H, et al. Oceanic sources, sinks, and transport of atmospheric CO_2. Global Biogeochemical Cycles, 2009, 23(1): 83-84.

[4] Takahashi T, Sutherland S C, Sweeney C, et al. Global sea-air CO_2 flux based on climatological surface ocean pCO_2, and seasonal biological and temperature effects. Deep-Sea Research II, 2002, 49: 1601-1622.

[5] Nelson D M, DeMaster D J, Dunbar R B, et al. Cycling of organic carbon and biogenic silica in the Southern Ocean: Estimates of water column and sedimentary fluxes on the Ross Sea continental shelf. Journal of Geophysical Research, 1996, 101: 18519-18532.

[6] Bates N R, Hansell D A, Carlson C A, et al. Distribution of CO_2 species estimates of net community production, and air-sea CO_2 exchange in the Ross Sea polynya. Journal of Geophysical Research, 1998, 103: 2883-2896.

[7] Smith W O, Nelson D M. Importance of ice edge phytoplankton production in the Southern Ocean. Bioscience, 1986, 36: 251-257.

[8] Buesseler K O. The decoupling of production and particulate export in the surface ocean. Global Biogeochemical Cycles, 1998, 12: 297-310.

[9] Friedrich J, Rutgers van der Loeff M M. A two-tracer (^{210}Po-^{234}Th) approach to distinguish organic carbon and biogenic silica export flux in the Antarctic Circumpolar Current. Deep-Sea Research I, 2002, 49: 101-120.

[10] Roca-Martí M, Puigcorbé V, Iversen M H, et al. High particulate organic carbon export during the decline of a vast diatom in the Atlantic sector of the Southern Ocean. Deep-Sea Research II, 2016, doi.org/10.1016/j.dsr2.2015.12.0 07.

[11] Savoye N, Trull T W, Jacquet S H M, et al. ^{234}Th-based export fluxes during a natural iron fertilization experiment in the Southern Ocean (KEOPS). Deep-Sea Research II, 2008, 55: 841-855.

[12] Planchon F, Ballas D, Cavagna A-J, et al. Carbon export in the naturally iron-fertilized Kerguelen area of the Southern Ocean based on the ^{234}Th approach. Biogeosciences, 2015, 12: 3831-3848.

[13] Buesseler K O, Andrews J E, Pike S M, et al. Particle export during the Southern Ocean Iron Experiment (SOFeX). Limnology and Oceanography, 2005, 50: 311-327.

[14] Smetacek V, Klaas C, Strass V H, et al. Deep carbon export from a Southern Ocean iron-fertilized diatom bloom. Nature, 2012, 487: 313-319.

[15] Nelson D M, Smith W O. Phytoplankton bloom dynamics of the western Ross Sea ice edge-II. Mesoscale cycling of nitrogen and silicon. Deep-Sea Research A, 1986, 33: 1389-1412.

[16] Shimmield G B, Ritchie G D, Fileman T W. The impact of marginal ice zone processes on the

distribution of ^{210}Po, ^{210}Pb and ^{234}Th and implications for new production in the Bellingshausen Sea, Antarctica. Deep-Sea Research II, 1995, 42: 1313-1335.
[17] Sun W P, Han Z B, Hu C Y, et al. Particulate barium flux and its relationship with export production on the continental shelf of Prydz Bay, east Antarctica. Marine Chemistry, 2013, 157: 86-92.
[18] Zhang R, Zheng M F, Chen M, et al. An isotopic perspective on the correlation of surface ocean carbon dynamics and sea ice melting in Prydz Bay (Antarctica) during austral summer. Deep-Sea Research I, 2014, 83: 24-33.
[19] Boyd P W, Watson A J, Law C S, et al. A mesoscale phytoplankton bloom in the polar Southern Ocean stimulated by iron fertilization. Nature, 2000, 407: 695-702.
[20] Coale K H, Johnson K S, Chavez F P, et al. Southern Ocean iron enrichment experiments: Carbon cycling in high- and low-Si waters. Science, 2004, 304: 408-414.
[21] Iversen M H, Robert M L. Ballasting effects of smectite on aggregate formation and export from a natural plankton community. Marine Chemistry, 2015, 175: 18-27.
[22] Cavan E L, Le Moigne F A C, Poulton A J, et al. Attenuation of particulate organic carbon flux in the Scotia Sea, Southern Ocean, is controlled by zooplankton fecal pellets. Geophysical Research Letters, 2015: 821-830.

撰稿人：陈　敏　杨伟锋　张　润
厦门大学，mchen@xmu.edu.cn

南大洋环流和水团的年代际变化及其机理

Decadal Variability and Mechanisms of Circulation and Water Masses in the Southern Ocean

南大洋是全球唯一纬向无边界，且与太平洋、印度洋和大西洋均互相连通的海洋。这一特性使得南大洋成为世界各大洋之间动量、热量、碳及其他物理和生物地球化学要素进行混合、交换和重新分配的主要场所。同时南大洋又是海气界面动量、热量和碳循环异常活跃的区域，成为世界大洋中许多重要水团的主要形成源地，对全球热盐环流和长期气候变化起到指示器的作用。

自 20 世纪中叶，科学家们就开始不断探索和研究影响南大洋纬向动量平衡与经向输运的动力学过程及其对海洋碳储和全球碳循环的影响。

1. 南极绕极流的动量平衡

南大洋最重要的一支海流是南极绕极流(antarctic circumpolar current，ACC)。ACC 在南半球中高纬西风带的驱动下，由西向东环绕南极大陆的海流，它的流径在 55 S 长达 23000km，流宽能达到 2000km(约 20 个纬距)。由于 ACC 的正压性很强，从海面一直延伸到海底，且流宽远大于湾流和黑潮，因此它的体积输运约有 134Sv (1Sv=$10^6m^3/s$)，是世界上最强大的一支海流[1]。

ACC 输运量主要受到南大洋海表风应力变化的控制，西(东)风应力异常会导致绕极流的加速(减速)，同时也对应着次表层压力和底压力的下降(上升)[2]，ACC 输运变化在季节内时间尺度上表现出沿等位涡线的正压性[3]。而在年际尺度上，德雷克海峡(Drake Passage)的 ACC 输运表现出与海面高度无关的强斜压性[4]。这是由于风应力的作用并不仅限于对 ACC 的直接驱动上，它导致的 Ekman 泵吸作用也会改变 ACC 的层结。Ekman 泵吸与浮力强迫(如南边冷却、北边加热)一起产生一个斜压压力梯度，从而决定 ACC 的斜压输运[5]。ACC 经向断面上的位温、盐度和密度分布揭示了等密(等温)面随纬度向南向上大坡度倾斜的特征(图 1)[6]。倾斜的密度面对应着强大的经向压强梯度，压强梯度力与科氏力之间的平衡驱动了 ACC 的东向流。

值得一提的是，在 ACC 上层海洋(1km 以上)由于没有陆地边界的阻挡，不存在纬向平均意义下的压强梯度力，西风动量的输入只能垂直向下传输到深层，由深层的压力梯度力和海底应力平衡它。因而 ACC 动量平衡机制的其中一个关键科学问题是：风应力的动量输入如何传递到有纬向边界的深层海洋，进而被海底地形摩擦所平衡？前人研究发现，动量的垂向传递可能是通过与中尺度涡相联系的界面应力来实现的，向南的涡密度通量对应于界面应力的垂直传递[7]。ACC 持续增强的西风动能输入[8]通过斜压不稳定机制传递给中尺度涡旋，并通过这种“涡饱和效应”(eddy saturation)[9]来传递并消耗能量，维持 ACC 在年代际尺度上的稳定性[10]。

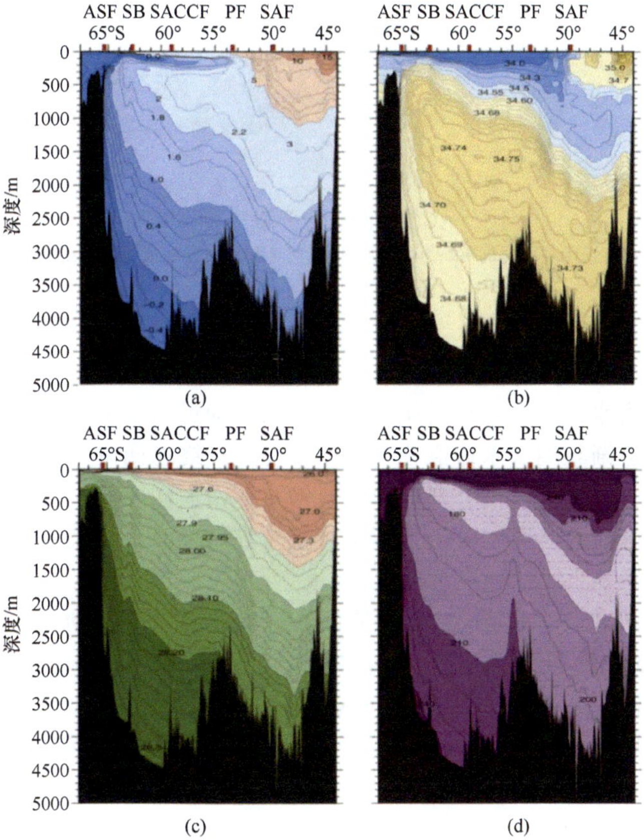

图 1 沿 140°E 经向断面(a)位温(单位：℃)；(b)盐度；(c)中性密度(单位：kg/m^3)；(d)含氧量(单位：μmol/kg)[6]

数据来源：世界大洋环流实验(WOCE)S3 断面水文观测

简而言之，前人研究结果认为 ACC 的纬向动量平衡关系可表述如下：向东的纬向风应力的动量输送通过定常波和瞬变涡旋的作用向海洋深层传播，由海底底压力场产生的底应力作为纬向动量的汇来平衡表面风应力的作用。其中正、斜压底应力均比表面风应力大一个量级，但正压应力使东向流减速，而斜压底应力使东向流加速，两者相互抵消，净的应力可平衡表面风应力作用(图 2)[11]。

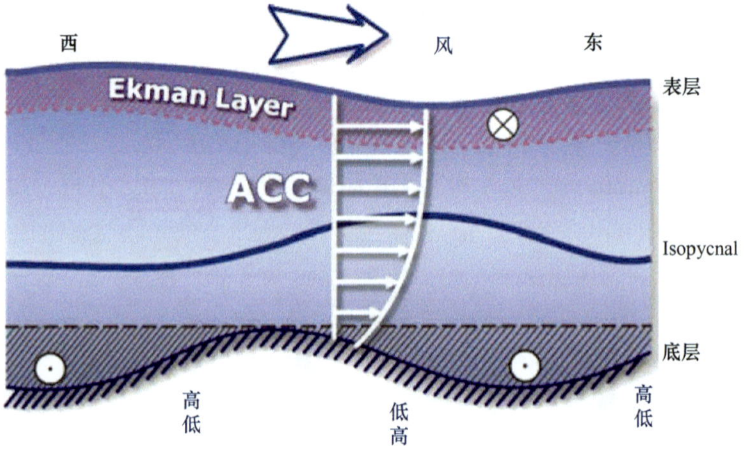

图 2　ACC 纬向动量平衡关系示意图

风应力在海表驱动向北的 Ekman 输运，而底层为与底应力相适应的向南的地转流[11]

2. 经圈环流和水团

表面风应力和深水形成是全球海洋经圈环流的两大驱动力。高纬度表面冷却和结冰产生高密水，这些水在沿倾斜等密面的运动过程中沉入海洋深层。深海中密度高的冷水逐渐与周围水体混合，密度变小，最终返回海表。维持混合所需要的机械能主要来源于潮汐混合及表面风能输入。南大洋表面强大的西风驱动了世界上最强的上升流，将高密度的深层水直接拉到海表面，与大气发生能量交换，从而成为全球重要水团的形成源地。

此外，由西风驱动上翻的冷水在表面 Ekman 层中向北运动，并在此过程中逐渐增温。Ekman 输运形成了南大洋浅层经圈环流向北输运的上层支，而此经圈环流深层的向南回流可能是通过 ACC 区域强烈的斜压不稳定产生的中尺度涡来实现的。这个经圈环流与 ACC 的纬向输运相比要弱得多，但它将南大洋热量、盐量向南输送，在平衡高纬度海洋对大气的热损失和由于降水及海冰溶解造成的淡水输入中起到了非常重要的作用。

南大洋的几个重要水团包括南极中层水(antarctic intermediate water，AAIW)，亚南极模态水(subantarctic mode water，SAMW)，绕极深层水(circumpolar deep water，CDW)和南极底层水(antarctic bottom water，AABW) (图 3)[6]，它们是南大洋乃至全球经圈环流的重要组成部分。其中 CDW 也称为“暖深层水”，是环绕南极大陆体积最大的一个水体，占总水量的 55%左右。AABW 处于 CDW 之下，是世界大洋底层水最主要的构成成分，其特征是底层温度极小与盐度较大。AAIW 是具有盐度极小值(34.3‰~34.4‰)和溶解氧极高特性的水团，它的核心部分在南极极锋区正北处于海表层，随着其向北的扩展而加深，到中纬度地区可达 1km 以深，并能在有些海区越过赤道到达北半球。一方面，由于 AAIW 是在南极极锋附近通风而生成的，其水团属性受到海气浮力通量的调制，而它的形成和向北扩展都在一定程度上取决于海表风应力所提供的机械能和动量输入，因而南大洋区域的海气相互作用对 AAIW 形成和水团属性的季节、年际变化起到关键性的作用。另一方面，AAIW 存在于季节性温跃层以下，其变化可以持续到年代际尺度，而作为全球热盐环流的上层分支，它的年代际变化与热盐环流的强度、向极输送的热通量，以及全球气温和降水都有密切联系[12]。

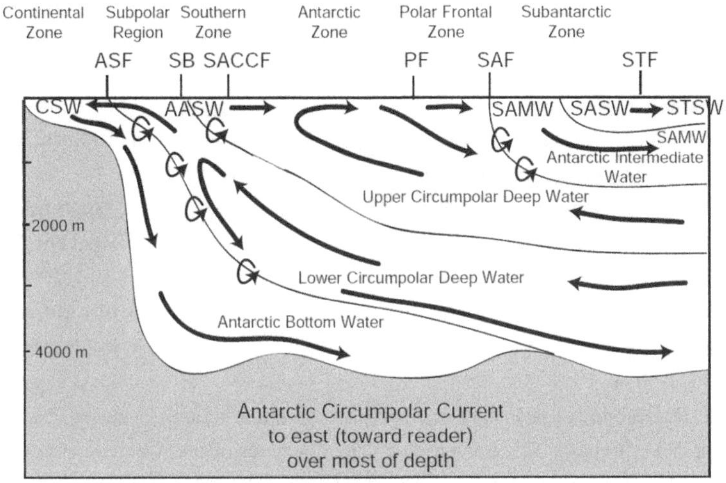

图 3 南大洋经向环流和重要水团示意图[6]

AAIW 在年代际尺度上存在变冷和变淡的趋势[13]，这种变化的原因及其对全球气候的影响至今仍然是学术界争议的焦点。目前围绕 AAIW 变冷变淡的原因有四种看法：一是由于全球变暖导致的水循环加速，引起高纬度南大洋表层水体盐度的降低[14]。二是由于绕极西风的显著偏移导致 AAIW 源地附近的向极热通量增加，AAIW 形成速率加快，其潜沉后水团属性也随之发生改变[15]。三是大气向南的水汽平流增强伴随着海洋向北的淡水输送同时增强，从而引起 AAIW 盐度减小[16]。四是南大洋中尺度涡活动改变了次表层层结和位势涡度，造成跨锋面的不同水团混合强度的改变，使得 AAIW 属性发生改变[17]。这些影响 AAIW 变化的因素相互之间也存在千丝万缕的联系，究竟这些因素之间怎样联系以及它们对 AAIW 变化的影响大小，目前都尚不清楚，对 AAIW 变化有较为清晰完整的理解还需要更多的观测分析和模式研究支持。

如前所述，南大洋是全球中尺度涡最活跃的区域之一，涡旋对整个 ACC 区域的动力学、热力学和大尺度环流都有至关重要的影响。但由于南大洋恶劣的天气条件，观测资料奇缺，而卫星观测资料尽管具有很强的可靠性和高分辨率的优点，但它只能用于表层涡旋分布的研究，因此目前对南大洋涡旋的三维结构(特别是海洋深层)、涡通量时间空间变化特征及其气候效应都缺乏完整系统的描述和分析，因此人类充分了解、合理开发和有效利用南大洋自然资源的路任重而道远！

参 考 文 献

[1] Whitworth III T. Monitoring the transport of the Antarctic circumpolar current at Drake Passage. Journal of Physical Oceanography, 1983, 13(11): 2045-2057.

[2] Hughes C W, Woodworth P L, Meredith M P, et al. Coherence of Antarctic sea levels, Southern Hemisphere annular mode, and flow through drake passage. Geophysical Research Letters, 2003, 30(9).

[3] Hughes C W, Meredith M P, Heywood K J. Wind-forced transport fluctuations at drake passage: A southern mode. J. Phys. Oceanogr., 1999, 29(8): 1971-1992.

[4] Meredith M P, Woodworth P L, Hughes C W, et al. Changes in the ocean transport through Drake Passage during the 1980s and 1990s, forced by changes in the Southern Annular Mode. Geophysical Research Letters, 2004, 31(21).

[5] Gnanadesikan A, Hallberg R W. On the relationship of the circumpolar current to Southern Hemisphere winds in coarse-resolution ocean models. Journal of Physical Oceanography, 2000, 30(8): 2013-2034.

[6] Talley L D. Descriptive physical oceanography: An introduction. Academic Press, 2011.

[7] Ivchenko V O, Richards K J, Stevens D P. The dynamics of the Antarctic circumpolar current. Journal of Physical Oceanography, 1996, 26(5): 753-774.

[8] Huang R X, Wang W, Liu L L. Decadal variability of wind energy input to the world ocean. Deep Sea Research II, 2006, 53: 31-41.

[9] Hallberg R, Gnanadesikan A. An exploration of the role of transient eddies in determining the transport of a zonally reentrant current. Journal of Physical Oceanography, 2001, 31(11): 3312-3330.

[10] Yang X Y, Wang D, Wang J, et al. Connection between the decadal variability in the Southern Ocean circulation and the Southern Annular Mode. Geophysical Research Letters, 2007, 34(16).

[11] Olbers D, Willebrand J, Eden C. Ocean Dynamics. Berlin: Springer-Verlag Heidelberg, 2012.

[12] Saenko O A, Weaver A J, Gregory J M. On the link between the two modes of the ocean thermohaline circulation and the formation of global-scale water masses. Journal of Climate, 2003, 16(17): 2797-2801.

[13] Bryden H L, McDonagh E L, King B A. Changes in ocean water mass properties: Oscillations or trends. Science, 2003, 300: 2086-2088.

[14] Wong A P S, Bindoff N L, Church J. Large-scale freshening of intermediate waters in the Pacific and Indian Oceans. Nature, 1999, 400: 440-443.

[15] Oke P R, England M H. Oceanic response to changes in the latitude of the Southern Hemisphere subpolar westerly winds. Journal of Climate, 2004, 17(5): 1040-1054.

[16] Saenko O A, England M H. On the response of Southern Ocean water-masses to atmospheric meridional moisture advection. Geophysical Research Letters, 2003, 30(8): 1433.

[17] Yang X -Y, He Z. Decadal change of Antarctic intermediate water in the region of Brazil and Malvinas confluence. Deep Sea Research I, 2014, 88: 1-7.

撰稿人：杨小怡

厦门大学，xyyang@xmu.edu.cn

极区海洋生态系统食物网的特殊性及影响因素

Particularity and Affecting Factors of Food Webs in Polar Marine Ecosystems

海洋生态系统中各种生物通过摄食而形成错综复杂的食物联系，这种食物联系的变化往往能够直接或间接地反映生态系统对物理或化学过程的响应，因此食物网研究在海洋生态系统整合研究中具有不可替代的重要地位[1, 2]。食物网物质与能量的传递取决于生物功能群的组成及其转换效率和产出率，同时，食物产出的数量与质量又受制于人类活动和自然变化[3]。由于生态系统过程极其复杂，海洋生态学家希望在食物网结构的复杂性和简易性之间找到平衡点，在此基础上建立能量流动模型[4, 5]，因此，功能群研究成为当前海洋生态系统食物网及其营养动力学过程研究的重要内容。在功能群划分的基础上，生物性状分析(biological traits analysis)综合考虑了生物的营养层次、生活史、形态特点和行为习性等特征，近年来在生态系统功能研究中的应用逐渐得到重视[6~9]。功能群特征和生物性状分析比种类组成能更有效地反映生境梯度变化和生态系统的功能[9, 10]，有助于了解生态系统结构和功能的潜在联系，从而阐明由于自然变化和人类活动引起的生物多样性变化对生态系统的威胁[11]。研究在全球变化背景下生物功能群、生物性状分析和食物网的变动规律，能够从宏观上增强对生态系统结构与功能的了解，预测在全球气候变化和人类活动多重压力下的海洋生态系统演变趋势和资源环境效应[5]。

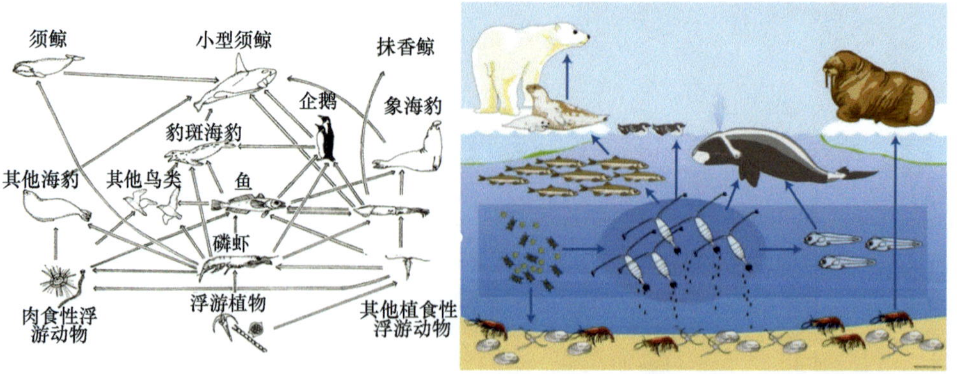

(a)　　(b)

图 1　(a)南极海洋食物网示意图(http://www.coolantarctica.com/Antarctica fact file/ wildlife/ whales/food-web.php)；(b)北极海洋食物网示意图(http://mantaf.tk/polar-bear-food-web.html)

两极地区终年寒冷，与其他地区相比，极区海洋生态系统的生物成分较简单，食物链和食物网都相对短小。这些相对简单的生态系统，使得控制和连接它们的因子也相对显得突出[12]。虽与热带地区相比其生物数量、种类稍显不足，但在这独特的自然环境中生活着大量独具特性的生物，蕴藏着丰富的生物资源[13]。极地海鸟、哺乳动物、无脊椎动物(如企鹅、鲸、海豹、海象、磷虾)等资源极为丰富。在极区各个生态系统的营养物质流动途径中，低营养级最终都受到少数大型顶级捕食者(海鸟和哺乳动物)的控制。除了生态系统成分简单，也因捕食者的种类和数量较少而造成大量的初级生产者过剩。这些被滞留的营养物质或者通过腐食食物链而在系统中得以疏通，或直接积累到沉积层。但事实上，极区的低温使得腐生链的效率也不会高，从而大量初级生产者过剩或沉积到沉淀层。在全球变化与极地生态系统相互关系的研究中，气候变化所引起的系统内被滞留物质的变化，从而引起系统中其他成分的相应变化。营养物质主要通过生物和物理的作用在陆地、淡水、潮间带及浅海等各个生态系统之间流动，从而使得这 4 个生态系统成为一个相对独立而又相互联系的整体。在这种物质流动的过程中，动物的作用尤其关键，如海鸟(企鹅、黑背鸥等)及海豹的繁殖、取食等活动对营养盐的搬运有力地促进和疏通了营养物质在系统之间的流动。磷虾也是一个相当重要的成分，尤其是在海洋生态系统中，它在营养物质的流通过程中起到了承上启下的关键作用。关于南北极海区传统食物网的研究较多并已归纳总结出示意图(图 1)。然而，传统食物网研究忽略了微生物特别是细菌和病毒的作用。病毒通过影响宿主(如细菌、微藻、大型海藻、动物等)而在极区海洋食物网中有多大作用？影响方式和控制因素是什么？在极区低温环境下，微生物的降解作用与其他海区(热带、亚热带、温带)相比有何异同？如何影响食物网的结构和功能？值得一提的是，现有的研究中关于底栖食物网的研究相对较少，而底栖食物网在生源物质、污染物(特别是持久性有机污染物)的存储与释放中起到重要作用。深入研究极区底栖食物网对于完整揭示极区海洋生态系统食物网的结构和功能有重要意义。

参 考 文 献

[1] 唐启升，苏纪兰．中国海洋生态系统动力学研究．I.关键科学问题与研究发展战略．北京：科学出版社, 2000.

[2] 张波，金显仕，唐启升．长江口及邻近海域高营养层次生物群落功能群及其变化．应用生态学报, 2009, 20: 344-351.

[3] 唐启升，苏纪兰，张经．我国近海生态系统食物产出的关键过程及其可持续机理．地球科学进展, 2005, 20(12): 1280-1287.

[4] Ebenhöh W, Kohlmeier C, Radford P J. The benthic biological submodel in the European regional seas ecosystem model. Netherlands Journal of Sea Research, 1995, 33(3/4): 423-452.

[5] 孙松，孙晓霞．海洋生物功能群变动与生态系统演变．地球科学进展，2014，29(7):

854-858.

[6] Bremner J, Rogers S I, Frid C L J. Methods for describing ecological functioning of marine benthic assemblages using biological traits analysis (BTA). Ecological Indicators, 2006, 6: 609-622.

[7] Liu X S, Xu W Z, Cheung S G, Shin P K S. Response of meiofaunal community with special reference to nematodes upon deployment of artificial reefs and cessation of bottom trawling in subtropical waters, Hong Kong. Marine Pollution Bulletin, 2011, 63(5-12): 376-384.

[8] Paganelli D, Marchini A, Occhiponti-Ambrogi A. Functional structure of marine benthic assemblages using Biological Traits Analysis (BTA): A study along the Emilia-Romagna coastline (Italy, North-West Adriatic Sea). Estuarine, Coastal and Shelf Science, 2012, 96: 245-256.

[9] Xu W Z, Liu X S, Zhang Z N, et al. Biological trait analysis of nematode community upon anthropogenic disturbances in a subtropical harbour environment. In: Davis L M. Nematodes: Comparative genomics, disease management and ecological importance. Nova Science Publishers Inc., New York, 2014, 1-24.

[10] Gaudêncio M J, Cabral H N. Trophic structure of macrobenthos in the Tagus estuary and adjacent coastal shelf. Hydrobiologia, 2007, 587: 241-251.

[11] Sokołowski A, Wołowicz M, Asmus H, et al. Is benthic food web structure related to diversity of marine macrobenthic communities? Estuarine, Coastal and Shelf Science, 2012, 108: 76-86.

[12] 沈静, 徐汝梅, 周国法, 等. 南极菲尔德斯半岛陆地、淡水、潮间带、浅海各生态系统的结构及其相互关系的研究．极地研究, 1999, 11(2): 100-112.

[13] Liu X S, Wang L, Li S, et al. Quantitative distribution and functional groups of intertidal macrofaunal assemblages in Fildes Peninsula, King George Island, South Shetland Islands, Southern Ocean. Marine Pollution Bulletin, 2015, 99(1-2): 284-291.

撰稿人：刘晓收

中国海洋大学，liuxs@ouc.edu.cn

南大洋结合态氮储库氮同位素组成及其与硝酸盐生物利用的关系

Nitrogen Isotope Composition of Fixed Nitrogen and its Relationship to Nitrate Utilization in the Southern Ocean

上层海洋硝酸盐被浮游植物吸收利用的程度是理解生物泵运转效率的重要环节，一方面，真光层浮游植物吸收硝酸盐等营养盐，并将其转化为颗粒有机物，是海洋食物网及输出生产力的基础；另一方面，未被浮游植物利用的那部分营养盐通过水体运动在全球海洋进行分配，影响着其他海区的生产力。因此，上层海洋浮游植物对硝酸盐的利用程度，从根本上决定着海洋生产力及对大气 CO_2 的埋藏，进而影响全球气候[1]。

浮游植物吸收利用硝酸盐时，由于同位素组成较轻的 $^{14}NO_3^-$ 反应速率快于 $^{15}NO_3^-$，导致氮同位素分馏的持续发生，此过程在改造硝酸盐氮同位素组成(以 $\delta^{15}N_{NO_3}$ 表示，‰)的同时，也会导致产物颗粒有机氮(PON)的氮同位素组成(以 $\delta^{15}N_{PON}$ 表示，‰)发生变化，并将硝酸盐利用程度的信息刻录在硝酸盐和 PON 储库中，这成为通过沉积物 $\delta^{15}N_{PON}$ 记录重建上层海洋硝酸盐利用程度历史变化的主要理论依据之一[2]。毫无疑问，准确建立当代海洋结合态氮(除 N_2 外的各种氮形态)同位素组成($\delta^{15}N_{PON}$、$\delta^{15}N_{NO_3}$)与硝酸盐利用程度的关系，是将今论古重构海洋碳氮循环，以及气候变化历史的关键前提。

在南半球夏季，南大洋高纬度海域是研究 $\delta^{15}N_{PON}$、$\delta^{15}N_{NO_3}$ 与硝酸盐利用程度关系的理想场所，特别是上层水体受水体增温、融冰淡水输入等物理因素的影响，混合层深度明显变浅，水体层化作用加强，这既阻碍了硝酸盐由中深层向真光层的输送，又刺激了当地浮游植物的旺发[3]，由此营造出一个硝酸盐吸收利用的理想“封闭体系”[4]。在这种情况下，浮游植物吸收利用硝酸盐过程的同位素组成变化适用瑞利(Rayleigh)动力学分馏来描述[5]。从底物硝酸盐的角度看，南极海域真光层营养盐的补充在水体混合剧烈的冬季完成，且主要来自绕极深层水的补充。绕极深层水的硝酸盐浓度及其同位素特征十分稳定，代表着上层海洋可供浮游植物吸收利用的硝酸盐初始状况[4]。根据瑞利模型，夏季南极海域颗粒有机氮和硝酸盐储库的 $\delta^{15}N$ 值将同向变化，在真光层硝酸盐补充受阻且浮游植物生长繁盛的情况下，随着硝酸盐利用程度的增大，反应物 $\delta^{15}N_{NO_3}$ 与产物 $\delta^{15}N_{PON}$ 均将升高。这个关系就是从沉积物颗粒有机物氮同位素组成重建上层海洋硝酸盐利用程度历史变化的基本理论依据之一[6]。

综合现有研究结果来看，夏季南大洋颗粒有机物与硝酸盐氮同位素组成的变化可能并非同步：夏初到夏末，南极海域真光层 $\delta^{15}N_{NO_3}$ 值的确逐渐升高[4]，但却观测到 $\delta^{15}N_{PON}$ 值的持续降低，如夏季南极海域(太平洋和印度洋扇区)真光层 $\delta^{15}N_{PON}$ 值从 3‰降低至−5‰[7]。若仅依赖现有的理论框架，是无法解释这一矛盾的。这是因为：一方面，大量研究表明，在全球海洋，浮游植物吸收利用硝酸盐过程的氮同位素分馏因子落在一个比较狭窄的范围内(5‰~10‰)[2]，这远不足以导致所观察到的 $\delta^{15}N_{PON}$ 值降低的程度；另一方面，用"开放体系"的氮同位素分馏效应更加无法解释，开放体系下浮游植物吸收利用硝酸盐过程将引起 $\delta^{15}N_{PON}$ 值的小幅升高而不是大幅降低。因此，除浮游植物对硝酸盐的吸收利用外，很可能存在其他目前尚未了解的因素调控着硝酸盐利用程度与颗粒有机氮、硝酸盐氮同位素组成的关系。海洋中氮元素的生物转化包含一系列复杂的过程，且往往伴随着相应的同位素分馏。除了浮游植物吸收利用硝酸盐这一过程外，以下因素可能会影响到南极海域结合态氮同位素组成($\delta^{15}N_{NO_3}$ 与 $\delta^{15}N_{PON}$)与硝酸盐利用程度之间的关系：

第一，颗粒有机物氮同位素组成的不均一部分掩盖了硝酸盐利用程度的信息。首先，尽管全球范围内有关海洋颗粒有机物氮同位素的数据日益充实，但绝大多数报道的数据仍停留在总颗粒有机氮水平上[2]；其次，从生物学角度看，总颗粒有机氮由光合自养生物(浮游植物)、异养生物(细菌)及碎屑颗粒共同组成，其中光合自养生物生命周期短，这部分颗粒有机氮才是生物吸收利用硝酸盐过程中同位素分馏信号在颗粒相的原始记录者($\delta^{15}N_{PON}$ 瞬时产物)，仅总颗粒有机氮的分析可能会受到非初级生产颗粒物同位素信号的干扰[8]。因此，有必要将光合自养生物颗粒从总颗粒有机氮中分离出来，分析氮同位素组成与硝酸盐氮同位素组成的关系。

第二，浮游植物吸收铵盐导致 $\delta^{15}N_{PON}$ 的降低。铵盐可被浮游植物快速吸收，由于它是一种轻同位素组成的无机氮源，浮游植物吸收铵盐可导致 $\delta^{15}N_{PON}$ 值的降低。铵盐吸收对 $\delta^{15}N_{PON}$ 的影响程度可能与浮游植物的粒级结构变化密切相关[8]。南大洋的营养状况迥异于寡营养的亚热带海区，这里是否也存在微微型与微型浮游植物吸收无机氮源的分化，进而导致了 $\delta^{15}N_{PON}$ 与 $\delta^{15}N_{NO_3}$ 值的偏离？目前尚无相关的文献报道，凸显出南大洋开展铵盐吸收对结合态氮储库氮同位素组成影响研究的重要性。

第三，生物固氮作用引入的低 $\delta^{15}N_{PON}$ 信号。固氮生物吸收固定大气 N_2 ($\delta^{15}N_{N_2}$ =0‰)并伴随一定程度的同位素分馏后转化为自身生物质，是海洋轻氮的来源之一[9]。传统观点认为，N≡N 键的稳定性决定了生物固氮是一个高耗能过程，因而固氮作用只在热带、亚热带上层海洋发生[9]。虽然目前尚无研究证实南大洋存在生物固氮作用，但新近的若干线索表明，固氮作用发生的空间范围远超以往认识，如高纬区域的北冰洋波弗特海在夏季存在生物固氮作用已被实测证实[10]；已发现南极陆地湖泊存在生物固氮作用，意味着固氮作用本质上不受低温的限制[11]；高浓度结合态营养盐的存在不一定会阻碍固氮作用的进行，可能原因是某些固氮生物缺乏相应的酶来吸收利用结合态氮，或结合态氮的吸收利用与固氮这两个过程存在时空分异性[12]。

第四，真光层硝化作用补充硝酸盐。在南大洋大西洋扇区和太平洋扇区的研究中，发现来自冬季残留水的数据点落在理论分馏关系线的下方，这一现象可能反映了冬季硝化作用的贡献[13]。在南极海域，真光层的硝化作用可能主要发生在冬季，而夏季的影响较小[14]。硝化作用可导致硝酸盐氮、氧同位素变化偏离 1∶1 的关系[2, 13, 15]，因而可借助硝酸盐氮、氧同位素变化的不同步来指示硝化作用。它集成了硝酸盐同位素组成变化的长时期信号，且在时间尺度上与颗粒物输出过程相匹配，是指示季节到年际尺度上硝化作用贡献的良好指标。

探明影响南大洋结合态氮储库氮同位素组成及其与硝酸盐生物利用的因素是亟待解答的问题，且具有重要的科学意义。在未来研究中，可考虑以颗粒有机氮、硝酸盐同位素组成的异常变化为切入点，结合天然同位素测定、同位素标记的生物吸收及浮游植物分选等手段，揭示南大洋结合态氮储库同位素组成的时空变化，获得影响氮同位素组成关键过程的速率特征及同位素分馏因子，探讨结合态氮储库同位素组成的主控因素，进而检验南大洋 $\delta^{15}N_{PON}$ 是否是指示硝酸盐利用程度信息的可靠指标。

参 考 文 献

[1] Sarmiento J L, Gruber N, Brzezinski M A, et al.High-latitude controls of thermocline nutrients and low latitude biological productivity. Nature, 2004, 427: 56-60.

[2] Casciotti K L. Nitrogen and oxygen isotopic studies of the marine nitrogen cycle. Annual Review of Marine Science, 2016, 8 (1): 379-407.

[3] Zhang R, Zheng M, Chen M, et al. An isotopic perspective on the correlation of surface ocean carbon dynamics and sea ice melting in Prydz Bay (Antarctica) during austral summer. Deep-Sea Research I, 2014, 83: 24-33.

[4] DiFiore P J, Sigman D M, Karsh K L, et al. Poleward decrease in the isotope effect of nitrate assimilation across the Southern Ocean. Geophysical Research Letters, 2010, 37 (17): L17601.

[5] Sigman D M, Karsh K L, Casciotti K L. Ocean process tracers: Nitrogen isotopes in the ocean. In: Steele J, Thorpe S, Turekian K. Encyclopedia of Ocean Sciences. Academic Press, 2009, 4138-4153.

[6] Sigman D M, Altabet M A, Francois R, et al.The isotopic composition of diatom-bound nitrogen in Southern Ocean sediments. Paleoceanography, 1999, 14 (2): 118-134.

[7] Lourey M J, Trull T W, Sigman D M. Sensitivity of $\delta^{15}N$ of nitrate, surface suspended and deep sinking particulate nitrogen to seasonal nitrate depletion in the Southern Ocean. Global Biogeochemical Cycles, 2003, 17 (3): 1081, doi: 1010.1029/2002GB001973.

[8] Fawcett S E, Lomas M W, Casey J R, et al. Assimilation of upwelled nitrate by small eukaryotes in the Sargasso Sea. Nature Geoscience, 2011, 4 (10): 717-722.

[9] Karl D M, Michaels A F, Bergman B, et al. Dinitrogen fixation in the world's oceans. Biogeochemistry, 2002, 57 (1): 47-98.

[10] Blais M, Remblay T J-É, Jungblut A D, et al. Nitrogen fixation and identification of potential diazotrophs in the Canadian Arctic. Global Biogeochemical Cycles, 2012, 26 (3): GB3022.

[11] Olson J B, Steppe T F, Litaker R W, et al. N_2-fixing microbial consortia associated with the ice cover of Lake Bonney, Antarctica[J]. Microbl Ecol, 1998, 36 (3-4): 231-238.

[12] Sohm J A, Webb E A, Capone D G. Emerging patterns of marine nitrogen fixation. Nature Reviews Microbiology, 2011, 9 (7): 499-508.

[13] Kemeny P C, Weigand M A, Zhang R, et al. Enzyme-level interconversion of nitrate and nitrite in the fall mixed layer of the Antarctic Ocean. Global Biogeochemical Cycles, 2016, 30 (7): 1069-1085.

[14] Smith J M, Damashek J, Chavez F P, et al. Factors influencing nitrification rates and the abundance and transcriptional activity of ammonia-oxidizing microorganisms in the dark northeast Pacific Ocean. Limnology and Oceanography, 2015, doi: 10.1002/lno.10235.

[15] Sigman D M, DiFiore P J, Hain M P, et al.The dual isotopes of deep nitrate as a constraint on the cycle and budget of oceanic fixed nitrogen. Deep-Sea Research I, 2009, 56 (9): 1419-1439.

撰稿人：张　润　陈　敏

厦门大学，mchen@xmu.edu.cn

10000 个科学难题·海洋科学卷

海洋生态与环境

敏感海洋生物生态位缺失的海洋生态效应是什么？

What Will Happen Once the Ecological Niche of Some Sensitive Marine Organisms Disappeared?

生态位(ecological niche)是指一个种群在生态系统中，在时间空间上所占据的位置及其与相关种群之间的功能关系与作用。在健康的生态系统中，生物具有各自相对稳定的生态位，每一个物种都拥有自己的角色和地位，即占据一定的空间，发挥一定的功能。但当生态位遭到外来物种入侵或者由于种群灭绝导致缺失，将对生态系统的结构和功能产生一系列的连锁生态效应。

在海洋中，由于光线、盐度、营养盐、压力、海流、潮汐、波浪，以及地质等条件的不同，形成了千差万别的生存环境。生物在各种环境中经过长期的适应形成各自特有的生物群落，通过不同营养级间生物的摄食关系形成海洋食物链和食物网。某一海区生态系统的食物网越复杂，其稳定性越强(图 1)。海洋食物链具有连锁效应，每一个环节的生态位都很重要，不可或缺。一旦由于外来因素对食物链中某一营养级的敏感生物产生胁迫并影响其种群正常繁衍时，就可能会对该营养级的群落结构产生影响，并可能导致上一级以其为食的生物群落因缺乏食物而难以生存，同时下一级生物因被捕食压力减小而导致种群爆发式增殖，表现为生态位缺失或生态位重叠，进而对整个生态系统的稳定性产生威胁。

研究表明，气候变化、人类活动正直接改变着海洋生态系统。据报道，2015 年春季以来，赤道太平洋地区厄尔尼诺现象持续增强，影响到海底食物链，造成关键生态位缺失，导致鱼群的食物供应显著降低。厄尔尼诺现象影响地区的历史观察资料显示，浮游植物群落中一些敏感生态位物种的减少或消失，使得以浮游生物为食的鱼类也随之减少，造成食物供应显著降低[1]。先前与 2015 年相同强度厄尔尼诺现象发生时，鱼类群落中一些关键生态位的减少导致加拉帕戈斯企鹅、海鬣蜥、海狮、海豹等海洋生物陷入饥荒、数量锐减。2015 年，澳大利亚海洋生态学家指出预期的海洋酸化和气候变暖可能导致世界范围内支撑海洋生态系统的多样性下降，并伴随着一些敏感物种的消失[2, 3]，即发生生态位缺失，海洋食物网趋于简单，稳定性变差。

与此同时，来自陆地的污染物(如重金属、有机污染物)造成严重的海洋污染，通常会改变生物群落的组成及其结构，导致某些敏感的生物种类个体数量减少甚至消失，造成耐污生物种类的个体数量增多，导致生态位缺失或重叠，使生态平

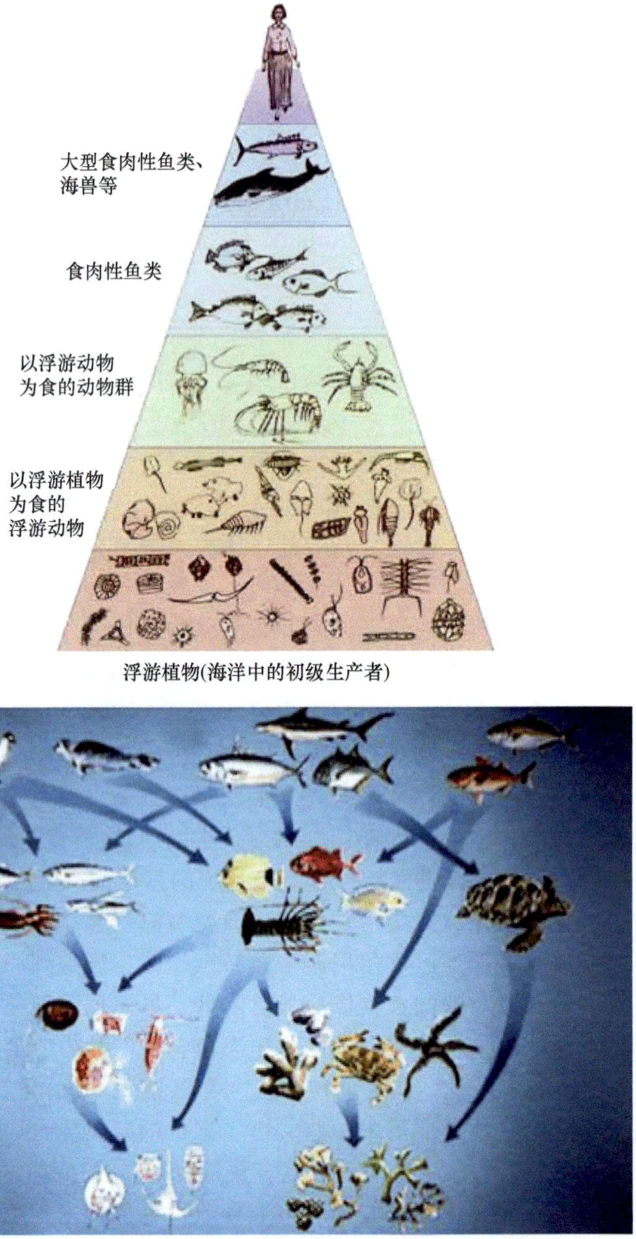

图1　营养级结构和食物网示意图

衡失调。氮磷营养盐浓度过高导致水体富营养化，过剩的营养、合适的水文条件导致浮游藻类个别物种爆发性增殖形成优势种并引发赤潮。赤潮暴发过程中虽然优势藻种密度异常升高，但浮游藻类多样性降低，有些藻类几乎消失，使得以藻类为食的浮游动物、贝类等因缺乏适口性的食物而受到一定影响[4]，继而影响整个食物网。另外，人类对海洋资源的过度开发利用更是雪上加霜，如1979~2014年的近35年期间，我国填海造地已达2156.77km^2，年均填海造地面积增长了61.62 km^2[5]，虽然相关研究人员相继开展了其对海域水质、水动力，以及生物资源等所产生的影响[6]，但其对海洋生态系统敏感生态位的影响难以恢复，新的海洋生态系统以及敏感生态位是否发生迁移或替代都有待于进一步研究；渔业过度捕捞导致一些重要的经济鱼类资源逐渐枯竭，无法形成渔汛，而渔业资源这些关键生态位的急剧衰减或枯竭所引起的深层次生态效应亟待深入研究。

珊瑚礁、红树林等敏感海洋生态系统较易受到环境的影响。从某种角度来说，珊瑚礁和红树林都属于敏感海洋生态位群落，同时又为多个生态位种群提供良好的栖息地。珊瑚礁是石珊瑚目的动物形成的一种结构，虽然珊瑚礁只占海底地形的0.1%，却培育了近25%的海洋物种。研究表明，人类活动和海洋污染加剧了珊瑚礁生态系统的退化[7]。据2012年国家海洋信息中心统计，与20世纪50年代相比，我国珊瑚礁面积减少约80%，处于健康和非健康状态的各占50%。对大多数海洋生态系统来说，珊瑚礁作为一个依托之地起着相当重要的作用，它们的消失将使数千种鱼类和其他海洋生物处于灭绝的境地。如果珊瑚礁大量减少乃至完全灭绝，将会引发食物网的一系列连锁反应，从而改变海洋的生态结构[8, 9]。红树林是生长于热带和亚热带海岸潮间带的木本植物群落。由于树木富含单宁，木质显红色，因而称为“红树”。红树林湿地具有维护生物多样性、调节气候、调节物质循环、净化水质、蓄水防涝、缓冲风暴潮对陆地的影响等巨大生态服务功能。过去几十年里，人类活动(如砍伐红树、滩涂养殖等)对红树林造成严重影响，导致原始红树林面积大幅度缩减甚至消失。同时气温升高会导致红树林分布区域北移，海平面上升将使部分红树林消失，同时向陆地方向迁移。但我国的海岸带由于大部分地方都存在人工设施(如防风防浪和围垦的海堤)限制了红树林向陆地方向的迁移，海平面的上升使本来就很狭窄的滩面进一步缩小，因此海平面升高会因人工设施的存在而使红树林面积减少，部分红树植物(演替后期种类)可能会在局部地方消亡；海平面上升幅度大时，局部地方红树林消失将导致海堤直接面对风暴、海浪的侵蚀。近年来，人们已经意识到了红树林的重要性，陆续采取人工补种的方式使红树林湿地得到一定的恢复并加以保护，截止到2017年，已经建立了20多个以红树林为主要保护对象的自然保护区，其中国家级的有6个(海南1个、广西2个、广东2个、福建1个)。

目前的研究成果表明，海洋生物多样性和生物量正受到严重威胁，如果将气候变暖、海洋酸化、海洋污染、过度捕捞等各种影响综合起来，将来产生的后果将难以想象。目前敏感海洋生物生态位缺失的海洋生态效应研究还存在诸多科学难题：

(1)人类活动、气候变化等各种影响因素综合叠加后的海洋生态效应，是呈现简单的相加还是效应增强？是否会产生一定的拮抗效应？如何预测这些效应的结果？

(2)既然气候变暖、海洋酸化、海洋开发(如围填海、过度捕捞等)等所造成的敏感海洋生物生态位缺失很难在短时间内恢复或改善，甚至不可恢复，海洋生态系统是否将不断恶化？对人类又将产生什么样的影响？

(3)自然界中的生物具有不断适应环境的能力，在人类无法改变的新环境下，是否会产生新的海洋生态系统，所缺失的敏感生物种类是否会被具有相同生态位的物种所替代？那么哪些生物具有环境适应性和进化可塑性，它们又将产生怎样的适应进化机制加以应对？

(4)在自然进化过程中，即使没有人类活动等外来因素的干扰，环境因子和遗传因子仍然会不停变化，并共同影响物种的进化及生物与环境的生态关系，那么敏感海洋生物在自然进化过程中是否也可能会发生生态位的缺失，并被替代？人类活动、气候变化等环境胁迫的加剧将会如何影响遗传因素在敏感海洋生物适应和进化过程中的作用的？

(5)如何预测未来海洋生物种群、食物链/网、生态位的变化状况？并基于这种预测，揭示海洋生态系统的反馈机制和应对策略，进而确定敏感海洋生物生态位缺失的科学有效的修复方法，或者实施有效的人为强化措施加快敏感海洋生物生态位恢复或者替代的进程。

(6)珊瑚礁属于敏感生态系统或者敏感生态位群落，在过去漫长发展过程中，珊瑚与其他生物的共生关系是如何建立的[10]？这种关系在环境胁迫下是如何失衡的？如何从中找到科学有效的修复方法？受损的珊瑚礁系统能否经过人为修复而恢复到历史的较佳状态？

(7)渔业过度捕捞导致一些重要的经济鱼类资源逐渐枯竭，无法形成渔汛，而渔业资源这些关键生态位的急剧衰减或枯竭所引起的深层次生态效应是什么？

毋庸置疑，每个人都不希望由于重要生态位缺失而导致海洋食物网被简单化或者因严重失衡而崩溃，人们更希望在气候变化和已经产生具有重大影响的人类活动难以改变或恢复的情况下，经过自然选择或生物进化形成新的稳定的生态系统，或者希望科学家们能够找到有效的方法阻止气候变暖并有能力将人类活动对海洋生态系统的影响降到最低，并使其恢复到较佳状态。总之，有关海洋生物生态位缺失引起的深层次生态效应的研究还很缺乏，未来的海洋生态系统将如何发展及其对人类的影响程度如何，以及如何能够使其不断向有利于人类生产生活的方向发展，都将是持续需要加强研究的重大海洋科学难题。

参考文献

[1] Dilmahamod A F, Hermes J C, reason C J C. 2016. Chlorophyll-a variability in the Seychelles-Chagos Thermocline Ridge: Analysis of a coupled biophysical model. J Mar Sys, 154: 220-232.

[2] Pistevos J C A, Nagelkerken I, Rossi T, Connell S D. 2015. Ocean acidification and global warming impair shark hunting behavior and growth. Scienfific Reports 5: 16293. DOI: 10.1038/srep16293.

[3] Nagelkerken I, Conell S D. 2015. Global alteration of ocean ecosystem functioning due to increasing human CO_2 emissions. PNAS 112(43): 13272-13277. DOI: 10.1073/pnas. 1510856112.

[4] 王丽平，颜天，谭志军，周名江．2003．有害赤潮藻对浮游动物影响的研究进展．应用生态学报．14 (7): 1151-1155.

[5] 张雨，郭鑫，段佳豪．2017．基于遥感的 1979-2014 年中国填海造地变化特征分析．资源与产业，19 (1): 35-40.

[6] Mclusky D S, Elliott M. The estuarine ecosystem–ecology, threats and management. 3rd ed. New York: Oxford University Press, 2011.

[7] Clive W. Status of Coral Reefs of the World: 2004. 2004. Townsville, Queensland: Australian Institute of Marine Science Press, 1: 1-316.

[8] Lindahl U, Ohman M C, Schelten C K. 2001. The 1997 /1998 mass mortality of corals: Effects on fish communities on a Tanzanian coral reef. Mar Poll Bull, 42 (2): 127-131.

[9] Baker A C. 2001. Reef corals bleach to survive change. Nature, 411: 765-766.

[10] Lin S J, Cheng S F, Song B, et al. 2015. The *Symbiodinium kawagutii* genome illuminates dinoflagellate gene expression and coral symbiosis. Science, 350(6261): 691-694. DOI: 10.1126/science.aad0408.

撰稿人：王丽平

中国环境科学研究院，wanglp@craes.org.cn

海平面上升，海岸带潟湖生态系统会消亡吗？

Will Coastal Lagoon Ecosystem Disappear as Sea Level Rises?

潟湖广泛分布于全世界海岸，它们构成大约 13%的世界海岸线[1]，也是我国分布最广的海岸类型之一[2]。海岸带潟湖由沙坝或沙嘴与海洋隔开，它围拦河口，或包络海湾，形成封闭、半封闭的浅海水域，和外海之间通常有一条或多条潮汐通道相连(图 1)。潟湖生态系统不仅包含水体部分，如潮沟和潮盆，也包含潮间带部分，如沙坝、潮滩和盐沼湿地等，往往具有很高的生物多样性和生产力，为人类提供了丰富的生态产品和生态服务功能。人类很早以前就开始了对潟湖的开发利用，进行农业、渔业等生产活动。然而，近数十年来，海岸带潟湖消亡的数量显著增加，潟湖生态系统衰退明显[2, 3]。

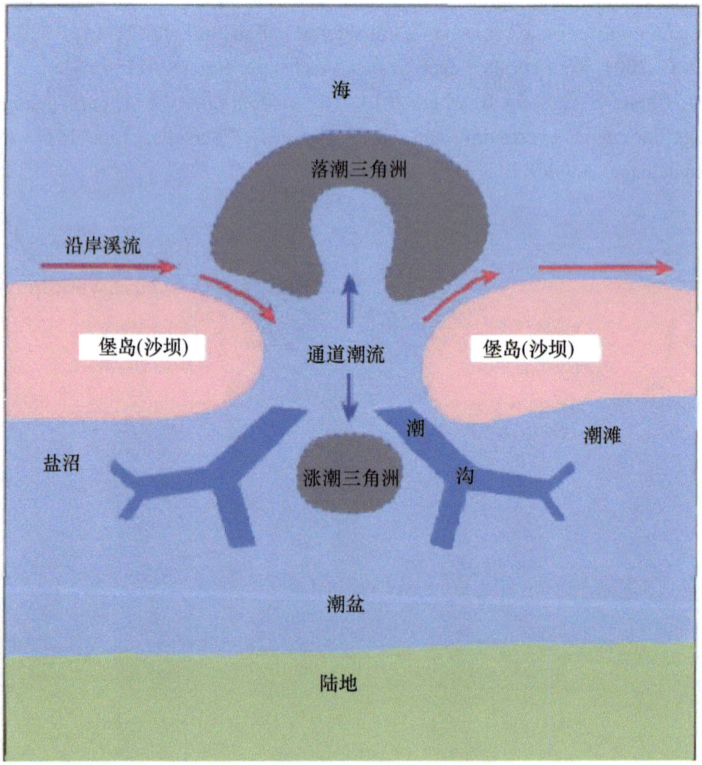

图 1　海岸带潟湖(仿文献[4])

潟湖生态系统的演化依赖于潟湖自身的发育。据统计，全世界大部分潟湖是中全新世以来形成的。全球海平面在全新世中期达到最高海面，此后海平面基本稳定，这是潟湖生态系统的最佳发育时期。潟湖是一类多变的、脆弱的生态系统，自形成后便处于持续的动态平衡调整过程中。泥沙输入、营养盐含量、水文状况等外部条件的轻微变化，都可能带来一系列影响甚至导致潟湖系统的崩溃[5]。自然状况下的潟湖生态系统也会因高能量和高物质输入致使沉积物充填而衰亡[6]，但这种衰亡的历程一般是数千年。近一个多世纪来，世界平均海平面持续缓慢上升。根据最新的 IPCC(政府间气候变化专业委员会)评估报告预测，海平面在未来一段时期呈加速上升趋势，到 21 世纪末，海平面上升幅度为 52~98 cm[7]。海平面上升，使本身脆弱多变的潟湖生态系统更加充满了不确定性。

对于作为潟湖屏障的沙坝而言，随着海平面的上升，沙坝将向陆地方向迁移。除了海平面上升，其他因素，包括地貌、沉积物粒径、海底坡度和基质侵蚀等也会影响沙坝的迁移[8, 9]，这是个复杂的过程。事实上，沙坝的迁移变化将如何影响潟湖生态系统，人们仍了解甚少，现有的模型研究仍无法准确预测各种迁移情形下潟湖的演化。此外，随着世界性海平面上升，海岸带有可能形成新的沙坝-潟湖体系。地质学研究表明，冰后期海面上升，海水沿古地面进侵，海岸线附近形成了滨岸坝，当海面上升超过坝后平原高程时，积水成为潟湖，潟湖生态系统开始演化，而滨岸坝则转化为滨外坝。Hoyt[10]曾对美国这种沙坝-潟湖体系的形成方式作了阐述，我国长江三角洲亦存在这种方式形成的潟湖。

海平面上升对潟湖潮盆生态系统的演变也会产生重大影响。通常来说，潮盆生态系统、潮盆沉积物供应和海平面变化之间会有一个动态的平衡(图 2)。耦合潮

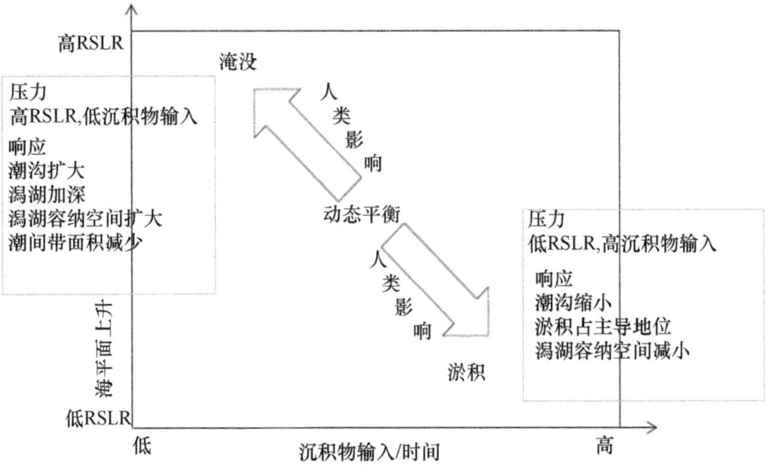

图 2 潟湖在相对海平面上升和沉积作用之间的演变平衡

RSLR 为相对海平面上升速率；仿文献[3]

盆地形、泥沙输入、淡水输入和潮流流速等因素，海平面上升直接影响潮盆中沉积物的去留速率，进而影响潮盆生态系统的演变方向和演变速率。如果海平面处于一个加速上升的态势，潮盆会随着时间推移而变深。在开始阶段，加深的潮盆泥沙滞留能力逐渐加强。但如果泥沙供应不充足，动态平衡被打破，潟湖潮盆的抬升幅度会逐渐落后于海平面升高，随着潮盆变得越来越深，潮盆生态系统结构，尤其是浅水区的生物群落组成将发生深刻变化。

与潮盆类似，潟湖中盐沼生态系统的演变受海平面上升、泥沙输入和潮差等因素的影响。在一个具有相对稳定沉积物输入的潟湖生态系统，盐沼增长速度和海平面上升之间通常会达到一个动态平衡(图 2)，盐沼表面(盐沼平台)会处于一个刚好低于高潮位的水平。如果盐沼的淤积速度太慢，无法跟上海平面升高的速度，则潟湖的潮间带区域会被淹没，盐沼的底质会被破坏，盐沼内的潮流通道网络扩大。相反，如果盐沼增长速度高于海平面升高速度，潮间带会达到沉积饱和，盐沼淤涨到高于海平面。可以看出，盐沼平台相对于海平面的高度决定了盐沼湿地的范围，淹没频率和时间，以及湿地生产力大小，显著影响到盐沼生态系统中生物群落的演替方向。

海平面上升，对于本来就动态多变的潟湖生态系统将会产生怎样的影响？会造成潟湖生态系统全面消亡吗？从地质年代甚至更长时间尺度来看，海岸带潟湖生态系统作为海陆交错带的重要组成部分，随着海进陆退或海退陆进而呈现出相应的往复演变。从世纪或年代时间尺度来看，由于海岸带潟湖生态系统与人们生产、生活息息相关，人们更关心的是，在可以预见的未来，随着全球海平面加速上升，现有海岸带潟湖生态系统是否不可避免地走向衰退甚至消亡？是否可以通过人工干预使退化的潟湖生态系统重现生机？目前学术界对于潟湖生态系统物理、化学、生物过程在不同时空尺度上对海平面上升的响应机理缺乏充分认识，也就无法准确把握潮盆、盐沼、沙坝等不同地貌单元在不同稳态之间的转换阈值和临界点。此外，在海平面上升背景下，潟湖生态系统究竟采用了怎样的自适应策略，使各地貌单元对外来干扰具备一定程度的抵抗力，在干扰后具备一定程度的恢复力，从而在相互作用、相互耦合中维持动态平衡？目前有许多学者试图通过数学模型预测潟湖体系的平衡，但准确性和有效性难以令人满意，尤其在海平面上升耦合极端事件(如极端气候、灾害事件等)对潟湖的影响方面存在诸多不足。要回答或解决诸如此类问题，还需要相关潟湖基础理论的进一步丰富和完善，尤其是多学科交叉融合的综合性研究。

参 考 文 献

[1] Barnes R S K. Coastal Lagoons: The Natural History of a Neglected Habitat. Cambridge University Press, Cambridge, 1980, 106.

[2] 孙伟富, 张杰, 马毅, 等. 1979-2010 年我国大陆海岸潟湖变迁的多时相遥感分析. 海洋学报, 2015, 37(3): 55-69.

[3] Carrasco A R, Ferreira Ó, Roelvink D. Coastal lagoons and rising sea level: A review. Earth-Science Reviews, 2016, 154: 356-368.

[4] De Swart H E, Zimmerman J T F. Morphodynamics of tidal inlet systems. The Annual Review of Fluid Mechanics, 2009, 41: 203-229.

[5] 高抒. 潮汐汊道开发中的水环境问题. 水资源保护, 2002, 3: 18-21.

[6] Beets D J, Roep T B, Westerhoff W E. The Holocene Bergen inlet, closing history and relate barrier progradation, Mededelingen Rijks. Geologische Dienst N.S, 1996, 57: 97-131.

[7] IPCC. 2014. Climate change 2014: mitigation of climate change. In: Edenhofer O, Pichs-Madruga S, Eickemeier P, Kriemann B, Savolainen J, Schlomer S, von Stechow, C, Zwickel T, Minx J C. Contribution of Working Group III to the Fifth Assessment Report of the Intergovernmental Panel on Climate Change. Cambridge: Cambridge University Press.

[8] Masetti R, Fagherazzi S, Montanari A. Application of a barrier island translation model to the millennial-scale evolution of Sand Key, Florida. Continental Shelf Research, 2008, 28(9): 1116-1126.

[9] Moore L J, List J H, Jeffress W S, et al. Complexities in barrier island response to sea level rise: Insights from numerical model experiments, North Carolina Outer Banks. Journal of Geophysical Research Atmospheres, 2008, 115(F3): 69-73.

[10] Hoyt J H. Barrier island formation. Geological Society of America Bulletin, 1967, 78(9): 1125-1135.

撰稿人：刘录三

中国环境科学研究院，liuls@craes.org.cn

红树林对极端环境变化响应机制与演化趋势？

What are the Responding Mechanism and Evolution Trend of Mangroves Under Extreme Environmental Conditions?

红树林主要分布在南北半球 20℃等温线内，是生长在热带、亚热带以红树植物为主体的常绿灌木或乔木组成的潮滩湿地木本植物群落。目前全球合计约有 1700 万 hm^2 的红树林分布，具有至少 5000 多万年甚至更长的历史。红树林生态系统具有高强度的物质循环、能量流动，以及丰富的生物多样性，净初级生产力可高达 2000 $gC/m^2 \cdot a$，对热带、亚热带海洋生态系统的维持与发展起到关键性作用，并在全球变化过程中亦扮演十分重要的角色[1]。全球变化所导致的极端环境变化，包括全球变暖、海平面上升、大气 CO_2 浓度增加、极端天气和污染等，已引起了国内外学者的极大关注。有关红树林对这些环境变化的响应机制与演化趋势成为海洋生态学研究的难题。

据报道，过去 50 年全球气温上升速度(0.13℃/10a)是过去 100 年温度上升速度的两倍，预计到 21 世纪末，全球气温将上升 1.5~4.5℃[2]。但由于红树植物的嗜热性特点，温度是限制红树植物向两极扩散的主要因素。据报道，红树林最适宜生长边缘纬度空气的气温最冷月 16℃等温线内，以及对地上结霜的边缘水温度不超过 24℃[2]。红树林光合作用最适温度为 28~32℃，而叶片光合作用停止时温度达到 38~40℃。因此，全球变暖对红树林的生长和分布范围的扩展具有积极的作用。据报道，如果大气温度升高 2℃，我国适于红树植物生长的区域将可能向北延伸约 2.5 个纬度，即红树林的自然分布北界可由现在的福建福鼎北扩至浙江，引种北界可到达杭州湾，而原来仅分布在海南的红树植物可全部移至广东，但大气温度升高对红树林生长也可能产生不利的影响；据 Eslami-Andargoli 等[3]研究发现澳大利亚莫顿湾干季温度升高会导致红树林死亡。目前，国内外有关天气高温、干旱等气候条件对红树林生长、发育伤害方面的研究还十分有限[2]，主要是基于较大尺度的遥感监测数据；因此，近年来全球气候变化与红树林分布范围之间的关系仍是一个未知数。

全球变暖可能会导致海平面升高，将改变潮间带的分布。据估计，过去的 100 年中海平面的平均上升速度为 1~2 mm/a，到 2090~2099 年，全球海平面将上升 0.18~0.59 m[2]，预计全球海平面上升的速度还有增加的趋势。根据联合国气候变化政府间专门委员会(IPCC)的第 3 次评估报告，20 世纪全球平均地表温度已增加 0.6℃，海平面已上升 0.1~0.2 m。我国科学家使用 31 个复杂气候模式，对 6 种代表性温室气体排放情景下未来 100 年的全球气候变化进行了预估，全球平均海平面到 2100 年时将比 1990 年上升 0.09~0.88m，对于沿海地势低洼地区及岛屿国家将造成严重威胁。而海平面上升对红树林的影响主要取决于海平面上升的速度和沉积物堆积速度之比，红树林在向陆地方向迁移的过程中可能会遇到人工海堤建筑的阻挡[1]。目前，有关海平面上升对红树林影响的研究工作主要集中在对红树林沉积物表面高程方面的研究[2]，而对红树林生理与生态学特征方面的研究较少[4, 5]，缺少红树林对水淹环境的响应与适应过程的分子机制研究。近年来，伴随着人类社会的高速发展，大气 CO_2 浓度的持续升高备受人们的高度关注。据报道，目前大气 CO_2 浓度比工业革命前的水平高 35%，某些区域的 CO_2 浓度已超过 400 ppmv。目前，多数研究人员认为 CO_2 的增加会刺激植物的生长[6]，就红树植物而言，不同红树植物对 CO_2 增加的响应不同，即使是同一种红树植物在不同生长条件下对 CO_2 增加的响应也不同。目前，有关 CO_2 浓度变化对红树植物的影响研究相对缺乏，尤其是对红树林生态系统结构与功能的影响更知之甚少。CO_2 对红树植物的作用将涉及营养条件、盐度、水分和温度等多个影响因素的综合结果[7]。

近年来，海啸、台风和低温事件等全球性极端天气频发[2]，对红树林生态系统造成严重威胁。飓风和巨浪一方面会对红树林造成直接的物理伤害，另一方面会降低沉积物在红树林区的沉积，影响红树林生态系统的物质循环。台风对红树林的危害与红树林结构、密度和树龄等有一定的关系。目前，有关极端天气对红树林影响的研究主要集中在红树植物抗低温适应的生态学研究，揭示了不同红树植物和潮间带植物对低温的适应特征，发现红树植物种群的抗寒力已经分化，具有不同的遗传特性；发现酶促和非酶抗氧化剂(如过氧化物酶，谷胱甘肽还原酶，甫氨酸等)在清除抗低温红树林所产生的过量活性氧方面发挥重大作用。红树植物抗寒基因与代谢、细胞解毒和防御、能量传输、光合作用等有关[8]；但有关红树植物的抗寒的分子生态学方面研究，目前国际上还十分有限[8~11]，特别是近年来在我国南方低温天气频频出现，导致红树林大面积受灾。

近年我国在人类活动影响下的红树林逆境生理与生态学等[13, 14]方面的研究取得了国际公认的重要进展，发现了红树林 II 型金属硫蛋白系统，从生理、分子水平上揭示了红树林抵抗重金属污染的过程中抗氧化酶系统、II 型金属硫蛋白等酶学的调控机制，解决了长期困扰海洋生态学家的有关红树林抗重金属的机理问题；建立了红树林生态系统评价方法与修复技术体系，为近海污染生态修复提供了理论基础和技术支持。

在过去的 20 年间，全球已有超过 1/3 的红树林消失了；目前全球红树林面积仍在以每年平均 0.7%的速度缩减，比陆地上其他类型的森林缩减速度快了 3~4 倍[15]。因此，在全球变化的大背景下，红树林对极端环境变化的响应机制及其演化趋势，将是海洋生态保护领域急需解决的难题(图 1、图 2)。

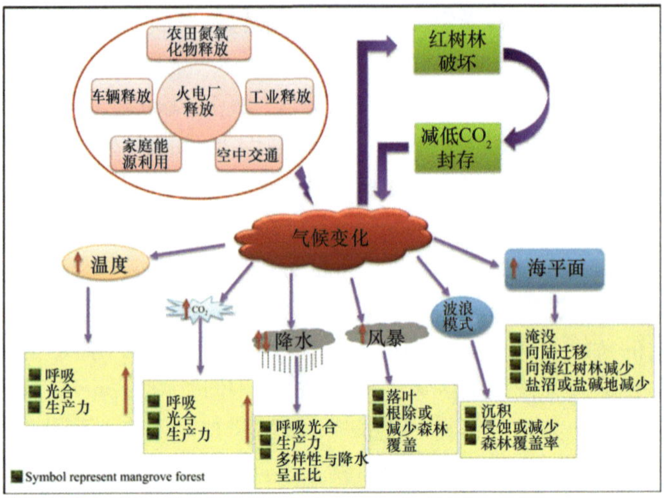

图 1　气候变化对红树林影响[12]

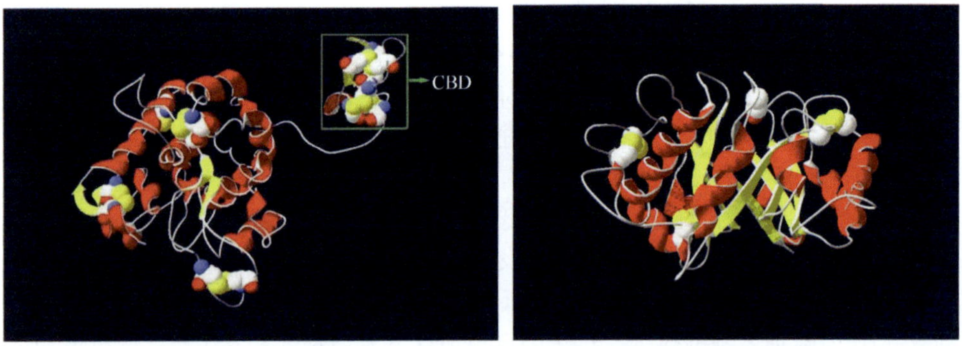

图 2　具有多重抗逆性能的桐花树几丁质酶 I(左)、III(右)型基因[13, 14]

参 考 文 献

[1] 王友绍. 红树林生态系统评价与修复技术. 北京: 科学出版社, 2013.

[2] Gilman E L, Ellison J, Duke N C, et al. Threats to mangroves from climate change and adaptation options: A review. Aquatic Botany, 2008, 89: 237-250.

[3] Eslami-Andargoli L, Dale P, Sipe N, et al. Local and landscape effects on spatial patterns of mangrove forest during wetter and drier periods: Moreton Bay, Southeast Queensland, Australia. Estuarine, Coastal and Shelf Science, 2010, 89: 53-61.

[4] Smith S M, Snedaker S C. Developmental responses of established red mangrove, *Rhizophora mangle* L., seedlings to relative levels of photolsynthetically active and ultraviolet radiation. Florida Scientist, 1995, 58(1): 55-60.

[5] Cheng H, Wang Y S, Wu M L, et al. Differences in root aeration, iron plaque formation and waterlogging tolerance in six mangroves along a continues tidal gradient. Ecotoxicity, 2015,

24 (7-8): 1659-1667.

[6] Kristensen E, Bouillon S, Dittmar T, et al. Organic carbon dynamics in mangrove ecosystems: A review. Aquatic Botany, 2008, 89: 201-219.

[7] McKee K, Rogers K, Saintilan N. Response of Salt Marsh and Mangrove Wetlands to Changes in Atmospheric CO_2, Climate, and Sea Level. In Global Change and the Function and Distribution of Wetlands. In: Middleton B A. Berlin: Springer Press, 2012, Volume 1, 63-98.

[8] Fei J, Wang Y S, Jiang Z Y, et al. Identification of cold tolerance genes from leaves of mangrove plant *Kandelia obovata* by suppression subtractive hybridization. Ecotoxicity, 2015, 24 (7-8): 686-1696.

[9] Peng Y L, Wang Y S, Cheng H, et al. Characterization and expression analysis of three CBF/DREB1transcriptional factor genes from mangrove *Avicennia marina*. Aquatic Toxicology, 2013, 140-141: 68-76.

[10] Fei J, Wang Y S, Zhou Q, et al.Cloning and expression analysis of HSP70 gene from mangrove plant *Kandelia obovata* under cold stress. Ecotoxicity, 2015, 24 (7-8): 1677-1685.

[11] Hoegh-Guldberg O, Mumby P J, Hooten A J, et al. Coral reefs under rapid climate change and ocean acidification. Science, 2007, 318: 1737-1742.

[12] Faridah-Hanum I, Latiff A, Hakeem K R, et al. Mangrove Ecosystems of Asia-Status, Challenges and Management Strategies. NewYork: Springer Science+Business Media, 2014.

[13] Wang L Y, Wang Y S, Cheng H, et al. Cloning of the *Aegiceras corniculatum* class I chitinase gene (*AcCHI* I) and the response of *AcCHI* I mRNA expression to cadmium stress. Ecotoxicity, 2015, 24 (7-8): 1705-1713.

[14] Wang L Y, Wang Y S, Zhang J P, et al. Molecular cloning of class III chitinase gene from Avicennia marina and its expression analysis in response to cadmium and lead stress. Ecotoxicity, 2015, 24 (7-8): 1697-1704.

[15] Spalding M, Kainuma M, Collins L. World atlas of mangroves. Earthscan Publications, 2010.

撰稿人：王友绍

中国科学院南海海洋研究所，yswang@scsio.ac.cn

我国海域缺氧现象的生态危害

Ecological Risk of Hypoxia in the China Seas

当水体中的溶解氧浓度小于 2mg/L 时，动物会出现异常反应。因此，科学上将溶解氧浓度小于 2mg/L 定义为缺氧。当水体中的溶解氧浓度降至 0.2 mg/L 以下，称为无氧。在缺氧条件下动物会逃离或者窒息死亡，因此缺氧水体又被称为“死亡地带”。20 世纪初期，全球范围内开展科学研究并发表文章报道的缺氧海域只有 4 个。60 年代开始，随着人类活动影响加剧和调查范围扩展，被发现的缺氧区的数量大约以每十年翻倍的速度增加。至 2008 年全球海洋中缺氧区已达 400 多个，全球缺氧区分布如图 1 所示，大部分分布在发达国家和一些发展中国家的近海海域(北美、欧洲和中国、日本、韩国沿海均是密集区)[1]。按照持续时间长短，缺氧可以分为周期性缺氧、季节性缺氧和持续性缺氧，目前全球范围内发生的缺氧事件大多为季节性。近几年缺氧区已经发展到了陆架区，如黑海、波罗的海、墨西哥湾和东海等，这些都是重要的渔场区，对商业渔业构成潜在威胁[1]。

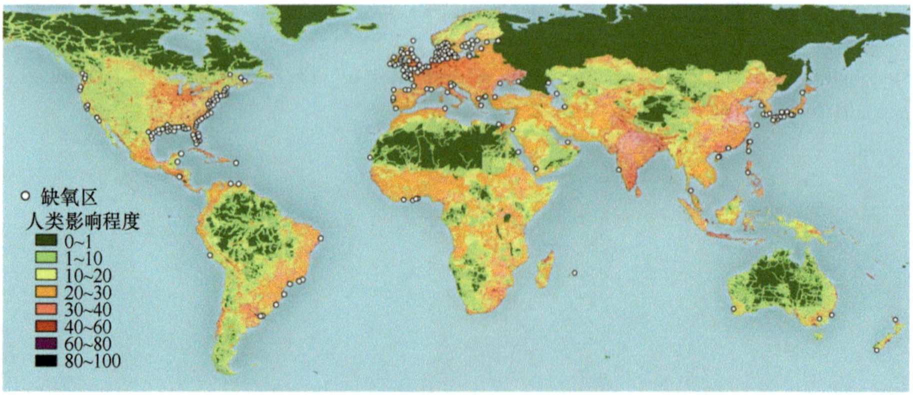

图 1　全球缺氧区分布[1]

缺氧现象一度被忽视，直到 20 世纪 80 年代，挪威卡特加特海域发生龙虾事件[2]，缺氧的生态危害才被社会广泛关注。人们开始意识到，没有一个生态环境要素像溶解氧这样，可以在短时间内造成生态系统剧变。缺氧究竟会对生态系统造成哪些危害？缺氧会不会影响到渔业资源的产量？缺氧通过直接的或间接的途径对生物体造成急性危害或长期的慢性危害，因此要厘清缺氧的生态危害绝非易事。

科学家们首先从缺氧的急性生态效应着手，发现在缺氧条件下游泳生物逃离原栖息地，而非游泳生物则濒临死亡。如果缺氧区面积扩大且发生频率增加，将会导致大量底栖生物的死亡。缺氧会抑制生物体的免疫响应，导致鱼类等生物体对病原菌的抵抗能力明显下降[3]。在渔业资源繁殖养护区，缺氧的发生缩减了中上层鱼类的栖息地空间，阻碍鱼类的产卵和育苗[4]。但是，不同种类生物的耐氧能力存在差异，即使同一种生物，其耐氧程度也会随着年龄、性别的不同而有所差异。这种不确定性增添了我们认知缺氧生态危害的难度。

缺氧的长期生态危害则更为复杂，因为缺氧对生物体的影响可能是间接的，生态危害往往具有滞后性。持续性缺氧或者无氧使水体呈现还原状态，水体和沉积物中的硫被还原成有毒的硫化氢，威胁生物的生存[5]。缺氧条件下，大型底栖生物减少，小型物种占主导，种群多样性降低，削弱了生态系统抵抗环境变化的能力。底栖生物是高营养级生物(如鱼类)的重要食物源，由于级联效应，底栖生物种群结构的变化可能会导致鱼类种群结构的变化[6]。另外，缺氧引起底栖生物死亡，导致能量流动以微生物途径为主[7]，降低了向高营养级生物传递能量的效率，造成生态系统次级生产力的损失。持续的缺氧会导致次级生产力的巨大损失，微生物最终会矿化全部有机质，如图 2 所示。据估计，波罗的海缺氧造成 30%次级生产力的损失[8]。决定缺氧的长期危害程度的关键在于缺氧的持续时间和溶解氧水平。因此，开展长期的高分辨率生态环境观测对揭示缺氧的生态危害至关重要。

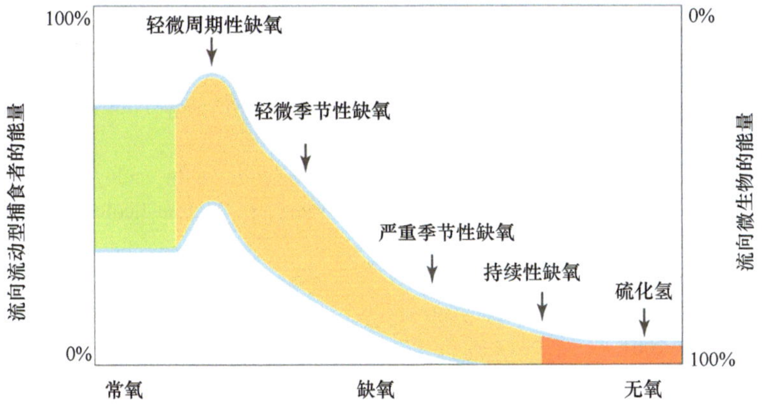

图 2　缺氧改变能量流概念演示图[1]

研究人员推测缺氧引起的栖息地丧失、生物物种组成和能量流的改变最终会影响渔业生产力，但是一直未找到有力的证据证实缺氧与渔业产量之间的联系。这主要受制于三个因素：长期时间序列的高分辨率观测数据不足、缺氧条件下生物体长期适应能力的不确定性、渔业捕捞量数据的可靠性[9]。最近一项研究报道让人振奋，美国科学家分析了近几十年加利福尼亚以外海域鱼类、水质、气候、区域海洋学数据，首次确认该海域缺氧与栖息地丧失、鱼类多样性和离岸鱼类产量下降之间存在密切联系[10]。然而，仅凭一个研究案例，科学家仍无法断定全球范围内近岸海域缺氧与渔业产量下降之间存在因果关系。全球变暖和气候事件(如厄尔尼诺等)会改变水体的层化、河流径流量和营养物质的入海通量，这些都是决定缺氧程度的重要因素。从全球范围来看，气候变化对缺氧的影响不尽相同[9, 10]，进一步增加了缺氧区生态危害的不确定性。

我国的缺氧区分布在长江口外的广阔海域，以及珠江口外和黄渤海近岸小部分海域。近年来长江口外缺氧区不断扩大，目前已接近 3 万 km^2，相当于浙江省陆域面积的 30%，缺氧不断加剧，形势十分严峻。长江口外海域分布着以舟山渔场为代表的众多渔场，如长江口渔场、吕泗渔场、大沙渔场等，缺氧对这些渔场的渔业资源构成威胁。气候变化可能会进一步加剧我国海域缺氧区的生态危害。海洋科学家需要回答如下问题：缺氧是怎样导致生态危害的?生态响应是什么?与渔业产量是否存在因果关系?目前我国海域缺氧区尚未建立长期的高分辨率的海洋生态环境观测体系，仅仅依靠以往零星的观测数据难以解答我国海洋缺氧的生态危害。因此，迫切需要开展针对缺氧的空间分布和时间变化的业务化监测，对缺氧的形成过程及其造成的生态危害进行深入的观测和科学研究，为政府制定相关的防治措施提供决策依据，以保护近海生态环境，促进近岸海域生物资源的可持续发展。

参 考 文 献

[1] Diaz R J, Rosenberg R. Spreading dead zones and consequences for marine ecosystems. Science, 2008, 321: 926-929.

[2] Baden S P, Pihl L, Rosenberg R. Effects of oxygen depletion on the ecology, blood physiology and fishery of the Norway Lobster Nephrops norvegicus. Marine Ecology Progress Series, 1990, 67: 141-155.

[3] Boleza K A, Burnett L E, Burnett K G. Hypercapnic hypoxia compromises bactericidal activity of fish anterior kidney cells against opportunistic environmental pathogens. Fish Shell Immunology, 2001, 11(7): 593-610.

[4] Limburg K E, Olson C, Walther Y, et al. Tracking Baltic hypoxia and cod migration over millennia with natural tags. Proceedings of National Academy of Sciences of the United States of America, 2011, 108(22): E177-E182.

[5] Vaquer-sunyer R, Duarte C M. Thresholds of hypoxia for marine biodiversity. Proceedings of National Academy of Sciences of the United States of America, 2008, 105(40): 15452-15457.

[6] Pihl L, Baden S P, Diaz R J, et al. Hypoxia-induced structural changes in the diet of bottom-feeding fish and Crustacea. Marine biology, 1992, 112: 349-361.

[7] Baird D, Christian R R, Peterson C H, et al. Consequences of hypoxia on estuarine ecosystem

function: Energy diversion from consumers to microbes. Ecological Applications, 2004, 14(3): 805-822.

[8] Elmgren R. Man's impact on the ecosystem of the Baltic Sea: Energy flowstoday and at the turn of the century. Ambio, 1989, 18(6): 326-332.

[9] Rabalais N N. Human impacts on fisheries across the land-sea interface. Proceedings of National Academy of Sciences of the United States of America, 2015, 112(26): 7892-7893.

[10] Hughes B B, Levey M D, Fountain M C, et al. Climate mediates hypoxia stress on fish diversity and nursery function at the land-sea interface. Proceedings of National Academy of Sciences of the United States of America, 2015, 112(26): 8025-8030.

撰稿人：徐　杰

中国科学院南海海洋研究所，xujie@scsio.ac.cn

科普难题

近海低氧成因及其生态效应

Formation and Ecological Effects of Hypoxias in Coastal Waters

溶解氧是海水最重要的理化性质参数之一，海水中溶解氧为海洋生物提供了最基本的生存环境[1, 2]。当海水中溶解氧含量降低到一定程度时就会对海洋生态系统造成一定的危害。一般将溶解氧浓度低致使大部分生物死亡或逃离时的环境称为低氧环境。但到目前为止，还没有统一的低氧定义，通常将海水中溶解氧含量低于 2mg/L(或 3mg/L)时称为低氧。低氧区有时也被称为死亡区[3, 4]。水域低氧环境有多种，主要包括：①河口及近岸海域的低氧；②内陆养殖及污染河流的低氧；③养殖及污染湖泊、池塘的低氧；④大洋深处的永久性低氧区。它们是截然不同的过程形成的低氧环境。如此多的低氧海域其成因是什么？低氧的生态效应有哪些？等等一系列的科学问题，至今并未探明。

近海低氧区在不同的海域具有不同的特点，总体可概括为 4 种类型：永久性的(主要发生在大陆架、大型海湾以及内陆海)、季节性的(通常出现在分层河口及陆架海域，也可能出现在浅的混合型河口水体及潮汐型河流)、偶发性的(主要是由偶然事件引发的，发生频率小于 1 次/a)、昼夜型的(每天发生一次)。从 20 世纪 20 年代开始发现低氧区以来，所发现的低氧区域越来越多，低氧的强度越来越大，特别是 21 世纪以来，低氧区的数量和面积更是急剧增加。根据联合国环境规划署的报告，2004 年全球共有 149 个低氧区，2006 年已达 200 个，目前全球报道出现缺氧的海域已超过 500 个，而没有报道的低氧区可能更多。关于低氧区的成因有多种猜测，而此期间人口增长和土地利用变化、生活和工业废水排放、海岸线开发等人类活动对近海环境所造成的影响日益显著，海水酸化、全球变暖等全球变化问题日益突出，由此，多数人认为低氧区数量的剧增可能与人类活动和全球变化密切相关。

从理论上来说，低氧区的形成需要两个基本条件：一是水体中的溶解氧被不断消耗；二是被消耗的溶解氧得不到及时的补充。消耗溶解氧的过程有很多，如水体中有机物的降解、无机物的氧化反应、底泥耗氧及浮游植物呼吸作用等；而不同过程又受多种因素制约，如有机质降解耗氧受控于有机质性质及含量、温度、微生物等因素。阻止溶解氧补充的过程也有很多，如水体形成盐度跃层、温度跃层等，而这些跃层的形成也受多种因素制约，如冲淡水、上升流、温度、地形等。

因此，低氧区的形成是个复杂的过程，受到多种因素的共同影响，现有的研究发现[5~9]，近海低氧区的形成主要受水动力条件和生物地球化学过程两类因素控制。

(1)水动力条件主要影响低氧区水体层化的形成与消散，包括径流、潮汐、风、环流，以及影响水体流动的地形地貌等因子。其中，径流冲淡水所起的作用最为显著。冲淡水不仅向低氧区输送大量营养盐，促使浮游植物繁盛产生大量有机物，还会直接带来大量的陆源有机质，而大量有机质的降解将消耗大量的溶解氧，同时在河口区及毗邻海域可形成温盐度跃层，阻止上下层水体中溶解氧的交换。潮汐混合可以影响到水体分层的稳定性，可使部分海域低氧呈现潮周期和大、小潮周期变化。风可引起水体混合破坏层化和水体低氧，还可影响河口环流和水体滞留时间，进而影响低氧水体的位置；也可引起上升流和下降流，影响低氧水体的深度。而河口/近海地形可以影响水体交换时间、水体对风潮混合的敏感性、产生上升流等，因此在低氧形成过程中也起到非常重要的作用。除受人类活动影响强烈的低氧区外，还有部分自然状态下的低氧区——陆架浅海上升流系统低氧区。这类低氧区所必需的营养盐主要由大尺度环流系统和上升流控制，其特点是面积大、季节性特征明显、响应大气和海洋大尺度变化信号明显而出现年际振荡、年代际振荡和长期变化趋势。

(2)生物地球化学过程主要控制水体中氧的消耗与恢复，任何影响这一过程的因素都可影响低氧区的形成，如水体的营养盐水平、生物丰度、水温和气候变化等。毫无疑问，水体富营养化所造成浮游植物的异常增生会在短期内形成大量有机质，有机质在底层水体中降解将加剧底层缺氧的程度，如对长江口低氧区的研究[10]就认为过量的营养盐的输入和日益严重的富营养化加重了长江口海域低氧现象的发生。而水温变化除了是形成温度跃层的主要因素外，对初级生产速率和耗氧率也有重要影响，如长江口外海夏季低氧区层化主要是表、底层温差引起，尽管 6 月具有很高的有机质输入量，但水温相对 8 月较低，因此长江口外海 8 月层化更为稳定、有机质分解率更高、低氧更为严重。无论是全球变暖还是小尺度气候变化，都将对与耗氧有关的生化过程产生影响。例如，气候变暖使水温升高，由此导致氧气溶解度降低、生物新陈代谢和矿化作用的速度加快，而表层水升温还会强化水柱分层的程度。另外，当水体浮游植物密度很大，其光合作用释放的大量 O_2 会导致水体氧含量升高；相反，当浮游植物大量死亡，生物残体腐败分解消耗大量氧气，超过光合作用生成氧，水体中溶解氧含量将急剧下降而使海水形成缺氧状态。因此，一些海域在赤潮过后往往会出现下层水体或沉积表层低氧现象。

低氧对生态环境最显而易见的影响是部分生物的迁出或死亡，导致低氧区生物群落结构发生改变，使生物种类及多样性明显降低，相应的生物量和丰度也会发生很大的改变[11]。另外，低氧环境下元素的存在状态必然和氧气充足的环境不同，从而在一定程度上影响浮游植物的分布生长。不同的生物对低氧的耐受程度不同，一般从强到弱依次为：软体类>环节类>棘皮类>甲壳类>鱼类[12]，这就导致了低氧对生物影响的差异性。低氧对生态系统影响主要表现为：

(1)引起生物的行为发生不同程度的改变，导致生态系统内群落种类组成变化，鱼类和底栖生物物种多样性和丰度的减少。当水环境中溶氧饱和度小于 35%~55% 时，大多数鱼类会逃离低氧区，同时也会使鱼类行动迟缓，呼吸频率下降，间接导致鱼类摄食活动减少。但有些动物捕食效率也可能提高，如鬼虾蛄等，容易捕捉到因缺氧而行动迟缓的大型底栖生物。低氧胁迫还会使一些敏感种类消失，同时有利于耐低氧种类的出现。例如，生命周期短、以腐屑为食的多毛类是底栖生物中最能忍受低氧的种类，导致多毛类是低氧水域中的优势物种，而缺乏甲壳类、双壳类、腹足类、蛇尾类等无脊椎动物。低氧环境下，浮游摄食动物常被底层摄食动物代替；大型底栖生物被小型底栖生物代替；微鞭毛虫和微小浮游生物通常成为浮游生物中的优势种。

(2)通过影响生态系统中捕食关系影响生态系统的物质及能量的流动。对于能耐受一定限度低氧的底层鱼类来说，低氧通常会促进捕食作用，这是因为底层溶解氧降低后，沉积底质处于还原状态，氧气缺乏导致底内动物转移至沉积物表层，这增加了底层鱼类的捕食机会，结果导致低氧有利于能量生态系统次级生产从底层低营养级向浮游高级营养级输送。但如果 DO 继续降低时，则捕食者会先行逃离，使生态系统的能量从消费者向分解者微生物转移。

(3)使水生动物正常的生理状态被阻止或打乱。特别是促生长发育缓慢、形态结构改变、抗病能力及繁殖力下降等，严重时会出现水生动物的大面积的死亡。

总之低氧环境所造成的生物的迁出或死亡一方面说明生物生存环境的丧失，另一方面也说明以这些生物为饵料的生物将存在食物不足的风险，从而加剧对生态系统中整个食物链的影响。而受影响的生态系统的恢复是一个长期的过程，与低氧类型有关，不同低氧类型对生物的影响如表 1 所示。

表 1　低氧环境对生物的直接影响

低氧类型	低氧事件发生频率	无固着生物响应	鱼类响应	恢复时间
非周期性	小于 1 次/a，有时几年一次	大量死亡	死亡率增加（↑）；迁出率增加（↓）；损伤增加（↓）；生长速率、生殖（↑）	几年
周期性	大于 1 次/a	少量死亡		数小时到数天
昼夜式	1 次/d	有生存压力		数小时
季节性	1 次/a	有死亡发生		1 年
永久性	全年存在	没有或极少有大型生物		数年到无法恢复

低氧环境对生态系统的影响是多层次的，除了造成可直接看到的生物的迁移和死亡外，还有一些微观的变化，其中最重要的就是维持生命所必需的生源物质循环发生了改变。低氧环境下的生态环境可由氧化性变为弱氧化性、甚至是无氧状态的还原性[13]，而对氧化还原环境敏感的元素，如海水颗粒物和沉积物中的铁和锰等不断被还原，形成易于溶解的组分，当锰、铁氧化剂消耗完毕时，硫酸根就充当有机物的氧化剂，且由于硫酸根是海水中的常量元素，在这种情况下海水和沉积物中会积累大量硫离子，进而与铁形成不溶性的铁硫化合物，反而会降低铁的循环利用效率。同时在低氧条件下有机物分解生成的氨大部分不能被氧化为硝酸根，而硝酸根在低氧环境中又会发生异化反应生成氨，双重作用导致环境中氨含量增加，硝酸根含量降低，改变了环境中氮的存在状态，从而也改变了氮的循环路径。总之，低氧打破了生态系统的理化平衡，改变了生源要素的分布特征和迁移变化规律，从而使生源要素表现出与有氧环境下完全不同的循环特点[14]。

尽管已经对低氧区进行了一些研究，但对其成因及其与生态环境的关系仍然存在较多疑问，如多年的研究发现低氧区中溶解氧浓度的高低和低氧区存在的时间、面积大小、相对位置等有着明显的年度变化和季节变化，造成这种变化的原因究竟是什么？近年来在近岸海域发现的低氧区越来越多，强度越来越大，究竟是人类活动导致的还是全球变化加剧引起的？抑或是二者共同作用造成的？之所以造成这些困惑，主要是因为近海富营养化和全球变化的加剧对近海低氧区的影响机制仍未明晰，但由于不同海域的地形地貌环境、水动力条件、生物多样性特征、物质来源特征、气候特点和人类活动影响程度等许多方面存在极大的差异，导致对低氧现象的变化规律、存在及维持机制的研究困难重重，对低氧区的产生、成熟、衰退和消亡过程缺乏统一的认识。相对低氧的成因，低氧环境对生态系统的影响更复杂，需要解决的问题更多。宏观方面不仅要研究低氧对生物个体的影响，更要研究低氧对种群、群落、生态系统的影响；微观方面不仅要研究低氧对个体的组织、生理生化的影响，更要研究对分子水平变化的影响。此外，低氧状态改变了水体的氧化还原环境，理论上会使一些变价元素的存在价态发生变化，从而影响元素的化学活性和结合形态，并最终影响生物的生长发育，但这一切将如何发生？过程怎样？我们知之甚少。而要解决这些问题仅仅一个学科是不够的，至少需要生态学、生理学、生物化学、分子生物学、地球化学和海洋物理等多个学科间进行交叉研究，才有可能对此有所突破。既然低氧的发生给生态环境造成这么大的影响，那么低氧区的形成能不能避免？能不能预报？能不能治理？这也是我们最终要回答的问题。显然根据当前对低氧区的理解还做不到这些，而要做到这些还需对低氧环境进行更多的研究。只有通过对低氧现象深入系统的研究，才能最终实现为遏制近海低氧区的发生和海湾(河口)近海环境的综合治理提供科学的决策依据。

参 考 文 献

[1] 洪华生. 中国区域海洋学——化学海洋学. 北京: 海洋出版社, 2012.

[2] 宋金明, 马清霞, 李宁, 等. 沙海蜇(*Nemopilemanomurai*)消亡过程中海水溶解氧变化的模拟研究. 海洋与湖沼, 2012, 43(3): 502-506.

[3] Diaz R J, Rosenberg R. Spreading dead zones and consequences for marine ecosystems. Science, 2008, 321, 926-929.

[4] Rabalais N N, Diaz R J, Levin L A, et al. Dynamics and distribution of natural and human-caused hypoxia. Biogeosciences, 2010, 7: 585-619.

[5] 王海龙, 丁平兴, 沈健, 河口/近海区域低氧形成的物理机制研究进展. 海洋科学进展, 2010, 28(1): 115-125.

[6] 吴伊婧, 范代读, 印萍, 等. 近岸底层水体低氧沉积记录研究进展. 地球科学进展, 2016, 31 (6): 567-580.

[7] Brewer P G, Peltzer E T. Ocean Chemistry, ocean warming, and emerging hypoxia: Commentary. Journal of geophysical research oceans, 121(5): 3659-3667.

[8] Li M, Lee Y J, Testa J M, et al. What drives interannual variability of hypoxia in Chesapeake Bay: Climate forcing versus nutrient loading. Geophysical research letters, 2016, 43(5): 2127-2134.

[9] Wang H J, Dai M H, Liu J W et al. Eutrophication-driven hypoxia in the East China sea off the Changjiang Estuary. Environmental science & Technology, 50(5): 2255-2263.

[10] 李祥安. 长江口富营养化水域营养盐输送通量与低氧区形成特征研究. 中国科学院大学博士论文, 2010.

[11] 袁伟, 金显仕, 戴芳群. 低氧环境对大型底栖动物的影响. 海洋环境科学, 2010, 29(3): 293-296.

[12] 顾孝连, 徐兆礼. 河口及近岸海域低氧环境对水生动物的影响. 海洋渔业, 2009, 31(4): 426-437.

[13] 宋金明. 中国近海沉积物-海水界面化学. 北京: 海洋出版社, 1997.

[14] 杨波, 王保栋, 韦钦胜, 等. 低氧环境对沉积物中生源要素生物地球化学循环的影响. 海洋科学, 2012, 36(5): 124-129.

撰稿人：李学刚

中国科学院海洋研究所，lixuegang@qdio.ac.cn

河口海岸缺氧形成过程及其生态环境效应

Formation Processes of Hypoxia and its Effect on Ecological Environment in Estuaries and Coasts

水体中溶解有氧气(溶解氧)，是水生动物呼吸、维持生命的条件。最近几十年来，在墨西哥湾、切萨比克湾、北海、黑海、东京湾和长江河口、珠江河口等海域经常发生严重的缺氧事件[1~7](图 1)，导致底栖生物和鱼类大量死亡。缺氧是指水体中溶解氧浓度低于 2 mg/L[8]，该海区称之为死亡带。缺氧能改变海洋环境的自然氧化还原条件，影响物质循环[9, 10]，减少生物多样性，改变群落结构和生态[11]。河口海岸缺氧是海洋灾害之一，对渔业资源、水产安全和生态环境具有重要影响。

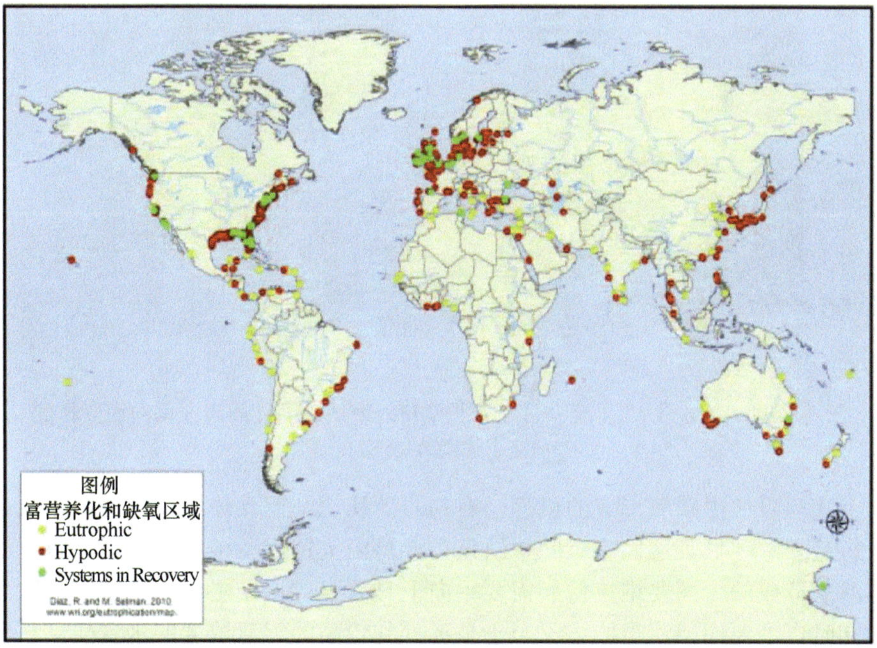

图 1 世界范围缺氧带分布和大小[7]

至今，主流观点认为缺氧的主要原因有二：第一是由于河口海岸大量营养盐的进入导致富营养化，富营养化易导致藻类爆发；藻类在海洋上混合层中生长，死亡后沉降至海底，其中大量有机物的分解消耗水中氧气，导致缺氧 [12]；第二是垂向层结(密度的垂向跃层)阻隔了表层富含氧水与底层缺氧水之间的交换[13]，使得底层低氧水得不到氧气的补充。在大河河口海区，如长江口外海区，由于长江流域农业生产使用化肥的增加，大量营养盐入海，富营养化严重，赤潮频发，底层缺氧面积变大，从 1959 年的 1900 km^2 增加到 2006 年的 15 400 km^2 [14]。海水密度是由盐度和海温决定的，在夏半年，河流大量淡水入海，产生低盐水(冲淡水)在海洋表层扩散，另外太阳辐射使得表层海温升高，两者共同作用使得长江口外海区夏季产生强烈的垂向层结[15]，维持了底层的缺氧(图 2)。这就是大量重大的赤潮和缺氧事件经常发生在大河口外海区的原因。

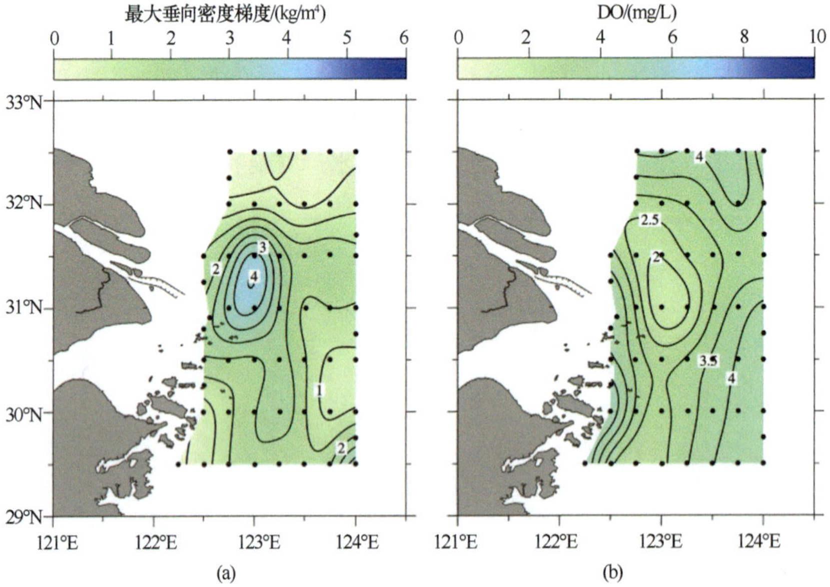

图 2　2009 年 8 月 27 日至 9 月 3 日长江口外海区观测期间最大垂向密度梯度(a)和底层溶氧(b)水平分布[15]

上述河口海岸缺氧形成的机理已有初步的认识，但具体的过程认识涉及微观层面，过程的定量表达面临难题。缺氧主要是由上层浮游植物死亡后沉降至海底分解耗氧造成的，而要维持低氧需要垂向上具有强的层结阻隔与上层富氧水的交换，同时也需要底层流很弱，不至于被远处的较高溶解氧浓度的水置换。目前对层结和环流等物理过程是能够再现和模拟的，但对一些生化过程缺少可靠的定量表达，这是难于模拟和预测低氧事件发生时间和范围的主要原因。从低氧形成原因的回溯看，浮游植物从海洋上层沉降到底层需要多长时间？氧化有机物需要多长的时间(氧化率)？浮游植物种类繁多，不同种类浮游植物生长的适宜海温是多少？对营养盐的吸收率是多少？浮游植物的生长除了合适水温和充足的营养盐，还需要光合作用。在河口海岸水域，大量泥沙入海导致水体浑浊，降低光的透射性，从而减弱光合作用。这就是为何在河口拦门沙最大浑浊带区域尽管营养盐丰富、水温适宜，但难以见到赤潮发生的原因。泥沙除了影响光合作用，还能吸附和释放营养盐，进而影响浮游植物的生长。河口海岸缺氧区的形成和预报涉及生物、化学、物理和泥沙等众多的过程及其相互作用，众多的参数在不同海区差异大。底层低氧的形成，反过来影响有机物的氧化，更影响底栖生物的生长，甚至导致死亡，进而影响底层营养盐的分布变化。低氧导致的生态环境效应复杂，开展缺氧过程定量表达和生态环境效应研究是个挑战性的课题。

参 考 文 献

[1] Diaz R J. Overview of hypoxia around the world. Journal of Environmental Quality, 2001, 30(2): 275-281.

[2] Rabalais N N, Turner R E, Wiseman W J. Hypoxia in the Gulf of Mexico. Journal of Environmental Quality, 2001, 30(2): 320.

[3] Turner R E, Rabalais N N, Swenson E M, et al. Summer hypoxia in the northern Gulf of Mexico and its prediction from 1978 to 1995. Maine Environmental Research, 2005, 59: 65-77.

[4] Li D J, Zhang J, Huang D J, et al. Oxygen depletion off the Changjiang (Yangtze River) Estuary. Science in China, Series D——Earth Sciences, 2002, 45(12): 1137-1146.

[5] Dai M, Guo X, Zhai W, et al. Oxygen depletion in the upper reach of the Pearl River estuary during a winter drought. Marine Chemistry, 2006, 102(1-2): 159-169.

[6] Wei H, He Y, Li Q, et al. Summer hypoxia adjacent to the Changjiang Estuary. Journal of Marine Systems, 2007, 67(3–4): 292-303.

[7] Rabotyagov S S. The economics of dead zones: Causes, impacts, policy challenges, and a model of the gulf of Mexico Hypoxic Zone. Review of Environmental Economics & Policy, 2014, 8(1): 58-79..

[8] Diaz R J, Rosenberg R. Marine benthic hypoxia: A review of its ecological effects and the behavioral responses of benthic macrofauna. Oceanogr Mar Biol, 33: 245-303.

[9] Turner R E, Rabalais N N, Justic D. Gulf of Mexico hypoxia: Alternate states and a legacy. Environmental Science & Technology, 2008, 42(7): 2323-2327.

[10] Bianchi T S, Allison M A. Large-river delta-front estuaries as natural "recorders" of global environmental change. Proceedings of the National Academy of Sciences of the United States of America, 2009, 106 (20): 8085-8092.

[11] Rabalais N N, Turner R E, Wiseman W J. Hypoxia in the Gulf of Mexico. Journal of Environmental Quality, 2001, 30(2): 320.

[12] Turner R E, Rabalais N N. Coastal eutrophication near the Mississippi River Delta. Nature, 1994, 368 (6472): 619-621.

[13] Rosenberg R, Hellman B, Johansson B. Hypoxic tolerance of marine benthic fauna. Marine

Ecology Progress, 1991, 79(1-2): 127-131.

[14] Zhu Z Y, Zhang J, Wu Y, et al. Hypoxia off the Changjiang (Yangtze River) Estuary: Oxygen depletion and organic matter decomposition. Marine Chemistry, 2011, 125(1–4): 108-116.

[15] Zhu J R, Zhu Z Y, Lin J, et al. Distribution of hypoxia and pycnocline off the Changjiang Estuary, China. Journal of Marine Systems, 2016, 154: 28-40.

撰稿人：朱建荣

华东师范大学，jrzhu@sklec.ecnu.edu.cn

海洋生态系统中是否存在“物种冗余”？

Does Species Redundancy Exist in Marine Ecosystem?

“物种冗余”(species redundancy)这一概念在字面上容易被人们所误读，而导致错误的结论。因此探讨“海洋生态系统中是否存在物种冗余？”首先要正确地理解其含义。Gitay 等[1]提出，“物种冗余”是指生态群落中某些物种是“多余”的，也就是说它们的消失对整个群落的结构和功能不会产生决定性的影响。然而，这样解释并不全面。“物种冗余”是基于“生态等同体”(ecological equivalents)这一概念，“生态等同体”中各物种之间彼此为“冗余物种”[1]。Walker[2]提出，在进行物种保护时，为了确保生态系统和建群种的稳定性，那些低“冗余”度的物种应当具有较高的优先权。但是，必须要指出的是，并不是说“冗余”不必要，而是说“冗余”是一种理想的状态，在某些物种消失时，“冗余”是对生态系统功能持续的一种保证[3]。

“冗余”这一词语具有负面含义，因而在海洋生态系统保护管理决策中容易被政府官员和海洋保护区管理者误读。假如没有充分地理解“物种冗余”的含义以及适用条件，就将其应用于海洋保护工作中是很危险的。Walker[2]提出“物种冗余”概念在生态保护方面的应用前提：我们不能保护每一个物种，因而需要某些手段来确定保护物种的优先性。从这一角度上讲，“物种冗余”是针对在有限的保护能力前提下，确定生态系统物种保护优先顺序的一种手段，即那些“冗余”度较低的物种会得到优先保护，而并非对那些“冗余”的物种进行限制和清除。

由以上对“物种冗余”的解释可以发现，生态系统中的“物种冗余”其实是生态群落中各物种生态位的重叠，而这种重叠正是物种多样性的正面体现，即通常情况下，拥有更高多样性的生态系统会具有更高的“物种冗余”度。由于任何自然条件下的生态系统，都存在着不同程度的生态位重叠，当然也就必然存在着“物种冗余”。由此我们对海洋生态系统中是否存在“物种冗余”问题的回答是肯定的，但是我们仍不十分清楚物种冗余对生态系统所发挥的作用和作用机制以及动力学变化过程。当下在海洋生态学领域关于“物种冗余”研究的热点问题主要有以下三个方面：

(1)“物种冗余”与海洋生物多样性的关系如何？“物种冗余”源于功能群中物种生态位的重叠，必然与生物多样性存在关联，但是由于生态系统的复杂性目前这种关系并不清楚。目前的海洋生态系统的相关研究主要是以针对功能群[4, 5]和生态位重叠[6, 7]的研究作为突破口，以探讨“物种冗余”和生物多样性之间的关系。Bornatowski 等[8]研究了亚热带海洋食物网模型，研究结果也是以“冗余”来揭示当地海洋生态系统物种的多样性。目前多数研究结果表明“物种冗余”对生物多样性有着积极的意义，但其中的复杂过程和机制并未得到有效的揭示。

(2)海洋生态系统演变过程中“冗余物种”如何变化？对于维持生态系统功能具有何种意义？海洋生态系统存在动态变化，从长期来看，“物种冗余”必然随之产生相应的适应机制。Naeem[9]指出“物种冗余”是生态系统功能稳定的保证。通过长期的生态系统演变跟踪研究，Reich 提出[10]，随着冗余效应消失，生物多样性丧失的影响更加显著。生态系统演变过程中，由于成熟群落中的累积效应和互补效应的减弱，或是单纯的几个物种消失，都可能会导致生态系统生产力的长期减少和生态系统可持续性减弱。基于该结论，可以认为“物种冗余”是维持生态系统稳定的主要因素，也是生态系统演变过程中具有高生物多样性时必会出现的一种状态。“物种冗余”不仅在生态系统演变过程中具有一定的功能，同时其特征对演变结果也具有指示作用。Frid 等[11]对 400 万年以来的大型底栖群落变化进行研究，结果显示从较长的时间尺度上高营养级摄食者的食物供应相对稳定，他认为当地底栖生物群落生物多样性的稳定得益于“物种冗余”。

(3)群落结构稳定是由“物种冗余”还是“功能冗余”决定？“功能冗余”是指生态系统中执行相似功能的物种的多样性，群落中具有相似功能性状物种的饱和程度[12~14]。对于“功能冗余”有的研究者也提出了不同的看法，如 Kang 等[15]提出“功能冗余”而非“物种冗余”主导着群落结构稳定。在一些海洋生态学研究实践中，有学者[16]开始直接对海洋生物群落的“功能冗余“展开探讨，而避开了直接探讨“物种冗余”。因此，在研究生态系统“冗余”过程中，厘清“物种冗余”和“功能冗余”之间的关系，对于深入发掘生态系统维持机理具有积极意义。

参 考 文 献

[1] Gitay H, Wilson J B, Lee W G. Species redundancy: A redundant concept. Journal of Ecology, 1996, 84(1): 121-124.

[2] Walker B H. Biodiversity and ecological redundancy. Conservation Biology, 1992: 6, 18-23.

[3] Walker B H. Conserving biological diversity through ecosystem resilience. Conservation Biology, 1995, 9: 747-752.

[4] Stepien C C. Impacts of geography, taxonomy and functional group on inorganic carbon use patterns in marine macrophytes . Journal of Ecology, 2015, 103(6): 1372-1383.

[5] Alexandridis N, Bacher C, Desroy N, et al. Building functional groups of marine benthic macroinvertebrates on the basis of general community assembly mechanisms. Journal of Sea Research, 2017, 121: 59-70.

[6] Bourg B L, Bănaru D, Saraux C, et al. Trophic niche overlap of sprat and commercial small

pelagic teleosts in the Gulf of Lions (NW Mediterranean Sea). Journal of Sea Research, 2015, 103: 138-146.

[7] Córdova-Tapia F, Contreras M, Zambrano L. Trophic niche overlap between native and non-native fishes. Hydrobiologia, 2015, 746(1): 291-301.

[8] Bornatowski H, Barreto R, Navia A F, et al. Topological redundancy and 'small - world' patterns in a food web in a subtropical ecosystem of Brazil. Marine Ecology, 2016, 2016: 1-5.

[9] Naeem S. Species redundancy and ecosystem reliability. Conservation Biology, 1998, 12(1): 39-45.

[10] Reich P B, Eisenhauer N. Impacts of biodiversity loss escalate through time as redundancy fades. Science, 2012, 336(6081): 589-592.

[11] Frid C L J, Caswell B A. Does ecological redundancy maintain functioning of marine benthos on centennial to millennial time scales. Marine Ecology, 2016, 37(2): 392-410.

[12] 姚天华, 朱志红, 李英年, 等. 功能多样性和功能冗余对高寒草甸群落稳定性的影响. 生态学报, 2016, 36(6): 1547-1558.

[13] Elmqvist T, Folke C, Nyström M, et al. Response diversity, ecosystem change, and resilience. Frontiers in Ecology & the Environment, 2008, 1(9): 488-494.

[14] Pillar V D, Duarte L D S. Functional redundancy and stability in plant communities. Journal of Vegetation Science, 2013, 24(5): 963-974.

[15] Kang S, Ma W, Zhang Q, et al. Functional redundancy instead of species redundancy determines community stability in the Inner Mongolia typical grassland. Plos One, 2015, 10(12): 2844-2859.

[16] Muntadas A, Juan S D, Demestre M. Assessing functional redundancy in chronically trawled benthic communities. Ecological Indicators, 2016, 61: 882-892.

撰稿人：屈 佩 张朝晖

国家海洋局第一海洋研究所，qupei@fio.org.cn

海洋中存在“生态廊道”吗？

Does Ecological Corridor Exist in Ocean?

随着社会、经济和技术的快速发展，人类活动对自然景观造成了破坏，从而导致生境趋于破碎化、动植物栖息地间的连通被阻隔。根据这一发展趋势，生态学研究发生了两个重要的转变，即从隔离到连通的转变和从中心到外围的转变。相应地，自然保护的关注点也从相对孤立的单个保护区转移到了保护区网络[1]。1975 年，Wilson 和 Willis 在“岛屿生物地理学说”的基础上提出用廊道连接相互隔离的生境斑块，可以减少生境破碎化给物种生存带来的负面影响[2]。随后，在 1997 年，世界自然保护联盟提出将孤立保护区串联起来的“网络化”新路径，生态廊道的概念正式诞生[3]。生态廊道(ecological corridor)具有连通性(connectivity)的特征，是指具有保护生物多样性、过滤污染物、防止水土流失、防风固沙、调控洪水等生态服务功能的廊道类型[4]。生态廊道主要由植被、水体等生态性结构要素构成。生态廊道的概念产生之后，迅速与景观生态学领域和城乡规划领域的研究相结合，其研究方向包括：①生态廊道的生物保护功能研究，以物种和生态系统本身的存在和演进为基础，以岛屿生物地理学理论和复合种群学说为理论支撑，涉及生态廊道的类型、结构、构成等内容，最初研究集中于某目标物种的生境状况研究，后来转向关注物种栖息地以及系统运行的空间布局和结构规律；②生态廊道的生态服务功能研究，提升城市绿地系统生态质量，以景观生态学理论的“斑块-廊道-基质”模式为支撑，将廊道理论运用到城乡绿地系统规划领域，诸如空间功能及社会经济功能等方面的研究[3]。

类似于上述陆地生态系统，在海洋环境中，物种个体发育中的每个阶段之间的连通性对于维持种群稳定，增强基因交流具有极为重要的意义[5, 6]。海洋生境的破碎化，会在一定程度上影响个体行为特性、种群间基因交换、物种间相互作用、进而影响整个海洋生态系统功能。

海洋中生态廊道是存在的[7]。研究的难点在于如何根据管理和保护的目标，建立相应的生态廊道，这其中包含着目标物种迁移扩散模式难以确定、连通性难以评估、生态廊道难以定位等难点。另外，生态廊道的建立，也存在着一定的争议。

海洋环境的特殊性以及复杂性，使得其物种迁移模式难以被很好地把握[8]，连通性很难被直接评估。连通性可分为基因连通(genetic connectivity)和种群连通(demographic connectivity)两种。基因连通是指基因流影响种群进化过程的程度，而种群连通则是指种群的生长/死亡率受到扩散和补充影响的程度[9]。因为大部分海洋生物(尤其是无脊椎动物)有着两种生活史阶段：活动范围较小的成体阶段以及幼体扩散阶段。幼体扩散阶段的持续时间从几个小时到几年不等，这就很难追踪其扩散模式[10]。因此，新的基因分析技术以及生物追踪对于评估连通性有着重要的意义。

确定海洋生物的迁移路线并非易事，也给生态廊道的定位造成了难题。澳大利亚在近期建立了 Commonwealth Marine Reserves 保护区网络，来保护大范围的海洋留栖种和迁移种，但是，迁移种到达这些保护站点的路线还不是很清楚。例如，*Natator depressus* 是澳大利亚特有的一种海龟，目前对它的迁移路线还无法明确。海洋生物的迁移路线受到很多因素的影响，并非一成不变，如风/海流的影响，以及气候变化导致的迁移路线改变等[11]，这些不确定性为确认生态廊道的具体位置增加了难题。

生态廊道可能的负面作用包括：它会打破某些物种所必需的隔离状态，使种群面对更多的竞争者、外来物种、疾病，并破坏局部适应性[12]。以珊瑚礁为例，Elmhirst 等[13]在研究中指出，连通性是把双刃剑，它会同时将有利和有害的因素同时引入。在鱼类等生物重度啃食珊瑚的情况下，珊瑚幼体的大量引入会破坏大型藻类生态系统的恢复力。在轻度啃食的情况下，大型藻类的大量引入也会破坏珊瑚群落的恢复力。

尽管存在以上种种困难和争议，但无疑海洋生态廊道对于海洋保护区网络的建设，以及生物多样性保护具有十分重要的意义，亟待进行更加深入的研究。

参考文献

[1] 罗布.H.G.容曼，格洛里亚．蓬杰蒂．生态网络与绿道-概念.设计与实施．余青，陈海林，梁莺莺译．北京：中国建筑工业出版社, 2011.

[2] Wilson E O, Willis E O. Applied Biogeography Ecology and the Evolution of Communities. Massachusetts: Harvard University Press, 1975.

[3] 左莉娜，毕凌岚．国内外生态廊道的理论发展动态及建设实践探讨．四川建设，2012, 32(5): 17-22.

[4] 李正玲，陈明勇，吴兆录．生物保护廊道研究进展．生态学杂志, 2009, 28(3): 523-528.

[5] Brown C J, Harborne A R, Paris C B, et al. Uniting paradigms of connectivity in marine ecology. Ecology, 2016, 97(9): 2447-2457.

[6] Thomas L, Bell J J. Testing the consistency of connectivity patterns for a widely dispersing marine species. Heredity, 2013, 111: 345-354.

[7] Briscoe D K, Hobday A J, Carlisle A. et al. Ecological bridges and barriers in pelagic ecosystems. Deep Sea Research Part Ⅱ: Topical Studies in Oceanography, 2016, online available.

[8] Selkoe K A, Toonen R J. Marine connectivity: A new look at pelagic larval duration and

genetic metrics of dispersal. Marine Ecology Progress Series, 2011, 436: 291-305.
[9] Lowe W H, Allendorf F W. What can genetics tell us about population connectivity. Molecular Ecology, 2010, 19: 3038-3051.
[10] Leis J M, van Herwerden L, Patterson H M. Estimating connectivity in marine fish populations: What works best. Oceanography and Marine Biology, 2011, 49: 193-234.
[11] Sissener E H, Bjorndal T. Climate change and the migratory pattern for Norwegian Spring-Spawning Herring—Implications for management. Marine Policy, 2005, 29(4): 299-309.
[12] Hughes T P, Graham N A J, Jackson J B C, Mumby P J, Steneck R S. Rising to the challenge of sustaining coral reef resilience. Trends in Ecology and Evolution, 2010, 25: 633–642.
[13] Elmhirst T, Connolly S R, Hughes T P. Connectivity, regime shifts and the resilience of coral reefs. Coral Reefs, 2009, 28: 949-957.

撰稿人：曲方圆　张朝晖
国家海洋局第一海洋研究所，qfy@fio.org.cn

海洋中小尺度动力过程如何影响海洋生态系统

How the Marine Ecosystem is Affected by Mesoscale and Submesoscale Processes?

海洋生态系统是海洋中生物群落及其物理生物化学环境所构成的自然系统。生态系统的变化除了受到生物、化学过程的影响，还同时受到水体温度、盐度，以及流场等物理环境的影响，并且会对物理环境产生反馈调节，从而在调控全球气候变化和碳循环等方面起着重要的作用。

海洋生态系统中的动力过程可以通过著名的“生物泵”来表征(图 1)[1]。浮游植物个体很小，但数量极多，主要通过光合作用进行固碳和摄取水体中的营养盐，是海洋生态系统中的初级生产者；浮游动物通过捕食浮游植物进行生长，并同时通过排泄和死亡产生颗粒有机物质；颗粒有机物产生后会不断下沉，向深海输送，同时在输送过程中受到细菌的影响产生再矿化，转换成水体中的无机营养盐；这些深层水体

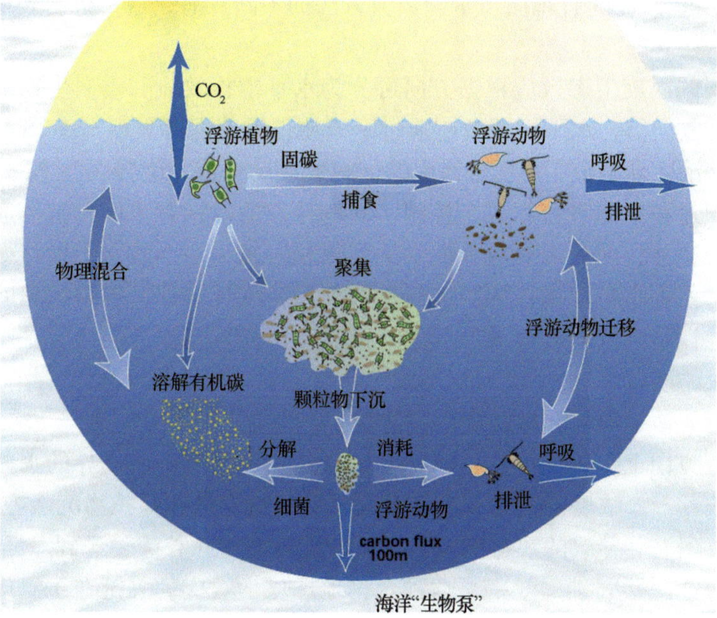

图 1 海洋“生物泵”示意图
http://www.genomecorp.com/biologicalpump.html

的无机营养盐可以被垂向混合和上升流等物理过程再次带到透光层并支持海洋上层浮游植物的生长。海洋物理过程可以通过多种方式影响“生物泵”循环的不同阶段，如通过温度改变浮游植物的生长率，通过流场改变颗粒物向深海输出的速率，通过水体层结改变大气氧气向海洋内部的传输等。

海洋中小尺度动力现象，如涡旋、锋面、湍流等在海洋中普遍存在，是海洋动力环境的重要组成部分[2]。与大尺度现象不同，中小尺度动力过程具有时间变化快、空间范围小、强度强等特点。这些特征在时空尺度上与“生物泵”循环中的生态动力过程接近，会相互叠加共同影响海洋生态系统结构，为海洋生态研究带来极大的困难。如何准确量化物理和生物化学过程在中小尺度现象内的贡献是目前科学界的难题之一。

海洋中尺度涡旋是全球海洋中非常典型的一种中小尺度动力现象。它对生态系统的影响不仅取决于涡旋在形成阶段捕捉的水团营养盐和生物条件，涡旋生命过程中存在的水平和垂向运动也会对营养盐和生物量起再调节作用。目前，对于中尺度涡旋的生态效应，多数的理解是基于涡旋抽吸机制，即在涡旋形成阶段，气旋涡内形成上升流，真光层下的高营养盐水可进入真光层，有利于浮游植物的生长和颗粒物的输出；反气旋涡内形成下降流，使有机物和营养盐往下输送，导致真光层内的生物活动减弱或是没有明显的变化。该机制由 McGillicuddy 等[3]在 1998 年提出，然而随着观测技术和数值方法的不断发展，这个机制表现出很大的不确定性。

观测到的涡旋生态效应根据方向可分为水平搅拌效应和垂向生物地球化学效应。在水平方向上，水平搅拌效应通过平流使得涡旋内部表现出高/低浓度的浮游植物叶绿素浓度异常值，并且与涡旋的气旋式或反气旋式旋转无关[4]。这种效应主要是由物理过程中的平流和混合控制，其所导致的叶绿素浓度异常值通常是在涡旋边缘比较明显，因为涡旋边缘的水平流速相对较大。涡旋水平搅拌效应的提出和应用多是根据水色卫星遥感的叶绿素浓度和高度计数据。卫星遥感叶绿素浓度最大的局限性是其仅代表海表层状态，而很多研究发现次表层经常是受中尺度涡旋影响最大的区域[5]。由于高分辨率观测数据的缺乏，目前涡旋的三维流场结构对浮游动植物的输运规律和机制还不甚清楚。

在垂直方向上，垂向生物地球化学效应是指中尺度涡旋诱导的水体上升和下降运动导致营养盐浓度的变化，进而影响浮游植物含量和颗粒物沉降等生态过程。已有研究发现涡旋导致的快速潜沉可以将海洋上层的颗粒碳输送到海洋中层[6]，有利于促进海洋深层固碳的效率，这种生物地球化学效应的关键在于涡旋诱导的垂向速度。由于海洋中垂向速度的量级同水平速度相比非常小，很难在实际观测中得到，因此多数的垂向速度是通过理论或者运动方程诊断计算得出，而对于真实海洋中垂向速度分布状况的了解非常有限。引起中尺度涡水体垂向运动的机制主要有中尺度的线性 Ekman 机制、非线性 Ekman 机制、风涡相互作用、涡旋衰亡和次中尺度过程。在平均状态下，线性 Ekman 机制会在气旋(反气旋)涡内产生上升(下降)流，而风涡相互作用，以及涡旋衰亡则正好反向。非线性 Ekman 机制与次中尺度过程通常会在涡旋内产生上升/下降流的双核结构。

对于中尺度过程(~100 km)，以线性 Ekman 机制为例，中尺度涡旋的生命周期也可能影响涡旋抽吸理论对生态过程的解释。在中尺度涡的生命周期内，海洋的物理过程与生物化学过程在时间上并不是同步的，这些过程的非耦合性会导致观测结果的不一致性。例如，在气旋涡内，有的研究能观测到强烈的硅藻生长[7]，有的却只能观测到硅藻微弱的变化[8]，有的有颗粒碳的输出[9]，有的则观测不到[10]。导致这些观测结果不同的一个可能原因是由于这些观测没有抓住涡旋生命周期的变化。以南海气旋涡为例，研究表明营养盐随着涡的产生与消亡有一个明显的先增后减的过程，而浮游动植物变化则比较复杂。由于上升流水体营养盐浓度的硅氮比可以影响硅藻的比例，因此硅藻通常是在营养盐浓度最高的时候达到峰值，并且随时间衰减较快，而其他类型浮游植物的变化趋势则与硅藻不同甚至相反[11]。颗粒物沉降受浮游动植物的影响经常表现出不同的时间变化规律[12]。因此在瞬时的现场观测中，不同生物地球化学变量的响应有很大的不确定性。

次中尺度过程(~1~10km)诱导的垂向速度可以超过 10m/d。在一些高分辨数值模拟研究中发现，涡旋的生物繁殖对次中尺度过程有强烈的响应[13]，营养盐浓度高的地方通常伴随着强烈的上升流(图 2)。然而，有研究质疑发生于边缘的营养盐或者浮游生物增加量缺乏往涡中心输送的机制[14]，也有的认为涡旋的搅拌作用就可以产生叶绿素浓度的双核结构，与次中尺度过程无关[15]。甚至一些数值模拟工作通过对比中尺度网格和细化的次中尺度网格的模拟结果，发现海洋生态系统在考虑次中尺度过程的生产量要小于只考虑中尺度过程的生产量[16]。因此，次中尺度是否可能对中尺度涡的生物地球化学循环起重要贡献依然是一个有争议的话题。

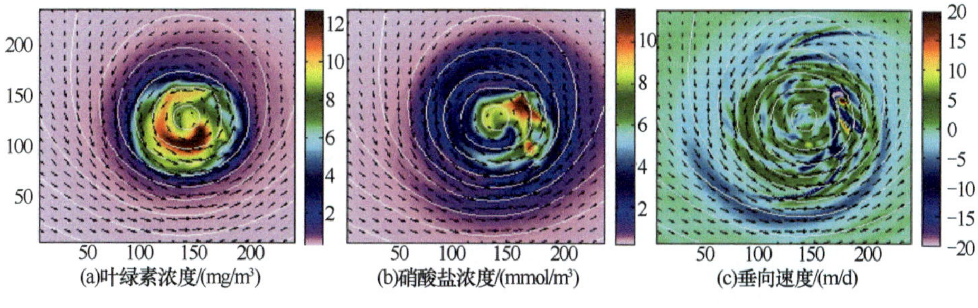

图 2 耦合数值模式模拟的叶绿素浓度、硝酸盐浓度和垂向流速在一个涡旋内部的分布情况

白色等值线为海平面高度异常等值线。模式的水平分辨率为 2km

综上所述，目前对海洋中小尺度动力过程的生态效应还缺乏深入的认识。一方面，由于可能的影响机制非常多，很多情况下多种机制叠加在一起共同影响海洋生态过程，如何量化每一种机制的影响以及它们之间的非线性相互作用具有极大的挑战性。另一方面，对某一些机制的认识还有很大不足，如次中尺度过程对营养盐和浮游植物的调控，次中尺度过程的增强会导致浮游植物的线性增长还是带来种群结构的改变？传统的船载采样方式很难对这些现象进行准确描述，未来的研究需要在高时空分辨率观测和高分辨率模拟等方面进一步加强，以全面系统地解决中小尺度动力过程对生态系统影响这个科学难题。

参 考 文 献

[1] Ducklow H W, Steinberg D K, Buesseler K O. Upper ocean carbon export and the biological pump. Oceanography-Washington Dc-oceanography Society-, 2001, 14(4): 50-58.

[2] Chelton D B, Schlax M G, Samelson R M, et al. Global observations of large oceanic eddies. Geophysical Research Letters, 2007, 34(15).

[3] McGillicuddy D J, Robinson A R, Siegel D A, et al. Influence of mesoscale eddies on new production in the Sargasso Sea. Nature, 1998, 394(6690): 263-266.

[4] Chelton D B, Gaube P, Schlax M G, et al. The influence of nonlinear mesoscale eddies on near-surface oceanic chlorophyll. Science, 2011, 334(6054): 328-332.

[5] Omand M M, D'Asaro E A, Lee C M, et al. Eddy-driven subduction exports particulate organic carbon from the spring bloom. Science, 2015, 348(6231): 222-225.

[6] Zhou K, Dai M, Gao S, et al. Apparently enhanced ^{234}Th-based particle export associated with anticyclonic eddies. Earth and Planetary Science Letters, 2013, 381: 198-209.

[7] Benitez-Nelson C R, Bidigare R R, Dickey T D, et al. Mesoscale eddies drive increased silica export in the subtropical Pacific Ocean. Science, 2007, 316(5827): 1017-1021.

[8] Seki M P, Polovina J J, Brainard R E, et al. Biological enhancement at cyclonic eddies tracked with GOES thermal imagery in Hawaiian waters. Geophysical Research Letters, 2001, 28(8): 1583-1586.

[9] Bidigare R R, Benitez - Nelson C, Leonard C L, et al. Influence of a cyclonic eddy on microheterotroph biomass and carbon export in the lee of Hawaii. Geophysical Research Letters, 2003, 30(6).

[10] Rii Y M, Brown S L, Nencioli F, et al. The transient oasis: Nutrient-phytoplankton dynamics and particle export in Hawaiian lee cyclones. Deep Sea Research Part II: Topical Studies in Oceanography, 2008, 55(10): 1275-1290.

[11] Guo M, Chai F, Xiu P, et al. Impacts of mesoscale eddies in the South China Sea on biogeochemical cycles. Ocean Dynamics, 2015, 65(9-10): 1335-1352.

[12] Xiu P, Chai F. Modeled biogeochemical responses to mesoscale eddies in the South China Sea. Journal of Geophysical Research: Oceans, 2011, 116(C10).

[13] Calil P H R, Richards K J. Transient upwelling hot spots in the oligotrophic North Pacific. Journal of Geophysical Research: Oceans, 2010, 115(C2).

[14] Mahadevan A, Thomas L N, Tandon A. Comment on "Eddy/wind interactions stimulate

extraordinary mid-ocean plankton blooms". Science, 2008, 320(5875): 448b-448b.

[15] Gaube P, McGillicuddy D J, Chelton D B, et al. Regional variations in the influence of mesoscale eddies on near-surface chlorophyll. Journal of Geophysical Research: Oceans, 2014, 119(12): 8195-8220.

[16] Lévy M, Iovino D, Resplandy L, et al. Large-scale impacts of submesoscale dynamics on phytoplankton: Local and remote effects. Ocean Modelling, 2012, 43: 77-93

撰稿人：修 鹏

中国科学院南海海洋研究所，pxiu@scsio.ac.cn

海底草场为何日渐荒芜？

Why More and More Desolate for Submarine Pasture?

海草(seagrass)是地球上唯一一类可完全生活在海水中的被子植物。海草床(seagrass beds)是珍贵的“海底草场”和“海底森林”，为近海渔类生物提供食物来源及栖息场所，可净化水质、固定底质、保护海岸、储碳等[1]。中国现有海草 22 种，隶属于 10 属 4 科，主要分布在山东、辽宁、海南、广东、广西等。其中，山东和辽宁多以鳗草(*Zostera marina*)为优势种；广东和广西多以卵叶喜盐草(*Halophila ovalis*)为优势种；海南多以泰来草(*Thalassia hemprichii*)和海菖蒲(*Enhalus acoroides*)为优势种[2, 3]。

然而，由于人类活动和全球变化的影响，全球海草床大面积衰退，平均每年丧失约 7%，部分海草床甚至出现“沙漠化”趋势[1]。在我国，人类活动是导致海草床退化的主要原因，突出表现为围填海等直接破坏，以及近岸海域的富营养化[4]。其中，近岸海域的富营养化导致藻类特别是海草叶片上的附生藻类(epiphytic algae，海草附着生物中最主要的组成群落)大量繁殖，是海草床退化的重要原因(图 1)[5]。同样，全球变化导致海洋酸化(指海水溶解更多的大气 CO_2 而导致海水 pH 降低的过程，也就是氢离子浓度升高的过程)，会改变海水无机碳形态(CO_2、HCO_3^-、CO_3^{2-})比例，海草的光合碳固定过程将受到影响，进而影响海草的生长[6, 7]。

(a)　　(b)

图 1　(a)健康海草床(海底草场)；(b)海草叶片附生藻类

海草的地理分布和生产力很大程度上受到光的影响[8]。富营养化导致大量附生藻类覆盖在海草叶片表面，大幅度减少海草可利用的光能，抑制海草光合作用，不能维持正常的碳平衡，生产力水平随之降低，生长受限[5](图 2)。不同附生藻类，对可利用光的削弱能力差异较大。红藻类削弱光强的能力大于绿藻，壳状藻类如珊瑚藻削弱光强的能力大于细线状的藻类。目前，附生藻类生物量与海草可利用光能的减少尚未得出确定的关系式。另外，附生藻类像叶绿体一样，优先吸收蓝光和红光，与海草叶片表面竞争可利用光子[9]，只有绿光可以到达海草叶片表面。然而，海草叶绿素并不吸收绿光，海草光合作用主要是由被吸收的波段所驱动，故光谱吸收分析须应用到评估附生藻类对海草光合作用的影响。而且，叶绿素荧光技术(与光合放氧、气体交换并称为光合作用测量的三大技术)特别是调制叶绿素荧光测定系统的出现[10]，使得快速、原位、不损伤的测量附生藻类对海草光合作用的影响成为现实。

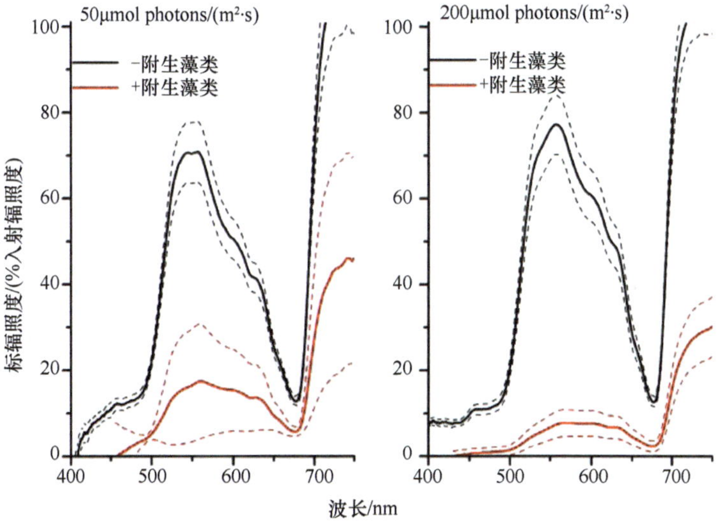

图 2　海草叶片附生藻类对不同波长光穿透率的影响[9]

附生藻类不仅与海草竞争光能的利用，也会竞争对营养物质的利用。附生藻类在海草叶片表面富集，形成膜状结构，增加海草表面扩散边界层的厚度，降低海草叶片对营养盐的摄取率，这取决于附生藻类的覆盖率，但不同的营养盐存在形式下其影响模式有所不同[11]，如海草对 NH_4^+的摄取率的下降与藻类覆盖率在一定范围内呈比例关系，而对 NO_3^-的摄取率的下降与藻类覆盖率的比例关系不明显，这可能是因为海草叶片对 NO_3^-的摄取同时还受到细胞自身摄取能力所限。目前，一方面附生藻类与海草营养盐摄取的竞争，其定量分析仍然难以深入开展，因为附生藻类不仅直接与海草竞争营养盐，而且通过阻止海草叶片的光合作用影响海草吸收营养盐，而另一方面附生藻类也会吸收经由海草根部吸收的营养物质[12]。利用人工虚拟的海草进行实验是一种有效地减少干扰变量影响的方法，利用稳定同位素示踪方法，加以科学的实验设计，将有助于更好地认识上述关系。

化感作用(allelopathy)，是指植物或微生物的代谢分泌物对环境中其他植物或微生物的有利或不利的作用。化感物质主要是植物的次生代谢物质，一般分子量较小，结构较简单，最常见的是低分子有机酸、酚类和内萜类化合物等。海草波喜荡草(*Posidonia oceanica*)在面对大型藻类入侵产生竞争时，会加速产生次生代谢产物——酚类化合物，丹宁酸细胞大幅度增加[13]。然而，海草受到附生藻类的影响时是否会释放化感物质来抑制附生藻类的生长？何种化感物质会被释放？海草的化感作用研究较少，由于仪器和化感物质分离方法的缺乏，海草释放的化感物质种类尚未弄清楚。目前，把色谱仪的分离装置作为质谱仪的进样系统，把质谱仪作为色谱仪的检测系统，即把色谱仪的高分辨率和质谱仪的高鉴别能力结合起来，组成 GC/MS 或 LC/MS 仪器，有利于越来越多的海草释放的化感物质被分离和鉴定[14]。

大气中 CO_2 浓度升高引起的海洋酸化，使海水碳酸盐体系发生变化，从而对海洋化学乃至海洋生物产生深刻影响。全球变化引起的海水 CO_2 浓度升高对海草床中生源要素的生物地球化学循环有巨大的影响。海水 CO_2 浓度升高可能会改变海草对 N 等生源要素的摄取特性，如改变根和叶分别对溶解无机氮和溶解有机氮的吸收速率及其比例，进而影响海草床中 N 的生物地球化学循环过程。海草光合作用碳源主要包括 CO_2 和 HCO_3^-。海洋酸化，会改变 CO_2 和 HCO_3^-的比例，进而影响海草的光合碳源的吸收效率和利用机制。Jiang 等[7]发现海洋酸化可促进海草光合速率，降低海草叶片的氮含量。这可能是源于海水酸化导致海草叶片生长速率增加，对叶片的氮含量产生稀释效应(图 3)，然而这并非是简单的稀释结果。

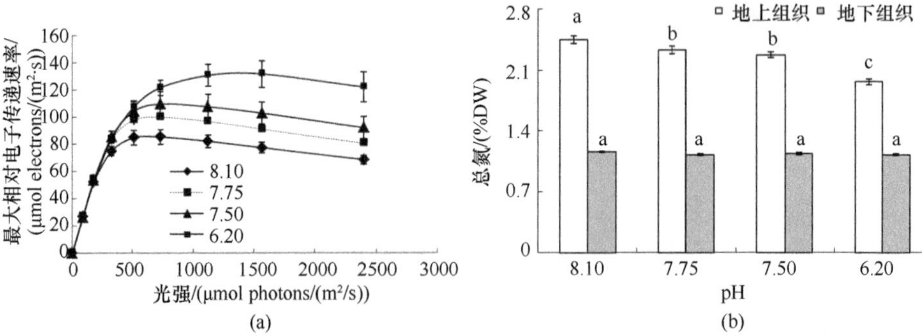

图 3　(a)海洋酸化对泰来草光合作用的影响；(b)海洋酸化对泰来草氮含量的影响[7]

进一步的研究表明，由于水体氮限制的原因，海草叶片氮含量很低，海洋酸化下海草生长反而受限[15]。在未来海水 CO_2 浓度升高的条件下，因为海草生长受益，对营养盐需求量增加，中等-贫营养地区现有的可利用性营养盐可能成为海草生长的限制因子。碳代谢需要氮代谢提供酶和光合色素，而氮代谢又需要碳代谢提供碳源和能量，因此，碳氮在植物体内的分配处于动态变化，相互促进又相互制约，海水 CO_2 浓度升高增加海草碳水化合物积累量，可能会改善同化氮素的功能环境，并通过影响氮代谢中关键酶的活性，间接地影响碳同化作用[15]。1，5-二磷酸核酮糖羧化酶/加氧酶是叶片光合器官中唯一最大的氮素汇点，当植物体内氮素成为限制因素时，叶片内氮素可能会重新分配到三羧酸循环中的其他酶类或者其他组织和器官，使 1, 5-二磷酸核酮糖羧化酶/加氧酶的活性下降，影响植物的光合作用。因此，海洋酸化条件下，富营养化增加海水的营养盐，氮含量增加，海草的光合碳源是否发生改变？碳源利用机制如何？海草光合碳的分配过程如何？如何影响碳在海草叶片和地下根茎之间的转移？

参考文献

[1] Waycott M, Duarte C M, Carruthers T J, et al. Accelerating loss of seagrasses across the globe threatens coastal ecosystems. Proceedings of the National Academy of Sciences, 2009, 106(30): 12377-12381.

[2] 郑凤英, 邱广龙, 范航清, 等. 中国海草的多样性、分布及保护. 生物多样性, 2013, 21(5): 517-526.

[3] 黄小平, 江志坚, 范航清, 等. 中国海草的“藻”名更改. 海洋与湖沼, 2016, 47(1): 290-294.

[4] 黄小平, 黄良民. 中国南海海草研究. 广州: 广东经济出版社, 2007.

[5] Green L, Lapointe B E, Gawlik D E. Winter nutrient pulse and seagrass epiphyte bloom: Evidence of anthropogenic enrichment or natural fluctuations in the lower Florida Keys. Estuaries and Coasts, 2015, 38(6): 1854-1871.

[6] Cox T E, Hendriks I E. Effects of in situ CO_2 enrichment on structural characteristics, photosynthesis, and growth of the Mediterranean seagrass *Posidonia oceanica*. Biogeosciences, 2016, 13(7): 2179.

[7] Jiang Z J, Huang X P, Zhang J P. Effects of CO_2 enrichment on photosynthesis, growth, and biochemical composition of seagrass *Thalassia hemprichii* (Ehrenb.) Aschers. Journal of Integrative Plant Biology, 2010, 52(10): 904-913.

[8] Ralph P, Durako M, Enriquez S, et al. Impact of light limitation on seagrasses. Journal of Experimental Marine Biology and Ecology, 2007, 350(1): 176-193.

[9] Brodersen K E, Lichtenberg M, Paz L-C, et al. Epiphyte-cover on seagrass (*Zostera marina* L.) leaves impedes plant performance and radial O_2 loss from the below-ground tissue. Frontiers in Marine Science, 2015, 2: 58.

[10] Ralph P J, Gademann R. Rapid light curves: A powerful tool to assess photosynthetic activity. Aquatic Botany, 2005, 82(3): 222-237.

[11] Cornelisen C D, Thomas F I. Ammonium and nitrate uptake by leaves of the seagrass *Thalassia testudinum*: Impact of hydrodynamic regime and epiphyte cover on uptake rates. Journal of Marine Systems, 2004, 49(1): 177-194.

[12] 张景平，黄小平. 海草与其附生藻类之间的相互作用. 生态学杂志，2008，27(10):

1785-1790.

[13] Cuny P, Serve L, Jupin H, et al. Water soluble phenolic compounds of the marine phanerogam *Posidonia oceanica* in a Mediterranean area colonised by the introduced chlorophyte *Caulerpa taxifolia*. Aquatic Botany, 1995, 52(3): 237-242.

[14] Kumar M, Kuzhiumparambil U, Pernice M, et al. Metabolomics: An emerging frontier of systems biology in marine macrophytes. Algal Research, 2016, 16: 76-92.

[15] Ow Y, Vogel N, Collier C, et al. Nitrate fertilisation does not enhance CO_2 responses in two tropical seagrass species. Scientific Reports, 2016, 6: 23093.

撰稿人：黄小平　江志坚　张景平

中国科学院南海海洋研究所，xphuang@scsio.ac.cn

赤潮的多样性是否随着纬度的降低而增加？

Do Diversities of Harmful Algal Blooms(HABs)Increase with the Latitude Decrease?

随着纬度降低，生物群落中的生物多样性会显著增加。例如，热带雨林中的生物多样性就很高。一般认为海洋中的生物多样性也随着纬度降低而升高[1, 2]，低纬度海域的生物多样性远高于高纬度海域。如以印度尼西亚为中心的印太核心区大三角海域是海洋生物多样性的热点[3, 4]，这是否意味着赤潮(red tide)的多样性也有随纬度降低而增加的趋势呢？

赤潮是有害藻华(harmful algal bloom，HAB)的一种惯称。在理解赤潮的多样性与纬度的关系前，首先要明确何为赤潮的多样性？生物多样性一般包括遗传多样性、物种多样性和生态系统多样性，而赤潮的多样性可以理解为形成赤潮的生物种类多样性，或者赤潮类型的多样性。前者既包括了大门类的赤潮类型，如硅藻赤潮、甲藻赤潮等，也具体指某一物种形成的赤潮，如球形棕囊藻赤潮、东海原甲藻赤潮等。后者包括了根据所造成的海水颜色变化或粒径大小区别的类型赤潮，如赤潮、褐潮、绿潮等，也包括根据赤潮产生的影响而划分的类型，如有毒赤潮、有害赤潮、无害赤潮等。有毒赤潮往往是指可以产生某种或多种已知毒素的赤潮，其包括了鱼毒性赤潮，如米氏凯伦藻赤潮等。有害赤潮多指不产生已知的毒素，但对生态系统等可造成不利影响的赤潮。近些年提出的“生态系统破坏性赤潮”(ecosystem disruptive algal blooms，EDABs)就属于有害赤潮的范畴。

赤潮的形成是水文、化学和生物因子在特定时间和环境中相互作用和耦合的结果[5]，可以将赤潮发生看作是环境中各种因子相互作用后形成的一个有利于赤潮藻类快速增殖、聚集而达到藻华水平的机会窗口[6](图 1)。其中，营养盐含量被认为是赤潮发生的潜在驱动因子；盐度往往代表栖息地的属性及河流的影响；层化程度强弱可以将浮游植物与底栖消费者分割，同时造成光照和营养物质垂直方向上的梯度；潮汐强度是海水混合能力的指示；海水深度可以影响光的利用率和底栖-浮游生态系统的耦合。而纬度更多是代表气候(光照、温度等)的逐渐变化[6]。随着纬度的降低，光照加强，表层海水增温明显，海水层化加强。因甲藻可以通过运动迁徙到合适的水层，层化的加强极可能会促进甲藻赤潮的发生，同时也有利于底栖藻类形成赤潮。不同的硅藻对温度的适应性不同，因此温度升高对硅藻赤潮的作用目前并没有定论。此外，光照强度对生境中赤潮藻类的竞争筛选作用并没有定论(图2)。基于对北美和欧洲近海海域8个不同纬度86个观测点多年大数据的分析，发现不同海域的赤潮发生频率与纬度、温度、盐度、水深、层化、潮汐强度或营养盐含量等变化的关系也不太一样，很难获得较一致性的结论[7]。

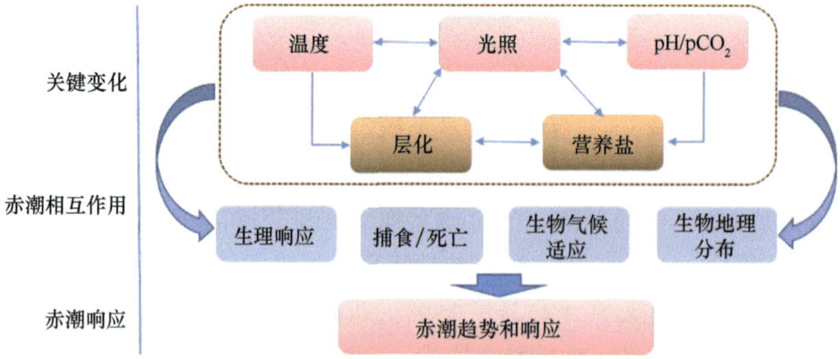

图1　关键环境因子之间的相互作用及其与赤潮发生的关系[6]

从生物学角度来看，赤潮生物的存在与否是特定海域能否形成特定赤潮的生物学基础。不同藻类的生理生态学特征也不相同。硅藻一般适应于无机态营养盐丰富的水域，甲藻和一些鞭毛藻一般都具有多样化的营养方式，能够利用溶解态或颗粒态的有机营养物质，可以在无机态营养盐不太丰富的水域形成赤潮。不同门类的微藻形成赤潮往往会表现出一定的栖息地偏好性，如绿藻和蓝藻形成的赤潮在低盐和较高温度海域中常见，甲藻等有一定运动能力的微藻更适应于层化水体。而且，这些赤潮藻类在海洋生物地球化学循环中扮演着重要角色，几乎所有的种类都参与了碳、氮、磷和氧的循环。另外，某些门类的微藻会在某一特征元素循环中起重要作用，如硅藻在硅循环和蓝藻在氮循环中都扮演重要角色。因此，环境变化与赤潮藻类之间存在密切的相互联系。

由联合国教科文组织(UNESCO)下的政府间海洋委员会(IOC)和国际科学理事会(ICSU)下海洋研究科学委员会(SCOR)共同发起的国际有害藻华研究计划GEOHAB(Global Ecology and Oceanography of Harmful Algal Bloom)制订了多个核心研究计划，分别围绕富营养化系统中的赤潮、层化系统中的赤潮、海峡和海湾中的赤潮，以及底栖系统中的赤潮等来开展针对性的研究，这也从一个侧面反映了赤潮形成的复杂性[5]。

赤潮多形成于陆海界面，这些陆海界面一方面会受到洋流的影响，另一方面又受人类活动和全球变化的强烈影响[8]，如气候变化、人口增加、工农业的发展、大型水利等工程，以及海洋运输业的发展都大大改变了局地生境，也改变了许多海洋藻类的生物地理分布格局，这些改变往往会有利于某些类型赤潮藻类形成赤潮。而且，人类活动造成的“点源”(point source)效应越来越突出，明显阻断了自然环境变化(如纬度变化、气候变化)带来的渐变式效应。因此，赤潮的发生是多重环境因子的相互作用，并叠加了人类活动和全球变化影响的结果。有关赤潮及其多样性研究已经不仅仅是自然科学的范畴，还应该有部分社会科学的属性。目前，赤潮的多样性与纬度变化的关系并没有定论，可能极其复杂。这也是继 GEOHAB 之后，新发起的国际有害藻华研究计划——全球变化与有害藻华(GlobalHAB)特别关注人类活动和全球变化对有害藻华发生和扩散影响的原因。

开展赤潮的多样性与纬度变化关系的研究，可能需在全球、国家和区域的范围内进行多学科交叉的长时间观测，并与一些全球性观测计划，如 GEOSS(global earth observation system of systems)和 GOOS(global ocean observing system)相联动。根据纬度及地理特征的变化，可将赤潮研究区域细分为近海开放海域、近海半封闭海域、封闭式海域、海峡、上升流生态系统、河口生态系统、热带底栖系统、极地，及大洋等不同生态环境进行长期观测，获取物理学、化学和生物学等数据，建立全球性的数据库，如 HAEDAT(IOC–ICES–PICES harmful algae event database)等，结合社会科学研究不同类型和强度的人类活动对赤潮发生的“点源”影响，进行大数据综合分析，建立赤潮发生预测的模型，将该模型与复杂的生态模型进行耦合，最终基于观测和模拟来分析赤潮多样性与纬度变化的关系。

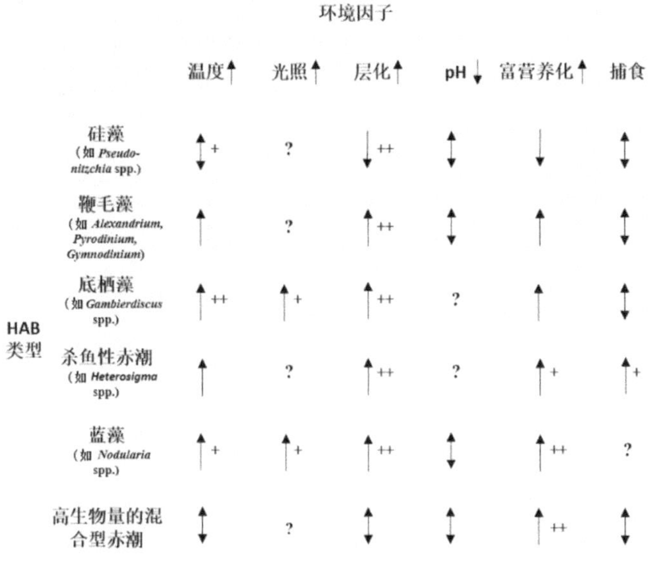

图 2　环境因子变化对不同类型赤潮发生的影响

部分改绘自文献[6]，向上箭头. 增加；向下箭头. 减少；双向箭头. 增加或减少；

+. 有可能性；++. 可能性较大

参考文献

[1] Rex M A, Stuart C T, Hessler R R, et al. Global-scale latitudinal patterns of species-diversity in the deep-sea benthos. Nature, 1993, 365(6447):636-639.

[2] Stehli F G, Wells J W. Diversity and age patterns in hermatypic corals . Systematic Zoology, 1971, 20(2):115-126.

[3] Hughes T P, Bellwood D R, Connolly S R. Biodiversity hotspots, centres of endemicity, and the conservation of coral reefs . Ecology Letters, 2002, 5(6):775-784.

[4] Karlson R H, Cornell H V, Hughes T P. Coral communities are regionally enriched along an oceanic biodiversity gradient. Nature, 2004, 429(6994):867-870.

[5] GEOHAB Science Plan. 2001. http://www.geohab.info/images/stories/documents/final.pdf.

[6] Wells M L, Trainer V L, Smayda T J, et al. Harmful algal blooms and climate change:Learning from the past and present to forecast the future . Harmful Algae, 2015, 49:68-93.

[7] Carstensen J, Klais R, Cloern J E. Phytoplankton blooms in estuarine and coastal waters:Seasonal patterns and key species. Estuartine, Coastal and Shelf Siences, 2015, 162:98-109.

[8] Cloern J E, Jassby A D. Complex seasonal patterns of primary producers at the land-sea interface. Ecology Letters, 2008, 11(12):1294-1303.

撰稿人：张清春

中国科学院海洋研究所，qczhang@qdio.ac.cn

科普难题

浮游病毒对海洋生态系统的影响

The Influence of Virioplankton on the Marine Ecosystem

病毒是海洋中个体数量最丰富的“生物体”，在全球海洋中总量约 10^{30} 个，首尾相连可以横穿整个银河系 10 次。在海洋中多种多样的病毒几乎对所有的生物都有影响，小至肉眼无法观察的细菌，大到像鲸这样的大型海洋生物[1]。浮游病毒作为海洋生态系统中的重要组成部分，能够通过侵染和裂解宿主细胞影响很多关键的生态过程，包括参与调节海洋生态系统内种群大小和群落结构、影响海洋中物质循环和能量流动、介导生物间遗传物质转移、参与调控全球气候变化等。海洋浮游病毒在影响生物地球化学循环、调节海洋生态系统变动过程中起着非常重要的作用。

近年来随着微生物在海洋生态系统中作用研究的不断深入，病毒侵染宿主造成海洋生态系统中浮游生物消亡的作用不断被人们重视。研究发现，病毒对宿主侵染通常都具有特异性，从而可以通过影响其宿主的数量来间接影响其他种群的数量和群落结构。其中优先裂解群落中优势种(“Kill-the-Winner”理论)的特性更可以丰富物种多样性[1~3]。海洋浮游病毒调节海洋环境中的物质循环和能量流动是通过病毒回路(viral shunt)来完成的。病毒回路是海洋微食物环的组成部分，病毒裂解宿主并产生溶解或颗粒有机质是生物质向非生物质转化的重要环节，海洋浮游病毒在生物地球化学循环中起到了催化的作用，加大了颗粒有机碳向溶解有机碳的转化速度，从而减少有机碳向传统食物链的输送，并成为惰性有机碳生成的重要途径之一[2, 4, 5]。在与宿主长期的相互作用中，病毒介导的海洋生物物种间的基因转导(transduction)是海洋生态中十分重要的水平基因转移机制，对于海洋生物的多样性和进化有着十分重要的作用[2]。海洋浮游病毒裂解宿主间接增加了海洋 CO_2 的排放速率，病毒通过影响 CO_2 循环和二甲基硫(DMS)等气体物质的释放进而参与调控全球气候变化[6]。

随着全球变暖的加剧，海洋浮游病毒增殖加快，温带病毒群落将向两极移动，在不同季节以不同的复制机制适应环境变化并对极地海洋生态系统产生潜在影响，且更大范围地加速海洋 CO_2 的排放速率从而间接加剧海洋酸化和温室效应[6, 7]。

目前对海洋浮游病毒的研究多数集中在病毒生物量与生态系统之间的关系，但相关数据极易变动，从收集样品到估算数量均存在误差。不同的病毒群落对海洋生态系统的影响是有区别的，对于细化病毒群落与环境之间相互影响模式的研究成为难题，除此之外，海洋浮游病毒对海洋生态系统的影响是动态的，传统的静态参数研究无法完全满足病毒生态学研究的需要，对病毒生态过程中的动态过程进行研究也成为了难题。

1. *海洋浮游病毒参与调节海洋生态系统内种群大小和群落结构*

游离在海洋中的浮游病毒在海洋中的分布十分广泛，含量极其丰富。根据其宿主的不同可以将其大致划分为噬菌体、原核藻类病毒(噬藻体)、真核藻类病毒(藻病毒)、海洋植物病毒、海洋动物病毒等。研究发现，表层海水中病毒丰度可达到 10^7 个/mL，在一些寡营养海域和深海水体中可能会降低到 10^6 个/mL。总的来说病毒丰度是细菌丰度的 5~25 倍，且病毒与微生物丰度比(the virus-tomicrobial cell ratio)随微生物丰度的升高而降低[8]。在整个海洋水体中，病毒的总量能达到 10^{30} 个[1, 2, 4]。

海洋生态系统中浮游生物的消亡，病毒的裂解是除了捕食作用外的主要因素之一。一般认为海洋表层水体中细菌的死亡率的 10%~50%是病毒贡献的，而在一些含氧量低的深海等不利于原生生物的环境中，病毒裂解导致的细菌死亡率可达到 50%~100%[1, 4, 9, 10]。

病毒对宿主的感染和裂解通常都具有物种特异性，病毒的裂解作用不仅仅能够显著影响宿主的丰度，更可以通过影响其宿主的数量来间接影响其他种群的数量使种群结构发生改变，进而导致生物群落的演替。通过大量相关研究，科学家们提出了著名的“Kill -the-Winner”理论[11]：在生态系统中任何数量大幅增加的物种，其受到专一性病毒裂解作用会增强，进而使该物种的个体数量受到压制。除此之外，病毒侵染宿主的概率与宿主密度相关，当宿主密度越大，病毒与宿主接触的概率也就越高[3]。这使得任何种群在竞争中都不能长期占据优势地位，因为优势种群更容易被病毒侵染。病毒通过这种方式，能够抑制单一物种的过度繁殖，调整种间竞争，从而调节着微生物群落的多样性和群落结构[12]。宏基因组分析结果显示“Kill-the-Winner”理论模型在种属水平也可以形象地描述病毒种类与其特异宿主之间的时间变化相互关系[13](图 1)：在某生态系统中，当某种宿主由于适宜的理化环境而大量增殖时其病毒也会相应大量增殖，病毒侵染裂解宿主使其种群数量降低，同时其他生物的种群数量相应增长，但群落的总的生物量不会发生明显的变化。病毒对宿主的特异性侵染和裂解，为病毒在调节海洋生态系统生物群落结构方面提供了条件[14]。

但近几年，伴随着海洋中丰度最高的细菌类群(SAR11)的病毒被成功分离，科学家发现海洋中存在数量巨大的 SAR11 细菌及其病毒，这一发现对“Kill -the-Winner”理论也造成了极大的挑战[15, 16]。这些新发现也预示着海洋中病毒与宿主的关系是极其复杂的，需要我们继续进行更加深入的研究。

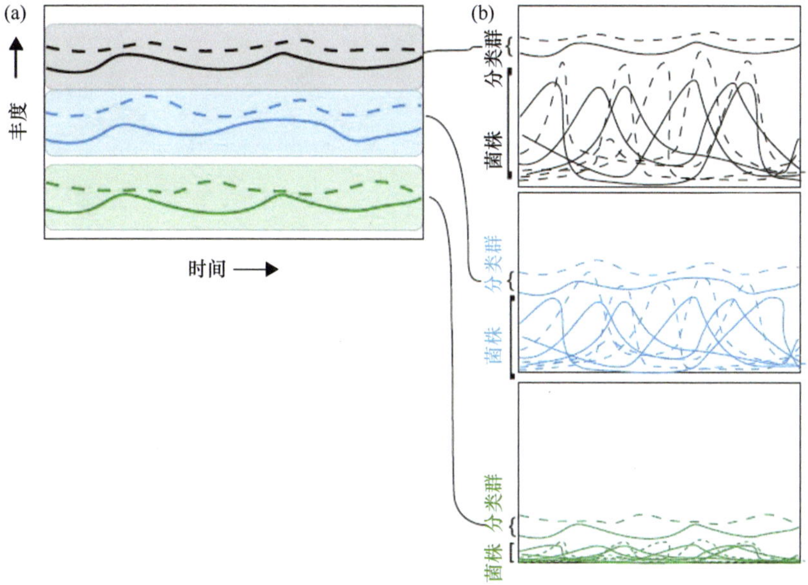

图 1　浮游病毒对宿主的“Kill-the-Winner”理论模型[13]

2. 海洋浮游病毒调节海洋中物质循环和能量流动及生物地球化学循环

海洋浮游病毒通过侵染和裂解宿主调节海洋环境中的物质循环和能量流动是通过病毒回路(viral shunt) 来完成的[17]，病毒回路的发现加深了我们对于海洋微食物环(microbial loop)的认识。微食物环是海洋食物链的重要组成部分，可是不同于传统食物网理论所考虑的真捕食者的捕食作用，海洋浮游病毒的侵染裂解宿主作用降低了海洋有机物向传统食物链的输送。

食物链中真捕食者是对被捕食者进行可吸收式利用，而病毒对宿主进行的是裂解式杀伤。当宿主细胞被病毒裂解，会释放出子代病毒粒子，同时会产生细胞碎片。细胞碎片中的溶解性有机质(dissolved organic matter ，DOM)和颗粒性有机质(particulate organic matter，POM)释放到环境中，DOM 能够重新被异养细菌所利用，这样物质循环形成一个半封闭的微生物环路——微食物环。病毒通过裂解宿主细胞介入微食物环循环，这一循环亦需要来自浮游藻类固定的碳的支撑[1, 2, 4, 18](图 2)。

海洋浮游病毒裂解细菌、浮游藻类等，客观上减少了细菌、浮游藻类被捕食者捕食的量，在裂解过程中产生的部分 DOM 又重新被其利用，使得一部分物质和能量在微食物环中再循环，减少了物质和能量向植食动物等更高营养级流动，使养分更多地以微生物的形式存在。病毒使得流向高营养级的能量减少的这一效果，就是在微食物环理论基础上提出的病毒回路的概念[1, 12, 19]。

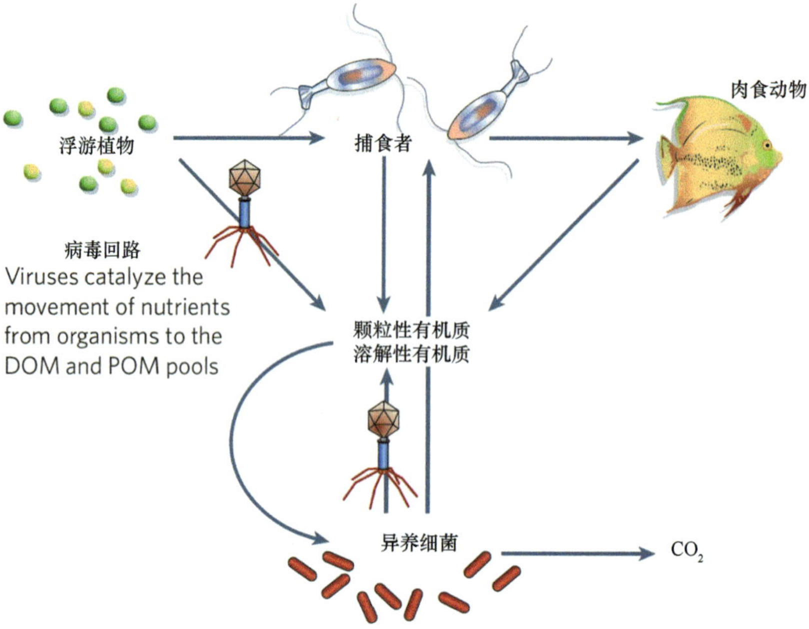

图 2　病毒是生物地球化学循环的催化剂[1]

海洋浮游病毒对宿主的侵染和裂解作用也可能使得海洋表层可以向底层输出更多的碳。研究发现海洋是地球上最大的碳库，是重要的碳汇，每年能够吸收约 30%的人为排放 CO_2，影响全球的碳循环[20]。大气中的 CO_2 通过光合作用转化成有机碳进入海洋，这些进入海洋生态系统的有机碳一般被分为溶解性有机碳(dissolved organic carbon，DOC)和颗粒性有机碳(Pparticle organic carbon，POC)。其中浮游植物光合作用所产生的光合产物占海洋总光合产物的绝大部分和地球光合产物的一半[14]。在微生物宿主被病毒裂解后所产生的细胞碎片中，部分 POC 因重力作用沉降至氧含量很低的海底，长期封存在海洋中，这个过程也称为“生物泵”(biological pump)是海洋吸收大气中 CO_2 的重要机制[1]。而 DOC 在微食物环的作用下，可以迅速被微生物再次利用，并同时转化生成难被利用的惰性有机碳(recalcitrant dissolved oganic carbon)，这一过程称为“微生物碳泵”(micobial carbon pump)，是新被认识的海洋储存有机碳的重要机制[5, 6]。

大量研究发现，海洋浮游病毒对宿主的裂解作用，对于海洋生态系统中生物地球化学循环的影响可分为三个方面。一方面会降低相应浮游植物的丰度，以致降低其光合作用减少海洋中碳的固定量，同时随裂解产生的 DOC 也能够大量被细菌所利用，刺激细菌呼吸作用增加 CO_2 的释放，从而削弱了海洋“生物泵”吸收 CO_2 的作用。在另一方面，海洋浮游病毒侵染宿主导致宿主裂解，使较大的生物体转变为悬浮作用更强的溶解性或悬浮性有机物，从而改变了 C、N、P 等生命要素在海洋中的循环途径，大量含有重要元素 N、P 的 DOM 迅速被微生物再度利用，一些含碳量高的细胞碎片如细胞壁则通过重力等作用沉降到深海，病毒通过改变输出物质中碳的比例来影响“生物泵”固定碳的作用。此外，病毒裂解释放的有机碳可能是惰性有机碳的重要来源之一，病毒裂解释放的惰性有机碳长时间存储在海水中，从而形成海洋长时间碳储库[5, 6, 21]。

病毒不但在海洋碳循环中作用重大，最新研究发现，病毒在海洋磷循环中的作用更加不可忽视。之前关于病毒生态功能和生物地球化学效应的经典认识是：病毒通过侵染、裂解宿主，影响宿主类群的生态特性，进而影响海洋生物地球化学循环。通常，人们忽略了病毒颗粒自身的碳、氮、磷等元素对海洋生物地球化学循环的贡献。最新的研究通过模型评估了病毒颗粒在海洋生物地球化学循环中的作用，发现病毒颗粒中存储的磷对海洋磷储库与循环的贡献非常重要[22]。后续研究通过分析病毒释放到海洋环境后面临的各种因素，明确了影响病毒颗粒的主要过程和机制，探讨了海洋病毒颗粒的归宿；发现病毒颗粒中的元素通过病毒颗粒不同的归宿进入完全不同的生态和生物地球化学过程，如食物网、微生物环、颗粒沉降等。这些过程在时空尺度上的差异，决定了病毒元素对不同海区生物地球化学循环的贡献[23]。

海洋浮游病毒在海洋生态系统中调节物质循环和能量流动影响生物地球化学循环中具有非常重要的地位，仍需对海洋浮游病毒的作用机理做更进一步的研究。

3. 海洋浮游病毒介导生物间遗传物质转移

海洋浮游病毒通过不断地侵染和裂解宿主，可以在宿主之间横向传播遗传信息，并且在和宿主的长期相互作用中发展出一套共同进化的机制。

病毒介导的宿主遗传物质转移包括普遍性和局限性转导过程：普遍性转导过程为非溶源性病毒侵染宿主后在包裹其本身的病毒核酸时错误包裹了宿主基因组的核酸，而当它侵染新的宿主时就会将原宿主基因转导到新宿主中；局限性转导过程为溶源性病毒侵染宿主之后会将自身的基因整合到宿主基因组中，在装配和释放病毒粒子的时候因为错误的装配使病毒粒子携带原宿主的基因，而当这些新产生的病毒侵染新的宿主并整合其基因组时，原宿主的功能基因就会转移到新宿主中。

1994 年 Ripp 等第一次证实自然条件下分离的绿脓杆菌之间存在转导的能力，证明了自然条件下噬菌体的宿主之间可以通过噬菌体的侵染横向转移染色质和质粒中的遗传物质[24]。而 1998 年对 Tampa 湾河口水域的研究证实了在自然状态下的混合细菌群落中存在转导的可能，而且转导发生的次数是巨大的。并推断病毒介导的宿主遗传物质的横向转移是海洋微生物生态系统中生物多样性的重要来源[25]。

到 21 世纪，分子生物学方法在海洋病毒研究中的应用揭示了更多病毒在海洋生态系统中转移宿主遗传物质的证据。通过对聚球藻噬藻体 P60 的全基因组测序分析发现它的基因序列与宿主基因序列有很高的相似性，并推断溶源性病毒与宿主在进化上的关系比裂解性病毒更密切[26]。对聚球藻病毒基因组的研究发现噬藻体基因组中携带能够编码 PS II 光合作用中心蛋白的 2 个基因[27]，且噬藻体能将这 2 个基因整合入宿主基因来增强宿主的光合作用[28, 29]。后续研究发现这 2 个基因广泛存在于噬藻体基因组中[30]。通过分析这些光合作用基因，以及来自于宿主原绿球藻和聚球藻的基因序列，他们推测出 PS Ⅱ 基因进入噬藻体基因组的进化过程[31]。然而，更深入的调查这些可能性还需要更多的关于噬篮菌体生理学特征方面的信息。

海洋病毒介导的生物间遗传物质转移，在海洋生态系统中基因的横向转移与进化中起着重要的作用。虽然近年来取得了一些进展，但是目前这个过程对微生物的适应性进化及其生态后果的影响了解还较少，还有待进一步的研究。

4. 海洋浮游病毒参与调控全球气候变化

大气中的二甲基硫(DMS)与全球气候变化息息相关，它可以与大气中的 OH^-、NO_3^-、IO^-等自由基反应形成酸进而形成硫酸盐，导致酸雨、酸雾，DMS 还可以形成气溶胶进而提高云对阳光的反射率，可以使全球热量吸收减少从而降低温室作用。而 DMS 普遍存在于海水中，海水中的释放量占进入全球大气中硫化物的 23%，同时占大气生源硫通量的 90%[32]。

而海洋中 DMS 的变化主要决定于生物作用：DMS 的前体物质 β-二甲基巯基丙酸内盐(DMSP)主要存在于浮游植物中，是藻类的一种硫代谢产物[33]。由 DMSP 向 DMS 的转化包括很多复杂的过程，而这其中非常重要的一个途径就是通过病毒侵染含有 DMSP 的藻类细胞并分解释放 DMSP，再通过海水中的细菌作用转化为 DMS[34]。有菌条件下对培养的藻类 *Phaeocystis pouchetii* 加入病毒进行侵染 20h 后 DMS 浓度增长 4 倍，45 小时后增长 8 倍[35]。但是由于对自然环境中病毒侵染导致释放 DMS 的定量分析比较困难，所以这之中的具体机理还需要后续研究。

病毒对全球气候的调控可通过影响 CO_2 循环和 DMS 等气体物质的影响而发挥作用。不过对于确定 DMS 的产生与海洋病毒作用的关联性，揭示海洋病毒作为气候调控者的作用，仍需科研人员的继续研究。

5. 气候变化对海洋浮游病毒的影响

随着全球气候变化的加剧，目前全球变暖将导致海水升温，造成海洋酸化，影响营养盐和海水盐度，以及致使低氧区扩大等海洋环境问题，这对海洋浮游病毒的生理生态特性产生直接或间接的影响(图 3)[12]。

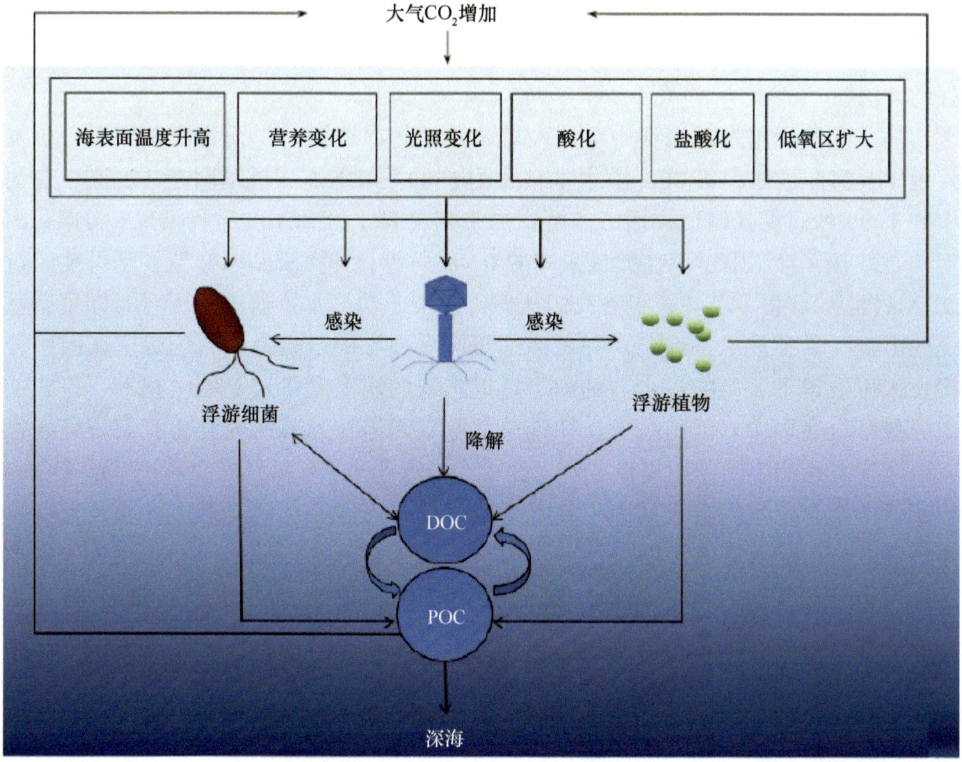

图 3　全球气候变化对海洋病毒的影响[9]

在全球变暖的环境下，病毒与其对应的宿主有着不同的响应。病毒对温度变化较为敏感，当海水升温能加快宿主的生长进而促进病毒的增殖，同时升温也能加快病毒的衰减[36]。因气候变化造成的环境富营养化也可加快宿主的生长促进病毒增殖。除此之外，全球变暖也可能会导致温带病毒群落向两极移动，使病毒群落在不同季节以不同的复制机制适应环境变化并对极地海洋生态系统产生一系列潜在影响。海洋浮游病毒增殖速度的加快，将更大范围地加速海洋 CO_2 的排放速率从而间接加剧海洋酸化和温室效应。海洋病毒在各种环境变化下发生响应，进而导致特定的生态后果，同时也可能反过来影响海洋生态环境的变化，海洋浮游病毒动力学变化对海洋生态系统的影响不容忽视[6, 7]。

6. 病毒宏基因组的研究及其在指示病毒影响海洋生态系统中的作用

目前对于海洋浮游病毒的研究多数集中在病毒生物量与生态系统之间的关系。病毒丰度、多样性和分布是海洋病毒生态学研究中重要的基本参数，相关数据极易变动，从收集样品到估算数量均存在误差。而生物量相当、种群不同的病毒群落对海洋生态系统的影响是不一样的，对于细化病毒群落与环境之间相互影响模式的研究成为难题，从宏基因组角度分析病毒群落存在模糊性但仍为目前最好的方法。

病毒宏基因组发现海洋中存在大量未知的病毒类群[37]，病毒宏基因组分析发现近岸及海洋水体中每 200 L 水中有大约 5000 种 DNA 病毒基因型，远高于粪便中的 1000 种病毒基因型，而海洋沉积物中则含有 1 万到 100 万种 DNA 病毒基因型[38]。并且，海洋中还存在大量未知的 RNA 病毒，其含量和多样性甚至可能超过 DNA 病毒[39]。病毒宏基因组为我们从病毒类群、功能水平研究病毒对海洋生态系统的影响提供了技术条件[13]。随着高通量测序技术的迅猛发展，病毒宏基因组分析技术也取得了长足的进步。例如，新近出现的病毒定量宏基因组技术、流式细胞分选结合病毒宏基因组技术、病毒单细胞基因组技术等研究都为我们研究病毒在海洋生态系统中的作用提供了新思路[40~42]。近年来，海洋科学家利用 Tara Ocean 环球航次结合定量病毒宏基因组技术研究了全球海洋表层病毒的多样性，发现海洋病毒的分布受海流的影响[43]，并且对海洋储碳有重要贡献[44]。利用改进的病毒宏基因组拼接方法，科学家从数兆兆字节(TB)数据中成功拼接出数万种病毒的基因组片断，发现大量未知的病毒类群，并提供了病毒与宿主相互作用的很多新的认识[45, 46]。这些研究为我们从病毒基因组水平研究病毒在海洋生态系统中的作用带来了新的希望[47]。研究病毒对海洋生态系统影响等级还需要对海洋微生物宿主的基因组和转录组差异进行定量分析。除此之外，海洋浮游病毒对海洋生态系统的影响是动态的，静态参数无法完全满足病毒生态学研究的需要，对病毒生态过程中的动态过程进行研究也成为了难题。

尽管近年来对海洋浮游病毒的研究已经取得了较大的进展，研究人员已经充分认识到海洋病毒不仅是海洋中丰度最高的“生命体”，且具有非常高的多样性，并在海洋生态系统中调控种群数量群落结构、物质循环能量流动、生物间的遗传物质转移，以及气候变化等方面所起的重要的作用。但是，目前对海洋浮游病毒生态作用的研究仍处于初级阶段，研究的深度还十分有限。相信随着科学知识的积累与技术的不断发展，我们终会找到合适的方法解决研究上的困难，进而逐步探明海洋浮游病毒在海洋生态系统中的作用，真正认识病毒，造福人类。

参 考 文 献

[1] Suttle C A. Viruses in the sea. Nature, 2005, 437: 356-361.

[2] Fuhrman JA. Marine viruses and their biogeochemical andecological effects. Nature, 1999, 399(6736): 541-548.

[3] Thingstad T F, Lignell R. Theoretical models for the control of bacterial growth rate, abundance, diversity and carbon demand. Aquatic Microbial Ecology, 1997, 13: 19-27.

[4] Suttle C A. Marine viruses-major players in the globalecosystem. Nature Reviews Microbiology, 2007, 5(10): 801-812.

[5] Jiao N, Herndl G J, Hansell D A, et al. Microbial production of recalcitrant dissolved organic matter: Long-term carbon storage in the global ocean. Nature Reviews Microbiology, 2010, 8: 593-599.

[6] Danovaro R, Corinaldesi C, Anno A D, et al. Marine viruses and global climate change. FEMS Microbiology Review, 2011, 35(6): 993-103.

[7] Mojica K D A, Brussaard C P D. Factors affecting virusdynamics and microbial host-virus interactions in marineenvironments. FEMS Microbiology Ecology, 2014, 89(3): 495-515.

[8] Wigington C H, Sonderegger D, Brussaard C P, et al. Re-examination of the relationship between marine virus and microbial cell abundances. Nature Microbiology, 2016, 1: 15024.

[9] Weinbauer M G, Fuks D, Puskaric S, et al. Diel, seasonal, and depth-related variability of viruses and dissolved DNA in the Northern Adratic Sea. Microbial Ecology, 1995, 30: 25-41.

[10] Steward G F, Smith D C, Azam F. Abundance and production of bacteria and viruses in the Bering and Chukchi Seas. Marine Ecology Progress Series, 1996, 131: 287-300.

[11] Thingstad T F. Elements of a theory for the mechanisms controlling abundance, diversity, and biogeochemical role of lytic bacterial viruses in aquatic systems. Limnology and Oceanography, 2000, 45: 1320-1328.

[12] 杨芸兰，蔡兰兰，张锐．气候变化对海洋病毒生态特性及其生物地球化学效应的影响．微生物学报, 2015, 09: 1097-1104.

[13] Rodriguez-Brito B, Li L, Wegley L, et al. Viral and microbial community dynamics in four aquatic environments. The ISME Journal, 2010, 4(6): 739-51.

[14] 王慧，柏仕杰，蔡雯蔚，等．海洋病毒——海洋生态系统结构与功能的重要调控者．微生物学报, 2009, 05: 552-560.

[15] Zhao Y, Temperton B, Thrash J C, et al. Abundant SAR11 viruses in the ocean. Nature, 2013, 494: 357-360.

[16] Knowles B, Silveira C B, Bailey B A, et al. Lytic to temperate switching of viral communities. Nature, 2016, 531: 466-470.

[17] Kirchman D L. Phytoplankton death in the sea. Nature, 1999, 398: 293-294.

[18] 张全国．病毒及其生态功能．生命科学, 2014, 02: 107-111.

[19] Brussaard C P D, Wilhelm S W, Thingstad F, et al. Global-scale processes with ananoscale drive: The role of marine viruses. The ISME Journal, 2008, 2(6): 575-578.

[20] IPCC: Climate Change 2013. The Physical Science Basis. WorkingGroup I Contribution to the Fifth Assessment Report of the Intergovernmental Panel on Climate Change. In: Stocker T F, Qin D, Plattner G, et al. Cambridge: Cambridge University Press, 2013, 1535.

[21] Jiao N, Robinson C, Azam F, et al. Mechanisms of microbial carbon sequestration in the ocean —— Future research directions. Biogeosciences, 2014, 11: 5285-5306.

[22] Ripp S, Ogunseitan O A, Miller R V. Transduction of a freshwater microbial community by a new *Pseudomonas aeruginosa* generalized transducing phage, UT1. Molecular Ecology, 1994, 3(2): 121-126.

[23] Jiang S C, Paul J H. Gene transfer by transduction in the marine environment. Applied and Environmental Microbiology, 1998, 64(8): 2780-2787.

[24] Chen F, Lu J. Genomic sequence and evolution of marine cyanophage P60: A new insight on lytic and lysogenic phages. Applied and Environmental Microbiology, 2002, 68(5): 2589-2594.

[25] Mann N H, Cook A, Millard A, et al. Bacterial photosynthesis genes in a virus. Nature, 2003, 424(6950): 741.

[26] Lindell D, Sullivan M B, Johnson Z I, et al. Transfer of photosynthesis genes to and from prochlorococcus viruses. Proceedings of the National Academy of Sciences, 2004, 101(101): 11013-11018.

[27] Lindell D, Jaffe J D, Johnson Z I, et al. Photosynthesis genes in marine viruses yield proteins during host infection. Nature, 2005, 438(7064): 86-89.

[28] Sullivan M B, Lindell D, Lee J A, et al. Prevalence and evolution of core photosystem II genes in marine cyanobacterial viruses and their hosts. PLoS Biology, 2012, 4(8): e234.

[29] Lindell D, Jaffe J D, Coleman M L, et al. Genome-wide expression dynamics of a marine virus and host reveal features of co-evolution. Nature, 2007, 449(7158): 83-86.

[30] Chin M, Jacob D J. Anthropogenic and natural contributions to tropospheric sulfate: A global model analysis. Journal of Geophysical Research, 1996, 101: 18691-18699.

[31] Keller M D, Bellows W K, Guillard R R L. Dimethyl sulfide production in marine phytoplankton. Biogenic Sulfur in the Environment, 1989, 393: 167-182.

[32] Malin G, Turner S M, Liss P S. Sulfur: The plankton/climate connection. Journal of Phycology, 1992, 28(5): 590-597.

[33] Malin G, Wilson W H, Bratbak G, et al. Elevated production of dimethylsulfide resulting from viral infection of cultures of *Phaeocystispouchetii*. Limnology and Oceanography, 1998, 43(6): 1389-1393.

[34] Wells L E, Deming J W. Effects of temperature, salinity andclay particles on inactivation and decay of cold-activemarine Bacteriophage 9A. AquaticMicrobial Ecology, 2006, 45(1): 31-39.

[35] Angly F E, Felts B, Breitbart M, et al. The marine viromes of four oceanic regions. PLoS Biology, 2006, 4: e368.

[36] Edwards R A, Rohwer F. Viral metagenomics. Nature Reviews Microbiology, 2005, 3: 504-510.

[37] Culley A I, Lang A S, Suttle C A. Metagenomic analysis of coastal RNA virus communities. Science, 2006, 312: 1795-1798.

[38] Duhaime M B, Deng L, Poulos B T, et al. Towards quantitative metagenomics of wild viruses and other ultra-low concentration DNA samples: A rigorous assessment and optimization of the linker amplification method. Environmental Microbiology, 2012, 14: 2526-2537.

[39] Labonte J M, Swan B K, Poulos B, et al. Single-cell genomics-based analysis of virus-host interactions in marine surface bacterioplankton. The ISME Journal, 2015, 9: 2386-2399.

[40] Martinez Martinez J, Swan B K, Wilson W H. Marine viruses, a genetic reservoir revealed by targeted viromics. The ISME Journal, 2014, 8: 1079-1088.

[41] Brum J R, Ignacio-Espinoza J C, Roux S, et al. Ocean plankton. Patterns and ecological drivers of ocean viral communities. Science, 2015, 348: 1261498.

[42] Guidi L, Chaffron S, Bittner L, et al. Plankton networks driving carbon export in the oligotrophic ocean. Nature, 2016, 532: 465-470.

[43] Paez-Espino D, Eloe-Fadrosh E A, Pavlopoulos G A, et al. Uncovering Earth's virome. Nature, 2016, 536: 425-430.

[44] Roux S, Brum J R, Dutilh B E, et al.Ecogenomics and potential biogeochemical impacts of globally abundant ocean viruses. Nature, 2016, 537: 689-693.

[45] Suttle C A. Environmental microbiology: Viral diversity on the global stage. Nature Microbiology, 2016.1: 16205.

[46] Jover L F, Effler T C, Buchan A, et al. The elemental composition of virus particles: Implications for marine biogeochemical cycles. Nature Reviews Microbiology, 2015, 12: 519-528.

[47] Zhang R, Wei W, Cai L. The fate and biogeochemical cycling of viral elements. Nature Reviews Microbiology, 2014, 12: 850-851.

撰稿人：姜 勇 汪 岷 梁彦韬

中国海洋大学，yongjiang@ouc.edu.cn

科普难题

铁施肥对海洋生态系统结构与功能的影响

Effects of Ocean Iron Fertilization on Marine Ecosystem Structure and Function

在东赤道太平洋、亚北极太平洋和南大洋，约占全球海洋面积 20%~40%的海域，存在高氮营养盐而低叶绿素(high-nutrient，low-chlorophyll，HNLC)的情况(图 1)。长期以来大量研究证明，在 HNLC 海域中，海水中溶解态铁浓度很低，导致了 HNLC 的现象，即海域生物生产力可能受铁限制。1990 年，美国海洋学家约翰 · 马丁首先提出了“海洋铁施肥”计划，并借用阿基米德的话幽默地说道：“给我半船铁，我就能给你一个冰期”。向开阔海域实施铁施肥计划得到了科学界的广泛关注，从 1993 年开始，在全球不同的 HNLC 水域，已经进行了多达 12 次的大型实地铁施

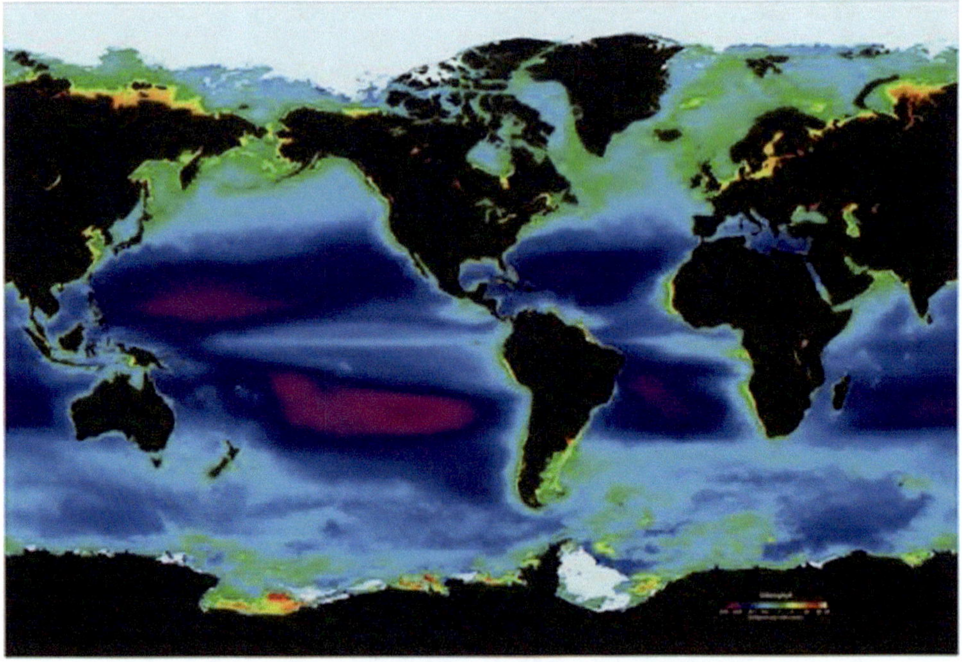

图 1　全球表层海水的叶绿素分布

肥实验来验证约翰·马丁的“铁限制假说”[1]，如美国自然科学基金委员会分别于1993年、1995年资助了两次在东太平洋加拉帕戈斯西部海域的铁施肥实验(IronEx Ⅰ、Ⅱ)，发现海洋的初级生产力在加铁后得到提高。1999年夏季，在澳大利亚以南的南大洋极地水域进行了现场加铁实验(SOIREE)，这些实验都证明了可溶性铁的增加在促进浮游植物生长方面起到了非常重要的作用[2, 3]。另外，室内关于铁加富的实验也证明在铁浓度极低的条件下，铁加富对浮游植物生长的促进作用，特别是大粒级的浮游植物(以硅藻为主)对铁加富的响应更加明显[4]。进一步研究发现，铁离子能促进氮的吸收和循环效率，进而提高硅酸盐泵效率，这是铁加富为什么能促进硅藻爆发的原因[5]。除了实地和室内小范围的铁施肥实验，2010年冰岛埃亚菲亚德拉冰盖火山(Icelandic volcano Eyjafjallajökul)喷发为我们提供了一次大面积的铁施肥尝试。富含铁元素的火山粉尘使得超过 $57km^2$ 的大洋水域增加了>2 μmol/L 的铁元素，卫星数据和历史数据证实这次大面积的铁施肥促进了浮游植物的生长和营养元素向深海的传输[6]。另外全球尺度的模型研究发现如果能消除大洋的铁限制，海洋每年可以额外消除大约 1 Pg C，相当 2004 年全球碳排放量的11%[7]。

海洋对大气中二氧化碳(CO_2)的吸收主要是通过真光层中浮游植物的光合作用，浮游植物将其转化为颗粒态有机碳，然后通过海洋生物泵离开真光层下沉到深海中，进而调节大气中 CO_2 的含量[8]。南极 Vostok 冰心数据显示，在距今 16 万年的时间内，大气 CO_2 浓度与大气铁沉降之间存在很好的负相关关系(图 2)：当大气铁沉降通量降低的时候，大气 CO_2 浓度升高(间冰期)，反之，当大气铁沉降通量增加时，大气 CO_2 浓度降低(冰期)。在全球气候变暖逐步加剧和人为 CO_2 减排压力日益严峻的情况下，可减低大气中 CO_2 含量和缓解气候变化的措施均受到了极大的关注。虽然大洋实地和实验室室内铁加富实验都能证实了铁施肥能显著促进浮游植物的初级生产力，也就是固碳速率，然而海洋学界最关心的问题是海洋铁施肥是否增强海洋的碳捕获能力、有效的降低大气中 CO_2 含量和延缓气候变化，而不是浮游植物的初级生产力是否得到了增强。“关键问题不在于浮游生物的增加数量，而在于浮游生物沉入海底的数量。”曾多次组织铁施肥行动的美国伍兹霍尔海洋研究所(WHOI)科学家肯·布斯勒表示，“海洋表面的浮游生物就好比是我们花园里的青草，春季生长时会储存二氧化碳，到了秋季枯萎时，则会重新释放二氧化碳。而那些死亡后沉入海底深处的浮游生物就像红杉那样，能够把二氧化碳储存上好几个世纪！然而，沉入海底深处的浮游生物在浮游生物总量中所占的比例少则 1%，多则 50%，变化极大。”已有的海洋加铁实验研究结果并不乐观：实验期间海洋对碳的捕获表明，大部分颗粒有机碳仍滞留于表层，并未输出到深层[9, 10]。更令海洋科学家沮丧的发现是：2004 年 3 月，上层海洋-低层大气国际研究计划(surface ocean-lower atmosphere study, SOLAS)的一个项目为研究 CO_2 的海气通量，

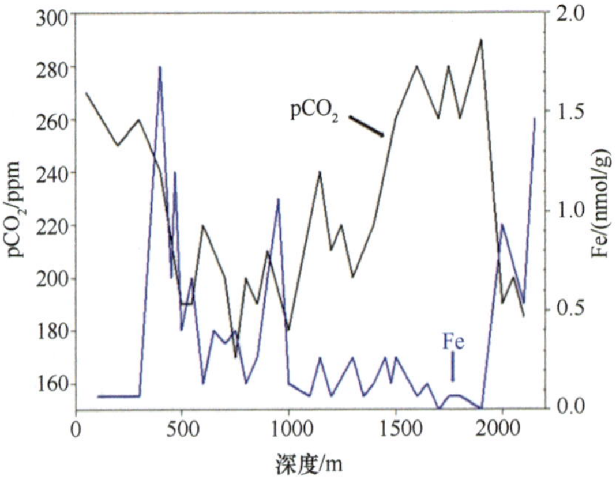

图 2　南极 Vostok 冰心气泡中 CO_2 浓度与铁浓度之间的关系

在南大洋进行了为期 15 天的实验，而加铁后浮游植物的生物量与对照组相比并没有升高，颗粒有机碳的输出也未提高，说明在一些 HNLC 区域，铁并不是唯一促进浮游生物生长的因素[11, 12]。

海洋浮游植物通过光合作用固定的 CO_2 约占全球总光合固碳总量的 40%~50%[13]，所以海洋对碳的生物地球化学循环起到极其重要的作用[14]。浮游植物的光合固碳过程受到海洋中生物可利用铁浓度的限制[15]，同时可利用铁浓度也会限制海洋固氮蓝藻对氮气的固定[16]，所以铁对于海洋中重要营养元素生物地球化学循环的影响不可忽视，同样在 2005 年的西北大西洋 HNLC 海域进行的铁、磷双重施肥实验，证明了 Fe 和 P 的加入导致了浮游植物组成发生了显著的变化，揭示了施肥可以改变 P 和 N 的海洋地球化学循环[17]。

在海洋铁施肥是否有效的降低大气中 CO_2 含量、增强海洋生物泵的碳捕获能力和延缓气候变化等方面还存疑问的前提下[11]，铁施肥对海洋生态系统结构和功能的影响却令人担忧，这方面的问题主要包括：

(1) 铁施肥影响了浮游植物的群落结构 [18, 19]，如在 2001 年，在西北太平洋亚极地水域进行了铁施肥实验中(SEEDS Ⅰ),发现在不同 HNLC 区域中的浮游植物对铁的补给反应并不一致，SEEDS Ⅰ 区域以中心硅藻的快速生长为主，而 IronEx Ⅱ 和 SOIREE 则以羽纹硅藻为主，且前者的生长速度是后者的 1.8 倍之多，说明不同 HNLC 水域对铁施肥的响应受水域浮游植物的初始群落影响，而铁施肥也会对浮游植物群落结构产生影响。

(2) 铁施肥影响生物群落的食物链结构。例如，铁施肥后，大粒级和小粒级的浮游植物都能快速生长，然而小粒级的浮游植物会很快被浮游动物的摄食活动所消耗，而大粒级的浮游植物能轻易地逃过浮游动物的摄食，这样铁加富后，该海域的浮游植物个体总体变大，同时铁加富会抑制浮游动物的摄食活动[20]，对海洋食物链产生致命影响，如 Freeland 和 Whitney 研究发现表层海水中的浮游植物和浮游动物变化会造成鲑鱼的数量逐渐减少，甚至可能灭绝[21]。另外模型研究表明，铁加富会对渔业产生深远的影响。

(3) 铁施肥可能导致生态系统功能紊乱，引发生态灾害。铁加富可能会在短时间内促进浮游植物的生长，引发有害赤潮和低氧区等海洋灾害。另外浮游植物的生长会严重消耗水体中的氮、磷等无机盐，而这种短时间的无机盐的消耗会影响水体中浮游植物生物量的持续性，进而影响到上层浮游动物的生存，对整个海洋生态系统的稳定造成威胁。另外，铁施肥可能会加速海洋深处的酸化进而引发另一个生态问题[22]。人为的铁施肥不但加入铁的浓度远远高于自然沙尘所含的浓度，且还利用到一定量的螯合剂，这些化合物所产生的生态影响尚不明确[23]。

(4) 铁施肥可能改变生态系统本来的功能，产生 N_2O、CH_4、DMS 等辐射活性气体。大规模的海洋铁施肥可能会引发海洋中低氧和厌氧环境的产生，这样的生态环境有利于 N_2O 和 CH_4 的产生，且这二者是比 CO_2 增温潜势更强的温室气体[24, 25]，SOIREE 研究发现，在混合层底部产生的 N_2O 浓度显著增加[24]。Chisholm 等的研究认为，长时间的铁施肥不但会影响海洋食物网的结构，而且还可能产生 DMS 等气体[26]。

目前关于铁施肥的科学依据，对海洋生态系统的影响，以及可能引发的生态灾害的认识都处在初级阶段。因此，是否实施大规模的海洋铁施肥在海洋学界引起了争议和分歧。有科学家指出，通过数周时间的增肥行动而获得的数据对于长期的大范围增肥计划没有什么参考价值，目前急需建立一套科学的方法来评估铁施肥对海洋生物泵的碳捕获能力的影响。以下几个方面还有待进一步的研究：

(1)对于 HNLC 海域进行长时间铁施肥实验，开展连续的长期的监测(物理-化学-生物耦合过程)，综合评价铁施肥对海洋生态环境的影响。

(2)铁施肥对于不同海洋生物的影响不同，必然改变海洋的生态系统。观察铁施肥对于海洋生物结构和功能的作用，可以预测铁施肥对于海洋生态系统的影响。

(3)铁施肥对于海洋生物及化学要素的生物地球化学循环的影响是复杂的，所以对于 HNLC 区域性实验结果的外推需进一步研究，还要比对富铁海域中化学元素的生物地球化学循环与 HNLC 海区的差别，确定哪些形态的铁对于初级生产力影响最大，从而进一步了解铁对海洋化学元素的生物地球化学循环过程的影响。

(4)海洋铁施肥的重要作用是吸收大气中快速增长的 CO_2，所以碳的垂直输出效率决定了铁施肥对于碳垂直输出通量的作用，且沉降到海洋深处碳的存储过程和时空尺度也不同，所以这两个因素是判断海洋铁施肥是否合理的关键点。

(5)长期的铁施肥对于全球气候的影响，还无法进行系统的评估，所以大规模的海洋铁施肥还需要建立在更系统和详尽研究的基础上，并通过大量生态模型预测后才能决定是否可行。

虽然目前对于海洋铁施肥的前景存在着诸多担忧，甚至关于在海洋上进行铁施肥是否符合目前的国际海洋管理法都存在争议，但毫无疑问铁施肥研究涉及人类与环境未来关系的核心问题，这需要更多的努力来解决。

参 考 文 献

[1] Martin J H, Coale K H, Johnson K S, et al. Testing the iron hypothesis in ecosystems of the equatorial Pacific Ocean. Nature, 1994, 371: 123-129.

[2] Kolber Z S, Barber R T, Coale K H, et al. Iron limitation of phytoplankton pjotosynthesis in the Equatorial Pacific Ocean. Nature, 1994, 371: 145-149.

[3] Kudo I, Noiri Y, Nishioka J, et al. Phytoplankton community response to Fe and temperature gradients in the NE (SERIES) and NW (SEEDS) subarctic Pacific Ocean. Deep-sea Research Part Ii-topical Studies in Oceanography, 2006, 53(20): 2201-2213.

[4] Green R M, Geider R J, Falkowski P G. Effect of iron lititation on phytosyntheses in a marine diatom. Limnology Oceanogrography, 1991, 36: 1772-1782.

[5] Mosseri J, Queguiner B, Armand L K, et al. Impact of iron on silicon utilization by diatoms in the Southern Ocean : A case study of Si/N cycle decoupling in a naturally iron-enriched area. Deep-sea Research Part Ii-topical Studies in Oceanography, 2008, 55(5): 801-819.

[6] Achterberg E P, Moore C M, Henson S A, et al. Natural iron fertilization by the Eyjafjallajökull volcanic eruption. Geophysical Research Letters, 2013, 40(5): 921-926.

[7] Zahariev K G, Christian J R, Denman K L, et al. Preindustrial, historical and fertilization simulations using a global ocean carbon model with new parameterizations of iron limitation, calcification and N_2 fixation. Progress in Oceanography, 2008, 77(1): 56-82.

[8] Takeda S, Tsuda A. An in situ iron-enrichment experiment in the western subarctic Pacific (SEEDS): Introduction and summary. Progress in Oceanography, 2005, 64: 95-109.

[9] Tsuda A, Takeda S, Saito H, et al. A mesoscale iron enrichment in the Western Subarctic Pacific induces a large centric diatom bloom. Science, 2003, 300(9): 958-961.

[10] Hoffman L J, Peeken I, Lochte K. Different reactions of Southern Ocean phytoplankton size classes to iron fertilization. Limnology and Oceanography, 2006, 51(3): 1217-1229.

[11] Law C. Plankton, iron and climate. Water & Atmosphere, 2006, 14(2): 21-54.

[12] Buesseler K O, Doney S C, Karl D M, et al. Environment. Ocean iron fertilization--moving forward in a sea of uncertainty. Science, 2008, 319(5860): 162-162.

[13] Morel F M M, Price N M. The biogeochemical cycles of trace metals in the oceans. Science, 2003, 300(5621): 944-7.

[14] Sunda W G. Iron and the carbon pump. Science, 2010, 327(5966): 654-655.

[15] Boyd P W, Jickells T, Law C S, et al. Mesoscale iron enrichment experiments 1993-2005: Synthesis and future directions. Science, 2007, 315(5812): 612-7.

[16] Moore C M, Mills M M, Milne A, et al. Iron limits primary productivity during spring bloom development in the central North Atlantic. Global Change Biology, 2006, 12(4): 626-634.

[17] Rees A P, Nightingale P D, Owens N J P, et al. FeeP —— A dual ship experiment to investigate nutrient limitation of biological activity in the northeast Atlantic.Geophysical Research Abstracts, 2005, 7: 54-66.

[18] Cavender-Bares K K, Mann E L, Chishom S W, et al. Differential response of equatorial phytoplankton to iron fertilization. Limnology and Oceanography, 2007, 44: 237-246.

[19] Coale K H, Johnson K S, Fitzwater S E, et al. A massive phytoplankton bloom induced by an ecosystem-scale iron fertilization experiment in the equatorial Pacific Ocean. Nature, 1996, 383: 495-501.

[20] Latasa M, Henjes J, Scharek k, et al. Progressive decoupling between phytoplankton growth and microzooplankton grazing during an iron-induced phytoplankton bloom in the Southern Ocean (EIFEX). Marine Ecology Progress Series, 2014. 513: 39-50.

[21] Wright B A, Short J W, Weingartner T J, et al. The Gulf of Alaska. Seas at the Millennium: An Environmental Evaluation. In: Sheppard C. Elsevier Science Ltd, 2000, 179-186.

[22] Cao L, Caldeira K. Can ocean iron fertilization mitigate ocean acidification. Climatic Change, 2010, 99(1-2): 303-311.

[23] Jin X, Gruber N, Frenzel H, et al. The impact on atmospheric CO_2 of iron fertilization induced changes in the ocean's biological pump. Biogeosciences Discussions, 2007, 5(2): 385-406.

[24] Jin X, Gruber N. Offsetting the radiative benefit of ocean iron fertilization by enhancing N_2O emissions. Geophysical Research Letters, 2003, 30(24): 285-295.

[25] Winckler G, Anderson R F, Fleisher M Q, et al. Covariant glacial-interglacial dust fluxes in the equatorial Pacific and Antarctica.. Science, 2008, 320(5872): 93-96.

[26] Chisholm S W, Falkowski P G, Cullen J J. Dis-crediting ocean fertilization. Science, 2001, 294(5541): 309-310.

撰稿人：刘　皓　张亚锋　殷克东

中山大学，yinkd@mail.sysu.edu.cn

河流硅的水坝滞留效应及其对近海生态系统的影响

Retention of Riverine Silica by Cascade Dams and its Impact on Coastal Ecosystems

硅(Si)是地球生态系统重要的生源要素。硅在水生生态系统中扮演着重要角色，如海洋中最重要的初级生产者——硅藻需要大量的硅合成细胞壁。海洋硅藻贡献了全球净初级生产力的 25%[1]。全球海洋中的硅大约有 80%来自河流的输入[2]。不同河流硅的入海通量存在数量级的差异，主要取决于地质背景和风化速率及河流流量[3]。岩石类型、坡度、温度、降水、植被、微生物等多种地理环境因素均可能影响风化速率。在过去的几十年里，人类活动与气候变化大大改变了河流向海洋输送硅的通量，农业生产、土地利用所致水土流失可能提高地表硅的风化速率，但全球范围大量的水坝建设增加了硅的滞留，减少河流硅酸盐的入海通量，该现象已引起科学家的广泛关注。人们最为担心的是，由于海洋中硅的供应减少(与此同时，氮磷增加)和营养盐结构(N：P：Si)变化[4]，可能会使非硅藻类(如甲藻和其他鞭毛藻)成为优势种，在气象水文等其他环境条件合适时引发藻华(赤潮)现象[5]。富营养化、有害藻华与缺氧区的形成已成为全球环境变化热点问题之一。然而，有关河流硅的水坝滞留效应及其对近海生态系统的影响仍然缺乏科学认识(图 1)。

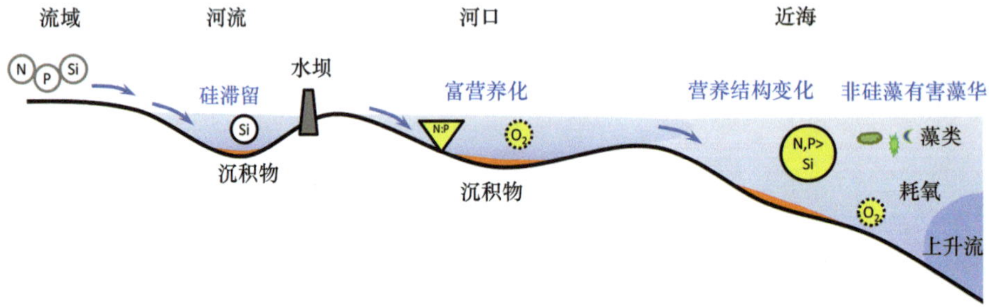

图 1　河流硅的水坝滞留效应及其对近海生态系统的影响示意图

河流输送与海洋硅的循环有密切关系。为满足发电、防洪、供水、灌溉、旅游等需要，人类在河流上已经并将继续建设大量的水坝。据国际大坝委员会统计，全球已建各类大坝(坝高 15 m 以上)5.8 万余座。还有超过 80 万座的小型水电站。水坝建设提高了水的平均滞留时间，同时也显著影响其生物地球化学过程[6]，主要表现在增加颗粒物和营养物质的滞留与形态转化，进而影响向下游输送的营养盐通量和结构。中国是世界上建坝数量最多的国家，如何处理水库的巨大社会经济效益和潜在的生态灾害风险之间的矛盾，成为政府、科学家和公众共同关注的问题。

水库的滞留过程分为泥沙过滤作用和生物过滤作用，但是很多研究对于大坝是否显著改变生源要素(氮、磷、硅等)的生物地球化学循环存在诸多争议，主要原因是人们所估算的水坝对各种生源要素的滞留效率相差很大，甚至出现前后不一致的现象。例如，1997 年 *Nature* 杂志报道了 20 世纪 70 年代铁门坝水库建成后，多瑙河每年输送的溶解硅通量减少 2/3，使得黑海硅藻向非硅藻快速演替[7]。然而，随后有学者进行了实际观测和详细的物质守恒分析，认为铁门坝滞留溶解硅的比例仅为 4%~5%，其他滞留可能发生在上游水库[8]。研究表明，中小型河流——福建省九龙江的梯级电站大坝只有在枯水期才表现出明显的硅滞留效应[9]。影响水库营养盐“滞留效率”的因素很多，包括水库特征(含水库规模、水库形态、地质特征等)、水库运行方式、气候、生物群落组成等。总体上，水库对磷的滞留最为有效，对氮的滞留较少，这是因为河流中颗粒态磷占总磷的比例高于颗粒氮占总氮的比例。对于硅的滞留效率的计算方面，仍有很大的不确定[10]。目前对河流大坝如何影响氮和磷的迁移转化研究相对较多，而对河流硅的滞留研究较少。研究发现，随水土流失进入长江三峡水库的植物硅，以及自生硅藻构成生物硅的主要来源，生物硅可能通过颗粒沉积过程中和沉积后的溶解作用抵消水坝对溶解硅的滞留效率[11]。此外，水坝对硅的截留还体现在因蓄水利用，如农灌和跨流域引水等分流对硅的转移，特别是我国北方地区，工程截流可能导致径流量和硅通量锐减甚至断流。因此，需要在流域尺度上，对河流硅的形态组成(生物硅与溶解硅)、来源及滞留转化过程与机理进行全面的研究，同时考虑工程截留，才能全面评估河流水坝的硅滞留效应。

可以肯定的事实是，水坝改变了硅和其他营养元素的入海通量和营养盐结构，但水坝硅滞留以什么样的时空尺度，以及多大程度影响近海生态系统仍不清楚。对比三峡大坝 2003 年蓄水前后的现场调查结果，发现长江 Si∶N 比值从 1998 年的 1.5 下降为 2004 年的 0.4，东海初级生产力显著减少，浮游植物群落结构发生变化，硅藻明显减少[12]。随后有学者质疑航次的叶绿素数据缺乏时空代表性，并改用遥感数据反映年际变化[13]。事实上，海洋遥感反演的叶绿素也存在很大的误差。对长江口 1959~2009 年长期观测数据进行分析，发现近年来夏季浮游植物群落结构的变化，除了与营养盐变化有关外，还与全球变暖、黑潮水和台湾暖流增加而长江冲淡水减少有关[14]。总之，近海生态系统的生产者——浮游植物，受到人类活动(如氮磷增加，硅减少)、气候变化(温度和降水)，以及海洋环流的综合影响。人们已经观察到河流水坝建设引起硅和其他营养盐的滞留并改变河流入海通量等现象，但短期内很难准确评估河流硅的水坝滞留效应及其对近海生态系统的影响，亟须开展长期的系统性研究。

河流硅的水坝滞留效应及其对近海生态系统的影响，是一个十分复杂的科学问题。首先，大坝对河流硅的滞留效应与流域地质、气候条件、河流大小、大坝数量等诸多因素有关。可以说，我国南北方的大坝建设导致的效应不同，不同河口与近海生态系统对硅滞留的响应也不同。因为筑坝河流生态系统的复杂性和异质性，以及其他因素(如生物因素)的耦合影响，水库对下游生态的影响可能需要很长的时间周期才能反映出来。水坝阻隔河流的连续性，通过改变水深、水动力条件、水停留时间、水团混合方式等，形成与湖泊类似但具有自身特性的河流-水库系统。梯级水坝由于水量、物质的上下游承接关系，可能表现出复杂的累积效应[15]。梯级水库类似一个个“泥沙过滤器”和“生物过滤器”，调节着河流营养盐的物理、化学形态和输运时间，水库扮演着“源”与“汇”的转换角色，这种角色可能随季节或者在年际间发生变化。因此，目前还很难定量预测水坝滞留效应及其对近海生态系统影响的大小或程度。其次，河流硅的水坝滞留作用改变了海洋硅含量及氮磷硅比例，但如何进一步影响海洋浮游植物群落并引发生态效应(如有害藻华)，其生态过程与机制十分复杂。海洋生态系统结构与功能的演替，受控于物质循环、能量流动、信息传递等多种正负反馈机制。河流硅输入的减少会影响硅藻，但是否成为改变海洋浮游植物群落结构的主导因素还没有清楚的认识，长期的生态效应更难以预测与评估。在全球变化的背景下，河流过程与海洋环境均受到人类活动和气候变化的多重影响，流域-近海关系的复杂性和高度动态变化特征，导致河流硅的水坝滞留效应及其对近海生态系统的影响已成为 21 世纪的重要科学难题。但有理由相信，随着全球范围内多学科交叉研究的深入，各种先进观测技术、分子生态学和耦合模型的快速发展和应用，有望在不同时空尺度上捕捉河流到近海的生物地球化学过程与生态效应，逐步提升海洋生态系统的科学认识，并回答这一科学难题。

参 考 文 献

[1] Willén E. Planktonic diatoms-an ecological review. Algological Studies, 1991, 62: 69-106.

[2] Treguer P, Nelson D M, Vanbennekom A J, et al. The Silica balance in the world ocean-A reestimate. Science, 1995, 268 (5209): 375-379.

[3] Durr H H, Meybeck M, Hartmann J, et al. Global spatial distribution of natural riverine silica inputs to the coastal zone. Biogeosciences, 2011, 8(3): 597-620.

[4] Justic D, Rabalais N N, Turner R E, et al. Changes in nutrient structure of river-dominated coastal waters: Stoichiometric nutrient balance and its consequences. Estuarine Coastal and Shelf Science, 1995, 40(3): 339-356.

[5] Ittekkot V, Humborg C, Schafer P. Hydrological alterations and marine biogeochemistry: A

silicate issue. Bioscience, 2000, 50(9): 776-782.
[6] Friedl G, Wüest A. Disrupting biogeochemical cycles-Consequences of damming. Aquatic Sciences, 2002, 64(1): 55-65.
[7] Humborg C, Ittekkot V, Cociasu A, et al. Effect of Danube River dam on Black Sea biogeochemistry and ecosystem structure. Nature, 1997, 386(6623): 385-388.
[8] Friedl G, Teodoru C, Wehrli B. Is the Iron Gate I reservoir on the Danube River a sink for dissolved silica. Biogeochemistry, 2004, 68(1): 21-32.
[9] Chen N, Wu Y, Wu J, et al. Natural and human influences on dissolved silica export from watershed to coast in Southeast China. Journal of Geophysical Research-Biogeosciences, 2014, 119(1): 95-109.
[10] Lauerwald R, Hartmann J, Moosdorf N, et al. Retention of dissolved silica within the fluvial system of the conterminous USA. Biogeochemistry, 2013, 112(1-3): 637-659.
[11] Ran X, Liu S, Liu J, et al. Composition and variability in the export of biogenic silica in the Changjiang River and the effect of Three Gorges Reservoir. Science of the Total Environment, 2016, 571: 1191-1199.
[12] Gong G C, Chang J, Chiang K P, et al. Reduction of primary production and changing of nutrient ratio in the East China Sea: Effect of the Three Gorges Dam. Geophysical Research Letters, 2006, 33(7).
[13] Yuan J, Hayden L, Dagg M. Comment on "Reduction of primary production and changing of nutrient ratio in the East China Sea: Effect of the Three Gorges Dam?" by Gwo-Ching Gong et al. Geophysical Research Letters, 2007, 34(14).
[14] Jiang Z B, Liu J J, Chen J F, et al. Responses of summer phytoplankton community to drastic environmental changes in the Changjiang (Yangtze River) estuary during the past 50 years. Water Research, 2014, 54: 1-11.
[15] 刘丛强, 汪福顺, 王雨春, 等.河流筑坝拦截的水环境响应——来自地球化学的视角. 长江流域资源与环境, 2009, (4): 384-396.

撰稿人：陈能汪　黄邦钦
厦门大学，nwchen@xmu.edu.cn

滨海湿地外来入侵植物互花米草的分布格局与生态效应

Distribution Patterns and Ecological Effects of Invasive Alien Plants *Spartina alterniflora* in Coastal Wetland of China

生物入侵(biological invasion)是指某种生物从原来的分布区域扩展到一个新的(通常也是遥远的)地区，在新的区域里，其后代可以繁殖、扩散并持续维持下去[1]。由于人类活动打破了生物长距离扩散的地理障碍，从森林到草原，从陆地到海洋，生物入侵现象在世界范围内广泛发生。尽管引入一个区域的物种中，只有极少数会最终成为有害的外来入侵生物，但正是这少数的物种被公认为是新千年最严重的生态、健康、经济威胁之一[2]。入侵物种通过改变环境条件和资源的可利用性对本地物种产生影响，不仅使生物多样性减少，而且使生态系统的能量流动、物质循环等功能受到很大的影响，严重时可能会导致整个生态系统的崩溃。生物入侵的问题已成为全球性的重大生态和环境问题，引起了各国政府、社会和学术界的普遍关注，被视为如同大气温室效应、土地退化、环境污染、森林锐减等一样重要，并已经成为全球变化的重要部分[3, 4]。

外来生物入侵也是世界海洋生态环境面临的四大威胁之一，海洋入侵物种可能是植物或动物，也可能是海洋病毒或细菌。中国海岸线长，海域跨越 3 个温度带，生态系统类型多，这种自然特征使我国容易遭受海洋外来生物入侵的危害。随着大规模海水养殖和海洋运输事业的发展，我国海洋生物入侵呈现数量增多、传入频率加快、蔓延范围扩大、危害加剧和经济损失加重的趋势，对我国海洋生态环境造成了重大影响。这其中，互花米草(*Spartina alterniflora*)是我国引入的最典型的海岸盐沼入侵植物(图 1)。

滨海湿地是单位面积上生态服务价值最高的生态系统类型[5]，具有强大的生态服务功能，但也是极易被外来生物入侵的生境类型。我国自 1979 年从美国引入互花米草以来，经过近四十年的人工种植和自然扩散，互花米草已遍及中国沿海滩涂，其爆发规模远大于世界其他地区[6~8]。2003 年原国家环保总局与中国科学院联合发布了第一批外来入侵物种名单[9]，互花米草是其中唯一的海洋入侵种。互花米草的入侵已成为我国滨海湿地生态与环境面临的重大挑战。近年来，有关互花米草入侵分布格局及其对滨海湿地生态系统的影响，一直是滨海湿地生态学研究的重要课题之一。

(a) (b) (c) (d)

图 1 (a)互花米草扩散进入辽宁丹东鸭绿江口翅碱篷盐沼；(b)互花米草入侵上海崇明东滩(近处为芦苇，远处为互花米草。本图片来自人民网 http://env.people.com.cn/BIG5/13468881.html，版权归原作者李彤)；(c)互花米草侵占福建云霄红树林外围滩涂(近处为互花米草，远处为红树林)；(d)互花米草出现在海南儋州(近处为互花米草斑块，远处为红树林)

在 2003 年公布的“中国第一批外来入侵物种名单”中，互花米草在中国的分布现状仅包括上海崇明岛、浙江、福建、广东、香港等地。而根据对互花米草引种历史的调研，实际上其分布范围北起辽宁，南达广西[6]。2005 年国家海洋局近海海洋综合调查与评价项目(“908”专项)对我国滨海湿地米草属植物进行了全国现状调查，调查结果也表明除海南岛和台湾岛之外均有互花米草的分布[10]。但互花米草并没有停止进一步扩张的步伐，近年来的调查研究表明，台湾(新闻报道、个人通信)、海南(图 1，个人实地调查)两地也陆续出现了互花米草的踪迹，虽然不知道互花米草是如何扩散进入这两个地区，但可以说互花米草的分布已遍及中国的全部沿海省份。

那么，互花米草在太平洋西岸的分布是否会进一步向北(朝鲜)和向南(越南)拓展？这是基于互花米草在中国沿岸迅速扩张的现状，以及面对全球变化和人类活动的双重影响所提出的新命题，也是难题。要回答这个科学问题，需要综合考虑互花米草的入侵力(自身的生物学特性)与入侵生境的可入侵性(滩涂环境对入侵的抵抗力)的相互作用及人类活动的影响[11]。互花米草具有对滩涂环境胁迫的高度耐受与适应和较强的繁殖能力，沿大尺度纬度梯度的调查和对比研究表明，互花米草具有的表型可塑性及潜在的遗传分化有利于该物种在入侵地的迅速扩张[12, 13]。在不同纬度下，气候条件不尽相同，植物对非生物因子的适应性及种间竞争关系也会随之改变。中国沿海不同区域的海岸类型主要包括平原海岸、基岩海岸和生物海岸三种类型。互花米草主要入侵我国的平原海岸和生物海岸，基岩海岸不适合互花米草生存。在高纬度温带滨海地区，需要考虑与占据潮间带相似生态位的乡土盐沼植物之间的竞争[14]；而在低纬度滨海地区，互花米草不能入侵到完整的红树林内[15]。在互花米草防治及红树林生态修复实践中，速生红树植物无瓣海桑(*Sonneratia apetala*)可抑制互花米草[16]。迄今为止，中国沿海岸的互花米草大多数是由于人为引种导致，并且潮间带的人类活动(如滩涂养殖、围填海)将进一步影响互花米草在局域环境的存活和扩散。人为活动还可加速互花米草入侵到受干扰的红树林生境(图 2)[15]。

(a)2013年　　(b)2014年　　(c)2015年

图 2　互花米草在福建云霄漳江口红树林国家级自然保护区迅速扩散(无人机航拍图)

互花米草原产于大西洋西海岸及墨西哥湾，在原产地温带地区是最为常见的盐沼植物，具有重要的生态作用，不仅可以保滩护堤、拦淤造陆，而且可以产生大量有机物质、是海岸带重要的第一生产力的提供者，是滨海生物的栖息地、繁育场和饵料基地[17]。而在入侵地，和欧洲、北美西海岸、澳大利亚等地一样，互花米草以保滩护岸的目的引入中国，但随后对其评价均经历了由支持转变为反对的过程[8]。

自 20 世纪 70 年代末以来，互花米草在我国广大的河口与沿海滩涂迅速引种，取得了一定的生态和经济效益，但也带来了一系列危害。在“中国第一批外来入侵物种名单”中，认为互花米草的危害主要包括：①破坏近海生物栖息环境，影响滩涂养殖；②堵塞航道，影响船只出港；③影响海水交换能力，导致水质下降，并诱发赤潮；④威胁本土海岸生态系统，致使大片红树林消失[9]。对于互花米草的危害是否达到这一严重程度，目前还存在较大争议。一方面，有相关研究人员认为，我国海岸线漫长，纬度跨度大，海岸地形地貌复杂，动力条件差异显著，互花米草在我国不同的地区也表现出不同的生态功能。在有的海岸正面效应显著，有的海岸存在负面影响。至今，有关互花米草的正负效应，即利与弊因需不同、观点差异。如互花米草耐极端环境，固碳能力强，但也因其广域生态位而减少生物多样性；互花米草护滩净水但影响水交换。对其在政策上究竟该防治还是管控？这些都是未果的争议问题。因此，评价引种互花米草对生态系统的影响要客观公正和因地制宜，要从整体上对互花米草自引种以来的所有研究有一个全面的把握，对在我国不同区域所产生的生态效应与当地自然条件的相互关系有一个明确的认识，从而为更好地管理互花米草盐沼提供科学依据[10]。另一方面，虽然我国对互花米草的分布状况、生态危害、入侵机制、生态学特征、防控治理等方面开展了大量的研究，但较多的研究报道大都停留在区域性、一般性资料的分析和推测上，缺乏实地调查和现场试验的基础数据。

生物入侵研究是当今生物学和生态学研究的前沿课题。为能够对入侵中国的互花米草有全面系统的了解，对其入侵风险进行有效准确和客观清晰的评估和评价，我们首先要坚持现场第一线的观测和实验，获得研究基础数据，如全面开展互花米草普查与影响的调查，掌握互花米草在不同生态环境中的确切分布、与当地植被的关系、对当地生物多样性的影响、对当地居民生产生活的影响[12]。其次，开展长期监测，组建中国互花米草入侵监测网络，从时间和空间尺度上，获得对互花米草入侵动态的实时观测；第三，互花米草是一种全球性的入侵植物，已被列入国际自然保护联盟(IUCN)公布的全球 100 种最有危害的外来入侵物种名单[18]，有必要通过国内外合作，对互花米草在原产地(美国)和入侵地(包括中国在内的多个地区)的表现同时进行研究，即全境性研究(whole-range studies)，为互花米草现有地理分布格局的形成原因、入侵机制和生态效应等提供解释。以期能更好地保护我国海洋生物多样性，为海洋管理决策提供科学支持，实现海洋事业的健康可持续发展。

参 考 文 献

[1] Elton C S. The Ecology of Invasions by Plants and Animals. London: Methuen, 1958.

[2] Pimentel D. Biological Invasions: Economic and Environmental Costs of Alien Plant, Animal, and Microbe Species. Boca Raton, Florida: CRC Press, 2002.

[3] Vitousek P M, D’Antonio C M, Loope L L, et al. Introduced species: A significant component of human-caused global change. New Zealand Journal of Ecology, 1997, 21(1): 1-16.

[4] Mooney H A, Hobbs R J. Invasive Species in a Changing World. Washington, D C: Island Press, 2000.

[5] Costanza R, d’Arge R, De Groot R, et al. The value of the world's ecosystem services and natural capital. Nature, 1997, 387(6630): 253-260.

[6] An S Q, Gu B H, Zhou C F, et al. *Spartina* invasion in China: Implications for invasive species management and future research. Weed Research, 2007, 47(3): 183-191.

[7] Zuo P, Zhao S H, Liu C A, et al. Distribution of *Spartina* spp. along China's coast. Ecological Engineering, 2012, 40: 160-166.

[8] Strong D R, Ayres D R. Ecological and evolutionary misadventures of *Spartina*. Annual Review of Ecology, Evolution, and Systematics, 2013, 44: 389-410.

[9] 中国国家环境保护总局. 关于发布中国第一批外来入侵物种名单的通知. 环发[2003] 11 号.

[10] 关道明. 中国滨海湿地米草盐沼生态系统与管理. 北京: 海洋出版社, 2009.

[11] 王卿, 安树青, 马志军, 等.入侵植物互花米草——生物学、生态学及管理. 植物分类学报, 2006, 44(5): 559-588.

[12] 赵彩云, 李俊生, 赵相健, 等. 中国沿海互花米草入侵与防控管理. 北京: 科学出版社, 2015.

[13] Liu W W, Maung-Douglass K, Strong D R, et al. Geographical variation in vegetative growth and sexual reproduction of the invasive *Spartina alterniflora* in China. Journal of Ecology, 2016, 104(1): 173-181.

[14] Li B, Liao C H, Zhang X D, et al. *Spartina alterniflora* invasions in the Yangtze River estuary, China: An overview of current status and ecosystem effects. Ecological Engineering, 2009, 35(4): 511-520.

[15] Zhang Y H, Huang G M, Wang W Q, et al. Interactions between mangroves and exotic *Spartina* in an anthropogenically disturbed estuary in southern China. Ecology, 2012, 93(3): 588-597.

[16] 廖宝文, 李玫, 陈玉军, 等. 中国红树林恢复与重建技术. 北京: 科学出版社, 2010.

[17] 林鹏. 海洋高等植物生态学. 北京: 科学出版社, 2006.

[18] Lowe S, Browne M, Boudjelas S, et al. 100 of the World's Worst Invasive Alien Species aSelection from the Global Invasive Species Database. Published by The Invasive Species Specialist Group (ISSG) a specialist group of the Species Survival Commission (SSC) of the World Conservation Union (IUCN), 2000, 12.

撰稿人：张宜辉

厦门大学，zyh@xmu.edu.cn

内孤立波对海洋生态环境的影响

Effects of Internal Solitary Waves on Marine Ecological Environment

海洋内波，顾名思义，是发生在海洋内部的波动。内波发生时，即便海表面看起来平静如明镜，但海洋内部却在发生着“惊涛巨浪”，内波引起的等密度面的起伏可达几十米到上百米。内孤立波是一种非常特别的海洋内波，它可以在传播过程中保持波形不变，且一般只有一个或者几个波形(“孤立”由此而来)。与其他内波相比，内孤立波具有周期短、波形窄、振幅大，以及垂向流速强等特征。相关研究表明，内孤立波广泛存在于全球边缘海和海湾等海区，如我国南海、地中海、印度洋的安达曼海、太平洋的苏禄海等[1]。

内孤立波早在 19 世纪 30 年代就被发现，然而它引起人们关注还要从军事谈起。在海军历史上，多个国家的潜艇在航行过程中发生意外不幸罹难，原因成谜。这其中最为著名的当属以色列“达喀尔”号潜艇。1968 年，“达喀尔”号潜艇从英国起航，在驶入地中海后神秘失踪。直到 1999 年，搜救人员才在 3000m 的海底发现潜艇残骸。学者们分析认为，潜艇的沉没，内孤立波的“嫌疑”最大。内孤立波在传播过程中引起的密度跃层的巨大起伏会使得潜艇在非常短的时间内下沉几十米甚至上百米的深度，这远超潜艇的耐压强度，从而导致潜艇沉没。

然而，内孤立波的意义绝非仅体现在军事方面。研究表明，内孤立波对海洋生态环境有着非常重要的意义。那么内孤立波是如何影响海洋生态环境的呢?

首先，内孤立波可以通过水平输运对生态环境产生影响。内孤立波具有非常强的水平流速，尤其是在近岸浅水处，最强可达 2m/s(图 1)[2]，这意味着内孤立波可以卷挟大量的水体并将其输运到非常远的距离。已有观测曾在加利福尼亚陆架区发现，内孤立波在传播过程中携带了含有高浓度沉积物的水体[3]。同样的，在世界其他海区，科学家们也陆续发现了内孤立波的这一输运作用[4, 5]。内孤立波的水平输运作用在海底附近尤为重要。观测表明，内孤立波的影响可以直达海底，海底处强的流速剪切可以引起海底沉积物的再悬浮，继而通过水平流速携带到其他海域[5]。海底处内孤立波如何引起沉积物的再悬浮及其输运作用一直是学者们关注的热点。

其次，内孤立波可以通过垂向对流影响生态环境。以在南海观测到的第一模态下凹型内孤立波为例，内孤立波引起的垂向流速可达每秒几十厘米，在波前为下沉流区，波后为上升流区(图 1)。对于理想的第一模态内孤立波，波形前后对称，

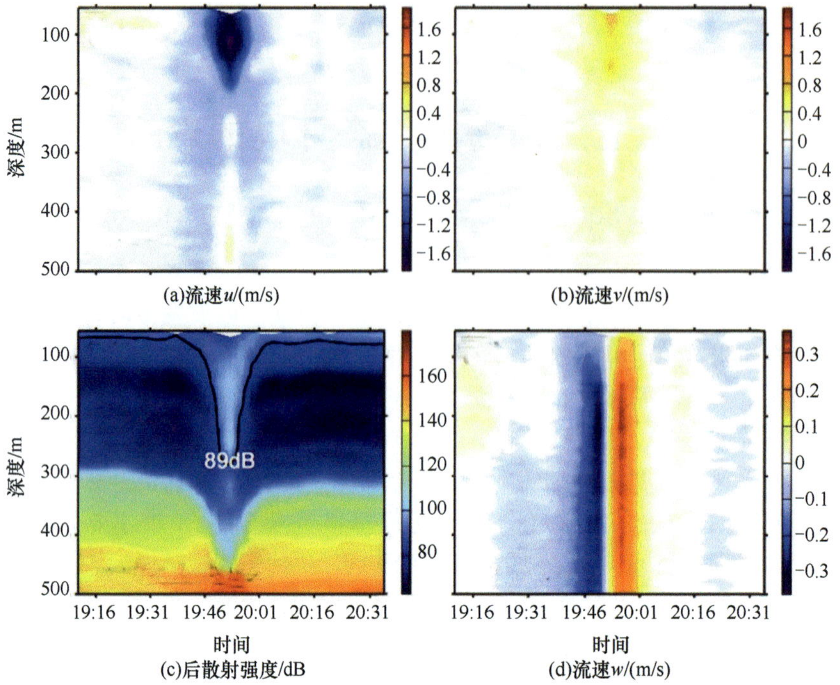

图 1　南海潜标(位置 119.08 置 B，21.108 置)ADCP 观测到的东西向流速(a)、南北向流速(b)、后散射强度(c)和垂向流速(d)[2]

水体的垂向净输运为零。南海潜标观测结果则表明，受地形的影响，内孤立波在传播过程并非完全对称，这意味着内孤立波经过前后会在垂向上引起净的水体输运[6]。曾经就有学者发现，海洋中的鲸鱼会跟在内孤立波的后面觅食(图 2)[7]。众所周知，由于浮游植物的消耗，海洋上层营养盐缺乏，因此在较深的海域，内孤立波的垂向输运作用显得尤为重要。然而，内孤立波的垂向输运作用到底有多大贡献呢？这是科学家们在未来亟须解决的一个难题。

此外，内孤立波还可以通过诱导混合来影响生态环境。研究表明，内孤立波可以通过强剪切和破碎两种机制来诱导强混合[8~10]。内孤立波在向近岸浅水区传播过程中，非线性增强，剪切变强，最终会诱导出非常强的混合过程，如在新泽西的陆架海区观测到的内孤立波诱导的混合强度可以比背景混合高出 1~2 个量级(图 3)[11]。这种强混合也可以将深层的营养盐跨等密度面输送到上层，为上层的浮游植物提供营养物质，刺激初级生产力的生长[12]。从能量角度，这种诱导混合过程体现为内孤立波的耗散。内孤立波在传播过程中的耗散机制也一直受到大家的关注，其在传播过程中如何耗散？受哪些因素影响？其中的定量关系是怎样的？这都是有待解决的科学问题。

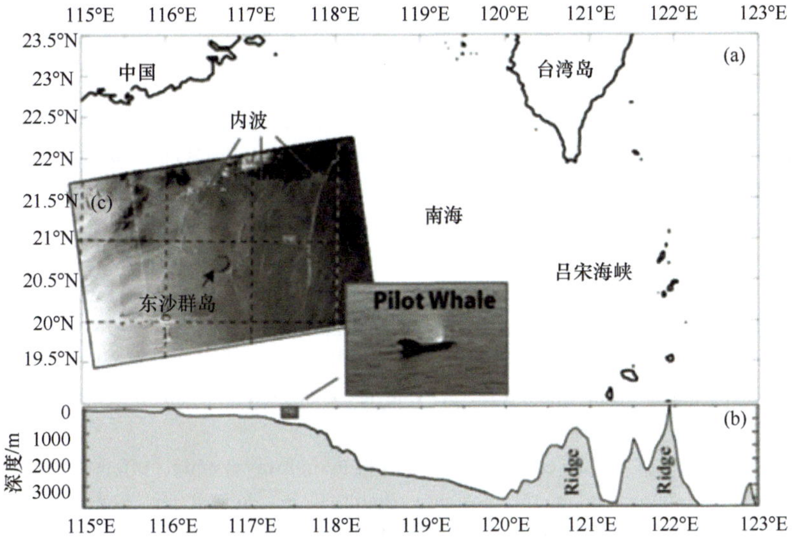

图 2 卫星观测到的内孤立波海表面信息以及在东沙海域内孤立波后拍到的鲸鱼[7]

目前而言，受限于内孤立波时空尺度小，综合观测难开展的情况，针对内孤立波对生态环境影响的研究仍是局限于个例研究。内孤立波对生态环境的累积影响，仍是一个未解的难题。无论在深海还是近岸，开展内孤立波的长时间综合观测研究，定量评估内孤立波对生态环境的贡献，是亟需开展的课题。此外，目前关于内孤立波生态影响的研究绝大多数仍是关注海洋动力过程本身。开展关于内孤立波的跨学科观测和研究，深入研究生物活动和生态环境对内孤立波的响应，是另一个非常重要的研究课题。

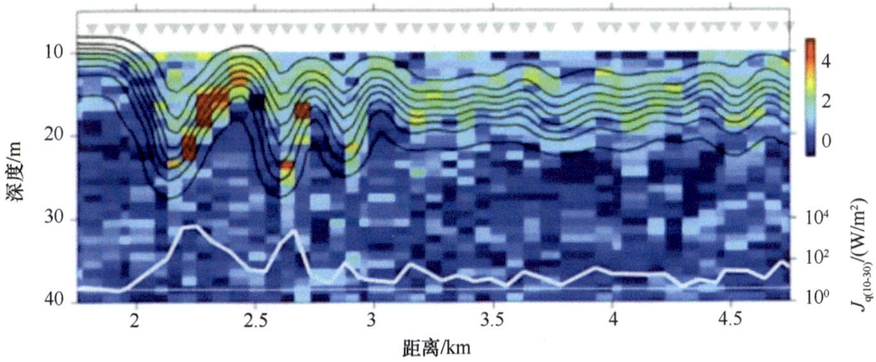

图 3 观测得到的内孤立波经过时由混合诱导的垂直热量通量[8]

参考文献

[1] Jackson C. Internal wave detection using the moderate resolution imaging spectroradiometer (MODIS). Journal of Geophysical Research Oceans, 2007, 112(C11): 60-64.

[2] 黄晓冬. 南海内孤立波的空间分布与时间变化特征研究. 中国海洋大学, 2013.

[3] Bogucki D, Dickey T, Redekopp L G. Sediment resuspension and mixing by resonantly generated internal solitary waves. Journal of Physical Oceanography, 1997, 27(7): 1181-1196.

[4] Inall M E, Shapiro G I, Sherwin T J. Mass transport by non-linear internal waves on the Malin Shelf. Continental Shelf Research, 2001, 21(13): 1449-1472.

[5] Bogucki D J, Redekopp L G, Barth J. Internal solitary waves in the coastal mixing and optics 1996 experiment: Multimodal structure and resuspension. Journal of Geophysical Research Oceans, 2005, 110(C2): 93-106.

[6] Dong J, Zhao W, Chen H, et al. Asymmetry of internal waves and its effects on the ecological environment observed in the northern South China Sea. Deep Sea Research Part I Oceanographic Research Papers, 2015, 98: 94-101.

[7] Moore S E, Lien R C. Pilot whales follow internal solitary waves in the South China Sea. Marine Mammal Science, 2007, 23(1): 193-196.

[8] Helfrich K R. Internal solitary wave breaking and run-up on a uniform slope. Journal of Fluid Mechanics, 1992, 243(243): 133-154.

[9] Michallet H, Ivey G N. Experiments on mixing due to internal solitary waves breaking on uniform slopes. Journal of Geophysical Research Atmospheres, 1999, 104(104): 13467.

[10] Sveen J K, Guo Y, Davies P A, et al. On the breaking of internal solitary waves at a ridge. Journal of Fluid Mechanics, 2002, 469(469): 161-188.

[11] Shroyer E L, Moum J N, Nash J D. Vertical heat flux and lateral mass transport in nonlinear internal waves. Geophysical Research Letters, 2010, 37(8): 162-169.

[12] Wang Y, Dai C, Chen Y. Physical and ecological processes of internal waves on an isolated reef ecosystem in the South China Sea. Geophysical Research Letters, 2007, 34(18): 312-321.

撰稿人：董济海

南京信息工程大学，jihai_dong@nuist.edu.cn

海上“新长城”的生态效应

Ecological Effects of China's New Great Wall on the Coastal Area

海堤是为防御风暴潮和波浪对海岸的危害而修筑的堤防工程，是保障沿海地区人民生命财产安全、经济发展的第一道屏障，具有十分重大的社会效益。中国海堤建设历史悠久，如久有盛名的抗御台风风浪和杭州湾涌潮袭击的钱塘江海塘(海堤)。然而，近几十年来，建设海堤更多地被用于开垦沿海湿地，为工农业活动服务。东部沿海是我国经济最发达、人口密度最大的地区，也是风暴潮危害最严重的区域。在人地矛盾日益紧张的今天，“向大海要土地”成了见效最快、成本最低的土地增长方式，修建海堤是围垦、围塘养殖和港口开发必不可少的环节，越来越多的海堤建设正在损耗着沿海湿地的生态功能。1990~2010 年，中国海堤的长度增长了 3.4 倍[1]。截至 2014 年，中国已经在其 19000 km 的海岸线上建设了 13000 多千米的海堤，建成了世界上仅次于荷兰的最完善的海堤防御体系。这条盘踞在中国大陆海岸线上的水泥坝被称为“新长城”[1]。可以说，海堤是中国目前最大的海岸工程，也是滨海湿地土地利用格局变化的最大表现方式。

伴随着这条海上“新长城”的建设，我国滨海湿地及相关生态系统的面积大幅度减少，生物多样性丧失和生态系统服务功能减弱。在 1950~2000 年，平均每年损失滨海湿地面积 24000hm^2；在 2006~2010 年，滨海湿地以每年 40000hm^2 的速率减少；而在未来一段时间内，滨海湿地开垦速率还会继续增大[1]。红树林、珊瑚礁、上升流、海滨沼泽湿地被称为世界四大最高生产力的海洋生态系统。与 20 世纪 50 年代相比，中国已丧失滨海湿地 57%，其中，红树林面积丧失 73%，珊瑚礁面积减少 80%，海草床绝大部分消失[2]。可以说，滨海湿地大规模减少与海堤的大规模建设息息相关。滨海湿地可以为鱼、虾、蟹和软体动物提供理想的栖息地[3, 4]，支持着近海食物网[5]。滨海湿地的减少将显著影响滨海湿地生态系统与生物多样性。中国的滨海湿地是候鸟迁徙(东亚—澳大利亚候鸟迁徙路线)的枢纽，对候鸟来说尤为重要。但滨海湿地大幅减少会中断候鸟的迁徙，影响候鸟的生存[6, 7]，同时也会对依赖滨海湿地生存、繁殖和越冬的水鸟造成毁灭性影响。滨海湿地生态系统具有净化大气、水体和土壤的功能，而海堤围垦建设会引起湿地由“汇”向“源”功能的改变，湿地中固定储存的二氧化碳、污染物、泥沙等被释放到大气和近海海洋生态系统中[8, 9]。

海堤建设直接导致了滨海湿地的减少与退化，这已经引起了广泛的关注。但是至今缺乏国家或地区层面的关于中国滨海湿地退化程度的定量评估。这些工作是研究滨海湿地对全球变化适应能力的基础，对于合理保护、管理与利用滨海湿地显得尤为迫切。相关报告的撰写者已充分认识到滨海湿地减少和退化的严重性，但是，大部分研究者仅着眼于滨海湿地面积的下降和对退化程度的一些定性研究，缺乏综合性的、可比较的资料。

另外，海堤对堤外残留的滨海湿地的影响鲜有报道。作为陆地与海洋的过渡带，滨海湿地生态系统与陆地生态系统和海洋生态系统之间存在着频繁的物质、能量和信息交换。但海堤干扰了系统间的频繁交流，影响到滨海湿地生态系统的自我维持力[10]。因此，海堤会对堤外残留的滨海湿地带来负面的影响。根据“中国学术期刊网络出版总库”，搜得 1979~2015 年国内正式发表、题目中包含“海堤”的文献 842 篇，其中海堤的设计、建设与维护方面的文章 799 篇(占 95%)，仅有 7 篇文章涉及滨海湿地的演化、保护与修复(仅占 0.8%)。作为海陆交错带的滨海湿地生态系统是承受全球变化及其引起的海平面上升等影响最为前沿、最为重要的缓冲带[11]。海堤的建设使得滨海湿地生态系统对海平面上升等全球变化异常敏感。例如，“海堤+堤前红树林”曾被认为是具有巨大生态、经济和社会效益的防护模式[12~14]，但海堤阻断了红树林的退路，被认为是红树林应对海平面上升的主要障碍(图 1)，堤前红树林对海平面上升异常敏感[15]。在海堤阻挡与海平面上升的双重胁迫下，滨海湿地生态系统如何响应海平面的上升，滨海湿地生态系统会不会进一步退化乃至完全消失？

总之，海堤建设导致滨海湿地面积大量减少，生物多样性降低及生态系统服务功能减弱，这引发了人们对于滨海湿地生态系统前景的担忧。在全球变暖、海平面上升等全球变化背景下，海堤建设的负面影响可能会进一步被放大。定量评估中国滨海湿地的减少、退化现状，建立滨海湿地应对海平面上升的监测体系，开展海堤与海平面上升的交互作用对滨海湿地与近海生态系统影响的研究，不仅对海堤的规划、维护和管理有指导意义，而且对于滨海湿地的保护和管理也是必不可少的。为推进海洋生态文明建设，更需要完善相关的法律法规，减少人类活动对滨海湿地的影响。在欧美等发达国家，已经建立了一系列的政策保障，如美国的“海岸带综合管理”(integrated coastal zone management)政策，以减少沿海湿地流失带来的损失，甚至在一些国家，湿地面积已经有所回升[1, 16]。西方发达国家在退垦还海、恢复盐沼湿地方面取得了一定的成功经验[17]。我们可以借鉴国外在海岸带管理方面的成功经验，但同时要深入理解大规模海堤建设对近海生态系统的影响，包括生态系统结构和功能的变化、生态系统的恢复模式，并预测生态系统更长远的变化趋势。

(a) (b) (c) (d)

图 1 “海堤+堤前红树林”

壮观的“新长城”使得红树林位于海堤外侧(a)，(b)，海堤建设不仅破坏了红树林，对堤外残留的红树林造成了极大干扰(c)，(d)

参 考 文 献

[1] Ma Z, Melville D S, Liu J, et al. Rethinking China's new great wall. Science, 2014, 346(6212): 912-914.

[2] Larson C. China’s vanishing coastal wetlands are nearing critical red line. Science. 2005. http://www.sciencemag.org/news/2015/10/china-s-vanishing-coastal-wetlands-are-nearing-critical-red-line.

[3] Blaber S J M. Mangroves and fishes: Issues of diversity, dependence, and dogma. Bulletin of Marine Science, 2007, 80(3): 457-472.

[4] Nagelkerken I, Dorenbosch M, Verberk W C E P, et al. Importance of shallow-water biotopes of a Caribbean bay for juvenile coral reef fishes: Patterns in biotope association, community structure and spatial distribution. Marine Ecology Progress Series, 2000, 202(5): 175-192.

[5] Barbier E B. Valuing ecosystem services as productive inputs. Economic Policy, 2007, 22(1): 177-229.

[6] 杨洪燕, 陈兵. 栖息地消失与水鸟减少同步. 人与生物圈, 2011, (1): 70-72.

[7] Mackinnon J, Verkuil Y I, Murray N J. IUCN situation analysis on East and Southeast Asian intertidal habitats, with particular reference to the Yellow Sea (including the Bohai Sea).

Switzerland: IUCN Gland, 2012.
[8] China Council for International Cooperation on Environment and Development (CCICED). Annual Policy Report: Ecosystem Management and Green Development. Beijing: China Environmental Science Press, 2010.
[9] Pendleton L, Donato D C, Murray B C, et al. Estimating Global "Blue Carbon" Emissions from Conversion and Degradation of Vegetated Coastal Ecosystems. Plos One, 2012, 7(9): e43542-e43542.
[10] 王文卿, 王瑁. 中国红树林. 北京: 科学出版社, 2007.
[11] 邓自发, 欧阳琰, 谢晓玲, 等. 全球变化主要过程对海滨生态系统生物入侵的影响. 生物多样性, 2010, 18(6): 605-614.
[12] 林鹏, 傅勤. 中国红树林的环境生态及经济利用. 北京: 高等教育出版社, 1995.
[13] 范航清. 海岸环保卫士——红树林. 南宁: 广西科学技术出版社, 2000.
[14] 林鹏. 中国红树林湿地与生态工程的几个问题. 中国工程科学, 2003, 5(6): 33-38.
[15] Lovelock C E,　Ellison J. Vulnerability of mangroves and tidal wetlands of the Great Barrier Reef to climate change. In: Johnson J E, Marshall P A. Climate Change and the Great Barrier Reef: A Vulnerability Assessment. Australia: Great Barrier Reef Marine Park Authority and Australian Greenhouse Office, 2007, 237-269.
[16] 张灵杰. 美国海岸带综合管理及其对我国的借鉴意义. 世界地理研究, 2001, 10(2): 42-48.
[17] 陈雪初, 高如峰, 黄晓琛, 等. 欧美国家盐沼湿地生态恢复的基本观点、技术手段与工程实践进展. 海洋环境科学, 2016, 35(3): 467-472.

撰稿人：王文卿　傅海峰
厦门大学，mangroves@xmu.edu.cn

近岸海域生态系统的退化可以恢复吗？

Degraded Ecosystem in Nearshore Area Can Be Restoration?

近岸海域(nearshore area)指距离大陆海岸较近的海域。我国近岸海域包括珊瑚礁、红树林、海草床等典型海洋生态系统，以及河口、海湾等生态系统。近几十年来，在人为剧烈干扰下，各类生态系统大多呈现明显退化。

退化生态系统(degraded ecosystem)，是指在自然或人为的干扰下形成的偏离原来的状态或者原有的演变轨迹的生态系统，即生态系统逆向演替(regressive succession)或退化演替(degenerated succession)。

退化生态系统通常表现在其结构趋于简单、功能逐渐降低、物种多样性减少、种群个体数量异常变动(如赤潮生物、水母的爆发)。不同类型生态退化各有其特点，如红树林生态系统退化，主要为种类减少、盖度、高度、郁闭度和密度下降，初级生产力降低；而珊瑚礁生态系统退化的典型特征是礁体的白化(bleaching)现象等[1]。

生态恢复的定义，目前尚有不同的表述。国际恢复生态学学会(The Society for Ecological Restoration International, SER)认为，生态恢复是协助生态完整性的过程。Elliot 等[2]指出，生态恢复不是将生态系统完全恢复到其原始的状态，而是指通过恢复使生态系统功能不断得到恢复和完善[2]。据此，凡是有利于污染环境的生物治理、退化生态系统的结构和功能得以逐步恢复和改善的行为，不论其所用的技术和方法、时间和空间尺度大小，均可归于生态恢复的范畴。在我国生态恢复又常与生态修复混用。

生态恢复是人类对环境赤字的一种偿还方式。正如 2011 年联合国可持续发展委员会议所指出，近几十年海洋经济的快速增长，主要是通过对海洋非可持续性开发的途径获得的。据统计，全球至少有 40%的海域受到人类的严重影响，主要海洋生态的 60%已经退化或正在以不可持续的方式被利用，造成巨大的经济和社会损失。而近岸海域是受损最严重的区域。据我国大部分实施监测的河口、海湾等典型海洋生态系统处于亚健康和不健康状态[3]。突出表现在生境受到严重损伤，滨海湿地、河口和海湾面积大大缩小；近海环境污染严重，水体缺氧区逐年扩大；典型海洋生态系统(珊瑚礁、红树林、海草床等)退化；海洋生态灾害(赤潮、绿潮、水母等)频发和外来物种入侵等。国际社会、中国政府和广大民众均十分关注海洋污染和生态破坏的治理和修复工作。

生态恢复的科学研究始于 1935 年 lieopold 在美国一所大学植物园内进行的草地生态恢复试验，20 世纪 50~60 年代，欧洲、北美和中国相继开展了一些工程与生物结合的矿山、水体、林地和水域等环境的恢复和治理工作，此后，生态恢复的研究和实践进入快速发展时期。1985 年，美国成立了“恢复地球”组织，开展了森林、草地、海岸带、矿地、流域、湿地等恢复实践。同年，国际恢复生态学会也在美国正式成立。进入 90 年代后，生态恢复国际学术会议频繁召开，论文和专著迅速增加。SER 主办的 *Restoration Ecology* 学术刊物也于 1993 年创立。目前国际上有 *Ecological Restoration*、*Ecological Management and Restoration*、*Ecological Engineering* 等恢复生态学期刊，还有一些研究论文在 *Science*，*Nature* 期刊发表，涌现出了一批生态恢复研究的专家。

国内外已有一些有关近岸海域生态恢复取得较好效果的成功经验。例如，美国旧金山湾、切萨皮克湾、日本濑户的内海、水俣湾、中国山东荣成天鹅湖、河北秦皇岛沙滩修复等。

旧金山湾是美国西海岸最大的河口，也是太平洋西海岸最具有生物价值的海湾。该湾连同其三角洲 4000 多平方千米的面积内，囊括了美国现存 90%的海湾湿地。大约有 100 万只水禽在此安家，还有几百万只水禽以该湾作为迁徙中转站及食物补给点。但自 18 世纪中叶以来，该湾生态系统退化日趋严重，突出表现在湿地逐渐丧失及功能下降，水质富营养化和污染日趋加重，流域淡水补给和鱼类数量减少等。为此，从 20 世纪 70 年代起开始进行生态修复。主要目标是恢复海湾的生态健康及流域水资源供给。具体目标包括湿地恢复、生态系统恢复、提高整个流域水质状况，以及淡水供给调控等。通过几十年的努力，已取得较好的成效，潮滩湿地逐渐增加，汇入海湾总径流量增加了约 75%，海湾内浮游生物群落基本稳定，水质得到一定改善。

20 世纪 50 年代，发生于日本熊本县水俣湾的汞中毒(水俣病)事件惊动了世界。从 70 年代起，为治理该湾的汞污染，先在湾口设置了隔离网，防止被污染的鱼、虾扩散。接着又耗资约 500 亿日元用了 13 年时间对汞含量超过限值的底泥进行了疏挖和填埋，用污染泥土建成岛式的生态公园。同时，加强了环保立法，采用环保先进技术，严格监督管理等措施。2011 年，经检测该海湾的水质、底质和生物样品汞的含量已达环保标准，表明治理和恢复取得了良好的效果。

山东荣成天鹅湖，是中国北方最大的天鹅湖越冬栖息地，大型海藻、海草种类多且茂盛，因海参多而被誉为“参库”。但 20 世纪 70~80 年代，因口门筑坝大大削弱了该湖与外海水交换，加之农田等污水大量注入，致使湖内泥沙淤积，海草大量死亡，海参也大量消失，越冬天鹅数量随之减少。地方政府从 90 年代起，通过改造口门坝增大纳潮量，清理湖内淤积污泥，建立自然保护区，严格控制污染物的排放，以及养护海草、增殖海参等措施，目前天鹅湖已恢复原来的生机。

但国内外也有不少生态修复不成功的实例。例如，在欧洲第一次海草修复成果交流会上，与会者认为，在过去10年开展的海草修复计划没有一个是成功的，并认为海草的恢复应当以自然恢复为主[4]。2005~2007年，菲律宾Bolinao海域进行珊瑚礁的“造礁恢复试验”，没有获得成功[5]。切萨皮克湾2003年启动的旨在改善水质、水下水生植物资源的保护修复计划，虽有一定进展，但头五年的恢复目标没有实现[6]。

如何科学制订生态恢复方案是个关键问题。这包括恢复目标、方向、时空规模、技术和方法、监测和管理，以及经费、实施人员和单位等。恢复目标的制定要切合实际。要用动态的眼光，考虑到未来近岸海域人为和自然变化的因素[7]。生态恢复实施中还须辅以技术体系和指标的规范化，不同退化海洋生态系统类型应当采用不同的技术方法，如大叶藻(床)的恢复，涉及播种，底质、水质、海流、敌害防治、采收等技术和工具。又如，如何使生物技术与工程技术相结合，有效清除底质重金属、持久性有机污染物等。而如何衡量生态系统已经得到恢复，目前亦尚无标准。虽然不少学者提出了不少指标，但大多数缺少可量化、可考核的具体指标，也急待研究。

生态恢复的成败与否，取决于人们认识上的客观性和方法上的科学性。概括而言，生态恢复与实践中亟待解决的科学难题包括生态系统退化的科学诊断和生态系统恢复预测模型的构建两个方面。

(1) 科学诊断。生态系统退化是一种逆向演替，不同类型的生态系统，在其结构、功能、生态景观和服务功能方面，既有共性，但又有各自独有的特征。导致退化的主要原因，大多十分复杂，既有自然因素又有人为因素，在一定的海域多种因素又互相交错。有的是直接、有的是间接。许多种类海洋生物(如太平洋鲱鱼等)，在自然条件下其种群数量有长、短周期的波动，大多数种类浮游生物的种类和数量有季节变化和年度变化，对于导致变化的自然因素和规律至今了解尚少。人为干扰，也因干扰的类型、压力大小、持续时间长短、生态系统的耐受力和自我恢复力而显现出较大的差异。在干扰压力下，生态系统退化又可分为突变过程、渐变过程，跃变过程和间断不连续过程，其退化过程表观也不尽一致。海洋环境的流动性，立体性、复杂性和多变等特点，加之全球气候变化与人类对海洋的干扰相叠加，使得对生态系统退化的主因溯源判别成为科学难题之一。

(2) 退化生态系统恢复预测模型构建。退化生态系统的恢复，大多需要较长的时间。在此过程中，自然和人为干扰及海洋环境的多变性，往往会导致生态恢复出现不确定性。正如Temperton指出，在某种意义上说，生态恢复是“修复未来”[8]。为了使退化生态系统的恢复不至于偏离恢复目标，除了加强动态检测外，应当建立包括自然和人为干扰、压力、海洋环境(包括全球变化等)，以及生态系统本身的生物、生态变化等参数在内的退化生态系统恢复预测数模，以便科学指导生态系统恢复工作，而这又是一个重要且难解的科学问题。

参 考 文 献

[1] 李永祺, 唐学玺. 海洋恢复生态学. 青岛: 中国海洋大学出版社, 2016.

[2] Elliott M, Burdon D, Hemingway K L, et al. Estuarine, coastal and marine ecosystem restoration: Confusing management and science——A revision of concepts. Estuarine Coastal & Shelf Science, 2007, 74(3): 349-366.

[3] 国家海洋局海洋发展战略研究所课题组. 中国海洋发展报告. 北京: 海洋出版社, 2015.

[4] Cunha A H, Marbá N N, van Katwijk M M, et al. Changing paradigms in seagrass restoration. Restoration Ecology, 2012, 20(4): 427-430.

[5] Shaish L, Levy G, Katzir G, et al. Coral reef restoration (Bolinao, Philippines) in the face of frequent natural catastrophes. Restoration Ecology, 2010, 18(3): 285-299.

[6] Shafer D, Bergstrom P. An introduction to a special issue on large-scale submerged aquatic vegetation restoration research in the Chesapeake Bay: 2003–2008. Restoration Ecology, 2010, 18(4): 481-489.

[7] Zweig C L, Kitchens W M. The semiglades: The collision of restoration, social values, and the ecosystem concept. Restoration Ecology, 2010, 18(2): 138-142.

[8] Temperton V M. The recent double paradigm shift in restoration ecology. Restoration Ecology, 2007, 15(2): 344-347.

撰稿人：李永祺　唐学玺

中国海洋大学，tangxx@ouc.edu.cn

海洋牧场建设的生态学风险

The Ecological Risk of Marine Ranching Construction

海洋牧场(marine ranching，sea ranching)是指在特定海域营造适合海洋生物生长繁衍的优良生境，利用生物群体制御技术，聚集人工放养生物和天然生物进行人为、科学管理，最大限度地利用海域生产力和海域空间，形成高效人工渔场，实现基于海洋生态系统管理的一种生态增殖型渔业模式[1]。海洋牧场是基于海洋生态学原理和现代海洋工程技术，充分利用自然生产力，在特定海域科学培育和管理渔业资源而形成的人工渔场[2]。

据联合国粮农组织统计，迄今，全世界已有60多个国家建设了规模大小、技术水平和类型各异的海洋牧场。美国和日本是最早提出和开始建设海洋牧场的国家。1968年，美国提出了建设海洋牧场的计划，1974年在南加利福尼亚沿岸投放大石块，通过修复巨藻藻场来增殖当地美洲龙虾资源；在马里兰的切萨皮克湾投放藻礁，增殖当地牡蛎资源。1971年，日本在其海洋开发审议会上提出了海洋牧场建设的构想，1977~1987年开始实施“海洋牧场计划”，并建成了世界第一个海洋牧场——日本九州岛大分县黑潮牧场。该牧场利用先进的声学技术、电子技术和工程技术，基本实现了海域生产力提高、鱼类行为可控和资源规模化生产的目标。韩国和挪威等国也相继于20世纪末开展了海洋牧场的研究和建设。2007年，韩国采用海洋工程及人工鱼礁技术、鱼类选种和繁殖繁育技术、环境改善和生态修复技术，以及海洋牧场管理等技术，在庆尚南道统营市建设了核心面积20km^{2}的海洋牧场[3]。挪威在多年研究基础上，启动了以增殖大西洋鲑、北极红点鲑、鳕鱼和欧洲龙虾为对象的“海洋牧场计划”(norwegian sea ranching programme，PUSH)[4]。

虽然中国科学家早在20世纪50年代就提出了“种鱼、种海、水里的农牧业、人工增殖等发展海洋农牧化”的设想，但直到80年代才在沿海先后开展了对虾虾苗增殖放流、贝类底播增殖，以及投放人工鱼礁试验。进入21世纪以来，受制于传统养殖方式的高环境成本和海洋渔业资源衰退，并得益于科技支撑能力的提高和国家渔业政策的引导，沿海各地海洋牧场建设始进入蓬勃发展阶段[5]。近几年，国家先后分两批颁布了“国家级海洋牧场示范区”共42个，旨在通过示范区的建设推动我国海洋牧场建设的发展。

海洋牧场建设是一种生态型渔业发展模式，可较好地避免单纯捕捞导致捕捞过度所带来的资源枯竭，以及设施养殖所产生的局部污染的弊端，最大限度地发挥开放海域的生产力，从而实现渔业资源的增殖和增产，且在生产过程中大多重视生态环境的保护与改善[6]。因此，国内外大多数海洋牧场相较传统渔获方式取得了明显的经济和生态效益[7, 8]。例如，通过巨藻海洋牧场等建设措施，促进海洋鱼类资源显著增加，大大促进了美国沿海游钓业的发展，每年制造了 300 多亿美元的综合效益。韩国的一些海洋牧场，渔业资源显著增长，渔民由此每年增收近 30%。日本沿海 50 多个海洋牧场，放流鱼苗的成活率明显提高，而经音响驯化后放流的黑鲷，其回捕率可达 37%。

以底播虾夷扇贝、海参为主要增殖种类，在北黄海建成了 2000km^2 的獐子岛海洋牧场，通过对养殖设施区域的增殖放流、人工鱼礁投放和对养殖环境与生产过程的科学管理，已探索出了从人工育种—育苗—结合采集自然苗种—中间育成—底播增殖—自然长成—人工采捕的产业链条，所生产的海产品已多年畅销，年产值几十亿人民币。獐子岛渔业已在新西兰、澳大利亚、美国、欧洲、日本等多个国家和地区进行了商标注册。

山东莱州湾海洋牧场基于生态修复的总体规划及生态效应优先的理念，充分考虑养殖生物种类对海洋环境的适应性及海区生态链，选定莱州湾的梭子蟹、大竹蛏、对虾、海参、扇贝、脉红螺及牡蛎等土著种为增养殖对象，以科研机构为支撑，以育苗+养殖+加工+销售为一体化生产和经营模式，渔业产加销环环相扣，形成了系统性、实用性、典型性较强的现代海洋牧场运营模式，较好地实现了山东省传统渔业经济向现代渔业经济转型升级。该模式受到了高度的关注。

海洋牧场生产模式相较于传统渔获模式是一次产业革命，也是一种更加环境友好型的生产模式。与传统养殖模式比较，海洋牧场更加依赖自然系统[9]，因此如何科学利用自然生态系统提高渔获生产力，如何规避人为干预所致生态风险便成为重要的科学认知问题：

(1) 对海洋环境承载力了解不够。我国已(拟)建海洋牧场，从热带到温带广为分布，其物理、化学、地理、气候，以及污染和海域开发利用状况差别甚大。大多对海洋牧场所在的海域历史、全面和系统的海洋学基础资料不足，如是否有常年或季节、暂时性的阻碍复氧和水体交换的温跃层发生；增殖放流海域的承载力如何？例如，硅藻生产力能否满足底播贝苗的饵料需求；贫瘠海区能否适当施肥以增加初级生产力；大量投放、建设人工鱼礁，对底部环境、底栖生态系统的长期影响如何？回答这些问题既要对历史监测资料深入分析，同时还要关注当前全球气候变化，海域开发利用引起的海洋环境变化可能带来的近期和长远的影响。

(2) 对海洋牧场自然生态系统认知不足。海区自然生态系统是不同种类、不同生态功能生物群体长期协调发展形成的，在群落结构、种群密度、空间、时间分布、生态位及相互间的关系方面有其固有的规律[10]。不同区位的海洋牧场自然生态系统各有特点。海洋牧场大量增殖放流，实际上是对生态系统某些种群给予人为的支持，强化其在系统中的地位。这势将打破原有的平衡，使生态系统向着人们可能难以预料的方向演替。由此产生的效果可能是负面的，如病害发生、生态灾害频发。显然，应当对增殖生物可能对生态系统影响进行预测和监测，为生态型生产和管理提供科学支撑[11]。

(3) 增殖海洋动物的生理、行为学研究薄弱。目前我国尚未开展洄游性鱼类的增殖生产。如何通过物理、化学或生物学手段，驯化鱼类，使其幼时从海洋牧场出发到外海，长成后又能回到海洋牧场形成渔获，这也是引导海洋牧场发展方向的基础性科学难题之一。

参 考 文 献

[1] 陈丕茂. 海洋牧场构建与展望. 第140场中国工程科技论坛中国海洋工程与科技发展论文集, 2012, 223-230.

[2] 杨红生.我国海洋牧场建设回顾与展望. 水产学报, 2016, 40(7): 1133-1140.

[3] 余远安. 韩国.日本海洋牧场发展情况及我国开展此项工作的必要性分析. 中国水产, 2008, 3: 22-24.

[4] Moksness E, Støle R. Larviculture of marine fish for sea ranching purposes: Is it profitable. Aquaculture, 1997, 155(1): 341-353.

[5] 沈国舫. 浙江沿海及海岛综合开发战略研究(生态保育卷). 杭州: 浙江人民出版社, 2013. 160-162.

[6] 王清印, 刘慧, 林文辉, 等. 我国水产养殖工程技术的现状、问题与发展趋势. 第 140 场中国工程科技论坛中国海洋工程与科技发展论文集, 2012, 231-237.

[7] 潘澎. 海洋牧场——承载中国渔业转型新希望. 中国水产, 2016, 01: 47-49.

[8] Greenville J, MacAulay T G. Protected areas in fisheries: a two-patch, two-species model Australian. Journal of Agricultural and Resource Economics, 2006, 50(2): 207-226.

[9] Ochwada-Doyle F, Gray C A, Loneragan N R, et al. Using experimental ecology to understand stock enhancement: Comparisons of habitat-related predation on wild and hatchery-reared Penaeus plebejus Hess. Journal of Experimental Marine Biology and Ecology, 2010, 390(1): 65-71.

[10] Agardy T. Effects of fisheries on marine ecosystems: A conservationist's perspective. ICES Journal of Marine Science: Journal du Conseil, 2000, 57(3): 761-765.

[11] 阙华勇, 陈勇, 张秀梅, 等. 现代海洋牧场建设的现状与发展对策. 中国工程科学, 2016, 03: 79-84.

撰稿人：李永祺 唐学玺

中国海洋大学，tangxx@ouc.edu.cn

中国近海绿潮来自何方？

Where the Green Tide Come From in the North Chinese Seas?

从 2006 年起，每年夏秋季节，由浒苔组成的绿潮便会侵占中国北黄海，尤其是山东半岛南侧海岸因为浒苔的堆积会形成“草原”景观。绿潮的发生，不仅影响了近岸海域的景观，更改变了海洋生态系统的物种结构，成为了一种生态灾难。在特定的海洋环境条件下，海洋水体中的某些大型绿藻突发性地增殖或者高度聚集，覆盖在海面上，被风浪卷到海岸后腐败产生有害气体，影响海洋景观且破坏海洋生态平衡[1]。早在多年前，欧洲就开始暴发绿潮灾害。近十多年来，随着沿岸海域污染的不断加重，在美国、加拿大、丹麦、荷兰、法国、意大利、日本、韩国及澳大利亚等国家的沿岸海域均暴发过绿潮灾害[2]。绿潮的暴发是由一系列因素的复杂综合作用导致的，这些因素可以概括为内因与外因两方面：内因是指绿潮藻独特的生物学特性和生态学特性，外因主要包括海水富营养化的物质基础，温度、盐度、酸碱度和光照强度的环境因子，以及海洋气候等全球性的变化因子。然而，这些因素具体如何影响绿潮的形成还是不解之谜。尤其是，为何 2006 年之前中国近海鲜见绿潮的发生？到底是什么原因导致绿潮的“异军突起”？绿潮藻生物量快速增长和强大繁殖力是绿潮暴发的基础原因。绿潮藻一般由石莼属(Ulva)、浒苔属(Enteromorpha，现已并入石莼属)、刚毛藻属(Cladophora)、硬毛藻属(Chaetomorpha)等组成。能够形成绿潮的藻类通常具有较宽的生态幅，具有非常高的竞争优势，它们能够高效的利用光能，对营养盐的吸收速率是其他海藻的 4~6 倍，能够迅速的吸收大量 N、P 等营养物质并始终保持较高的生长速率[3]。在条件适宜的富营养化海水中，绿潮藻的日生长速率很高。在起始绿潮藻生物量较低的海水中，绿潮藻幼苗的日生长速率可达 80%；而在一般生物量的海水中，绿潮藻的日生长速率一般为 10%~37%[4]。

绿潮藻具有多样的繁殖方式，包括营养繁殖(藻体细胞和断裂分枝再分化)、无性生殖(游孢子发育为配子体)、有性生殖(雌雄配子结合为合子)、单性生殖(雌雄配子不经接合直接发育成成体藻)等方式。引起我国绿潮的藻类多为石莼属绿藻，其生活史为典型的同形世代交替，生活史中的任何一个阶段都可以发育为成熟的藻体。同时绿潮海藻的孢子和藻体具有较强的抗胁迫能力，所以绿潮海藻在一定的水域环境中经常占主导地位[5]。

研究表明，中国近海发生的绿潮藻主要为浒苔属，包括浒苔、缘管浒苔、扁浒苔、条浒苔和肠浒苔在内的多种浒苔，其他浒苔属的物种占比例很小。浒苔具有特殊的中空管状结构，当浒苔脱离附着基后，浒苔的中空的管状内充满了光合作用产生的气泡，浒苔的浮力得以增加，可以漂浮在海水里生活。同时，浒苔中空充气的气体中含有氧，且氧浓度高于水体饱和溶解氧。因此，在漂浮状态下的浒苔生长率大于沉水状态/固着状态[4]，这可能是绿潮暴发的生态学原因。

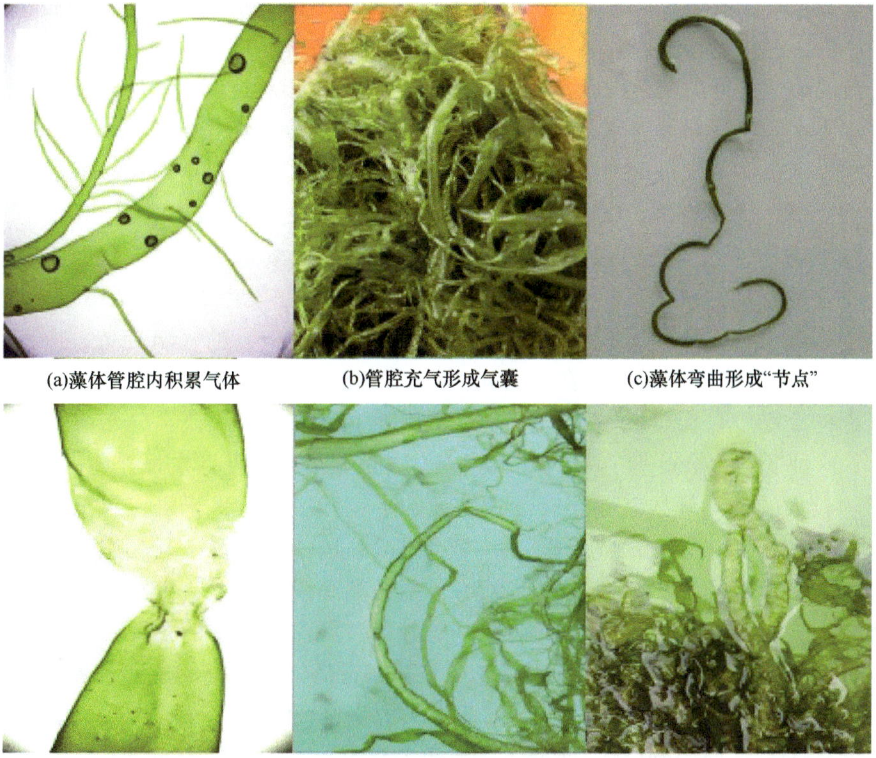

(a)藻体管腔内积累气体　(b)管腔充气形成气囊　(c)藻体弯曲形成"节点"

(d)"节点"处细胞颜色较淡　(e)"节点"之间充气形成封闭气囊　(f)气囊可漂浮在水平上

图 1　浒苔气囊形成过程[3]

中国近海由浒苔构成的绿潮一般在 5 月中旬在黄海盐城以东海面形成，初期覆盖面积一般只有几平方千米。至 6 月上旬，抵达连云港附近海域；6 月中旬至 7 月，抵达日照、青岛海域，并随海浪冲上海滩，同时继续向东北方向移动，面积也扩展到几百平方千米。

绿潮藻的共同特点是具有较高的营养盐吸收能力，因此与其他藻类、海草相比具有较强的竞争优势。水体富营养化程度的加剧是浒苔快速生长繁殖的有利因素，也是绿潮暴发的物质条件。有学者指出，佛罗里达西南沿岸的大型藻生物量在 1954~1963 年增长了 13 倍，在 1994~2002 年增长了 18 倍，这些增加与当地水域的营养状况有关[4, 6]。

影响绿潮的营养盐来源多样，可以归纳为以下几个主要途径：①陆源的营养盐。入海河流将来自工业、农业和日常生活的营养物质输送到大海中，导致近岸海区营养盐浓度较高[7]。国家海洋局发布的 2011 年海洋环境公报显示，江苏沿岸的海水水质均低于Ⅱ类水质，营养盐含量较高，这或许是导致黄海绿潮的最直接因素。②扩张的陆基水产养殖业。近岸海域的富营养化可能与该区域扩张的陆基水产养殖业密切相关[7]，水产养殖池内被投放了大量的有机肥料，当高营养盐浓度的养殖废水排海后，海水的富营养化状况加剧。③洋流的输送。长江冲淡水扩展及苏北沿岸上升流的输运，导致南黄海西南部表层水体中无机氮相对过剩，底层东北向的高营养盐水舌来源于长江冲淡水、台湾暖流前缘混合水的输入和底层有机物分解释放的营养盐，南黄海冷水域因有机物分解存在大量营养盐[7]。但这些不同来源的营养盐种类、比例、迁移规律，以及对绿潮暴发的影响机制还需进一步探究。

绿潮的暴发还与光照强度、温度和盐度等环境因素密切相关。在水体中，营养物质含量充足的前提下，温度和光照强度是影响绿潮发生的最主要因素。此外，近几十年全球气候变暖也有利于绿潮的暴发。黄海 5~6 月的气温升高，适宜浒苔的快速增长[6]。有报道显示，在过去 40 年间，3~5 月的 15℃ 等温线在我国黄海北移了近一个纬度。温度的变化已经在一定程度上改变了海洋藻类分布范围，在南黄海，这种变化也会改变浒苔的分布范围，同时导致其暴发性生长提前[7]。对绿潮藻影响较大的海洋气候条件还有变化较大的水流和风向。由于表层风浪的冲击，以及藻体主枝老化导致藻体碎裂，形成了藻段，进一步丰富了其起始生物密度、增加了其分生增殖能力，并在表层风场、流场和潮汐作用下，由小块的藻团不断聚集，形成连片不断的继续增殖。风力是浒苔在海洋中移动的主要强迫力，强劲持续的的东风或者东南风是导致 2008 年浒苔在青岛沿海登陆的主要外界强迫力，暴发后的绿潮随着黄海海域的表层海流由黄海南部(江苏沿岸海域)向北部(山东半岛海域)漂移[6]。而 2009 年，西南风使浒苔向东北方向漂移。定量分析表明，浒苔密集区的移动更倾向于与盛行风向一致，向下风方偏右 5°~40°方向漂移，浒苔密集区的移速与海流速度更加一致，约为海流速度大小的 0.8 倍。

有些学者通过对黄海沿海、山东半岛海域发生的绿潮进行同位素标记，并利用遥感技术跟踪发现，绿潮的发生可能与江苏省紫菜养殖面积迅速增加有关[8]。大量紫菜筏架的出现，为浒苔微观繁殖体提供了附着基。这可能在一定程度上促使了浒苔在苏北分布范围的扩大[7]。随着全球气候和海洋环境的不断变化，以及绿潮海藻对环境的适应进化，影响绿潮暴发和生长的各种因素变得更复杂。也有学者研究认为，全球气候变暖，以及其导致的海洋酸化有利于绿潮海藻的生长[5]。

综上，绿潮藻类自身特征、营养盐、水动力条件、水产养殖等因素都对绿潮的发生发展产生了影响，然而，中国近海的绿潮发生的原因和规律仍有许多科学问题需要解决：①浒苔的“种质资源”从何而来？②何种气象条件、营养条件、水文条件是绿潮发生的“充要条件”？③绿潮在海洋中的迁移受哪些因素决定，绿潮的消失又是由哪些条件决定？④绿潮的发生对生态系统的影响(不利影响和有利影响)是什么？

参 考 文 献

[1] 冯有良. 海洋灾害影响我国近海海洋资源开发的测度与管理研究. 中国海洋大学博士学位论文, 2013.

[2] 张浩. 黄海绿潮爆发机制分析及防治研究. 大连海事大学博士学位论文, 2013.

[3] 吴青. 浒苔漂浮与沉降机制研究. 上海海洋大学博士学位论文, 2015.

[4] 丁月旻. 黄海浒苔绿潮中生源要素的迁移转化及对生态环境的影响. 中国科学院研究生院(海洋研究所)博士学位论文, 2014.

[5] 吴玲娟, 曹丛华, 高松, 等. 我国绿潮发生发展机理研究进展. 海洋科学, 2013, 37(12): 118-121.

[6] 王超. 浒苔(*Ulva prolifera*)绿潮危害效应与机制的基础研究. 中国科学院研究生院(中国科学院海洋研究所)博士学位论文, 2010.

[7] 罗民波, 刘峰. 南黄海浒苔绿潮的发生过程及关键要素研究进展. 海洋渔业, 2015(6): 570-574.

[8] 王海霞. 中国近海赤潮/绿潮多发海域稳定同位素组成分析. 大连海事大学博士学位论文, 2012.

撰写人：李锋民　王震宇

中国海洋大学，lifengmin@ouc.edu.cn

大气沉降能够改变海洋生态系统的结构和功能吗？

Is Atmospheric Deposition Able to Change the Structure and Function of Marine Ecosystem?

大气沉降，也称为大气物质沉降，是指大气物质(颗粒物或气体)通过干、湿沉降的方式向地面或海面迁移的过程，其对海洋生态系统的影响主要是通过向海洋提供对浮游植物生长具有重要意义的营养物质和重金属等来实现的。浮游植物作为海洋生态系统中的初级生产者，贡献了全球约一半的初级生产力[1]。通常情况下，当海水中营养物质(如氮、磷、硅、铁等)充足时，硅藻、甲藻等大粒径浮游植物由于具有较高的生长速率和较强的抗捕食能力，更易成为优势种群，此时海洋初级生产力较高，海洋对大气 CO_2 的吸收效率也较高。相反，当海水中营养物质缺乏时，聚球藻、原绿球藻等小粒径浮游植物因具有较大的比表面积，更易从海水中吸收营养物质而成为优势种群，但此情景下，海洋初级生产力较低，海洋对大气 CO_2 的吸收效率也较低[2]。因此，大气沉降对海洋生态系统的影响主要取决于大气沉降带来的生物可利用性营养物质的多寡。在全球尺度上，大气沉降可对海洋生态系统产生影响，较为敏感的海域包括大西洋、太平洋、印度洋的近岸区域，以及全球海洋中的高营养盐-低叶绿素海区(high nutrients-low chlorophyll，HNLC)。

在全球气候变化和人类活动的共同影响下，大气沉降对海洋生态系统的影响逐渐增强[3]。一方面，越来越多的研究肯定了大气沉降对海洋初级生产的促进作用，即大气沉降为海洋带来了丰富的氮(N)、磷(P)、铁(Fe)等营养元素，促进了浮游植物的快速生长[4]；另一方面，有研究显示大气沉降为海洋带来过多的铜(Cu)、铅(Pb)、汞(Hg)等痕量金属，也可能会对浮游植物的生长产生抑制作用[5]。大气沉降对海洋浮游植物的生长无论是促进作用还是抑制作用，往往都伴随着浮游植物群落结构的变化，进而可能对海洋生态系统的结构和功能产生影响。

开阔大洋中 HNLC 海区含有充足的 N、P、Si 等生物可利用性营养物质，却由于缺乏 Fe 元素，浮游植物的生长受到限制，叶绿素浓度较低。针对这种现象，20 世纪 90 年代 Martin 提出 Fe 的补充能够加速海洋对大气 CO_2 的吸收，以及碳从海洋表层向深层的输送，进而显著提高海洋对碳的封存能力，即著名的“Fe 假说”[6]。在此基础上，进一步研究发现[7, 8]，海洋表层初级生产过程需要的 Fe 主要来源于陆地，而大气沉降(主要是沙尘沉降)是陆源 Fe 进入海洋的重要途径。然而，由于沙尘暴天气通常集中在个别季节，且具有阵发性和事件性，因此沙尘沉降对 HNLC

海区生态系统的影响并非终年存在。这种特征决定了沙尘沉降能够在短时间内(几天至几周)影响海洋生态系统的结构和功能。

但从年际尺度上来看，沙尘沉降对海洋中 Fe 浓度的影响是否具有累积效应，并进而永久性改变海洋生态系统的结构和功能？要回答这一问题，一个关键的制约因素是缺乏长时间序列且能够代表不同海区特征的观测资料。面临的主要困难是：①海水中 Fe 浓度的观测资料严重不足；②人们对海洋生态系统的认识，大多建立在航次调查的基础上，尚不足以反映海洋生态系统变化的时空连续性。

与 Fe 相似，大气 N 沉降同样能够促进浮游植物的生长。Kim 发现在年代尺度上，北太平洋海域相对 P 而言的 N 盈余(N*=N-16*P)明显增加，并指出这种变化主要是人为活动增加的大气 N 沉降而导致的[9]。此外，Kim 认为，虽然目前北太平洋海域浮游植物的生长主要受 N 限制，但日益增加的大气 N 沉降正在缓解甚至改变浮游植物生长的 N 限制状态，且极有可能从 N 限制转变为 P 限制，浮游植物的群落结构也将随之发生改变[9]。在年际和年代际的时间尺度上，受非洲沙尘影响的大西洋和地中海，是否也存在限制性营养盐的转换，并因此改变了海洋生态系统的结构和功能？澳大利亚邻近海域是否也因为受到沙尘沉降和 N 沉降的影响而发生了类似的变化？这些都是需要深入研究的问题。

与 Fe 和 N 沉降对海洋浮游植物生长的促进作用相比，大气 Cu 沉降对浮游植物生长的影响较为复杂，这是因为 Cu 是浮游植物生长必需的营养元素之一[10]，但海水中过高的 Cu 浓度又会使浮游植物的生长受到抑制[5]。通过培养实验，Paytan 等研究发现当海水中 Cu/Chl a 为 0.2~2 时，Cu 会对浮游植物产生毒性效应，并依此推断大气 Cu 沉降对浮游植物生长产生毒性的海域面积较工业化前有所增加[5]，这些区域主要包括孟加拉湾和中国近海及其邻近大洋。近年来，随着大气污染的加剧，其他元素如 Hg、Pb、镉(Cd)的大气沉降量也日益增加，这种变化是否也会对海洋浮游植物生长产生毒性效应进而改变生态系统的结构和功能，仍有待进一步的分析研究。最新研究显示，严重灰霾天气条件下，重金属的沉降可能会对海洋生态系统产生显著影响。船基围隔实验表明，当向培养系统添加灰霾颗粒浓度达到 2mg/L 时，浮游植物的生长会受到一定程度的抑制，浮游植物的粒级结构也可能向较小粒径方向转移[11]。

Hg 是经由大气输运的全球性污染物之一，工业革命以来，人类活动向环境释放的 Hg 已超过自然源的排放。大气干、湿沉降是海洋中二价汞(Hg(II))的主要来源，在短时间程度上，沉降入海的 80%汞又会以零价汞(Hg(0))的形式排放到大气中，但从长时间尺度看，海洋仍是大气 Hg 的最重要归宿[12]。从 20 世纪开始，海洋表层 Hg 的浓度已增加了 200%，次表层 Hg 的浓度增加了 25%。也有研究显示，鱼体内的 Hg 浓度随海区和水深都有明显的差异，但大气 Hg 的沉降究竟在多大程度上能够影响海洋生态系统的结构和功能是环境领域需要进一步研究的重要课题。

综上所述，大气沉降对海洋生态系统的影响具有复杂性，目前最具挑战性的难题是，如何判定以沙尘影响为主的大气沉降对海洋生态系统结构和功能的影响仅仅是短期和间歇性的，还是具有年际或年代际的累积效应(长期效应)? 海洋生态系统在调节全球气候变化方面具有重要作用，而海洋对气候的影响和反馈，主要体现在年际尺度上。因此，如何甄别和量化大气沉降对海洋生态系统影响的长期效应，是需要重点解决的科学难题。与此同时，①人为大气污染物(重金属、有机污染物等)已成为大气沉降研究不可忽视的重要部分，但我们对这类物质沉降通量时空变化及其对海洋生态系统潜在影响的认识仍远远不够；特别是，中国燃煤型能源结构可能导致更多重金属、营养物质向中国近海及其邻近海域沉降，其对海洋生态系统影响的特殊性亟待研究；②海洋生态系统变化的长时间序列观测依然匮乏，阻碍了人们对海洋生态系统结构和功能演化规律的认识；③更进一步，在大气沉降胁迫下，海洋生态系统对全球气候系统具有怎样的反馈作用，这种反馈作用的未来趋势是什么等，也是需要逐渐解决的科学难题。

参 考 文 献

[1] Field C B, Behrenfeld M J, Randerson J T, et al. Primary production of the biosphere: Integrating terrestrial and oceanic components. Science, 1998, 281(5374): 237-240.

[2] Maranón E, Cermeno P, Latasa M, et al. Temperature, resources, and phytoplankton size structure in the ocean. Limnology and Oceanography, 2012, 57(5): 1266-1278.

[3] 高会旺，姚小红，郭志刚，等. 大气沉降对海洋初级生产过程与氮循环的影响研究进展. 2014, 29(12): 1325-1332.

[4] Shi J H, Gao H W, Zhang J, et al. Examination of causative link between a spring bloom and dry/wet deposition of Asian dust in the Yellow Sea, China. Journal of Geophysical Research: Atmospheres, 2012, 117, D17304, doi: 10.1029/2012JD017983.

[5] Paytan A, Mackey K R M, Chen Y, et al. Toxicity of atmospheric aerosols on marine phytoplankton. Proceedings of the National Academy of Sciences, 2009, 106(12): 4601-4605.

[6] Martin J H. Glacial-interglacial CO_2 change: The iron hypothesis. Paleoceanography, 1990, 5(1): 1-13.

[7] Greene R, Falkowskill P, Chisholm S, et al. Testing the iron hypothesis in ecosystems of the equatorial Pacific Ocean. Nature, 1994, 371(8): 123-129.

[8] Boyd P W, Jickells T, Law C S, et al. Mesoscale iron enrichment experiments 1993-2005: Synthesis and future directions. Science, 2007, 315(5812): 612-617.

[9] Kim I N, Lee K, Gruber N, et al. Increasing anthropogenic nitrogen in the North Pacific Ocean. Science, 2014, 346(6213): 1102-1106.

[10] Moore C M, Mills M M, Arrigo K R, et al. Processes and patterns of oceanic nutrient limitation. Nature Geoscience, 2013, 6(9): 701-710.

[11] 李佳慧，张潮，刘莹，等.沙尘和灰霾沉降对黄海春季浮游植物生长的影响. 环境科学学报, 2016, 36(12):

[12] Driscoll C T, Mason R P, Chan H M, et al. Mercury as a global pollutant: Sources, pathways, and effects. Environ. Sci. Technol, 2013, 47: 4967-4983.

撰稿人：高会旺

中国海洋大学，hwgao@ouc.edu.cn

科普难题

海洋生态系统的年代际转型

Regime Shifts in Marine Ecosystems

在生态学中，年代际转型(regime shift)是指一个生态系统的结构和功能发生大范围、突然性和持续性的变化，是生态系统过程或反馈作用相互加强所形成的特征行为[1]。近 20 年来对年代际转型的研究论文呈指数增长，从 1990 年每年发表论文不到 5 篇，到 2007~2011 年每年超过 300 篇，可见我们对年代际转型现象越来越关注。但因生态系统的复杂性，对年代际转型的定义、特征、驱动机制甚至分类仍存在各种争议，对年代际转型的判别更是一个极具挑战的科学难题。相对于陆地生态系统，海洋生态系统时空变化大，对环境变化响应快，与陆地和大气相互作用明显，因而导致其年代际转型更加复杂。

经典的年代际转型分类是根据系统结构和演变过程划分的，分为三种不同的类型：平稳型、突然型和间断型[2]。平稳型是指生态系统面对外部条件变化做出持续稳定的反应，即外部压力(如捕捞量)和系统内部响应(如物种丰度)呈拟线性关系[3]；突然型一般是指外部压力(如捕捞量)和系统内部响应(如物种丰度)呈非线性关系；而间断型是指在一定压力下，生态系统演变相对迟缓，当外部压力超过系统阈值时，生态系统则突然演替为另一种稳态来替代原来的状态，因而导致生态系统演替轨迹存在差异性[4]。在海洋生态学中，年代际转型一般是指海洋生物群落组成和结构(物种组成、丰度、生物量、生产力)在多个营养级或一定地理尺度(至少是区域尺度)发生持续性和根本性的变化。此外，物种分布模式转变也是年代际转型的一种[5]。

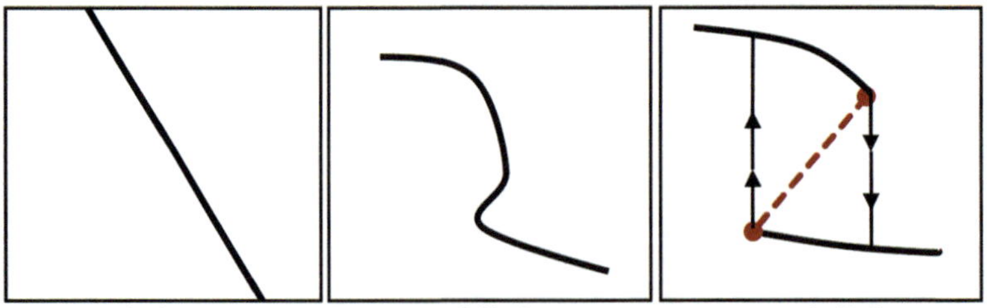

(a)平稳型　(b)突然型　(c)间断型

图 1　生态系统年代际转型类型[6]

年代际转型在生态学上具有重要意义，它显著影响生态系统的服务功能[7]。因而有必要对年代际转型开展系统地研究并进行准确的判别。然而，目前海洋生态系统年代际转型的概念未能进一步明确，选择哪些具有代表性的参数仍存在争议；同时，现行的分析方法也存在不足。因而，这些因素综合导致准确判别海洋生态系统的年代际转型成为一个科学难题。例如，什么量级变化可被认为是根本性转变？海洋生态系统的营养结构重组或物种分布的纬度变化是否可被判定为年代际转型？[8]此外，生态系统的年代际转型会因驱动因子的不同而异，因而对年代际转型的判别还取决于年代际转型的特征和驱动因子等[9]。

促使年代际转型的原因可能是内部稳定过程(如反馈机制)的弱化，或者外部干扰或冲击超过了生态系统的稳定阈值[10~12]。一般认为，海洋生态系统年代际转型的关键驱动因素主要有三种：非生物因素、生物因素和栖息地变化。非生物因素包括全球变暖、大气和海洋大规模振荡；生物因素主要包括过度捕捞和群落内部关键种发生演替而导致的食物网重建；栖息地结构破坏主要指自然非生物事件(如飓风)或者人为影响导致的破坏[9](如珊瑚礁区域使用炸药捕鱼、外来物种大量繁殖导致原生境的破坏)。这些驱动因素包括自然过程和人为活动影响，它们经常协同作用，其影响往往难以分开。海洋生态系统年代际转型的驱动力和系统响应的空间尺度各异，可以从几千米(如珊瑚礁[9])到几百千米(如西北大西洋的 Scotian 陆架[12])，甚至到几千千米(如北太平洋[13])。目前，大多数海洋学家主要通过收集生物和非生物长时间序列数据，而后采用经典的数学统计方法来判别海洋生态系统的年代际转型，其中对北太平洋、北海和珊瑚礁生态系统的年代际转型研究较多。

Hare 和 Mantua 率先综合分析了北太平洋 1965~1997 年长达 32 年的 100 种时间序列参数，确认在此期间北太平洋生态系统发生了两次年代际转型，即 1977 年和 1989 年(图 2)。进一步研究认为，虽然两次年代际转型都是由气候变化所引起的，但对生态系统结构变动的影响各异。1977 年转型的气候特征是冬季阿留申低压加强，北太平洋中部全年变冷，东北太平洋沿岸和白令海峡全年变暖，该气候变化对北太平洋南部和北部海域的生态影响各异。在白令海和阿拉斯加海湾，中上层浮游动物和鱼类大量增加，鸟类和海洋哺乳动物则锐减，而在加利福尼亚海域，中上层浮游动物和底栖鱼类大量减少，海豹的生物量显著增加[14, 15]。1989 年转型的气候特征是冬季阿留申低压减弱，北太平洋中部和东北太平洋沿岸夏季变暖，生态系统结构的变动与 1977 年转型存在显著差异，此次转型呈不列颠哥伦比亚省鲑鱼和底栖鱼生物量大幅下降，沙丁鱼和太平洋鳕鱼大量增加[14, 15]。此外，还有研究表示太平洋年代际涛动(pacific decadal oscillation，PDO)也可能是引起北太平洋海洋生态系统年代际转型的重要驱动力[16]。

目前越来越多的研究表明，大西洋生态系统也发生了年代际转型。Reid[17]等在 2001 年通过生物指标(从浮游植物到鱼类)发现北海中上层生态系统从 20 世纪 80

年代发生显著变化，第一次指出北海生态系统已经发生年代际转型。为进一步验证北海生态系统是否发生了年代际转型，Beaugrand 分析了北海 1982~1988 年从单个物种到重要生态系统参数，包括浮游植物到鱼类不同营养级参数，表明北海生态系统在此期间确实发生了年代际转型，其原因可能是大尺度的水文气象因子变化导致的[18]。Weijerman 等通过主成分分析、年代际转型分析和时间聚类分析表明，北海在 1979 年和 1988 年发生了年代际转型[19]。

此外，珊瑚礁生态系统也经常发生年代际转型[20]。因过度捕捞和富营养化导致珊瑚死亡率上升，繁殖率下降，导致原来以珊瑚为主的生态系统转变为以肉质海藻或其他海藻为优势的生态系统[21]，如在澳大利亚温带珊瑚礁，因气候变化导致过去几十年海水平均温度逐渐上升，尤其在 2011 年、2012 年、2013 年夏季水温指数骤增,使以巨藻林为主的生态系统演替为以海藻泥为主的生态系统(图 3)[22]。

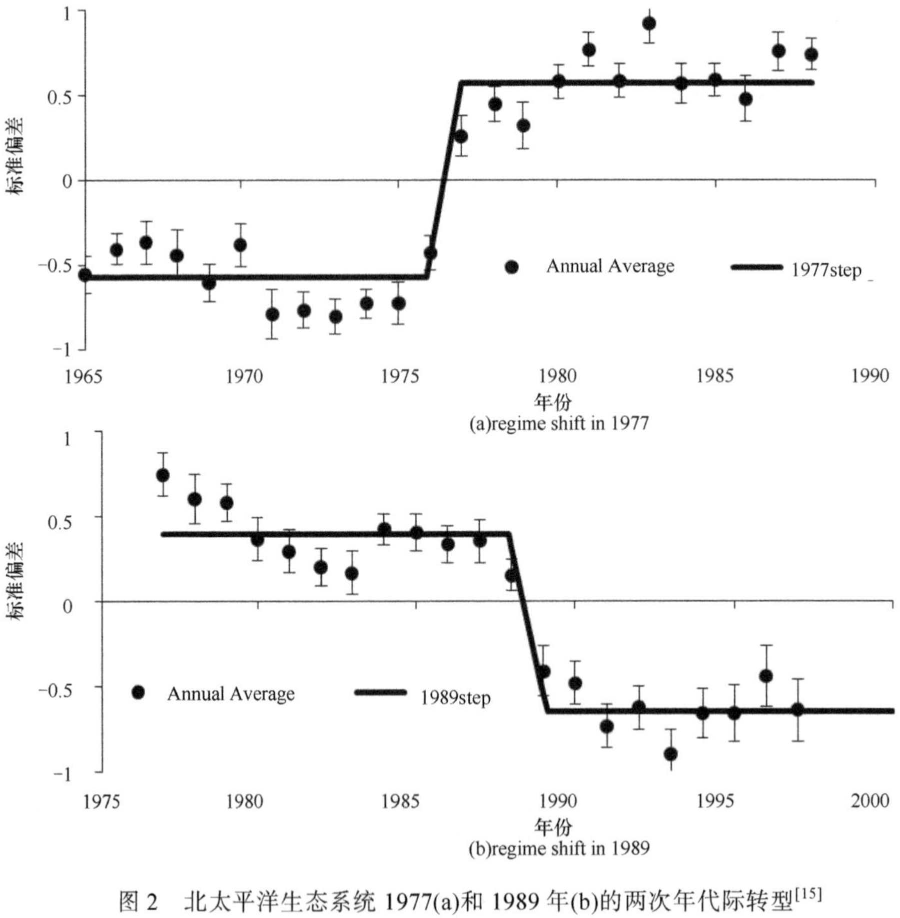

图 2　北太平洋生态系统 1977(a)和 1989 年(b)的两次年代际转型[15]

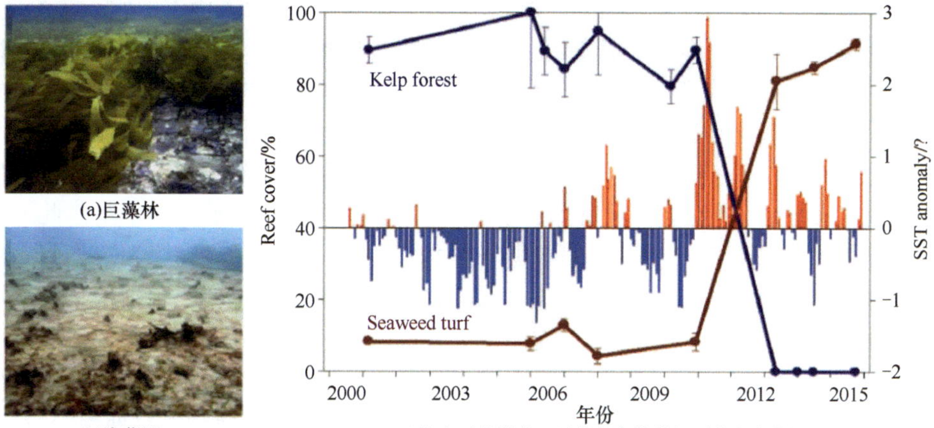

(a)巨藻林 (b)海藻泥 (c)海水平均温度、巨藻林和海藻泥覆盖率变化图

图 3 澳大利亚温带珊瑚礁生态系统的年代际转型[22]

年代际转型的理论是从非线性系统数学运算发展来的，目前年代际转型的判别可通过采集一系列时间序列数据，运用经典的统计方法如平均标准偏差、主成分分析或者神经网络分析可知[23]。例如，Ebbesmeyer 应用平均标准偏差创建单个年代际转型指标，并将它应用于分析北太平洋 1968~1984 年环境因子数据，通过综合指数发现在北太平洋生态系统于 1977 年发生了年代际转型[24]。Hare 和 Mantua 等采用主成分分析和平均标准偏差综合方法来分析北太平洋大尺度气候和生态系统变化历史数据，两个分析方法均表明北太平洋在 1977 年和 1989 年发生年代际转型[15]。目前我们以生态系统中的营养盐、浮游动物、浮游植物、鱼类、鸟类和哺乳动物等参数作为环境和生物指标，但当前生态系统中所有类别的长时间序列数据都较为缺乏，已有数据的时间尺度大多不超过 50 年[25]。同时，目前使用的数据基本上是单个参数(物理和生物时间尺度数据集)或者代表多种多时间尺度权重水平的复合变量，但这些时间序列数据是否可以代表整个海洋生态系统变化还存在争议，因而使用的数据与海洋生态系统年代际转型是否具有一定的相关性仍存在疑惑[3]。此外，时间序列数据呈显著的梯度变化是年代际转型不可或缺的条件，当时间序列数据存在离散值时，人们可以判别系统发生了年代际转型，但仅靠这些时间序列数据并不能推导出年代际转型的类型[3]。因此尽管年代际转型可通过某些变量的时间序列数据变化得知，但如何从中准确判别生态系统年代际转型，以及什么参数可作为年代际转型的参考变量还需进一步探究[25]。

我国海洋生态系统的长时间序列连续观测起步较晚，数据积累极为缺乏，对海洋生态系统年代际转型的研究尚处于起步和数据积累阶段。目前，我国对强厄尔尼诺(El Niño)事件、全球变暖和人类活动对近海典型生态系统(长江口、黄海、台湾海峡等)的影响研究较多。近岸生态系统相对于开阔大洋受到更多压力，如富营养化、全球变暖、缺氧、海岸带生境变化(“海上长城”、围填海)等。近海生态系统变化也十分明显，如有害藻华频发、黄海绿潮和水母暴发似成常态化趋势[26, 27]。但黄海、东海的生态系统是否已发生年代际转型尚无法判定，还需进一步开展研究。

综上所述，我们对海洋生态系统年代际转型现象的了解越来越清楚，但因生态系统的复杂性，目前对年代际转型的特征和驱动机制的理解仍然不足。此外，海洋生态系统长时间高分辨率的数据资料非常有限，因此从时间序列数据判别年代际转型仍存在一定的局限，当前对海洋生态系统年代际转型的判别仍具挑战。因而有必要加强对生态系统动态演变和年代际转型的研究，重点探明年代际转型的驱动因子和调控机制，在此基础上，进一步完善海洋生态系统年代际转型的概念，建立判别的指标体系和模型，开展海洋生态系统年代际转型的早期预警研究，最终对地球系统，以及对社会-生态系统的影响进行风险评估。

参 考 文 献

[1] Biggs R, Carpenter S R, Brock W A. Turning back from the brink: detecting an impending regime shift in time to avert it. Proceedings of the National Academy of Sciencesof the UnitedStates of America, 2009, 106(3): 826-831.

[2] Beisner B E, Haydon D T, Cuddington K. Alternative stable states in ecology. Frontiers in Ecology & the Environment, 2003, 1(7): 376-382.

[3] Collie J S, Richardson K, Steele J H. Regime shifts: Can ecological theory illuminate the mechanisms. Progress in Oceanography, 2004, 60(2): 281-302.

[4] Scheffer M, Nes E H V. Mechanisms for marine regime shifts: Can we use lakes as microcosms for oceans. Progress in Oceanography, 2004, 60(s 2-4): 303-319.

[5] Bakun A. Regime shifts. In: Robinson A R, Brink K. The Sea. Cambridge, Massachusetts: Harvard University Press, 2004(13): 971-1018.

[6] Lees K, Pitois S, Scott C, et al. Characterizing regime shifts in the marine environment. Fish and Fisheries, 2006, 7(2): 104-127.

[7] Crépin A S, Biggs R, Polasky S, et al. Regime shifts and management. Ecological Economics, 2012, 84: 15-22.

[8] Collie J S, Richardson K, Steele J H, et al. Physical forcing and ecological feedbacks in marine regime shifts. International Credential Evaluation Service CM 2004fM, 2004, 6: 1-26.

[9] Deyoung B, Barange M, Beaugrand G, et al. Regime shifts in marine ecosystems: Detection, prediction and management. Trends in Ecology & Evolution, 2008, 23(7): 402-409.

[10] Scheffer M, Carpenter S, Foley J A, et al. Catastrophic shifts in ecosystems. Nature, 2001, 413(6856): 591-596.

[11] Scheffer M, Carpenter S R. Catastrophic regime shifts in ecosystems: Linking theory to observation. Trends in Ecology &Evolution, 2003, 18(12): 648-656.

[12] Frank K T, Petrie B, Choi J S, et al. Trophic cascades in a formerly cod-dominated ecosystem. Science, 2005, 308(5728): 1621-1623.

[13] Chavez F P, Ryan J, Lluchcota S E, et al. From anchovies to sardines and back: Multidecadal change in the Pacific Ocean. Science, 2003, 299(5604): 217-221.

[14] Benson A J, Trites A W. Ecological effects of regime shifts in the Bering Sea and eastern North Pacific Ocean. Fish and Fisheries, 2002, 3(2): 95-113.

[15] Hare S R, Mantua N J. Empirical evidence for North Pacific regime shifts in 1977 and 1989. Progress in Oceanography, 2000, 47(2): 103-145.

[16] Barange M. Ecosystem science and the sustainable management of marine resources: From rio to Johannesburg. Frontiers in Ecology & the Environment, 2003, 1(4): 190-196.

[17] Reid P C, Martin E, Gregory B, et al. Periodic changes in the zooplankton of the North Sea during the twentieth century linked to oceanic inflow. Fisheries Oceanography, 2003, 12(4-5): 260-269.

[18] Beaugrand G. The North Sea regime shift: Evidence, causes, mechanisms and consequences. Progress in Oceanography, 2004, 60(2-4): 245-262.

[19] Weijerman M, Lindeboom H, Zuur A F. Regime shifts in marine ecosystems of the North Sea and Wadden Sea. Marine Ecology Progress Series, 2005, 298(1): 21-39.

[20] Hoegh-Guldberg O, Mumby P J, Hooten A J, et al. Coral reefs under rapid climate change and ocean acidification. Science, 2007, 318(5857): 1737-1742.

[21] Hughes T P, Graham N A J, Jackson J B C, et al. Rising to the challenge of sustaining coral reef resilience. Trends in Ecology & Evolution, 2010, 25(11): 633-642.

[22] Wernberg T, Bennett S, Babcock R C, et al. Climate-driven regime shift of a temperate marine ecosystem. Science, 2016, 353(6295): 169-172.

[23] Mantua N. Methods for detecting regime shifts in large marine ecosystems: A review with approaches applied to North Pacific data. Progress in Oceanography, 2004, 60(2): 165-182.

[24] Ebbesmeyer C C, Cayan D R, McLain D R, et al. 1976 step in the Pacific climate: Forty environmental changes between 1968-1975 and 1977-1984. In: Betancourt J L, Tharp V L. Proceedings of the Seventh Annual Pacific Climate Workshop, April 1990. California Department of Water Resources. Interagency Ecological Studies Program, Technical Report 26, 115-126.

[25] Deyoung B, Harris R, Alheit J, et al. Detecting regime shifts in the ocean: Data considerations. Progress in Oceanography, 2004, 60(2-4): 143-164.

[26] 于仁成, 刘东艳.我国近海藻华灾害现状、演变趋势与应对策略. 中国科学院院刊, 2016, 31(10): 1167-1174.

[27] 孙松, 于志刚, 李超伦. 等. 黄、东海水母暴发机理及其生态环境效应研究进展. 海洋与湖沼, 2012, 43(3): 401-405.

撰稿人：黄邦钦 钟燕平 柳 欣

厦门大学，bqhuang@xmu.edu.cn

海洋水龄谱及其环境海洋学意义

Spectrum of Seawater Age and its Significance in Environmental Oceanography

定量认识海洋中的物质迁移与转化规律是理解海洋环境与生态演变机理的基础。“途径”和“时间”是定量认识海洋中物质迁移与转化规律的两个基本要素。通过“途径”区分物质从源到汇的物理、化学、生物迁移与转化过程，通过“时间”可定量化物质从源到汇的迁移与转化速率。对于海洋中的生物地球化学过程，一般用转化速率(如生长率、代谢率、矿化率等)，即“时间”的倒数来表示其快慢。与之对应，为了定量描述平流、扩散等物理过程的速率，海洋学家引入存留时间、水龄等变量来定义这个“时间”[1]。存留时间表示所有水质点通过某个或某些过程移出研究区域所消耗的平均“时间”，多用于海洋物理自净能力研究，其假设是系统处于准稳态，且研究区域内部的物质分布处处均匀。水龄表示水质点从源到达研究区内空间某点所用“时间”，即“出生”以来的“年龄”，因此水龄可反映源头水体(及所含物质)在研究区产生环境效应的持续时间。在探讨河口径流、污水排海等入海物质在海洋中的迁移转化时，可借用水龄这一概念，在时间尺度这一框架下更细致地对比和分析物理输运与海洋生物地球化学过程的不同作用。

在实际的海洋科学研究中，弄清海洋中每个水质点的“年龄”是不可能的。20 世纪 70 年代，IPCC 计划的奠基人之一 Bert Bolin 教授及其合作者最早从动力学角度提出了可应用于实际研究的“水龄”概念[2]，即水体微团在空间某点的水龄为该水体微团自进入研究区以来到流经该点所需要的时间(图 1)。水体微团是由大量水质点组成的，因此这个“水龄”指的是平均“年龄”。流场的时空不均匀性和湍流扩散过程会使微团之间不同“年龄”的水质点发生交换。伴随交换过程，同一微团内的水质点来源会发生改变，其“年龄”构成也会相应变化(图 1)。“水龄谱”，即是用于定量描述微团内部水质点“年龄”构成分布的概念。从统计学的角度来看，水龄谱才是广义的“水龄”，而“水龄”则是水龄谱的一阶统计量。

水龄的概念虽然早已被提出，但其动力学方程组的建立却历经 20~30 年的探索。直至 21 世纪初，Deleersnijder 等[1]提出了基于组分的水龄控制方程，这是 CART 理论体系(constituent-oriented age and residence time theory，www.climate.be/cart)的重要基础之一。该理论可充分考虑平流、扩散、生化源/汇等过程，思路严谨，数值计算上也易与水动力模式耦合，因此被广泛应用于海洋中物质输送、垂向

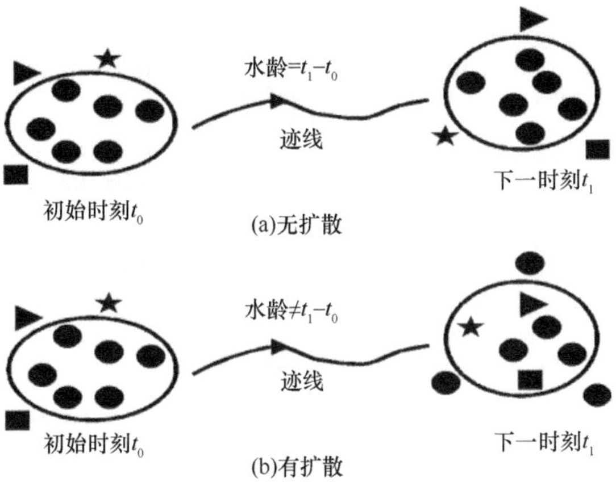

图 1 扩散对水龄的影响[1]

交换，以及污染物输运、海洋碳循环、缺氧和藻类生长的研究[3~7]。与传统的拉格朗日计算方法相比，CART 理论体系提供了更有效的计算方法。另外，放射性同位素手段虽也被用于估算水体微团的年龄，但由于其计算原理上忽略扩散过程的作用，因此所得结果会与真实水龄有所差异[1, 4]。总的来看，现有工作大多是针对水体微团的“平均”水龄，而对水龄谱的研究甚少。

现阶段，海洋水龄谱的研究主要存在三个方面的挑战。首先，对水龄谱时空变化的过程与机理的认识极其薄弱。其次，水龄谱所满足的是五维偏微分方程组，包括时空四个维度和一个年龄维度，与传统的物质浓度所满足的四维偏微分方程组显著不同[1]。故求解水龄谱比求解物质浓度更为复杂，计算量也大很多。最后，由于缺少有效的观测手段，水龄谱这一概念还停留在理论层面。因此，未来对水龄谱的研究，仍需要在理论、数值计算方法和观测技术层面上，以及与海洋生物过程、化学过程的综合与交叉等方面同步加强。

参考文献

[1] Deleersnijder E, Campin J M, Delhez E J M. The concept of age in marine modelling I. Theory and preliminary model results. Journal of Marine Systems, 2001, 28: 229-267.

[2] Bolin B, Rodhe H. A note on the concepts of age distribution and transit time in natural reservoirs. Tellus, 1973, 25(1): 58-62.

[3] de Brye B, de Brauwere A, Gourgue O, et al. Reprint of Water renewal timescales in the Scheldt Estuary. Journal of Marine Systems, 2012, 128: 3-16.

[4] Delhez E J M, Deleersnijder E. Age and the time lag method. Continental Shelf Research, 2008, 28: 1057-1067.

[5] Liu Z, Wang H, Guo X, et al. The age of Yellow River water in Bohai Sea. Journal of Geophysical Research, 2012, 117(C11006): 1-19.

[6] Shen J, Haas L. Calculating age and residence time in the tidal York River using three-dimensional model experiments. Estuarine, Coastal and Shelf Science, 2004, 61: 449-461.

[7] Shen J, Hong B, Kuo A Y. Using timescales to interpret dissolved oxygen distributions in the bottom waters of Chesapeake Bay, Limnol. Oceanogr, 2013, 58(6), 2237-2248.

撰稿人：高会旺　沈　健

中国海洋大学，hwgao@ouc.edu.cn

著名的“CLAW”假说是否退出历史舞台？

Is it Time to Retire the CLAW Hypothesis?

云凝结核指在大气水汽过饱和条件下，可以活化增长为云滴和雾滴的大气颗粒物。云凝结核通过改变云滴的数量和尺寸影响云的反照率，进而改变到达地球表面的太阳辐射量[1]。在20世纪80年代的研究表明，由海洋浮游植物释放的二甲基硫(dimethyl sulfide，DMS)通过海气交换进入大气后，经化学转化生成的非海洋硫酸盐细颗粒物被认为是开阔大洋的主要云凝结核[2, 3]。作为活跃的云凝结核，可以影响云反照率。因此，二甲基硫排放的增长会产生更多的硫酸盐细颗粒物，削减到达海洋表面的太阳辐射，从而抑制了浮游植物的生长和二甲基硫的排放。相应的，二甲基硫排放的减少会降低云凝结核的浓度，同时削弱云的反照率，随之而产生的温度和辐射改变又会使浮游植物产生更多的二甲基硫气体，最终在云反照率和海洋表面二甲基硫浓度之间建立起一个负反馈循环，这种气候反馈循环被命名为“CLAW”假说，是由Charlson，Lovelock，Andreae 和 Warren在1987年提出来的[3]。该假说主要是基于当时的研究结果，即①非海盐硫酸盐在亚微米海洋气溶胶中普遍存在；②云存在的高度上，含钠颗粒的浓度可以忽略，从而排除了海盐粒子作为云凝结核的可能。然而，有机物却没有被考虑在内，这是由于当时人们对有机物在海洋大气中的浓度和成分了解较少。尽管在热带南大西洋[4]和东北太平洋[5]对云凝结核和二甲基硫的测定结果表明，40%~50%的云凝结核方差浓度主要由二甲基硫贡献，且南大西洋的研究展现了非海盐硫酸盐与云凝结核浓度之间显著关系。但这些研究均没有表明云凝结核浓度对二甲基硫排放改变的灵敏度，也没有排除其他云凝结核来源的可能性[6]。

经过多年研究，人们对海洋气溶胶的组成与来源有了新认识。Quinn 和 Bates[6]总结了海洋边界层的其他云凝结核来源，如非二甲基硫源、海盐源、有机物源，以有机物来源为例，在北大西洋和北太平洋偏远地区采集的样品中，发现了从海洋中排放的包含有机羟基的类碳水化合物[7]。对海洋有机气溶胶研究的总结表明，海洋衍生气溶胶含有蛋白、多糖、氨基酸、微生物及其碎片[8]。海洋微表层有机物样品和大气气溶胶样品中有机组分的成分相似性[9]和其他实验共同为海洋边界层云凝结核的有机来源提供了有力证据。

通过对海洋气溶胶的研究和对云凝结核的来源衡算，Quinn 和 Bates[6]在文章中表明，海洋表面的泡沫破裂被认为是海洋边界层中气溶胶质量和数目的主要来源，这个过程会将海水中的无机、有机组分引入大气中，无机组分主要由海盐组成，而有机组分源于浮游植物和海洋表面的有机物。因此，开阔大洋边界层中的云凝结核浓度是由海盐和有机物排放、二甲基硫转化及颗粒增长等共同作用的结果，从而在原有单一二甲基硫负反馈循环的基础上得出了多种云凝结核来源及转化机制，如图1所示。

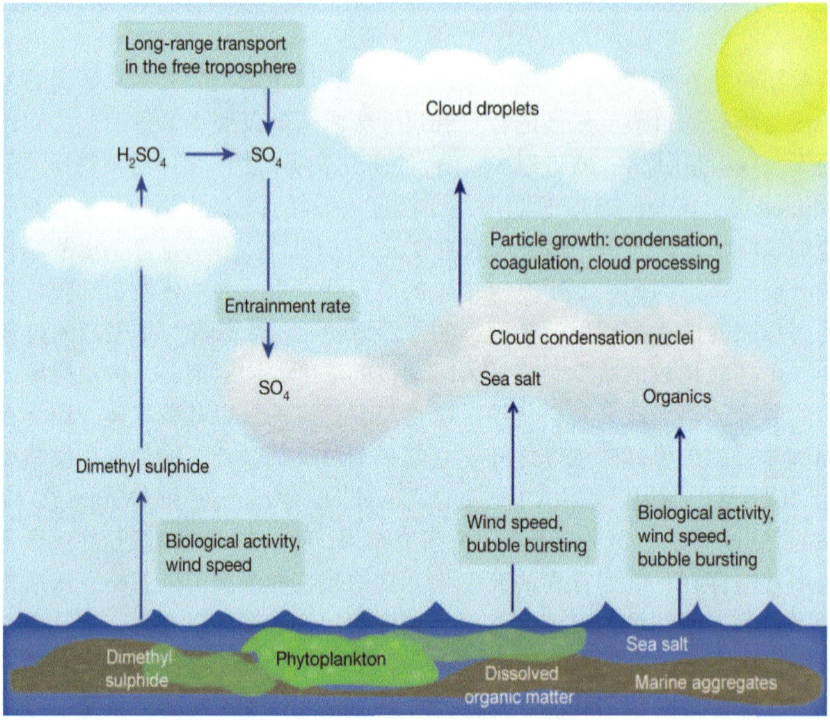

图1　开阔大洋大气边界层中基于多种来源的云凝结核产生、转化机制[6]

在过去的20多年中，为了证明CLAW假说，开展了包括海洋边界层观测、实验室试验研究和模型建立等多方面的工作[6]。然而，这些研究并没有给出二甲基硫主导海洋大气中生物-气候反馈循环的有力证据，而且在CLAW假说提出的负反馈循环中，每一个阶段内“改变”与“响应”之间关系的弱灵敏度，表明对于云凝结核的二甲基硫的生物调控过程可能不存在。而事实上，海洋边界层中云凝结核和云量对气溶胶变化的响应过程可能比我们20年前所认识的更为复杂[6]。

Quinn和Bates [6]在文章中指出，CLAW假说的提出，将海洋生物地球化学、大气化学、云物理和气候动力学联合在一个反馈中，在学科跨度上是创新且有远见的，而如果CLAW假说最终没有经受住时间的检验，或许是源于当时检验方法的局限性和对海洋过程、大气过程认知的不确定性，而现在我们对这些过程有了更进一步的了解。或许 CLAW 假说已经不再适用，或许有其他比二甲基硫更重要的云凝结核贡献源的存在，但 CLAW 假说对未来的研究仍是具有导向意义的，随着观测手段的革新、对海气传输过程的深入认识和跨学科的合作研究，相信更为全面、准确的海洋大气云凝结核产生转化机制将被提出和证实，其对气候的潜在影响也会被更好的评估。关于海洋大气气溶胶化学组成和来源的研究，已经成为上层海洋-低层大气研究国际计划(surface ocean - lower atmosphere study，SOLAS)的核心问题之一，在此研究中，将进一步理解海洋二甲基硫产生及海气界面交换过程对大气化学过程、云物理过程及其气候效应。

参 考 文 献

[1] Twomey S. The influence of pollution on the shortwave albedo of clouds. Journal of the Atmospheric Sciences, 1977, 34(7): 1149-1154.

[2] Shaw G E. Bio-controlled thermostasis involving the sulfur cycle. Climatic Change, 1983, 5(3): 297-303.

[3] Charlson R J, Lovelock J E, Andreae M O, et al. Oceanic phytoplankton, atmospheric sulphur, cloud albedo and climate. Nature, 1987, 326(6114): 655-661.

[4] Andreae M O, Elbert W, Mora S J D. Biogenic sulfur emissions and aerosols over the tropical South Atlantic: 3. Atmospheric dimethylsulfide, aerosols and cloud condensation nuclei. Journal of Geophysical Research Atmospheres, 1995, 100(D6): 11335-11356.

[5] Hegg D A, Ferek R J, Hobbs P V, et al. Dimethyl sulfide and cloud condensation nucleus correlations in the northeast Pacific Ocean. Journal of Geophysical Research Atmospheres, 2012, 961(D7): 13189-13191.

[6] Quinn P K, Bates T S. The case against climate regulation via oceanic phytoplankton sulphur emissions. Nature, 2011, 480(7375): 51-56.

[7] Russell L M, Hawkins L N, Frossard A A, et al. Carbohydrate-like composition of submicron atmospheric particles and their production from ocean bubble bursting. Proc Natl Acad Sci U S A, 2010, 107(15): 6652-7.

[8] Components T. Polysaccharides, proteins, and phytoplankton fragments: Four chemically distinct types of marine primary organic aerosol classified by single particle spectromicroscopy. Advances in Meteorology, 2010, 2010(1): 185-194.

[9] Bigg E K, Leck C, Tranvik L. Particulates of the surface microlayer of open water in the central Arctic Ocean in summer. Marine Chemistry, 2004, 91(1-4): 131-141.

撰稿人：胡　敏　吴志军

北京大学，minhu@pku.edu.cn

增殖放流中国对虾与野生群体的博弈

Several Potential Ecological Conflicts Between Released and Wild Chinese Shrimp Population in Enhancement Activity

中国对虾(*Fenneropenaeus chinensis*)是一年生大型经济对虾，主要分布在我国黄渤海及朝鲜半岛西海岸海域，是我国重要的捕捞和海水养殖对象。也是世界上分布纬度最高(41°N)，唯一行长距离洄游的暖温性对虾[1]。历史上中国对虾资源丰富，据统计，中国对虾秋汛产量最高年份的 1979 年为 39499 t，春汛产量最高年份的 1974 年为 4898 t。20 世纪 80 年代以来，随着捕捞强度的不断加大、生态变迁、水域污染、病害频发等原因。中国对虾野生资源量迅速萎缩。1998 年统计数据表明，当年中国对虾秋汛产量已经下降到 500 t，而春汛在 1989 年以后已经消失[2, 3]。为保护、恢复中国对虾渔业资源，建立可持续利用机制，我国于 1981 年在黄渤海特定海区(包括山东半岛的桑沟湾、乳山湾和胶州湾)启动了中国对虾增殖放流试点[4]。随后，在北方沿海各地开展的大规模增殖放流活动使中国对虾资源量得到很大程度的补充。根据莱州湾和渤海湾南部海域统计数据，2007~2013 年，累计放流中国对虾苗种 42.9 亿尾，累计捕获中国对虾 7487.97 t，平均年捕捞量 1000 t 左右[5]。近年来，黄渤海中国对虾每年放流规模都在 20 亿尾以上，中国对虾已成为我国海洋增殖放流数量最多的种类。人工增殖放流活动对维持中国对虾捕捞业延续及自然群体资源的补充和恢复显而易见。不过由于增殖放流是大规模人为干预条件下自然种群资源的再生过程，整个过程是在开放的自然海域中进行的，加之中国对虾特殊的生态生活习性(一年生，跨年度、跨海域洄游分布)、特定的增殖放流特点(放流数量巨大，放流规格微小——放流规格仅 1.2cm 左右，回捕率较低)等因素，目前中国对虾增殖放流仍存在诸多谜团亟待解答。包括：增殖放流群体对野生群体的遗传稀释如何，增殖放流群体在繁殖群体中的组成，以及其对下一世代群体遗传贡献，人工增殖条件下，增殖群体与自然种群的遗传水平差异、增殖放流群体近交衰退风险如何等关键科学问题[6, 7]。

历史上对回捕样品中增殖放流与野生群体数量的统计有多种方法[2, 4, 8~14]。但均无法对放流和野生数量实现准确估算，更无法进行个体间的精确区分。目前也没有任何物理标记能够大批量适用于放流规格(1.2cm)的对虾个体[15]。有学者在对 1984~1998 年的中国对虾放流效果进行系统研究后指出“连续十多年大规模的对虾种苗放流是在缺乏科学指导的条件下进行的”，认为其中的主要原因就是回捕率无法得到精确估算[4]。换言之，回捕渔获中，增殖放流与野生个体的准确区分及数量统计是整个增殖放流评估的核心关键。

由于中国对虾是具有洄游习性的大型经济虾类，放流群体与野生群体的博弈从时空维度上贯穿于整个洄游过程，仅仅静态评估它们之间的数量变动、遗传渗透、行为生态互动是不完整的。简单来说，自然群体整个生活史一般可以划分为三个阶段：索饵、越冬和生殖洄游。每年春季，所有孵化个体在产卵场及周边海区进行索饵，到秋汛捕捞季节，除去绝大部分被捕捞的个体，其余个体在越冬洄游过程中完成交尾并洄游到黄海中部进行越冬。翌年春季雌虾再沿着生殖洄游路线返回到各个产卵场完成产卵孵化。令人感兴趣的是：放流群体是否也遵循这个规律？同一海域放流的个体翌年是否仍旧返回到同一个海域完成生殖还是会迁徙到其他产卵场而不记得自己原来的家乡？山东放流的虾苗是否给河北的增收做出了贡献？增殖放流群体在繁殖群体中的比例及与自然群体遗传水平差异等，这些问题至今尚未有圆满的解答。近几十年以来，由于商业利益驱使，春季怀卵亲虾已经无法完成生殖洄游过程，其在尚未洄游到各自产卵场之前，绝大部分就已经在山东半岛东南外海被捕捞殆尽，从而使得目前利用各种手段(如分子标记个体溯源等)对各个产卵场亲虾进行溯源变得不再可能。

同样，由于商业利益的驱使，育苗场为了利润最大化，往往使用最少的亲虾完成放流苗种的生产。相比自然环境，人工培育条件下的出苗率会更高，而每尾雌虾能够有更多的后代被释放到自然环境中，这无形中导致放流群体近交水平的提高，对种群的生态安全形成潜在危害。目前研究结果已经发现，渤海湾放流亲本和放流群体都存在一定程度的近交，近交系数分别为13.23%和11.60%。实际上，在放流个体亲子溯源中也检出了数量不等的1母3子类型、1母4子类型和1母5子类型。由于缺乏连续多年数据监控，目前尚不明晰这种近交水平能导致中国对虾自然群体出现何种程度的适应性性状(生长、抗病、繁殖性能等)的衰退(近交一般导致适应性性状的衰退)。令人遗憾的是目前缺乏相关的法规对放流苗种数量与亲虾的使用数量做出规定。同时，基于有效群体大小推算，研究结论也建议渤海湾(天津汉沽)北部海域增殖放流亲虾使用数量不少于3040尾(2013年度亲虾实际使用量为2000尾——不包括未成功产卵的个体，低于此建议指标)[16]。类似的结果也出现在2015年莱州湾中国对虾增殖放流中。这些问题在中国对虾增殖放流连续实施了近30年之后，在人为活动对中国对虾自然群体产生了严重影响之后变得尤为突出和重要。目前急需客观评估黄渤海增殖放流中国对虾对自然群体的影响及资源补充效果，以为渔业政策决策提供科学依据。

参 考 文 献

[1] 邓景耀. 对虾渔业生物学研究现状. 生命科学, 1998, 19(4): 191-194.

[2] Wang Q Y, Zhuang Z M, Deng J Y, et al. Stock enhancement and translocation of the shrimp Penaeus chinensis in China. Fisheries Research, 2006, 80: 67-79.

[3] 邓景耀, 庄志猛. 渤海对虾补充量变动原因的分析及对策研究. 中国水产科学, 2001, 7(4): 125-128.

[4] 邓景耀. 对虾放流增殖的研究. 海洋渔业, 1997, 1: 1-6.

[5] 谢周全. 山东沿海主要增殖放流种类摄食习性、回捕率及放流效益分析. 上海海洋大学硕士学位论文, 2015.

[6] Munro J L, Bell J D. Enhancement of marine fisheries resources. Reviews in Fisheries Science, 1997, 5(2): 185-222.

[7] 叶昌臣, 孙德山, 郑大宝, 等. 黄海北部放流虾的死亡特征和去向的研究. 海洋水产研究, 1994, 15: 31-39.

[8] Marullo F, Emliani D A, Caillouet C W, et al. 1976. A vinyl's streamer tag for shrimp. American Fisheries Society, 105(6): 658-663.

[9] Klima E F. 生物染色剂和荧光染料作为对虾标记放流的评价. 马莹译. 水产科学, 1992, 11(11): 26-29.12(12): 22-25.

[10] 刘海映, 王文波. 黄海北部中国对虾放流增殖回捕率研究. 海洋水产研究, 1994, 15: 1-6.

[11] 刘瑞玉, 崔玉珩, 徐凤山. 胶州湾中国对虾增殖效果与回捕率研究. 海洋与湖沼, 1993, 24(2): 137-142.

[12] 施德龙. 中国对虾标志虾的制作及放流技术要点. 中国水产, 2004, 10: 79-80.

[13] 叶昌臣, 宋辛, 韩德武. 估算混合虾群中放流虾与野生虾比例的报告. 水产科学, 2002, 21(4): 31-32.

[14] 罗坤, 张天时, 孔杰, 等. 中国对虾幼虾荧光体内标记技术研究. 海洋水产研究, 2008, 29(3): 48-52.

[15] Wang M S, Wang W J, Xiao G X, et al. Genetic diversity analysis of spawner and recaptured population of Chinese shrimp (Fenneropenaeus chinensis) during stock enhancement in BohaiBay based on SSR marker. Acta Oceanologica Sinica, 2016, DOI: 10.1007/s13131-016-0830-0.

撰稿人：王伟继

中国水产科学研究院黄海水产研究所，wangwj@ysfri.ac.cn

赤潮多发种夜光藻到底是动物还是植物？

Does the Common Species of Red Tide *Noctiluca scintillans* Belong to Animals or Plants?

夜光藻是海洋中一种广域分布的生物，是形成赤潮的主要物种之一。在我国近海常年发生夜光藻赤潮[1~3]。目前报道的夜光藻有六个种，但被证实并接受的有效种只有一种，即夜光藻，拉丁学名原为 *Notiluca milialis*，现更名为 *Noctiluca scintillans* (Macartney) Kofoid &Swezy。

长期以来，关于夜光藻是属于植物(藻类)还是动物，学界一直存在争论。经典生物学，特别是动物学教程，从 1816 年 Lamerck 就确认了此种生物为动物，把夜光藻称之为“夜光虫”，置于动物界，定位于原生动物门，鞭毛纲，植鞭亚纲，腰鞭毛目。最权威的新版《辞海》的词条中也把它称之为“夜光虫”，并描述为原生动物门，肉鞭动物亚门，腰鞭目(p2682)。此处所称肉鞭动物亚门不知源于何处，而所谓腰鞭目，实则为涡鞭目。

把夜光藻列入动物界的理由很简单，即此物种①具有运动特性；②营捕食性营养，靠触角捕食食物；③没有色素质体；④没有明显的“间核生物”特征的细胞核。

但是甲藻又是藻类中的一个门，把甲藻归为与纤毛虫相近的有动物学特征的一类，称之为色腔类(Chromalveolata)。当今最广泛应用的藻类分类网站《藻类基础》(Algaebase)将夜光藻置于真核生物域(Eukaryota)、原生生物界(Chromista)、Miozoa、甲藻类超纲(Dinoflagellata)、夜光藻纲(Noctilucea)。

色腔(类)域(Empaire：Chromalveolata)或色腔藻超群包括藻类众多门类，如較近的发表的新的生物界高阶元分类的论文把生物界定位为六大超界[4]，其中甲藻类包括夜光藻目(Notilucales)，居于色腔超界(Chromalveolata)，而与包括动物界在内的反曲鞭毛超界。

Opisthokonta 等另五个超界共同组成生物界各类生物。此种界定，包括夜光藻在内的甲藻都不属于动物界(图 2)。

藻类学将夜光藻归属于甲藻类(Dinoflagellate)，因为它具有甲藻的基本特征，如具有甲藻的细胞学特征，细胞核为“间核”结构；涡鞭毛垂丝已经退化但仍有痕迹可循可见；从内共生理论及分子系统学分析其叶绿体是次生退化消失了。

甲藻个体分为上锥体与下锥体，中间有一横沟，腹面链接横沟处还有一纵沟，在横沟处伸出两条鞭毛，一条为横鞭毛，一条为纵鞭毛，两条鞭毛支持藻体得以分向运转、前进。从表型上看，夜光藻似乎完全不同于典型甲藻的结构模式。但从进化史上却能追踪到夜光藻确实有甲藻的基本特征。一般情况下，夜光藻没有上述两种鞭毛，但在横沟的触手处可见一痕迹状的单鞭毛。夜光藻的横鞭毛已经退化，所以夜光藻细胞在运动中不能打转。同样在夜光藻细胞内某一时期也出现有甲藻的典型核相，即间核分裂。特别是它们的细胞内已具有其他甲藻异养的间核分裂特征，具有浓缩的染色体。夜光藻细胞内无质体(叶绿体)，但有报告指出夜光藻显示有退化的质体(vestigial)。因而，夜光藻确实具有甲藻的特征，这是毋庸置疑的。

夜光藻细胞近乎透明(图 1)，喜吞噬营养。其外壁由两层胶质组成，表面有许多微孔。口胞位于细胞前端，从腹沟处伸出一条短鞭毛及一伸长的触手，短鞭毛位于触手的基部，靠近触手处有齿状突出的横沟退化的痕迹，纵沟在细胞的腹面中央。夜光藻没有典型的质体，有的报告发现有退化的质体(vestigial)[5]。

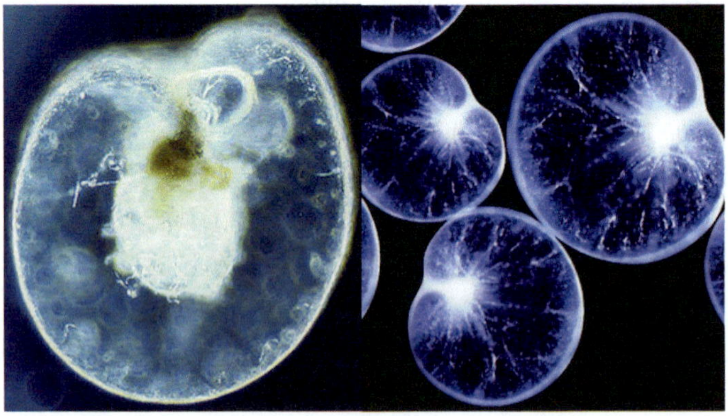

图 1　夜光藻

细胞内原生质为红色或黄色，细胞内有小空泡，细胞核球形。在热带海域常有大量(近万个)微型绿藻，如平藻属(*Pedinomonas*)的种类与之共生，使得夜光藻藻细胞呈现绿色(此类夜光藻形成“藻华”时为绿色)。

当我们最终要回答夜光藻到底是动物还是植物时，从目前生物学的认知来看，夜光藻既不属于动物界也不属于植物界。藻类本不是一个自然的生物群，甲藻也不属于植物界。红藻、硅藻等都有不同的来源，内共生理论的三级内共生研究认为甲藻是并系起源的，是由绿质体系、红藻质体系及定鞭藻系发展而来。则最新研究已认知，甲藻存在两套不同的基因组，即动物性和植物性的，它们之间还有切换机制。Graham 等的生命树(图 2)的结论亦是如此[6]。但是，夜光藻是否也具有动、植物两套基因组分却没见报道。因此也不能确切回答此项难题。夜光藻既不属于动物，也不属于植物，更可能是兼具动植物特征的甲藻一类的生物。但目前尚缺少足够的证据来证明这一论点，我们对夜光藻的归属仍停留在形态学和生理学的描述上，需要从更深入的层次，如基因组和遗传进化的层面上去界定夜光藻的归属。这些都有待未来开展更深入的研究，从进化和功能的层面上去揭示夜光藻的归属。

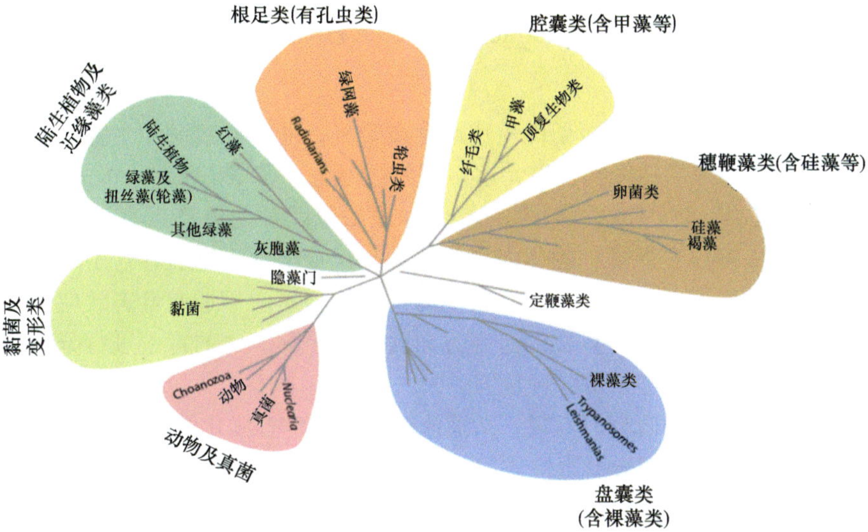

图 2　真核生物各超界及某些真核藻类门纲[6]

参 考 文 献

[1] 齐雨藻，等. 中国沿海赤潮. 北京：科学出版社, 2003.

[2] 齐雨藻，等. 中国南海赤潮研究. 广州：广东经济出版社, 2008.

[3] Elbrächter M, Qi Z. Aspects of Noctiluca (Dinophyceae) population dynamics. Physiological Ecology of Harmful Algal Blooms Springer Berlin Heidelberg, 1998, 319-335.

[4] Adl S M, Simpson A G, Farmer M A, et al. The new higher level classification of eukaryotes with emphasis on the taxonomy of protists. Journal of Eukaryotic Microbiology, 2005, 52(5): 399-451.

[5] Mast F D, Barlow L D, Rachubinski R A, et al. Evolutionary mechanisms for establishing eukaryotic cellular complexity. Trends in Cell Biology, 2014, 24(7): 435-442.

[6] Graham L, Graham J, Wilcox L, Cook M. Algae (Third edition). LJLM Press, 2016.

撰稿人：齐雨藻

暨南大学，tql@jnu.edu.cn

海洋中的微藻为什么会产生多样化的毒素成分？

Why do Marine Microalgae Produce a Diverse Array of Toxins?

海洋中的部分微藻在短期内快速增殖或聚集，能够导致海洋生物死亡、改变食物网结构，甚至威胁人类健康，这一现象被称为有害藻华(harmful algal bloom)。有害藻华造成危害效应的原因之一是部分藻华原因种能够产生高活性的毒素成分。这些毒素可以在海洋动物体内累积，人类误食染毒生物后容易引起中毒；此外，也有的毒素成分会直接作用于其他海洋动物，对它们造成毒害效应。因此，在有害藻华研究中，一个重要的研究方向就是对微藻产生的毒素进行分析，尽可能防范因藻毒素问题带来的各种危害。

在对藻毒素进行研究时发现，微藻能够产生非常多样化的毒素成分(图 1)。这些毒素成分化学结构迥异，毒性效应也明显不同。常见的藻毒素包括麻痹性贝毒、腹泻性贝毒、记忆缺失性贝毒、神经性贝毒和西加鱼毒等，这些藻毒素名称也在一定程度上反映了藻毒素引起毒性效应的差别。

按照藻毒素的化学结构，可以将常见的藻毒素大致分成四氢嘌呤类毒素、仲胺类毒素、环亚胺类毒素、线性/大环聚醚类毒素和梯形聚醚类毒素等几类[1, 2]。四氢嘌呤类藻毒素主要包括石房蛤毒素(saxitoxin)及其衍生物，这是一类重要的神经性毒素。仲胺类毒素包括软骨藻酸(domoic acid)和氮杂螺环酸(azaspiroacid) 等毒素，常表现出神经毒性。环亚胺类毒素则有江瑶毒素(pinnatoxin)、螺环内酯类毒素(spirolide)和裸甲藻毒素(gymnodimin)等，这些毒素都是所谓的“快速响应”毒素，在以小鼠腹腔注射法进行毒性测试时具有很高的毒性，但对人类健康没有显著威胁。聚醚类毒素包括线性聚醚类毒素、大环聚醚类毒素和梯形聚醚类毒素，线性/大环聚醚类毒素主要包括大田软海绵酸(okadaic acid)和鳍藻毒素(dinophysis toxin)、扇贝毒素(pectenotoxins)、海葵毒素(palytoxins)等，其中大田软海绵酸和鳍藻毒素能够促使肿瘤形成。常见的梯形聚醚类毒素包括短凯伦藻毒素(brevetoxin)、西加毒素(ciguatoxin)、虾夷扇贝毒素(yessotoxins)和刺尾鱼毒素(maitotoxin)等，部分毒素具有神经毒性。这些毒素中，石房蛤毒素的分子量仅有 299，而刺尾鱼毒素是最大的非肽类藻毒素，分子量高达 3422。这些已确认化学结构的毒素成分大多与人类中毒事件有关。此外，还有一些藻类会产生结构复杂、但对人类无害的毒素成分，如鱼毒素(ichthyotoxins)、溶血毒素等。目前，对于这些毒素的认识仍非常有限，仅有少量毒素化合物的化学结构得到确认。如此复杂、多样的藻毒素成

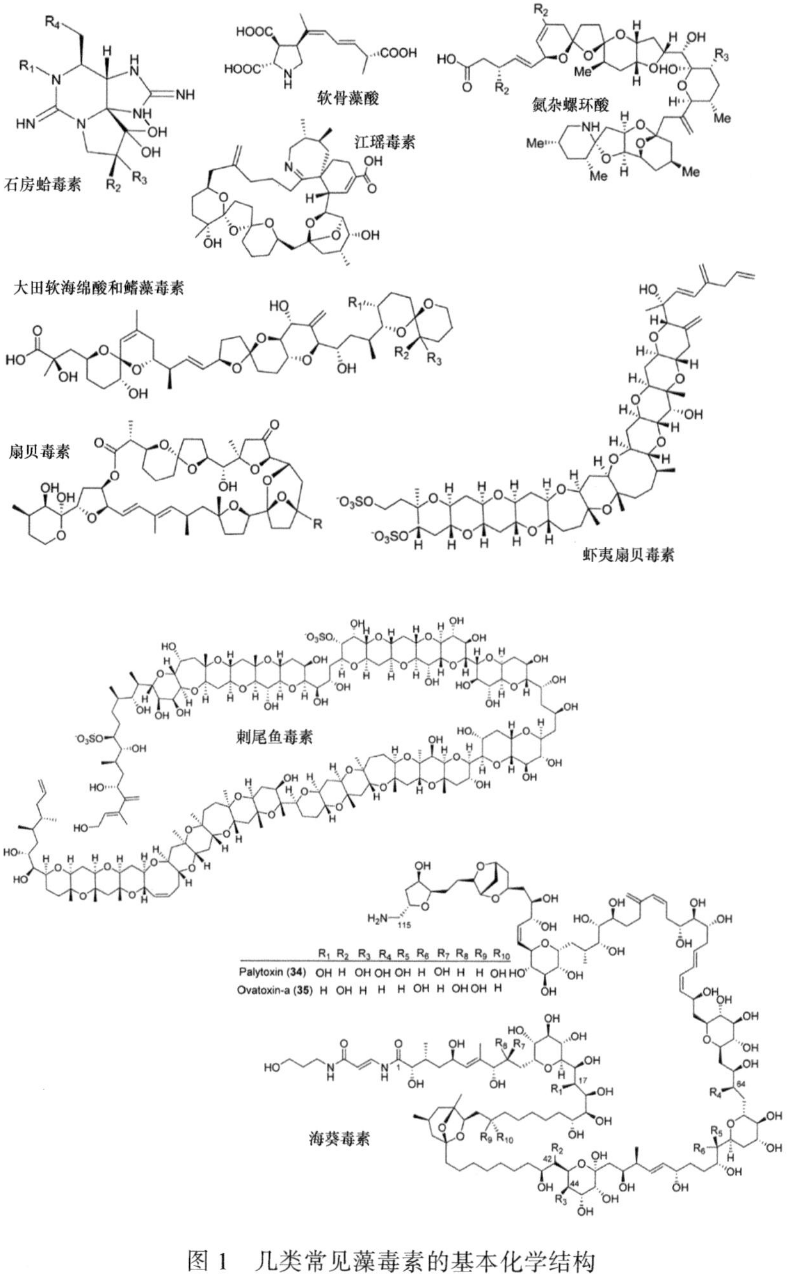

图1 几类常见藻毒素的基本化学结构

分，给有害藻华研究带来了非常大的挑战。

那么，为什么海洋中的微藻会产生如此多样化的毒素成分呢？我们已经知道，海洋中微藻的多样化程度很高，在海洋中已知的微藻种类超过5000种；大部分微藻能够通过光合作用合成有机物，海洋微藻通过光合作用的固碳量几乎占据全球固碳量的一半。可以想象，如此多样化的微藻种类，必然会产生结构多样、功能各异的化合物。但实际上，自 20 世纪 70 年代以来，在海洋微藻中发现的不同结构的化合物，却大部分来自海洋中的甲藻(dinoflagellates)。甲藻也是海洋中主要的产毒藻，在前面介绍的藻毒素中，绝大部分是由甲藻产生。据初步估计，海洋中的甲藻在 2000 种以上，其中有 70 多种能够产生藻毒素[3]。甲藻为什么会产生结构如此复杂多样的藻毒素成分？目前对这个问题的认识非常有限，仍是一个亟待解决的难题。

首先，甲藻的基因组非常庞大[4, 5]，要从基因层面查清甲藻产生藻毒素的机制非常困难。甲藻细胞中 DNA 含量为 3~250 pg，基因组大小在 3~215Gbp，比人类基因组(3.2 pg/cell，3Gbp)还要大 100 倍。甲藻基因组不但庞大，而且由于缺少组蛋白，甲藻细胞核内没有成形的染色体，DNA 几乎总是处于压缩状态。此外，在甲藻基因组中有很高比例的异常碱基，且存在很多内含子和冗余非编码序列，这些因素使得依靠现有技术对甲藻基因组进行测序仍然非常困难。目前，仅有珊瑚的内共生甲藻 *Symbiodinium kawagutii* 等个别甲藻基因组序列被测定[6]。还无法从基因层面对甲藻产毒机制进行系统研究。

对甲藻的进化关系分析发现，产毒甲藻并无进化上的明显关联，这说明甲藻中不同类型的毒素合成机制可能是独立进化的。目前，在甲藻所产生的毒素中，对石房蛤毒素产生机制的认识最为深入。石房蛤毒素主要由海洋中的甲藻和淡水中的蓝细菌产生，目前已发现至少 58 种同系物。许多研究表明，甲藻和蓝细菌中石房蛤毒素的合成途径应当是相似的，近年来已在多种蓝细菌中确认了石房蛤毒素的合成途径。研究发现，蓝细菌中石房蛤毒素的合成受到石房蛤毒素基因簇调控，该基因簇共有 14 个核心基因，其中至少有 8 个直接参与石房蛤毒素合成。依照现有认识，这些基因应当是通过基因水平转移从其他细菌中转入蓝细菌的。对产毒甲藻的研究发现，在甲藻细胞核中同样存在指导石房蛤毒素合成的核心基因 *sxtA*，且有多个拷贝。但它的转录产物 GC 含量比蓝细菌更高，为单顺反子结构，有真核生物特有的 Poly A 结构，表明甲藻中的石房蛤毒素产毒基因有别于蓝细菌[7]。通过对甲藻产毒基因的分析，推断甲藻中石房蛤毒素合成的核心基因也应当是源于细菌中基因的水平转移[8, 9]。由于甲藻基因组解析困难，目前对于甲藻中石房蛤毒素的合成途径尚未完全阐明。

大田软海绵酸和鳍藻毒素等聚醚类毒素，也是甲藻中常见的一类毒素。通常认为聚醚类毒素的合成与甲藻细胞核基因指导的聚酮合成通路有关[10]，聚酮合成酶(polyketide synthase，PKS)是通路的核心酶。在一些细菌中已经确认了编码聚酮合成酶的基因簇，在短凯伦藻等有毒甲藻中，也已确认了存在聚酮合成酶的相关基因[11]，但同样未能完全阐明聚醚类毒素的合成机制。

尽管有毒甲藻产生的藻毒素会对人类健康、海水养殖带来巨大威胁，但多样化的藻毒素成分也给新药研发提供了思路。在对细菌基因组的研究中发现，细菌基因组中编码天然产物的基因簇数量比细菌中已检测到的天然产物数量还高，这说明细菌中仍有许多天然产物未被发现，对于微藻产生的藻毒素恐怕也是如此。目前，我们对于甲藻中藻毒素产生机制的认识仍处于初期阶段，仍无法掌握甲藻藻毒素的合成和转化途径。但是，随着技术的不断进步和发展，我们应当能够完全阐明甲藻产生多样化藻毒素的机制，为藻毒素的检测和药物的开发利用提供更多支持。

参考文献

[1] Anderson D M, Cembella A D, Hallegraeff G M. Progress in understanding harmful algal blooms: Paradigm shifts and new technologies for research, monitoring, and management. Annual Review of Marine Science, 2012, 4: 143-176.

[2] Rodríguez J G, Mirón A S, Camacho F G, et al. Bioactives from microalgal dinoflagellates. Biotechnology Advances, 2012, 30: 1673-1684.

[3] Rasmussen S A, Andersen A J C, Andersen N G, et al. Chemical diversity, origin, and analysis of phycotoxins. Journal of Natural Products, 2016, 79: 662-673.

[4] Hackett J D, Anderson D M, Erdner D L, et al. Dinoflagellates: A remarkable evolutionary experiment. American Journal of Botany, 2004, 91: 1523-1534.

[5] Wisecaver J H, Hackett J D. Dinoflagellate genome evolution. Annual Review of Microbiology, 2011, 65: 369-387.

[6] Lin S J, Cheng S F, Song B, et al. The Symbiodinium kawagutii genome illuminates dinoflagellate gene expression and coral symbiosis. Science, 2015, 350: 691-694.

[7] Stüken A, Orr R J S, Kellmann R, et al. Discovery of nuclear-encoded genes for the neurotoxin saxitoxin in dinoflagellates. PLoS One, 2011, 6: e20096. doi: 10.1371/journal.pone.0020096.

[8] Hackett J D, Wisecaver J H, Brosnahan M L, et al. Evolution of saxitoxin synthesis in cyanobacteria and dinoflagellates. Molecular and Biological Evolution, 2013, 30: 70-78.

[9] Orr R J S, Stüken A, Murray SA, et al. Evolutionary acquisition and loss of saxitoxin biosynthesis in dinoflagellates: The second "core" gene, sxtG. Applied and Environmental Microbiology, 2013, 79(7): 2128-2136.

[10] Kellmann R, Stüken A, Orr R J S, et al. Biosynthesis and molecular genetics of polyketides in marine dinoflagellates. Marine Drugs, 2010, 8: 1011-1048.

[11] López-Legentil S, Song B, DeTure M, et al. Characterization and localization of a hybrid non-ribosomal peptide synthetase and polyketide synthase gene from the toxic dinoflagellate Karenia brevis. Marine Biotechnology, 2010, 12: 32-41.

撰稿人：于仁成

中国科学院海洋研究所，rcyu@qdio.ac.cn

海洋会演变回“水母时代”吗？

Would the Marine Ecosystem be Pushed Back to Jellyfish Dominated Future?

水母类是胶质浮游动物的重要类群之一，属于刺胞动物，身体结构非常简单，为低等海洋动物。通常人们所指的水母包括两大类：一类是带有刺细胞的水母，如海月水母(*Aurelia* spp.)、海蜇(*Rhopilema esculentum*)、沙蛰(*Nemopilema nomurai*)和霞水母(*Cyanea* spp.)等；另一类是不带刺细胞的水母，身体上带有像梳子一样的纤毛，如侧腕栉水母(*Pleurobrachia pileus*)和瓜水母(*Beroe cucumis*)等[1]。

近年来，水母在全球范围内大量出现，引起社会和媒体广泛关注。人们最关心的问题是水母暴发的原因及未来的变化趋势，主要争论点在于目前全球水母的增加是趋势性的还是阶段性的[2]。一些学者认为，近年来全球性的水母数量大量增加是长期的趋势，我们的海洋将会重回“水母时代”；也有学者认为，目前水母数量的增加也许只是海洋生态系统的一个周期性的变化，因为在历史上也曾经发生过多次水母暴发的现象。因此，探讨未来水母数量的变化趋势，对于深入揭示海洋生态系统演变机理和变化趋势具有重要的科学意义。

1. 水母的起源

从已有的化石记录来看，水母起源于 5.4 亿~5 亿年前寒武纪，甚至可能在距今 10 亿年前的前寒武纪时期就出现了，是地球上最古老的生物类群之一[3]。在距今 5 亿多年前的寒武纪，海洋比现在更为温暖，富营养化程度也更高，溶解氧含量较低[4]。当时的海洋生物主要由蓝藻、甲藻等较小的浮游植物、较小的浮游动物，以及珊瑚、水母等刺胞动物组成[5](图 1)，而水母很可能是寒武纪海洋的顶级捕食者。水母具有食性广、存活率高、存在世代交替的繁殖特征。正是这些特点使得水母能够度过不良环境，在不同海洋生态系统中展示出竞争优势。在漫长的历史长河中，水母经过了地球上几次大的极端环境的考验，在这些过程中一些曾经在地球上非常繁茂的生物，如三叶虫和某些海洋爬行类等都先后灭绝；古生代几乎遍布全球的鹦鹉螺，现在也已基本绝迹；但水母却生存了下来，并且仍然是海洋中的主要生物类群之一。

2. 导致水母数量增加的原因

对于全球许多海域水母数量增多、在一些区域出现暴发的现象，人们开展了一系列研究工作，提出水母数量增加的原因可能包括以下几个方面[6](图 2)。

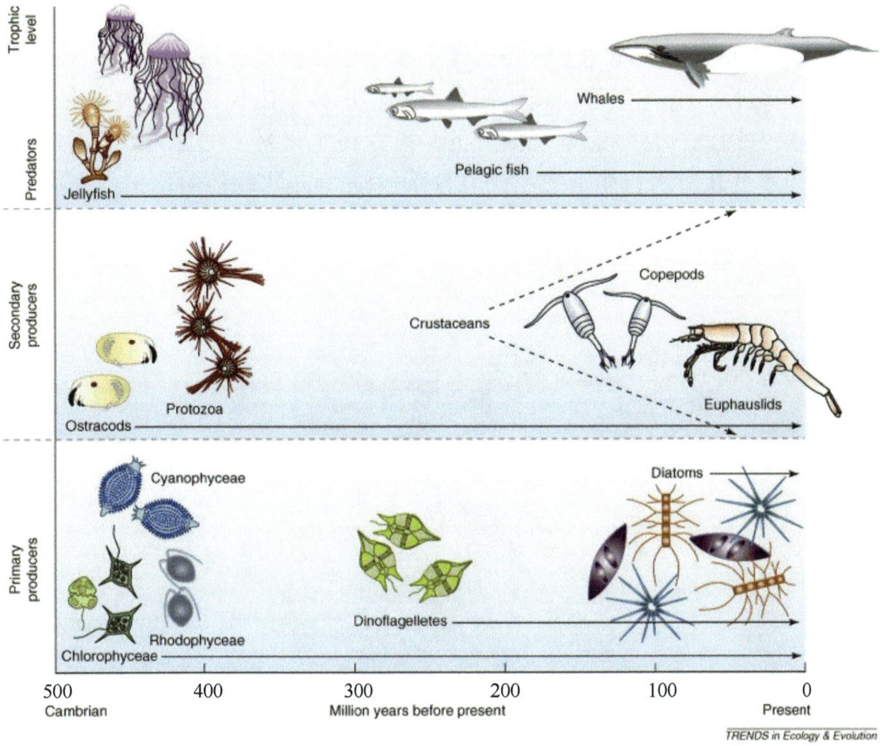

图 1　从寒武纪(简单食物链，水母为顶级捕食者)至今(复杂食物网，鱼类及其他高等海洋动物为顶级捕食者)海洋食物链的演化过程[6]

(1) 过度捕捞鱼类和水母存在饵料竞争关系，同时多种鱼类可以以水母为食。过度捕捞导致渔业资源的减少，降低了水母被捕食和食物竞争的压力，给水母的暴发提供了机会。此外，捕捞活动中频繁的底拖网带走软质底质，留下不容易被拖走的硬质底质，为水母水螅体附着提供适宜基质。

(2) 富营养化由于富营养化导致的浮游藻类增多，特别是小型和微型浮游生物的增多，为水母提供了更多的饵料；富营养化导致水体底部缺氧，不适合其他生物的生存，但水母具有耐受这些恶劣环境的能力，因此水母的数量急剧增多。

(3) 气候变化一些分析结果表明，水母数量变化与海水温度变化具有很好的对应关系。另外，研究表明，酸化不利于钙质浮游生物生存，为水母提供了生态空间。但是，基于更大尺度综合分析结果显示水母丰度和酸化之间没有显著关系。

(4) 外来种入侵水母能够随着船舶的压舱水进入其他海区、水螅体可以附着在船体上被带入沿途海域。

(5) 生境改变水母水螅体需要在硬质基质上附着。适宜附着的底栖环境增加均可为水螅体扩增提供保障。随着人类在近海和沿岸建造船坞、码头、人工鱼礁、防浪堤等建筑设施，增加沿岸人工硬质基底，为水螅体提供了更多的栖息地。

但是上述原因并不能完全解释海洋中水母增多的所有现象。例如，水母的暴发具有不连续性，有些年份出现，而另一些年份却不出现，而且很少有连续几年暴发的现象。因此，从生态系统演变的角度探讨水母暴发的原因及其生态环境效应，环境因素变化对水母生活史不同发育阶段(尤其是水螅体阶段)的影响仍然是未来研究的重点。

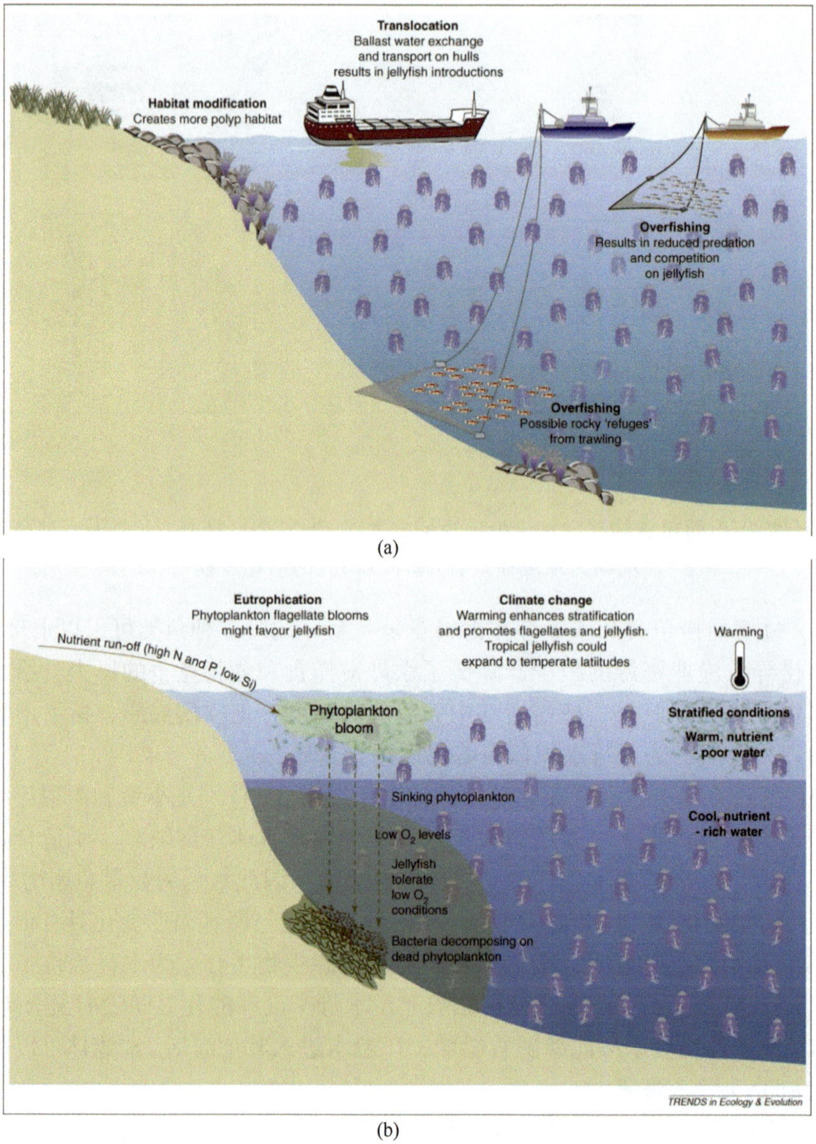

图 2　水母暴发的诱因[6]

3. 水母是否会成为海洋生态系统的主宰

目前有关水母暴发机制研究重点在于，是由于全球气候变化导致的周期性的变化还是人类活动导致的趋势性变化？争论的焦点是水母是否会成为海洋生态系统的主宰。

人类活动引起的富营养化及过度捕捞会对鱼类/硅藻这种能量较高的食物链造成不利影响[7]。富营养化使得沿岸水体富含氮和磷，同时又因人类对流域系统的干扰使得河口区缺乏硅。这种条件有利于甲藻等不依赖硅的浮游植物生长，取代了硅藻的地位，导致初级和次级生产者小型化[8]。这样的饵料结构不利于鱼类生活，但水母能够摄食多种粒径的饵料，不依赖视觉捕食，在食物竞争中占据优势。另外，过度捕捞会造成鱼类大量减少，直接导致大型浮游动物数量增加，对硅藻的摄食压力增大[9]。能量会流向以甲藻为初级生产者的能量较低的食物链，最终导致水母种群数量的增加。近几十年来，区域性水母暴发常伴随着当地占优势地位的滤食性鱼类种群的衰退。在这种情况下，过度捕捞、气候变化等因素会导致水母数量的增加，滤食性鱼类数量减少，直至达到临界点[10]。在竞争中，水母一旦战胜了鱼类，就会通过摄食鱼卵幼鱼进一步削弱鱼类，导致生态系统体制转变，由多样的鱼类群落转变为相对单一的水母群落[11]。基于以上逻辑，科学家提出人类活动引起的气候变化、富营养化、过度捕捞会破坏海洋生态系统的平衡，改变以硅藻为主导的高度进化的海洋生态系统，致使水母数量增加，使海洋生态系统退化为类似于寒武纪时期海洋中的生物组成状态[9]。

但也有学者认为，水母将来未必会成为海洋生态系统的统治者，目前缺乏足够的证据说明全球水母的增加是趋势性的还是阶段性的，也许只是海洋生态系统的一个周期性的变化，因为在历史上也曾经发生过多次水母暴发的现象，目前水母的数量增加是由于全球气候变化和人类活动共同作用下海洋生态系统的一个综合反应，海洋生态系统未来的变化趋势还有待于进行深入的研究，现在不足以做出一些结论性的判断等[12]。Brotz 等[13]在大海洋生态系统(large marine ecosystem，LME)尺度上，汇总分析了 1950 年后 45 个 LME 中水母数量变化情况，覆盖了大部分世界沿海水域，其结果显示，其中有 19 个 LME 水母数量呈现下降趋势，28 个 LME 水母数量有不同程度的增加。针对全球水母数量变化趋势，Condon[14]认为从 20 世纪 90 年代以来水母数量增加只是长时间尺度上其数量出现波动的一段时间，预测该波动的周期约为 20 年。虽然自 70 年代之后水母数量存在微弱增加的趋势，但是这一增量是趋势性的还是周期波动的表现，仍需要长期观测数据的支撑。英国自然杂志也刊登了一篇文章对这个问题进行评述，认为水母暴发的问题非常复杂，需要进行大量的实验和海洋调查以弥补在数据和证据方面的不足，现在下结论为时过早[15]。

参 考 文 献

[1] Hamner W M. Underwater observations of gelatinous zooplankton : Sampling problems, feeding biology, and behavior1. Limnology & Oceanography, 1975, 20(6): 907-917.

[2] 孙松. 水母暴发研究所面临的挑战. 地球科学进展, 2012, 27 (3): 257-261.

[3] Hagadorn J W, Dott R H, Dan D. Stranded on a Late Cambrian shoreline: Medusae from central Wisconsin. Geology, 2002, 30 (2): 147.

[4] Brasier M D. Nutrient-enriched waters and the early skeletal fossil record. Journal of the Geological Society, 1992, 149 (7): 621-629.

[5] Butterfield N J. Plankton ecology and the Proterozoic-Phanerozoic transition. Paleobiology, 1997, 23 (2): 247-262.

[6] Richardson A J, Bakun A, Hays G C, et al. The jellyfish joyride: Causes, consequences and management responses to a more gelatinous future. Trends in Ecology & Evolution, 2009, 24 (6): 312-322.

[7] Parsons T R. The impact of industrial fisheries on the trophic structure of marine ecosystems. Food Webs, 1996, 352-357.

[8] Cushing D H. A difference in structure between ecosystems in strongly stratified waters and in those that are weakly stratified. Journal of Plankton Research, 1989, 11 (1): 1-13.

[9] Parsons T R, Lalli C M. Jellyfish population explosions : Revisiting a hypothesis of possible causes. La Mer, 2002, 40: 111-121.

[10] Bakun A, Weeks S J. Adverse feedback sequences in exploited marine systems: Are deliberate interruptive actions warranted. Fish & Fisheries, 2006, 7 (4): 316–333.

[11] Arai M N. A Functional Biology of Scyphozoa. Chapman & Hall, 1997.

[12] Condon R H, Graham W M, Duarte C M, et al. Questioning the rise of gelatinous zooplankton in the World's oceans. Bioscience, 2012, 62 (2): 160-169.

[13] Brotz L, Cheung W W L, Kleisner K, et al. Increasing jellyfish populations: Trends in Large Marine Ecosystems. Hydrobiologia, 2012, 690 (1): 3-20.

[14] Condon R H, Duarte C M, Pitt K A, et al. Recurrent jellyfish blooms are a consequence of global oscillations. Proceedings of the National Academy of Science, 2013, 110 (3): 1000-1005.

[15] Schrope M. Marine ecology: Attack of the blobs. Nature, 2012, 482 (482): 20-21.

撰稿人：李超伦　王　楠

中国科学院海洋研究所，lcl@qdio.ac.cn

极端气候可引起近海生态环境的不可逆变化吗？

Can Extreme Weather Induce Irreversible Change of Ecological Environment in Coastal Water?

气候变化主要分为平均气候变化和极端气候变化。其中极端气候是指出现异常气候值的气候，主要包括热带气旋、风暴潮、极端降水、河流洪水、热浪与寒潮、干旱等[1, 2]。政府间气候变化专门委员会(Intergovernmental Panel on Climate Change，IPCC)第四次评估报告指出：极端气候事件及其引发的气象灾害可能比平均气候变化更加严重。而海洋生态系统往往随着极端气候变化会发生一系列的变化，可能引起的变化包括：海洋物种的灭绝、珊瑚白化及死亡、碳源汇变化引起的生态系统变化、物种迁移等。

平均气候的变化(气温、降水、海平面上升等)导致了近年极端气候的频发。温室气体造成的全球海表面温度自 1979 年起以每十年 0.13℃的速度增加，海洋内部温度自 1961 年起以每十年大于 0.1℃的增速增加，这一变化导致一些极端热事件及暴风发生频率的增加。IPCC 也认为在未来几十年，极端气候特别是热极端事件、热浪，以及强降水事件发生的频率会有所增加[3]。这些极端气候发生频率的增加引起海洋环流、海水垂向结构、营养水平及海洋生物等的变化。另外增加的大气二氧化碳浓度驱动更多的二氧化碳进入海洋，引起海水酸化，在过去 200 年海洋 pH 已降低了 0.1[4]。2014 年 11 月 2 日在丹麦首都哥本哈根发布的 IPCC 第五次评估报告“高可信度”地认为，到 2100 年，高气温、高湿度，海洋酸化将持续对海洋生物带来危害，即使人类今后停止使用化石燃料，全球气候转暖效应仍将影响地球数百年。

人类对气候系统的影响是不断增长的，如果不加以遏制，气候变化对生态系统造成严重、顽固和不可逆转的后果的可能性将增加。所谓不可逆转表示系统不能恢复到其初始状态或者需要比人类认知的修复时间长很多的时间才能够恢复。一种观点认为极端气候事件可能导致海洋生态出现一些不可逆转的影响。例如，夏季北极降低的海冰面积可能以一种不可逆的方式改变着浮游植物大小和种群结构[5]。如果全球平均温度增幅超过 1.5~2.5℃(相对于 1980~1999 年)，迄今为止所评估的 20%~30%的物种可能面临更大的灭绝风险。如果全球平均温度升高超过约 3.5℃，模式预估结果显示，全球会出现大量物种灭绝(占所评估物种的 40%~70%)[4]。另一种观点认为，海洋生态对极端气候事件的响应是可逆的，对海洋生态系统研究的结果表明，大多数种都能够经受得住气候变化的影响，在极端气候过后仍能够存在[6]。Reusch 等[7]提出生态系统受气候极端事件影响后，基因多样性增加有利于生态系统恢复。适应是反映生物与环境之间关系的最基本概念。对生物种群来说，适应是指种群在环境选择压力下形成的累积性基因反应，包括形态特征、生理特征和行为特征等形式[8, 9]。生物对环境变化适应包括：调整、驯化、发育和进化等形式[8, 9]。气候变化后，一些生态系统将可能对当地气候环境不再适应，但可能对异地气候环境能够适应。

事实上，一方面，极端气候事件引起的海洋生态环境可逆与否还比较难预测，因为对极端事件变化的分析和监测要比计算气候平均值更加困难，需要具有更高时空分辨率和更长时间序列的资料。即使是对影响极端气候的平均气候变化而言，虽然 20 世纪气候展现出强的增暖趋势，但是由于地球系统的强惯性和对大气温室气体的响应，21 世纪全球气候增暖程度还不确定。例如，目前二氧化碳浓度达到 390ppm，工业革命前浓度仅仅为 280ppm[10] (图 1)，20 世纪全球平均气温升高了 0.7℃，其中至少一半的增暖是由于温室气体增加导致的。在全球变暖情况下，陆地增暖速度高于海洋，温带地区增暖最慢，北极区域增暖最快。有研究表明，大气中二氧化碳浓度 450ppm 是一个关键的阈值，超过这一阈值海洋将会发生不可逆的变化[11]，届时全球海温将会比工业革命前升高 2℃。以目前的速度，大气中二氧化碳浓度到 2040 年将会超过这一阈值，然而由于气候系统是非线性的，在 2040 年之前，一些特别敏感的海洋生态系统，如珊瑚礁和海冰覆盖的极地海区可能已经消失，但是也有可能出现其他无法预期的问题[3]。另一个例子是夏季北极海冰面积缩减比模式预测的要快，2007~2011 年就出现了五次历史最低值，在这些事件发生之前，有观点认为已经超过了临界点。在近十年，夏季海冰主要限制在格陵兰岛和埃尔斯米尔岛海岸以北，2011 年的一个模型研究显示，夏季消失的海冰能够快速恢复，这使得临界点之说不太可能发生在北极海冰区域，BBC 也认为北极的临界点还没有达到[5]。

另一方面，虽然气候变化已经对生态环境有影响，然而影响到什么程度，以及海洋生物种的脆弱性和耐受力还不是很清楚。海洋生物种在对极端气候的响应中，可能会出现突变，这种突变是否不可逆转则取决于气候变化的速率和幅度。平均气候变化比较缓慢，除非超过了阈值，否则不可能立刻对海洋生态系统有影响，而表现为生态系统与气候变化相互作用的累积过程[12]，当极端气候发生时，海洋对气候的响应可能存在滞后效应，这种滞后的效应使得分析极端气候对海洋生态的影响具有更多的不确定性。

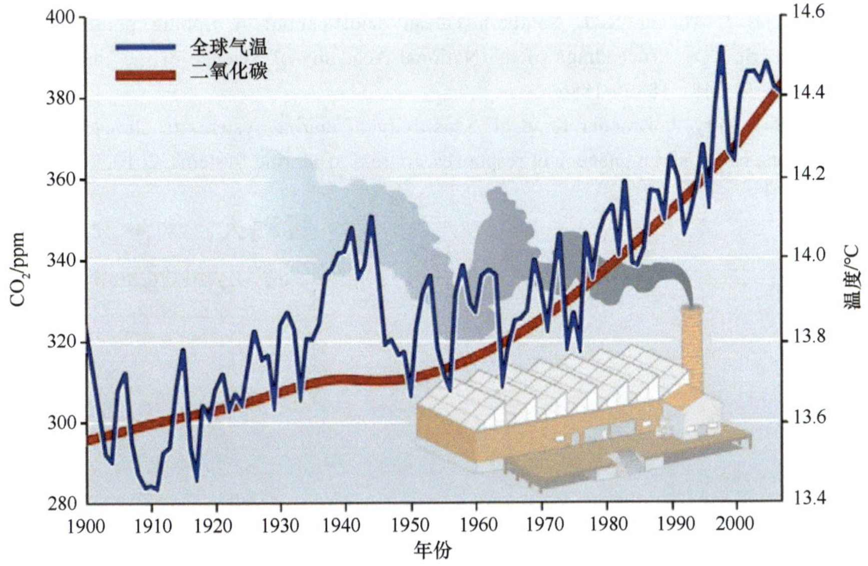

图 1　1900~2008 年全球气温变化(蓝线)和二氧化碳(红线)变化
http://www.sciencedirect.com/science/article/pii/S0375674210001433

参 考 文 献

[1] Costello A, Maslin M, Montgomery H, et al. Global health and climate change: moving from denial and catastrophic fatalism to positive action. Philosophical Transactions of the Royal Society A, 2011, 369: 1866-1882.

[2] 张月鸿, 吴绍洪, 戴尔阜, 等. 气候变化风险的新型分类. 地理研究, 2008, 27(4): 763-774.

[3] IPCC. 气候变化 2007: 综合报告. 政府间气候变化专门委员会第四次评估报告第一、第二和第三工作组的报告. 2007, 瑞士, 日内瓦, 104.

[4] Brierley A S, Kingsford M J. Impacts of climate change on marine organisms and ecosystems. Current Biology, 2009, 19: R602-R614.

[5] Duarte C M, Lenton T, Wadhams P, et al. Abrupt climate change in the Arctic. Nature Climate Change, 2012, 2: 60-62.

[6] Moritz C, Agudo R. The future of species under climate change: Resilience or decline. Science, 2013, 341: 504-508.

[7] Reusch T B H, Ehlers A, Hammerli A. Ecosystem recovery after climatic extremes enhanced by genotypic diversity. Proceedings of the National Academy of Science of the United States of America, 2005, 102(8): 2826-2831.

[8] Hedrick P W. Population biology. The Evolution and Ecology of Populations. Sudbury, Massachusetts, USA: Jones and Bartlett Publishers, 1984.

[9] 吴建国, 吕佳佳, 艾丽. 气候变化对生物多样性的影响: 脆弱性和适应. 生态环境学报, 2009, 18(2): 693-703.

[10] Latif M. Uncertainty in climate change projections. Journal of Geochemical Exploration, 2011, 110: 1-7.

[11] McNeil B I, Matear R J. Southern Ocean acidification: A tipping point at 450-ppm atmospheric CO_2. Proceedings of the National Academy of Science of the United States of America, 105(48): 18860-18864.

[12] Perry R I, Cury P, Brander K, et al. Sensitivity of marine systems to climate and fishing: Concepts, issues and management responses. Journal of Marine Systems, 2010, 79: 427-435.

撰稿人：刘汾汾　殷克东

中山大学，yinkd@mail.sysu.edu.cn

如何确定海洋环境质量基准阈值

How to DevelopWater Quality Criteria in Marine Environment

海洋环境质量基准是根据海域用途、海洋生态系统与人类健康保护等要求，在一定时空范围内，海洋环境介质中客观上可被允许的污染物浓度或水平。海洋环境基准可分为多种类型，如保护海洋生物的水质基准、保护人体健康的水质基准、感官水质基准、营养盐水质基准、沉积物质量基准等，其中保护海洋生物的水质基准和沉积物质量基准最受关注。

确定海洋环境安全基准阈值的核心是基准定值方法学，对于保护海洋生物的水质基准而言，是在毒性数据分析的基础上，利用一定的数理模型，建立一个能保护海洋中大部分生物免于受到特定污染物不可接受的危害的阈值，其基准定值方法主要分为评价因子法和模型外推法。评价因子法是将敏感生物的毒性数据除以相应的评价因子得到基准阈值，评估因子的取值范围通常为 10~1000。评价因子法相对简单，推导结果的不确定性较高，常用于数据匮乏时的基准值初步确定。模型外推法目前主要采用物种敏感度分布(species sensitivity distribution，SSD)模型方法，是基准定值方法学中最重要的原理模型。

评价因子法在世界一定范围内仍然在应用。例如，作为“建立综合环境质量标准”计划的一部分，荷兰国立公共健康与环境研究所(RIVM)参考欧盟《现存和新增化学物质和杀虫剂风险评价》中的技术指导文件(TGD)[1]，分别在 2001 年和 2007 年修订了《环境风险限值定值技术导则》[2, 3](以下简称“RIVM 导则”)，制定了评价因子参数应用于确定风险限值。2004 年，欧盟也参照 TGD 技术文件组织编写了《水框架指令优先污染物水质基准推导方法手册》(以下简称“FHI 导则”)[4]，在“FHI 导则”中给出了更为完整的评价因子体系。一般评价因子法要求具备三个营养级代表性生物的毒性数据，如藻类、甲壳类和鱼类。

SSD 模型方法于 20 世纪中后期独立起源于美国和欧洲，科学家发现某一污染物的毒性数据分布可以用数理模型进行模拟，据此应用不同的函数对物种敏感度的分布进行了模拟。目前 SSD 技术已经成为各国制定水环境基准值的主流方法。美国 SSD 技术的数学模型为对数-三角函数分布[5]，欧洲的 SSD 技术主要分为基于对数-正态分布[6]和对数-逻辑斯蒂函数分布[7]，另外，Burr III 等函数模型在其他国家也有应用[8]。在 SSD 模型中，设污染物对生物的效应浓度小于等于危害浓度的概率为 p(hazardous concentration，HCp)，在 HCp 浓度下，生境中(100–p)%的生物是相对安全的，HC_5 经常被用来推算水质基准(图 1)。用于构建 SSD 的生物毒性数据有统一的规范，以美国环保局推荐的数据筛选规则最具代表性，详细规定了所需数据的种类、毒性终点的类别、最少毒性数据需求等[5]。SSD 理论早期的研究是分散的，1990 年，世界经济合作与发展组织(OECD)综合了相关研究成果，对 SSD 方法做了明确定义，同时认可了基于不同概率分布模型的 SSD 技术[9]。

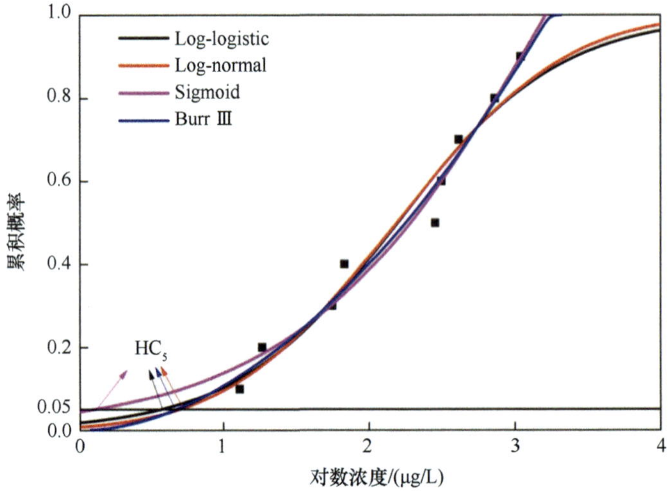

图 1　基于不同函数的物种敏感度分布模型

应用 SSD 技术时需要制定毒性数据的最少需求量和确定代表性物种。美国环保署推荐至少需要“3 门 8 科”的海洋动物及 1 种海洋植物的毒性数据，慢性毒性数据不足时，建议采用三科动物的急性/慢性毒性比数值对慢性数据进行外推获得[5]。欧盟则要求至少 5 个门类 10 种生物的毒性数据进行基准值推导，也有部分国家对数据的要求较少[10]。

较之评价因子法，模型外推法在推导水质基准时有数理统计理论的支持，推算结果的确定性相对更高。但目前也存在如下科学难点：

(1) 对海洋生物的致毒数据严重不足，极大地制约了海洋环境基准的研究与制定，而且目前 SSD 模型中应用的都是单个物种的毒性数据，然而在实际环境中存在着生物类群之间的相互作用，以及生物与环境的相互作用[11]，这些在目前的 SSD 模型方法中都没有得到充分体现；

(2) 没有任何一个毒性数据集的分布是完全符合某种数理统计分布模型的，目前采用的各 SSD 模型方法均有不同的不足，导致不同模型推算出的基准值经常出现较大差异，需要进一步改进；

(3) 对于稀有或者濒危的海洋生物，如何获得它们的可靠毒性数据从而更加科学地对它们进行保护，是否有可能借助分子生物学技术准确表征稀有物种的物种敏感性也非常值得研究；另外，海洋生物分布的区域性、污染物在海洋中相互作用的复杂性等也使基准的研究增加了难度。

(4) 在生态系统水平上如何制定海洋环境的安全基准阈值也具有很大挑战，生态系统的突变阈值是当今生态环境领域的研究热点之一，摸清生态系统突变规律与模式，建立海洋生态系统环境质量突变模型，是在生态系统水平上确定环境质量基准阈值的艰巨任务。海洋沉积物质量基准是指特定的化学物质在海洋沉积物中不对底栖水生生物或其他有关水体功能产生危害的实际允许值。由于污染物在沉积物中环境行为与生物效应的复杂性，其基准确定方法与水体不同。海洋沉积物基准阈值的推导方法大致包括两大类，即数值型质量基准和响应型质量基准，后者建立在毒理学试验基础之上。前者主要包括背景值法、平衡分配法等，又称为化学-化学方法；后者主要包括生物效应数据库法、筛选水平浓度法、表观效应阈值法、沉积物质量三元法等，又称为化学-生物混合方法。主要的沉积物基准制定方法的优缺点见表 1。

表 1　主要沉积物质量基准制定方法比较(改自文献[12])

方法	主要优点	主要缺点
相平衡分配法(EqP)	基于水质基准和化学平衡理论建立，具普适性 考虑了污染物的生物有效性 有利于污染物-生物效应关系评估	污染物的分配难以达到真正平衡 对于不同类型的沉积物不完全适用 分配过程受多种因素影响，忽略了其他暴露途径的影响
生物效应数据库法(BED)	充分利用了生物效应数据 适用于多种类型沉积物和污染物	获取和评估大量生物效应数据困难 污染物的生物有效性考虑不足
沉积物质量三元法(SQT)	基于污染物的生物效应数据 融合了化学分析、毒性测试以及现场调查三种手段 适用于各种污染物的基准制定	难以确定量化的基准 难以明确污染物-生物效应关系 难以选择合适的参照点 没有考虑污染物的生物有效性
表观效应阈值法(AET)	基于污染物的生物效应数据 对污染物类型及效应指标具普适性 适用于各种污染物及多种类型沉积物	难以明确污染物-生物效应关系 没有考虑污染物的生物有效性 难以适用于不同类型沉积物的基准
筛选水平浓度法(SLC)	基于污染物的生物效应数据 适用于各种污染物及多种类型沉积物 方法的实用性较好	难以明确污染物-生物效应关系 没有考虑污染物的生物有效性 可靠性依赖于观测站点的数量

目前沉积物质量基准制定存在的主要难点有：

(1) 沉积物化学性质及组成成分复杂，类型多样，上述各方法制定的基准阈值经常存在明显差异，难以异地应用，无法建立类水质基准那样的普适性阈值。

(2) 粒度、TOC、AVS、pH，以及氧化还原电位等参数显著影响着沉积物中污染物的生物毒性效应，目前尚没有沉积物基准制定的数学模型可以成功地将这些关键要素纳入，基准制定过程中无法准确表达沉积物复合体中的污染物的致效剂量。

(3) 目前各种沉积物质量基准的研究方法都存在着理论认知上和方法学上的

局限性，值得后续深入研究。

参 考 文 献

[1] European Chemicals Bureau. Institute for Health and Consumer Protection. Technical Guidance Document on Risk Assessment Part II, 2003.

[2] Traas T P. Guidance document on deriving environmental risk limits. Rijksinstituut Voor Volksgezondheid En Milieu Rivm, 2001.

[3] Van Vlaardingen P L A, Verbruggen E M J. Guidance for the derivation of environmental risk limits within the framework of 'International and national environmental quality standards for substances in the Netherlands' (INS). Rijksinstituut Voor Volksgezondheid En Milieu Rivm, 2008, 63(63): 1016-21.

[4] Lepper P. Manual of the methodological framework used to derive quality standards for priority substances of the Water Framework Directive. Fraunhofer Institute Molecular Biology and Applied Ecology. http://www.wrrl-info.de/docs/manual-derivation-qs.pdf. 2004.

[5] USEPA. Guideline for deriving numerical national water quality criteria for the protection of aquatic organism and their uses. Washington, DC: U.S. Environmental protection agency, 1985.

[6] Aldenberg T, Jaworska J S. Uncertainty of the hazardous concentration and fraction affected for normal species sensitivity distributions. Ecotoxicology & Environmental Safety, 2000, 46(1): 1-18.

[7] Aldenberg, T, Solb W. Confidence limits for hazardous concentrations based on logistically distributed NOEC toxicity data. Ecotoxicology & Environmental Safety, 1993, 25: 48-63.

[8] Anzecc, Armcanz. Australia and New Zealand guidelines for fresh and marine water quality. Canberra, Australia: Australia and New Zealand Environmental and Conservation Council and Agriculture and Resource Management Council of Australia and New Zealand, 2000.

[9] Posthuma L, SutterII G W, Traas T P. Species Sensitivity Distributions in Ecotoxicology. Lewis Publishers: Boca Raton, FL, 2002.

[10] 马德毅，王菊英，洪鸣，等. 海洋环境质量基准研究方法学浅析. 北京：海洋出版社，2011.

[11] 郑磊，张娟，闫振广，等. 我国氨氮海水质量基准的探讨. 海洋学报, 2016, 38(4): 109-119.

[12] MacDonald D D. Approach to the assessment of sediment quality in Florida coastal waters. Volume 1 (Development and Evaluation of sediment quality assessment guidelines), 25: 1994.

撰稿人：孟　伟　闫振广

中国环境科学研究院，mengwei@craes.org.cn

重金属污染海洋环境修复的路在何方

Prospect of Environmental Remediation of Heavy Metal Polluted Marine Ecosystem

重金属污染具有来源广、长期持久性、隐蔽性、生物富集与强生物毒性等特征，对生态系统构成直接和间接的威胁。因此重金属环境污染一直以来都是国内外环境化学研究的热点。自 20 世纪 60 年代起，科学家们已陆续发现许多国家的海湾、河口等近岸海域受到不同程度的重金属污染，甚至在远离人类活动的南极洲海域都发现了重金属污染的痕迹。我国也从 21 世纪开始对主要河口与海湾的重金属水平开展了长期监测。国内外水环境重金属污染的研究数据显示目前重金属污染主要包括铜、铬、镉、铅、汞和砷等，揭示其污染主要来源于矿业、金属冶炼及加工、化工等工业，以及农用杀虫剂和生活污水[1]。进入海洋的重金属，一部分长期滞留在水体中，另一部分通过物理化学及生物过程以颗粒物质的形式下沉至海底沉积物中。而沉积物中的金属元素经界面交换、生物矿化等过程，在一定条件下可重新释放进入上覆水体，对海洋环境造成二次污染。水体、沉积物与生物体中重金属相互影响、相互转化。海洋环境中重金属水平的上升直接危及海洋生物的生存，不仅对生态系统和生物资源造成严重威胁，对经济水产养殖造成生态损害，也为经济和社会发展带来不稳定因素。如何有效防治海洋环境中的重金属污染已成为世界范围内人类必须面对的问题。

目前国内外重金属污染修复技术主要围绕土壤与淡水环境修复发展出一系列物理/化学与生物修复技术，以及建立在生物修复技术上的生态修复技术[2]。由于海洋重金属污染是一个大水体开放环境状态下的水-沉积物-生物复合污染模式，并且海水具有高盐度特性，广泛应用在土壤环境中的物理化学技术如化学沉淀法、离子交换法、物理吸附法、电化学法等难以去除海洋环境的重金属，就目前而言，利用海洋生物修复重金属污染是短期内较易开展的有效手段。生物修复主要是通过生物活体或灭活生物材料富集水中和沉积物中的重金属，再回收或处理生物富集载体，从而达到除去水中和沉积物中现存重金属的目的。生物材料的富集能力越强，重金属去除率越高，修复效果越好，因此生物富集载体或称修复生物通常在具备高重金属富集能力的藻类、细菌等微生物，以及一些高等动植物中进行筛选，如图 1 所示。

在所有的海洋重金属污染修复生物中，海藻由于其高生物富集能力和易培养等特性而受到最多的关注，可用于去除海水中的重金属。到目前为止，红藻、绿藻、褐藻、硅藻等超过 30 种微型和大型海藻已经作为重金属富集材料进行了研究，结果发现一些海藻具有惊人的重金属吸附/吸收能力，其重金属含量可以达到干重的 1/100 甚至 1/10[3]。用于生物修复的藻类通常对重金属有较强的耐性，有足够的生物量和较强的富集能力，并且具备简便的解吸方法。对比微型海藻与大型海藻，微型海藻具有高效吸附重金属、生长迅速、培养条件简便等特点，具备广阔的应用前景；然而由于个体小，不易回收，藻体的有效收集是制约其规模化应用的重要因素[4]。而大型海藻虽然生长较微型海藻慢，但是它们同样具有相对较高的重金属吸附性能，并且其吸附金属后的生物处理相对简便，就目前而言更适合于规模应用[5]。

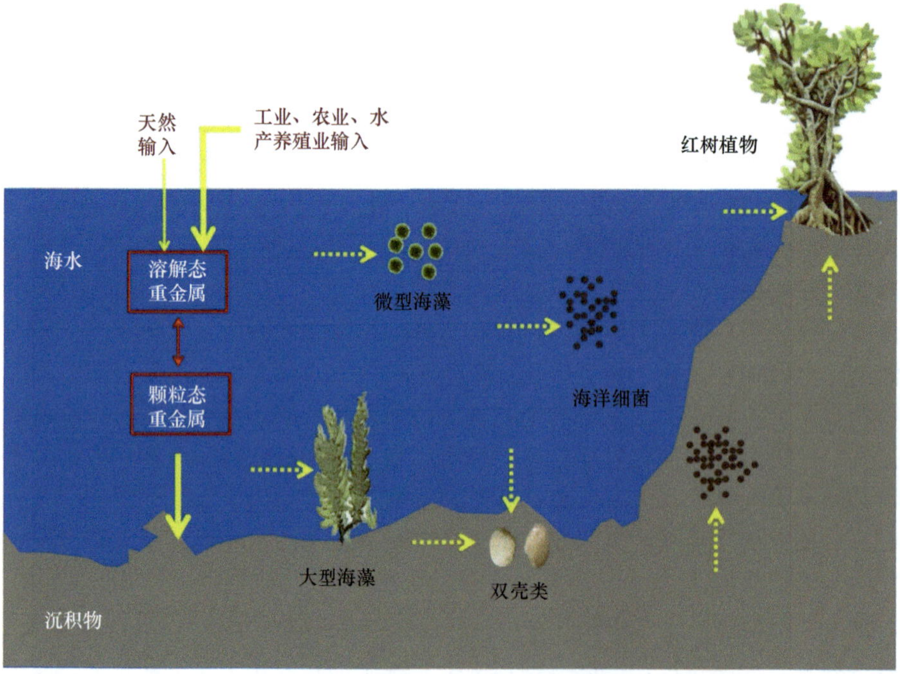

图 1　海洋重金属污染修复生物主要类群

海洋细菌的生存环境广泛，并且可适应多元海洋环境，因此可用于对海水水体与沉积物等多种介质进行重金属污染的生物修复[6]。目前已知的海洋细菌的重金属富集能力比海藻略弱，但是耐性更强，在重金属重污染区域担纲生物修复的先锋物种具有巨大的应用潜力。然而海洋细菌的分离培养一直是一项尚未解决的科学难题，严重制约了对其的开发和利用，因此目前利用海洋细菌富集重金属的研究还很少。

海洋植物中的海草与红树植物、海洋动物中的部分双壳类与甲壳类对重金属也有较强的富集作用，有潜力发展成为海洋重金属污染的修复生物。重金属污染严重的河口与海湾地区常常仍可以见到海草与红树植物分布，它们通过根部吸收海水及沉积物中的重金属并储存在体内，从而减少环境中的重金属含量，起到修复重金属污染的作用。特别是红树植物是红树林生态系统的重要组成部分，对于环境中多种污染物具有清除作用，因此也具有海洋环境复合污染修复的潜在功能[7]。双壳类与甲壳类分别通过过滤大量的海水与摄食沉积物有机碎屑对重金属进行富集，可分别清除水中与沉积物中的重金属[8]。目前来说，海洋动植物主要用作环境污染指示生物而非修复生物，一方面由于它们对于重金属的清除效率较海洋藻类和细菌来说不甚理想；另一方面它们是重要的生物资源，利用它们进行生物修复，必然与其多种生态功能与经济贡献产生矛盾。

总体说来，有关海洋重金属污染生物修复的研究仍处于初步阶段，研究内容和研究层次比较单一，对于重金属生物富集的机制、修复生物的筛选、提高富集效率的技术等方面还缺乏了解。更为重要的是，目前的生物修复研究大多停留在小尺度、局部范围内或集中于某一生物群落或物种，缺乏整体生态系统水平、大尺度的生态修复研究。从具体的技术手段来讲，利用海藻为主体，多种生物相结合的复合修复具有良好的应用前景，可通过加强高重金属富集性能海藻的筛选，开展海洋生物对重金属抗性及富集机制的研究，利用分子生物学技术等手段开发用于修复工程的生物品种，进一步加强修复技术的开发。从大尺度方向来说，需要系统地开展海洋生态修复理论、实践、评估研究，综合各方面修复技术，将修复技术与退化诊断评估、修复监测、修复效果评估及修复管理等结合，使之互利互补，并且在中小尺度修复的基础上制订区域乃至全国海洋重金属修复的战略方案。虽然海洋环境重金属污染的生态修复任重而道远，但是相信通过不懈的努力，一定会让我国的海洋环境逐步改善。

参考文献

[1] 国家海洋局. 2014 年中国海洋环境质量公报. http://www.coi.gov.cn/gongbao/huanjing/201503/t20150316_32222.html. 2016-11-28.

[2] Hakanson L. An ecological risk index for aquatic pollution control-a sedimentological approach. Water Research, 1980, 14(8): 975-1001.

[3] Romera E, Gonzalez F, Ballester A, et al. Comparative study of biosorption of heavy metals using different types of algae. Bioresource Technology, 2007, 98(17): 3344-3353.

[4] Davis T A, Volesky B, Mucci A. A review of the biochemistry of heavy metal biosorption by brown algae. Water Research, 2003, 37(18): 4311-4330.

[5] Prasher S O, Beaugeard M, Hawari J, et al. Biosorption of heavy metals by red algae (*Palmaria palmata*). Environmental Technology, 2004, 25(10): 1097-1106.

[6] Dash H R, Mangwani N, Chakraborty J, et al. Marine bacteria: Potential candidates for enhanced bioremediation. Applied Microbiology and Biotechnology, 2013, 97(2): 561-571.

[7] MacFrlane G R, Pulkownik A, Burchett M D. Accumulation and distribution of heavy metals in the grey mangrove, *Avicennia marina* (Forsk.)Vierh: Biological indication potential. Environmental Pollution, 2003, 123(1): 139-151.

[8] Goldberg E D, Bowen V T, Farrington J W, et al. Mussel watch. Environmental Conservation, 1978, 5(2): 101-125.

撰稿人：张　黎

中国科学院南海海洋研究所，zhangli@scsio.ac.cn

近岸海域多源复合污染的源解析

Source Apportionment of Combined Contamination in Coastal Environments

海洋是环境污染物输移过程中的“汇”，是众多污染源排污的最终受体。流域和沿海地区的经济活动，使得大量污染物质通过河流、大气沉降和沿岸排污口等途径进入海洋，对近海生态系统健康构成严重威胁，使近岸海域成为海洋环境污染的重灾区。近岸海域环境污染的一个重要特征是多源复合污染，即来自不同排放源的各种污染物在海洋环境中发生多种界面之间的理化过程并彼此耦合而形成的污染现象，其特点是污染源种类多、路径复杂、持续性强、扩散范围广。为了控制和削减污染物质排放进入海洋环境，就必须明确近岸海域环境中各种污染物质的来源。通过对近岸海域不同环境介质中污染物质的来源、贡献，以及迁移过程进行定量描述，才能实施更科学和有效的方式来减轻排污对海洋环境的压力。

不同污染源排放的污染物各有其特征，其迁移路径和环境过程也各不相同，而利用各种源的特征，不仅可以定性地识别污染物的来源类型，还可以定量计算各种源的贡献率，这就是源解析(source apportionment)。总体上，解析污染物来源的方法有两类：一类是以污染源为对象的扩散模型，也称“源模型”；另一类是以受污染的环境受体为对象的受体模型[1]。图 1 给出了目前常用的几种源解析方法[2]。

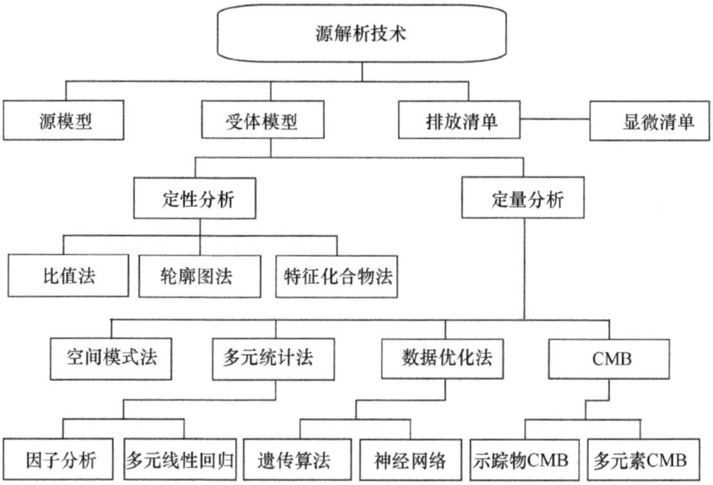

图 1　几种常用多源复合污染的源解析方法[2]

源模型主要利用不同污染源的排放强度，配合其他因子，以扩散模式来计算各污染源对环境的影响状况。但是源模型需要各排放源的排放清单才可以有效评估，而实际上，许多污染物质的排放清单是很难完整获取的。相对于源模型，受体模型主要是利用源污染物与受污染环境受体点污染物间的共同特性为依据，来计算不同源污染物对受体点的贡献率和回溯污染源。受体模型就是通过各种技术手段和数学方法对受体环境介质中污染物的化学或物理特征，来确定污染源的类型，以及对受体的贡献做出评估的一系列源解析技术[3]。受体模型为近岸海域环境中污染物的源解析提供了有效而便利的手段，它不依赖于污染源的排放条件，无需追踪目标污染物的迁移过程。因此，这类方法被广泛应用于污染物质的源解析。

从 20 世纪 60 年代开始，科学家开始应用受体模型进行污染物源解析，通过分析在受体介质(如海水)中的污染物种类与水平来推断污染物的来源，这是化学质量平衡法(CMB)首次应用于污染物的来源解析[4]。随着现代分析技术的发展，越来越多的污染物可以被检测出来，我们肯定能够更好的回答诸如“有哪些污染物？”“污染水平是多少？”的问题，但是对于多源复合污染物的源解析，还要回答“从哪里来？”“每种来源的贡献又是多少？”，问题的关键是找到用以识别来源的标记物或建立正确的数学方法。目前，常用于复合污染源解析的方法主要有：CMB 法、主成分分析法、遗传算法、神经网络及其他多元方法[4~6]。其中，在实际工作中应用最广的技术方法是结合了特征物或示踪物技术的 CMB 方法，该方法已得到美国环保局的认可和推荐[7]。例如，利用稳定同位素(^{13}C、^{15}N 等示踪物)来研究近岸海域环境中的营养物质的来源、迁移与生物地球化学过程，利用油指纹谱图(特征物)来研究海上溢油的来源与类型，利用非负约束因子分析法来定量考察大气中的多环芳烃的来源类型与贡献率[8]。

虽然科学家们对环境中复合污染的源解析进行了长期、广泛和深入的研究，但是，目前针对近岸海域复合污染的源解析技术仍然是海洋领域乃至环境科学领域的一个难题。主要体现在以下两个方面。

(1) 近岸海域是一个受到海洋和陆地双重影响的复杂环境系统。海洋是相互连通的一个整体，一处海域受到污染，往往会扩散到周边其他海域，甚至会波及全球。囿于入海污染源的广谱性和海洋的开放性这些特点，现有源解析技术难于获得高精度源解析结果。

(2) 对目标污染物的特性和环境行为的认识不足。例如，受限于检测手段和认知水平而缺乏准确的物理化学参数，对目标污染物在近岸海域各类环境介质中的各种物理化学过程(如生物降解、光解、化学降解及吸附、沉淀等)无法准确描述，增大了源解析结果的不确定性。

参考文献

[1] 周慧平，高燕，尹爱经．水污染源解析技术与应用研究进展．环境保护科学，2014(6): 19-24.

[2] 王震．辽宁地区土壤中多环芳烃的污染特征、来源及致癌风险．大连理工大学博士学位论文, 2007.

[3] Watson J G, Chow J C, Fujita E M. Review of volatile organic compound source apportionment by chemical mass balance. Atmospheric Environment, 2001, 35(9): 1567-1584.

[4] Li A, Jang J K, Scheff P A. Application of EPA CMB8.2 model for source apportionment of sediment PAHs in Lake Calumet, Chicago. Environmental Science & Technology, 2003, 37(13): 2958-2965.

[5] Gotz R, Lauer R. Analysis of sources of dioxin contamination in sediments and soils using multivariate statistical methods and neural networks. Environmental Science & Technology, 2003, 37(24): 5559-5565.

[6] Singh R M, Datta B, Jain A. Identification of unknown groundwater pollution sources using artificial neural networks. Journal of Water Resources Planning and Management-Asce, 2004, 130(6): 506-514.

[7] Chu K H, Mahendra S, Song D L. Stable isotope fractionation during aerobic biodegradation of chlorinated ethenes. Environmental Science & Technology, 2004, 38(11): 3126-3130.

[8] Liu C H, Tian F L, Chen J W, et al. A comparative study on source apportionment of polycyclic aromatic hydrocarbons in sediments of the Daliao River, China: Positive matrix factorization and factor analysis with non-negative constraints. Science Bulletin, 2010, 55(10): 915-920.

撰写人：王　震　杨佰娟

国家海洋环境监测中心，zwang@nmemc.org.cn

海洋环境中复合污染物的致毒机制

Toxicological Mechanisms of the Multiple Contaminants in Marine Environment

随着海洋环境污染日趋严重，海洋生物经常暴露于多种化学污染物的复杂混合物之中。常见的污染物种类包括：营养物质、重金属、石油烃、农药、阻燃剂、抗生素和内分泌干扰物等。尽管其中单一污染物的浓度通常都低于生物毒性安全阈值——无可观察效应浓度(no observed effect concentration，NOEC)，但它们的混合物仍然可对海洋生物产生显著的毒性效应[1~3]，上述现象被称为复合效应，或联合毒性、混合物毒性、鸡尾酒效应等。然而，目前大多数的研究仅聚焦于单一污染物的暴露实验及毒性效应[4]。对海洋中不同污染物之间潜在的复合效应认识不足，可能会严重低估甚至忽视了这种效应对海洋环境的健康风险，特别是对处于食物链顶端的海洋动物，由于它们对重金属和持久性有机污染物(persistent organic pollutants，POPs)具有生物放大效应。因此，除了对海洋环境中单一污染物生物毒性的研究外，对混合体系的联合毒性作用，包括增强(协同作用)、减弱(拮抗作用)或者叠加(加和作用)的研究，也具有重要的环境意义[5]。

以重金属复合污染为例，尽管对于重金属混合物毒性的研究已有几十年的历史，但是难以判定或预测重金属混合后它们的毒性究竟是叠加、增强、还是减弱[6, 7]。目前一般采用两种方式进行重金属的联合毒性实验：设定恒定的重金属比例，对重金属的浓度进行连续调整，或者保持恒定的重金属效应比。而更理想的方法是一种类似于化学滴定法的实验设计，即在含有一种或多种化合物的溶液中逐渐增加另外一种化合物的剂量，从而确定其中间反应和“滴定”终点。该方法的优点是可以提供与重金属不同浓度梯度对应的生物体不同响应程度的数据，相比易出现假阳性或假阴性的单点结果，该方法在判定加和/协同/拮抗的效应时更为可靠[8]。

污染物的毒性作用模式(modes of action，MoA)可能相同也可能不同，由此导致混合污染物的联合毒性效应表现为加和/协同/拮抗等多种组合。污染物的浓度-效应曲线大多数为“S”形曲线，复合污染物的联合作用不能被表达为效应的简单相加，需从联合毒性的作用机制入手进行分类和预测。根据海洋污染物中不同物质的 MoA，通常采用浓度加和法(concentration additivity，CA)或效应加和法(response additivity，RA)进行污染物混合物的毒性评价，其中对于相同 MoA 的污染物混合物毒性评价一般采用 CA 法，而对于不同 MoA 的污染物混合物毒性评价则一般采用 RA 法[9]。

由于海洋环境中潜在的化学污染物种类极多，以及海洋生态环境体系自身的复杂性，逐一对每组潜在的复合污染物开展生态毒性致毒机制实验测试是不可行的。当前的研究热点之一是建立和定义详细的有害结局路径(adverse outcome pathway，AOP)[10]，从而为污染物的联合毒性评价研究提供方法途径。AOP 是一个概念性的框架，从一个分子起始事件(molecular initiating event，MIE)开始，研究污染物在细胞、器官、组织和个体水平产生的一系列效应/关键事件(key events，KE)，最终在群落水平上导致一个有害结局(adverse outcome，AO)的过程。对于内分泌干扰物(endocrine disruptors，EDs)毒性研究，通过剂量加和法可对属于同一类型的 EDs 的复合效应进行预测。然而，对于不同类型 EDs(如雌激素干扰物、雄激素干扰物、甲状腺干扰物等)的复合效应尚了解不多。在研究这类污染物的复合效应时，EDs 类型的判定非常关键。在定义 EDs 类型时应采用合适的相似性原则，并且聚焦于共同的分子起始事件[11]。

此外，污染物之间表现出的协同或拮抗效应，有时还取决于实验条件和测定响应的类型，其中一些相互作用可归因于一种污染物的存在对另外一种污染物的生物累积产生影响所致(即木马效应)[12]。但是，这方面的实验数据还比较匮乏[13]。随着实验数据的不断积累以及污染物化学分析方法的完善，作用机制和效应预测将会逐渐清晰，进而可更客观地评估海洋污染物复合效应的环境和健康风险[14]。目前，复合污染和毒性作用机制研究领域还有很多科学和技术问题亟须解决，海洋环境中复合污染物的毒性作用机制依然是海洋领域和环境科学领域的一个难题。主要体现在以下三个方面。

(1) 哪些环境污染物(类型、结构等)可能对复合效应的贡献最为显著？在复合效应中最主要的因果关系及 MoA 是什么？在实际海洋环境条件下，复合效应主要发生于哪些生物类群？以及它们在敏感度上的种间差异究竟有多大？

(2) 美国化学文摘登记的化学物质已超过千万种，并以每周 6000 种的速度增加，海洋作为陆源排放各种有害物质的最终储库，受纳着层出不穷的各种污染物。新兴污染物间的复合效应和新兴污染物与经典污染物间的复合效应目前尚不被认知。在复合污染条件下，经典和新兴污染物间的相互作用使得海洋污染更具复杂性和不确定性，同时也加剧了毒性作用机制的复杂性和不确定性。

(3) 新型的海洋环境问题，如低氧和酸化，也加剧了污染物毒性作用机制研究的复杂性。近期研究发现，低氧可提高部分多环芳烃(PAHs)对鱼类的早期发育毒性，二者间呈协同作用；低氧还可影响仔鱼对多氯联苯(PCBs)的吸收和代谢速率，降低鱼类对 PCBs 胁迫的耐受性；低氧还可影响 PAHs 在水体的持久性和归宿，延长苯并(a)芘在鱼体内的残留时间。海水酸度与金属的生物可获得性密切相关，酸性升高将可能导致海水中金属毒性的升高。不同污染物的毒性对这些环境因子变化的响应是不一致的，因此已有经验并不适合对全球或区域性海洋复合污染效应和特征做出科学判断。

参 考 文 献

[1] Brian J V, Harris C A, Scholze M, et al. Evidence of estrogenic mixture effects on the reproductive performance of fish. Environmental Science & Technology, 2007, 41(1): 337-344.

[2] Kortenkamp, Andreas. Low dose mixture effects of endocrine disrupters: implications for risk assessment and epidemiology. International Journal of Andrology, 2008: 233-240.

[3] Silva E, Rajapakse N, Kortenkamp A. Something from "nothing"--eight weak estrogenic chemicals combined at concentrations below NOECs produce significant mixture effects. Environmental Science & Technology, 2002, 36(8): 1751-1756.

[4] Yang R S H. Introduction to the toxicology of chemical mixtures. In: Yang R S H. Toxicology of Chemical Mixtures. Academic, San Diego, CA, USA, 1994: 1-10.

[5] 吴宗凡, 刘兴国, 王高学. 重金属与有机磷农药二元混合物对卤虫联合毒性的评价及预测. 生态毒理学报, 2013, 8(4): 602-608.

[6] Norwood W P, Borgmann U, Dixon D G, et al. Effects of metal mixtures on aquatic biota: A review of observations and methods. Human & Ecological Risk Assessment An International Journal, 2003, 9(4): 795-811.

[7] Vijver M G, Elliott E G, Peijnenburg W J G M, et al. Response predictions for organisms water-exposed to metal mixtures: A meta-analysis. Environmental Toxicology & Chemistry, 2011, 30(6): 1482.

[8] Meyer J S, Ranville J F, Pontasch M, et al. Acute toxicity of binary and ternary mixtures of Cd, Cu, and Zn to Daphnia magna. Environmental Toxicology & Chemistry, 2015, 34(4): 799-808.

[9] De Z D, Posthuma L. Complex mixture toxicity for single and multiple species: Proposed methodologies. Environmental Toxicology & Chemistry, 2005, 24(10): 2665.

[10] Ankley G T, Bennett R S, Erickson R J, et al. Adverse outcome pathways: A conceptual framework to support ecotoxicology research and risk assessment. Environmental Toxicology & Chemistry, 2010, 29(3): 730.

[11] Kortenkamp A. Ten years of mixing cocktails: A review of combination effects of endocrine-disrupting chemicals. Environmental Health Perspectives, 2007, 115 Suppl 1(Suppl 1): 98.

[12] Canesi L, Frenzilli G, Balbi T, et al. Interactive effects of n-TiO_2 and 2, 3, 7, 8-TCDD on the marine bivalve Mytilus galloprovincialis.. Aquatic Toxicology, 2013, 153(4): 53-65.

[13] Balbi T, Smerilli A, Fabbri R, et al. Co-exposure to n-TiO_2 and Cd^{2+} results in interactive effects on biomarker responses but not in increased toxicity in the marine bivalve M. galloprovincialis. Science of the Total Environment, 2014, 493(7): 355.

[14] Beyer J, Petersen K, Song Y, et al. Environmental risk assessment of combined effects in aquatic ecotoxicology: A discussion paper. Marine Environmental Research, 2014, 96(2): 81-91.

撰稿人：王　莹　崔志松

国家海洋环境监测中心，wangying@nmemc.org.cn

新兴污染物在海洋食物网中的富集与传递

Bioaccumulation and Biotransformation of Emerging Contaminants in Marine Food Web

新兴污染物(emerging contaminants (ECs)或 contaminants of emerging concern (CECs))是指在环境中新发现，或者虽然早前已经认识但是新近引起关注，且对人体健康及生态环境具有风险的污染物，包括持久性有机污染物(POPs)、环境内分泌干扰物(EDCs)、药品、个人护理品(PPCPs)和纳米粒子等[1]。新兴污染物多具有高的化学稳定性、难以在环境中被降解、易于在生物体内富集。因而在全球范围内普遍存在，对人类健康和环境生态系统具有潜在危害。

新兴污染物种类繁多，近年来被广泛关注的新兴污染物包括：全氟化合物(perfluorinated compunds，PFCs)、多溴联苯醚(polybrominated diphenyl ethers，PBDEs)、药品和个人护理品(pharmaceutical and personal care products，PPCPs)和内分泌干扰物(endocrine disrupting chemicals，EDCs)等。PFCs 是一类新兴的含氟的持久性有机污染物，主要包括全氟辛酸(PFOA)、全氟辛烷磺酸(PFOS)、全氟十烷酸(PFDA)和全氟十二烷酸(PFDO)等不同碳链长度的有机物。由于具有优良的热稳定性、高表面活性及疏水和疏油性能而被广泛应用于纺织、造纸、包装、农药、皮革、电镀和洗涤用品中。其中 PFOS 和 PFOA 是目前最受关注的两种全氟化合物。1970~2002 年全球 PFCs 生产量达 96000t，1970~2011 年全球 PFOS 估计排放量为 450~2700t [2]。PFCs 的大量使用，使得它们已经成为一类全球性污染物，甚至在偏远的极地地区都检测到这类污染物的存在[3, 4]。目前全球近岸海域水体中 PFOA 和 PFOS 的浓度范围均在 ng/L 水平，总体上 PFOA 的浓度高于 PFOS [5]。

PBDEs 是一类广泛使用的溴代阻燃剂，依溴原子数量不同分为十个同系组，共有 209 种单体化合物。PBDEs 具有优异的阻燃性能，常作为添加剂加到原料中，被广泛应用于各种工业产品和日用产品中，如油漆、纺织品、电路板和电器元件等。近十年来，PBDEs 已在全球范围内被大量使用，据统计，1990 年全球 PBDEs 的产量为 4 万 t，到 2001 年全球 PBDEs 的需求量已增加到 6.7 万 t，它们可通过多种途径进入环境中。水中溶解态 PBDEs 浓度相对较低，一般在 pg/L 量级[6]，但由于 PBDEs 具有较高的沉积物-水分配系数($\log K_{oc}$)，如五溴联苯醚、八溴联苯醚和十溴联苯醚分别为 4.89~5.10、5.92~6.22 和 6.80 [7]，因此高溴代 PBDEs 在沉积物中具有更高的残留分布。

PPCPs 是一类数量巨大、生物活性复杂的新兴污染物，环境中的 PPCPs 主要来源于家庭、工业、农业、畜牧业及水产养殖业等，尤其是抗生素的大量使用，导致其环境污染日趋严重，使其成为 PPCPs 中最受关注的一类物质。PPCPs 包括各种处方和非处方药，如止痛剂、抗生素、避孕药、镇定剂等，以及个人日常护理品，如消毒剂、香水、防腐剂、驱虫剂等。据调查，2013 年我国抗生素使用量高达 16.2 万 t，约占世界用量的一半，其中 52%为兽用，48%为人用，约超 5 万 t 被排放进入水土环境中[8]。目前，水体中检出率较高的抗生素为氟喹诺酮类、磺胺类、四环素类、大环内酯类等，这些抗生素在水体中的浓度多为 ng/L 至 μg/L 级[9]。

尽管多数新兴污染物在水体中的质量浓度较低(一般在 ng/L 或 μg/L)，但由于具有持久性或半挥发性，可通过大气和水环境介质进行长距离迁移，从而在全球生态系统尺度上进行再分布和循环，并且可以在生物体内富集和沿食物链传递或放大。生物富集(bioaccumulation)，也称生物累积，是指从环境介质(水、土壤、沉积物和大气等)和食物中吸收和摄取污染物，导致生物体内污染物的浓度高于环境介质中该污染物浓度的过程；生物放大(biomagnification)是生物通过摄食，导致体内污染物浓度高于其食物中该污染物浓度的过程[10]。污染物沿食物链的生物放大效应可以用生物放大因子(BMF)衡量，而沿食物链(网)的生物放大能力可以用营养级放大因子(TMFs)来评估[11]。

PBDEs 是一类具有高度疏水性的化合物，可通过食物链进行生物放大。对比全球不同海域的鱼类研究显示，除少数区域外，海洋鱼类对 PBDEs 的富集能力普遍高于海洋浮游动物和海洋双壳类，这与鱼类的营养级较高有关。同一海域，不同鱼类间对 PBDEs 的富集能力也存在较大差异，如中国渤海海域的 6 种海鱼中，黄姑鱼(*nibea albiflora*)体内 PBDEs 含量最高，最低为海鲶(*chaeturichthys sitgmatias*[12]。在西北大西洋海域，大西洋鲱(*clupea harengus*)富集 PBDEs 的能力较强，而灰西鲱(*alosa pseudoharengu*)的富集能力较弱[13]。此外，海洋鱼类富集的 PBDEs 种类会因栖息环境不同而有所不同，如我国渤海湾和珠江口的鱼类体内富集的 PBDEs 均以低溴同系物为主，而大亚湾海域则是高溴同系物[14]。

食物链对 PBDEs 的生物放大能力随溴原子数的增加而增强，食物链的长度对 PBDEs 放大效应的影响显著。鱼类对氟代碳原子数低于 7 的 PFCs 生物富集能力较低，对高于 7 的全氟羧酸具有显著的生物富集效应，且生物对全氟羧酸的生物富集能力随碳链长度增长而增大。高营养级的生物 PFCs 含量显著高于低营养级的生物，表明 PFCs 在生物体内存在生物放大效应。大多数 PFCs 在食物网上都具有不同程度的生物放大效应，但不同食物网对 PFCs 的生物放大效应差异较大；在同一食物网上，相同氟代碳原子数的全氟磺酸(如 PFOS)的生物放大能力要高于全氟酸(如 PFOA)；对于全氟酸，随着氟代碳原子数的增多，其在食物网上的生物放大能力有增大的趋势[15]。在极地食物网上，除 PFOS 的生物放大系数与 PCBs 相近外，其他大部分 PFCs 的生物富集系数都低于 PCBs 和 DDTs，但高于 PBDEs 和 HCHs。总体上，PFOS 在食物网上的生物放大能力和 PCBs 相近，其他 PFCs 的生物放大能力低于 PCBs，但高于 PBDEs[16]。

尽管当前已对 PFCs、PBDEs 和 PPCPs 等新兴污染物开展了相关研究，但针对 PFCs 和 PPCPs 等污染物尚未建立简便易行的分析方法，对各化合物在环境中的分布、赋存形态、迁移规律、生态效应及其毒性作用机制等研究仍欠缺。尤其针对 PBDEs 的代谢途径及羟基化和甲基化等代谢产物的分析是当前研究 PBDEs 的一个难点。此外，尚缺乏对影响新兴污染物生物富集及食物链传递的诸多因素的系统认知，包括污染物自身的理化性质(碳链长度、碳链末端基团类型和是否含有支链等)、受显著胁迫的主要生物种类及其生理生态参数(生态位、发育阶段、体长、体重和性别)、环境条件(生态系统的组成、水温和污染物含量)等。同时，海洋食物网的复杂性及 BMF 与 TMF 模型计算的不确定性[17]，也是定量研究新兴污染物生物富集及食物链传递的一大挑战。

参 考 文 献

[1] Richardson S D. Water analysis: emerging contaminants and current issues. Analytical chemistry, 2009(12): 46-55.

[2] Prevedouros K, Cousins I T, Buck R C, et al. Sources, fate and transport of perfluorocarboxylates. Environmental Science and Technology, 2006, 40: 32-44.

[3] Dreyer A, Weinberg I, Temme C, et al. Polyfluorinated compounds in the atmosphere of the Atlantic and Southern Oceans: Evidence for a global distribution. Environmental science and technology, 2009, 43: 6507-6514.

[4] Tomy G T, Pleskach F, Ferguson S H, et al. Trophodynamics of some PFCs and BFRs in a western Canadian Arctic marine food web. Environmental Science and Technology, 2009, 43: 4076-4081.

[5] 祝凌燕, 林加华. 全氟辛酸的污染状况及环境行为研究进展. 应用生态学报, 2008, 19(5): 1149-1157.

[6] Li H J, Lan J, Li G L, et al. Distribution of polybrominated diphenyl ethers in the surface sediment of the East China Sea. Chinese Science Bulletin, 2014, 59(4): 379-387.

[7] Palm A, Cousins I T, Mackay D, et al. Assessing the environmental fate of chemicals of emerging concern a case study of the polybrominated diphenyl ethers. Environmental pollution, 2002, 117: 195-213.

[8] Zhang Q Q, Ying G G, Pan C G, et al. Comprehensive evaluation of antibiotics emission and fate in the river basins of China: Source analysis, multimedia modeling, and linkage to bacterial resistance. Environmental Science and Technology. 2015, 49(11): 6772-6782.

[9] 葛林科, 任红蕾, 鲁建江, 等. 我国环境中新兴污染物抗生素及其抗性基因的分布特征. 环境化学, 2015, 34(5): 875-883.

[10] Barron M. Bioaccumulation and bioconcentration in aquatic organisms. In: Hoffman G A,

Rattner B A, Claras G A. Handbook of Ecotoxicology, second edition. London: CRC press Inc. Lewis publishers, 2002, 652-662.

[11] Daley J M, Paterson G, Drouillard K G. Bioamplification as a bioaccumulation mechanism for persistent organic pollutants (POPs) in wildlife. Reviews of Environmental Contamination and Toxicology, 2013, 227: 107-155.

[12] Wan Y, Hu J Y, Zhang K, et al. Trophodynamics of polybrominated diphenyl ethers in the marine food web of Bohai bay, North China. Environmental Science and Technology, 2008, 42(4): 1078-1083.

[13] Burreau S, Zebuhr Y, Ishaq R, et al. Comparison of biomagnification of PBDEs in food chains from Baltic Sea and the Northern Atlantic Sea. Organohalogen Compounds, 2000, 47: 253-255.

[14] Zheng B H, Zhao X Z, Ni X J, et al. Bioaccumulation characteristics of polybrominated diphenyl ethers in the marine food web of Bohai Bay. Chemosphere, 2016, 150: 424-430.

[15] 吴江平，管运涛，李明远，等. 全氟化合物的生物富集效应研究进展. 生态环境学报，2010, 19(5): 1246-1252.

[16] Tomy G T, Pleskach F, Ferguson S H, et al. Trophodynamics of some PFCs and BFRs in a western Canadian Arctic marine food web. Environmental Science and Technology, 2009, 43: 4076-4081.

[17] 吴江平，张荧，罗孝俊，等. 多溴联苯醚的生物富集效应研究进展. 生态毒理学报，2009, 4(2): 153-163.

撰稿人：穆景利　蒋凤华

国家海洋环境监测中心，jlmu@nmemc.org.cn

海洋酸化是否会加剧海洋污染物的毒性？

Would Ocean Acidification Aggravate the Toxicity of Marine Pollutants?

自从 Caldeira 和 Wickett [1]于 2003 年首次在 *Nature* 上发表论文提出海洋酸化(ocean acidification)这一科学问题以来，海洋酸化已成为当今国际海洋科学研究的前沿领域，也是继全球变暖和海洋污染后严重影响和威胁人类社会发展的第三大海洋环境问题(图 1)。

Feely 等[2]在北太平洋的监测结果表明，在过去 150 年里大气 CO_2 呈现上升的趋势，同时海水 pH 出现下降。而海水 pH 的下降，势必会使得海洋环境受到影响，进而对海洋生物甚至是整个海洋生态系统产生重大影响。海洋酸化改变了海水的 pH，使海水中溶解的 CO_2、碳酸氢根离子(HCO_3^-)和碳酸根离子(CO_3^{2-})浓度等发生变化，直接影响着海洋生物的生物功能，如光合作用、呼吸率、生长率、钙化速率、再生长及生物恢复速率等。部分生物因其独特的生理特征，可能对海洋酸化产生反应，甚至不适应，致使种群退化或灭绝。目前关于海洋酸化对海洋生物影响的研究已经从生理生态水平到分子水平广泛展开[3~5]。海洋酸化降低了碳酸钙的饱和度，加速了海水中碳酸钙的溶解，影响了一些海洋生物，包括浮游生物、底栖软体动物、棘皮动物、有孔虫和含钙的藻类等的壳的形成。Brennand[6]等发现当升温和酸化共同作用时使得海胆的硬度降低。海洋酸化使得一些鱼类的嗅辨和归巢能力产生破坏[7]，对海洋生物的栖息繁衍活动十分不利。另外伴随着海水 CO_2 浓度的升高，浮游生物释放的有毒害作用的酚类化合物会增加到 1.5~3 倍[8]，长此以往对海洋生态系统和海产品质量产生危害。关于海洋酸化从生物个体到群落过程再到食物链、食物网的影响的研究也需要进一步完善。

海水酸化会导致沉积物中的重金属被加剧释放，且提高重金属的生物可利用性，从而加剧重金属的生物毒性。然而海洋中的污染物众多，在海洋酸化条件下污染物发生了哪些物理、化学变化，从而改变了对海洋生物与生态系统的作用模式，尤其是海洋酸化对一些新型污染物(如全氟有机化合物、遮光剂/滤紫外线剂、人工合成纳米颗粒(ENPs)、汽油添加剂、溴化阻燃剂等)的生态效应的影响亟须我们做进一步的了解和研究。

海洋中常见的污染物，如重金属、有机污染物等，在海洋酸化的影响下其毒性是否会得到增强，又是通过哪些过程来影响其毒性的？

重金属是一类典型的环境污染物，在海洋环境中普遍存在，对海洋生物和生

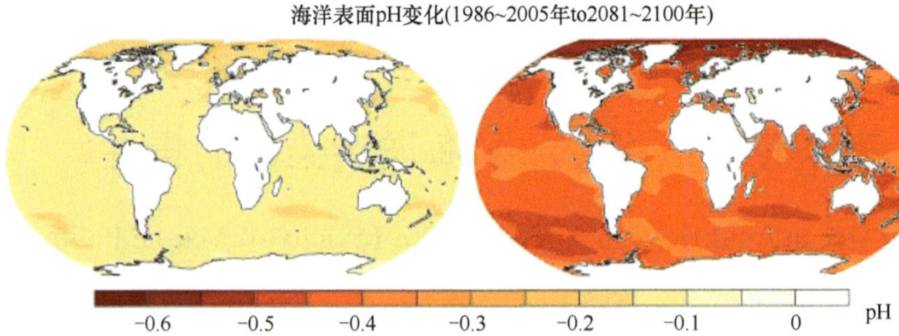

图 1　IPCC 预测海洋 pH 变化

https://wattsupwiththat.com

态环境构成了严重威胁。二氧化碳大量溶于海水中，改变表层海水碳酸系统的平衡，降低海水 pH(海水酸化)和碳酸盐的饱和度。酸化可以造成已经稳定在沉积物中的重金属的二次释放(图 2)，因此会产生更大的离子毒性[9]。

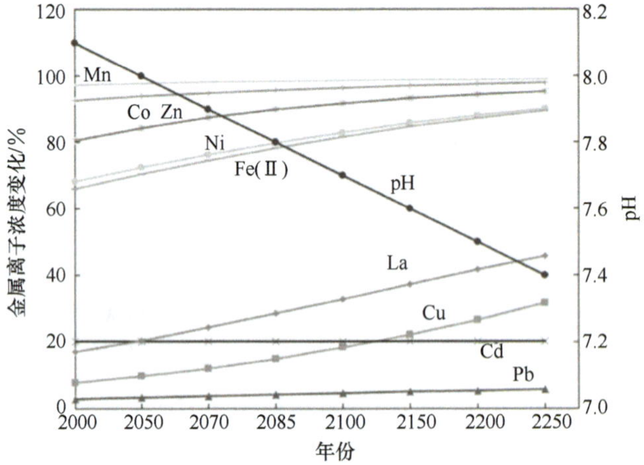

图 2　金属离子随 pH 及时间的浓度变化[9]

Campbell 等[10]研究表明，在海洋酸化条件下，铜离子暴露显著降低了沙蚕 *Arenicola marina* 精子的活动性、繁殖和幼体成功率，增强了对沙蚕精子的 DNA 损伤，并且两者同时暴露相比于单独暴露存在协同作用，表明海洋酸化增加了 Cu 离子对沙蚕的毒性效应。海洋桡足类 *Tisbe battagliai* 在 pH 为 7.9~7.7 和 Cu 共同暴露下导致多代无节幼虫的孵化受到抑制，这表明存在严重的发育障碍和遗传效应。由于对海洋酸化和金属胁迫的研究缺乏，目前的研究偏向于一些特定的生物群体(主要是双壳贝类和鱼类)，因此仍然需要进一步的研究和关注[11]。

海洋酸化通过影响金属物质浓度和营养物的生物可利用性干预有机物质的降解。而关于海洋酸化对于有机污染物环境归趋的研究，主要是从间接影响酶活性和生物活性进而对有机污染物的降解产生影响展开的[12]。石油烃类是一种重要的有机污染物 [13]，石油漂浮在海面上会降低光合作用和浮游植物的生长速率。另外在石油泄漏和沉船事故处理中常用的分散剂会使得原油在水中的浓度上升到初始浓度的 50 倍，大幅增加原油对水生生物的毒性[14]。酸化一方面会加剧有毒物质的产生，另外受到胁迫的生物体降解有机物的能力会受到影响，又会进一步影响有机污染物的归趋。多环芳烃，是原油主要组成部分和海洋生态系统的常见污染物，是原油中对浮游植物产生毒性的主要物质。铁对烃类的解毒机制至关重要，它可以影响有机污染物和石油的催化氧化反应酶活性。通过微生物途径对烃类物质降解所需的单氧酶或双氧酶都需要一个金属辅因子，通常为铁[15]。而酸化条件下会减少生物可用的 Fe(III)，进而影响有机物质的降解。海洋酸化直接对有机污染物的环境归趋及毒性效应是否会产生影响还需要进一步研究。随着一些新兴材料使用，海洋环境难以避免地会遭受污染，如当人工纳米材料 Ag_2O 进入海洋环境，在海洋酸化的影响下会进一步溶解释放 Ag^+，从而产生更大的抗菌性能[16]。相比于正常海水(pH = 8)，当海水的 pH 降到 7.5 时，纳米 CuO 的溶解度会增加一倍[17]。在低 pH 下，纳米 Fe_2O_3 会降低胚胎发育率，使个体畸变数目增加[18]。而在海洋酸化的影响下，纳米材料的物理化学性质的研究还尚不充分。

据报道，大气中的二氧化碳升高会导致海洋中溶解氧水平下降。在微生物降解碳氢化合物和分解碳氢化合物初始过程中，氧气是其中的一个最重要影响因素。低氧水平降低了微生物的活动，从而导致降解减少，甚至导致较低效率的厌氧降解，使有机物降解不彻底，发生不完全降解，也可能会产生毒性效应更大的中间产物，危害海洋生物的生长发育。

事实上，海洋中的污染物会抑制生物呼吸，因此二氧化碳的产生量会下降，这样会在一定程度上缓解酸化，但是富营养化的水体会使得呼吸作用加剧，产生更多的二氧化碳，再加上毒性物质对光合作用的抑制，其综合效果会使海洋的酸化增强[19]。另外，光照、温度、盐度等因素都会影响污染物的形态和毒性，进而导致海洋环境中污染物质的复杂变化，因此对海洋生态系统产生更大影响。

参 考 文 献

[1] Caldeira K, Wickett M E. Oceanography: Anthropogenic carbon and ocean pH. Nature, 2003, 425(6956): 365-365.

[2] Feely R A, Doney S C, Cooley S R. Ocean acidification: Present conditions and future changes in a high-CO_2 world. 2009.

[3] Bibby R, Cleall-Harding P, Rundle S, et al. Ocean acidification disrupts induced defences in the intertidal gastropod *Littorina littorea*. Biology Letters, 2007, 3(6): 699-701.

[4] Bach L T, Mackinder L, Schulz K G, et al. Dissecting the impact of CO_2 and pH on the mechanisms of photosynthesis and calcification in the coccolithophore *Emiliania huxleyi*. New

Phytologist, 2013, 199(1): 121-134.

[5] Lohbeck K T, Riebesell U, Reusch T B H. Gene expression changes in the coccolithophore *Emiliania huxleyi* after 500 generations of selection to ocean acidification. Proc. R. Soc. B. The Royal Society, 2014, 281(1786): 20140003.

[6] Brennand H S, Soars N, Dworjanyn S A, et al. Impact of ocean warming and ocean acidification on larval development and calcification in the sea urchin *Tripneustes gratilla*. PLoS One, 2010, 5(6): e11372.

[7] Dixson D L, Munday P L, Jones G P. Ocean acidification disrupts the innate ability of fish to detect predator olfactory cues. Ecology Letters, 2010, 13(1): 68-75.

[8] in P, Wang T, Liu N, et al. Ocean acidification increases the accumulation of toxic phenolic compounds across trophic levels. Nature communications, 2015, 6.

[9] Zeng X, Chen X, Zhuang J. The positive relationship between ocean acidification and pollution. Marine Pollution Bulletin, 2015, 91(1): 14-21.

[10] Campbell A L, Mangan S, Ellis R P, et al. Ocean acidification increases copper toxicity to the early life history stages of the polychaete *Arenicola marina* in artificial seawater. Environmental Science & Technology, 2014, 48: 9745-9753.

[11] Ivanina A V, Sokolova I M. Interactive effects of metal pollution and ocean acidification on physiology of marine organisms. Current Zoology, 2015, 61(4): 653-668.

[12] Coelho F J R C, Cleary D F R, Rocha R J M, et al. Unraveling the interactive effects of climate change and oil contamination on laboratory-simulated estuarine benthic communities. Global Change Biology, 2015, 21(5): 1871-1886.

[13] Hazen T C, Dubinsky E A, Desantis T Z, et al. Deep-Sea Oil Plume Enriches Indigenous Oil-Degrading Bacteria. Science, 2010, 330(6001): 204-208.

[14] Bopp S K, Lettieri T. Gene regulation in the marine diatom Thalassiosira pseudonana upon exposure to polycyclic aromatic hydrocarbons (PAHs). Gene, 2007, 396(2): 293-302.

[15] Bugg T D H. Dioxygenase enzymes: Catalytic mechanisms and chemical models. Tetrahedron, 2003, 59(36): 7075-7101.

[16] Fujiwara K, Sotiriou G A, Pratsinis S E. Enhanced Ag^+ Ion Release from Aqueous Nanosilver Suspensions by Absorption of Ambient CO_2. Langmuir, 2015, 31(19): 5284-5290.

[17] Adeleye A S, Conway J R, Perez T, et al. Influence of extracellular polymeric substances on the long-term fate, dissolution, and speciation of copper-based nanoparticles. Environmental science & technology, 2014, 48(21): 12561-12568.

[18] Kadar E, Simmance F, Martin O, et al. The influence of engineered Fe_2O_3 nanoparticles and soluble ($FeCl_3$) iron on the developmental toxicity caused by CO_2-induced seawater acidification. Environmental Pollution, 2010, 158(12): 3490-3497.

[19] Nikinmaa M. Climate change and ocean acidification-Interactions with aquatic toxicology. Aquatic To xicology, 2013, 126: 365-372.

撰稿人：赵　建　王震宇

中国海洋大学，wang0628@ouc.edu.cn

抗生素会对海洋生态环境产生危害吗？

Will Antibiotics Cause Harm to Marine Ecological Environment?

抗生素(Antibiotics，ATs)，主要用于预防、治疗人体和动物疾病，也常作为生长促进剂添加于动物饲料中。早在2002年，世界上ATs的使用量已达到10万~20万t[1]。我国是ATs的生产大国，2003年青霉素和土霉素的产量高达2.8万t和1.0万t，分别约占世界总产量的60%和65%[2]。我国也是ATs使用大国，ATs滥用情况十分严重。2013年ATs的使用总量约16.2万t，其中，医用ATs约占48%，人均使用量超出欧美国家5倍以上[3]。我国医院住院患者ATs的使用率高达74%，远高于世界卫生组织(WHO)的推荐使用率(30%)。然而，进入生物体的ATs利用率极低，大部分以原药或代谢活性产物的形式经由排泄物进入水体和土壤环境，造成了严重的污染(图1)。

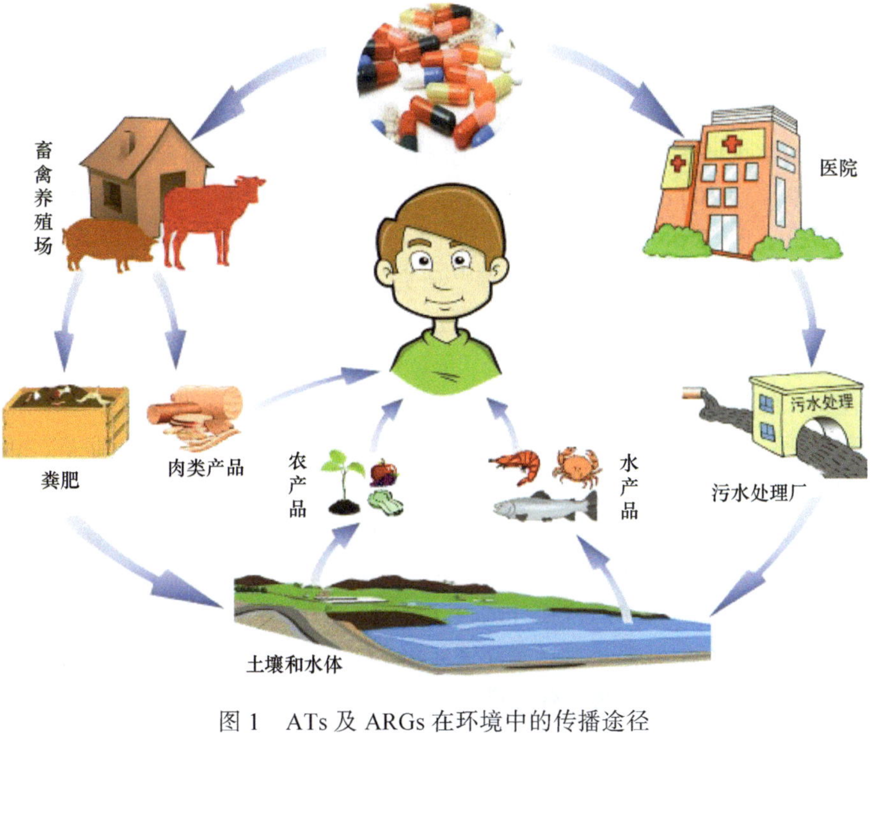

图1　ATs及ARGs在环境中的传播途径

新型污染物 ATs 的污染问题日益受到重视[2~4]。近海 ATs 污染来源除了医用和饲用 ATs 的排放外，海水养殖也是主要来源之一。近年来，我国重要海湾水体中已经普遍检出 ATs 化合物(表 1)。

表 1　中国重要海湾海水 ATs 浓度

地区	ATs	浓度/(ng/L)	参考文献
渤海湾	磺胺甲噁唑	nd~140	[5]
	氧氟沙星	nd~5100	
	诺氟沙星	nd~6800	
	罗红霉素	nd~630	
辽东湾	磺胺甲噁唑	6.7~173.2	[6]
	乙酰磺胺甲噁唑	11.8~268.5	
莱州湾	诺氟沙星	7.5~103	[7]
	甲氧苄氨嘧啶	1.3~330	
	磺胺甲噁唑	1.5~82	
北部湾	磺胺甲噁唑	nd~10.4	[8]

注：nd 指未检测到。

海水中 ATs 进入鱼类和贝类等生物体内，可能会在生物体内富集并造成生物毒性。Li 等[9]对环渤海地区 9 个城市的 11 种贝类样品进行了分析，发现该区域贝类样品中普遍含有喹诺酮类化合物，其中诺氟沙星、氧氟沙星、环丙沙星和氟罗沙星含量较高，平均浓度均高于 10 μg/kg。聂湘平等[10]分析了珠江三角洲地区海水养殖区鱼体内喹诺酮残留含量，发现鳗鱼肌肉中诺氟沙星、环丙沙星和恩诺沙星浓度分别高达 100 μg/kg、33.3 μg/kg 和 51.9 μg/kg。然而，虽然近海中 ATs 的环境浓度较低，但其环境效应却不容忽视。目前，已有大量研究报道了 ATs 对水生生物的毒性效应[11, 12]。Hagenbuch 等[11]研究发现泰乐菌素、洁霉素和环丙沙星对两种海洋硅藻均具有显著的毒性效应，且泰乐菌素的毒性最强，半致死浓度分别为 0.27 mg/L 和 0.99 mg/L。González-Pleiter 等[12]研究也发现红霉素对典型水生生物蓝藻菌和绿藻具有很强的毒性。另外，环境中的 ATs 可通过光解、水解、生物降解和氧化分解等作用转化为其他活性代谢产物，对环境产生更大的危害。因此，研究 ATs 在环境中的降解及环境条件对其降解的影响，对预测其在环境中的归趋和 ATs 污染的防治具有重要意义。毋庸置疑，作为一类新型污染物，ATs 对环境和生态系统的危害日趋明显，近海环境中 ATs 污染控制已刻不容缓。然而，ATs 进入海洋后，是否会在生物体内富集并通过海洋食物链传递？是否会影响海洋生物的摄食和繁殖行为？是否会对海洋生态系统健康和功能的稳定产生危害？这些问题仍然是目前环境领域的难题，有待进一步研究。

除了本身的生态毒害作用，ATs 的长期不合理、不规范使用将导致 ATs 抗性菌(antibiotic resistance bacterial，ARB)和抗性基因(antibiotic resistance genes，ARGs)逐渐增多并在全球范围内传播。ARB 和 ARGs 在废水处理过程中不会被完全消除，仍有相当一部分 ARB 和 ARGs 排放到环境中且能在环境中长期存在，甚至通过水平转移方式在不同菌株之间传播和扩散，使更多的微生物产生抗性[13, 14]。ARGs 作为一种新型环境污染物，已引起了全球的广泛关注，成为环境领域的研究热点之一。ARGs 的传播和扩散将对周边环境造成潜在基因污染，严重威胁公共卫生安全和人类健康(图 1)。然而，虽然 ARB 和 AGRs 对环境和生态系统的危害日趋明显[15]，但是其在海洋环境中的传播、扩散机制及生态风险尚不清楚。由于研究手段的匮乏及海洋环境的特殊性，如何在海洋环境条件下研究 ARB 和 ARGs 的分布、传播和扩散规律，评估其生态风险，是 ATs 污染引起的又一环境难题。

然而，在目前无法解决海洋环境 ATs 污染难题的情况下，应通过以下措施控制水体 ATs 及其诱导的 ARB 和 ARGs 的污染，以减少 ATs 对海洋生态系统的危害。第一，应该合理的使用 ATs，减少 ATs 的使用量，从源头上控制 ATs 的排放；第二，发展针对 ATs 污染的吸附、氧化降解等污水处理技术，提高污水中 ATs、ARB 和 ARGs 的去除效率，减少这些污染物向海洋环境中的排放；第三，建议政府职能部门重视此类新型污染物，加强政府监管；第四，增强公众的环保意识，呼吁公众关注海洋 ATs 污染，共同保护海洋生态环境。

参 考 文 献

[1] Kümmerer K. Antibiotics in the aquatic environment – A review – Part Ⅰ. Chemosphere, 2009, 75(4): 417-434.

[2] Richardson B J, Lam P K S, Martin M. Emerging chemicals of concern: pharmaceuticals and personal care products (PPCPs) in Asia, with particular reference to Southern China. Marine Pollution Bulletin, 2005, 50(9): 913-920.

[3] Zhang Q, Ying G, Pan C, et al. Comprehensive evaluation of antibiotics emission and fate in the river basins of China: Source analysis, multimedia modeling, and linkage to bacterial resistance. Environmental Science and Technology, 2015, 49(11): 6772-6782.

[4] 高立红，史亚利，厉文辉，等. 抗生素环境行为及环境效应研究进展. 环境化学，2013, 32(9): 1619-1633.

[5] Zou S, Xu W, Zhang R, et al. Occurrence and distribution of antibiotics in coastal water of the Bohai Bay, China: Impacts of river discharge and aquaculture activities. Environmental Pollution, 2011, 159(10): 2913-2920.

[6] Jia A, Hu J, Wu X, et al. Occurrence and source apportionment of sulfonamides and their metabolites in Liaodong Bay and the adjacent Liao River Basin, North China. Environmental Toxicology and Chemistry, 2011, 30: 1252-1260.

[7] Zhang R, Zhang G, Zheng Q, et al. Occurrence and risks of antibiotics in the Laizhou Bay,

China: Impacts of river discharge. Ecotoxicology and Environmental Safety, 2012, 80: 208-215.

[8] Zheng Q, Zhang R, Wang Y, et al. Occurrence and distribution of antibiotics in the Beibu Gulf, China: Impacts of river discharge and aquaculture activities. Marine Environmental Research, 2012, 78: 26-33.

[9] Li W, Shi Y, Gao L, et al. Investigation of antibiotics in mollusks from coastal waters in the Bohai Sea of China. Environmental Pollution, 2012, 162: 56-62.

[10] 聂湘平, 何秀婷, 杨永涛, 等. 珠江三角洲养殖水体中诺酮类药物残留分析. 环境科学, 2009, 30(1): 266-270.

[11] Hagenbuch I, Pinckney J. Toxic effect of the combined antibiotics ciprofloxacin, lincomycin, and tylosin on two species of marine diatoms. Water Research, 2012, 46(16): 5028-5036.

[12] González-Pleiter M, Gonzalo S, Rodea-Palomares I, et al. Toxicity of five antibiotics and their mixtures towards photosynthetic aquatic organisms: Implications for environmental risk assessment. Water Research, 2013, 47(6): 2050-2064.

[13] 徐冰洁, 罗义, 周启星, 等. 抗生素抗性基因在环境中的来源、传播扩散及生态风险. 环境化学, 2010, 29(2): 169-178.

[14] 李壹, 曲凌云, 朱鹏飞, 等. 山东地区海水养殖区常见抗生素耐药菌及耐药基因分布特征. 海洋环境科学, 2016, 35(1): 56-63.

[15] Na G, Zhang W, Zhou S, et al. Sulfonamide antibiotics in the Northern Yellow Sea are related to resistant bacteria: Implications for antibiotic resistance genes. Marine Pollution Bulletin, 2014, 84(1): 70-75.

撰稿人：郑　浩　王震宇

中国海洋大学，wang0628@ouc.edu.cn

海洋微塑料污染及生态效应

Pollution and Ecological Effects of Marine Microplastics

塑料制品由于轻便、弹性好和耐用等特性而被广泛应用，2013 年全世界塑料的产量近 3 亿 t。然而大量塑料垃圾通过多种途径进入海洋，使海洋几乎成了一个“塑料世界”。海洋微塑料(marine microplastics)问题逐渐成为全球性的研究热点，是与全球气候变化、臭氧耗竭及海洋酸化并列的全球性环境问题之一[1]。

“微塑料”一词最早被提及是在 1990 年，国外学者在描述南非海滩调查结果时提到了“微塑料”；海洋教育协会在 20 世纪 90 年代的巡航报告中提及了“微塑料”；2004 年，在描述海水中的塑料碎片分布时也提及了“微塑料”。目前“微塑料”一般指在显微镜帮助下可看见的塑料物质，粒径从几毫米到几亚毫米[2, 3]。在 GESAMP 的评估中，微塑料被界定在 1nm 至 5mm 大小的颗粒[4]。美国 NOAA 将微塑料定义为小于 5mm 的小塑料碎片[5]。目前国内外研究大都将 5mm 界定为微塑料尺度的上限。

国际社会近年来不遗余力地呼吁重视海洋塑料垃圾问题[6, 7]。2003 年，联合国环境规划署曾发起“海洋垃圾全球倡议”，2009 年发布报告《海洋垃圾：一个全球挑战》。这是史上第一次跨越 12 个不同区域，衡量全球海洋垃圾状况的尝试。联合国环境规划署(UNEP)此前估计，每年有超过 640 万 t 垃圾进入海洋。2014 年 6 月 23 日，UNEP 在首届联合国环境大会上发布《联合国环境规划署 2014 年年鉴》和《评估塑料的价值》，指出海洋里大量的塑料垃圾日益威胁海洋生物的生存，保守估计每年由此造成的经济损失高达 130 亿美元，并将海洋塑料污染列为近十年中最值得关注的十大紧迫环境问题之一。2015 年 4 月，联合国海洋环境保护科学问题联合专家组(GESAMP)发布报告，把微塑料对海洋生物的危害程度等同于大型海洋垃圾对海洋生物的危害程度[4]。2016 年联合国第二次环境大会报告进一步从国际法规和政策层面推动海洋微塑料的管理和控制。

微塑料的来源包括两个方面：一是洗涤剂、生活护肤及工业原料等中的微塑料成分，随污水排出进入陆海环境中；二是环境中的大块塑料裂解释放所致。海洋微塑料的主要危害是它一旦进入食物链，将会影响到海洋生态系统的健康。小尺寸(<5 mm)的微塑料和海洋中的低营养级生物，如浮游生物，具有相似的大小，许多海洋生物不能区分食物和微塑料颗粒，因此微塑料极易被海洋生物误食[8, 9]。除此以外，海洋生物还可通过摄食其他动物而间接吞食微塑料[10, 11]。

微塑料对海洋生态系统的影响过程和机制十分复杂。一方面，微塑料对海洋生物具有一定的毒性效应，微塑料本身溶出物质可能会对生物的发育造成影响，同时塑料固体本身也会对生物组织造成物理伤害，从而影响海洋生物正常的生长、发育、繁殖[12~15]。另一方面，微塑料被生物误食之后，当该生物被上一级食物链的生物捕食之后沿食物链传播、富集，加大对生物的伤害过程。最后，微塑料表面能够吸附一定浓度的化学污染物，这些化学污染物对生物的健康往往是有害的[12]。

世界各国近年来出台越来越多的微塑料管理对策。欧盟制订了海洋策略框架计划，海洋废弃物是其中的重要内容。同时一些欧洲国家呼吁停止微塑料使用。德国总理默克尔在 2015 年 6 月的 G7 峰会上强调了对塑料的重视，将关注目标放在减少塑料和微塑料的污染上。为防止北美地区五大湖的环境受到破坏，加拿大议会宣布将塑料微珠列为有毒物质。2014 年 6 月，美国伊利诺伊州首次出台法案禁止个人护理产品使用塑料微珠，并规定从 2018 年年底开始禁止生产含有合成塑料微珠的肥皂和化妆品，从 2019 年年底开始禁止销售此类产品。加利福尼亚和纽约也将紧随其后。澳大利亚联邦和省的环境部长也致力在 2018 年 7 月前自愿淘汰塑料微珠产品。荷兰、奥地利、卢森堡、比利时和瑞典也已经发出声明，表示为了保护海洋生态环境，应禁止在化妆品和个人护理产品中使用微塑料。

微塑料污染对我国近海生态系统构成了重要威胁，也给我国带来了巨大的环境外交压力。然而，目前对微塑料在我国近海海洋环境中污染的现状及其对海洋生态系统有害影响的认识仍比较缺乏；对海洋微塑料污染的监测、控制和管理也缺乏有效技术和措施。我国关于海洋微塑料污染的相关研究仍处于起步阶段，需要开展大量的调查工作，全面掌握海滩、海底、海漂微塑料垃圾的污染现状[16~18]。国家海洋局从 2007 年以后，每年开展一次全国性的近岸海域和海滩海洋塑料垃圾的数量、种类调查。除此之外，我国目前尚未开展过大规模的海洋微塑料调查研究，对我国河口、近海微塑料的时空分布格局和动态特征缺乏第一手资料；同时，由于海洋环境的复杂性，人们对在真实海洋环境中微塑料对海洋生态系统的安全和健康造成影响的程度，知之甚少。

作为一种新型的海洋污染，人们对海洋微塑污染来源、传输途径及对生态系统危害的认识有一个逐步深化的过程，目前面临的海洋微塑料研究主要难题包括：

(1) 揭示海洋微塑料的来源、通量及时空变化规律。海洋微塑料的来源复杂，从入海途径来看，既包括入海河流、直排海污染源，也包括海难垃圾、海水养殖，还包括大气沉降等，其入海途径十分复杂；从形态来看，既包括直接以微塑料颗粒形态入海的原生来源，也包括大块塑料入海以后逐步破碎、降解形成的次生来源。因此，目前还很难准确掌握塑料和微塑料的入海数量。塑料和微塑料入海以后，一部分逐步下沉到海底，也有一部分随洋流不断漂移到世界各地。目前对微塑料在世界大洋的分布状态还缺乏全面的了解。

(2) 海洋微塑料监测分析方法、标准。目前国际上对微塑料的组成、种类、大小的认识差异非常大，在采样面积、深度、采样量、拖网速度、分选程序及装置等上，国际上也缺乏统一的方法和规范，微塑料分离、分析和鉴定方法仍在不断改进之中[19]。因此，尽快形成规范化的采样、分离和分析鉴定方法，建立相关的技术规范和标准，增强各国海洋微塑料调查和研究数据可对比性和信息共享，对评估全球海洋微塑料污染形势及加强海洋微塑料国际合作具有重要的意义，也是目前海洋微塑料研究亟待解决的基础性科研问题。

(3) 海洋微塑料生态风险评估技术。微塑料对海洋生态系统的影响过程和机制十分复杂。它对海洋生物的影响来自其自身粒子的物理效应，来自其吸附的环境中的污染物，还来自通过充当附着生物的基质间接对海洋生态系统造成影响。因此，需要充分考虑微塑料在真实环境中对海洋生物的作用过程，综合利用室内分析、野外调查和模型模拟等多种手段建立科学有效的生态风险评估体系。

(4) 海洋微塑料污染源头控制与管理技术。世界范围的塑料和微塑料的用途十分广泛，在生产、运输和使用涉及多个环节，呈现出高度分散的特点，导致海洋微塑料的陆域来源复杂多样，对它的管控不仅涉及技术问题，还涉及经济、社会及人们的日常生活习惯等多方面的问题。需要针对微塑料的主要污染源，综合采取立法、政策、经济、回收处理等多种手段，形成符合各国国情且具有较强可操作性的源头控制和管理手段。

参考文献

[1] Thompson R C, Olsen Y, Mitchell R P, et al.Lost at sea: Where is all the plastic. Science, 2004, 304(5672): 838-838.

[2] Jambeck J R, Geyer R, Wilcox C, et al.Plastic waste inputs from land into theocean. Science, 2015, 347(6223): 768-771.

[3] Zettler E R, Mincer T J, Amaral-Zettler L A.Life in the “plastisphere”: Microbial communities on plastic marine debris. Environmental Science & Technology, 2013, 47(13): 7137-7146.

[4] GESAMP. Proceedings of the GESAMP international workshop on the impacts of mine tailings in the marine environment, GESAMP Reports & Studies No. 94. http://www.gesamp.org/data/gesamp/files/media/Publications/Reports_and_Studies_No_92_Report_of_the_forty-second_session/gallery_2410/object_2680_large.pdf. Accessed Janurary 2, 2017.

[5] NOAA. What are microplastics. http://oceanservice.noaa.gov/facts/microplastics.html. 2017-1-2.

[6] Hidalgo-Ruz V, Gutow L, Thompson R C, et al. Microplastics in the marine environment: A review of the methods used for identification and quantification. Environmental Science & Technology, 2012, 46(6): 3060-3075.

[7] Galloway T S, Lewis C N. Marine microplastics spell big problems for future generations. Proceedings of the National Academy of Sciences, 2016, 113(9): 2331-2333.

[8] Moore C J. Synthetic polymers in the marine environment: A rapidly increasing, long-term

threat. Environmental Research, 2008, 2(108): 131-139.
[9] Lusher A L, McHugh M, Thompson R C. Occurrence of microplastics in the gastrointestinal tract of pelagic and demersal fish from the English Channel. Marine Pollution Bulletin, 2013, 1-2(67): 94-99.
[10] Van Cauwenberghe L, Janssen C R. Microplastics in bivalves cultured for human consumption. Environmental Pollution, 2014, 193: 65-70.
[11] Oehlmann J, Oetken M, Schulte-Oehlmann U. A critical evaluation of the environmental risk assessment for plasticizers in the freshwater environment in Europe, with special emphasis on bisphenol A and endocrine disruption. Environmental Research, 2009, 2(108): 140-149.
[12] Andrady A L. Microplastics in the marine environment. Marine Pollution Bulletin, 2011, 8(62): 1596-1605.
[13] Lithner D, Larsson A, Dave G. Environmental and health hazard ranking and assessment of plastic polymers based on chemical composition. Science of The Total Environment, 2011, 18(409): 3309-3324.
[14] Luke A, Holmesa L A, Turnera A, et al. Adsorption of trace metals to plastic resin pellets in the marine environment. Environmental Pollution, 2012, 160: 42-48.
[15] Bakir A, Rowland S J, Thompson R C. Enhanced desorption of persistent organic pollutants from microplastics under simulated physiological conditions. Environmental Pollution, 2014, 185: 16-23.
[16] Zhao S Y, Zhu L X, Wang T, et al. Suspended microplastics in the surface water of the Yangtze Estuary System, China: First observations on occurrence, distribution. Marine Pollution Bulletin, 2014, 1-2(86): 562-568.
[17] 赵淑江, 王海雁, 刘健. 微塑料污染对海洋环境的影响. 海洋科学, 2009, 3(33): 84-86.
[18] Fok L, Cheung P K. Hong Kong at the Pearl River Estuary: A hotspot of microplastic pollution. Marine Pollution Bulletin, 2015, 1-2(99): 112-118.
[19] 周倩, 章海波, 李远, 等. 海岸环境中微塑料污染及其生态效应研究进展. 科学通报, 2015, 33(60): 3210-3220.

撰稿人：雷　坤　邓义祥　安立会　王丽平　韩雪娇　柳　青
中国环境科学研究院，leikun@craes.org.cn

人工纳米颗粒：海洋生物的隐形杀手？

Engineered Nanoparticles：Invisible Killer of Marine Organisms?

按照美国试验与材料协会 (the American Society for Testing and Materials) 和英国标准学会 (the British Standards Institution) 的定义，至少一维在 1~100 nm 的材料称为纳米材料(nanomaterials，NMs)；至少二维空间在 1~100 nm 的材料称为纳米颗粒 (nanoparticles) [1]。

目前，纳米技术作为一种最具市场应用潜力的新兴科学技术，在基础理论和应用研究等方面迅猛发展，使纳米材料在化工、医疗、电子、环境保护等行业得到了广泛应用(图 1)。至今，全球纳米产品种类已超过 1600 多种[2]，每周均有 3~4 种新纳米产品进入市场，呈逐年增加趋势[3]。预计 2020 年将会有 3.1 万亿美元投入纳米产品生产中[4]。

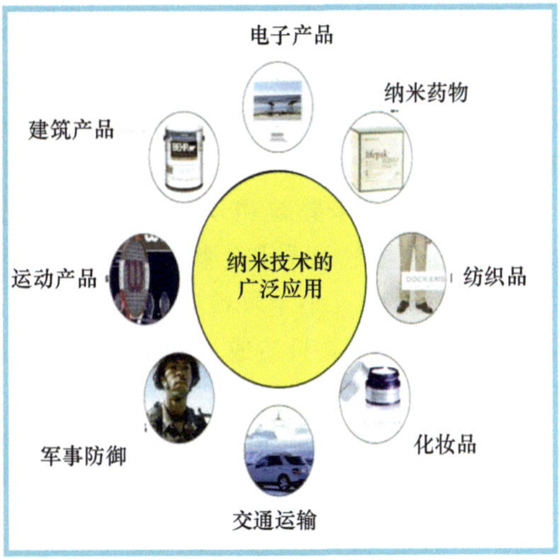

图 1 纳米技术的广泛应用

然而，在其大量生产和广泛应用的同时，纳米材料在生产、储存、运输、消费、处置或者回收再生产的整个生命周期过程中，将不可避免的会以多种途径进入陆地和水生环境，形成一定的生态效应和人群暴露。已有研究证实，建筑物外墙涂料中的 TiO_2 纳米颗粒会被雨水冲刷从而进入水体[5]、污水处理厂的污泥[6]、近岸的水域、海湾的底泥[7]。众所周知，海洋环境是大多数污染物最终的“汇”，同样纳米颗粒也可以通过不同的途径进入海洋，成为纳米颗粒的最终归宿。近海与大陆相连，是陆地污染物进入海洋和积累的场所，其受纳米颗粒污染的潜在风险更为严重。

海洋生态系统是一个极其复杂的生态系统，存在高的离子强度 (IS)、弱碱性 (pH 基本稳定在 8.0)、低的天然有机物含量 (NOM)，以及洋流、潮流、潮汐的扰动，拥有丰富的海洋生物群落和复杂多变的海洋环境。一旦纳米颗粒进入海洋环境，纳米颗粒在海水中会发生悬浮、溶解、团聚、吸附和沉降等一系列复杂过程。然而目前有关纳米颗粒在海洋环境中的归趋、行为和毒性的研究尚不多见，因此弄清纳米颗粒对海洋生物全面的潜在的影响是十分急迫的。

人工纳米颗粒对生物造成潜在毒性既有其物理作用又有其化学作用。在物理作用方面，主要因其小尺寸，可与细胞相互作用、进入细胞内部，造成细胞分子水平上的毒性[8]，并且其相互作用还与纳米材料的形状有关[9]。一些碳材料，具有锋利的外边缘，会对细胞膜产生切割作用，使细胞失活。其化学作用，主要是金属及金属氧化物纳米材料在水环境中会释放金属离子，从而对生物造成离子毒性[10]。此外，纳米材料的比表面积大，更容易与环境中其他物质相互作用，产生联合毒性[11]。已有研究报道，高浓度的纳米颗粒会对海洋生物产生急性和短期的毒性效应。10 mg/L TiO_2 纳米颗粒对海胆胚胎(*Lytechinus pictus*)产生低毒效应，显著增加了海胆胚胎的 SOD 活性和 LPO 水平，降低了谷胱甘肽的含量，表明了氧化应激和自由基损伤[12]。ZnO 纳米颗粒对中肋骨条藻 (*Skeletonema costatum*)和假微型海链藻(*Thalassiosira pseudonana*) 产生毒性效应，干扰了细胞的代谢过程，归因于 ZnO 纳米颗粒释放出的 Zn^{2+} [13]。CeO_2 纳米颗粒和 ZnO 纳米颗粒可以在海洋滤食贝类(*Mytilus galloprovincialis*)中发生生物富集和生物转化，使 6%~21% Zn 和极少的 Ce(1%~3%)累积在软组织中[14]。TiO_2 纳米颗粒通过水体暴露，主要富集在北美鲳鲹鱼(*Trachinotus carolinus*)的鳃部，并且造成了 DNA 损伤，降低了红细胞生存能力[15]。此外，研究表明纳米颗粒可以通过海洋食物链发生转移，对海洋生物产生负面效应。海洋青鳉鱼(*Oryzias melastigma*)摄食含有高含量的 Ag 纳米颗粒的卤虫(Ag 含量，181 μg/g dry wt.)，降低了海洋青鳉鱼的发育[16]。海洋贻贝 (*M. galloprovincialis*) 滤食吸附有 CeO_2 纳米颗粒的球等鞭金藻(*Isochrysis galbana*)8 天后，使贻贝产生应激压力，大部分 CeO_2 纳米颗粒以粪便的形式排出体外[17]。同时，研究发现 TiO_2 纳米颗粒也可以沿着海洋底栖食物链传递(双齿围沙蚕(*Perinereis aibuhitensis*) —大菱鲆幼鱼(*Scophthalmus maximus*))，并且显著抑制了大菱鲆幼鱼的生长，造成组织损伤，降低了鱼的营养品质，但是未发生生物放大现象[18] (图 2)。值得关注的是，经过膳食和水体暴露后，在海洋经济生物(贻贝和鱼)的组织和器官均检测到纳米颗粒，使食品安全成为关注的焦点[17, 18]。有意思的是，大量的纳米颗粒存在于生物排泄的粪便中，这对受试生物来说是有益的，可以快速减缓危害。但是，粪便在自然条件下可以降解或者直接被一些其他生物摄食，所以粪便中存在的纳米颗粒将会重新进入食物链传递，而且粪便中的纳米颗粒仍就保留着其生物活性，这将会成为纳米颗粒的一种长期的新型暴露方式，对海洋生物和海洋生态系统产生潜在的危害。

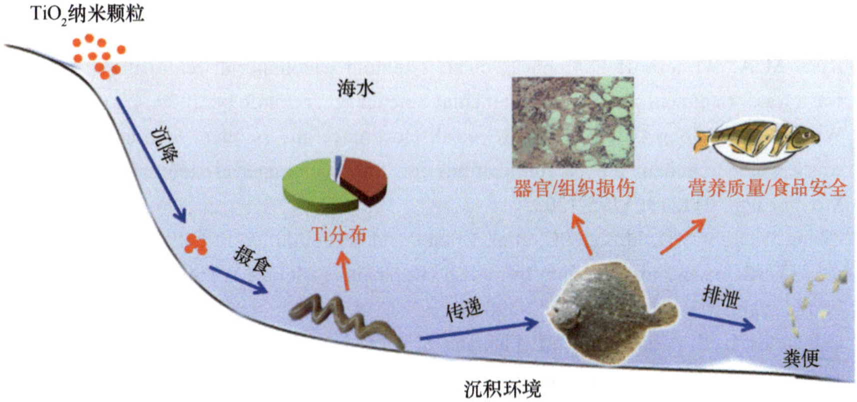

图 2　纳米材料的海洋食物链传递、累积及毒性效应[18]

因此，纳米颗粒作为一种新型的海洋污染物，将可能成为海洋生物的隐形杀手。目前的研究大都是高浓度的急性毒性试验，并不能准确反映纳米颗粒在近海环境中的真实生态效应，因此还需要做低浓度下的长期实验以便确定纳米颗粒是否会在海洋环境中产生长期和慢性的毒性影响，但是低浓度下的测定目前还存在技术上的困难。其次，纳米颗粒在海洋食物链的传递过程中是否会发生生物放大现象或者价态转化，这将直接关系到海洋生态系统的平衡，然而这方面的研究到目前为止仍未见报道。此外，近海和河口是污染的重灾区，存在各种类型的污染物，那么纳米颗粒是否会与其他污染物相互作用，增加或者降低互相的毒性。同时，近海和河口也是水产养殖的主要区域，纳米颗粒的负面生态效应是否会影响到水产养殖的长远发展和人类健康。以上的这些问题和机制尚不清楚，人们对纳米材料安全性的研究远远落后于纳米技术的发展速度，对其毒性、环境行为和生物效应的认识也十分有限，亟须加强纳米颗粒物对海洋生态系统影响的研究和探讨。

参 考 文 献

[1] Klaine S J, Alvarez P J J, Batley G E, et al. Nanomaterials in the environment: behavior, fate, bioavailability, and effects. Environmental Toxicology and Chemistry, 2008, 27(9): 1825-1851.

[2] Inventory finds increase in consumer products containing Nanoscale materials. The Project on

Emerging Nanotechnologier. http://www.nanotechproject.org/news/archive/9242/. 2013. 10-28.

[3] Clark J A, Gradient. Potential human health risk of nanomaterials. International Risk Management Institue (IRMI) newsletter, 2011.

[4] Roco M C, Mirkin C A, Hersam M C. Nanotechnology research directions for societal needs in 2020. Science Policy Reports, 2011.

[5] Shandilya N, Le Bihan O, Bressot C, et al. Emission of titanium dioxide nanoparticles from building materials to the environment by wear and weather. Environmental Science & Technology, 2015, 49: 2163-2170.

[6] Kiser M A, Westerhoff P, Benn T, et al. Titanium nanomaterial removal and release from wastewater treatment plants. Environmental Science & Technology, 2009, 43: 6757-6763.

[7] Westerhoff P, Song G, Hristovski K, et al. Occurence and removal of titanium at full scale waste water treatment plants: Implications for TiO_2 nanomaterials.Journal of Environmental Monitoring, 2011, 13: 1195-1203.

[8] Zhang W, Ebbs S D, Musante C, et al. Uptake and accumulation of bulk and nanosized cerium oxide particles and ionic cerium by radish (Raphanus sativus L.). Journal of Agricultural and Food Chemistry, 2015, 63(2): 382-390.

[9] Gilbertson L M, Albalghiti E M, Fishman Z S, et al. Shape-dependent surface reactivity and antimicrobial activity of nano-cupric oxide. Environmental Science & Technology, 2016, 50(7): 3975-3984.

[10] Brittle S W, Paluri S L A, Foose D P, et al. Freshwater crayfish: A potential benthic-zone indicator of nanosilver and ionic silver pollution. Environmental Science & Technology, 2016.

[11] Collin B, Tsyusko O V, Starnes D L, et al. Effect of natural organic matter on dissolution and toxicity of sulfidized silver nanoparticles to Caenorhabditis elegans. Environmental Science: Nano, 2016.

[12] Zhu X, Cai Z. Behavior and effect of manufactured nanomaterials in the marine environment. IEAM-Integrated Environmental Assessment and Management, 2012, 8(3): 566.

[13] Phenrat T, Long T C, Lowry G V, et al. Partial oxidation ("aging") and surface modification decrease the toxicity of nanosized zerovalent iron. Environmental Science & Technology, 2008, 43(1): 195-200.

[14] Montes M O, Hanna S K, Lenihan H S, et al. Uptake, accumulation, and biotransformation of metal oxide nanoparticles by a marine suspension-feeder. Journal of Hazardous Materials, 2012, 225: 139-145.

[15] Vignardi C P, Hasue F M, Sartório P V, et al. Genotoxicity, potential cytotoxicity and cell uptake of titanium dioxide nanoparticles in the marine fish Trachinotus carolinus (Linnaeus, 1766) . Aquatic Toxicology, 2015, 158: 218-229.

[16] Wang J, Wang W X. Low bioavailability of silver nanoparticles presents trophic toxicity to marine medaka (*Oryzias melastigma*). Environmental Science & Technology, 2014, 48(14): 8152-8161.

[17] Conway J R, Hanna S K, Lenihan H S, et al. Effects and implications of trophic transfer and accumulation of CeO_2 nanoparticles in a marine mussel. Environmental Science & Technology, 2014, 48(3): 1517-1524.

[18] Wang Z, Yin L, Zhao J, et al. Trophic transfer and accumulation of TiO_2 nanoparticles from

clamworm (*Perinereis aibuhitensis*) to juvenile turbot (*Scophthalmus maximus*) along a marine benthic food chain. Water Research, 2016, 95: 250-259.

撰稿人： 王震宇　赵　建

中国海洋大学，wang0628@ouc.edu.cn

增塑剂对海洋环境的危害

Harmful Impact of PAEs on Marine Environment

由于邻苯二甲酸酯类增塑剂(phthalic acid esters，PAEs)与塑料制品间仅通过氢键或范德华力连结，因此 PAEs 容易从塑料制品中脱离，成为环境中的重要污染物。PAEs 进入环境后可以通过生物或非生物降解途径被降解。大气中的 PAEs 主要被紫外线光解，降解半衰期长达 100 天至 10 年以上。进入水体中和土壤、沉积物中的 PAEs 主要被微生物降解，降解半衰期为数天至数周不等。因此，进入环境后的 PAEs 虽然有一部分可以被降解，但自然条件下的降解过程较为缓慢，大部分的 PAEs 存在于水、大气、土壤等介质中。

增塑剂进入水体环境的方式包括直接和间接两个途径，直接途径是增塑剂从塑料材料中渗出，而进入各种工业废水、生活污水中，并随着污水的排放而进入自然水体中；另一种途径是挥发进入大气环境中的增塑剂经干、湿沉降进入水体环境中。早在 20 世纪 70 年代，Hites 和 Biemann[1]就发现波士顿查理士河中已经存在邻苯二甲酸二辛酯(diethylhexyl phthalate，DEHP)。Liu[2]等于 2009~2012 年调查了我国主要入海河流中 PAEs 的污染状况，发现 DBP 和 DEHP 是分布最广泛的两种 PAEs，且含量一般都高于地下水(北方辽河和海河流域中 DBP 在地下水中的含量高于地表水)，最高分别达到 1.52 μg/L 和 6.35 μg/L；在黄河、海河和珠江流域邻苯二甲酸二甲酯(dimethyl phthalate，DMP)、DBP、DEP 含量最高。

当 PAEs 进入水体后，部分难分解的 PAEs 可通过长距离输运进入海洋，因此在全球多个海域都检测出 PAEs。Cincinelli 等在第勒尼安海中检出邻苯二甲酸酯的浓度为 177 μg/L，且海洋微表层的 PAEs 含量明显高于下层水体[3]。海洋微表层有机污染物浓度较高可能与污染物自身疏水性，以及表层悬浮颗粒物吸附等因素有关。作为气体和液体的界面，海洋微表层富含细菌等各种微生物，因此，海洋微表层内广泛存在的 PAEs 可以被海洋微表层的微生物所利用。

尽管已经证实河流、湖泊、近海中都有 PAEs 的分布，但其来源、在水体的迁移转化规律和影响因素都尚未明确，在海洋中的归趋及其机制尚需进一步研究。

有关 PAEs 的毒性研究，从关注生理指标的变化，深入到生物过程的探究，以及基因组学的异常变化分析。常用语表征 PAEs 毒性效应的生理指标主要包括藻体内叶绿素、类胡萝卜素，细胞膜上脂肪酸含量变化等，而这些指标与生物过程如光合作用、呼吸作用、繁殖、运动等密切相关。例如，藻类光合作用、呼吸作用、氧化胁迫和分裂繁殖受到外源物干扰发生变化。近年来氧化胁迫研究很多，外源物质刺激可能会引起细胞内电子传递链上发生电子泄漏，导致活性氧(ROS)含量升高，此时抗氧化酶SOD、过氧化氢酶(CAT)等和还原性物质抗坏血酸盐的含量会相应发生变化以抵抗消除ROS，无法及时清除的ROS又会引发脂质过氧化，发生一系列氧化损伤甚至细胞凋亡现象[4]。

吴志辉等[5]研究了红藻门的大型藻龙须菜在4种PAEs混合浓度暴露下的生长受抑制情况。龙须菜的生长速率和叶绿素a含量在DMP、DEP、DBP、DEHP混合浓度暴露下均有明显下降且与暴露浓度呈正相关。胡芹芹等[6]研究了DBP对斜生栅藻的生长抑制实验，$EC_{50,\ 96h}$值为2.21mg /L。叶绿素a含量在DBP浓度较低时上升，高浓度时下降；SOD活性也表现出先激活后抑制的规律。而DBP浓度≥10 mg/L时，MDA含量随DBP浓度的升高而上升。杨慧丽等[7]研究了DBP对两种海洋微藻三角褐指藻和绿色巴夫藻的生长抑制作用，DBP对这两种微藻均有显著抑制效果，叶绿素a在DBP暴露下明显下降，丙二醛含量明显增多，表明藻类磷脂双分子层被氧化分解，这可能是由于DBP引起藻细胞内活性氧含量上升导致的。

除水生植物之外，PAEs也可对水生动物产生影响。Stales等发现，$lgK_{ow}<6$的PAEs对鱼类和贝类的毒性更大，$lgK_{ow}>6$时，PAEs水溶性较低，减少了进入生物体内的概率，对水生生物表现出的毒性程度较低[8]。Parkerton等研究发现，对于蓝鳃太阳鱼、彩虹鳟鱼、鲦等鱼类、糠虾、桡足类等浮游动物，以及摇蚊等脊椎动物，PAEs对水生生物的LC_{50}，EC_{50}均与lgK_{ow}有关，且随lgK_{ow}的升高而下降[9]。Yang等研究了DBP、DEP、DMP、DEHP对九孔鲍的胚胎毒性作用。结果表明，四种PAEs的毒性大小依次为：DBP>DEP>DMP>DEHP，主要原因是DEHP的侧链较长，lgK_{ow}较高，因此水溶性差，较难进入水环境中，在胚胎中富集的量较少，而DBP、DEP、DMP在胚胎中富集的量和毒性大小也基本与其脂溶性相符[10]。鱼类毒性试验结果的共同点是：SOD、CAT等酶活会随暴露时间和浓度的不同而变化，PAEs会诱导机体产生抗氧化和免疫反应，干扰鱼体的生殖系统和内分泌系统功能。

综上所述，PAEs对部分藻类、鱼类具有急性毒性，但PAEs对水生生物的致毒机理尚不明确，其在分子水平的作用位点、解毒机制尚不清楚。PAEs对人类具有环境激素效应，对水生动物是否也具有激素效应、作用规律及其代际影响也需进一步明确。

水生食物链在环境污染中起着重要作用，并且与人体健康有着密切的关系。如图1所示，PAEs在藻体内富集，并被草食性鱼类或浮游生物所摄食，进而被肉食性鱼类捕食，PAEs在沿食物链的传递过程中，经不同的营养级传递后，其浓度被生物放大或稀释。

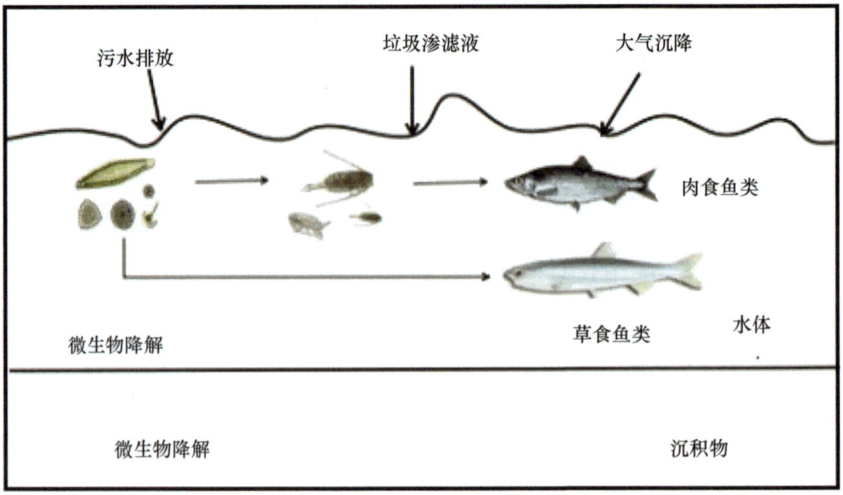

图 1　PAEs 在水生食物链中的传递

研究发现，在各类水生生物体内，PAEs 均有不同程度的积累，Staple 等[11]提出，生物的代谢转化是影响 PAEs 在水生生物食物链中传递和积累的重要因素。邓东富等[12]测定了长江中的 8 种鱼体内的 PAEs 含量，结果发现较高营养级的大眼鳜和鲶比其他 6 中低营养级的鱼体所含 PAEs 要低，原因可能是高营养级的鱼的代谢能力更强。Mackintosh 等[13]研究了 PAEs 在海洋水生食物链中 4 个营养级中的传递，结果表明，PAEs 并未表现出生物放大和富集现象，原因在于代谢能力是随营养级的升高而升高的，而代谢转化是 PAEs 去除的主要途径，因此导致高营养级的 PAEs 反而更低。但是也有研究发现 PAEs 在食物链中的积累放大现象，如聂湘平[14]等研究了 4 种 PAEs 在龙须菜-篮子鱼构成的二级食物链中的积累放大，结果表明，4 种 PAEs 均可以在此食物链中传递并最终到达篮子鱼体内，并且 DEHP 和 DBP 在篮子鱼内脏中有放大现象。姜琳琳[15]等在由普通小球藻-真鲷鱼构成的二级食物链中研究了 PAEs 在食物链中的积累效应，结果显示，PAEs 能够通过捕食进入下一营养级而在食物链中传递，并且在小球藻和真鲷鱼中富集含量为：DEHP>DNOP>DBP>DEP>DMP。

有机污染物在生态系统中的行为是复杂多样的。PAEs 在个体水平、种群水平、群落水平及生态系统水平的行为，在食物链中的传递、富集和归趋，对遗传信息的影响，以及生物对 PAEs 的降解作用等科学问题尚待解决。

参 考 文 献

[1] Hites R A, Biemann K. Water pollution: Organic compounds in the Charles River, Boston. Science, 1972, 178: 158-160.

[2] Liu X W, Shi J H, Bo T, et al. Occurrence of phthalic acid esters in source waters: a nationwide survey in China during the period of 2009-2012. Environmental Pollution, 2014, 184: 262-270.

[3] Cincinelli A, Stortini A M, Perugini M, et al. Organic pollutants in sea-surface microlayer and aerosol in the coastal environment of Leghorn—(Tyrrhenian Sea). Marine Chemistry, 2001, 76(1): 77-98.

[4] Liu N, Wen F L, Li F M, et al. Inhibitory mechanism of phthalate esters on Karenia brevis. Chemosphere, 2016, 155: 498-508

[5] 吴志辉, 杨宇峰, 聂湘平, 等. 酞酸酯对龙须菜的生态毒理研究. 海洋科学, 2006, (6): 46-50.

[6] 胡芹芹, 熊丽, 田裴秀子, 等. 邻苯二甲酸二丁酯(DBP)对斜生栅藻的致毒效应研究. 生态毒理学报, 2008, (1): 87-92.

[7] 杨慧丽. DBP及抗氧化剂对两种海洋微藻的生理效应研究. 暨南大学博士学位论文, 2011.

[8] Stales C A, Peterson D R, Parkerton T F, et al. The environmental fate of phthalate esters: A literature review. Chemosphere, 1997, 35(4): 667-749.

[9] Parkerton T F, Konkel W J. Application of quantitative structure–activity relationships for assessing the aquatic toxicity of phthalate esters. Ecotoxicology and Environmental Safety, 2000, 45(1): 61-78.

[10] Yang Z, Zhang X, Cai Z. Toxic effects of several phthalate esters on the embryos and larvae of abalone Haliotis diversicolor supertexta. Chinese Journal of Oceanology and Limnology, 2009, 27: 395-399.

[11] Stales C A, Peterson D R, Parkerton T F, et al. The environmental fate of phthalate esters: A literature review. Chemosphere, 1997, 35(4): 667-749.

[12] 邓冬富, 闫玉莲, 谢小军. 长江朱杨段和沱江富顺段鱼类体内 6 种邻苯二甲酸酯的含量. 淡水渔业, 2012, 42(2): 55-60.

[13] Mackintosh C E, Maldonado J, Hongwu J, et al. Distribution of phthalate esters in a marine aquatic food web: Comparison to polychlorinated biphenyls. Environmental Science & Technology, 2004, 38(7): 2011-2020.

[14] 聂湘平, 李桂英, 吴志辉, 等. 4 种酞酸酯在龙须菜——篮子鱼食物链中的积累放大研究. Marine Sciences, 2008, 32(1).

[15] 姜琳琳. 邻苯二甲酸酯类在普通小球藻-真鲷鱼苗食物链中积累效应研究. 渔业现代化, 2014, 41(4): 5-10.

撰稿人：李锋民　王震宇

中国海洋大学，lifengmin@ouc.edu.cn

海洋污染物迁移转化的定量预测

The Forecast of Migration and Transformation of Marine Pollutants

随着城市化和工农业的快速发展，海洋污染越发严重，特别是富营养化、缺氧区、海洋酸化等已成为近海乃至大洋的突出环境问题。了解海洋污染物的迁移转化规律，并能够对污染物浓度变化进行定量预测，无疑对开展入海污染物总量控制和海洋生态环境保护具有重要的意义。

海洋污染物通常分为如下几类：石油及其产品、重金属和酸碱、农药、有机物质和营养盐类、放射性核素、固体废物和废热等[1]。这些海洋污染物主要来自陆源排放、大气沉降、海洋船舶等。可见，海洋中的污染物的成分和来源非常复杂，因此，这也势必导致排放后它们与环境介质发生的相互作用机制和过程也会极其复杂。

污染物的迁移和转化是指污染物进入海洋后由于自身物理化学性质和环境因素的影响，在空间位置或形态特征等方面发生的复杂变化。污染物迁移转化的定量预测指通过物理模型或数学模型定量表达污染物入海后浓度的时空变化特征。应用物理模型研究各种复杂因素影响下污染物的迁移转化规律十分困难，因此，数学模型成为研究这类复杂问题的重要工具。

应用数学模型对海洋污染物迁移转化进行定量预测，需要确定污染物的入海途径和入海通量，了解海水中污染物的行为，建立污染物浓度变化的控制方程并求解。

污染物入海通量的预测：污染物入海通量(也称为源强)是海洋污染物迁移转化定量预测的基本条件。海洋中的污染物来源复杂，如陆源排放，既包括河流、城市排放口等点源，也包括地表径流、农田退水等流域面源，而流域面源携带的污染物一部分通过河流入海，在入海口表现为点源式的集中排放，另一部分直接漫流入海。目前，对于流域面源强度的核算是一个难点。虽然已有一些模型可以定量模拟流域的水文和面源污染过程，如 soil and water assessment tool (SWAT)模型[2]，但需要大量的输入资料，包括流域内的土地和土壤类型、植被覆盖状况、农作物生长状况、农业灌溉和施肥情况等，而这些资料往往不够精细，或缺乏时空连续性。因此，对流域面源强度的预测，只能在一定的时空尺度和一定的精度范围内得到解决。同样地，大气沉降、海底沉积物释放等过程，其源强的核算都存在极大的不确定性。

因此，确定污染物的入海通量应当根据研究的需要并考虑监测工作的难易程度和工作量大小，筛选出主要入海污染物并核算其入海通量。

海洋污染物迁移转化的复杂过程：污染物入海后，其迁移过程包括机械性迁移、物理化学迁移和生物性迁移，其转化过程包括物理转化过程、化学转化过程及生物转化过程，同时，污染物的迁移转化规律随污染物的种类和性质的差异而不同。影响海洋污染物迁移转化的物理、化学、生物等过程是同时发生并且相互影响的。例如，海面溢油受海面风应力和海流的共同作用而发生位置的变化，与此同时，油膜发生扩展、蒸发、降解、乳化、沉降等复杂过程；再比如，氮、磷等作为海洋浮游植物生长所需要的营养盐，在海水中发生稀释、扩散、迁移、形态转化等物理、化学过程，以及被浮游植物吸收同化的生物过程，同时，死亡的浮游植物和动物在细菌的作用下会矿化为氮、磷等无机营养物质，从而形成一个复杂的循环过程。图 1 为海洋污染物迁移转化示意图。

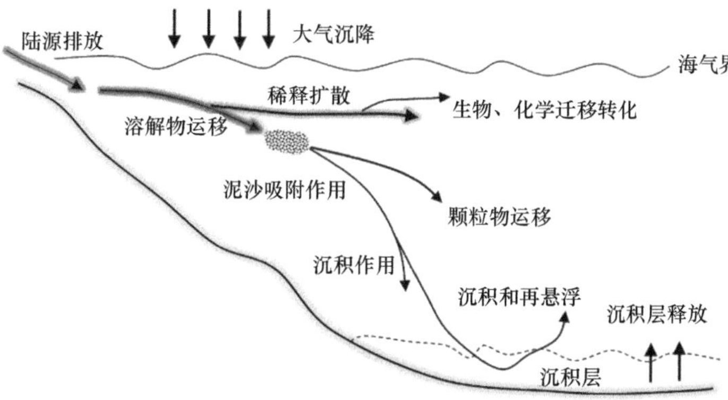

图 1 海洋中污染物迁移转化的主要过程

海洋中污染物迁移转化过程极其复杂，尤其是我们对生物活动在污染物迁移转化中的作用知之甚少。虽然在利用数学模型进行研究和预测污染物迁移转化方面有了明显进展，但对其中生物过程的数学描述却极为简单，如前提假设为浮游植物对不同种类污染物具有相同的吸收速率，且不随浮游植物种类、环境条件的变化而改变。同时，我们仍不确定不同尺度海洋过程的耦合作用是如何影响污染物迁移转化的？因此，对污染物迁移转化的定量预测，应该根据对污染物行为过程的研究程度，对其影响过程和影响因素进行适当简化。

预测海洋中污染物迁移转化的方法：经过几十年的发展，数学模型已成为预测海洋中污染物迁移转化的最有效方法。这类数学模型是依据质量守恒的基本原理，用来描述水体中污染物的源、汇过程，污染物在水体中的迁移、扩散和转化规律，以及河-海、海-气、海-底等界面的交换过程。污染物浓度变化的控制方程如下：

$$\frac{\partial c}{\partial t}+u\frac{\partial c}{\partial x}+v\frac{\partial c}{\partial y}+w\frac{\partial c}{\partial z}=\frac{\partial}{\partial x}\left(D_x\frac{\partial}{\partial x}\right)+\frac{\partial}{\partial_y}\left(D_y\frac{\partial}{\partial y}\right)+\frac{\partial}{\partial z}\left(D_z\frac{\partial}{\partial z}\right)+R \tag{1}$$

式中，c 为污染物浓度；D_x，D_y，D_z 为扩散系数；u、v、w 为流速；R 为源汇项；污染物的生物和化学过程包含在 R 项中，可以用不同的数学表达式表示出来。

上述方程中的扩散项与湍流运动有关，也是众所周知的流体力学研究的难点之一。湍流运动的模拟方法主要有三种，即 NS 方程(纳威-斯托克斯方程)直接模拟法、大涡模拟法和雷诺平均法。目前在海洋环境模拟中应用较多的是雷诺平均法，其中雷诺应力大多采用二阶闭合形式。

从理论上，求解污染物浓度变化的控制方程，海洋污染物浓度的时空变化就可以被定量预测，但在实践中，上述方程中的许多参数无法精确获得，或者对某些复杂过程的认识不足，为此在现有的海洋模型中，对湍流过程和生物过程只能进行大量简化，如有的模型不考虑由于气象、水文条件及内陆径流所产生的海洋温度、盐度和密度的变化；有的模型不考虑污染物的沉降与再悬浮、吸附和解吸等过程的作用；有的模型不考虑复杂的化学和生物转化过程，等等，这些简化将大大影响模式对海洋中污染物迁移转化的预测精度。

总之，随着海洋环境在线监测技术的不断完善，人们对海洋污染物迁移转化过程的认识也会逐渐加深，海洋污染物迁移转化定量预测的精度会越来越高，以最终达到业务化预报的要求。

参 考 文 献

[1] 史建刚. 海洋环境保护概论. 北京：中国石油大学出版社, 2010.

[2] 王中根, 刘昌明, 黄友波. SWAT 模型的原理、结构及应用研究. 地理科学进展, 2003, 22(1): 79-86.

撰稿人：张学庆

中国海洋大学，zxq@ouc.edu.cn

滨海湿地如何减缓陆源污染物对海洋的危害？

How Do the Wetlands Decrease the Flux of Land-Based Pollutants to Oceans

滨海湿地是陆地生态系统和海洋生态系统的交错过渡带，是介于陆地和海洋生态系统间复杂的自然综合体，是生物多样性最丰富、生产力最高、生态功能最强的湿地生态系统之一[1]。根据《湿地公约》的定义，湿地系指不问其为天然或人工、长久或暂时性的沼泽地、湿源、泥炭地或水域地带，带有或静止或流动、或为淡水、半咸水、或咸水的水体，包括低潮时水深不超过 6 m 的海水区域。滨海湿地应为低潮时水深不超过 6 m 的海水区域及与之毗邻的河岸和海岸地区，包括大潮线之上与内河流域相连的淡水或半咸水湖沼，以及海水上溯未能抵达的入海河流的河段。

滨海湿地类型多样，可分为永久性浅海水域、海草床、珊瑚礁、岩石性海岸、沙滩、砾石与卵石滩、河口水域、滩涂、盐沼、潮间带森林湿地、咸水或碱水潟湖、海岸淡水湖和海滨岩溶洞穴水系等[2, 3]。滨海湿地具有净化水体、蓄水调洪、调节气候和保护海岸带等重要的生态功能[4]。

我国沿海地区地表水污染问题严重，对近岸水域生态环境造成显著影响。据统计[5]，我国近 5 年(2011~2015 年)入海河流监测断面枯水期、丰水期和平水期水质劣于Ⅴ类(《地表水环境质量标准》(GB3838—2002))的比例均为 50%左右，主要入海污染物为氮、磷、石油类和重金属等。大量营养盐入海会导致水体富营养化并引发赤潮、绿潮等生态灾害；石油烃类、重金属等有毒污染物干扰海洋生物的摄食、繁殖和生长能力，从而改变生物群落结构和生态功能；海洋污染及生态灾害在损害海洋生态健康的同时，严重威胁海洋渔业资源的可持续利用。

滨海湿地在污染物迁移转化中发挥着极为重要的作用，可通过生物过程、物理和化学过程的共同作用，对湿地土壤和水体中的营养物质、有毒污染物进行固定、吸收、转化和降解[6]。滨海湿地植物的污染物净化功能十分强大，可以通过直接吸收、同化和储存过程去除污染物，也可以通过增强微生物的转化速率等间接作用而提高污染物的去除效果。常见的湿地净污植物有芦苇、灯心草、香蒲等。芦苇是一种多年生根茎禾本科挺水植物，可与多种微生物共生，耐污、耐盐碱，在河口及沿海滩涂区域分布广泛，对水中有机物，以及氮、磷等营养物质吸收能力很强[7]。湿地植物还具有提高根际土壤氧含量的功能，能将氧气从地上部输送至根部，从而在根际形成一种好氧环境，刺激有机物好氧分解和硝化细菌的生长，达到去除有机物、N 等污染物的目的。在根际富氧区，水中有机碳被好氧微生物分解为 CO_2 和水，有机氮则被氨化及硝化细菌所代谢；在湿地还原区，有机物和无机物被产甲烷细菌、硫酸盐还原菌、反硝化细菌等厌氧细菌分解为 CH_4、CO_2、H_2S、NO_2、N_2 等[8, 9]气体小分子有机物或无机物释放到大气中。

在利用自然滨海湿地净化陆源污染物的同时，滨海湿地的生物治理与修复也是减缓陆源污染物对海洋影响的重要手段[10]，即根据生态学原理，利用特定的生物对环境的高度适应性，通过其新陈代谢作用吸收、转化、吸附或富集环境中的污染物，从而提高和扩大污染物降解的速度和范围，以减少湿地水域污染物浓度或使其完全无害化，提高滨海湿地的污染物净化能力、减少陆源污染物入海量。微生物修复技术在去除石油、农药等有机污染及 N、P 营养盐等方面已有不少成功的经验[10, 11]，主要是在污染物自然净化的过程中，通过接种特定的高效降解菌、添加营养物或表面活性剂、提供电子受体和共代谢底物及优化处理条件等，以强化环境中土著微生物自发降解污染物的能力。植物修复技术对重金属的污染及 N、P 营养盐等的修复也已受到人们的重视[12]。

由此可见，滨海湿地通过对湿地污染物的降解和转化，实现净化湿地水体、削减陆源污染物的入海通量。其作为陆海过渡带，是阻控陆源污染物入海的关键环节，在减缓陆源污染物对海洋的危害中发挥着不可替代的作用，生态意义十分重大。然而，①滨海湿地植物和微生物对湿地污染物吸收、转化和降解能力的调控机制是什么？其对污染物的净化能力与污染物性质、污染物量及湿地环境理化性质的关系如何？②滨海湿地对不同污染物的生物作用过程与物理、化学作用的协同与耦合机制是什么？如何保证高效降解微生物在滨海湿地特征污染物修复中的作用效果？③滨海湿地在对污染物转化中释放的 CH_4、NO_2、H_2S 等降解产物对湿地环境演变和气候变化的影响是什么？④如何估算滨海湿地对陆源污染物的承载力及对海洋环境容量的贡献量？⑤海洋生态系统对陆源污染物入海通量变化的响应机制与效应是什么？这些都是我们深入研究滨海湿地在阻控陆源污染物及减缓海洋危害过程中亟待解决的科学难题。

参 考 文 献

[1] 彭涛, 陈晓宏, 王高旭, 等. 基于集对分析与三角模糊数的滨海湿地生态系统健康评价. 生态环境学报, 2014, 23(6): 917-922.

[2] 国家林业局《湿地公约》履约办公室.湿地公约履约指南. 北京: 中国林业出版社, 2001.

[3] 牟晓杰, 刘兴土, 阎百兴, 等. 中国滨海湿地分类系统. 湿地科学, 2015, 13(1): 19-26.

[4] Remoundou K, Koundouri P, Kontogianni A, et al. Valuation ofnatural marine ecosystems: An economic perspective. Environmental Science and Policy, 2009, 12(7): 1040-1051.

[5] 2015 年国海洋环境状况公报. 中国海洋信息网. 2016.

[6] 鲍红艳, 吴莹, 张经. 红树林间隙水溶解态陆源有机质的光降解和生物降解行为分析. 海

洋学报, 2013, 35(3): 147-154.
[7] 杨红军, 谢文军, 陆兆华. 芦苇湿地对造纸废水中有机污染物的去除效果及机理. 环境工程学报, 2012, 6(7): 2201-2206.
[8] 许鑫, 王豪, 赵一飞, 等. 中国滨海湿地 CH_4 通量研究进展. 自然资源学报, 2015, 30(9): 1594-1605.
[9] Inglett K S, Inglett P W, Reddy K R, et al. Temperature sensitivity of greenhouse gas production in wetland soils of different vegetation. Biogeochemistry, 2012, 108(1/3): 77-90.
[10] Glick B R, Steams J C. Making phytoremediation work better: Maximizing a plant's growth potential in the midst of adversity. Int J Phytoremediat, 2011, 13(S1): 4-16.
[11] Hazen T C, Dubinsky E A, DeSantis T Z, et al. Deep-sea oil plume enriches indigenous oil-degrading bacteria. Science, 2010, 330(6001): 204-208.
[12] Rajkumar M, Sandhya S, Prasad M N V, et al. Perspectives of plant-associated microbes in heavy metal phytoremediation. Biotechnol Adv, 2012, 30(6): 1562-1574.

撰稿人：白　洁
中国海洋大学，baijie@ouc.edu.cn

滨海湿地植被带与近海物质交换过程和机制

Processes and Mechanisms of Material Exchange between Coastal Wetland Vegetation Zone and Marine Water

红树林、盐沼、海草床和大型藻类养殖系统等都是高生产力的海岸带生态系统，同时也是近海有机物质的重要来源。受潮汐等影响，海岸带的植被与近海水域之间不断发生着物质和能量交换。由于近岸地貌、水文和植被条件复杂多变，甚至植被、光滩和水域之间的边界也存在一些不确定性，再加上风暴潮等极端天气条件的影响，限制了系统深入地开展植被与水体、沉积物之间物质交换的定量研究，以及这种交换对植被、地貌发育带来的影响。

波浪进入植被带之后，能量锐减的同时，水体所携带的大量泥沙也沉降下来。盐沼植被的茎叶，可降低潮水流速和通量，促进泥沙沉积，再加上根茎的固着作用，能抑制泥沙的再悬浮和流水侵蚀，维持滩面的稳定[1](图 1)。

图 1　植被带与近海水体物质交换示意图(摄影：何彦龙)

涨潮时潮水带来的泥沙、生物和有机颗粒可沉降在植被带，并塑造潮滩地貌；落潮时植被带中的有机物和浮游生物等可随潮水进入海洋。

关于潮间带植被的捕沙作用与机制方面，国内外已开展过不少研究。在长江口最大混浊带范围内的九段沙，海三棱藨草群落黏附的颗粒物可达 298 g/m^2[2]。芦苇群落和海三棱藨草群落的垂向淤积速率分别为光滩的 7.7 倍和 6.4 倍；互花米草群落密度大，植株高大，很少被淹没，有利于捕沙[3, 4]。长江口滩涂湿地盐沼植被对沉积动力过程有显著影响，由于植被的捕沙作用，细颗粒泥沙易于在沼泽中沉积，有植被覆盖区的沉积物明显比相邻区域的光滩细，提高了沉积速率，滩涂侵蚀也被抑制[5]。崇明东滩由于植被的捕沙作用，中低潮滩的沉积速率相对较大[6]。

在国外的河口区也有很多研究。圣劳伦斯河口盐沼湿地的泥沙沉积主要受植被、浪高、水流，以及距盐沼边缘和沉积物来源的距离的影响，沉积速率与浪高显著性相关，最大沉积速率发生在接近光滩的位置[7]。光滩区水体的悬沙浓度约为相邻盐沼植被群落分布区的 2 倍，说明植被带可有效使悬浮泥沙沉降[8]。在美国特拉华州盐沼湿地的研究发现，水动力特征并不是影响植被捕沙效率的主要因素，远离潮沟等原因导致的不充足泥沙供应，更容易造成盐沼植物群落内部捕沙效率的降低[9]。在气候变化、海平面不断上升背景下，沉积作用并不一定与盐沼植被淹水频率密切相关，还受到泥沙供应是否充足的影响[10]。

然而，随潮汐进入植被带的除了泥沙，还有游泳和浮游生物、植物碎屑、不同形态的有机碳和各种营养盐等。在潮汐作用下，它们会在植被带内迁移或者落潮时输出。模拟分析表明，与密西西比河所携带的总有机碳(TOC)输出量相比，从河口湿地输入到墨西哥湾的有机碳仅占 2.7%，河口湿地有机碳的输出强度为 57 gC/(m^2·a)[11]；在潮汐作用下，佛罗里达沿岸红树林可向邻近水域输出有机碳(DOC)180 (±12.6) g C/(m^2·a)[12]。从全年来看，有机碳的净输出主要出现在 10 月和 12 月[13]，其中 75%的输出以溶解态的为主[14]。风暴潮情况下的物质输出可能比常规潮汐条件下的更大，如墨西哥湾飓风曾在短时间内造成密西西比河三角洲湿地严重损失，多年累积的土壤有机碳也输出到墨西哥湾[15]。在坦桑尼亚，潮汐从海洋带来大量的颗粒态和溶解态有机碳，并在红树林生态系统中矿化分解；同时，孔隙水中溶解的无机碳远远高于有机碳，并以地下水的形式在落潮时输出[16]。

总体来看，目前对植被带与邻近水域之间的物质交换通量了解还远远不够。主要困难是：①学科交叉性强，需要生物/生态学、地貌/沉积动力学、水文/泥沙运动力学等相关知识背景的研究人员密切合作，单凭一个方面的专业知识很难解决上述问题；②动态变化复杂，可重复性差，如植被带的扩展速度和演替模式受当地气候、地貌、水体悬沙浓度、水动力条件等的影响很大，植被变化反过来也影响地貌的变化，特别是潮沟系统的格局；潮汐的日、月、季、年变化与植被演替阶段、不同物候期、干旱或暴雨等特殊气象条件相耦合，会使植被带与邻近水域之间的物质交换通量、组成等等变得更加复杂；③滩面和潮沟系统的发育过程往往带有不连续性，一次大的风暴潮可能会改变原有的植被-地貌分布格局；河口水域受流域来水来沙及人类活动的影响，更加复杂。因此，亟待加强河口海岸湿地植被带与近海物质交换的定量过程和机制研究，以深化对植被-水体-沉积物相互作用过程的认知，更加有效地保护和利用滨海湿地植被。

开展这方面的研究，需要回答以下问题：①近岸植被带对邻近水域的物质输出(如有机碳)总量有多少？影响范围多大？其对近海水域影响的衰减趋势如何？②潮汐带来的营养盐、泥沙和水生生物等进入植被带后，如何随能量的衰减而沉降或滞留在滨海湿地生态系统中？③极端气候条件下，如风暴潮带来巨浪和暴雨，上述过程又如何响应？对这些问题的研究，需要从不同时空尺度上展开，如单次常规潮汐过程，单次风暴潮或暴雨过程，日、月、季、年尺度上的变化；植被带面积、宽度、走向的影响；以及生态系统、景观与区域尺度上的变化，等等。在解决上述问题的过程中，肯定还会有更多、更难、更富挑战性的问题出现。

参考文献

[1] Yang S L, Friedrichs C T, Ding P X, et al. Morghological response of tidal marshes, flats and channels of the outer Yangtze River mouth to a major storm. Estuaries, 2003, 26(6): 1416-1425.

[2] Yang S L. The role of Scirpus marsh in attenuation of hydrodynamics and retention of fine sediment in the Yangtze estuary. Estuarine, Coastal and Shelf Science, 1998, 47: 227-233.

[3] Yang S L, Li H, Ysebaert T, et al. Spatial and temporal variations in sediment grain size in tidal wetlands. Yangtze Delta: on the role ofphysical and biotic controls. Estuarine, Coastal and Shelf Science, 2008, 77: 657-671.

[4] Li H, Yang S L. Trapping effect of tidal marsh vegetation on suspended sediment, Yangtze Delta. Journal of Coastal Research, 2009, 25 (4), 915-924.

[5] 杨世伦, 时钟, 赵庆英. 长江口潮沼植物对动力沉积过程的影响. 海洋学报, 2001, 23(4): 75-80.

[6] 郑宗生, 周云轩, 李行, 等. 基于遥感及数值模拟的崇明东滩冲淤与植被关系探讨. 长江流域资源与环境, 2010, 19(12): 1368-1373.

[7] Coulombier T, Neumeier U, Bernatchez P. Sediment transport in a cold climate salt marsh (St. Lawrence Estuary, Canada), the importance of vegetation and waves. Estuarine, Coastal and Shelf Science, 2012, 101: 64-75.

[8] Leonard L A, Wren P A, Beavers R L. Flow dynamics and sedimentation in Spartina alterniflora and Phragmites australis marshes of the Chesapeake Bay. Wetlands, 2002, 22: 415-424.

[9] Moskalski S M, Sommerfield C K. Suspended sediment deposition and trapping efficiency ina Delaware salt marsh. Geomorphology, 2012, 130-140: 195-204.

[10] Anderson M E, Smith J M. Wave attenuation by flexible, idealized salt marsh vegetation. Coastal Engineering, 2014, 83: 82-92

[11] Das A, Justic D, Swenson E. Modeling estuarine-shelf exchanges in a deltaic estuary: Implications forcoastal carbon budgets and hypoxia. Ecological Modelling, 2010, 221: 978-985.

[12] Bergamaschi B A, Krabbenhoft D P, AikenG R, et al. Tidally driven export of dissolved organic carbon, total mercury, and methylmercury from a Mangrove-dominated estuary. Environmental Science and Technology, 2012, 46(3): 1371-1378.

[13] Romigh M M, Davis S E, Rivera-Monroy V H, et al. Flux of organic carbon in a riverine mangrove wetland in the Florida Coastal Everglades. Hydrobiologia, 2006, 569: 505-516.
[14] Twilly R. The exchange of organic carbon in basin mangrove forests in a southwest Florida estuary. Estuarine, Coastal and Shelf Science, 1985, 20(5): 543-557.
[15] DeLaune R D, White J R. Will coastal wetlands continue to sequester carbon in response to an increase in global sea level: A case study of the rapidly subsiding Mississippi river deltaic plain. Climate Change, 2012, 110(1-2): 297–314.
[16] Bouillon S, Middelburg J J, Dehairs F A, et al. Importance of intertidal sediment processes and porewater exchange on the water column biogeochemistry in a pristine mangrove creek (RasDege, Tanzania). Biogeosciences Discussions, 2007, 4(1): 317-348.

撰稿人：李秀珍
华东师范大学，xzli@sklec.ecnu.edu.cn

各种海洋生态灾害间是否存在耦合关系？

Are There Any Links Among the Different Marine Ecological Disasters?

海洋生态灾害是由于海洋生态系统的异常变化对人类社会经济发展或自然生态系统健康造成的巨大危害，近年来特别受到关注。常见的海洋生态灾害问题包括有害藻华(harmful algal bloom)、水母暴发、海洋酸化(ocean acidification)及缺氧“死亡区”(dead zone)等。海水中部分藻类在暴发性增殖或聚集形成藻华后，能够通过产生毒素、损伤海洋动物鳃组织、藻体分解消耗水体溶解氧、释放氨氮、改变水体黏稠度和降低透光率等，造成海洋生物死亡，或使贝类等生物累积毒素，从而危及自然生态、水产养殖和人类健康，这一现象被称为有害藻华[1]。大型水母暴发也是一类重要的生态灾害问题，水母是胶质浮游动物中的一个重要类群，目前已鉴定的水母种类大约有 1500 余种。近年来的研究表明，全球约 1/4 的海域水母数量有增长趋势，20 多个渔场存在不同程度的水母泛滥成灾问题[2]。水体缺氧也是一种灾害性的生态系统变化，多出现在海岸带和河口区底层，在水体混合能力比较差的水体，缺氧现象更易出现[3]。一旦水体溶解氧水平低于特定阈值，就会对海洋生物，尤其是大型底栖动物造成损害，甚至出现缺氧“死亡区”。海洋酸化问题是由于大气中二氧化碳浓度的持续上升造成的，这不仅会导致海水 pH 下降，还会降低碳酸钙饱和度，对含钙质的生物和生境构成严重威胁[4]。

近年来，全球海洋生态灾害事件频繁出现，呈现出明显上升的趋势。自 20 世纪 80 年代以来，全球有害藻华问题不断加剧已基本成为共识。2015 年，美国西海岸暴发大规模拟菱形藻(*Pseudonitzschia* spp.)藻华，持续时间长达四个月，影响范围从加利福尼亚一直延伸到阿拉斯加，藻华过程中藻类产生的神经毒素软骨藻酸，导致大量野生海洋动物死亡，也造成了严重的渔业损失[5]。2016 年，智利沿海遭遇史上规模最大的有毒藻华，导致约 10 万 t 养殖三文鱼及大量野生贝类死亡，养殖业经济损失初步估算超过 8 亿美元，一度引发社会骚乱。近年来全球大型水母暴发成灾的现象也在不断增加，在地中海周边国家，近年来夜光游水母(*Pelagia noctiluca*)在意大利、西班牙、法国和希腊连年大量暴发，造成数以万计的海水浴场游客蜇伤事件。在北海，咖啡金黄水母(*Chrysaora melanaster*)、发型霞水母(*Cyanea capillata*)和多管水母(*Aequorea aequorea*)数量也有明显增加。在大型河流河口区，缺氧问题也特别突出。以墨西哥湾北部海域为例，受密西西比河输入的大量营养盐影响，每年夏季都会出现水体缺氧现象[6]。

我国近海是生态灾害多发海域(图 1)，甚至出现了多类生态灾害同步暴发的现象。在东海长江口邻近海域，大规模甲藻藻华从 2000 年以来连年暴发，影响范围可达上万平方千米，藻华优势种呈现出由硅藻类向甲藻演变的趋势[7]。几乎同时，沙蜇(*Nemopilema nomurai*)等大型水母暴发问题也开始出现，在 1999~2004 年，沙蜇数量增加数百倍，在其旺发时，在该海域作业的渔民网捕的几乎只有沙蜇。在长江口邻近海域，大型季节性缺氧区的分布也在不断扩展，底层水体溶解氧水平不断下降，最低值已降低至 1~2mg/L，达到严重缺氧程度，对海洋生物的存活造成了直接威胁。

(a)

(b)

图 1　我国黄、东海海域的大型水母(a)和赤潮(b)灾害现象

各种生态灾害“同步”暴发的原因特别令人关注。多类生态灾害的暴发是相互独立的偶然现象？还是存在耦合关系，反映了海洋生态系统的结构性变化？目前，在这一方面还只能进行一些简单的理论分析，难以做出系统的解答。在近海海域，富营养化可能是导致生态系统变化和生态灾害发生的最重要因素。联合国于 2001 年启动实施的《千年生态系统评估》(*millennium ecosystem assessment*)报告表明，氮、磷营养盐的污染是导致近海生态系统发生显著改变的重要驱动因子，它使得近海生态系统退化，生态系统出现缺氧、有害藻华等生态灾害的风险增加[8]。在富营养化环境中，丰富的营养盐为藻类生长提供了重要的物质基础，极易导致大规模有害藻华的暴发，而且营养盐结构改变还会影响浮游植物群落的优势类群，使得甲藻等有毒、有害藻类更易形成藻华。水体缺氧也与近海富营养化密切相关，在全球 415 处经受不同程度富营养化影响的近海海域，有 163 处存在水体缺氧问题。在富营养化水域，有害藻华后期大量有机物质沉降到水体底层，在分解过程中消耗了大量氧气，在一定程度上加剧了水体缺氧现象。而对于水母灾害而言，一方面大规模的藻华为水母生长提供了重要的饵料，另一方面缺氧加剧使得底层环境中大型动物存活和活动受到抑制，也降低了水母生活史过程中水螅体阶段所

承受的摄食压力，使得水母更易大量增殖，暴发成灾。这些过程不仅与陆源营养物质输入有关，也受到气候变化等因素的调控(图 2)。

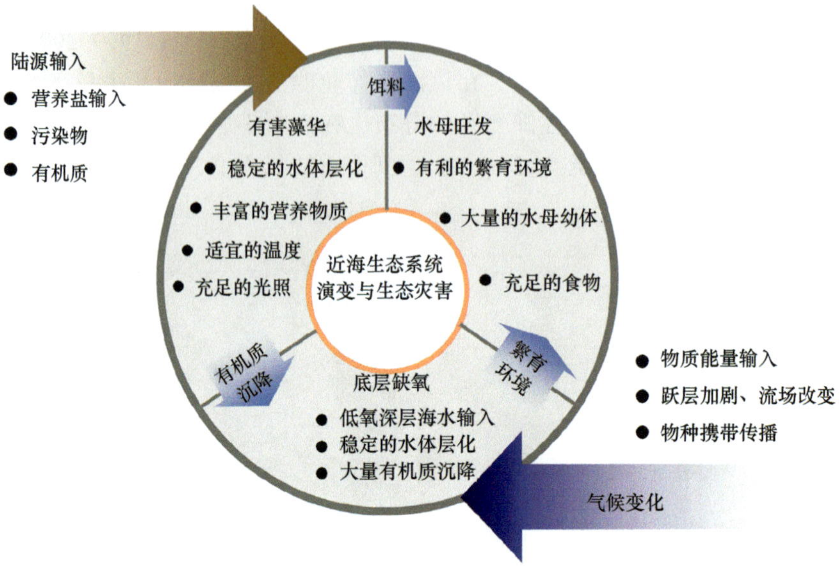

图 2　各种海洋生态灾害之间的内在联系及其潜在驱动要素

但是，要从机制上阐明各类生态灾害之间的耦合关系并非易事，目前仍是一个难题。首先，近海生态系统的组成复杂，对不同生态灾害之间耦合关系的分析需要对生物和环境之间的相互作用具有深刻认识，这需要大量观测数据支撑[9]。但是，目前对海洋生态环境要素的观测能力依然有限，很难实现对生态环境要素的原位、长期和连续观测。目前对近海的很多研究工作仍停留在调查层面上，对生态系统过程和机理的研究也非常缺乏。

其次，海洋生态系统面临多重压力，在近海海域，富营养化、气候变化、过度捕捞、生境丧失都会造成生态系统的变化，要在如此繁多的因素中，解析驱动生态系统演变与生态灾害发生的关键因素非常困难。在这一方面，生态系统的数值模型有可能发挥重要作用，目前，对于海洋动力学过程的模拟已经比较成熟，可以对海洋动力环境的变化进行长期模拟，解析其驱动因素。但是在海洋生态系统动力学方面，数值模拟仍然存在一定局限性，对复杂生态系统的模拟仍有许多问题需要解决。

更为复杂的是，受到生态系统自身耐受力和恢复力的调控，生态系统的变化往往是一个非线性过程。生态系统在外界因素胁迫下，一旦到达某一阈值，有可能出现生态系统基本结构的巨大变化[9]，导致“生态格局更替”(ecological regime shift)，甚至出现生态灾害问题，类似的现象在北大西洋和北太平洋都曾有报道。

目前，对于生态系统演变过程与机理的科学认识依然有限，仍难以对生态系统的演变作出科学的预测。但是，随着对生态环境要素监测技术的快速发展、生态系统数值模拟能力的持续提升，以及对海洋生态学过程认识的不断深入，未来对各类生态灾害间耦合关系的认识将不断深化，能够更好地预测和防范海洋生态灾害问题。

参 考 文 献

[1] Anderson D M, Glibert P M, Burkholder J M. Harmful algal blooms and eutrophication : Nutrient sources, composition, and consequences. Estuaries, 2002, 25 (4b): 704-726.

[2] Purcell J E, Uye S I, Lo W T. Anthropogenic causes of jellyfish blooms and their direct consequences for humans: A review. Marine Ecology Progress Series, 2007, 350: 153-174.

[3] Breitburg D L, Hondorp D W, Davias L A, et al. Hypoxia, nitrogen, and fisheries: Integrating effects across local and global landscapes. Annual Review Marine Science, 2009, 1: 329-349.

[4] Doney S C, Fabry V J, Feely R A, et al. Ocean acidification: the other CO_2 problem. Annual Review Marine Science, 2009, 1: 169-192.

[5] Jurgens L J, Rogers-Bennett L, Raimondi P T, et al. Patterns of mass mortality among rocky shore invertebrates across 100 km of northeastern Pacific coastline. PLOS One, 2015: doi: 10.1371/journal.pone.0126280.

[6] Rabalais N N, Turner R E, Sen Gupta B K, et al. Hypoxia in the northern Gulf of Mexico: Does the science support the plan to reduce, mitigate, and control hypoxia. Estuaries & Coasts, 2007, 30 (5): 753-772.

[7] Zhou M J, Shen Z L, Yu R C. Responses of a coastal phytoplankton community to increased nutrient input from the Changjiang (Yangtze) River. Continental Shelf Research, 2008, 28(12): 1483-1489

[8] Millennium Ecosystem Assessment. Ecosystem and human well-being: Synthesis. Island Press, Washington DC , 2005

[9] Ducklow H W, Doney S C, Steinberg D K. Contributions of long-term research and time-series observations to marine ecology and biogeochemistry. Annual Review Marine Science, 2009.1: 279-302.

撰稿人：于仁成

中国科学院海洋研究所，rcyu@qdio.ac.cn

10000 个科学难题·海洋科学卷

海洋与全球变化

如何适应冰冻圈变化产生的影响

How to Adapt Impact of Cryospheric Change

冰冻圈变化的影响主要通过其与大气圈、生物圈、水圈和岩石圈相互作用表现出来(图 1)，这些影响具体表现在天气/气候、生态、水文及地表环境等方面，进而会在局地、流域、区域和全球等不同尺度对人类社会带来或正面或负面的影响。因此，在定量化评估冰冻圈变化对其他圈层的影响及其风险、深入理解冰冻圈与经济社会可持续发展之间关系的基础上，探寻冰冻圈变化影响的适应途径，成为当前全球变化研究中的重大课题之一。

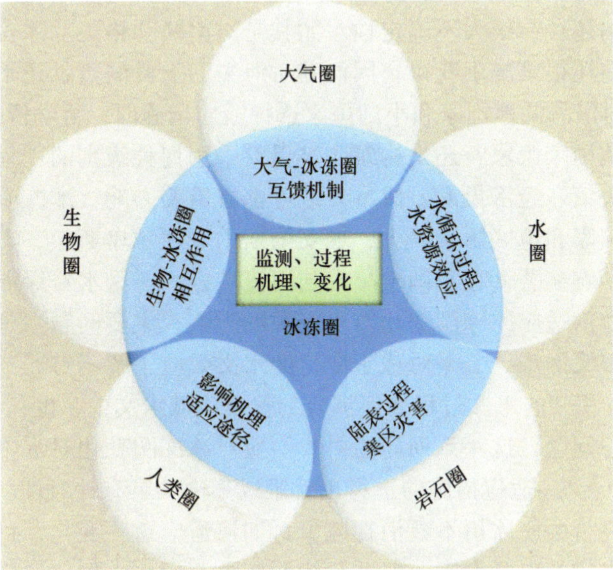

图 1　冰冻圈与其他圈层相互作用关系

由于冰冻圈由冰川、冰盖、积雪、海冰、河湖冰、冻土及固态降水等不同要素组成，其变化的时空尺度差异巨大，因而变化所产生的影响也表现各异，这就为适应带来很大困难。同时，冰冻圈要素多分布于高寒地区，观测困难，对其变化的科学认识受到较大限制，因而在冰冻圈变化、影响和适应这一链条上，变化影响的程度往往难以定量确定，从而影响到适应途径的科学选择。

在冰冻圈与大气圈的关系方面，冰冻圈变化在不同时间和空间尺度对天气/气候具有显著影响，如北半球积雪变化会影响欧亚大陆降水分布[1, 2]，北极海冰变化与我国冷冻雨雪天气有密切关系[3, 4]。但是要准确、定量化地将冰冻圈因素耦合到天气/气候的预测、预估中，提高天气/气候预测和预估能力，更好适应由此带来的不利影响，却存在着许多困难[5, 6]。主要原因是冰冻圈要素时空尺度变化较大，准确的观测存在众多限制因素；同时，目前我们对冰冻圈与气候的定量耦合关系的科学认识还很不深入，由此带来的不确定性因素较多，从而影响到我们对冰冻圈在气候系统中的作用过程和机理的准确把握，进而影响到天气/气候预测、预估的准确性[5, 6]。

在冰冻圈与水圈的关系方面，在全球尺度上，冰冻圈变化会引起海平面变化，进而改变全球水循环过程；同时，冰冻圈变化会改变全球海洋淡水平衡，驱动大洋热盐环流，从而影响全球海洋环流[7]。在区域或更重要的流域尺度上，冰冻圈变化会影响流域水文过程，不仅导致径流量的增减，也会改变径流的年内分配，进而影响到水资源的合理利用[6, 8]。如何适应冰冻圈造成的海平面上升，其难点是海平面上升的预估还存在很大不确定性。尤其是对南极和格陵兰冰盖庞大冰体冰量损失的估算目前还很难准确获得，因而其对海平面上升的贡献还不清楚。由此带来的问题就是对沿海低地国家和小岛国家选择适应措施时，科学依据不十分充足。例如，采取整体国家搬家？还是构筑防洪堤？采用何种级别的工程措施？这些适应行动对国家决策、经济投入、成本效益等都有重要影响。冰冻圈变化对依赖冰雪融水较大的国家和地区影响巨大，如安第斯山、阿尔卑斯山、喜马拉雅山冰川变化对其下游影响显著，在我国干旱内陆河流域，冰雪融水对绿洲经济具有尤其重要的作用。如何适应冰冻圈变化对水资源的影响，主要问题一是冰川变化的预估目前还存在很大困难，二是对冻土变化的水文效应了解不够，三是在一个流域内冰川、冻土、积雪的水文过程如何耦合到整个流域水文中，也存在着观测不足、模拟精度不高等问题，这一系列问题对我们应对冰冻圈变化对水资源的影响带来众多不确定性[5, 6, 8]，适应措施的选择也就难以集中和具有针对性。另一方面，持续的气候变暖终将会使冰川不断消耗减少，如何适应这一变化，目前办法还不是很多，有人提出构筑山区水库，但这只能调控季节用水。如何适应年代际变化得有创新、开拓性思路，前提是对冰冻圈水文变化有较深入科学认识。

在冰冻圈与生物圈的关系方面，在陆地上，冰冻圈变化会影响到土壤的水、热状况，同时也会影响到陆地水域的温度、营养成分及水质，进而影响到生态系统；另一方面，陆地生态系统的改变，又会影响到冰冻圈的生存环境，尤其是多年冻土受植被生态影响显著，植被的退化不利于多年冻土的发育[9, 10]。在海洋，冰冻圈融化后进入海洋中的冷、淡水会改变海洋温度和盐度，进而影响海洋生态系统[7]。在两极地区，冰冻圈的变化对海洋生态系统的影响尤为重要。在南北极地区及高原和高山区，冰冻圈变化对生态系统及生物地球化学循环的影响已经受到广泛关注。例如，冰冻圈变化对生物多样性和栖息地的影响十分显著，北极熊的生存环境已经受到较大威胁，然而如何应对目前还缺乏具体措施，最主要的原因还是对冰冻圈与生物圈之间的科学认识不足，对未来变化的预估存在诸多不确定性。例如，冰冻圈变化对大型动物、微生物和冷水区(极地)渔业影响到底有多大？影响的时空尺度又怎样？目前这些科学问题还没有得到深入研究，还没有可靠的答案，适应也就无从谈起。当前，如何适应北极海冰的大规模退缩和海水变暖，高纬度冰冻圈淡水对海洋生物的影响等都是适应气候变化的热门领域。

冰冻圈变化直接影响冰川冻土灾害发生频率、程度与时空尺度。随着气候变化及经济快速发展，冰川消融洪水、冰湖溃决泥石流、风吹雪、雪崩、雪灾、冻雨灾害、冻融灾害、河冰及海冰灾害等频繁发生。由于气候变暖，冰冻圈内部不稳定性增加，一些过去很少发生的冰冻圈灾害也不断出现，如 2015 年 5 月 16 日在新疆阿克陶县境内公格尔九别峰发生冰川跃动和冰崩，2016 年 7 月 2 日西藏阿里地区日土县发生冰川跃动，过去平静的地区，冰川灾害不断出现，造成牧民受灾，春季融雪径流时间提前等后果。由于科学认知和可供使用的工程措施之间的匹配度不够，这些灾害的预警预报及其适应措施成为科学难题。

寒区工程如何适应未来冰冻圈的变化？一般而言，只要有足够的投入，总可找到适应寒区工程的途径或措施。然而，从投入产出效益来考虑，适应冰冻圈地区的工程措施却面临着科学认知不足和一般工程措施难以适应寒区环境的双重困难。工程措施首先要解决未来冻土如何变化、变化程度，以及变化的时间和空间尺度问题，这些问题尽管目前可以通过模拟来回答，但由于观测数据限制，以及冻土变化的多因素，所获答案的不确定性很大，这就为寒区工程建设带来众多难题。

总之，基于冰冻圈变化影响的适应研究，现在才刚刚起步，可以查阅的文献较少。不过，冰冻圈变化是在全球变化背景下的特殊圈层的变化。气候变化的脆弱性、风险、恢复力和适应研究，对于冰冻圈变化的影响研究同样具有指向和指导性[11]。因此，在突出冰冻圈变化及其自身特点的基础上，完全可以沿用其研究思路和脉络，开展冰冻圈变化的适应研究。当前为适应冰冻圈变化的影响，研究重点主要在冰冻圈变化脆弱性评价方法，以及脆弱程度和适应能力的研究[11~14]，并以此为基础，开展冰冻圈变化影响的风险评估、成本效益分析，进而探寻适应冰冻圈变化影响科学途径。

参 考 文 献

[1] 李震坤, 武炳义, 朱伟军. 春季欧亚积雪异常影响中国夏季降水的数值试验. 气候变化研究进展, 2009, 5(4): 196-201.

[2] Wu B, Kun Y, Zhang R. Eurasian snow cover variability and its association with summer

rainfall in China. Advances in Atmospheric Sciences, 2009, 26(1): 31-44.

[3] 胡蓓蓓, 黄菲, 晋鹏. 中国冬季极端低温事件与海温和海冰的关系. Climate Change Research Letters 气候变化研究快报, 2015, 4: 130-141.

[4] 何金海, 武丰民, 祁莉. 秋季北极海冰与欧亚冬季气温在年代际和年际尺度上的不同联系. 地球物理学报, 2015(4): 1089-1102.

[5] 秦大河, 丁永建. 冰冻圈变化及其影响研究——现状、趋势及关键问题.气候变化研究进展, 2009, 5(4): 187-195.

[6] 丁永建, 效存德. 冰冻圈变化及其影响研究的主要科学问题概论. 地球科学进展, 2013, 28(10) : 1067-1076.

[7] 丁永建, 张世强. 冰冻圈水循环在全球尺度的水文效应. 科学通报, 2015, 60: 593-602.

[8] 丁永建, 秦大河. 冰冻圈变化与全球变暖: 我国面临的影响与挑战. 中国基础科学, 2009, 11(3): 4-11.

[9] 王根绪, 李元寿, 王一博. 2006. 青藏高原冻土区冻土与植被的关系及其对高寒生态系统的影响. 中国科学(D 辑), 36(8): 743-754.

[10] 王根绪, 李元寿, 王一博. 青藏高原河源区地表过程与环境变化. 北京: 科学出版社, 2010.

[11] 杨建平, 丁永建, 方一平, 等. 冰冻圈及其变化的脆弱性与适应研究体系. 地球科学进展, 2015, 30(5): 517-529.

[12] 杨建平, 张廷军. 我国冰冻圈及其变化的脆弱性与评估方法. 冰川冻土, 2010, 32(6): 1085-1096.

[13] Fang Y P, Qin D H, Ding Y J. Frozen soil change andadaptation of animal husbandry: A case of the source regions of Yangtze and Yellow rivers. Environmental Science & Policy, 2011, doi: 10.1016 /.envsci.2011.03.012.

[14] He Y, Wu Y F, Liu Q F. Vulnerability assessmentof areas affected by Chinese cryospheric changes in future climatechange scenarios. Chinese Science Bulletin, 2012, 57(36): 4784-4790.

撰稿人：丁永建

中国科学院西北生态环境资源研究院，dyj@lzb.ac.cn

海底多年冻土的碳储量和释放速率如何计算和预估

How Calculate and Predict Carbon Storage and Emission Rate of Submarine Permafrost?

海底多年冻土也称滨外多年冻土 (subsea permafrost，submarine permafrost，offshore permafrost)，是指分布于南、北极大陆架海床的多年冻土。冰期或末次冰盛期时，海平面比现在低约 100 多米。因此，极地海洋沿岸地区的大陆架直接暴露于海平面之上，陆源物质的搬运与沉积最终在该地发育了陆地多年冻土。而随着全球变暖，特别是冰冻圈 (如冰盖和山地冰川) 的加速融化引起海平面上升后，使得原来分布在极地海洋沿岸地区的多年冻土被海水淹没，位于海床之下，成为海底多年冻土，其上是相对温暖和含盐度高的海洋。海底多年冻土与陆地多年冻土有很大区别，主要是其残余性、相对温暖的环境、一直处于退化状态，以及对气候的响应更加滞后等特点。海底多年冻土带因蕴藏大量石油和天然气水合物而具有潜在经济价值[1]。

海底多年冻土的发育、分布和特性很大程度上取决于所处的海洋环境及其过程，主要影响因素有：①地质地貌条件，包括地热通量、大陆架地形、沉积物和岩性、地质构造、冰冻圈发育历史及海平面变化等；②气候，主要是形成时和后期的气温；③海洋学特征，包括海水温度、盐度、洋流、潮汐、上覆海冰状况等；④水文条件，如入海淡水径流[1]。

一般情况下，海底多年冻土以距海岸远近及是否在海冰区而划分为 5 个区 (图 1)，分别是岸区 (陆地区域)、海滨区、上覆海洋常年受海冰影响且海冰冻结至底床的区域、海冰底部洋流受到限制且海水盐度较大的区域，以及开阔洋区[1]。

海底冻土及其气候效应是当前气候变暖条件下的国际科学热点，目前对其分布、机理、转化和预估都缺乏深入了解，是当前的科学难题。主要因为：

1. 难以确定全球海底多年冻土的精确分布

关于海底冻土分布大多基于热模型模拟所得，研究显示在北冰洋浅海陆架区是世界上最大的海底多年冻土分布区和主要碳储存区，但是目前仍没有获得该区域高精度海底冻土分布图。这是因为：首先，当前认识有限，一般认为由于相对封闭的海洋环境、高纬低温的气候条件、宽广平坦的大陆架区分布和周围大河的搬运注入作用是这一区域发育分布多年冻土并且储存碳的有利条件。尤其是在亚

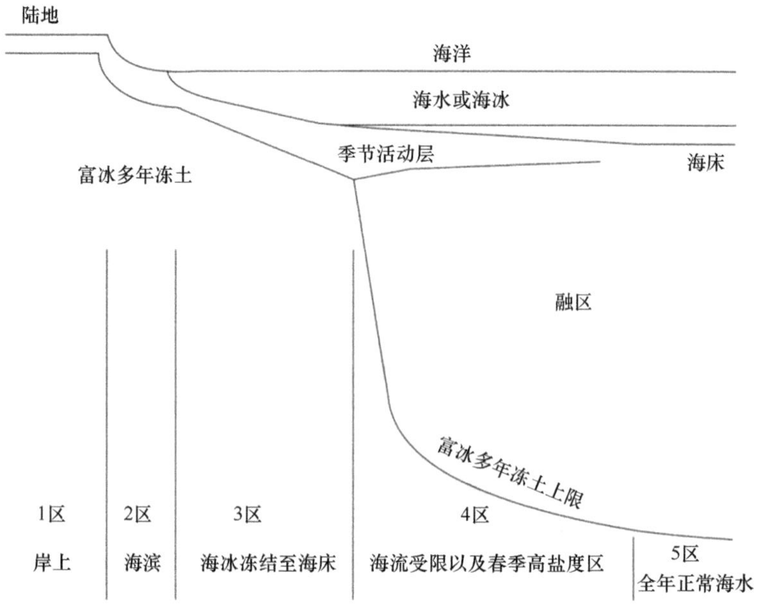

图 1　海底多年冻土分区示意[1]

欧大陆大一侧有世界上最大的浅海大陆架-东西伯利亚大陆架，在末次冰期时这一区域为广大的冻土分布区，后来的晚更新世—全新世转折期由于全球升温导致被海水淹没覆盖，形成海洋多年冻土，目前面积约有 $3×10^6$ km^2，深度基本在 125m 以内。其中离海岸越近，淹没越晚的区域海底冻土分布越厚，而越往外延伸，冻土分布逐渐变得不连续，这也反映了海洋冻土逐渐退化的时间变化特征。其次，已有的探测工作主要在环北极沿岸，尤其欧亚大陆一侧开展了大量的研究，如在 Pechora 海、Kara 海、Laptev 海、Bering 海、Chukchi 海、阿拉斯加-北美 Mackenzie Delta-Beaufort Sea 海、Mackenzie 河三角洲地带已开展了相关研究，而在海洋冻土零星分布的斯瓦尔巴岛及格陵兰岛地区，并未开展相关研究。而在南极，只有在 McMurdo 站曾探测到水深 122m，海床表面以下 56m 处存在负沉积物梯度与正温梯度现象，但无迹象表明该地层含冰。由于下伏于极地大陆架这一特殊位置，缺乏成熟便捷的探测技术，对海底多年冻土的详细分布尚无充分的实测资料，绘制高精度海底冻土碳储存分布显得困难重重[1]。

2. 对海底多年冻土内碳的赋存条件和储量了解不多，源汇转换机制不清楚

海底多年冻土在北极地区发育最为广泛，已有研究表明，碳储量约为 1400 Pg($1Pg=10^{15}g$)，比北极苔原和泰加林地区碳储量(约 1000 Pg)要高，更是高于富含冰(海岸与沿海)冻土碳储量 (约 400 Pg)。然而，海底冻土中碳赋存条件主要控制

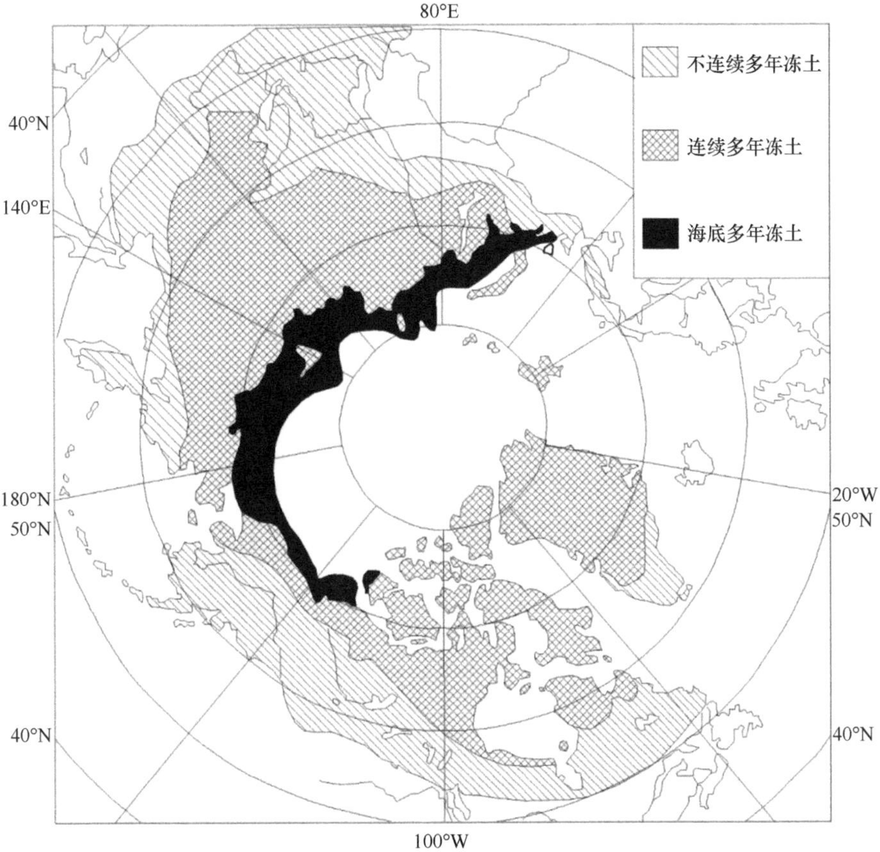

图 2　北极海底多年冻土的大致分布范围[2]

因素有温度、压力、气体组成及离子结合强度等因素。而在极区，由于特殊的环境条件，参数不易获取。因此，当前关于海底冻土碳储量还没有准确的统计数据。随着全球气候的变暖，当温度缓慢升高时，厌氧环境下海底沉积物中的有机碳在微生物的矿化作用形成了 CH_4，然后进入大气，进而降低了海底冻土中碳储量。但是海底多年冻土层中碳的源汇转换机制比陆地冻土系统更为复杂，有别于陆地冻土活动层对碳循环的决定作用，海底冻土层中碳储存和释放时间跨度长而且有突变特殊性，但这一问题目前仍不清楚。从目前认识看，大气碳、生物碳和土壤碳均参与海洋冻土的碳循环（图 3）。不同之处在于碳的释放过程中，海底冻土更多在无氧环境分解，除了 CO_2 外，更多以 CH_4 形式释放，而这也最受人们关注，因为在北冰洋浅海区，在海底压力和低温条件下也可以形成相对稳定的甲烷水合物，即除了海底冻土外，还有大量的亚稳定甲烷水合物，在海床表层更易稳定，因此会形成一层冻结覆盖层阻滞甲烷的释放。当温度升高时，水合物中的甲烷会加速释放，最后可能形成突变性的碳排放，即造成灾难性的温室效应，被称为“甲烷水合物枪假说”。这种影响也被认为是末次冰期结束的可能原因，目前也有研究将全球升温与末次冰期结束的可能原因做类比研究。另外，北冰洋海底冻土碳汇过程中，除了海底原始冻土储存和径流搬运外，海岸带裸露含冰冻土被侵蚀后的入海搬运也是重要来源之一[1]。

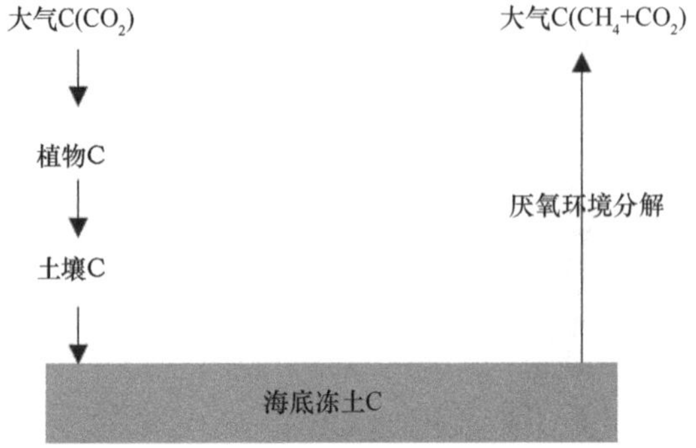

图 3　海底天然气水合物和冻土 C 的源汇转化粗略示意图

3. 未来气候和海洋变化（尤其变暖）情景下，海底多年冻土碳库的气候效应有多大，尚难以预估

大陆架浅层区海底冻土的变化引起了冻土界科学家广泛关注，特别是北极东西伯利亚海底大陆架区冻土，当前的气候变暖与海平面增加，使得该区域海底冻土表层增加了 12~17℃，温度接近至 0℃，致使海水下伏底部的冻土出现融化，造成温室气体排放至海洋表层[3, 4]。尽管还不明确是否来自于甲烷水合物的分解，还是其他陆地过程冻土的融化或海底断层气体的迁移[5, 6]。但是随着全球变暖，北极地区海底冻土活动层厚度将会增加，从而影响冻土层中温室气体释放。为了评估浅层海底冻土中碳释放对气候效应的影响作用。首先，要准确知道北极大陆架碳储存总量；其次，评估冻土层中碳化物从化学合成到释放至大气这一过程，以及厘清其分解、传输，以及生物地球化学循环过程；最后，借助模式对不同情景对其气候效应进行评估。

图 4 是海底冻土-温室气体-海冰-海洋-陆架相互作用示意图[7]。例如，作用于海底冻土的外强迫会发生变化(如极端天气的频发、洋流运动的变化及海平面的升高等因素)；与此同时，极地海冰的快速退缩，使得多年海冰开始解冻及再冻结，而这一过程会侵蚀与搬运大陆架近岸区多年冻土，从而将冰期时储存在多年冻土中的碳释放至大气。然而，以上这一过程与机理难以用单一的模型刻画，这给评

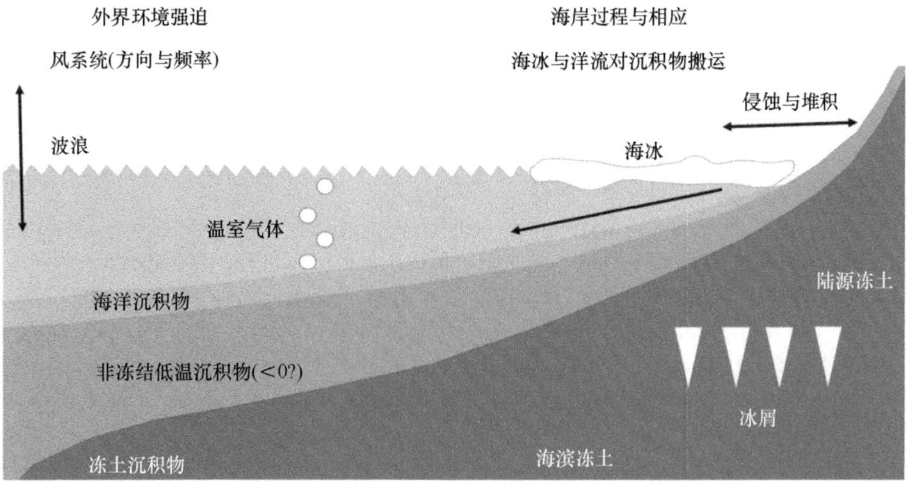

图 4　北极海底冻土地形特征与温室气体相互作用示意图[7]

估全球碳循环带来了极大的不确定性，限制了定量评估海底冻土对气候效应的影响作用。而不同学者得出的数据结果差异很大，如最近用声呐探测得出西伯利亚陆架区海底冻土向大气中释放甲烷强度为 17 Tg/a [8] (1 Tg=10^{12}g)；然而，北极监测与评估报告结果表明：来自于海洋地区甲烷排放为 1~17 Tg/a [9]。

未来全球变暖的幅度引发海底 C 突发性释放的阈限以及突变时间难以模拟，这主要因为模式对作用于海底冻土的海水温度与海平面变化的预估能力尚不足。全球变暖对于海底冻土碳的排放是一个正反馈机制；而海平面的增加对于冻土层碳释放是一个负反馈机制。很难将这两种截然相反的过程从时空变化角度进行模拟研究。北极监测与评估报告指出：尽管热传输从海洋进入海底冻土是一个相对缓慢的过程，未来 100 年其释放将趋于稳定，估计未来数百年都不会威胁海底冻土的稳定性[10]。但是当前对于海底冻土的热力状况、分布范围，以及储存总量无法准确确定，而北极地区海底冻土是甲烷主要的源，甲烷从海底渗漏存在很大的不确定性[11]。为了减小甲烷排放储量的不确定性，正确评估其在海底冻土中的释放与转化过程，对其应进行长期监测，查明海底冻土甲烷释放对全球气候潜在的威胁。从总体上讲，海底冻土碳库对未来气候变化产生多大效应，以及是否存在大规模碳释放的气候效应是否会掩盖人类活动产生的温室效应，均存在很大不确定性，是未来研究的难点和热点。将来的研究应结合海底碳排放实测数据，耦合多个气候模型，设计合理的排放情景，准确确定边界层条件，对气候的影响作用进行合理的评估。

参 考 文 献

[1] Osterkamp T E. Sub-Sea Permafrost. Academic Press, 2001.

[2] Péwé T L. Alpine permafrost in the contiguous United States: A review. Arctic and Alpine Research, 1983, 145-156.

[3] Shakhova N, Semiletov I, Salyuk A. Gustafsson. Extensive methane venting to the atmosphere from sediments of the East Siberian Arctic Shelf. Science, 2010, 327: 1246-1250.

[4] Dmitrenko I A, Kirillov S A, Tremblay L B. Recent changes in shelf hydrography in the Siberian Arctic: Potential for subsea permafrost instability. Journal of Geophysical Research, 2011, 116: C10027, doi: 10.1029/2011JC007218.

[5] Ruppel C D. Methane hydrates and contemporary climate change. Nature Education Knowledge, 2011, 3: 29.

[6] Walter Anthony K, Anthony P, Grosse G, et al. Geologic methane seeps along boundaries of Arctic permafrost thaw and melting glaciers. Nature Geoscience, 2012, 5: 419-426.

[7] Lantuit H, Overduin P P, Couture N, et al. The Arctic coastal dynamics database: A new classification scheme and statistics on Arctic permafrost coastlines. Estuaries and Coasts, 2012, 35(2): 383-400.

[8] Shakhova N, Semilitov I, Leifer I, Sergienko V. Ebullition and storm-induced methane release from the East Siberian Arctic Shelf. Nature Geoscience, 2014, 7: 64-70.

[9] AMAP Assessment 2015. Methane as an Arctic climate forcer. Arctic Monitoring and Assessment Programme (AMAP). Oslo, Norway. vii + 139.

[10] Hunter S J, Goldobin D S, Haywood A M, et al. Sensitivity of the global submarine hydrate inventory to scenarios of future climate change. Earth and Planetary Science Letters, 2013, 367: 105-115.

[11] Ruppel C. Permafrost-associated gas hydrate: Is it really approximately 1% of the global system. Journal of Chemical and Engineering Data, 2014, 60: 429-436.

撰稿人： 效存德　杜志恒　柳景峰

北京师范大学，cdxiao@bnu.edu.cn

变动气候中大气和海洋经向热量输送

Meridional Atmospheric and Oceanic Heat Transport in a Varying Climate

大气-海洋系统中的经向热量输送是一个“古老”的问题。大气和海洋将热量从赤道到极地的经向输送，维持着地球系统热量收支的准平衡状态。海气系统总经向热量输送可以通过积分大气层顶净辐射通量得到。大气层顶净辐射通量定义为向下的太阳短波辐射与向上的长波辐射之差。早在 20 世纪 70 年代，卫星观测的辐射通量刚刚出现之后，VonderHaar 和 Oort[1]就估计了经向热量输送，随后科学家们对此进行了大量研究[2~12]。经向热量输送的准确估计直接依赖于对大气层顶进出辐射通量的精确观测，目前最可靠的观测来自地球辐射收支实验与 Nimbus-7 卫星观测[9]。这些观测给出了海气系统总经向热量输送的一个最显著特征：向极热量输送关于赤道反对称，最大输送约发生在南北纬 35°，大小约为±5.5 PW(1 PW=10^{15} W)(图 1)[11~13]。

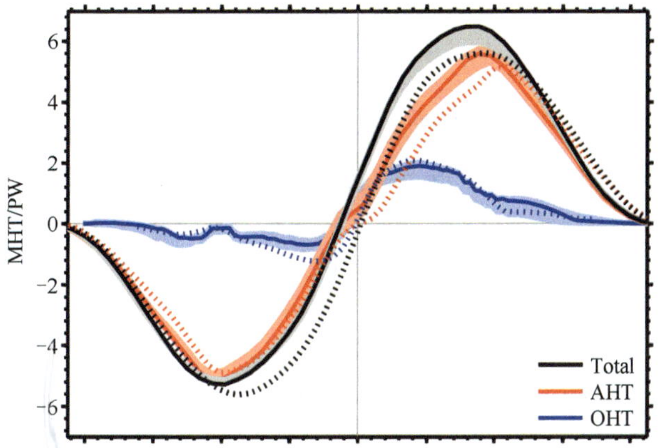

图 1　海气系统总经向热量输送(黑线)、大气经向热量输送(红线)和海洋经向热量输送(蓝线)[12]。粗实线表示末次最大冰期(last glacial maximum，LGM)期间平均的经向热量输送，即 22~20ka 的平均。浅色阴影表示 LGM 以来经向热量输送的变化区间。资料来源于 CCSM3 的 22ka 的模拟[12]。虚线表示根据现在的观测资料计算的相应的经向热量输送[11]。可以看到 LGM 以来经向热量输送变化不大，特别是海洋的经向热量输送与现今非常接近，即使在过去曾经发生过大西洋经圈翻转流几乎完全中断的情况下[12]

大气和海洋对总经向热量输送的分配问题一直是描述和理解气候与气候变化的中心议题[13]，其大致图像是：30°N/S 向极，大气经向输送远大于海洋输送；在热带区域，越靠近赤道，海洋输送越占主导(图 1)[13~15]。具体说来，大气经向热量输送在 43°N 和 40°S 附近达到极大值，为 5.0±0.14 PW。在总经向热量输送达到极值的 35°N(S)，大气输送约占北(南)半球总输送的 78%(92%)[11]。然而，越往低纬度，海洋输送分量所占比例越大，在赤道附近超过了大气输送分量，其极值位于赤道以北，约为 2 PW。南半球的海洋经向输送要弱得多，主要因为南大西洋向赤道的热量输送减弱了海洋总的向南热量输送[13]。这种热量输送在大气和海洋中的分配特征也是地球气候的一个显著特征。研究表明，即使在地质时间尺度上海陆板块构造显著改变，甚或在一个陆地完全被水覆盖的星球上，这样的热量分配特征也不会有太大改变[15]。

“古老”的热量输送问题近年来又焕发出新的生命力。因为在目前变动的气候背景下，如人们正在经历并有望继续经历的全球持续性变暖，基本的地球能量平衡有可能被暂时打破，并且有可能向另一气候态漂移，科学家们不得不重新思考有关地球能量平衡的一些根本性问题。例如，对于我们熟捻于心并视为当然成立的平均气候经向热量输送廓线(图 1)，如今人们仍有疑问：①为什么海洋热量输送具有极大非对称性，而总经向热量输送却几乎关于赤道反对称？②考虑到大气经向热量输送中的相当大一部分是以潜热输送的形式完成的，而大气潜热事实上是由来自海洋的水汽供应维持着。那么中高纬度总的热量输送中海洋的“真实”贡献到底是多少？

第一个问题的提出来自于南北半球海陆对比具有显著差异这个事实。南半球的海洋经向热量输送非常弱(图 1)——这里有一种假象：南大西洋热量输送指向赤道，抵消了南太平洋和印度洋向南的输送，从而减少了南半球海洋对总极向输送的贡献。尽管有这样明显的半球非对称性，大气-海洋结合在一起的总经向热量输送却存在显著的半球反对称性。这样的反对称结构为什么存在、它又是如何维持的，目前我们并不清楚。有些研究认为在大气-海洋热量输送之间存在一个负反馈：如果海洋输送减弱，则大气输送就会补偿[16]。但是，这个负反馈过程我们并不清楚，至于如何补偿就更不清楚了。

第二个问题的存在是因为相对短而稀疏的海洋观测资料妨碍了对海洋热量输送的精确估计。不管是直接还是间接估计，目前对海洋热量输送的估计还有很大的不确定性。例如，对中纬度海洋，早期认为它占北半球总输送量的 50%左右[10]，后来又认为它只占 10%[11]。然而，因为大气热量输送的大部分是以潜热输送的形式完成的，并且大气中水汽主要来源于海洋，所以相当部分归于大气的热量输送其实应该是海洋大气共同完成的。对大气质量输送的详细诊断表明，如果忽略水汽的贡献，中纬度大气质量输送将减少高达 80%[15]。换而言之，如果没有海洋的水汽供应，中纬度干空气的热量输送将远远低于湿空气的热量输送。海洋实际上在目前观测到的中纬度大气热量输送中扮演至关重要角色。重新评估中纬度海洋的真实贡献显得尤为重要。

除了上述关于平均气候的问题外，关于变动气候中经向大气和海洋热量输送的变化也有大量未解决的科学问题。这是目前气候变化研究的基础前沿领域之一，在最近十年间已经吸引了广泛的注意。这里的变动气候，既包括气候的自然变率，如海气耦合系统的年际、年代际及百年时间尺度气候变化，又包括气候的强迫变率，如与人类活动有关的大气中 CO_2 增加对气候系统的影响、两极海冰与陆冰的融化对大尺度海洋经向翻转流的冲击、火山爆发引起的气候突变，等等。过去 30 年间，大量研究关注了气候态的总经向热量输送及其在大气-海洋热量输送中的分配，但是对另一个同等重要的问题却关注很少，即大气与海洋两分量热量输送的变率问题。对后一问题研究较少的可能原因是缺乏可靠的长时间序列大气海洋通量的直接观测。这个问题相当重要，一个小的热量输送异常可能对应于大的气候状态漂移[17]。假设在某种情况下，海气系统总的经向热量输送减少了 10%——总量(5~6 PW)的 10%约为 0.5 PW。对中高纬如 40°N 以北的地球表面积来说(约 5.6×10^{13} m^2)，0.5 PW 的热量相当于 9 W/m^2 的大气辐射强度变化[13]。这个数值远大于 CO_2 加倍可能造成的辐射通量异常(3~4 W/m^2)，也远远超过了自 1750 年以来人类活动对全球净辐射通量的影响(0.6~2.4 W/m^2)[18]。可以设想这个变化将会引起区域气候的重大改变。

近年来海洋热量经向输送变化问题得到极大关注，特别是大西洋经向翻转流(atlantic meridional overturning circulation，AMOC)的变化能非常明显地在海洋经向热量输送上体现出来。根据 1957~2004 年 25°N 附近的现场观测，AMOC 减弱了 30%，向北的海洋热量输送减少了超过 20%[19]。如此显著的海洋环流变化看起来似乎与观测到的北大西洋北部表层海水显著变淡一致[20]。然而，最新的强化观测表明，AMOC 具有非常强的短期气候变率，变动范围在 4.0~34.9 Sv($1\ Sv=1\times10^6\ m^3/s$)[21]。平均 AMOC 强度与它的标准差在量值上甚至是相当的。观测到的 AMOC 变化——正如 Bryden 等[19]警告的那样——非常不幸地与目前观测本身的不确定性量值相当，也与 AMOC 的短期变率相当[21, 22]。从长期趋势来看，AMOC 是否在减弱，以及它是否会引起北大西洋向极热量输送的减弱，是全球气候变化中最重要的问题之一。

在无外热源强迫的情况下，在年代际或更长时间尺度上，大气和海洋热量输送的变化倾向于呈现互为补偿的特征——这就是所谓的“Bjerknes 补偿”假说(Bjerknes compensation)[17, 23, 24]。20 世纪 60 年代，Bjerknes 提出[25]：如果大气层顶的辐射通量及海洋的热容量变化不大的话，气候系统总的热量输送也不会变化太多。这暗示着海洋和大气热量输送异常变化应该是大小相等方向相反的。换而言之，气候系统内部变率导致的大气或海洋任何一方的热量输送出现显著改变，则另一方将不得不补偿。这种简单的情景就是著名的“Bjerknes 补偿”假说。如果它成立，那么大气和海洋热量输送变化之间的关系可以看作气候系统的一个内部约束，它会在相当大程度上减少气候系统的自由度或不确定性，使我们更加深入洞悉海洋-大气耦合过程。

我们应当深入研究大气-海洋经向热量输送的结构及维持机制，并密切关注变动气候中经向热量输送的变化，以及海洋-大气之间的约束关系。在稳定气候背景下，我们需要弄清楚到底是什么机制维持了总经向热量输送半球反对称性。为什么南北半球海陆对比的显著差异对这种反对称结构影响不大？海洋经向热量输送，特别是中高纬度海洋热量输送对总经向热量输送的贡献到底是多少？风生环流和热盐环流在海洋经向热量输送中的相对贡献是多少？海洋中的混合过程对热量输送的影响如何定量？对热量输送的讨论一定要基于质量守恒的前提，因此定量研究不同深度不同层次海水的热量输送尤为具有挑战性。

在对经向热量输送自然变率的研究中，应重点关注年代际或更长时间尺度的变率。在目前全球变暖过程中，海气系统经向热量输送如何调整，以及海气之间的“Bjerknes 补偿”关系是否仍然成立，是否会扮演一个约束机制以避免气候系统发生显著漂移将必然是未来气候变化研究中的一个最热门的课题之一。

参 考 文 献

[1] Vonder Haar T H, Oort A H. A new estimate of annual poleward energy transport by the oceans. Journal of Physical Oceanography, 1973, 3: 169-172.

[2] Oort A H, Vonder Haar T H. On the observed annual cycle in the ocean–atmosphere heat balance over the Northern Hemisphere. Journal of Physical Oceanography, 1976, 6: 781-800.

[3] Trenberth K E. Mean annual poleward energy transports by the oceans in the Southern Hemisphere. Dyn Atmos Oceans, 1979, 4: 57-64.

[4] Masuda K. Meridional heat transport by the atmosphere and the ocean: Analysis of FGGE data. Tellus, 1988, 40A(4): 285-302.

[5] Carissimo B C, Oort A H, VonderHaar T H. Estimating the meridional energy transports in the atmosphere and ocean. Journal of Physical Oceanography, 1985, 15: 82-91.

[6] Savijärvi H I. Global energy and moisture budgets from rawinsonde data. Monthly Weather Review, 1988, 116: 417-430.

[7] Michaud R, Derome J. On the mean meridionaltransport of energy in the atmosphere and oceans as derived from six years of ECMWF analyses. Tellus, 1991, 43(1): 1-14.

[8] Peixoto J P, Oort A H. Physics of Climate. American Institute of Physics, 1992.

[9] Bess T D, Smith G L. Earth radiation budget: Results of outgoing longwave radiation from Nimbus-7, NOAA-9, and ERBS satellites. Journal of Applied Meteorology, 1993, 32: 813-824.

[10] Trenberth K E, Solomon A. The global heat balance: Heat transports in the atmosphere and ocean. Climate Dynamics, 1994, 10(3): 107-134.

[11] Trenberth K E, Caron J M. Estimates of meridional atmosphere and ocean heat transports.

Journal of Climate, 2001, 14(16): 3433-3443.

[12] Yang H, Zhao Y, Li Q, Liu Z. Heat transport in atmosphere and ocean over the past 22, 000 years. Nature Scientific Reports, 2015, 5, 16661. doi: 10.1038/srep16661.

[13] Wunsch C. The total meridional heat flux and its oceanic and atmospheric partition. Journal of Climate, 2005, 18(21): 4374-4380.

[14] Held I M. The partitioning of the poleward energy transport between the tropical ocean and atmosphere. Journal of Atmosphere Science, 2001, 58(8): 943-948.

[15] Czaja A, Marshall J. The partitioning of poleward heat transport between the atmosphere and ocean. Journal of Atmosphere Science, 2006, 63(5): 1498-1511.

[16] Stone P H. Constraints on dynamical transports of energy on a spherical planet. Dynamicsof Atmosphere & Oceans, 1978, 2(2): 123-139.

[17] Swaluw E, Drijfhout S S, Hazeleger W. Bjerknes compensation at high northern Latitudes: The ocean forcing the atmosphere. Journal of Climate, 2007, 20(24): 6023-6032.

[18] Solomon S. Climate change 2007-the physical science basis: Working group I contribution to the fourth assessment report of the IPCC. Cambridge: Cambridge University Press, 2007.

[19] Bryden H L, Longworth H R, Cunningham S A. Slowing of the Atlantic meridional overturning circulation at 25°N. Nature, 2005, 438(7068): 655-657.

[20] Curry R, Mauritzen C. Dilution of the Northern North Atlantic Ocean in recent decades. Science, 2005, 308(308): 1772-1774.

[21] Cunningham S A, Kanzow T, Rayner D, et al. Temporal variability of the Atlantic meridional overturning circulation at 26.5°N. Science, 2007, 317(5840): 935-938.

[22] Church J A. A change in circulation. Science, 2007, 317(5840): 908-909.

[23] Shaffrey L C, Sutton R T. Bjerknes compensation and the decadal variability of the energy transports in a coupled climate model. Journal of Climate, 2006, 19(7): 1167-1181.

[24] Vellinga M, Wu P. Relations between northward ocean and atmosphere energy transport in a coupled climate model. Journal of Climate, 2008, 21(3): 561-575.

[25] Bjerknes J. Atlantic air-sea interaction. Advances in Geophysics, 1964, 10: 1-82.

撰稿人：杨海军

北京大学，hjyang@pku.edu.cn

海气耦合过程对全球变暖的区域响应作用

Effect of Ocean-Atmosphere Coupling on Regional Response to Global Warming

海气耦合过程是气候系统中一种最基本的物理过程：海洋表面温度(SST)的变化通过改变热带对流降水调节大气环流，从而改变海面风，以及大气和海洋界面的热量交换；海面风和热通量的变化会反过来影响热带海洋动力和热力过程，从而进一步影响海温的变化。这种海气相互作用的物理过程对全球的气候有重要的影响。尤其在热带地区，相互作用决定了海洋和大气场的分布特征。例如，在气候平均意义下冷舌和暖池的形成，赤道地区降水辐合带的南北不对称现象都与海气耦合过程密切相关；同时海气耦合过程还是热带主要海气耦合模态发展的基本物理过程，如我们所熟知的厄尔尼诺-南方涛动(El Niño-southern oscillation, ENSO)，就是海气耦合的产物[1]。

在厄尔尼诺(El Niño)发生的情况下，赤道中东太平洋 SST 异常升高，使得西太平洋暖池的对流降水区域东移到日界线附近，降水释放的潜热加热赤道中东太平洋大气，抑制当地的大气下沉运动，赤道东风因而减弱(即西风距平；有时候甚至在赤道西太平洋还会出现西风占主导的情况)；西风距平会削弱赤道东太平洋次表层冷水上翻，使得赤道东太平洋温跃层变深，从而促使赤道中东太平洋 SST 进一步增暖，减弱的西—东赤道太平洋 SST 梯度通过影响大气对流和降水进一步增强赤道西风距平。这种海洋和大气相互耦合的过程称之为 Bjerknes 正反馈[1]。

随着对热带海洋大气耦合过程了解的不断深入，除了 Bjerknes 海洋大气正反馈过程外，科学家还陆续发现热带太平洋存在风-蒸发-SST 正反馈过程[2]、SST-层云正反馈过程[3]、SST-对流云负反馈过程[4]等。其中风-蒸发-SST 正反馈过程和 SST-层云正反馈过程对于热带东太平洋对流辐合带(ITCZ)的形成和演变具有重要的意义[2, 3]。当然，这些反馈机制往往并不是单独发挥作用，而是相互配合，共同调节热带太平洋海洋和大气变化过程。

工业革命以来，随着人类社会的不断发展，大量的温室气体被人为排放到大气，造成的温室效应使全球平均温度显著上升。但人们不是生活在“全球平均”的环境当中，区域气候的响应特征，特别是变暖的空间分布不均匀性，是更值得研究的问题。特别要指出，海气耦合过程对于热带海洋的区域响应有重要的作用。然而鉴于海气耦合过程的复杂性，对于这个问题目前还没有搞清楚，依然存在争议。

首先面临的一个问题是，热带海洋，尤其是热带太平洋平均态在全球变暖下增暖空间分布形态如何？这是气候变化的一个热点问题，因为这直接影响大气环流在全球变暖后的强度和分布特征。在这个问题上一直以来存在着两种观点，一种是认为热带太平洋增暖东高西低，也就是一种 El Niño 型增暖；而另一种观点则认为热带太平洋增暖西高东低，为一种拉尼娜(La Niña)型增暖。两种观点分别是考虑了海气耦合的不同过程而得出的。

大部分气候模式结果显示温室气体增加将导致热带太平洋 SST 呈现 El Niño 型增暖，即东边增暖比西边更快，赤道上出现西风响应(图 1)。关于 El Niño 型增暖的原因主要归结于西太平洋暖池存在较强的 SST-对流云负反馈[5]来抑制当地 SST 的升高，东太平洋蒸发衰减在东太平洋较小，Walker 环流即赤道上偏东风的减弱效应[6]。这些因素会导致西边增暖没有东边快，东西 SST 增暖梯度进一步诱发赤道西风响应，通过 Bjerknes 海气正反馈过程进一步发展为 El Niño 型增暖。还有一部分气候模式结果显示温室气体增加将导致热带太平洋 SST 呈现 La Niña 型增暖，即西边增暖比东边更快，赤道上出现东风响应。关于 La Niña 型增暖的原因主要是赤道东太平洋存在的海洋次表层冷水上翻冷却过程[7]抑制了东边 SST 增暖，并通过 Bjerknes 海气正反馈过程进一步发展为 La Niña 型增暖。

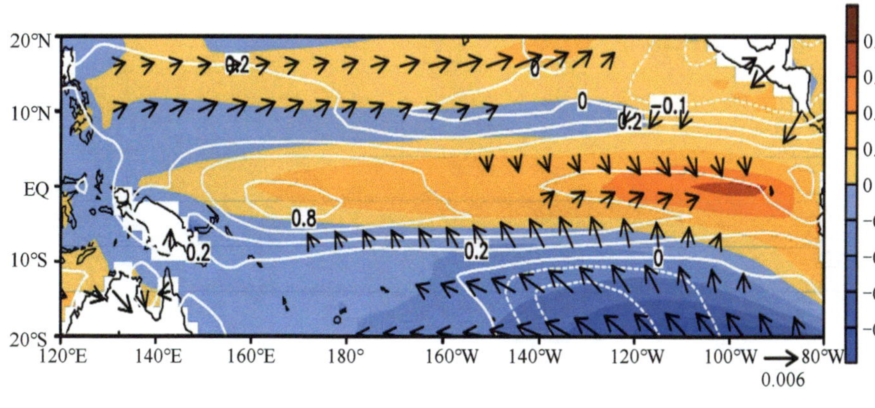

图 1 热带太平洋 SST(填色，单位：°C)、海表面风应力(箭头，单位：N/m^2)和降水(白色等值线，单位：mm/d)对温室气体增加的响应；显示出全球变暖热带太平洋 El Niño 型增暖特征

从上面的讨论我们看到，不同的海气耦合过程对热带太平洋增暖分布特征的作用不一样甚至是相反的。如何综合这些物理过程，给出一个全面而准确的未来热带太平洋增暖型态的预测结果，是气候变化领域面临的重要问题之一。

此外关于热带海洋最重要的耦合模态，ENSO 的对全球变暖的响应仍不清楚。众所周知，ENSO 是全球海洋最强的年际变化信号。诸如 1997~1998 年和刚刚过去的 2015~2016 年的极端 El Niño 事件对全球气候都产生了重要的影响。全球变暖下极端 El Niño 事件发生的频率是否会上升？所造成的灾害性气候事件会更频繁地发生？这是人们亟须要弄清的热点科学问题。近年来，人们从各个方面考察了 ENSO 对全球变暖的响应。发现海洋层结的变化有利于 ENSO 信号的增强[8]，并且造成海温异常信号向中太平洋移动[9]。但 ENSO 强度在全球变暖下的变化规律依然没有理清，这是因为 ENSO 发生发展过程中的海气耦合过程十分复杂。Collins 等[10]分析多个气候模式结果对全球变暖下 ENSO 的变化的主要物理过程，他们发现影响 ENSO 发展的海洋和大气动力过程在全球变暖下有的变化还存在很大的不确定性。因此各个模式中 ENSO 对全球变暖的响应很不一致，并没有统一的结论。如图 2 所示，使用海温、降水、海面气压和纬向风等不同的指标，ENSO 振幅对全球变暖的响应都存在很大的模式间差异。

最近几年，有关 ENSO 对全球变暖响应的工作有了新的进展。人们发现，尽管以 ENSO 海温异常对全球变暖的响应存在很大的不确定性，但 ENSO 造成的热带降水有明显的加强和东移的特征[11](图 2)，这种降水的东移和加强与上面提到的热带太平洋海洋的 El Niño 型增暖分布特征有关。因此如果以降水为指标考虑，极端 El Niño 事件会在全球变暖后显著增多[12]，而 El Niño 事件对热带外地区的遥相关作用也有明显增强[13]。换言之，随着全球变暖的愈演愈烈，即使 ENSO 的海温信号与现在相同，其造成的气候异常也会更加显著。

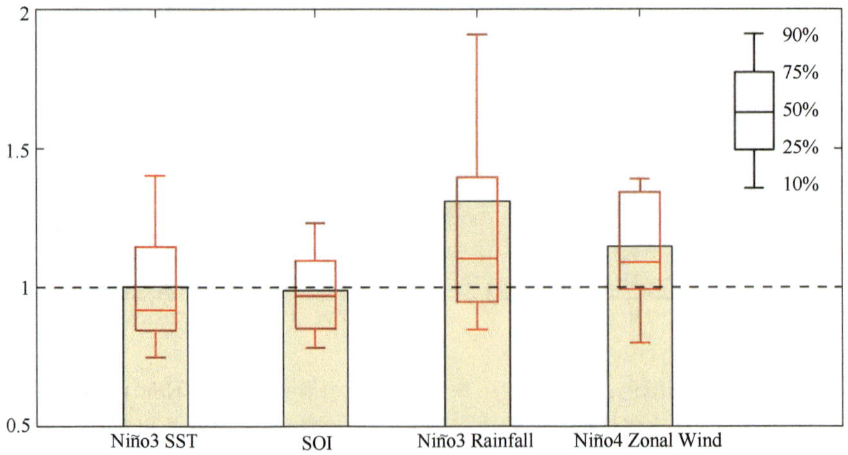

图 2　第 5 次耦合模式比较研究计划(CMIP5)模式群中 ENSO 海温、海面气压、降水和纬向风指数振幅在全球变暖前后的对比

其中柱状图为多模式平均，盒须图为模式间差异[14]

作为 ENSO 检测最直接的指标，海温异常在全球变暖下的变异依然是科学界关心的问题。最新的研究发现，ENSO 海温信号对全球变暖响应的模式间不确定性与热带太平洋态增暖的空间分布有关[14]，El Niño 型增暖的模式，由于海气耦合中

对流反馈的加强，未来 ENSO 振幅趋向于增加；反之在呈现 La Niña 型增暖的模式，未来 ENSO 振幅会趋于稳定甚至减少。这就把 ENSO 振幅变化这个问题归于平均态模拟的问题上去。但由于热带海气耦合的复杂性，准确预测 ENSO 对全球变暖的响应特征依然是一个尚未解决的难题。

需要指出的是，不论是对平均态还是耦合模态的区域响应，前人研究大体没有考虑气候模式误差的潜在影响。事实上，迄今为止几代气候模式依然在热带太平洋模拟方面普遍存在较大的误差。而最新的研究发现，模式对现在气候的模拟误差很大程度上会影响未来气候的预测结果[15]。利用观测资料作为约束条件，可以有效地校正未来气候预测的结果。例如，针对热带太平洋平均态增暖空间分布，校正后模式都将呈现出一致的 El Niño 型增暖空间分布。这为全球变暖下的区域气候准确预测提供了一种新的思路。

综上所述，海气耦合过程在全球变暖下的区域响应中扮演着至关重要的角色。不仅是在热带太平洋，热带印度洋的平均态和耦合模态在全球变暖下的变异也受海气耦合过程的调控(请见科学难题“全球增暖背景下各个不同大洋的气候变化为什么不一致？”和“印度洋偶极子的动力学机制和预测”)。深入认识全球变暖下的海气耦合动力学，是目前气候变化领域亟须解决的科学难题。

参 考 文 献

[1] Bjerknes J. Atmospheric teleconnections from the equatorial Pacific. Monthly Weather Review, 1969, 97(3): 163-172.

[2] Xie S P, Philander S G H. A coupled ocean-atmosphere model of relevance to the ITCZ in the eastern Pacific. Tellus Series A-dynamic Meteorology & Oceanography, 1994, 46(4): 340-350.

[3] Philander S G H, Gu D, Halpern D, et al. Why the ITCZ is mostly north of the equator. Journal of Climate, 1996, 9(9): 2958-2972.

[4] Fu R, Genio A D D, Rossow W B, et al. Cirruscloud thermostat for tropical sea surface temperature tested using satellite data. Nature, 1992, 358(6385): 394-397.

[5] Meehl G A, Washington W M. El Niño-like climate change in a model with increased atmospheric CO_2 concentrations. Nature, 1996, 382(6385): 56-60.

[6] Held I M, Soden B J. Robust responses of the hydrological cycle to global warming. Journal of Climate, 2006, 19(21): 5686-5699.

[7] Clement A, Cane M A, Zebiak S. An ocean dynamic thermostat. Journal of Climate, 1996, 9(9): 2190-2196.

[8] Timmermann A, Oberhuber J, Bacher A, et al. Increased El Niño frequency in a climate model forced by future greenhouse warming. Nature, 1999, 398(6729): 694-697.

[9] Yeh S W, Kug J S, Dewitte B, et al. El Niño in a changing climate. Nature, 2009, 461(7273): 511-514.

[10] Collins M, An S I, Cai W, et al. The impact of global warming on the tropical Pacific Ocean and El Niño. Nature Geoscience, 2010, 3(6): 391-397.

[11] Power S, Delage F, Chung C, et al. Robust twenty-first-century projections of El Niño and related precipitation variability. Nature, 2013, 502(7472): 541-545.

[12] Cai W, Borlace S, Lengaigne M, et al. Increasing frequency of extreme El Niño events due togreenhouse warming. Nature Climate Change, 2014, 4(2): 111-116.

[13] Zhou Z Q, Xie S P, Zheng X T, et al. Global warming-induced changes in El Niño teleconnections over the North Pacific and North America. Journal of Climate, 2014, 27(24): 9050-9064.

[14] Zheng X T, Xie S P, Lv L H, et al. Intermodel uncertainty in ENSO amplitude change tied to Pacific Ocean warming pattern. Journal of Climate, 2016, 29(20): 7265-7279.

[15] Li G, Xie S P, Du Y, et al. Effects of excessive cold tongue bias on the projections of tropical Pacific climate change. Part I: The warming pattern in CMIP5 multi-model ensemble.Climate Dynamics, 2016, 47(12): 3817-3831.

撰稿人：郑小童　李　根

中国海洋大学，zhengxt@ouc.edu.cn

气候变化下近岸及开阔大洋上升流系统如何演化

How Coastal and Open Ocean Upwelling will Evolveunder Climate Change

上升流是由表层流场水平辐散造成的深层海水垂直涌升的一类重要海洋现象。根据发生海域，上升流可分为沿岸上升流和开阔海域上升流(如赤道上升流)，其中沿岸上升流是最为常见的一类。上升流的发生与风有着密切联系，以北美西海岸为例，平行岸的东北信风在地转偏向力作用下会驱动表层海水离岸输送，深层海水补偿上升形成上升流。地球上主要的沿岸上升流多存在于大洋东边界(图 1a)，如北美西海岸加利福尼亚(California)上升流系统、非洲西北海岸加那利(Canary)上升流系统、南美西海岸洪堡(Humboldt)上升流系统和非洲西南海岸本格拉(Benguela)上升流系统。上升流能够将深层富含营养盐的海水带至表层，促进了浮游植物的繁殖，进而为浮游动物提供丰富的食料，从而引诱摄食鱼类的集聚。因此，上升流海区通常是海洋中最肥沃的水域，常形成重要的渔场。据估算，仅占全球海洋面积不到 2%的大洋东边界上升流系统提供了 7%的海洋初级生产力及 20%全球渔获量，为沿岸约 8000 万人民提供了生活保障[1]。

近百年来，地球明显变暖，全球变暖成为气候变化中最为显著的特征。大气温度不断上升对全球海洋产生重大影响。风是上升流产生的动力因素，两者间的紧密联系决定了与全球变暖有关的风场改变将会对上升流有着重要的作用。例如，风减弱(增强)促使上升流相应减弱(增强)，抑制(增加)深层营养盐向表层输送。既然风场对上升流如此重要，那么掌握了上升流区风场的长期变化趋势是否可以获得上升流的演变规律？

科学家重点关注大洋东边界上升流系统风场的变化。Bakun 曾提出了一个重要假设：全球变暖背景下大洋东边界上升流系统沿岸风和上升流会增强[2]。Bakun 认为在同样的大气增暖条件下陆地温度增加比邻近海域的温度快，海陆热力性质差异更加明显，促使沿岸风场增强[3]。然而，当科学家结合更多历史观测数据和古气候重建资料研究风场变化趋势时却得到了不一致的结果[4]：风场增强仅出现在加利福尼亚和洪堡上升流系统的个别海域，加那利上升流系统风场长期变化不明显，甚至呈下降趋势。大气-海洋耦合模式研究结果也同样不能得到大洋东边界上升流系统沿岸风一致增强的结论。大洋东边界上升流系统沿岸风长期变化受哪些因素影响？首先，风场长期变化的幅度相比其本身的季节，年际和年代际变化小很多。大尺度的海洋气候事件，如厄尔尼诺-南方涛动(El Niño-southern oscillation，

ENSO)，太平洋年代际振荡(pacific decadal oscillation，PDO)，北大西洋涛动(north atlantic oscillation，NAO)，增加了沿岸风长期变化研究的难度。其次，受观测数据时间长度限制，很难从风场长期变化中扣除年代际变化的影响。因此，近几十年沿岸风趋势变化与气候事件密切联系。此外，用于研究上升流变化趋势的全球大气-海洋耦合模式往往空间精度较粗，不能很好刻画小尺度沿岸过程；与上升流模拟相关的某些过程(如云覆盖、海洋-陆地气压梯度)也不能很好融合在模式中。这些均增加了沿岸风和上升流变化趋势研究的不确定性。最近研究表明，观测和模式均可看到全球变暖使得大洋东边界上升流系统高纬度海区沿岸风(上升流)增强[5]。有科学家认为这种变化与 Hadley 环流向极地扩张引起海洋高压系统北移有关(图 1(b)、(c))[3]。然而，Hadley 环流的改变仅能从模式结果得到证实[6]。

海表面温度(sea surface temperature，SST)是衡量上升流强度的重要物理量，上升流海区 SST 通常较同纬度海域的温度低。在全球变暖影响下，全球海温自 20 世纪来持续上升。既然气候变化会使得大洋东边界上升流系统高纬度海区沿岸风(上升流)增强，SST 变冷趋势将抵消全球变暖的影响，那么上升流区 SST 的变化是否应该和全球或局地海洋 SST 变化不同？实际上，大洋东边界上升流系统 SST 的变化比沿岸风变化更为复杂，不同 SST 观测数据呈现了不同的变化趋势。除了数据本身的限制外，SST 对气候事件的响应比风场更为敏感。小尺度海洋过程(如涡旋、湍流)对近岸海温的影响使得上升流区 SST 长期变化更加复杂。多模式集合结果甚至显示大洋东边界上升流系统 SST 将缓慢上升(2010~2039 年 SST 变化范围为 0.22~0.93℃)[6]。从现有的研究来看，科学家更倾向于认为：大洋东边界上升流系统的近岸海区 SST 长期变化和离岸海区 SST 变暖趋势不同。近 30 年高分辨率卫星数据可以观察到大洋东边界上升流系统近岸海区 SST 出现变冷趋势，夏季月份和高纬度海区尤其明显[7]，与大洋东边界上升流系统高纬度海区沿岸风增强结果相一致。

太平洋和大西洋东边界上升流系统常年存在，而印度洋的上升流具有明显的季节性。印度洋盛行地球上最为强劲的季风，夏季和冬季北印度洋表层环流呈现相反的结构。由于赤道印度洋缺少稳定持续的东风，赤道东印度洋没有明显上升流。夏季，西南季风的强迫使得热带西印度洋产生强劲的上升流，浮游植物水华大范围爆发，是世界上初级生产力最高的海区之一。20 世纪 50 年代以来热带印度洋海温稳定上升，是全球海温增暖最明显的大洋[8]。最近多模式集合结果显示，过去 60 年印度洋增暖加强了海洋上层层结，上升流输送至表层的营养盐减少，热带西印度洋初级生产力减少 20%。模式预测：未来热带印度洋海温将继续上升，海洋初级生产力进一步减少[9]。然而，我们很难通过观测数据验证这个结论。相比太平洋和大西洋，印度洋上升流区长时间海洋观测很少。观测数据缺乏成为印度洋

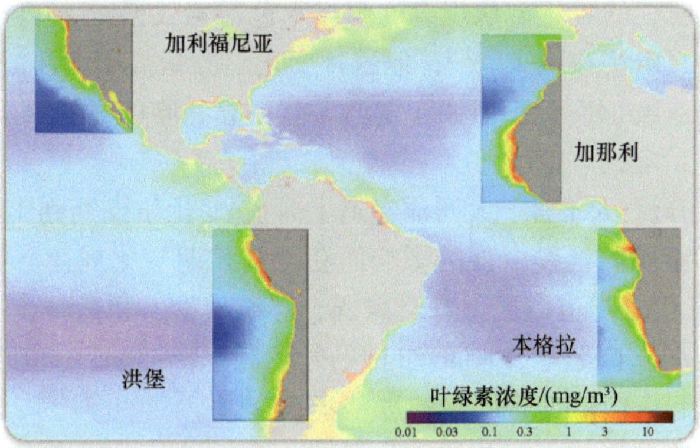

(a)

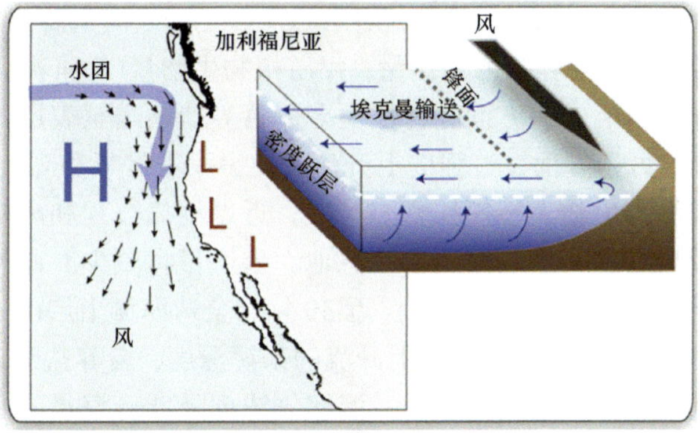

(b)

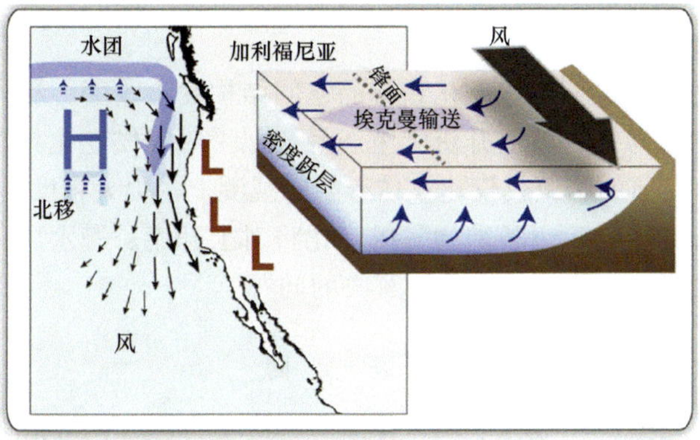

(c)

图 1 (a)叶绿素年平均空间分布特征，方框海区为大洋东边界上升流系统地理位置；以加利福尼亚为例，(b)和(c)代表现在及未来大洋东边界上升流系统上升流变化情况；在全球变暖背景下，未来海洋高压系统(H)可能向极地移动，陆地低压系统(L)加深，使得近岸风场增强，沿岸上升流和离岸 Ekman 输送随之增强[3]

在北(南)半球，受地转偏向力影响，表层风海流流向偏向于风向右(左)方 45°，即 Ekman 漂流。Ekman 输送是指由 Ekman 漂流引起海水体积运输，它是沿岸上升流产生的重要机制上升流长期变化研究的难题。从现有的海洋水色遥感数据看(约 17 年)，热带西印度洋的初级生产力确实在减少[9, 10]，但这种变化趋势是与印度洋的长期变暖有关，还是由印度洋的季风、年际变化(如印度洋海盆模态和印度洋偶极子)或年代际变化所决定？现在尚无定论。

开阔海域上升流(太平洋、大西洋赤道上升流)变化主要受到年际、年代际事件调制，但我们很难剥离气候事件的影响而获得其长期变化规律。例如，在赤道太平洋，El Niño 发生时赤道海区上升流减弱，浮游植物生物量减少。在全球变暖气候背景下，未来一百年极端 El Niño 事件的发生频率将增加[11]，但气候模式的系统性误差同样也引起人们对这一问题的进一步探究[12]。

上升流变化直接影响海洋生物的生长或生存繁殖。深层海水具有丰富的营养盐，但生物的异养过程消耗了大量氧气并释放 CO_2，深层海水溶解氧低，CO_2 含量高。上升流减弱将减少营养盐的输送量，浮游植物生物量(鱼捕获量)减少。上升流增强将带来怎样的影响？一方面，深层更多的营养盐输送至表层，为浮游植物蓬勃生长提供可能。另一方面，过强的上升流会使得大量贫氧和高 CO_2 海水出现在海洋上层，造成海洋生物大规模死亡。其次，近岸湍流过程和离岸流会增强，沿岸浮游动物被带离有利其生长繁殖的栖息地，鱼产量将减少。此外，在全球变暖的影响下，海温升高、海水层结增强。近 30 年，全球海洋上层(0~200m)海水层化增强了 4%[13]。过强海洋层结将抑制上升流的来源深度，营养盐输送量减少，同时深层水团的“通风”(ventilation)减弱，溶解氧浓度降低，海水酸性增加。气候变化引起的上升流增强似乎可以抵消海水层化增强带来的影响，但两者相互作用如何仍是尚未解决的难题。

尽管气候变化使得上升流变化趋势的空间结构发生改变，影响着海洋物种的地理分布及生物多样性，但上升流区生态系统似乎对气候变化具有很强的自我调节能力。然而，目前的结论仅仅建立在有限的观测上，很大程度受到季节、年际、年代际气候事件的影响。更长期的气候变化将对上升流、海水层结、海洋生物化学过程有怎样的影响，仍有许多亟待解决的问题。

参 考 文 献

[1] Pauly D, Christensen V. Primary production required to sustain global fisheries. Nature, 1995, 374(6537): 255-257.

[2] Bakun A. Global climate change and intensification of coastal ocean upwelling. Science, 1990, 247(4939): 198-201.

[3] Bakun A, Black B A, Bograd S J, et al. Anticipated effects of climate change on coastal upwelling ecosystems. Current Climate Change Reports, 2015, 1(2): 85-93.

[4] Sydeman W J, Garcíareyes M, Schoeman D S, et al. Climate change. Climate change and wind intensification in coastal upwelling ecosystems. Science, 2014, 345(6192): 77-80.

[5] Wang D, Gouhier T C, Menge B A, et al. Intensification and spatial homogenization of coastal upwelling under climate change. Nature, 2015, 518(7539): 390-394.

[6] Lu J, Vecchi G A, Reichler T. Expansion of the Hadley cell under global warming. Geophysical Research Letters, 2007, 34(6).

[7] Lima F P, Wethey D S. Three decades of high-resolution coastal sea surface temperatures reveal more than warming. Nature Communications, 2012, 3: 704.

[8] Du Y, Xie S P. Role of atmospheric adjustments in the tropical Indian Ocean warming during the 20th century in climate models. Geophysical Research Letters, 2008, 35(8).

[9] Roxy M K, Modi A, Murtugudde R, et al. A reduction in marine primary productivity driven by rapid warming over the tropical Indian Ocean. Geophysical Research Letters, 2016, 43(2): 826-833.

[10] Gregg W W, Rousseaux C S. Decadal trends in global pelagic ocean chlorophyll: A new assessment integrating multiple satellites, in situ data, and models. Journal of Geophysical Research: Oceans, 2014, 119(9): 5921-5933.

[11] Cai W, Wang G, Santoso A, et al. Increased frequency of extreme La Niña events under greenhouse warming. Nature Climate Change, 2015, 5(2): 132-137.

[12] Li G, Xie S P, Du Y. A robust but spurious pattern of climate change in model projections over the tropical Indian Ocean. Journal of Climate, 2016, 29(15): 5589-5608.

[13] Stocker T F, Qin D, Plattner G-K, et al. Climate Change 2013: The Physical Science Basis. Contribution of Working Group I to the Fifth Assessment Report of the Intergovernmental Panel on Climate Change.Cambridge University Press, Cambridge, United Kingdom and New York, NY, USA, 1535.

撰稿人：杜　岩　廖晓眉

中国科学院南海海洋研究所，duyan@scsio.ac.cn

海洋过程对气候预估不确定性的贡献

Contribution of Ocean Processesto Uncertaintiesin Climate Projections

工业革命以来，温室气体的排放不断增多。由此而引发的温室效应使更多的热量被保留在地球系统中，造成气温增高，给自然环境及人类社会带来了巨大的影响。人们在关注当前的全球变暖问题，也希望知道未来气候会如何变化，而气候模式的预估是我们窥视未来的重要工具，这涉及对地球系统的各个成分的模拟，如海洋、大气、陆地、生物圈、冰雪圈等，其中占地球 71%面积和 97%水体的海洋极为重要，而我们却对它缺乏充分了解。复杂而又丰富多样的海洋过程在气候系统的演变中扮演了重要角色。

最新研究表明，近十几年中由温室效应带来的额外热量中超过 90%的部分进入了海洋[1]。因此，海洋的存在大大地延缓了全球平均温度的增长，可以说温室效应的强度和海洋吸收热量的程度基本决定了全球平均温度的增长速率，而海洋吸热的多少又取决于海洋混合和热输送的强弱[2]。海洋根据垂直温度梯度的变化可以被简化地分成两层来认识：上混合层和深层海洋。其中深层海洋的厚度远大于上混合层，也是存储热量的主体。在辐射强迫增加情况下，混合层首先被加热，然后通过热交换向深层海洋传递热量，存储于深海的热量因为与大气隔绝而不能直接作用于大气。因此上下层海洋的热交换能力越强，能够进入深层海洋进而存储下来的热量也就越多，从而越能延缓全球温度的增长。实际海洋中上下层的热交换是由复杂的方式来实现的，涉及各种尺度的海洋过程，如湍流、沿着等密度面及跨等密度面的热平流(潜沉、浮露、上升流等)、中尺度涡旋、大尺度风生环流和热盐环流的热输送作用等，不同过程的贡献大小还存在差异。因此，对海洋内部水平和垂直方向热传递过程的准确理解及模拟是预估全球气候变化的关键[3]。

全球气候的变化是不同区域物理过程综合作用的结果，海洋动力作用如何在上层和深层海洋之间分配热量已经成为气候变化研究的热点，如最近的全球增温停滞现象就被认为与深层海洋的吸热有关[1, 4]，但海洋吸热的机制仍不明确，尤其是在确定导致气候变化的关键海区方面。这是由于不同海区的海洋动力环境不同，海洋的吸热能力也有差异。近来，人们开始关注到南大洋和大西洋海区在未来气候变化中的重要性，这两个海区由于分别存在强烈的下沉运动和经向翻转环流而能够吸收大量的热量(图 1(a))。同时这两个海区也是全球范围内模式间差异最大的地区(图 1(b))。因此加深对关键海区的重要海洋过程的理解并改善其模拟对未来气

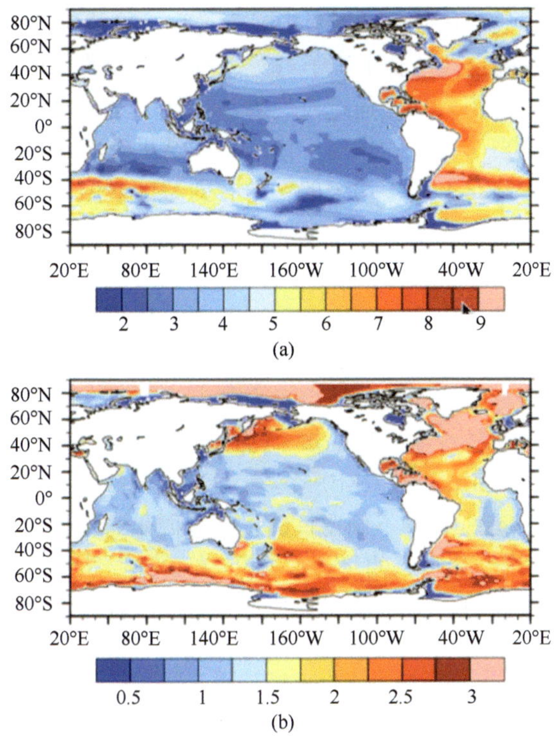

图 1 (a)CMIP5 中 RCP4.5 增暖情景下多模式集合平均的海洋热含量变化(相对于当前气候态及(b)海洋热含量变化的模式间差异性程度(单位：$10^9 J/m^2$)

候预估有重要意义。

海洋大尺度环流在气候系统的热量输运中起到重要的作用，但是对其认知还很片面，导致定量的刻画还存在许多不确定性。一方面，现阶段模式模拟的海洋环流和观测相比仍存在一些偏差，而观测及模式模拟结果也都显示海洋环流在全球变暖背景下会有着显著的改变[5]，但对其机制的研究仍较少，如风生大洋环流是由风场驱动的，但最新的研究表明其对全球变暖的响应却与风强迫的变化没有太大关系，而主要归因于上下层海洋增温速度不一致而引起的海洋层结的改变[6]。这与我们对海洋环流自然变率机制的理解截然不同，需要我们进行更深入的研究。另一方面，经向翻转环流在全球热输送中占有重要地位，但其对全球变暖的响应强度在模式中仍有很大的不确定性，且具体机制仍不清楚[7]。中尺度的海洋过程同样具有显著的气候效应，如潜沉和浮露，以及涡旋移动也都可以导致热量的输运。近来模式对海洋热输送过程的模拟取得了一些进展，这与模式分辨率的提高有关，使得中尺度过程可以用模式直接进行模拟。但由于观测资料的缺乏，模拟的准确度尚无法确定，模式对海洋混合过程的模拟仍有待提高，并且具有分辨中尺度过程能力的模式数量有限，从而限制了对中尺度过程气候效应的评估。

气候模式预估不确定性还会来源于对海洋-大气耦合作用的模拟差异。海洋与大气有非常强的耦合作用，二者通过海气界面交换大量的水汽、动量、热量等，海表面温度在其中充当了媒介的作用。模式模拟结果表明，全球变暖情景下海表面温度的增长在空间分布上是不均匀的，即有的海区增温大，有的海区增温小，而这种空间不均匀性对热带降雨和大气环流的变化都有非常强的调控作用[8]。目前我们对这种海洋增温空间不均匀性形成的具体物理机制尚未完全清楚，不同的气候模式由于物理过程参数设置的不同，特别是不同模式对上混合层与大气耦合作用模拟的不一致，而造成在同一辐射强迫实验中得到的海表面温度变化也不尽相同，且这种差异随着时间的演变可能会越来越大。因此，海洋增温不均匀性的模拟存在很大的不确定性。第五次耦合模式间比较计划(coupled model intercomparison project phase 5，CMIP5)中气候模式模拟的未来热带降水变化具有很大的不确定性(图 2(a))，这种不确定性的最大来源是大气环流变化引起的动力学成分(图 2(b))而非水汽变化引起的热力学成分(图 2(c))。大气环流的变化是与海表面温度的变化紧密耦合的，所以海洋增温的不确定性对降水变化预估的不确定性有重要贡献[9]。因此，提高我们对上混合层海洋和大气环流的耦合作用的模拟是减少未来降水变化的不确定性中最为关键的一环[10]。

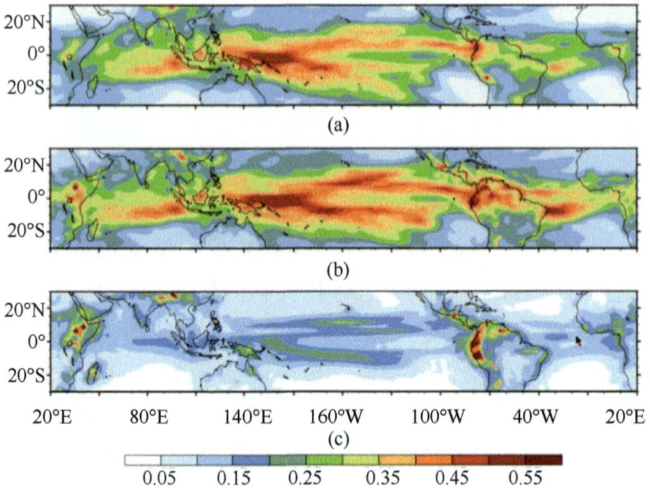

图 2　(a)CMIP5 中 RCP4.5 增暖情景下热带地区未来降水变化(δP)的模式间不确定性(单位：mm/d)；(b)降水变化中大气环流变化引起的动力学成分(dynamical component，δP_{Dyn})的模式间不确定性；(c) 降水变化中水汽变化引起的热力学成分(thermodynamical component，Δp_{Ther})的模式间不确定性

根据参考文献[9]中的图片 5 和 6 修改所绘

一方面，海平面高度的上升对沿海地区及岛屿上的人类生活有着重要影响，因此也是气候预估的一个重要方面。海洋吸热不仅调节海表温度变化的空间分布，更对海平面上升有重要贡献[5, 11]。另一方面，海洋环流的变化一般伴随着水体的再分配，从而影响区域海平面高度的变化。因此，海洋过程模拟的不确定性已严重影响了未来海平面高度的预估。近年来，超强台风的强度不断打破史上记录，而最新的观测及模式模拟都表明在全球变暖情况下台风的强度和引发的降水量都会增长[12]。因此，准确地预估未来台风的区域变化需要模式更好地模拟与其相关的海洋过程，特别是影响海表面温度和次表层海温分布的重要过程[13, 14]。但高风速下观测的匮乏，以及模式对海洋-大气通量和台风-海洋相互作用模拟的高度不确定性，导致了台风变化预估的难度大大提高[15]。

海洋过程的气候效应包含但不仅限于上述的内容，还涉及大气风暴轴的移动、海冰的消融、碳的吸收等。我们对海洋过程理解的不足不可避免地为气候预估带来了不确定性。那么如何减少海洋过程模拟的不确定性呢？我们需要大力发展海洋观测网络(如卫星、浮标和潜标等)来提升对海洋过程及其气候效应的理解，不断提高计算机能力使得模式可以增加网格的分辨率从而直接对中小尺度海洋过程进行直接模拟，并通过加深对海洋及海气耦合物理过程的认识来改善参数化方案，提高气候模式的整体性能。

参 考 文 献

[1] Chen X, Tung K K. Varying planetary heat sink led to global-warming slowdown and acceleration. Science, 2014, 345(6199): 897-903.

[2] Hansen J, Russell G, Lacis A, et al. Climate response times: dependence on climate sensitivity and ocean mixing. Science, 1985, 229(4716): 857-859.

[3] Gregory J M. Vertical heat transports in the ocean and their effect on time-dependent climate change. Climate Dynamics, 2000, 16(7): 501-515.

[4] Meehl G A, Arblaster J M, Fasullo J T, et al. Model-based evidence of deep-ocean heat uptake during surface-temperature hiatus periods. Nature Climate Change, 2011, 1(7): 360-364.

[5] Stocker T F, Qin D, Plattner G K, et al. Climate change 2013: The physical science basis. 2014.

[6] Wang G, Xie S P, Huang R X, et al. Robust warming pattern of global subtropical oceans and its mechanism. Journal of Climate, 2015, 28(21): 8574-8584.

[7] Reintges A, Martin T, Latif M, et al. Uncertainty in twenty-first century projections of the Atlantic Meridional Overturning Circulation in CMIP3 and CMIP5 models. Climate Dynamics, 2016: 1-17.

[8] Xie S P, Deser C, Vecchi G A, et al. Global warming pattern formation: sea surface temperature and rainfall*. Journal of Climate, 2010, 23(4): 966-986.

[9] Long S M, Xie S P, Liu W. Uncertainty in tropical rainfall projections: Atmospheric circulation effect and the ocean coupling. Journal of Climate, 2016, 29(7): 2671-2687.

[10] Xie S P, Deser C, Vecchi G A, et al. Towards predictive understanding of regional climate change. Nature Climate Change, 2015.
[11] Llovel W, Willis JK, Landerer FW and Fukumori I. Deep-ocean contribution to sea level and energy budget not detectable over the past decade. Nature Climate Change, 2014, 4(11): 1031-1035.
[12] Knutson T R, McBride J L, Chan J, et al. Tropical cyclones and climate change. Nature Geoscience, 2010, 3(3): 157-163.
[13] Mei W, Xie S P, Primeau F, et al. Northwestern Pacific typhoon intensity controlled by changes in ocean temperatures. Science Advances, 2015, 1(4): e1500014.
[14] Huang P, Lin I I, Chou C, et al. Change in ocean subsurface environment to suppress tropical cyclone intensification under global warming. Nature Communications, 2015, 6.
[15] Trenberth K. Uncertainty in hurricanes and global warming. Science, 2005, 308(5729): 1753-1754.

撰稿人：谢尚平　龙上敏
加州大学圣地亚哥分校，sxie@ucsd.edu

如何区分外辐射强迫效应和气候系统内部变率

How to Distinguish Radiatively Forced and Internal Climate Variability?

全球尺度温度和其他变量的器测观测始于 19 世纪中叶。自 20 世纪以来，全球平均温度呈持续上升的趋势。2013 年联合国政府间气候变化专门委员会发布的全球气候变化第五次评估报告中指出：1880~2012 年这 133 年中，全球表面平均气温大约上升了 0.85℃[1]。研究证实，人类活动引起的外辐射强迫的改变不仅对 20 世纪以来的地表温度升高有重要贡献，也使全球降水发生了明显的改变[2]。在全球平均意义下，观测已证实外部辐射强迫的变化是气候变化的重要原因之一[3]。但是，对区域气候变化而言，除了外辐射强迫之外，气候系统的内部变率，也是影响其分布的重要因素[4]。

在当前区域气候变化的归因研究中，我们面临着很多棘手的难题。近年来，科学家们从不同的角度入手，结合观测资料及气候模式，对区域气候变化的物理机制进行了大量的研究。但如何从观测资料中准确地分辨出外辐射强迫和内部变率对区域气候变化的相对贡献，仍是一个巨大的挑战。

温室气体和气溶胶都可以显著影响外辐射强迫的变化，进而影响大尺度环流及降水。人类活动产生的气溶胶是仅次于温室气体的第二大外强迫源，对区域气候有显著影响。气溶胶粒子增加最直接的作用是改变外辐射强迫，并会导致云滴数量的增加，从而影响云量和降水。气溶胶与温室气体在空间分布上有着显著的不同：温室气体在空间上均匀分布，气溶胶的空间分布则不均匀，主要集中于亚洲和北美洲等排放源地。通过气候模式实验，科学家们正在探索不同的外辐射强迫对区域气候的影响及其相对贡献。研究指出：从全球的角度来看，由于受到海洋的调控作用，两种外强迫导致的降水变化的空间分布相似，只是符号相反[5](图 1)。这种空间分布相似而符号相反的特征存在抵消作用，加大归因研究的难度。

与温室气体辐射强迫相比，气溶胶辐射强迫激发的大气环流响应呈现出强烈的南北半球不对称，导致热带辐合带的南移。对观测资料和气候模式的分析结果也证实了气溶胶辐射强迫下区域降水存在着独有的响应特征[6]。由于观测资料的匮乏以及温室效应的抵消，我们很难辨识气溶胶辐射强迫对区域气候变化的调控作用。不同外辐射强迫因子的调控作用是我们研究区域气候系统对外辐射强迫响应所面临的重要难题。

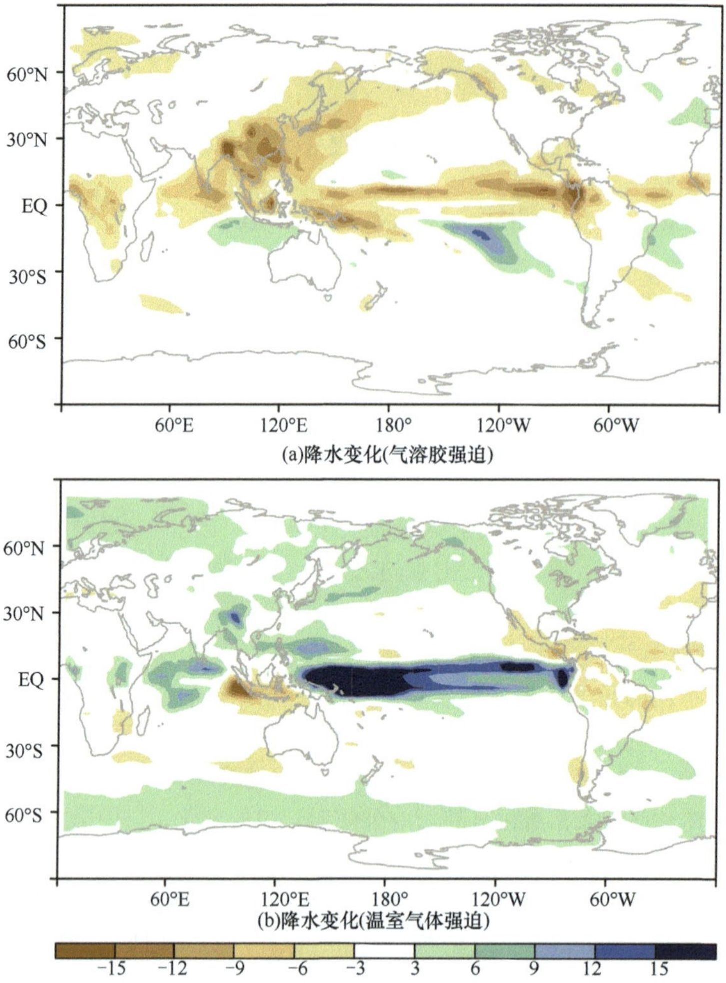

图 1　气溶胶(a)和温室气体(b)辐射强迫下，20 世纪降水的变化分布(单位：mm/月)

在区域气候变化的归因分析中，我们所面临的另一个难题是如何理解海洋对大气的调控作用。海洋占地球面积的 71%，又拥有极强的储热能力，对全球平均热收支及区域气候变化分布有重要的调控作用。因此才会出现前文介绍到的不同辐射强迫下相似的气候响应空间分布。海洋的观测对区域气候变化的分析和预测尤为重要。例如，20 世纪以来赤道太平洋 Walker 环流呈现出减弱的变化[7, 8]，这是由于大气自身的变化所致，还是受海洋调控作用的结果，目前仍不清楚。现有的观测资料也不足以确定这样的区域气候变化到底是由于辐射强迫的改变还是由内部变率所导致。

除了外辐射强迫的变化，气候系统的内部变率也是导致区域气候变化的重要原因。科学家研究发现：在热带，气候系统内部变率的作用相比于外辐射强迫变化而言较弱，气候系统长期变化主要受外辐射强迫的调控；但在中高纬，气候系统内部变率相对较大，增大了区域气候变化预估的不确定性[4]。有研究指出：在多年代际时间尺度上，气候系统的内部变率对北美洲陆面气温的变化起到非常重要的调控作用，甚至掩盖了北美洲陆面气温对全球变暖的响应[9]。此外气候系统内部变率对全球增温停滞的贡献也最大[10]，因此要提升区域气候变化预测的准确性，首先要从观测资料中分离出气候系统内部变率的信号，才能进一步理解内部变率影响区域气候变化的物理机制。

我国是中纬度国家，气候系统受内部变率的影响较大。此外，随着工业的发展，大量的温室气体和气溶胶，显著地改变了气候系统的外辐射强迫。对于我国及整个东亚气候变化的观测分析，目前已经比较清楚，但是其成因尚不明确，需要依靠对观测资料的分析和气候模式的模拟。在这两个方面，近年来科学家取得了显著的成绩，发现东亚夏季风系统对外辐射强迫改变的响应非常明显。模式研究表明，自 1950 年以来，尽管在温室效应下，东亚夏季气温升高，但整个东亚地区夏季降水受气溶胶辐射强迫的调控呈显著减少的趋势[11, 12]。而在观测资料中，中国夏季降水的变化又会呈现出显著的“南涝北旱”的空间分布特征(图 2(a))，有研究认为这主要是由气候系统的内部变率所致[13, 14]。对比观测和数值模式的结果发现(图 2)，气候模式在描述区域气候系统的反馈机制方面仍然存在很大的差异，这也是目前区域气候变化归因分析的瓶颈之一[15]。由于影响我国气候异常的因子众多，在现有条件下，我们很难定量估计各个因子的相对贡献。

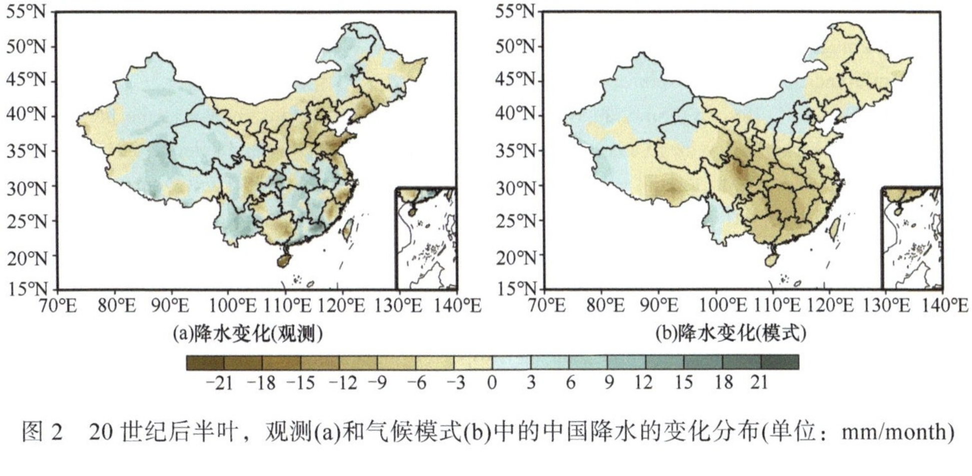

图 2 20 世纪后半叶，观测(a)和气候模式(b)中的中国降水的变化分布(单位：mm/month)

区域气候变化的归因分析以及预测，是一个重要的科学难题。不同的外辐射强迫及气候系统的内部变率所致的区域气候响应分布有着很大的差异，根据观测资料进行气候变化的归因分析是认识不同辐射强迫的区域响应，以及内部变率特征的关键。但是，器测观测资料包含测量及采样误差，增加了归因分析的难度。因此，对历史观测数据的订正尤为重要。此外，如何提高观测质量，更加准确地区分内部变率与外辐射强迫对气候系统的影响，对预测未来气候的区域分布特征具有重要的引导意义。

参 考 文 献

[1] Stocker T F, Qin D, Plattner G K, et al. IPCC. Summary for Policymakers. In: Climate Change 2013: The Physical Science Basis. Contribution of Working Group I to the Fifth Assessment Report of the Intergovernmental Panel on Climate Change. Cambridge: Cambridge University Press, 2013.

[2] Zhang X, Zwiers F W, Hegerl G C, et al. Detection of human influence on twentieth-century precipitation trends. Nature, 2007, 448: 461-465.

[3] Bindoff N L, Stott P A, AchutaRao K M, et al. Detection and Attribution of Climate Change: From Global to Regional. In: Climate Change 2013: The Physical Science Basis. Contribution of Working Group I to the Fifth Assessment Report of the Intergovernmental Panel on Climate Change. Cambridge, New York: Cambridge University Press, 2013.

[4] Xie S P, Deser C, Vecchi G A, et al. Towards predictive understanding of regional climate change. Nature Climate Change, 2015, 5: 921-930.

[5] Xie S P, Lu B, Xiang B. Similar spatial patterns of climate responses to aerosol and greenhouse gas changes.Nature Geoscience, 2013, 6(10): 828-832.

[6] Wang H, Xie S P, Liu Q Y. Comparison of climate response to anthropogenic aerosol versus greenhouse gas forcing: Distinct patterns. Journal of Climate, 2016, 29(14): 5175-5188.

[7] Vecchi G A, Soden B J, Wittenberg A T, et al. Weakening of tropical Pacific atmospheric circulation due to anthropogenic forcing. Nature, 2006, 441: 73-76.

[8] Tokinaga H, Xie S P, Deser C, et al. Slowdown of the Walker circulation driven by tropical Indo-Pacific warming. Nature, 2012, 491: 439-443.

[9] Wallace J M, Deser C, Smoliak B V, et al. Attribution of climate change in the presence of internal variability. World Scientific Series on Asia–Pacific Weather and Climate, 2015, Vol. 6.

[10] Kosaka Y, Xie S P. Recent global-warming hiatus tied to equatorial Pacific surface cooling. Nature, 2013, 501: 403-407.

[11] Li X, Ting M, Li C, et al. Mechanisms of Asian summer monsoon changes in response to anthropogenic forcing in CMIP5 models. Journal of Climate, 2015, 28(10): 4107-4125.

[12] Polson D, Bollasina M, Hegerl G C, et al. Decreased monsoon precipitation in the Northern Hemisphere due to anthropogenic aerosols. Geophysical Research Letters, 2014, 41: 6023-6029.

[13] Piao S, Ciais P, Huang Y, et al. The impacts of climate change on water resources and agriculture in China. Nature, 2010, 467: 43-51.

[14] Nigam S, Zhao Y, Ruiz-Barradas A, et al. The south-flood north-drought pattern over eastern China and the drying of the gangetic plain. Climate Change: Multidecadal and Beyond, 2015: 347-359.

[15] Flato G, Marotzke J, Abiodun B, et al. Evaluation of Climate Models. In: Climate Change 2013: The Physical Science Basis. Contribution of Working Group I to the Fifth Assessment Report of the Intergovernmental Panel on Climate Change. Cambridge, New York: Cambridge University Press, 2013.

撰稿人：谢尚平　王　海

加州大学圣地亚哥分校，sxie@ucsd.edu

全球变暖如何影响极端天气气候事件

How Global Warming Affects Extreme Weather and Climate Events

世界气象组织在近期的报告中指出，2001~2010 年是自 1850 年有全球地表气温测量数据记载以来最热的十年，比 20 世纪的第一个十年(1901~1910)增暖 0.88℃ [1]。伴随着全球变暖，一些极端天气气候事件如热浪、寒潮，以及持续干旱也频繁发生，造成很多人员伤亡和巨大的经济损失，如 2003 年、2006 年、2010 年发生在欧洲的高温热浪[2]、2014 年北美创记录的寒潮[3]，以及 2010 年中国云南严重的干旱。这些极端天气事件频繁发生和全球变暖是否存在联系呢？首先，全球变暖将直接会使极端高温天气发生更加频繁[4]。从概率上来说，如果某一地区的气温在多年平均条件下呈正态分布，那么在平均温度处的天气出现的概率最大，偏冷和偏热天气出现的概率较小，极冷或极热的天气出现的可能性更小。由于全球气候变暖的影响，气温的平均值增加，这时偏热天气出现的概率将明显增加，并且原来很少出现的极热天气现在也可能频繁出现，高温热浪等极端天气气候事件将变得频繁(图 1(a))。

此外，全球变暖也有可能使有些地区气温变化的方差变大(图 1(b))。在半干旱区域，气温的升高会导致陆面变干，而陆面变干使陆面蒸发冷却能力减弱，从而升温的更快并通过感热加热大气，在中高纬度地区这种局地的加热作用可能导致大气阻塞高压的形成，进一步导致了气温的升高和陆面的变干[5, 6]。这种陆面-大气相互作用是欧洲近些年极端高温灾害形成的主要原因。随着全球变暖，这些地区土壤可能会变得更加的干燥，从而使这种反馈过程更容易发生，加大了气温变化的方差。气温平均值和方差的变大(图 1(c))使欧洲更容易发生极端高温天气事件[7]。

当然全球不同区域气温的平均值以及方差的变化并非一致。有的地方升温更加明显，而另外一些区域甚至表现为降温[8]。这种不均匀性使各地高温热浪的发生频率和强度的变化存在差异。为了更好的预估各个关键区域，如中国、欧洲、北美等地未来极端高温事件的变化，我们需要理解各地气温平均值和方差的不均匀变化，而这又受海洋海温非均匀变化、厄尔尼诺-南方涛动(El Niño–southern oscillation, ENSO)等海气耦合模态的演变、大气系统内部噪声，以及土壤湿度变化等因素影响。这些都有待进一步的研究。

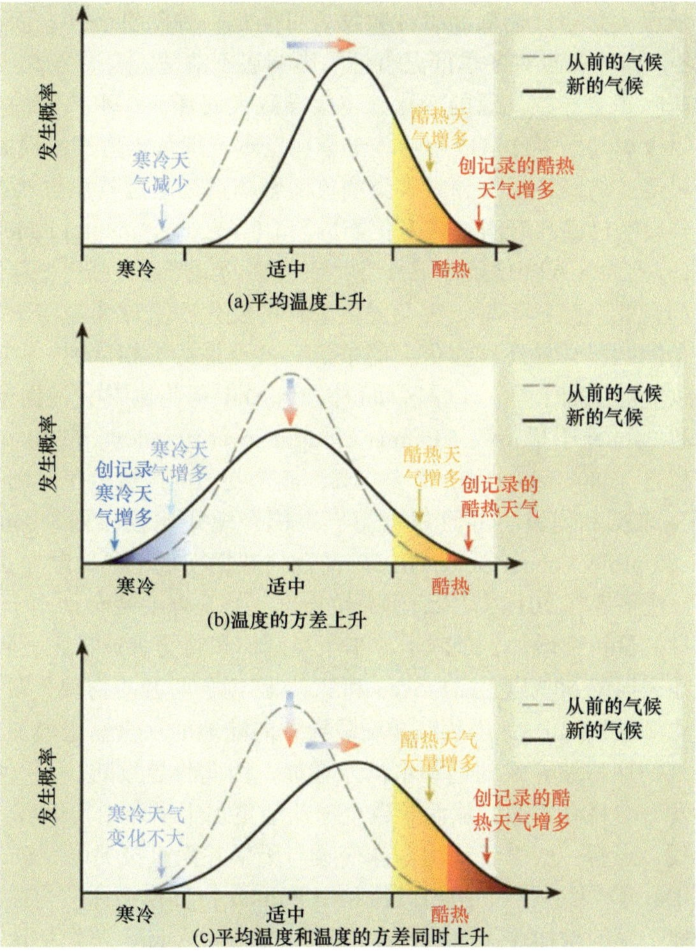

图 1 平均温度增加(a)，方差增加(b)和两者皆增加(c)对极端温度的影响的示意图(IPCC 第一工作组报告)

相比极端高温事件，全球变暖对冬季极端低温事件的影响还不明确。按照概率来说，当温度的平均值升高时，温度偏冷的日子就会相应减少。但是最近十几年北半球极端低温事件频发，特别是 2014 年冬季北美创记录的寒冷使很多人对全球变暖表示怀疑[9]。一些科学家认为全球变暖可能使极端低温事件更加频发。在极地地区存在冰雪-太阳辐射反馈过程：全球变暖导致冰雪减少，降低太阳反照率，从而使地表接受更多的辐射变得更暖。这种反馈过程像一个放大器一样，使高纬度地区变暖比中低纬度地区变暖更加明显，从而降低南北温度梯度。温度梯度的降低，使中高纬度地区大气环流更容易出现波状环流，从而使极地地区寒冷空气容易入侵中纬度地区，导致极端低温事件频发[10]。但是也有一些科学家反对这种理论，认为最近十几年极端低温事件频发更可能是一种随机事件，而与全球变暖无关[9]。总之，全球变暖对冬季低温事件的影响还不清楚。

全球变暖除了会导致气温的变化，也会导致大气环流、水汽等的变化，从而对持续干旱等极端气候事件造成影响。干旱在全球范围每年造成的损失 60 亿~80 亿美元，干旱造成的经济损失和对人类的负面影响远远超过其他自然灾害[11, 12]。干旱灾害及其影响已被政府间气候变化委员会（Intergovernmental Panel on Climate Change, IPCC）列为气候变化条件下人类将要面临的最严峻挑战[13]。伴随着全球气候变暖，我们自然会想：干旱灾害会发生怎样的变化？全球变暖与干旱存在关联吗？关于这个问题科学界还存在很大的争议，甚至是截然相反的。一种观点认为全球变暖导致陆地更加干旱，干旱区面积扩大。Dai 等指出[14]，根据过去 50 年的降水、径流和 Palmer 干旱指数（Palmer drought severity index，PDSI）观测资料，全球干旱面积自 1980 年以来增加了约 8%，显著变干的区域位于非洲、亚洲东南部、澳大利亚东部和南欧，并且根据第五次耦合模式比较计划（coupled model intercomparison project phase 5，CMIP5）的预估数据发现干旱风险在 21 世纪还将继续增加。黄建平等在 2016 年[15]的研究结果也支持全球变暖会加剧干旱，指出如果温室气体排放量持续增加，全球干旱半干旱区面积将会加速扩张，到 21 世纪末将占全球陆地表面的 50%以上。Steven 和 Fu[16]解读了两者的物理关联，指出陆地的增暖速度比海洋快 50%，虽然海洋增暖导致向陆地的水汽输送增加，但不足以抵消由于陆地快速增温导致的饱和水汽压增加，因此将导致陆表大气相对湿度降低，大气蒸发潜力将会增加，从而导致全球陆地更加干旱，干旱区域将会增加。

与之相反，还有一些学者认为全球变暖与干旱并无直接关联。Sheffield 等在 2012[17]反驳 Dai 等[14]的观点，指出以往利用 Palmer 指标模型评估全球的干旱气候时，关于全球干旱的增加往往估计过高。基于 Thornthwaite 蒸发估计方法的全球 Palmer 指数 1980~2008 年的线性趋势为-0.032 ± 0.008/a,但如果采用基于综合考虑温度、辐射、水汽压差，以及风速的 Penman-Monteith 蒸发估计方法，全球干旱的线性趋势几乎为 0。因此全球变暖将会导致干旱的结论是可疑的，因为它并没有考虑大气边界层对全球变暖的响应过程，这一过程会改变地表太阳辐射和风速的大小，会对大气蒸发潜力的变化产生重要影响。蒸发皿的观测结果表明：因为地表太阳辐射和风速降低,全球陆表大气蒸发潜力在 20 世纪 70~90 年代有明显地降低。

极端天气气候事件的变化与全球气候变化的关系研究面临的主要难点有：①全球气温降水等气象要素变化是非均匀的，这种非均匀变化会显著的影响到各个区域极端天气气候事件的变化。目前研究表明这种非均匀变化受气候系统能量重新分配影响，也受气候系统内部变率影响，但是这种能量重新分配和内部变率的物理过程尚未理解。这制约了未来各个区域极端天气气候事件变化的预估。②缺乏足够长的时空尺度的资料，因为许多极端天气气候事件的时空尺度都比较小，且资料较短而且早先的数据存在很大的误差和缺测。③目前模式分辨率不够精细，不能对一些极端天气气候事件进行较准确的模拟和预报。因此目前关于极端天气事件的变化及其与全球气候变化的关系的研究尚处于起步阶段，对于未来的影响和评估尚有很大的不确定性。

参考文献

[1] World Meteorological Organization. The Global Climate 2001-2010: A Decade of Climate Extremes. 2013.

[2] Fischer E M, Schär C. Future changes in daily summer temperature variability: Driving processes and role for temperature extremes. Climate Dynamics, 2009, 33(7-8): 917.

[3] Wallace J M, Held I M, Thompson D W J, et al. Global warming and winter weather. Science, 2014, 343(6172): 729-730.

[4] Climate change 2013. the physical science basis: Working Group I contribution to the Fifth assessment report of the Intergovernmental Panel on Climate Change. Cambridge: Cambridge University Press, 2014.

[5] Fischer E M, Seneviratne S I, Vidale P L, et al. Soil moisture–atmosphere interactions during the 2003 European summer heat wave. Journal of Climate, 2007, 20(20): 5081-5099.

[6] Lau N C, Nath M J. Model simulation and projection of European heat waves in present-day and future climates. Journal of Climate, 2014, 27(10): 3713-3730.

[7] Fischer E M, Schär C. Future changes in daily summer temperature variability: Driving processes and role for temperature extremes. Climate Dynamic, 2009, 33: 917-935.

[8] Deser C, Knutti R, Solomon S, et al. Communication of the role of natural variability in future North American climate. Nature Climate Change, 2012, 2: 775-779.

[9] Wallace J M, Held I M, Thompson D W J, et al. Global Warming and Winter Weather. Science, 2014, 343: 729.

[10] Francis J A, Vavrus S J. Evidence linking Arctic amplification to extreme weather in mid-latitudes. Geophysical Research Letter, 2012, 39.

[11] Wilhite D A. Drought as a natural hazard: Concepts and definitions. Drought, A Global Assessment, 2000, 1: 3-18.

[12] Wilhite D. Drought monitoring and early warning: Concepts, progress and future challenges. World Meteorological Organization. WMO, 2006 (1006).

[13] Seneviratne S, Nicholls N, Easterling D, et al. Changes in climate extremes and their impacts on the natural physical environment. Managingthe Risks of Extreme Events and Disasters to Advance Climate Change Adaptation, 2012: 109-230.

[14] Dai A. Increasing drought under global warming in observations and models. Nature Climate Change, 2012, 3(1): 52-58.

[15] Huang J, Yu H, Guan X, et al. Accelerated dryland expansion under climate change. Nature Climate Change, 2016, 6: 166-171.

[16] Sherwood S, Fu Q. A drier future. Science, 2014, 343(6172): 737-739.

[17] Sheffield J, Wood E F, Roderick M L. Little change in global drought over the past 60 years. Nature, 2012, 491(7424): 435-438.

撰稿人：黄　刚

中国科学院大气物理研究所，hg@mail.iap.ac.cn

全球增暖背景下不同大洋气候变化的差异

Nonuniformity of Climate Change Among Ocean Basins on the Background of Global Warming

气候变化所导致的海洋升温会对于全世界人类赖以生存的水文、生态和社会环境造成严峻的挑战，如海平面上升和海水酸化等，这些问题往往带有很强的地域性。联合国政府间气候变化专门委员会(Intergovernmental Panel on Climate Change, IPCC)基于大量研究评估了全球和区域气候变化，第五次报告指出，虽然温室气体的增加在大气中分布近似均匀，海洋的暖化却不是均一的，而是呈现出地域多样性。研究已经初步证实：这种空间非均匀的增暖主要原因是各个海盆的海气耦合模态和洋流走向不同[1]。由于气候反馈的复杂性，以及海洋-大气相互作用的差异[2]，温室效应在某些地区被显著加强(如赤道太平洋[3])，而在其他一些地区显著减弱(图 1(a))。这些非均匀的海表增暖形态在不同历史观测数据集[4]和众多未来气候模式预测[5]中均有很大的不确定性，并显著影响大气环流[6]和降水空间分布[7]的变化，有的地方降水增多，有的地方干旱(图 1(b))。这些成果奠定了依据气候模式预估未来区域气候对辐射强迫响应的理论基础，极大地提高了海洋大气动力过程在气候变化研究中的地位。

海洋的扩散、潜沉和流动可以将海表增暖信号向内部传递。海表风搅拌和波浪导致的湍流混合作用会使得暖化热量向深海扩散，而大洋翻转环流在高纬潜沉、在热带上升，其对变暖信号的输送作用要更加直观和显著，可以将高纬暖水直接带入深层海洋。各海盆深层洋流的差别巨大(图 2(c)、(d))，使得次表层及以下的海温变化在海盆之间的差异比海表更加明显(图 2(a)、(b))。在此我们按照不同大洋回顾气候变化的主要区域特点，及其差异形成的主导成因。

1. 太平洋

太平洋表层温度变化(图 1(a))的特点很明显：东南副热带太平洋相对增暖较弱，与北太平洋的强增暖形成鲜明对比；而赤道东太平洋的增暖峰值经常被称为类厄尔尼诺(El Niño)变化[1]。这样的海表增暖形态对大气环流和降水变化有着决定性的影响①，造成了“暖者更湿”趋势[5]，即海温升高大于热带平均海表增暖处的降水

① 大气升温后平均水汽增加，会造成本来的强降水区域的降水更强，即“湿者更湿”形态；而大气环流亦会减弱，形成“湿者更干”效应。两种效应互相抵消，从而凸显了海表温度形态变化的重要性。其中，水汽效应属于热力过程，而大气环流减弱与海表温度效应为动力过程的两个分支。

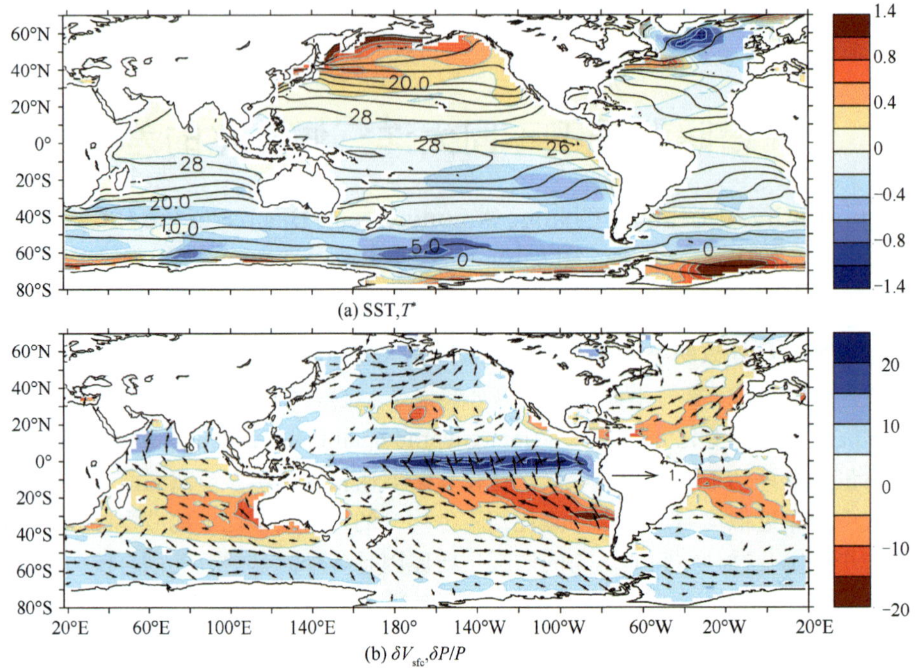

图 1　(a)21 世纪海表温度变化形态(彩色，单位：K)与气候态温度(等值线，单位：K)分布对比；(b)：百分比降水(彩色，单位：%)和海表风速(矢量，单位：m/s)变化。数据：19 个 CMIP5 RCP4.5 模式结果的集合平均；海表温度变化形态是指各点变化与热带平均升温之差；所有数据由热带平均海表升温归一化后集合平均。由作者专为本节绘制

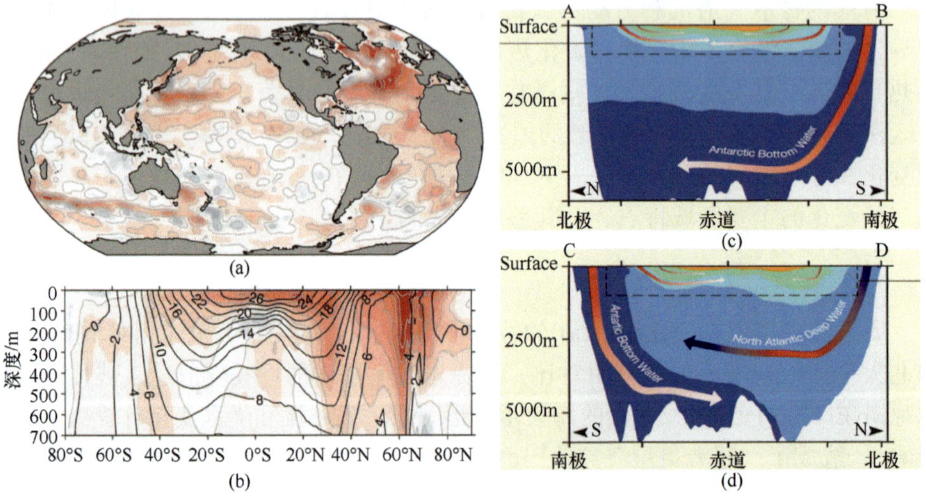

图 2　左：观测(Levitus)的 1971~2010 年次表层(0~700 m)海温(K)变化(彩色)：垂向平均(a)与纬向平均(b，并与气候态海温等值线对比)；右：太平洋(c)和大西洋(d)深层环流示意图
引自 IPCC 第五次报告 http://www.ipcc.ch/pdf/assessment-report/ar5/wg1/WG1AR5_Chapter03_FINAL.pdf

增加，反之则减少，如东南副热带太平洋出现降水减少；而与赤道东太平洋增暖相对应的是赤道的表层 Walker 环流明显减弱，经向风产生强辐合，造成降水急剧增加。

太平洋次表层水的增暖(图 2(a))只在北半球副热带模态水形成区域比较明显，这里属于主要的海洋潜沉区(图 2(c))之一。同时在黑潮延伸体，“热斑”效应的产生很可能是由于全球变暖导致副热带西边界流加速，将更多的低纬度暖水向高纬度输送，进而导致相应海区的快速增暖[8]。另外，黑潮延伸体附近涡旋的混合作用和模态水的潜沉作用可能同时将海表的热信号下传，造成次表层局部强增暖，而模态水导致的表层副热带逆流减弱也可能会导致海表增暖空间分布的不均匀性[9]。

2. 印度洋

西北印度洋表面增暖较东南明显(图 1(a))，目前认为该现象主要是由于印度洋也具备局地的海洋-大气耦合模态：在全球变暖背景下，伴随着赤道西风减弱，洋流随之减弱，可能造成热带西印度洋海流异常下沉加热，海表温度升高，而苏门答腊和爪哇沿岸则出现下层海水上升冷却，海温降低的变化。这样会引起相应的降水变化，也会造成印度洋偶极子正模态出现的频率增加[10]。但新的研究显示这可能是由于气候模式对于当前气候条件下印度洋偶极子活动模拟的过强所致，在实际的全球变暖中未必会出现[11]。热带印度洋深层(图 2(a))无明显增暖信号。因此，有关热带印度洋对全球增暖的响应还需进一步证实。

3. 大西洋

大西洋赤道和南半球附近的海表温度以及海面降水(图 1(b))的变化与太平洋基本一致，依旧体现“暖者更湿”的规律。但北大西洋与北太平洋却迥然不同，从表层(图 1(a))和次表层(图 2(a))对比中可见，由于大西洋翻转环流在北半球的潜沉(图 2(d))将表层的增暖带到深层海洋，从而导致高纬地区的上层增暖比没有翻转环流的太平洋(图 2(c))弱，而下层增暖却明显强。此外，尽管湾流附近次表层也出现“热斑”现象[8]，但是副热带海域次表层增暖明显弱于赤道及高纬度海区，与温跃层的深度呈负相关关系，并导致海洋环流变化[12]。因此，南北大西洋海洋环流的对称性，可能是导致大西洋海表温度、降水和表面风对全球变暖响应南北对称结构的主要原因。

最新研究表明，大西洋翻转环流的加强是近年来北半球快速增暖，以及北极海冰急剧退化的原因之一[13]，可是现有证据说明这是翻转环流的年代际变化，在近几年有所减弱[14]。未来的全球变暖中翻转环流的变化及其对区域气候变化的影响尚无定论。

4. 南大洋(南极周边海域)

南大洋高纬度海区在全球范围内均有强潜沉导致的极地模态水和强对流导致的下沉海流。这些过程明显带走了温室气体对海表的加热，减缓了海表升温(图 1(a))。由于热量被带向大洋的底层深海，次表层在南大洋的增暖亦不明显，只有南印度洋有较强变暖信号。

综上所述，海洋表面增暖在南半球各个海盆间出现惊人的一致性，可能是由于南大洋的潜沉流带走了海表加热，并继而抑制副热带升温。赤道地区各个海盆有动力学的一致性，可能是取决于各个热带海洋的海气耦合模态。而北半球大西洋和太平洋之间出现明显不同：北大西洋在高纬度的潜沉将表面加热带入下层，该过程与南大洋潜沉对称，从而导致次表层以下海洋变暖信号明显，加热在北半球更强(图 2(b))。近年来几大洋(特别是大西洋与南大洋)深层水加热明显，可以作为全球变暖“停滞”过程中热量到达深海的重要证据之一[15]。

作为近年来的热门方向，全球海洋增暖研究进展迅速。然而各个大洋气候变化的不同过程还远远没有解释清楚，其中的难题至少包括两个方面。

首先是科学问题本身的复杂性。尽管目前已经发现了许多用海洋动力过程和海气耦合过程的机制来解释各海盆区域气候响应的异同，一些机制(如大西洋翻转环流)的来龙去脉，还有不同机制之间如何配合、相对重要性怎么样等难题亟待解决。具体如南大洋潜沉的信号是如何影响副热带变化的？海表温度变化的不确定性如何解决？另外，如何区分气候系统内部变化以及对外强迫的响应？总之，在全球空间均匀的辐射强迫下，不同大洋的气候究竟如何变化，有什么差异是一个尚未解决的难题。

其次是资料工具尚存的缺陷性。全球变暖的信号与多年代际的自然振荡信号相比仍不显著，且由于海洋观测的历史较短，尤其是深层大洋观测的时空覆盖率严重不足，用变化趋势来代表全球变暖的响应缺乏一致性和可靠性，如太平洋海表增暖究竟是类似 El Niño 还是 La Niña 还一直存在争议。尽管气候模式的数值实验结果尤为重要，但是模式不够完善和不同模式之间的差异也带来了较大不确定性。例如，海洋中的涡旋会改变海洋的热输送和潜沉过程，进而改变海洋的热分配和海洋层结与环流，而当前的海洋模式还无法正确模拟涡旋。

对海洋变暖的研究涉及地球的未来和人类的命运，尤其是不同大洋周边的人群经历的变化、遭受的影响和需要的应对方式将存在巨大差异性，使得弄清非均匀海洋增暖这个难题对于气候变化科学问题及应对研究至关重要，并得到了“气候变率及可预测性”国际研究计划的关注。未来发展海洋探测技术，开展海洋观测试验，深入研究海洋环流和海气反馈，不断地改进气候模式，从而正确认识全球大洋对气候变化的响应，是解决这一科学难题的关键。

参 考 文 献

[1] Xie S P, Deser C, Vecchi G A, et al. Global warming pattern formation: Sea surface temperature and rainfall. Journal of Climate, 2010, 23: 966-986.

[2] Lu J, Zhao B. The role of oceanic feedback in the climate response to doubling CO_2. Journal of Climate, 2012, 25: 7544-7563.

[3] Liu Z, Vavrus S, He F, et al. Rethinking tropical ocean response to global warming: The enhanced equatorial warming. Journal of Climate, 2005, 18: 4684-4700.

[4] Solomon A, Newman M. Reconciling disparate twentieth-century Indo-Pacific ocean temperature trends in the instrumental record. Nature Climate Change, 2012, 2: 691-699.

[5] Ma J, Xie S P. Regional patterns of sea surface temperature change: A source of uncertainty in future projections of precipitation and atmospheric circulation. Journal of Climate, 2013, 26: 2482-2501.

[6] Ma J, Xie S P, Kosaka Y. Mechanisms for tropical tropospheric circulation change in response to global warming. Journal of Climate, 2012, 25: 2979-2994.

[7] Chadwick R, Boutle I, Martin G. Spatial patterns of precipitation change in CMIP5: Why the rich do not get richer in the tropics. Journal of Climate, 2013, 26: 3803-3822.

[8] Wu L X, Cai W J, Zhang L P, et al. Enhanced warming over the global subtropical western boundary currents. Nature Climate Change, 2012, 2: 161-166.

[9] Xu L, Xie S P, Liu Q. Mode water ventilation and subtropical countercurrent over the North Pacific in CMIP5 simulations and future projections. Journal of Geophysical Research, 2012, 117: C12009.

[10] Cai W, Santoso A, Wang G J, et al. Increased frequency of extreme Indian Ocean dipole events due to greenhouse warming. Nature, 2014, 510: 254-258.

[11] Li G, Xie S P, Du Y. A robust but spurious pattern of climate change in model projections over the tropical Indian Ocean. Journal of Climate, 2016, 29: 5589-5608.

[12] Wang G, Xie S P, Huang R X, et al. Robust warming pattern of global subtropical oceans and its mechanism. Journal of Climate, 2015, 28: 8574-8584.

[13] Delworth T L, Zeng F, Vecchi G A, et al. The North Atlantic oscillation as a driver of rapid climate change in the Northern Hemisphere. Nature Geoscience, 2016, 9: 509-512.

[14] Jackson L C, Peterson K A, Roberts C D, et al. Recent slowing of Atlantic overturning circulation as a recovery from earlier strengthening. Nature Geoscience, 2016, 9: 518-522.

[15] Chen X, Tung K K. Varying planetary heat sink led to global-warming slowdown and acceleration. Science, 2014, 345: 897-903.

撰稿人：马　建　刘秦玉

上海海洋大学，majian@shou.edu.cn

全球增暖背景下海洋水团的变化

Change of Ocean Water Masses Under Global Warming

海洋水团是指源地和形成机制相近，具有相对均匀的物理、化学和生物性质，而与周围海水存在明显差异的宏大水体[1]。大多数水团是在海洋上表面附近形成并下沉[2]。海气相互作用过程决定了大多数水团的性质。水团在形成后，将表层的海气相互作用信号传输入海洋内部。水团的形成与潜沉过程，是海洋储存热量、淡水、二氧化碳、氧气等的重要通道，对气候变化具有重要影响。

通过各海盆纬向平均的温盐密度分布图(图 1)，我们可以比较清楚地看到水团在海面形成后向海洋内部延伸的过程。例如，暖和咸的海水在蒸发大于降水的低纬度(10°~30°N)海区形成，是副热带地区上几百米内存在的高盐水的来源。盐度较低的海水出现在降水多于蒸发的高纬度海区，下沉后向赤道方向延伸形成了中层的低盐水[3]。全球气候变化背景下，各海盆纬向平均的温盐密度变化趋势与水团的形成和输运路径密切相关[4]。水团温盐性质变化信号最强的位置一般都发生在水团的源地，如底层水和深层水最强的异常信号发生在南大洋和北大西洋表层[5]，而沿着水团的输运路径该异常信号逐渐减弱。从 1950~2000 年，各海盆的副热带高盐水盐度都有增高趋势，而中层水的盐度则变得更低(图 1(a)、(d)、(j)、(i))。

全球增暖背景下，位于不同海区、不同深度的水团温度变化趋势并不一致[6]。在 100m 以浅，海洋基本上都是增暖的，且增温的幅度最大(图 1(c)、(f)、(i)、(l))；在 100~500m 深度上，增温的幅度开始减弱(大西洋)，甚至出现变冷的趋势(印度洋和太平洋)。而在 40°S 以南，各海盆水团的增温趋势可以一直延伸到 2000m。从 1950~2000 年，全球大洋 2000m 以浅的位势密度大都出现降低的趋势(图 1(b)、(e)、(h)、(k))。海表迅速增温使上层海洋层结加强，导致水团下潜深度变浅，同时也阻碍了表层饱和溶解氧向深层传递。已有结果显示海洋内部的溶解氧含量正在降低，对海洋生态系统造成了巨大的威胁[7]。

模态水是存在于海洋跃层内的具有低位势涡度性质的特殊水团。模态水位置和强度的变化通过影响海洋上层层结，会对海洋环流及气候变化有重要的调节作用。全球变暖背景下，温室气体增长引起的海洋增温具体表现为表层增温强于次表层，因此海洋的层结加强，而且海气温差减小，这些都将导致冬季混合层深度的变浅。相应的，副热带模态水在全球变暖之后形成量减少(强度减弱)且核心偏移到较轻的密度面上(图 2)；根据热成风关系，模态水厚度减小及深度核心密度面变

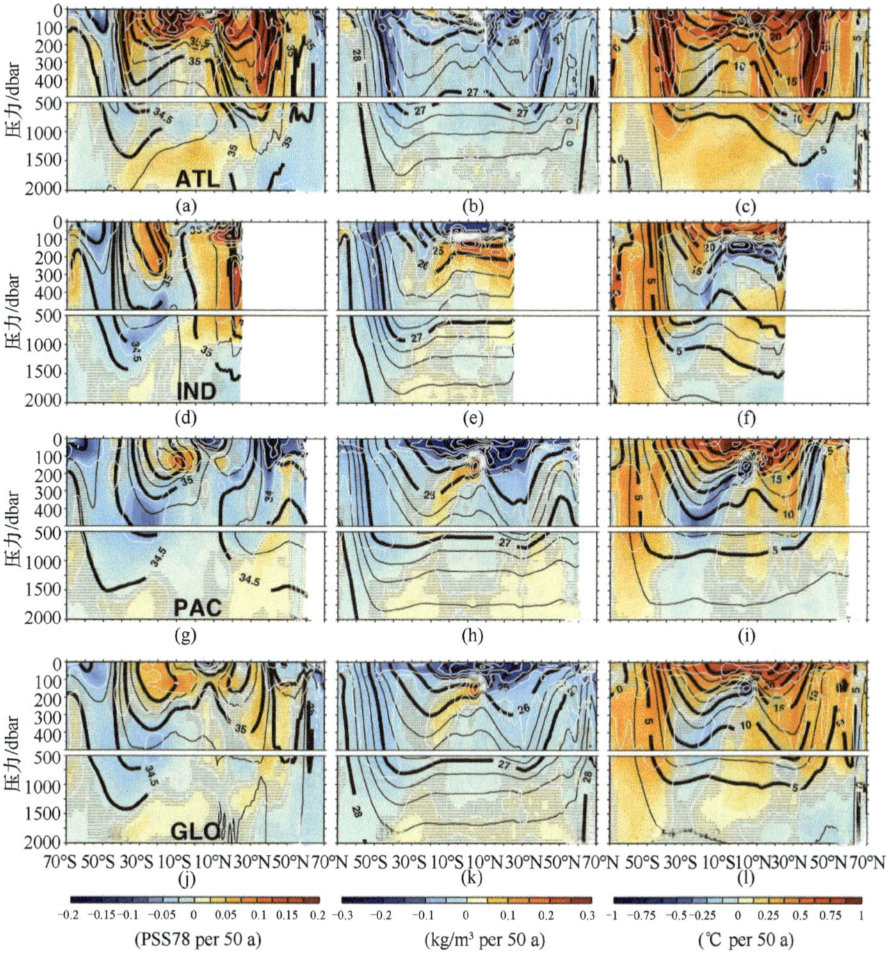

图 1 各海盆纬向平均的盐度((a), (d), (g), (j)), 密度((b), (e), (h), (k))和位温(c), (f), (i), (l)近 50 年(1950~2000 年)线性变化趋势。从上往下依次代表：大西洋、印度洋、太平洋和全球平均。各变量的平均值用黑线表示，变化趋势用颜色与白色等值线表示，未过 90%信度的线性趋势用灰色阴影填充。参考自 IPCC 第五次评估报告第三章图 3.9[3]

浅会导致副热带逆流减弱[8]。副热带逆流及其热平流效应的减弱进一步使副热带逆流所在海域海表温度的升温比周围海域要少，导致北太平洋副热带海域海表温度对全球变暖响应空间分布的非均匀性。

水团的变异除了受表层海气通量的影响外，也可能与环流的变化有关。前人研究结果表明全球变暖背景下，风生环流导致的主温跃层绝热调整也可能会影响热量在垂直方向上的再分配[9]。海洋水团对气候变化具有快响应(海洋上层)和慢响应(海洋中深层)过程[10]，分别对应着海洋的风生环流绝热调整过程和热盐环流非绝热调整过程，但水团的变异到底是由绝热还是非绝热过程主导还需深入研究。

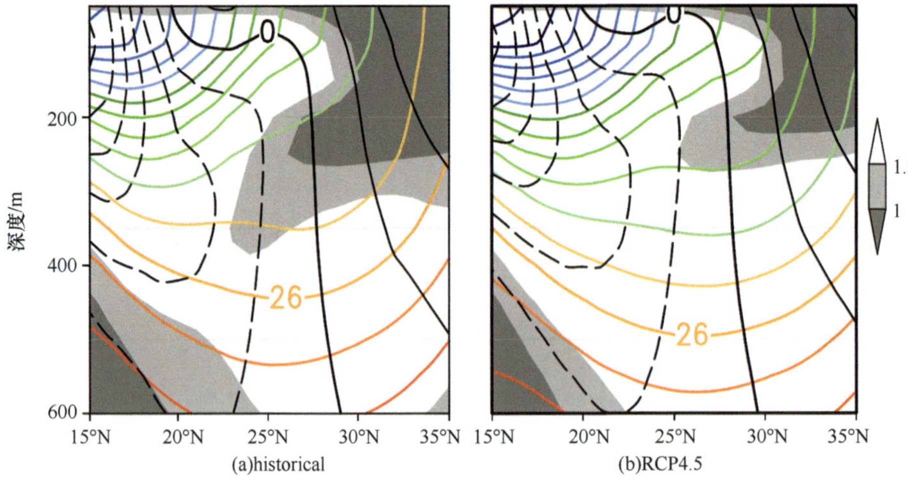

图 2　沿 180°E 经向断面上位势密度(彩色等值线，等值线间隔：0.25 kg/m^3)，纬向流速(黑色等值线，等值线间隔：0.02 m/s)和位势涡度(<10^{-10}/(m·s)用灰色表示)。是 CMIP5 多模式集合平均在(a)历史气候模拟实验，(b)RCP4.5 情景预估实验下的平均态结果

海洋水团的变异特征不仅体现了海洋表层的长期增温趋势，同时也包含年代际-多年代际变化的影响[11]。然而由于观测资料时间跨度有限，水团的变异趋势究竟是由外部强迫(温室气体、气溶胶等)还是由内部变化(年代际-多年代际变化模态)所主导目前还无法完全辨识。未来只有分辨内部变化和外部强迫对水团的相对影响并揭示背后的主导机制，我们才能对海洋水团未来的变化做出更好的预估。

此外，以前针对水团性质变化的研究主要关注大尺度经向翻转环流，实际上中尺度涡旋对热量的输运和再分配同样重要[12]。以模态水为例，当前气候模式对模态水的模拟与观测相比还存在很大误差。由于较粗分辨率的气候模式无法正确模拟西边界流，以及中尺度海洋涡旋，因此对混合层的模拟误差很大[13, 14]。具体表现为副热带海区的混合层深度与观测相比偏深，相应的副热带模态水的形成量与观测相比偏多，而极地海区的模态水形成量则偏少[14, 15]。与观测资料相比，海洋模式对海洋涡旋模拟水平较低，副热带模态水形成过多且耗散弱，这导致气候模式中的副热带逆流强度也偏强；前人通过涡分辨率海洋模式结果与气候模式结果的比对，发现海洋涡旋对副热带模态水潜沉和耗散都会有重要影响[13]。由于我们对中小尺度过程如何影响水团的形成与输运的认识仍存在很多不足，当前气候模式参数化过程尚有很大的不确定性。现有气候模式普遍低估了中小尺度过程对水团形成与演化过程的影响，这将会影响我们对水团性质未来变化的预测能力。

参考文献

[1] 冯士筰, 李凤岐, 李少菁. 海洋科学导论. 北京: 高等教育出版社, 2008: 100-101.

[2] 黄瑞新. 大洋环流: 风生与热盐过程. 北京: 高等教育出版社, 2012: 389-400.

[3] Stocker T F, Qin D, Plattner G K, et al. Climate change 2013: The physical science basis. 2014.

[4] Durac P J, Wijffels S E. Fifty-year trends in global ocean salinities and their relationship to broad-scale warming. Journal of Climate, 2010, 23: 4342-4362.

[5] Schmidtko S, Johnson G C. Multi-decadal warming and shoaling of Antarctic Intermediate Water. Journal of Climate, 2012, 25: 201-221.

[6] Purkey S G, Johnson G C. Warming of global abyssal and deep southern ocean waters between the 1990s and 2000s: Contributions to global heat and sea level rise budgets. Journal of Climate, 2010, 23(23): 6336-6351.

[7] Matthew C. Long, Curtis Deutsch, Taka Ito. Finding forced trends in oceanic oxygen. Global Biogeochemical Cycles, 2016, 30 (2): 381.

[8] Xu L, Xie S P, Liu Q Y. Mode water ventilation and subtropical countercurrent over the North Pacific in CMIP5 simulations and future projections. Journal of Geophysical Research Oceans, 2012, 117(C12).

[9] Huang R X. Heaving modes in the world oceans. Climate Dynamics, 2015, 45(11-12): 3563-3591.

[10] Long S M, Xie S P, Zheng X T, et al. Fast and slow responses to global warming: Sea surface temperature and precipitation patterns. Journal of Climate, 2014, 27(1): 285-299.

[11] Trenberth K E, Fasullo J T. An apparent hiatus in global warming. Earth's Future, 2013, 1: 19–32.

[12] Zhang Z, Wang W, Qiu B. Oceanic mass transport by mesoscale eddies. Science, 2014, 345: 322-324.

[13] XuLX, Xie S P, McClean J, et al. Mesoscale eddy effect on subduction of the North Pacific mode waters. Journal Geophysical Research Oceans, 2014, 119: 4867-4886.

[14] Sallée J B, Shuckburgh E, Bruneau N, et al. Assessment of Southern Ocean mixed layer depths in CMIP5 models: Historical bias and forcing response. Journal Geophysical Research Oceans, 2013, 118: 1845-1862.

[15] Sallée J B, Shuckburgh E, Bruneau N, et al. Assessment of Southern Ocean water mass circulation and characteristics in CMIP5 models: Historical bias and forcing response. Journal Geophysical Research Oceans, 2013, 118(4): 1830-1844.

撰稿人：许丽晓 谢尚平

中国海洋大学，lxu@ouc.edu.cn

厄尔尼诺-南方涛动对全球变暖的响应

Response of El Niño-Southern Oscillation to Greenhouse Warming

厄尔尼诺-南方涛动(ENSO)是地球气候系统在年际尺度上(每 2~7 年)最显著的特征。ENSO 具备冷、暖两个位相，分别对应于赤道中东太平洋的异常变冷(称为拉尼娜事件)和异常增暖(称为厄尔尼诺事件)，且二者异常的峰值均在 11 月到次年的 2 月之间(具有季节上的“锁相”)。Bjerknes 正反馈[1]是 ENSO 事件产生的主要机制。通常情况下，赤道东风会驱动海洋上层的海流向西流动，导致表层暖水在赤道西太平洋堆积，同时次表层冷水在赤道东太平洋及南美洲西岸上涌，形成西暖东冷的海表温度(SST)纬向梯度。这种 SST 的纬向差异会在赤道低层大气中建立起东—西方向上的气压梯度，反过来加强信风，从而进一步加强 SST 的纬向梯度，形成纬向风与纬向温度梯度之间的正反馈作用。当拉尼娜事件发生时，信风及 SST 的纬向梯度异常增大，赤道中东太平洋的 SST 冷异常经由以上的正反馈过程不断成长；而当厄尔尼诺事件发生时，海表面气压在赤道西太平洋异常增高，在赤道东太平洋异常降低，信风及 SST 的纬向梯度减弱。尽管一些负反馈过程存在(目前比较通用的负反馈机制有：延迟振子[2]、充电振子[3]、西太平洋振子[4]，以及平流-反射振子[5])，但总体上 Bjerknes 正反馈仍可对海洋的暖异常进行放大并帮助其逐渐成长至峰值。

ENSO 事件伴随着次表层海洋结构、大气辐合中心及遥相关型的变化，对全球气候[6~9]、生态系统和农业[8]等有显著影响。在 1982/1983 年和 1997/1998 年极端厄尔尼诺事件发生期间[6, 7]，海温暖异常被发现自西向东传播[10]，这与通常的认识(自东向西传播)完全相反。从降水的角度，极端厄尔尼诺发生时赤道东太平洋的海温暖异常超过了 3°C，导致热带辐合带(ITCZ)大规模地向赤道偏移，并造成厄瓜多尔及秘鲁北部发生灾难性的洪涝[6, 7]；同时，作为南半球最大的降水带，南太平洋辐合带(SPCZ)在此期间向赤道方向最大偏移量高达 1000 km，导致南太平洋周边多个国家遭受了洪涝、干旱或极端的台风灾害[11]。值得注意的是，1997/1998 年极端厄尔尼诺事件还伴随着秋季发生的极端正印度洋偶极子事件；紧接着在 1998/1999 年发生了极端拉尼娜事件，诱发了美国西南部及赤道东太平洋地区的干旱、西太平洋及美国中部地区的洪水，以及更多登陆的台风和飓风[9]。显然，ENSO 对全球气候有着重要的调制作用，并可触发极端的自然灾害。因此，ENSO 的各项特征，如其振幅和频率，以及相应的 SST 的变率等，在未来全球变暖的背景下如何响应，是气候变化研究领域亟须解决的科学难题之一[12]。

未来 ENSO 整体的振幅(图 1)或者频率究竟如何变化，虽已历经几十年的研究以及几代模式的发展，除了有文章明确提出厄尔尼诺 Modoki 的发生频率会增加[14]之外，仍然没有统一的结论。近年对观测资料的研究结果表明，极端厄尔尼诺事件的发生频率在 1976 年之后显著增加[15]。这是气候系统本身年代际振荡的影响还是近年来全球变暖所带来的变化，在现阶段对观测资料的研究中仍然难以区分开来。然而，多模式模型结果的集合研究可以有效地清除每个模型固有的年代际振荡对最终的统计分析所带来的影响，凸显全球变暖导致的变化。在模式间难以得到一致结果的情况下，科学家们投入更多的精力研究 ENSO 事件中某一具体过程或者 ENSO 影响的变化上。目前已有的认知包括，极端厄尔尼诺事件和 ITCZ 向赤道偏移现象[16](图 2)、SPCZ 向赤道大幅度摆动现象[11]、海温暖异常向东传播的厄尔尼诺事件[10]，以及厄尔尼诺引起的降水异常[17]，在全球变暖背景下都会显著增加。

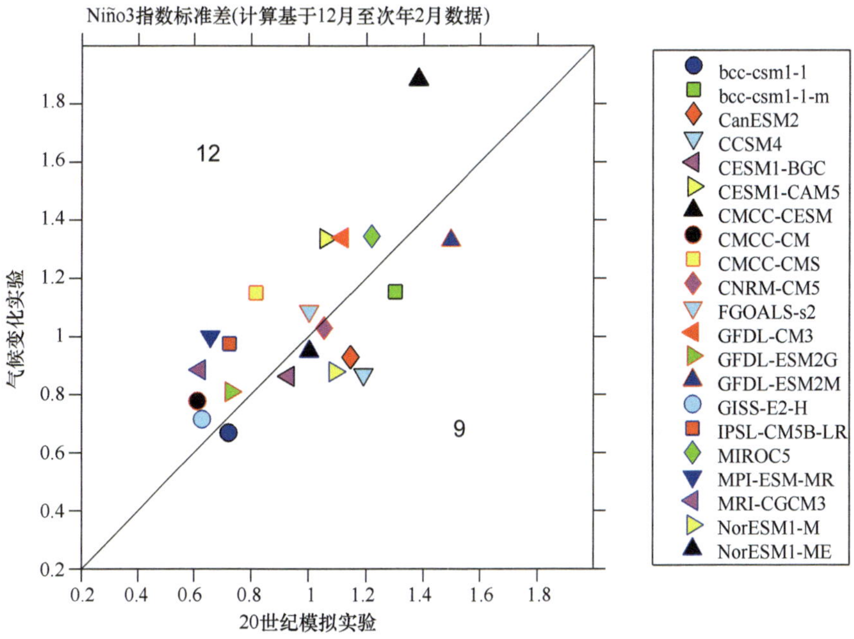

图 1 ENSO 振幅对全球变暖的响应

数据使用 CMIP5 的 21 款模式输出结果，横轴表示 20 世纪模拟实验(Control period，1900~1999 年)中 Niño3 指数的标准差，纵轴表示气候变化(2000~2099 年 RCP8.5)实验中 Niño3 指数的标准差，上部的数字表示标准差增大的模型个数，下部的数字表示标准差减小的模型个数，所有计算基于北半球冬季(12 月至次年 2 月)(修改自文献[13])

其机制如何？根据已有研究，这些增加并不依赖于 SST 变率的变化，而与背景场的关系更为密切。具体来看，一方面，在全球变暖场景下，模式模拟的赤道太平洋的增暖大于赤道以外，同时赤道东太平洋的增暖大于赤道西太平洋，造成背景 SST 的经向梯度(赤道以北减赤道中心)、纬向梯度(西减东)均减弱，大气的辐合中心更容易移动，有利于 ITCZ 向赤道的偏移和 SPCZ 向赤道的极端摆动[11, 16]；另一方面，背景 SST 的纬向梯度减弱，导致了信风减弱，相应的赤道太平洋西向的背景流场减弱，这意味着即使厄尔尼诺事件中温度异常的强度不变，也更容易出现背景流场的反向，也就会有更多的暖异常向东传播[10]；根据诊断计算结果，在 ENSO 事件中，赤道太平洋 SST 背景场的增暖会引起更强的降水响应，与之相比，SST 变率的变化只是次要因素[17]；此外，模式模拟的未来海洋大陆的增暖要大于赤道中太平洋，导致东风异常更易产生，并诱发更多的极端拉尼娜事件[18]。总体而言，如果未来温室气体的排放持续下去，那么与 ENSO 相关的灾难性天气、气候事件将会发生得更加频繁。需要注意的是，由于模式中存在着未知的不确定性，以上现象的可信程度只能被定为“中等”。模式模拟出的极端 ENSO 及其极端影响的变化是建立在赤道东太平洋增暖更多更快，以及信风减弱的基础上，这一点显然与最近 20 年观测得到的信风增强有所出入[19, 20]。

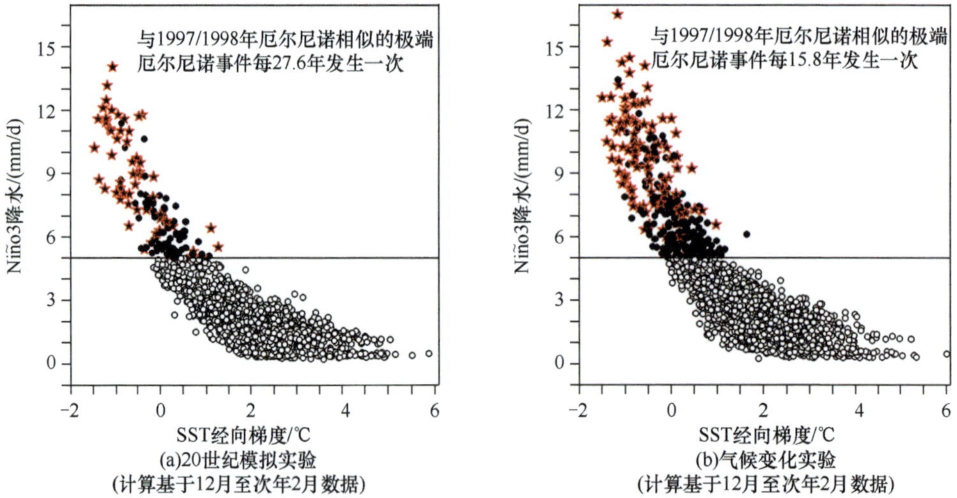

图 2　气候极端事件对全球变暖的响应

黑色实心圆点表示极端厄尔尼诺事件[15]，黑色实心圆点加红色五角星表示具有海温暖异常向东传播[10]和 SPCZ 向赤道极端摆动特征[11]的极端厄尔尼诺事件，即与 1997/1998 年极端厄尔尼诺事件类似。数据使用 CMIP5 的 21 款模式输出结果，图(a)取自 20 世纪模拟实验(control，1900~1999 年)，图(b)取自气候变化(Climate change，2000~2099 年 RCP8.5)实验，所有计算基于北半球冬季(12 月至次年 2 月)(修改自文献[13])

尽管在 ENSO 的统计特征、关键过程和影响对全球变暖的响应已经取得了不少进展，但未来 ENSO 的振幅、周期和持续性会有怎样的变化，依旧悬而未决。

其中难点之一就是气候模式能否真实地模拟现在的气候平均态、ENSO 的各项特征及其关键物理过程。首先，除了每个模式自身固有的模拟偏差，“冷舌”过冷现象(赤道东太平洋海温偏低，过于集中在赤道海区，且过多地向西延伸)几乎存在于所有的模式中，而且这个问题一直没有得到解决[12]。而这些模式偏差究竟带来多少影响，目前尚不清楚。其次，我们对于 ENSO 与年循环之间的相互作用、ENSO 的触发及转换、随机天气事件与 ENSO 的耦合，以及 ENSO 的先兆、增长与消亡机制等方面均缺乏足够的认知，更不用说在气候模式中正确地模拟以上过程。第三，根据模式模拟结果，平均态的变化会影响 ENSO 事件中一系列的正、负反馈过程，而这些正、负反馈过程互相叠加，直接决定了 ENSO 的变率。虽然大部分模型模拟的很多反馈过程都会对全球变暖产生一致性的响应，但若叠加起来看总体的变化，不同模式模拟的结果实际上差异很大，这导致了多模式间对于 ENSO 变化的模拟缺乏一致性。这是因为 ENSO 的变化本身真的较小，还是因为模式偏差或者模式对 ENSO 的模拟不足所致，需要进一步探讨。此外，我们还需要对海洋和大气进行持续的观测，以得到更准确的、更长时间的平均态及其变化，更好地对 ENSO 的模拟结果进行评估。同时，在模式“冷舌”过冷现象的改进、ENSO 关键物理过程的理解上，也需要继续投入更多的研究精力，使得模式模拟的 ENSO 尽可能与观测一致。

参考文献

[1] Bjerknes J. Atmospheric teleconnections from the equatorial Pacific. Monthly Weather Review, 1969, 97 (3): 163-172.

[2] Battisti D S, Hirst A C. Interannual variability in the tropical atmosphere-ocean model: influence of the basic state, ocean geometry and nonlineary. Journal of the Atmospheric Science, 1989, 45: 1687-1712.

[3] Jin F-F. An equatorial ocean recharge paradigm for ENSO. Part I: Conceptual model. Journal of the Atmospheric Science, 1997, 54: 811-829.

[4] Weisberg R H, Wang C. A western Pacific oscillator paradigm for the El Niño-Southern Oscillation. Geophyscal Research Letter, 1997, 24: 779-782.

[5] Picaut J, Masia F, du Penhoat, Y. An advective-reflective conceptual model for the oscillatory nature of the ENSO. Science, 1997, 277: 663-666.

[6] Philander S G H. Anomalous El Niño of 1982~1983. Nature, 1983, 305 (5929): 16.

[7] McPhaden M J. El Niño: The child prodigy of 1997-1998. Nature, 1999, 398 (6728): 559-562.

[8] McPhaden M J, Zebiak S E, Glantz M H. ENSO as an integrating concept in Earth science. Science, 2006, 314 (5806): 1740-1745.

[9] Wu M C, Chang W L, Leung W M. Impact of El Niño-Southern Oscillation Events on tropical cyclone landfalling activities in the western North Pacific. Journal of Climate, 2004, 17 (6): 1419-1428.

[10] Santoso A, Mcgregor S, Jin F F, et al. Late-twentieth-century emergence of the El Nino

propagation asymmetry and future projections. Nature, 2013, 504(7478): 126-130.

[11] Cai W, Lengaigne M, Borlace S, et al. More extreme swings of the South Pacific convergence zone due to greenhouse warming. Nature, 2012, 488(7411): 365-369.

[12] Collins M, An S I, Cai W, et al. The impact of global warming on the tropical Pacific Ocean and El Ni|[ntilde]|o. Nature Geoscience, 2010, 3(6): 391-397.

[13] Cai W, Santoso A, Wang G, et al. ENSO and greenhouse warming. Nature Climate Change, 2015, 5(9).

[14] Sangwook Y, Jongseong K, Dewitte B, et al. El Niño in a changing climate. Nature, 2009, 462(7273): 674.

[15] Zhang R-H, Rothstein L M, Busalacchi A J. Origin of upper-ocean warming and El Niño change on decadal scales in the tropical Pacific Ocean. Nature, 1998, 391: 879-883.

[16] Cai W, Borlace S, Lengaigne M, et al. Increasing frequency of extreme El Nino events due to greenhouse warming. Nature Climate Change, 2014, 4(2): 111-116.

[17] Power S B, Delage F, Chung C T Y, Kociuba G, KeayK. Robust twenty-first century projections of El Niño and related precipitation variability. Nature, 2014, 502 (7472): 541-545.

[18] Cai W, Wang G, Santoso A, et al. Increased frequency of extreme La Nina events under greenhouse warming. Nature Climate Change, 2015, 5(2): 132-137.

[19] Solomon A, Newman M. Reconciling disparate twentieth-century Indo-Pacific ocean temperature trends in the instrumental record. Nature Climate Change, 2012, 2 (9): 691-699.

[20] L'Heureux M, Lee S, Lyon B. Recent multidecadal strengthening of the Walker circulation across the tropical Pacific. Nature Climate Change, 2013, 3 (6): 571-576.

撰稿人：蔡文炬　贾　凡　王国建

澳大利亚联邦科学与工业组织(CSIRO)，Wenju.Cai@csiro.au

为什么北大西洋海表面温度具有多年代际变异特征?

Why does the North Atlantic Sea Surface Temperature Exhibit Multidecadal Variability?

北大西洋海表面温度(sea surface temperature，SST)具有多年代际时间尺度的变化，被称为大西洋多年代际振荡(Atlantic multidecadal variability，AMV)[1]。AMV 指数一般定义为北大西洋去趋势后低频 SST 异常场的区域平均，将大西洋 SST 距平投影到 AMV 指数，就得到了 AMV 的空间分布。AMV 暖位相对应于北大西洋大部分海域 SST 正距平，其中亚极地海域正距平最强，而赤道海域正距平相对较弱。20 世纪以来，AMV 暖位相出现在 20 世纪中期和自 1995 年以来的近期，冷位相出现在 20 世纪早期和 1964~1995 年。这种海洋的多年代际变化特征与根据大气变化所定义的北大西洋涛动(north Atlantic oscillation，NAO)[2]有本质区别，前者表现为空间上的单极分布和时间上的多年代际变化特征，而后者空间上表现为三极型，时间上主要表现为年际差异。

AMV 具有显著的局地、半球尺度的气候影响效应。观测数据表明 AMO 很可能与美国降水和干旱频率的多年代际变化[3]、夏季北美和欧洲的气候[4]、大西洋飓风活动和印度/非洲夏季降水[5]、赤道太平洋[6]和北半球平均表面温度[7]，以及北极海冰变化[8]等有着密切联系。但是，确定影响和调控北大西洋海表面温度多年代际变异的物理机制仍然是当前全球变化研究的难点问题之一。

目前对 AMV 机制的研究中，较为普遍的观点是 AMV 主要由大西洋经向翻转环流(Atlantic meridional overturning circulation，AMOC)驱动，AMOC 的加速(或减缓)，会通过调控向北的海洋热输运导致北大西洋的增温(或降温)和南大西洋的降温(或增温)，因此 AMV 是气候系统自然变率的结果之一。但是，也有气候模式研究认为 AMV 是由人为辐射强迫的变化所引起，如 Booth 等[9]通过在 HadGEM2-ES 气候模式中加入气溶胶作为直接影响因子，模拟出了北大西洋和全球平均表面温度的多年代际变异，从而说明气溶胶是 AMV 的主要驱动因素。显然，区分人为辐射强迫和自然变率部分对 AMV 变异的贡献是揭示其动力学机制的关键问题。

Zhang[10]在分析北大西洋热带海区(tropical north Atlantic，TNA) 的海表面温度和次表层温度时发现，两者的多年代际变化呈负相关关系(图 1)。这一特征得到了多个气候模式结果的证实。GFDL 耦合气候模式模拟显示，AMOC 减弱导致大西

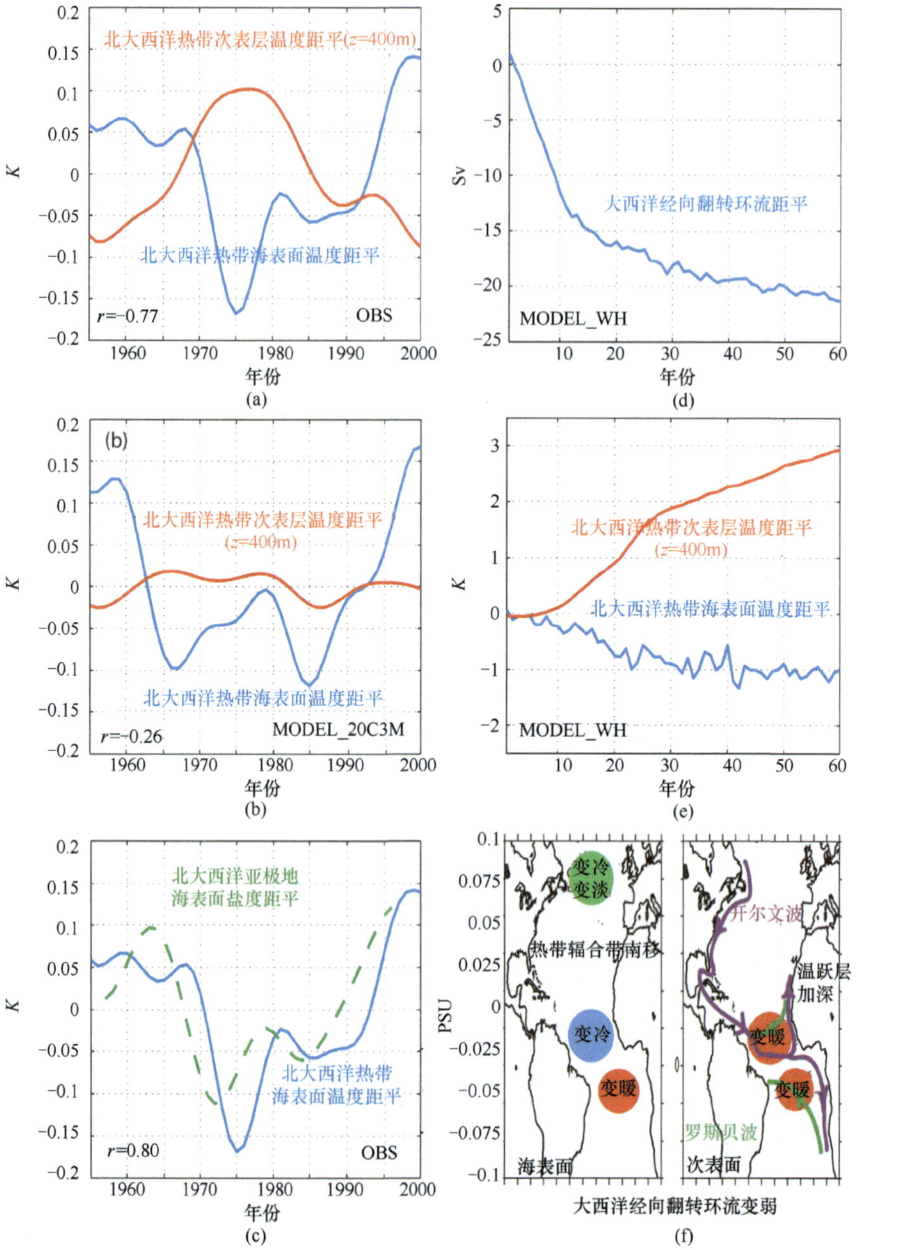

图 1　观测与模拟 SST 与次表层海水温度的负相关特征[10]

(a)观测(OBS)北大西洋热带海表面温度距平(蓝线)和次表层温度距平($z = 400$ m，红线)(去趋势后低频滤波)。(b)同(a)，但为模拟结果(MODEL_20C3M)。(c) 观测(OBS)北大西洋热带海表面温度距平(蓝线，左轴)和北大西洋亚极地海表面盐度距平(绿虚线，右轴) (去趋势后低频滤波)。(d)模拟大西洋经向翻转环流距平(MODEL_WH)。(e)模拟北大西洋热带海表面温度距平(蓝线)和次表层温度距平($z = 400$ m，红线)(MODEL_WH)。(f)机制示意图洋热带辐合带(intertropical convergence zone，ITCZ)南移，TNA 海表温度下降，温跃层加深，而后通过海洋波动的传播引起 TNA 次表层变暖，最终形成 TNA 海域表层和次表层温度在多年代际时间尺度上的负相关关系。类似地，美国大气科学研究中心的 CCSM3 耦合模式也模拟出了 AMOC 引起的 TNA 表层和次表层温度的反相特征[11]。从加勒比海南部沉积物岩心得到的高分辨率温度记录显示，在新仙女木时期，海洋次表层增暖、表层温度降低，对应 AMOC 的强度减弱[12]。最近关于末次冰期期间海洋变化的模拟结果表明，当表层温度变冷时，次表层温度变暖会对冰川消退起到重要作用[13]。

与之相反，Booth 等[9]基于气溶胶辐射强迫的气候模式虽然能够模拟出海表面温度的多年代际变化特征，但是其上层海洋温度变化的模拟结果与观测存在明显的差异，特别是该模式无法模拟在北大西洋赤道海区观测到的表层、次表层温度多年代际变化呈负相关的特征。上述研究说明气候系统自然变率，特别是海洋环流对 AMV 的物理机制起重要影响作用。

卫星高度计观测数据从另一方面证实了 AMOC 变化对 AMV 的影响。在北大西洋，卫星高度计观测数据和次表层海洋温度的观测具有较高的一致性[14]，两者都能反映出亚极地环流和湾流路径变化之间的反位相特征。卫星高度计观测显示，北大西洋亚极地环流在 20 世纪 90 年代有所减弱，与之相对应的是 AMOC 增强，这与观测的 AMV 变化特征一致，并且得到了 1000 年的耦合海洋-大气模式(GFDL-CM2.1)模拟结果的证实。这些结果说明了 AMV 的驱动机制与 AMOC 的变化密切相关，也进一步说明 20 世纪人为辐射强迫并不是驱动 AMV 的主要机制。

综上所述，AMV 不仅仅描述北大西洋海表面温度的低频变化，还反映出气候系统中多个耦合过程的低频变化特征，包括其与北大西洋热带海区次表层温度呈负相关关系，与北大西洋亚极地热含量为正相关关系等。由于受到观测数据长度的限制，目前关于 AMV 影响机制的研究主要是基于气候模式。这要求气候模式不仅需要能够解释北大西洋 SST 的低频变化，更重要的是能够再现上述已在大西洋发现的耦合的多元低频变化特征，这是进一步确定北大西洋，以及全球海洋多年代际变异机制的难点问题。此外，关于 AMV 在北大西洋亚极地的信号是如何传播影响到 AMV 在北大西洋热带的信号的相关机理还没有被很好理解，也是未来需要重点研究的难点问题。

参 考 文 献

[1] Kerr R A. A North Atlantic climate pacemaker for the centuries. Science, 2000, 288(5473): 1984-1986.

[2] Enfield D B, Mestas - Nuñez A M, Trimble P J. The Atlantic multidecadal oscillation and its relation to rainfall and river flows in the continental US. Geophysical Research Letters, 2001,

28(10): 2077-2080.

[3] McCabe G, Palecki M A, Betancourt J. Pacific and Atlantic Ocean influences on multidecadal drought frequency in the United States. Proceedings of the National Academy of Sciences of the United States of America, 2004, 101(12): 4136-4141.

[4] Sutton R, Hodson D. Climate response to basin-scale warming and cooling of the North Atlantic Ocean. Journal of Climate, 2007, 20(5): 891-907.

[5] Folland C K, Palmer T N, Parker D E. Sahel rainfall and worldwide sea temperatures. Nature, 1986, 320(6063): 602–607.

[6] No H H, Kang I S, Kucharski F. ENSO amplitude modulation associated with the mean SST changes in the tropical central Pacific induced by Atlantic Multi-decadal Oscillation. Journal of Climate, 2014, 27(20): 7911-7920.

[7] Semenov V, Latif M, Dommenget D, et al. The Impact of North Atlantic–Arctic Multidecadal Variability on Northern Hemisphere Surface Air Temperature. Journal of Climate, 2010, 23(21): 5668-5677.

[8] Day J J, Hargreaves J C, Annan J D, et al. Sources of multi-decadal variability in Arctic sea ice extent. Environmental Research Letters, 2012, 7(3): 212-229.

[9] Booth B B B, Dunstone N J, Halloran P R, et al. Aerosols implicated as a prime driver of twentieth-century North Atlantic climate variability. Nature, 2012, 484(7393): 228-232.

[10] Zhang R. Anticorrelatedmultidecadal variations between surface and subsurface tropical North Atlantic. Geophysical Research Letters, 2007, 34(12): 261-263.

[11] Chiang J C H, Cheng W, Bitz C M. Fast teleconnections to the tropical Atlantic sector from Atlantic thermohaline adjustment. Geophysical Research Letters, 2008, 35(7): 366-377.

[12] Schmidt M W, Otto-Bliesner B L. Impact of abrupt deglacial climate change on tropical Atlantic subsurface temperatures. Proceedings of the National Academy of Sciences, 2012, 109(36): 14348-14352.

[13] He F, Shakun J D, Clark P U, et al. Northern hemisphere forcing of southern hemisphere climate during the last deglaciation. Nature, 2013, 494(7435): 81-85.

[14] Zhang R. Coherent surface-subsurface fingerprint of the Atlantic meridional overturning circulation. Geophysical Research Letters, 2008, 35(20): 525-530.

撰稿人：Rong Zhang

美国地球物理流体动力学实验室(GFDL)，rong.zhang@noaa.gov

印度洋年代际变异的特征、机制和影响

Inter-Decadal Variability of Indian Ocean and Associated Influence and Mechanism

印度洋在全球气候演变中扮演着重要角色，尤其在亚洲季风系统中起着关键作用[1]。该区域热带季风性海洋环流是全球风生环流的重要部分，维持着区域的动力和热力的平衡[2]，也调控着热带海域气候的长期变化。季风是造成印度洋尤其是北印度洋显著季节变化的直接原因。季风由气压带和风带位置的季节移动，以及海陆热力性质差异所造成。其表现为从 10 月至次年的 3~4 月，亚洲大陆被强大的高压所笼罩，在北印度洋盛行东北季风，而在 5~9 月西南季风盛行。在 20 世纪，印度洋季风系统在年代际时间尺度上呈现显著的变化，20 世纪 50 年代之前印度半岛的降水呈增加趋势，之后呈现减少的趋势；但随着全球变暖，耦合模式比较计划第五阶段(coupled model intercomparison project phase 5，CMIP5)的多模式结果表明未来印度季风降水将会增加。

从气候系统间的相互关系来看，印度洋年际气候模态在年代际时间尺度上有明显的调整。印度洋偶极子(Indian Ocean dipole，IOD)是印度洋本征的海气相互作用现象，表现为各海水要素如海平面高度、海表温度(sea surface temperature，SST)及盐度的东西两端反向变化[3]。正 IOD 事件具有的典型特征：印度洋东南侧近赤道的 SST 异常降低，而印度洋西侧近赤道的 SST 异常偏高；伴随着对流活动在印度洋东侧相对减弱、西侧异常活跃，印度尼西亚一带出现干旱，而非洲东部出现大规模降水。珊瑚氧同位素记录了 IOD 事件在 20 世纪以来呈现出频率增加及强度增强的趋势，而对历史数据集的分析进一步证实了这种变化：1920 年之前负 IOD 事件占主导，而 1950 年之后正 IOD 事件更为频繁。最近的研究则指出在 20 世纪 70 年代中期之后出现一种新型的 IOD 模态[4]。印度洋在年际时间尺度上还存在一种海盆尺度海表温度一致变化的模态——印度洋海盆模态。印度洋海盆模态在 70 年代中期发生了显著的年代际变化，之后海盆模态明显增强[5]；北印度洋的百年历史资料也表明，这种变化在过去多次发生[6]。印度洋季风与厄尔尼诺-南方涛动(El Niño-southern oscillation，ENSO)的关系在 70 年代之后发生了转变，之前季风和 ENSO 同相变化，之后反相变化[7]。另外，ENSO 自身强度和频率的变化也会对印度洋造成影响[8]。这些年际气候模态的低频变化体现了印度洋存在显著的年代际变异。

从海洋之间的联系来看，太平洋的气候变化信号，如太平洋年代际涛动(Pacific decadal osillation，PDO)可以通过印度尼西亚海进入到印度洋[9]。卫星海面高度观测表明，在过去 20 多年里，西太暖池区的海平面上升速率全球最高，最高达到全球平均的 4 倍；而且西太平洋海平面的异常上升通过印度尼西亚海直接影响到南印度洋，最终导致其南部及东边界海域的海平面也快速上升，成为海平面上升速率仅次于热带西太平洋的海区。与年际波动信号主要受到赤道太平洋风应力异常的驱动所不同的是，热带太平洋的年代际波动信号更多地受到近赤道风应力旋度异常的调制，这一过程与 20 世纪 90 年代以来的 PDO 年代际过程趋于同步。近期关于全球变暖停滞(global warming hiatus)的研究也表明海洋过程年代际变率在长期气候变化中具有重要的作用[10]。

为何印度洋会发生年代际变异，这是印度洋研究的重要科学问题。印度洋年代际调整期间，海洋内部垂向结构的变化缓慢，能够持续数十年，并在温跃层中造成显著的变异。从 20 世纪 90 年代初期开始，印度尼西亚贯穿流对澳大利亚西海岸区域以至南印度洋的影响有所增强[11]，同时对应着热带西太平洋的信风强度及海表高度的年代际变化增强[12, 13]，印度尼西亚贯穿流在望加锡海峡输运增强[14]及路文流(Leeuwin current)输运增强；传入印度洋的 ENSO 信号从 1980 年以来不断增强[15]；在副热带区域(20°~30°S)，海洋的内部变率对温跃层深度的年代际变化有着重要的影响[11]。这些研究表明，印度洋的年代际变异一方面受到海盆内部风场变化的调控，另一方面还受到印度尼西亚贯穿流的影响，特别是在南印度洋。而印度尼西亚贯穿流的变化可以追溯到太平洋，这是一种海洋遥强迫的影响机制。在印度洋内部，区域风应力的长期变异直接导致印度洋海洋出现变异，虽然在长时间尺度上大气环流的变化取决于海洋的长期变化。在一个海气系统中，印度洋年代际变化的内在耦合机制尚不清楚，表现在以下几个方面。

(1) 迄今为止，印度洋内部调整和太平洋外源强迫两者在年代际尺度上对印度洋的影响孰轻孰重尚无定论。除此之外，还存在许多亟须解决的难题：印度洋 SST 年代际变异受制于大气强迫和全球环流变化。已有的研究表明印度洋海表温度的逐渐变暖可以通过增强的太平洋 Walker 环流影响热带大气环流[16]，使得信风(东风)加强，因此加速了热带西太平洋海平面高度的升高[12]。但是，目前并不清楚 Walker 环流和 Hadley 环流年代际变化与印度洋 SST 年代际变化的确切联系。

(2) 印度洋 SST 年代际变化与 ENSO 相关，但还有相当一部分变化受其他因素的影响。与年代际 SST 变化有关的关键气候模态，如印度洋海盆模态，也显示出与太平洋多年代际振荡无关的独立性，并且会反作用于热带太平洋，这一过程尚需更多研究。

(3) 对于太平洋和大西洋，已有很多工作研究了随机大气强迫对海洋年代际变化的影响，然而在印度洋这一方面的研究却很少。这种随机强迫是否会对印度洋年代际变化产生影响?

(4) 在热带南印度洋，10°S 以南的东风信风和弱的赤道风场所形成的风应力旋度在热带南印度洋海盆中部和西侧诱发上升流。上升流导致纬度带温跃层变浅，通常称之为温跃层脊。上升流一方面对应印度洋上层的子午环流，另一方面诱发次级浅层翻转环流[2, 17, 18]，上升流水体来源于东南印度洋的潜沉水[2]。在年代际时间尺度上，印度洋海洋垂向子午翻转环流的调整与水体的更新尚需更多的研究。

(5) 近年来的研究表明，温室气体的增加有利于海盆尺度的增暖。但是亚洲南部人类活动导致的大气气溶胶会造成太阳辐射减少，这将减弱北印度洋变暖的幅度。年代际时间尺度上印度洋海面温度及海表高度在空间上的结构差异，与海盆内风场变化相适应。气溶胶引起的热力强迫差异与年代际时间尺度上印度洋海洋-大气调整的区域差异这两种过程的相对贡献，以及其中涉及的相互作用机制尚不清楚。

参考文献

[1] Wang B, Ding Q H. Changes in global monsoon precipitation over the past 56 years. Geophysical Research Letters, 2006, 33(6): 272-288.

[2] Schott F A, Xie S P, Mccreary J P. Indian Ocean circulation and climate variability. Reviews of Geophysics, 2009, 47(1): 549-549.

[3] Saji N H, Goswami B N, Vinayachandran P N, et al. A dipole mode in the tropical Indian Ocean. Nature, 1999, 401(6751): 360-3.

[4] Du Y, Zhang Y. Satellite and argo observed surface salinity variations in the tropical indian ocean and their association with the indian ocean dipole mode. Journal of Climate, 2015, 28(2): 695-713.

[5] Xie S P, Du Y, Huang G, et al. Decadal shift in El Niño influences on Indo-Western Pacific and East Asian climate in the 1970s. Journal of Climate, 2010, 23(12): 3352-3368.

[6] Chowdary J S, Xie S P, Tokinaga H, et al. Interdecadal Variations in ENSO Teleconnection to the Indo-Western Pacific for 1870-2007. Journal of Climate, 2012, 25(5): 1722-1744.

[7] Webster P J, Yang S. Monsoon and ENSO: Selectively interactive systems. Quarterly Journal of the Royal Meteorological Society, 1992, 118(507): 877-926.

[8] Pachauri R K, Allen M R, Barros V R, et al. Climate change 2014: Synthesis report. Contribution of Working Groups I, II and III to the fifth assessment report of the Intergovernmental Panel on Climate Change. IPCC, 2014.

[9] Annamalai H, Xie S P, Mccreary J P, et al. Impact of indian ocean sea surface temperature on developing El Niño. Journal of Climate, 2005, 18(2): 302-319.

[10] Meehl G A, Arblaster J M. Decadal variability of Asian-Australian monsoon-ENSO-TBO relationships. Journal of Climate, 2011, 24(18): 4925-4940.

[11] Trenary L L, Han W. Local and remote forcing of decadal sea level and thermocline depth variability in the South Indian Ocean. Journal of Geophysical Research Oceans, 2013, 118(1): 381-398.

[12] Han W Q, Meehl G A, Hu A X, et al. Intensification of decadal and multi-decadal sea level variability in the western tropical Pacific during recent decades. Climate Dynamics, 2014, 43(5-6): 1357-1379.

[13] Merrifield M A. A shift in western tropical pacific sea level trends during the 1990s. Journal of Climate, 2011, 24(15): 4126-4138.

[14] Susanto R D, Ffield A, Gordon A L, et al.Variability of Indonesian throughflow within Makassar Strait, 2004–2009. Journal of Geophysical Research Oceans, 2012, 117(C9): 26-33.

[15] Shi G, Ribbe J, Cai W, et al. Multidecadal variability in the transmission of ENSO signals to the Indian Ocean. Geophysical Research Letters, 2007, 340(9): 252-254.

[16] Luo J J, Sasaki W, Masumoto Y. Indian Ocean warming modulates Pacific climate change. Proceedings of the National Academy of Sciences of the United States of America, 2012, 109(46): 18701-6.

[17] Miyama T, Julian P, Mccreary J, et al. Structure and dynamics of the Indian-Ocean cross-equatorial cell. Deep Sea Research Part II Topical Studies in Oceanography, 2003, 50(12–13): 2023-2047.

[18] Tong L. Decadal weakening of the shallow overturning circulation in the South Indian Ocean. Geophysical Research Letters, 2004, 31(311): 355-366.

撰稿人：杜　岩

中国科学院南海海洋研究所，duyan@scsio.ac.cn

多年代际时间尺度上海盆间的相互作用

Inter-Basin Teleconnections and Interactions on Multi-Decadal Timescales

地球表面 71%的面积被海水覆盖。广袤的海洋被大陆自然分割为太平洋、印度洋、大西洋三个海盆。三大洋南部连为一体，以 60°S 为界，该纬度以南包围着南极大陆的环形海域又被称为南大洋。而大西洋北部北极圈内的海域常被称为北冰洋。

由于陆地边界的限制，三大洋存在着各自的环流结构和内部气候变率。然而，不同洋盆间的气候变率并非完全独立，而是存在着紧密的联系和相互作用。单一洋盆的内部变率，尤其是其海表面温度的异常，往往可以通过大气桥遥相关、海气相互作用，以及大尺度洋流输送等机制，对另一个洋盆的海温、盐度、降水，乃至大气、海洋环流等物理过程产生影响[1, 2]。由于海洋动力学过程对气候变化的重要性，在多年代际时间尺度上，不同洋盆间的相互作用过程尤为明显。这些相互作用过程在一系列气候热点问题中扮演着重要的角色。对多年代际时间尺度上海盆间相互作用的深入探讨，有助于我们进一步理解地球气候系统的能量收支平衡，对研究全球变暖停滞、北极海冰加速消融、南极海冰增多，以及东亚地区近几十年的温度、降水和环流异常等一系列与我们日常生活息息相关的气候问题具有重要的意义。

在多年代际时间尺度上，三大洋海温各自存在着显著的时空变率。

在太平洋海域，太平洋年代际涛动[3](interdecadal Pacific oscillation，IPO)是年代际气候变率的主要模态。太平洋年代际涛动是指周期为 15~30 年的海温振荡现象。IPO 的空间模态与厄尔尼诺-南方涛动(El Niño-southern oscillation)非常相似。IPO 位于暖相位时(图 1 中灰框部分)，赤道东太平洋及北美洲沿岸的海表温度增暖，而南、北太平洋中纬度区域海表温度则呈现冷异常，这一海温异常与 El Niño 相似。IPO 冷相位则恰好相反，呈现出类似拉尼娜(La Niña)的太平洋海温异常。IPO 被认为是随机强迫和海气相互作用共同作用的结果，其物理机制还有待进一步研究。

在大西洋海域，大西洋多年代际涛动[4](Atlantic multidecadal oscillation，AMO)在其多年代际变率中占主导地位。AMO 主要表现为热带和北大西洋海温以 60~70 年为周期的冷、暖交替现象，其空间模态如图 2 中灰框部分所示。由于大西洋具有独特的狭长海盆，存在着较强的经向翻转环流，AMO 很大程度上受到这一热盐环流的驱动。IPO 与 AMO 在全球气候系统年代际变率中扮演着至关重要的角色。二者之间的相互影响，是研究多年代际时间尺度上海盆间相互作用的一个核心问题。

与此同时，印度洋存在着洋盆尺度持续增暖 。印度洋的持续增暖一方面能够对太平洋和大西洋的气候过程造成影响[5]，另一方面也在 AMO 和 PDO 的相互作用过程中扮演着重要的媒介作用[2]。

如上所诉，三大洋各自存在着显著的年代际变率，这些变率之间是否存在着联系呢？早在 20 世纪末，人们就发现，热带太平洋海温变化会引起其他洋盆的响应[6]。早期的工作集中于对太平洋年际变率，尤其是对 El Niño 海温异常引发的海盆间相互作用的研究[6]。而近年来的工作指出：在多年代际尺度上，IPO 所激发的大气遥相关过程也会造成全球海洋的显著异常。IPO 暖相位(热带东太平洋增温)往往造成印度洋洋盆尺度的显著增温，以及热带大西洋北部的升温，形成一个覆盖全球海洋的海温异常模态[7](图 1)。Dai 等将历史观测到的全球海温年代际变率做了主成分分析，发现第一个模态与 IPO 引起的海温异常模态非常一致[8]，说明 IPO 所激发的遥相关过程在全球海温年代际变率中起到了至关重要的作用。IPO 的变率不仅会造成全球海温的变化，也会引起一系列的大气环流和降水的异常[9]，如与 IPO 的暖相位相关的 Walker 环流减弱等。

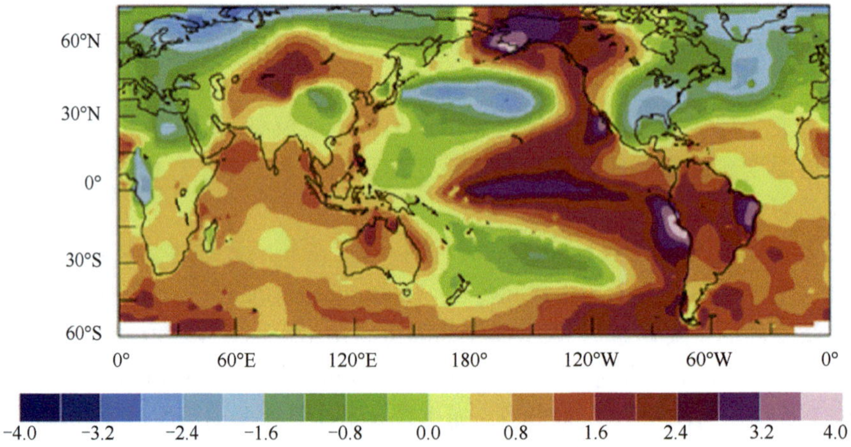

图 1　IPO 暖相位引起的全球海温异常[8]

热带太平洋变暖引起了印度洋和热带大西洋的升温

另一方面，最近的研究发现，在多年代际尺度上，大西洋和印度洋海温变率也会引起太平洋的变化。AMO 正相位所对应的热带大西洋升温通过大气深对流以及海气潜热输送等物理过程造成印度洋海盆尺度的增暖，以及热带东太平洋的降温[2]。而热带印度洋的增暖能够进一步冷却东太平洋[5]。这一过程伴随着 Walker 环流的增强，并最终导致太平洋向 IPO 冷相位发展(图 2)。

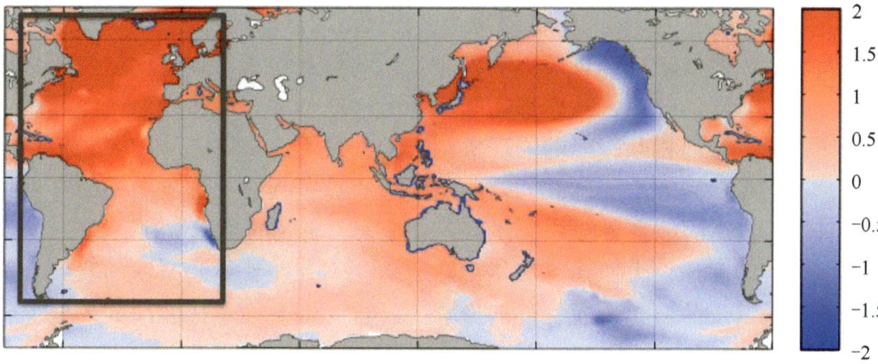

图 2　AMO 暖相位引起的全球海温异常[2]

北大西洋变暖激发了印度洋升温以及热带太平洋的冷却

有趣的是，大西洋 AMO 和太平洋 IPO 所激发的全球海温变率的空间模态是截然不同的。如上所述，在热带太平洋激发的全球海温异常中，IPO 暖相位对应着印度洋和热带大西洋的增温。然而对于 AMO 所激发的海温异常，热带大西洋增温则往往造成印度洋增暖，以及 IPO 向冷相位发展。值得注意的是，过去 30 年的海温变化趋势与大西洋激发的全球海温模态吻合的非常好，说明大西洋在过去几十年的全球海温演化过程中可能扮演了非常重要的角色。由于不同海盆之间无时无刻不在相互作用，相互影响，由 AMO 和 IPO 所引发的海盆间的相互作用一直处于动态的平衡过程中。这一动态过程是如何发展和演化的呢？究竟是哪些物理过程将不同海盆的气候变率联系在一起的？厘清这些过程的动力机制，对研究海盆间的相互作用尤为重要。

海盆间相互作用的物理机制难以直接通过观测和统计分析得到。近几十年来，学术界针对这一问题开展了大量的理论和数值模拟实验，发现大气桥遥相关是造成不同大洋相互影响的首要因素。大气桥遥相关泛指海温异常通过改变大尺度大气环流，进而对遥远区域的海洋变率产生影响的过程。它包含着多种不同的物理过程和动力机制，如①热带局地海域(如热带太平洋)增温往往造成局地大气深对流的加强，将大量潜热释放到对流层中；由于对流层上层水平方向热量输送的效率非常高，局地的潜热释放往往会造成全球热带对流层升温，而对流层升温则进一步加热其他区域的海洋[10]；②热带局地海温异常引起的大气深对流也会通过大气波动过程引发整个热带区域大气环流的改变；大气环流异常影响了表层风速，风速的变化进一步促进或抑制了海面蒸发，进而改变海表面温度[11]；③大气环流的改变，尤其是 Walker 环流的响应还可以通过海洋-大气之间的动力反馈过程造成海洋深层冷水上翻流的变化并影响海表温度[2]；④局地海温的变化还能够引发全球尺度的涡流热量输送(eddy heat transport)，以及热带、副热带风暴的异常，并最终作用于其他海盆[1]。以上提到的一系列物理过程仅是大量遥相关过程中的一小部分。除此之外，洋流能量输送也直接影响着海盆间的相互作用，如印度尼西亚贯穿流就在太平洋和印度洋的年代际变率之间搭起了一座桥梁。虽然前人已经开展了大量的工作，但海盆间相互作用的物理机制，尤其是不同机制之间的关联仍然不是很清晰，还存在着因果不明确的问题。明晰遥相关过程的物理机制是研究多年代际海盆间相互作用的最重要的一个环节，也是相关研究的难点所在。

太平洋、印度洋、大西洋的多年代际变率之间存在着如此紧密的联系。这些联系会对气候系统的演化造成怎样的影响呢？首先，在多年代际时间尺度上，洋盆间的遥相关关系会改变地球气候系统的能量收支平衡。学者们发现，AMO 和 IPO 的相位变化可能是引发近十几年全球变暖停滞的重要原因之一[12]。其次，大洋之间的多年代际遥相关往往引起局地气候系统的变化，如印度洋和太平洋的年代际变率会对华南夏季降水产生深远影响[9]，这些局地气候变化直接影响着我们的日常生活。最后，热带和中纬度海洋的年代际变率通过大气遥相关过程对极地海洋也可能产生显著影响：AMO 和 IPO 相位的改变被认为是北极海冰加速消融，以及南极海冰增多的重要原因[13, 14]。综上所诉，海盆间的相互作用是地球气候系统多年代际变率中重要的一环。海盆间的遥相关过程无时无刻不对整个气候系统乃至我们的日常生活产生着深远的影响。我们亟须进一步加强对海盆间相互作用，尤其是对其物理机制的研究，解决这个科学难题。

参 考 文 献

[1] Zhang R, Delworth T L. Impact of the atlantic multidecadal oscillation on North Pacific climate variability. Geophysical Research Letters, 2007, 34(23), L23708.

[2] Li X, Xie S P, Gille S T, et al. Atlantic-induced pan-tropical climate change over the past three decades. Nature Climate Change, 2016, 6(3), 275-279.

[3] Wallace J M, Gutzler D S. Teleconnections in the geopotential height field during the Northern Hemisphere winter. Monthly Weather Review, 1981, 109(4), 784-812.

[4] Schlesinger M E, Ramankutty N. An oscillation in the global climate system of period 65-70 years. Nature, 1994, 367(6465), 723-726.

[5] Luo J J, Sasaki W, Masumoto Y. Indian Ocean warming modulates Pacific climate change. Proceedings of the National Academy Sciences, 2012, 109(46), 18701-18706.

[6] Alexander M A, Bladé I, Newman M, et al. The atmospheric bridge: The influence of ENSO teleconnections on air-sea interaction over the global oceans. Journal of Climate, 2002, 15(16), 2205-2231.

[7] Kosaka Y, Xie S P. The tropical Pacific as a key pacemaker of the variable rates of global warming. Nature Geoscience, 2016, 9, 669-673.

[8] Dai A, Fyfe J C, Xie S P, et al. Decadal modulation of global surface temperature by internal climate variability. Nature Climate Change, 2015, 5(6), 555-559.

[9] Wu R, Yang S, Wen Z, et al. Interdecadal change in the relationship of southern China summer rainfall with tropical Indo-Pacific SST. Theoretical and Applied Climatology, 2012, 108(1-2): 119-133.

[10] Chiang J C, Sobel A H. Tropical tropospheric temperature variations caused by ENSO and their influence on the remote tropical climate*. Journal of Climate, 2002, 15(18), 2616-2631.

[11] Xie S P, Philander S G H. A coupled ocean - atmosphere model of relevance to the ITCZ in the eastern Pacific. Tellus Series A-dynamic Meteorology, 1994, 46(4), 340-350.

[12] Kosaka Y, Xie S P. Recent global-warming hiatus tied to equatorial Pacific surface cooling. Nature, 2013, 501(7467), 403-407.

[13] Ding Q, Wallace J M, Battisti D S, et al. Tropical forcing of the recent rapid Arctic warming in northeastern Canada and Greenland. Nature, 2014, 509(7499), 209-212.

[14] Li X, Holland D M, Gerber E P, et al. Impacts of the north and tropical Atlantic Ocean on the Antarctic Peninsula and sea ice. Nature, 2014, 505(7484), 538-542.

撰稿人：李熙晨

中国科学院大气物理研究所，lixichen@mail.iap.ac.cn

热盐环流与气候突变的关系

The Thermohaline Circulation and Abrupt Climate Change

2004 年灾难电影《后天》让人们意识到“气候突变”可能给人类带来的巨大灾难。电影讲述了由于全球变暖导致大洋热盐环流停滞，打破了全球热量平衡，各种极端天气事件，包括超级风暴、超强风暴潮、急剧降温等随之出现，地球在几天之内就陷入了如冰河时期一般极度的严寒。看完影片，人们不禁要问：什么是热盐环流？为什么热盐环流的停滞会导致气候突变？影片描绘的情节真的可能发生吗？

热盐环流[1](又称翻转流)，是一个依靠海水的温度和含盐密度驱动的全球洋流循环系统。在现代气候条件下，赤道温暖的海水随着大西洋湾流不断向北移动。海水在途中释放出热量逐渐变冷，再加上不断地蒸发使海水的盐度增加。因此，当到达北大西洋高纬度时，海水变的又冷又咸，密度增大而沉入深海，成为北大西洋深层水团。水团在大西洋的深层以西边界流的形式向南流去，之后围绕着南极绕极急流，部分和形成于威德尔海的南极底层水混合，最终流向太平洋和印度洋，在那里上翻达到上层海洋，完成整个环流(图 1)，简称“全球输送带”环流(图 2)。通过这个过程，热盐环流会把低纬度地区多余的热量输送到高纬度地区，以维持全球气候系统的能量平衡。此作用在北大西洋特别明显[2]。由热盐环流主导的热输送，以及冬季的热释放，可以达到高纬地区全年太阳辐射量的 1/4，使得北美和欧洲比起同纬度的其他地区，拥有更加温暖湿润的气候。因此，可以预想，一旦热盐环流停滞，全球热量平衡就会被打破，而北美和欧洲很可能就此陷入极度严寒。

在古气候资料中，热盐环流的停滞和类似《后天》所描述的气候突变在历史上确实存在过，不过发生的时间需要至少几十年，而不是电影中所述的几天。最著名热盐环流停滞事件发生在 12000 年前左右的新仙女木(Younger Dryas)事件[3]。当时全球正从上个冰河期结束后缓慢升温，北美，北欧和格陵兰岛冰川开始融化，注入北大西洋。这些冰川融水最终导致了温盐环流在距今大概 12900 年前停止。于是，北半球的高纬地区突然开始降温，整个区域很快就回到了冰河期的样子。许多迁移到高纬度地区的动植物大批死亡。这次降温极其突然，在短短的十年内，地球平均气温下降了 7~8℃。低温状态持续了大概 1300 年后，气温才又开始上升。由此可见，热盐环流在整个新仙女木事件中起着非常重要的作用。它的停滞，直接导致了类似《后天》中的灾难场景。那么问题来了，现在全球正变得越来越暖，北大西洋近 10 年来的观测显示热盐环流一直在减弱[4]。人们不禁担心，随着变暖的进一步加剧，在未来的几十到几百年内热盐环流会停止吗？诸如新仙女木事件的历史会重演吗？

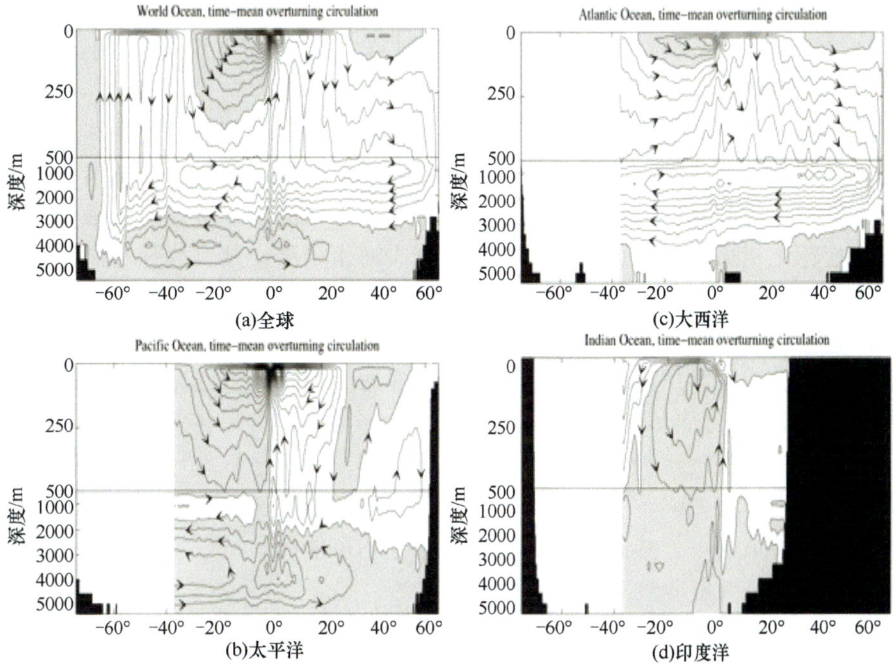

图 1 海洋模式模拟的纬向平均翻转流[2]

负值流函数为阴影，表示反时针转流。线间隔：对于全球是 5 Sv，对于单个海盆是 2.5Sv(1 Sv=10^6 m^3/s)

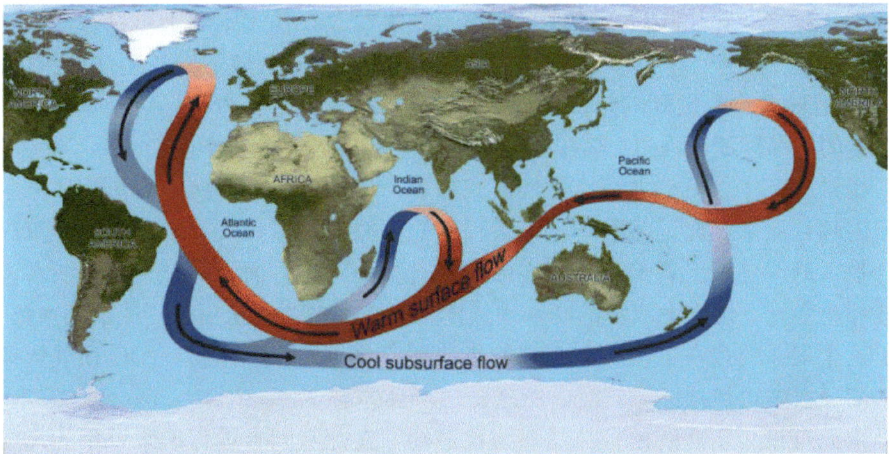

图 2 热盐环流路径的示意图，红色表示表层暖流，蓝色表示深层寒流

http://www.ces.fau.edu/nasa/resources/global-ocean-conveyor.php

解答这个问题最好的途径就是应用气候模式，对未来的气候变化作出预估。最近的政府间气候变化专门委员会第五次评估报告指出，世界各国的气候模式都预估在未来的 100~300 年热盐环流会有所减弱却不会停滞[5]，也就是说电影《后天》中的灾难场景将不会出现。然而，有研究表明，目前的气候模式所模拟的热盐环流普遍过于稳定[6, 7]。这一误差的存在，使得模式在未来温室气体强迫下很难模拟出热盐环流的停滞，从而大大降低了气候预估的可信度。

那么模式为什么会出现这样的误差？这就要从热盐环流的稳定性和多平衡态说起。作为一个非线性系统，热盐环流存在着多平衡态现象。一个基本的物理机制是温度与盐度的相反的作用。一方面，高纬度地区的冷水增加海水密度，从而加强热盐环流；另一方面，高纬度的淡水减少海水密度，减弱热盐环流。这种相互竞争导致了热盐环流的稳定性可划分为多个区域[8]。当环流处于多稳态域时，短暂的高纬度海表淡水强迫即可触发热盐环流不同平衡态之间的转换。对于一支活跃的热盐环流，由冰川融解所导致的北大西洋海表淡水通量的增加能够引起海表盐度改变，使环流从活跃态转到停止态[9]。历史上 Heinrich 事件和新仙女木事件中热盐环流的停止都被认为是基于此机制。而当环流处于单稳态域时，无论北大西洋海表淡水强迫有多强，当强迫消失后，活跃的热盐环流还是会恢复到原先的活跃态。在这种情形下，热盐环流的长期停滞是不可能的。所以，热盐环流处于哪个稳定态区域是决定环流对气候强迫的关键。

为了精确的确定热盐环流的稳定性，科学家发现了一个热盐环流稳定性指标，即热盐环流所导致的贯穿大西洋海盆的经向淡水输送[10]。应用此指标，科学家能比较容易地确定热盐环流在某一气候态下处于何种稳定态区域。对于一支活跃的环流，当指数为负时，即热盐环流所导致大西洋的淡水辐散，指数显示环流处于多稳态；反之，热盐环流所导致大西洋的淡水辐合，环流则处于单稳态。结合近几十年的观测资料，科学家发现大西洋正在热盐环流主导下向外辐散淡水(负指数)，这意味着当今世界的热盐环流处于多稳态。因此，一方面，对于全球变暖下所产生的高纬度淡水强迫，热盐环流有可能会从活跃态转到停止态，从而导致《后天》场景的产生。另一方面，气候模式却显示指数为正，大西洋在热盐环流主导下向内辐合淡水。此误差的产生很大程度上是源于模式长久以来存在的“双热带辐合带”的问题。后者给南大西洋带来了过多的降水，而这部分多余的淡水，在热盐环流主导下进入大西洋的淡水输送体系，使本来的淡水辐散变成了淡水辐合。由于这个误差的存在，模式所模拟的热盐环流总是处于单稳态。所以在气候模式未来的预报中，热盐环流只会有所减弱却不会停滞。

由此可见，正确的模拟热盐环流稳定性并在此基础上进行未来百年的气候预报是科学家必须面对的一个科学问题。针对这个问题，目前并没有特别理想的解决方案。一些大胆的尝试包括应用通量订正的方法虽然可以修正模式中热盐环流稳定性的误差[11]，但是同时可能会给模式带来其他潜在的问题。因此，改变模式中的物理过程，如大气中对流参数化，海洋中的湍流混合有可能是解决此问题的最优途径。无论如何，对热盐环流和气候突变的研究涉及地球的未来和人类的命运，需要大力加强对模式的改进，解决这个科学难题。

参考文献

[1] Srokosz M A, Bryden H L. Observing the atlantic meridional overturning circulation yields a decade of inevitable surprises. Science, 2015, 348(6241): 1255575.

[2] Jayne S R, Marotzke J. The dynamics of ocean heat transport variability. Reviews of Geophysics, 2001, 39(3): 385-417.

[3] Cuffey K M, Clow G D. Temperature, accumulation, and ice sheet elevation in central Greenland through the last deglacial transition. Journal of Geophysical Research, 1997, 102(C12): 26383-26396.

[4] Smeed D A, McCarthy G D, Cunningham S A, et al. Observed decline of the Atlantic meridional overturning circulation 2004~2012. Ocean Science, 2014, 10(1): 29-38.

[5] Change I C. The physical science basis. Contribution of working group I to the fifth assessment report of the intergovernmental panel on climate change. 2013.

[6] Stouffer R J, Yin J, Gregory J M, et al. Investigating the causes of the response of the thermohaline circulation to past and future climate changes. Journal of Climate, 2006, 19(8): 1365–1387.

[7] Liu Z, Otto-Bliesner B L, He F, et al. Transient simulation of last deglaciation with a new mechanism for Bølling-Allerød warming. Science, 2009, 325(5938): 310-314.

[8] Stommel H. Thermohaline convection with two stable regimes of flow. Tellus, 2011, 43(6): 559–567.

[9] Ganopolski A, Rahmstorf S. Rapid changes of glacial climate simulated in a coupled climate model. Nature, 2001, 409(6817): 153-158.

[10] Liu W, Liu Z. A diagnostic indicator of the stability of the Atlantic meridional overturning circulation in CCSM3. Journal of Climate, 2013, 26(6): 1926-1938.

[11] Liu W, Liu Z, Brady E C. Why is the AMOC monostable in coupled general circulation models. Journal of Climate, 2014, 27(6): 2427-2443.

撰稿人：刘　伟　刘征宇

北京大学，zliu3@wisc.edu

大洋环流变化和年代际气候变率

Ocean Circulation Change and Interdecadal Climate Variability

年代际气候变率一般指时间尺度在 10~100 年的自然气候变化。这些变化的一个特点是与海洋及其环流的变化密切相关。在区域气候变化尺度上，区分今后几十年自然年代际变率和人为的外强迫导致的年代际变率正成为当今气候研究中的最重要任务之一。目前观测和模式表明显著的年代际气候变率存在于全球各个区域，尤其明显的是太平洋年代际振荡(Pacific decadal oscillation，PDO，图 1)[1, 2]模态和大西洋多年代际振荡(Atlantic multidecadal oscillation，AMO，图 2)[3]模态。

目前，我们对于年代际变率的机制知之仍甚少[4~6]。对年代际变率的机制的较深入研究可以追踪到 20 世纪 80 年代末期到 90 年代初期。大洋环流模式和海洋大气耦合环流模式的广泛应用对年代际气候变率的深入研究起了重大作用。Weaver 和 Sarachik 在 1991 年[7]首先在海洋模式中研究了大西洋温盐环流的年代际变化。Latif 和 Barnett 在 1994 年[8]依据海洋风生环流和海气反馈第一次在海气耦合模式中提出了北太平洋年代际变率机制。在这些新的发现中，都认为大洋环流与气候年代际变化有重要的联系。随后，从自激发的耦合模态到随机驱动的海洋模态，从热带地区到中高纬地区，从风生环流到热盐环流，大量关于年代际变率的机制被提出。从 70 年代起，又有人提出年代际变率主要是由短期天气活动造成的随机的气候强迫所产生[9]，而不是由海气耦合系统自激发产生。这个观点似乎否认了大洋环流在年代际变化中的重要性。但是，有的科学家坚持认为较长时间尺度的年代际变化与海洋环流及其导致的海洋热量变化密切相关[10]。他们认为，大洋波动和大洋环流是决定年代际变率时间尺度的最可能因素。年代际变率的时间尺度主要由 Rossby 波在中高纬度的传播速度所决定的；同时，也受到北大西洋经向翻转环流的影响。

尽管经过了几十年的努力，对于许多的年代际变率的基本问题我们仍缺乏了解[4~6]。困惑之大以至于迄今为止海洋在年代际变率中的作用仍存在巨大的争议[10, 11]。最具有挑战性的问题是为什么一个变率模态有明显的年代际时间尺度特征，什么物理过程决定了这个时间尺度？此外，大洋波动、大洋环流和海气相互作用在年代际变率上起到了怎样的作用？热带地区和中高纬区域在年代际变率的产生上起到了什么作用？风生环流和热盐环流又对年代际变率起到了怎样的作用？之所以这些问题还没有被回答，是因为验证观测中的年代际变率的具体机制是非常困难的。一个主要原因是观测资料时间较短且空间稀疏：器测资料只有大概 100 年左右或更短。对多年代际变率，这只包括了 1~2 个波动周期。这使得我们很难清楚地辨别年代际变率信号，特别是年代际变率模态的时间尺度。树轮和珊瑚等长期代用资料可作为仪器记录的补充来代表年代际变率的观测。但是，代用资料受限于它们的时空分布特征和代表气候变化的真实性。观测的限制使耦合模式在年代际变率的研究中扮演的角色也越来越重要，这也是目前预测这种自然变率最有效的方法。但反过来为了验证模式的真实性，又需要大量长期的观测。因此，更详尽的观测资料，特别是对于次表层海洋变率的观测，是更加深入理解年代际变率所必不可少的条件，也是解决大洋环流在年代际变化中究竟起什么作用这一科学难题的正确途径。

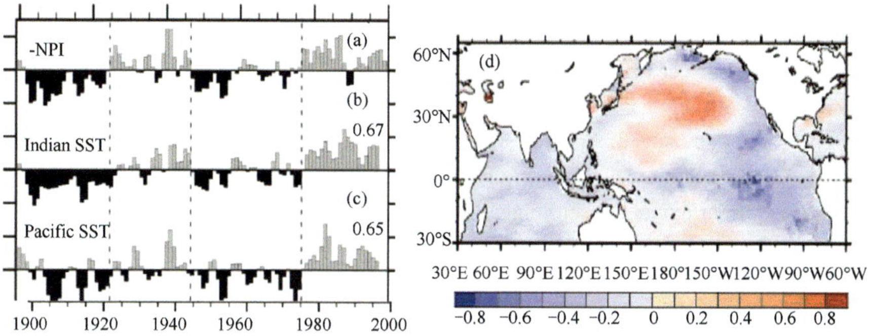

图 1 太平洋年代际振荡(PDO)在 1900~1997 年冬季的气候距平资料

(a)负北太平洋指数(NPI，是 30°~60°N，160°~140°W 的海表面气压区域平均)；(b)热带印度洋海表面温度；(c)赤道南太平洋海表面温度。这些资料是经过三点二项滤波得到的标准和平滑的数据。纵坐标的分度值代表一个标准差；右边数字代表热带环流指数与负 NPI 指数的相关系数；(d)北方冬季海表面温度的年代际尺度的差异场(1947 年、1976 年、1977 年、1995 年)[2]。

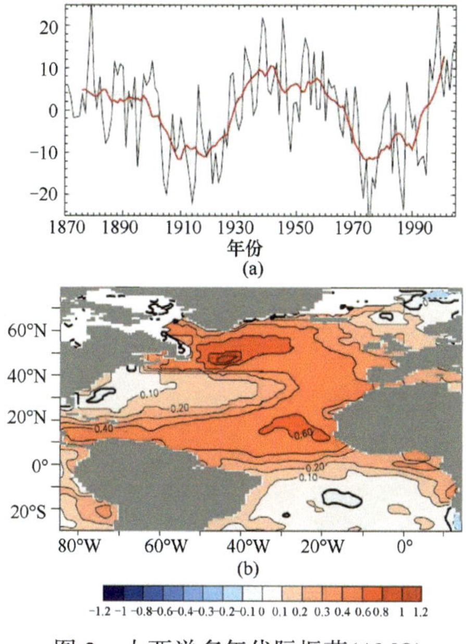

图 2 大西洋多年代际振荡(AMO)

海温经验正交函数分解的(a)第一主成分(无量纲化)和(b)年平均海表面温度的回归场。−0.4~0.4 的等值线间隔为 0.1，其他间隔为 0.2。EOF 分析针对 1870~2005 年的 0°~60°N 的大西洋区域[4]

参 考 文 献

[1] Zhang Y, Wallace J M , Battisti D S. ENSO-like Interdecadal Variability: 1900–1993. Journal of Climate, 2010, 10(5): 1004-1020.

[2] Deser C, Phillips A S, Hurrell J W. Pacific interdecadal climate variability: Linkages between the tropics and the north pacific during boreal winter since 1900. Journal of Climate, 2004, 17(16): 3109-3124.

[3] Kushnir Y. Interdecadal variations in North Atlantic sea surface temperature and associated atmospheric conditions. Journal of Climate, 1908, 7: 1(1): 141-157.

[4] Delworth T L, Zhang R, Mann M E. Decadal to centennial variability of the Atlantic from observations and models. Ocean Circulation: Mechanisms and Impacts-Past and Future Changes of Meridional Overturning, 2007: 131-148.

[5] Liu Z. Dynamics of interdecadal climate variability: A historical perspective. Journal of Climate, 2012, 25(6): 1963-1995.

[6] Buckley M W, Marshall J. Observations, inferences, and mechanisms of the Atlantic Meridional Overturning Circulation: A review. Reviews of Geophysics, 2016, 54(1).

[7] Weaver A J, Sarachik E S. Evidence for decadal variability in an ocean general circulation model: An advective mechanism. Atmosphere-Ocean, 1991, 29(2): 197-231.

[8] Latif M, Barnett T P. Causes of decadal climate variability over the North Pacific and North America. Science, 1994, 266(5185): 634-637.

[9] Hasselmann K. Stochastic climate models part I. Theory. Tellus, 1976, 28(6): 473-485.

[10] Gulev S K, Latif M, Keenlyside N, et al. North Atlantic Ocean control on surface heat flux on multidecadal timescales. Nature, 2013, 499(7459): 464-467.

[11] Zhang R, Sutton R, Danabasoglu G, et al. Comment on “The Atlantic Multidecadal Oscillation without a role for ocean circulation”. Science, 2016, 352(6293): 1527-1527.

撰稿人：刘征宇

北京大学，zliu3@wisc.edu

科普难题

全球冰量变化如何调制全球气候变化?

How does Global Ice Volume Modulate Global Climate Change?

冰由积雪变化而来。极地和高山常年积雪，积雪在自身压力和重结晶作用下形成圆球状的粒雪，经融化、再结晶、碰撞、压实作用，冰晶间的空隙减少，晶体逐渐合并，最后形成冰川。冰川包括山岳冰川和大陆冰川，大陆冰川主要位于地球的南极和北极，贡献了绝大部分的全球冰量，是影响气候变化的重要因素之一。

表 1 总结了现代冰川的基本物理参数。冰川和冰帽对气候变化非常敏感，它们会随着气候的冷暖发生快速的生长和消融，其冰量约相当于 0.5 m 的海平面变化。南极冰盖和格陵兰冰盖的冰量约占全球冰量的 99%，分别相当于 61.1 m 和 7.2 m 的海平面变化，是全球冰量的主要贡献者，它们的体积即使发生很小的变化也可能会对海平面和地球气候产生重要影响。

表 1　地球冰量的物理参数[1]

	冰川	冰帽	冰川和冰帽	格陵兰冰盖	南极冰盖
数量	>160000	70			
面积/10^6km^2	0.43	0.24	0.68	1.71	12.37
体积/10^6km^3	0.08	0.10	0.18±0.04	2.85	25.71
等量海平面上升	0.24	0.27	0.5±0.10	7.2	61.1
堆积速率(等量海平面 mm/a)			1.9±0.3	1.4±0.1	5.1±0.2

海冰也是全球冰量的重要组成部分。过去几十年中，由于人类活动的影响，北半球海冰每十年减少 9.4%~13.6%，但南极海冰却以每十年 1.2%~1.8%的速度增加[2]。全球冰量累积基本上平衡了冰盖融化和冰山裂解造成的冰量损失。北极和南极冰盖的消融过程并不相同。南极常年低温，冰盖表面没有径流，主要是通过冰架裂解形成冰山而损失冰量。而在北半球，夏季的太阳辐射足以引起格陵兰冰盖大面积融化，并形成径流，这种方式造成的冰量损失与裂解形成冰山造成的冰量损失相当。全球冰量的变化主要依赖全球温度和降水的变化。过去一百年中，温度升高引起的冰量损失相当于全球海平面以 0.2~0.4 mm/a 的速度升高[1]，但全球降水增加可以补偿冰量损失。

全球冰量在地表气候系统演化中扮演着重要角色。冰盖对太阳辐射具有较高的反射率、较低的热传导和较强的热惯性，它可以影响大气和海表温度，改变大气环流，造成气候带迁移。冰盖的生长和消融影响永久冻土中甲烷的释放、海平面变化、海洋生物泵、海水盐度、海气交换和大洋环流。

目前地球正处在两极均有冰盖的特殊时期。地球冰盖的时空演变历史，以及对地球气候的影响和响应目前并不完全清楚。例如，雪球地球假说(snowball earth hypothesis)[3]，该假说根据沉积相和古纬度重建提出新元古代晚期(late Neoproterozoic)地球表层几乎完全被冰雪覆盖。雪球地球仍然是一个假说，出现的确切时间仍然存在不确定性，而且地球历史上如果曾经存在雪球地球，那么雪球地球的形成和消解的机制不得而知。经历了晚中生代的暖期，新生代地球气候开始逐渐变冷。在渐新世—始新世之交(约 34 Ma)，南极冰盖初现；到了中中新世(约 13.8 Ma)，东南极冰盖快速扩张；8~7 Ma，北极冰盖初现；至上新世(约 2.75 Ma)，北极冰盖最终形成，地球从此进入两极有冰的气候模式[4]。

深海底栖有孔虫 ^{18}O 常用来指示晚新生代全球冰量变化(图 1(a))[5]。在上新世约 2.75 Ma，北极冰盖最终形成并达到今天的规模，地表气候进入典型的冰期—间冰期旋回(图 1)[5~7]。在冰期，极地温度降低，冰盖生长；在间冰期，极地温度升高，冰盖消融(图 1(a)、(c))。米兰科维奇理论(Milankovitch theory)认为地球轨道参数的周期性变化导致地球表层吸收的太阳辐射量的变化是第四纪冰期—间冰期旋回的主要性因素。冰期—间冰期旋回上气候变化对轨道参数引起的太阳辐射量变化的响应是非线性的，包含了众多地球内部的反馈过程。例如，大气 CO_2 浓度的变化、冰盖反照率和阳伞效应、大洋环流和相关的热量传输、碳循环对冰期—间冰期旋回上气候的强迫，这些反馈过程和不同气候要素的耦合机制并不清楚。

大气 CO_2 浓度与全球冰量协同变化(图 1(b))。冰期大气 CO_2 浓度下降，间冰期则正好相反，可能与南大洋的碳储库有关，而海冰的作用则不容忽视。海冰的生长和消融直接影响表层海水盐度和密度，海冰的扩张可以阻止 CO_2 和热量在海气之间的交换，直接调节气候系统。南大洋，特别是威德尔海(Weddell Sea)和罗斯海(Ross Sea)是世界上最重要的海冰发育区。南大洋海冰有很强的季节性变化特点，冬季南极大陆周围的海冰扩张约 14×10^6 km^2(相当于澳大利亚面积的两倍)，随后在夏季融化。南大洋吸收了人类活动释放的 CO_2 中的 43%，扣留了人类活动释放的热量中的 75%[8]，其中海冰和深层水起了非常显著的作用。如果没有南大洋对 CO_2 和热量的吸收，那么人类对气候变化造成的影响将被放大。一些硅藻和放射虫对海冰的变化较为敏感，利用它们的丰度变化重建的海冰变化结果显示，在末次冰盛期(last glacial maximum，LGM)，南极冰盖冬季边界在大西洋和印度洋的部分可以向北扩张到 47°S，在太平洋可以扩张到 57°S，相对于在现代南极冰盖向北移动了 7°~10°，冰盖面积扩张了 39×10^6 km^2[9]，冰盖扩张的体积相当于海平面下降 14~18 m[10]。当南大洋的海水形成海冰时，海冰以下海水的盐度升高(盐析作用，

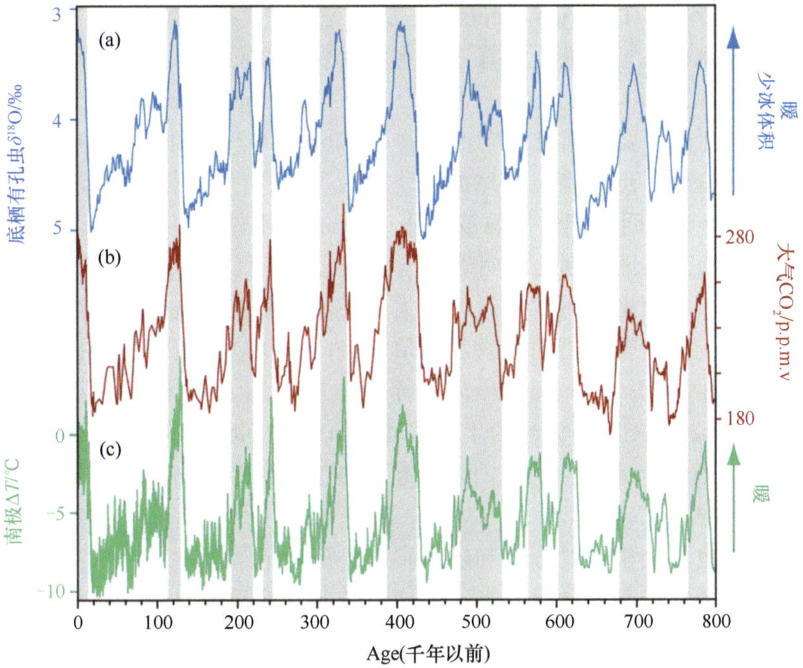

图 1 (a)底栖有孔虫 ^{18}O 的汇编记录[5]，反映了大陆冰量和大洋深部温度。(b)从冰心气泡中重建的大气 CO_2 浓度[6]。(c)利用南极冰 D 重建的南极大气温度[7]

brine rejection)，温度降低，密度增大；同时海冰可以阻止降雨和降雪进入海洋，导致海水中的淡水输入减少，进一步增大了海冰以下水体的盐度和密度，这些高盐度高密度的冷水在南极陆架聚集形成陆架水(continental shelf water)，并最终溢出，沿着陆坡下沉形成南大洋底层水(Antarctic bottom water)。

南大洋冰期海冰扩张形成的物理屏障和高效的生物泵是引起冰期大气 CO_2 浓度下降的主要原因[11]。冰期海冰扩张形成的物理屏障导致南大洋通风减弱，上升流减弱，南极表层可能会形成稳定而新鲜的水体盖层，进一步削弱南大洋的通风。南大洋通风减弱阻止了海洋的热量流失和海气之间的 CO_2 交换，导致南大洋扣留了更多的 CO_2，是冰期大气 CO_2 浓度下降的重要因素。冰期南大洋海冰的扩张对南大洋的生产力也产生了深远影响。冰期极地区域由于海冰覆盖、水体分层加强，以及上升流减弱，导致极地区域的输出生产力较低。然而，由于南极冰盖的扩张导致西风带向赤道方向移动，增强了副极地区的上升流，同时冰期的风尘通量大幅增加，在风尘铁施肥的共同作用下，冰期副极地的输出生产力是间冰期的 2~3 倍[11]，其高效的生物泵作用也是导致冰期大气 CO_2 降低的一个重要原因。

冰盖的生长和消融控制着周边海区的淡水通量，通过调控大洋温盐环流影响气候变化。在末次冰期，北大西洋发生了 6 次强烈的冰筏事件，持续约数千年，被称为海因里希事件(Heinrich events)[12]。沉积记录和模拟结果显示[13]，在 Heinrich 事件期间，淡水注入造成北大西洋表层水体密度降低而难以下沉，北大西洋深层水的形成受到抑制，区域上仅限于北欧的罗迪克海(Nordic Seas)，甚至可能停止，此时大西洋的深部主要由南极深层水充填。Heinrich 事件期间，北半球高纬地区变冷，而南极则变暖，形成南北半球的“跷跷板”现象，说明大洋环流格局发生了改变，导致两半球之间的能量传输被打乱。Heinrich 事件的根源在于北半球高纬的冰盖变化，尽管其物理机制尚不明确，但已引起千年尺度上的快速气候变化。

冰盖的生长和消融还可以通过改变大气环流而影响气候变化。冰盖变化可以引起高纬地区的温度变化进而触发气压带的经向摆动。冰盖强迫模拟显示，在单极冰盖扩张的情况下，Hadley 环流向赤道方向收缩，热带辐合带(intertropical convergence zone，ITCZ)向偏暖的半球移动，如果两极冰盖都扩张，热带辐合带向赤道收缩[14]。因此，冰盖生长和消融引起的热带辐合带经向摆动在很大程度上控制着热带地区的降水分布。

冰盖扩张也影响植被的分布和陆地碳库。孢粉记录显示，在末次冰盛期，北半球大陆冰盖大幅扩张，导致北半球陆地植被向低纬地区收缩，陆地森林植被约减少 25%，相当于 530 Pg(10^{15}g)的碳，是陆地碳储库变化的主因[11]。

冰期—间冰期旋回中，冰盖的生长和消融对东亚季风也产生了深刻的影响。东亚冬季风是连接北半球冰冻圈、欧亚大陆和海洋之间冬季大气环流的重要动力过程。由于陆地和海洋的比热容不同，在冬季，蒙古-西伯利亚形成西伯利亚冷高压(Siberian high)，西北太平洋形成阿留申热低压(Aleutian low)，澳大利亚形成澳大利亚低压，气压差在东亚大陆上形成西北向的东亚冬季风。东亚冬季风的演化与西伯利亚高压的位置和强度密不可分，而西伯利亚高压主要受北半球高纬冰盖和温度控制[15]。当北半球冰盖扩张时，气候带和植被带南移，北半球中高纬地区大陆表面的反照率增加，导致西伯利亚地区的大气温度降低，进而增强了西伯利亚高压，而冷空气的南移也会导致西伯利亚高压增强并南移，进而增强东亚冬季风[16]。中国黄土堆积是典型的风尘堆积，主要由冬季风搬运，黄土的粒度可用来指示冬季风的强度[15]，在轨道尺度上与深海底栖有孔虫 ^{18}O 指示的全球冰量变化有很好的对比性(图 2)[17, 18]。当北极冰盖扩张时冬季风增强(图 2(a))，夏季风减弱(图 2(c))，但在氧同位素(marine isotope stage，MIS)14 期显示异常，尽管底栖有孔虫 ^{18}O 指示全球冰量较大，但黄土粒度显示冬季风强度较弱(图 2(b))，说明在 MIS 14 期北半球冰盖可能并不发育，当时全球冰量的变化主要由南极冰盖的扩张贡献[17]。

全球冰量变化与全球气候变化之间的关系，在地球系统之外的控制因素是太阳辐射，地球系统内部的控制因素则是各种气候系统组成部分之间的反馈过程。全面揭示全球冰量变化如何调节全球气候变化的机制，仍需更多的现代观测、高分辨率的地质记录重建和数值模拟工作，因此仍是气候变化研究的难题之一。

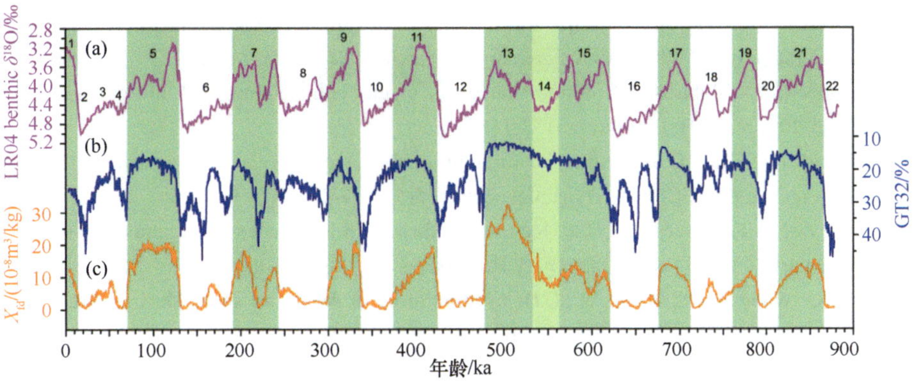

图 2 (a)底栖有孔虫 ^{18}O[4]，指示全球冰量大小，其中黑色的数字代表氧同位素期次；(b)黄土粒度 GT32(>32 m 的颗粒含量)，指示东亚冬季风强弱；(c)黄土频率磁化率(X_{fd})，指示东亚夏季风强弱[16]

参 考 文 献

[1] IPCC Climate Change. The Physical Science Basis. England: Cambridge Univ. Press, 2014.

[2] Change C. The scientific basis, intergovernmental panel on climate change. In: Houghton J T, Ding Y, Griggs D J, et al, 2001.

[3] Hoffman P F, Schrag D P. The snowball Earth hypothesis: Testing the limits of global change. Terra Nova, 2002, 14(3): 129-155.

[4] Zachos J, Pagani M, Sloan L, et al. Trends, rhythms, and aberrations in global climate 65 Ma to present. Science, 2001, 292(5517): 686-693.

[5] Lisiecki L E, Raymo M E. A Pliocene - Pleistocene stack of 57 globally distributed benthic δ18O records. Paleoceanography, 2005, 20(1).

[6] Lüthi D, Le Floch M, Bereiter B, et al. High-resolution carbon dioxide concentration record 650000–800000 years before present. Nature, 2008, 453(7193): 379-382.

[7] Jouzel J, Masson-Delmotte V, Cattani O, et al. Orbital and millennial Antarctic climate variability over the past 800 000 years. science, 2007, 317(5839): 793-796.

[8] Frölicher T L, Sarmiento J L, Paynter D J, et al. Dominance of the southern ocean in anthropogenic carbon and heat uptake in CMIP5 models. Journal of Climate, 2015, 28(2): 862-886.

[9] Gersonde R, Crosta X, Abelmann A, et al. Sea-surface temperature and sea ice distribution of the Southern Ocean at the EPILOG Last Glacial Maximum——A circum-Antarctic view based on siliceous microfossil records. Quaternary Science Reviews, 2005, 24(7): 869-896.

[10] Huybrechts P. Sea-level changes at the LGM from ice-dynamic reconstructions of the Greenland and Antarctic ice sheets during the glacial cycles. Quaternary Science Reviews, 2002, 21(1): 203-231.

[11] Sigman D M, Hain M P, Haug G H. The polar ocean and glacial cycles in atmospheric CO_2 concentration. Nature, 2010, 466(7302): 47-55.

[12] Heinrich H. Origin and consequences of cyclic ice rafting in the Northeast Atlantic Ocean during the past 130 000 years. Quaternary Research, 1988, 29(2): 142-152.

[13] Ganopolski A, Rahmstorf S. Rapid changes of glacial climate simulated in a coupled climate model. Nature, 2001, 409(6817): 153-158.

[14] Chiang J C, Bitz C M. Influence of high latitude ice cover on the marine Intertropical Convergence Zone. Climate Dynamics, 2005, 25(5): 477-496.

[15] Ding Z, Liu T, Rutter N W, et al. Ice-volume forcing of East Asian winter monsoon variations in the past 800, 000 years. Quaternary Research, 1995, 44(2): 149-159.

[16] Hao Q, Wang L, Oldfield F, et al. Delayed build-up of Arctic ice sheets during 400, 000-year minima in insolation variability. Nature, 2012, 490(7420): 393-396.

[17] Hao Q, Wang L, Oldfield F, et al. Extra-long interglacial in Northern Hemisphere during MISs 15-13 arising from limited extent of Arctic ice sheets in glacial MIS 14. Scientific Reports, 2015, 5.

[18] Sun Y, Clemens S C, An Z, et al. Astronomical timescale and palaeoclimatic implication of stacked 3.6-Myr monsoon records from the Chinese Loess Plateau. Quaternary Science Reviews, 2006, 25(1): 33-48.

撰稿人：田　军　马小林

同济大学，tianjun@tongji.edu.cn

科普难题

在温室气体持续增加的背景下为什么会出现全球变暖减缓

Global Warming "Hiatus" Despite the Accelerated Greenhouse Gas Emissions

1998~2012 年，尽管人类活动导致的温室气体排放仍然保持每年 3.1%的速度增加，人为辐射外强迫作用持续增强，但全球平均表面温度上升的速度仅为每十年 0.05℃，远小于 1970 年以来气候快速变暖期间全球平均表面温度的上升速度(每十年 0.15℃)。这就是大家所说的全球变暖“减缓”现象。由于人类活动排放的温室气体持续增加一直被认为是全球气候变暖的主要原因(95%~100%的可能性，联合国政府间气候变化专门委员会第五次评估报告)，显然，在温室气体排放仍然持续增加的背景下，全球平均表面温度上升速度减缓的现象引起了人们对全球变暖的质疑。如何解释这一矛盾现象不仅成为当前全球气候变化科学研究的难题之一，也是世界各国政府和公众所关心的热点之一(图 1)。

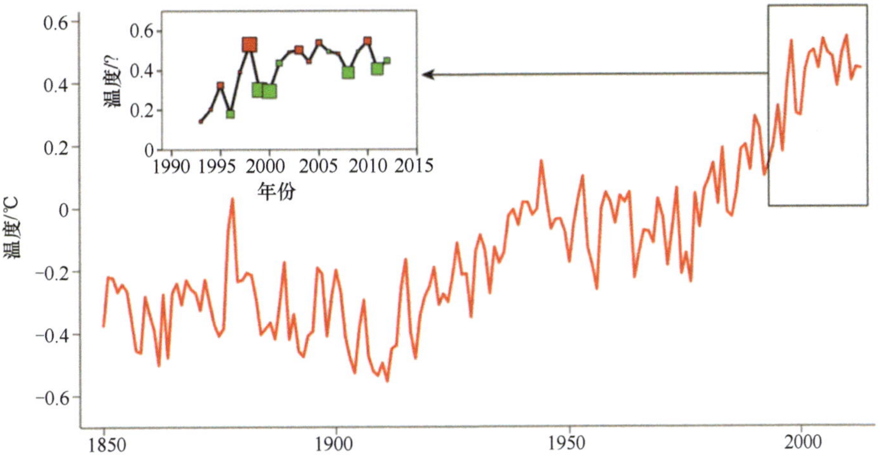

图 1　全球平均表面温度上升速度减缓[1]

根据气候系统的热量收支平衡理论，在人为温室气体排放持续增加，辐射强迫作用增强的背景下，导致全球平均表面温度上升速度减缓的可能原因包括：①到达地球表面的辐射减弱；②辐射到达了地表，但被海洋大量的吸收，在某一阶段没有显著地加热大气；或者③这两种情况的共同作用。尽管气候学家针对上述各个方面分别开展了深入的研究，但截至目前，仍然没有形成统一的认识。

1. 辐射强迫变化

影响全球表面温度变化最直接的因素是外辐射强迫。因此，解释全球平均表面温度上升速度减缓最为直接的原因包括太阳辐射和气溶胶变化所导致的辐射强迫作用的变化。

太阳活动存在约 11 年的周期，最近的一个周期是自有卫星观测以来太阳活动的极小年，因此太阳辐射的减少一度被认为是导致全球平均表面温度下降的主要原因[2]。但是，由于太阳辐射在太阳活动极大年和极小年之间仅差 1W/m^2，对变暖停滞的贡献不超过 0.2W/m^2(因为一个球面地球只接受一个圆面上的太阳辐射，并且约有 30%的太阳辐射会被反射回太空)，因此太阳辐射的变化虽然对全球表面温度变化有影响，但可能不会是驱动全球变暖减缓的主要因素。

除了太阳辐射强度本身的变化以外，影响到达地表辐射强度的因素包括大气中气溶胶的变化和平流层的水汽含量。其中影响大气中气溶胶含量变化的主要贡献来自于火山运动和人类活动。一般情况下，火山爆发之后驻留在平流层中的火山灰会削弱短波辐射，导致全球温度显著下降[3]。研究指出，近十几年间气溶胶的降温作用很可能对全球气候变暖“减缓”有贡献。另一个影响到达地表辐射强度的因素是平流层中水汽含量的变化[4]。平流层中水汽含量增加会导致平流层降温，而对流层升温。反之，当平流层水汽含量减少时，虽然平流层会升温，但是对流层会降温，并导致地球表面温度的下降。

虽然辐射强迫作用的变化可以直接解释地球表面温度上升速度减缓，但是这些研究存在一些缺陷，一方面这些分析主要基于气候模式中关于辐射强迫变化，以及模式气候系统对辐射强迫变化敏感性的参数化方案，存在很大的不确定性；另一方面，利用表面辐射强迫减弱虽然可以解释表面温度上升速度减缓，但是却与整个海洋热含量仍然持续上升的现象相矛盾，后者也得到了一些模式模拟结果的证实[5]。因此，仅仅依靠辐射强迫作用无法完全解释全球变暖减缓的根本原因。

2. 气候系统的年代际变化

全球海洋三维温度观测数据显示 1955~2010 年全球海洋 0~2000 m 总的热含量持续增加，上升速度约为 0.39W/m^2(相对于全球表面积，下同)[6]，其中 2000 年以来全球 0~1500 m 海洋所吸收的热量约为 0.49W/m^2，如果考虑由于海洋观测系统从船载观测到 Argo 浮标观测的过渡导致的系统误差，2000 年以来全球海洋 0~1500 m 的热含量上升速度约为 0.43W/m^2 [7]，多组常用的海洋再分析数据也显示 1993~2010 年全球海洋热含量上升速度约为 0.5W/m^2 [8]，这些分析说明过去十几年全球表面温度上升速度趋缓期间，整个气候系统所受到的总辐射强迫仍然为正，全球气候仍然在持续变暖，只是由于气候系统存在年代际变化，在年代际变化的某些阶段，气候系统所吸收的热量在系统内部各个圈层的分配不同，可能导致表面温度上升速度变缓甚至停滞。因此，导致全球变暖趋缓的主要原因可能是气候系统的内部变率及其对外部辐射强迫作用的响应 [9]。

海洋吸收热量减缓表面温度上升速度的现象得到了观测和气候模式的证实。三维海洋温度观测再分析数据显示，2000~2012 年 0~200 m 海洋变暖的速度仅为 0.05 W/m^2，而 200~1500 m 海洋变暖速度则为 0.43W/m^2。由于表层混合的作用，0~200 m 海洋热含量的变化趋势几乎与海表面温度相同，在 2000~2012 年也表现为变暖减缓，而海洋所吸收的热量主要集中于中深层海洋(200 m 以深)[7]。气候模式模拟实验也证实了表层变暖减缓期间中深层海洋热含量持续增加的现象。其中一组数值模式分析结果表明如果设定大气层顶净热辐射通量为 1W/m^2，模拟的地球平均表面温度在一百年间的平均上升速度约为每十年 0.15℃，但并不表现为持续性地变暖，而是会间歇性地出现 4 次持续约 10 年左右的表层温度上升速度减缓期，其中有两次表面温度上升速度为负 [10]。然而，在这些表层变暖减缓期间，海洋热含量的共性是 0~300 m 海洋热含量的上升速度仅为每年 1.7×10^{21}J，而其他非减缓期间 0~300 m 海洋热含量上升速度则可达到每年 4.2×10^{21}J；与之相反，在表层变暖减缓期间，中深层海洋(300~750 m 和 750 m 以深)热含量上升速度则明显快于非减缓期海洋热含量的上升速度，其中 300~750 m 海洋热含量上升速度在表层变暖减缓和非减缓期间分别为每年 5.8×10^{21}J 和 4.9×10^{21}J；而 750 m 以深则分别为每年 8.0×10^{21}J 和 6.7×10^{21}J [12]。这些都说明了中深层海洋的持续变暖，并进一步证实在温室气体持续加速排放的背景下，表层温度上升速度的减缓可能只是气候系统自身年代际变化的一个过程，整个地球气候系统并没有出现变暖减缓的趋势。

那么，为什么气候系统的年代际变化会影响全球气候增暖的速度呢?

观测表明，1992~2011 年，赤道东太平洋海面信风(东风)持续增强 [12]。气候模式实验表明，热带太平洋海表面温度每上升 1℃，就可以造成全球平均温度上升约 0.29℃。1998~2012 年热带东太平洋海表面温度的下降，进而通过从热带到热带外的大气“遥相关”波列影响北美的冬季，从而使全球平均温度下降 0.15℃，并由此抵消温室效应加剧造成的全球变暖 [14]。在 GFDL CM2.1 模式中，如果保持辐射强迫作用与历史观测一致，同时将赤道东太平洋占全球面积 8%的海洋用观测的海表面温度做强迫，模拟得到的全球平均温度与观测值的相关系数高达 0.97，并且能够模拟出 1998~2012 年的表层温度上升速度减缓现象(图 2)[13]。这一实验说明了太平洋年代际振荡与全球变暖“减缓”之间的联系。

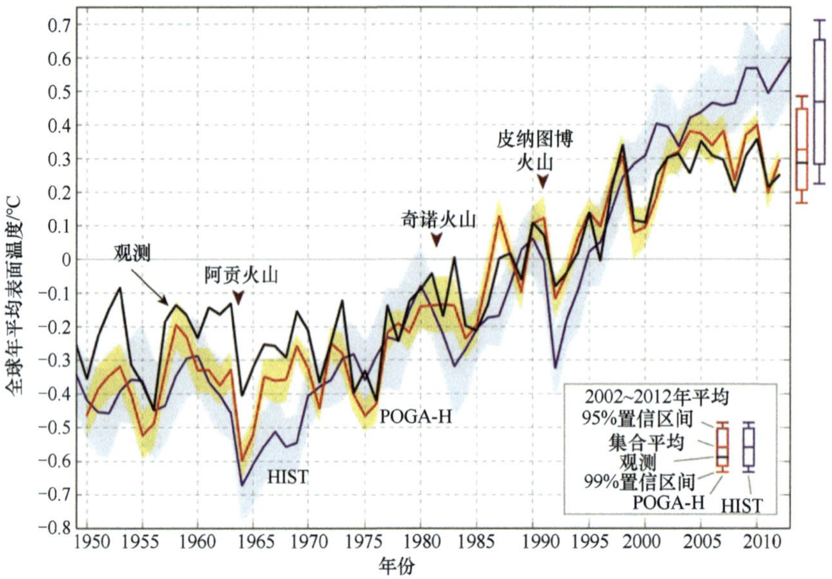

图 2　赤道东太平洋-全球大气数值实验模拟的全球平均表面温度 [14]

海洋观测数据显示，1998~2012 年，北大西洋和南大洋 0~1500 m 海洋热含量的上升约占全球海洋海洋热含量变化的 70%，并且主要的热含量上升发生在 300 m 以下，约为每年 5.8×10^{21}J，其中北大西洋 300~1500 m 海洋变暖速率约为每年 1.9×10^{21}J，占全球中深层海洋热含量变化的 30%以上 [7]。但是，中深层海洋是如何变暖的呢？为什么大西洋与南大洋深层海水的海洋热含量的持续增加要远大于太平洋与印度洋？观测显示，1999~2005 年，北大西洋经向翻转环流(Atlantic meridional overturning circulation，AMOC)增强，向高纬度输送了大量高温高盐水，当高纬度海域海水向大气释放热量变冷后，因为仍具有较高的盐度，所以密度变大而下沉，将热量(相对暖的表层水)输送至中深层海洋，从而减缓了全球平均海表面温度的上升速度，并维持了在此期间气候系统的热量收支平衡。这一过程并不会长期持续下去，而是一个自身具有负反馈的过程：增强的 AMOC 向高纬度输送的热量会加速北冰洋海冰和格陵兰岛冰架的融化，形成大量淡水注入海洋，强化北大西洋北部上层海洋的层结稳定，削弱北大西洋深层水的形成和向中深层海洋的热量输运，进而导致 AMOC 减弱；而反之，随着 AMOC 的减弱，向北输送的高温水减少，海洋向大气释放的热量减少，冰融化所形成的淡水逐渐减少，海水的盐度和密度开始逐步缓慢恢复，当累计增加到一定程度时，AMOC 的强度得以恢复，并回到逐步加速的正位相。这种与温度-盐度变异(浮力通量)相关的 AMOC 加速—减缓—再加速的过程主要发生在年代际时间尺度上，类似的现象曾发生在 20 世纪 50~70 年代，与 1998~2012 年相类似，两次事件中北大西洋 0~1500 m 层海洋温度和盐度都呈现出显著并同步的年代际振荡特征，同时也很可能调控了北大西洋甚至北半球表面温度的年代际变异。关于 AMOC 变异的数值模式研究已取得了长足的发展，在本系列中有专门的详细介绍，这里不再赘述。需要指出的是，上述动力学过程的时间尺度为 60~80 年，需要利用更长的观测数据，特别是中深层海洋的观测来支持和验证。但不管怎样，这些分析工作都再次说明气候系统的年代际变化对全球变暖的影响作用。

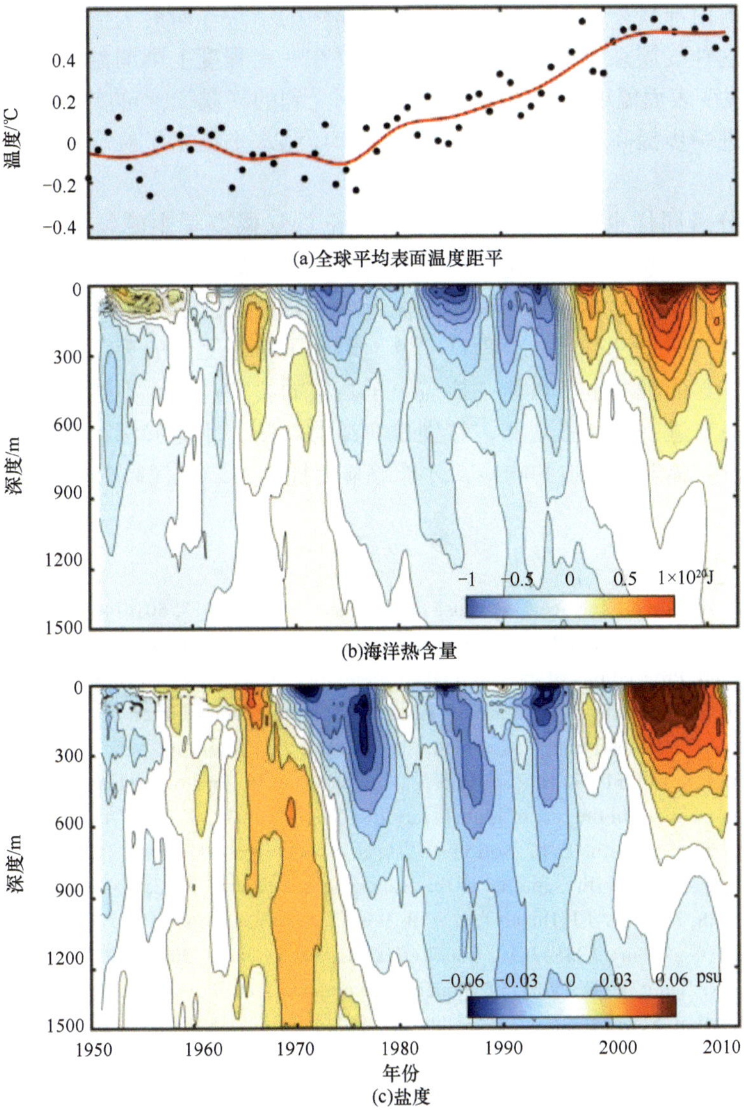

图 3　北大西洋温度-盐度变化与全球平均表面温度的相位关系 [7]

(a)中黑点为年平均全球平均表面温度，红线为其低频变化；(b)、(c)分别为北大西洋(45°~65°N)上层海洋热含量和海水盐度距平

3. 问题和机遇

综上所述，虽然对全球气候变暖持怀疑态度的人因为短暂的全球变暖“减缓”而开始质疑温室效应，以及人类减少温室气体排放的必要性，但气候学家的研究已充分说明，全球气候系统变暖的步伐并没有减缓或者停滞，只是热量在气候系统各个组成部分中的分配发生了变化，使得表面温度出现上升速度的减缓，这是气候系统的内部变率与外部辐射强迫共同作用的结果。研究表明，在年代际时间尺度上，这种气候系统内部变化的强度可以在一定程度上削弱温室气体的辐射强迫作用，改变表面温度上升(也是人类可以感受到的气候变暖)的趋势。正确认识这一现象对进一步提高气候模式的模拟能力和预测水平提出了挑战，是仍未解决的科学难题。

上述分析同样也体现出当前我们对于全球气候变暖中的物理过程的认识不足。一方面，气候学家从太阳辐射、气溶胶、火山爆发、平流层水汽含量、太平洋年代际振荡、北大西洋经向翻转环流等多个角度出发去理解气候变暖“减缓”的物理本质，但是没有哪一个理论完整地解释了所观测到的现象。另一方面，仍然十分不完善的观测也很可能“掩盖”了真实的物理过程。不过，有一点是非常明确的：只有进一步加强观测，特别是海洋的观测，才能够深入了解气候系统的内部变化及对辐射外强迫的响应，才能够显著提高对未来气候变化的预测能力。

参 考 文 献

[1] Held I M. Climate science: The cause of the pause. Nature, 2013, 501(7467): 318-319.

[2] Wang K, Dickinson R E. Contribution of solar radiation to decadal temperature variability over land. Proceedings of the National Academy of Sciences, 2013, 110(37): 14877-14882.

[3] Santer B D, Bonfils C, Painter J F, et al. Volcanic contribution to decadal changes in tropospheric temperature. Nature Geoscience, 2014, 7(3): 185-189.

[4] Solomon S, Rosenl K H, Portmann R W, et al. Contributions of stratospheric water vapor to decadal changes in the rate of global warming. Science, 2010, 327(5970): 1219-1223.

[5] Zhang R, Delworth T L, Sutton R, et al. Have aerosols caused the observed atlantic multidecadal variability. Journal of the Atmospheric Sciences, 2013, 70(4): 1135-1144.

[6] Levitus S, Antonov J I, Boyer T P, et al. World ocean heat content and thermosteric sea level change (0–2000m), 1955–2010. Geophysical Research Letters, 2012, 39(10): L10603-L10607.

[7] Chen X, Tung K K. Varying planetary heat sink led to global-warming slowdown and acceleration. Science, 2014, 345(6199): 897-903.

[8] Storto A, Masina S, Balmaseda M, et al. Steric sea level variability (1993–2010) in an ensemble of ocean reanalyses and objective analyses. Climate Dynamics, 2015: 1-21.

[9] Trenberth K E. Has there been a hiatus. Science, 2015, 349(6249): 691-692.

[10] Meehl G A, Arblaster J M, Fasullo J T, et al. Model-based evidence of deep-ocean heat uptake during surface-temperature hiatus periods. Nature Climate Change, 2011, 1(7): 360-364.

[11] Meehl G A, Teng H. Case studies for initialized decadal hindcasts and predictions for the Pacific region. Geophysical Research Letters, 2012, 39(22): 20813-20821.

[12] England M H, Mcgregor S, Spence P, et al. Recent intensification of wind-driven circulation in the Pacific and the ongoing warming hiatus. Nature Climate Change, 2014, 4(3): 222-227.

[13] Kosaka Y, Xie S P. Recent global-warming hiatus tied to equatorial Pacific surface cooling. Nature, 2013, 501(7467): 403-437.

[14] Zhang R, Delworth T L, Held I M. Can the Atlantic Ocean drive the observed multidecadal variability in Northern Hemisphere mean temperature. Geophysical Research Letters, 2007, 34(2): 346-358.

撰稿人：陈显尧

中国海洋大学，chenxy@ouc.edu.cn

为什么中国近海海平面变化存在很大的不确定性？

Why is there Great Uncertainty About Sea Level Variation in China Seas

中国近海海域包括渤海、黄海、东海及南海等海域。中国海岸线漫长，沿海陆地地势低洼，人口众多，经济发达，深受海平面变化的影响。受众多因素的影响，中国近海海平面复杂多变，存在多尺度时空变化特征，通过局地和遥相关强迫的不同尺度大气和海洋过程的共同制约，各种因子的影响过程和贡献都不太清晰。

中国近海海平面存在显著季节变化特征，夏季海平面最高，冬季海平面低，平均年较差大约 10cm。海平面季节变化空间分布特征明显，如南海海平面异常在冬季和夏季的空间变化形态相反。冬季，南海深水海盆海平面相对较低，中心位于吕宋岛西北侧；南海的西北部、越南沿岸和南海南部的浅水区的海平面则较高。夏季，与冬季形式相反，在南海深水海盆海面较高，而南海北部及南海南部浅水区海面相对较低[1]。中国近海海平面季节变化主要受气压、风场、热通量、径流等因素影响。

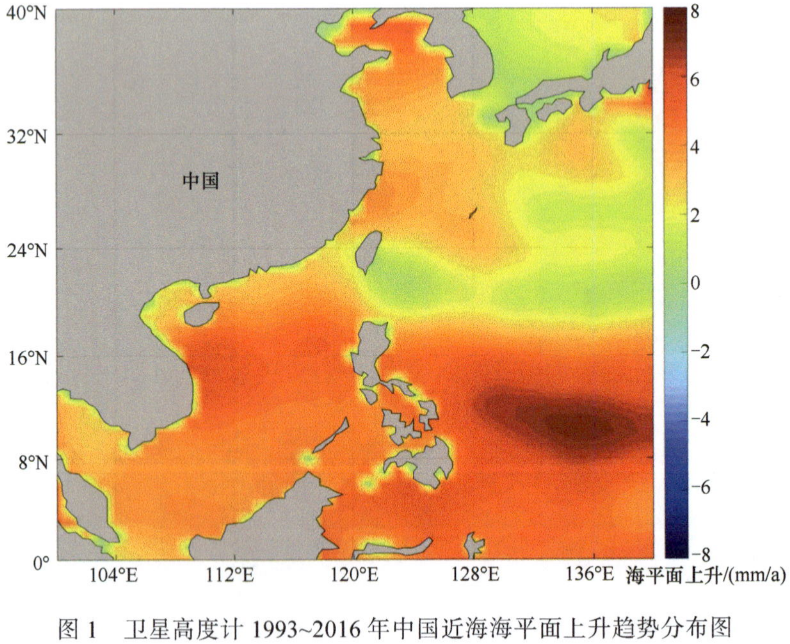

图 1　卫星高度计 1993~2016 年中国近海海平面上升趋势分布图
http://www.cmar.csiro.au/sealevel

中国近海邻近于西北太平洋和印度洋，海平面的年际到年代际尺度变化复杂多变，一直是热点研究问题。南海海平面变化显著地受到厄尔尼诺和南方涛动(ENSO)的影响。冬季和夏季，海平面异常都存在与ENSO相关的年际变化模态。南海海平面异常与ENSO存在明显的负相关，在厄尔尼诺时期海平面面是下降的，而在拉尼娜时期是上升的[2, 3]。研究还发现，南海海平面年际变化海与印度洋偶极子(IOD)变换有关，IOD正位相时，西南南海海平面降低，而IOD负位相时，西南海平面上升[4]。在年代际尺度，南海海平面异常与太平洋年代际振荡(PDO)呈负相关[5]。通常认为，ENSO、PDO及IOD等，是通过的风场调制影响南海海平面[3, 6]，也有研究认为西太平洋西传的罗斯贝波波信号是影响南海东部海平面的主要原因[7]。太平洋水通过吕宋海峡对南海的入侵，以及印度尼西亚贯穿流，也是南海海平面年际变化的一个重要原因[8]。在年际尺度上，东中国海海平面变化与ENSO和PDO呈负相关[2, 9]。北太平洋环流振荡(NPGO)通过调制副热带西北太平洋风场，从而影响东中国海海平面年代际尺度变化[10]。同时，黑潮和陆地径流也是东中国海海平面变化的重要影响因素[11]。

影响中国海海平面年际、年代际变化的机制包括局地强迫和遥相关。局地强迫主要是指由东亚季风引起的年际、年代际海平面变化。遥相关主要是指ENSO、PDO对东亚季风的影响和北太平洋副热带环流的变异，ENSO、PDO与东亚季风相互影响，进而影响东中国海海平面的年际、年代际变化[12]；北太平洋副热带环流变异导致黑潮变异及东中国海环流变化，从而影响东中国海海平面的变化[13]。副热带环流的变异可导致黑潮流量的变化和东中国海环流的变异，进而影响东中国海海平面的年际、年代际的变化。影响副热带环流变异的主要因素有大气的随机强迫，大气遥相关，北太平洋局地海气相互作用。

热带太平洋与北太平洋海气系统的相互作用是形成太平洋气候年代际振荡的主要机制。来自热带太平洋的遥相关能引起北太平洋副热带环流上空的风应力异常，风应力异常引起副热带环流系统(特别是副热带经向翻转流STC)的异常，因此中纬度潜沉水通过温跃层环流进入热带海域的通量速度发生变化，引起年代际变化[14]。热带海域的温度异常信号通过Kelvin波和斜压Rossby波的传播，影响到中纬度温度和副热带环流的年际、年代际变化[15]，从而影响到了中国海海平面变化。

中纬度海域局地的海气相互作用可以产生副热带环流的年代际变化。中纬度海气相互作用涉及大气对海洋的强迫和海洋对大气的反馈，北太平洋对风应力异常的滞后调整(温跃层调整)时间决定振荡的周期，而海洋和大气之间的反馈强度决定振荡是自维持的还是衰减的[16]。

北太平洋海气系统的不稳定相互作用导致的阿留申低压、北太平洋副热带环流与北太平洋SST异常的延迟负反馈机制可以解释北太平洋海气系统约20年周期的年代际振荡[17]。北太平洋风应力变化通过Ekman抽吸激发正压Rossby波携带着温跃层深度异常信号向西传播，经过大约 5 年时间达到黑潮-亲潮延伸体(KOE)海域并改变北太平洋副热带环流与副极地环流边界(KOE 流轴)的南北移动；KOE 海域 SST 与北太平洋 Ekman 抽吸之间相互增强形成了 20~30 年周期变化的正反馈过程[18]。

最近 20 年中国海平均海平面的上升速率为 4.7 mm/a，高于全球平均水平；渤、黄、东海平均为 3.4 mm/a，最大上升区位于台湾岛的东侧和北侧海域，最大上升速率为 8.5 mm/a，南海最大上升区域位于吕宋岛以西海区，以及越南以东海域(图 1)[11]；近半个世纪珠江三角洲区域平均变化速率为 4.08mm/a，且存在近期加速上升的趋势[19]。其中海水热膨胀是南海海平面上升主要原因。在全球变暖背景下，未来中国近海海平面还将持续上升，未来百年最大预估上升值达到 1m。未来中国近海海平面上升中，海洋动力因素变化导致的海水质量输入将起到重要作用[20, 21]。

综上所述，中国近海海平面复杂多变，受东亚季风、黑潮、陆地径流、北太平洋环流等等局地和遥相关因素的共同影响；其多时间尺度变化受 ENSO、PDO、IOD、NPGO 等综合调制。厘清这些海洋大气过程是如何影响中国近海海平面变化，以及这些不同过程影响的定量关系，是个很困难的事情。例如，近 60 年南海海平面与 PDO 存在显著的负相关关系，但是在 1980~1993 年，这种关系则不成立[22]，这说明除了 PDO，还有别的一个或多个因素在影响调制南海海平面低频变化。因此，综合精细的刻画中国近海海平面变化仍然需要大量的观测和理论的提升。

在全球变暖背景下，未来全球海平面将持续上升，但由于人类活动排放 CO_2 的极大不确定性，全球海平面变化很不确定，进而导致中国海海平面变化不确定性的加剧。同时全球海平面空间分布极不均匀，这种不均匀性主要来自于海洋动力过程，其中海水密度变化(主要是热膨胀)为主。但是中国近海除了南海中心海盆，其余大都是宽广的陆架，水深很浅，比容膨胀有限，海平面上升需要更多地来自外海动力变化导致的海水质量输入[12]。因此，了解中国近海海平面上升与邻近太平洋海平面上升的关系，弄清太平洋影响中国海海平面的大气和海洋物理过程等，是未来研究中的一个挑战性难题。

参 考 文 献

[1] Yang H J, Liu Q Y. A general circulation model study of the dynamics of the upper ocean cirlulation of the South China Sea. Journal of Geophysical Research, 2002, 107(c7), 22-1-22-14.

[2] Han G, Huang W. Pacific decadal oscillation and sea level variability in the Bohai, Yellow, and East China Seas. Journal of Physical Oceanography, 2008, 38(12): 2772-2783.

[3] Chang C W J, Hsu H H, Wu C R, et al. Interannual mode of sea level in the South China Sea and the roles of El Niño and El Niño Modoki. Geophysical Research Letters, 2008, 35(3): L03601.

[4] Soumya M, Vethamony P, Tkalich P. Inter-annual sea level variability in the southern South China Sea. Global & Planetary Change, 2015, 133: 17-26.

[5] Cheng X, Xie S P, Du Y, et al. Interannual-to-decadal variability and trends of sea level in the South China Sea. Climate Dynamics, 2015, 46(9-10): 1-14.

[6] Fang G, Chen H, Wei Z, et al. Trends and interannual variability of the South China Sea surface winds, surface height, and surface temperature in the recent decade. Journal of Geophysical Research Atmospheres, 2006, 111(C11): 2209-2223.

[7] Cheng Y, Hamlington B D, Plag H P, et al. Influence of ENSO on the variation of annual sea level cycle in the South China Sea. Ocean Engineering, 2016, 126: 343-352.

[8] Yu K, Qu T. Imprint of the Pacific Decadal Oscillation on the South China Sea Throughflow Variability. Journal of Climate, 2013, 26(24): 9797-9805.

[9] Zuo J C, Qian-Qian H E, Chen C L, et al. Sea level variability in East China Sea and its response to ENSO. Water Science and Engineering, 2012, 4(2): 164-174.

[10] Moon J H, Song Y T. Decadal sea level variability in the East China Sea linked to the North Pacific Gyre Oscillation. Continental Shelf Research, 2016.

[11] Cheng Y, Xu Q, Andersen O B. Sea-level trend in the South China Sea observed from 20 years of along-track satellite altimetric data. International Journal of Remote Sensing, 2014, 35(11-12): 4329-4339.

[12] Han G, Huang W. Pacific decadal oscillation and sea level variability in the Bohai, Yellow, and East China Seas. Journal of Physical Oceanography, 2008, 38(12): 2772-2783.

[13] Li C L, Wu Q, Wang L, et al. An intimate coupling of ocean-atmospheric Interaction over the extratropical Atlantic and Pacific. Climate Dynamics, 2009, 32: 753-765.

[14] Kleeman R , McCreary J P, Klinger B A. A mechanism for generating ENSO decadal variability. Geophysical Research Letters, 1999, 26: 1743-1746.

[15] Meyers S D, Johnson M A, Liu M , et al. Interdecadal variability in a numerical model of the northeast Pacific Ocean: 1970-1989. Journal of Physical Oceanography, 1996, 26: 2635-2652.

[16] Wu L D E, Lee, Liu Z. The 1976/77 north Pacific climate regime shift: The role of subtropical ocean adjustment and coupled ocean-atmosphere feedback. Journal of Climate, 2007, 18: 5125-5140.

[17] Latif M, Barnett T P. Causes of decadal climate variability over the North Pacific and North America. Science, 1994, 266: 634-637.

[18] Qiu B, Chen S. Interannual to decadal variability in the bifurcation of the North Equatorial Current off the Philippines. Journal of Physical Oceanography, 2010, 40: 2525-2538.

[19] 何蕾, 李国胜, 李阔, 等. 1959 年来珠江三角洲地区的海平面变化与趋势. 地理研究, 2014, 33(5): 988-1000.

[20] Chen C L, Zuo J C, Chen M X, et al. Sea level change under IPCC-A2 scenario in Bohai, Yellow, and East China Seas. Water Science and Engineering, 2014, 7(4): 446-456.

[21] 张吉, 左军成, 李娟, 等. RCP4.5 情景下预测 21 世纪南海海平面变化.海洋学报, 2014, 36(11): 21-29.

[22] Landerer F W, Jungclaus J H, Marotzke J. Ocean bottom pressure changes lead to a decreasing length-of-day in a warming climate. Geophysical Research Letters, 2007, 34(L06307). doi: 10.1029/ 2006GL029106.

撰稿人：左军成

河海大学，zuo@ouc.edu.cn

区域及全球平均海平面上升

Regional and Global Mean Sea Level Rise

工业革命以来，人类排放的温室气体迅速增加，引起全球变暖。地球系统增加的能量中，海洋存储了其中的 90%。海平面上升是海洋对全球变暖响应的综合体现。海平面上升会对近岸自然环境、生态系统和人类活动产生广泛而深远的影响，包括沿海湿地损失、风暴潮灾害加剧、咸潮上溯加重等等(见本章“气候变暖背景下海岸带会有哪些类主要灾害？”一节)。因此，全球平均及区域海平面变化研究具有非常重要的科学和现实意义。全球海平面变化及区域响应受到各国政府和科学家的高度重视，联合国政府间气候变化专门委员(IPCC)会先后发布了 5 个全球气候变化的评估报告，海平面变化是主要内容之一。

观测数据不足是造成海平面上升归因分析异常困难的原因。现有的海平面变化研究主要基于验潮站数据和卫星观测数据。研究表明，1900~2010 年，全球平均海平面线性上升速率为 1.7 mm/a；1993~2012 年上升趋势达到 3.2 mm/a。海平面上升存在一个明显的加速过程，加速度为 0~0.013 mm/a(图 1)[1~3]。陆地冰(包括陆地冰川和极地冰盖等)融化造成的海水质量增加，以及海洋增暖导致的海水体积膨胀是全球尺度海平面上升的两个主要原因。1971 年以来，有限的观测表明陆地冰川和体积膨胀对总海平面上升的贡献约为 75%。1993 年以来，各类观测数据逐渐丰富，各类因子导致的海平面上升总和基本能与观测的海平面上升值相当[3]，特别是 Argo(array for real-time geostrophic oceanographic)和地球重力卫星观测计划 GRACE(gravity recovery and climate experiment)的实施以来，海平面变化中的海水质量和体积变化部分都能较准确地计算[4]。

研究还发现海平面上升的空间分布极不均匀(图 2)。近 20 年赤道东西太平洋海平面变化趋势差异巨大，赤道西太平洋上升最快，达 10mm/a 以上[5]；赤道东太平洋和东北太平洋上升最慢，甚至出现下降特征[6]。南大洋 45°S 南北两侧，以及北大西洋湾流南北两侧，则都出现偶极子式的变化特征。海洋动力热力过程是海平面变化空间分布不均匀的最主要原因。风应力变化及其导致的海洋环流变化是赤道太平洋和南大洋海平面变化的主要原因[7, 8]。北大西洋海平面变化空间特征则主要由热通量变化，以及经向翻转流的减弱引起的[9]。除了动力热力过程外，长期的冰川均衡调整(GIA)，以及大气压变化等因素也会造成局地海平面变化。同时，气候系统自然变率，如厄尔尼诺和南方涛动(El Nino southern oscillation，ENSO)

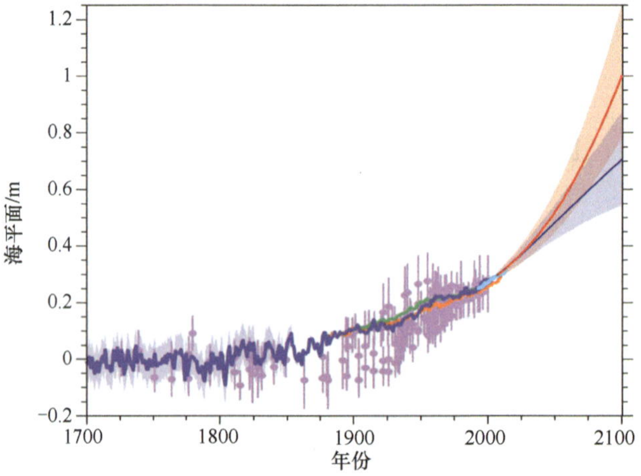

图 1　过去及未来全球平均海平面变化[3]

数据结合了古海平面数据(紫色线)、验潮站重构数据(橙色、绿色线)、卫星测高数据(浅蓝色线)，以及模式预估数据(深蓝色、红色线)

和年代际太平洋振荡(inter-decadal pacific oscillation，IPO)等，在最近几十年海平面变化中扮演了重要的角色。赤道东西太平洋海平面上升偶极子结构就与最近几十年 IPO 处于负相位有关。

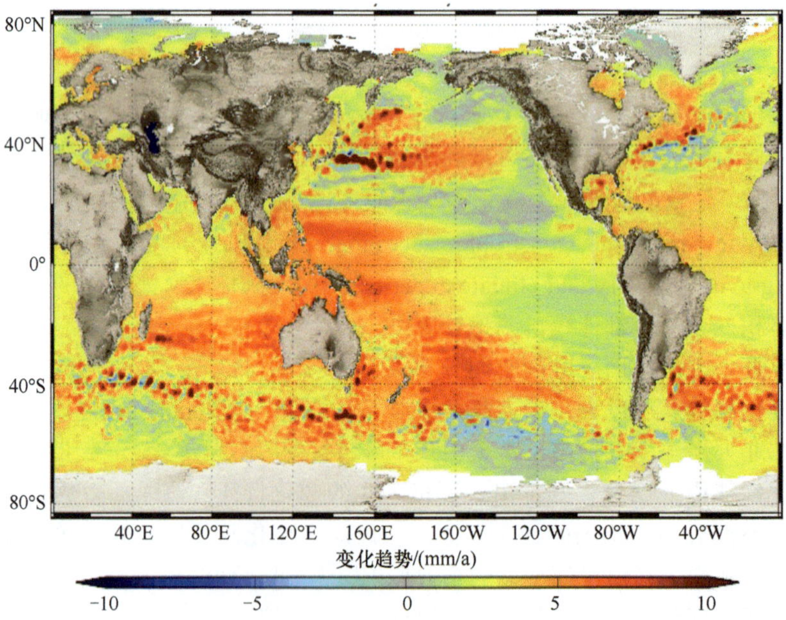

图 2　基于卫星高度计观测的海平面变化趋势(1993~2015 年)

http://www.aviso.altimetry.fr/

全球及区域海平面变化是海洋动力、热力变化，以及地球水循环变化的综合反映，如何准确刻画海平面上升特征并找到其机制仍然是当前研究难题。最近20年海平面研究取得了很大的发展，卫星高度计提供了全球范围的海平面监测数据，Argo计划及地球重力卫星等计划的实施，又为海平面变化归因分析(海水体积和质量变化贡献)提供了极大的帮助。研究显示深海大洋热含量在逐渐增加，它对海平面上升的贡献是不可忽略的[10]。评估深海变化对海平面变化的贡献是未来海平面研究的一个重点和难点。深海大洋海洋温度观测非常稀少，包括现有 Argo 观测最深也只到2000m的深度，因此更多地开展深海观测对海平面变化研究是必不可少的。

对未来海平面变化预估是海平面变化研究的重要内容，数值模式是预估海平面变化的主要工具。当前，模式发展已进入复杂的地球系统模式，最新的IPCC第五次评估报告也使用了地球系统模式。IPCC第五次评估报告显示，在不同的排放情景下，21世纪末相对于1986~2005年海平面还将上升0.26~0.98m(图1)，其中有30%~55%来自于海水热膨胀，15%~35%来自于陆地冰川，剩下的由格陵兰、南极冰盖和地下水变化组成[3]。基于模式预估的21世纪海平面上升同样存在很大的空间不均匀性(图3)。最主要的特征是包括：南大洋45°S南侧上升小，而北侧上升大；北美洲东海岸附近海区上升值远大于北大西洋内区等[11]。这些特征也主要与风应力和热通量变化有关[11, 12]。

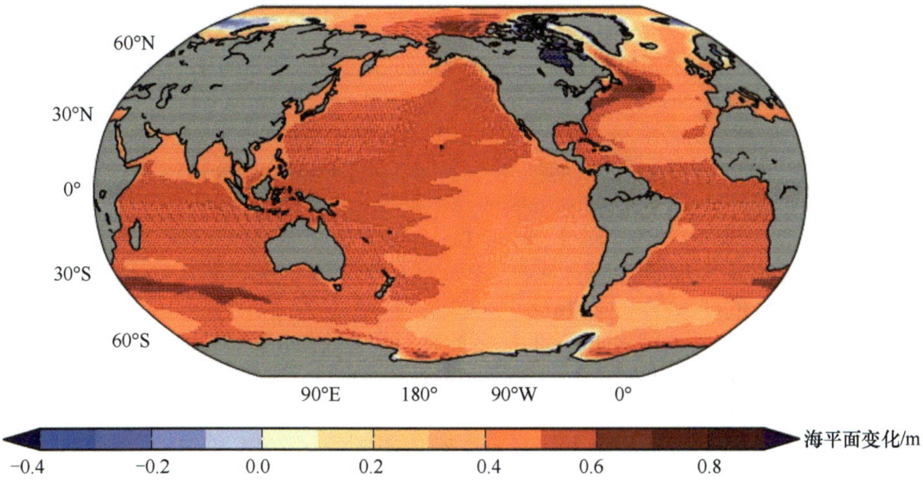

图3　IPCC第五次评估报告预估的RCP4.5情景下未来百年海平面变化[3]
2081~2100年相对于1986~2005年

相比于上一代的气候系统模式，最新的系列地球系统模式在海平面预估方面取得了一定的进步，但是必须看到的是，模式间差异仍然较大[13]。因此，如何有效地减小未来海平面变化预测中的模式不确定性是未来研究中的一个极具挑战性的问题。具体说来，提高模式分辨率，改进数值计算方案和参数化方案，都是提高海平面模拟水平的可能途径。此外，随着我们对全球变暖的认识不断加深，如何区分全球和区域海平面变化中自然变率和人类活动造成的强迫作用仍有待解决，需要在未来深入研究。

参考文献

[1] Church J A, White N J. Sea-level rise from the late 19th to the early 21st century. Surveys in Geophysics, 2011, 32(4): 585-602.

[2] Ray R D, Douglas B C. Experiments in reconstructing twentieth-century sea levels. Progress in Oceanography, 2011, 91(4): 496-515.

[3] Church J A, Clark P U, Cazenave A, et al. Sea level change. In: Stocker T F, Qin D, Plattner G K, et al. Climate change 2013: the physical science basis. Contribution of working group I to the fifth assessment report of the intergovernmental panel on climate change. Cambridge University Press, Cambridge, 2013.

[4] Boening C, Willis J K, Landerer F W, et al. The 2011 La Niña: So strong, the oceans fell. Geophysical Research Letters, 2012, 39(19).

[5] Qiu B, Chen S. Multidecadal sea level and gyre circulation variability in the Northwestern Tropical Pacific Ocean. Journal of Physical Oceanography, 2012, 42(1): 193-206.

[6] Timmermann A, Mcgregor S, Jin F F. Wind effects on past and future regional sea level trends in the Southern Indo-Pacific . Journal of Climate, 2010, 23(16): 4429-4437.

[7] Merrifield M A. A shift in western tropical pacific sea level trends during the 1990s. Journal of Climate, 2011, 24(15): 4126-4138.doi: http://dx.doi.org/10.1175/2011JCLI3932.1.

[8] Frankcombe L M, Spence P, Hogg A M, et al. Sea level changes forced by Southern Ocean winds. Geophysical Research Letters, 2013, 40(21): 5710-5715.

[9] Yin J J, Schlesinger M E, Stouffer R J. Model projections of rapid sea-level rise on the northeast coast of the United States. Nature Geoscience, 2009, 2(4): 449-466.

[10] Kouketsu S, Doi T, Kawano T, et al. Deep ocean heat content changes estimated from observation and reanalysis product and their influence on sea level change. Journal of Geophysical Research Oceans, 2011, 116(C3): 869-881.

[11] Bouttes N, Gregory J M, Kuhlbrodt T, et al. The drivers of projected North Atlantic sea level change. Climate Dynamics, 2014, 43(5-6): 1531-1544.

[12] Bouttes N, Gregory J M, Kuhlbrodt T, et al. The effect of windstress change on future sea level change in the Southern Ocean. Geophysical Research Letters, 2012, 39(23): L23602.

[13] Yin J. Century to multi - century sea level rise projections from CMIP5 models. Geophysical Research Letters, 2012, 39(17): 247-257.

撰稿人：陈美香

河海大学，chenmeixiang@hhu.edu.cn

全球海平面上升速度在减缓么?

Why the Global Sea Level Rise Deaccelerated?

海平面上升是全球气候变暖对人类生产活动造成的巨大威胁之一。全世界大约有近一半的人口居住在距离海洋 200 km 的范围内,这些地区通常海拔较低,而平均人口密度则较内陆高出约 10 倍,并且大都是工农业、旅游、交通等经济最发达的地区,在各国的可持续发展中都有着举足轻重的作用,海平面上升对这些区域的发展影响显著。因此,研究导致海平面上升的关键物理过程,准确估计海平面上升速度,是世界各国应对和适应气候变化的关键任务之一。

卫星高度计观测显示,1993~2015 年全球平均海平面上升速度为 3.2±0.4 mm/a,但是在最近的十几年间,全球平均海平面上升速度仅为 2.4 mm/a,远低于 1994~2002 年的平均上升速度 3.5mm/a(图 1)[1, 2]。在温室气体排放持续增加,到达大气层顶的净热辐射通量持续为正的情况下,海平面上升速度为什么会减缓,这一现象与 1998~2012 年出现的全球平均表面温度上升速度减缓[3~5]之间是否存在着联系,解释其物理机制并确定未来海平面上升速度是否会持续减缓是全球气候变化科学研究的难题之一。

Cazenave 等[1]利用 ISBA/TRIP 模式分析了 1993 年以来全球水循环过程,指出热带太平洋 ENSO 循环导致陆地降水量的变化会改变全球(特别是热带区域)陆地储水,影响年际时间尺度上全球平均海平面上升速度的变化。1998 年以来,太平洋年代际变异转为负位相,热带太平洋 La Nina 事件增多,陆地(特别是澳大利亚[6])降水量的显著增加导致海水质量的减少[7],降低了全球平均海平面的上升速度。如果去除由于降水导致的陆地储水分布变化,则全球平均海平面仍然维持约 3.2 mm/a 的上升速度(图 1(b))。

但是,Watson 等[8]指出卫星高度计观测到的海平面上升速度减缓很可能是数据质量的问题所致。卫星高度计观测需要通过验潮站的数据进行校准,但是由于地壳运动导致部分验潮站所在区域发生比较明显的陆地隆升/沉降,会影响对卫星高度计观测的校准。Watson 等通过系统分析全球验潮站数据发现早前卫星高度计观测没有很好地考虑这些验潮站垂直高度变化导致的偏差,因此得到的全球平均海平面上升速度可能偏快。利用验潮站的 GPS 观测,以及冰川均衡校准模式,Watson 等对 1993~2015 年卫星高度计观测数据做了新的订正,订正后全球平均海平面持续加速上升,其中 1993~2002 年平均速度为 2.4±0.2 mm/a,而近十几年间的平均速度为 2.9±0.3 mm/a(图 2)。

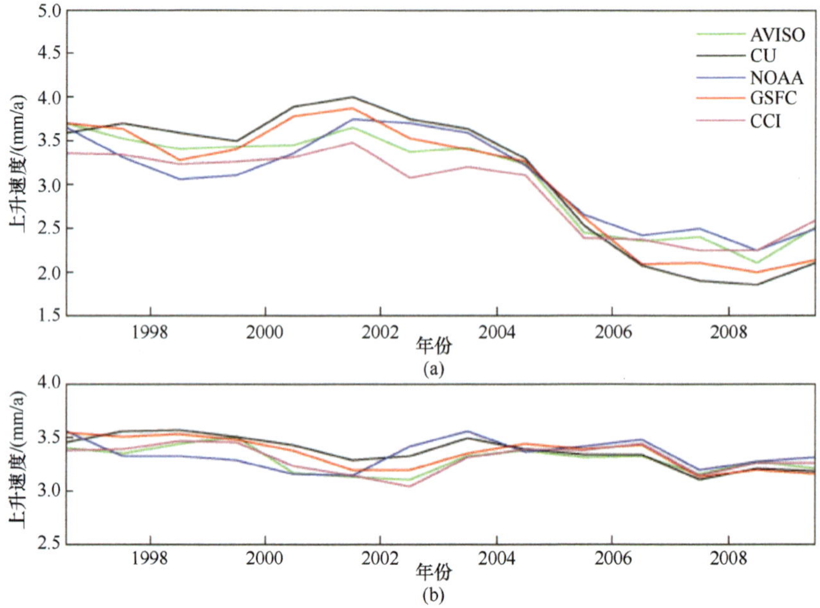

图 1　全球平均海平面上升速度

(a)1993~2014 年每 5 年平均海平面上升速度；(b)去除全球海洋比容和陆地储水的年际变化后，每 5 年平均海平面上升速度 [1]

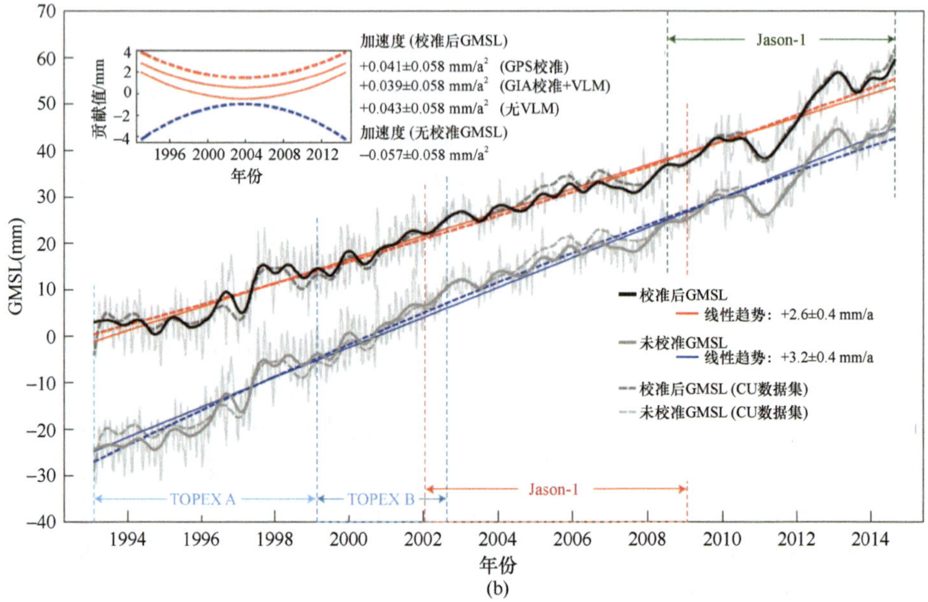

图 2　经过 GPS 和冰川平衡态校准后的全球平均海平面变化[8]

影响全球平均海平面变化的主要因素包括海洋变暖体积膨胀，格陵兰岛和南极冰盖融化、陆地冰川融化导致海水总质量增加、海水蒸发-降水和陆地储水的变化导致的海水质量变化等因素，其中每一个过程的不确定性都对准确估计气候变暖背景下全球海平面上升的速度有着显著影响[9]。上述分析可以看出，这种不确定性既来源于不完善的观测，也来源于对部分物理过程认识的不足。为了了解自然变率和人类活动对全球海平面变化的影响作用，并以此为基础，科学地制定城市建设规划方案与发展战略，需要对各个影响海平面变化过程的细致观测和深入研究。

参考文献

[1] Cazenave A, Dieng A B, Meyssignac B, et al. The rate of sea-level rise. Nature Climate Change 4, 358-361, doi: 10.1038/nclimate21592014.

[2] Chen J L, Wilson C R, Tapley B D. Contribution of ice sheet and mountain glacier melt to recent sea level rise. Nat Geosci. 2013, 6: 549-552.

[3] Held I M. Climate science: The cause of the pause. Nature, 2013, 501(7467): 318-319.

[4] Kosaka Y, Xie S P. Recent global-warming hiatus tied to equatorial Pacific surface cooling. Nature, 2013, 501(7467): 403-407.

[5] Chen X, Tung K K. Varying planetary heat sink led to global-warming slowdown and acceleration. Science, 2014, 345(6199): 897-903.

[6] Fasullo J T, Boening C, Landerer F W, Nerem R S. Australia's unique influence on global mean sea level in 2010-2011. Geophys. Res. Lett., 2013, 40: 4368-4373, doi: 10.1002/grl.50834.

[7] Boening C, Willis J K, Landerer F W, Nerem R S. The 2011 La Nina: So strong, the oceans fell. Geophys Res. Lett, 2012, 39, L19602. doi: 10.1029/2012GL053055.

[8] Watson C S, White N J, Church J A, King M A, Burgette R J, Legresy B. Unabated global mean sea-level rise over the satellite altimeter era. Nat. Clim. Change, 2015, 5: 565-568.

[9] Church J A, Clark P U, Cazenave A, et al. Climate Change 2013: The Physical Science Basis. Contribution of Working Group I to the Fifth Assessment Report of the Intergovernmental Panel on Climate Change. Cambridge: Cambridge University Press, 1137-1216.

撰稿人：陈显尧

中国海洋大学，chenxy@ouc.edu.cn

全球变暖会使海洋的碳吸收能力减弱吗？

Is Ocean Carbon Sink Weakening Under Global Warming?

众所周知，工业革命以来，随着人为源 CO_2 的大量排放，大气 CO_2 浓度迅速升高，2015 年全球平均大气 CO_2 浓度就已经上升至 400.8 ppm，突破 400ppm(即 10^{-6})大关，远远超出 350 ppm 的安全范围，且目前仍以每年 1~2 ppm 的速度增长(http://www.esrl.noaa.gov/gmd/ccgg/trends/)，远超过了自然变化的幅度。预计到 2100 年，大气 CO_2 水平将达到 1071 ppm[1]，而在过去的 80 万年，大气中 CO_2 浓度稳定波动在 172~300 ppm[2]。

但是，排放到大气中的 CO_2 只有大约 50%仍然留在大气中，其余的都被陆地和海洋这两个巨大的碳库所吸收[3]。2002~2011 年，大气排放 8.3 Gt C/a CO_2，其中海洋的吸收量大约占 26%，为 2.4±0.7Gt C/a(1Gt=10^{15}g)[4]。海洋对 CO_2 的吸收大大地降低了大气中 CO_2 的增长速度，同时也减缓了人为活动驱动气候变化的速率。

与此同时，全球陆地和海洋表面平均温度的线性增长趋势明显。2013 年各国政府间气候变化专门委员会(IPCC)发布了第五次气候变化科学评估报告[4]，以大量的观测分析和气候模式模拟证据，继续阐述了由于温室气体特别是 CO_2 的人为排放增加、全球正在变暖且将继续变暖的严峻事实。在 1880~2012 年，温度升高了 0.85℃(0.65~1.06℃)。全球尺度上，海洋表层温度升幅最大。1971~2010 年期间，海洋上层 75 m 以浅的海水温度升幅为每十年 0.11℃(0.09~0.13℃)[4]。

在短于千年的时间尺度上，海洋对于调节大气 CO_2 含量起到了至关重要的作用，决定着大气 CO_2 的浓度水平[5]。而大洋温盐环流与海洋浮游植物的生产，共同调控着海洋对大气 CO_2 的吸收，该调控主要通过两个过程，即“物理泵”与“生物泵”(图 1)。“物理泵”也称为“溶解度泵”，由海-气界面气体交换及将 CO_2 运移入深层大洋的物理过程驱动，指的是在北大西洋、南大洋等高纬海区，低温导致海水无机碳溶解度增大，海表结冰使海水密度增大并在这些区域下沉，将溶解了大量人为 CO_2 的海水输送至深海，并与大气隔绝，进入千年尺度的大洋循环，最终在低纬、温暖的海区通过上升流作用带到海表；由于低纬度海区温度较高，导致无机碳的溶解度降低，输送至深海的无机碳再次释放回大气。“生物泵”指海洋表层浮游植物通过初级生产吸收利用溶解无机碳合成有机碳，同时降低海表二氧化碳分压(partial pressure of CO_2，pCO_2)，其中一部分有机碳在海洋表层、次表层发生矿化；而另一部分有机碳则通过真光层向深海垂直输送有机碳，最终将无机碳以有机碳形式固定到深海。

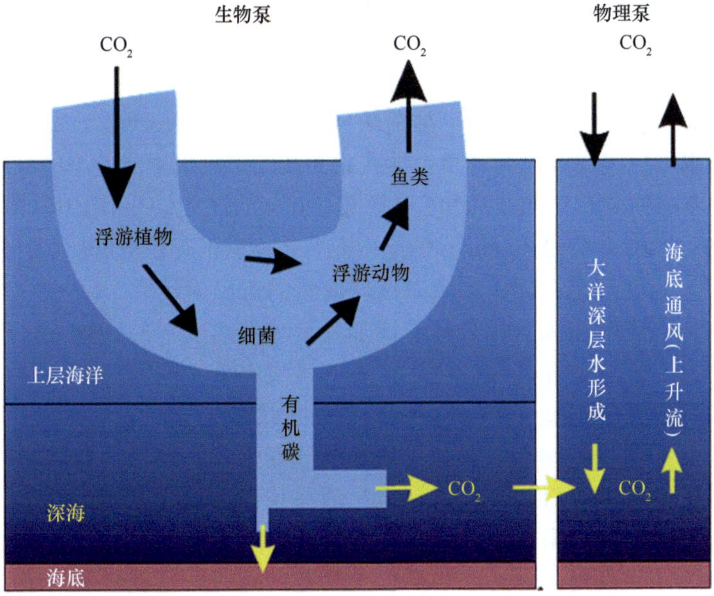

图 1　生物泵和物理泵示意图(改编自文献[6])

过去数十年的观测表明，几乎所有海区表层海水 pCO_2 均增加，北大西洋、太平洋和南大洋的表层 pCO_2 上升速率达 1.5 μatm/a，与近三十年大气 CO_2 增加趋势一致[7]，提示全球海洋碳汇(即海洋吸碳能力)基本稳定，这就是海洋对全球变暖的直接响应。然而，在不同海区，海洋碳汇的空间和时间变异非常大。

南大洋面积广阔，约占全球大洋总面积的 20%，处于亚热带锋(45°S 左右)和南极洲大陆之间，是全球海洋主要的 CO_2 汇区。过去有研究认为南大洋的碳汇已经慢慢饱和，并且从 1981~2004 年南大洋碳汇每十年以 0.08 Gt C/a 的速度减弱[8]；这是由于风场增强推动南大洋表面的海水向北移动，导致海底的海水出现上涌，这些海水中已经富集了大量的 CO_2，因此南大洋吸收 CO_2 气体的能力便大打折扣。然而最近的研究表明，这种减弱的趋势在 2002 年得以停止，从 2002~2012 年，由于大气环流驱动力(风场、气压场等)的变化，南大洋又重新加强了碳吸收的能力[9]；这扭转了人们之前对于其年度碳汇下降的担忧。

同样是极区的北冰洋却有着不同的情形，全球变暖导致融冰后的北冰洋有着更大的开阔水域面积和无冰期。一方面，20 世纪 90 年代之前由于海冰覆盖，北冰洋的碳汇可以忽略，现在由于全球变暖引起海冰的快速融化，暴露出大片开阔水域，而且这些区域海水的 pCO_2 总是低于大气[10]，表明北冰洋的碳汇在逐年增加。另一方面，暖化的北冰洋中，初级生产力升高将带来更高的生物泵碳吸收能力，特别是在陆架边缘海区，其碳吸收能力得到了极大的增强[11]。

因此，全球变暖所带来的北冰洋的碳吸收能力的变化肯定是增强的，虽然其碳吸收能力增强的潜能有多大，尚存在不确定性及争议[10, 12, 13]，但北极碳汇在增强却已经是不争的事实。

全球变暖的另一个重要影响，是全球大洋热盐传送带(ocean conveyor belt)中北大西洋深层水生成区域海水的减淡，导致北大西洋深层水生成速率的减缓。北大西洋碳汇从 1994/1995 年至 2002~2005 年降低了 0.24 Gt C[14]。在南印度洋，表层海水 pCO_2 在 1991~2007 年以 2.1 μatm/a 的速度上升，而碳汇却以 0.008~0.014 Gt C /a 的速率下降[15]。这些都是海洋碳吸收对全球变暖的正反馈效应。

所以，未来海洋在人为排放继续增加和全球继续变暖的背景下，碳汇能力的变化是一个具有区域差异的复杂问题，不同区域有着不同的反馈机制，其碳汇会减弱还是增强？目前还是一个很难简单回答的问题。

科学重在探索，虽然未来人为排放和全球变暖、气候变化充满变数、异常复杂，海洋碳汇的长期趋势很难评估，但是值得我们去研究。当前科学界对未来碳汇的评估主要通过模式来预测[16]，然而由于地球系统的复杂性，模式很难做到精准预测，预测结果仅提供参考。目前较为确定的是，全球变暖和气候变化将部分抵消由于大气 CO_2 浓度上升造成的海洋碳汇增加，会有更多人为排放的 CO_2 滞留在大气中，而海洋对碳的进一步吸收将加剧海洋酸化。准确评估和预测全球变暖下的海洋碳汇变化需要从机制研究入手，丰富各海区的观测资料，同时大力发展遥感与模式研究，量化其变化，才能最终得到准确的评估。

参 考 文 献

[1] Plattner G-K, Joos F, Stocker T F, et al. Feedback mechanisms and sensitivities of ocean carbon uptake under global warming. Tellus B, 2001, 53: 564-592.

[2] Lüthi D, Le Floch M, Bereiter B, et al. High-resolution carbon dioxide concentration record 650, 000–800, 000 years before present. Nature, 2008, 453(7193): 379-382.

[3] Miller J B. Carbon cycle - Sources, sinks and seasons. Nature, 2008, 451(7174): 26-27.

[4] IPCC. Climate Change 2013: The Physical Science Basis. Cambridge: Cambridge University Press, 2013.

[5] Falkowski P, Scholes R J, Boyle E, et al. The global carbon cycle: A test of our knowledge of earth as a system. Science, 2000, 290(5490): 291-296.

[6] Chisholm S W. Stirring times in the Southern Ocean. Nature, 2000, 407(6805): 685-687.

[7] Takahashi T, Sutherland S C, Wanninkhof R, et al. Climatological mean and decadal change in surface ocean pCO_2, and net sea-air CO_2 flux over the global oceans. Deep Sea Research Part II: Topical Studies in Oceanography, 2009, 56(8-10): 554-577.

[8] Le Quéré C, Rödenbeck C, Buitenhuis E T, et al. Saturation of the Southern Ocean CO_2 sink due to recent climate change. Science, 2007, 316(5832): 1735-1738.

[9] Landschützer P, Gruber N, Haumann F A, et al. The reinvigoration of the Southern Ocean carbon sink. Science, 2015, 349(6253): 1221-1224.

[10] Gao Z, Chen L, Sun H, et al. Distributions and air–sea fluxes of carbon dioxide in the Western Arctic Ocean. Deep Sea Research Part II: Topical Studies in Oceanography, 2012, 81-84: 46-52.

[11] Bates N R, Moran S B, Hansell D A, et al. An increasing CO_2 sink in the Arctic Ocean due to sea-ice loss. Geophysical Research Letters, 2006, 33(23): L23609.

[12] 高众勇, 陈立奇, Cai W J, et al. 全球变化中的北极碳汇：现状与未来.地球科学进展, 2007, 22(8): 857-865.

[13] Cai W J, Chen L Q, Chen B S, et al. Decrease in the CO_2 Uptake Capacity in an Ice-Free Arctic Ocean Basin. Science, 2010, 329(5991): 556-559.

[14] Schuster U, Watson A J. A variable and decreasing sink for atmospheric CO_2 in the North Atlantic. Journal of Geophysical Research: Oceans, 2007, 112(C11).

[15] Metzl N. Decadal increase of oceanic carbon dioxide in Southern Indian Ocean surface waters (1991–2007). Deep Sea Research Part II Topical Studies in Oceanography, 2009, 56(8–10): 607-619.

[16] McKinley G A, Pilcher D J, Fay A R, et al. Timescales for detection of trends in the ocean carbon sink. Nature, 2016, 530(7591): 469-472.

撰稿人：高众勇　孙　恒

国家海洋局第三海洋研究所，gaozhongyong@tio.org.cn

海洋酸化对铁可利用率的影响及其长期生态效应

Effect of Ocean Acidification on Ironavailability and Its Long Term Ecological Influence

工业革命以来，人为活动导致大气 CO_2 浓度持续升高，已经超过了过去 80 万年的地球大气 CO_2 浓度达到了最高。而海洋作为地球上十分重要的碳库，不断吸收并固定大气中的 CO_2 缓解温室效应。海洋对大气中 CO_2 固定非常重要的一个途径就是通过生物作用(海洋生物泵)进行固碳：浮游植物的光合作用利用溶解到海水中的 CO_2 并将其固定为有机物，而这些有机碳将会沿着食物链传递，传递过程由于生物排遗和死亡会产生的一部分颗粒有机碳，它们将会通过沉降作用沉入海洋深处封存而不再参与大气 CO_2 循环[1]。这个过程主要的动力来自浮游植物的光合作用，也就是海洋初级生产力。

研究表明，海洋中的铁元素含量是制约海洋初级生产力的主要因素之一：全球约 1/3 海洋中浮游植物初级生产力所需的氮磷等营养盐含量相对丰富，而铁元素因为来源少，而且铁元素在海洋中主要以有机配合物形式存在[2]，难以被浮游植物吸收利用，这导致铁成为海洋初级生产力最主要的制约因素之一。因此，日益严峻的海洋酸化问题对于浮游植物铁利用率的影响的研究变得非常重要。

随着大气 CO_2 含量的不断增加，CO_2 溶解于海水中引起海水碳酸盐系统平衡的改变，从而导致 CO_2 和 HCO_3^{2-}增多、CO_3^{2-}减少，且海水酸度增加(pH 降低)，这个过程就是海洋酸化。海洋表层海水的 pH 在工业革命之前一直在 8.2 左右浮动且变化不大，但在工业革命之后全球表层海水 pH 持续降低(图 1)，目前已经下降了 0.1，如果人类活动导致的 CO_2 排放继续按照当前速度增长的话，预计在 2050 年表层海水的 pH 将会下降 0.2，到 2100 年将会下降 0.4[3]。

海洋酸化对于铁利用率的影响主要包括以下几个方面：

1. 对于海水中铁无机氢氧化物的作用

海水中铁的无机存在形式主要是 $Fe(OH)_x^{(3-X)-}$的离子态及 $Fe(OH)_3$ 凝聚形成的颗粒物。目前有实验证实痕量金属离子的碳酸盐及氢氧化物颗粒对于 pH 的变化极为敏感[4]，pH 下降会促进颗粒态铁的溶解。此外，海水酸化将延长二价铁无机氢氧化物的氧化时间，从而提高无机铁氢氧化物的可利用性。

2. 对于海水中有机铁络合物状态的影响

有机铁配合物是溶解态铁元素在海水中的主要存在形式，但迄今对这些铁络

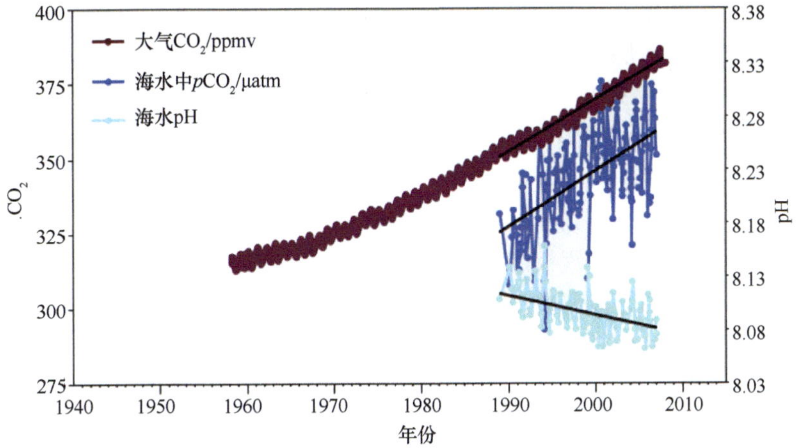

图 1　夏威夷近几十年中大气中 CO_2、海洋中 CO_2 及海水 pH 的变化趋势
http://pmel.noaa.gov/co2/files/co2timeseries.jpg

合物的具体组成、化学结构的了解十分有限，pH 对有机铁配合物形态的影响尚待系统阐明。已知海水中参与配位铁的官能团主要有羧基、氧肟酸和儿茶酚等，据此的初步研究发现，代表性浮游植物对与羧基和氧肟酸结合的铁的吸收速率随 pH 的降低而减小，而与儿茶酚结合的铁的可利用性则几乎不受 pH 变化影响[5~8]，并且该酸化效应取决于 pH 下降对有机铁配合物化学形态的改变，而非藻类的生理调控。

3. 对于底层沉积物中铁元素释放的影响

海底沉积物中含有大量矿质铁盐，并一直处在与海洋水体中溶解铁离子和含铁元素颗粒物的交流中。有实验证实在低 pH 和低溶解氧的共同作用下，沉积物中的铁盐转化为海水中自由铁离子的通量将会增加[6]。

在不受沉积物影响的表层海水中，铁元素的主要来源是深层海水和大气沉降[7]。对于以深层海水中溶解态铁为主要铁来源的海区，海洋酸化的主要影响将会是对溶解态铁的化学形态的改变。Shi 等对大西洋沿岸和马尾藻海区海水进行的实验发现[8]，在 pH 逐渐降低的过程中，自然条件下海水中溶解态铁的可利用性均出不同程度的降低。同时，他们对四种不同模式浮游植物的实验中并未发现海水中 CO_2 的增加会导致细胞对铁的需求量减小，由此说明，对于主要以深层海水上升带来溶解铁元素的表层海水中，海洋酸化将会导致浮游植物铁利用率的降低。而对于以大气沉降的颗粒态铁作为铁元素主要来源的海区，由于酸化导致的溶解铁可利用性的降低可由海水 pH 下降促进颗粒态铁元素的溶解得到补充，所以酸化对于浮游植物铁利用率的改变可能并不明显[8]。

铁利用率的降低对于浮游植物来说意味着初级生产力的降低、生长的抑制。

而对于全球气候变化来说则意味着海洋的固碳功能受到了抑制，更少的碳可以通过海洋生物泵进入深层水体，使得全球海洋对于大气温室效应的缓解作用减弱。这或许会导致大气中 CO_2 的持续积累，进而海洋酸化加剧，形成恶性循环。全面认识海洋酸化对铁利用率的作用，进而影响海洋生态环境和气候变化，是目前气候变化研究领域面对的难题。

由于已经证实的表层海水中溶解铁元素对于缓解温室效应的重要作用，各国在 1993~2005 年进行了大规模的铁施肥计划，向海洋中大面积的施放铁离子溶液。实验初期的主要目的是验证铁元素对于海洋初级生产力的作用，后期则主要为改善温室效应。目前海洋铁施肥依然存在很多问题，包括：对当地海洋生态系统的影响不确定，所用的铁溶液并不能完全模拟海洋中铁元素的补充，还有可能引起其他温室气体的释放等[9]。

参 考 文 献

[1] Chisholm S W. Oceanography: Stirring times in the Southern Ocean. Nature, 2000, 407(6805): 685-687.

[2] Rue E L, Bruland K W. Complexation of iron (III) by natural organic ligands in the Central North Pacific as determined by a new competitive ligand equilibration/adsorptive cathodic stripping voltammetricmethod. Marine Chemistry, 1995, 50(1): 117-138.

[3] Orr J C, Fabry V J, Aumont O, et al. Anthropogenic ocean acidification over the twenty-first century and its impact on calcifying organism. Nature, 2005, 437(7059): 681-686.

[4] Byrne R H. Comparative carbonate and hydroxide complexation of cations in seawater. Geochimicaet Cosmochimica Acta, 2010, 74(15): 4312-4321.

[5] Shi D, Kranz S A, Kim J M, et al. Ocean acidification slows nitrogen fixation and growth in the dominant diazotroph Trichodesmium under low-iron conditions. Proceedings of the National Academy of Sciences, 2012, 109(45): E3094-E3100.

[6] Ardelan M V, Steinnes E. Changes in mobility and solubility of the redox sensitive metals Fe, Mn and Co at the seawater-sediment interface following CO_2 seepage. Biogeosciences, 2010, 7(2): 569-583.

[7] Johnson K S, Gordon R M, Coale K H. What controls dissolved iron concentrations in the world ocean. Marine Chemistry, 1997, 57(3): 137-161.

[8] Shi D, Xu Y, Hopkinson B M, et al. Effect of ocean acidification on iron availability to marine phytoplankton. Science, 2010, 327(5966): 676-679.

[9] Boyd P W, Jickells T, Law C S, et al. Mesoscale iron enrichment experiments 1993-2005: Synthesis and future directions. Science, 2007, 315(5812): 612-617.

撰稿人：姜　勇　汪　岷

中国海洋大学，yongjiang@ouc.edu.cn

面对海洋酸化，物种会适应“优胜”还是走向“劣汰”

Prosperity or Decline，Impacts of Ocean Acidification on Marine Biodiversity

海洋酸化是指由于海洋吸收大气中释放的过量二氧化碳(CO_2)，使海水正在逐渐变酸的全球性海洋问题。海洋酸化会影响钙化生物的钙化作用以及相关生态过程。历史上，海洋酸化现象出现过，造成许多海洋钙化生物体灭绝。过去大气中的二氧化碳浓度曾经非常高，导致过海洋的酸化，这可以与“珊瑚礁危机”联系起来，即古新世—始新世最暖期间(5600万年前)最严重的一次物种灭绝[1, 2]。近代工业革命以来，海水pH下降了0.1，预测在21世纪末，全球海洋表层的平均pH还将进一步下降约0.33，这一海水酸性的持续增加，将再一次改变海水化学的种种平衡，使依赖于化学环境稳定性的多种海洋生物乃至生态系统面临巨大威胁[1]。

面对海洋酸化，首当其冲的是那些利用碳酸钙制造壳体的海洋生物，海水的pH降低及海水碳酸盐饱和度的改变破坏了海洋生态系统中CO_2-碳酸盐体系的动态平衡，使生物外壳(或骨骼)发生溶蚀。颗石藻类为主的浮游钙化生物，在海洋碳循环过程中起着重要的作用，许多生态研究表明饱和碳酸盐的变化会影响颗石藻的群落数量及分布，颗石藻的生物量在现在和过去一直受碳酸盐的控制[3, 4]。实验还发现，碳酸盐浓度对于有孔虫壳的形成有显著影响[5]。虽然底栖有孔虫外壳的密度受很多因素的影响，但很多强有力的证据证明对于浮游有孔虫而言海洋酸化对其外壳形成的影响比较大[1]。此外，许多生物生命的早期阶段可能受海洋酸化的危害比较大，导致它们的幼体无法正常形成所需的碳酸盐外壳(或骨骼)，使幼虫体积减小，形态复杂性降低，钙化减弱[1]。

海洋酸化在酸碱调节和新陈代谢方面对海洋生物也有很大影响。海洋生物体液的pH将随着海水pH的降低而降低，这将破坏海洋生物细胞原有的组织渗透压。那些酸碱平衡调节能力较低的低等海洋生物，如珊瑚、软体动物、棘皮动物，将面临由于组织渗透压改变而造成的细胞损伤或细胞破裂，进而导致生物体的各种组织机能损伤甚至坏死，生长率受到海洋酸化的影响而降低[6]。从能量代谢角度来讲，海洋生物为了适应由水体pH降低而带来的外部氢离子水平大幅增加的环境胁迫，必然会转移部分用于其他生理过程的能量进行反馈补偿性代谢，以尽量平衡体内外环境的酸碱度。如果生物体长期处于这种体内酸碱度反馈补偿性调节状态，则势必会影响该生物的其他生理过程，如可能会导致蛋白质的合成减少而影响到生物体的健康程度[7]。这些影响对于静止不动的动物的影响是非常大的。预测在未来海洋酸化的影响下大约有一半的底栖生物的生长率和生存状况会受到影响。海洋酸化还可以改变鱼类和无脊椎动物的感觉系统和习性。可能会使鱼类和无脊椎动物区分重要化学信号的能力减弱或缺失，个体行为异常活跃，容易表现出大胆冒险的行为[1]。

但是生物对海水酸化的响应机制是有区别的，有些物种则可以适应低 pH 的环境。例如，许多浮游植物可能会受益于未来的海洋酸化。高 CO_2 浓度会促进非钙化浮游植物(如硅藻、蓝藻、甲藻等)的光反应和碳固定的能力，使得光合作用和生长速率都增高[8~10]。目前发现，海水中非钙化光合物种经常是分布在 CO_2 的渗透处，且丰度比较高，这些物种会在未来的海洋酸化中受益[11]。并且，高密度的海草和藻类可以显著地改变碳酸盐浓度，能对冲一定的海水酸化，对周边的生态系统有潜在好处。

海洋酸化对于无脊椎动物的成功受精的影响也有很大的不同，这说明生物对于海洋酸化具有一定的遗传适应性。在海洋酸化对生物受精影响的实验中发现一部分物种对于海洋酸化高度敏感，而另一部分物种对于海洋酸化的耐受性则比较强。实验室研究发现桡足类在高浓度 CO_2 水平时的繁殖成功率虽然低于低浓度 CO_2 水平[12]，但是在北极的原位实验中生物量和群落组成并未受 CO_2 的影响。所以没有足够强的证据证明 CO_2 浓度会对桡足类的种群动态造成影响，海洋酸化对桡足类的影响并没有钙化类浮游动物那么严重[13]。

除了需要对现有的海洋酸化引起的生物变异进行调查，还需要对生物在海洋酸化下的潜在适应性进行评估。对于钙化和非钙化藻类的多代培养研究表明，部分物种可以适应高 CO_2 的环境。在缓慢的酸化过程中，生物的适应性进化遗传可能逐步适应酸化的影响。相对于长寿命的生物体，这一类生命史短，生物量大的生物是研究的焦点方向。此外，与植物相比，浮游病毒、浮游细菌和浮游原生动物对未来海洋酸化响应的研究相对较为缺乏，因为浮游细菌分解率的变化和小型浮游动物(主要为原生动物)的摄食会对营养循环造成重要的影响[14]，特别是在适应酸化的非钙化藻类可能占主导，无脊椎、软体等高等动物预期受影响的未来，生态系统中微食物网的作用就凸现出来了。

目前，世界范围内对海洋酸化的研究还处于起步阶段，已经评估的物种还不到海洋生物总数的 2%，有关海洋酸化对海洋生物的长期效应尚不清楚，仍属于海洋生物和气候变化交叉领域的科学难题。因此，海洋酸化对海洋各区域生物及生态系所产生的影响，特别是生物“优胜”的潜力和“劣汰”的规模仍将是这一问题研究的方向和重点。

参 考 文 献

[1] Hennige S, Roberts J M, Williamson P. Secretariat of the convention on biological diversity.

An Updated Synthesis of the Impacts of Ocean Acidification on Marine Biodiversity. Montreal: Technical Series, 2014.

[2] Riebesell U, Tortell P D. Effects of ocean acidification on pelagic organisms and ecosystems. Ocean Acidification, 2011: 99-121.

[3] Merico A, Tyrrell T, Cokacar T. Is there any relationship between phytoplankton seasonal dynamics and the carbonate system. Journal of Marine Systems, 2006, 59(s 1–2): 120-142.

[4] Anja E, Ingrid Z, Katrien A, et al. Testing the direct effect of CO_2 concentration on a bloom of the coccolithophorid Emiliania huxleyi in mesocosm experiments. Limnology & Oceanography, 2005, 50(2): 493-507.

[5] Lombard F, Rocha R E D, Bijma J, et al. Effect of carbonate ion concentration and irradiance on calcification in planktonic foraminifera. Biogeosciences, 2010, 7(1): 247-255.

[6] Jackson E L, Davies A J, Howell K L, et al. Future-proofing marine protected area networks for cold water coral reefs. Ices Journal of Marine Science, 2014, 71(9).

[7] Esbaugh A J, Heuer R, Grosell M. Impacts of ocean acidification on respiratory gas exchange and acid–base balance in a marine teleost, Opsanus beta. Journal of Comparative Physiology B, 2012, 182(7): 921-934.

[8] Wu Y, Gao K, Riebesell U. CO_2-induced seawater acidification affects physiological performance of the marine diatom Phaeodactylum tricornutum. Biogeosciences Discussions, 2010, 7(9): 2915-2923.

[9] Rost B, Richter K U, Riebesell U, et al. Inorganic carbon acquisition in red tide dinoflagellates. Plant Cell & Environment, 2006, 29(5): 810–822.

[10] Kranz S A, Sültemeyer D, Richter K U, et al. Carbon acquisition by Trichodesmium: the effect of pCO_2 and diurnal changes. Limnology & Oceanography, 2009, 54(2): 548-559.

[11] Johnson V R, Russell B D, Fabricius K E, et al. Temperate and tropical brown macroalgae thrive, despite decalcification, along natural CO_2, gradients. Global Change Biology, 2012, 18(9): 2792–2803.

[12] Kurihara H, Ishimatsu A. Effects of high CO_2, seawater on the copepod (*Acartia tsuensis*) through all life stages and subsequent generations. Marine Pollution Bulletin, 2008, 56(6): 1086-1090.

[13] Niehoff B, Knüppel N, Daase M, et al. Mesozooplankton community development at elevated CO_2 concentrations: Results from a mesocosm experiment in an Arctic fjord. Biogeosciences Discussions, 2012, 9(8): 11479-11515.

[14] Webster N S, Negri A P, Flores F, et al. Near-future ocean acidification causes differences in microbial associations within diverse coral reef taxa// Post-war treaties for the pacific settlement of international disputes. Harvard University Press, 1931: 243-251.

撰稿人：姜 勇

中国海洋大学，yongjiang@ouc.edu.cn

全球变暖对浮游植物生物多样性的影响

Effects of Global Warming on Phytoplankton Biodiversity

海水中的浮游植物是指随波逐流的单细胞藻类，它们是海洋中最主要的初级生产者，在全球尺度上影响着海洋碳循环。尽管只占地球生物圈初级生产者生物量 0.2%，浮游植物却提供了地球近 50%的初级生产量。它们生长迅速，支撑了海洋中从浮游动物到鲸鱼的庞杂食物链和海量饵料需求，为人类提供了一个生物多样性的世界和丰富的食物来源。浮游植物通过光合作用，吸收 CO_2 释放 O_2，这从根本上改变着人类的生存环境[1]。

海洋浮游植物种类多(图 1)，数量大，且浮游植物的多样性随着纬度的增加而降低，已知全球浮游植物约有 40000 种。但自 1950 年至今，海洋浮游植物物种数减少了 40% (http://www.scientificamerican.com/article/phytoplankton-population/)；除此之外，其丰度也呈现出下降的趋势，而这一趋势与全球气候变化密切相关[3]。

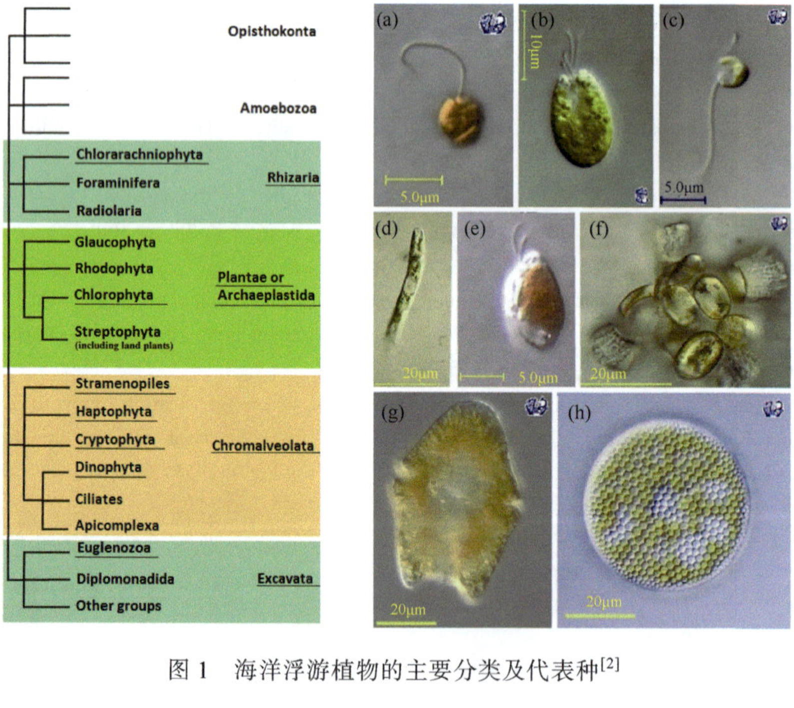

图 1　海洋浮游植物的主要分类及代表种[2]

全球气候变暖作为一种自然现象，已成为国际社会广泛关注的问题，且亦是当今全球变化的前沿研究课题。占地球面积 71%的海洋，凭借其远高于空气热容并作为碳接收器的海水，缓解了地球升温幅度并吸收了大量的温室气体。随着全球海洋的变暖速度日益加剧，在过去的 20 年中海洋热含量上涨了一半；自从工业革命时期全球热含量趋于平均化以来，时至今日，深水热含量已经上涨了几十分之一度，海洋上层的温度涨幅更是高达近 0.5℃[4]。

温度的变化不可避免地会对海洋生态系统产生影响。由于不同的浮游植物适宜生长的温度范围不同，海洋中浮游植物的种类和数量在很大程度上受到温度的调控[5~7]。尽管浮游植物在海洋生态系统中起着非常重要的作用，但是人们还不了解它们在海洋中的分布情况，也不清楚随着温度的日益增加它们会发生怎样的变化。为了了解这些情况，科学家搜集了一些公开发表的资料，这些资料研究了 130 余个浮游植物物种对温度变化的响应。对于每一个物种，研究人员估算了其最快的生长速度、生长所需的最佳温度，以及适于生长的温度范围。需要指出的是，研究人员设计模型时已抛开养分利用等其他因素，而仅考虑温度的影响。研究发现，当温度高于其生活海域的年平均温度时，极地和温带地区的浮游植物会处于最佳生长状态。热带浮游植物在当前海洋温度或低于当前海洋温度时会处于最佳生长状态。这种差别表明，比起那些温带和极地物种，热带浮游植物物种可能更加容易遭受海洋温度上升的伤害(图 2)[8]。

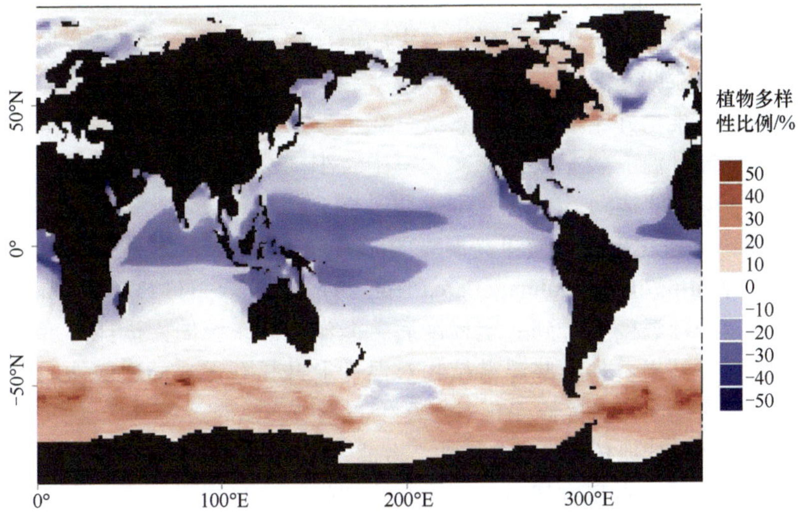

图 2 温度变化引起的潜在浮游植物多样性百分比的变化[8]

然而，目前还不清楚热带浮游植物为何缺乏对抗变暖的缓冲机制，可能的原因是热带浮游植物对已经发生的变暖适应速度不够快。但是，不同的浮游植物物种对环境变暖的适应速度有多大差异、在未来全球变暖的情况下，浮游植物的分布会发生怎样的变化仍是我们关注的问题。研究人员将相关数据输入一个物种分布模型中之后，发现浮游植物的分布范围朝着极地方向转移，这表明随着水温的升高热带物种可能会变少，甚至全部消失。海洋温度升高会使物种的生态位向两极转变，并因为缺失进化响应导致热带浮游植物多样性锐减。经研究表明，近期海洋变暖会驱动生产力、种群大小、物候和群落组成发生改变。一些全球海洋循环模型预测了在温度驱动下，21 世纪未来的浮游植物生产力降低，并伴随着海洋碳封存的减少。这些研究的主要理论依据是，温度升高导致海洋层化增加，这又反过来导致海表水营养盐供应的减少。但是大多数模型都忽略了温度升高对某一种浮游植物的直接影响——超过最适生长温度会使他们的生长速率锐减。

在梳理了人造卫星数据、早期航海记录，以及 20 世纪 50 年代之后对叶绿素进行的直接测量结果等几十万份测量数据后发现，近些年的海洋浮游植物数量下降并非是一个偶然现象。一个多世纪以来，这一现象出现在全球大部分海域；从 1900 年开始，全世界平均每年损失的浮游植物达 1% [4]。更需要引起人们重视的是浮游植物减少对地球大气构成的潜在影响。海洋能够吸收 40%的人类排放的 CO_2 气体，而浮游植物能够将这些温室气体转化为 O_2，抑或在死后将它们埋葬于海底。一旦浮游植物数量下降，海洋作为一个碳接收器的能力也会削弱，而这意味着最终会有更多的 CO_2 滞留在大气中，而不是溶解在海洋中。这将催生一个更加温暖的世界，反过来又将消灭更多的浮游植物[9]。由此可见，温度升高会导致海洋浮游植物的减少；而海洋浮游植物的减少会引起海洋固碳的减少，这又会加速全球气候变暖，造成恶性循环。

然而以上的推论并不一定是必然的，在全球变暖的大环境下，浮游植物也有可能会适应全球升温。研究人员在实验室中将小球藻置于温度变化的环境中，一开始它们在环境温度达到 30℃时生长速度放缓，但经过 100 代的驯化后(大约 45 天)，该株小球藻进化出了适应更高温度的能力，逐步恢复生长速度，且其固碳效率还有所提升(http://news.xinhuanet.com/tech/2015-12/02/c_117328245.htm)。因此虽有研究预测全球温度上升到一定程度后，海洋生态系统的固碳能力或被削弱，但从以上的研究结果看，某些浮游植物对温度上升具有很强的适应能力。因此，研究人员在建立模型评估气候变化对海洋生态系统影响时，需要考虑更多的因素。

生物多样性包括遗传(基因)多样性、物种多样性、生态系统多样性和景观生物多样性四个层次[10]。在研究浮游植物生物多样性时，采用何种手段、在何时调查将会对研究结果有直接的影响。海洋浮游植物的生物多样性在其生物量处于中等水平时达到最高，而在大规模藻华爆发时处于最低[11]。人类对海洋浮游植物多样性的认识随着时间的推移必将逐步深入。无论从形态或基因水平，有记载的物种数会越来越多，而物种数的增加并非都是由于全球变暖。如果仅是以传统的指数，如物种丰富度指数、物种多样性指数、均匀度指数和生态优势度等简单的数量来表征浮游植物的生物多样性，必然会掩盖由于技术水平限制带来的误差。

全球变暖对浮游植物生物多样性的影响是没有完全认知的研究主题，主要难点在于不同层次的生物多样性对环境变化的响应不一致，并存在复杂的时空变异性。除此之外，海洋是一个复杂的生态系统，温度仅是浮游植物所处的众多变化的环境因素之一。因此，浮游植物生物多样性的改变，显然不只是温度这一种环境因素带来的影响，如何判定全球变暖引发了浮游植物多样性的改变和将呈现哪些改变，是在今后研究中需要考虑的问题。

参 考 文 献

[1] 孙军. 海洋浮游植物与生物碳汇. 生态学报, 2011, 31(18): 5372-5378.

[2] Simon N, Cras A L, Foulon E, et al. Diversity and evolution of marine phytoplankton. Comptes Rendus Biologies, 2009, 332, 159-170.

[3] Daniel G B, Marlon R L, Boris W. Global phytoplankton decline over the past century. Nature, 2010, 466, 591-596.

[4] Gleckler P J, Durack P J, Stouffer R J, et al. Industrial-era global ocean heat uptake doubles in recent decades. Nature Climate Change, 2016, 6(1), 394-398.

[5] Burgmer T, Hillebrand H. Temperature mean and variance alter phytoplankton biomass and biodiversity in a long-term microcosm experiment. Oikos, 2011, 120, 922-933.

[6] Mayhew P J, Bell M A, Benton T G, et al. Biodiversity tracks temperature over time. Proceedings of the National Academy of Sciences, 2012, 109(38): 15141-15145.

[7] Yasuhara M, Danovaro R. Temperature impacts on deep-sea biodiversity. Biological Reviews of the Cambridge Philosophical Society, 2016, 91(2): 275.

[8] Thomas M K, Kremer C T, Klausmeier C A, et al. A global pattern of thermal adaptation in marine phytoplankton. Science, 2012, 338, 1085-1088.

[9] Joos F. Global warming growing feedback from ocean carbon to climate. Nature, 2015, 522, 295-296.

[10] 傅伯杰, 陈利顶, 马克明, 等. 景观生态学原理及应用. 北京: 科学出版社, 2001.

[11] Irigoien X, Huisman J, Harris R P. Global biodiversity patterns of marine phytoplankton and zooplankton. Nature, 2004, 429, 863-867.

撰稿人：俞志明 贺立燕

中国科学院海洋研究所，zyu@qdio.ac.cn

全球气候变化背景下海洋生物成为“赢家”或“输家”的遗传决定因素

The Genetic Makeup of Marine Organisms to Determine who is a Winner or a Loser Under Global Climate Change

全球气候变化正在发生，而人类活动可能是这一变化的重要驱动因素[1]。化石燃料(煤炭、石油等)的燃烧、森林植被的破坏，致使二氧化碳等温室气体的排放不断增长。大气中二氧化碳含量已经从 1750 年的 278×10^{-6} 上升到 2011 年的 390.5×10^{-6}[1]。气候变化对海洋产生了直接影响，如导致海水温度上升、海平面升高、海洋酸化，以及盐度变化等(图 1)[2]，气候变化不仅正在改变海洋生态系统的生物地球化学过程，而且对全球生物多样性同样产生威胁[3]。

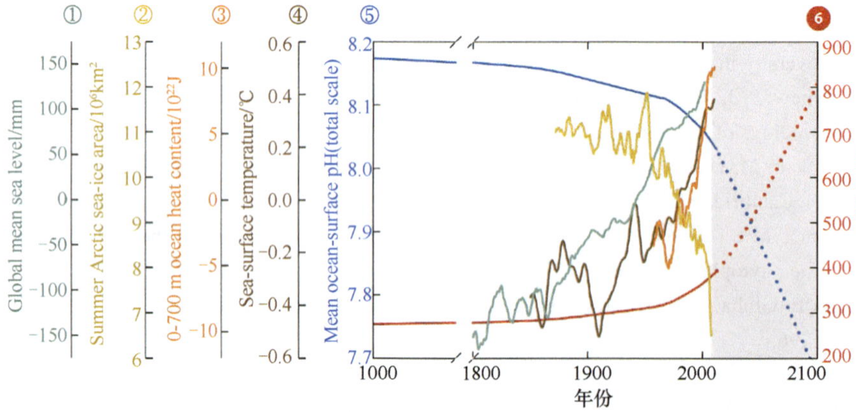

图 1　①海平面变化；②夏季北极海冰面积变化；③0~700 m 海洋热含量变化；④海水表层温度变化；⑤海洋表层 pH 变化；⑥大气二氧化碳含量变化。浅紫色阴影区域指的是 pH 和二氧化碳含量在 21 世纪的预测值[2]

根据联合国政府间气候变化专门委员会(IPCC)评估报告，在 1880~2012 年，全球平均温度增加了 0.85 ℃，而且，在 21 世纪内可能还会增加 2.6~4.8℃[1]。众所周知，温度是物种分布和变化的驱动器，它可以改变生态过程，如捕食者和被捕食者之间的相互作用关系[4]。一般来讲，呼吸作用比光合作用对外界温度的变化更加敏感[5]，温度升高可以显著提高消费者对初级生产力的消费控制能力，并有利于浮游植物向小型化发展，降低食物网中的总体生物量[6]。此外，温度还可以影响海洋生物的存活率、生长和发育等，从而进一步改变海洋的生态功能和生物地球化学循环[6, 7]。例如，异常温暖的海水使得澳大利亚南大堡礁赫伦岛的珊瑚礁生态系统逐渐衰落，珊瑚白化和死亡频率增加。加上区域环境的影响，以及海洋酸化导致的珊瑚礁缓慢生长，至2050年，很可能出现以珊瑚为主的珊瑚礁生态系统濒临消失(图 2(a))[6]。逐渐增加的海水温度导致美国加利福尼亚州圣克莱门特岛附近的海带森林(*Macrocystispyrifera*)分布萎缩(图 2(b))[6]；同样的情形也在澳大利亚西部的海带森林出现[7]。在澳大利亚东北部的丹特里河，红树林是众多沿海物种极其重要的栖息地。但是，如果海平面上升 1 m，会有 10%~20%的红树林消失(图 2(c))[6]。预计至 2040 年，夏季海冰的消失会给生活在海冰上面或下面的海洋生物均带来巨大影响(图 2(d))[6]。

图 2　处于快速环境变化中的海洋生态系统[6]

海洋酸化会影响海洋生物结构完整性。例如，碳酸钙是构成珊瑚骨骼的主要成分，海洋酸化会导致珊瑚钙化速率下降，导致珊瑚礁骨骼脆弱化，受侵蚀的概率增加，进而造成珊瑚礁分布面积逐渐缩小[8]。气候变化还会引发降水类型和降水量的变化[1]，并进一步导致海水盐度的变化，从而影响海洋生物敏感的幼体阶段，以及鱼类的繁殖能力等。

全球气候变化可以产生“赢家”(气候变化的受益物种)和“输家”(种群下降甚至灭绝的物种)[9, 10]。以珊瑚礁生态系统为例，成为“赢家”或“输家”可能出现四种情况：①加强现存珊瑚的生理耐受性，但并不改变种群结构；②导致快速的种群更替，出现更多的珊瑚幼种；③向生命短暂的珊瑚礁物种的战略转移；④向适应能力强的其他生物种类(大型海藻、软珊瑚等)的转移过渡[9]。

揭开气候变化过程中成为“赢家”或“输家”的机制，对预测它们的命运以及采取相应的补救措施十分关键[10, 11]。海洋生物应对气候变化的机制可能涉及栖息地等生物地理范围的转移，以及物候学的改变(生态事件的同步发生)等，从而使海洋生物适应环境温度的空间变化和时间变化[12]。

同时，海洋生物具备应对气候变化的生理适应机制[10, 11]。举例来说，蛋白质是生物体内对温度高度敏感的组分，为适应不同的环境温度，不同海洋生物种类的蛋白结构和功能出现明显的差异。伴随着高分辨技术在分子和结构生物学领域的应用，使得我们可以解析环境适应过程中生物体内氨基酸序列变化的数量，及其在蛋白质三维结构中的定位，甚至找出影响氨基酸替换稳定性和动力学特性的机制[10]。

此外，气候变化还会导致海洋生物出现遗传适应机制[10]。海洋生物的遗传网络可以受环境因子影响，并可以对环境变化进行快速响应，从而进一步促进遗传系统的适应性进化[13]。适应性进化可能会很快发生，并且能够帮助物种对抗环境压力或者识别气候变化过程中的生态机遇。但是，找出适应性进化发生的确切时间，以及辨别进化过程中的“赢家”或“输家”，对我们来说是一个挑战[14]。举例来说，有研究发现南极有些海洋鱼类和无脊椎动物已经失去蛋白编码基因——热休克蛋白基因，以及失去应对温度升高的基因调控机制，从而导致这些物种无法对抗温度增加对蛋白质带来的破坏，使得它们成为气候变化的“输家”[10]。相反，有些珊瑚群落可以通过重组寄主和共生者的遗传多样性来适应气候变化，使自己成为“赢家”[15]。

随着新一代 DNA 测序技术的迅猛发展，一系列高通量、高灵敏度和高分辨率检测基因组、转录组的技术手段应运而生，同时借助于生物信息学的发展，使得我们可以更加全面、深入地揭示物种的遗传适应机制。今后，我们应该侧重调查遗传适应性是否具备维持物种生存和繁衍等生理功能的足够速率，并提高观测气候变化和其他生物与非生物压力所带来的能量分配和生理响应的能力[13]。物种的适应性进化过程也需要纳入环境管理计划，从而尽量减少气候变化导致的生物多样性丧失[14]。

发现海洋生物遗传变化，以及特定的种群动态变化规律，对于开展物种进化救援非常关键[13]。对于气候变化过程中可能的“输家”，尤其是稀有或濒危物种，需要采取适当保护措施，以免物种资源消亡。而对于“赢家”，尤其是那些有市场开发前景的物种资源，以开发利用为手段，实现可持续的物种保存。

参考文献

[1] Stocker T F, Qin D, Plattner G K, et al. Technical Summary. Cambridge: IPCC Cambridge University Press, 2013.

[2] Doney S C, Ruckelshaus M, Duffy J E, et al. Climate change impacts on marine ecosystems. Annual Review of Marine Science, 2012, 4: 11-37.

[3] Sala O E, Chapin Ш F S, Armesto J J, et al. Global biodiversity scenarios for the year 2100. Science, 2000, 287: 1770-1774.

[4] Sanford E. Regulation of keystone predation by small changes in ocean temperature. Science, 1999, 283: 2095-2097.

[5] López-Urrutia Á, Martin E S, Harris R P, et al. Scaling the metabolic balance of the oceans. Proc Natl Acad Sci U S A, 2006, 103: 8739-8744.

[6] Hoegh-Guldberg O, Bruno J F. The impact of climate change on the world's marine ecosystems. Science, 2010, 328: 1523-1528.

[7] Wernberg T, Bennett S, Babcock R C, et al. Climate-driven regime shift of a temperate marine ecosystem. Science, 2016, 353: 169-172.

[8] Hoegh-Guldberg O, Mumby P J, Hooten A J, et al. Coral reefs under rapid climate change and ocean acidification. Science, 2007, 318: 1737-1742.

[9] Loya Y, Sakai K, Yamazato K, et al. Coral bleaching: The winners and the losers. Ecology Letters, 2001, 4: 122-131.

[10] Somero G N. The physiology of climate change: how potentials for acclimatization and genetic adaptation will determine 'winners' and 'losers'. Journal of Experimental Biology, 2010, 213: 912-920.

[11] Bozinovic F, Pörtner H O. Physiological ecology meets climate change. Ecology & Evolution, 2015, 5: 1025-1030.

[12] Burrows M T, Schoeman D S, Buckley L B, et al. The pace of shifting climate in marine and terrestrial ecosystems. Science, 2011, 334: 652-655.

[13] Harvey B P, Al-Janabi B, Broszeit S, et al. Evolution of marine organisms under climate change at different levels of biological organization. Water, 2014, 6: 3545-3574.

[14] Hoffmann A A, Sgrò C M. Climate change and evolutionary adaptation. Nature, 2011, 470: 479-485.

[15] Rowan R, Knowlton N, Baker A, et al. Landscape ecology of algal symbionts creates variation in episodes of coral bleaching. Nature, 1997, 388: 265-269.

撰稿人：周广杰　梁美仪

香港大学，zhougj01@gmail.com

科普难题

气候变暖背景下海岸带会有哪些类主要灾害？

What Major Hazards Occur Along Coastal Zones During Climate Warming?

在全球气候变化背景下，海平面上升、极端天气事件频发，加剧了风暴潮、海岸侵蚀、咸潮、海水入侵和土壤盐渍化、城市内涝等海岸带灾害，使得海岸带地区更加脆弱，极易造成生命财产损失和生态环境破坏[1]。联合国、IPCC、世界银行等国际组织一般定义靠近海岸线、海拔 10 m 以下的地区为低海拔沿海地区，低海拔沿海地区目前仅占世界陆地面积的 2%，却居住了 13%的城市人口，是气候变化的脆弱区域[2]。随着沿海社会经济的快速发展，重大海洋自然灾害对社会经济发展和人民生命财产的威胁日益严重，沿海地区不同程度地遭受风暴潮、海岸侵蚀、咸潮、海水入侵和土壤盐渍化、洪涝等灾害的影响。

1. 风暴潮灾害

风暴潮指由强烈大气扰动，如热带气旋(台风)、温带气旋、寒潮大风等引起的海面异常升高，使其影响的海区的潮位大大地超过正常潮位的现象。风暴潮一旦发生将会导致海域水位暴涨，潮水漫溢，海堤溃决，导致海水溯江河而上。当风暴潮潮水越过当地的防潮海堤，造成风暴潮漫堤。如果风暴潮巨涌叠加拍岸浪，可产生强大冲击压力，对海岸和海上构筑物有极大的破坏作用[3]。一旦摧毁海堤，风暴潮水便从决堤口漫过海滩，形成大面积漫滩和海水淹没。在无海堤的区域，风暴增水可以直接漫过低洼滩涂，造成漫滩灾害。另外，风暴潮还会造成海岸侵蚀，沿海城市海水倒灌，土地盐渍化等灾害(图 1)。

图 1　风暴潮袭击沿海地区

在气候持续变暖的背景下，海岸带地区风暴潮灾害强度有增加的趋势。气候变化导致的海平面上升将抬升风暴潮发生时的基础水位，使得风暴潮水位超警戒水位可能性增大，进一步加剧风暴潮灾害的致灾程度[4]。

2. 海岸侵蚀

海岸侵蚀是指海岸线位置的后退、岸滩(包括海滩或潮滩)下蚀的现象。海岸侵蚀已经成为一个世界性问题，无论基岩海岸、淤泥岸、砂岸、河口海岸、珊瑚礁海岸，几乎都受到海岸侵蚀的威胁，尤其砂质海岸侵蚀最为严重。

海岸侵蚀发生的主要原因可分为自然作用和人为影响两类，20 世纪以来，经济发展和海岸开发使人为作用日益突出。近几十年海平面上升使海岸侵蚀问题更加严重，气候变化造成的海岸侵蚀趋向加速发展[5]。气候变化引发海洋动力作用增强，并与不合理人为开发活动产生的负面效应相互叠加，致使海岸侵蚀加剧。除海平面上升之外，风暴潮灾害、构造下沉、河流输沙量减少，以及任意挖砂取土、大量破坏植被和珊瑚礁、围海造地、河闸水库建设等也是造成海岸侵蚀加剧不可忽视的原因。

随着海平面上升幅度的加大，河口三角洲将受到强烈侵蚀而引起大幅度衰退，其在海岸侵蚀中的比例显著提高将进一步加剧沿海潮滩和湿地的损失[6]。

图 2　海岸侵蚀破坏沿海建筑物

3. 咸潮入侵

咸潮，又称盐水入侵，是指河口海水向河流倒灌，造成上游河道水体变咸的现象。河口咸潮水入侵的加剧是气候变化的直接结果，它不仅破坏淡水资源，而且会造成沿海土地盐渍化。河流径流量变化和海平面上升是导致河口盐水入侵的主要因素。海平面上升使河口盐水楔上溯，加大了海水入侵强度，使入海河口附近河水的盐度增高，这一现象在大江大河三角洲附近，尤其是我国长江三角洲及珠江三角洲河口区尤为明显[7, 8]。

河口咸潮入侵距离与河流径流量有明显的关系，枯季咸潮上溯影响最大。河流流域盆地的极端干旱事件是流量急剧减小的直接原因。近年气候变化、海平面不断上升、上游来水减少的背景下，咸潮入侵呈现出来得早、去得晚、上溯距离长、频度增加和强度加大等特点，严重影响了周边地区的工农业生产和人民生活。

21 世纪，随着气候变暖，海平面的不断上升，极端干旱事件会增强，在相同的潮汐特性下，将会导致更严重的河口咸潮入侵，咸潮入侵将继续困扰入海河口地区的城市用水安全。

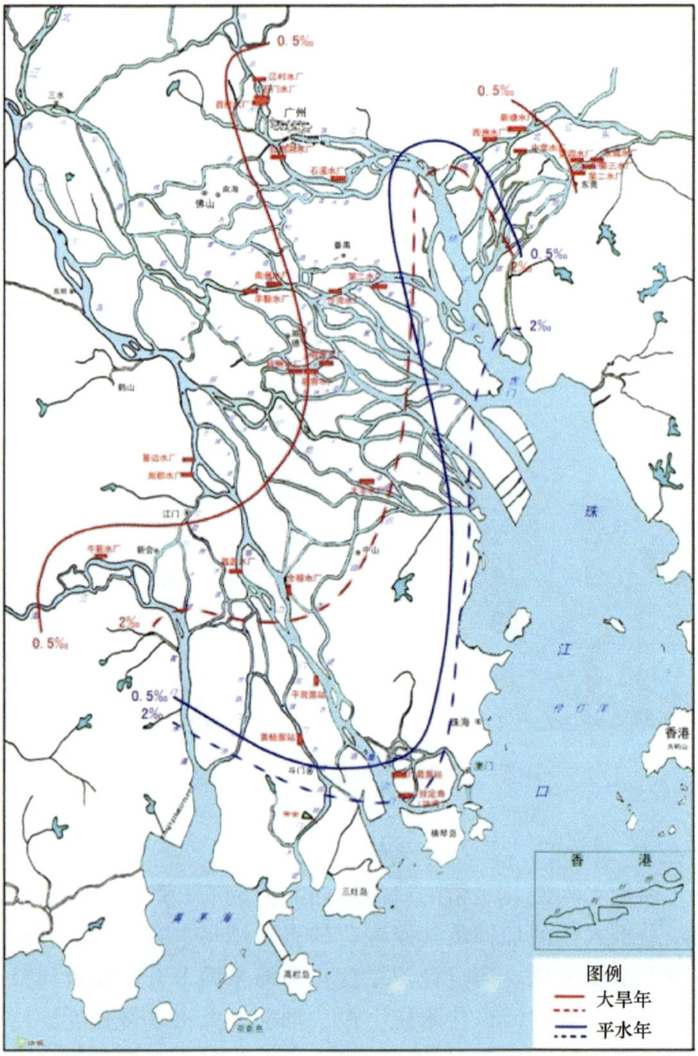

图 3　珠江三角洲大旱年、平水年咸水影响范围示意图

4. 海水入侵强度与土壤盐渍化

海水入侵强度与土壤盐渍化程度受海平面高度变化与地下水水位高度变化的共同制约。此外，极端天气条件下引起的海水倒灌、漫堤和淹渍等也会导致滨海和河道两岸的发生海水入侵和土壤盐渍化。由于沿海地区经济的快速发展，抽取地下水导致的地下水水位降低，是海水入侵的主要原因。而在大河三角洲地区，由于地势平缓，海平面上升也是海水入侵加剧的重要因素。海水回流下渗至地下水，造成地下水盐分增加，地下水水质日趋恶化。如果长期使用高盐分的地下水灌溉，盐分不断在土壤表层聚积，将导致土壤盐渍化。海水入侵与土壤盐渍化严重影响人畜饮用水，造成良田荒芜，使居民生活和生存环境受到极大损害。

海平面上升对海水入侵的影响并非只是水面自海向陆的微小抬升，为保持海水与地下水压力的平衡，咸淡水界面在海平面下的平均深度约为地下淡水面在海平面以上高度的 40 倍，即海平面每升高 10 cm，将导致地下水咸淡水界面上升 4 m 多。受海平面上升影响，海水入侵与土壤盐渍化的灾害加剧程度远超过海平面升高直接造成的影响。加之平原地区地下水与海水间多缺乏有效的隔水层，且淡水面的高程向内陆升高的坡度较小，极易造成海水入侵范围向内陆数千米甚至数十千米推进的局面，影响的沿海陆地面积可能扩大数千甚至上万平方千米。

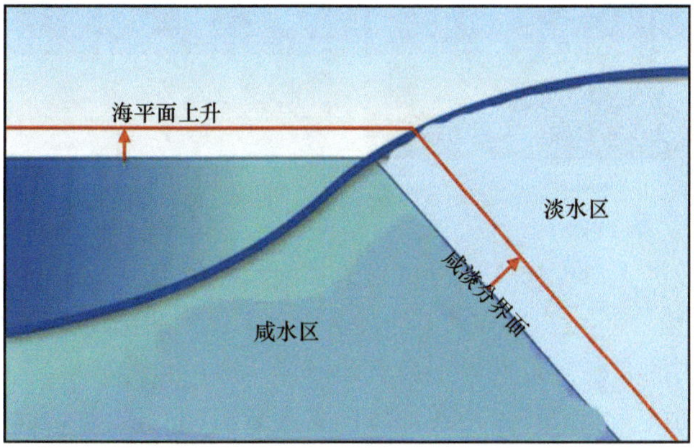

图 4 海平面上升加重海水入侵

5. 洪涝灾害

洪涝是威胁沿海城市的主要突发性灾害之一。由于气候变化、海平面上升、滨海湿地退化等原因，沿海城市面临洪涝灾害的威胁大大增加[9]。首先，气候变化使得我国风暴潮灾害有范围扩大、频率增高的趋势。其次，地下水超采严重，以及大型建筑物群增加了地面负载，引起地面沉降，海平面相对上升加快。海平面上升导致潮位升高，使入海河流的河道比降下降，城市排水系统自流排水困难，河流淤积加重而排洪困难，容易造成城区严重内涝。此外，海平面上升导致海堤和挡潮闸的防潮能力降低，而且海湾围垦、填海造地使滨海湿地萎缩，储水分洪、抵御风暴潮的缓冲区面积缩小，这些都导致洪涝灾害对滨海城市的威胁增加[10]。

洪涝灾害因为其影响范围和造成的损害巨大，历来受到人类社会广泛关注。暴雨洪涝灾害原因涉及天气气候、地质地貌、植被等自然因素，还涉及社会经济与防洪减灾能力等诸多社会要素，灾害的发生具有一定的随机性和不确定性。近年随着城市建设和经济的发展，洪涝所造成的社会经济影响在表现形式上发生了较大的变化，经济损失的重点由农村逐步向城市转移；建筑物等固定资产损失的比例减小，因交通、水电、通信等基础设施中断所造成的经济损失增加；直接损失的比例减小，间接损失的比例增加；因洪涝死亡人数大大减少，但洪涝灾害所引发的城市环境问题，以及基础设施被破坏引发的社会问题趋于严重，工业化和城市化是引起这种变化的两个最重要的原因。

图 5　滨海城市内涝

中国沿海地区人口稠密、城市集中，是国内经济最发达地带之一，以占全国13.6%的国土面积，创造了60%以上的社会财富，是发展国民经济的重要地区。但是，我国所面临的太平洋是世界上最大的海洋，海区自然环境复杂，沿海地区又处于海洋与大陆的交汇地带，是各种海洋灾害袭击的前沿。因此，中国沿海地区是海洋灾害最严重的地带，同时也是世界上海洋灾害最严重的地区之一。

在全球变暖背景下，各种海洋灾害呈加剧上升的趋势，海平面上升背景下的海岸带灾害日益严峻，对沿海低地的社会经济、人类活动和生命财产构成严峻的威胁。对海岸带灾害研究主要的科学难题包括以下两个方面。

1. 海岸带灾害演变机制

制约气候变化对海岸带灾害影响的相关研究与认识的一个重要原因在于观测资料的缺乏。因此，今后相当长的时期内仍需持续开展气候变化、海平面变化，以及海岸侵蚀、咸潮入侵、海水入侵和土壤盐渍化、洪涝等灾害及其影响的长期观测和调查。在充分掌握观测资料的基础上，通过各种手段在气候变化对中国近海海洋动力环境和影响机理、海岸带灾害的分析预测和预警、气候异常与海岸带灾害的关系等方面均需要开展系统性研究。

2. 海岸带灾害的影响及综合风险评估

海岸带灾害评估，实际上是在对各个沿海地区同一种类和不同种类灾害的危险性与危害性、蕴灾环境与发展趋势、灾变程度与对社会影响、承灾体易损性和减灾能力、灾害保险等方面进行定量或半定量评价，并进行等级划分和区域对比的工作。这是一项涉及多学科极其复杂的工作，由于涉及因子众多，而且许多因素具有很大的不确定性，其中的问题都是当今世界正在努力探索而悬而未决，甚至存在严重分歧的问题。

参考文献

[1] 秦大河, 丁一汇, 苏纪兰, 等. 中国气候与环境演变评估(I): 中国气候与环境变化及未来趋势. 气候变化研究进展, 2005, 1(1): 4-9.

[2] IPCC. In: Parry M L, Canziani O F, Palutikof J P, van der Linden P J, Hanson C E. Climate change 2007: impacts, adaptation and vulnerability, Cambridge:Cambridge University Press, 2007.

[3] Chen M X, ZuoJ C, Du L, et al. Distribution of the Engineering Water Levels along the Coast of China Seas under Sea Level Variation. ISOPE 2008 Symposium. Vancouver, Canada, 2008, July 6-11, 740-747.

[4] ZuoJ C, Yu Y F, Bao X W, et al. Effect of sea level variation upon calculation of engineering water level. China Ocean Engineering, 2001, 15(3): 383~394.

[5] 蔡锋, 苏贤泽, 刘建辉, 等. 全球气候变化背景下我国海岸侵蚀问题及防范对策. 自然科学进展, 2008, 18(10): 1093-1103.

[6] 宗虎成, 章卫胜, 张金善. 中国近海海平面上升研究进展及对策. 水利水运工程学报, 2010, 4: 43-50.

[7] 何慎术, 钱海强. 磨刀门水道咸潮入侵规律及影响因素初步分析. 人民珠江, 2008, (3): 18-21.

[8] Wen P, Yao Z, Yang X. An effect analysis of the Pearl River emergency water transfer project for repelling salt water intrusion and supplementing freshwater. Proceedings of the Second International Conference on Estuaries and Coasts, 2006, 5: 531-536.

[9] 董锁成, 陶澍, 杨旺州, 等. 气候变化对中国沿海地区城市群的影响. 气候变化研究进展, 2010, 6(4): 286-289.

[10] 段丽瑶, 赵玉洁, 王彦, 等. 气候变化和人类活动对天津海岸带影响综述. 灾害学, 2012, 27(2): 119-123.

撰稿人：李　响

国家海洋信息中心，lxlxlx718@163.com

编 后 记

《10000个科学难题》系列丛书是教育部、科学技术部、中国科学院和国家自然科学基金委员会四部门联合发起的“10000个科学难题”征集活动的重要成果，是我国相关学科领域知名科学家集体智慧的结晶。征集的难题包括各学科尚未解决的基础理论问题，特别是学科优先发展问题、前沿问题和国际研究热点问题，也包括在学术上未获得广泛共识，存在一定争议的问题。这次征集的海洋、交通运输和制造科学领域的难题，正如专家们所总结的“一些征集到的难题在相当程度上代表了我国相关学科的一些主要领域的前沿水平”。当然，由于种种原因很难做到在所有研究方向都如此，这是需要今后改进和大家见谅的。

“10000个科学难题”征集活动是由四部门联合组织在国家层面开展的一个公益性项目，得到教育界、科技界众多专家学者的积极参与和鼎力支持，功在当代，利在千秋，规模宏大，意义深远。数理化难题编撰的圆满成功，天文学、地球科学、生物学、农学、医学和信息科学领域难题的顺利出版，获得了专家好评和社会认同。这九卷书为海洋、交通运输和制造科学三卷书的撰写提供了宝贵经验。

征集活动开展以来，我们得到了教育部、科学技术部、中国科学院、国家自然科学基金委员会有关领导的大力支持，教育部原副部长赵沁平亲自倡导了这一活动，教育部科学技术司、国务院学位委员会办公室、科技部资源配置与管理司、科技部基础研究司、科技部高新技术发展及产业化司、中国科学院学部工作局、国家自然科学基金委员会计划局、国家自然科学基金委员会政策局、教育部科学技术委员会秘书处、中国海洋大学、北京交通大学和中南大学为本次征集活动的顺利开展提供了有力的组织和条件保障。由于此活动工程浩大，线长面广，人员众多，篇幅所限，书中只出现了一部分领导、专家和同志们的名单，还有许多提出了难题但这次未被收录的专家没有提及，还有很多同志默默无闻地做了大量艰苦细致的工作，如教育部科学技术委员会秘书处李杰庆、裴云龙、胡小蕾、王金献、崔欣哲、魏纯辉，中国海洋大学于志刚、罗轶、林霄沛、曹勇、王汉林、孙杨，厦门大学曹知勉、张锐，同济大学易亮，北京交通大学荆涛、景云、白明洲、荀径、马跃、何笑冬、朱珊、杨力阳、潘姿华，上海交通大学郭为忠，华东理工大学张显程，清华大学解国新，西南交通大学赵春发，浙江大学祝毅，西北工业大学高鹏飞，国防科技大学彭小强，北京理工大学胡洁，西安交通大学韩枫，吉林大学张志辉，以及科学出版社鄢德平、万峰、周炜、裴育同志等。总之，系列丛书的顺利出版是参加这项工作的所有同志共同努力的成果。在此，我们一并深表感谢！

《10000个科学难题》丛书
海洋、交通运输和制造科学编委会
2017年7月